時系列分析
ハンドブック

Handbook of Statistics 30
Time Series Analysis: Methods and Applications
Edited by T. Subba Rao, S. Subba Rao, C. R. Rao

北川源四郎
田中勝人
川崎能典
［監訳］

Copyright © 2012 Elsevier B.V. All rights reserved.
This edition of Handbook of Statistics 30 (ISBN 9780444538581) by Tata Subba Rao and C. R. Rao is published by arrangement with ELSEVIER BV of Radarweg 29, 1043 NX Amsterdam, Netherlands through Tuttle-Mori Agency, Inc., Tokyo   ISBN: 9784254122114
Japanese Translation published by Asakura Shoten

監訳者まえがき

　本書は Handbook of Statistics Vol.30 Time Series Analysis: Methods and Applications (T. Subba Rao, S. Subba Rao, C. R. Rao eds., 2012, North-Holland) の翻訳である．各章の内容については，原著者前書きに簡潔に触れられているのでそちらをご参照いただくこととして，ここには本書を手に取った方への補足的な道案内を記しておきたい．

　Handbook of Statistics における時系列解析の新刊は，1985 年の第 5 巻以来 27 年ぶりのことである．一見すると時系列解析の内在的発展のパワーに陰りが見られると判断する向きもあるかもしれない．しかしこの間実際には，時系列解析には幾つもの活発な研究領域があり，それらは時系列解析ハンドブックの一章をなすというよりは，単一のテキストブックを構成するだけの質・量があったというべきである．

　ひとつには，非定常時系列に関するトピックとして単位根検定や共和分検定などが挙げられる．こうした研究は 90 年代に隆盛を極めたが，テーマとしては時系列を利用した計量経済分析という趣があり，同じハンドブックでも Handbook of Econometrics (第 4 巻，第 45 章から 47 章) の範疇である．本書では，より発展的なモデル化の観点から，第 4 章の後半で取り上げられている．

　もうひとつ挙げるとすれば，非線形・非ガウスフィルタリングを用いた，複雑な構造を持つ時系列モデルの推定が挙げられるだろう．現在では粒子フィルタあるいは逐次モンテカルロ法などと呼ばれるようになった一連の手法は，理学・工学・経済学などの応用分野に浸透しただけでなく，機械学習やコンピュータサイエンス等の分野にもそのアイディアは広く浸透している．

　逐次モンテカルロ法の集大成として，2001 年に Springer から出版された論文集 Sequential Monte Carlo Methods in Practice を挙げることができるが，この本が Series in Statistics ではなく Statistics for Engineering and Information Science に配されているのは，統計モデルの推定を超えた，手法としての汎用性を示すものであろう．

　さて，本書にもボラティリティモデルを扱った章や，空間（あるいは時空間）統計学を扱った章がある．これらのトピックでは，往々にしてベイズ統計学による接近法が有効である．特に確率的シミュレーションを利用したベイズ推論は 90 年代以降重要性を増しているので，幾つか文献を挙げておく．

　時系列モデルのベイズ推定に関しては，Gamerman and Lopes による Markov Chain Monte Carlo: Stochastic Simulation for Bayesian Inference (2nd ed. Chapman Hall/CRC, 2006) を，5.5 節，6.5 節の理解を目標に読み進めるとよいだろう．空

間・時空間モデルのベイズ推定に関しては，これも定評あるテキストの第 2 版である Banerjee, Carlin and Gelfand の Hierarchical Modeling and Analysis for Spatial Data（2nd ed. Chapman Hall/CRC, 2014）をお勧めしておく．

最後に，周辺の数理科学の動向と絡めて，時系列モデルのノンパラメトリック推定に関して論点を提起しておきたい．非線形時系列モデルの推定に関しては，閾値型やマルコフ切り換え型といったパラメトリックな接近法（本書第 II 部）から，関数形を特定しないノンパラメトリックなもの（本書第 7 章）まで，分析目的に応じて多様な使われ方をしており，それに伴って理論も様々な形で発展を遂げている．

モデルフリーという意味では，近年機械学習で盛んに研究が進んでいる，ガウス過程事前分布を用いた回帰分析（曲線推定）から時系列解析が学ぶ点はあるかもしれない．ただ，自己共分散関数を柔軟にチューニングできる一方，データ数が増えたときの計算負荷は課題であるし，補間における予測性はよいとしても，時間軸上の外挿で本当にこうした接近法でなければ達成できない精度があるのか，検証が待たれるところであろう．

時系列解析に限らず，取り組む問題は年々高度に，そして複雑になってきている．過去 30 年弱，それでも確かな理論が組み立てられた分野が，本書に収められた各章である．応用に使える最新の成果を探している方だけでなく，これから時系列解析の発展に加わろうという若手研究者諸氏をインスパイアできれば，訳者一同望外の幸せである．

この翻訳企画がスタートしたのは 2013 年 9 月であったが，出版に至るまでには朝倉書店編集部にひとかたならぬご苦労をおかけした．ここに記して謝意を表したい．

2016 年 1 月

北川源四郎
田中勝人
川崎能典

監訳者・訳者・原著者一覧

監訳者

北川源四郎　情報・システム研究機構機構長，総合研究大学院大学名誉教授
田中勝人　学習院大学経済学部教授，一橋大学名誉教授
川崎能典　統計数理研究所モデリング研究系教授

訳者・原著者

＊原著者の所属は原書刊行時のもの

第 1 章　桜井裕仁　大学入試センター研究開発部
　　　Jens-Peter Kreiss　*Technische Universität Braunschweig, Institut für Mathematische Stochastik*
　　　Soumendra Nath Lahiri　*Department of Statistics, Texas A & M University*

第 2 章　福地純一郎　学習院大学経済学部
　　　Arthur Berg　*Division of Biostatistics, Penn State University*
　　　Timothy McMurry　*Division of Biostatistics, University of Virginia*
　　　Dimitris N. Politis　*Department of Mathematics, University of California*

第 3 章　西山慶彦　京都大学経済研究所
　　　Simone Giannerini　*Dipartimento di Scienze Statistiche, Università di Bologna*

第 4 章　黒住英司　一橋大学大学院経済学研究科
　　　Dag Tjøstheim　*Department of Mathematics, University of Bergen*

第 5 章　沖本竜義　*Crawford School of Public Policy, Australian National University*
　　　Jürgen Franke　*Department of Mathematics, University of Kaiserslautern*

第 6 章　渡部敏明　一橋大学経済研究所
　　　Kanchan Mukherjee　*Department of Mathematics and Statistics, Lancaster University*

第 7 章　米本孝二　久留米大学バイオ統計センター
　　　Siegfried Hörmann　*Department of Mathematics, Université Libre de*

Bruxelles
Piotr Kokoszka　*Department of Statistics, Colorado State University*

第8章　林　高樹　慶應義塾大学大学院経営管理研究科
Wei Biao Wu　*Department of Statistics, The University of Chicago*
Han Xiao　*Department of Statistics, The University of Chicago*

第9章　本田敏雄　一橋大学大学院経済学研究科
Zhijie Xiao　*Department of Economics, Boston College*

第10章　柿沢佳秀　北海道大学大学院経済学研究科
David S. Stoffer　*Department of Statistics, University of Pittsburgh*

第11章　三分一史和　統計数理研究所モデリング研究系
Tohru Ozaki　*IDAC, Tohoku University*

第12章　福元健太郎　学習院大学法学部
Konstantinos Fokianos　*Department of Mathematics & Statistics, University of Cyprus*

第13章　蛭川潤一　新潟大学理学部
Rainer Dahlhaus　*Institut für Angewandte Mathematik, Universität Heidelberg*

第14章　川崎能典　統計数理研究所モデリング研究系
Hernando Ombao　*Center of Statistical Science, Brown University*

第15章　田中勝人　学習院大学経済学部
Suhasini Subba Rao　*Department of Statistics, Texas A & M University*

第16章　古澄英男　関西学院大学経済学部
Sujit K. Sahu　*School of Mathematics, University of Southampton*

第17章　矢島美寛　東京大学大学院経済学研究科
Lara Fontanella　*Department of Quantitative Methods and Economic Theory, University G. d'Annunzio*
Luigi Ippoliti　*Department of Quantitative Methods and Economic Theory, University G. d'Annunzio*

第18章 松田安昌　東北大学大学院経済学研究科
  Tata Subba Rao *School of Mathematics, The University of Manchester; C. R. RAO AIMSCS*
  Gyorgy Terdik *Faculty of Informatics, University of Debrecen*

第19章 増田弘毅　九州大学大学院数理学研究院
  Peter Brockwell *Department of Statistics, Colorado University*
  Alexander Lindner *Institut für Mathematische Stochastik, TU Braunschweig*

第20章 北野利一　名古屋工業大学大学院工学研究科社会工学専攻
  K. F. Turkman *Departamento de Estatstica e Investigao Operacional, Universidade de Lisboa*

第21章 谷合弘行　早稲田大学国際教養学部
  Barry G. Quinn *Department of Statistics, Maquaire University*

第22章 加藤　剛　上智大学理工学部
  Debashis Mondal *Department of Statistics, University of Chicago*
  Donald B. Percival *Applied Physics Laboratory, University of Washington*

第23章 中野純司　統計数理研究所モデリング研究系
  Esam Mahdi *Department of Statistical and Actuarial Sciences, The University of Western Ontario*
  A. Ian McLeod *Department of Statistical and Actuarial Sciences, The University of Western Ontario*
  Hao Yu *Department of Statistical and Actuarial Sciences, The University of Western Ontario*

Preface

まえがき

　25年ほど前，*Handbook of Statistics* シリーズ中のタイトルとして，時系列に関する2つの巻（1983年に第3巻，1985年に第5巻）が刊行された．第3巻は "*Time Series in the Frequency Domain*"（D. R. Brillinger and P. R. Krishnaiah eds.）で，時系列（主に線形時系列を扱い非線形時系列への拡張は副次的）のスペクトル法に関連する論考を収録していた．第5巻は "*Time Series in the Time Domain*"（E. J. Hannan, P. R. Krishnaiah, and M. M. Rao eds.）で，線形 ARMA モデルや非定常スペクトル表現，様々な次数選択手順などの統計的推論に関する論考から成っていた．

　これらの巻が出版されてからこれまでに，時系列分析には爆発的な発展がみられた．例えば時間従属型データに対するブートストラップ法，非線形時系列モデル，高頻度時系列分析，分位点回帰，生物学・環境科学データのための時間領域および周波数領域の解析手法などである．本巻の主な目的は，これら最近の発展をサーベイすることにある．本書は上述の分野をカバーする10の「部（Part）」に分かれており，各部はなるべく均質な内容となることを目指した．

　巻を起こすにあたり，25年前には揺籃期にあったトピックをカバーすることから始めるのが適切であろう．Part I はブートストラップ法と時系列データの線形性検定を扱う．Kreiss and Lahiri は，多様な線形時系列モデルや，長期記憶性をもつ非線形モデル/過程に適用可能な，従属データに対するブートストラップ法をレビューする．第2章では，Berg, McMurry, and Politis は高次元スペクトルに基づいて線形性検定の漸近性を調べるいくつかのブートストラップ法について検討する．第3章では Giannerini により線形性検定に関するさらなる議論が行われる．

　線形性検定において帰無仮説が否定された場合，非線形時系列のモデリング手法を考慮する必要が生じる．これが Part II の中心的論点である．第4章では Tjøstheim が非線形，非定常時系列のためのモデリング手法について概観を与える．金融時系列でよく使われる非線形時系列の重要な2つの事例はマルコフスイッチングモデルと ARCH 型モデルである．これらは続く2つの章で議論される．第5章では Franke により，多様なマルコフスイッチングモデルの確率論的性質と推論の両面が，推定値やモデル選択まで含めて議論される．第6章では Mukherjee が，ARCH モデルや GARCH モデルを含む不均一モデルにおけるパラメータの頑健推定について議論する．

　Part III は，現在幅広い統計学関連分野から注目されている2つの分野，すなわち関数データおよび高次元時系列に関する論考から成っている．Hörmann and Kokoszka は第7章で，周期的に定常な連続時間時系列に対する関数時系列アプローチを提示す

る．第8章では Wu and Xiao が，低次元および高次元時系列の共分散行列の推定を議論し，物理的従属性の仮定のもとでその漸近的標本特性について検討する．

Part IV は，Zijie Xiao による1編の論考のみから成る．そこでは，時系列分位点回帰の手法に関する概観が与えられる．はじめに古典的な時系列モデル（例えば線形や非線形時系列）の条件付き分位点をレビューし，さらに最近の時系列モデル（例えば分位点自己回帰モデル）への拡張に分位点がどのように利用できるかを議論する．

Part V は，生物学や神経科学への応用を考慮した（時間領域と周波数領域の双方のアプローチが用いられる）論考から成る．第10章では Stoffer により，カテゴリカル時系列の調和解析および尺度化のためのスペクトルエンベロープの概観が与えられ，この方法論が DNA 配列内の診断パターンの探索にどのように利用されるかが示される．Ozaki は第11章において，fMRI（機能的磁気共鳴画像法）データを時空間モデルとカルマンフィルタアルゴリズムを使って検討している．従属性のある計数データは生物学への応用で多く見られるが，第12章では Fokianos によってそのようなデータに対する様々な時系列モデル（ポアソン回帰モデルや整数値過程を含む）が検討される．

Part VI は非定常時系列をカバーする．主に焦点を当てるのは，構造が時間経過とともにゆっくり変化し，「局所定常過程」と考えられる時系列である．線形・非線形の双方における局所定常過程についての包括的な概観を通じて正確に定義された用語が，Dahlhaus により第13章で与えられる．続く2編の論考は，非定常時系列の表現について論じている．第14章において Ombao は，はじめにウィンドウ化されたフーリエ基底の定義を行う．それは信号の時間–周波数局所化のための柔軟な基底である．そしてこの基底を使って時変スペクトル密度関数の節約型表現の探索を行っている．これらの手法は脳波（EEG）データの解析に応用されている．第15章では Subba Rao が，応答変数の分散に対して説明変数が与える影響を考慮に入れた形による古典的な重回帰モデルの変形である，確率的係数回帰（SCR）モデルを検討している．ここでは，局所定常過程は SCR モデルとして表現できることが示され，観測値のフーリエ変換に基づく推定が論じられる．

Part VII は時空間モデルに関する論考から成る．空間過程に関しては広汎な文献が存在するが，時間次元の付加という観点で，時空間過程により関心が払われるようになったのは最近になってからである．第16章では Sahu が，時空間大気汚染データに対する階層自己回帰ベイズモデルについて論じ，またオゾン汚染のモニタリング法について検討する．Fontanella and Ippoliti は第17章において，時空間過程の Karhunen–Loéve 展開について議論し，この展開が気候学データにどのように適用可能かを検討する．第18章で Subba Rao and Terdik は，空間過程の統計解析に関する文献をレビューすることから始め，従属性の測度を定義し，時空間モデルの推定のための離散フーリエ変換に基づく代替的な手法を提案する．

これまでの章は離散時系列に関する問題を扱ってきたが，いくつかの応用では連続

時間時系列が生じた．これに焦点を当てるのが Part VIII である．連続時間時系列の重要な応用は金融時系列である．そこでは最近まで，考慮される連続時間時系列モデルのほとんどは，サンプルパスに連続性の制約を課すウイナー過程により駆動されていた．これは拘束的な仮定となる場合があり，そのため最近ではより一般的なレビィ駆動型連続時間時系列モデルが大きな関心を集めている．Brockwell and Lindner はこの過程をレビューし，理論的性質の考察と，それが金融時系列のモデリングにどのように利用できるかを示す．多くの離散的時系列は連続時間過程からの標本であって，それゆえこの 2 つの時系列がどのような関連性をもつかを理解することは重要である．第 20 章において Turkman は，定常連続時間での最大値と離散化された時系列での最大値の関係性について考察する．

Part IX では信号解析のスペクトル法およびウェーブレット法を扱う．Quinn は第 21 章で，信号の周波数推定に用いる時系列のフーリエ解析について考察する．第 22 章では Percival and Mondall が，時系列の分散を解析するウェーブレット法を考察している．

時代は変わり，いまや上に述べた方法論の多くが，R（多くの統計家に使われている統計ソフトウェア）で書かれたソフトウェアパッケージとして簡単に利用可能となっている．それゆえ，R に関する章を設けることは時宜にかなっているだろう．Part X は McLeod, Yu, and Mahdi による 1 つの章から成り，R による時系列解析のイントロダクションを与える．

本巻を編集するにあたって，各論考のレビューを（ときに一度ならず）お引き受けいただいた方々の助力を得た．各位に謝意を捧げたい．いくつかの論考をレビューしていただいた C. W. Anderson 教授（Sheffield University），M. B. Priestley 教授（University of Manchester），そして M. Pourahamadi 教授（Texas A&M University）にも感謝する．

T. Subba Rao
S. Subba Rao
C. R. Rao

目　次

Part I　ブートストラップ法と時系列の線形性の検定 ── 1

1. 時系列のためのブートストラップ法 ……………………………… 3
- 1.1　はじめに ………………………………………………………… 3
- 1.2　パラメトリックモデルとノンパラメトリックモデルに対する残差型ブートストラップ法 …………………………………………… 6
- 1.3　自己回帰（AR）篩ブートストラップ法 ……………………… 10
- 1.4　マルコフ連鎖に対するブートストラップ法 ………………… 13
- 1.5　ブロックブートストラップ法 ………………………………… 15
- 1.6　周波数領域のブートストラップ法 …………………………… 19
- 1.7　時間領域と周波数領域のブートストラップ法を融合した方法 … 20
- 1.8　長期従属性のもとでのブートストラップ法 ………………… 24
- 文　献 ………………………………………………………………… 26

2. 時系列データの線形性検定：伝統的方法とブートストラップ法 … 33
- 2.1　はじめに ………………………………………………………… 33
- 2.2　線形性とガウス性の検定の簡略なサーベイ ………………… 34
- 2.3　線形および非線形時系列 ……………………………………… 36
- 2.4　線形性の AR 篩ブートストラップ検定 ……………………… 39
- 2.5　線形性のサブサンプリング検定 ……………………………… 41
  - 2.5.1　カーネル法に基づくポリスペクトルの推定 ………… 42
  - 2.5.2　検定統計量 t_n^G と t_n^L ……………………………… 44
  - 2.5.3　t_n^G と t_n^L についてのサブサンプリング法 ……… 45
- 文　献 ………………………………………………………………… 47

3. 非線形時系列の探究 ………………………………………………… 51
- 3.1　はじめに ………………………………………………………… 51
- 3.2　線形過程の定義 ………………………………………………… 53
  - 3.2.1　非線形時系列とは？ …………………………………… 55
- 3.3　非線形性の検定 ………………………………………………… 56
  - 3.3.1　バイスペクトルと高次モーメントに基づく検定 …… 56

	3.3.2	診断検定	58
	3.3.3	特定化検定とラグランジュ乗数検定	61
	3.3.4	ノンパラメトリック検定	62
	3.3.5	カオス理論に基づく検定	64
	3.3.6	サロゲートデータに基づく検定	65
3.4	結　論		67
文　献			68

Part II　非線形時系列　　　　　　　　　　　　73

4. 非線形・非定常時系列のモデリング　75

4.1　はじめに　75
4.2　非線形定常モデル　76
4.2.1　非線形モデルの定常性　77
4.2.2　ある特定の非線形モデル　79
4.3　線形非定常性　84
4.3.1　線形単位根モデル　84
4.3.2　ベクトル自己回帰過程と線形共和分　86
4.4　非線形非定常過程　89
4.4.1　非線形 I(1) 過程　89
4.4.2　確率的単位根モデル　92
4.4.3　非線形誤差修正モデル　93
4.4.4　説明変数が非定常であるパラメトリック非線形回帰　95
4.4.5　非線形共和分の枠組みにおけるノンパラメトリック推定　99
4.5　時変パラメータと状態空間モデル　101
4.5.1　はじめに　101
4.5.2　非線形状態空間モデル　102
文　献　104

5. マルコフスイッチング時系列モデル　111

5.1　はじめに　111
5.2　マルコフスイッチング AR モデル　114
5.2.1　最尤推定値　118
5.2.2　エルゴード性と一致性　120
5.2.3　漸近正規性　122
5.2.4　モデル選択　123

	5.2.5　EMアルゴリズム	124
	5.2.6　Viterbiアルゴリズム	129
5.3	その他のマルコフスイッチング時系列モデル	130
5.4	連続時間におけるマルコフスイッチング	131
文　　献		133

6. 条件付き不均一分散の頑健推定の展望 … 137

- 6.1　はじめに … 137
- 6.2　GARCH(p,q) と GJR$(1,1)$ モデル … 139
  - 6.2.1　M 推定量 … 141
  - 6.2.2　$\hat{\boldsymbol{\theta}}_n$ の漸近分布 … 144
- 6.3　GARCH モデルと GJR モデルのデータ分析 … 145
  - 6.3.1　シミュレーション分析 … 146
  - 6.3.2　金融データ … 148
- 6.4　バリュー・アット・リスクと M 推定量 … 149
  - 6.4.1　M 検 定 … 150
  - 6.4.2　競合する M 推定量間の比較 … 151
- 6.5　VaR に基づくデータ分析 … 152
  - 6.5.1　標本内の VaR の評価と比較 … 153
  - 6.5.2　標本外の VaR の評価と比較 … 155
- 6.6　非線形 AR–ARCH モデル … 157
  - 6.6.1　M 推定量と R 推定量 … 160
  - 6.6.2　漸 近 分 布 … 162
- 6.7　AR–ARCH モデルのデータ分析 … 165
  - 6.7.1　シミュレーション分析 … 166
  - 6.7.2　金融データ … 167
- 6.8　結　　論 … 168
- 文　　献 … 169

Part III　高次元時系列 ── 171

7. 関数時系列 … 173

- 7.1　はじめに … 173
  - 7.1.1　関数時系列の例 … 174
- 7.2　関数データに対するヒルベルト空間モデル … 176
  - 7.2.1　作　用　素 … 176

  7.2.2 L^2 空間 177
  7.2.3 関数平均と共分散作用素 178
  7.2.4 経験関数主成分 179
  7.2.5 母集団関数主成分 180
 7.3 関数自己回帰モデル 182
  7.3.1 存　在　性 182
  7.3.2 推　　　定 183
  7.3.3 予　　　測 186
 7.4 弱従属関数時系列 191
  7.4.1 近似可能な関数列 191
  7.4.2 平均関数と関数主成分の推定 193
  7.4.3 長期分散の推定 195
 7.5 文 献 解 題 200
 文　　　　献 202

8.　時系列における共分散行列の推定 205
 8.1 は じ め に 205
 8.2 標本共分散の漸近的性質 208
 8.3 低次元共分散行列の推定 212
  8.3.1 HC 共分散行列推定量 214
  8.3.2 定常過程に対する長期の共分散行列推定 216
  8.3.3 HAC 共分散行列推定量 218
  8.3.4 線形モデルに対する共分散行列の推定 219
 8.4 高次元共分散行列の推定 220
  8.4.1 Cholesky 分解 221
  8.4.2 パラメトリック共分散行列推定 222
  8.4.3 複数の i.i.d. 実現パスを用いた共分散行列の推定 222
  8.4.4 一つの実現パスを用いた共分散行列の推定 224
 文　　　　献 227

Part IV　時系列と分位点回帰 ——————————— 233

9.　時系列分位点回帰 235
 9.1 分位点回帰入門 235
 9.2 自己回帰時系列に対する分位点回帰 237
  9.2.1 古典的自己回帰モデル 238

	9.2.2	QAR モデル	239
	9.2.3	非線形 QAR モデル	244
9.3	ARCH および GARCH モデルに対する分位点回帰	246
9.4	時間従属性を持つ誤差の場合の分位点回帰	252
9.5	ノンパラメトリックおよびセミパラメトリック QR モデル	254
	9.5.1	ノンパラメトリック動学的分位点回帰モデル	254
	9.5.2	セミパラメトリック動学的分位点回帰モデル	257
9.6	その他の動学的分位点モデル	260
	9.6.1	CAViaR モデルと局所モデル化法	260
	9.6.2	加法分位点モデル	262
	9.6.3	動学的パネルに対する分位点回帰	262
9.7	極値分位点回帰	263
9.8	非定常時系列に対する分位点回帰	265
	9.8.1	単位根分位点回帰	265
	9.8.2	共和分時系列に対する分位点回帰	268
9.9	時系列分位点回帰の応用	270
	9.9.1	分位点モデルによる予測	270
	9.9.2	条件付き分布の構造変化の検定	272
	9.9.3	ポートフォリオの構築	275
9.10	結論	278
文献			278

Part V　生物統計への応用　　　　　　　　　　　　　　　　283

10. DNA 配列解析における周波数領域のテクニック　285

10.1	はじめに	285
10.2	スペクトルエンベロープ	291
	10.2.1　スペクトル解析	291
	10.2.2　定義と漸近論	293
	10.2.3　データ解析	298
10.3	局所スペクトルエンベロープ	299
	10.3.1　区分的定常性	299
	10.3.2　データ解析	300
	10.3.3　2 進分割	301
	10.3.4　データ解析	305
	10.3.5　議論	308

10.4 ゲノム差異の検出 ……………………………………………… 309
　　10.4.1 一般的問題設定 …………………………………………… 309
　　10.4.2 配列マッチングモデル …………………………………… 311
　　10.4.3 データ解析 ………………………………………………… 315
　10.A 補遺：時系列の主成分分析と正準相関分析 ………………… 316
　　10.A.1 主 成 分 …………………………………………………… 316
　　10.A.2 正 準 相 関 ………………………………………………… 318
　文　　　献 ………………………………………………………………… 320

11. 神経科学における fMRI データ解析のための時空間モデリング ……… 323
　11.1 は じ め に ……………………………………………………… 323
　11.2 従来のアプローチ：時空間共分散関数 ……………………… 324
　11.3 SPM とその決定論的含意 …………………………………… 325
　11.4 イノベーションアプローチと NN-ARX モデル …………… 328
　11.5 尤度と仮説の有意性 …………………………………………… 330
　　11.5.1 SPM における決定論的仮説の統計的検証 ……………… 332
　　11.5.2 各々の voxel における賦活の統計的検証 ……………… 332
　　11.5.3 遠隔 voxel 間の同時結合性の統計的検証 ……………… 333
　　11.5.4 遠隔 voxel 間の動的相関の統計的検証 ………………… 334
　　11.5.5 イノベーションのガウス性 ……………………………… 335
　11.6 脳の部位間の因果解析と脳機能マッピングへの応用 ……… 336
　11.7 お わ り に ……………………………………………………… 337
　文　　　献 ………………………………………………………………… 338

12. 計数時系列モデル ………………………………………………… 341
　12.1 は じ め に ……………………………………………………… 341
　12.2 ポアソン回帰モデリング ……………………………………… 343
　12.3 計数時系列のポアソン回帰モデル …………………………… 344
　　12.3.1 計数時系列の線形モデル ………………………………… 345
　　12.3.2 計数時系列の対数線形モデル …………………………… 349
　　12.3.3 計数時系列の非線形モデル ……………………………… 353
　　12.3.4 推　　論 …………………………………………………… 353
　　12.3.5 最尤推定値の漸近分布について ………………………… 355
　　12.3.6 データ例 …………………………………………………… 357
　12.4 計数時系列の他の回帰モデル ………………………………… 360
　　12.4.1 他の分布の仮定 …………………………………………… 360
　　12.4.2 パラメータ駆動型モデル ………………………………… 363

12.5	整数自己回帰モデル	363
	12.5.1 分岐過程	364
	12.5.2 間引き演算子に基づくモデル	365
	12.5.3 間引き演算子に基づいたモデルの拡張	367
	12.5.4 再生過程モデル	368
12.6	おわりに	369
付 録		369
文 献		370

Part VI 非定常時系列 — 375

13. 局所定常過程 — 377

- 13.1 はじめに — 377
- 13.2 時変自己回帰過程——奥深い例 — 379
  - 13.2.1 線分上の定常法による局所推定 — 381
  - 13.2.2 局所共分散推定量 — 382
  - 13.2.3 線分選択と局所ユール・ウォーカー推定量の漸近平均2乗誤差 — 384
  - 13.2.4 パラメトリック Whittle 型推定——最初のアプローチ — 385
  - 13.2.5 ノンパラメトリック tvAR モデルの推論——概観 — 390
  - 13.2.6 形状曲線と変化曲線 — 392
- 13.3 局所尤度, 微分過程, 時変パラメータを持つ非線形モデル — 393
- 13.4 一般的な定義, 線形過程と時変スペクトル密度 — 404
  - 13.4.1 線形局所定常過程の定義 — 404
- 13.5 局所定常過程についての正規尤度理論 — 412
- 13.6 経験スペクトル過程 — 417
- 13.7 付加的な話題とさらなる参考文献 — 426
  - 13.7.1 局所定常ウェーブレット過程 — 426
  - 13.7.2 多変量局所定常過程 — 427
  - 13.7.3 局所定常過程の検定——特に定常性の検定 — 428
  - 13.7.4 局所定常過程についてのブートストラップ法 — 429
  - 13.7.5 モデル誤指定とモデル選択 — 429
  - 13.7.6 尤度理論と大偏差 — 430
  - 13.7.7 再帰的な推定 — 430
  - 13.7.8 平均曲線の推測 — 431
  - 13.7.9 区分的に一定なモデル — 431
  - 13.7.10 長期記憶過程 — 431

- 13.7.11 局所定常ランダムフィールド 432
- 13.7.12 判別解析 432
- 13.7.13 予測 432
- 13.7.14 金融 432
- 13.7.15 さらなる話題 433
- 文献 433

14. 局所化フーリエ関数族を利用した多変量非定常時系列解析 441
- 14.1 はじめに 441
  - 14.1.1 本章の目的 441
  - 14.1.2 スペクトル表現定理の概説 443
- 14.2 SLEX 解析の概要 445
  - 14.2.1 SLEX 波形 445
  - 14.2.2 SLEX 関数族 446
  - 14.2.3 SLEX 変換の計算 448
  - 14.2.4 SLEX ピリオドグラム行列の計算 448
  - 14.2.5 最良基底アルゴリズム 449
  - 14.2.6 SLEX と他の局所波形 449
- 14.3 最良 SLEX 信号表現の選択 450
  - 14.3.1 SLEX モデル族の構築 451
  - 14.3.2 スペクトル推定値の算出 456
  - 14.3.3 例：多チャンネル EEG 457
- 14.4 時系列の分類・判別 460
  - 14.4.1 縮小型スペクトル推定の概観 465
  - 14.4.2 SLEX 縮小推定型判別法のアルゴリズム 467
  - 14.4.3 視覚・運動 EEG データへの応用 469
- 14.5 まとめ 469
- 文献 470

15. 確率的係数回帰モデルに関する新たな視点 473
- 15.1 はじめに 473
- 15.2 確率的係数回帰モデル 475
  - 15.2.1 モデル 475
  - 15.2.2 SCR モデルと他の統計モデルとの比較 476
- 15.3 推定量 478
  - 15.3.1 目的関数の動機付け 478
  - 15.3.2 第 1 推定量 479

15.3.3	第2推定量	480
15.4	SCR モデルの係数の確率的変動性に関する検定	480
15.5	推定量の漸近的な性質	483
15.5.1	いくつかの仮定	483
15.5.2	第1推定量 $\hat{\boldsymbol{\alpha}}_T$ と $\hat{\boldsymbol{\theta}}_T$ の性質	484
15.5.3	第2推定量 $\tilde{\boldsymbol{\Sigma}}_T, \tilde{\boldsymbol{a}}_T, \tilde{\boldsymbol{\vartheta}}_T$ の性質	488
15.5.4	ガウス型尤度と第1推定量の漸近的効率性	489
15.6	データ分析	492
文　　献		499

Part VII　時空間時系列 ——— 501

16.　時空間大気汚染データに対する階層ベイズモデル　503
- 16.1　はじめに　503
- 16.2　階層モデル　506
  - 16.2.1　データに対するモデル　506
  - 16.2.2　ガウス過程　508
  - 16.2.3　同時事後分布　509
- 16.3　予測の詳細　510
  - 16.3.1　要約の計算　512
  - 16.3.2　予　　測　512
- 16.4　例　512
- 16.5　さらなる展望　519
- 付録：ギブスサンプリングのための条件付き分布　519
- 文　　献　521

17.　時間および時空間過程に対する Karhunen–Loéve 展開　525
- 17.1　はじめに　525
- 17.2　1次元過程に対する Karhunen–Loéve 展開　526
  - 17.2.1　離散時系列の分解　529
  - 17.2.2　再　構　築　531
  - 17.2.3　イタリア（1978～1995）における月次エネルギー消費　533
- 17.3　多重解像 Karhunen–Loéve 展開　534
  - 17.3.1　ノイズフィルタリング　536
  - 17.3.2　赤外線シグナルの MR-KL 解析　536
- 17.4　組になった1次元過程に対する Karhunen–Loéve 展開　539

17.4.1　カーネルのタイプ ································ 540
　17.5　時空間過程に対する Karhunen–Loéve 展開 ················ 542
　　　17.5.1　計算方法の詳細 ································ 544
　　　17.5.2　状態空間による定式化 ·························· 544
　17.6　要約と補足 ·· 547
　文　　献 ·· 548

18. 時空間モデルの統計分析とその応用 ························ 551
　18.1　はじめに ·· 551
　　　18.1.1　線形シンプルクリギング ························ 553
　　　18.1.2　線形オーディナリクリギング ···················· 554
　　　18.1.3　線形ユニバーサルクリギング ···················· 554
　　　18.1.4　一般的コメント ································ 554
　　　18.1.5　非線形 2 次クリギング ·························· 555
　18.2　線形依存度と空間定常過程の線形性 ······················ 556
　　　18.2.1　固有空間定常過程 ······························ 558
　18.3　ラティス上の空間過程モデル ···························· 558
　　　18.3.1　同時自己回帰モデル（SAR） ···················· 558
　　　18.3.2　条件付き自己回帰モデル（CAR） ················ 559
　18.4　周波数領域における CAR モデル推定法 ·················· 559
　18.5　時空間過程 ·· 560
　　　18.5.1　時空間過程のモデル ···························· 561
　　　18.5.2　条件付き時空間自己回帰モデル（CAST） ········· 561
　　　18.5.3　同時時空間自己回帰モデル（SAST） ············· 563
　　　18.5.4　周波数領域 SAST ······························ 563
　18.6　多変量 AR と STAR モデル ····························· 563
　　　18.6.1　非線形時空間モデル（時空間バイリニアモデル） ··· 566
　結　　語 ·· 567
　文　　献 ·· 568

Part VIII　連続時間時系列 ——————————— 571

19. 金融データのためのレビィ駆動型モデル ···················· 573
　19.1　はじめに ·· 573
　19.2　レビィ過程 ·· 574
　19.3　レビィ駆動型 CARMA(p,q) 過程 ······················· 575

>　　19.3.1　$EL_1^2 < \infty$ の場合の 2 次的性質 ･････････････････････････ 578
>　19.4　連続時間確率的ボラティリティモデル ･･････････････････････････ 579
>　19.5　累積 CARMA 過程と瞬間ボラティリティモデリング ･･････････ 580
>　19.6　一般化オルンシュタイン・ウーレンベック過程 ･･････････････････ 584
>　19.7　連続時間 GARCH 過程 ･･･････････････････････････････････････ 587
>　文　　献 ･･･ 591

20. 定常過程の離散時間・連続時間の極値 ･･･････････････････････････ 593
>　20.1　はじめに ･･･ 593
>　20.2　条件と主要な結果 ･･･ 600
>　　20.2.1　有 限 区 間 ･･･ 600
>　　20.2.2　増大型区間 ･･･ 605
>　20.3　ピリオドグラム ･･･ 607
>　20.4　お わ り に ･･･ 610
>　文　　献 ･･･ 611

Part IX　スペクトル法・ウェーブレット法 ──── 613

21. 周波数の推定 ･･･ 615
>　21.1　は じ め に ･･･ 615
>　21.2　基本モデル ･･･ 616
>　21.3　ピリオドグラム最大化法の性質 ･･･････････････････････････････ 619
>　21.4　ARMA 過程との関連 ･･･ 620
>　21.5　自己回帰近似 ･･･ 621
>　21.6　Pisarenko 法 ･･･ 625
>　21.7　MUSIC 法 ･･･ 628
>　21.8　ARMA フィルタリングによる効率的手法 ･････････････････････ 629
>　21.9　ピリオドグラム最大化の実際 ･････････････････････････････････ 633
>　21.10　離散フーリエ変換による手法 ･････････････････････････････････ 634
>　21.11　離散フーリエ変換において絶対値のみを用いる推定 ･･･････････ 636
>　21.12　複数の正弦波からなる場合 ･･･････････････････････････････････ 638
>　　21.12.1　近接する周波数への分解能 ･････････････････････････････ 639
>　　21.12.2　その他の分解能問題 ･････････････････････････････････ 643
>　　21.12.3　高調波関係にある周波数 ･････････････････････････････ 645
>　21.13　複素正弦波 ･･･ 646

目次 xxii

- 21.14 関連する問題および領域 647
- 文　献 647

22. ウェーブレット分散入門 651
- 22.1 はじめに 651
- 22.2 最大重複離散ウェーブレット変換 653
- 22.3 最大重複離散ウェーブレット変換によるウェーブレット分散分析 657
- 22.4 ウェーブレット分散の定義と性質 660
- 22.5 ウェーブレット分散の基本的な推定量 662
  - 22.5.1 ウェーブレット分散の不偏推定量 663
  - 22.5.2 不偏性を持たないウェーブレット分散の推定量 666
- 22.6 ウェーブレット分散の特殊な推定量 667
  - 22.6.1 欠損がある時系列に対するウェーブレット分散の推定 668
  - 22.6.2 ウェーブレット分散の頑健推定 670
- 22.7 ウェーブレット分散推定量のスケール横断的な組合せ 672
  - 22.7.1 べき乗則の指数の推定 673
  - 22.7.2 固有スケールの推定 675
- 22.8 応　用　例 676
  - 22.8.1 原子時計からの微小周波数偏差 676
  - 22.8.2 海氷厚の残差 678
  - 22.8.3 海氷面の反射係数測定 680
  - 22.8.4 連星系から発せられる X 線の変動 682
  - 22.8.5 川の流れのコヒーレント構造 684
- 22.9 ま と め 685
- 文　献 687

Part X 計算方法 —— 691

23. R による時系列解析 693
- 23.1 時系列プロット 695
- 23.2 基本パッケージ：`stats` と `datasets` 701
  - 23.2.1 `stats` 701
  - 23.2.2 `tseries` 704
  - 23.2.3 `Forecast` 704
- 23.3 その他の線形時系列解析 704
  - 23.3.1 状態空間モデルとカルマンフィルタ 704

23.3.2 Durbin–Levinson 再帰計算を用いた線形時系列解析へのアプローチ ………………………………………………… 706
23.3.3 長期記憶時系列解析 ……………………………………… 708
23.3.4 部分自己回帰モデル ……………………………………… 709
23.3.5 周期自己回帰モデル ……………………………………… 711
23.4 時系列回帰 …………………………………………………………… 712
23.4.1 タバコ消費量データ ……………………………………… 712
23.4.2 Durbin–Watson 検定 …………………………………… 712
23.4.3 自己相関のある誤差を持つ回帰 ………………………… 714
23.4.4 ラグ付き変数を用いた回帰 ……………………………… 715
23.4.5 構造変化 …………………………………………………… 715
23.4.6 一般化線形モデル ………………………………………… 716
23.5 非線形時系列モデル ………………………………………………… 718
23.5.1 非線形時系列の検定 ……………………………………… 718
23.5.2 閾値モデル ………………………………………………… 718
23.5.3 ニューラルネット ………………………………………… 720
23.6 単位根検定 …………………………………………………………… 721
23.6.1 パッケージ urca の概要 ………………………………… 721
23.6.2 共変量付加検定 …………………………………………… 728
23.7 共和分と VAR モデル ……………………………………………… 729
23.8 GARCH 時系列 ……………………………………………………… 730
23.9 時系列解析におけるウェーブレット法 …………………………… 733
23.10 確率微分方程式 ……………………………………………………… 735
23.11 結論 …………………………………………………………………… 738
A 付録 …………………………………………………………………………… 739
  A.1 datasets ………………………………………………………… 739
  A.2 stats ……………………………………………………………… 740
  A.3 tseries …………………………………………………………… 741
  A.4 Forecast ………………………………………………………… 742
  A.5 ltsa ……………………………………………………………… 743
  A.6 FitAR …………………………………………………………… 743
文献 ………………………………………………………………………………… 745

索引 ………………………………………………………………………………… 753

Part I

Bootstrap and Tests for
Linearity of a Time Series

ブートストラップ法と
時系列の線形性の検定

CHAPTER 1

Bootstrap Methods for Time Series

時系列のためのブートストラップ法

■ 概　要 ■　本章では，時系列データのためのブートストラップ法を概観する．もともとは独立な確率変数のために導入されたブートストラップ法が，どのようにして離散時間の従属な確率変数を扱うさまざまな場合に応用されていくのかを見ていく．特に，パラメトリック時系列モデル，ノンパラメトリック時系列モデル，自己回帰過程，マルコフ過程，長期依存時系列，非線形時系列の場合を扱う．また，関連のあるブートストラップ法として，直感的な残差型ブートストラップ法とマルコフ型ブートストラップ法，広く知られているブロックブートストラップ法，周波数領域におけるリサンプリング法を紹介する．

さらに，興味のあるパラメータの推定量の分布が，上述した方法で一致性を有するための条件を述べる．ただし，扱うトピックの理解を容易にするため，意図的に専門用語を使わずに説明する箇所がある．それは，特定の従属性の状況のもとで興味のあるパラメータのクラスを与えた場合に，どのようなブートストラップ法の考え方を使うとよいのかを説明するためである．また本章では，時系列のためのブートストラップ法の詳細な関連文献のリストも収録している．

■ キーワード ■　ブートストラップ法，離散フーリエ変換，線形時系列，非線形時系列，長期従属性，マルコフ連鎖，リサンプリング，2次の正確性，確率過程

1.1　はじめに

ブートストラップ法（bootstrap method）は，もともとは Efron (1979) によって独立な変数に対して導入された方法であるが，後にさまざまな研究者によって，より複雑な従属な変数を扱う方法に拡張された．ブートストラップ法はノンパラメトリック法の一つのクラスであり，データを発生させる潜在的な確率過程に対して多くの構造的な仮定を課すことなく，さまざまな問題についての統計的推測を実現する．これまでに，複数の書籍や研究論文が刊行されている．例えば書籍では，Hall (1992)，Efron and Tibshirani (1993)，Shao and Tu (1995)，Davison and Hinkley (1997)，Lahiri (2003a) などがあり，これらは，ブートストラップ法のさまざまな側面について種々のレベルで説明している．さらに，ブートストラップ法を用いた時系列のさまざまな側

面を概説した論文として，Berkowitz and Kilian (2000)，Bose and Politis (1995)，Bühlmann (2002)，Härdle et al. (2003)，Li and Maddala (1996)，Politis (2003) がある．これらの論文では，一般の確率過程と時系列モデルに対するブートストラップ法とリサンプリング法が検討されている．Paparoditis and Politis (2009) および Ruiz and Pascual (2002) による総説は，特に金融時系列に焦点を当てており，また，McMurry and Politis (2011) は関数データに対するリサンプリング法を扱っている．本章では，主要な考え方と問題が読みやすい記述となるように心掛け，時間的な従属性を示す時系列データに関する話題の最新の研究成果を示すことを目指す．

　ブートストラップ法の背後にある基本的な考え方は極めてシンプルであり，大まかに言うと，次のように説明できる．いま，$X_1, \ldots, X_n$ は同時分布 P_n を持つ時系列とする．母集団パラメータ θ を推定するため，$X_1, \ldots, X_n$ に基づいて（例えば，一般化モーメント法を用いて）何らかの推定量 $\hat{\theta}_n$ を構成したとしよう．ここで問題となるのは，$\hat{\theta}_n$ の精度を評価することであり，そのために例えば，$\hat{\theta}_n$ の平均 2 乗誤差 (mean squared error; MSE) や任意の信頼水準の区間推定値が用いられる．しかしながら，そのような方法で $\hat{\theta}_n$ の精度を測ろうとしても，$\hat{\theta}_n - \theta$ の標本分布に依存し，この量は通常，実際には未知であり，しばしば極めて複雑である．ブートストラップ法は，時系列を制約するモデルの仮定がなくても，$\hat{\theta}_n$ およびその汎関数の分布推定を行うための一般的な方法を提供してくれる．

　それではここで，ブートストラップ法の根底にある基礎的な原理を要約しよう．上述したように，データは，同時分布が P_n の時系列の一部 $\{X_1, \ldots, X_n\} \equiv \mathbf{X}_n$ によって生成されているとしよう．$\mathbf{X}_n$ を所与として，まず P_n の推定値 $\hat{P}_n$ を構成する．次に，$\hat{P}_n$ から確率変数 $\{X_1^*, \ldots, X_n^*\} \equiv \mathbf{X}_n^*$ を生成する．もし $\hat{P}_n$ が P_n の合理的な"良い"推定量であるならば，$\{X_1, \ldots, X_n\}$ と P_n の間の関係は，（ブートストラップの世界においては）$\{X_1^*, \ldots, X_n^*\}$ と $\hat{P}_n$ の間の関係として，しっかりと再現される．ここで，$\hat{\theta}_n$ のブートストラップ版 $\hat{\theta}_n^*$ は，$X_1, \ldots, X_n$ を $X_1^*, \ldots, X_n^*$ に置き換えることにより定義される．同様に，$\theta = \theta(P_n)$ のブートストラップ版 θ^* は，P_n を $\hat{P}_n$ に置き換えることにより定義される．このとき，$\hat{\theta}_n - \theta$ の分布関数 G_n のブートストラップ推定量は，条件付き分布関数 $\hat{G}_n$，すなわち，$\mathbf{X}_n$ を所与としたときの $\hat{\theta}_n^* - \theta^*$ の分布 G_n^* である．ここで，θ^* は適切に選択されたあるパラメータである．θ^* は多くの場合，θ が P_n から計算されるのと同様にして，$\hat{P}_n$ から計算することができる．ほとんどすべての場合に，ブートストラップ法は $c_n(\hat{\theta}_n - \theta)$ というタイプの分布を近似するために使用される．ここで，(c_n) は非負実数の無限増加列で，$c_n(\hat{\theta}_n - \theta)$ の分布が退化しない極限に収束するように選ぶものとする．

　例えば，$\hat{\theta}_n - \theta$ の分散や分位数のような $\hat{\theta}_n - \theta$ の分布の汎関数となっているブートストラップ推定量を定義するためには，単にプラグイン原理を使えばよく，また，$\hat{\theta}_n^* - \theta^*$ の条件付き分布に対応する汎関数を用いればよい．このようにして，$\hat{\theta}_n - \theta$ の分散 σ_n^2 のブートストラップ推定量 $\hat{\sigma}_n^2$ は，$\hat{\theta}_n^* - \theta^*$ の条件付き分散として与えられ

る．すなわち，

$$\hat{\sigma}_n^2 = \sigma_n^2 \text{ のブートストラップ推定量}$$
$$= \text{Var}(\hat{\theta}_n^* - \theta^* | \mathbf{X}_n)$$
$$= \int x^2 d\hat{G}_n(x) - \left[\int x d\hat{G}_n(x)\right]^2$$

である．同様に，$\hat{\theta}_n - \theta$ の（分布の）$\alpha \in (0,1)$ 分位数 $q_{\alpha,n}$ のブートストラップ推定量は，$\hat{\theta}_n^* - \theta^*$ の条件付き分布の α 分位数，すなわち，

$$\hat{q}_{\alpha,n} = \hat{G}_n^{-1}(\alpha)$$

により与えられる．

一般に，ある特定の状況で利用する特別なブートストラップ法を選んだとしても，母集団に関するさまざまな量のブートストラップ推定量について，閉形式の解析的な表現を得ることは極めて難しい（実行不能であることもしばしばである）．このため，コンピュータが必要不可欠な役割を果たす．$\hat{\theta}_n - \theta$ の分布のブートストラップ推定量は，モンテカルロシミュレーションを使って数値的に計算される．まず，繰り返しリサンプリングすることにより，$\hat{\theta}_n^*$ についての多数の（通常は何百もの）独立な複製 $\{\hat{\theta}_n^{*k} : k = 1, \ldots, K\}$ を作成する．これらのブートストラップ複製の経験分布は，$\hat{\theta}_n^* - \theta^*$ およびその汎関数の真のブートストラップ分布に対する望ましいモンテカルロ近似を与える．具体的には次のとおりである．分散パラメータ $\sigma_n^2 = \text{Var}(\hat{\theta}_n - \theta)$ に対しては，ブートストラップ推定量 $\hat{\sigma}_n^2$ のモンテカルロ近似は，

$$[\hat{\sigma}_n^{\text{MC}}]^2 \equiv (K-1)^{-1} \sum_{k=1}^{K} \left[\hat{\theta}_n^{*k} - K^{-1} \sum_{j=1}^{K} \hat{\theta}_n^{*j}\right]^2$$

により与えられる．これは，複製 $\{\hat{\theta}_n^{*k} - \theta^* : k = 1, \ldots, K\}$ の標本分散である．同様に，ブートストラップ推定量 $\hat{q}_{\alpha,n}$ のモンテカルロ近似は，

$$\hat{q}_{n,\alpha}^{\text{MC}} \equiv \hat{\theta}_n^{*(\lfloor K\alpha \rfloor)} - \theta^*$$

により与えられる．これは，複製 $\{\hat{\theta}_n^{*k} - \theta^* : k = 1, \ldots, K\}$ の $\lfloor K\alpha \rfloor$ 番目の順序統計量である．なお，$\lfloor x \rfloor$ は，任意の実数 x に対して，x を超えない最大の整数を表す．

このような観点から，ブートストラップ法の導入は極めてタイムリーであった．すなわち，現代のコンピュータの演算能力がなければ，興味深い種々のブートストラップ法の利用は可能にならなかったであろう．

本章の構成に，次のとおりである．1.2 節では，パラメトリックモデルとノンパラメトリックモデルに対する残差型ブートストラップ法を説明し，議論する．この方法は，主に，復元抽出する伝統的なブートストラップ法のやり方を，データに何らかのモデルを当てはめたときに得られる残差に適用するというものである．特別な場合と

して，1.3 節では，観測したデータに次元増大型の自己回帰モデルを当てはめるアプローチを詳しく解説する．また，1.4 節では，従属な観測値を扱うための関連モデルの一つであるマルコフ連鎖にブートストラップ法をうまく適用できることを解説する．

1.5 節では，時系列に対する有名なブロックブートストラップ法を詳細に議論する．これまで議論の対象としたすべてのブートストラップ法は，時間領域で適用可能な方法である．もちろん，周波数領域で適用可能なブートストラップ法もあり，それは 1.6 節で説明する．周波数領域と時間領域の両方のブートストラップ法を融合した方法は，1.7 節で解説する．最後の 1.8 節では，長期従属性を持つ時系列に対するブートストラップ法についての説明を行う．

1.2 パラメトリックモデルとノンパラメトリックモデルに対する残差型ブートストラップ法

i.i.d. 確率変数に対して復元抽出するという，Efron (1979) のオリジナルのブートストラップ法の考え方は，明らかに，従属な観測値に対して直接的に適用できない．そのため，ここではその考え方を X_t の（最適な）予測子の残差に適用することを考える．

ここで，次のような状況を考えてみよう．観測値 $X_1, \ldots, X_n$ が手もとにあるとする．$\mathbb{N} \equiv \{1, 2, \ldots\}$ は自然数の集合を表し，固定したある $p \in \mathbb{N}$ の値に対して，条件付き期待値 $E[X_t | X_{t-1}, \ldots, X_{t-p}]$ のパラメトリックまたはノンパラメトリックな推定量を $\widehat{m}_n(X_{t-1}, \ldots, X_{t-p})$ と表すことにする．この推定量により，残差を

$$\widehat{e}_t := X_t - \widehat{m}_n(X_{t-1}, \ldots, X_{t-p}), \quad t = p+1, \ldots, n \tag{1.1}$$

とし，ブートストラップ法を適用して得られる時系列を

$$X_t^* = \widehat{m}_n(X_{t-1}^*, \ldots, X_{t-p}^*) + e_t^*, \quad t = 1, \ldots, n \tag{1.2}$$

とする．ただし $e_1^*, \ldots, e_n^*$ は，ブートストラップイノベーション (bootstrap innovation) と呼ばれる量であり，これらは残差 $\widehat{e}_{p+1}, \ldots, \widehat{e}_n$ を中心化した集合 $\{\widehat{e}_{p+1}^c, \ldots, \widehat{e}_n^c\}$ 上の一様分布に従う．

なお，上述した残差はおおよそ同じ大きさの分散を持つと仮定した．分散が不均一な場合には，ブートストラップ法で得られる残差についてある種の局所的な選択を考えたり，ワイルドブートストラップ (wild bootstrap) 法によるアプローチを考えたりしてもよいであろう．後者は，ブートストラップイノベーションを

$$e_t^* := \widehat{e}_t \cdot \eta_t^*, \quad t = p+1, \ldots, n \tag{1.3}$$

によって生成するというものである．ここで，(η_t^*) は平均 0，分散 1 の（ブートストラップ）確率変数であり，通常は η_t^* が従う分布を特定する必要はない．もし分布の仮定をするなら，比較的簡単な離散分布（2 点分布でもよい）から標準正規分布まで，

幅広く用いることが可能である．適切にスチューデント化された統計量は高次の挙動が優れていることから，$E^*(\eta_t^*)^3 = 1$ が成り立つようにもすべきである．例えば，確率 $p_1 = (\sqrt{5}-1)/(2\sqrt{5})$, $p_2 = (\sqrt{5}+1)/(2\sqrt{5})$ で，それぞれ $z_1 = (1+\sqrt{5})/2$, $z_2 = (1-\sqrt{5})/2$ という値をとる離散分布（2点分布）は，平均が 0 で，2次と3次のモーメントが 1 という仮定を満たすものである．

式 (1.1) において完全なノンパラメトリック推定量を使う場合には，式 (1.2) のブートストラップ時系列の確率的性質を調べることは，かなり難しくなるだろう．それは，原点から遠く離れた領域で多くの観測値は得られないため，ノンパラメトリック推定量の挙動を原理的に制御できないからである．このため，通常はそのような領域において信頼性の高い推定量が得られることはあまりなく，したがってブートストラップ過程の安定性は容易には保証されない（式 (1.2) のタイプのモデルは，通常，関数 $\widehat{m}_n(x_{t-1}, \ldots, x_{t-p})$ の挙動に関するいくつかの極めて制約の強い増大条件（growth condition）が必要とされることを思い出そう）．しかし，この場合のブートストラップ法について漸近一致性が成り立つためには，ブートストラップの世界における従属な観測値の三角配列に対して，少なくとも安定性が必要であり，さらには混合性（mixing property）または弱従属性（weak dependence property）などの性質も必要となる．このような条件は，ブートストラップ過程の漸近的結果を証明するためにはむしろ役に立つであろう．

この問題を回避する一つの方法は，式 (1.2) の代わりにブートストラップの世界で回帰モデルを定義することである．すなわち，

$$X_t^* = \widehat{m}_n(X_{t-1}, \ldots, X_{t-p}) + e_t^*, \quad t = 1, \ldots, n \tag{1.4}$$

によって，ブートストラップ観測値を生成すればよい．このようにすると，ブートストラップの世界では時系列を得られないが，式 (1.2) の使用を上回る利点として，計画変数（これらそのものが時間遅れのオリジナルの観測値となっている）が実はデータの p 次の周辺分布を再現することが挙げられる．

残差型ブートストラップ法について調べるほうがはるかに易しいので，式 (1.1) では完全にパラメトリックな推定量を用いることにする．例えば，条件付き期待値の最適な線形近似，すなわち，p 次の自己回帰モデルを推測の対象とするデータに当てはめる．この場合の推定量 $\widehat{m}_n$ は，$\widehat{m}_n(x_1, \ldots, x_p) = \sum_{k=1}^p \widehat{a}_k x_{t-k}$ と簡単になる．上述したような簡単な状況では，ユール・ウォーカー法によるパラメータの推定値 $\widehat{a}_k$ は，ブートストラップの世界では常に，安定的かつ因果過程をもたらす（Kreiss and Neuhaus (2006) の Satz 8.7 と Bemerkung 8.8 参照）．しかしながら，もちろん，条件付き期待値にパラメトリックモデルを当てはめるという考え方をその他のモデルにも適用することができる．そのようなモデルとして，例えば移動平均モデルや ARMA モデルがある．

ここで主に関心のある問題は，どのような状況で，またどの程度，上述したブート

ストラップ法が漸近的に機能するかである．

　推測の対象とする観測値に関するすべての従属性の性質を再現できるブートストラップデータが，当てはめたパラメトリックモデルによって式 (1.2) から生成されることを保証するためには，次のような仮定が必要である．データ生成過程それ自体がパラメトリックなクラスに属すること，すなわち，i.i.d. のイノベーションとパラメトリックな条件付き平均関数 m_θ を用いて，

$$X_t = m_\theta(X_{t-1},\ldots,X_{t-p}) + e_t, \quad t \in \mathbb{Z} \tag{1.5}$$

という形で表現できることを仮定しなければならない．ここで，$\mathbb{Z}$ は整数の集合である．もちろんこれは限定的な表現であるが，パラメトリックな残差型ブートストラップ法は，式 (1.5) の確率過程を常に再現するということができる．このような残差型ブートストラップ法は，次のように容易に拡張することができる．式 (1.5) のモデルを少し変更し，条件付き偏差（ボラティリティ（volatility））の推定量を含めると，

$$X_t = m_\theta(X_{t-1},\ldots,X_{t-p}) + s_\theta(X_{t-1},\ldots,X_{t-q}) \cdot e_t, \quad t \in \mathbb{Z} \tag{1.6}$$

を常に再現する残差型ブートストラップ法が得られる．データ生成過程が式 (1.5) や式 (1.6) のクラスに属さない場合，もし真の潜在過程から式 (1.5) または式 (1.6) のタイプの確率過程に切り替わっても，興味のあるパラメータについての漸近分布が変わらないのであれば，このようなモデルの当てはめを利用する残差型ブートストラップ法は漸近的にしか機能しない．

　このような場合に考えられる最も簡単な状況は，データ生成過程に対して，（平均が 0 で有限な 2 次のモーメントを持つ）i.i.d. イノベーションを持つ，次元が固定された既知の p 次の因果的（線形）自己回帰モデル（causal (linear) autoregressive model），すなわち，

$$X_t = \sum_{k=1}^p a_k X_{t-k} + e_{t-k}, \quad t \in \mathbb{Z} \tag{1.7}$$

というモデルである．このような状況では，もちろん，次数が同じ p 次の自己回帰過程を考えれば十分である．ただし，係数は一致推定値 $\hat{a}_k$（例えば，ユール・ウォーカー推定値）とし，イノベーションはブートストラップの世界ではその分布が一致推定値となるようなものとする．もし，興味のある統計量が，いくつかのラグで評価した中心化した自己共分散関数あるいは中心化した自己相関関数であるなら，これらの量に対する漸近分布は，式 (1.7) のタイプの線形な AR(p) 過程や一般の混合過程（mixing process）の分布とは異なるものになることが知られている．このことから，自己回帰モデルの当てはめを利用する残差型ブートストラップ法は，一般には一貫した結果が得られないことがわかる．

　（線形）自己回帰モデルの係数の分布に興味があり，また潜在モデルが式 (1.7) に従う場合は，式 (1.4) のワイルドブートストラップ法により，妥当な近似的結果が得られ

る．そのような状況でのブートストラップ推定量は，まさに X_t^* の $X_{t-1},\ldots,X_{t-p}$ への線形回帰の回帰係数である．なぜならば，i.i.d. の誤差を持つ線形自己回帰および線形回帰におけるユール・ウォーカー推定量の漸近分布と最小 2 乗推定量の漸近分布は一致するからである．もちろん，より一般的な統計量に対しては，式 (1.4) のワイルドブートストラップ法では漸近的に妥当な結果は得られない．それは，ブートストラップの世界においては確率過程を発生させないからである．

原理的には，式 (1.2) のように残差をリサンプリングするやり方を応用することは，もちろん因果的（線形）自己回帰過程に限られたものではなく，容易にさまざまなパラメトリックモデル（例えば，ARMA モデル，閾値モデル，ARCH モデル，GARCH モデル）に拡張することができる．ARMA モデルに関連する文献には，Bose (1988, 1990)，Franke and Kreiss (1992) がある．多次元 ARMA モデルの場合は，Paparoditis and Streitberg (1992) で考えられている．Basawa et al. (1991)，Datta (1996)，Heimann and Kreiss (1996) では，一般の AR(1) モデルを扱っており，パラメータの値は定常となる場合に制限されていない．Datta and McCormick (1995a) は正のイノベーションを持つ 1 次の自己回帰モデルに対するブートストラップ法を提案している．Franke et al. (2006) は自己回帰における次数選択の問題にブートストラップ法を応用することを考案し，Paparoditis and Politis (2005) は自己回帰の単位根検定（unit root testing）の問題のブートストラップ法を検討している．イノベーションが i.i.d. であるという仮定は，多くの興味のある統計量に対して上述したブートストラップ法の漸近的妥当性を示す際には欠くことのできない条件である，ということも述べておこう．弱従属な誤差を持つ自己回帰におけるブートストラップ検定については，Psaradakis (2001) を参照してほしい．

最後に，完全なノンパラメトリックモデルの状況に戻ろう．ここで，(e_t) は i.i.d. のイノベーション（平均 0, 分散 1 とする）とし，次数 p, q は既知とする．このとき，もしデータ生成過程が

$$X_t = m(X_{t-1},\ldots,X_{t-p}) + s(X_{t-1},\ldots,X_{t-q}) \cdot e_t, \quad t \in \mathbb{Z} \qquad (1.8)$$

という形のノンパラメトリック方程式に従うのであれば，式 (1.2) または式 (1.4) のブートストラップ過程を定義するためには，未知の $m: \mathbb{R}^p \to \mathbb{R}$ および $s: \mathbb{R}^q \to [0, \infty]$ に対してノンパラメトリック推定量を適用しなければならない．ここで，m は条件付き平均，s は条件付きボラティリティ関数である．滑らかな平均関数 m と滑らかなボラティリティ関数 s に対しては，カーネルに基づく推定量が適用できるであろう．一方，より一般的な状況に対しては，ウェーブレットに基づく推定量の利用も可能であろう．式 (1.8) にノンパラメトリックモデルを当てはめた残差型ブートストラップ法は，ほとんどすべての統計的な量に対して一貫したリサンプリング法を提供してくれる．

ノンパラメトリック推定量に興味がある限り，いわゆるウィンドウ効果がもたらす白色化（whitening by windowing effect）を利用することができ，多くの場合，推測

の対象とする確率過程の従属構造がノンパラメトリック推定値の漸近分布に現れることはない．このため，回帰的アプローチだけでなく，式 (1.4) のようなワイルド残差型ブートストラップ法も考慮するとよいかもしれない．それは，これらの方法は背後にある従属構造を完全に無視するため，実行がはるかに容易なためである．ノンパラメトリックカーネル型ブートストラップ法については，Franke et al. (2002a) と Franke et al. (2002b) を参照してほしい．Neumann and Kreiss (1998) と Kreiss (2000) は，ノンパラメトリック自己回帰において，条件付き平均やボラティリティ関数に対するノンパラメトリック推定量および検定を考え，式 (1.8) のような状況のときにノンパラメトリック回帰型のブートストラップ法を適用すると，どの程度うまく機能するかを研究している．また，Paparoditis and Politis (2000) では，従属データに対するカーネル推定の問題に局所ブートストラップ法を適用する研究がなされている．

Kreiss and Neumann (1999) および Kreiss et al. (2008) では，式 (1.8) の形のモデルにおいて，平均およびボラティリティ関数に対する適合度検定の問題にノンパラメトリックブートストラップ法を応用することについての議論がなされている．Paparoditis and Politis (2003) は，関連のある単位根検定の問題を扱うために，ブロックブートストラップ法の考え方（1.5 節を参照）を残差に適用した．

1.3 自己回帰（AR）篩ブートストラップ法

AR 篩（ふるい）(sieve) ブートストラップ (autoregressive-sieve (AR-sieve) bootstrap) 法の主要な考え方は，1.2 節の残差型ブートストラップ法の方針に従っている．すなわち，ある意味で最適な予測子の残差に復元抽出の考え方を適用する代わりに，AR 篩ブートストラップ法では，推測の対象とする確率過程自体の過去の値の個数が増加することを前提として，（最適な）線形予測子に限定している．

ここで，再び次のような仮定をしてみよう．いま，推測の対象とする確率過程が定常であり，分散は正，すなわち $\gamma(0) > 0$ で，自己共分散 $\gamma(h)$ が $h \to \infty$ のとき漸近的に 0 になるとする．このとき，Brockwell and Davis (1991) の Prop. 5.1.1 から，行列 $\mathbf{\Gamma}_p = (\gamma(i-j))_{i,j=1,2,\ldots,p}$ は正定値であり，したがって過去の p 個の値 $\mathbf{X}_{j,p} = (X_j, \ldots, X_{j-p+1})$ を所与としたときの X_{j+1} の（平均 2 乗の意味で）最良線形予測子 (best linear predictor) が存在する．これは一意に求まり，$\widehat{X}_{j+1} = \sum_{j=1}^{p} a_j(p) X_{t-j}$ である．ここで，係数 $a_j(p)$ $(j = 1, 2, \ldots, p)$ は，次のように効率的に計算できる．

$$(a_1(p), a_2(p), \ldots, a_p(p))^T = \mathbf{\Gamma}_p^{-1}(\gamma(1), \gamma(2), \ldots, \gamma(p))^T$$

さて，ブートストラップ法による疑似的な時系列を生成する一つの方法は，p 個の初期値 $X_1^*, X_2^*, \ldots, X_p^*$ を選択し，過去の値 $X_1^*, X_2^*, \ldots, X_j^*$ $(j \geq p)$ を所与としたときの確率過程の次の値 X_{j+1}^* を，推定した最良線形予測子 $\widehat{X}_{j+1} = \sum_{s=1}^{p} a_s(p) X_{j+1-s}^*$

に以下のような誤差項を加えたものとすることである．ここで，誤差項は，中心化した予測誤差 $X_{t+1} - \widehat{X}_{t+1} = X_{t+1} - \sum_{s=1}^{p} a_s(p) X_{t+1-s}$ からランダムに抽出したものである．この考え方とサンプルサイズ n が増大したときに次数 p が無限大になることを勘案すると，いわゆる AR 篩ブートストラップ法が構成される．これは次のような手順に要約される．

Step 1: 次数 $p = p(n) \in \mathbb{N}$ ($p \ll n$) を選択し，$X_1, X_2, \ldots, X_n$ に p 次の自己回帰モデルを当てはめる．ここで，ユール・ウォーカー法による自己回帰パラメータの推定量を $\widehat{a}(p) = (\widehat{a}_i(p), \ldots, \widehat{a}_p(p))^T$ と表すことにすると，$0 \le h \le p$ に対して，$\widehat{a}(p) = \widehat{\Gamma}(p)^{-1} \widehat{\gamma}_p$ が成り立つ．ただし，$\widehat{\Gamma}(p) = (\widehat{\gamma}_X(r-s))_{r,s=1,2,\ldots,p}$, $\widehat{\gamma}_p = (\widehat{\gamma}_X(1), \ldots, \widehat{\gamma}_X(p))^T$,

$$\widehat{\gamma}_X(h) = \frac{1}{n} \sum_{t=1}^{n-|h|} (X_t - \overline{X}_n)(X_{t+|h|} - \overline{X}_n)$$

であり，$\overline{X}_n = \frac{1}{n} \sum_{t=1}^{n} X_t$ である．

Step 2: 上記の自己回帰モデルを当てはめたときの残差を $\widetilde{\varepsilon}_t(p) = X_t - \sum_{j=1}^{p} \widehat{a}_j(p) X_{t-j}$ ($t = p+1, p+2, \ldots, n$) とし，中心化した残差 $\widehat{\varepsilon}_t(p) = \widetilde{\varepsilon}_t(p) - \overline{\varepsilon}$ の経験分布関数を $\widehat{F}_n$ とする．ただし，$\overline{\varepsilon} = (n-p)^{-1} \sum_{t=p+1}^{n} \widetilde{\varepsilon}_t(p)$ である．また，$(X_1^*, X_2^*, \ldots, X_n^*)$ を時系列 $\mathbf{X}^* = \{X_t^* : t \in \mathbb{Z}\}$ の観測値の集合とする．ここで，$X_t^* = \sum_{t=1}^{p} \widehat{a}_j(p) X_{t-j}^* + e_t^*$ であり，e_t^* はいずれも $\widehat{F}_n$ に従う i.i.d. 確率変数である．

Step 3: $T_n^* = T_n(X_1^*, X_2^*, \ldots, X_n^*)$ は，興味のある推定量 T_n と同じ形をしているが，疑似的な時系列 $X_1^*, X_2^*, \ldots, X_n^*$ に基づいて計算される推定量とする．また，ϑ^* は ϑ に対応するブートストラップ過程 $\mathbf{X}^*$ から計算される量とする．このとき，AR 篩ブートストラップ法により，$c_n(\hat{\theta}_n - \theta)$ の分布 $\mathcal{L}_n = \mathcal{L}(c_n(\hat{\theta}_n - \theta))$ は，$c_n(T_n^* - \vartheta^*)$ の分布 $\mathcal{L}_n^* = \mathcal{L}^*(c_n(T_n^* - \vartheta^*))$ により近似される．

上述した AR 篩ブートストラップ法の Step 1 では，ユール・ウォーカー推定量を用いるのが便利であろう．それは，(Durbin–Levinson アルゴリズムを用いた) 簡単で安定した高速な計算方法もあるが，複素多項式 $\widehat{A}_p(z) = 1 - \sum_{j=1}^{p} \widehat{a}_j(p) z^j$ が単位円板 $\{z \in \mathbb{C} : |z| \le 1\}$ の境界上あるいは内側で根を持たないため，ブートストラップ過程 $\mathbf{X}^*$ は常に定常かつ因果的自己回帰過程となることが保証されるからである (Kreiss and Neuhaus (2006) の Satz 8.7 と Bemerkung 8.8 参照)．

上で説明した AR 篩ブートストラップ法は，Kreiss (1988) により発表され，Paparoditis and Streitberg (1992), Kreiss (1992), Paparoditis (1996), Bühlmann (1997), Kreiss (1997), Bühlmann (1998), Choi and Hall (2000), Gonçalves and Kilian (2007), Poskitt (2008), Kreiss et al. (2011) によって，さまざまな

観点から研究がなされてきた．また，Park (2002) は篩ブートストラップ法の不変原理 (invariance principle) を与え，Bose (1988) は自己回帰におけるブートストラップ法のエッジワース修正を考案している．Kapetanios (2010) は，長期記憶過程に篩ブートストラップ法の考え方を適用している．

もちろん，ここで問題となるのは，推測の対象としている確率過程 $(X_t : t \in \mathbb{Z})$ にどのような仮定を置くべきか，また，どのような種類の統計量 $T_n(X_1, \ldots, X_n)$ に対してであれば，分布 $\mathcal{L}_n$ を分布 $\mathcal{L}_n^*$ でうまく近似できるのかである．AR 篩ブートストラップ法に関するほとんどすべての論文では，(X_t) に対して無限次元の線形自己回帰モデル，すなわち，

$$X_t = \sum_{j=1}^{\infty} a_j X_{t-j} + e_t \tag{1.9}$$

を仮定している．ここで，(e_t) は i.i.d. 系列であり，係数 a_j は絶対総和可能 (absolutely summable) であるが，通常，多項式的さらには指数的に速く減衰するという仮定も置かれる．例外は標本平均 $\overline{X}_n = \frac{1}{n}\sum_{t=1}^{n} X_t$ の場合である．(e_t) は i.i.d. イノベーションであるという仮定は，標本平均の場合には，(e_t) はマルチンゲール差分 (martingale difference) であるという仮定に緩和できることが，Bühlmann (1997) によって示された．

Kreiss et al. (2011) は次のような事実を用いた．すなわち，狭義に正かつ連続なスペクトル密度を持ち，純粋に非決定的な平均 0 のすべての定常過程は，

$$X_t = \sum_{j=1}^{\infty} a_j X_{t-j} + \varepsilon_t \tag{1.10}$$

というウォルド型自己回帰表現で一意に表されるということである．ここで，a_j は絶対総和可能な係数であり，(ε_t) は自己相関のない平均 0 のホワイトノイズ過程である．ここで，式 (1.10) で表現されるからといって，推測の対象とする確率過程が線形かつ i.i.d. イノベーションで制御される因果的 AR(∞) であることは意味しないことに注意しなければならない．

Kreiss et al. (2011) は，やや緩やかな正則条件のもとで，AR 篩ブートストラップ法は，漸近的には，

$$\widetilde{X}_t = \sum_{j=1}^{\infty} a_j \widetilde{X}_{t-j} + \widetilde{\varepsilon}_t \tag{1.11}$$

により定義される，いわゆる随伴自己回帰過程 (companion autoregressive process) $(\widetilde{X}_t : t \in \mathbb{Z})$ の振る舞いを忠実に再現することを示した．ただし，イノベーション過程 $(\widetilde{\varepsilon}_t)$ は，その周辺分布が (ε_t) の分布に一致する，すなわち $\mathcal{L}(\varepsilon_t) = \mathcal{L}(\widetilde{\varepsilon}_t)$ となる i.i.d. 確率変数から構成され，係数は式 (1.10) で表されるウォルド型自己回帰表現の係数である．ここで，二つの確率過程 $(\widetilde{X}_t)$, (X_t) の 1 次と 2 次の性質は同じであること，すなわち，それらの自己共分散とスペクトル密度は一致することに注意しよう．しかし，3 次以上のすべての確率的性質は必ずしも同じとは限らず，一般にはかなり異

なっている．Kreiss et al. (2011) は，かなり一般的な統計量のクラスに対して，興味のある統計量の漸近分布が推測の対象とする確率過程 (X_t) および随伴自己回帰過程 ($\tilde{X}_t$) の分布と同じであれば，AR 篩ブートストラップ法は漸近的に機能することを示した．AR 篩ブートストラップ法に対するこのもっともらしいチェック規準によれば，例えば非常に緩やかな仮定（イノベーションに対するマルチンゲール差分の仮定よりもずっと弱い仮定）のもとでの算術平均に対して，AR 篩ブートストラップ法の一致性が言える．自己相関に対しては，このチェック規準により次のことが示される．すなわち，推測の対象とする確率過程が i.i.d. 誤差を持つ任意の線形表現で表され，この表現が i.i.d. 誤差を持つ AR(∞) 表現に反転されるか否かに依存しない場合には，AR 篩ブートストラップ法が機能することが示される．詳細は，Kreiss et al. (2011) を参照されたい．

1.4　マルコフ連鎖に対するブートストラップ法

ブートストラップ法を i.i.d. 確率変数から有限の状態空間に対するマルコフ連鎖 (Markov chain) に拡張する研究は，Kulperger and Prakasa Rao (1989) によって始められた．以下では，$\{X_n\}_{n\geq 0}$ は $S = \{s_1, \ldots, s_\ell\}$ を状態空間とする定常マルコフ連鎖であるとしよう．ただし，$\ell \in \mathbb{N}$ であり，$\mathbb{N} \equiv \{1, 2, \ldots\}$ は自然数の集合を表すとする．いま，$\mathbb{P} = (p_{ij})$ をサイズが $\ell \times \ell$ の推移確率行列，$\boldsymbol{\pi} = (\pi_1, \ldots, \pi_\ell)$ を定常分布とすると，任意の $1 \leq i, j \leq \ell$ に対して，$p_{ij} = P(X_{k+1} = s_j | X_k = s_i)$ かつ $\pi_i = P(X_k = s_i)$ である．この場合のマルコフ連鎖の同時分布は，$\boldsymbol{\pi}$ と $\mathbb{P}$ の要素として与えられる有限個の多くの未知パラメータによって完全に決まる．マルコフ連鎖からのサイズ n の標本 $X_0, \ldots, X_{n-1}$ を所与としたとき，母集団パラメータ π_i, p_{ij} ($1 \leq i, j \leq \ell$) は，

$$\hat{\pi}_i = n^{-1} \sum_{k=0}^{n-1} \mathbb{1}(X_k = s_i), \quad \hat{p}_{ij} = n^{-1} \sum_{k=0}^{n-2} \mathbb{1}(X_k = s_i, X_{k+1} = s_j)/\hat{\pi}_i \quad (1.12)$$

により推定できる．ただし，$\mathbb{1}(\cdot)$ は定義関数（indicator function）である．ここでブートストラップ観測値 $X_0^*, \ldots, X_{n-1}^*$ は，推定した推移行列と周辺分布を用いて生成される．具体的には次のとおりである．まず，$1 \leq i \leq \ell$ として s_i に重み $\hat{\pi}_i$ を割り当てた $\{1, \ldots, \ell\}$ 上の離散分布から確率変数 X_0^* を発生させる．次に，ある $1 \leq k < n-1$ に対して $X_0^*, \ldots, X_{k-1}^*$ を発生させたあと，$1 \leq j \leq \ell$ として j に重み $\hat{p}_{ij}$ を割り当てた $\{1, \ldots, \ell\}$ 上の離散分布から X_k^* を発生させる．ただし，s_i は X_{k-1}^* の値である．このとき，$(X_0, \ldots, X_{n-1})$ と興味のあるパラメータ θ に基づく統計量 $T_n = t_n(\mathbf{X}_n; \theta)$ は，ブートストラップの世界では，

$$T_n^* = t_n(X_0^*, \ldots, X_{n-1}^*; \hat{\theta}_n)$$

と定義される．ここで，$\hat{\theta}_n$ は $X_0, \ldots, X_{n-1}$ に基づく θ の推定量である．例えば，

$\bar{X}_n = n^{-1} \sum_{k=0}^{n-1} X_k$, $\mu = EX_0$ とし, $T_n = n^{1/2}(\bar{X}_n - \mu)$ の場合を考えよう. このとき, $\bar{X}_n^*$ を n 個の X_k^* の平均, $\hat{\mu}_n = \sum_{i=1}^{\ell} \hat{\pi}_i X_i$ を $\mathbf{X}_n$ を所与としたときの X_0^* の（条件付き）期待値とすると, $T_n^* = n^{1/2}(\bar{X}_n^* - \hat{\mu}_n)$ となる. この方法は Athreya and Fuh (1992) により可算状態空間の場合に拡張されている.

マルコフ過程に対して, 推定した推移確率関数を用いたブートストラップ法は, 状態空間がユークリッド空間の場合には, 上述した方法とは別なやり方で拡張されている. これは, 周辺分布と推移確率関数を推定するために, ノンパラメトリック関数の推定法を用いることができるというものである. この方法の一致性については Rajarshi (1990) を, 2次の性質については Horowitz (2003) を, それぞれ参照されたい. また, これを"局所化"した方法は, マルコフ型局所ブートストラップ (Markovian local bootstrap; MLB) 法と呼ばれ, Paparoditis and Politis (2001b) により考案されている. これは, ブートストラップ連鎖を逐次的に抽出することにより構成するという考え方である. すなわち, ブートストラップ観測値の集合を選択したら, その次の観測値は, 直近の過去の観測値に近い値の近傍からランダムに選ぶという考え方である. Paparoditis and Politis (2001b) は, このようにして得られるブートストラップ連鎖は, 定常性とマルコフ性を有し, またマルコフ性の仮定に関してある種の頑健性も有することを示した. MLB 法の性質の詳細は, Paparoditis and Politis (2001b) を参照してほしい.

さらに, マルコフ連鎖にブートストラップ法を適用する方法で, 上述したものとはまったく異なる方法が, Athreya and Fuh (1992) により導入されている. これは, 推定した推移確率を使う代わりに, 再生性 (regeneration) の考え方に基づいてリサンプリング法を定式化するものである. マルコフ連鎖でよく知られた結果 (Athreya and Ney, 1978) から, いわゆる Harris 再帰性の条件 (Harris recurrence condition) を満たすマルコフ連鎖の広いクラスに対して, 再帰的状態に逐次的に戻る場合は, 連鎖を（ランダムな長さの）i.i.d. のサイクル (cycle) に分解できることが言える. 再生性に基づくブートストラップ法は, このような i.i.d. のサイクルからリサンプリングを行って, ブートストラップ観測値を生成する. ここで, 可算生成の σ 集合体を $\mathcal{S}$ として, 一般の状態空間 S に値をとるマルコフ連鎖 $\{X_n\}_{n \geq 0}$ に対してこの方法を説明しよう. $\mathbb{P}(x, dy)$ は推移確率関数, $\pi(\cdot)$ はマルコフ連鎖の定常分布を表すとし, $\{X_n\}_{n \geq 0}$ は既知の到達可能なアトム (accessible atom) $A \in \mathcal{S}$ を持ち, 正再帰的 (positive recurrent) であるとする. ここで, 集合 $A \in \mathcal{S}$ が到達可能なアトムであるとは,

$$\pi(A) > 0 \quad \text{かつ} \quad \text{すべての } x, y \in A \text{ に対して } \mathbb{P}(x, \cdot) = \mathbb{P}(y, \cdot)$$

を満たす場合である. 可算状態空間に値をとる Harris 再帰的 (Harris recurrent) マルコフ連鎖に対して, この条件は明らかに成り立つ. A への逐次的な再帰時間 (return time) を

$$\tau_1 = \inf\{m \geq 1 : X_m \in A\}$$
$$\tau_{k+1} = \inf\{m \geq \tau_k : X_m \in A\}, \ k \geq 1$$

と定義すると，強マルコフ性（strong Markov property）により，ブロック $\mathbb{B}_k = \{X_i : \tau_k + 1 \leq i \leq \tau_{k+1}\}$ $(k \geq 1)$ は，トーラス $\cup_{k \geq 1} S^k$ で値をとる i.i.d. 確率変数となる．再生性に基づくブートストラップ（regeneration-based bootstrap）法は，ブロックの集合

$$\{\mathbb{B}_k : \mathbb{B}_k \subset \{X_0, \ldots, X_{n-1}\}\}$$

から復元抽出のリサンプリングを行い，ブートストラップ観測値を生成する．この方法の妥当性は，Athreya and Fuh (1992) により，可算状態空間における標本平均の場合について示されている．再生性に基づくブートストラップ法の2次の性質および改良版は，それぞれ Datta and McCormick (1995b), Bertail and Clémençon (2006) を参照されたい．Bertail and Clémençon (2006) は，再生性に基づくブートストラップ法は，そのブートストラップ版の定義を適切にすれば，線形な統計量に対する i.i.d. 確率変数の場合と同程度の推定精度を有することを示している．結果的に，必要とされる正則条件を満たすマルコフ連鎖に対しては，後述する（より一般的な確率過程に適用できるが推定精度は劣る）ブロックブートストラップ（block bootstrap）法ではなく，（ブロックの長さが確率変動する）再生性に基づくブートストラップ法を用いなければならない．

1.5　ブロックブートストラップ法

特定の構造を持つと仮定されていない時系列に対して，Künsch (1989) は一般的なブートストラップ法を定式化した．現在では，これは移動ブロックブートストラップ（moving block bootstrap; MBB）法として知られている．ブートストラップ法に関する極めて初期の文献である Singh (1981) は，データ間に従属性がある場合には，Efron (1979) が独立なデータに対して考案したように個々の観測値をリサンプリングしても妥当な近似が行えないことを示した．従属な時系列データに対して個々の観測値をリサンプリングするというやり方には限界があり，その対処法として，Künsch (1989) は観測値から構成されるブロックを一度にリサンプリングすることを提案した（Bühlmann and Künsch (1995) も参照）．ブロック内の隣り合う観測値を一緒にして考えることにより，短いラグでの確率変数間の従属構造は保持される．その結果，ブロックをリサンプリングすれば，この従属構造の情報はブートストラップ変数にも伝わることになる．上述したのと同じリサンプリング法の発想は，独立に Liu and Singh (1992) によっても提案され，Liu and Singh (1992) において "moving block bootstrap" という用語が初めて作られた．

ここで，MBB 法を簡単に説明する．いま，$\{X_t\}_{t \in \mathbb{N}}$ は定常かつ弱従属な時系列で，$\{X_1, \ldots, X_n\} \equiv \mathbf{X}_n$ が観測されているとしよう．ここで，ℓ は $1 \leq \ell < n$ を満たす整数で，$\mathbf{X}_n$ において長さ ℓ の重なり合うブロック $\mathbb{B}_1, \ldots, \mathbb{B}_N$ を

$$\mathbb{B}_1 = (X_1, X_2, \ldots, X_\ell)$$
$$\mathbb{B}_2 = \quad\quad (X_2, \ldots, X_\ell, X_{\ell+1})$$
$$\cdots \quad\quad \cdots$$
$$\mathbb{B}_N = \quad\quad\quad\quad\quad\quad\quad\quad (X_{n-\ell+1}, \ldots, X_n)$$

と定義する．ただし，$N = n - \ell + 1$ である．また，説明を簡単にするため，n は ℓ で割り切れるとし，$b = n/\ell$ と置く．MBB 標本を生成するために，b 個のブロックをブロックの集合 $\{\mathbb{B}_1, \ldots, \mathbb{B}_N\}$ から無作為復元抽出する．ここで，リサンプリングされた各々のブロックには ℓ 個の要素（観測値）が含まれるので，b 個のブロックを得られた順に連結すると，$b \cdot \ell$ 個のブートストラップ観測値，すなわち $X_1^*, \ldots, X_n^*$ が得られる．なお，$\ell = 1$ と置いた場合には，MBB 法は，i.i.d. データに対する Efron (1979) のブートストラップ法に帰着することに注意しよう．しかし，従属データの場合に妥当な近似を行うためには，通常，

$$n \to \infty \text{ のとき}, \quad \ell^{-1} + n^{-1}\ell = o(1) \tag{1.13}$$

という条件が必要とされる．ℓ の典型的な選び方は，$k = 3, 4$ および定数 $C \in \mathbb{R}$ に対して，$\ell = Cn^{1/k}$ とすることである．次に，興味のある確率変数が $T_n = t_n(\mathbf{X}_n; \theta(P_n))$ という統計量として表される場合を考えよう．ただし，$P_n = \mathcal{L}(\mathbf{X}_n)$ は $\mathbf{X}_n$ の同時分布である．MBB 法において，T_n に対応するブロックサイズ（block size）ℓ に基づく統計量は，

$$T_n^* = t_n(X_1^*, \ldots, X_n^*; \theta(\hat{P}_n))$$

と定義される．ここで，$\hat{P}_n = \mathcal{L}(X_1^*, \ldots, X_n^* | \mathbf{X}_n)$ は $\mathbf{X}_n$ を所与としたときの $X_1^*, \ldots, X_n^*$ の条件付き同時分布であるが，記法を簡単にするため，ℓ を用いないで表している．なお，n が ℓ の倍数になっていない場合は，次のように考えればよい．まず $b = b_0$ 個のブロックをリサンプリングする．ここで，$b_0 = \min\{k \geq 1 : k\ell \geq n\}$ である．次に，リサンプリングされた値のうち，最初の n 個の値を用い，上と同様にして T_n に対応するブートストラップ統計量を定義すればよい．

T_n^* の構成法を具体例によって説明するため，ここでは標本平均を中心化およびスケーリングした統計量 $T_n = n^{1/2}(\bar{X}_n - \mu)$ の場合を考えよう．このとき，T_n に対応する MBB 法の統計量は，$T_n^* = n^{1/2}(\bar{X}_n^* - \tilde{\mu}_n)$ である．ここで，$\bar{X}_n^*$ はブートストラップ観測値の平均を表し，$\tilde{\mu}_n = E_*(\bar{X}_n^*)$ である．$\tilde{\mu}_n$ は，

$$\begin{aligned}\tilde{\mu}_n &= N^{-1} \sum_{i=1}^{N} (X_i + \cdots + X_{i+\ell-1})/\ell \\ &= N^{-1} \left[\sum_{i=\ell}^{N} X_i + \sum_{i=1}^{\ell-1} \frac{i}{\ell}(X_i + X_{n-i+1}) \right] \end{aligned} \tag{1.14}$$

となることは容易に確認できるが，$\ell > 1$ のとき $\bar{X}_n$ と一致しない．

1.5 ブロックブートストラップ法

Lahiri (1991) は，標準化した標本平均に対する MBB 近似の 2 次の正確性 (second-order correctness) を証明し，ブートストラップ標本平均を $\tilde{\mu}_n$ で中心化した．ここでプラグイン原理を適用し，$\bar{X}_n^*$ を $\bar{X}_n$ で素朴に中心化するのは適切ではない．そのようにすると，MBB 近似の精度の低下を招くからである (Lahiri, 1992)．スチューデント化した統計量に対する MBB 近似の 2 次の正確性については，定常過程の場合は Götze and Künsch (1996) によって，従属な誤差を持つ線形重回帰モデルの場合は Lahiri (1996) によって，それぞれ独立に証明されている．

ブロックブートストラップ法には，さまざまなものがある．まずはそのうちの一つを紹介しよう．ブロックブートストラップ法の初期の方法として，Carlstein (1986) による方法がある．これは，データから重なりのない少数個のブロックを作成し，それらからブロックをリサンプリングしてブートストラップ観測値を構成するものであり，非重複ブロックブートストラップ (nonoverlapping block bootstrap; NBB) 法として知られている．この方法を簡単に説明するため，いま，ℓ は式 (1.13) を満たす区間 $(1, n)$ 内の整数であるとしよう．また，説明を簡単にするために，n は ℓ で割り切れるとし，$b = n/\ell$ と置く．このとき，NBB 標本は，ブロックの集合 $\{\tilde{\mathbb{B}}_1, \ldots, \tilde{\mathbb{B}}_b\}$ から b 個のブロックを無作為復元抽出することにより得られる．ただし，

$$\tilde{\mathbb{B}}_1 = (X_1, \ldots, X_\ell)$$
$$\tilde{\mathbb{B}}_2 = (X_{\ell+1}, \ldots, X_{2\ell})$$
$$\cdots \cdots$$
$$\tilde{\mathbb{B}}_b = (X_{(b-1)\ell+1}, \ldots, X_n)$$

である．ここで，NBB 法ではブロックは重ならないように作っているため，MBB 法よりも NBB 法による母集団パラメータの推定量のほうが理論的性質を解析しやすい．しかし，NBB 推定量は，MBB 推定量と比較すると，任意のブロックサイズ ℓ で MSE が概して大きくなる (Lahiri (1999) を参照).

その他のブロックブートストラップ法には，Politis and Romano (1992) による円形ブロックブートストラップ (circular block bootstrap; CBB) 法，Politis and Romano (1994) による定常ブートストラップ (stationary bootstrap; SB) 法，Carlstein et al. (1998) による matched block bootstrap (MaBB) 法，Paparoditis and Politis (2001a) による tapered block bootstrap (TBB) 法などがある．そもそも CBB 法と SB 法は，MBB 法の欠点，すなわち，時系列の最初と最後のほうで観測される値はリサンプリングの際に抽出される確率が小さいこと (式 (1.14) を参照) を解消するために開発された方法である．また，この二つの方法は，時系列の両端の観測値を隣り合わせにし，観測値全体を円形に配置するという考え方に基づいている[*1)]．さらに，ブ

[*1)] 【訳注】NBB, MBB, CBB 法におけるブロック作成法の図解は，汪金芳・桜井裕仁 (2011)：ブートストラップ入門 (R で学ぶデータサイエンス 4, 共立出版) の 7.3 節に見られる．

ロックブートストラップ法の多くは，ブロックの長さを固定長 ℓ とする方法に基づいているが，SB 法はブロックの長さを確率変動させる方法に基づいている．すなわち，SB 法のブロックの長さは，平均的には ℓ となるような幾何分布に従い，式 (1.13) を満たすものとする．MBB，NBB，CBB，SB 法による分散推定量の偏りと分散の次数は，前者は $O(\ell^{-1})$ であるが，後者は $O(n^{-1}\ell)$ である．ここで，ℓ はブロックサイズ，n はサンプルサイズである．MBB 法と CBB 法は，漸近的には同等な振る舞いをし，また上記の四つの方法の中では推定精度が最も良い．これらの四つの方法の相対的な利点については，Lahiri (1999)，Politis and White (2004)，Nordman (2009) を参照されたい．MaBB 法は，MBB 法における独立なブロックを結合するときの端点の影響を軽減するために，確率的な構造を利用する．一方，TBB 法は端点の影響を軽減するために，ブロックの境界の値を，例えば標本平均のような共通の値に縮小させる．MaBB 法と TBB 法は，MBB 法や CBB 法よりも少し複雑であるが，より正確な分散推定量が得られる．すなわち，その偏りと分散の次数は，それぞれ $O(\ell^{-2})$ と $O(n^{-1}\ell)$ である．この意味において，MaBB 法と TBB 法は第 2 世代のブロックブートストラップ法と考えられている．

　ブロックブートストラップ法の挙動は，ブロックサイズの選択と，推測の対象とする確率過程の従属構造に大きく依存する．標本平均の滑らかな関数の分散を推定するとき，MBB，CBB，NBB，SB 法における MSE の意味で最適なブロックサイズの公式が知られている (Hall et al., 1995; Lahiri, 1999)．よって，最適なブロックサイズのプラグイン推定量を定式化するために，これらの表現を用いることができる (Patton et al., 2009; Politis and White, 2004)．推定量の分散推定の問題に対して，Bühlmann and Künsch (1999) は影響関数を用いて推定量の線形化法に基づく方法を定式化しており，これは直接的なプラグイン法よりも一般的な方法である．しかし，このような場合におそらく最もよく用いられる方法が，Hall et al. (1995) により与えられている．すなわち，推定量の分散と分布関数の両者を推定する場合について，最適なブロックサイズを推定する一般的な経験的方法が開発されている．Hall et al. (1995) の方法は，サブサンプリング (subsampling) 法を用いており，ブロックサイズの関数として MSE の推定量を構成し，最適なブロックサイズの推定量を構成するためにそれを最小化している．別な方法として，ジャックナイフ・アフター・ブートストラップ (jackknife-after-bootstrap) 法 (Efron, 1992; Lahiri, 2002) に基づく方法が Lahiri et al. (2007) によって提案されており，これはノンパラメトリックプラグイン (nonparametric plug-in; NPPI) 法と呼ばれている．この呼び名は，この方法がプラグイン法のように機能することに加えて，解析的に最適なブロックサイズの精緻な表現を必要としないことによる．NPPI 法は，二つ以上のリサンプリング法を適切に結び付け，最適なブロックサイズの公式に含まれる母集団パラメータを間接的に推定するというのが主な考え方である．さらに，NPPI 法は，ブロックブートストラップ法による推定量の分散，分布関数，分位数の推定問題に適用できる．しか

し，この方法はブートストラップ法とジャックナイフ法を組み合わせたものであるので，コンピュータ指向型の方法である．

ブロックブートストラップ法に対するブロックの長さの選択法の議論は，Lahiri (2003a, Chapter 7) およびその参考文献を参照されたい．

1.6 周波数領域のブートストラップ法

ブロックの長さの選択という難しい問題を完全に回避する別なブートストラップ法は，周波数領域のブートストラップ（frequency domain bootstrap; FDB）法である．

FDB 法は，スペクトル密度の汎関数として表現することが可能な 2 次定常過程の母集団パラメータの推測に適用することができる．ここでは FDB 法を簡単に説明しよう（FDB 法の概説は Paparoditis (2002) を参照）．データ $\mathbf{X}_n$ を所与としたとき，そのフーリエ変換（Fourier transform）を

$$Y_n(w) = n^{-1/2} \sum_{t=1}^{n} X_t \exp(-iwt), \quad w \in (-\pi, \pi] \tag{1.15}$$

により定義する．FDB 法の定式化は，次のよく知られた結果に基づいている．

(i) 互いに異なる $-\pi < \lambda_1 < \cdots < \lambda_k \leq \pi$ の任意の集合に対して，フーリエ変換 $Y_n(\lambda_1), \ldots, Y_n(\lambda_k)$ は漸近的に独立である（Brockwell and Davis (1991)，Lahiri (2003b) を参照）．

(ii) もともとの観測値 $\mathbf{X}_n$ は，変換した値 $\mathbf{Y}_n = \{Y_n(w_j) : j \in \mathcal{I}_n\}$ を用いて

$$X_t = n^{-1/2} \sum_{j \in \mathcal{I}_n} Y_n(w_j) \exp(itw_j), \quad t = 1, \ldots, n \tag{1.16}$$

と表される（Brockwell and Davis (1991) を参照）．ここで，$i = \sqrt{-1}$，$w_j = 2\pi j/n$，$\mathcal{I}_n = \{-\lfloor (n-1)\rfloor/2, \ldots, \lfloor (n-1)\rfloor/2\}$ である．

したがって，任意の変数 $R_n = r_n(\mathbf{X}_n; \theta)$ は，変換した値 $\mathbf{Y}_n$ によっても表現することが可能であり，Y の値からリサンプリングを行うことにより，R_n に対応する FDB 法での変数を定義することができる．FDB 法にもいくつかの方法があり，Hurvich and Zeger (1987) と Franke and Härdle (1992) によって提案され，研究がなされている．ある正則条件のもとで，Dahlhaus and Janas (1996) は比統計量（ratio statistic）と呼ばれる推定量のクラスに対する FDB 法の 2 次の正確性を証明した．比統計量は，$\int_0^\pi g(w) I_n(w) dw$ という形の二つのスペクトル平均推定量の比として定義される．ここで，$g : [0, \pi) \to \mathbb{R}$ は可積分関数，$I_n(w) = |Y(w)|^2$ は $\mathbf{X}_n$ のピリオドグラムである．比統計量の一例は，ラグ k の標本自己相関係数であり，$k \geq 1$ に対して

$$\hat{\rho}_n(k) = r_n(k)/r_n(0)$$

である．ただし，任意の $m \geq 0$ に対して $r_n(m) = n^{-1} \sum_{i=1}^{n-m} X_i X_{i+m}$ はラグ m

の（平均補正なしの）標本自己共分散関数である．$\{X_n\}$ が平均 0 で 2 次定常過程のとき，$r_n(m) = 2\int_0^\pi \cos(mw)I_n(w)dw$ を確認することは容易であり，したがって，$\hat{\rho}_n(k)$ は母集団の k 次のラグの自己相関係数 $\rho(k) = EX_1X_{1+k}/EX_1^2$ を推定する比統計量（比推定量）である．

FDB 法はブロックの長さを選択するという問題を回避しているものの，FDB 法による分布近似の場合に関する 2 次の精度が利用できるのは，限られた正則条件のもとでのみである（Dahlhaus and Janas (1996) を参照）．さらに，スペクトル平均と比推定量に対する FDB 法の精度は，モデルの仮定からの乖離の影響をやや受けやすいことが知られている（Lahiri (2003a, Section 9.2) を参照）．周波数領域のブートストラップ法は，検定問題にも適用できる．これについては，Dette and Paparoditis (2009) を参照されたい．

Paparoditis and Politis (1999) は，局所化したブートストラップ法の考え方をピリオドグラム統計量に適用した．一方，FDB 法をより一般化した方法が Kreiss and Paparoditis (2003) により提案されている．これは，離散フーリエ変換した値の高次のクロスキュムラント（cross-cumulant）の情報を捕捉すべく自己回帰モデルを当てはめる手順を FDB 法の途中で加えている．Kreiss and Paparoditis (2003) は，FDB 法を修正した方法によれば，FDB 法が対象としている比推定量を含め，スペクトル平均推定量のより広いクラスに対して妥当な近似が行えることを示した．このことについては次節で詳述する．

1.7 時間領域と周波数領域のブートストラップ法を融合した方法

これまでの節では，さまざまなブートストラップ法を議論してきた．すなわち，ブロックブートストラップ法，残差型ブートストラップ法，AR 篩ブートストラップ法，マルコフ型ブートストラップ法のように時間領域で定義された方法，および，ピリオドグラムを利用したブートストラップ法のように周波数領域で定義された方法である．本節では，ハイブリッドブートストラップ（hybrid bootstrap）法と呼ばれる，時間領域と周波数領域のブートストラップ法を融合した方法について簡単に議論する．この方法の目的は，両方の領域のリサンプリング法の利点を結び付けることである．

Kreiss and Paparoditis (2003) により提案されたハイブリッドブートストラップ法は，AR 篩ブートストラップ法の拡張であるだけではなく，周波数領域のブートストラップ法の拡張であるとも理解することができる．1.3 節で述べたように，AR 篩ブートストラップ法は，自己回帰モデルを当てはめ，このモデルを当てはめたときの残差を利用している．データの生成過程に関する仮定が合理的なものであれば，この場合の残差は，近似的には i.i.d. 確率変数のように振る舞うと見なせることを，1.3 節では議論した．残差に対するこのような i.i.d. の性質は，（仮に成り立つとしても）せいぜい近似的にしか成り立たないことから，AR 篩ブートストラップ法にさらにノン

パラメトリックな手順を加えて，自己回帰モデルでは表されない，あるいは表し得ないデータの特性を補正することが推奨される．

他方で，上述した周波数領域のブートストラップ法は，ピリオドグラムは漸近的には i.i.d. 確率変数のような挙動をするという事実を主に用いている．しかし，漸近的に消えるとはいえ実際には存在する隣接ピリオドグラム間の従属構造を無視すると，周波数領域のブートストラップ法の欠点が出てしまう．そこで，データにパラメトリックモデル（例えば自己回帰モデル）を当てはめ，Tukey の事前白色化（pre-whitening）の精神で部分的に周波数領域のブートストラップ法を残差に適用するという手順を追加する．すると，このような欠点を克服することが可能である．例えば，推測の対象とする確率過程の真のスペクトル密度にいくつかの高いピークがある場合には，事前白色化により，ノンパラメトリックなスペクトル密度推定量がかなり改良される．実際，自己回帰モデルを当てはめることにより，スペクトル密度のピークをかなりうまく捉えることができる．また，曲線 $I_n(\lambda)/\hat{f}_{\mathrm{AR}}(\lambda)$ （以下の Step 5 を参照）は $I_n(\lambda)$ よりもかなり滑らかになり，ノンパラメトリックな推定がはるかに行いやすくなる．

このような背景から，自己回帰を使った周波数領域のハイブリッドブートストラップ（autoregressive-aided frequency domain hybrid bootstrap）法は，以下の五つのステップで説明することができる．自己回帰モデルの当てはめは，あくまで（説明のための便宜的な）一例であると理解してほしい．もちろん，他のパラメトリックモデルを当てはめるのは，周波数領域のブートストラップ法の一つの事前段階と見なしてよい．

Step 1: 観測値 $X_1, \ldots, X_n$ を所与として，p 次の自己回帰過程を当てはめる．ただし，p は手もとの特定の標本に依存する．これにより，ユール・ウォーカー方程式からパラメータの推定値 $\hat{a}_1(p), \ldots, \hat{a}_p(p)$ および $\hat{\sigma}(p)$ が得られる．このとき，推定された残差

$$\hat{\varepsilon}_t = X_t - \sum_{\nu=1}^{p} \hat{a}_\nu(p) X_{t-\nu}, \quad t = p+1, \ldots, n$$

に注目する．

Step 2: p 次の自己回帰モデル

$$X_t^+ = \sum_{\nu=1}^{p} \hat{a}_\nu(p) X_{t-\nu}^+ + \hat{\sigma}(p) \cdot \varepsilon_t^+$$

により，ブートストラップ観測値 $X_1^+, X_2^+, \ldots, X_n^+$ を生成する．ただし，(ε_t^+) は（観測値 $X_1, \ldots, X_n$ を所与としたときの条件付き）累積分布関数 $\hat{F}_n$ を持つ i.i.d. の確率変数列，$\hat{F}_n$ は $\hat{\varepsilon}_{p+1}, \ldots, \hat{\varepsilon}_n$ を標準化した経験分布であり，$\hat{F}_n$ の平均は 0，分散は 1 である．このとき，ブートストラップ過程 $\mathbf{X}^+ = (X_t^+ : t \in \mathbb{Z})$ は，スペクトル密度

$$\hat{f}_{\mathrm{AR}}(\lambda) = \frac{\hat{\sigma}^2(p)}{2\pi} \left| 1 - \sum_{\nu=1}^{p} \hat{a}_\nu(p) e^{-i\nu\lambda} \right|^{-2}, \quad \lambda \in [0, \pi]$$

を持つ．ここで，Step 1 でユール・ウォーカー推定量を利用しているので，$\hat{f}_{\mathrm{AR}}$ は常に明確に定義される（well-defined）ことに注意しよう．すなわち，多項式 $1-\sum_{\nu=1}^{p}\hat{a}_{\nu}(p)z^{\nu}$ は，大きさ 1 以下の複素根を持たない．さらに，ブートストラップ自己共分散 $\gamma^{+}(h) = E^{+}X_{1}^{+}X_{1+h}^{+}$ ($h = 0, 1, \ldots, p$) は，推測の対象とする観測値の経験自己共分散 $\hat{\gamma}_{n}(h)$ に一致する．また，パラメータの推定値としてユール・ウォーカー推定値を用いると便利ではあるが，必ずしもそれを用いる必要はないことにも注意しよう．任意の $\sqrt{n}$ 一致推定値を用いれば十分である．

Step 3: ブートストラップ観測値のピリオドグラム，すなわち，

$$I_{n}^{+}(\lambda) = \frac{1}{2\pi n}\left|\sum_{t=1}^{n}X_{t}^{+}e^{-i\lambda t}\right|^{2}, \quad \lambda \in [0, \pi]$$

を計算する．

Step 4: 次のようなノンパラメトリック推定量 $\hat{q}$ を定義する．すなわち，$\lambda \in [0, \pi)$ に対しては，

$$\hat{q}(\lambda) = \frac{1}{n}\sum_{j=-N}^{N}K_{h}\bigl(\lambda - \lambda_{j}\bigr)\frac{I_{n}(\lambda_{j})}{\hat{f}_{\mathrm{AR}}(\lambda_{j})}$$

とし，$\lambda = \pi$ に対しては，π より大きいフーリエ周波数（Fourier frequency）は存在しないことを考慮し，$\hat{q}(\pi)$ は上記の式の右辺を 2 倍した値とする．ここで，λ_{j} はフーリエ周波数，$K : [-\pi, \pi] \to [0, \infty)$ は確率密度（カーネル），$K_{h}(\cdot) = h^{-1}K(\cdot/h)$，$h > 0$ はいわゆるバンド幅（bandwidth）である．

Step 5: 最後に，ブートストラップピリオドグラム（bootstrap periodogram）I_{n}^{*} を，

$$I_{n}^{*}(\lambda) = \hat{q}(\lambda)I_{n}^{+}(\lambda), \quad \lambda \in [0, \pi]$$

によって定義する．

このハイブリッドブートストラップ法の妥当性は，Kreiss and Paparoditis (2003) により，いくつかの標準的な仮定のもとで以下の二つの量に対して示された．一つは，スペクトル平均（例えば，標本自己共分散，スペクトル分布関数）

$$\int_{0}^{\pi}\varphi(\omega)I_{n}(\omega)d\omega \tag{1.17}$$

に対してである．この場合には，（少なくとも漸近的に）正しいモデルを当てはめる必要がある．もう一つは，比統計量（例えば標本自己相関）

$$\int_{0}^{\pi}\varphi(\omega)I_{n}(\omega)d\omega \Big/ \int_{0}^{\pi}I_{n}(\omega)d\omega \tag{1.18}$$

とカーネルスペクトル推定量（kernel spectral estimator）に対してである．この場

合には，必ずしも正しいモデルを当てはめる必要はない．

Kreiss and Paparoditis (2003) からわかるように，本節で説明したハイブリッドブートストラップ法はうまく機能し，次の二つの効果が見られる．一つは，周波数領域におけるノンパラメトリック修正（nonparametric correction）のステップは，自己回帰モデルで表現できない特性を補正する効果である．もう一つは，自己回帰ブートストラップ法の優れた性質が現れる効果である．特に，ハイブリッドブートストラップ法の周波数領域のステップにより，パラメトリックな自己回帰ブートストラップ法自身よりもハイブリッドブートストラップ法で選択された p 次の自己回帰のほうが，従属性はかなり弱くなるということが見られる．

これまでに説明したハイブリッドブートストラップ法は，ピリオドグラムのみの関数として表される統計量に適用することができる．しかし，もちろん，時系列解析に関連のある統計量は，必ずしもこの性質を持っているわけではない．例えば，観測値の単純な標本平均の場合である．したがって，われわれは，依然として周波数領域での計算を行うものの，時間領域でブートストラップ観測値 $X_1^*, \ldots, X_n^*$ を生成することが可能なリサンプリング法に興味がある．例えば，上記の Step 3 で提案されているように周波数領域に移行するとき，ピリオドグラム I_n^+ は，ブートストラップ観測値 $X_1^+, \ldots, X_n^+$ に含まれるブートストラップ過程 X^+ に関するすべての情報を含んでいるわけではないという事実を考慮しなければならない．しかし，$I_n^+(\omega) = |J_n^+(\omega)|^2$ と書くことができる．ここで，

$$J_n^+(\omega) = \frac{1}{\sqrt{2\pi n}} \sum_{s=1}^{n} X_s^+ e^{-is\omega} \tag{1.19}$$

は離散フーリエ変換（discrete Fourier transform; DFT）である．また，もちろん，時系列の n 個の観測値とフーリエ周波数 $\omega_j = 2\pi(j/n)$（式 (1.16) を参照）で評価した DFT との間には，1 対 1 対応が存在する．そこで，解決策は，周波数領域でのノンパラメトリック修正をピリオドグラムではなく DFT に適用し，時間領域に戻すためにその 1 対 1 対応を利用することである．ハイブリッドブートストラップ法の修正版は，次のとおりである．

Step 1: データに AR(p) モデルを当てはめ，推定した残差 $\widehat{\epsilon}_t = X_t - \sum_{\nu=1}^{p} \widehat{a}_\nu(p) X_{t-\nu}$ ($t = p+1, \ldots, n$) を計算する．

Step 2: ϵ_t^+ は i.i.d. 確率変数で，標準化した残差の経験分布に従うとする．このとき，$X_t^+ = \sum_{\nu=1}^{p} \widehat{a}_\nu(p) X_{t-\nu}^+ + \widehat{\sigma}(p)\epsilon_t^+$ によりブートストラップ観測値 $X_1^+, \ldots, X_n^+$ を生成する．

Step 3: DFT $J_n^+(\omega)$ およびフーリエ周波数 $\omega_j = 2\pi(j/n)$ ($j = 1, \ldots, n$) におけるノンパラメトリック修正項 $\widetilde{q}(\omega) = \widehat{q}^{1/2}(\omega)$ を計算する．

Step 4: 修正した DFT $\widetilde{q}(\omega_1)J_n^+(\omega_1), \ldots, \widetilde{q}(\omega_n)J_n^+(\omega_n)$ の逆 DFT を計算し，

$$X_t^* = \sqrt{\frac{2\pi}{n}} \sum_{j=1}^n \tilde{q}(\omega_j) J_n^+(\omega_j) e^{it\omega_j}, \quad t=1,\ldots,n \tag{1.20}$$

により，ブートストラップ観測値 $X_1^*,\ldots,X_n^*$ を得る．

この修正ハイブリッドブートストラップ法は，Kreiss and Paparoditis（2003）の未修正のハイブリッドブートストラップ法のように，スペクトル平均と比統計量に対して機能する．また，周波数領域における統計量の表現を使う代わりに，単純に時間領域で統計量を計算することができる．詳細はJentsch and Kreiss（2010）を参照されたい．この論文では，多くの点で異なる多変量の場合に利用できる修正ハイブリッドブートストラップ法を議論している．

これまで，周波数領域におけるノンパラメトリック修正を適用するパラメトリックモデルとして，自己回帰モデルのみを考えてきた．もちろん，ノンパラメトリック修正のステップを加えるので，推測の対象とするモデルが有限次元または無限次元の自己回帰の枠組みに必ずしも従う必要はない．さらに，自己回帰モデルに固執する必要もない．自己回帰モデルを使用した唯一の理由は，議論を簡単にするためである．よって，ハイブリッドブートストラップ法に関しては，最初の段階で任意のパラメトリックモデルを当てはめ，その次に，これまでに説明してきたようにノンパラメトリック修正を考えればよい．1変量の状況では，そのようなハイブリッドブートストラップ法は，自己相関の関数，または標準化した（積分して1になる）スペクトル密度の関数として書くことができる線形過程の観測値の統計量に対して，また通常は標本平均に対して，漸近的に正しい近似結果をもたらす．そのような結果が得られる主な理由は，上述したような統計量の漸近分布は推測の対象とする確率過程の2次の項に依存しているだけであり，これらの量はハイブリッドブートストラップ法により忠実に再現されるからである．一方，多変量の場合には，線形時系列の2次の項に関する漸近分布の従属性について，上述した結果は成り立たない．したがって，多変量の状況は，はるかに難しい（Jentsch and Kreiss（2010）を参照）．周波数領域でリサンプリングして時間領域でブートストラップ複製を得るための関連手法が，Kirch and Politis（2011）で考案されている．Sergides and Paparoditis（2008）と Kreiss and Paparoditis（2011）は，本節で説明した自己回帰を使った周波数領域のハイブリッドブートストラップ法と修正ハイブリッドブートストラップ法を，局所定常時系列に対して検討している．

1.8 長期従属性のもとでのブートストラップ法

$\{X_t\}_{t\in\mathbb{N}}$ は定常過程で，$EX_1^2 \in (0,\infty)$ であり，自己共分散関数が $r(\cdot)$，スペクトル密度関数が $f(\cdot)$ であるとする．ここで，$\sum_{k=1}^{\infty}|r(k)| = \infty$，または $\lambda \to 0$ のとき $f(\lambda) \to \infty$ ならば，確率過程 $\{X_t\}_{t\in\mathbb{N}}$ は長期依存（long-range dependent; LRD）であるといい，そうでない場合は，$\{X_t\}_{t\in\mathbb{N}}$ は短期依存（short-range dependent;

SRD) であるという．頭字語 LRD と SRD は，それぞれ長期従属性（long-range dependence），短期従属性（short-range dependence）に対しても使用することにする．多くの統計量と検定に共通する LRD のもとでの極限の挙動は，SRD のもとでのそれとは異なっている．例えば，LRD 過程からの n 個の観測値の平均が母平均に収束するのは，$O_p(n^{-1/2})$ のオーダーよりも遅れる可能性がある．また，適切な中心化やスケーリングをしても，標本平均の極限分布は，母分散が有限であるときでさえ，非正規分布となる可能性がある．より具体的に，LRD のもとでの標本平均に関する以下の結果を考えよう．いま $\{Z_t\}_{t\in\mathbb{N}}$ は，平均 0，分散 1 のガウス過程（Gaussian process）で，ある $\alpha \in (0,1)$ に対して自己共分散関数 $r_1(\cdot)$ は，

$$k \to \infty \text{ のとき}, \quad r_1(k) \sim Ck^{-\alpha} \tag{1.21}$$

を満たすとしよう．ただし，"$\sim$" は次の意味で用いている．すなわち，$\mathbb{R}$ の $\{s_n\}_{n\geq 1}$ と区間 $(0,\infty)$ 内の $\{t_n\}_{n\geq 1}$ という任意の二つの系列に対して，$n \to \infty$ のとき $s_n/t_n \to 1$ ならば，$s_n \sim t_n$ と書く．ここで，$\sum_{k=1}^{\infty} |r_1(k)| = \infty$ であり，よって，確率過程 $\{Z_t\}$ は LRD であることに注意しよう．次に，確率過程 X_t は，ある整数 $q \geq 1$ に対して確率過程 Z_t を

$$X_t = H_q(Z_t), \quad t \in \mathbb{N} \tag{1.22}$$

と変換することで得られるとしよう．ここで，$H_q(x)$ は q 次のエルミート多項式，すなわち，$x \in \mathbb{R}$ に対して，

$$H_q(x) = (-1)^q \big(\exp(x^2/2)\big) \frac{d^q}{dx^q} \big(\exp(-x^2/2)\big)$$

である．Taqqu (1975, 1979) および Dobrushin and Major (1979) の結果が成り立つならば，標本平均に関する次の定理が成り立つ．

定理 1 ある $q \geq 1$ に対して，$\{X_t\}_{t\in\mathbb{N}}$ が式 (1.22) で表せるとする．もし $\alpha \in (0, q^{-1})$ ならば，

$$n^{q\alpha/2}(\bar{X}_n - \mu) \to^d W_q \tag{1.23}$$

が成り立つ．ただし，$\mu = EX_1$ であり，また，$A = 2\Gamma(\alpha)\cos(\alpha\pi/2)$ と置くと，W_q はガウスホワイトノイズ過程（Gaussian white noise process）

$$W_q = A^{-q/2} \int \frac{e^{i(x_1+\cdots+x_q)} - 1}{i(x_1+\cdots+x_q)} \prod_{k=1}^{q} |x_k|^{(\alpha-1)/2} dW(x_1)\cdots dW(x_q) \tag{1.24}$$

のランダムスペクトル測度（random spectral measure）W に関する多重 Wiener–Ito 積分（multiple Wiener–Ito integral）によって定義される．

$q = 1$ に対して，W_q は平均 0，分散 $2/[(1-\alpha)(2-\alpha)]$ の正規分布に従う．しかし，$q \geq 2$ に対して，W_q は非正規分布に従う．前節までのブートストラップ法は，

SRD のさまざまな問題に対してうまく機能することが示されているが，LRD のもとでは妥当な解が得られるとは限らない．LRD のもとでの MBB 法による近似の挙動は，次の定理で与えられる．

定理 2 ブロックサイズが ℓ でリサンプルサイズが n の MBB 法に基づく標本平均を $\bar{X}_n^*$ とする．定理 1 の条件が成り立ち，また，ある $\delta \in (0,1)$ に対して，$n \to \infty$ のとき $n^\delta \ell^{-1} + \ell n^{1-\delta} = o(1)$ とする．すると，ある系列 $\{c_n\}_{n \geq 1} \in (0, \infty)$ に対して，$n \to \infty$ のとき，

$$\sup_{x \in \mathbb{R}} \left| P_* \left(c_n (\bar{X}_n^* - \hat{\mu}) \leq x \right) - P \left(n^{q\alpha/2} (\bar{X}_n - \mu) \leq x \right) \right| = o(1) \tag{1.25}$$

となるのは，$q = 1$ である場合かつその場合に限る．

定理 2 は Lahiri (1993) の結果から論理的に帰結されることであり，MBB 法は，スケーリングする系列を任意にとると，$\bar{X}_n$ の極限分布が非正規分布のとき標本平均の分布を見つけられないことを示している．Lahiri (1993) の議論を少し修正すれば，NBB 法と CBB 法に対しても上と同じ結論が成り立つことを示せる．直感的には，これはあまり意外ではないかもしれない．これらのブロックブートストラップ法の構成の背後にある発見的議論 (1.5 節を参照) によれば，NBB, MBB, CBB 法は $\{X_t\}_{t \in \mathbb{N}}$ の同時分布 P の初期近似 P_ℓ^∞ を推定しようとしているが，LRD のもとでは P_ℓ^∞ 自身は P の近似としては適当でないことが示される．実は，同じ理由により，$q = 1$ の場合であっても，スケーリングする系列を $c_n = n^{q\alpha/2}$ と単純にとったのでは，MBB 法による近似は失敗する．この場合の (極限) 分布は，$n \to \infty$ のとき $c_n \sim [n/\ell^{1+q\alpha}]^{1/2}$ となるようにスケーリングした系列 $\{c_n\}_{n \geq 1}$ を特別に構成した MBB 法でしか見つけられない．極限分布が正規分布となる LRD 線形過程の標本平均に対して，Kim and Nordman (2011) は MBB 法の妥当性を証明した．正規分布および非正規分布のどちらにも機能する適切なブートストラップ法の定式化は，依然として未解決の問題である．LRD のもとでのサブサンプリング法と経験尤度法 (empirical likelihood method) についての関連する結果は，Hall et al. (1998)，Nordman et al. (2007)，およびそれらの参考文献を参照してほしい．

〔**Jens-Peter Kreiss and Soumendra Nath Lahiri**／桜井裕仁〕

文　　献

Athreya, K.B., Fuh, C.D., 1992. Bootstrapping markov chains: countable case. J. Stat. Plan. Inference 33, 311–331.

Athreya, K.B., Ney, P., 1978. A new approach of the limit theory of recurrent Markov chains. Trans. Am. Math. Soc. 245, 493–501.

Basawa, I.V., Mallik, A.K., McCormick, W.P., Reeves, J.H., Taylor, R.L., 1991. Bootstrapping unstable first-order autoregressive processes. Ann. Stat. 19, 1098–1101.

Berkowitz, J., Kilian, L., 2000. Recent developments in bootstrapping time series (disc. pp. 49–54). Econom. Rev. 19, 1–48.

Bertail, P., Clémençon, S., 2006. Regenerative block bootstrap for Markov chains. Bernoulli 12, 689–712.

Bose, A., 1988. Edgeworth correction by bootstrap in autoregressions. Ann. Stat. 16, 1709–1722.

Bose, A., 1990. Bootstrap in moving average models. Ann. Inst. Statist. Math. 42, 753–768.

Bose, A., Politis, D.N., 1995. A review of the bootstrap for dependent samples. In: Bhat, B.R., Prakasa Rao, B.L.S. (Eds.), Stochastic Processes and Statistical Inference. New Age International Publishers, New Delhi, pp. 39–51.

Brockwell, P.J., Davis, R.A., 1991. Time Series: Theory and Methods, Second Edition, Springer, New York.

Bühlmann, P., 1997. Sieve bootstrap for time series. Bernoulli 3, 123–148.

Bühlmann, P., 1998. Sieve bootstrap for smoothing in nonstationary time series. Ann. Stat. 26, 48–83.

Bühlmann, P., 2002. Bootstraps for time series. Stat. Sci. 17, 52–72.

Bühlmann, P., Künsch, H.R., 1995. The blockwise bootstrap for general parameters of a stationary time series. Scand. J. Statist. 22, 35–54.

Bühlmann, P., Künsch, H.R., 1999. Block length selection in the bootstrap for time series. Comput. Stat. Data Anal. 31, 295–310.

Carlstein, E., 1986. The use of subseries values for estimating the variance of a general statistics from a stationary time series. Ann. Stat. 14, 1171–1179.

Carlstein, E., Do, K.-A., Hall, P., Hesterberg, T., Künsch, H.R., 1998. Matched-block bootstrap for dependent data. Bernoulli 4, 305–328.

Choi, E., Hall, P., 2000. Bootstrap confidence regions computed from autoregressions of arbitrary order. J. R. Stat. Soc. Ser. B 62, 461–477.

Dahlhaus, R., Janas, D., 1996. A frequency domain bootstrap for ratio statistics in time series analysis. Ann. Stat. 24, 1934–1963.

Datta, S., 1996. On asymptotic properties of bootstrap for AR(1) processes. J. Stat. Plan. Inference 53, 361–374.

Datta, S., McCormick, W.P., 1995a. Bootstrap inference for a first-order autoregression with positive innovations. J. Am. Statist. Assoc. 90, 1289–1300.

Datta, S., McCormick, W.P., 1995b. Some continuous edgeworth expansions for markov chains with application to bootstrap. J. Multivar. Anal. 52, 83–106.

Davison, A.C., Hinkley, D.V., 1997. Bootstrap Methods and Their Application, Cambridge University Press, Cambridge, UK.

Dette, H., Paparoditis, E., 2009. Bootstrapping frequency domain tests in multivariate time series with an application to testing equality of spectral densities. J. R. Stat. Soc. Ser. B 71. 831–857.

Dobrushin, R.L., Major, P., 1979. Non-central limit theorems for non-linear functionals of Gaussian fields. Zeitschrift für Wahrscheinlichkeitstheorie und Verwandte Gebiete 50, 27–52.

Efron, B., 1979. Bootstrap methods: another look at the jackknife. Ann. Stat. 7, 1–26.

Efron, B., 1992. Jackknife-after-bootstrap standard errors and influence functions (disc. pp. 111–127). J. R. Stat. Soc. Ser. B 54, 83–111.

Efron, B., Tibshirani, R., 1993. An Introduction to the Bootstrap, Chapman and Hall, New York.

Franke, J., Härdle, W., 1992. On bootstrapping kernel spectral estimates. Ann. Stat. 20, 121–145.

Franke, J., Kreiss, J.-P., 1992. Bootstrapping stationary autoregressive moving-average models. J. Time Ser. Anal. 13, 297–317.

Franke, J., Kreiss, J.-P., Mammen, E., 2002a. Bootstrap of kernel smoothing in nonlinear time series. Bernoulli 8, 1–37.

Franke, J., Kreiss, J.-P., Mammen, E., Neumann, M.H., 2002b. Properties of the nonparametric autoregressive bootstrap. J. Time Ser. Anal. 23, 555–585.

Franke, J., Kreiss, J.-P., Moser, M., 2006. Bootstrap order selection for autoregressive processes. Stat. Decis. 24, 305–325.

Gonçalves, S., Kilian, L., 2007. Asymptotic and bootstrap inference for AR(∞) processes with conditional heteroskedasticity. Econom. Rev. 26, 609–641.

Götze, F., Künsch, H., 1996. Second-order correctness of the blockwise bootstrap for stationary observations. Ann. Stat. 24, 1914–1933.

Hall, P., 1992. The Bootstrap and Edgeworth Expansion, Springer, New York.

Hall, P., Horowitz, J.L., Jing, B.-Y., 1995. On blocking rules for the bootstrap with dependent data. Biometrika 82, 561–574.

Hall, P., Jing, B.-Y., Lahiri, S.N., 1998. On the sampling window method under long range dependence. Stat. Sin. 8, 1189–1204.

Härdle, W., Horowitz, J., Kreiss, J.-P., 2003. Bootstrap for time series. Int. Stat. Rev. 71, 435–459.

Heimann, G., Kreiss, J.-P., 1996. Bootstrapping general first order autoregression. Stat. Prob. Lett. 30, 87–98.

Horowitz, J.L., 2003. Bootstrap methods for markov processes. Econometrica 71, 1049–1082.

Hurvich, C.M., Zeger, S.L., 1987. Frequency Domain Bootstrap Methods for Time Series. Preprint, Department of Statistics and Operations Research, New York University.

Jentsch, C., Kreiss, J.-P., 2010. The multiple hybrid bootstrap: Resampling multivariate linear processes. J. Multivar. Anal. 101, 2320–2345.

Kapetanios, G., 2010. A generalization of a sieve bootstrap invariance principle to long memory processes. Quant. Qual. Anal. Soc. Sci. 4, 19–40.

Kim, Y.-M., Nordman, D.J., 2011. Properties of a block bootstrap method under long range dependence. Sankhya Ser. A 73, 79–109.

Kirch, C., Politis, D.N., 2011. TFT-Bootstrap: Resampling time series in the frequency domain to obtain replicates in the time domain. Ann. Stat. 39, 1427–1470.

Kreiss, J.-P., 1988. Asymptotic Statistical Inference for a Class of Stochastic Processes, Habilitationsschrift, Universität Hamburg.

Kreiss, J.-P., 1992. Bootstrap procedures for AR(∞)-processes. In: Jöckel, K.-H., Rothe, G., Sendler, W. (Eds.), Bootstrapping and Related Techniques: Proceedings of an International Confernce, Held in Trier, FRG, June 4–8, 1990, Springer, Heidelberg, pp. 107–113.

Kreiss, J.-P., 1997. Asymptotical Properties of Residual Bootstrap for Autoregression. Preprint, TU Braunschweig.

Kreiss, J.-P., 2000. Nonparametric estimation and bootstrap for financial time series. In: Chan, W.S., Li, W.K., Tong, H. (Eds.), Statistics and Finance: An Interface. Imperial College Press, London, pp. 45–67.

Kreiss, J.-P., Neuhaus, G., 2006. Einführung in die Zeitreihenanalyse, Springer, Heidelberg.

Kreiss, J.-P., Neumann, M.H., 1999. Bootstrap tests for parametric volatility structure in nonparametric autoregression. In: Grigelionis, B. et al. (Eds.), Probability Theory and Mathematical Statistics: Proceedings of the Seventh Vilnius Conference (1998), Vilnius, Lithuania, 12–18 August, 1998. TEV/Vilnius, VSP/Utrecht, pp. 393–404.

Kreiss, J.-P., Neumann, M.H., Yao, Q., 2008. Bootstrap tests for simple structures in nonparametric time series regression. Stat. Inter. 1, 367–380.

Kreiss, J.-P., Paparoditis, E., 2003. Autoregressive aided periodogram bootstrap for time series. Ann. Stat. 31, 1923–1955.

Kreiss, J.-P., Paparoditis, E., 2011. Bootstrapping Locally Stationary Time Series. Technical Report.

Kreiss, J.-P., Paparoditis, E., Politis, D.N., 2011. On the range of validity of the autoregressive sieve bootstrap. Ann. Stat. 39, 2103–2130.

Kulperger, R.J., Prakasa Rao, B.L.S., 1989. Bootstrapping a finite state Markov chain. Sankhya Ser. A 51, 178–191.

Künsch, H.R., 1989. The jackknife and the bootstrap for general stationary observations. Ann. Stat. 17, 1217–1241.

Lahiri, S.N., 1991. Second order optimality of stationary bootstrap. Stat. Prob. Lett. 11, 335–341.

Lahiri, S.N., 1992. Edgeworth correction by moving block bootstrap for stationary and nonstationary data. In: LePage, R., Billard, L. (Eds.), Exploring the Limits of Bootstrap. Wiley, New York, pp. 183–214.

Lahiri, S.N., 1993. On the moving block bootstrap under long range dependence. Stat. Prob. Lett. 18, 405–413.

Lahiri, S.N., 1996. On edgeworth expansions and the moving block bootstrap for studentized M-estimators in multiple linear regression models. J. Multivar. Anal. 56, 42–59.

Lahiri, S.N., 1999. Theoretical comparisons of block bootstrap methods. Ann. Stat. 27, 386–404.

Lahiri, S.N., 2002. On the jackknife after bootstrap method for dependent data and its consistency properties. Econom. Theory 18, 79–98.

Lahiri, S.N., 2003a. Resampling Methods for Dependent Data, Springer, New York.

Lahiri, S.N., 2003b. A necessary and sufficient condition for asymptotic independence of discrete Fourier transforms under short- and long-range dependence. Ann. Stat. 31, 613–641.

Lahiri, S.N., Furukawa, K., Lee, Y.-D., 2007. A nonparametric plug-in method for selecting the optimal block length. Stat. Method 4, 292–321.

Li, H., Maddala, G.S., 1996. Bootstrapping time series models. Econom. Rev. 15, 115–158.

Liu, R.Y., Singh, K., 1992. Moving blocks jackknife and bootstrap capture weak dependence. In: LePage, R., Billard, L. (Eds.), Exploring the Limits of Bootstrap. Wiley, New York.

McMurry, T., Politis, D.N., 2011. Resampling methods for functional data. In: Ferraty, F., Romain, Y. (Eds.), The Oxford Handbook of Functional Data Analysis. Oxford University Press, Oxford, pp. 189–209.

Neumann, M. H., Kreiss, J.-P., 1998. Regression-type inference in nonparametric autoregression. Ann. Stat. 26, 1570–1613.

Nordman, D.J., 2009. A note on the stationary bootstrap's variance. Ann. Stat. 37, 359–370.

Nordman, D., Sibbersten, P., Lahiri, S.N., 2007. Empirical likelihood confidence intervals for the mean of a long range dependent process. J. Time Ser. Anal. 28, 576–599.

Paparoditis, E., 1996. Bootstrapping autoregressive and moving average parameter estimates of infinite order vector autoregressive processes. J. Multivar. Anal. 57, 277–296.

Paparoditis, E., 2002. Frequency domain bootstrap for time series. In: Dehling, H., Mikosch, T., Sørensen, M. (Eds.), Empirical Process Techniques for Dependent Data. Birkhäuser, Boston, pp. 365–381.

Paparoditis, E., Politis, D.N., 1999. The local bootstrap for periodogram statistics. J. Time Ser. Anal. 20, 193–222.

Paparoditis, E., Politis, D.N., 2000. The local bootstrap for kernel estimators under general dependence conditions. Ann. Inst. Statist. Math. 52, 139–159.

Paparoditis, E., Politis, D.N., 2001a. The tapered block bootstrap. Biometrika 88, 1105–1119.

Paparoditis, E., Politis, D.N., 2001b. A markovian local resampling scheme for nonparametric estimators in time series analysis. Econom. Theory 17, 540–566.

Paparoditis, E., Politis, D.N., 2003. Residual-based block bootstrap for unit root testing. Econometrica 71, 813–855.

Paparoditis, E., Politis, D.N., 2005. Bootstrapping unit root tests for autoregressive time series. J. Am. Statist. Assoc. 100, 545–553.

Paparoditis, E., Politis, D.N., 2009. Resampling and subsampling for financial time series. In: Andersen, T., Davis, R., Kreiss, J.-P., Mikosch, T. (Eds.), Handbook of Financial Time Series. Springer, New York, pp. 983–999.

Paparoditis, E., Streitberg, B., 1992. Order identification statistics in stationary autoregressive moving average models: vector autocorrelations and the bootstrap. J. Time Ser. Anal. 13, 415–435.

Park, J.Y., 2002. An invariance principle for siebe bootstrap in time series. Econom. Theory 18, 469–490.

Patton, A., Politis, D.N., White, H., 2009. Correction to "Automatic block-length selection for the dependent bootstrap by D. Politis and H. White". Econom. Rev. 28, 372–375.

Politis, D.N., 2003. The impact of bootstrap methods on time series analysis. Stat. Sci. 18, 219–230.

Politis, D.N., Romano, J.P., 1992. A circular block resampling procedure for stationary data. In: Lepage, R., Billard, L. (Eds.), Exploring the Limits of Bootstrap. Wiley, New York, pp. 263–270.

Politis, D.N., Romano, J.P., 1994. The stationary bootstrap. J. Am. Statist. Assoc. 89, 1303–1313.

Politis, D.N., White, H., 2004. Automatic block-length selection for the dependent bootstrap. Econom. Rev. 23, 53–70.

Poskitt, D.S., 2008. Properties of the sieve bootstrap for fractionally integrated and non-invertible processes. J. Time Ser. Anal. 29, 224–250.

Psaradakis, Z., 2001. Bootstrap tests for an autoregressive unit root in the presence of weakly dependent errors. J. Time Ser. Anal. 22, 577–594.

Rajarshi, M.B., 1990. Bootstrap in Markov sequences based on estimates of transition density. Ann. Inst. Statist. Math. 42, 253–268.

Ruiz, E., Pascual, L., 2002. Bootstrapping financial time series. J. Econ. Surveys 16, 271–300. Reprinted in: Contributions to Financial Econometrics: Theoretical and Practical Issues (Eds.: McAleer, M. and Oxley, L.), Blackwell.

Sergides, M., Paparoditis, E., 2008. Bootstrapping the local periodogram of locally stationary processes. J. Time Ser. Anal. 29, 264–299. Corrigendum: J. Time Ser. Anal. 30, 260–261.

Shao, J., Tu, D., 1995. The Jackknife and Bootstrap, Springer, New York.

Singh, K., 1981. On the asymptotic accuracy of Efron's bootstrap. Ann. Stat. 9, 1187–1195.

Taqqu, M.S., 1975. Weak convergence to fractional Brownian motion and to the Rosenblatt process. Zeitschrift für Wahrscheinlichkeitstheorie und Verwandte Gebiete 31, 287–302.

Taqqu, M.S., 1979. Convergence of integrated processes of arbitrary hermite rank. Zeitschrift für Wahrscheinlichkeitstheorie und Verwandte Gebiete 50, 53–83.

CHAPTER 2

Testing Time Series Linearity:
Traditional and Bootstrap Methods

時系列データの線形性検定：
伝統的方法とブートストラップ法

概 要 本章では，時系列モデルの線形性の概念と，リサンプリング法による線形性の検定およびガウス性の検定についての最近の発展をレビューする．線形性とガウス性検定の最初の論文である Subba Rao and Gabr (1980) 以降，リサンプリング法に基づく方法も含めて多くの発展があった．この章では，線形性検定についてわかりやすい説明と動機付けを行う．まず，線形性検定の AR 篩（ふるい）(sieve) ブートストラップ法の妥当性についての最近の結果をレビューする．さらに，サブサンプリング法に基づく線形性およびガウス性の検定を提案し，その漸近的一致性を示す．

キーワード AR 篩，漸近的一致性，ブートストラップ，ガウス性検定，線形性検定，文献レビュー，サブサンプリング，時系列

2.1 はじめに

現代統計学におけるコンピュータの潜在的役割が認識されて以来（Efron (1979a, b) を参照），ブートストラップ法と他のリサンプリング法は，独立標本の設定において広く発展してきた（例えば Davison and Hinkley (1997)，Efron and Tibshirani (1993)，Hall (1997)，Shao and Tu (1995) などの解説を参照）．従属データの場合，推定量と検定統計量の分布理論が漸近的にも求めることが難しいときがあり，リサンプリング法はさらに重要である．

時系列データの場合には，さまざまなリサンプリング法およびサブサンプリング法が提案されており，統計学のコミュニティで現在注目を集めている．時系列解析に対するブートストラップ法の影響についての解説は，本では Lahiri (2003)，Politis et al. (1999)，論文では Bühlmann (2002)，Politis (2003) があり，また本書の J.-P. Kreiss と S. N. Lahiri によるレビュー論文（第 1 章）でも解説されている．

本章では，与えられた時系列データが線形か非線形か，あるいはガウス性を持つか持たないかを評価する問題を再訪する．実際には，ガウス性を持つと分類される場合には誤差項が正規分布に従う自己回帰移動平均（ARMA）モデルが適切であり，線形であると分類される場合には誤差項が独立であるが非正規であるような分布を含む

ARMA モデルが示唆される．しかし，線形性が棄却される場合には，適切な非線形モデルを注意深く選択することが要求され，さらにはモデルに依存しないノンパラメトリックな方法を用いる必要もある．

まず，正規化バイスペクトルに基づく線形性とガウス性の伝統的検定を概観する．これらの検定の棄却域は，伝統的には漸近分布による方法によって求められてきた．一つの代替的方法として，これらの棄却域をリサンプリング法（例えば AR ブートストラップ法）またはサブサンプリング法によって求める方法を説明する．サブサンプリング法の有利な点の一つは，妥当な結果が得られる一般性にある．サブサンプリング法では一致推定が得られるがブートストラップ法では一致性を持たないような例が，いくつかある（Politis et al., 1999）．サブサンプリング法はブートストラップ法よりも適用範囲が広いが，ブートストラップ法が実際に妥当なケースでは，ブートストラップ法は 2 次の漸近的性質（Hall, 1997）を持つことがあり，これはブートストラップ法の有利な点である．

次節では，線形性とガウス性の検定に関する文献を概観する．時系列の線形性の概念については，2.3 節で説明する．2.4 節と 2.5 節では，それぞれ AR 篩ブートストラップ法とサブサンプリング法による検定に焦点を当てる．

2.2 線形性とガウス性の検定の簡略なサーベイ

特定の非線形モデルを対立仮説として作られた，線形性のパラメトリック検定とセミパラメトリック検定が，いくつか提案されている．このような研究として，An et al. (2000), Ashley and Patterson (2009), Chan and Tong (1986), Chan (1990), Chan and Tong (1990), Hansen (1999), Harvey and Leybourne (2007), Keenan (1985), Luukkonen et al. (1988), Petruccelli and Davies (1986), Petruccelli (1990), Terasvirta et al. (1993), Terasvirta (1994), Tsay (1986) が挙げられる．いくつかの検定では帰無仮説にモデルに基づく仮定があり（例えば，帰無仮説が p 既知あるいは未知の $AR(p)$ モデルである），また対立仮説がモデルに基づく仮定（例えば特定の GARCH モデルを仮定するなど）である場合もある．このようなモデルに基づく仮定は，その仮定が満たされているときには，さまざまな検定の検出力を増加させるのに役立つであろう．

多くのノンパラメトリックあるいはモデルに依存しない線形性検定（最初の論文である Subba Rao and Gabr (1980) も含めて）は，正規化バイスペクトルのノンパラメトリック推定値に基づいているので，帰無仮説においても対立仮説においてもより制約の弱い仮定を課している．正規化バイスペクトルの定義と説明は，2.3 節で与える．

バイスペクトルに基づく他の検定に関する文献としては，Ashley et al. (1986), Birkelund and Hanssen (2009), Brockett et al. (1988), Hinich (1982), Jahan and Harvill (2008), Subba Rao and Gabr (1984), Yuan (2000) がある．正規化

バイスペクトルに基づく検定は，金融資産データのように量が豊富なデータに対してよく使われる（Hinich and Patterson, 1985, 1989; Abhyankar et al., 1995, 1997; Hsieh, 1989）．ノンパラメトリックあるいはモデルに依存しない線形性検定で正規化バイスペクトルに基づかない検定もある（Hong-Zhi and Bing, 1991; Terdik and Math, 1998; Theiler et al., 1992）．これらの検定の概観は，Corduas (1994) で与えられている．また，本書の Giannerini (2011) で，いくつかの線形性検定のアプローチが概説されている．

バイスペクトルに基づく検定はノンパラメトリックな方法なので，棄却域は伝統的に漸近的近似を用いて決定されてきた．しかし，2 次元のバイスペクトル密度関数を正確に推定するためには，標本が非常に大きくなければならない．有限標本におけるこの問題を克服するために，近年の文献で，多くのリサンプリングに基づく方法が提案されてきた．

近年，線形性検定にリサンプルデータを用いた文献が多くある（Berg et al., 2010; Birkelund and Hanssen, 2009; Hinich et al., 2005; Hjellvik and Tjostheim, 1995; Kugiumtzis, 2008）．これらの多くは，パラメトリックモデルを当てはめて得られる残差に対してブートストラップ法を用いる方法である．この方法は，自己相関をほぼなくす事前白色化（prewhitening）ステップの後のデータをリサンプリングする方法と同じである．自己回帰 $AR(p)$ モデルを当てはめて事前白色化を行う場合，データ分析者は通常，例えば AIC や BIC のような情報量規準の最小化によるデータに依存する方法で，次数 p を選択する．実際のデータでは，有限次数の $AR(p)$ モデルがデータを完全に説明することはほとんどなく，データ分析者は標本の大きさ n の増加関数である p を次数として用いることがある．このようにして得られるのが AR モデルの篩（ふるい）である．これが本書の J.-P. Kreiss と S. N. Lahiri による章で概説されている AR 篩ブートストラップの本質である．AR 篩ブートストラップを用いた線形性検定は，2.4 節で説明する．

線形性検定のもう一つのポピュラーな方法は，Theiler et al. (1992) の代理データ（surrogate data）法である[*1]．代理データ法のアイデアはデータの離散フーリエ変換（discrete Fourier transform; DFT）の位相（phase）データにブートストラップ法を適用することである．この場合，離散フーリエ変換の大きさは不変にしておく．次に逆離散フーリエ変換を求めてブートストラップ標本を得る．データの 2 次モーメントの構造はピリオドグラムで表され，上記の過程でピリオドグラムは不変であるから，得られたブートストラップ標本が原標本と同一の 2 次モーメントの構造を持つこ

[*1] 本章では，Theiler et al. (1992) による方法を代理データ（surrogate data）法と呼んでいる．ただし，他の著者（Hinich et al., 2005; Theiler and Prichard, 1997）は，AR 篩ブートストラップ法も含むブートストラップ標本の総称として代理データ法という語を用いていることに注意されたい．

とは明らかである.

線形性とガウス性の検定の文献におけるブートストラップ法の他の利用法としては,位相混合ブートストラップ (phase scrambling bootstrap) (Barnett and Wolff, 2005) や,残差にブートストラップ法を適用することにより真の誤検出率 (false alarm rate) を求める方法 (Hinich et al., 2005; Birkelund and Hanssen, 2009), 時間・周波数トグル (time frequency toggle; TFT) ブートストラップ法 (Kirch and Politis, 2011) がある. TFT ブートストラップ法は,フーリエ係数の位相と大きさの両方をリサンプリングするので,代理データ法の一般化と見なすことができる. 何種類かの代理データ法とブートストラップ法による時系列の線形性検定の比較が, Kugiumtzis (2008) で行われている. また最近,(非) 線形性のエントロピー尺度とブートストラップ棄却域を組み合わせた検定が, Giannerini et al. (2011) で提案された.

この章では,時系列の線形性とガウス性という 2 種類のリサンプリング法に基づいた検定について論じる. 一つ目はすでに述べた AR 篩ブートストラップ法であり,この方法は,適切な $AR(p)$ モデルの当てはめから得られる残差にブートストラップ法を適用する. AR 篩ブートストラップ法はかなり前からよく知られている方法であるが,時系列の線形性とガウス性の検定に用いるときの妥当性が,最近証明された (Berg et al., 2010). このことは 2.4 節で論じる. 2.5 節では,時系列の線形性とガウス性のサブサンプリング法に基づく新しい方法を詳しく説明する. 次の節では,時系列の線形性の概念を定義し,論じる.

2.3 線形および非線形時系列

強定常時系列 $\{X_t\}$ から得られるデータ $X_1, \ldots, X_n$ を考える. 表記を簡単化するために,平均は 0 であると仮定する[*2]. 時系列の従属性の強さを数量化する最も基礎的な道具は,自己共分散関数 $\gamma(k) = EX_t X_{t+k}$ と,対応するフーリエ級数 $f(w) = (2\pi)^{-1} \sum_{k=-\infty}^{\infty} \gamma(k) e^{-iwk}$ である. $f(w)$ はスペクトル密度と呼ばれ, $\sum_k |\gamma(k)| < \infty$ のときに定義でき,連続である. さらに,自己相関係数 (ACF) は $\rho(k) = \gamma(k)/\gamma(0)$ で定義される. すべての $k > 0$ について $\rho(k) = 0$ であれば,時系列 $\{X_t\}$ はホワイトノイズであると言われる. この場合, $\{X_t\}$ は無相関な確率変数列である. "ホワイトノイズ" という名前は,スペクトル密度関数がこの場合定数であることに由来する.

関数 $\gamma(k)$ は,時系列 $\{X_t\}$ の 2 次のモーメントの列である. より技術的に言えば, 2 次のキュムラント (Brillinger (2001), Rosenblatt (1985) を参照) を表している. 3 次のキュムラントは関数 $\Gamma(j, k) = EX_t X_{t+j} X_{t+k}$ で表され, これを用いて得られる 2 次元フーリエ級数

[*2] これ以降の議論で標本平均を差し引くことは,結果生じる誤差は無視できるので,問題ない.

2.3 線形および非線形時系列

$$f(w_1, w_2) = (2\pi)^{-2} \sum_{j=-\infty}^{\infty} \sum_{k=-\infty}^{\infty} \Gamma(j,k) e^{-iw_1 j - iw_2 k}$$

は，バイスペクトル密度と呼ばれる．また，正規化バイスペクトルを

$$K(w_1, w_2) = \frac{|f(w_1, w_2)|^2}{f(w_1)f(w_2)f(w_1+w_2)}$$

で定義する（このように定義する理由は後に明らかになる）．

同様に，より高次のキュムラントが定義でき，それらに対応する多次元フーリエ級数は高次スペクトル密度あるいはポリスペクトル密度と呼ばれる．詳しくは 2.5 節を参照されたい．すべての次数のキュムラント関数の集合，あるいはすべての高次のスペクトル密度関数の集合は，一般的な時系列 $\{X_t\}$ の従属構造の完全な記述になっている．もちろん，無限個の関数を扱うことは難しいので，線形性の概念を用いた近道が利用される．

時系列 $\{X_t\}$ は，以下の方程式を満たすならば，線形であるという．

$$X_t = \sum_{k=-\infty}^{\infty} \beta_k Z_{t-k} \tag{2.1}$$

ただし，係数 β_k は 2 乗の和が収束するものとする．また，確率変数列 $\{Z_t\}$ は独立に同一の分布に従い (i.i.d.)，平均 0，分散 $\sigma^2 > 0$ であるとする．パラメータ β, σ を識別可能とするために，$\beta_0 = 1$ と仮定する．

線形時系列 $\{X_t\}$ は，すべての $k<0$ について $\beta_k = 0$ であるときに，因果性を持つ (causal) という．つまり，以下の方程式が満たされる場合である．

$$X_t = \sum_{k=0}^{\infty} \beta_k Z_{t-k} \tag{2.2}$$

方程式 (2.2) は，すべての純粋な弱定常過程が持つウォルド分解（Hannan and Deistler, 1988）と混同してはならない．ウォルド分解では，誤差変数列 $\{Z_t\}$ はホワイトノイズであると仮定されているだけで，i.i.d. 性は仮定されていない．i.i.d. 性はホワイトノイズの仮定より強い仮定である．因果性の仮定の使用は，非線形時系列に関しても成功してきた．Gourieroux and Jasiak (2005) と Wu (2005) を参照されたい．

線形時系列はその従属構造が数列 $\{\beta_k\}$ によって捉えられるので，扱いやすい対象である．もし時系列 $\{X_t\}$ が方程式 (2.1) を満たすならば，自己共分散とスペクトル密度は，それぞれ $\gamma(k) = \sigma^2 \sum_{s=-\infty}^{\infty} \beta_s \beta_{s+k}$, $f(w) = (2\pi)^{-1}\sigma^2 |\beta(w)|^2$ で与えられる．ただし，$\beta(w)$ は係数列 β_k のフーリエ級数 $\beta(w) = \sum_{k=-\infty}^{\infty} \beta_k e^{iwk}$ である．また，この場合，バイスペクトル密度は

$$f(w_1, w_2) = (2\pi)^{-2} \mu_3 \, \beta(-w_1)\beta(-w_2)\beta(w_1+w_2) \tag{2.3}$$

で与えられる．ここで，$\mu_3 = EZ_t^3$ は誤差項の 3 次のモーメントである．同様に，す

べての高次のスペクトル密度は，$\beta(w)$ を用いて求めることができる．

正規化バイスペクトル $K(w_1, w_2)$ が以下を満たすことは明らかである．

$$K(w_1, w_2) = \frac{|f(w_1, w_2)|^2}{f(w_1)f(w_2)f(w_1 + w_2)} \stackrel{線形性}{=} \frac{(\mu_3)^2}{(2\pi)^2 \sigma^6} \stackrel{ガウス性}{=} 0$$

この方程式の右側から示されるように，時系列が線形であるときには，正規化バイスペクトルは定数である．さらに，時系列がガウス型である（したがって線形でもある）ときには，正規化バイスペクトルは定数 0 である．この二つの事実が Subba Rao and Gabr (1980) の原論文から始まった線形性およびガウス性の多くの検定の基本となっている．しかし，時系列が線形であれば正規化バイスペクトルは定数になるが，逆は必ずしも成り立たないことに注意しよう．したがって，ある種の非線形時系列あるいは非ガウス型時系列からのデータに対して，非線形性あるいは非ガウス性を否定する誤った結論が導かれる可能性もある．

線形時系列の重要な例としては，ラグ付き変数との線形関係を満たす自己回帰モデル（AR モデル）がある．つまり，時系列が以下の方程式を満たすモデルである．

$$X_t = \sum_{k=1}^{p} \theta_k X_{t-k} + Z_t \tag{2.4}$$

ここで，誤差項の確率過程 $\{Z_t\}$ は，式 (2.1) のように i.i.d. で $(0, \sigma^2)$ である．AR モデルによるモデリングは，時系列の将来の値を予測する問題に役立つ．これは特に AR モデルが因果性を持つときに正しい．特性関数 $1 - \sum_{k=1}^{p} \theta_k z^k$ のすべての根の絶対値が 1 より大きいとき，AR モデルは因果性を持つ（例えば Brockwell and Davis (2009) を参照）．

例えば，$\hat{X}_{n+1}$ は観測値 $X_1, \ldots, X_n$ に基づく X_{n+1} の予測量であるとする．平均 2 乗誤差の意味での最適予測量は条件付き期待値 $\hat{X}_{n+1} = E(X_{n+1}|X_1, \ldots, X_n)$ であることは，よく知られている（例えば Billingsley (1995) を参照）．したがって，$\hat{X}_{n+1} = g_n(X_1, \ldots, X_n)$ と書ける．ここで，$g_n(\cdot)$ は $X_1, \ldots, X_n$ の（一般には非線形）関数である．"因果性を持つ" AR モデルの場合，関数 $g_n(\cdot)$ は線形であり $\hat{X}_{n+1} = \sum_{k=1}^{p} \theta_k X_{n+1-k}$ であることは容易に示せる．予測関数 $g_n(\cdot)$ が観測値の最後の p 個の値にのみ影響されるという "有限記憶性"（finite memory）の性質に注意しよう．有限記憶性は有限次数の因果性 AR（マルコフ）モデルに特有な性質ではあるが，最適予測関数 $g_n(\cdot)$ が線形であるという性質は，式 (2.2) を満たすすべての因果性線形時系列が持つ．この時系列モデルの広いクラスは，因果性を持ち反転可能な（つまり Rosenblatt (2000) における最小位相系（minimum-phase）），i.i.d. の誤差項を持つ ARMA モデルを含んでいる．

しかしながら，最適予測関数 $g_n(\cdot)$ の線形性は，より広いクラスの時系列が持っている．このクラスを定義するために，式 (2.2) における誤差項の i.i.d. の仮定をマルチンゲール差の仮定に弱める．つまり，以下が成り立つと仮定する．

$$X_t = \sum_{i=0}^{\infty} \beta_i \nu_{t-i} \qquad (2.5)$$

ここで，$\{\nu_t\}$ は $\{X_s, s \leq t\}$ から生成される σ 加法族 $\mathcal{F}_t$ に適合する定常なマルチンゲール差過程である．つまり，すべての t に対して

$$E[\nu_t | \mathcal{F}_{t-1}] = 0 \quad \text{および} \quad E[\nu_t^2 | \mathcal{F}_{t-1}] = 1 \qquad (2.6)$$

が成り立つ．Kokoszka and Politis (2011) における用語に従い，式 (2.5), (2.6) を満たす時系列は "弱線形" (weakly linear) であるという．最適予測関数 $g_n(\cdot)$ の線形性は，すべての弱線形時系列に対して成り立つことがわかっている[*3)]．例えば Hannan and Deistler (1988) の Theorem 1.4.2 を参照されたい．

ガウス型時系列は，線形時系列のクラスの興味深い部分集合である．式 (2.1) の $\{Z_t\}$ が i.i.d. $N(0,1)$ のときにはガウス型時系列になり，最適予測関数 $g_n(\cdot)$ は線形になる．このことは，$X_1, \ldots, X_{n+1}$ が多変量正規分布に従うとき，条件付き期待値 $E(X_{n+1} | X_1, \ldots, X_n)$ は $X_1, \ldots, X_n$ の線形関数である（Brockwell and Davis, 2009）ことから示される．

さらに，ガウス型時系列の場合，3 次以上の高次スペクトル密度は定数 0 である．すなわち，すべての従属性に関する情報は，スペクトル密度 $f(w)$ に集約されている．したがって，ガウス型時系列の従属構造を調べるには，2 次の性質，つまり自己相関係数（ACF）$\rho(k)$ と（または）スペクトル密度 $f(w)$ に焦点を当てることができる．例えば，ガウス型時系列が無相関，つまり任意の $k > 0$ について $\rho(k) = 0$ であるときは，それは独立な確率変数列である．

自己相関係数の推定値 $\hat{\rho}(k)$ が有意に 0 と異なるかどうかを判断するために，Bartlett の信頼区間が通常使われる．しかしながら，Bartlett の公式は線形時系列あるいは弱線形時系列に対してのみ正しい（Francq and Zakoïan, 2009; Hannan and Deistler, 1988; Romano and Thombs, 1996）．非線形時系列の場合には，帰無仮説 $\rho(1) = 0$ の仮説検定でさえ複雑になり，リサンプリング法あるいはサブサンプリング法といったコンピュータ集約的な方法が必要になる（Politis, 2003; Romano and Thombs, 1996）．

2.4　線形性の AR 篩ブートストラップ検定

よく知られている AR 篩ブートストラップは，ガウス性と線形性の検定に効果的で頑健な方法であることが最近わかってきた．以下で，一般的な AR 篩ブートストラッ

[*3)] しかし，最適予測が線形であるような時系列のクラスは，弱線形時系列のクラスよりも広い．弱線形ではない時系列で最適予測量が線形になる重要な例は，金融資産収益率の 2 乗の時系列である．つまり，$\{r_t\}$ が ARCH/GARCH モデルでモデル化され，$\{X_t\}$ がすべての t で $X_t = r_t^2$ で定義される場合である．詳しくは Kokoszka and Politis (2011) の結果を参照されたい．

プのアルゴリズムを記述する．ここでは，ガウス性，線形性それぞれ別の方法，およびガウス性と線形性の中間的な可能性，つまり誤差項が（非ガウス型かもしれない）対称分布である線形過程についての検定方法が含まれる．この方法の帰無仮説および対立仮説のもとでの一致性の証明は，有限標本において効果があることを示したシミュレーションの結果とともに Berg et al. (2010) に与えられている．

AR 篩ブートストラップ法のアルゴリズム

Step 0: 何らかの規準（AIC，BIC など）により，データ $\boldsymbol{X} = \{X_1, X_2, \ldots, X_n\}$ に当てはめる AR モデルの次数 p を選択する．

Step 1: $\{X_t\}$ に AR(p) モデルを当てはめて，係数の推定値 $\hat{\boldsymbol{\theta}}_p = (\hat{\theta}_{1,p}, \hat{\theta}_{2,p}, \ldots, \hat{\theta}_{p,p})$ を得る．すなわち $\hat{\boldsymbol{\theta}}_p$ は $\boldsymbol{\theta}_p$ の推定値である．ここで

$$\boldsymbol{\theta}_p = (\theta_{1,p}, \theta_{2,p}, \ldots, \theta_{p,p}) = \underset{(c_1, \ldots, c_p)}{\arg\min} \, \mathrm{E}\left[\left(X_t - \sum_{j=1}^p c_j X_{t-j}\right)^2\right]$$

である．

Step 2: $\boldsymbol{X}^* = \{X_1^*, X_2^*, \ldots, X_n^*\}$ は，以下の式によって生成される n 個の疑似観測値（pseudo-observation）である．

$$X_t^* = \sum_{j=1}^p \hat{\theta}_{j,p} X_{t-j}^* + u_t^*, \quad t = -b, -b+1, \ldots, 0, 1, \ldots, n \qquad (2.7)$$

ただし，$t < -b$ に対して $X_t^* := 0$ である．正の整数 b はブートストラップ系列が（近似的に）定常になるように設定する，いわゆる "burn-in" 期間を意味する．

式 (2.7) で，変数列 u_t^* は F_n を分布関数として持つ平均 0 の i.i.d. 確率変数列である．分布関数 F_n は分析の目的に基づいて選択する．考えている帰無仮説に応じて以下の三つの分布関数のうちの一つを選択する．

線形帰無仮説（$H_0^{(1)}$）: 時系列が線形である，という帰無仮説の場合，分布関数 $F_n = F_n^{(1)}$ を中心化残差 $\hat{u}_t - \bar{u}_n$ の経験分布関数とする．ただし

$$\hat{u}_t = X_t - \sum_{j=1}^p \hat{\theta}_{j,p} X_{t-j}, \quad t = p, p+1, \ldots, n$$

また

$$\bar{u}_n = \frac{1}{n-p} \sum_{t=p+1}^n \hat{u}_t$$

である．

線形対称帰無仮説（$H_0^{(2)}$）: 誤差項が対称分布を持つ線形時系列，という帰無仮説の場合，分布関数 $F_n = F_n^{(2)}$ を $F_n^{(1)}$ を対称化した

分布とする．この場合，u_t^* は以下のように得られる．$u_t^* = S_t u_t^+$ であり，ここで $S_t \overset{\text{iid}}{\sim} \text{unif}\{-1, 1\}$（$-1$ と 1 上の離散一様分布），また $u_t^+ \sim F_n^{(1)}$ である．

ガウス性帰無仮説（$H_0^{(3)}$）：　誤差項がガウス型である線形時系列，という帰無仮説の場合，分布関数を $F_n = F_n^{(3)} = N(0, \hat{\sigma}_p^2)$ と設定する．ただし

$$\hat{\sigma}_p^2 = \frac{1}{n-p} \sum_{t=p+1}^{n} (\hat{u}_t - \overline{u}_n)^2$$

である．

Step 3: まず，$T(\cdot)$ を検定問題の検定統計量とする．ブートストラップ標本 $\boldsymbol{X}^*$ から $T(\boldsymbol{X}^*)$ を計算する．次節で，ガウス性と線形性の検定の検定統計量の例を示す．

繰り返し： Step 2, 3 を多数回（この回数を B で表す）繰り返す．B 個のブートストラップ疑似統計量（pseudo-statistics）の経験分布を，帰無仮説のもとでの $T(\boldsymbol{X})$ の真の分布を近似するのに用い，仮説検定を行う．

一つの例として，上で述べた正規化バイスペクトルのノンパラメトリック推定値に基づく検定を考えてみる．線形性を検定するため，正規化バイスペクトル推定量の値を複数の格子点上で計算し，推定値のばらつきを四分位範囲で数値化する．時系列が非線形であれば，正規化バイスペクトルは大きなばらつきを示し，四分位範囲は線形時系列のときに予想されるよりも大きな値になる．したがって，四分位範囲の値が大きいときに線形帰無仮説を棄却することになる．詳しくは 2.5.2 項を参照されたい．伝統的な方法では，このような検定の棄却点を帰無仮説のもとでの検定統計量の漸近分布を用いて決定してきた．AR 篩ブートストラップ法を用いて漸近分布を用いない棄却点を求めることができる．詳しくは Berg et al. (2010) を参照されたい．

本節の最後に，新たなブートストラップ法として最近 McMurry and Politis (2010) が提案した線形過程ブートストラップ（linear process bootstrap; LPB）について触れたい．LPB 法では，真のモデルが線形であってもそうでなくても，線形時系列の系列をブートストラップ標本として生成させる．AR 篩ブートストラップ法の場合のように，LPB ブートストラップ法は，この性質によって線形性の検定の有力な方法となっている．

2.5　線形性のサブサンプリング検定

時系列の一般的なサブサンプリング法は，原時系列データの隣接する複数のブロック上で統計量の値を求めることにより，統計量の分布を近似する．他のリサンプリン

グ法と同様に, 一致性が成り立つための仮定が必要であるが, サブサンプリング法が一致性を持つための仮定は, ブートストラップ法に必要とされる仮定よりも一般に弱く, 容易に確認できる (Politis et al., 1999).

詳細に説明するために, 線形性の検定統計量 t_n^L とガウス性の検定統計量 t_n^G の二つを考える. これらの検定統計量は正規化バイスペクトルの推定値から求められ, Hinich (1982) によって最初に提案されたものである. Hinich は統計量の帰無仮説のもとでの分布を求めるのに漸近理論を用いているが, ここでのアプローチは, サブサンプリング法を用いて統計量の分布を近似する方法である.

まず, 検定統計量 t_n^L と t_n^G を説明し, これらの統計量に基づくサブサンプリング検定を正当化できるのに必要な漸近的な条件を与える. これらの検定統計量は, スペクトル密度とバイスペクトルの推定値に基づいている. したがって, 最初にポリスペクトルの推測についての理論を述べ, バイスペクトルに基づく線形性およびガウス性の検定法について説明する.

2.5.1 カーネル法に基づくポリスペクトルの推定

s 次のポリスペクトルを定義するためには, s 次の定常性の仮定が必要である. s 次の定常性は, すべての m 次 ($m \leq s$) のモーメントが存在し, それが時間のシフトに関して不変であることを意味する. すなわち, 任意の整数の集合 $\tau_1, \ldots, \tau_m$ と t に対して以下が成り立つことである.

$$\mathrm{E}[X_{\tau_1} X_{\tau_2} \cdots X_{\tau_m}] = \mathrm{E}[X_{\tau_1+t} X_{\tau_2+t} \cdots X_{\tau_m+t}]$$

s 次の定常性の仮定は, 共分散定常性 (2 次の定常性, または広義定常性ともいう) と, より強い仮定である強定常性の間に位置している.

確率変数列 $X_1, X_2, \ldots, X_n$ は, 平均 μ の s 次定常時系列の標本であるとする. s 次の同時キュムラント (joint cumulant) は

$$C(\tau_1, \ldots, \tau_{s-1}) = \sum_{(\nu_1, \ldots, \nu_p)} (-1)^{p-1}(p-1)! \mu_{\nu_1} \cdots \mu_{\nu_p} \tag{2.8}$$

によって定義される. ここで, 和は $\{0, \ldots, \tau_{s-1}\}$ の分割 $(\nu_1, \ldots, \nu_p)$ のすべてについてとっている. また, $\mu_{\nu_j} = E\left[\prod_{\tau_i \in \nu_j} X_{\tau_i}\right]$ である. 同時キュムラントのもう一つの表現については, Jammalamadaka et al. (2006) を参照されたい. s 次のスペクトル密度は

$$f(\boldsymbol{\omega}) = \frac{1}{(2\pi)^{s-1}} \sum_{\boldsymbol{\tau} \in \mathbb{Z}^{s-1}} C(\boldsymbol{\tau}) e^{-i\boldsymbol{\tau} \cdot \boldsymbol{\omega}} \tag{2.9}$$

によって定義される. ここで, 太字の記号 $\boldsymbol{\omega}$ は, $(s-1)$ 次元ベクトル $\boldsymbol{\omega} = (\omega_1, \ldots, \omega_{s-1})$ を表す. $C(\boldsymbol{\tau})$ は絶対収束するという通常の条件を仮定し, したがって, このスペクトル密度の存在と連続性が保証される. $C(\boldsymbol{\tau})$ の自然な推定量は

$$\widehat{C}(\tau_1, \ldots, \tau_{s-1}) = \sum_{(\nu_1, \ldots, \nu_p)} (-1)^{p-1}(p-1)! \hat{\mu}_{\nu_1} \cdots \hat{\mu}_{\nu_p} \tag{2.10}$$

で与えられる．ここでの和は，$\{0,\ldots,\tau_{s-1}\}$ の分割 $(\nu_1,\ldots,\nu_p)$ すべてに関してとる．また

$$\hat{\mu}_{\nu_j} = \frac{1}{n - \max(\nu_j) + \min(\nu_j)} \sum_{k=-\min(\nu_j)}^{n-\max(\nu_j)} \prod_{t \in \nu_j} X_{t+k}$$

である．

前に説明した 2 次と 3 次のキュムラント関数（式 (2.8) で $s=2$ および $s=3$ として得られる）は，以下の中心化した期待値として単純な形で表される．

$$C(\tau_1) = \mathrm{E}\left[(X_t - \mu)(X_{t+\tau_1} - \mu)\right]$$
$$C(\tau_1, \tau_2) = \mathrm{E}\left[(X_t - \mu)(X_{t+\tau_1} - \mu)(X_{t+\tau_2} - \mu)\right]$$

これらのケースでは，対応する推定量 (2.10) は，以下のように単純化される．

$$\widehat{C}(\boldsymbol{\tau}) = \frac{1}{n} \sum_{t=1}^{n-\gamma} \prod_{j=1}^{s} (X_{t-\alpha+\tau_j} - \bar{X}) \tag{2.11}$$

ここで，$\alpha = \min(0, \tau_1, \ldots, \tau_{s-1})$，$\gamma = \max(0, \tau_1, \ldots, \tau_{s-1}) - \alpha$ であり，$\bar{X}$ はデータの標本平均を表す．式 (2.10), (2.11) の和が空集合であるときには，$\widehat{C}(\boldsymbol{\tau}) = 0$ と定義することによって，$\widehat{C}$ の定義域を $\mathbb{Z}^s$ に拡大する．

ポリスペクトルの一致推定量は，標本キュムラント関数 $\widehat{C}(\boldsymbol{\tau})$ に平滑化カーネル κ_m を掛けた後にフーリエ変換することで得られる．ただし，バンド幅 $m = m(n)$ は n とともに発散する数列（$m/n \to 0$）である．すなわち

$$\hat{f}(\boldsymbol{\omega}) = \frac{1}{(2\pi)^{s-1}} \sum_{\|\boldsymbol{\tau}\| < n} \kappa_m(\boldsymbol{\tau}) \widehat{C}(\boldsymbol{\tau}) e^{-i\boldsymbol{\tau} \cdot \boldsymbol{\omega}} \tag{2.12}$$

となる．通常，カーネル関数 κ_m は固定したカーネル関数 κ を用いて $\kappa_m(\boldsymbol{\tau}) = \kappa(\boldsymbol{\tau}/m)$ として得られる（この操作を拡大 (dilation) という）．

特に，2 次のスペクトル密度の推定について，κ として，いくつかの異なる形状の関数が提案されてきた（Priestley (1983) を参照．特に，台形関数 (Politis and Romano, 1995) や円錐台 (conical frustum) 関数 (Politis, 2011) のような頂部が平らな (flat-top) ラグウィンドウ関数を用いることによって，最適な平均 2 乗誤差の性質を持つ（ポリ）スペクトル密度関数推定値が得られる．

カーネル法によるポリスペクトル密度関数推定の漸近理論についての詳細は，Berg and Politis (2009)，Brillinger and Rosenblatt (1967)，Rosenblatt (1985) に与えられている．以下の二つの仮定が一般的に必要である．

仮定 1 キュムラント関数 $C(\tau_1, \ldots, \tau_{s-1})$ は

$$\sum_{(t_1, \ldots, t_{s-1}) \in \mathbb{Z}^{s-1}} t_j C(t_1, \ldots, t_{s-1}) < \infty \qquad \text{for each } j = 1, \ldots, s-1$$

を満たす．この仮定は連続微分可能なポリスペクトル密度関数の存在を保証する．

仮定 2 カーネル関数 $\kappa(\boldsymbol{\tau})$ は連続微分可能で，すべての $j = 1, \ldots, s-1$ に対して

$$\max\left(|\tau_j \kappa(\boldsymbol{\tau})|, \left|\frac{\partial}{\partial \tau_j}\kappa(\boldsymbol{\tau})\right|\right) \leq M(1+\|\boldsymbol{\tau}\|)^{-(s-1)-\epsilon}$$

を満足する．ここで $\|\boldsymbol{\tau}\| = \left(\sum_{j=1}^{s-1} \tau_j^2\right)^{1/2}$, $M > 0$, $\epsilon > 0$ である．

もし $\{X_t\}$ が強定常過程であれば，仮定 1, 2 を用いて

$$\sqrt{n/m^{s-1}}\left(\hat{f}(\boldsymbol{\omega}) - \mathrm{E}\left[\hat{f}(\boldsymbol{\omega})\right]\right) \longrightarrow_d N(0, \sigma^2) \tag{2.13}$$

を示すことができる．ただし，$n \to \infty$ かつ $n/m^{s-1} \to \infty$ であり，σ^2 は f と κ の汎関数である．

注釈 1 もし $\hat{f}(\boldsymbol{\omega})$ のバイアスが $\sqrt{n/m^{s-1}}$ よりも小さいオーダーであれば，式 (2.13) の $\mathrm{E}[\hat{f}(\boldsymbol{\omega})]$ は $f(\boldsymbol{\omega})$ で置き換えることができる．この最小バイアスの性質は，二つの方法で達成可能である．一つは，バンド幅 m を最適なバンド幅よりも大きくし，一定の過小平滑化をする方法である．第二の方法は，減少バイアス性を持つ無限次数カーネル κ を用いることである (Politis, 2011)．ノンパラメトリック関数推定において，有限標本における最適なバンド幅の選択は避けられない問題である．ポリスペクトル密度関数推定のための適切なバンド幅を選択する実際的かつ効果的な方法は，Berg and Politis (2009) の研究で与えられている． □

2.5.2　検定統計量 t_n^G と t_n^L

ポリスペクトルが持っている対称性 (Berg, 2008) から，正規化バイスペクトル $K(\omega_1, \omega_2)$ は，以下の Ω 上の値によって一意的に定義される．

$$\Omega := \{(\omega_1, \omega_2) : 0 < \omega_1 < \pi,\ 0 < \omega_2 < \min(\omega_1, 2(\pi - \omega_1))\}$$

式 (2.12) のポリスペクトルの推定量を利用することによって，正規化バイスペクトルの推定量 $\hat{K}(\omega_1, \omega_2)$ を得る．そして Subba Rao and Gabr (1984) によるガウス性の検定統計量は

$$t_n^G = \sum_{j=1}^{k} \hat{K}(\omega_j^1, \omega_j^2) \tag{2.14}$$

によって定義される．ここで，(ω_j^1, ω_j^2) $(j = 1, \ldots, k)$ は集合 Ω 内の k 個の格子点であり，格子点の数 k は n とともに増加する（検定の一致性が保証される）．ガウス性の帰無仮説は t_n^G が非常に大きいときに棄却される．

Hinich (1982) は，Subba Rao and Gabr が提案したバイスペクトルに基づく線形性の検定を改良し，より頑健なバージョンを提案した．Hinich の線形性検定の検定統計量は

$$t_n^L = IQR\left\{\left[\hat{K}(\omega_j^1, \omega_j^2)\right]_{j=1}^k\right\} \tag{2.15}$$

で与えられる．ここで，IQR は四分位範囲を意味する．線形性の帰無仮説は t_n^L が非常に大きいときに棄却される．

二つの検定統計量 t_n^G, t_n^L のどちらの場合でも，実際のデータ分析者は棄却域の閾値を求めなければならない．つまり，検定統計量の値がどの程度のときが"非常に大きい"かを決める必要がある．漸近分布を用いて棄却域を求めるのが，伝統的な方法である (Hinich, 1982; Subba Rao and Gabr, 1984)．しかし，2.4節で述べたように，AR 篩ブートストラップ法を用いたリサンプリング近似によってこの閾値を求める方法がある．次項では，サブサンプリング法を用いて棄却域を求める方法を説明する．

2.5.3 t_n^G と t_n^L についてのサブサンプリング法

検定統計量 t_n^G と t_n^L に関するサブサンプリング法の一致性を示すためには，それらの標本分布が帰無仮説のもとで連続な極限分布に収束することを示さなければならない．検定統計量 t_n^G と t_n^L についての漸近理論は，前述した文献で確立されている．

もし時系列がガウス性を持てば，

$$\left(\frac{n}{m^2}\cdot\frac{2\pi}{\zeta_2}\right) t_n^G \longrightarrow_d \chi_{2k}^2 \tag{2.16}$$

が成り立つ (Subba Rao and Gabr, 1980, 1984)．ここで，$m = m(n)$ は推定量 (2.12) で用いられるバンド幅であり，$\zeta_2 = \int_{-\infty}^{\infty}\int_{-\infty}^{\infty} \kappa^2(\tau_1,\tau_2)\,d\tau_1\,d\tau_2$ である．

もし時系列が線形であれば，

$$\left(\frac{n}{m^2}\cdot\frac{2\pi}{\zeta_2}\right) t_n^L \longrightarrow_d N\left[\xi_{3/4} - \xi_{1/4}, \frac{1}{16k}\left(\frac{3}{g^2(\xi_{1/4})} + \frac{3}{g^2(\xi_{3/4})}\right.\right.$$
$$\left.\left. - \frac{2}{g^2(\xi_{1/4})g^2(\xi_{3/4})}\right)\right] \tag{2.17}$$

が成り立つ (Berg et al., 2010; Hinich, 1982)．ここで，ξ と $g(\cdot)$ はそれぞれ χ_{2k}^2 分布の分位点と確率密度関数である．

t_n は t_n^G または t_n^L を表すとする．検定統計量 t_n はそれぞれの帰無仮説のもとで $t_n \to 0$ であり，対立仮説のもとでは $t_n \to t > 0$ となることがわかる．対立仮説のもとでの t_n の収束は Hinich (1982) で得られている．次に，$t_{n,b,t}$ は，サブサンプル $\{X_t, X_{t+1}, \ldots, X_{t+b-1}\}$ のみを用いて計算される式 (2.14) あるいは式 (2.15) で定義される統計量とする．ただし，$t \in \{1, 2, \ldots, n-b+1\}$ である．

ここで，ガウス性と線形性のサブサンプリング検定に用いる二つのサブサンプリング分布を考える．

第一に，Politis et al. (1999) で与えられた非中心化サブサンプリング分布を

$$S_{n,b}^U(x) := \frac{1}{n-b+1}\sum_{t=1}^{n-b+1} 1\{\tau_b t_{n,b,t} \leq x\} \tag{2.18}$$

によって定義する．ここで，$\tau_b = b/m(b)^2$ である[*4]．

もう一つの方法として，上のサブサンプリング分布の中心化バージョンは，多くの場面（Berg et al., 2010）で検出力が改良されることが示されている．中心化サブサンプリング分布は

$$S_{n,b}^C(x) := \frac{1}{n-b+1} \sum_{t=1}^{n-b+1} 1\{\tau_b(t_{n,b,t} - t_n) \le x\} \tag{2.19}$$

によって定義される．

式 (2.16), (2.17) から，$\tau_n t_n$ の標本分布はそれぞれ対応する帰無仮説のもとで連続な極限分布に収束することがわかる．この極限分布の分布関数を $H(x)$ で表す．

ここで，線形性とガウス性のサブサンプリング法による検定の一致性について述べる．次の定理は Politis et al. (1999) の Theorem 3.5.1 から直接導かれる．

定理 1 （t_n^G と t_n^L についてのサブサンプリング法の妥当性）$H_{n,b}(x)$ は $S_{n,b}^U(x)$ か $S_{n,b}^C(x)$ のどちらかを表すとする．T_n が t_n^G, t_n^L のどちらを表すかに応じて，式 (2.16), (2.17) のどちらかを仮定する．また，$b \to \infty$, $b/n \to 0$ と $\tau_b/\tau_n \to 0$ $(n \to \infty)$ が成り立つことを仮定する．また，検定統計量の構成で用いられるポリスペクトル推定値のバンド幅 m が注釈 1 で説明した過小平滑化（undersmoothing）の条件を満たしていることを仮定する．さらに，時系列 $\{X_t\}$ は強定常で強ミキシング（strong mixing）であることを仮定する．実数 $\alpha \in (0,1)$ に対して，

$$h_{n,b}(1-\alpha) = \inf\{x : H_{n,b}(x) \ge 1-\alpha\}$$
$$h(1-\alpha) = \inf\{x : H(x) \ge 1-\alpha\}$$

と定義する．このとき，帰無仮説のもとでは，$n \to \infty$ のとき

i. $h_{n,b}(1-\alpha) \xrightarrow{p} g(1-\alpha)$
ii. $Prob\{\tau_n t_n > h_{n,b}(1-\alpha)\} \longrightarrow \alpha$

が成り立つ．ただし $\xrightarrow{p}$ は確率収束を意味する．対立仮説のもとでは，$n \to \infty$ のとき

iii. $Prob\{\tau_n t_n > h_{n,b}(1-\alpha)\} \longrightarrow 1$

が成り立つ．

定理 1 は，二つのサブサンプリング分布 $S_{n,b}^U(x)$ と $S_{n,b}^C(x)$ のどちらに基づいた検定も，水準 α の一致性を持つことを意味している．しかし，Berg et al. (2010) で取り上げている他の単純な例から考えると，中心化サブサンプリング分布 $S_{n,b}^C(x)$ をも

[*4] $m = m(n)$ であることに注意．例えば，もしある $\delta \in (0, 1/2)$ があって $m(n) = n^\delta$ であれば，$\tau_b = b/[b^\delta]^2 = b^{1-2\delta}$ となる．

とにした検定は,サブサンプリング分布 $S_{n,b}^U(x)$ をもとにした検定よりも,高い検出力を持つと予想できる.つまり,定理の iii の収束は,$H_{n,b}(x) = S_{n,b}^C(x)$ のときのほうが速いと予想される.同様に,定理の ii の収束は,$H_{n,b}(x) = S_{n,b}^U(x)$ のときのほうが速いと予想される.つまり,検定の水準は,非中心化サブサンプリング分布 $S_{n,b}^U(x)$ を用いたときのほうがより精度が高い(検定の水準が名目水準に近い)と予想される.

(Arthur Berg, Timothy McMurry and Dimitris N. Politis／福地純一郎)

文　　献

Abhyankar, A., Copeland, L.S., Wong, W., 1995. Nonlinear dynamics in real-time equity market indices: evidence from the United Kingdom. Econ. J. 105(431), 864–880.

Abhyankar, A., Copeland, L.S., Wong, W., 1997. Uncovering nonlinear structure in real-time stock-market indexes: the S&P 500, the DAX, the Nikkei 225, and the FTSE-100. J. Bus. Econ. Stat. 15(1), 1–14.

An, H.Z., Zhu, L.X., Li, R.Z., 2000. A mixed-type test for linearity in time series. J. Stat. Plan. Inference 88, 339–353.

Ashley, R.A., Patterson, D.M., 2009. A Test of the GARCH(1,1) Specification For Daily Stock Returns. Working paper presented at the 17th Society for Nonlinear Dynamics and Econometrics on April 16, 2009.

Ashley, R.A., Patterson, D.M., Hinich, M.J., 1986. A diagnostic test for nonlinear serial dependence in time series fitting errors. J. Time Ser. Anal. 7(3), 165–178.

Barnett, A.G., Wolff, R.C., 2005. A time-domain test for some types of nonlinearity. IEEE Trans. Signal Process. 53(1), 26–33.

Berg, A., 2008. Multivariate lag-windows and group representations. J. Multivariate Anal. 99(10), 2479–2496.

Berg, A., McMurry, T.L., Politis, D.N., 2010. Subsampling p-values. Stat. Probab. Lett. 80(17-18), 1358–1364.

Berg, A., Paparoditis, E., Politis, D.N., 2010. A bootstrap test for time series linearity. J. Stat. Plan. Inference 140(12), 3841–3857.

Berg, A., Politis, D.N., 2009. Higher-order accurate polyspectral estimation with flat-top lag-windows. Ann. Inst. Stat. Math. 61, 1–22.

Billingsley, P., 1995. Probability and Measure. Wiley Series in Probability and Mathematical Statistics. Wiley-Interscience, New York.

Birkelund, Y., Hanssen, A., 2009. Improved bispectrum based tests for Gaussianity and linearity. Signal Process. 89(12), 2537–2546.

Brillinger, D.R., 2001. Time Series: Data Analysis and Theory. Society for Industrial Mathematics, Philadelphia.

Brillinger, D., Rosenblatt, M., 1967. Spectral Analysis of Time Series, chapter Asymptotic theory of kth order spectra in spectral analysis of time series. Wiley, New York.

Brockett, P.L., Hinich, M.J., Patterson, D., 1988. Bispectral-based tests for the detection of gaussianity and linearity in time series. J. Am. Stat. Assoc. 83(403), 657–664.

Brockwell, P.J., Davis, R.A., 2009. Time Series: Theory and Methods. Springer Verlag, New York.

Bühlmann, P., 2002. Bootstraps for time series. Stat. Sci. 17, 52–72.
Chan, K.S., 1990. Testing for threshold autoregression. Ann. Stat. 18(4), 1886–1894.
Chan, W.S., Tong, H., 1986. On tests for non-linearity in time series analysis. J. Forecast. 5(4), 217–228.
Chan, K.S., Tong, H., 1990. On likelihood ratio tests for threshold autoregression. J. R. Stat. Soc. Series B 52(3), 469–476.
Corduas, M., 1994. Nonlinearity tests in time series analysis. Stat. Methods Appl. 3(3), 291–313.
Davison, A.C., Hinkley, D.V., 1997. Bootstrap Methods and Their Application. Cambridge University Press, New York.
Efron, B., 1979a. Bootstrap methods: another look at the jackknife. Ann. Stat. 7(1), 1–26.
Efron, B., 1979b. Computers and the theory of statistics: thinking the unthinkable. SIAM Rev. 21(4), 460–480.
Efron, B., Tibshirani, R., 1993. An Introduction to the Bootstrap, vol. 57. Chapman & Hall/CRC, New York.
Francq, C., Zakoïan, J.M., 2009. Bartlett's formula for a general class of nonlinear processes. J. Time Ser. Anal. 30(4), 449–465.
Giannerini, S., 2011. The quest for nonlinearity in time series, in: Rao, C.R., Subba Rao, T. (Eds.), Handbook of Statistics, Volume 30: Time Series. Elsevier, Amsterdam, Netherlands.
Giannerini, S., Maasoumi, E., Bee Dagum, E., 2011. Entropy testing for nonlinearity in time series. Technical report, Università di Bologna.
Gourieroux, C., Jasiak, J., 2005. Nonlinear innovations and impulse responses with application to VaR sensitivity. Annales d'Economie et de Statistique (78), 1–31.
Hall, P., 1997. The Bootstrap and Edgeworth Expansion. Springer Verlag, New York.
Hannan, E.J., Deistler, M., 1988. The Statistical Theory of Linear Systems. Wiley Series in Probability and Mathematical Statistics. John Wiley & Sons, Hoboken.
Hansen, B.E., 1999. Testing for linearity. J. Econ. Surv. 13(5), 551–576.
Harvey, D.I., Leybourne, S.J., 2007. Testing for time series linearity. Econom. J. 10(1), 149–165.
Hinich, M.J., 1982. Testing for gaussianity and linearity of a stationary time series. J. Time Ser. Anal. 3(3), 169–176.
Hinich, M.J., Mendes, E.M., Stone, L., 2005. Detecting nonlinearity in time series: surrogate and bootstrap approaches. Stud. Nonlin. Dyn. Econom. 9(4), 3.
Hinich, M.J., Patterson, D.M., 1985. Evidence of nonlinearity in daily stock returns. J. Bus. Econ. Stat. 3(1), 69–77.
Hinich, M.J., Patterson, D.M., 1989. Evidence of nonlinearity in the trade-by-trade stock market return generating process in: Barnett, W.A., Geweke, J., Shell, K. (Eds.), Economic Complexity: Chaos, Sunspots, Bubbles and Nonlinearity-International Symposium in Economic Theory and Econometrics. Cambridge University Press, Cambridge, UK, pp. 383–409.
Hjellvik, V., Tjostheim, D., 1995. Nonparametric tests of linearity for time series. Biometrika 82(2), 351–368.
Hong-Zhi, A., Bing, C., 1991. A Kolmogorov-Smirnov type statistic with application to test for nonlinearity in time series. Int. Stat. Rev. 59(3), 287–307.
Hsieh, D.A., 1989. Testing for nonlinear dependence in daily foreign exchange rates. J. Bus. 62(3), 339–368.
Jahan, N., Harvill, J.L., 2008. Bispectral-based goodness-of-fit tests of gaussianity and linearity of stationary time series. Commun. Stat. Theory Methods 37(20), 3216–3227.

Jammalamadaka, S.R., Rao, T.S., Terdik, G., 2006. Higher order cumulants of random vectors and applications to statistical inference and time series. Sankhyā Indian J. Stat. 68(2), 326–356.

Keenan, D.M.R., 1985. A Tukey nonadditivity-type test for time series nonlinearity. Biometrika 72(1), 39–44.

Kirch, C., Politis. D.N., 2011. TFT-bootstrap: resampling time series in the frequency domain to obtain replicates in the time domain. Ann. Stat. 39(3), 1427–1470.

Kokoszka, P.S., Politis, D.N., 2011. Nonlinearity of ARCH and stochastic volatility models and Bartlett's formula. Probab. Math. Stat. 31(1), 47–59.

Kugiumtzis, D., 2008. Evaluation of surrogate and bootstrap tests for nonlinearity in time series. Stud. Nonlin. Dyn. Econom. 12(1), 4.

Lahiri, S.N., 2003. Resampling Methods for Dependent Data. Springer Series in Statistics. Springer, New York.

Luukkonen, R., Saikkonen, P., Terasvirta, T., 1988. Testing linearity against smooth transition autoregressive models. Biometrika 75(3), 491–499.

McMurry, T., Politis, D.N., 2010. Banded and tapered estimates of autocovariance matrices and the linear process bootstrap. J. Time Ser. Anal. 31, 471–482.

Petruccelli, J.D., 1990. A comparison of tests for setar-type non-linearity in time series. J. Forecast. 9(1), 25–36.

Petruccelli, J., Davies, N., 1986. A portmanteau test for self-exciting threshold autoregressive-type nonlinearity in time series. Biometrika 73(3), 687–694.

Politis, D.N., 2003. The impact of bootstrap methods on time series analysis. Stat. Sci. 18(2), 219–230.

Politis, D.N., 2011. Higher-order accurate, positive semidefinite estimation of large-sample covariance and spectral density matrices. Econom. Theory, vol. 27, 703–744.

Politis, D.N., Romano, J.P., 1995. Bias-corrected nonparametric spectral estimation. J. Time Ser. Anal. 16(1), 67–103.

Politis, D.N., Romano, J.P., Wolf, M., 1999. Subsampling. Springer Verlag, New York.

Priestley, M., 1983. Spectral Analysis and Time Series, vols 1 and 2, Academic Press, New York.

Romano, J.P., Thombs, L.A., 1996. Inference for autocorrelations under weak assumptions. J. Am. Stat. Assoc. 91(434), 590–600.

Rosenblatt, M., 1985. Stationary Sequences and Random Fields. Springer, New York.

Rosenblatt, M., 2000. Gaussian and Non-Gaussian Linear Time Series and Random Fields. Springer Verlag, New York.

Shao, J., Tu, D., 1995. The Jackknife and Bootstrap. Springer, New York.

Subba Rao, T., Gabr, M.M., 1980. A test for linearity of stationary time series. J. Time Ser. Anal. 1(2), 145–158.

Subba Rao, T., Gabr, M.M., 1984. An Introduction to Bispectral Analysis and Bilinear Time Series Models, volume 24 of Lecture Notes in Statistics. Springer, New York.

Terasvirta, T., 1994. Testing linearity and modelling nonlinear time series. Kybernetika 30(3), 319–330

Terasvirta, T., Lin, C.F., Granger, C.W.J., 1993. Power of the neural network linearity test. J. Time Ser. Anal. 14(2), 209–220.

Terdik, G., Math, J., 1998. A new test of linearity of time series based on the bispectrum. J. Time Ser. Anal. 19(6), 737–753.

Theiler, J., Galdrikian, B., Longtin, A., Eubank, S., Farmer, J.D., 1992. Testing for nonlinearity in time series: the method of surrogate data. Physica D 58, 77–94.

Theiler, J., Prichard, D., 1997. Using 'surrogate surrogate data' to calibrate the actual rate of false positives in tests for nonlinearity in time series. Fields Inst. Comm. 11, 99–113.

Tsay, R.S., 1986. Nonlinearity tests for time series. Biometrika 73(2), 461–466.
Wu, W.B., 2005. Nonlinear system theory: another look at dependence. Proc. Natl. Acad. Sci. U.S.A. 102(40), 14150.
Yuan, J., 2000. Testing linearity for stationary time series using the sample interquartile range. J. Time Ser. Anal. 21(6), 713–722.

CHAPTER 3

The Quest for Nonlinearity in Time Series

非線形時系列の探究

■ 概　要 ■　この章では，時系列の非線形性を検定する問題を概観する．まず，線形過程の定義と性質について論じ，その性質が実際の取り扱いに与える意味合いについて議論する．次に，時系列や非線形動学の文献に見られるさまざまな検定を解説し，分類する．時系列の非線形性を評価するための提案が数多くあるのは，主に二つの要因に依拠する．第一は，線形の世界と非線形の世界が本質的に非対称であることである．実際のところ，一言で非線形現象と言っても，ほとんど無限の多様性があり，線形性からはさまざまな方向の乖離がありうる．例えば，不可逆性，予測可能性の非一様性，ノイズ増幅/抑制，位相同期，ノイズ誘起現象と初期値敏感性といった性質である．第二の要素は，問題の学際的性質である．非線形過程のさまざまな性質の特徴をうまく捉えるという問題は，統計学，計量経済学，非線形動学，生物学，工学といった異なる分野間で共有されているものである．本章の概観は決して網羅的なものではなく，筆者の個人的な見解を反映したものである．

■ キーワード ■　検定，非線形性，線形予測，カオス，高次モーメント，バイスペクトル，初期値敏感性，サロゲートデータ，ノンパラメトリック検定，特定化検定

3.1　は じ め に

　線形（正規）モデルのパラダイム（Box and Jenkins, 1970）は，時系列データを分析し，現象を解釈する簡単な数学的枠組みと強力な道具立てを提供するものである．しかし，多くの例において，それを適用することはあまり勧められないか，あるいは研究対象のプロセスの重要な側面を捉えることができない．例えば，景気循環は特有の非対称性を持っていることがよく知られている（Milas et al., 2006）．また，金融時系列には，ボラティリティ，厚い裾，マイクロストラクチャノイズ，不可逆性などの特徴が見られる．さらに，予測可能性の非一様性，初期値鋭敏性，閾値効果，ジャンプ，複数のモードなどは，水文学，物理学，生物学，薬学などの多くの分野で見られる．非線形性に関する初期の重要な論文の多くは，力学系理論と関連しており，決定論的なモデルを用いて複雑な現象を説明している．アンリ・ポアンカレは19世紀末に，惑星学の先駆的な研究において，初期条件による鋭敏性の現象を初めて発見し

た．その後，多くの異なる分野において，それぞれ特有の非線形性の現象が発見されてきた．例えば，Lorenz（1963）による気象動学の論文は，カオスの概念を広げた研究とされている．他の重要な貢献には，カタストロフィ理論（Thom, 1989）やフラクタル幾何学（Mandelbrot, 1982）の基礎研究が挙げられる．

時系列の分野では，Moran（1953）が線形モデルの限界を強調した最初の一人だと考えられている．カナダオオヤマネコの系列の分析で，Moran は線形モデルを当てはめた残差の "異質性" を観測した．それはもとのプロセスの動学が持つ "レジーム効果" の副産物であり，それをモデル化する試みとして，いわゆる閾値モデルが導入された．Tong（1990, 2011）とその引用文献を参照されたい．また，2次を超えるモーメントに着目する必要性から，バイリニアモデルと高次スペクトルが導入されるに至った（Granger and Andersen, 1978; Subba Rao and Gabr, 1984）．Subba Rao and Gabr（1984）の研究では，初期値の選び方を変えることによって非線形モデルの当てはまりと予測の良さが絶えず変化してしまうことが発見された．さらに，金融時系列で観測されるいわゆるボラティリティを記述するモデルを構築するために，自己回帰条件付き分散不均一モデル（ARCH）とその派生モデルが発展してきた．Tsay（2005）とその引用文献を参照されたい．その他，多くの現実の事象で観測される長期的相関関係を説明する必要性から，長期記憶過程（Granger and Joyeux, 1980）が導入された．最後に，近年のノンパラメトリック，セミパラメトリック回帰法の発展により，データ生成過程に関する仮定を減らしつつ非線形事象をモデル化することが可能になった．Fan and Yao（2003），Gao（2007）とそれらの引用文献を参照されたい．

多くの研究者が，時系列分析の異なるアプローチの必要性を主張している．しかしながら，難しい非線形モデリングにいそしむ前に，まず線形表現が適切でないことを確かめるのが有意義であろう．そのため，非線形性の存在を調べる検定が提案されてきた．この章では，時系列における非線形性の検定に関する文献を概観する．この問題は次のように書ける．「（強）定常確率過程 $\{X_t\}_{t\in\mathbb{Z}}$ から実現された有限次元時系列 $\mathbf{x} = (x_1,\ldots,x_n)$ が与えられたとし，$\mathbf{x}$ に基づいて，データ生成過程 $\{X_t\}_{t\in\mathbb{Z}}$ が線形であるかどうかを，ある信頼度で評価せよ」

上の記述は，以下のように仮説検定の形に書き換えることができる．

$$\begin{cases} H_0 : \{X_t\}_{t\in\mathbb{Z}} \text{ は線形過程である} \\ H_1 : \{X_t\}_{t\in\mathbb{Z}} \text{ は線形過程ではない} \end{cases} \tag{3.1}$$

この仮説を検定するために，数学的な観点から厳密に線形過程を定義する必要がある．また，何らかの意味で H_1 を特定しておく必要もある．つまり，H_0 の形で表されない過程のクラスがどのようなものか記述しておく必要がある．線形からの乖離にはいくらでも多くの方向があるため，式 (3.1) の検定は通常特定の非線形性を検定することになる．さまざまな分野の現象においていろいろな形の非線形性が発見され，それ

は実りの多い異分野交流に発展している．例えば，非線形動学におけるいくつかの特有な概念やカオス理論は，時系列分析の新たなツールの導入の動機となった．別の状況においては，線形モデルではデータに見られる系列相関をうまく記述できないことを，非線形性によるものと理解する場合もある．したがって，問題は診断検定（よく線形モデルの残差について行われる）あるいはモデルの特定化検定に帰着する．以上のような見方をベースに，異なる分野にまたがる膨大な文献において提案されているさまざまな検定を分類してみよう．もちろん，さまざまな分類間の境界を明確に引けるわけではなく，また，異なった体系化を与えることも可能である．

この章は以下のように構成されている．3.2 節では，線形過程の定義を与える．数学的表現の実用的な意味を調べ，予測の観点に立って線形性からの乖離を議論する．3.3 節では，検定をいくつかに分類して，バイスペクトルと高次モーメント（3.3.1 項），診断検定（3.3.2 項），特定化検定とラグランジュ乗数検定（3.3.3 項），ノンパラメトリック検定（3.3.4 項），カオス理論による検定（3.3.5 項），サロゲートデータによる検定（3.3.6 項）を紹介する．最後の節では，結論を示す．

3.2 線形過程の定義

通常，線形定常過程 $\{X_t\}_{t \in \mathbb{Z}}$ は，以下のように定義される．

$$X_t = \sum_{j=1}^{\infty} \psi_j \epsilon_{t-j} + \epsilon_t \tag{3.2}$$

ただし，$\{\epsilon_t\}$ は i.i.d. 過程であり，$E[\epsilon_t] = 0$，$Var[\epsilon_t] = \sigma^2 < \infty$，$\sum_{j=0}^{\infty} \psi_j^2 < \infty$ である．したがって，線形過程は移動平均（MA(∞)）表現を持つ．また，もし MA 伝達関数 $\Psi(z) = \sum_{j=0}^{\infty} \psi_j z^j$ が存在して，$|z| \leq 1$ ($z \in \mathbb{C}$) では 0 にならない場合，この過程は自己回帰（AR(∞)）表現

$$X_t = \sum_{j=1}^{\infty} \phi_j X_{t-j} + \epsilon_t \tag{3.3}$$

を持つ．ただし，係数 $(\phi_j)_{j \in \mathbb{N}}$ は $1/\Psi(z) = 1 - \sum_{j=0}^{\infty} \phi_j z^j$ により与えられる．

さて，これらの表現が与えられたとき，効率的に式 (3.1) を検定することができると考えてもよいのであろうか？ Bickel and Bühlmann (1996, 1997) で指摘されたように，その答えはそれほど明らかではない．実際，彼らは，異なる距離を用いて確率過程の集合上のトポロジを定義し，MA 過程の集合も反転可能な AR 過程の集合も，どちらも閉ではないことを示した．確かに，このような二つの集合の閉包は，以下の 3 種類の過程を含むかなり広いものである：(i) 期待値 0 の定常正規過程の族，(ii) 式 (3.2) で定義された MA 過程の族，(iii) 定常過程の i.i.d. コピー（独立同一分布の複製）のポアソン和で表される非エルゴード的な過程の族．いま，任意の（無限に長い）定常過程 $(\xi_t)_{t \in \mathbb{Z}}$ の実現値が与えられたとし，(iii) の族の一つの要素 $\{X_t\}_{t \in \mathbb{Z}}$ を次のように

定義する：$X_t = \sum_{j=1}^{N} \xi_{t;j}$ ($t \in \mathbb{Z}$)，ただし，$N \sim \text{Poisson}(1)$, $\xi_{t;j}$ ($j = 1, 2, \ldots$) は ξ_t の i.i.d. コピーである．そうすると，$\{X_t\}_{t \in \mathbb{Z}}$ は MA の閉包の一つであることが証明できる．$P[N = 1] = e^{-1} > 0.36$ なので，ほとんど確実に $P[X_t = \xi_t, \forall t] > 0.36$ となる．その結果，次のような興味深い事実が示される．

いま，観測された系列が式 (3.2) の MA(∞) 族の要素の実現値であるという仮説 H_0 を検定したいとする．そのとき，漸近的な有意水準 $\alpha < 0.36$ で，$n \to \infty$ のときに極限の検出力が 1 となる検定は存在しない．

言い換えれば，無限時系列であっても，線形過程と非線形過程を完璧に区別することは不可能である．さらに別の言い方をすると，有限の系列を与えられたとき，十分高次の線形モデルを用いれば常にうまく説明することが可能である．ちなみに，これらの結果は 篩(sieve) ブートストラップ法（Bühlmann, 1997）に基づいている．もちろん，だからと言って非線形性を見極める努力をあきらめるべきだということではない．実は，ある MA と AR の閉部分集合族が存在して，検出力の高い検定を考えることができる．この部分集合は十分大きく，実際に使われている線形モデルを含んでいる．例えば，よく用いられる仮定は，生成されたデータは H_0 のもとで以下のような最小位相有限次数 ARMA モデルであるとするものである．

$$X_t = \phi_1 X_{t-1} + \cdots + \phi_p X_{t-p} + \theta_1 \epsilon_{t-1} + \cdots + \theta_q \epsilon_{t-q} + \epsilon_t \tag{3.4}$$

ただし，ϵ_t は i.i.d. 過程で，$E[\epsilon_t] = 0$, $Var[\epsilon_t] = \sigma^2 < \infty$ である．最小位相とは，上のモデルにおける AR 多項式と MA 多項式が複素平面上の閉単位円の外でのみ 0 になりうることを意味する．これは，定常解 X_t は因果的かつ可逆的であることを意味する．また，ある場合には高次元の線形モデルによって非線形過程をモデル化できることが，以前から知られている．とすると，どういった利点のためにその代わりとなる非線形モデルを探すのであろうか？ その答えの鍵は "次元の縮小" である．実際，非線形モデルは少ない自由度でも複雑な特徴を取り込むことができる．そのため，事象を簡潔に表現することが可能になる．さらに，どんなに高次元にしても，線形モデルではその特徴を十分に記述できないこともある．以下の節で説明するように，過程の次元の概念は，カオス理論に由来する非線形性の検定の基礎になっている．

線形過程のその他の本質的な側面は，予測，正規性，可逆性の概念に関連するものである．時間を逆にした過程が，もとの過程と同じ同時確率構造を持つとき，この過程は可逆的であるという．正規定常過程は明らかに可逆的であるが，多くの非正規過程は可逆ではない．多くの時系列の文献は，正規モデルとそのパラダイム由来の方法をベースとしている．しかし，非正規線形定常過程は，線形正規過程よりも広がりがあり，複雑な特性を持っている．この理由で，自分が取り扱う系列が線形正規過程か線形非正規過程かを調べる検定を行うことには意味があるだろう．$\{X_t\}_{t \in \mathbb{Z}}$ を式 (3.4) で定義された最小位相定常 ARMA 過程とし，過去の $X_{t-1}, X_{t-2}, \ldots$ の関数で X_t

を近似する予測問題を考える．すると，平均2乗の意味での X_{t+m} の最適予測は，条件付き期待値

$$E[X_{t+m}|X_s, s \leq t], \quad m \in \mathbb{N} \tag{3.5}$$

である．$\{X_t\}_{t\in\mathbb{Z}}$ が正規過程であるとき，式 (3.5) の条件付き期待値は $\{X_s, s < t\}$ の線形関数であることが知られている．さらに，最小位相の場合，ϵ_t の分布がどのようなものであっても，このような予測値は正規過程の場合と同じく線形になる．しかし，一般には，もし ϵ_t が正規分布に従わず，過程について追加的な制約がないなら，このような条件付き期待値はラグ付き説明変数の非線形関数になる．例えば Tong (1990, p.13) とその引用文献を参照されたい．線形非正規過程に関する詳細と議論については，Rosenblatt (2000) を参照されたい．そこでは，AR(1) 過程が与えられたとき以下のことが示されている：(i) 前向きの時間方向で平均2乗の意味での最適な予測量は線形である，(ii) ϵ_t が正規分布に従うときに限り，後向きの時間方向で平均2乗の意味で最適な予測量は線形である．したがって，可逆性の概念は線形正規過程と深く関連している．3.3.5 項で説明するように，これらの発見をよりどころとして可逆性の検定の研究が進められてきた．線形表現と予測の関係の体系的な取り扱いについては，Hannan and Deistler (1988) の Chapter 1, Pourahmadi (2001) の Chapter 5.5, Brockwell and Davis (1991) の Chapter 5 を参照されたい．

3.2.1 非線形時系列とは？

すぐさま念頭に浮かぶ問いは，非線形過程は線形過程を定義したのと同じように数学的に定義できるのか？というものであろう．答えは否定的なものである．上で指摘したように，二つの世界は本質的に非対称である．線形性からはいろいろな方向への乖離がありうるため，線形過程ではあり得ない特徴を通じてのみ，非線形現象を定義することができる．その特徴とは，非対称性，レジーム効果，リミットサイクルの存在，不可逆性，予測可能性の非一様性，ノイズ増幅/抑制，位相同期，ノイズ誘起現象，初期値敏感性などであり，多岐にわたる分野で観察されてきたものである．ほとんどのケースにおいて，これらの振る舞いをうまく説明する必要性から，非線形の世界を理解するための大きな進歩の道を開く新たな検定やモデルが導入されてきた．時系列分析の観点からの説明は Chan and Tong (2001), Tong (1990), Fand and Yao (2003), Gao (2007) の研究に見られる．他方，非線形動学システム理論の観点からは，Kantz and Schreiber (2004), Abarbanel (1996), Broer and Takens (2011), Galka (2000), Diks (1999) で行われた研究を参照されたい．

ここからは，非線形過程の場合の予測問題について少し深く議論していき，初期値敏感性，一様でないノイズ増幅/予測可能性といった概念が自然に現れてくることを示す．Yao and Tong (1994a, b), Chan and Tong (2001), Fan and Yao (2003) で示されたように，もし過程が非線形であれば，上で述べた予測問題は変わってくる．過去の d 個の観測値 $\mathbf{X}_t = (X_t, \ldots, X_{t-d+1})$ に基づいて X_{t+m} を予測したいとする．

X_{t+m} の最小 2 乗予測値は，以下のようになることが直ちにわかる．

$$f_{t,m}(\mathbf{x}) = E[X_{t+m}|\mathbf{X}_t = \mathbf{x}] \tag{3.6}$$

さらに，平均 2 乗予測誤差は

$$E[(X_{t+m} - f_{t,m}(\mathbf{x}))^2] = E[\sigma^2_{t,m}(\mathbf{x})] \tag{3.7}$$

である．ただし，$\sigma^2_{t,m}(\mathbf{x}) = Var[X_{t+m}|\mathbf{X}_t = \mathbf{x}]$ とする．このような尺度は予測のパフォーマンスを調べるもので，過程が AR(p) の場合は定数である．しかし，一般的なケースにおいては，予測の良さはシステムの初期値に依存する．さらに，Yao and Tong（1994b）は確率的な環境での初期値敏感性の概念について議論し，システムが非線形の場合は初期条件の小さな不確実性が予測誤差にかなりの影響を与えることを示した．$\mathbf{X}_t = \mathbf{x}$ として，$f_{t,m}(\mathbf{x})$ によって X_{t+m} を予測するとしよう．$\mathbf{x}$ は正確にわからず，小さな誤差 $\boldsymbol{\delta}$ を含んでおり，$\mathbf{X}_t = \mathbf{x} + \boldsymbol{\delta}$ であるとする．実際，われわれにはシステムの状態を完璧に知ることはできないので，この仮定は自然なものである．Yao and Tong（1994b）は，次の分解定理を証明した．

$$E[(X_{t+m} - f_{t,m}(\mathbf{x}))^2 | \mathbf{X}_t = \mathbf{x} + \boldsymbol{\delta}] = \sigma^2_{t,m}(\mathbf{x} + \boldsymbol{\delta}) + \{\boldsymbol{\delta}'\dot{f}_{t,m}(\mathbf{x})\}^2 + o(\|\boldsymbol{\delta}\|^2) \tag{3.8}$$

この結果は，予測のパフォーマンスが，(i) ランダムさを測る条件付き分散 $\sigma^2_{t,m}(\mathbf{x})$，(ii) $f_{t,m}(\mathbf{x})$ の勾配ベクトル $\dot{f}_{t,m}(\mathbf{x})$ を通じた初期条件の不確実性 $\boldsymbol{\delta}$ に依存することを示している．この一様でないノイズ増幅は初期値敏感性と関連しており，非線形過程特有の性質である．この結果は，多段階の予測に重要な影響をもたらす．線形の場合，$\dot{f}_{t,m}(\mathbf{x})$ は定数であり，式 (3.8) の右辺の剰余項は 0 となる．また，$\sigma^2_{t,m}(\mathbf{x})$ は $\mathbf{x}$ に依存せず，最小 2 乗予測誤差は m とともに単調に増加する．非線形予測の場合は必ずしもそうはならず，m 時点先より $m+1$ 時点先のほうをより正確に予測できることもありうる．この現象は Subba Rao and Gabr（1984）の研究で実証的に示されている．彼らは，カナダオオヤマネコと黒点インデックス時系列についてさまざまな非線形モデルを適用し，予測誤差分散を計算している．さらなる議論は，Fan and Yao（2003）と Chan and Tong（2001）を参照されたい．

3.3 非線形性の検定

言うまでもなく，時系列の非線形性や非線形の従属関係を調べる検定は，数多く提案されている．この節では，さまざまな手法について議論し，分類する．Barnett et al.（1997）に指摘されているとおり，検定ごとに帰無仮説と対立仮説が異なっており，それらの比較にはあまり意味がない．むしろ，検定する仮説が異なっているために，それらのいくつかを同時に用いることも可能である．

3.3.1 バイスペクトルと高次モーメントに基づく検定

時系列の分野で最初に非線形性の検定を取り上げたのは，おそらく Subba Rao and

Gabr (1980) であり，彼らはバイスペクトルの性質を用いることを提案している．これは 3 次のモーメントに着目して時系列の線形性や正規性を評価する試みである．また，そのやり方は確率過程の解のウイナー展開（確率版のヴォルテラ級数展開）の線形項の係数の有意性検定とも解釈できる．それらの検定は，原系列にも，当てはめたモデルの残差にも適用することができる．$\{X_t\}_{t\in\mathbb{Z}}$ を期待値が 0，共分散関数 $\gamma_k = E[X_t X_{t+k}]$ ($k \in \mathbb{Z}$) の 6 次定常な系列とし，また，そのスペクトル密度を $f(\omega)$ ($|\omega| \leq \pi$) とする．3 次のキュムラントを $\gamma_{m,n} = E[X_t X_{t+m} X_{t+n}]$ とすると，$\gamma_{m,n}$ は 3 次共分散関数と呼ばれ，バイスペクトルはその 2 重フーリエ変換

$$f(\omega_1, \omega_2) = \frac{1}{(2\pi)^2} \sum_{m=-\infty}^{\infty} \sum_{n=-\infty}^{\infty} \gamma_{m,n} e^{-i2\pi(\omega_1 m + \omega_2 n)}, \quad -\pi \leq \omega_1, \omega_2 \leq \pi$$

により定義される．$f(\omega)$ が $E[X_t^2]$ のフーリエ分解であるのと同様に，$f(\omega_1, \omega_2)$ は $\{X_t\}_{t\in\mathbb{Z}}$ の 3 次のモーメント $E[X_t^3]$ の周波数分解である．さて，式 (3.2) のように MA(∞) 表現が可能な線形過程の場合，

$$X_{ij} = \frac{|f(\omega_i, \omega_j)|^2}{f(\omega_i) f(\omega_j) f(\omega_i + \omega_j)} = \frac{(E[\epsilon_t^3])^2}{2\pi E(\epsilon_t^2)} \quad \forall i, j \tag{3.9}$$

となる．Subba Rao and Gabr (1980) のアプローチは，以下の二つの事実に依拠している．(i) もし $\{X_t\}_{t\in\mathbb{Z}}$ が線形な正規過程であるなら，すべての i, j について $f(\omega_i, \omega_j) = X_{ij} = 0$，$E[\epsilon_t^3] = 0$ である．(ii) もし $\{X_t\}_{t\in\mathbb{Z}}$ が線形な非正規過程であるなら，すべての周波数 i, j について X_{ij} は定数である．これらの事実により，$\hat{X}_{m,n}$ を式 (3.9) の $X_{m,n}$ の推定量として，統計量 $S = 2\sum_{m,n} |\hat{X}_{m,n}|^2$ に基づく正規性と線形性の検定が導かれる．この統計量の漸近分布は，正規性のもとで χ^2 分布であり，線形性のもとで非心 χ^2 分布である．さて，後者の場合，Subba Rao and Gabr (1980) は $2|\hat{X}_{m,n}|^2$ の平均が定数かどうかを調べる F 検定を提案している．別のやり方として，Hinich (1982) は $2|\hat{X}_{m,n}|^2$ の標本四分位範囲を用いる提案をしている (Brockett et al. (1988) も参照)．後者の提案を使うと，多くの状況でもとの方法よりも良い結果が得られるようであるが，平滑化パラメータの選択に依存してしまう．Hinich の統計量に基づいてブートストラップを用いて検定する方法とバイスペクトルを用いた関連する検定の概観については，Berg et al. (2010, 2012) を参照されたい．Ashley et al. (1986) は，この検定の性質について，さらに詳細を論じている．バイスペクトルを用いた他の検定としては，Terdik and Math (1998) があり，最適予測が線形であるという帰無仮説を，2 次であるという対立仮説に対して検定している．最後に，Rusticelli et al. (2009) は，平滑化パラメータの選択にまつわる恣意性を排除するために，平滑化パラメータに関して Hinich の統計量の最大値をとり，それを統計量として検定を行う方法を提案している．この検定はもとの Hinich の検定よりも検出力が高く，特に非線形 MA，GARCH，決定論的カオス過程については改善が見られるようである．

バイスペクトルは時間領域では 3 次共分散に対応するが，これを用いて同様に非線形性の検定を構成することができる．Barnett and Wolff（2005），Brooks and Hinich（2001）やそれらの参考文献を参照されたい．また，Subba Rao and Wong（1998）では，ベクトル時系列の線形性と正規性を調べるために，多変量の歪度と尖度を用いている．Subba Rao（1992）はバイスペクトルを非正規のカオス時系列に用いている．そこでは，シグナルがカオス的である場合は，安定的な場合と比べてバイスペクトルの推定値は広い周波数にわたって散らばりを見せることが報告されている．

注意すべき点は，3 次のモーメントに基づく検定は対称性に注目しており，3 次以上のモーメントに現れる非線形性の検出はできないことである．理論的には，非線形の存在を調べるためにはすべてのキュムラントについて検定する必要がある．そのためには同時分布を用いた検定が必要であり，以下の項でそれを紹介する．

3.3.2 診 断 検 定

関連研究において提案されている検定の多くは，例えば式 (3.4) のような線形モデルの残差に対して適用されているため，診断検定であると考えられる．その基本的な発想は，非線形性を捉えるために残差を X_t の何らかの関数に回帰するというものである．もし残差が X_t の関数によって有意に説明されるなら，帰無仮説を棄却するわけである．そういった意味で，考慮できていない非線形性があるかどうかを検定することは，独立性という帰無仮説を系列相関があるという対立仮説に対して検定することと同等である．独立という帰無仮説に対して系列相関があるという仮説を検定する手法については，これまでに膨大な量の研究がなされており，それらを概観することは本章の扱う範囲を超えている．本章では，時系列モデルの診断検定という特定の問題のみを扱う．例えば Ljung–Box 検定，Mcleod and Li 検定，Keenan 検定，Tsay 検定などのいくつかの古典的な検定法は，Tong（1990）の Chapter 5.3.2〜5.3.3 とその参考文献に紹介されている．それらの多くの検定においては，対立仮説は明示されておらず，Tong はそういった検定をかばん検定と分類している．時系列に関する診断と適合度検定については，Li（2004）に詳しい．

提案されている種々の検定の中で，BDS 検定について述べよう．これは Brock et al.（1986）によって提案されたもので，カオス理論と標本相関積分の漸近分布を用いるものである．相関積分は

$$C_d(\epsilon) = E\left[\prod_{j=0}^{d-1} \mathbb{I}(|X_{t-j} - X_{s-j}| < \epsilon)\right] \quad (3.10)$$

によって定義され，標本相関積分は

$$\hat{C}_d(\epsilon) = \frac{2}{n(n-2)} \sum_{t=d+1}^{n} \sum_{s=d}^{t-1} \prod_{j=0}^{d-1} \mathbb{I}(|X_{t-j} - X_{s-j}| < \epsilon) \quad (3.11)$$

である．ここで，$\mathbb{I}$ は定義関数，d は埋め込み次元（すなわち状態ベクトルの次元），

$\epsilon \in \mathbb{R}^+$ は超球の半径である．この統計量 $\hat{C}_d(\epsilon)$ は，半径 ϵ の超球内の位相空間 (phase space) の点のペアの割合を測ったものである．

検定統計量は次の形である．

$$\text{BDS}(d, \epsilon) = \sqrt{n} \left[\hat{C}_d(\epsilon) - \hat{C}_1(\epsilon)^d \right] / \hat{V}_d^{1/2} \tag{3.12}$$

ただし，$\hat{V}_d$ は漸近分散の推定量である．独立性の帰無仮説のもとでは，$C_d(\epsilon) = C_1(\epsilon)^d$ である．基本的には，この検定は分析者が定めたラグ/埋め込み次元の範囲で独立性からの乖離を検出するものである．そのため，この検定の結果は次元 d と球 ϵ の選択にかなりの影響を受ける．また，Brock et al. が主張する局外母数に依存しない，という条件は条件付き期待値のモデルにおいてのみ成立し，ARCH タイプのモデルにおいては成立しない．さらに，系列相関がないならば $C_d(\epsilon) = C_1(\epsilon)^d$ が成り立つが，その逆は成立しない．

最近提案されている検定法は，(強) 定常過程 $\{e_t\}$ の対ごとの同時分布を用いるものである．ここで，$\{e_t\}$ は当てはめたモデルからの残差を標準化した量である．Hong (1999), Hong and Lee (2003) は，$u \in R$, $i = \sqrt{-1}$ として，変換した系列 $\{e^{iue_t}\}$ のスペクトルを考えている．まず，ラグ $j \in Z$ での共分散関数 $\sigma_j(u, v) = Cov(e^{iue_t}, e^{ive_{t-j}})$ を考える．$\{e_t, e_{t-j}\}$ の同時スペクトルと周辺スペクトルをそれぞれ $\varphi_j(u, v)$, $\varphi_j(u)$ とすると，$\sigma_j(u, v) = \varphi_j(u, v) - \varphi_j(u)\varphi_j(v)$ である．したがって，e_t と e_{t-j} が独立であることと $\sigma_j(u, v) = 0$ であることとは同値である．$\{e_t\}$ に関する緩やかな条件のもとで，$\sigma_j(u, v)$ のフーリエ変換が存在して，

$$f(\omega, u, v) = \frac{1}{2\pi} \sum_{j=-\infty}^{\infty} \sigma_j(u, v) e^{-ij\omega}, \quad -\pi \leq \omega \leq \pi$$

である．$f(\omega, u, v)$ は $\{e_t\}$ のあらゆるラグの対同士の従属性を捉えることができる．例えば，$f(\omega, u, v)$ の (u, v) に関する微分に -1 を掛けて $(u, v) = (0, 0)$ で評価すると，通常のスペクトル密度が得られる．そういった理由から，$f(\omega, u, v)$ は一般化スペクトル密度と呼ばれることもある．さて，i.i.d. の帰無仮説のもとでは，一般化スペクトル密度は平坦である，すなわち $f_0(\omega, u, v) = \frac{1}{2\pi}\sigma_0(u, v)$ であることが示される．これに基づいて，Hong and Lee (2003) は $f(\omega, u, v)$ と $f_0(\omega, u, v)$ の標本版の間の L_2 距離を使って非線形性に対する診断検定を提案している．興味深いことに，$\{e_t\}$ に関するモーメント条件は不要であり，これは高頻度金融時系列など，多くの状況で望ましい性質である．さらに，残差を標準化してからこの検定を用いると，検定統計量の漸近分布は広いクラスのモデルにおいて局外母数に依存しなくなる．つまり，帰無仮説のもとで当てはめたモデルの推定量が $\sqrt{n}$ 一致性を持つならば，検定統計量の極限分布はその推定量に依存しないのである．

情報理論に基づいて，従属性をノンパラメトリックエントロピーから捉える診断検定も提案されている．非線形自己相関関数などの指標を用いて線形自己相関係数を用いることの限界を克服することができれば理想的である．Tjøstheim (1996), Hong and White (2005) はそういった漸近論を概観し, 議論している. Robinson (1991) はカルバック・ライブラー情報量に基づいて入れ子型の仮説に対する片側検定を提案している. 検定統計量の構成にはカーネル密度推定を用い, 帰無分布が正規分布になるようにウエイト付けを行っている. Granger and Lin (1004) は"相互情報"を用いており, 一方 Granger et al. (2004) は, 公理的なアプローチから, 理想的な指標が持つべき性質を議論している. その結果, 距離エントロピー指標 S_ρ, つまり規準化した Bhattacharya–Hellinger–Matsushita 距離を使うのがよいと結論付けており, それは以下のように定義される.

$$S_\rho(k) = \frac{1}{2} \int_{-\infty}^{\infty} \int_{-\infty}^{\infty} \left[\sqrt{f_{X_t, X_{t+k}}(x_1, x_2)} - \sqrt{f_{X_t}(x_1) f_{X_{t+k}}(x_2)} \right]^2 dx_1 dx_2 \tag{3.13}$$

ただし, $f_{X_t}(\cdot)$ と $f_{X_t, X_{t+k}}(\cdot, \cdot)$ は, それぞれ X_t とベクトル (X_t, X_{t+k}) の密度関数である. この指標は対称性を持つ一般的な"相対"エントロピーで, カルバック・ライブラー距離のように距離としての性質を満たさない相対エントロピーを特殊ケースに含む. $S_\rho(k)$ は, 特に以下のような, いくつかの望ましい性質を有している. (i) 距離である. (ii) 正規化されているため, X_t と X_{t+k} が独立ならば 1 の値をとり, 可測関数によって厳密に 2 変数の関係が決まっていれば 0 の値をとる. (iii) 正規確率変数の場合は相関係数の関数に帰着する. 特に, $S_\rho(k) = 0$ であることは, $\{X_t\}_{t \in \mathbb{Z}}$ が独立な過程であることと同値である. Granger and Lin (2004) でもなされているように, $S_\rho(k)$ の推定には, カーネル密度を用いて

$$\hat{S}_\rho(k) = \frac{1}{2} \int_{-\infty}^{\infty} \int_{-\infty}^{\infty} \left[\sqrt{\hat{f}_{X_t, X_{t+k}}(x_1, x_2)} - \sqrt{\hat{f}_{X_t}(x_1) \hat{f}_{X_{t+k}}(x_2)} \right]^2 w(x_1, x_2) dx_1 dx_2 \tag{3.14}$$

とすればよい. なお, $w(x_1, x_2)$ はウエイト関数で, 漸近分布の導出の際に必要である. Massoumi and Racine (2009) は, 変数が離散, 連続両方の場合にこの指標を用いて対称性を調べる検定を提案しており, Granger et al. (2004) は並べ替え (permutation) を使って独立性の帰無仮説を検定している. また, S_ρ を用いた検定が Ljung–Box や BDS 検定よりも優れていることを示している. Giannerini et al. (2007a) は Granger et al. (2004) の結果を拡張して, 同じ指標を用いながら異なるサンプリング法に基づく非線形性の検定を提案している. Fernandes and Neri (2010) は, 確率過程間の独立性を検定するための種々のエントロピー指標について論じている.

最後に, An and Cheng (1991) で提案されている線形性の診断検定に触れる. 方針は, AR モデルを当てはめて計算される残差に対してコルモゴロフ・スミルノフ型の線形性の検定を構成するというものである. 同様の設定で, Lobato (2003) は X_t の条件付き期待値が有限次数の線形自己回帰であるかどうかを調べるクラメール・フォン・ミーゼス型およびコルモゴロフ・スミルノフ型の検定を提案している. 検定統計量

の帰無分布はブートストラップ法を用いて求められており，また，帰無仮説に $n^{-1/2}$ のオーダーで近づく対立仮説の系列を考えて検出力を調べている．

3.3.3 特定化検定とラグランジュ乗数検定

この項では，特定の非線形モデルを対立仮説として線形性の帰無仮説を評価することを目的とする検定法について簡単に紹介する．これらの検定は通常数学的に複雑であるが，考慮している対立仮説が正しいときには高い検出力を得ることができる．このような検定を構成する際には，パラメトリックな方法またはノンパラメトリックな方法が可能である．前者では，通常次のようなモデルを想定する．

$$X_t = \sum_{i=1}^{p} \phi_i X_{t-i} + \sum_{i=1}^{q} \theta_i \epsilon_{t-i} + f(\boldsymbol{\beta}, X_{t-1}, \ldots, X_{t-p}, \epsilon_{t-1}, \ldots, \epsilon_{t-p}) + \epsilon_t$$
(3.15)

このモデルは，ARMA で表される線形の部分と未知パラメータ $\boldsymbol{\beta}$ に依存する非線形な部分 f からなる．線形性の検定は $\boldsymbol{\beta} = 0$ かどうかを調べる問題に帰着させることができ，Luukkonen et al. (1988) や Saikkonen and Luukkonen (1988) により提案されているとおり，その仮説を調べる際にはラグランジュ乗数 (LM) 検定を用いることができる．f について別の非線形パラメトリックモデルを想定しても，LM 検定の一般的な枠組みは適用可能である．例えば，ARCH や GARCH (Engle, 1982)，双線形 (bilinear)，SETAR，EXPAR モデルである (Tong, 1990, Chapter 5.3.5 やその参考文献を参照)．また，Lee et al. (1993) によってニューラルネットワークを使った LM 検定が提案されている．そこで用いられているアイデアは，次のような単一隠れ層型ネットワークによって非線形関数 f をモデル化するものである．

$$f(\cdot) = \sum_{j=1}^{k} \beta_{0j} \left\{ \psi(\mathbf{w}_j' \mathbf{X}_t) - \frac{1}{2} \right\} + \epsilon_t \tag{3.16}$$

ここで，$\epsilon_t \sim WN(0, \sigma^2)$，$\mathbf{w}_j = (w_{0j}, w_{1j}, \ldots, w_{hj})'$，$\mathbf{X}_t = (1, X_{t-1}, \ldots, X_{t-h})$ である．すると，ニューラルネットワーク検定では，非線形の対立仮説に対して帰無仮説は $H_0: \beta_{01} = \cdots = \beta_{0k} = 0$ と表される．一般には関数 ψ は未知であり，また，非線形モデルは対立仮説のもとでのみ識別される．Terasvirta et al. (1993) は，$k = 1$ つまりネットがユニット一つから構成されていて，$\mathbf{w} = (w_0, w_1, \ldots, w_h)'$ である場合を考えているが，そこにおいても同じ問題が生じている．そこでは，$\psi(\mathbf{w}'\mathbf{X}_t)$ を $\mathbf{w} = 0$ のまわりでテイラー展開して，$H_0: w_1 = \cdots = w_h = 0$ を検定する問題に帰着させている．すなわち，

$$f(\cdot) = \sum_{i=1}^{h} \sum_{j=1}^{h} \delta_{ij} X_{t-i} X_{t-j} + \sum_{i=1}^{h} \sum_{j=1}^{h} \sum_{l=1}^{h} \delta_{ijl} X_{t-i} X_{t-j} X_{t-l} + \epsilon_t$$

として

$$H_0 : \delta_{ij} = 0;\ \delta_{ijl} = 0;\quad i = 1, \ldots, h;\ j = 1, \ldots, h;\ l = 1, \ldots, h$$

を検定する．このタイプのニューラルネットワーク検定はヴォルテラ展開に基づいており，帰無仮説のもとで識別されない局外母数の影響を受けず，Lee et al. (1993) の検定よりも検出力の点で優れている．その他，帰無仮説のもとで識別されない局外母数の問題を回避する工夫をしている LM 検定として，Dahl and González-Rivera (2003) があり，それは確率場の理論を用いている．

線形モデル対閾値モデルの検定法も多くの注目を集めている．上述のような LM 検定以外にも，Tong (1990) や Li (2004)，およびそれらの参考文献において，そのような検定に関する理論が紹介され，論じられている．

3.3.4　ノンパラメトリック検定

この項では，原系列に直接適用するために診断検定のクラスに含まれない非線形性のノンパラメトリック検定を紹介する．そのようなアプローチでは，非線形性が予想されるラグ次数を定めることもできるため，検定後に非線形モデルをどう特定化するかに関して有益な情報をもたらすことも期待できる．まず，Hjellvik and Tjøstheim (1995) と Hjellvik et al. (1998) について述べる．Hjellvik and Tjøstheim (1995) の考え方は，X_{t-k} を条件としたときの X_t の線形最小2乗予測量と非線形最小2乗予測量を比較することである．X_t は期待値が 0, k 次ラグの自己相関係数が ρ_k, 有界な4次モーメントを持つ定常過程で，$M_k(x) = E[X_t | X_{t-k} = x]$, $V_k(x) = V[X_t | X_{t-k} = x]$ とする．この方法では以下の量を調べる．

$$L(M_k) = E[\{M_k(X_{t-k}) - \rho_k X_{t-k}\}^2] \tag{3.17}$$

$$L(V_k) = E[\{V_k(X_{t-k}) - (1 - \rho_k^2)V(X_{t-k})\}^2] \tag{3.18}$$

$M_k(x)$ と $V_k(x)$ はカーネル（局所定数）回帰により推定するので，実際にはこの検定はノンパラメトリック推定量とパラメトリック推定量を比較するものである．もちろん，線形正規過程の帰無仮説のもとでは，すべての k に対して $L(M_k) = L(V_k) = 0$ である．かなり長い観測系列がなければ漸近論による近似が有効でないため，篩（ふるい）ブートストラップによって棄却域を求める．

Hjellvik et al. (1998) も同様の方針に基づいているが，そこでは $M_k(x)$ とその微分を得るために局所多項式推定を用いることが提案されている．さらに，ノイズがi.i.d. であるという仮定を緩め，条件付き分散不均一を許している．検定で考える最大ラグを l として，検定する仮説は

$$\begin{cases} H_0 : M_k(x) \text{ は任意の } k = 1, \ldots, l \text{ について線形} \\ H_1 : M_k(x) \text{ は少なくとも一つの } k \text{ について非線形} \end{cases} \tag{3.19}$$

である．もしデータ生成過程が線形なら，

$$M_k(x) = \rho_k x;\quad M_k'(x) = \rho_k;\quad M_k''(x) = 0\ \ \forall x$$

であり，さらに c を定数として，
$$V_k(x) = c; \quad V_k'(x) = 0 \ \forall x$$
である．したがって，検定の際に以下の量に注目する．
$$L(M_k) = E[\{M_k(X_{t-k}) - \rho_k X_{t-k}\}^2]$$
$$L(M_k') = E[\{M_k'(X_{t-k}) - \rho_k\}^2]$$
$$L(M_k'') = E[\{M_k''(X_{t-k})\}^2]$$
$$L(V_k) = E[\{V_k(\hat{e}_{t-k}) - \sigma_{\hat{e}_{t-k}}^2\}^2]$$
$$L(V_k') = E[\{V_k'(\hat{e}_{t-k})\}^2]$$

ただし，$\hat{e}_t$ は線形モデルを当てはめたときの残差であり，$\sigma_{\hat{e}_{t-k}}^2$ はその分散である．上の方法と同様に，ブートストラップによって帰無分布を求める．上の状況では，対立仮説は複合仮説なので，適当に理論的仮定を置いても検出力は定まらない．

第三の非線形性のノンパラメトリック検定は，Giannerini et al.（2011）によって提案されたもので，式 (3.13) のエントロピー距離 S_ρ に基づく．方針は，同じ量のパラメトリック線形推定量とノンパラメトリック推定量の差から検定統計量を作るという点で Hjellvik and Tjøstheim（1995）や Hjellvik et al.（1998）と類似している．検定の帰無仮説を平均 0 の線形正規過程として，Giannerini et al. はまず，帰無仮説のもとで $S_\rho(k)$ は k 次の自己相関係数の滑らかな有界関数になり，次のように表されることを示した．
$$S_\rho(k) = 1 - \frac{2(1-\rho_k^2)^{1/4}}{\sqrt{4-\rho_k^2}} \tag{3.20}$$

それに基づき，次のような検定統計量を提案している．
$$\hat{T}_k = \left[\hat{S}_k^u - \hat{S}_k^p\right]^2 \tag{3.21}$$

ここで，$\hat{S}_k^u$ は制約のないノンパラメトリック推定量（式 (3.14) 参照）であり，$\hat{S}_k^p$ は式 (3.20) に基づく帰無仮説のもとでの $S_\rho(k)$ のパラメトリック推定量，検定統計量 $\hat{T}_k$ はそれらの差の 2 乗である．この統計量は帰無仮説のもとで，

1. $\hat{T}_k \xrightarrow{p} 0$ $\qquad\qquad\qquad\qquad$ (3.22)

2. $\dfrac{n\hat{T}_k}{\sigma_a^2} \xrightarrow{d} \chi_1^2$ $\qquad\qquad\qquad\qquad$ (3.23)

となることが示されている．ここで，σ_a^2 は $\sqrt{\hat{T}_k}$ の漸近分散である．前述の検定と同様に，実用上は漸近論による近似はあまり良くないため，有限標本での帰無分布はブートストラップ，サロゲートデータから得る．後者のアプローチは次の項で紹介する．

3.3.5 カオス理論に基づく検定

よく知られているとおり，カオスシステムは初期条件に敏感に反応するという特徴がある．つまり，初期状態をわずかに変化させただけで，それが指数的に増幅されていく．この性質は非線形力学系研究分野で導入されたものであるが，非線形時系列を扱う際の新たなツールと概念を提供し，統計学においても注目を集めてきた．以下では，時系列が初期値に対して敏感であるかどうかを調べる検定を概観する．

データ発生過程が次のような確率的な差分方程式であるとしよう．

$$\mathbf{X}_{t+1} = F(\mathbf{X}_t) + \mathbf{e}_{t+1}, \quad t \in \mathbb{Z}^+ \tag{3.24}$$

ここで，$\mathbf{X}_t = (X_t, \ldots, X_{t-d+1})$，$F : \mathbb{R}^d \to \mathbb{R}$ であり，$\mathbf{e}_t$ は d 次元の i.i.d. 確率過程である．確率的な部分はこの過程の一部であり，決定論的なスケルトンと相互に関係している．また，ノイズ項が無視できる場合は，このシステムは決定論的である．式 (3.24) から次の式が得られる．

$$X_{t+1} = f(\mathbf{X}_t) + \epsilon_{t+1}, \quad t \in \mathbb{Z}^+ \tag{3.25}$$

ここで，ϵ_t は $E(\epsilon_t|X_{t-k}) = 0$，$\sigma^2 = Var(\epsilon_t) = Var(\epsilon_t|X_{t-k})$ を満たすノイズ過程である．

決定論的な過程が初期値に敏感であるかどうかの指標の一つが，最大リアプノフ指数（MLCE）である．MLCE は互いに近い二つの初期値のその後の軌道における平均的な乖離率である．これは安定性の尺度であり，カオスの存在の指標の一つで，実は，MLCE が正であることはカオスの存在の必要条件である．$\mathbf{X}_0$ と $\mathbf{X}'_0$ を位相空間（phase space）上で近い二つの初期値とし，$\mathbf{X}_n$ と $\mathbf{X}'_n$ をそれから n 期後の値とする．そのとき，MLCE は次式で定義される．

$$\lambda = \lim_{n \to \infty} \lim_{\delta \to 0} \frac{1}{n} \ln \left(\frac{||\mathbf{X}_n - \mathbf{X}'_n||}{||\mathbf{X}_0 - \mathbf{X}'_0||} \right) \tag{3.26}$$

ただし，$|| \cdot ||$ は適当なノルムで，$\delta = ||\mathbf{X}_0 - \mathbf{X}'_0||$ は初期値に対する摂動である．この定義は，ほとんどすべての初期値に対して確率 1 で成り立つ．このシステムを n 回繰り返し実行したものを $F^{(n)}(\mathbf{x}_0)$ とすると，

$$\begin{aligned}\mathbf{X}_n - \mathbf{X}'_n &= F^{(n)}(\mathbf{X}_0) - F^{(n)}(\mathbf{X}'_0) \\ &\approx DF^{(n)}(\mathbf{X}_0)(\mathbf{X}_0 - \mathbf{X}'_0)\end{aligned} \tag{3.27}$$

である．したがって，初期値に対する微小な摂動の影響は，写像 F の微分のヤコビ行列によって定まる．式 (3.26) で $n \to \infty$ の極限をとらずに k 時点先を考えたものを k 期先局所リアプノフ指数（LLE）と呼び，状態空間の異なる領域での予測可能性を表す指標として用いられる．リアプノフ指数を推定する問題は，決定論的な過程，確率的な過程の両方について Giannerini and Rosa（2004）で議論されている．そのためには，写像 F の推定が必要である．Shintani and Linton（2004）は，ニューラルネッ

トワークのアプローチにより，$H_0: \lambda = 0$，$H_1: \lambda > 0$ としてカオスの存在の検定を提案している．また，Whang and Linton (1999) と Park and Linton (2012) は，局所多項式回帰を用いた検定を構成している．連続過程についてスプライン補間を用いた手法については，Giannerini and Rosa (2001) や Giannerini et al. (2007b) を参照されたい．

システムの状態が確率変数であると仮定すると，確率的な状況で初期値鋭敏性を調べるという問題に直面する．したがって，互いに近い二つの初期値からスタートした軌道の平均乖離率（MLCE）ではなく，システムの条件付き分布の乖離や初期値鋭敏性を定義して議論することになる．これは Yao and Tong (1994a, b) が採用した，条件付き期待値と条件付き分位点の初期値鋭敏性を測るアプローチである．差し当たって，ノイズが消えていく極限を考えると，これらは古典的な MLCE に帰着し，式 (3.8) で定義されている勾配ベクトル $\dot{f}_{t,m}(\mathbf{x})$ に基づくものになる．Fan et al. (1996) は条件付き密度に基づく尺度を提案しているが，それを用いた仮説検定法はまだ提案されていない．しかし，これらは Chan and Tong (2001)，Giannerini and Rosa (2004) らの研究成果において，非線形時系列の特徴付けに成功している．

最後に，カオス理論に基づく可逆性の検定に触れておく．これは Diks (1999) が提案したもので，この論文ではノイズを含む力学系の不変量の推定についても論じており，特に 3.3.2 項で述べた相関積分に着目している．

3.3.6 サロゲートデータに基づく検定

サロゲートデータに基づく方法は，非線形動学の分野で導入されたものであり，時系列の非線形性の検定をリサンプリングによって行うアプローチと見ることができる．Theiler et al. (1992) がこの方法についての最初の論文である．その主たるアイデアを要約すると，以下のようになる．(i) 観測系列（DGP）のプロセスについての帰無仮説を定める．例えば，H_0: DGP は線形正規過程である．(ii) その H_0 から，"サロゲート系列" と呼ばれる B 個のリサンプリング系列をモンテカルロ法により生成する．(iii) 検出力を有する適切な検定統計量の値を各サロゲート系列について計算し，帰無仮説のもとでのその検定統計量の分布を求める．(iv) 原系列から計算した統計量の値をサロゲート法で計算した帰無分布と比べて，P 値を計算する．この検定法は原理的にはブートストラップと密接な関係がある．

Theiler et al. (1992) や Theiler and Prichard (1996) の研究では，帰無仮説を線形過程として，原系列と同じピリオドグラム，周辺分布を有するサロゲート系列を発生させて検定を行っている．簡潔に言うと，原系列 $\mathbf{x}$ のフーリエ変換の位相をランダム化して，サロゲート系列 $\mathbf{y} = (y_1, \ldots, y_n)^T$ を次のようにして発生させる．

$$y_t = \bar{x} + \sqrt{\frac{2\pi}{n}} \sum_{j=1}^{m} 2\sqrt{I(\mathbf{x}, \omega_j)} \cos(\omega_t j + \theta_j) \tag{3.28}$$

ただし，$\bar{x}$ は標本平均，$\omega_j = 2\pi j/n$ $(j = 1, \ldots, n)$ は角周波数，$I(\mathbf{x}, \omega_j)$ は標本ピ

リオドグラム, $\theta_1, \ldots, \theta_m$ $(m = (n-1)/2)$ は i.i.d. $U[0, 2\pi]$ である. 式 (3.28) の導出の詳細は Chan (1997) を参照されたい. サロゲート系列平均値, ピリオドグラムは原系列と同じになる. この方法の理論的根拠は, 標本平均, ピリオドグラム, 位相があれば, 常に原系列が復元できるということにある. そこで, 位相のみをランダム化し, もとの平均とピリオドグラムを保存した系列を作るわけである.

この文脈で検定する帰無仮説は, 以下のようになる. (i) $\{X_t\}_{t \in \mathbb{Z}}$ は線形過程である. (ii) $\{X_t\}_{t \in \mathbb{Z}}$ は線形過程を非線形単調転換したものである. 後者の仮説検定には, 位相をランダム化したサロゲート系列にさらに調整を加えて用いる.

サロゲート法が初めて考案されて以降, 多くの応用研究者が興味を持ってその拡張法を提案してきた. それは, 新しい統計量を作ったり, 特定の (線形性に限らない) 仮説の検定に用いるサロゲート法のためのアルゴリズムを考案したりするものである. 例えば, Small and Judd (1998), Small et al. (2001), Small (2005) は相関積分に基づく統計量のクラスを提案し, 上に述べた仮説のもとでピボタル (pivotal)[*1]であることを示している. 彼らは, 乳幼児睡眠時無呼吸症, ECG の動学, 人の音声パターンの研究にそれを用いている. Galka (2000) はサロゲート法を用いて EEG 時系列の分析を行っており, Dolan et al. (1999) は不安定な周期軌道を見つけるためのアプローチとしてサロゲート法を用いている. 最後に, Kugiumtzis (2002, 2008) は仮説 (ii) の検定のためのサロゲート法を提案して, その有効性をシミュレーションと EEG データを用いて評価している.

これらの問題は, 大いに興味を持たれているにもかかわらず, 部分的にしか解明されていない, あるいはまったく解明されていない理論的問題が多い. 最初の問題は, この方法のパフォーマンスについてである. Schreiber and Schmitz (2000) やその参考文献などにおいて, 位相のランダム化を用いると偽陽性が現れやすいことが指摘されている. その問題は, いくつかの応用例において議論されてきた. 例えば, Kugiumtzis (2001), Galka (2000), Schreiber and Schmitz (1996), Theiler and Prichard (1997) を参照されたい. 部分的とはいえこの問題の対処法を考えているのは, Schreiber (1998) や Giannerini et al. (2011) である. 応用上, サロゲート系列の発生は, 焼きなまし (simulated annealing) 法を用いて制約付きの確率的最適化を解く問題と理解することができる. このトピックの概観は, Schreiber and Schmitz (2000) とその参考文献を参照されたい.

二つ目の問題は, この方法の妥当性に関するものである. 厳密な結果を最初に示したのは Chan (1997) であり, 位相ランダム化法は (i) DGP が定常正規循環過程であるという帰無仮説のもとで小標本での妥当性を有すること, (ii) DGP は相関係数が急速に下がっていく定常正規過程であるという帰無仮説のもとで漸近的に妥当性を有することが示されている. ここで, 妥当性を有するというのは, ネイマン構造を持つと

[*1] 【訳注】極限分布が母集団分布の母数に依存しないことを意味する.

いう意味である（Chan and Tong（2001）の Chapter 4.4 参照）．これらの検定の多変量への拡張については，Mammen and Nandi（2008）とその参考文献を参照されたい．

Kirch and Politis（2011）によって，TFT ブートストラップという，サロゲート法を用いた新しい提案がなされている．これは，位相のみでなく，フーリエ係数の大きさ（amplitude）もリサンプリングによって生成するという拡張である．これにより，ピリオドグラムに基づく検定統計量の分布を正しく捉えることができる．この論文は，そのやり方の妥当性を非線形性の検定のみならず，その他さまざまな状況において妥当性があることを示している．

3.4 結　　論

この章では，時系列の非線形性を検定する問題について，いくつかの文献に基づいて概観してきた．この分野は応用上でも多岐にわたるため，簡単にしか触れていないトピックや，まったく触れていないトピックもある．また，厳密な解説を与えるというより，統計学的興味を持つ読者を念頭に置いて説明している．

ウォルドの定理の意味での線形過程の数学的な特徴，ならびにそういった表現を持つ過程のクラスの（いささか驚くべき）広がりを考慮すると，ウォルドの定理を満たす線形過程とそれ以外の過程を完全に区別することはほとんど不可能であると言ってよいだろう．さらに，予測理論の側から言うと，最小位相 ARMA 過程を含むクラスの過程について線形予測量の最適性が証明できる．したがって，線形（正規）のパラダイムは時系列データを分析する有効な道具立てであるけれども，多くの場合において分析対象の時系列が持つ本質的な側面を捉え損なうかもしれない．

種々の分野で現れる非線形性すべてを包含するような，統一的な数学的枠組みを与えることは明らかに不可能である．したがって，ある特定の形の非線形性を検定するほうがより有用であり，実際多くの場合そのようなアプローチがとられている．例えば，3 次のモーメントとバイスペクトルに基づく検定によって，非対称性・可逆性と関連する非線形性を捉えることができる（3.3.1 項参照）．3.3.5 項に紹介したように，カオス理論に動機付けられた検定によって，過程全体が初期値に依存するか，また一様に予測ができるかどうかを調べることができる．また，ノンパラメトリック推定量を用いて条件付き期待値や条件付き分散に関する非線形性を検定することが可能である（3.3.4 項）．当てはめたモデルから計算される残差を使って非線形性を調べることができる場合も多い．これは 3.3.2 項で述べた診断検定に基づくアプローチである．逆に，3.3.3 項で述べたように，特定の非線形モデルが適切か否かを調べる手法を提案する文献もかなり多く，それはいわゆる特定化検定の一種と考えられる．最後に，3.3.6 項のサロゲートデータを使ったアプローチは，非線形動学の文献で導入され，このトピックにおける新しい見方を提供している．

直近の 20 年における非線形性の検定問題について，非線形動学と統計学を比べてみると，その隔たりが幾分小さくなっていることがわかる．実は，物理学者は，期間が非常に長く，多くの場合連続で，ノイズが少なく，複雑な決定論的スケルトンを持つ時系列を扱ってきた．逆に，統計学では，期間は短く，ノイズが多く，離散観測で，さらには集計されたデータが普通であった．しかし，最近では時系列解析でも物理学でも，例えば金融データのように，非常に長く，連続観測されるようなものを扱っている．また，非線形動学に端を発する種々の考え方が，時系列研究者にも受け入れられるようになってきた．統計学者のほうも，そういった考え方に沿うような厳密なデータ分析のためのツールを提供している．この点では，ノンパラメトリック統計学の発展も重要な役割を果たしている．多くの物理学や工学に関わる分野（例えば EEG，ECG，気象学，信号処理，DNA など）における統計的に厳密なアプローチは，有効ではあるが計算時間がかかる．しかし，コンピュータの計算能力が絶え間なく進化しているおかげで，それも実現可能になっている．

私見であるが，他の研究分野，特に非線形力学系の理論に発する多くの提案が時系列の分野に対して良い影響を与え，さらなる研究の動機付けになっている．一例としては，閾値モデル（Tong, 2011），カオス理論に基づく検定，サロゲートデータ法，確率的な状況での初期値敏感性（Chan and Tong, 2001）などが挙げられる．あまり知られていない例ではあるが，リサンプリング法や MCMC（例えば Mignani and Rosa (2001) を参照），また確率共鳴（Gammaitoni et al., 1998）といった手法もある．後者について，統計学者はほとんど手を着けていないが，興味深いトピックになっていく可能性がある．非線形性の探究が領域を超えて広がりを見せることが，この分野の成功の鍵となるであろう．

謝辞

Tata Subba Rao 教授からの議論とコメントに感謝する．この論文を，素晴らしい同僚であり友人であった Paolo Viarengo との思い出に捧げる．この研究は，部分的に MIUR 基金の補助を受けている．

（Simone Giannerini／西山慶彦）

文　　献

Abarbanel, H., 1996. Analysis of Observed Chaotic Data. Institute for Nonlinear Science. Springer-Verlag, New York.

An, H., Cheng, B., 1991. A Kolmogorov-Smirnov type statistic with application to test for nonlinearity in time series. Int. Stat. Rev. 59(3), 287–307.

Ashley, R., Patterson, D., Hinich, M., 1986. A diagnostic test for nonlinear serial dependence in time series fitting errors. J. Time Ser. Anal. 7(3), 165–178.

Barnett, A., Wolff, R., 2005. A time-domain test for some types of nonlinearity. IEEE Trans. Signal Process. 53(1), 26–33.

Barnett, W., Gallant, A., Hinich, M., Jungeilges, J., Kaplan, D., Jensen, M., 1997. A single-blind controlled competition among tests for nonlinearity and chaos. J. Econom. 82(1), 157–192.

Berg, A., Paparoditis, E., Politis, D., 2010. A bootstrap test for time series linearity. J. Stat. Plan. Inference 140(12), 3841–3857.

Berg, A., McMurry, T., Politis, D., 2012. Testing time series linearity: traditional and bootstrap methods. In: Rao, C.R., Subba Rao, T. (Eds.), Handbook of Statistics, Volume 30: Time Series. Elsevier, Amsterdam.

Bickel, P., Bühlmann, P., 1996. What is a linear process? Proc. Nat. Acad. Sci. 93, 12128–12131.

Bickel, P., Bühlmann, P., 1997. Closure of linear processes. J. Theoret. Probab. 10(2), 445–479.

Box, G., Jenkins, G., 1970. Time Series Analysis: Forecasting and Control. Holden Day, San Francisco.

Brock, W., Dechert, W., Scheinkman, J., 1986. A test for independence based on the correlation dimension. Econom. Rev. 15(3), 197–235.

Brockett, P., Hinich, M., Patterson, D., 1988. Bispectral-based tests for the detection of Gaussianity and linearity in time series. J. Am. Stat. Assoc. 83(403), 657–664.

Brockwell, P., Davis, R., 1991. Time Series: Theory and Methods. Springer-Verlag, New York.

Broer, H., Takens, F., 2011. Dynamical systems and chaos. Vol. 172 of Applied Mathematical Sciences. Springer, New York.

Brooks, C., Hinich, M., 2001. Bicorrelations and cross-bicorrelations as non-linearity tests and tools for exchange rate forecasting. J. Forecast. 20(3), 181–196.

Bühlmann, P., 1997. Sieve bootstrap for time series. Bernoulli 3(2), 123–148.

Chan, K., 1997. On the validity of the method of surrogate data. In: Cutler, C.D., Kaplan, D.T. (Eds.), Nonlinear Dynamics and Time Series. Vol. 11 of Fields Inst. Communications. American Math. Soc., Providence, Rhode Island, pp. 77–97.

Chan, K., Tong, H., 2001. Chaos: A Statistical Perspective. Springer Verlag, New York.

Dahl, C., González-Rivera, G., 2003. Testing for neglected nonlinearity in regression models based on the theory of random fields. J. Econom. 114(1), 141–164.

Diks, C., 1999. Nonlinear Time Series Analysis: Methods and Applications. Nonlinear time series and chaos. World Scientific, Singapore.

Dolan, K., Witt, A., Spano, M., Neiman, A., Moss, F., May 1999. Surrogates for finding unstable periodic orbits in noisy data sets. Phys. Rev. E 59(5), 5235–5241.

Engle, R.F., 1982. Autoregressive conditional heteroscedasticity with estimates of the variance of united kingdom inflation. Econometrica 50(4), 987–1007.

Fan, J., Yao, Q., 2003. Nonlinear Time Series. Nonparametric and Parametric Methods. Springer Series in Statistics. Springer-Verlag, New York.

Fan, J., Yao, Q., Tong, H., 1996. Estimation of conditional densities and sensitivity measures in nonlinear dynamical systems. Biometrika 83(1), 189–206.

Fernandes, M., Néri, B., 2010. Nonparametric entropy-based tests of independence between stochastic processes. Econom. Rev. 29(3), 276–306.

Galka, A., 2000. Topics in Nonlinear Time Series Analysis. With Implications for EEG Analysis. Vol. 14 of Advanced Series in Nonlinear Dynamics. World Scientific Publishing Co. Inc., River Edge, NJ.

Gammaitoni, L., Hänggi, P., Jung, P., Marchesoni, F., 1998. Stochastic resonance. Rev. Mod. Phys. 70, 223–287.

Gao, J., 2007. Nonlinear Time Series. Semiparametric and Nonparametric Methods. Vol. 108 of Monographs on Statistics and Applied Probability. Chapman & Hall/CRC, Boca Raton, FL.

Giannerini, S., Rosa, R., 2001. New resampling method to assess the accuracy of the maximal Lyapunov exponent estimation. Physica D 155, 101–111.

Giannerini, S., Rosa, R., 2004. Assessing chaos in time series: statistical aspects and perspectives. Stud. Nonlinear Dyn. Econom. 8(2), Article 11.

Giannerini, S., Maasoumi, E., Bee Dagum, E., 2007a. Entropy testing for nonlinearity in time series. In: B. Int. Statist. Inst., 56th session. ISI.

Giannerini, S., Maasoumi, E., Bee Dagum, E., 2011. A powerful entropy test for "linearity" against nonlinearity in time series. working paper.

Giannerini, S., Rosa, R., Gonzalez, D., 2007b. Testing chaotic dynamics in systems with two positive Lyapunov exponents: a bootstrap solution. Int. J. Bifurcat. Chaos 17(1), 169–182.

Granger, C., Andersen, A., 1978. An Introduction to Bilinear Time Series Models. Vandenhoeck & Ruprecht, Göttingen.

Granger, C., Joyeux, R., 1980. An introduction to long-memory time series models and fractional differencing. J. Time Ser. Anal. 1(1), 15–29.

Granger, C., Lin, J., 1994. Using the mutual information coefficient to identify lags in nonlinear models. J. Time Ser. Anal. 15(4), 371–384.

Granger, C., Maasoumi, E., Racine, J., 2004. A dependence metric for possibly nonlinear processes. J. Time Ser. Anal. 25(5), 649–669.

Hannan, E., Deistler, M., 1988. The Statistical Theory of Linear Systems. Wiley Series in Probability and Mathematical Statistics. John Wiley & Sons Inc., New York.

Hinich, M., 1982. Testing for gaussianity and linearity of a stationary time series. J. Time Ser. Anal. 3(3), 169–176.

Hjellvik, V., Tjøstheim, D., 1995. Nonparametric tests of linearity for time series. Biometrika 82(2), 351–368.

Hjellvik, V., Yao, Q., Tjøstheim, D., 1998. Linearity testing using local polynomial approximation. J. Stat. Plan. Inference 68(2), 295–321.

Hong, Y., 1999. Hypothesis testing in time series via the empirical characteristic function: A generalized spectral density approach. J. Am. Stat. Assoc. 94(448), 1201–1220.

Hong, Y., Lee, T., 2003. Diagnostic checking for the adequacy of nonlinear time series models. Econom. Theory 19(6), 1065–1121.

Hong, Y., White, H., 2005. Asymptotic distribution theory for nonparametric entropy measures of serial dependence. Econometrica 73(3), 837–901.

Kantz, H., Schreiber, T., 2004. Nonlinear Time Series Analysis, Second ed. Cambridge University Press, Cambridge.

Kirch, C., Politis, D., 2011. Tft-bootstrap: Resampling time series in the frequency domain to obtain replicates in the time domain. Ann. Stat. 39(3), 1427–1470.

Kugiumtzis, D., 2001. On the reliability of the surrogate data test for nonlinearity in the analysis of noisy time series. Int. J. Bifurcation Chaos 11(7), 1881–1896.

Kugiumtzis, D., Aug 2002. Statically transformed autoregressive process and surrogate data test for nonlinearity. Phys. Rev. E 66(2), 025201.

Kugiumtzis, D., 2008. Evaluation of surrogate and bootstrap tests for nonlinearity in time series. Stud. Nonlinear Dyn. Econom. 12(1), Article 4.

Lee, T.-H., White, H., Granger, C., 1993. Testing for neglected nonlinearity in time series models: a comparison of neural network methods and alternative tests. J. Econom. 56(3), 269–290.

Li, W., 2004. Diagnostic Checks in Time Series. CRC Monographs on Statistics & Applied Probability. Chapman and Hall, Boca Raton, FL.

Lobato, I., 2003. Testing for nonlinear autoregression. J. Bus. Econom. Statist. 21(1), 164–173.

Lorenz, E., 1963. Deterministic nonperiodic flow. J. Atmos. Sci. 20(2), 130–141.

Luukkonen, R., Saikkonen, P., Teräsvirta, T., 1988. Testing linearity in univariate time series models. Scand. J. Stat. 15(3), 161–175.

Maasoumi, E., Racine, J., 2009. A robust entropy-based test of asymmetry for discrete and continuous processes. Econom. Rev. 28(1), 246–261.

Mammen, E., Nandi, S., 2008. Some theoretical properties of phase-randomized multivariate surrogates. Statistics 42(3), 195–205.

Mandelbrot, B.B., 1982. The Fractal Geometry of Nature. W. H. Freeman and Co., San Francisco, California.

Mignani, S., Rosa, R., 2001. Markov Chain Monte Carlo in statistical mechanics: the problem of accuracy. Technometrics 43(3), 347–355.

Milas, C., Rothman, P., van Dijk, D. (Eds.), 2006. Nonlinear time series analysis of business cycles. No. v. 276 in Contributions to economic analysis. Elsevier.

Moran, P., 1953. The statistical analysis of the Canadian Lynx cycle. Aust. J. Zool. 1(3), 291–298.

Park, J., Whang, Y., 2012. Random walk or chaos: A formal test on the Lyapunov exponent. J. Econom. http://dx.doi.org/10.1016/j.jeconom.2012.01.012 (accessed 20.1.12).

Pourahmadi, M., 2001. Foundations of time series analysis and prediction theory. Wiley Series in Probability and Statistics: Applied Probability and Statistics. Wiley-Interscience, New York.

Robinson, P., 1991. Consistent nonparametric entropy-based testing. Rev. Econ. Stud. 58(3), 437–453.

Rosenblatt, M., 2000. Gaussian and Non-Gaussian Linear Time Series and Random Fields. Springer Series in Statistics. Springer-Verlag, New York.

Rusticelli, E., Ashley, R., Bee Dagum, E., Patterson, D., 2009. A new bispectral test for nonlinear serial dependence. Econom. Rev. 28(1), 279–293.

Saikkonen, P., Luukkonen, R., 1988. Lagrange multiplier tests for testing nonlinearities in time series models. Scand. J. Stat. 15(1), 55–68.

Schreiber, T., 1998. Constrained randomization of time series data. Phys. Rev. Lett. 90(10), 2105–2108.

Schreiber, T., Schmitz, A., 1996. Improved surrogate data for nonlinearity tests. Phys. Rev. Lett. 77(4), 635–638.

Schreiber, T., Schmitz, A., 2000. Surrogate time series. Physica D 142(3-4), 346–382.

Shintani, M., Linton, O., 2004. Nonparametric neural network estimation of Lyapunov exponents and a direct test for chaos. J. Econom. 120(1), 1–33.

Small, M., 2005. Applied Nonlinear Time Series Analysis. Applications in Physics, Physiology and Finance. World Scientific, Singapore.

Small, M., Judd, K., 1998. Correlation dimension: A pivotal statistic for non-constrained realizations of composite hypotheses in surrogate data analysis. Physica D 120(3-4), 386–400.

Small, M., Judd, K., Mees, A., 2001. Testing time series for nonlinearity. Stat. Comput. 11, 257–268.

Subba Rao, T., 1992. Analysis of nonlinear time series (and chaos) by bispectral methods. In: Casdagli, M., Eubank, S. (Eds.), Nonlinear Modeling and Forecasting. Addison-Wesley, Reading, MA, pp. 199–226.

Subba Rao, T., Gabr, M.M., 1980. A test for linearity of stationary time series. J. Time Ser. Anal. 1(2), 145–158.

Subba Rao, T., Gabr, M.M., 1984. An introduction to bispectral analysis and bilinear time series models. Vol. 24 of Lecture Notes in Statistics. Springer-Verlag, New York.

Subba Rao, T., Wong, W., 1998. Tests for gaussianity and linearity of multivariate stationary time series. J. Stat. Plan. Inference 68(2), 373–386.

Teräsvirta, T., Lin, C., Granger, C., 1993. Power of the neural network linearity test. J. Time Ser. Anal. 14, 209–220.

Terdik, G., Math, J., 1998. A new test of linearity of time series based on the bispectrum. J. Time Ser. Anal. 19(6), 737–753.

Theiler, J., Eubank, S., Longtin, A., Galdrikian, B., Farmer, J., 1992. Testing for nonlinearity in time series: the method of surrogate data. Physica D 58, 77–94.

Theiler, J., Prichard, D., 1996. Constrained-realization monte-carlo method for hypothesis testing. Physica D 94, 221–235.

Theiler, J., Prichard, D., 1997. Using "surrogate surrogate data" to calibrate the actual rate of false positives in tests for nonlinearity in time series. In: Cutler, C.D., Kaplan, D.T. (Eds.), Nonlinear Dynamics and Time Series. Vol. 11 of Fields Inst. Communications. American Math. Soc., Providence, Rhode Island, pp. 99–113.

Thom, R., 1989. Structural Stability and Morphogenesis. Advanced Book Classics. Addison-Wesley Publishing Company Advanced Book Program, Redwood City, CA.

Tjøstheim, D., 1996. Measures of dependence and tests of independence. Statistics: A J. Theor. Appl. Stat. 28(3), 249–284.

Tong, H., 1990. Nonlinear Time Series. A Dynamical System Approach. Vol. 6 of Oxford Statistical Science Series. The Clarendon Press Oxford University Press, New York, with an appendix by K. S. Chan, Oxford Science Publications.

Tong, H., 2011. Threshold models in time series analysis: 30 years on. Stat. Interfac. 4(2), 107–118.

Tsay, R., 2005. Analysis of Financial Time Series. Wiley Series in Probability and Statistics. Wiley-Interscience, Hoboken, NJ.

Whang, Y.-J., Linton, O., 1999. The asymptotic distribution of nonparametric estimates of the Lyapunov exponent for stochastic time series. J. Econom. 91(1), 1–42.

Yao, Q., Tong, H., 1994a. On prediction and chaos in stochastic systems. Philos. Trans. R. Soc. Lond. A 348, 357–369.

Yao, Q., Tong, H., 1994b. Quantifying the influence of initial values on non-linear prediction. J. R. Stat. Soc. B 56, 701–725.

Part II
Nonlinear Time Series

非線形時系列

CHAPTER 4

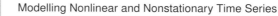

非線形・非定常時系列のモデリング

■ 概　要 ■　非線形・非定常時系列のモデリングに関する研究を概観する．とりわけ，非線形かつ非定常な時系列分析に関する理論に焦点を当てる．ただし，この分野を概観するにあたり，非線形かつ定常，もしくは，線形かつ非定常な時系列分析に関する理論についても，大まかに説明する．扱うトピックとしては，非線形和分過程や非線形共和分回帰などであり，パラメトリック推定，ノンパラメトリック推定のどちらについても扱う．

■ キーワード ■　非線形時系列，非定常時系列，零再帰マルコフ連鎖，非線形和分過程，非線形共和分回帰，ノンパラメトリック推定

4.1　はじめに

　線形性および定常性という概念により，時系列モデルには，線形もしくは非線形，定常もしくは非定常，という2種類の分類の仕方がある．これまで，実証分析で使われるたいていのモデルは，線形かつ定常なモデルであった．しかしながら，過去30〜40年においては，単位根過程という，非定常過程の中でもある意味特殊な線形モデルが注目を浴びてきた．また，単位根過程は多変量線形過程の枠組みにも取り入れられ，共和分モデルという重要なクラスへ発展している (Engle and Granger, 1987; Johansen, 1995; Juselius, 2006)．これと並行して，非線形定常モデルも大きく発展してきており (Fan and Yao, 2003; Tong, 1990)，例えば，閾値モデルや平滑推移自己回帰 (smooth transition autoregressive; STAR) モデルなどは，今では多くの分析で使われている．そして，最大のモデルでありながら最も研究が進んでいないモデルとして，非線形非定常過程が分類される．この確率過程のクラスがこのサーベイ論文の主要な研究対象であるが，全体を概観するために，4.2節で非線形定常過程のサーベイから始め，4.3節では線形非定常過程について説明する．

　われわれのアプローチは，事実上，時間領域の全体にわたるものである．周波数領域での研究においても非線形モデルは考えられているが，全体として，時間領域のモデルのほうが，少なくともファイナンスや経済の実証分析においては，より多くの研究成果をあげている．実際，こういった分野では，非定常かつ非線形な時系列データ

は珍しくない．

　線形定常過程における推定やモデルの特定化の理論を非線形非定常モデルへ拡張する場合には，高度で難解な数学的問題を伴うものである．線形定常過程の場合は，混合過程やマルチンゲールに関する理論を，極限分布などの漸近理論を得るために利用することができる．非線形定常過程の場合においても，これらの理論は利用できるが，むしろ，所与のモデルが定常であるかどうかを実際に判断することが重要であり，これは難しい問題である．この定常性の判断のためには，漸近論だけではなくマルコフ連鎖に関する理論も必要となる．ただし，この場合においても，推定量の漸近正規性が，一般的に得られる結果である．一方，線形非定常過程の場合には状況が変わり，非正規分布やブラウン運動の汎関数が，より重要な役割を担うことにある．非線形かつ非定常モデルにおいては，ローカルタイムや零再帰マルコフ連鎖といった新たな概念が必要である．こういった新たな概念を用いることにより，非線形共和分に関する理論の構築が進むと期待される．これらの分野では既存の成果が少なく，難解な未解決問題が残っている．

　本章では，パラメトリック推定とノンパラメトリック推定の両方を概観する．パラメトリックモデルのほうが，しばしば理論的に取り扱いやすく，また，通常は収束率が速い．もっとも，必ずしも線形単位根モデルの場合ほど速いわけではない．パラメトリックモデルの欠点は，広く知られているとおり，所与のモデルが分析しているデータに適切ではないかもしれないことである．この場合，ノンパラメトリックアプローチのほうがより柔軟である．ただし，より広範な柔軟性を持つことに対する対価は，遅い収束率と，理論的により複雑になることである．4.4.2 項から 4.4.4 項にかけては，非線形性および非定常性の枠組み内でパラメトリックモデルについて説明し，ノンパラメトリックアプローチについては，4.4.5 項で概観する．われわれが扱う非定常性は，非線形ランダムウォークタイプのものであり，線形の場合には，モデルのパラメータは固定されたものとなる．考えられる非定常性の別の可能性としては，しばしば状態空間表現で用いられる時変パラメータを持つ（線形・非線形）モデルがある．これに関する文献には，4.5 節で簡単に触れる．本章に含まれる多くの結果は，Teräsvirta et al. (2010) によるものであり，詳細や関連トピックについては，そちらを参照されたい．

4.2 非線形定常モデル

　強定常性とは，時間軸が $t \geq 0$ もしくは $-\infty < t < \infty$ である確率過程 $\{y_t\}$ に対して，時間軸の定義域におけるすべての t およびとりうるすべての時点の組合せ $(t_1, t_2, \ldots, t_k)$ に対して，$(y_{t_1}, y_{t_2}, \ldots, y_{t_k})$ の同時分布が $(y_{t_1+t}, y_{t_2+t}, \ldots, y_{t_k+t})$ の同時分布と同じになることである．非線形性の正確な定義は，これよりもずっと難しくなる．例として，線形モデルの一つである，以下の q 次の移動平均（MA(q)）過程

を用いて説明する．

$$y_t = \varepsilon_t + \sum_{j=1}^{q} \theta_j \varepsilon_{t-j}$$

ただし，$\{\varepsilon_t\} \sim$ i.i.d.$(0, \sigma^2)$ （平均 0, 分散 σ^2 の独立同一分布）で，$\{\theta_j, j = 1, \ldots, q\}$ は任意のウエイトである．ここで，閉包（すなわち，いわゆるマロー位相において $q \to \infty$ のときの MA(q) 過程の集合）は，とても複雑な特性を持っており，高度に非定常と考えられる多くの過程を含むことが知られている．この点に関しては，Bickel and Bühlmann (2003) を参照されたい．これらの結果は興味深く，高度にテクニカルなものであるが，ここではこれ以上議論しない．むしろ，ここではより実用的な観点から，非線形モデルを，以下の非線形で非同次となりうる自己回帰モデルと見なすことにする．

$$y_t = g(\mathbf{y}_{t-1}, \mathbf{x}_t) + h(\mathbf{y}_{t-1}, \mathbf{x}_t)\varepsilon_t, \quad t \geq t_0 \tag{4.1}$$

ただし，g と h は関数であり，$\mathbf{y}_{t-1} = (y_{t-1}, \ldots, y_{t-p})'$ は y_t のラグからなり，$\mathbf{x}_t = (x_{1t}, \ldots, x_{kt})'$ は外生変数のベクトルである．

4.2.1 非線形モデルの定常性

線形正規モデルの確率構造は 2 次までのモーメントで決まるが，非線形モデルについては，一般には 2 次までのモーメントだけでは十分ではない．分布そのものや，条件付き期待値，条件付き分散といった条件付きの特性を見る必要がある．したがって，広義の定常性ではなく，狭義の定常性が必要となる．本節の冒頭で与えられた定常性の定義は，ある意味で過度に狭義であるが，別の意味では過度に広義である．過度に狭義である理由は，ここでわれわれが必要とする過程は，漸近的には定常であるが，任意の初期条件から始まる過程を含む必要があるからである．過度に広義である理由は，通常，極限定理を確立するためには，定常性だけでは不十分であるからである．必要なものは，何らかの形でのエルゴード性であり，そこではマルコフ性が不可欠となるだろう．

ここで，例として，1 変量で逐次的に定義されるマルコフモデル $\{y_t, t \geq 1\}$ を見てみる．

$$y_t = g(y_{t-1}, \theta) + \varepsilon_t, \quad y_0 = y(0) \tag{4.2}$$

ただし，g は既知の関数，θ は未知のパラメータで，$\{\varepsilon_t\} \sim$ i.i.d.$(0, \sigma^2)$ であり，ε_t は $\{y_s, s < t\}$ とは独立である．以下で扱われる定常性の規準は，ある初期分布でシステムが始まるとそのシステムは定常になるような初期分布 y_0 が存在する，というものである．そのシステムが別の分布で始まる場合には，この初期分布の影響は次第に消えていき，結果的にこの過程は"漸近的に定常"または"安定"となる．さらに，これらの規準はまたエルゴード性を意味しており，このエルゴード性が漸近論を確立す

るために使われる道具なのである．

簡単な特別な場合は，線形正規自己回帰過程である．

$$y_t = \phi y_{t-1} + \varepsilon_t, \quad y_0 = y(0)$$

ただし，$|\phi| < 1$ で $y(0)$ が平均 0，分散 $\sigma^2(1-\phi^2)^{-1}$ の正規分布に従うならば，確率過程 $\{y_t\}$ は強定常である（また，すべてのモーメントが存在する）．もし，この過程が，初期値 $y(0)$ が固定された定数など，別の分布で始まる場合には，

$$y_t = \phi^t y(0) + \sum_{i=0}^{t-1} \phi^i \varepsilon_{t-i}$$

となる．初期条件の影響は，$|\phi| < 1$ なので減衰し，$\{y_t\}$ は次で定義される定常過程へ近づいていく．

$$y_t = \sum_{i=0}^{\infty} \phi^i \varepsilon_{t-i}$$

ただし，$\{\varepsilon_t, -\infty < t < \infty\} \sim$ i.i.d. $\mathcal{N}(0, \sigma^2)$ である．非線形システムに対しては，これに対応する条件を見つけることはより困難で，特定のモデルに対して，定常性の適切な仮定について詳細に議論されることがしばしばある．ここでは，ε_t が連続分布に従い，式 (4.2) の関数 $g(y, \theta)$ がコンパクト集合上で y に関して有界で，Foster–Lyapunov のドリフト規準を満たす非負の検定関数 V が存在するならば，すなわち，十分大きな $|y|$ に対して

$$\mathsf{E}\{V(y_t)|y_{t-1} = y\} = \mathsf{E}\{V(g(y,\theta) + \varepsilon_t)\} < V(y)$$

となる V が存在するならば，$\{y_t\}$ が（強）定常となるような初期分布を見つけることができる，と言うだけに留めておく．$V(y) = |y|^2$ ととると，十分条件は大きな y に対して $|g(y, \theta)| < |y|$ であり，また，$\mathsf{E}\varepsilon_t^2 < \infty$ ならば，2 次モーメントの存在も保証される．これにより，非線形システムにおける大きな値を定常線形自己回帰過程で抑えることができるならば，定常解が存在することになる．実際，こういったアプローチは非常に多くの結果を生み出しており，いわゆる幾何エルゴード性が得られている．幾何エルゴード性は，推定における中心極限定理の証明に非常に有用である．より詳細で同様な結果については，Meyn and Tweedie (1993) を参照されたい．

一般に，定常性の条件を見つけることは困難であり，特に，非線形な高次の自己回帰過程の場合はなおさらである．2 次の閾値自己回帰過程でさえ，完全な特徴付けは知られていないようである．Foster–Lyapunov 規準は，ARCH/GARCH 過程に対しても使うことができる．この分野における最近の論文は，Carrasco and Chen (2002)，Francq and Zakoïan (2006)，Liebscher (2005)，Ling and McAleer (2002)，Meitz and Saikkonen (2008)，Meitz and Saikkonen (2011) などである．すべてのタイプのマルコフモデルに対して，幾何エルゴード性の証明に多くの努力が費やされてい

る．これは，幾何エルゴード性は混合性を意味しており，それは中心極限定理の証明に使われるからである．

マルコフ連鎖のアプローチに代わる方法として，式 (4.2) を確率漸化式と見なし，縮小写像の原理を使って定常解の存在の条件を見つけるやり方がある．このような問題解決方法は，とりわけ非線形条件付き不均一分散モデルに対して有用である．Straumann (2005) と Aue et al. (2006) を参照されたい．

ある非定常時系列に対しては，非定常時系列を定常なものへと変換して，定常モデルに関する既存の理論を利用することができる．1 変量の線形モデルの場合，そのような変形は，典型的には差分をとることである．差分をとることにより定常となる時系列のクラスは，I(1) 過程や I(2)（2 次差分をとる）過程，もしくは単位根過程というクラスと密接に関係している（4.3.1 項および Hamilton (1994) の Chapter 17, 19 を参照）．多変量線形モデルの場合は，共和分に関する理論を使えば，多変量定常過程への線形変換を見つけ出すことができる（4.3.2 項および Hamilton (1994) の Chapter 19 を参照）．

非線形かつ非定常な時系列の場合には，すべてのことがより困難になる．線形の場合のように，許容される非定常性の種類に制約を置かなければならない．現状では二つの可能性がある．一つ目は，ローカルタイムとともにブラウン運動に関する分解を用いることであり，二つ目は，マルコフ連鎖の再帰理論を適用することである．この二つのアプローチについては，4.4 節で詳しく述べる．これは非常に新しい研究分野であり，少なくともさまざまな理論の展開の可能性がある分野である．

Karksen and Tjøstheim (2001) や Karsen et al. (2007) では，非定常単位根過程および非線形共和分のモデルが，零再帰マルコフ連鎖の観点から分析されている．詳しくは 4.4.1 項および 4.4.5 項を参照されたい．そこで，零再帰性をもたらす $g(y, \theta)$ の条件を探すことが，興味の対象となる．この研究は始まったばかりであり，Myklebust et al. (2011) を参照されたい．ただし，この論文では，ほとんど線形ベクトル過程の場合のみを扱っている．難しさの例として，遠く離れたところではランダムウォークのような動きをする閾値過程

$$y_t = g(y_{t-1}, \boldsymbol{\theta})I(|y_{t-1}| \leq c) + y_{t-1}I(|y_{t-1}| > c) + \varepsilon_t \quad (I(\cdot) \text{ は指示関数})$$

は，$\sup_{|y|\leq c} g(y, \boldsymbol{\theta}) < \infty$ ならば零再帰であることが知られているが，われわれの知る限り，指数自己回帰過程

$$y_t = (1 + \psi e^{-\gamma y_{t-1}^2})y_{t-1} + \varepsilon_t, \quad \gamma > 0$$

が零再帰であるかどうかはわかっていない．幾何エルゴード性と零再帰性との中間的な場合もまた，注目されつつある（Yao and Attali (2001) を参照）．

4.2.2 ある特定の非線形モデル

4.2.1 項では，まず線形モデルの原型として，線形自己回帰モデルを取り上げた．こ

れに対し，移動平均モデルから始めてもよいのではないかと思う人もいるだろう．確かに，ある意味で，移動平均過程は最も単純な数学的な構造を持っているが，非線形移動平均モデルはこれまでにほとんど発展してこなかった．さらに，移動平均過程の単純で明白な数学的構造は，時には何かをごまかしているようなことにもなりうる．この点については，Breidt et al. (2006) において線形 MA(1) 過程を用いてわかりやすく説明されている．移動平均モデルの明示的な非線形モデルへの拡張は，確かに存在する．例えば，閾値移動平均モデルについては，Gooijer (1998)，Ling and Tong (2005)，Li et al. (2011) を参照されたい．しかしながら，理論はあまり発展はしていないのである．実証研究で使えるような非線形モデルへ拡張していくことを考えると，線形自己回帰モデルから始めたほうが，はるかに望ましいのである．これは，再帰的な構造があるために，自己回帰モデルを使うと推定や予測が簡単に行えるというのが主な理由である．本項では，主に，線形自己回帰モデルのいくつかの特別な拡張について議論していく．

実質的に，非線形性の重要な側面はすべて 1 次の自己回帰モデルに現れるので，初めに，線形 AR(1) モデルの一般化

$$y_t = \phi y_{t-1} + \varepsilon_t \tag{4.3}$$

に焦点を当てることにする．ただし，ϕ は自己回帰係数で，$\{\varepsilon_t\} \sim$ i.i.d.$(0, \sigma^2)$ とする．

パラメトリックな非線形自己回帰モデル

$$y_t = g(y_{t-1}, \boldsymbol{\theta}) + \varepsilon_t$$

に対する推定の理論的側面は，すでに Tjøstheim (1986) で扱われていたが，最近ではよりさまざまな理論が発展してきている．Fan and Yao (2003, Chapter 4) および Ling and McAleer (2010) も参照されたい．

式 (4.3) の別の一般化として，次のようなモデルが考えられる．

$$y_t = \phi y_{t-1} + h(y_{t-1})\varepsilon_t \tag{4.4}$$

ただし，h は未知であるか，パラメトリックモデルの形式までしかわからないとする．そのようなモデルは，Teräsvirta et al. (2010, Chapter 8) で考えられている条件付き不均一分散の自己回帰モデルの導出に向けて，さまざまな方向へ修正や拡張が可能である．式 (4.4) において ϕy_{t-1} を $g(y_{t-1})$ に再び置き換えると，条件付き平均と条件付き分散のどちらも非線形であるモデルが得られるが，そのようなモデルの特定化や推定は非常に難しい．

式 (4.3) において ϕ を確率過程 $\{\theta_t\}$ に置き換えると，かなり異なった一般化が得られる．ただし，$\{\theta_t\}$ 自身が自己回帰過程となることもある．これは状態空間過程の例と捉えられるもので，4.5 節で簡潔に触れることにする．

古典的な非線形パラメトリック時系列モデルに含まれるものとして，閾値自己回帰（threshold autoregressive; TAR）モデル（Tong and Lim, 1980; Tong, 1990）

4.2 非線形定常モデル

や指数自己回帰モデル (Ozaki, 1982, 1985), バイリニアモデル (Subba Rao, 1981; Subba Rao and Gabr, 1984) がある. 公平に判断して, これらのモデルの中では, 閾値モデルが実証分析において最も有用であることがわかっている. 最も単純な形の場合には, もとの線形モデル (4.3) が, t ごとに二つの線形モデルのうちの一つのモデルから y_t が生成されているといった非線形構造に変わっている. ここで, 閾値変数 y_{t-1} がどのモデルにより生成されているかを決めていることになる. より正式には,

$$y_t = \phi_1 y_{t-1} I(y_{t-1} \le c) + \phi_2 y_{t-1} I(y_{t-1} > c) + \varepsilon_t$$

となる. ただし, c は閾値パラメータである. 一般的には, 閾値変数として, y_{t-d} のような別のタイムラグが選ばれることもある. また, 必ずしも定常な場合に限定しない, さまざまな様態に一般化されている. 閾値モデルの非線形誤差修正モデルへの最近の応用は, Hansen and Seo (2002), Hansen (2003), Bec and Rahbek (2004) や 4.4.3 項を参照されたい. 定常な場合の漸近理論は, Chan (1993) と Li and Ling (2011) で説明されている. 閾値パラメータの最尤推定量はノンスタンダードな漸近分布であり, より速い収束速度を持っている.

TAR モデルは, その遷移メカニズムが滑らかでない点で批判されることがある. そこで, 指数自己回帰モデル

$$y_t = (\phi + \psi e^{-\gamma y_{t-1}^2}) y_{t-1} + \varepsilon_t, \quad \gamma > 0$$

が, この批判に部分的に応える形で導入された. この過程は, 本質的には, 大きな $|y_t|$ に対してはパラメータが ϕ である AR 過程に従って推移する一方, 小さな y_{t-1} に対して, 時変 AR 係数はおおよそ $\phi + \psi$ となる. これが, 円滑推移モデルの例である. このモデルに関しては多くの文献があり, Teräsvirta et al. (2010) などを参照されたい.

これまで取り上げてきたモデルの多くは, ラグ次数が高次元の場合やベクトルモデルへ簡単に拡張できる. 例として, ベクトル閾値モデルと円滑推移ベクトル自己回帰モデルを取り上げることにする.

ベクトル閾値自己回帰モデルは, Tsay (1998) のように, 次のように定義できる.

$$\mathbf{y}_t = \sum_{i=1}^{r} \left\{ \sum_{j=1}^{p} (\boldsymbol{\mu}_i + \boldsymbol{\Phi}_{ij} \mathbf{y}_{t-j} + \boldsymbol{\Gamma}_{ij} \mathbf{x}_{t-j}) + \boldsymbol{\varepsilon}_{it} \right\} I(c_{i-1} < s_t \le c_i) \quad (4.5)$$

ただし, $\mathbf{y}_t$ と $\boldsymbol{\varepsilon}_{it}$ ($i = 1, \ldots, r$) は $m \times 1$ 確率ベクトルで, $\boldsymbol{\mu}_i$ ($i = 1, \ldots, r$) は $m \times 1$ の切片ベクトルである. さらに, $\boldsymbol{\Phi}_{ij}$ は $m \times m$ 係数行列, $\boldsymbol{\Gamma}_{ij}$ は $m \times k$ 係数行列で, どちらも $i = 1, \ldots, r$, $j = 1, \ldots, p$ である. $\boldsymbol{\varepsilon}_{it}$ は, 平均 $\mathbf{0}$ で正値定符号の共分散行列 $\boldsymbol{\Sigma}_i$ ($i = 1, \ldots, r$) の系列相関のない誤差項である. 1 変数の定常かつ連続なスイッチング変数 s_t は, 全体のシステムのレジームを決めるものであり, $\mathbf{x}_t$ は説明変数である. 応用例を伴うこの種のモデルの作成については, Tsay (1998) で開

発され，議論されている．

指数自己回帰モデルは，円滑推移自己回帰モデルの例として説明された．円滑推移の考え方は，ベクトルの場合にも一般化可能で，p 次のベクトル STAR モデルは次のように定義される．

$$\mathbf{y}_t = \boldsymbol{\mu}_0 + \sum_{j=1}^p \boldsymbol{\Phi}_j \mathbf{y}_{t-j} + \mathbf{G}(\boldsymbol{\gamma}, \mathbf{c}; \mathbf{s}_t)\left(\boldsymbol{\mu}_1 + \sum_{j=1}^p \boldsymbol{\Psi}_j \mathbf{y}_{t-j}\right) + \boldsymbol{\varepsilon}_t$$

$$= \boldsymbol{\mu}_0 + \mathbf{G}(\boldsymbol{\gamma}, \mathbf{c}; \mathbf{s}_t)\boldsymbol{\mu}_1 + \sum_{j=1}^p \{\boldsymbol{\Phi}_j + \mathbf{G}(\boldsymbol{\gamma}, \mathbf{c}; \mathbf{s}_t)\boldsymbol{\Psi}_j\}\mathbf{y}_{t-j} + \boldsymbol{\varepsilon}_t$$

ただし，$\mathbf{y}_t$ は $m \times 1$ ベクトル，$\boldsymbol{\mu}_0$ と $\boldsymbol{\mu}_1$ は $m \times 1$ の切片，$\boldsymbol{\Phi}_j, \boldsymbol{\Psi}_j$ $(j=1,\ldots,p)$ は $m \times m$ パラメータ行列で，

$$\mathbf{G}(\boldsymbol{\gamma}, \mathbf{c}; \mathbf{s}_t) = \mathrm{diag}\{G_1(\gamma_1, \mathbf{c}_1, s_{1t}), \ldots, G_m(\gamma_m, \mathbf{c}_m, s_{mt})\}$$

は推移関数の $m \times m$ 対角行列である．さらに，$\boldsymbol{\varepsilon}_t \sim$ i.i.d. $\mathcal{N}(\mathbf{0}, \boldsymbol{\Sigma})$ であり，$\boldsymbol{\Sigma}$ は正値定符号である．ここで，$G_j(\gamma_j, \mathbf{c}_j, s_{jt})$ $(j=1,\ldots,m)$ が標準ロジスティック関数であるときには，ロジスティックベクトル STAR (logistic vector STAR; LVSTAR) モデルが得られる．すなわち，

$$G(\gamma, \mathbf{c}, s_t) = \left(1 + \exp\left\{-\gamma \prod_{k=1}^K (s_t - c_k)\right\}\right)^{-1}, \quad \gamma > 0$$

であり，ここで，$\gamma > 0$ は識別のための制約である．

STAR モデルに関するより詳細は，Teräsvirta et al. (2010) にあるので，そちらを参照されたい．

STAR モデルには大きなフレキシビリティがあるが，本項では，パラメトリックな人工ニューラルネットワーク (artificial neural network; ANN) モデルと，ノンパラメトリックな加法モデルという，二つのモデルについて簡単に触れて終わることにする．

ANN モデルは，統計学およびニューラルネットワークの文献において，また，実証分析においても注目を集めているので，ここで説明しておく．いわゆる "単一隠れ層" (single hidden layer) モデルである最も単純な単一方程式の場合，

$$y_t = \boldsymbol{\beta}_0' \mathbf{z}_t + \sum_{j=1}^q \beta_j G(\boldsymbol{\gamma}_j' \mathbf{z}_t) + \varepsilon_t \tag{4.6}$$

という形である．ただし，y_t は産出系列，$\mathbf{z}_t = (1, y_{t-1}, \ldots, y_{t-p}, x_{1t}, \ldots, x_{kt})'$ は定数項と産出のラグ付きの値を含む投入ベクトルであり，$\boldsymbol{\beta}_0' \mathbf{z}_t$ は線形ユニットで，$\boldsymbol{\beta}_0 = (\beta_{00}, \beta_{01}, \ldots, \beta_{0,p+k})'$ である．さらに，β_j $(j=1,\ldots,q)$ は，ニューラルネットワークの文献では "結合強度" (connection strength) と呼ばれるパラメータである．関数 $G(\cdot)$ は，"スカッシング関数" (squashing function) と呼ばれる，有界で漸

4.2 非線形定常モデル

近的に定数となる関数であり，$\boldsymbol{\gamma}_j$ $(j=1,\ldots,q)$ はパラメータベクトルである．典型的なスカッシング関数は，ロジスティック関数や双曲線正接関数といった単調増加関数である．誤差項 ε_t は，しばしば i.i.d.$(0,\sigma^2)$ と仮定される．"単一隠れ層" という言葉は，式 (4.6) の構造のことを言っている．産出 y_t と投入ベクトル $\mathbf{z}_t$ は観測されるが，一方，線形結合である $\sum_{j=1}^{q}\beta_j G(\boldsymbol{\gamma}_j'\mathbf{z}_t)$ は観測されない．それゆえ，このモデルは，"出力層" y_t と "入力層" $\mathbf{z}_t$ の間の中間層を形成しているのである．

時系列モデルを構築する場合の ANN の利用については，Teräsvirta et al. (2010) の Chapter 16 で議論されている．

ANN モデルはほとんどノンパラメトリックな構造であるが，ここで，一般的な高次のモデルである，ノンパラメトリック分析に特に有用な加法モデルというクラスについて述べることにする．経済学で共通して想定される一般的な回帰モデルは，

$$y_t = g(\mathbf{z}_t) + h(\mathbf{z}_t)\varepsilon_t$$

というものであり，ここで，$\mathbf{z}_t$ は y_t のラグを含む説明変数ベクトルで，ε_t は $\mathbf{z}_t$ と独立であるとする．あるパラメータの値を除いて関数 g,h が既知であれば，モデルの仮定が妥当であるという想定のもとでは，これらの関数のパラメータは最尤法で効率的に推定できる．より現実的な状況は，g と h が未知の関数である場合である．いくつかの単純なケースでは，$\mathbf{z}_t$ の次元が低次元ならば，g と h はノンパラメトリックに推定できるが，多くの興味あるモデルにおいては，$\mathbf{z}_t$ が 3 次あるいは 4 次を超えると，次元の呪いのため，推定ができなくなる．

高次元の場合，有効な近似法として，以下のような m 個の説明変数からなる単純な加法モデルを考えることができる．

$$g(\mathbf{z}_t) = g_0 + \sum_{j=1}^{m} g_j(z_{jt})$$

Sperlich et al. (2002) で指摘されているとおり，このようなモデルには，経済学および統計学において長く確立した歴史がある．

しかし，例えば経済学においては，しばしば相互作用に興味が持たれるため，Sperlich et al. (2002) は次のようなより広範なクラスのモデルを考えている．

$$g(\mathbf{z}_t) = g_0 + \sum_{j=1}^{m} g_j(z_{jt}) + \sum_{1 < i < j \leq m} g_{ij}(z_{it}, z_{jt})$$

したがって，完全に一般的な関数 g は，個別の z_{jt} の関数と z_{jt} のペアの関数で近似されている．たいていの "通常の" 状況下では，この近似はまずまず良いものであると考えられている．

4.3 線形非定常性

次節で扱うモデルのために，ここで非定常な線形過程について簡単に調べておくことにする．ここでの非定常性は，ランダムウォークタイプのものである．これらのモデルは，計量経済学者に多く用いられている．

4.3.1 線形単位根モデル

非定常モデルについて議論する際のふさわしい出発点は，次のような単位根モデルである．

$$(1-L)y_t = \Delta y_t = x_t \tag{4.7}$$

ただし，L はバックシフト作用素，$\{x_t\}$ は一定の分散 σ_x^2 を持つ定常系列である．この系列が $t=0$ から始まる場合には，y_t の分散は近似的に $t\sigma_x^2$ となり，この分散は時間とともに変化するので，$\{y_t\}$ は非定常である．もちろん，このような過程は非定常性の一つのケースを表しているだけであり，非定常性というカテゴリの中の典型例とは言いがたいのであるが，典型例として使われていることもときどきある．$\{x_t\}$ の平均が 0 でないならば，$\{y_t\}$ は平均に線形トレンドを持つことになる．単位根モデルの例として，単純なランダムウォーク

$$\Delta y_t = \varepsilon_t \tag{4.8}$$

が挙げられる．ただし，$\{\varepsilon_t\} \sim$ i.i.d.(μ, σ^2) である．この場合，y_t の平均は μt で，分散は $\sigma^2 t$ である．

この分野で使われている共通の表現として，ある系列が 1 次差分をとらなければ定常にならない場合には，その系列は I(1) であると言われ，2 次差分が必要な場合は，I(2) であると表記される．これより，定常過程は I(0) とうまく定義されると思うかもしれない．しかしながら，フラクショナル ARMA 過程が I(d) と表記され，$0 < d < 1/2$ に対しては定常となることから，この定義はまったく厳密性を欠くものである．線形過程の枠組みでのより良い定義は，I(0) 過程とは，すべての周波数で 0 ではなく上から有界であるスペクトルを持つ ARMA 過程である，とするものである．I(0) の定義の問題は，4.4.1 項の非線形の場合に再び取り上げることにする．

線形単位根過程に対しては，現在ではかなり完成された統計的推測理論が利用可能である．詳しくは，Phillips (1987), Phillips and Solo (1992), Tanaka (1996) を参照されたい．ここで，4.4.4 項で扱う非線形の場合との相違をはっきりさせるために，線形単位根過程の分析に関する重要なステップを調べておく必要がある．分析の本質的な特徴は，すでに単純なランダムウォークの場合に出てきている．まず，ランダムウォークモデル (4.8) を考える．これに対応する定常な過程は，$|\phi| < 1$ である

AR(1) 過程である．

$$y_t - \phi y_{t-1} = \varepsilon_t$$

この場合，もし $\mathsf{E}y_t = 0$ であれば，

$$\frac{1}{\sqrt{T}} \sum_{t=1}^{T} y_t \xrightarrow{d} \mathcal{N}(0, \sigma_y^2)$$

となり，ϕ の最小 2 乗推定量（漸近的には最尤推定量と同等）

$$\widehat{\phi} = \frac{\sum y_t y_{t-1}}{\sum y_t^2}$$

に対しては，

$$\sqrt{T}(\widehat{\phi} - \phi) = \frac{T^{-1/2} \sum \varepsilon_t y_{t-1}}{T^{-1} \sum y_t^2}$$

となる．さらに，

$$T^{-1} \sum y_t^2 \xrightarrow{p} \sigma_y^2 \quad \text{および} \quad T^{-1/2} \sum \varepsilon_t y_{t-1} \xrightarrow{d} \mathcal{N}\left(0, \sigma_\varepsilon^2 \sigma_y^2\right)$$

から，中心極限定理が得られる．ただし，$\xrightarrow{p}$ と $\xrightarrow{d}$ はそれぞれ，確率収束と分布収束を表している．一方，式 (4.8) のように $\phi = 1$ の場合には，すべてが大きく変わる．この場合の $\widehat{\phi}$ の極限分布は，Tanaka (1996, Chapter 3) などで述べられているように，いわゆる汎関数中心極限定理（functional limit theorem）（不変原理（invariance principle）とも言われる）を用いて導出される．ここでは，非線形の場合との比較のため，ウイナー過程を使って $\{y_t\}$ に対する漸近的な結果を，今後の分析にも役立つようにざっくりと導出する．標準ウイナー過程（standard Wiener process）（またはブラウン運動（Brownian motion））とは，連続時間のガウス確率過程 $\{w_t\}$ で，$w_0 = 0$, $\mathsf{E}w_t = 0$, $\mathrm{corr}(w_t, w_s) = \min(t, s)$ となる独立増分を持つものである．

ここで，式 (4.8) のように $\{y_t\}$ がランダムウォークであると仮定する．すると，$\sigma_\varepsilon = 1$ ならば，古典的な中心極限定理より，次が成り立つ．

$$\frac{y_T}{\sqrt{T}} = \frac{1}{\sqrt{T}} \sum_{s=1}^{T} \varepsilon_s \xrightarrow{d} w_1 \sim \mathcal{N}(0, 1) \tag{4.9}$$

同様に，$0 \leq r \leq 1$ に対しては，

$$\frac{y_{[rT]}}{\sqrt{T}} = \frac{1}{\sqrt{T}} \sum_{s=1}^{[rT]} \varepsilon_s \xrightarrow{d} w_r \tag{4.10}$$

となることを示すことができる．ただし，$[rT]$ は，rT 以下の最大の整数値として定義される rT の整数部分である．式 (4.10) から自然に導かれる結果は，

$$\frac{1}{T^2} \sum_{t=1}^{T} y_t^2 = \sum_{t=1}^{T} \left(\frac{y_t}{\sqrt{T}}\right)^2 \cdot \frac{1}{T} \xrightarrow{d} \int_0^1 w_r^2 dr \tag{4.11}$$

である．ここで，$1/T$ は T が大きくなる場合には微分の役割をしていることになる．簡単ではあるが厳密な証明は，例えば Tanaka（1996, Chapter 3）を参照されたい．同様に，

$$\frac{1}{T}\sum \varepsilon_t y_{t-1} = \sum_{t=1}^{T} \frac{y_{t-1}}{\sqrt{T}} \cdot \frac{y_t - y_{t-1}}{\sqrt{T}} \xrightarrow{d} \int_0^1 w_r dw_r \qquad (4.12)$$

となる．ここで，積分は伊藤積分と解釈される．このとき注意してほしいのは，定常な場合と比較して，式 (4.11)（および式 (4.12)）では，数値への収束ではなく，確率変数への収束が成り立っている点である．

関数 $h(y) = \int_0^1 y_t^2 dt$ は，[0,1] 上の連続関数から構成される空間 C 上で連続であるので，連続写像定理（continuous mapping theorem）により，式 (4.11) や（若干の修正が必要だが）式 (4.12) を証明することができる．さらに，モデル (4.8) で $\widehat{\phi} = \sum y_t y_{t-1}/\sum y_t^2$ として

$$T(\widehat{\phi} - 1) = \frac{\frac{1}{T}\sum \varepsilon_t y_{t-1}}{\frac{1}{T^2}\sum y_t^2} \xrightarrow{d} \frac{\int_0^1 w_r dw_r}{\int_0^1 w_r^2 dr}$$

が得られる (Tanaka, 1996, p.75)．これより，$\widehat{\phi}$ は $\phi = 1$ の推定量として超一致性を持つことが示される．この結果は，Dickey–Fuller タイプの単位根検定への出発点として使われる．

ここで留意すべき点は，上の結果は汎関数中心極限定理やウイナー過程がなくても導出できることである（例えば Tanaka (1996, Chapter 1)）．しかしながら，汎関数中心極限定理は結果を一般化するためのとても強力な道具であり，結果として，極めて一般的な過程 $\{x_t\}$ に対して式 (4.7) をカバーすることができる．それゆえ，式 (4.8) に関しては，$\{\varepsilon_t\}$ をマルチンゲール過程とする $\{x_t\}$ に置き換えた状況まで一般化することが可能である (Phillips, 1987)．また，混合過程や不均一分散までも考慮することができる．このように一般化された場合にも，$y_{[rT]}/\sqrt{T} \xrightarrow{d} w_r$ という結果がやはり成り立つ．なお，線形推定問題において現れる $\sum y_t^2$ という表現には，すでに I(1) 過程の非線形変換が含まれている．しかし，I(1) 過程の非線形推定理論や他の非定常過程については，より複雑な非線形変換が求められる．この点には 4.4.1 項で再び触れることにして，まず，線形ベクトルモデルに関するいくつかの理論的側面を紹介することにする．

4.3.2　ベクトル自己回帰過程と線形共和分

I(1) という概念の真の重要性は，ベクトル時系列とともに述べられて初めて理解される．そのような時系列のシステムは，しばしばベクトル自己回帰（vector autoregressive; VAR）過程としてモデル化される．

$$\mathbf{y}_t = \sum_{i=1}^{p} \mathbf{\Phi}_i \mathbf{y}_{t-i} + \boldsymbol{\varepsilon}_t = \sum_{i=1}^{p} \mathbf{\Phi}_i \mathsf{L}^i \mathbf{y}_t + \boldsymbol{\varepsilon}_t \qquad (4.13)$$

4.3 線形非定常性

ただし，$\mathbf{y}_t$ は m 次元で，$\mathbf{\Phi}_i$ は $m \times m$ 行列である．特性多項式 $\mathbf{\Phi}(z) = \mathbf{I}_m - \sum_{i=1}^{p} \mathbf{\Phi}_i z^i$ のすべての根が単位円外であれば，すなわち，$|z| \leq 1$ に対して $|\mathbf{\Phi}(z)| \neq 0$ ならば，ベクトル時系列 $\{\mathbf{y}_t\}$ は定常である．なお，$\mathbf{I}_m$ は m 次元単位行列である．ここで，特性根のうち k 個が単位根であり，$m - k$ 個が単位円外の値であれば，$\{\mathbf{y}_t\}$ は非定常で，各要素は I(1) もしくは I(0) となる．単純すぎて実証分析的には興味の対象にならないが，各要素が独立である場合には，ちょうど k 個の I(1) 過程と $m - k$ 個の I(0) 過程が存在することになる．各要素が従属的である場合には，k 個の単位根は k 個の確率的共通トレンドに対応しており，$m - k$ 個の単位円外の根の存在は，各要素が非定常 I(1) 過程であっても，要素間の $m - k$ 個の 1 次結合（これらの根に対応する固有ベクトル）が定常 I(0) となることを意味することになる．この特性が共和分と呼ばれるものである．この場合，$m - k$ 個の線形結合それぞれを構成する確率過程は，長期的には同じような動きをしていることになる．共和分という概念は Granger (1981) によって導入され，Engle and Granger (1987) でさらに発展し，その後，非常に多くの関連論文が発表されている．

共和分システムには，誤差修正表現と三角表現という，二つの主要な表現がある．これらのどちらも，非線形への拡張の基礎となっている．誤差修正表現は，式 (4.13) の両辺から $\mathbf{y}_{t-1}$ を引いて，次のように変形して得られる．

$$\Delta \mathbf{y}_t = \mathbf{C} \mathbf{y}_{t-1} + \sum_{i=1}^{p-1} \mathbf{\Psi}_i \Delta \mathbf{y}_{t-i} + \boldsymbol{\varepsilon}_t \qquad (4.14)$$

ただし，$\mathbf{C} = -\mathbf{I}_m + \sum_{i=1}^{p} \mathbf{\Phi}_i = -\mathbf{\Phi}(1)$，$\mathbf{\Psi}_i = -\sum_{j=i+1}^{p} \mathbf{\Phi}_j$ $(i = 1, \ldots, p - 1)$ である．特性多項式に k 個の単位根がある場合には，行列 $\mathbf{C} = -\mathbf{\Phi}(1)$ の階数は $n = m - k$ となる．そこで，$\mathbf{C}$ の行空間は，n 個の線形独立なベクトルからなる基底により張られることになるので，この基底を列に持つ $m \times n$ 行列を $\boldsymbol{\alpha}$ と記すことにする．これにより，$\mathbf{C}$ のすべての行は，$\boldsymbol{\alpha}'$ の行の線形結合として表すことができる．したがって，$\mathbf{C} = \boldsymbol{\delta} \boldsymbol{\alpha}'$ と書けることになる．ただし $\boldsymbol{\delta}$ は $m \times n$ の行列で，その階数は列数と同じである．また，式 (4.14) は，

$$\Delta \mathbf{y}_t = \boldsymbol{\delta} \boldsymbol{\alpha}' \mathbf{y}_{t-1} + \sum_{i=1}^{p-1} \mathbf{\Psi}_i \Delta \mathbf{y}_{t-i} + \boldsymbol{\varepsilon}_t$$

または

$$\Delta \mathbf{y}_t = \boldsymbol{\delta} \mathbf{x}_{t-1} + \sum_{i=1}^{p-1} \mathbf{\Psi}_i \Delta \mathbf{y}_{t-i} + \boldsymbol{\varepsilon}_t \qquad (4.15)$$

と書ける．ただし，$\mathbf{x}_{t-1} = \boldsymbol{\alpha}' \mathbf{y}_{t-1}$ である．上式を $\mathbf{x}_{t-1}$ について解くことは可能で，

$$\mathbf{x}_{t-1} = (\boldsymbol{\delta}' \boldsymbol{\delta})^{-1} \boldsymbol{\delta}' \left[\Delta \mathbf{y}_t - \sum_{i=1}^{p-1} \mathbf{\Psi}_i \Delta \mathbf{y}_{t-i} - \boldsymbol{\varepsilon}_t \right] \qquad (4.16)$$

となるので，$\mathbf{x}_t$ は I(0) である．したがって，非定常要素の線形結合 $\mathbf{x}_t = \boldsymbol{\alpha}' \mathbf{y}_t$ は定常

であり，$\boldsymbol{\alpha}$ の列は共和分ベクトルとなる．"誤差修正" という言葉は，Phillips (1957) に最初に現れた．別の先駆的論文は，Sargan (1964) である．$\boldsymbol{\alpha}'\mathbf{y}_t = \mathbf{0}$ という関係は動学システムにおける "均衡"，また，$\mathbf{x}_t$ は "均衡からの誤差" のベクトルと解釈でき，したがって，式 (4.16) は，システムが自らを修正していくメカニズムを表現していることになる．誤差修正表現は，Johansen (1988, 1991, 1995) などのいくつかの論文で，より詳細に研究されている．統計学の文献におけるこの分野の発展の基礎は，縮小ランク回帰（reduced rank regression）である．

共和分 VAR システムの別の表現は，行列多項式分解 $\boldsymbol{\Phi}(z) = \mathbf{U}(z)\mathbf{M}(z)\mathbf{V}(z)$ に基づいている．ここで，$\mathbf{U}(z)$ と $\mathbf{V}(z)$ はすべての特性根が単位円外の値となる $m \times m$ 行列多項式で，$\mathbf{M}(z)$ は特性根が単位円上もしくは単位円外の値となる $m \times m$ の対角行列である．共和分 VAR の場合，$\mathbf{M}(z)$ は以下のように書くことができる．

$$\mathbf{M}(z) = \begin{bmatrix} \boldsymbol{\Delta}_k & \mathbf{0} \\ \mathbf{0} & \mathbf{I}_n \end{bmatrix}$$

ただし，$\boldsymbol{\Delta}_k = (1-z)\mathbf{I}_k$ である．それゆえ，VAR の非定常性のすべては，$\mathbf{M}(z)$ の上側ブロックにあることになる．この分解と $\mathbf{y}_t$ の要素の再配列を行えば（Watson, 1994, pp.2872–4），$\mathbf{y}_t = (\mathbf{y}'_{1t}, \mathbf{y}'_{2t})'$ と書くことができる．ここで，$\mathbf{y}_{1t}$ は k 次元，$\mathbf{y}_{2t}$ は $n = (m-k)$ 次元で，三角表現

$$\Delta \mathbf{y}_{1t} = \mathbf{u}_{1t}$$
$$\mathbf{y}_{2t} - \mathbf{D}\mathbf{y}_{1t} = \mathbf{u}_{2t}$$

で表される．ただし，$\mathbf{D} = \mathbf{D}(1)$ は，ラグ演算子に関するある行列多項式 $\mathbf{D}(L)$ の L を 1 に変えて得られる $n \times k$ 行列である．また，別の行列多項式 $\mathbf{F}(L)$ に対して，$\mathbf{u}_t = (\mathbf{u}'_{1t}, \mathbf{u}'_{2t})' = \mathbf{F}(L)\boldsymbol{\varepsilon}_t$ となる．$\mathbf{D}(L)$ と $\mathbf{F}(L)$ の明示的な定義は，Watson (1994, p.2875) にある．これより，$\{\mathbf{u}_t\}$ は定常な移動平均過程である．この表現においては，$\mathbf{y}_{1t}$ の要素は共通トレンドであり，$\mathbf{y}_{2t} - \mathbf{D}\mathbf{y}_{1t}$ は I(0) 定常となる $\mathbf{y}_t$ の組合せである．三角表現は特に Phillips (1991) で提唱されており，多くの強力な理論的結果が三角表現を用いて得られている．

線形共和分システムの推定と検定理論は，今では詳細なところまで進展している．その理論では，4.3.1 項で考えた 1 変量 I(1) 過程での初歩的な結果と似た，多変量ウイナー過程に関する汎関数中心極限定理とその拡張を体系的に利用している．この点については，Watson (1994) でわかりやすく展望されている．また，共和分の理論は，I(2) 系列を含むシステムへ拡張されている．この点については，Johansen (1992) を参照されたい．線形共和分の実証的な側面は，Juselius (2006) で扱われている．

4.4 非線形非定常過程

本節が本章のサーベイの主要な節となる.まず,1 変量の場合から始め,4.4.1 項と 4.4.2 項で,単位根モデルの拡張を二つ考える.非線形誤差修正モデルは 4.4.3 項で扱い,4.4.4 項と 4.4.5 項では一般的な非線形共和分回帰モデルにおけるパラメトリックおよびノンパラメトリック推定を扱う.

4.4.1 非線形 I(1) 過程

前節で議論した概念を一般化しようとすると,多くの内容が基本的には線形であったために,明らかに困難な問題が生じてくる.差分をとることは線形な操作であり,結果として I(1) や I(2) の定義も線形である.さらに,共和分の関係は非定常変数の線形結合である.誤差修正モデルや三角表現を含むさまざまな共和分システムもまた線形である.付け加えれば,I(1) 過程は線形変換に対しては不変であるが,非線形変換に対しては不変ではない.

非線形系列が I(1) となりうるかどうかという疑問に対しては,多くのアドホックな答えがある.よく知られている例として,ランダムウォークは有界ではないが,利子率や有界な時系列は下に有界であるため I(1) とはなり得ない,というものがある.しかしながら,$\{\varepsilon_t\}$ が正の系列で $y_t = \sum_{s=0}^{t} \varepsilon_s$ とすれば,確かに $\{y_t\}$ はランダムウォークとなる.この系列は差分をとれば $\Delta y_t = \varepsilon_t$ と定常になるので,I(1) であるが,下に有界である.この例は,$\{y_t\}$ の平均や分散がトレンドを持ち,すべての変化は正であるので,異論があるかもしれない.代わりに,$\{y_t\}$ は平均 0 で負の方向へ変化もするより標準的なランダムウォークであるものの,y_t が十分小さくなると反射壁を持つマルコフ過程になるという,より洗練されたモデルを考えることもできる.この場合,ランダムウォークの特徴が主に残ることになる.同様にして,上側に境界を加えることもできる.Nicolau (2002) では,有界な "ランダムウォークに近いモデル" について議論されている.

しかしながら,それでもなお,非線形過程に適した I(1),I(0) という概念は,より緻密でなければならない.ある意味,I(1) 過程を I(0) 過程が蓄積したものとしたいのならば,問題は I(1) という概念ではなく,非線形の場合に適した I(0) の定義を見つけるところにあると言える.

難しい点として,線形の場合でさえ,I(0) の定義について一致した意見がないということがある.Davidson (2009) は五つの可能な定義を挙げており,4.3.1 項で定義したものは,本質的にはその五つのうちの一つになる.Davidson (2009) (Davidson (2002) も参照) は,$\{y_t\}$ が線形モデルで生成されていることは求めずに,$\{y_t\}$ が次の条件を満たせば(非線形の場合としても適用しうる)I(0) と定義している.

$$\sigma_T^{-1} \sum_{t=1}^{[rT]} (y_t - \mathsf{E} y_t) \xrightarrow{d} w_r \tag{4.17}$$

ただし，$\sigma_T^2 = \mathrm{var}(\sum_{t=1}^T y_t)$ で，$\{w_r, 0 \leq r \leq 1\}$ はウイナー過程を表している．線形の I(0) の定義の多くでは，この収束が問題なく成り立つものとなっているが，Davidson は，この条件そのものが定義として満たされるべき性質であり，それゆえ，線形性の縛りを緩めると，明言している．ところで，想定する I(0) の定義にかかわらず，I(0) であるという仮説に対して，一致性があり漸近的に正しいサイズの検定を構築することは，困難であると思われる．ある意味，検定問題が設定不備なのである（Leeb and Pötscher (2001), Pötscher (2002) を参照）．包括的な議論とシミュレーションに基づく検定を用いた可能な解決策については，Davidson (2009) を参照されたい．

関係式 (4.17) に似た I(0) の別の定義として，α 混合性と関係したものがある (Baghli, 2000; Escribano and Mira, 2002)．すなわち，系列 $\{x_t\}$ は α 混合過程であるが，$y_t = \sum_{s=1}^t x_s$ が α 混合過程でない場合，それは（非線形も含む）I(0) である．この場合，系列 $\{y_t\}$ は（非線形も含む）I(1) であると言える．

確率過程 $\{x_t\}$ が α 混合であるならば，本質的には，すべての集合のペア A_1, A_2 に対して，$\tau \uparrow \infty$ のとき，

$$|\Pr\{x_t \in A_1, x_{t+\tau} \in A_2\} - \Pr\{x_t \in A_1\} \Pr\{x_{t+\tau} \in A_2\}| \to 0$$

となるので，τ が大きくなるにつれて $x_t, x_{t+\tau}$ は独立となる．もし，$\{x_t\}$ が混合過程でないならば，それは，"ある意味での記憶の持続性"を表している．Baghli (2000) は，α 混合性という特性は，Herrndorf の汎関数中心極限定理が成り立つことを立証することにより，間接的に推測できると述べている．このことは，KPSS 統計量 (Kwiatkowski et al., 1992) に基づく検定を含むいくつかの標準的な検定を用いることにより，確かめることができる．Dufrénot and Mignon (2002) も参照されたい．

最近発表された興味深い論文のうち，Rico and Gonzalo (2010) は，以下の総和可能性の概念を用いている．すなわち，非確率列 $\{m_t\}$ で $T \to \infty$ のときに，

$$S_T = \frac{1}{T^{\frac{1}{2}+\delta}} L(T) \sum_{t=1}^T (y_t - m_t) = O_p(1)$$

が成り立つものが存在する場合，正の分散を持つ確率過程 $\{y_t\}$ は δ 次で総和可能であるという．ただし，δ は S_T を確率的に有界とする最小の実数であり，$L(T)$ は緩慢変動関数である．彼らは，この概念は線形の場合には I(d) の概念を一般化したものであり，多くの非線形モデルの総和可能性の次数を確立していくものであることを示した．

Karlsen and Tjøstheim (2001) では，さらに別のアプローチがとられている．彼らは I(0) 過程ではなく，I(1) 過程を考えている．線形モデル・非線形モデルのどちらも含む一般化した I(1) 過程のクラスは，零再帰マルコフ連鎖のクラスと関係している．出発点は再び，単純なランダムウォーク (4.8) である．Karlsen and Tjøstheim は非

線形 I(1) タイプ過程のより大きなクラスへの拡張を試みており，その二つの基本的な特性は，(i) ランダムウォークの持続性（その非定常性）と，(ii) Davidson (2002) や Baghli (2000) で議論されている中心極限定理に関連する結果が成り立つかどうかの可能性である．ただし，後者は必ずしもウイナー過程への収束とは限らない．

ランダムウォークは線形過程であり，マルコフ連鎖である．マルコフ連鎖の特性は，非線形の一般化である

$$y_t = g(y_{t-1}) + \varepsilon_t, \quad t \geq 1 \tag{4.18}$$

においても成り立ち，そのような過程は，定常にも非定常にもなりうる．$|x|$ が十分大きい場合に $c < 1$ に対して $|g(x)| \leq c|x|$ となるならば，$\{y_t\}$ が初期分布 y_0 から始まれば $\{y_t\}$ は定常となるような y_0 が存在し (Meyn and Tweedie, 1993)，上の性質 (i) は満たされなくなる．詳細は 4.2.1 項を参照されたい．その一方で，関数 g が $g(x) = x^2$ のようなもので，$\{y_t\}$ が発散的である場合には，性質 (ii) は一般的には満たされない．少なくとも，ノンパラメトリック推定の状況では，$\{y_t\}$ は一時的マルコフ連鎖となるために，(ii) は満たされなくなる．条件 (ii) が成り立つための $\{y_t\}$ の決定的な性質は，$\{y_t\}$ が再帰的であるということである．このことは，仮にある時点 s で $y_s = y$ ならば，マルコフ連鎖 $\{y_t\}$ が将来のある時点で確率 1 で y の適当な小さな近傍に存在する，ということを意味している．よって，この過程は再帰もしくは再生する．より正確な記述については，Karlsen and Tjøstheim (2001) を参照されたい．

Karlsen and Tjøstheim は，比較的弱い正則条件下で，あるモーメント条件を満たしている h という関数に対して，適切にスケール調整された $\sum_{s=1}^{T} h(y_s)$ といったタイプの和に対する中心極限定理を導出している．この導出の要は，再帰時間 $\tau_1, \tau_2, \ldots, \tau_n \leq T$，すなわち，連鎖が再生する時点に対応して，この和を

$$\sum_{s=1}^{T} h(y_s) = \sum_{s=1}^{\tau_1} h(y_s) + \sum_{s=\tau_1+1}^{\tau_2} h(y_s) + \cdots + \sum_{s=\tau_n+1}^{T} h(y_s)$$

と分解するために，マルコフ連鎖の再帰性を使うことである．明らかに，$T \to \infty$ につれて，より遅い速度で $n \to \infty$ となる．マルコフ性により，要素 $\sum_{s=\tau_i+1}^{\tau_{i+1}} h(y_s)$ ($i = 1, \ldots, n$) は独立同一分布に従い，このことは，再帰時間間隔 $S_i = \tau_i - \tau_{i-1}$ の分布の裾は厚すぎることはないという追加的な仮定のもとで，中心極限定理の結果の証明に使われる．より明確には，$\Pr\{S_i > s\}$ が本質的に $s^{-\beta}$ の次数であり ($0 < \beta < 1$)，その結果，$k < \beta$ に対して $\mathrm{E}S_i^k < \infty$ となる．この特性は Karlsen and Tjøstheim (2001) で β 零再帰と名付けられている．Kallianpur and Robbins (1954) で示されたように，ランダムウォークは $\beta = 0.5$ に対応している．

このテクニックは，パラメトリック推定，ノンパラメトリック推定のどちらでも扱うことができるが，Karlsen and Tjøstheim は，密度関数と，特殊ケースとして式 (4.18) における g の推定を含む条件付き平均の関数のノンパラメトリック推定に限定している．一方，ランダムウォークのような過程とウイナー過程のローカルタイムに

基づくまったく異なるアプローチが, Park and Phillips (1999, 2001) でとられている. 彼らの手法については, 4.4.4項でより詳しく概説する. Xia (1998) も参照されたい.

再帰マルコフ連鎖のクラスは, 期待再帰時間 $\mathrm{E}S_i$ が有限か否かにより, 正再帰マルコフ連鎖と零再帰マルコフ連鎖に分類される. 正再帰の場合は, $\mathrm{E}S_i < \infty$ (上で $\beta = 1$ の場合) で定常性に対応するが, 零再帰の場合は, I(1) の非線形への拡張と関連させることができる. すでに述べたように, ランダムウォークは $\beta = 0.5$ の零再帰である. AR(p) 単位根過程は, p 次元マルコフ連鎖として表現することが可能で, これは弱い仮定のもとで $\beta = 0.5$ の β 零再帰であることが, Myklebust et al. (2011) で示されている. この論文には, どのような場合にベクトル自己回帰モデルが β 零再帰, β 再帰ではない再帰, および一時的となるかという特性についても触れている. しかしながら, 零再帰のクラスは線形過程に限定されるわけではない. $\{y_t\}$ が零再帰 (β 零再帰) ならば, 適当な 1 対 1 変換 h に対して変換された過程 $\{h(y_t)\}$ も零再帰 (β 再帰) である, という有用な不変特性を零再帰のクラスは持っている. そういった不変特性は, "通常の" I(1) 過程のクラスには成り立たない. β 零再帰過程のクラスは, 上の (i) と (ii) のどちらも満たすが, この設定は, $\{y_t\}$ をマルコフ連鎖の枠組みに落とすことが可能でなければならないという事実に制約されており, たった一つの単位根しか許されていない. しかしながら, h が 1 対 1 で, $\{y_t\}$ が単純なランダムウォークか AR(p) 単位根過程であるような場合, $\{h(y_t)\}$ を考えることにより, 零再帰のクラスの例が得られる. 値が大きいところでの動きがランダムウォークであるような閾値過程は零再帰過程の別の例であり, そのような閾値単位根過程は Gao et al. (to appear) で扱われており, 別のタイプの非定常閾値過程とも比較されている.

4.4.2 確率的単位根モデル

前項で考えた非線形単位根過程の代わりに, 単位根を確率的な単位根に置き換えて, 式 (4.7) における $1 - \mathsf{L}$ を $(1 - \rho_t \mathsf{L})$ とすることもある. ただし, ρ_t は確率過程で, 単位根近辺の値をとるよう, 制約が課されている. これは厳密には非線形モデルというよりも, 時変パラメータモデルである. Granger and Swanson (1997) と Leybourne et al. (1996) では, ρ_t は平均が 1 に近い AR(1) モデルとしている. したがって, その過程はときどき定常となり, 他の期間ではいくらか発散的になるのだが, "平均的には" 単位根過程である. ADF 検定のような標準的な検定では, 正確な単位根過程とこのような確率的単位根 (stochastic unit root; STUR) 過程を区別することはできない. STUR モデルは別の 1 変量モデルよりも予測力が優れているという例もある.

AR(1) の場合, 確率的単位根過程は, 何らかの意味で 1 に近い ϕ_t を用いて,

$$y_t = \phi_t y_{t-1} + \varepsilon_t$$

と記述できる. Bec et al. (2008) で与えられている定式化を用いて, この種のモデ

ルは，条件付き根を持つ自己回帰（autoregressive conditional root; ACR）モデルと呼ばれている．彼らは例えば，$\phi_t = \rho^{s_t}$ で ρ が実数値をとり，s_t が 0 か 1 をとる 2 値変数であり，$\{\varepsilon_t\} \sim$ i.i.d.$(0, \sigma^2)$ で正規分布であってもよい，という単純なモデルの形を考えている．さらに，$\{s_t\}$ は確率過程でもよく，その場合，$\{y_t\}$ は $s_t = 0$ ならばランダムウォークとなり，$|\rho| < 1$ かつ $s_t = 1$ ならば定常 AR(1) モデルとなる．この場合の定常性の条件はすでに確立されており，推定方法についても議論がなされている．関連しているモデルは，Gouriéroux and Robert (2006) でも分析されている．

4.4.3　非線形誤差修正モデル

4.3.2 項では，非線形への拡張の基礎となりうる二つの線形共和分システムの主要な表現を見た．誤差修正モデルは，非線形化への出発点として最もよく用いられており，しばしば式 (4.15) の定常過程 $\mathbf{x}_t$ にだけ非線形操作を行うなどがなされている．本項では，非線形誤差修正（nonlinear error correction; NLEC）モデルについて見ていく．NLEC モデルには，線形操作と考えられる差分操作 $\Delta \mathbf{y}_t = \mathbf{y}_t - \mathbf{y}_{t-1}$ が含まれている．次項では，I(1) タイプの変数に関する非線形関係を直接確立する，より一般的な問題を見ていく．

誤差修正モデルの非線形モデルの拡張のほとんどは，式 (4.14) の線形項 $\mathbf{C}\mathbf{y}_{t-1}$ を非線形に一般化することに関連している．しかしながら，Ripatti and Saikkonen (2001) は，定数項が共和分空間に含まれていて，緩やかに変化していくようなモデルを考えている．これは明らかに非線形の形式であり，Ripatti and Saikkonen (2001) は，彼らのモデルを，共和分関係が滑らかに変化していくという仮説検定に利用している．

ここでは，式 (4.14) で 2 変量確率過程となる $\{\mathbf{y}_t\} = \{(y_{1t}, y_{2t})\}$ という場合のみを考えることにする．$\{y_{1t}\}$ と $\{y_{2t}\}$ がともに I(1) である場合，$x_t = \boldsymbol{\alpha}'\mathbf{y}_t$ が I(0) となる固定ベクトル $\boldsymbol{\alpha}$ が存在すれば，2 変数は線形共和分の関係にある（4.3.1 項のような線形 I(0) クラスを考えている）．一般的に，平均と分散の存在を仮定すれば，$\{x_t\}$ が定常ならば，$\{g(x_t)\}$ もまた定常となる．式 (4.15) を拡張した 2 変量非線形誤差修正モデルは，次のような形となる．

$$\Delta \mathbf{y}_t = \boldsymbol{\delta} g(x_{t-1}) + \sum_{i=1}^{p-1} \boldsymbol{\Psi}_i \Delta \mathbf{y}_{t-i} + \boldsymbol{\varepsilon}_t$$

ただし，$\boldsymbol{\delta} = (\delta_1, \delta_2)'$ は 2 次元ベクトルで，g は $g(0) = 0$ であり $\mathsf{E}g(x_t)$ が存在する関数である．関数 g はノンパラメトリックに推定もできるし，特定のパラメトリックの形式を想定して推定することもできる．Escribano (1986, 2004) はイギリスの貨幣需要関数に x_t の 3 次元関数を用いて，倹約なモデルを作った．そういった多項式は，NLEC モデルの別の形式である

$$\beta_1 x_t + \beta_2 x_t (1 + \exp\{-\gamma(x_t - c)\})^{-1}$$

の $\gamma = 0$ まわりでのテイラー近似と見ることができる．

閾値誤差修正モデルを使えば，NLEC モデルの魅力的な表現が得られる．このような工夫は最初に Balke and Fomby (1997) によって導入され，閾値誤差修正モデルは多変量閾値モデルの重要な特殊ケースとなっている．単純化のため，式 (4.5) において，すべての i と j に対して $\Gamma_{ij} = \mathbf{0}$ とする．$r = 3$ と想定して，式 (4.5) を $p \geq 2$ に対して次のように書く．

$$\Delta \mathbf{y}_t = \sum_{j=1}^{3} \left(\mu_j + \mathbf{\Pi}_j \mathbf{y}_{t-1} + \sum_{k=1}^{p-1} \mathbf{\Psi}_k^{(j)} \Delta \mathbf{y}_{t-k} + \varepsilon_{jt} \right) I(c_{j-1} < s_t \leq c_j)$$

$p = 1$ の場合は，1 次の差分のラグの加重和の項は 0 となる．この閾値モデルは，概念的に Gao et al. (to appear) のモデルとは異なる形式である点に注意する．各レジームにおいては，$\mathbf{y}_t$ は 1 次の和分過程（$\Delta \mathbf{y}_t$ が定常）であり，$m \times m$ 行列 $\mathbf{\Pi}_j$ は rank$(\mathbf{A}_j) < m$ となる行列を用いて $\mathbf{\Pi}_j = \mathbf{A}_j \mathbf{B}'$ $(j = 1, \ldots, r)$ と書けて，s_t は以前と同様に連続で定常であると想定する．例えば，$m = \dim(\mathbf{y}_t) = 2$ ならば，$\mathbf{A}_j = (\alpha_{1j}, \alpha_{2j})'$ および $\mathbf{B} = (1, \beta_2)$ となり，変数 y_{1t} と y_{2t} は共和分ベクトルを $\mathbf{B}$ とする共和分関係にある．このモデルは，閾値ベクトル誤差修正（threshold vector error correction; TVEC）モデルと呼ばれる．各レジームごとの長期的関係へ向かう強さは，$\mathbf{A}_j$ を通じてレジームごとに異なる．応用上の興味ある例として，$r = 3$ で $\mathbf{A}_2 = \mathbf{0}$ の場合を考える．この場合，モデルは三つのレジームを持ち，閾値変数 s_t が大きい場合と小さい場合には共和分関係が存在するが，中間的な値の場合には存在しない．同時に，定数項を共和分関係に入れることにすると，モデルは，

$$\Delta \mathbf{y}_t = \sum_{j=1}^{3} \left\{ \mathbf{A}_j (\mathbf{B}' \mathbf{y}_{t-1} - \mu_j) + \sum_{k=1}^{p-1} \mathbf{\Psi}_k^{(j)} \Delta \mathbf{y}_{t-k} + \varepsilon_{jt} \right\} I(c_{j-1} < s_t \leq c_j)$$

となる．

この種の一番単純なモデルは，2 変量バンド TVEC モデルである．このモデルは，$x = 0$ の近辺でバンドを持ち，そのバンド内では共和分の関係はないが，上側および下側のバンド内では，その "強さ" がそれぞれ異なる共和分関係が存在している．

閾値誤差修正モデルは，何人かの研究者により，より拡張されている．Hansen and Seo (2002) は共和分ベクトルが推定される場合に対する検定理論を構築しており，一般的な多変量の場合も扱っている．Saikkonen (2005) は一般的な NLEC モデルの安定性の結果を導出している．

閾値モデルよりも一般的なレジーム変換メカニズムは，Bec and Rahbek (2004) で扱われている．最後に，Bec et al. (2004)，Baghli (2004)，Escribano (2004) など，NLEC モデルの実証例が数多くあることを述べておく．これらのモデルには，未だに多くの統計的推測に関する未解決問題が存在する．

4.4.4 説明変数が非定常であるパラメトリック非線形回帰

定常な説明変数 x_t に対して，パラメトリック非線形回帰モデル

$$y_t = g(x_t, \boldsymbol{\theta}) + u_t \tag{4.19}$$

は，g が既知で，$\boldsymbol{\theta}$ が未知のパラメータベクトルであり，u_t が定常な場合は，比較的標準的な手法を用いて分析できる．しかしながら，非線形非定常の場合には，そううまくはいかない．

線形非定常回帰の場合，4.3.1項で見たように，$\{y_t\}$ が I(1) 過程の場合に，$\sum y_t^2$ や $\sum \varepsilon_t y_{t-1}$ のようなタイプの和の漸近特性を評価する必要がある．適切にスケーリングされたこれらの和は，ウイナー過程の積分へ収束する．

本項では，Park and Phillips (1999, 2001) に基づき，式 (4.19) において，$\{u_t\}$ がマルチンゲール増分で，$\{x_t\}$ は $\Delta x_t = v_t$ と定義できる和分過程であるような，非常に一般的なモデルを考える．ここで，$\{v_t\}$ は移動平均過程，または，より一般的に，

$$v_T(r) = \frac{1}{\sqrt{T}} \sum_{s=1}^{[rT]} v_s \tag{4.20}$$

がウイナー過程 w_r へ収束するようなものでもよい．なお，$[rT]$ は rT の整数部分である．さらに，

$$(u_T(r), v_T(r)) \xrightarrow{d} (w_{1r}, w_{2r}) \tag{4.21}$$

が成り立つことが仮定される．ただし，$\{(w_{1r}, w_{2r})\}$ はベクトルウイナー過程で，

$$u_T(r) = \frac{1}{\sqrt{T}} \sum_{s=1}^{[rT]} u_s$$

とする．ここで注意すべき点は，$\{x_t\}$ が I(1) タイプの過程であるという設定は，

$$y_t = g(y_{t-1}, \boldsymbol{\theta}) + u_t \tag{4.22}$$

のようなモデルを排除しているということである．なぜならば，I(1) 過程のクラスは，一般的な非線形変換 g に対して不変ではなく，$\{y_t\}$ が式 (4.22) の両辺にあるので，$\{y_t\}$ は I(1) タイプではない可能性があるからである．式 (4.22) のような非線形非定常 AR モデルは，次の項でノンパラメトリックに推定される．

ここでは，式 (4.19) の $\boldsymbol{\theta}$ に対する最小2乗推定量 $\widehat{\boldsymbol{\theta}}_T$ について考える．すなわち，$\widehat{\boldsymbol{\theta}}_T$ は，

$$Q_T(\boldsymbol{\theta}) = \sum_{t=1}^{T} \{y_t - g(x_t, \boldsymbol{\theta})\}^2 \tag{4.23}$$

を最小化するものである．ここで，$\dot{Q}_T = \partial Q_T / \partial \boldsymbol{\theta}$ および $\ddot{Q}_T = \partial Q_T / \partial \boldsymbol{\theta} \partial \boldsymbol{\theta}'$ とする．$\widehat{\boldsymbol{\theta}}_T$ の漸近的性質の分析の出発点として，目的関数のテイラー展開を行う．

$$\dot{Q}_T(\widehat{\boldsymbol{\theta}}_T) = \dot{Q}_T(\boldsymbol{\theta}_0) + \ddot{Q}_T(\boldsymbol{\theta}_T)(\widehat{\boldsymbol{\theta}}_T - \boldsymbol{\theta}_0)$$

ただし，$\boldsymbol{\theta}_0$ は $\boldsymbol{\theta}$ の真の値で，$\boldsymbol{\theta}_T$ は中間値の定理により定まる値である．スケーリング要因 ν_T，および $\dot{Q}(\widehat{\boldsymbol{\theta}}_T) = 0$ という事実を用いると，テイラー展開の表現より，

$$\nu_T(\widehat{\boldsymbol{\theta}}_T - \boldsymbol{\theta}_0) = [\nu_T^{-1}\ddot{Q}_T(\boldsymbol{\theta}_0)\nu_T^{-1}]^{-1}\nu_T\dot{Q}_T(\boldsymbol{\theta}_0) + o_p(1)$$

が得られる．これより，関数 g とその導関数に依存するような関数 h_1 と h_2 の和，$\sum_t h_1(x_t, \boldsymbol{\theta}_0)$ と $\sum_t h_2(x_t, u_t, \boldsymbol{\theta}_0)$ を評価する必要があることがわかる．そのような和の評価は分析の最重要部分であり，多くの特性が Park and Phillips (1999) で分析されている．ここで，尺度 λ とある k に対して $h(\lambda x) = \lambda^k h(x)$ という特性を持つ同次関数には，4.3.1 項の推測方法を使うことができる．例えば，$h(x) = x^k$ の場合，

$$\frac{1}{T^{1+k/2}}\sum_{t=1}^T x_t^k = \sum_{t=1}^T \left(\frac{x_t}{\sqrt{T}}\right)^k \cdot \frac{1}{T} \xrightarrow{d} \int_0^1 w_{2r}^k dr \tag{4.24}$$

となる．ただし，$\{w_{2r}\}$ は式 (4.21) のウイナー過程であり，$\{x_t\}$ は，式 (4.10) および式 (4.11) における $\{y_t\}$ と同じ役割を担っている．一般的には，いわゆる正則関数（連続関数，区分的連続関数を含む）に対しては，

$$\frac{1}{T}\sum_t h\left(\frac{x_t}{\sqrt{T}}\right) \xrightarrow{d} \int_0^1 h(w_{2r})dr$$

となることを示すことができる (Park and Phillips, 1999)．Park and Phillips (1999, 2001) では，全部で四つの関数のクラスが考えられている．

1. $\int_{-\infty}^{\infty} h(x)dx$ が存在して有限であり，$x \to \pm\infty$ につれて十分速い速度で $h(x) \to 0$ となる特性を持つ可積分関数．
2. 次のような特性を持つ漸近的同次関数．

$$h(\lambda x) = k(\lambda)H(x) + R(x, \lambda) \tag{4.25}$$

ただし，$H(x)$ は同次関数で，ある $k(\lambda)$ に対して $H(\lambda x) = k(\lambda)H(x)$ となり，$R(x, \lambda)$ は $|x|$ が大きくなるときに $H(x)$ に優越される．
3. h が指数関数の速度で発散する漸近的指数関数．
4. h が通常の指数関数よりも速く発散する超指数関数．

これらの関数のクラスの導入により，$\sum_t h(x_t)$ の挙動はかなり異なるものとなり，ウイナー過程の関数の積分では，十分に表現できない．この場合，ウイナー過程のローカルタイムという概念，

$$L(t, s) = \lim_{\varepsilon \to 0} \frac{1}{2\varepsilon} \int_0^t I(|w_r - s| < \varepsilon)dr$$

を導入する必要がある．ここで，I は指示関数である．なお，$L(t, s)$ は t と s 両方に依存する確率過程である点に注意が必要である．ローカルタイムは，本質的には，時間間隔 $[0, t]$ において w_r が s の近傍に留まる時間を計測していることになる．ローカルタイムは，ウイナー過程よりもより一般的な設定のもとで導入することができる．

4.4 非線形非定常過程

また,マルコフ過程やセミマルチンゲールに対しても意味を持たせることができる.重要な事項の多くは,いわゆる滞在時間公式 (occupation time formula) から派生している.滞在時間公式とは,もし h が局所的に可積分であれば,

$$\int_0^t h(w_r)dr = \int_{-\infty}^{\infty} h(s)L(t,s)ds \tag{4.26}$$

が成り立つというものであり,この式もまた,より一般的な設定のもとで成り立つものである.Revuz and Yor (1994) などを参照されたい.

興味深い注目点は,定常系列から単位根過程へ分析が移ると,ウイナー過程に基づく数学的テクニックの導入が必要になることである.ここでさらに,単位根過程の非線形変換へ分析が移ると,ローカルタイムなどのより新たな数学が必要となる.

Park and Phillips (1999) は,ある正則条件下で,h が可積分であり,かつ x_t が式 (4.20) の $\{v_t\}$ を用いて $\Delta x_t = v_t$ と定義される和分過程であるとすると,$T \to \infty$ のときに,

$$\frac{1}{\sqrt{T}} \sum_{t=1}^{T} h(x_t) \overset{d}{\to} \left(\int_{-\infty}^{\infty} h(s)ds \right) L(1,0) \tag{4.27}$$

となることを証明している.

この結果が意味するところは,$\sum_t h(x_t)$ は $\sqrt{T}$ の速さで分布が広がっている(スケーリング要因によりバランスが保たれている)ということである.さらに,h の可積分性は,h が端点では 0 へ向かうということであり,ローカルタイム変数 $L(1,0)$ により示されるように,原点における観測値のみが付随するウイナー過程で利用されていることになる.ここで,同次関数の場合には,和の挙動はまったく異なるものになる.実際,ある正則条件下で,h が式 (4.25) の分解を満たす漸近的同次関数であれば,$T \to \infty$ のときに,

$$\frac{1}{Tk(\sqrt{T})} \sum_{t=1}^{T} h(X_t) \overset{d}{\to} \int_0^1 H(w_r)dr = \int_{-\infty}^{\infty} H(s)L(1,s)ds \tag{4.28}$$

となる.最後の等式は,滞在時間公式 (4.26) より成り立つ.さらに,式 (4.24) は,式 (4.25) で $R(x,\lambda) = 0$, $h(x) = H(x) = x^k$, $k(\lambda) = \lambda^k$ としたときの式 (4.28) の特殊な場合である.

Park and Phillips (1999) は,指数関数の場合の定理も導出しており,この場合にも和の挙動はこれまでとは非常に異なるものとなる.詳細は彼らの論文を参照されたい.

式 (4.19) で 1 変数パラメータ θ を持つ可積分関数 $g(x, \theta)$ に対しては,Park and Phillips (2001) で述べられている正則条件下で,式 (4.27) の結果などにより,式 (4.23) を最小化する $\widehat{\theta}_T$ に対する中心極限定理,

$$T^{1/4}(\widehat{\theta}_T - \theta_0) \overset{d}{\to} \left(L(1,0) \int_{-\infty}^{\infty} \dot{g}(s,\theta_0)^2 ds \right)^{-1/2} w_1$$

が成り立つ.ただし,$\dot{g} = \partial g/\partial \theta$ であり,時点 1 でのウイナー過程 w_1 は標準正規確

率変数である．収束速度は，定常な場合の標準的なパラメトリック収束速度 $T^{-1/2}$ より遅いことがわかる．この結果は，式 (4.27) のスケーリング要因が $T^{1/2}$ であることと，可積分関数 h と式 (4.19) で定義された u_t の積和 $\sum h(x_t)u_t$ に対するスケーリング要因が $T^{1/4}$ であることから得られる．

式 (4.19) のベクトルパラメータ $\boldsymbol{\theta}$ を持つ同次関数 $g(x, \boldsymbol{\theta})$ に対する同様の結果は (多くの正則条件下で)

$$\sqrt{T}\dot{k}(\sqrt{T})'(\widehat{\boldsymbol{\theta}}_T - \boldsymbol{\theta}_0)$$
$$\overset{d}{\to} \left(\int_0^1 \dot{H}(w_{2r}, \boldsymbol{\theta}_0)\dot{H}(w_{2r}, \boldsymbol{\theta}_0)'dr\right)^{-1} \int_0^1 \dot{H}(w_{2r}, \boldsymbol{\theta}_0)dw_{1r} \quad (4.29)$$

で与えられる．ここで，H は式 (4.25) と同じように定義される $g(x, \boldsymbol{\theta})$ の同次部分であり，$\dot{H} = \partial H/\partial \boldsymbol{\theta}$ である．また，k は式 (4.25) のように $g(x, \boldsymbol{\theta})$ の漸近的次数 ($\boldsymbol{\theta}$ に依存することもある) であり，$\dot{k}$ は $\dot{g}(x, \boldsymbol{\theta})$ の対応する漸近的次数で，x が大きくなるにつれて $\dot{g}(\lambda x, \boldsymbol{\theta}) = \dot{k}(\lambda)\dot{H}(x, \boldsymbol{\theta})$ が漸近的に成り立つ．最後に，(w_{1r}, w_{2r}) は式 (4.21) の 2 次元ウイナー過程である．1 変量線形モデルで $g(x, \theta) = \theta x$ の場合，$\dot{g}(x, \theta) = x$ となるので，$k(\lambda) = \dot{k}(\lambda) = \lambda$ である．この場合には，$\sqrt{T}\dot{k}(\sqrt{T}) = \sqrt{T}\sqrt{T} = T$ となるので，収束速度は 4.3.1 項のように T^{-1} となり，標準的な定常の収束速度よりも速くなる．また，式 (4.29) の公式は，線形の場合には標準的な公式に帰着されることも，容易に確認できる．

この分野には，非常に多くの困難な問題がある．例えば，回帰式 (4.19) はときどき非線形共和分関係と呼ばれるが，実際には，線形の場合に見られるような y と x における対称性は持っていない．対称的となるためには，y_t と x_t の両者を変換しなければならないこともある．Granger and Hallman (1991) はこの問題について考察しており，また，つい最近の研究成果として，(y_t, x_t) の同次変換を考えている Goldstein and Stigum (to appear) がある．分析を 2 変量以上へ拡張することは，別の意味で難しくなる．そのような拡張は，自明なものではまったくない．

Saikkonen and Choi (2004), Choi and Saikkonen (2004) は，g が滑らかな遷移関数である場合のモデル (4.19) の推定と検定を考えている．彼らは，いわゆる三角配列漸近論 (triangular array asymptotics) (Andrews and McDermott (1995) を参照) という，これまでとは別の漸近論を適用している．この種の漸近論では，実際のサンプルサイズは例えば T_0 で固定され，もとのモデルは，標本の大きさ T (ただし，T は発散する) に依存するモデルの列に当てはめられていく．このような当てはめは，式 (4.19) の I(1) 説明変数 x_t を $(T_0/T)^{1/2}x_t$ で置き換えることにより得られる．この変換により，式 (4.19) の関数 g が 3 次微分可能であるといった類の正則条件下で，最小 2 乗推定量 $\widehat{\boldsymbol{\theta}}$ に対する $T^{-1/2}$ の速さの中心極限定理が導かれる．三角配列漸近論は，Park and Phillips (1999, 2001) で使われた理論とはかなり異なることが知られている．

4.4.5　非線形共和分の枠組みにおけるノンパラメトリック推定

Karlsen et al.（2007，2010）は，ある観点からは Park and Phillips よりも広いが，別の観点からは狭いような，非線形かつ非定常の状況下におけるノンパラメトリック推定を考えている．モデルのクラスは，

$$y_t = g(x_t) + u_t \tag{4.30}$$

で定義されている．ただし，x_t は非定常で 4.4.1 項で定義された β 零再帰であり，u_t は定常な無限次元移動平均過程もしくはマルコフ連鎖である．4.4.4 項の設定とは対照的に，ここでは $x_t = y_{t-1}$ が認められる．実際，Karlsen and Tjøstheim（2001）はこの場合の推定について議論している．関数 g は未知であり，これをノンパラメトリックに推定することが目的である．g としてありふれたもの（例えば，$g = $ 定数）を選択した場合を除いて，確率過程 $\{y_t\}$ は非定常となりうるが，β 零再帰でないかもしれないし，マルコフ連鎖ですらないかもしれない．Karlsen et al.（2007）では二つの場合が分析されている．一つは，$\{x_t\}$ と $\{u_t\}$ が独立な場合，もう一つは，両者の間に従属性が許される場合である．現状では，従属性のモデル化には，$\{u_t\}$ に対する有界条件も必要とされている．

式 (4.30) の関数 $g(x)$ は，Nadaraya–Watson 推定量を用いてノンパラメトリックに推定できる．

$$\widehat{g}(x) = \sum_{t=1}^{T} y_t K_h(x_t - x) \bigg/ \sum_{t=1}^{T} K_h(x_t - x)$$

ここで，$K_h(u) = h^{-1} K(h^{-1} u)$ はバンド幅 h のカーネルである．Karlsen et al.（2007）は，$T \to \infty$ のときに，

$$\left\{ h \sum_{t=1}^{T} K_h(x_t - x) \right\}^{1/2} \left\{ \widehat{g}(x) - g(x) - \text{バイアス項} \right\}$$
$$\xrightarrow{d} \mathcal{N}\left(0, \sigma^2 \int K^2(s) ds \right) \tag{4.31}$$

が成り立つことを証明した．ここで，$\sigma^2 = \text{var}(u_t)$ である．バイアス項は，$T \to \infty$ のときに 0 へ収束し，その明示的表現は Karlsen et al.（2007）で与えられている．$\widehat{g}(x)$ の $g(x)$ への収束は，定常な場合よりも遅くなる．これは，$\{x_t\}$ の零再帰性により，この確率過程が点 x の近傍へ戻るためにはより時間がかかり，そしてノンパラメトリック推定に使われるのがこの x の近傍点であることから，容易に説明できる．ざっくりと言えば，$\{x_t\}$ がランダムウォークならば，標本の大きさは実質的に，T から T^β（$\beta = 1/2$）に減ることになる．したがって，$\widehat{g}(x)$ の収束の速さは，$T^{-1/4} h^{-1/2}$ に等しくなる．固定された h に対しては，これは式 (4.19) の可積分関数 $g(x, \boldsymbol{\theta})$ のパラメトリック推定量 $\widehat{\boldsymbol{\theta}}$ と同じ収束速度であることがわかる．ノンパラメトリックの場合には，カーネル関数 K は可積分関数の役割を担っている．ここで注意すべき点

は，Karlsen et al. (2007) では，いわゆる Mittag–Leffler 過程はローカルタイム過程 $L(t,0)$ と似たものであるということである．これらの過程の関係は，マルコフ過程の場合に，より深く調べる必要がある．これをきちんと理解すれば，より一般的で包括的な方法論へたどり着くことになる．Wang and Phillips (2009a, b) は，Karlsen et al. (2007) で扱われているノンパラメトリック推定量の漸近理論を得るための別の方法としてローカルタイムを使っているが，このアプローチでも，式 (4.30) において x_t を y_{t-1} に代えることは許されていない．最後に注意すべき点は，本章での主要な極限定理とは対照的に，式 (4.31) における極限はガウシアンである．これは，使われている確率的スケーリングによるものである．

Karlsen et al. (2007) と Wang and Phillips (2009a, b) では，式 (4.31) の x とは独立な固定バンド幅 $h = h_T$ が推定に使われている．非定常の場合には，データの観測点が広く点在するので，可変的なバンド幅を利用したほうが，利点がある可能性がある．実際，Yakowitz (1993) の初期の論文では，最近隣推定（nearest neighbour estimation）が使われている．この論文に続いて Sancetta (2009) では，最近隣法を用いて極めて一般的な条件付きノンパラメトリック問題に取り組んでいる．なお，両論文は，一致性の証明にのみ限定している．Bandi et al. (2011) による最近の論文では，非定常カーネル推定の状況下で，バンド幅の自動的な選択について考えられている．

モデルの特定化の検定に関する理論を確立する試みは，時系列回帰の場合は Gao et al. (2009a) で，また，時系列自己回帰モデルの場合には Gao et al. (2009b) でなされている．これらの論文では，非線形 AR モデル

$$x_t = g(x_{t-1}) + \varepsilon_t \tag{4.32}$$

において，線形単位根帰無仮説 $g(x) = x$ に対して，ある関数 $g_1(x)$ を用いた定常対立仮説 $g(x) = x + g_1(x)$ の仮説検定が考えられている．論文では，提案された検定が標準的な Dickey–Fuller 検定よりも検出力が高くなるような非線形の例が提示されている．さらに，非線形共和分を考えて

$$y_t = g(x_t) + u_t \tag{4.33}$$

のとき，彼らは関数 $g(x)$ がある既知のパラメトリック関数 $g_1(x, \boldsymbol{\theta})$ に等しいかどうかの検定を行っている．これは，$g_1(x, \boldsymbol{\theta})$ が線形の場合も含んでいる．

式 (4.32) と式 (4.33) では，誤差項 $\{u_t\}$ と $\{\varepsilon_t\}$ に対して，正規性および i.i.d. というかなり制約的な仮定が使われている．また，この両者は互いに独立であると仮定されている．時系列回帰の場合，より一般的なモデルと弱い仮定が，ローカルタイムの議論を用いて Wang and Phillips (2010) で考えられている．すでに述べたように，Choi and Saikkonen (2004) は三角配列漸近論を用いて線形性に対するパラメトリックな共和分検定を考えている．

4.5 時変パラメータと状態空間モデル

4.5.1 はじめに
非常に一般的なモデル

$$y_t = g(\mathbf{z}_t, \boldsymbol{\theta}, \varepsilon_t)$$

を考える.ただし,g は既知の関数であり,$\mathbf{z}_t$ は説明変数ベクトルで,y_t のラグ付き変数を含むこともあり,$\boldsymbol{\theta}$ は未知のパラメータベクトル,ε_t は誤差項である.ここで,パラメータ $\boldsymbol{\theta}$ には y_t の動学特性を表現する役割がある.この意味では,ある固定された $\boldsymbol{\theta}$ の値に対して,$\boldsymbol{\theta}$ はシステムの状態を表現していることになる.したがって,$\boldsymbol{\theta}$ の値が異なれば,状態も異なることになり,まったく別の動学特性を表すことになる.

$\boldsymbol{\theta} = \boldsymbol{\theta}_t$ が時間に依存して変わると想定されることがあり,モデルの動学は時変的となるので,とりわけ系列 $\{y_t\}$ の予測が目的ならば,時間の関数として $\boldsymbol{\theta}_t$ を予測することは大切である.時間への依存は,非確率的な方法と確率的な方法の 2 通りの方法で導入できる.最初の方法では,$\{y_t\}$ は非定常となる.比較的厳格な正則条件が $\{\boldsymbol{\theta}_t\}$ の時間変動に課されなければ,実際には分析や予測を行うことは困難である.例えば,$\{\boldsymbol{\theta}_t\}$ が(通常は)未知の時点で突然変化すると想定されることもあるし,パラメータ化された円滑な遷移が存在したり,緩慢な時変スペクトルをもたらすような,ある特別な形で $\{\boldsymbol{\theta}_t\}$ が緩慢に変動したりすると想定されることがある.Priestley (1965),Dahlhaus (1997, 2001),Dahlhaus et al. (1999) や Dahlhaus and Subba Rao (2006) を参照されたい.

そのような分野での理論の進展はあるものの,$\{\boldsymbol{\theta}_t\}$ を確率過程としてモデリングするという別の方法が,これまで共通してとられてきた.$\{\boldsymbol{\theta}_t\}$ を確率的としてもなお,ある正則条件下では,$\{y_t\}$ は定常となりうる.さらに,$\{\boldsymbol{\theta}_t\}$ の構造的な特性を用いることにより,$\{\boldsymbol{\theta}_t\}$ が推定できれば予測することも可能で,その結果,$\{\boldsymbol{\theta}_t\}$ の予測量を $\{y_t\}$ の予測に使うことができる.そういった手順を追っていけば,いわゆる状態空間過程へとたどり着くことになる.状態空間過程の導入的な内容については,例えば Durbin and Koopman (2001) を参照されたい.状態空間モデルは,Cox (1981) での用語を用いて,観測モデルとパラメータモデルに分解されることがある.Davis et al. (2003, 2005) もまた参照されたい.観測モデルにおいては,確率過程 $\{\boldsymbol{\theta}_t\}$ は観測値によって生成される.一つの例として,GARCH モデルにおける条件付き分散 $\{h_t\}$ が挙げられる.ここで,$\{h_t\}$ は $\{y_t\}$ によって生成される非観測要素の過程である.ただし,GARCH モデルは通常は状態空間モデルとは考えられていない.パラメータモデルにおいては,観測値は $\{\boldsymbol{\theta}_t\}$ の生成メカニズムには含まれない.確率的ボラティリティモデル(Shephard, 2005)のクラスが,典型的な例である.

{$\boldsymbol{\theta}_t$} の状態空間が連続な場合は，確率過程 {y_t} の動学特性が滑らかに変化している場合に対応している．また，{$\boldsymbol{\theta}_t$} の状態空間が離散的で，そのため通常は有限であるような状況を想定した研究が増えてきている．このようなモデルは，通常，有限レジームモデルと呼ばれたり，マルコフ性の仮定が加わったときには，隠れマルコフ連鎖モデルと呼ばれたりしている．

4.5.2 非線形状態空間モデル

どのようなものが非線形状態空間モデルを構成するかについては，正確には統一した見解は得られていないが，いくつかの研究では，

$$\mathbf{y_t} = \mathbf{a}(\boldsymbol{\theta}_t) + \mathbf{b}(\mathbf{z}_t) + \boldsymbol{\varepsilon}_t \tag{4.34}$$

$$\boldsymbol{\theta}_t = \mathbf{c}(\boldsymbol{\theta}_{t-1}) + \boldsymbol{\eta}_t \tag{4.35}$$

というモデルが考えられている．ここで，$\mathbf{a}, \mathbf{b}, \mathbf{c}$ はベクトル関数である．$\mathbf{z}$ 従属性と時変パラメータの側面を結び付けるモデルは，上の観測方程式 (4.34) を

$$\mathbf{y}_t = \mathbf{g}(\mathbf{z}_t, \boldsymbol{\theta}_t) + \boldsymbol{\varepsilon}_t \tag{4.36}$$

で置き換えて得られるものである．このモデルは式 (4.34) と異なり，$\mathbf{z}_t$ と $\boldsymbol{\theta}_t$ に関して加法的ではない．著者らの知る限り，そのようなモデルは先行研究ではあまり扱われてこなかった．しかし，関連した例は，観測方程式が確率的時変パラメータである STAR モデルであり，このモデルは Anderson and Low (2006) で分析されている．

簡便的な非線形状態空間モデル (4.34), (4.35) は，本質的には，拡張カルマンフィルタ，Kitagawa の格子近似，モンテカルロ法という三つのアプローチにより扱われてきた．これらのアプローチは，それぞれ異なるモデルの仮定が必要であるという意味で，互いに補完し合っている．四つ目の方法は，モンテカルロ法のテクニックと結び付けた拡張カルマンフィルタのような，線形化を用いるガウス近似に基づいている．

拡張カルマンフィルタの考え方は，$\mathbf{a}(\boldsymbol{\theta}_t)$ と $\mathbf{c}(\boldsymbol{\theta}_t)$ をそれぞれ $\boldsymbol{\theta}_{t|t-1}$ と $\boldsymbol{\theta}_{t|t}$ のまわりで線形化することである．ここで，$\boldsymbol{\theta}_{t|s} = \mathbb{E}\{\boldsymbol{\theta}_t | \mathcal{F}_s^z \vee \mathcal{F}_s^y\}$ であり，$\mathcal{F}_s^z$ と $\mathcal{F}_s^y$ はそれぞれ {$\mathbf{z}_u, u \leq s$} と {$\mathbf{y}_u, u \leq s$} により生成された σ 加法族である．このとき，高次の項を無視すると，

$$\mathbf{a}(\boldsymbol{\theta}_t) = \mathbf{a}(\boldsymbol{\theta}_{t|t-1}) + \frac{d\mathbf{a}}{d\boldsymbol{\theta}}(\boldsymbol{\theta}_{t|t-1})(\boldsymbol{\theta}_t - \boldsymbol{\theta}_{t|t-1})$$

となる．同様に，

$$\mathbf{c}(\boldsymbol{\theta}_t) = \mathbf{c}(\boldsymbol{\theta}_{t|t}) + \frac{d\mathbf{c}}{d\boldsymbol{\theta}}(\boldsymbol{\theta}_{t|t})(\boldsymbol{\theta}_t - \boldsymbol{\theta}_{t|t})$$

である．これらを式 (4.34) と式 (4.35) に代入すれば，

$$\mathbf{y}_t = \mathbf{a}(\boldsymbol{\theta}_{t|t-1}) + \frac{d\mathbf{a}}{d\boldsymbol{\theta}}(\boldsymbol{\theta}_{t|t-1})(\boldsymbol{\theta}_t - \boldsymbol{\theta}_{t|t-1}) + \mathbf{b}(\mathbf{z_t}) + \varepsilon_t \tag{4.37}$$

と

$$\boldsymbol{\theta}_{t+1} = \mathbf{c}(\boldsymbol{\theta}_{t|t}) + \frac{d\mathbf{c}}{d\boldsymbol{\theta}}(\boldsymbol{\theta}_{t|t})(\boldsymbol{\theta}_t - \boldsymbol{\theta}_{t|t}) + \boldsymbol{\eta}_{t+1} \tag{4.38}$$

が得られる.ここで,$\boldsymbol{\theta}_{t|t-1}$ と $\boldsymbol{\theta}_{t|t}$ の定義を使えば,これらは $t-1$ 時点と t 時点で観測された変数の関数であり,状態方程式において時変定数項を持つ線形時変パラメータカルマンフィルタの方程式体系として識別でき,カルマンフィルタのアルゴリズムが設定できる.

観測系列に強い非線形性が存在する場合には,1次の拡張カルマンフィルタは,あまりうまく作用しない.別の有用な方法としては,Kitagawa (1987) の格子近似がある.この方法の利点は,データを生成している $\{\boldsymbol{\varepsilon}_t\}$ と $\{\boldsymbol{\eta}_t\}$ に正規性の仮定が必要ないことである.拡張カルマンフィルタは,その導出が条件付き正規分布に関する簡単な公式に基づいているため,正規性の仮定は非常に重要なものになっている.

正規性の仮定を外す場合には,1次と2次の条件付きモーメントは,もはやモデルの同時点での条件付き構造を表すものではなくなっている.最初の二つの条件付きモーメントを更新する代わりに,全体的な密度関数 $f(\boldsymbol{\theta}_t|\mathcal{F}_{t-1}^y)$ を $f(\boldsymbol{\theta}_{t+1}|\mathcal{F}_t^y)$ へ更新する必要がある.これは要求が厳しすぎるが,Kitagawa によると,更新は有限の格子点 $\boldsymbol{\theta}^{(0)}, \ldots, \boldsymbol{\theta}^{(N)}$ のみでなされる.これにより,投入データは $N+1$ 個の値 $f(\boldsymbol{\theta}_t = \boldsymbol{\theta}^{(i)}|\mathcal{F}_{t-1}^y)$ $(i = 0, \ldots, N)$ で構成されることになり,問題は $N+1$ 個の更新 $f(\boldsymbol{\theta}_{t+1} = \boldsymbol{\theta}^{(i)}|\mathcal{F}_t^y)$ $(i = 0, \ldots, N)$ を得ることになる.Kitagawa の格子点アプローチを使えば,数値積分を用いて有限個の(かつ固定された)格子点 $\boldsymbol{\theta}^{(0)}, \ldots, \boldsymbol{\theta}^{(N)}$ に対して,条件付き密度関数 $f(\boldsymbol{\theta}_t|\mathcal{F}_{t-1}^y)$ を $f(\boldsymbol{\theta}_{t+1}|\mathcal{F}_t^y)$ へ更新することが可能である.ただし,複雑な(そして多変量の)問題に対しては,積分が数値的に不安定になる状況に直面する.積分評価の標準的な方法は,モンテカルロ実験によるものである.それゆえに,驚くことではないのだろうが,近年,多くのモンテカルロ法が開発され,フィルタ化された密度関数 $f(\boldsymbol{\theta}_t|\mathcal{F}_{t-1}^y)$ の更新に際しては,数値積分を避けることができる.典型的には,フィルタは(Kitagawa の方法で固定された点が用いられることとは対照的に),$\boldsymbol{\theta}_t$ の確率的な値に対して更新される.このことはしばしば,いわゆる粒子フィルタを得るための重点サンプリングのテクニックと関連付けられている.

Koopman et al. (2005), Koopman and Ooms (2006), Menkveld et al. (2007) では,非線形正規システムが考えられている.これらの文献では,計算の意味で効率的なアルゴリズムを得るために正規近似が使われており,多くの経済問題へ適用されている.

上記のすべては連続状態空間に関するものである.先行研究には離散の場合を扱う大きな分野があり,離散の場合でも,やはり観測モデルとパラメータモデルを区別している.例えば,Cappé et al. (2005) を参照されたい.隠れマルコフ連鎖のクラスは,後者に分類される.隠れマルコフモデルは,$\boldsymbol{\theta}_t$ のそれぞれの値に対して,異なる AR や別のパラメトリックモデルが結果として得られるという点で,レジームが混合しているモデルを表現している.そのような混合はいろいろな方法により得ることが

でき，別のタイプのモデルの混合へと拡張できる．典型的には，$\{y_t\}$ の過去の値と説明変数を所与とした $\{y_t\}$ の条件付き密度関数に対して直接，モデリングが行われる．この種のモデルは，しばしば混合モデルと呼ばれる（Wong and Li（2000）を参照）．非線形状態空間モデルにおけるパラメータの推定の研究は，まだ初期の段階であり，非定常の場合はほとんど研究されていない．最尤法を重点サンプリングと結び付けたものは，Shephard and Pitt（1997），Durbin and Koopman（2000），Davis and Rodrigues-Yam（2005）により考えられている．中心極限定理や漸近分布に関する研究は，Bickel et al.（1998），Jensen and Petersen（1999），Douc et al.（2004）でなされている．隠れマルコフ連鎖についての統計的推測に関する全体的な概観は，Cappé et al.（2005）にある．

（**Dag Tjøstheim**／黒住英司）

文　献

Anderson, H.M., Low, C.N., 2006. Random walk smooth transition autoregressive models. In: Milas, C., Rothman, P., van Dijk, D. (Eds.), Nonlinear Time Series Analysis of Business Cycles. Elsevier, Amsterdam, pp. 247–281.

Andrews, D.W.K., McDermott, C.J., 1995. Nonlinear econometric models with deterministically trending variables. Rev. Econ. Stud. 62, 343–360.

Aue, A., Berkes, I., Horváth, L., 2006. Strong approximation for the sum of squares of augmented GARCH sequences. Bernoulli 12, 583–608.

Baghli, M., 2000. Modeling the FF/DM rate by threshold cointegration analysis. Stat. Inf. Stoch. Processes 3, 113–128.

Baghli, M., 2004. Modelling the FF/MM rate by threshold cointegration analysis. Appl. Econom. 36, 533–548.

Balke, N.S., Fomby, T.B., 1997. Threshold cointegration. Int. Econ. Rev. 38, 627–645.

Bandi, F., Corradi, V., Wilhelm, D., 2011. Nonparametric Nonstationary Autoregression and Nonparametric Cointegrating Regression: Automated Bandwidth Selection, Manuscript, Department of Economics, Johns Hopkins University.

Bec, F., Ben Salem, M., Carrasco, M., 2004. Tests for unit roots versus threshold specification with an application to the PPP. J. Bus. Econ. Stat. 22, 382–395.

Bec, F., Rahbek, A., 2004. Vector equilibrium correction models with nonlinear discontinuous adjustments. Econom. J. 7, 628–651.

Bec, F., Rahbek, A., Shephard, N., 2008. The ACR model: A multivariate dynamic mixture autoregression. Oxf. Bull. Econ. Stat. 70, 583–618.

Bickel, P., Bühlmann, P., 2003. What is a linear process? Proc. Natl. Acad. Sci. 93, 12128–12131.

Bickel, P.J., Ritov, A., Rydén, T., 1998. Asymptotic normality of the maximum-likelihood estimator for general hidden Markov models. Ann. Stat. 26, 1614–1635.

Breidt, F.J., Davis, R.A., Hsu, N.-J., Rosenblatt, M., 2006. Pile-up probabilities for the Laplace likelihood estimator of a non-invertible first order moving average. In: Ho, H.-C., Lai, T.L., (Eds.), Memory of Ching-Zong Wei, IMS Lecture Notes, pp. 1–19.

Cappé, O., Rydén, T., Moulines, E., 2005. Inference in Hidden Markov Chains, Springer, New York.
Carrasco, M., Chen, X., 2002. Mixing and moment properties of various GARCH and stochastic volatility models. Econ. Theory 18, 17–39.
Chan, K.S., 1993. Consistency and limiting distribution of a least squares estimator of a threshold autoregressive model. Ann. Stat. 21, 520–533.
Choi, I., Saikkonen, P., 2004. Tests of linearity in cointegrating smooth transition regressions. Econ. J. 7, 341–365.
Cox, D.R., 1981. Statistical analysis of time series: Some recent developments. Scand. J. Stat. 8, 93–115.
Dahlhaus, R., 1997. Fitting time series models to nonstationary processes. Ann. Stat. 25, 1–37.
Dahlhaus, R., 2001. A likelihood approximation for locally stationary processes. Ann. Stat. 28, 1762–1794.
Dahlhaus, R., Neumann, M.H., von Sachs, R., 1999. Nonlinear wavelet estimation in time-varying autoregressive processes. Bernoulli 5, 873–906.
Dahlhaus, R., Subba Rao, S., 2006. Statistical inference for time-varying ARCH processes. Ann. Stat. 34, 1075–1114.
Davidson, J., 2002. Establishing conditions for the functional central limit theorem in nonlinear and semiparametric time series processes. J. Econ. 106, 243–269.
Davidson, J., 2009. When is a time series I(0)? In: Castle, J., Shephard, N., (Eds.), A Festschrift for David Hendry. Oxford University Press, Oxford, pp. 322–242.
Davis,R.A., Dunsmuir, W.T.M.,Streett, S.B., 2003. Observation-driven models for poisson counts. Biometrika 90, 777–790.
Davis, R.A., Dunsmuir, W.T.M., Streett, S.B., 2005. Maximum likelihood estimation for an observation driven model for poisson counts. Methodol. Comput. Appl. Probab. 7, 149–159.
Davis, R., Rodrigues-Yam, G., 2005. Estimation for state-space models; an approximate likelihood approach. Stat. Sin. 15, 381–406.
de Gooijer, J.G., 1998. On threshold moving-average models. J. Time Ser. Anal. 19, 1–18.
Douc, R., Moulines, E., Rydén, T., 2004. Asymptotic properties of the maximum likelihood estimator in autoregressive models with Markov regime. Ann. Stat. 32, 2254–3004.
Dufrénot, G., Mignon, V., 2002. Recent Developments in Nonlinear Cointegration with Applications to Macroeconomics and Finance, Kluwer, Amsterdam.
Durbin, J., Koopman, S.J., 2000. Time series analysis of non-Gaussian observations based on state space models from both classical and Bayesian perspectives (with discussion). J. R. Stat. Soc. Ser. B 62, 3–56.
Durbin, J., Koopman, S.J., 2001. Time Series Analysis by State Space Methods, Oxford University Press, Oxford.
Engle, R.F., Granger, C.W.J., 1987. Cointegration and error correction: Representation, estimation and testing. Econometrica 55, 251–276.
Escribano, A., 1986. Identification and modeling of economic relationships in a growing economy, PhD Thesis, University of California, San Diego.
Escribano, A., 2004. Nonlinear error correction: the case of money demand in the United Kingdom (1878–2000). Macroecon. Dyn. 8, 76–116.
Escribano, A., Mira, S., 2002. Nonlinear error correction models. J. Time Ser. Anal. 23, 509–522.

Fan, J., Yao, Q., 2003. Nonlinear Time Series. Nonparametric and Parametric Methods, Springer, New York.
Francq, C., Zakoïan, J.-M., 2006. Mixing properties of a general class of GARCH(1,1) models without moment assumptions. Econ. Theory 22, 815–834.
Gao, J., King, M., Lu, Z., Tjøstheim, D., 2009a. Nonparametric specification testing for nonlinear time series with nonstationarity. Econ. Theory 25, 1869–1892.
Gao, J., King, M., Lu, Z., Tjøstheim, D., 2009b. Specification testing in nonlinear and nonstationary time series autoregression. Ann. Stat. 37, 3893–3928.
Gao, J., Tjøstheim, D., Yin, J., to appear. Estimation in threshold autoregressive models with a stationary and a unit root regime. J. Econ.
Goldstein, H., Stigum, B.P., to appear. Nonlinear cointegration in foreign exchange markets. J. Econ.
Gouriéroux, C., Robert, C.Y., 2006. Stochastic unit root models. Econ. Theory 26, 1052–1090.
Granger, C.W.J., 1981. Some properties of time series data and their use in econometric model specification. J. Econ. 16, 121–130.
Granger, C.W.J., Hallman, J.J., 1991. Nonlinear transformations of integrated time series. J. Time Ser. Anal. 12, 207–224.
Granger, C.W.J., Swanson, N., 1997. An introduction to stochastic unit root processes. J. Econ. 80, 35–62.
Hamilton, J.D., 1994. Time Series Analysis, Princeton University Press, Princeton.
Hansen, B.E., 2003. Testing for structural change in conditional means. J. Econ. 97, 93–115.
Hansen, B.E., Seo, B., 2002. Testing for two-regime threshold cointegration in vector correction models. J. Econ. 110, 293–318.
Jensen, J.L., Petersen, N.V., 1999. Asymptotic normality of the maximum likelihood estimator in state space models. Ann. Stat. 27, 514–535.
Johansen, S., 1988. Statistical analysis of cointegrating vectors. J. Econ. Dyn. Control 12, 231–254.
Johansen, S., 1991. Estimation and hypothesis testing of cointegration vectors in Gaussian vector autoregressive models. Econometrica 59, 1551–1580.
Johansen, S., 1992. A representation of vector autoregressive processes integrated of order 2. Econ. Theory 8, 188–202.
Johansen, S., 1995. Likelihood-Based Inference in Cointegrated Vector Autoregressive Models, Oxford University Press, Oxford.
Juselius, K., 2006. The Cointegrated VAR Model: Methodologies and Applications, Oxford University Press, Oxford.
Kallianpur, G., Robbins, H., 1954. The sequence of sums of independent random variables. Duke Math. J. 21, 285–307.
Karlsen, H., Myklebust, T., Tjøstheim, D., 2007. Nonparametric estimation in a nonlinear cointegration type model. Ann. Stat. 35, 252–299.
Karlsen, H., Myklebust, T., Tjøstheim, D., 2010. Nonparametric regression estimation in a null recurrent time series. J. Stat. Plan. Inference 140, 3619–3626.
Karlsen, H., Tjøstheim, D., 2001. Nonparametric estimation in null recurrent time series models. Ann. Stat. 29, 372–416.
Kitagawa, G., 1987. Non-Gaussian state space modeling of nonstationary time series (with discussion). J. Am. Stat. Assoc. 82, 1032–1063.
Koopman, S.J., Lucas, A., Klaassen, P., 2005. Empirical credit cycles and capital buffer formation. J. Bank. Financ. 29, 3159–3179.

Koopman, S.J., Ooms, M., 2006. Forecasting daily time series using periodic unobserved components time series models. Comput. Stat. Data Anal. 51, 885–903.

Kwiatkowski, D., Phillips, P.C.B., Schmidt, P., Shin, Y., 1992. Testing the null hypothesis of stationarity against the alternative of a unit root. J. Econ. 54, 159–178.

Leeb, H., Pötscher, B., 2001. The variance of an integrated process need not diverge to infinity, and related results on partial sums of stationary processes. Econ. Theory 17, 671–685.

Leybourne, S.J., McCabe, B., Mills, T.C., 1996. Randomized unit root processes for modeling and forecasting time series. J. Forecast. 15, 253–270.

Li, D., Ling, S., 2011. On the least squares estimation of multiple-regime threshold autoregressive models. Bernoulli 17.

Li, D., Ling, S., Tong, H., 2011. On moving-average models with feedbacks. Bernoulli 17.

Liebscher, E., 2005. Towards a unified approach for proving geometric ergodicity and mixing properties of nonlinear autoregressive processes. J. Time Ser. Anal. 26, 669–691.

Ling, S., McAleer. M., 2002. Stationarity and the existence of moments of a family of GARCH models. J. Econ. 106, 109–117.

Ling, S., McAleer, M., 2010. A general asymptotic theory for time series models. Stat. Neerl. 64, 97–111.

Ling, S., Tong, H., 2005. Testing a linear MA model against threshold MA models. Ann. Stat. 33, 2529–2552.

Meitz, M., Saikkonen, P., 2008. Ergodicity, mixing and existence of moments of a class of Markov models with applications to GARCH and ACD models. Econ. Theory 24, 1291–1320.

Meitz, M., Saikkonen, P., 2011. Parameter estimation in nonlinear AR-GARCH models. Econ. Theory 27, 1236–1278.

Menkveld, A.J., Koopman, S.J., Lucas, A., 2007. Modelling round-the-clock price discovery for cross-listed stocks using state space methods. J. Bus. Econ. Stat. 25, 213–225.

Meyn, S.P., Tweedie, R.L., 1993. Markov Chains and Stochastic Stability, Springer, New York.

Myklebust, T., Karlsen, H.A., Tjøstheim, D., 2011. Null recurrent unit root processes. Econom. Theory 27.

Nicolau, J., 2002. Stationary processes that look like random walks. the bounded random walk process in discrete and continuous time. Econom. Theory 18, 99–118.

Ozaki, T., 1982. The statistical analysis of perturbed limit cycle processes using nonlinear time series models. J. Time Ser. Anal. 3, 29–41.

Ozaki, T., 1985. Non-linear time series models and dynamic systems. In: Hannan, E.J., Krishnaiah, P.R., Rao, M.M. (Eds.), Handbook in Statistics. Elsevier, Amsterdam.

Park, J.Y., Phillips, P.C.B., 1999. Asymptotics for nonlinear transformations of integrated time series. Econom. Theory 15, 269–298.

Park, J.Y., Phillips, P.C.B., 2001. Nonlinear regression with integrated time series. Econometrica 69, 117–161.

Phillips, A.W., 1957. Stabilization policy and the forms of lagged responses. Econ. J. 67, 265–277.

Phillips, P.C.B., 1987. Time series regression with a unit root. Econometrica 55, 277–301.

Phillips, P.C.B., 1991. Optimal inference in cointegrated systems. Econometrica 59, 283–306.

Phillips, P.C.B., Solo, V., 1992. Asymptotics for linear processes. Ann. Stat. 20, 971–1001.
Pötscher, B., 2002. Lower risk bounds and properties of confidence sets for ill-posed estimation problems with applications to spectral density and persistence estimation, unit roots and estimation of long memory parameters. Econometrica 70, 1035–1065.
Priestley, M.B., 1965. Evolutionary spectra and nonstationary processes. J. Time Ser. Anal. 27, 204–237.
Revuz, D., Yor, M., 1994. Continuous Martingale and Brownian Motion, second ed. Springer, New York.
Rico, V.B., Gonzalo, J., 2010. Summability of stochastic processes. a generalization of integration and co-integration valid for non-linear processes. Manuscript, Universidad Carlos III de Madrid.
Ripatti, A., Saikkonen, P., 2001. Vector autoregressive processes with nonlinear time trends in cointegrating relations. Macroecon. Dyn. 5, 577–597.
Saikkonen, P., 2005. Stability results for nonlinear error correction models. J. Econ. 129, 69–81.
Saikkonen, P., Choi, I., 2004. Cointegrating smooth transition regressions. Econom. Theory 20, 301–340.
Sancetta, A., 2009. Nearest neighbor conditional estimation for Harris recurrent Markov chains. J. Multivar. Anal. 100, 2224–2236.
Sargan, J.D., 1964. Wages and prices in the United Kingdom: a study in econometric methodology. In: Hart, P.E., Mills, G., Whittaker, J.N., (Eds.), Econometric Analysis for National Economic Planning, Butterworths, London.
Shephard, N.G. (Eds.), 2005. Stochastic Volatility. Selected Readings, Oxford University Press, Oxford.
Shephard, N.G., Pitt, M.K., 1997. Likelihood analysis of non-Gaussian measurement time series. Biometrika 84, 653–667.
Sperlich, S., Tjøstheim, D., Yang, L., 2002. Nonparametric estimation and testing of interaction in additive models. Econom. Theory 18, 197–251.
Straumann, D., 2005. Estimation in Conditionally Heteroscedastic Time Series Models, Lecture Notes in Statistics, Springer, New York.
Subba Rao, T., 1981. On the theory of bilinear models. J. R. Stat. Soc. Ser. B 43, 224–255.
Subba Rao, T., Gabr, M.M., 1984. An Introduction to Bispectral Analysis and Bilinear Time Series Models, Springer, New York.
Tanaka, K., 1996. Time Series Analysis Nonstationary and Noninvertible Distribution Theory, Wiley, New York.
Teräsvirta, T., Tjøstheim, D., Granger, C.W.J., 2010. Modelling Nonlinear Economic Time Series, Oxford University Press, Oxford.
Tjøstheim, D., 1986. Estimation in nonlinear time series models. Stoch. Process. Appl. 21, 251–273.
Tong, H., 1990. Non-linear Time Series. A Dynamical System Approach, Oxford University Press, Oxford.
Tong, H., Lim, K.S., 1980. Threshold autoregression, limit cycles and cyclical data (with discussion), J. R. Stat. Soc. Ser. B 42, 245–292.
Tsay, R.S., 1998. Testing and modeling threshold autoregressive processes. J. Am. Stat. Assoc. 93, 1188–202.
Wang, Q., Phillips, P.C.B., 2009a. Asymptotic theory for local time density estimation and nonparametric cointegrating regression. Econom. Theory 25, 710–738.

Wang, Q., Phillips, P.C.B., 2009b. Structural nonparametric cointegrating regression. Econometrica 77, 1901–1948.

Wang, Q., Phillips, P.C.B., 2010. Specification Testing for Nonlinear Cointegrating Regression, Manuscript, Department of Economics, Yale University.

Watson, M.W., 1994. Vector autoregression and cointegration. In: Engle, R.F., McFadden, D. (Eds.), Handbook of Econometrics, vol. 4. North Holland, Amstardam, pp. 2844–2918.

Wong, C.S., Li, W.K., 2000. On a mixture of autoregressive models. J. R. Stat. Soc. Ser. B 62, 95–115.

Xia, Y., 1998. Doctoral Thesis, University of Hong Kong.

Yakowitz, S.J., 1993. Nearest neighbour regression estimation for null-recurrent Markov time series. J. Appl. Probab. 48, 311–318.

Yao, J.-F., Attali, J.-F., 2000. On stability of nonlinear AR processes with Markov switching. Adv. Appl. Probab. 32, 394–407.

CHAPTER 5

Markov Switching Time Series Models

マルコフスイッチング時系列モデル

■ 概　要 ■ 本章では，限られた時間においては定常であるが，時折，データ生成過程が突然変化することを許すレジームスイッチングを伴う時系列モデルに関して，レビューを行う．まず，観測値により引き起こされるスイッチングについて議論した後，隠れマルコフ連鎖（hidden Markov chain）によって変化がコントロールされるマルコフスイッチングに焦点を当てる．そして，単純ではあるが自明ではないマルコフスイッチング AR (autoregressive) モデルの問題を詳細に考えることにより，観測できない状態が存在する場合のパラメータ推定や，観測できない状態を再構築するフィルタリングなどの，マルコフスイッチングモデルに関連する本質的な問題を説明する．特に，推定とフィルタリングの問題に対する実行可能な解決法として，EM アルゴリズムと Viterbi アルゴリズムを詳細に議論する．さらに，マルコフスイッチング ARMA (autoregressive moving average) モデルやマルコフスイッチング GARCH (generalized autoregressive conditional heteroskedasticity) モデルなどのより複雑なモデルに関する参考文献や，数理ファイナンスにおける連続時間モデルに関連する参考文献を紹介する．

■ キーワード ■　レジームスイッチング，隠れマルコフ，フィルタリング，AR，GARCH

5.1　はじめに

　本章では，部分的にはよく知られている単純な定常過程からの実現値のように見える時系列データに関して議論を行う．つまり，時折，比較的突然にデータの振る舞いが変化し，その後，異なる定常過程に従っているように見えるようなデータである．計量経済学の文献では，このような現象は，レジームスイッチング（regime switching）と呼ばれる（Franses and van Dijk, 2000; Lange and Rahbek, 2009）．レジームスイッチングモデルの主な特徴は，比較的単純なデータ生成過程によって表現される状態（state）もしくはレジーム（regime）が有限個存在し，システムがそれらのレジームの間を繰り返し変化することである．レジームスイッチングモデルでは，レジームの変化は突然もしくは非常に短期間の間に発生するとしてモデル化され，これは，変

化がより緩やかにモデル化される局所定常過程（locally stationary process）とは対照的である．この種の変化は，変化点（change point）を含んだ時系列モデルと類似している．しかしながら，変化点を含んだモデルにおいては，データ生成過程は変化点において一度だけ恒久的に変化すると仮定されるのに対して，本章で扱うレジームスイッチングモデルは，複数のレジームの間を何度も行き来するモデルである．

複数のレジームの間を何度も行き来するように振る舞う時系列データは，多くの応用分野で見つけることができる．例えば，Krolzig (1997) は，景気循環（business cycle）分析において，そのようなモデルを議論した．そこでは，レジームが経済のさまざまな状態に対応する．また，Guidolin and Timmermann (2007) はレジームスイッチングモデルを資産配分の問題に応用した．そこでは，急落，停滞，好調，回復のような市場の異なる状態にレジームが対応している．さらに，Müller et al. (1995) や Liehr et al. (1999a) は生物学的な信号，より正確には，睡眠の間に記録された脳波（electroencephalogram）が，熟睡，浅い眠り，夢見状態などの異なるレジームの間をスイッチすることを観察しており，また，Tadjuidje et al. (2009) は脳に対して外生的な刺激が複数存在する場合の脳波を分析している．そのほかでは，Peng et al. (1996) が音声信号に対して，Pinson et al. (2008) が風の時系列データに対して，それぞれレジームスイッチングモデルを応用することを議論している．

有限個のレジームの間をスイッチする時系列 $\{X_t\}$ をモデル化する方法は，複数考えられる．状態の変化は，スイッチング変数（switching variable）Q_t でコントロールされる．ここで，Q_t は，例えば $1,\ldots,K$ のような有限個の値しかとらないと仮定される時系列である．ただし，K は状態数に一致する．1変量の場合，一般的に，モデルは

$$X_t = F(X_{t-1},\ldots,X_{t-m},Q_t,\epsilon_t;\theta) \tag{5.1}$$

という形で与えられる．ここで，攪乱項 ϵ_t は独立に同一の既知分布に従い，θ はモデルのパラメータベクトルを表す．時点 $t-1$ までの過去の過程の観測値を所与としたときの X_t の条件付き分布は，直近 m 個の観測値のみに依存すると仮定されており，この形のモデルは，一般的な非線形 AR モデルや ARCH モデルを含むが，非線形 ARMA モデルや GARCH モデルは含まない．これらのモデルに関しては，下でいくつかの参考文献を紹介する．

式 (5.1) のモデルに基づくと，スイッチング変数と興味のあるデータの間の依存関係に関して，異なる二つのアプローチが存在する．一つの代表的なモデルは，Lange and Rahbek (2009) が観測スイッチングモデル（observation switching model）と呼んでいるモデルであり，このモデルでは，過去の観測値を所与とすると，スイッチング変数 Q_t が過去のスイッチング変数 Q_s ($s<t$) には依存しないことが仮定される．より正確には，攪乱項の独立性の仮定とともに，

5.1 はじめに

$$\mathbb{P}(Q_t = k, \epsilon_t \in B | Q_{t-1}, \ldots, Q_0, X_{t-1}, \ldots, X_0)$$
$$= \mathbb{P}(Q_t = k | X_{t-1}, \ldots, X_0) \, \mathbb{P}(\epsilon_t \in B)$$

が仮定される．観測スイッチングモデルは，有名な Tong (1990) の閾値モデル (threshold model) を含むことに注意されたい．例えば，2状態1次自己励起閾値 AR (self-exciting threshold autoregression; SETAR) モデルは，

$$X_t = \begin{cases} \alpha_1 X_{t-1} + \sigma \epsilon_t & \text{if } X_{t-1} \leq c \\ \alpha_2 X_{t-1} + \sigma \epsilon_t & \text{if } X_{t-1} > c \end{cases}$$

で与えられる．このとき，$\theta = (\alpha_1, \alpha_2, \sigma, c)^T$ とし，Q_t を $X_{t-1} \leq c$ のときに 1，それ以外のときに 2 をとる変数とすれば，このモデルが式 (5.1) のモデルに帰着できることがわかる．

より複雑な観測スイッチングモデルと，それらのファイナンスデータへの応用に関しては，Franses and van Dijk (2000) が詳細に議論している．それに対して，本章では，レジームスイッチングを伴う時系列のもう一つの代表的なモデルである隠れマルコフモデル (hidden Markov model) を一般化したマルコフスイッチングモデル (Markov switching model) に焦点を当てる．マルコフスイッチングでは，スイッチング変数 Q_t は有限個の状態を持つマルコフ連鎖に従い，時点 $t-1$ までの観測値を所与としたときの Q_t の条件付き分布は，過去の観測値 $X_{t-1}, \ldots, X_0$ に依存せずに Q_{t-1} のみに依存すると仮定される．この非常に重要な仮定の正確な定式化は後述する．

マルコフ性を持つスイッチング変数が含まれるモデルに関する専門用語は，先行文献において，完全に定まったものはない．本章では，Cappé et al. (2005) に従い，観測値の時間的な依存関係がスイッチング変数のマルコフ性により，完全に決められているレジームスイッチング時系列のことを隠れマルコフ過程と呼ぶことにする．ここで，マルコフ性とは，Q_t, Q_s, X_s ($s<t$) を所与としたときの X_t の条件付き分布が，Q_t のみに依存し，特に Q_t を所与とすると，X_t が X_s ($s<t$) と独立になることを表す．式 (5.1) において $X_t = F(Q_t, \epsilon_t; \theta)$ とすると，隠れマルコフモデルは，式 (5.1) の特別な場合として与えられる．

時系列データに対するレジームスイッチングモデルは，過去 20 年の間に，統計学だけでなく機械学習の分野でも，興味が注がれるモデルとなっている．機械学習の分野では，レジームスイッチングモデルは，しばしば，混合エキスパート (mixtures-of-experts) モデルと呼ばれている．例えば，Jiang and Tanner (1999) や Liehr et al. (1999a) を参照されたい．また，Carvalho and Tanner (2005) では，観測値によって，レジーム間の推移が決まる AR 過程の混合モデルに関する漸近理論やモデル選択の議論を含む詳細な分析が行われている．しかしながら，例えば，Liehr et al. (1999b) のようないくつかの文献においては，隠れスイッチング変数を含むモデルを混合エキスパートモデルとも呼んでおり，専門用語が必ずしも統一されていないことに注意されたい．

隠れマルコフモデルとマルコフスイッチング時系列に関する文献は，今日ではかなり広範囲にわたる．以下では，単純ではあるが自明ではない例を詳細に考えることにより，主な考え方を紹介する．具体的には，2状態マルコフスイッチング AR(1) モデル，すなわち MS-AR(1) モデルを考える．この例に関しては，マルコフスイッチングモデルの主な特徴を十分に有しているにもかかわらず，表記法がそこまで煩雑になることはない．本章では，この例を用いて，モデルパラメータの推定値と，観測値から潜在変数系列 Q_t を再構築するフィルタリングの解の理論的性質や数値計算法について議論する．より詳しい議論や応用例に関しては，MacDonald and Zucchini (1997), Cappé et al. (2005), Frühwirth-Schnatter (2006) といった優れた書籍を参照されたい．本章の最後には，マルコフスイッチング ARCH や GARCH モデルなどの，そのほかのよく用いられるマルコフスイッチング時系列モデルを簡単にレビューし，主にファイナンスに関連する連続時間モデルと対応するモデルを概観する．

5.2　マルコフスイッチング AR モデル

本節では，状態数 K が有限個の隠れマルコフ連鎖 $\{Q_t\}$ によって影響を受ける1変量時系列 $\{X_t\}$ から始める．このモデルでは，現在の値 Q_t は，データ X_t の生成過程の状態もしくはレジームを表す．表記の簡単化のために，S_{tk} を，$Q_t = k$ の場合に1をとり，それ以外の場合には0をとる変数とすると，単位ベクトル $S_t = (S_{t1}, \ldots, S_{tK})$ の系列は，状態変数 Q_t と同じ情報を表すことに注意されたい．

ここで，一つの状態は，線形 AR モデルでモデル化できると仮定し，m_k を状態に応じて変化する AR 次数，$\alpha_{k,1}, \ldots, \alpha_{k,m_k}$ を各状態のパラメータ，σ_k^2 を各状態における攪乱項の分散とする．このとき，過程 $\{X_t\}$ は，

$$X_t = \sum_{k=1}^{K} S_{tk} \left(\sum_{s=1}^{m_k} \alpha_{k,s} X_{t-s} + \sigma_k \, \epsilon_t \right) \tag{5.2}$$

という AR モデルの混合モデルで与えられ，このようなモデルは，しばしばマルコフスイッチング AR (MS-AR) モデルと呼ばれる．

攪乱項 ϵ_t は平均0，分散1のi.i.d.系列であると仮定される．また，本章では，ϵ_t がすべての $u \in \mathbb{R}$ において $p_\epsilon(u) > 0$ となる密度を持つ場合だけを考えることとする．

隠れ状態過程が従うマルコフ連鎖の分布は，$K \times K$ 推移確率行列 A によって定められる．つまり，

$$A_{jk} = \mathbb{P}(Q_t = k | Q_{t-1} = j)$$

である．また，対応する定常確率を $\pi = (\pi_1, \ldots, \pi_K)$ とすると，定常状態では $\pi_k = \mathbb{P}(Q_t = k)$ が成立する．ここで，定常確率は $\pi A = \pi$ より，A によって定められることに注意されたい．

MS-AR モデルは，計量経済学の分野で，Hamilton (1989, 1990) によって提案さ

れ，それ以来，非常によく用いられるモデルとなっている．MS-AR モデルは，Baum and Petrie（1966）や Lindgren（1978）などの既存の隠れマルコフモデルに基づいており，Holst et al.（1994）や McCulloch and Tsay（1994）により，拡張されている．マルコフ連鎖だけでなく，自己回帰構造も時間的な相関を捉えることができるため，MS-AR モデルの自己相関構造は非常に柔軟である．また，定常 MS-AR モデルの自己相関を計算する公式は，Timmermann（2000）により導出されている．

表記をできる限り簡素にするために，今後は主に各状態が AR(1) モデルに従う 2 状態モデル（$K = 2$, $m_1 = m_2 = 1$）を考えることにより，モデルをさらに簡素化することにしよう．

$$X_t = \begin{cases} \alpha_1 X_{t-1} + \sigma_1 \epsilon_t & \text{if } Q_t = 1 \\ \alpha_2 X_{t-1} + \sigma_2 \epsilon_t & \text{if } Q_t = 2 \end{cases} \tag{5.3}$$

p_ϵ を所与とすると，式 (5.3) はパラメータベクトル

$$\theta = \left(\alpha_1, \alpha_2, \sigma_1^2, \sigma_2^2, A_{11}, A_{22}\right)^T$$

によって，特徴付けられる．また，定常確率は，$\pi_1 = A_{12}/(A_{12} + A_{21})$ と $\pi_2 = 1 - \pi_1$ で与えられる．通常，ϵ_t が標準正規分布に従う場合を考えることが多いので，今後は，平均 μ，分散 σ^2 の正規分布の密度を $\varphi(\cdot; \mu, \sigma^2)$ で表すとする．このとき，X_{t-1} と $Q_t = k$ を所与としたときの X_t の条件付き分布は $\varphi(\cdot; \alpha_k X_{t-1}, \sigma_k^2)$ となる．攪乱項が正の密度を持つ他の分布に従う場合も，同様にして考えることができる．

図 5.1 は，式 (5.3) においてパラメータを $\alpha_1 = 0.9$, $\alpha_2 = -0.9$, $\sigma_1^2 = 1$, $\sigma_2^2 = 0.25$, $A_{11} = 0.8$, $A_{22} = 0.9$ とし，$N = 200$ として，時系列の実現値を図に表したものである．また，図 5.2 は (X_{t-1}, X_t) $(t = 1, \ldots, N)$ の散布図である．このような散布

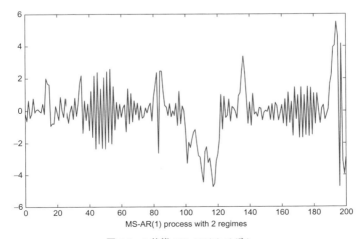

図 **5.1** 2 状態 MS-AR(1) モデル．

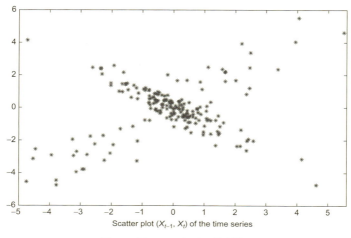

図 5.2　図 5.1 のデータの散布図.

図は，正規過程もしくはそれと類似した線形時系列の場合に現れる楕円形と異なる形状になることがしばしばあり，一般的に，レジームスイッチングを検出するための優れた探索的なツールとなる．もちろん，この例におけるパラメータの設定は極端なものであり，レジームスイッチングの影響が顕著になっていることに注意されたい．

式 (5.3) のモデルは，変化点 (changepoint) が一つの AR(1) モデルを含んでいる．なぜならば，仮に

$$A = \begin{pmatrix} A_{11} & 1 - A_{11} \\ 0 & 1 \end{pmatrix}$$

とすると，時系列が一度レジーム 2 に移動すると，レジーム 1 に戻ってくることは二度とないからである．また，変化点が複数ある場合は，Bauwens and Rombouts (2010) を参照されたい．変化点分析と通常のレジームが有限個の MS モデルの設定は似ているが，重要な違いが一つ存在する．それは，MS モデルは再帰的であり，各レジームに何度も戻ってくることである．次節では，この性質を確保するために，A_{11} と A_{22} が 0 や 1 と異なることを仮定する．このとき，標本サイズを $N \to \infty$ とすると，各レジームからの観測値の個数は限りなく増大していくことになり，すべてのパラメータを一致推定することが可能となる．一つの変化点分析の場合に，この重要な性質を確保するためには，$N \to \infty$ とともに $A_{11} \to 1$ とする必要がある．これによって，変化点の前後において，どちらのレジームからも，限りなく多くのデータが得られるようになるのである．

次項では，式 (5.3) のモデルのパラメータ推定を議論する．もし，状態 Q_t の推移が観測できるのであれば，これは容易である．パラメータの推定が困難である理由は，マルコフ連鎖が観測不可能という事実であり，それはマルコフスイッチング時系列の

特性である．この点を明確にするために，より簡単な特別の場合として，Wong and Li（2000）による AR モデルの混合モデルを考えよう．この場合，Q_t は i.i.d. であり，$\pi_1 = \mathbb{P}(Q_t = 1)$，$\mathbb{P}(Q_t = 2) = \pi_2 = 1 - \pi_1$ となる．また，推移確率行列は

$$A = \begin{pmatrix} \pi_1 & \pi_2 \\ \pi_1 & \pi_2 \end{pmatrix}$$

となり，モデルパラメータは $\theta = (\alpha_1, \alpha_2, \sigma_1^2, \sigma_2^2, \pi_1)^T$ となる．さらに，$X_0, \ldots, X_N$ が観測されるが，状態変数 Q_t は観測できないとしよう．このとき，$X_{t-1} = x$ を所与としたときの $X_t = y$ となる条件付き密度は

$$p_\theta(y|x) = \sum_{k=1}^{2} \pi_k \varphi(y; \alpha_k x, \sigma_k^2)$$

で与えられる．自己相関を持つ定常時系列の場合の慣習に従い（Brockwell and Davis, 1991），初期値 X_0 を所与としたときの条件付き対数尤度（log-likelihood）を考えると，Q_t が i.i.d. 状態変数の場合，条件付き対数尤度は，

$$\ell(\theta|\mathbf{X}^{(N)}) = \sum_{t=1}^{N} \log p_\theta(X_t|X_{t-1})$$

と求められる．ここで，$\mathbf{X}^{(N)} = (X_0, \ldots, X_N)^T$ である．これに対して，もし，$\mathbf{Q}^{(N)} = (Q_0, \ldots, Q_N)^T$ が観測可能であるとすると，いわゆる完全尤度（complete likelihood）は，

$$\ell_c(\theta|\mathbf{X}^{(N)}, \mathbf{Q}^{(N)}) = \sum_{t=1}^{N} \sum_{k=1}^{2} S_{tk} \log \left[\pi_k \varphi(X_t; \alpha_k X_{t-1}, \sigma_k^2) \right]$$

$$= \sum_{t=1}^{N} \sum_{k=1}^{2} S_{tk} \log \pi_k + \ell_c^{AR}(\theta|\mathbf{X}^{(N)}, \mathbf{Q}^{(N)})$$

というより簡単な形で書ける．ここで，S_{tk} は，時点 t における状態が k のときに 1 をとり，それ以外は 0 をとる状態を表す変数である．完全尤度は，二つの部分からなっており，最初の部分は状態変数のパラメータだけに依存し，後半の部分は AR モデルのパラメータにしか依存しないことに注意されたい．さらに，後半の部分は，

$$\ell_c^{AR}(\theta|\mathbf{X}^{(N)}, \mathbf{Q}^{(N)}) = -\frac{1}{2} \sum_{t=1}^{N} \sum_{k=1}^{2} S_{tk} \left(\log \sigma_k^2 + \frac{(X_t - \alpha_k X_{t-1})^2}{\sigma_k^2} \right) + \text{const} \tag{5.4}$$

で与えられ，ℓ_c はパラメータに関して微分したものを 0 とすることによって最大化することができる．その結果，

$$\hat{\pi}_1 = \frac{1}{N} \sum_{t=1}^{N} S_{t1} = 1 - \hat{\pi}_2, \quad \hat{\alpha}_k = \frac{\sum_{t=1}^{N} S_{tk} X_t X_{t-1}}{\sum_{t=0}^{N-1} S_{tk} X_t^2},$$

$$\hat{\sigma}_k^2 = \frac{1}{N\hat{\pi}_k} \sum_{t=1}^{N} S_{tk} (X_t - \hat{\alpha}_k X_{t-1})^2 \tag{5.5}$$

となることが，容易に求められる．しかしながら，Q_t が観測不能な場合の条件付き尤度 ℓ は，p_θ が指数の形ではないため，数値的に最大化する必要があり，統計学的に自然な考え方に基づいてよく用いられるのが EM アルゴリズムである（EM アルゴリズムに関しては，例えば，Dempster et al.（1977）や Wu（1983）を参照）．EM アルゴリズムは M ステップと E ステップからなり，M ステップでは，式 (5.5) における隠れ変数 S_{tk} を，$X_0, \ldots, X_N$ を所与としたときの条件付き期待値で置き換え，E ステップでは，現段階におけるモデルパラメータの推定値を用いて，それらの条件付き期待値を計算する．そして，この二つのステップが繰り返し行われるのである．Franke et al.（2011）は，一般的な非線形自己回帰モデルに関して，このアルゴリズムが収束し，カーネル関数を用いて自己回帰関数のパラメータが一致推定できることを示している．より一般的な MS モデルの場合については，以下で詳細に議論する．

5.2.1 最尤推定値

まず，上と同様に，初期値 X_0 を所与として，一般的な場合について，式 (5.3) のモデルの対数尤度関数 $\ell(\theta|\mathbf{X}^{(N)})$ を導出する．

$\mathbf{X}^{(N)}$ と $\mathbf{Q}^{(N)}$ のとりうる値を $\mathbf{x}^{(N)} = (x_0, \ldots, x_N)^T$，$\mathbf{q}^{(N)} = (q_0, \ldots, q_N)^T$ と表記しよう．また，Y で表す $\mathbf{X}^{(N)}$ と Z で表す $\mathbf{Q}^{(N)}$ の同時分布を，積測度 $\lambda \otimes \nu$ に関する密度 $p_\theta(y,z)$ で特徴付けることにする．ここで，λ はルベーグ測度であり，ν は Z がとりうる値の集合における計測測度である．つまり，

$$\mathbb{P}(Y \in B, Z \in C) = \sum_{z \in C} \int_B p_\theta(y,z) dy$$

で表される．$Y = X_t$ という一つの観測値を考えると，式 (5.3) より明らかであるが，MS-AR(1) モデルの重要な性質として，

$$p_\theta\left(y \mid \mathbf{X}^{(t-1)} = \mathbf{x}^{(t-1)}, \mathbf{Q}^{(t)} = \mathbf{q}^{(t)}\right) = p_\theta(y \mid X_{t-1} = x_{t-1}, Q_t = q_t) \quad (5.6)$$

が成立することがわかる．つまり，現在の値は，現在の状態 Q_t と前期の観測値にしか依存しないのである．より複雑なマルコフスイッチングモデルでは，X_{t-1} がある過去の時点から時点 $t-1$ までのいくつかの変数で置き換えられる．

マルコフスイッチングモデルのもう一つの重要な特徴は，マルコフ連鎖の変遷が観測値に依存しないという以下の仮定である．

(A1) $\mathcal{F}_s = \sigma(X_t, t \leq s)$ を時点 s までの観測値によって生成される σ 加法族とし，B_{t-1} を $\mathcal{F}_{t-1}$ に属する任意の事象とする．このとき，

$$\mathbb{P}(Q_t = j | Q_{t-1} = i, B_{t-1}) = \mathbb{P}(Q_t = j | Q_{t-1} = i) \quad \text{for all } i, j$$

が成立する．

$\mathbf{X}^{(N)}$ と $\mathbf{Q}^{(N)}$ の同時密度は

5.2 マルコフスイッチング AR モデル

$$p_\theta\left(\mathbf{x}^{(N)}, \mathbf{q}^{(N)}\right) = p_\theta\left(\mathbf{x}^{(N)} \mid \mathbf{Q}^{(N)} = \mathbf{q}^{(N)}\right) p_A\left(\mathbf{q}^{(N)}\right)$$

で与えられる．ここで，$p_A\left(\mathbf{q}^{(N)}\right) = \mathbb{P}\left(\mathbf{Q}^{(N)} = \mathbf{q}^{(N)}\right)$ はパラメータベクトル θ の自己回帰の部分に依存せず，推移確率行列 A のパラメータ A_{11} と A_{22} だけに依存することに注意されたい．Q_t はマルコフ性を持つので，時点 0 において定常状態から始めたとすると，$p_A\left(\mathbf{q}^{(N)}\right)$ は，

$$p_A\left(\mathbf{q}^{(N)}\right) = \left(\prod_{t=1}^{N} p_A\left(q_t | Q_{t-1} = q_{t-1}\right)\right) \mathbb{P}(Q_0 = q_0) = \pi_{q_0} \prod_{t=1}^{N} A_{q_{t-1}, q_t}$$

と書き直すことができる．また，(A1) と式 (5.6) より，

$$\begin{aligned}
p_\theta\left(\mathbf{x}^{(N)}, q^{(N)}\right) &= p_\theta\left(x_N \mid \mathbf{X}^{(N-1)} = \mathbf{x}^{(N-1)}, \mathbf{Q}^{(N)} = q^{(N)}\right) \\
&\quad \times p_\theta\left(q_N | \mathbf{X}^{(N-1)} = \mathbf{x}^{(N-1)}, \mathbf{Q}^{(N-1)} = q^{(N-1)}\right) \\
&\quad \times p_\theta\left(\mathbf{x}^{(N-1)}, q^{(N-1)}\right) \\
&= p_\theta(x_N \mid X_{N-1} = x, Q_N = q_N) p_\theta(q_N | Q_{N-1} = q_{N-1}) \\
&\quad \times p_\theta\left(\mathbf{x}^{(N-1)}, q^{(N-1)}\right)
\end{aligned} \quad (5.7)$$

であることもわかる．式 (5.7) を繰り返すことにより，X_0 を所与としたときの完全尤度が

$$L_c\left(\theta | \mathbf{X}^{(N)}, \mathbf{Q}^{(N)}\right) = \pi_{Q_0} \prod_{t=1}^{N} A_{Q_{t-1}, Q_t} p_\theta(X_t \mid X_{t-1}, Q_t)$$

と求められ，正規攪乱項を仮定すると，対数尤度が

$$\ell_c\left(\theta | \mathbf{X}^{(N)}, \mathbf{Q}^{(N)}\right) = \log \pi_{Q_0} + \sum_{t=1}^{N} \log A_{Q_{t-1}, Q_t} + \ell_c^{AR}\left(\theta | \mathbf{X}^{(N)}, \mathbf{Q}^{(N)}\right)$$

となることがわかる．ここで，ℓ_c^{AR} は式 (5.4) と同一である．状態変数 Q_t は観測不能であるので，$t=0$ から始まるマルコフ連鎖のすべての起こりうるパスについて和をとることで得られる不完全尤度を考える必要がある．

$$\begin{aligned}
L\left(\theta | \mathbf{X}^{(N)}\right) &= \sum_{q_0, \ldots, q_N = 1}^{2} \pi_{q_0} \prod_{t=1}^{N} A_{q_{t-1}, q_t} p_\theta(X_t | X_{t-1}, Q_t = q_t) \\
&= \sum_{q_0, \ldots, q_N = 1}^{2} \pi_{q_0} \prod_{t=1}^{N} A_{q_{t-1}, q_t} \left(\sum_{k=1}^{2} s_{tk} \varphi\left(z; \alpha_k x, \sigma_k^2\right)\right)
\end{aligned} \quad (5.8)$$

ここで，s_{tk} は $q_t = k$ のとき 1 をとり，それ以外は 0 をとる変数である．モデルパラメータ θ の最尤推定値 $\hat{\theta}_N$ を求めるためには，$\ell\left(\theta | \mathbf{X}^{(N)}\right) = \log L\left(\theta | \mathbf{X}^{(N)}\right)$ を数値的に最大化する必要がある．適当なアルゴリズムを考える前に，次項では最尤推定値の漸近的な性質について考える．

5.2.2 エルゴード性と一致性

マルコフスイッチング時系列の推定において鍵となるのは，対応する確率過程のエルゴード性（ergodicity）である．上で述べた (A1) の仮定に加えて，隠れマルコフ連鎖ならびに観測値とマルコフ連鎖の間の関係に関して，次の仮定が必要となる．

(A2) 過程 $\{Q_t\}$ は強定常で，非既約かつ非周期的なマルコフ連鎖である．

(A3) 攪乱項 ε_t は平均 0，分散 1 の i.i.d. 系列で，連続かつ正の密度を持つ．

(A4) $Q_t, X_{t-1}, X_{t-2}, \ldots$ は ε_t と独立である．

これらの仮定はやや一般的な仮定であり，ある程度緩めることができるかもしれないが，さまざまなレジームを表す特定の時系列モデルにかかわらず，似たような仮定が必要となる．これらの仮定に加えて，個々の混合成分の構造に関して何らかの仮定が必要となる．式 (5.3) の簡単なモデルに関しては，その仮定は次のようなものになる．

(A5) $\sum_{k=1}^{2} A_{lk}\alpha_k^2 < 1 \quad \text{for} \quad l = 1, 2$

定理 1 $\{X_t\}$ が式 (5.3) のモデルに従い，Q_t, X_t, ε_t が (A1)〜(A5) を満たすとする．このとき，同時過程 $(S_t, X_t)^T$ は幾何的にエルゴード的となる．

この結果は Franke et al.（2010）の Theorem 2.1 の特別な場合である．Yao and Attali（2000）は非線形 MS-AR モデルについても同様の結果が成立することを示しており，彼らはまた，定常解の存在と大数の強法則（strong law of large numbers）も証明している．

式 (5.3) のモデルにおいて，両方のレジームが定常な AR(1) 過程，つまり $|\alpha_k| < 1$ ($k = 1, 2$) とすると，$A_{l1} + A_{l2} = 1$ であるので，(A5) の仮定は自動的に成立する．しかしながら，マルコフスイッチングモデルのおもしろいところは，すべてのレジームのモデルが，定常条件を満たさなくてもよいところである．一つの過程として考えたときに，あまり頻繁に現れないレジームであれば，そのようなレジームの過程は，爆発的でも構わないのである．例えば，$|\alpha_2| > 1 > |\alpha_1|$ である式 (5.3) のモデルを考えよう．このとき，(A5) の仮定は，

$$A_{11} > \frac{\alpha_2^2 - 1}{\alpha_2^2 - \alpha_1^2}, \quad A_{22} < \frac{1 - \alpha_1^2}{\alpha_2^2 - \alpha_1^2}$$

と同値となる．

例えば，$\alpha_1^2 = 0.5$, $\alpha_2^2 = 1.5$ とすると，$A_{11} > 0.5 > A_{22}$ のとき，(A5) が成立し，このとき $\pi_1 > 0.5$ となる．したがって，レジーム 1 の AR(1) モデルが通常の定常条件 $|\alpha_1| < 1$ を満たせば，レジーム 2 が爆発的であっても，式 (5.3) の定常解は存在する可能性があるのである．必要なことは，過程 X_t が爆発的なレジームよりも定常な

レジームにより多くの時間属することである.

Francq and Roussignol (1998) は，一般的な非線形 AR(1) モデルのマルコフスイッチングモデルを考えている．彼らのモデルは，本章の表記に合わせると，

$$X_t = \sum_{k=1}^{K} S_{tk}\{F_k(X_{t-1};\theta) + G_k(\varepsilon_t;\theta)\}$$

と書くことができる．X_t と攪乱項 ε_t は多変量にすることも可能であり，高次の 1 変量 AR モデルは，ベクトル状態空間表現を用いることにより，この形で書き表すことができるので，このモデルは高次の 1 変量 AR モデルも含んでいることに注意しよう．彼らは，適当な仮定のもとで，エルゴード的な定常解の存在と，θ の最尤推定量 $\hat{\theta}_N$ の強一致性 (strong consistency) を証明している．ここで，過程を構成するマルコフ連鎖の推移確率 $A_{ij} = A_{ij}(\theta)$ が一般的なパラメータ θ に依存することに注意されたい．式 (5.3) のような簡単なモデルの場合は，θ は自己回帰のパラメータから構成され，$\theta = (\alpha_1, \alpha_2, \sigma_1^2, \sigma_2^2, A_{11}, A_{22})^T$ となる．式 (5.3) のモデルに関しては，Francq and Roussignol (1998) が，$\sigma_1^2 = \sigma_2^2 = \sigma^2$ の場合について詳細な分析を行っている．ここでは，彼らの枠組みに従って，攪乱項が標準正規分布に従う場合だけを考える．さらに，次の仮定を追加する．

(A6) $\alpha_1 \neq \alpha_2, \quad 0 < A_{22} < A_{11} < 1$

ここで，この仮定は $\pi_1 > \pi_2$ を意味し，レジーム 1 がより頻繁に実現することに注意されたい．(A6) のような識別の仮定は，マルコフスイッチングモデル固有のものであり，この仮定なしには，モデルパラメータは分布から一意に定まらない．なぜならば，データ生成過程を変更することなしに，レジームの順番を変更することが常に可能であるからうである．例えば，式 (5.3) の簡単なモデルの例では，パラメータ $(\alpha_1, \alpha_2, \sigma_1^2, \sigma_2^2, A_{11}, A_{22})$ と $(\alpha_2, \alpha_1, \sigma_2^2, \sigma_1^2, A_{22}, A_{11})$ は同一の確率過程を与える．また，Francq and Roussignol (1998) で議論されている一般的な場合や，Stockis et al. (2008) のニューラルネットワーク (neural network) に基づいた非線形 AR-ARCH モデルなど，より複雑なモデルでは，より複雑な識別条件が必要となることに注意されたい．

Francq and Roussignol (1998) の Section 5 と同様の議論を用いると，$\bar{\sigma}^2 \geq \underline{\sigma}^2 > 0$ を満たすような $\bar{\sigma}^2$ と $\underline{\sigma}^2$ について，$\underline{\sigma}^2 \leq \sigma_1^2, \sigma_2^2 \leq \bar{\sigma}^2$ となるパラメータの任意のコンパクト集合に対して，次の定理が成立することを示すことができる．

定理 2 $\{X_t\}$ が式 (5.3) のモデルに従うとし，ε_t が標準正規分布に従うとする．また，Q_t, X_t, ε_t が (A1)〜(A4) を満たすとする．さらに，θ_0 を真のモデルパラメータとし，それが (A5) と (A6) を満たすとする．このとき，θ_0 を内点に持つパラメータの任意のコンパクト部分集合 Θ^* に対して，

$$\hat{\theta}_N = \arg\max_{\theta \in \Theta^*} L(\theta|\mathbf{X}^{(N)}) \longrightarrow \theta_0 \quad a.s.$$

が成立する．

5.2.3 漸近正規性

Douc et al. (2004) は，最尤推定値 $\hat{\theta}_N$ の漸近的性質を詳細に議論している．彼らは

$$X_t = F(X_{t-1}, \ldots, X_{t-m}, Q_t, \epsilon_t; \theta) \tag{5.9}$$

という形のモデルを考えている（上の式 (5.1) のモデルも参照）．ここで，隠れマルコフ連鎖 Q_t は有限個の値しかとらないと仮定する必要は必ずしもなく，任意のコンパクトな範囲の値をとるとしても構わない．Douc et al. (2004) は Q_0 と $X_0, \ldots, X_{1-m}$ を所与として，θ の最尤推定値 $\hat{\theta}_N$ の一致性を証明し，これらの初期値が漸近的に影響を持たないことを確認している．また，彼らは，正規攪乱項を持つ式 (5.3) のモデルについては容易に確認することができる通常の種類の正則条件のもとで，$\hat{\theta}_N$ の漸近正規性 (asymptotic normality) も証明している．漸近正規性が成立するためには，これまでの仮定に加えて，パラメータ空間 Θ^* がコンパクト集合である必要があり，適当な定数 $\alpha^* < \infty$，$0 < \underline{\sigma}^2 \le \overline{\sigma}^2 < \infty$，$0 < \delta < 0.5$ において，

(A7) $|\alpha_1|, |\alpha_2| \le \alpha^*, \quad \underline{\sigma}^2 \le \sigma_1^2, \sigma_2^2 \le \overline{\sigma}^2, \quad \delta \le A_{11}, A_{22} \le 1 - \delta$

が満たされる必要がある．ここで，$I(\theta)$ をフィッシャー情報量行列 (Fisher information matrix) とすると，Douc et al. (2004) の Theorem 4 より，以下が成立する．

定理 3 定理 2 の仮定に加えて，(A7) が成立するとする．また，真のモデルパラメータ θ_0 が Θ^* の内点であり，$I(\theta_0)$ が正定値であるとする．このとき，

$$\sqrt{N}(\hat{\theta}_N - \theta_0) \xrightarrow{d} \mathcal{N}(0, I^{-1}(\theta_0))$$

が成立する．

$I(\theta_0)$ の具体的な表現を導出するために，Douc et al. (2004) に従って，(Q_{t-1}, X_{t-1}) を所与としたときの (Q_t, X_t) の条件付きスコアをまず考える．

$$\psi(\theta, Q_t, X_t, Q_{t-1}, X_{t-1}) = \nabla_\theta \log \left[A_{Q_{t-1}, Q_t} p_\theta(X_t | X_{t-1}, Q_{t-1}) \right]$$

ここで，∇_θ は $\theta = (\alpha_1, \alpha_2, \sigma_1^2, \sigma_2^2, A_{11}, A_{22})^T$ に関する勾配 (gradient) であり，

$$p_\theta(y|x, k) = \frac{1}{\sqrt{2\pi\sigma_k^2}} \exp\left[-\frac{(y - \alpha_k x)^2}{2\sigma_k^2}\right]$$

は，$X_{t-1} = x$，$Q_t = k$ を所与としたときの X_t の条件付き密度である．このとき，

5.2 マルコフスイッチング AR モデル

$A_{12} = 1 - A_{11}$, $A_{21} = 1 - A_{22}$ に注意すると，ψ を計算することは容易である．また，$\mathcal{F}_{-\infty}^s$ をデータ $X_s, X_{s-1}, \ldots$ から生成される σ 加法族とし，

$$\Delta_t(\theta_0) = \mathbb{E}_{\theta_0}\{\psi(\theta_0, Q_t, X_t, Q_{t-1}, X_{t-1})|\mathcal{F}_{-\infty}^t\}$$
$$+ \sum_{s=-\infty}^{t-1} \Big[\mathbb{E}_{\theta_0}\{\psi(\theta_0, Q_s, X_s, Q_{s-1}, X_{s-1})|\mathcal{F}_{-\infty}^t\}$$
$$- \mathbb{E}_{\theta_0}\{\psi(\theta_0, Q_s, X_s, Q_{s-1}, X_{s-1})|\mathcal{F}_{-\infty}^{t-1}\}\Big]$$

とすると，最終的に

$$I(\theta_0) = \mathbb{E}_{\theta_0}\left[\Delta_0(\theta_0)\Delta_0^T(\theta_0)\right]$$

と書くことができる．最尤推定量 $\hat{\theta}_N$ の一致性とともに，Douc et al.（2004）の Theorem 3 を用いると，$I(\theta_0)$ の一致推定量が得られることもわかる．

5.2.4 モデル選択

マルコフスイッチングモデルを時系列データに応用する際の大きな問題は，レジーム数 K の選択である．Rydén (1995) は，AIC や BIC などの古典的な情報量規準 (information criterion) を隠れマルコフモデルのレジーム数の選択に応用している．同様の考えに基づいて，MacKay (2002) はレジーム数 K の選択のための罰則付き最小距離規準を考えている．罰則付き最尤次数選択の理論的分析を含む詳細なサーベイについては，Cappé et al. (2005) を参照されたい．彼らは，次数選択規準と一般的な尤度比検定の関係についても議論している．あるレジームが必要でないという帰無仮説のもとではレジームパラメータが識別不能になるので，レジームスイッチングモデルにおいて，尤度比検定は特に難しい問題である．この問題に関しては，Lange and Rahbek (2009) の Section 4 で比較的詳細に議論されている．また，Chopin (2007) は，時系列標本において，現れる順番にレジームを順序付ける修正隠れマルコフモデルを提案し，このモデルに対して，レジーム数の選択とパラメータの推定を同時に行うことができる逐次モンテカルロアルゴリズムを考えている．

より一般的なマルコフスイッチングモデルにおいては，レジーム数に加えて，各レジームのモデルも選択しなければならないので，モデル選択の問題はより複雑である．例えば，式 (5.2) のモデルにおいては，AR の次数 $m_1, \ldots, m_K$ も選択しなければならない．このような MS-AR モデルに関しては，Psaradakis and Spagnolo (2003, 2006) が，レジーム数と AR 次数を連続的ならびに同時に選択するモンテカルロシミュレーションの結果を紹介している．また，Zhang and Stine (2001) は，隠れマルコフモデルと MS-AR モデルの標本自己共分散を用いて，レジーム数の下限を求める方法を示している．最後に，Frühwirth-Schnatter (2004) は，レジーム数と AR 次数を同時に選択しなければ，過大な AR 次数と過小なレジーム数を選択する傾向があり，両者を同時に選択することの重要性を指摘している．

5.2.5 EM アルゴリズム

5.2.1 項で見たように，式 (5.3) のような簡単なマルコフスイッチングモデルでさえ，パラメータの最尤推定値は数値的に求めなければならない．数値最適化によく用いられるアルゴリズムとしては，統計学的に自然な考え方に基づいた期待値最大化 (expectation-maximization; EM) アルゴリズムがある．EM アルゴリズムは Dempster et al. (1977) により提唱された後，Wu (1983) により詳細に調べられたが，その前に，Baum et al. (1970) が EM アルゴリズムの名前は用いずに，隠れマルコフモデルに応用していたことが確認されている．MS-AR モデルに対しては，Hamilton (1990) と Holst et al. (1994) が EM アルゴリズムを提唱し，詳細を調べている．以下では，マルコフスイッチングモデルのパラメータの最尤推定値の探求法として，EM アルゴリズムに限定して議論するが，その他の数値最適化法を用いることもできる．もちろん，小標本の場合，尤度を最大化するために，いずれの最適化手法を応用することもできるが，EM アルゴリズムは統計学的に自然な手法であり，より安定的なパフォーマンスを示すことが多い．EM アルゴリズムのような手法とは別に，マルコフスイッチングモデルのパラメータ推定に関してよく用いられる手法として，MCMC（Markov chain Monte Carlo）法もある．MCMC 法に関しては，Frühwirth-Schnatter (2001) による研究や Frühwirth-Schnatter (2006) によるモノグラフを参照されたい．また，Rydén (2008) はレジームスイッチングモデルの選択に関して，両方の手法を包括的に議論している．

マルコフスイッチング時系列に対する EM アルゴリズムの原理は，モデルパラメータを所与とした観測できない変数 Q_t の推定と，Q_t を所与としたモデルパラメータの推定との繰り返しである．特徴として，第 2 のステップである M ステップでは，複雑な不完全尤度 $L(\theta \mid \mathbf{X}^{(N)})$ ではなく，完全尤度 $L_c(\theta \mid \mathbf{X}^{(N)}, \mathbf{Q}^{(N)})$ を簡単化したものを利用する．一方，第 1 のステップである E ステップでは，データから観測できない変数 Q_t を再生するというフィルタリングの問題を解かなければならない．

a. E ステップ：前向き・後向きアルゴリズム

本項では，データ $X_0, \ldots, X_N$ は定常状態を持つマルコフスイッチングモデル (5.3) に従うとし，その定常確率を $\mathbb{P}(Q_t = i) = \pi_i$ ($i = 1, 2$, $t \geq 0$) とする．また，AR パラメータ α_1，α_2，σ_1^2，σ_2^2 と推移確率行列 A は既知であるとする．つまり，$\theta = (\alpha_1, \alpha_2, \sigma_1^2, \sigma_2^2, A_{11}, A_{22})^T$ は既知であるとする．さらに，上と同様に p_θ を観測値のルベーグ測度に基づく密度，もしくは観測値と隠れ状態変数のルベーグ測度と計測測度に基づく同時密度とする．また，いつの時点での隠れ状態変数を考えているかを明確にするため，例えば，全観測標本 $\mathbf{X}^{(N)}$ と一つの隠れ状態変数 Q_t の同時密度を $(\mathbf{x}^{(N)}, i) \in \mathbb{R}^{N+1} \times \{1,2\}$ で評価したものを $p(\mathbf{x}^{(N)}, Q_t = i)$ で表すことにする．

(i) 前向きアルゴリズム まず，$p_\theta(\mathbf{x}^{(t)} \mid Q_t = i)$ を，$Q_t = i$ を所与としたときの $\mathbf{X}^{(t)}$ の条件付き密度とし，

$$v_i^t = p_\theta(X_0, \ldots, X_t, Q_t = i) = p_\theta(X_0, \ldots, X_t \mid Q_t = i) \pi_i$$

5.2 マルコフスイッチング AR モデル

とする．上の (A1) と (A2) の仮定を利用すると，$t = 1, \ldots, N-1$ において，v_i^t を次のように逐次的に計算することができる．

$$\begin{aligned}
v_j^{t+1} &= p_\theta(X_0, \ldots, X_t, X_{t+1}, Q_{t+1} = j) \\
&= p_\theta(X_{t+1} | \mathbf{X}^{(t)}, Q_{t+1} = j) \sum_{i=1}^{2} \mathbb{P}(Q_{t+1} = j | \mathbf{X}^{(t)}, Q_t = i) \, p_\theta(\mathbf{X}^{(t)}, Q_t = i) \\
&= p_\theta(X_{t+1} | X_t, Q_{t+1} = j) \sum_{i=1}^{2} \mathbb{P}(Q_{t+1} = j | Q_t = i) \, p_\theta(\mathbf{X}^{(t)}, Q_t = i) \\
&= b_j^{t+1} \left[\sum_{i=1}^{2} A_{ij} v_i^t \right]
\end{aligned} \tag{5.10}$$

ここで，攪乱項 ϵ_t が標準正規分布に従うので，

$$b_j^t = p(X_t | X_{t-1}, Q_t = j) = \varphi(X_t; \alpha_j X_{t-1}, \sigma_j^2) \tag{5.11}$$

であることに注意されたい．また，X_0 は所与と仮定しており，Q_1 はマルコフ連鎖の定常分布 π に従うので，繰り返しの初期条件は

$$v_j^1 = p_\theta(X_0, X_1, Q_1 = j) = \pi_j b_j^1$$

となることにも注意されたい．この繰り返し計算は，前向きアルゴリズムと呼ばれる．最終時点 $t = N$ の状態について和をとることにより，全観測値の系列の密度が $p_\theta(\mathbf{x}^{(N)}) = v_1^N + v_2^N$ として計算できることと，それが前向きアルゴリズムを用いて N に関して線形的に増大していくステップ数で計算できることに注意されたい．例えば，$Q_0, \ldots, Q_N$ のとりうるすべての経路に関して和がとられている式 (5.8) の尤度から考えると，計算量は 2^N のオーダーで指数的に増加していくように感じられるので，これは喜ばしい驚きである．

(ii) 後向きアルゴリズム 上と同様に，後向き変数 w_i^t を，現在の状態 i と時点 t の観測値 X_t を所与としたときの将来の観測値 X_s ($s = t+1, \ldots, N$) の条件付き密度とする．つまり，

$$w_i^t = p_\theta(X_{t+1}, \ldots, X_N | X_t, Q_t = i)$$

である．ここで，再び (A1) と (A2) の仮定を用いると，$w_i^N = 1$ から始めて，$t = N-1, N-2, \ldots, 1$ において，w_i^t 逐次的に計算することができる後向きアルゴリズムが得られる．

$$\begin{aligned}
w_i^t &= \sum_{j=1}^{2} p_\theta(X_{t+1}, \ldots, X_N, Q_{t+1} = j | X_t, Q_t = i) \\
&= \sum_{j=1}^{2} p_\theta(X_{t+2}, \ldots, X_N | X_{t+1}, Q_{t+1} = j) \\
&\quad \times p_\theta(X_{t+1} | X_t, Q_{t+1} = j) \mathbb{P}(Q_{t+1} = j | Q_t = i)
\end{aligned} \tag{5.12}$$

$$= \sum_{j=1}^{2} A_{ij} b_j^{t+1} w_j^{t+1}$$

以上の結果より,前向き変数と後向き変数の間に $p_\theta(\mathbf{X}^{(N)}, Q_t = i) = v_i^t w_i^t$ という関係があることがすぐにわかる.

(iii) レジームの事後確率　　前向き変数と後向き変数を用いて,全観測値の系列 $X_0, \ldots, X_N$ を所与としたときの時点 t における状態 i の事後確率 $\gamma_i^t = \mathbb{P}(Q_t = i | \mathbf{X}^{(N)})$ を求めることができる.

$$\gamma_i^t = \frac{p_\theta(\mathbf{X}^{(N)}, Q_t = i)}{p_\theta(\mathbf{X}^{(N)})} = \frac{p_\theta(\mathbf{X}^{(N)}, Q_t = i)}{\sum_{k=1}^{2} p_\theta(\mathbf{X}^{(N)}, Q_t = k)} = \frac{v_i^t w_i^t}{\sum_{k=1}^{2} v_k^t w_k^t} \tag{5.13}$$

ここで,$S_{t,i}$ を,状態変数を 0-1 変数にしたものとすると,γ_i^t は $\mathbf{X}^{(N)}$ を所与としたときの $S_{t,i}$ の条件付き期待値となり,

$$\mathbb{E}\{S_{t,i}|\mathbf{X}^{(N)}\} = \mathbb{P}(S_{t,i} = 1|\mathbf{X}^{(N)}) = \gamma_i^t \tag{5.14}$$

が成立することに注意されたい.また,時点 t と $t+1$ における状態変数の同時事後分布 $\xi_{ij}^{t,t+1} = \mathbb{P}(Q_t = i, Q_{t+1} = j|\mathbf{X}^{(N)})$ も必要であり,これは,(A1) と (A2) の仮定を用いると,

$$\begin{aligned}
&p_\theta(\mathbf{X}^{(N)}, Q_t = i, Q_{t+1} = j) \\
&= p_\theta(X_{t+2}, \ldots, X_N | \mathbf{X}^{(t+1)}, Q_t = i, Q_{t+1} = j) p_\theta(\mathbf{X}^{(t+1)}, Q_t = i, Q_{t+1} = j) \\
&= p_\theta(X_{t+2}, \ldots, X_N | X_{t+1}, Q_{t+1} = j) p_\theta(\mathbf{X}^{(t+1)}, Q_t = i, Q_{t+1} = j) \\
&= w_j^{t+1} p(X_{t+1}|\mathbf{X}^{(t)}, Q_t = i, Q_{t+1} = j) p_\theta(\mathbf{X}^{(t)}, Q_t = i, Q_{t+1} = j) \\
&= w_j^{t+1} p_\theta(X_{t+1}|X_t, Q_{t+1} = j) \mathbb{P}(Q_{t+1} = j | Q_t = i, \mathbf{X}^{(t)}) p_\theta(\mathbf{X}^{(t)}, Q_t = i) \\
&= A_{i,j} v_i^t b_j^{t+1} w_j^{t+1}
\end{aligned}$$

であるので,

$$\xi_{ij}^{t,t+1} = \frac{p_\theta(\mathbf{X}^{(N)}, Q_t = i, Q_{t+1} = j)}{p_\theta(\mathbf{X}^{(N)})} = \frac{A_{i,j} v_i^t b_j^{t+1} w_j^{t+1}}{\sum_{k=1}^{2} v_k^t w_k^t} \tag{5.15}$$

と求めることができる.

予測を目的にするときなど,状況によっては,全観測値ではなく,時点 $t-1$ までの観測値を所与としたときの状態変数 Q_t の条件付き分布に,より興味が注がれる場合もある.その場合は,上と同様の議論を行うと,式 (5.14) の代わりに,

$$\mathbb{E}\{S_{t,i}|\mathbf{X}^{(t-1)}\} = \mathbb{P}(Q_t = i|\mathbf{X}^{(t-1)}) = \frac{\sum_{i=1}^{2} v_i^{t-1} A_{i,k}}{\sum_{j=1}^{2}\sum_{i=1}^{2} v_i^{t-1} A_{i,j}}$$

を得ることができるので,これを用いればよい.

b. M ステップ：最大化

ここでは，状態変数 Q_t，もしくは同値的に $S_{t,i}$ $(i=1,2)$ が既知であるとして考える．また，$Z_{ij}^{t,t+1} = S_{t,i}S_{t+1,j}$ とすると，$Q_t = i$, $Q_{t+1} = j$ が

$$Z_{ij}^{t,t+1} = S_{t,i}S_{t+1,j} = 1$$

と同値になることに注意されたい．繰り返しの最後において，$S_{t,i}$ と $Z_{ij}^{t,t+1}$ は，それぞれ E ステップにおいて求められるデータを所与としたときの条件付き期待値の推定値で置き換えられる．そして，その隠れマルコフ連鎖の推定された状態を所与として，

$$\ell_c\left(\theta|\mathbf{X}^{(N)},\mathbf{Q}^{(N)}\right) = \log \pi_{Q_0} + \sum_{t=1}^{N} \log A_{Q_{t-1},Q_t} + \ell_c^{AR}\left(\theta|\mathbf{X}^{(N)},\mathbf{Q}^{(N)}\right)$$

で与えられる完全尤度を最大化することによって，推移確率行列 A と各レジームの AR パラメータの推定値を求めるのである．具体的には，N が十分大きいときにはほとんど影響がない Q_0 を含む項を無視し，ℓ_c を A_{ii} で微分したものを 0 とおき，さらに $A_{i1} + A_{i2} = 1$ に注意すると，

$$\hat{A}_{ii} = \frac{\frac{1}{N-1}\sum_{t=1}^{N-1} Z_{ii}^{t,t+1}}{\frac{1}{N}\sum_{t=1}^{N} S_{t,i}}, \quad i = 1, 2 \tag{5.16}$$

が得られる．つまり，$\hat{A}_{ii}$ は，状態 i に訪れた回数に対する，状態 i から i に移動した回数の比率を計算したものである．同様に，マルコフ連鎖の定常確率 $\pi_i = \mathbb{P}(Q_t = i)$ は，レジーム i を訪れた割合により，

$$\hat{\pi}_i = \frac{1}{N}\sum_{t=1}^{N} S_{t,i} \tag{5.17}$$

と推定することができる．

ここで，式 (5.4) に注意すると，$\ell_c^{AR}(\theta|\mathbf{X}^{(N)},\mathbf{Q}^{(N)})$ を $\alpha_1, \alpha_2, \sigma_1^2, \sigma_2^2$ に関して最大化するためには，

$$G(\theta) = \frac{1}{2}\sum_{t=1}^{N}\sum_{k=1}^{2} S_{tk}\left(\log \sigma_k^2 + \frac{(X_t - \alpha_k X_{t-1})^2}{\sigma_k^2}\right) \tag{5.18}$$

を最小化すればよいことがわかる．また，ここで $G(\theta)$ は A_{11} と A_{22} に依存しないことに注意されたい．したがって，$\frac{\partial}{\partial \alpha_k}G(\theta) = 0$ を解くことにより，k 番目のレジームの 1 次の標本自己相関の推定値が，

$$\hat{\alpha}_k = \frac{\sum_{t=1}^{N} S_{t,k} X_{t-1} X_t}{\sum_{t=1}^{N} S_{t,k} X_{t-1}^2} \tag{5.19}$$

として求められることがわかるのである．同様に，$\frac{\partial}{\partial \sigma_k^2}G(\theta) = 0$ を解くことにより，k 番目のレジームの攪乱項の分散推定値が

$$\hat{\sigma}_k^2 = \frac{\sum_{t=1}^{N} S_{t,k}(X_t - \hat{\alpha}_k X_{t-1})^2}{\sum_{t=1}^{N} S_{t,k}} \tag{5.20}$$

として求められることもわかる.

ここで, レジームパラメータ α_1, α_2, σ_1^2, σ_2^2 の推定値の公式が明示的に求められるのは, MS-AR モデル特有の性質であることに注意されたい. 非線形 AR モデルのような, より複雑なモデルにおいては, これらの推定値は数値的に求められるのが一般的である.

c. EM アルゴリズム

前向き・後向きアルゴリズムと尤度の最大化が繰り返し行われ, 最終的に EM アルゴリズムが構成される. 具体的には, まずパラメータ θ に何らかの初期値 $\hat{\theta}(0) = (\hat{\alpha}_1(0), \hat{\alpha}_2(0), \hat{\sigma}_1^2(0), \hat{\sigma}_2^2(0), \hat{A}_{11}(0), \hat{A}_{22}(0))^T$ を与え, 繰り返し回数を $n = 0$ とする. そして, 未知のパラメータを現段階での推定値で置き換える 5.2.5 項 a の E ステップと, 隠れ状態変数をデータを所与としたときの条件付き期待値で置き換える 5.2.5 項 b の M ステップを繰り返していくのである.

(i) Eステップ　　モデルパラメータが $\hat{\theta}(n)$ と与えられたと仮定し, 式 (5.10) と式 (5.12) を用いて, $t = 1, \ldots, N$ において, 前向き変数 $v_k^t(n)$ と後向き変数 $w_k^t(n)$ を計算する. 次に, 式 (5.13) と式 (5.15) を用いて, 補助的な変数 $\gamma_i^t(n)$ と $\xi_{ij}^{t,t+1}(n)$ を計算する.

(ii) Mステップ　　式 (5.16) と式 (5.17) における $S_{t,i}$ と $Z_{ij}^{t,t+1}$ を E ステップにおいて得られた $\gamma_i^t(n)$ と $\xi_{ij}^{t,t+1}(n)$ で置き換えることにより, 更新した推定値 $\hat{A}(n+1)$ と $\hat{\pi}(n+1)$ を求める.

同様に, 式 (5.19) と式 (5.20) における $S_{t,k}$ を, データを所与としたときの条件付き期待値である現段階における推定値 $\gamma_k^t(n)$ で置き換えることにより, AR パラメータ $\hat{\alpha}_1(n+1)$, $\hat{\alpha}_2(n+1)$, $\hat{\sigma}_1^2(n+1)$, $\hat{\sigma}_2^2(n+1)$ の更新した推定値を求める.

最後に, 更新された推定値 $\hat{\alpha}_i(n+1)$, $\hat{\sigma}_i^2(n+1)$, $\hat{A}_{ii}(n+1)$ $(i = 1, 2)$ をまとめれば, 更新されたパラメータベクトルの推定値 $\hat{\theta}(n+1)$ が得られることとなる.

そして, 停止条件が満たされるまで, $m = 0, 1, 2, \ldots$ に対して, 繰り返しを継続するのである.

パラメータの値を

$$\alpha_1 = 0.9, \ \alpha_2 = -0.9, \ \sigma_1 = 1, \ \sigma_2 = 0.5, \ A_{11} = 0.8, \ A_{22} = 0.9$$

として, シミュレーションにより発生させた図 5.1 のデータに対しては, EM アルゴリズムは比較的速く収束する. 具体的には, 10 回の繰り返しの後,

$$\hat{\alpha}_1 = 0.9550, \ \hat{\alpha}_2 = -0.8872, \ \hat{\sigma}_1 = 1.0018,$$

$$\hat{\sigma}_2 = 0.4297, \ \hat{A}_{11} = 0.8352, \ \hat{A}_{22} = 0.9393$$

というパラメータ推定値が得られたが, それ以降, 繰り返しを続けても小数点第 4 位までが変化することはなかった. また, このときの初期値 $\hat{\theta}(0)$ としては, 確率的に発生させた数値を用いた.

5.2.6 Viterbi アルゴリズム

EM アルゴリズムはモデルパラメータの最尤推定値を数値的に求めることができるだけでなく，データを所与としたときの事後状態確率 $\mathbb{P}(Q_t = i | \mathbf{X}^{(N)})$ の推定値 $\gamma_i^t(n)$ も同時に計算することができる．Wong and Li（2000）や Franke et al.（2011）において議論されているような，状態変数 Q_t が独立な場合は，これらは時点 t における MAP 推定値となる．

$$\begin{cases} \widehat{Q}_t = 1, & \text{if } \gamma_1^t(n) > \gamma_2^t(n) \\ \widehat{Q}_t = 2, & \text{otherwise} \end{cases}$$

しかしながら，一般的には，Q_t の間の依存関係を考慮する必要があると同時に，データを所与としたときに，最も適当なレジームの系列 $\widehat{Q}_1, \ldots, \widehat{Q}_N$ を考える必要がある．例えば，Rabiner and Jiang（1986）で議論されている Viterbi アルゴリズムは，この問題に対する解を与えてくれる．ここでもやはり，モデルパラメータ θ は所与と仮定するが，実際には EM アルゴリズムによって求められた推定値で置き換えられる必要があることに注意されたい．ここで，

$$\delta_i^t = \max_{q_1, \ldots, q_{t-1}} \log p_\theta(\mathbf{X}^{(t)}, q_1, q_2, \ldots, q_{t-1}, Q_t = i)$$

と定義する．つまり，δ_i^t は時点 t において状態 $Q_t = i$ で終了するマルコフ連鎖の経路に関する最大完全対数尤度である．(A1) と (A2) の仮定より，

$$p_\theta(\mathbf{X}^{(t+1)}, q_1, q_2, \ldots, q_t, Q_{t+1} = j)$$
$$= \mathbb{P}(Q_{t+1} = j | Q_t = q_t) p_\theta(X_{t+1} | X_t, Q_{t+1} = j) p_\theta(\mathbf{X}^{(t)}, q_1, \ldots, q_t)$$

であるので，これより

$$\delta_j^{t+1} = \max_i (\delta_i^t + \log A_{ij}) + \log b_j^{t+1}$$

という逐次式が得られる（式 (5.11) を参照されたい）．また，この最大化が達成される i に対応する補助的な変数 I_j^t も必要となる．ここで，

$$\delta_j^1 = \log \pi_j b_j^1, \quad I_j^1 = 0, \quad j = 1, 2$$

という初期値を用いると，繰り返しは次のような形で書くことができる．

$$I_j^t = \arg\max_{i=1,2} \left(\delta_i^{t-1} + \log A_{ij} \right), \quad 2 \leq t \leq N, \quad j = 1, 2$$
$$\delta_j^t = \delta_{I_j^t}^{t-1} + \log A_{I_j^t, j} + \log b_j^t, \quad 2 \leq t \leq N, \quad j = 1, 2$$

これより，最終的に，最終時点において最も適当な状態として，

$$\widehat{Q}_N = \arg\max_{i=1,2} \left(\delta_i^N \right)$$

が得られるのである．状態の全系列を得るためには，時点 N から時点 1 まで，後向きに最も適当な状態を求めていけばよい．

$$\widehat{Q}_t = I_{\widehat{Q}_{t+1}}^{t+1}, \quad t = N-1, N-2, \ldots, 1$$

図 5.1 のデータに対しては，Viterbi アルゴリズムは隠れ状態変数 Q_t の系列をほぼ完璧に再構築することができる．具体的には，200 時点のうち 193 時点において，$\widehat{Q}_t = Q_t$ が成立する．図 5.3 は実線でデータ X_t を，点線で隠れマルコフ連鎖 Q_t を図示したものである．また，推定された状態と実際の状態が一致しなかった 7 時点は，この図の下部にアスタリスクで記されている．

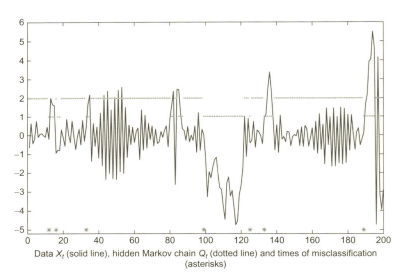

6
5
4
3
2
1
0
−1
−2
−3
−4
−5
0
20
40
60
80
100
120
140
160
180
200
Data X_t (solid line), hidden Markov chain Q_t (dotted line) and times of misclassification (asterisks)

図 5.3　図 5.1 のデータ X_t と隠れマルコフ連鎖 Q_t.

5.3　その他のマルコフスイッチング時系列モデル

上で紹介したほとんどの文献は，MS-AR モデル (5.2) を多変量に拡張することを許容している．そのようなレジームスイッチング VAR モデルとその経済への応用に関しては，Krolzig (1997) によるモノグラフで詳細に議論されている．Francq and Zakoian (2001) はマルコフスイッチング ARMA モデルにおける定常解の存在など，その性質を分析している．また，MS-AR モデルは外生的な観測変数を含む形にも拡張されている．そのようなマルコフスイッチング ARX 過程に関しては，Frühwirth-Schnatter (2006) の Section 12.3 で議論されており，そこではマルコフスイッチング動的回帰モデルと呼ばれている．

Yao and Attali (2000) は，有限次元のパラメータ θ で特徴付けることができない

任意の関数 F を用いた式 (5.9) に対応する一般的なノンパラメトリック MS-AR モデルを調べている．また，Franke et al. (2011) は EM アルゴリズムと組み合わせた平滑化カーネルに基づいた自己回帰関数のノンパラメトリック推定を議論している．さらに，Franke et al. (2010) はこの枠組みをノンパラメトリック MS-AR-ARCH モデルに拡張し，彼らはそのモデルを条件付き不均一分散混合エキスパート（CHARME）モデルと呼んでいる．AR と ARCH の次数が 1 の場合，このモデルは

$$X_t = \sum_{k=1}^{K} S_{tk}\left(\alpha_k(X_{t-1}) + \sigma_k(X_{t-1})\epsilon_t\right)$$

という形で表される．Tadjuidje et al. (2005) はニューラルネットワークに基づいた自己回帰関数と分散関数 $\alpha_k(x), \sigma_k(x)$ $(k=1,\ldots,K)$ のノンパラメトリック推定を研究し，ポートフォリオ管理の問題に応用している．また，Stockis et al. (2008) は特定のタイプの非線形 MS-AR モデルに対する識別性の問題を議論している．

ARCH/GARCH タイプのパラメトリックマルコフスイッチングモデルも盛んに議論されている．簡単な例としては，K レジーム MS-ARCH(1) モデルがあり，資産収益率 X_t のモデルとして用いられている．

$$X_t = \sigma_t \epsilon_t; \quad \sigma_{t+1}^2 = \sum_{t=1}^{K} S_{tk}\left(\omega_k + \alpha_k X_t^2\right)$$

このタイプのモデルに対する高次の ARCH モデルや MS-GARCH モデルへの拡張は，Cai (1994)，Hamilton and Susmel (1994)，Wong and Li (2001)，Francq et al. (2001)，Kaufmann and Frühwirth-Schnatter (2002)，Francq and Zakoian (2005) などによって考えられている．MS-GARCH 過程へ一般化した場合，隠れマルコフ連鎖の経路への依存により尤度関数の項数が標本数に対して指数的に増大してしまうので，最尤推定は困難となる．この問題に対して，Haas et al. (2004) と Lanne and Saikkonen (2003) は，パラメータ推定やボラティリティ予測を行うことができるように，MS-GARCH モデルを修正している．

興味深い今後の研究課題としては，Tadjuidje et al. (2009) で考えられているようなマルコフスイッチングと観測値に基づいたスイッチングの考え方を組み合わせたモデルの研究が挙げられる．そこでは，時点 t から $t+1$ へのマルコフ連鎖の推移関数が時点 t までの観測データに依存するようなマルコフスイッチング時系列モデルが考えられている．5.2 節の表記に基づくと，推移確率行列 A が過去の観測値 X_s $(s \leq t)$ のパラメトリックな関数となるようなモデルである．

5.4 連続時間におけるマルコフスイッチング

隠れマルコフと隠れマルコフスイッチングモデルは，連続時間における確率過程が主に興味となる数理ファイナンスの分野でも，近年よく用いられるようになっている．

まず，Rydén et al. (1998) は，離散隠れマルコフモデルは，例えば Franses and van Dijk (2000) の Section 1.2 にまとめられているような資産収益率の定型化された事実を複製できるので，ファイナンスデータのモデル化に利用できる可能性を指摘している．古典的な Black–Scholes モデルを考えると，ドリフトとボラティリティパラメータである μ と σ を隠れマルコフ過程の状態に依存させることにより，レジームスイッチングを導入することができる．つまり，価格過程 Y_t と収益率 R_t を

$$dY_t = Y_t\, dR_t, \quad dR_t = \mu_{Q_t} + \sigma_{Q_t} dW_t, \quad t \geq 0 \tag{5.21}$$

のようにモデル化するのである．ここで，$\{W_t\}$ はフィルトレーション $\mathcal{F} = \{\mathcal{F}_t, t \geq 0\}$ に関する標準ウイナー過程 (Wiener process) であり，Q_t は有限個の値 $1, \ldots, K$ のみをとると仮定された $\mathcal{F}$ 適合的な連続時間マルコフ過程である．また，$\{Q_t\}$ 分布は現在のレジームから移動する割合と推移確率を表す生成行列 G によって表される．Elliott and Wu (2005) は，式 (5.21) のモデルを，ジャンプを含んだ拡散過程 (diffusion process) に拡張している．さらに，Xi (2008) は μ_k と σ_k を任意の関数とした

$$dY_t = \mu_{Q_t}(Y_t)dt + \sigma_{Q_t}(Y_t)dW_t, \quad t \geq 0$$

というより一般的なモデルを考え，幾何的エルゴード性の条件を与えている．

式 (5.21) のモデルと，類似した離散時間における隠れマルコフモデル $X_t = \mu_{Q_t} + \sigma_{Q_t}\epsilon_t$ の間には決定的な違いがある．仮に σ が一定でないとすると，$\sigma_{Q_t}^2$ は R_t の2次変分の微分として求められるので，連続時間におけるマルコフ過程 Q_t は理論的に R_t から複製できる．したがって，このモデルは先行文献の中で隠れマルコフモデルではなく，マルコフスイッチングと呼ばれることが多く，離散時間において本章で用いた用語とは対照的である．

連続時間における推定やフィルタリングアルゴリズムの主な考え方は，上で述べた離散時間におけるものと同様である．Hahn et al. (2009b) は最近の文献のレビューを行っている．また，James et al. (1996) は連続時間モデルを離散化したフィルタと，離散時間における同等のフィルタの間の相互作用を議論している．実際にはよくあることだが，連続時間過程の離散観測値だけが観測可能な場合，ある種の問題が生じる．例えば，離散時間マルコフ過程の任意の推移確率行列に対して，対応する連続時間マルコフ過程の生成行列が必ずしも存在するとは限らないという問題がある．したがって，離散データに基づいて前者を推定できたとしても，根底にある連続時間過程の分布の推定値がどのように得られるかは定かではないのである．この問題に対処するために，Hahn et al. (2009a, b) や Hahn and Sass (2009) は MCMC の考え方に基づいた妥当な数値アルゴリズムを考案しているが，計算負荷が非常に大きく，膨大なデータが必要となる．

このような連続時間隠れマルコフモデルは，Erlwein et al. (2010) による電力のスポット価格への応用や，Erlwein et al. (2009) による短期金利への応用などに見られるように，多様なファイナンスデータに利用されている．また，近年，Bäuerle and

Rieder (2004), Erlwein et al. (2009), Hahn et al. (2007), Sass and Haussmann (2004) などにより，ポートフォリオ管理の問題にも応用されている．

謝辞

本研究は，Rhineland-Palatinate 州から資金提供を受けている数理計算モデリングセンター $(CM)^2$ から支援を受けた．

(Jürgen Franke／沖本竜義)

文　　献

Bäuerle, N., Rieder, U., 2004. Portfolio-optimization with Markov-modulated stock prices and interest rates. IEEE Trans. Autom. Control 49, 442–447.

Baum, L.E., Petrie, T., 1966. Statistical inference for probabilistic functions of finite state Markov chains. Ann. Math. Statist. 37, 1554–1563.

Baum, L.E., Petrie, T., Soules, G., Weiss, N., 1970. A maximization technique occurring in the statistical analysis of probabilistic functions of Markov chains. Ann. Math. Statist. 41, 164–171.

Bauwens, L., Rombouts, J., 2010. On marginal likelihood computation in change-point models. Comp. Stat. Data Anal. doi:10.1016/j.csda.2010.06.025 to appear.

Brockwell, P., Davis, R., 1991. Time Series: Theory and Methods. Springer Verlag, Berlin, Heidelberg, New York.

Cai, J., 1994. A Markov model of switching-regime ARCH. J. Bus. Econ. Statist. 12, 309–316.

Cappé, O., Moulines, E., Rydén, T., 2005. Inference in Hidden Markov Models. Springer-Verlag, Berlin, Heidelberg, New York.

Carvalho, A.X., Tanner, M.A., 2005. Mixtures-of-experts of autoregressive time series: asymptotic normality and model specification. IEEE Trans. Neural Netw. 16, 39–56.

Chopin, N., 2007. Inference and model choice for sequentially ordered hidden Markov models. J. R. Stat. Soc. B 69, 269–284.

Dempster, A., Laird, N., Rubin, D., 1977. Maximum likelihood for incomplete data via the em algorithm. J. R. Stat. Soc. B 39, 1–38.

Douc, R., Moulines, E., Rydén, T., 2004. Asymptotic properties of the maximum likelihood estimator in autoregressive models with Markov regime Ann. Statist. 32, 2254–2304.

Elliott, R.J., Wu, P., 2005. Hidden Markov model filtering for jump diffusions. Stoch. Anal. Appl. 23, 153–163.

Erlwein, C., Benth, F.E., Mamon, R., 2010. HMM filtering and parameter estimation of an electricity spot price model. Energy Econ. doi: 10.1016/j.eneco.2010.01.005.

Erlwein, C., Mamon, R., 2009. An online estimation scheme for a Hull-White model with HMM-driven parameters. Stat. Methods Appl. 18, 87–107.

Erlwein, C., Mamon, R., Davison, M., 2009. An examination of HMM-based investment strategies for asset allocation. Appl. Stoch. Models Bus. Ind. DOI: 10.1002/asmb.802.

Francq, C., Roussignol, M., 1998. Ergodicity of autoregressive processes with Markov switching and consistency of the MLE. Statistics 32, 151–173.

Francq, C., Roussignol, M., Zakoian, J.M., 2001. Conditional heteroskedasticity driven by hidden Markov chains. J. Time Ser Anal. 22, 197–220.

Francq, C., Zakoian, J.M., 2001. Stationarity of multivariate Markov switching ARMA models. J. Econom. 102, 339–364.

Francq, C., Zakoian, J.M., 2005. The L^2 structures of standard and switching-regime GARCH models. Stoch. Proc. Appl. 115, 1557–1582.

Franke, J., Stockis, J.-P., Kamgaing, J.T., 2010. On geometric ergodicity of CHARME models. J. Time Ser. Anal. 31, 141–152.

Franke, J., Stockis, J.-P., Kamgaing, J.T., Li, W.K., 2011. Mixtures of nonparametric autoregressions. J. Nonpar. Stat. 23, 287–303.

Franses, P.H., van Dijk, D., 2000. Non-linear Time Series Models in Empirical Finance. Cambridge University Press, Cambridge.

Frühwirth-Schnatter, S., 2001. Markov chain Monte Carlo estimation of classical and dynamic switching and mixture models J. Amer. Statist. Ass. 96, 194–209.

Frühwirth-Schnatter, S., 2004. Estimating marginal likelihoods for mixture and Markov switching models using bridge sampling techniques. Econom. J. 7, 143–167.

Frühwirth-Schnatter, S., 2006. Finite Mixture and Markov Switching Models. Springer-Verlag, Berlin, Heidelberg, New York.

Guidolin, M., Timmermann, A., 2007. Asset allocation under multivariate regime switching. J. Econ. Dyn. Control, 31, 3503–3544.

Haas, M., Mittnik, S., Paolella, M.S., 2004. Autoregressive conditional heteroskedasticity and changes in regime. J. Financial Econom., 2, 493–530.

Hahn, M., Putschögl, W., Sass J., 2007. Portfolio optimization with non-constant volatility and partial information. Braz. J. Probab. Stat. 21, 27–61.

Hahn, M., Frühwirth-Schnatter, S., Sass J., 2009. Estimating continuous-time Markov processes based on merged time series. Adv. Stat. Anal. 93, 403–425.

Hahn, M., Frühwirth-Schnatter, S., Sass J., 2009. Markov chain Monte Carlo methods for parameter estimation in multidimensional continuous time Markov switching models. J. Financial Econom. 8, 88–121.

Hahn, M., Sass J., 2009. Parameter estimation in continuous time Markov switching models – A semi-continuous Markov chain Monte Carlo approach. Bayesian Anal. 4, 63–84.

Hamilton J.D., 1989. A new approach to the economic analysis of nonstationary time series and the business cycle. Econometrica 57, 357–384.

Hamilton J.D., 1990. Analysis of time series subject to changes in regime. J. Econom. 45, 39–70.

Hamilton J.D., Susmel R., 1994. Autoregressive conditional heteroskedasticity and changes in regime. J. Econom. 64, 307–333.

Holst U., Lindgren G., Holst J., Thuvesholmen M., 1994. Recursive estimation in switching autoregressions with Markov regime. J. Time Ser. Anal. 15, 489–506.

James M.R., Krishnamurthy V., Le Gland, F., 1996. Time discretization of continuous-time filters and smoothers for HMM parameter estimation. IEEE Trans. Inf. Theory 42, 593–605.

Jiang, Tanner M.A., 1999. On the identifiability of mixture-of-experts. Neural Netw. 12, 197–220.

Kaufmann S., Frühwirth-Schnatter, S., 2002. Bayesian analysis of switching ARCH models. J. Time Ser. Anal. 23, 425–458.

Krolzig H.-M., 1997. Markov Switching Vector Autoregressions. Modelling, Statistical Inference and Application to Business Cycle Analysis. Lecture Notes in Econom. and Math. Systems. 454, Springer Verlag, Berlin, Heidelberg, New York.

Lange T., Rahbek, A., 2009. An introduction to regime switching time series models. In: Andersen, T.G., Davis, R.A., Kreiß J.-P., Mikosch, T. (Eds.), Handbook of Financial Time Series. Springer-Verlag, Berlin, Heidelberg, New York.

Lanne, M., Saikkonen, P., 2003. Modeling the US short-term interest rate by mixture autoregressive processes. J. Financial Econom 1, 96–125.

Liehr, S., Pawelzik, K., Kohlmorgen, J., Müller, K.-R., 1999. Hidden Markov mixtures of experts with an application to EEG recordings from sleep. Theory Biosci. 118, 246–260.

Liehr, S., Pawelzik, K., Kohlmorgen, J., Lemm, S., Müller, K.-R., 1999. Hidden Markov mixtures of experts for prediction of non-stationary dynamics. Neural Netw. Signal Process. Proc. 1999 IEEE Signal Process. Society Workshop 9, 195–204.

Lindgren, G., 1978. Markov regime models for mixed distributions and switching regressions. Scand. J. Stat. 5, 81–91.

MacDonald, I,L., Zucchini, W., 1997. Hidden Markov and Other Models for Discrete-Valued Time Series. Chapman and Hall, London.

MacKay, R.J., 2002. Estimating the order of a hidden Markov model. Can. J. Stat. 30, 573–589.

McCulloch, R.E., Tsay, R.S., 1994. Statistical analysis of economic time series via Markov switching models. J. Time Ser Anal. 15, 523–539.

Müller, K.-R., Kohlmorgen, J., Rittweger, J., Pawelzik, K., 1995. Analysing physiological data on wake-sleep state transition with competing predictors. NOLTA 95: Las Vegas Symposium on Nonlinear Theory and its Applications, IEICE, Tokyo , 223–226.

Peng, F., Jacobs, R.A., Tanner, M.A., 1996. Bayesian inference in mixtures-of-experts and hierarchical mixtures-of-experts models with an application to speech recognition. J. Am. Stat. Ass. 91, 953–960.

Pinson, P., Christensen, L.E.A., Madsen, H., Sørensen, P.E., Donovan, M.H., Jensen, L.E., 2008. Regime-switching modelling of the fluctuations of offshore wind generation. J. Wind Eng. Ind. Aerodynamics 96, 2327–2347.

Psaradakis, Z., Spagnolo, N., 2003. On the determination of the of the number of regimes in Markov-switching autoregressive models. J. Time Ser. Anal. 24, 237–252.

Psaradakis, Z., Spagnolo, N., 2006. Joint determination of the state dimension and autoregressive order for models with Markov regime switching. J. Time Ser. Anal. 27, 753–766.

Rabiner, L., Jiang, B., 1986. An introduction to hidden Markov models. IEEE ASSP Magazine, 3, 4–16.

Rydén, T., 1995. Estimating the order of hidden Markov models. Statistics 26, 345–354.

Rydén, T., 2008. EM versus Markov chain Monte Carlo for estimation of hidden Markov models: A computational perspective. Bayesian Anal. 08, 659–688.

Rydén, T., Teräsvirta, T., Asbrink, S., 1998. Stylized facts of daily return series and the hidden Markov model. J. Appl. Econ. 13, 217–244.

Sass, J., Haussmann, U.G., 2004. Portfolio optimization under partial information: Stochastic volatility in a hidden Markov model. In: Ahr, D., Fahrion, R., Oswald, M., Reinelt, G. (Eds.), Operations Research Proceedings 2000. Springer Verlag, Berlin, Heidelberg, New York.

Stockis, J.P., Tadjuidje Kamgaing, J., Franke, J., 2008. A note on the identifiability of the conditional expectation for mixtures of neural networks. Stat. Probab. Lett 78, 739–742.

Tadjuidje Kamgaing, J., Ombao, H., Davis, R.A., 2005. Competing neural networks as models for nonstationary financial time series. PhD Thesis, Dept. of Mathematics, University of Kaiserslautern.

Tadjuidje Kamgaing, J., Ombao, H., Davis, R.A., 2009. Autoregressive processes with data-driven regime switching. J. Time Ser. Anal. 30, 505–533.

Timmermann, A., 2000. Moments of Markov switching models. J. Econom. 96, 75–11.

Tong, H., 1990. Non-linear Time Series. Oxford University Press, Oxford.

Wong, C.S., Li, W.K., 2000. On a mixture autoregressive model. J. R. Stat. Soc. B 62, 95–115.

Wong, C.S., Li, W.K., 2001. On a mixture autoregressive conditional heteroscedastic model. J. Am. Stat. Assoc. 96, 982–995.

Wu, C.F.J., 1983. On the convergence properties of the EM algorithm. Ann. Stat. 11, 95–103.

Xi, F.B., 2008. Feller property, exponential ergodicity of diffusion processes with state-dependent switching. Sci. China Ser. A 51, 329–342.

Yao, F., Attali, J., 2000. On stability of nonlinear AR processes with Markov switching. Adv. Appl. Probab. 32, 394–407.

Zhang, J., Stine, R.A., 2001. Autocovariance structure of Markov regime switching models and model selection. J. Time Ser. Anal. 22, 107–124.

CHAPTER 6

A Review of Robust Estimation under Conditional Heteroscedasticity

条件付き不均一分散の頑健推定の展望

■ 概　要 ■　本章では，不均一分散モデルのパラメータ推定について議論する．特に，対称的な不均一分散だけでなく非対称な不均一分散のパラメータの M 推定量のクラスや，自己回帰モデルの条件付き期待値関数に関連したパラメータのランク推定量や M 推定量のクラスについて議論する．詳細なシミュレーションや金融データの分析を通じて，提案した推定量の頑健性の性質を調べる．

■ キーワード ■　不均一分散モデル，ランク推定と M 推定，バリュー・アット・リスク

6.1　は じ め に

通常，資産価格のリターンには自己相関がないが，そのボラティリティにはボラティリティクラスタリング（volatility clustering）と呼ばれる現象が観測される．ボラティリティクラスタリングとは，リターンの絶対値が大きく（小さく）なると，それが続く現象である．こうした特徴を持つ時系列を表すために，時間に依存した条件付き分散を持つ非線形モデルがよく用いられる．Engle (1982) は，インフレ率の変動を表すために，自己回帰条件付き不均一分散モデル（autoregressive conditional heteroscedastic model; ARCH model）を提案した．ARCH モデルは，ボラティリティの変動，すなわち，時系列の瞬時の変動性の過去の値への強い依存関係を表すのに用いられる．このモデルが提案されてから，このモデルやそれを一般化したモデルの理論や，経済や金融データへの応用に関して数多くの研究が行われた．本章では，これらのモデルに関するさまざまな推定法や応用について議論する．

これらのモデルの未知パラメータの推定によく用いられるのは，攪乱項（innovation）の分布を正規分布と仮定して計算した尤度を用いる方法で，この方法による推定量は疑似最尤推定量（quasi maximum likelihood estimator; QMLE）と呼ばれる．QMLE は攪乱項の分布の 4 次モーメントが有限なら，一致性と漸近正規性を満たす．しかし，そのような強いモーメント条件は成り立たないことが少なくない．例えば，攪乱項の分布が Student の t 分布で自由度が 4 以下の場合は成り立たない．このような場合を扱うために，これらのモデルの頑健な推定について議論する．この方面の先行研究と

しては，例えば，Koul and Mukherjee (2002), Peng and Yao (2003), Berkes and Horvath (2004), Mukherjee (2006, 2007, 2008), Iqbal and Mukherjee (2010) などを参照されたい．

本章の前半では，対称・非対称不均一分散モデルの条件付き分散のパラメータに関する M 推定法（M-estimation method）について議論する．特に，対称的なボラティリティ変動のモデル化に有用な Bollerslev (1986) の一般化 ARCH モデル（generalized ARCH model; GARCH model）を考える．ボラティリティ変動のモデル化でもう一つ考えるべき重要な点は，予期されないリターンの変化が条件付き分散に異なる影響を与えることである．予期されないリターンの上昇（良いニュース）は予期されない下落（悪いニュース）と比べると，モデルの条件付き分散に与える影響が小さい．Glosten et al. (1993) は，こうした現象を考慮して，GJR モデルと呼ばれる非対称モデルを提案した．ここでは，GJR モデルの M 推定法についても議論する．

バリュー・アット・リスク（value-at-risk; VaR）は，金融市場の潜在的リスクを測るためによく用いられる統計量である．VaR はリターンの分布の条件付き分位点である．VaR の一般的な紹介や説明は，Jorion (2000) を参照されたい．VaR の推定で一つの重要な作業は，金融時系列の瞬時の変動性，すなわちボラティリティの推定である．ここでは，GARCH や GJR のパラメータの M 推定量を使った VaR の頑健な尺度を考える．提案する VaR 推定値のパフォーマンスを，三つの重要な株価指数データ（S&P 500, FTSE100, 日経 225）を用いて詳細に分析する．標本内（in-sample）と標本外（out-of-sample）の VaR 推定値を両方評価する．提案する 1 日先の VaR 推定値の精度を本章の多くの M 検定統計量を用いて議論する．仮定するモデルの関数形に対するこれらの VaR 推定値の頑健性についても述べる．こうした点の最近の研究については，Iqbal and Mukherjee (in press) を参照されたい．

この分野の手法に関する多くの文献は，条件付き変動性に関するパラメータの推定法の開発に注目しており，応用の観点からは，分散不均一性がある場合の条件付き期待値の推定法の開発も重要であるにもかかわらず，これらは見逃されてきた．そこで，本章の後半では，誤差項に条件付き分散不均一性のある非線形自己回帰モデルの平均パラメータ推定のための M 推定法やランクに基づく頑健な方法について議論する．

本章で展望する結果は，多くの異なる視点から重要である．QMLE は多くの意味で M 推定量のクラスに属するので，ここで議論する M 推定法は QMLE を使ったほとんどの先行研究に応用可能である．さらに，誤差項の分布に関してノンパラメトリックな設定を用い，VaR の評価に使う平均と不均一分散のパラメータの頑健な推定量のいくつかは，単に攪乱項の 2 次のモーメントが有限であるといった最小限のモーメント条件のもとで，一致性と漸近正規性を満たす．そこで，4 次のモーメントが存在しないため QMLE の使用が正当化されない金融データでも，良いパフォーマンスが期待される．実際，ここでの実証分析では，ほとんどの場合で，Cauchy や B 推定量のような M 推定量が，よく使われる QMLE よりも正確に VaR を予測で

きるとの結果が得られた．モデルの定式化の誤りに対する VaR 推定値の頑健性は，実務家にとって望ましい性質である．したがって，本章での展望は，不均一分散モデルを当てはめ VaR を予測するために頑健推定量を使うことの重要性を示すものである．

6.2 GARCH(p,q) と GJR$(1,1)$ モデル

GARCH(p,q) モデルでは，$p,q \geq 1$ を既知の整数として，時系列 $\{X_t; t \in \mathcal{Z}\}$ を以下のように定式化する．

$$X_t = \sigma_t \epsilon_t \tag{6.1}$$

ここで，$\{\epsilon_t; t \in \mathcal{Z}\}$ は観測されない i.i.d. 誤差で，その分布は 0 を中心に左右対称であり，

$$\sigma_t^2 = \omega_0 + \sum_{i=1}^{p} \alpha_{0i} X_{t-i}^2 + \sum_{j=1}^{q} \beta_{0j} \sigma_{t-j}^2, \quad t \in \mathcal{Z} \tag{6.2}$$

である．ここで，$\omega_0, \alpha_{0i}, \beta_{0j} > 0$ $(\forall i, j)$ である．Bougerol and Picard (1992) は，式 (6.1), (6.2) において定常解が存在するための必要十分条件を議論している．ここでは，観測値 $\{X_t; 1 \leq t \leq n\}$ に基づくパラメータ空間 Θ に属するモデルのパラメータ

$$\boldsymbol{\theta}_0 = [\omega_0, \alpha_{01}, \ldots, \alpha_{0p}, \beta_{01}, \ldots, \beta_{0q}]' \tag{6.3}$$

のいくつかの関数の頑健な M 推定の問題と応用を考える．

パラメータの推定には，通常，$\{\epsilon_t\}$ の分布を標準正規分布と仮定した尤度を用い，この推定量は QMLE と呼ばれる．誤差項の無条件モーメントが少なくとも 4 次まで有限であれば，QMLE の漸近正規性が成り立つ．Berkes et al. (2003)（BHK と略す）は，GARCH モデル (6.1), (6.2) に関してテクニカルな良い結果を数多く導出しており，それらを使って QMLE の漸近正規性を導いている．

しかし，金融データのいくつかの研究で，QMLE の漸近正規性のために必要な 4 次モーメントの存在は，実際にはそれほど成り立たないことが指摘されている．Peng and Yao (2003) は，三つの異なる最小絶対偏差法型推定量（least absolute deviation-type estimator; LAD-type estimator）を考え，Berkes and Horvath (2004) と Mukherjee (2006) は GARCH(p,q) モデルと ARCH(p) モデルの疑似最尤推定量（pseudo-maximum likelihood estimator; PMLE）を考えている．Berkes and Horvath (2004) は，スコア関数が $(0,\infty)$ で 3 次微分可能な場合に，誤差分布に関してある実数値の無条件モーメントが存在するという仮定のもとで，いくつかの PMLE の漸近正規性を導いている．それらのクラスの推定量は，LAD と QMLE 両方と，いくつかの別の重要なスコア関数を含んでいる．しかし，推定するパラメータの識別可能性条件は，$E(\epsilon^2) = 1$，$E(|\epsilon|) = 1$，$E\{|\epsilon|/(1+|\epsilon|)\}$ のような誤差項（あるいは誤

差項の関数）の無条件モーメントが既知の値であることを要求する．これについては，Berkes and Horvath (2004) の一般的な条件 (1.16) と具体例の式 (2.1)〜(2.3) を参照されたい．明らかに，そのような条件は証明不可能なので，望ましくない．本章では，そのような仮定をしないで，PMLE やもっと一般的な M 推定量の漸近理論と応用について議論する．特に，GARCH モデルでは，スコア関数 H に基づく M 推定量は以下の一致推定量になる．

$$\boldsymbol{\theta}_{0H} = [c_H\omega_0, c_H\alpha_{01}, \ldots, c_H\alpha_{0p}, \beta_{01}, \ldots, \beta_{0q}]' \tag{6.4}$$

ここで，c_H は以下の式 (6.20) で定義される定数で，誤差分布を通じてスコア関数 H に依存する．特に，$c_H = 1$ であり，またその場合だけ，M 推定量は $\boldsymbol{\theta}_0$ を推定できる．したがって，先行文献で標準的な仮定である誤差分散が 1 の場合，またその場合だけ，QMLE を使って $\boldsymbol{\theta}_0$ を推定することができる．同様の発見については，Fan et al. (2010) も参照されたい．

GJR(1, 1) モデルでは，リターン系列 $\{X_t; t \in \mathcal{Z}\}$ を以下のように定式化する．

$$X_t = \sigma_t \epsilon_t \tag{6.5}$$

ここで，$\{\epsilon_t; t \in \mathcal{Z}\}$ は観測されない 0 を中心に左右対称な分布を持つ i.i.d. 誤差項で，

$$\sigma_t^2 = \omega_0 + \alpha_0 X_{t-1}^2 + \beta_0 \sigma_{t-1}^2 + \gamma_0 D_{t-1} X_{t-1}^2, \quad D_{t-1} = I(X_{t-1} < 0) \tag{6.6}$$

であり，未知のパラメータは

$$\boldsymbol{\theta}_0 = [\omega_0, \alpha_0, \gamma_0, \beta_0]' \tag{6.7}$$

である．正のリターンは $\alpha_0 X_{t-1}^2$ だけボラティリティを上昇させるのに対して，負のリターンは $(\alpha_0 + \gamma_0) X_{t-1}^2$ だけボラティリティを上昇させる．ここでは，γ_0 を非対称パラメータと呼ぶ．

$\boldsymbol{\theta}_0$ は以下のパラメータ空間内にあると仮定する．

$$\Theta = \{\boldsymbol{\theta} = [\omega, \alpha, \gamma, \beta]'; \omega, \alpha, \beta > 0, \alpha + \gamma \geq 0, \alpha + \beta + (\gamma/2) < 1\}$$

これらのパラメータ制約のもとでは，式 (6.5), (6.6) によって定義されるモデルは強定常になる．

GJR モデルのパラメータの推定には，通常，正規尤度関数に基づく QMLE が用いられるが，4 次モーメントが有限でない限り，この方法はパフォーマンスが良くない．そこで，GARCH モデル同様，GJR モデルの頑健な M 推定量のクラスを提案する．GJR モデルでは，スコア関数 H に基づく M 推定量は以下の一致推定量になる．

$$\boldsymbol{\theta}_{0H} = [c_H\omega_0, c_H\alpha_0, c_H\gamma_0, \beta_0]' \tag{6.8}$$

ここで，これまで同様，c_H は式 (6.20) で定義される定数である．

6.2.1 M 推 定 量

以下，ある関数 g の 1 次微分，2 次微分が存在する場合には，それらをそれぞれ $\dot{g}$, $\ddot{g}$ で表し，ϵ を $\{\epsilon_t \in \mathcal{Z}\}$ と同じ分布を持つ確率変数を表すものとする．

$\psi: I\!R \to I\!R$ を有限な点以外すべてで微分可能な奇関数とする．$\mathcal{D} \subset I\!R$ は ψ が微分可能な点の集合を表し，$\bar{\mathcal{D}}$ はその余集合を表すものとする．$H(x) := x\psi(x)$ $(x \in I\!R)$ とする．$H(-x) = H(x), \forall x$ であることに注意されたい．関数 H は尺度モデルにおける M 推定量の "スコア関数" と呼ばれる．以下，例をいくつか示す．

例 1 最小絶対偏差 (least absolute deviation; LAD) スコア：$\psi(x) = \text{sign}(x)$ とする．そうすると，$\mathcal{D}^c = \{0\}$, $H(x) = |x|$.

例 2 Huber の k スコア：$\psi(x) = xI(|x| \le k) + k\,\text{sign}(x)I(|x| > k)$ とする．ここで，$k > 0$ は既知の定数．そうすると，$\mathcal{D}^c = \{-k, k\}$, $H(x) = x^2 I(|x| \le k) + k|x|I(|x| > k)$.

例 3 QMLE：$\psi(x) = x$ とする．そうすると，$H(x) = x^2$.

例 4 最尤推定 (MLE) のスコア関数：$\psi(x) = -\dot{f}_0(x)/f_0(x)$ とする．ここで，f_0 は ϵ の真の密度であり，既知であると仮定する．そうすると，$H(x) = x\{-\dot{f}_0(x)/f_0(x)\}$.

例 5 B 推定量：$\psi(x) = B\,\text{sign}(x)/(1+|x|)$ とする．ここで，$B > 1$ は既知の定数．そうすると，$\mathcal{D}^c = \{0\}$, $H(x) = B|x|/(1+|x|)$.

例 6 Cauchy 推定量：$\psi(x) = 2x/(1+x^2)$ とする．そうすると，$H(x) = 2x^2/(1+x^2)$.

例 7 指数疑似最尤推定 (exponential pseudo-maximum likelihood estimation; EPMLE) のスコア関数：$\psi(x) = a|x|^{b-1}\text{sign}(x)$ とする．ここで，$a > 0$ および $1 < b \le 2$ は既知の定数である．そのようなスコアは Nelson (1991) や Robinson and Zaffaroni (2006) が指数 (exponential) GARCH モデルの攪乱項をモデル化するために考えた密度のクラスに端を発している．ここでは，$\mathcal{D}^c = \{0\}$, $H(x) = a|x|^b$.

次に，M 推定量を定義する．位置モデルでは，M 推定量は残差関数を含むある方程式体系の解として定義され，ここでも同じアプローチに従う．$\epsilon_t = X_t/\sigma_t$ なので，残差関数を定義するために，最初に残差の分母に関連する分散関数の概念を議論する．その際，GARCH と GJR を別々に議論する．

GARCH モデルでは，いくつかの $\kappa > 0$ において，

$$E[|\epsilon|^\kappa] < \infty \tag{6.9}$$

と仮定する．そうすると，BHK の Lemma 2.3 と Theorem 1 から，式 (6.2) の σ_t^2 は以下の唯一 (unique) のほとんど確実 (almost sure) な表現ができる．

$$\sigma_t^2 = c_0 + \sum_{j=1}^{\infty} c_j X_{t-j}^2, \quad t \in \mathcal{Z} \tag{6.10}$$

ここで，$\{c_j; j \geq 0\}$ は BHK の式 (6.7)〜(6.9) と以下の式 (6.12) で定義される．

パラメータ空間 Θ の分散関数を以下のように定義する．

$$v_t(\boldsymbol{\theta}) = c_0(\boldsymbol{\theta}) + \sum_{j=1}^{\infty} c_j(\boldsymbol{\theta}) X_{t-j}^2, \quad \boldsymbol{\theta} \in \Theta, t \in \mathcal{Z} \tag{6.11}$$

ここで，係数 $\{c_j(\boldsymbol{\theta}); j \geq 0\}$ は BHK（Section 3 の (3.1) 式）で与えられ，以下の性質を満たす．

$$c_j(\boldsymbol{\theta}_0) = c_j, \quad \forall j \geq 0$$

したがって，式 (6.10) から，分散関数は，

$$\sigma_t = v_t^{1/2}(\boldsymbol{\theta}_0), \quad t \in \mathcal{Z}$$

を満たす．$\boldsymbol{\theta} = (\omega, \alpha, \beta)'$ の GARCH(1,1) モデルの式 (6.11) の例は，

$$c_0(\omega, \alpha, \beta) = \omega/(1-\beta), \quad c_j(\omega, \alpha, \beta) = \alpha \beta^{j-1}, \quad j \geq 1 \tag{6.12}$$

となり，GJR モデルでは，式 (6.6) を繰り返し代入することにより，

$$\begin{aligned}
\sigma_t^2 &= \omega_0 + \alpha_0 X_{t-1}^2 + \gamma_0 D_{t-1} X_{t-1}^2 \\
&\quad + \beta_0 \{\omega_0 + \alpha_0 X_{t-2}^2 + \gamma_0 D_{t-2} X_{t-2}^2 + \beta_0 \sigma_{t-2}^2\} \\
&= \omega_0(1+\beta_0) + \alpha_0(X_{t-1}^2 + \beta_0 X_{t-2}^2) + \gamma_0(D_{t-1} X_{t-1}^2 + \beta_0 D_{t-2} X_{t-2}^2) \\
&\quad + \beta_0^2 \{\omega_0 + \alpha_0 X_{t-3}^2 + \gamma_0 D_{t-3} X_{t-3}^2 + \beta_0 \sigma_{t-3}^2\} \\
&= \omega_0(1+\beta_0+\beta_0^2) + \alpha_0(X_{t-1}^2 + \beta_0 X_{t-2}^2 + \beta_0^2 X_{t-3}^2) \\
&\quad + \gamma_0(D_{t-1} X_{t-1}^2 + \beta_0 D_{t-2} X_{t-2}^2 + \beta_0^2 D_{t-3} X_{t-3}^2) + \beta_0^3 \sigma_{t-3}^2 \\
&= \frac{\omega_0}{(1-\beta_0)} + \alpha_0 \sum_{j=1}^{\infty} \beta_0^{j-1} X_{t-j}^2 + \gamma_0 \sum_{j=1}^{\infty} \beta_0^{j-1} D_{t-j} X_{t-j}^2
\end{aligned} \tag{6.13}$$

となる．そこで，$\boldsymbol{\theta} \in \Theta$ で，分散関数

$$v_t(\boldsymbol{\theta}) = \frac{\omega}{(1-\beta)} + \alpha \sum_{j=1}^{\infty} \beta^{j-1} X_{t-j}^2 + \gamma \sum_{j=1}^{\infty} D_{t-j} \beta^{j-1} X_{t-j}^2 \tag{6.14}$$

を定義する．ここで，

$$\sigma_t = v_t^{1/2}(\boldsymbol{\theta}_0), \quad t \in \mathcal{Z}$$

6.2 GARCH(p,q) と GJR$(1,1)$ モデル

であることに注意されたい．

したがって，式 (6.1) と式 (6.5) は，以下のように書き換えることができる．

$$X_t = \{v_t(\boldsymbol{\theta}_0)\}^{1/2}\epsilon_t, \quad 1 \leq t \leq n \tag{6.15}$$

次に，以下の式で定義される式 (6.11) と式 (6.14) の過程 $\{v_t(\boldsymbol{\theta})\}$ の観測可能な近似 $\{\hat{v}_t(\boldsymbol{\theta})\}$ を考えよう．

$$\hat{v}_t(\boldsymbol{\theta}) = c_0(\boldsymbol{\theta}) + I(2 \leq t)\sum_{j=1}^{t-1} c_j(\boldsymbol{\theta}) X_{t-j}^2, \quad \boldsymbol{\theta} \in \Theta, \quad 1 \leq t \leq n$$

$$\hat{v}_t(\boldsymbol{\theta}) = \frac{\omega}{(1-\beta)} + \alpha \sum_{j=1}^{t-1} \beta^{j-1} X_{t-j}^2 + \gamma \sum_{j=1}^{t-1} D_{t-j}\beta^{j-1} X_{t-j}^2, \quad \boldsymbol{\theta} \in \Theta \; 1 \leq t \leq n$$

上が GARCH モデル，下が GJR モデルである．したがって，式 (6.15) から，残差関数を以下のように定義する．

$$X_t/\{\hat{v}_t(\boldsymbol{\theta})\}^{1/2}, \quad 1 \leq t \leq n \tag{6.16}$$

式 (6.15) では，f が誤差密度を表すとすると，過去の値を所与とする X_t の条件付き密度は，$v_t^{-1/2}(\boldsymbol{\theta}_0)f\{v_t^{-1/2}(\boldsymbol{\theta}_0)X_t\}$ $(1 \leq t \leq n)$ になる．そこで，条件付き尤度にならい，対数尤度にマイナスを付けた $(1/n)\sum_{t=1}^{n}[(1/2)\log v_t(\boldsymbol{\theta}) - \log f\{X_t/v_t^{1/2}(\boldsymbol{\theta})\}]$ $(\boldsymbol{\theta} \in \Theta)$ を最小化する値として，あるいはその導関数

$$\sum_{t=1}^{n}(1/2)[1 - H^*\{X_t/v_t^{1/2}(\boldsymbol{\theta})\}]\{\dot{v}_t(\boldsymbol{\theta})/v_t(\boldsymbol{\theta})\} = \mathbf{0}$$

の解として，確率的な量を定義することができる．ここで，$H^*(x) := x\{-\dot{f}(x)/f(x)\}$ である．

より一般的に，スコア関数 $H(x) := x\psi(x)$ を使って，次に，式 (6.15) の $\boldsymbol{\theta}_n$ は方程式

$$\sum_{t=1}^{n}(1/2)\left\{1 - H\{X_t/v_t^{1/2}(\boldsymbol{\theta})\}\right\}\{\dot{v}_t(\boldsymbol{\theta})/v_t(\boldsymbol{\theta})\} = \mathbf{0} \tag{6.17}$$

の解として定義できる．

しかし，$v_t(\boldsymbol{\theta})$ が観測できないので，$\boldsymbol{\theta}_n$ は計算できないことに注意されたい．したがって，式 (6.17) の $v_t()$ を $\hat{v}_t(\boldsymbol{\theta})$ に置き換えることにより，スコア H に基づくそれぞれのモデルの M 推定量 $\hat{\boldsymbol{\theta}}_n$ は

$$\sum_{t=1}^{n}(1/2)\left\{1 - H\{X_t/\hat{v}_t^{1/2}(\boldsymbol{\theta})\}\right\}\{\dot{\hat{v}}_t(\boldsymbol{\theta})/\hat{v}_t(\boldsymbol{\theta})\} = \mathbf{0} \tag{6.18}$$

の解として定義される．例 3 の $H(x) = x^2$ では，$\hat{\boldsymbol{\theta}}_n$ は QMLE，例 1 の $H(x) = |x|$ では，$\hat{\boldsymbol{\theta}}_n$ は LAD 推定量と呼ぶことができる．

式 (6.16) から，M 推定量に基づいて，残差は以下のように定義される．

$$\hat{\epsilon}_t = X_t/\{\hat{v}_t(\hat{\boldsymbol{\theta}}_n)\}^{1/2}, \quad 1 \leq t \leq n \tag{6.19}$$

6.2.2 $\hat{\boldsymbol{\theta}}_n$ の漸近分布

漸近分布は以下の仮定のもとで導出される.

モデルの仮定：式 (6.1) と式 (6.2), もしくは式 (6.5) と式 (6.6) のどちらかは妥当する. パラメータ空間 Θ はコンパクト集合で, その内部の Θ_0 は式 (6.3) と式 (6.4), もしくは式 (6.7) と式 (6.8) のどちらかの $\boldsymbol{\theta}_0$ と $\boldsymbol{\theta}_{0H}$ を両方含む. さらに, 式 (6.15) が成り立ち, $\{X_t\}$ は定常でエルゴード性を満たす.

スコア関数の条件

識別可能性条件：スコア関数 H に対応して,

$$E[H(\epsilon/c_H^{1/2})] = 1 \tag{6.20}$$

を満たす唯一の数 $c_H > 0$ が存在する.

モーメント条件：

$$E[H(\epsilon/c_H^{1/2})]^2 < \infty, \quad 0 < E\{(\epsilon/c_H^{1/2})\dot{H}(\epsilon/c_H^{1/2})\} < \infty \tag{6.21}$$

滑らかさの条件：異なるスコア関数に応用可能な可変の程度の滑らかさの条件を仮定することができる. そのような（強い）仮定の一つは, スコア関数が 3 次微分可能で 3 次導関数が有界であることである. 例 1 〜 例 7 のすべてのスコア関数が満たすような弱い滑らかさの条件を H に課すことは可能である.

式 (6.18) の $\hat{\boldsymbol{\theta}}_n$ に関する主な結果を述べるために, スコア関数因子

$$\sigma^2(H) := 4 \operatorname{var}\{H(\epsilon/c_H^{1/2})\}/[E\{(\epsilon/c_H^{1/2})\dot{H}(\epsilon/c_H^{1/2})\}]^2$$

を定義する. ここで, $\operatorname{var}\{H(\epsilon/c_H^{1/2})\}$ は, モーメント条件 (6.21) で正であると仮定する. また,

$$\boldsymbol{G} := E\{\dot{v}_1(\boldsymbol{\theta}_{0H})\dot{v}_1'(\boldsymbol{\theta}_{0H})/v_1^2(\boldsymbol{\theta}_{0H})\}$$

と定義する.

定理 1 モデルの仮定, 識別可能性条件, モーメント条件, 滑らかさの条件が成り立つと仮定する. そうすると,

$$n^{1/2}(\hat{\boldsymbol{\theta}}_n - \boldsymbol{\theta}_{0H}) \to N[0, \sigma^2(H)\boldsymbol{G}^{-1}] \tag{6.22}$$

となる.

注釈 1 上の結果は, スコア関数 H を使うと, $\boldsymbol{\theta}_{0H}$ の一致推定量が得られることを示している. $H(x) = x^2, c_H = E(\epsilon^2)$ として QMLE を用いると, $[E(\epsilon^2)\omega_0, E(\epsilon^2)\alpha_{01}, \ldots, E(\epsilon^2)\alpha_{0p}, \beta_{01}, \ldots, \beta_{0q}]'$ の一致推定量が得られる. Berkes and Horvath (2004) は GARCH モデルにおいて異なる H で c_H の値が既知であると仮定しているが, それ

以外の文献では $E(\epsilon^2) = 1$ が標準的な仮定であることに注意されたい．したがって，誤差分散が 1 の場合，QMLE を用いて $\boldsymbol{\theta}$ を推定することができる．対応する誤差分布で $c_H = 1$ の場合はいつでも，あらゆる別のスコア関数 H を用いて $\boldsymbol{\theta}$ が推定できる． □

注釈 2 定理 1 は誤差分布のモーメントに対する弱い仮定のもとで導出される．ここでは，スコア関数 H に条件を課したが，ほとんどの例で，これは誤差分布の非常に緩いモーメントの仮定に直すことができる．また，分散表現 (6.10), (6.13) は，分散関数を定義するのに重要である．特に，例 5, 6 では，GARCH モデルの分散表現と，κ が実数になり得て値が既知であることすら必要のない推定量の漸近正規性を得るためには，式 (6.9) だけで十分である． □

上の推定量の有用性は，誤差確率変数 ϵ の密度が
$$(1 + x^2/\nu)^{-(\nu+1)/2} \tag{6.23}$$
に比例する自由度 $\nu > 0$ の t 分布密度族を考えることによって，さらに示すことができる．

すべての $0 < \mu < \nu$ で $E|\epsilon|^\mu < \infty$ であり，$\nu > 1$ の場合は $E(\epsilon) = 0$，$\nu > 2$ の場合は $\mathrm{Var}(\epsilon) = \nu/(\nu - 2)$ であることに注意されたい．

$2 < \nu \leq 4$ の場合，$2 < 2b < \nu$ を満たすすべての b で，$E|\epsilon|^{2b} < \infty$ であるが，$E\epsilon^4 = \infty$ である．したがって，QMLE の漸近正規性は成り立たないが，EPMLE は式 (6.22) を満たす．

上の推定量のクラスは，式 (6.9) の κ が実数で未知の可能性すらあるような誤差分布で有用である．このことを示すために，いくつかの値が未知の ν ($0 < \nu < 4$) で誤差密度が式 (6.23) を満たすと仮定する．$\kappa = \nu/2$ で式 (6.9) が成り立つので，QMLE の漸近正規性は成り立たないが，すべての既知の $\lambda > 1$ に基づく推定量は式 (6.22) を満たす．

6.3 GARCH モデルと GJR モデルのデータ分析

6.2 節の漸近分布の結果を証明し，シミュレーション分析を用いて，いくつかのスコア関数に基づく M 推定量の相対的なパフォーマンスを比較する．比較のために，GJR(1,1) モデルの推定量の平均 2 乗誤差 (mean squared error; MSE) を以下のように定義する．

$$E[\{(\hat{\omega} + \hat{\gamma})/\hat{\alpha} + \hat{\beta}\} - \{(\omega_0 + \gamma_0)/\alpha_0 + \beta_0)\}]^2$$

式 (6.22) と $\boldsymbol{\theta}_{0H}$ の定義から，$\hat{\omega} + \hat{\gamma}$ と $\hat{\alpha}$ の比率は M 推定量に使われるスコア関数

H には依存しない量に対して一致性を持つので,上の MSE の定義により異なる M 推定量の相対的パフォーマンスを比較することができる.$\gamma_0 = 0$ の GARCH(1,1) モデルに特化すると,それに対応した MSE は以下のように定義される.

$$E[\{(\hat{\omega}/\hat{\alpha}) + \hat{\beta}\} - \{(\omega_0/\alpha_0) + \beta_0)\}]^2$$

これらの量を推定するためにシミュレーションを用いる.その後,以下の二つのデータセットを用いる.(a) 1926 年から 1999 年までの IBM 株の月次対数リターン(観測値の数は 888,最初の値が 1.0434,最後の値が 4.5633)と,(b) 1926 年から 1991 年までの S&P 500 の月次超過リターン(観測値の数は 792,最初の値が 0.0225,最後の値が 0.1116).これらのデータセットは Tsay (2010) で用いられており,そこではさまざまなタイプの不均一分散モデルが当てはめられている.データは以下のサイトにある.

http://faculty.chicagobooth.edu/ruey.tsay/teaching/fts3/

これらのデータに GARCH モデルと GJR モデルを当てはめ,さまざまなタイプの M 推定量を計算した.ここで報告するすべての計算は,表 6.3 以外,ソフトウェア R を用いて行った.

6.3.1 シミュレーション分析

標準正規分布,尺度混合正規分布 $(1-c_*)\Phi(x) + c_*\Phi(x/\sigma)$ $(c_* = 0.05, \sigma^2 = 9)$,自由度 3 と 4 の規準化された Student の t 分布という四つの異なる分布から発生させた誤差の値を使って,モデル (6.2), (6.6) から標本サイズ $n = 500$ の標本を発生させることを,$R = 1000$ 回繰り返す.それぞれの標本で,五つの異なる M 推定量,具体的には,QMLE, LAD, $k = 1.5 \times 1.483 \times |\hat{\varepsilon}_t^M|$ の中央値 (median) の Huber, $B = 2.5$ の B 推定量,Cauchy を計算した.ここで,Huber 推定値の疑似残差 (pseudo-residual) $\{\hat{\varepsilon}_t^M\}$ は,MATLAB の初期値の推定値 $\hat{\alpha}_0^M = 0.05, \hat{\beta}_0^M = 0.85, \hat{\gamma}_0^M = 0, \hat{\omega}_0^M = (1 - \hat{\alpha}_0^M - \hat{\beta}_0^M) \times \hat{v}(X)$ に基づき,式 (6.19) のように定義した.ここで,$\hat{v}(X)$ は観測される系列 $\{X_1, \ldots, X_n\}$ の標本分散である.

MSE は真のパラメータ $\boldsymbol{\theta}_0$ に依存するので,表 6.1 の GARCH(1,1) モデルでは,真のパラメータの値を $\omega_0 = 0.005$, $\alpha_0 = 0.2$, $\beta_0 = 0.75$ としてシミュレーションを行った結果を代表的な結果として示すことで,相対比較の一般的なシナリオを記述する.この選択は MATLAB を使って計算し,表 6.3 に示している QMLE に基づく S&P 500 の GARCH パラメータの推定値によって行った.そこでは,ω の推定値は非常に小さく,α と β の推定値は適度な値で,それらの合計は 1 に近いが,1 を下回っている.表 6.2 に,$\omega_0 = 0.5$, $\alpha_0 = 0.3$, $\beta_0 = 0.4$, $\gamma_0 = 0.25$ としてシミュレーションを行った定常な GJR(1,1) モデルの結果を,代表的な結果として報告している.これらのパラメータの値はすべて適度に大きく,定常性を満たしている.パラメータの値の他の組合せの結果については,読者から要求があれば提供する.

表 6.1 GARCH(1,1) モデルの M 推定量の平均 2 乗誤差.

$n=500$	QMLE	LAD	Huber	B 推定量	Cauchy
MSE			正規分布		
	0.0202	0.0677	0.0272	0.0441	0.0812
	(0.0631)	(0.1468)	(0.0758)	(0.1094)	(0.1428)
MSE			尺度混合正規分布		
	0.0720	0.0440	0.0434	**0.0408**	0.0909
	(0.1106)	(0.0883)	(0.0879)	(0.0839)	(0.1450)
MSE			Student の t 分布(自由度 3)		
	0.0302	0.0163	**0.0119**	0.0133	0.0204
	(0.0745)	(0.0595)	(0.0392)	(0.0488)	(0.0604)
MSE			Student の t 分布(自由度 4)		
	0.0241	0.0153	**0.0145**	0.0153	0.0351
	(0.0535)	(0.0448)	(0.0430)	(0.0398)	(0.0925)

表 6.2 GJR(1,1) モデルの M 推定量の平均 2 乗誤差.

$n=500$	QMLE	LAD	Huber	B 推定量	Cauchy
MSE			正規分布		
	0.0727	0.0304	**0.0303**	0.0373	0.0371
	(0.0555)	(0.0178)	(0.0187)	(0.0337)	(0.0268)
MSE			尺度混合正規分布		
	0.1081	0.0601	0.0593	**0.0454**	0.0566
	(0.0925)	(0.0782)	(0.0811)	(0.0175)	(0.0177)
MSE			Student の t 分布(自由度 3)		
	0.0786	0.0400	0.0503	**0.0294**	0.0322
	(0.0625)	(0.0378)	(0.0853)	(0.0154)	(0.0160)
MSE			Student の t 分布(自由度 4)		
	0.0815	0.0598	0.0600	**0.0547**	0.0597
	(0.0430)	(0.0315)	(0.0132)	(0.0316)	(0.0727)

表 6.1 と表 6.2 は,各スコア関数で推定された MSE を示し,また,括弧内に R 回の繰り返しによって計算された標準誤差を示している.太字は各行で最小の MSE であることを示す.予想どおり,誤差項の分布が正規分布の場合は QMLE のパフォーマンスが良いが,他の裾の厚い分布の場合は QMLE は良い選択ではない.Peng and Yao (2003) は,$\{\epsilon_t\}$ が裾の厚い分布に従うとき,最小絶対偏差推定量(LAD)を使うべきであると提案している.われわれの研究は,Huber 推定量や B 推定量のように,LAD よりもさらにパフォーマンスが良くなりうるスコア関数があることを示し

表 6.3 MATLAB を用いた実際のデータセットの GARCH(1,1) と GJR(1,1) のパラメータの QMLE（括弧内の数値は標準誤差を表す）．

データセット	IBM 株		S&P 500 指数	
	GARCH(1,1)	GJR(1,1)	GARCH(1,1)	GJR(1,1)
ω	2.9987	3.3579	0.00008	0.00009
	(0.9415)	(0.9810)	(0.00002)	(0.00002)
α	0.0953	0.0667	0.1211	0.0727
	(0.0201)	(0.0238)	(0.0199)	(0.0210)
γ	–	0.0558	–	0.0822
	–	(0.0256)	–	(0.0283)
β	0.8376	0.8293	0.8556	0.8543
	(0.0365)	(0.0380)	(0.0190)	(0.0185)

ている．これは ϵ_t^2 の中央値を 1 とするような余分の制約を何も課していないからである．これらの結果は，データが厚い裾を持つか，外れ値が存在する証拠があるときに，MSE 規準の観点から，GJR や GARCH モデルのパラメータの推定には B 推定量が優れた選択であることを示している．さらなるシミュレーションを通じて，標本が大きくなると，B 推定量は MSE がより小さくなることから，他のすべての推定量よりもさらにパフォーマンスが良くなることがわかった．シミュレーション分析により，$B = 2.5$ の場合にパフォーマンスが良いことがわかった．

6.3.2 金融データ

本項では，$\{r_t; 1 \leq t \leq n\}$ をもとの株価あるいは指数データとしたとき，$\{X_t = r_t - \bar{r}; 1 \leq t \leq n\}$ で表される平均を引いた IBM 株価や S&P 500 指数に GARCH(1,1) と GJR(1,1) モデルを当てはめることにより，パラメータの M 推定量を計算する．表 6.4 は，IBM データで，五つの異なる M 推定量を使った場合のパラメータの推定値と標準誤差（SE）を示している．モデルの妥当性を診断するため，残差 2 乗 $\{\hat{\epsilon}_t^2\}$ のラグ k の Ljung–Box 統計量 $\{Q(k)\}$ も計算して

表 6.4 IBM データでの GARCH(1,1) モデルのパラメータの M 推定値と，それに対応する残差 2 乗の Ljung–Box 統計量．

パラメータ	QMLE	LAD	Huber	B 推定量	Cauchy
$c_H\omega$	3.0045	1.6319	1.9419	2.0021	0.8984
	(1.4277)	(0.7314)	(0.8795)	(1.0151)	(0.4722)
$c_H\alpha$	0.0950	0.0542	0.0680	0.0717	0.0297
	(0.0307)	(0.0162)	(0.0201)	(0.0236)	(0.0105)
β	0.8378	0.8475	0.8557	0.8502	0.8473
	(0.0535)	(0.0465)	(0.0435)	(0.0502)	(0.0547)
$Q(10)$	2.8528	3.0512	3.2429	3.1591	3.0479
p 値	0.9847	0.9802	0.9751	0.9774	0.9803

いる．ラグ $k = 10$ の Ljung–Box 統計量の p 値は，各推定量でほぼ同じ高い値が得られており，このことから 5% 有意水準では GARCH(1,1) モデルがデータに適していることがわかる．前に述べたように，スコア関数 H に基づく M 推定量は $\boldsymbol{\theta}_{0H} = (c_H\omega_0, c_H\alpha_0, \beta_0)'$ の一致推定量になる．β_0 のすべての M 推定量は，c_H とは関係なく似たような値をとるはずであり，このことが表 6.4 に反映されていることに注意されたい．

次に，IBM データを用いて GJR(1,1) モデルのパラメータを推定し，表 6.5 に，M 推定量を示している．これらの推定されたパラメータの標準誤差と $\hat{\epsilon}_t^2$ の Ljung–Box 量も計算している．各推定量でラグ 10 の Ljung–Box 統計量の p 値は高く，このことは GJR(1,1) モデルもこのデータセットに適していることを示している．さらに，Huber 推定量の場合を除き，他のすべての M 推定量で $\gamma = 0$ (すなわち，GARCH が正しい) という仮説が正しく棄却されない．スコア関数 H に基づく GJR(1,1) の M 推定量は $\boldsymbol{\theta}_{0H} = (c_H\omega_0, c_H\alpha_0, c_H\gamma_0, \beta_0)'$ の一致推定量である．ここでも，異なるスコア関数を用いた β_0 の推定値が互いに近い値になっていることが，表 6.5 から明らかである．

表 6.5 IBM データでの GJR(1,1) モデルのパラメータの M 推定値と，それに対応する残差 2 乗の Ljung–Box 統計量．

パラメータ	QMLE	LAD	Huber	B 推定量	Cauchy
$c_H\omega$	3.4542	1.7702	2.2448	2.2262	0.9251
	(1.5490)	(0.7512)	(0.3227)	(1.0468)	(0.4538)
$c_H\alpha$	0.0676	0.0377	0.0471	0.0490	0.0187
	(0.0333)	(0.0173)	(0.0074)	(0.0249)	(0.0105)
$c_H\gamma$	0.0570	0.0373	0.0489	0.0552	0.0255
	(0.0429)	(0.0232)	(0.0100)	(0.0346)	(0.0153)
β	0.8257	0.8383	0.8431	0.8381	0.8412
	(0.0569)	(0.0477)	(0.0156)	(0.0514)	(0.0528)
$Q(10)$	2.8068	3.0582	3.1182	3.2097	3.2548
p 値	0.9856	0.9800	0.9785	0.9761	0.9748

6.4 バリュー・アット・リスクと M 推定量

次に，M 推定量に基づく VaR の予測を考える．$(1-p)100\%$ VaR は，リターンの分布の条件付き p 分位点である．ここで，p は既知で 0 に近い値である．そこで，あるポートフォリオのリターン $\{X_t; 1 \leq t \leq n\}$ では，$t > 1$ 時点の VaR は，$q_t = q_t(p)$ とすると以下のように定義される．

$$q_t = \inf\{x; p \leq P_{t-1}(X_t \leq x)\}$$

ここで, P_{t-1} は $t-1$ 時点までの利用可能な情報に基づく X_t の条件付き分布である. 式 (6.15) から, 以下の式が得られる.

$$q_t = v_t^{1/2}(\boldsymbol{\theta}_0)F^{-1}(p)$$

ここで, F^{-1} は攪乱項 $\{\epsilon_t\}$ の分位点関数である. 式 (6.12) と式 (6.14) から,

$$v_t(\boldsymbol{\theta}_{0H}) = c_H v_t(\boldsymbol{\theta}_0)$$

であることに注意されたい. そこで, 以下の式が成り立つ.

$$q_t = c_H^{1/2} v_t^{1/2}(\boldsymbol{\theta}_0)F^{-1}(p)/c_H^{1/2} = v_t^{1/2}(\boldsymbol{\theta}_{0H})F_*^{-1}(p) \tag{6.24}$$

ここで, $F_*^{-1}(p)$ はスケーリングされた誤差 $\{\epsilon_t/c_H^{1/2}\}$ の p 分位点である. $v_t^{1/2}(\boldsymbol{\theta}_{0H})$ を $\hat{v}_t^{1/2}(\hat{\boldsymbol{\theta}}_n)$ で, また $F_*^{-1}(p)$ を残差 $\{X_t/\{\hat{v}_t(\hat{\boldsymbol{\theta}}_n)\}^{1/2}; 1 \le t \le T\}$ の p 分位点で推定することにより, 式 (6.24) から q_t の VaR 推定値 $\hat{q}_t$ を以下のように得る.

$$\hat{q}_t = \hat{v}_t^{1/2}(\hat{\boldsymbol{\theta}}_n) \times \{X_t/\{\hat{v}_t(\hat{\boldsymbol{\theta}}_n)\}^{1/2} \text{ の } ([np]+1) \text{ 番目の順序統計量}, \quad 2 \le t \le n \tag{6.25}$$

明らかに, $\hat{q}_t$ はそのもととなる M 推定値に依存する.

VaR を超えた合計回数を

$$n_* = \sum_{t=2}^{n} I_t \text{ with } I_t = I(X_t \le \hat{q}_t)$$

で表す. もとになっている条件付き不均一分散モデルと $\hat{q}_t$ の計算に用いる M 推定値の全体的な予測パフォーマンスを評価するために, 経験的棄却確率

$$\hat{p} = n_*/n \tag{6.26}$$

と "p" との近さを用いることができる. 以下では, 帰無仮説を $E(n_*/n) = p$, 対立仮説を $E(n_*/n) \ne p$ とするモデルの妥当性に関する二つの統計的検定について説明する.

6.4.1 M 検定

無条件尤度比検定統計量 (unconditional likelihood test statistic) を以下のように定義する.

$$\text{LR}_{uc} = 2\left[\ln\{(1-\hat{p})^{n-n_*}\hat{p}^{n_*}\} - \ln\{(1-p)^{n-n_*}p^{n_*}\}\right]$$

Kupiec (1995) は, QMLE を $\hat{\boldsymbol{\theta}}_n$ としてこの統計量を提案した. この検定統計量は漸近的に $\chi^2_{(1)}$ 分布に従う.

しかし, VaR のもっともらしいモデルでは, 過去の VaR 超過の歴史は将来さらなる VaR 超過が起きるかどうかの情報はもたらさないことに注意されたい. そのために, Christoffersen (1998) は, QMLE を $\hat{\boldsymbol{\theta}}_n$ として独立性カバレッジ検定統計量

(independence coverage test statistic) を定義し（以下，LR_{ind} で表す），これらの超過の発生の仕方を以下のように特徴付けた．

n_{ij} $(i,j=0,1)$ を，$\{t; 2 \leq t \leq n\}$ の中で，$I_t = i$ かつ $I_{t+1} = j$ である時点の個数を表すものとする．また，

$$\hat{\pi}_{ij} = n_{ij}/(n_{i0}+n_{i1}), \quad \hat{\pi} = (n_{01}+n_{11})/n$$

と定義すると，

$$\text{LR}_{ind} = 2\Big[\ln\big((1-\hat{\pi}_{01})^{n_{00}}\hat{\pi}_{01}^{n_{01}}(1-\hat{\pi}_{11})^{n_{10}}\hat{\pi}_{11}^{n_{11}}\big) - \ln\big((1-\hat{\pi})^{(n_{00}+n_{10})}\hat{\pi}^{(n_{01}+n_{11})}\big)\Big]$$

となる．正確な VaR モデルでは無条件のカバレッジと独立性が両方満たされるので，Christoffersen（1998）は以下の統計量を提案した．

$$\text{LR}_{cc} = \text{LR}_{uc} + \text{LR}_{ind}$$

これは漸近的に $\chi^2_{(2)}$ 分布に従う．ここでは，$\{\hat{q}_t\}$ を M 推定量を使って評価する場合の同じ検定統計量を考える．

a. 動学的分位点 M 検定（dynamic quantile M-test）

LR_{cc} 検定はリスク推定値の 1 次の従属性のみを調べるので，Engle and Manganelli（2004）は，QMLE を $\hat{\boldsymbol{\theta}}_n$ として使ったときの $\{I_t\}$ の間の高次の依存性を調べるために，この検定を提案した．これを説明するために，t 番目の反応 h_t $(2 \leq t \leq n)$ を以下のように定義する．

$$h_t = \begin{cases} 1-p & \text{if} \quad X_t \leq \hat{q}_t \\ -p & \text{if} \quad X_t > \hat{q}_t \end{cases}$$

また，$h_1 = -p$ とする．ここで，反応 $\boldsymbol{Y} = [h_1, \ldots, h_n]'$，$n \times k$ の計画行列 $\boldsymbol{X} = [x_{t,j}]$（$k=7$ で第 1 列はすべて 1）の線形回帰モデルを考えよう．$2 \leq j \leq 6$ の (t,j) 要素は，$j < t$ であれば $x_{t,j} = h_{t-j}$，$j \geq t$ であれば $x_{t,j} = 0$ である．また，$x_{t,7} = \hat{q}_t$ である．動学的分位点検定統計量（dynamic quantile test statistic）は，以下のように定義される．

$$\text{DQ} = \frac{\hat{\boldsymbol{\beta}}' \boldsymbol{X}' \boldsymbol{X} \hat{\boldsymbol{\beta}}}{p(1-p)}$$

ここで，$\hat{\boldsymbol{\beta}} = (\boldsymbol{X}'\boldsymbol{X})^{-1}\boldsymbol{X}'\boldsymbol{Y}$ は最小 2 乗（OLS）推定量である．DQ 検定は，独立性のもとで漸近的に自由度 $k=7$ のカイ 2 乗分布に従う．

6.4.2 競合する M 推定量間の比較

異なる M 推定量に基づく上記の検定を用いてモデルの妥当性を評価すると，以下の二つの規準，すなわち平均相対バイアスと平均 2 次損失の観点から，VaR に基づく競合する M 推定量のみを対にした比較を行える．

a. 平均相対バイアス (mean relative bias; MRB)

c 個の競合する VaR 推定値 $\{\hat{q}_{jt}; 1 \leq t \leq n, 1 \leq j \leq c\}$ があるとする．Hendricks (1996) は j 番目の推定量 ($1 \leq j \leq c$) の平均相対バイアス (MRB) を以下のように定義した．

$$\text{MRB}_j = \frac{1}{n}\sum_{t=1}^{n}\frac{\hat{q}_{jt}-\bar{q}_t}{\bar{q}_t}, \quad \text{ここで } \bar{q}_t = \frac{1}{c}\sum_{j=1}^{c}\hat{q}_{jt}$$

b. 平均 2 次損失 (average quadratic loss; AQL)

特定の推定量や手法に基づく統計量 n_* は，単に超過回数を数えるだけで，損失の大きさは考えない．これを考慮して，Lopez (1999) は VaR 推定値の全体的な 2 次損失を $\sum_{t=1}^{n}L_t/n$ と定義した．ここで，

$$L_t = \begin{cases} 1 + (\hat{q}_t - X_t)^2 & \text{if} \quad X_t \leq \hat{q}_t \\ 0 & \text{if} \quad X_t > \hat{q}_t \end{cases}$$

である．異なる推定値に対応した損失を用いることで，それらのパフォーマンスを比較することができる．

6.5 VaR に基づくデータ分析

本節では，GARCH モデルの定式化を用いるか，より一般的な GJR モデルを用いるかにかかわらず，さまざまな M 推定量に基づく VaR 推定値はサンプリングによる変動に関して正確であることを示すことにより，上記の M 推定量の頑健性とより良いパフォーマンスを示す．さらに，Huber，B 推定量，あるいは Cauchy 推定量を用いたときに，AQL は最小になる．実証に用いるデータセットは，アメリカ，ヨーロッパ，アジアのそれぞれ主要な株価指数である S&P 500, FTSE100, 日経 225 の終値 $\{P_t\}$ である．これらのデータセットは 1990 年 1 月から 2005 年 12 月までについて，ウェブサイト http://www.finance.yahoo.com/ からダウンロードした．S&P 500 と FTSE100 は合計 $T = 4042$ であり，日経 225 は $T = 3938$ である．これら三つの指数それぞれについて，t 期のリターンを以下のように定義する．

$$r_t = (\ln P_t - \ln P_{t-1}) \times 100\%, \quad t = 1, 2, \ldots, n$$

次に，$\{X_t = r_t - \bar{r}; 1 \leq t \leq n\}$ ($\bar{r} = \sum_{t=1}^{n}r_t/n$) を観測値とし，各系列を二つのパートに分割する．最初の K の観測値を推定用すなわち標本内パート，残りの $N = n - K$ の値を検証用すなわち標本外パートとする．ここでの分析では，各データセットで $N = 2000$ に固定する．

ここでは，GJR モデルと GARCH モデルの両方をこれらすべてのデータセットに当てはめる．ただし，GARCH モデルは GJR モデルの特殊ケースであることに注意されたい．VaR 推定値の正確さを評価するために，以下では推定サンプルを用いたい

くつかの連続的な統計テスト（バックテスト）の結果を示す．バックテストは各モデルの妥当性を識別するのに役立ち，Basel Committee on Banking Supervision (1996) のような規制機関によって行うよう定められている．

6.5.1　標本内の VaR の評価と比較

本項では，標本の大きさは単に K であると仮定する．S&P 500，FTSE100，日経225 の K の値がそれぞれ 2042, 2042, 1938 であることに注意されたい．$p = 10\%$ とし，式 (6.25) を用いて，$K-1$ 個の標本内の VaR 推定値を計算する．続いて，6.6 節のすべての統計量を計算する．

表 6.6 と表 6.7 に標本内の VaR 推定値の結果を示す．簡潔に，$p=10\%$ の場合の結果だけを示している．p を他の値にした場合のより多くのシミュレーションの結果は，Iqbal (2010) を参照されたい．各データセットの第 1 列は，$\{\hat{p}\}$ が両方のモデルのすべての M 推定量で p に極めて近いことを示しており，このことは，GJR とその特殊ケースである GARCH の両方がこれらの実際のデータセットによく適合していることを示している．したがって，VaR 推定値は対称なモデルの定式化に関しては頑健である．次に，モデルの妥当性をチェックするためのさまざまな M 検定統計量のパフォーマンスについて説明し，同時にモデルの定式化の誤りを見つけるためのそれらの能力を分析する．カバレッジ統計量 LR_{uc} と LR_{cc} はどちらも統計的に有意でない．このことは，両方のモデルで，VaR の閾値を下回る観測値の期待比率と実際の比

表 6.6　VaR 評価とモデルの妥当性のための標本内 M 統計量（GARCH）．

	QMLE	LAD	Huber	B 推定量	Cauchy
			90% VaR 信頼水準		
S&P 500 指数					
$\hat{p}$	0.0950	0.0955	0.0955	0.0970	0.0945
LR_{uc}	0.5747	0.4668	0.4668	0.2111	0.6940
LR_{cc}	5.1378	4.8136	4.8136	4.8616	4.5303
DQ	10.4852	9.9082	11.2013	10.9010	10.2724
FTSE100 指数					
$\hat{p}$	0.0955	0.0955	0.0940	0.0945	0.0926
LR_{uc}	0.4668	0.4668	0.8247	0.6940	1.2860
LR_{cc}	1.1401	0.6940	1.0225	0.8968	1.4974
DQ	16.1487*	20.4942**	23.0526**	26.9402**	28.3048**
日経 225 指数					
$\hat{p}$	0.1042	0.1022	0.1022	0.1017	0.1017
LR_{uc}	0.3808	0.1005	0.1005	0.0584	0.0584
LR_{cc}	0.5987	3.7972	3.7972	3.9585	3.9585
DQ	19.0729**	23.4811**	23.3008**	24.3819**	24.4052**

注：DQ 検定統計量は漸近的に $\chi^2(7)$ 分布に従い，* と ** はそれぞれ 5% と 1% 水準で有意であることを示す．

表 6.7 VaR 評価とモデルの妥当性のための標本内 M 統計量 (GJR).

	QMLE	LAD	Huber	B 推定量	Cauchy
			90% VaR 信頼水準		
S&P 500 指数					
$\hat{p}$	0.0965	0.0975	0.0955	0.0989	0.0960
LR_{uc}	0.2851	0.1483	0.4668	0.0264	0.3703
LR_{cc}	1.9906	3.6884	2.4323	2.3053	2.2031
DQ	8.6549	10.6801	11.4062	12.3916	10.1888
FTSE100 指数					
$\hat{p}$	0.0960	0.0960	0.0950	0.0955	0.0960
LR_{uc}	0.3703	0.3703	0.5747	0.4668	0.3703
LR_{cc}	1.1124	0.7939	0.7873	3.8900	4.4786
DQ	9.6957	9.1298	11.8438	10.6586	13.7654
日経 225 指数					
$\hat{p}$	0.1037	0.1037	0.1032	0.1027	0.1042
LR_{uc}	0.2940	0.2940	0.2183	0.1538	0.3808
LR_{cc}	2.6928	1.5418	2.1247	1.1521	1.1304
DQ	9.8554	8.4766	9.5726	6.4889	6.7659

注: DQ 検定統計量は漸近的に $\chi^2(7)$ 分布に従い, * と ** はそれぞれ 5% と 1% 水準で有意であることを示す.

率が統計的に同じであることを示している.しかし,FTSE100 と日経 225 のリターンでは,すべての M 推定量が $p = 5, 10\%$ の両方で条件付きカバレッジ検定をパスするが,動学的分位点検定では GARCH モデルを使ったときにのみ,これらの有意水準では帰無仮説が受容されない.このことは,高次の依存関係があることを示している.しかし,より一般的な GJR モデルを用いた場合には,もはや有意ではない.このことは,非対称モデルを用いる必要性を示している.

すべての推定量が両方のモデルでカバレッジ検定をパスしたことに注意して,次に競合する推定量の比較を行う.各推定量の AQL を表 6.8 と表 6.9 に示す.AQL はモデルの選択に関して頑健な指標であることがわかる.両方のモデル,そして三つのすべてのデータセットで,AQL が最小になるのは,Huber, Cauchy, B 推定量を用いた場合である.例えば,日経 225 では,両方のモデルで B 推定量のときに AQL が最小になっている.さらに,MRB の符号は三つのすべてのデータセットで,両方のモデルと整合的である.したがって,VaR の評価で QMLE よりパフォーマンスが良く,パフォーマンスが対称モデルあるいは非対称モデルの選択にかかわらず頑健である別の推定量が存在することが,われわれの分析からわかる.

表 6.8 標本内 VaR 評価のための競合的な M 推定量間の比較（GARCH）.

	QMLE	LAD	Huber	B 推定量	Cauchy
	90% VaR 信頼水準				
S&P 500 指数					
MRB	0.0063	0.0046	−0.0033	−0.0082	0.0006
AQL	0.1069	0.1073	0.1074	0.1089	**0.1062**
FTSE100 指数					
MRB	0.0140	−0.0049	−0.0026	−0.0064	−0.0001
AQL	0.1019	0.1021	0.1007	0.1012	**0.0992**
日経 225 指数					
MRB	−0.0007	0.0014	−0.0031	0.0023	0.0001
AQL	0.1311	0.1286	0.1291	**0.1280**	0.1282

注：各データセットで最も小さい AQL は，最もパフォーマンスが良いことを強調するために，太字で示している．

表 6.9 標本内 VaR 評価のための競合的な M 推定量間の比較（GJR）.

	QMLE	LAD	Huber	B 推定量	Cauchy
	90% VaR 信頼水準				
S&P 500 指数					
MRB	0.0036	0.0079	−0.0035	−0.0090	0.0011
AQL	0.1083	0.1089	**0.1072**	0.1108	0.1076
FTSE100 指数					
MRB	0.0010	−0.0026	−0.0051	−0.0019	−0.0096
AQL	0.1024	0.1025	**0.1016**	0.1023	0.1031
日経 225 指数					
MRB	0.0109	0.0001	−0.0003	−0.0025	−0.0082
AQL	0.1272	0.1275	0.1266	**0.1259**	0.1279

注：各データセットで最も小さい AQL は，最もパフォーマンスが良いことを強調するために，太字で示している．

6.5.2 標本外の VaR の評価と比較

次に，1 期先の VaR 推定値を計算する M 推定量のパフォーマンスを見てみよう．ここでは，$p = 10\%$ の結果を報告する．この設定のもとでは，大きさ K の観測値の集合が長さ K の移動窓（moving window）に基づいて時間を通じて変化することを許容し，合計 N 個の VaR 推定値を計算する．これは現実に行われていることであり，VaR の標本外予測を，更新された日次観測値を用いたパラメータ推定値に基づいて行っている．言い換えると，$1 \leq w \leq N$ の各時点で，VaR の 1 期先推定値 $\hat{q}_{ow}$ を，$\{X_t; w \leq t \leq w - K - 1\}$ に基づき，式 (6.25) を使って計算する．

表 6.10 と表 6.11 は，標本外の VaR 推定値に関する結果を示している．標本外 VaR

表 6.10 VaR 評価とモデルの妥当性のための標本外 M 統計量（GARCH）.

	QMLE	LAD	Huber	B 推定量	Cauchy
	90% VaR 信頼水準				
S&P 500 指数					
$\hat{p}_o$	0.1120	0.1120	0.1110	0.1140	0.1090
LR_{uc}	3.0927	3.0927	2.6058	4.1867	1.7541
LR_{cc}	3.7433	4.0705	4.2349	4.6202	3.3588
DQ	16.2397*	21.7491**	22.6867**	18.4834**	14.7659*
FTSE100 指数					
$\hat{p}_o$	0.1055	0.1050	0.1055	0.1045	0.1060
LR_{uc}	0.6616	0.5475	0.6616	0.4441	0.7862
LR_{cc}	4.7973	4.0543	3.9799	4.1451	3.9221
DQ	19.1367**	19.1286**	20.1013**	19.8089**	18.5360**
日経 225 指数					
$\hat{p}_o$	0.1005	0.1005	0.0995	0.0995	0.0990
LR_{uc}	0.0055	0.0055	0.0056	0.0056	0.0223
LR_{cc}	0.2202	0.2552	0.2175	0.2566	0.3497
DQ	7.3476	5.3039	5.6436	5.4985	4.2406

注：DQ 検定統計量は漸近的に $\chi^2(7)$ 分布に従い，* と ** はそれぞれ 5% と 1% 水準で有意であることを示す．

表 6.11 VaR 評価とモデルの妥当性のための標本外 M 統計量（GJR）.

	QMLE	LAD	Huber	B 推定量	Cauchy
	90% VaR 信頼水準				
S&P 500 指数					
$\hat{p}_o$	0.1100	0.1105	0.1110	0.1110	0.1130
LR_{uc}	2.1595	2.3776	2.6058	2.6058	3.6197
LR_{cc}	2.5563	2.7369	3.1171	3.1171	3.9627
DQ	9.3568	11.9913	13.8734	13.3806	14.9990*
FTSE100 指数					
$\hat{p}_o$	0.1060	0.1090	0.1070	0.1055	0.1070
LR_{uc}	0.7862	1.7541	1.0671	0.6616	1.0671
LR_{cc}	3.9221	2.8918	3.8556	3.2526	3.8556
DQ	19.7151**	11.0671	14.9138*	14.2534*	11.9589
日経 225 指数					
$\hat{p}_o$	0.0995	0.1005	0.0980	0.0985	0.0995
LR_{uc}	0.0056	0.0055	0.0894	0.0502	0.0056
LR_{cc}	0.7268	0.8766	0.9901	1.0344	0.4027
DQ	7.4248	6.4519	5.6769	5.4136	4.8600

注：DQ 検定統計量は漸近的に $\chi^2(7)$ 分布に従い，* と ** はそれぞれ 5% と 1% 水準で有意であることを示す．

の経験的棄却確率 (6.26) は，以下のように定義される．

$$\hat{p}_o = (1/N) \sum_{w=1}^{N} I(X_{w+K} \leq \hat{q}_{ow})$$

すべてのデータセットと M 推定量において，$\hat{p}_o$ は両方のモデルで $p = 0.10$ に近い．このことは，用いるモデルに関して VaR 推定値が頑健であることを示している．尤度比統計量 LR_{uc} と LR_{cc} はどちらも 10% と 5% 水準で有意でない．これは，M 推定量によって計算される超過率が，期待超過率 p と統計的に同じであることを示している．しかし，$p = 10\%$ では，DQ 統計量では，GARCH モデルを当てはめた場合，すべての統計量で，S&P 500 の VaR の超過に高次依存関係がないという帰無仮説が受容されない．より一般的な GJR モデルを当てはめた場合には受容される．これらの表から，標本内 VaR と同様，FTSE100 と日経 225 指数では，両方のモデルにおいて Huber, Cauchy, B 推定量で AQL が最小になる．しかし，S&P 500 では，予想に反して，QMLE を GJR モデルに用いたときに AQL が最小になる．

6.6 非線形 AR–ARCH モデル

分散不均一な誤差を持つ自己回帰モデルは，実際の応用で頻繁に用いられている．例えば，以下を満たす観測値 $\{X_i; 0 \leq i \leq n\}$ を考えよう．

$$X_i = \alpha X_{i-1} + \{\beta_0 + \beta_1 X_{i-1}^2\}^{1/2} \eta_i, \quad 1 \leq i \leq n \tag{6.27}$$

ここで，$\alpha \in \mathbb{R}$, $\boldsymbol{\beta} = (\beta_0, \beta_1)' \in (0, \infty)^2$, $\{\eta_i\}$ は平均 0, 分散 1 の i.i.d. である．これは AR(1)–ARCH(1) モデルと呼ばれる．もう一つの興味深いモデルは，以下のモデルである．

$$X_i = \alpha X_{i-1} + \{\beta_1 X_{i-1} I(X_{i-1} > 0) - \beta_2 X_{i-1} I(X_{i-1} \leq 0)\} \eta_i, \quad 1 \leq i \leq n \tag{6.28}$$

ここで，$\alpha \in \mathbb{R}$, $\boldsymbol{\beta} = (\beta_0, \beta_1)' \in (0, \infty)^2$, $\{\eta_i\}$ は平均 0, 分散 1 の i.i.d. である．これはボラティリティ変動の非対称性をモデル化するのに使うことができ，そこでは，正のニュースの効果は β_1, 負のニュースの効果は β_2 である．分散パラメータの推定を考えたこれまでの節とは違い，本節では主として平均パラメータ α の推定に関心がある．

式 (6.27) の α の推定量について考えるために，以下の式が成り立つことに，まず注意されたい．

$$E[\{\beta_0 + \beta_1 X_{i-1}^2\}^{1/2} \eta_i] = E[\{\beta_0 + \beta_1 X_{i-1}^2\}^{1/2}] E[\eta_i] = 0$$

したがって，分散不均一性を無視することにより，単純な最小 2 乗法を使って平均パラメータ α を

$$\hat{\alpha}_p = \left[\sum_{i=1}^n X_{i-1}^2\right]^{-1} \sum_{i=1}^n X_i X_{i-1}$$

として推定することができる．この推定量は一致性を満たすが，明らかに非効率である．しかし，観測値 $\{X_i - \hat{\alpha}_p X_{i-1}; 1 \leq i \leq n\}$ とこれまでの節で議論した M 推定量を使って，不均一分散パラメータの推定量 $\hat{\beta}_1$ と $\hat{\beta}_2$ が得られる．これらの推定量を使うと，モデル (6.27) は以下のように近似できる．

$$\frac{X_i}{\{\hat{\beta}_0 + \hat{\beta}_1 X_{i-1}^2\}^{1/2}} \approx \alpha \frac{X_{i-1}}{\{\hat{\beta}_0 + \hat{\beta}_1 X_{i-1}^2\}^{1/2}} + \eta_i$$

これは分散均一な誤差を持つ．そこで，均一分散線形回帰と自己回帰の標準的な頑健な推定法を用いて，α のより良い推定量を得ることができる．

一般的な状況でこの手続きを説明するために，式 (6.27) と式 (6.28) 両方のモデルは以下の自己回帰条件付き不均一分散の誤差を持つ非線形自己回帰モデルの一般的な枠組みに持っていけることに注意されたい．s, p, r_1, r_2 は既知の整数で，$\{X_i, 1-s \leq i \leq n\}$ は観測可能な時系列であると仮定する．$1 \leq i \leq n$ で，過去の観測値を $\boldsymbol{W}_{i-1} := (X_{i-1}, X_{i-2}, \ldots, X_{i-s})'$ とする．もう少し一般性を持たせるために，$\boldsymbol{Y}_{i-1} = c(\boldsymbol{W}_{i-1})$ とする．ここで，$c: I\!R^s \to I\!R^p$ は既知の関数である．ほとんどの応用例では，$s=p$ とし，c を恒等関数としている．Ω_j $(j=1,2)$ は $I\!R^{r_1}$, $I\!R^{r_2}$ それぞれの部分開集合とする．それらはパラメータ空間である．μ と σ はそれぞれ $I\!R^p \times \Omega_1$ から $I\!R$ までと $I\!R^p \times \Omega_2$ から $I\!R^+ := (0, \infty)$ までの既知の関数であり，2 番目の変数に関して微分可能であるとする．いくつかの $\boldsymbol{\alpha} \in \Omega_1$, $\boldsymbol{\beta} \in \Omega_2$ で，

$$\eta_i = \{X_i - \mu(\boldsymbol{Y}_{i-1}, \boldsymbol{\alpha})\}/\sigma(\boldsymbol{Y}_{i-1}, \boldsymbol{\beta}), \quad 1 \leq i \leq n$$

が平均 0, 分散 1 の i.i.d. で，$\boldsymbol{W}_0 := (X_0, X_{-1}, \ldots, X_{1-s})'$ と独立なモデルを考えよう．言い換えると，観測値は

$$X_i = \mu(\boldsymbol{Y}_{i-1}, \boldsymbol{\alpha}) + \sigma(\boldsymbol{Y}_{i-1}, \boldsymbol{\beta})\eta_i, \quad i \geq 1 \tag{6.29}$$

を満たす．ここで，誤差 $\{\eta_i, i \geq 1\}$ は Y_0 と独立で，分布関数 G, 密度関数 g を持つ平均 0, 分散 1 の i.i.d. 確率変数である．

以下，式 (6.29) のいくつかの例を引用する．

例 8 (Engle の ARCH モデル)　Engle (1982) によって導入された ARCH モデルでは，以下のような $\{Z_i, 1-s \leq i \leq n\}$ を観測する．

$$Z_i = (\alpha_0 + \alpha_1 Z_{i-1}^2 + \cdots + \alpha_s Z_{i-s}^2)^{1/2}\varepsilon_i, \quad 1 \leq i \leq n \tag{6.30}$$

ここで，$\boldsymbol{\alpha} = (\alpha_0, \alpha_1, \ldots, \alpha_s)' \in I\!R^{+(s+1)} := (0, \infty)^{(s+1)}$ は未知のパラメータであり，$\{\varepsilon_i; 1 \leq i \leq n\}$ は平均 0, 分散 1 で，4 次モーメントが有限の観測されない i.i.d. である．

6.6 非線形 AR–ARCH モデル

式 (6.30) の両辺を 2 乗し, $\eta_i := \varepsilon_i^2 - 1$, $X_i = Z_i^2$, $\boldsymbol{W}_{i-1} = [X_{i-1}, \ldots, X_{i-s}]' = [Z_{i-1}^2, \ldots, Z_{i-s}^2]'$, $\boldsymbol{Y}_{i-1}' = [1, \boldsymbol{W}_{i-1}']$ と表すと,モデル (6.30) は以下のように書き直すことができる.

$$X_i = \boldsymbol{Y}_{i-1}'\boldsymbol{\alpha} + (\boldsymbol{Y}_{i-1}'\boldsymbol{\alpha})\eta_i, \quad 1 \leq i \leq n \tag{6.31}$$

式 (6.31) は, $\boldsymbol{\alpha} = \boldsymbol{\beta}$, $c(\boldsymbol{w}) = [1, \boldsymbol{w}]'$, $\boldsymbol{w} \in [0, \infty)^s$, $p = s+1$, $r_1 = r_2 = s+1$,

$$\mu(\boldsymbol{y}, \boldsymbol{a}) = \boldsymbol{y}'\boldsymbol{a}, \quad \sigma(\boldsymbol{y}, \boldsymbol{b}) = \boldsymbol{y}'\boldsymbol{b}$$

としたモデル (6.29) の例である.

例 9(自己回帰線形 2 乗条件付き不均一分散モデル(autoregressive linear square conditional heteroscedastic model; ARLSCH)) 不均一分散の誤差を持つ 1 次の自己回帰モデルを考えよう.そこでは, $\{X_i; 0 \leq i \leq n\}$ が観測され,i 番目の観測値 X_i の条件付き分散が以下のように過去の 2 乗に線形に依存する.

$$X_i = \alpha X_{i-1} + \{\beta_0 + \beta_1 X_{i-1}^2\}^{1/2}\eta_i, \quad 1 \leq i \leq n \tag{6.32}$$

ここで, $\alpha \in \mathbb{R}$, $\boldsymbol{\beta} = (\beta_0, \beta_1)' \in (0, \infty)^2$ であり, $\{\eta_i\}$ は平均 0,分散 1 の i.i.d. である.識別のために $s = 1 = p$, $c(w) = w$, $r_1 = 1$, $r_2 = 2$,

$$\mu(y, a) = ya, \quad \sigma(y, \boldsymbol{b}) = (b_0 + b_1 y^2)^{1/2}, \quad y \in \mathbb{R}$$

とすると,モデル (6.32) は式 (6.29) の例と見なすことができる.

式 (6.32) の過程 $\{X_i; i \geq 0\}$ が強定常でエルゴード性を満たすために必要なパラメータの仮定は以下のとおりである.

$$|\alpha| + E|\eta_1|\max\{\beta_0^{1/2}, \beta_1^{1/2}\} < 1$$

これは, $C_1 = |\alpha|$, $C_2 = \max\{\beta_0^{1/2}, \beta_1^{1/2}\} = \sup\{(\beta_0 + \beta_1 x^2)^{1/2}/(1+|x|); x \in \mathbb{R}\}$ として Härdle and Tsybakov (1997, p.227) の Lemma 1 を使うと成り立つ.

例 10(自己回帰閾値条件付き不均一分散モデル(autoregressive threshold conditional heteroscedastic model; ARTCH)) 自励閾値不均一分散の誤差 (self-exciting threshold heteroscedastic error)を持つ s 次の自己回帰モデルを考えよう.そこでは,i 番目の観測値 X_i の条件付き標準誤差が,以下のように過去の値に対して区間線形(piecewise linear)である.

$$\begin{aligned} X_i = &(\alpha_1 X_{i-1} + \cdots \alpha_s X_{i-s}) \\ &+ \Big\{\beta_1 X_{i-1}I(X_{i-1} > 0) - \beta_2 X_{i-1}I(X_{i-1} \leq 0)\cdots \\ &+ \beta_{2s-1}X_{i-s}I(X_{i-s} > 0) - \beta_{2s}X_{i-s}I(X_{i-s} \leq 0)\Big\}\eta_i, \quad 1 \leq i \leq n \end{aligned} \tag{6.33}$$

ここで、すべての β_j は正で、$\{\eta_i\}$ は平均 0、分散 1 の i.i.d. である。このモデルの応用や $\{X_i\}$ の定常性やエルゴード性を含む多くの確率的性質については、Rabemananjara and Zakoian (1993) を参照されたい。閾値によって微分可能でなくなるために、このモデルの頑健推定の漸近理論が難しくなることに関する議論については、Rabemananjara and Zakoian (1993, p.38) を参照されたい。

ここで、$p = s$, $c(\boldsymbol{w}) = \boldsymbol{w}$, $r_1 = s$, $r_2 = 2s$,

$$\mu(\boldsymbol{y}, \boldsymbol{a}) = \boldsymbol{y}'\boldsymbol{a}$$

$$\sigma(\boldsymbol{y}, \boldsymbol{b}) = \sum_{j=1}^{s} b_{2j-1} y_j I(y_j > 0) + \sum_{j=1}^{s} b_{2j}(-y_j) I(y_j \leq 0)$$

$$\boldsymbol{y} \in I\!\!R^s, \ \boldsymbol{t} \in (0, \infty)^{2s}$$

とすると、モデル (6.33) は式 (6.29) の例と見なせる。

6.6.1 M 推定量と R 推定量

$\boldsymbol{\tau} = (\boldsymbol{a}, \boldsymbol{b})$ がパラメータ空間 $\Omega_1 \times \Omega_2$ の一般的な値を表すものとし、$\boldsymbol{\theta} = (\boldsymbol{\alpha}, \boldsymbol{\beta})$ を真のパラメータとする。$\boldsymbol{\alpha}$ の推定を 3 段階で行う。式 (6.29) の $E\{\sigma(Y_{i-1}, \boldsymbol{\beta})\eta_i\} = 0$ を使って、最初に暫定的な推定量 $\widehat{\boldsymbol{\alpha}}_p$ を提案する。この提案はモデルの分散不均一性を考慮していないので、一致推定量ではあるが、非効率な推定量である。次に、$\widehat{\boldsymbol{\alpha}}_p$ を使って、パラメータ $\boldsymbol{\beta}$ の推定量 $\widehat{\boldsymbol{\beta}}$ を構築する。最後に、$\widehat{\boldsymbol{\alpha}}_p$ と $\widehat{\boldsymbol{\beta}}$ を式 (6.29) に代入することにより、不均一分散モデルを近似非線形均一分散モデル (6.36) に変換し、均一分散モデルの標準的な頑健推定の方法を使って、改善された $\boldsymbol{\alpha}$ の推定量を提案する。

以下、$\dot{\mu}$ と $\dot{\sigma}$ はそれぞれ関数 μ, σ の 2 番目の変数に関する微分を表すものとする。また、ベクトル $\boldsymbol{y}$ の j 番目の要素を $\boldsymbol{y}_j$ で表す。

Step 1: 以下のように定義する。

$$\mathcal{H}(\boldsymbol{a}) := n^{-1/2} \sum_{i=1}^{n} \dot{\mu}(\boldsymbol{Y}_{i-1}, \boldsymbol{a})\{X_i - \mu(\boldsymbol{Y}_{i-1}, \boldsymbol{a})\}$$

$E[\mathcal{H}(\boldsymbol{\alpha})] = 0$ なので、$\boldsymbol{\alpha}$ の暫定的な推定量 $\widehat{\boldsymbol{\alpha}}_p$ を以下の関係によって定義する。

$$\widehat{\boldsymbol{\alpha}}_p := \mathrm{argmin}\left\{\sum_{j=1}^{r_1} |\mathcal{H}_j(\boldsymbol{a})|; \boldsymbol{a} \in \Omega_1\right\} \tag{6.34}$$

ここで、$\mathcal{H}_j(\boldsymbol{a})$ はベクトル $\mathcal{H}(\boldsymbol{a})$ ($1 \leq j \leq r_1$) の j 番目の要素である。
特に、$\mu(\boldsymbol{y}, \boldsymbol{a}) = \boldsymbol{y}'\boldsymbol{a}$ のとき、

$$\widehat{\boldsymbol{\alpha}}_p = \left[\sum_{i=1}^{n} \boldsymbol{Y}_{i-1} \boldsymbol{Y}'_{i-1}\right]^{-1} \left[\sum_{i=1}^{n} X_i \boldsymbol{Y}_{i-1}\right]$$

となる。

6.6 非線形 AR–ARCH モデル

Step 2: 以下は i 番目の残差を表すとする.

$$\eta_i(\boldsymbol{\tau}) := \{X_i - \mu(\boldsymbol{Y}_{i-1}, \boldsymbol{a})\}/\sigma(\boldsymbol{Y}_{i-1}, \boldsymbol{b}), \quad 1 \leq i \leq n$$

κ を, $E\{\eta_1 \kappa(\eta_1)\} = 1$ を満たす $I\!R$ 上の非減少右側連続関数とする. 例えば, κ が恒等関数 ($\kappa(x) \equiv x$) のとき, これは自動的に満たされる. 以下の統計量を考えよう.

$$M_s(\boldsymbol{\tau}) := n^{-1/2} \sum_{i=1}^{n} \frac{\dot{\sigma}(\boldsymbol{Y}_{i-1}, \boldsymbol{b})}{\sigma(\boldsymbol{Y}_{i-1}, \boldsymbol{b})} \left[\eta_i(\boldsymbol{\tau}) \kappa(\eta_i(\boldsymbol{\tau})) - 1 \right]$$

$E[M_s(\boldsymbol{\alpha}, \boldsymbol{\beta})] = 0$ なので, 尺度パラメータ $\boldsymbol{\beta}$ は以下の関係によって定義される.

$$\widehat{\boldsymbol{\beta}} := \operatorname{argmin} \left\{ \sum_{j=1}^{r_2} |M_{sj}(\widehat{\boldsymbol{\alpha}}_p, \boldsymbol{b})|; \boldsymbol{b} \in \Omega_2 \right\}$$

式 (6.29) が以下のように書けることに注意されたい.

$$X_i/\sigma(\boldsymbol{Y}_{i-1}, \boldsymbol{\beta}) = \mu(\boldsymbol{Y}_{i-1}, \boldsymbol{\alpha})/\sigma(\boldsymbol{Y}_{i-1}, \boldsymbol{\beta}) + \eta_i \qquad (6.35)$$

これは, 今度は以下のように近似できる.

$$X_i/\sigma(\boldsymbol{Y}_{i-1}, \widehat{\boldsymbol{\beta}}) \approx \mu(\boldsymbol{Y}_{i-1}, \boldsymbol{\alpha})/\sigma(\boldsymbol{Y}_{i-1}, \widehat{\boldsymbol{\beta}}) + \eta_i \qquad (6.36)$$

これは誤差分散が均一の非線形自己回帰モデルである.

ここで, 均一分散非線形モデル (6.35) の標準的な定義を使うと, 適切なスコア関数 ψ と φ に基づく M 推定量と R 推定量のクラスは, 以下のように定義できる. 同様の 2 段階の考え方については, Bose and Mukherjee (2003) を参照されたい.

Step 3: ψ を, $E\{\psi(\eta_1)\} = 0$ を満たす R 上の非減少で有界な関数とする. 一つの例は, $\{\eta_i\}$ の分布が 0 を中心に左右対称であるときの関数 $\psi(x) = \operatorname{sign}(x)$ である.

$\varphi : [0, 1] \to I\!R$ が以下のクラスに属するものとする.

$$\mathcal{F} = \{\varphi; \varphi \colon [0, 1] \to I\!R \text{ は右側連続, 非減少で,}$$
$$\varphi(1) - \varphi(0) = 1\}$$

このクラスに属する関数の例は, $\varphi(u) = u - 1/2$ である. これは Wilcoxon のランクスコア関数 (Wilcoxon rank score function) と呼ばれる. M 統計量を以下のように定義する.

$$M_\psi(\boldsymbol{\tau}) = n^{-1/2} \sum_{i=1}^{n} \frac{\dot{\mu}(\boldsymbol{Y}_{i-1}, \boldsymbol{a})}{\sigma(\boldsymbol{Y}_{i-1}, \boldsymbol{b})} \psi\{\eta_i(\boldsymbol{\tau})\}$$

$E[M_\psi(\boldsymbol{\alpha}, \boldsymbol{\beta})] = 0$ なので, 式 (6.35) から, スコア関数 ψ に対応する $\boldsymbol{\alpha}$

の M 推定量は以下のように定義される.
$$\widehat{\boldsymbol{\alpha}}_M := \operatorname*{argmin}\left\{\sum_{j=1}^{r_1}|M_{\psi j}(\boldsymbol{a},\widehat{\boldsymbol{\beta}})|; \boldsymbol{a} \in \Omega_1\right\}$$

ランク統計量 (rank statistic) を以下のように定義する.
$$\boldsymbol{S}_\varphi(\boldsymbol{\tau}) = n^{-1/2}\sum_{i=1}^{n}\left[\frac{\dot{\mu}(\boldsymbol{Y}_{i-1},\boldsymbol{a})}{\sigma(\boldsymbol{Y}_{i-1},\boldsymbol{b})} - n^{-1}\right.$$
$$\left.\times\sum_{j=1}^{n}\left\{\frac{\dot{\mu}(\boldsymbol{Y}_{j-1},\boldsymbol{a})}{\sigma(\boldsymbol{Y}_{j-1},\boldsymbol{b})}\right\}\right]\varphi\left(\frac{R_{i\boldsymbol{\tau}}}{n+1}\right), \quad \boldsymbol{\tau} \in \Omega$$

ここで, $R_{i\boldsymbol{\tau}} = \sum_{j=1}^{n}I\{\eta_j(\boldsymbol{\tau}) \leq \eta_i(\boldsymbol{\tau})\}$ で, これは $\{\eta_j(\boldsymbol{\tau}); 1 \leq j \leq n\}$ の中の $\eta_i(\boldsymbol{\tau})$ のランクである. そこで, $E[\boldsymbol{S}_\varphi(\boldsymbol{\alpha},\boldsymbol{\beta})] = 0$ なので, スコア関数 φ に対応する $\boldsymbol{\alpha}$ の一般化された R 推定量は, 以下のように定義される.
$$\widehat{\boldsymbol{\alpha}}_R = \operatorname*{argmin}\left\{\sum_{j=1}^{r_1}|S_{\varphi j}(\boldsymbol{a},\widehat{\boldsymbol{\beta}})|; \boldsymbol{a} \in \Omega_1\right\}$$

6.6.2 漸近分布

規準化した導関数を以下のように定義する.
$$\dot{\mu}_i = \frac{\dot{\mu}(\boldsymbol{Y}_{i-1},\boldsymbol{\alpha})}{\sigma(\boldsymbol{Y}_{i-1},\boldsymbol{\beta})}, \quad \dot{\sigma}_i = \frac{\dot{\sigma}(\boldsymbol{Y}_{i-1},\boldsymbol{\alpha})}{\sigma(\boldsymbol{Y}_{i-1},\boldsymbol{\beta})}$$

ここでは, 以下を満たす正定値行列 $\Lambda(\boldsymbol{\theta})$, $\Lambda_c(\boldsymbol{\theta})$ $\boldsymbol{G}(\boldsymbol{\theta})$, $\boldsymbol{G}_c(\boldsymbol{\theta})$ の存在を仮定する.
$$n^{-1}\sum_{i=1}^{n}\dot{\mu}_i\dot{\mu}_i' = \Lambda(\boldsymbol{\theta}) + o_p(1), \quad n^{-1}\sum_{i=1}^{n}\dot{\mu}_i\dot{\sigma}_i' = \boldsymbol{G}(\boldsymbol{\theta}) + o_p(1) \tag{6.37}$$

$$n^{-1}\sum_{i=1}^{n}\left(\dot{\mu}_i - n^{-1}\sum_{i=1}^{n}\dot{\mu}_i\right)\dot{\mu}_i' = \Lambda_c(\boldsymbol{\theta}) + o_p(1)$$
$$n^{-1}\sum_{i=1}^{n}\left(\dot{\mu}_i - n^{-1}\sum_{i=1}^{n}\dot{\mu}_i\right)\dot{\sigma}_i' = \boldsymbol{G}_c(\boldsymbol{\theta}) + o_p(1) \tag{6.38}$$

$\{X_i\}$ が定常でエルゴード性を満たすとき, 適切な次数のモーメントが有限であれば, そのような行列は存在し, 以下のように表せる.
$$\begin{aligned}\Lambda(\boldsymbol{\theta}) &= E\left[\left\{\frac{\dot{\mu}(\boldsymbol{Y}_0,\boldsymbol{\alpha})}{\sigma(\boldsymbol{Y}_0,\boldsymbol{\beta})}\right\}\left\{\frac{\dot{\mu}(\boldsymbol{Y}_0,\boldsymbol{\alpha})}{\sigma(\boldsymbol{Y}_0,\boldsymbol{\beta})}\right\}'\right]\\ \boldsymbol{G}(\boldsymbol{\theta}) &= E\left[\left\{\frac{\dot{\mu}(\boldsymbol{Y}_0,\boldsymbol{\alpha})}{\sigma(\boldsymbol{Y}_0,\boldsymbol{\beta})}\right\}\left\{\frac{\dot{\sigma}(\boldsymbol{Y}_0,\boldsymbol{\alpha})}{\sigma(\boldsymbol{Y}_0,\boldsymbol{\beta})}\right\}'\right]\\ \Lambda_c(\boldsymbol{\theta}) &= \Lambda(\boldsymbol{\theta}) - E\left\{\frac{\dot{\mu}(\boldsymbol{Y}_0,\boldsymbol{\alpha})}{\sigma(\boldsymbol{Y}_0,\boldsymbol{\beta})}\right\}E\left\{\frac{\dot{\mu}(\boldsymbol{Y}_0,\boldsymbol{\alpha})}{\sigma(\boldsymbol{Y}_0,\boldsymbol{\beta})}\right\}'\\ \boldsymbol{G}_c(\boldsymbol{\theta}) &= \boldsymbol{G}(\boldsymbol{\theta}) - E\left\{\frac{\dot{\mu}(\boldsymbol{Y}_0,\boldsymbol{\alpha})}{\sigma(\boldsymbol{Y}_0,\boldsymbol{\beta})}\right\}E\left\{\frac{\dot{\sigma}(\boldsymbol{Y}_0,\boldsymbol{\alpha})}{\sigma(\boldsymbol{Y}_0,\boldsymbol{\beta})}\right\}'\end{aligned} \tag{6.39}$$

6.6 非線形 AR–ARCH モデル

定理 2 (i) 式 (6.37) が成り立ち，$\int |x|g(x)d\psi < \infty$, $\int gd\psi > 0$ なら，

$$\int gd\psi \, n^{1/2}(\widehat{\boldsymbol{\alpha}}_M - \boldsymbol{\alpha}) = -\Lambda^{-1}(\boldsymbol{\theta})\left[M_\psi(\boldsymbol{\theta}) + \boldsymbol{G}(\boldsymbol{\theta})n^{1/2}(\widehat{\boldsymbol{\beta}} - \boldsymbol{\beta})\right.$$
$$\left. \times \int xg(x)d\psi(x)\right] + o_p(1)$$

となる．

(ii) さらに，$\int xg(x)d\psi(x) = 0$ か $\boldsymbol{G}(\boldsymbol{\theta}) = 0$ のどちらかであれば，

$$n^{1/2}(\widehat{\boldsymbol{\alpha}}_M - \boldsymbol{\alpha}) \Rightarrow \mathcal{N}_{r_1}\left[\boldsymbol{0}, \Lambda^{-1}(\boldsymbol{\theta})J_M(\psi, G)\right] \tag{6.40}$$

となる．ここで，$J_M(\psi, G) = \frac{\int \psi^2(x)g(x)dx}{(\int gd\psi)^2}$ である．

$\int xg(x)d\psi(x) = 0$ の十分条件は，g が偶関数で ψ が奇関数であることである．

定理 3 (i) 式 (6.38) が成り立ち，$\int |x|g(x)\varphi(G(dx)) < \infty$, $\int g(x)\varphi(G(dx)) > 0$ であれば，

$$\int g(x)\varphi(G(dx)) \, n^{1/2}(\widehat{\boldsymbol{\alpha}}_R - \boldsymbol{\alpha}) = -\Lambda_c^{-1}(\boldsymbol{\theta})\left[\boldsymbol{S}_\varphi(\boldsymbol{\theta}) + \boldsymbol{G}_c(\boldsymbol{\theta})n^{1/2}(\widehat{\boldsymbol{\beta}} - \boldsymbol{\beta})\right.$$
$$\left. \times \int xg(x)\varphi(G(dx))\right] + o_p(1)$$

となる．

(ii) さらに，$\int xg(x)\varphi(G(dx)) = 0$ か $\boldsymbol{G}_c(\boldsymbol{\theta}) = 0$ のどちらかであれば，

$$n^{\frac{1}{2}}(\widehat{\boldsymbol{\alpha}}_R - \boldsymbol{\alpha}) \Rightarrow \mathcal{N}_{r_1}\left[\boldsymbol{0}, \Lambda_c^{-1}(\boldsymbol{\theta})J_R(\varphi, G)\right] \tag{6.41}$$

となる．ここで，$J_R(\varphi, G) = \frac{\int \varphi^2(u)du - (\int \varphi(u)du)^2}{[\int g(x)\varphi(G(dx))]^2}$ である．

$\int xg(x)\varphi(G(dx)) = 0$ の十分条件は，g が偶関数で，φ が歪対称，すなわち，すべての $u \in [0,1]$ で $\varphi(u) = -\varphi(1-u)$ となることである．したがって，応用では，攪乱項の分布が左右対称であるときに定理 2 (ii) が成り立つことを保証するために，歪対称な φ を使うことが推奨される．例えば，例 2 の ARLSCH のようないくつかのモデルでは，X_0 の分布が 0 を中心として左右対称のときに $\boldsymbol{G}_c(\boldsymbol{\theta}) = 0$ となる．しかし，例 1 (Engle の ARCH) や例 3 (ARTCH) では，$\boldsymbol{G}_c(\boldsymbol{\theta}) \neq 0$ で歪対称スコア関数を使うことが不可欠である．

注釈 3 定理 2 (ii) と定理 3 (ii) の条件は，暫定推定量と尺度推定量が最終的な推定量の漸近理論に影響を与えないことを保証する．これらの定理を使うと，$\widehat{\boldsymbol{\alpha}}_M$ と $\widehat{\boldsymbol{\alpha}}_R$ の漸近分布は $\boldsymbol{\beta}$ を既知とした以下のモデル (6.35) の $\boldsymbol{\alpha}$ の M 推定量，R 推定量の漸

近分布と同じになる.

$$\frac{X_i}{\sigma(\boldsymbol{Y}_{i-1},\boldsymbol{\beta})} = \frac{\mu(\boldsymbol{Y}_{i-1},\boldsymbol{\alpha})}{\sigma(\boldsymbol{Y}_{i-1},\boldsymbol{\beta})} + \eta_i$$

□

注釈 4 $\boldsymbol{\alpha}$ の疑似最尤推定量 $\widehat{\boldsymbol{\alpha}}_{QMLE}$ は,

$$\sum_{i=1}^{n}[X_i/\sigma(\boldsymbol{Y}_{i-1},\widehat{\boldsymbol{\beta}}) - \{\mu(\boldsymbol{Y}_{i-1},\boldsymbol{a})/\sigma(\boldsymbol{Y}_{i-1},\widehat{\boldsymbol{\beta}})\}]^2$$

を最小化する $\boldsymbol{a}$ として定義できる. 標準的な手法を用いて, その漸近分布は以下のように求められる.

$$n^{\frac{1}{2}}(\widehat{\boldsymbol{\alpha}}_{QMLE} - \boldsymbol{\alpha}) \Rightarrow \mathcal{N}_{r_1}\left[\boldsymbol{0}, \Lambda^{-1}(\boldsymbol{\theta})\right] \tag{6.42}$$

$\Lambda_c(\boldsymbol{\theta}) = \Lambda(\boldsymbol{\theta})$ の場合, 式 (6.41) と式 (6.42) を用いて, φ に基づく R 推定量の QMLE に対する漸近的相対効率 (ARE) を $1/J_R(\varphi, G)$ と定義することができる.

$\varphi(u) = u - 1/2$ の場合, QMLE に対する Wilcoxon の R 推定量の ARE は $12(\int g^2(x)dx)^2$ であり, 対称的な規準化した誤差密度 g の広いクラスで, 少なくとも 0.864 になる. 位置モデルで同様な結果を得ているものに, 例えば, Lehmann (1983, Section 5.6) がある. 特に, g が標準正規, ロジスティック, 二重指数の場合, ARE はそれぞれ, $3/\pi(0.955)$, $\pi^2/9(1.10)$, 1.50 になる. 同様に, QMLE に関する符号付きスコアに基づく R 推定量の ARE は $4g^2(0)$ であり, 対称で単峰の誤差密度 g (分散は 1) では少なくとも $1/3$ である. 位置モデルで同様の結果を得ているものについては, 例えば, Lehmann (1983, Section 5.3) を参照されたい. 特に, g が標準正規, ロジスティック, 二重指数の場合, ARE はそれぞれ $2/\pi(0.637)$, $\pi^2/12(0.82)$, 2 になる.

□

例 11 (ARCH モデル) $\boldsymbol{Y}_0' = [1, Z_0^2, \ldots, Z_{1-s}^2]$ と定義すると,

$$\Lambda(\boldsymbol{\theta}) = \boldsymbol{G}(\boldsymbol{\theta}) = E\frac{\boldsymbol{Y}_0 \boldsymbol{Y}_0'}{(\boldsymbol{Y}_0'\boldsymbol{\alpha})^2}$$

$$\Lambda_c(\boldsymbol{\theta}) = \boldsymbol{G}_c(\boldsymbol{\theta}) = \Lambda(\boldsymbol{\theta}) - \left[E\frac{\boldsymbol{Y}_0}{\boldsymbol{Y}_0'\boldsymbol{\alpha}}\right]\left[E\frac{\boldsymbol{Y}_0}{\boldsymbol{Y}_0'\boldsymbol{\alpha}}\right]'$$

である. 明らかに, $\boldsymbol{G}(\boldsymbol{\theta})$ と $\boldsymbol{G}_c(\boldsymbol{\theta})$ は $\boldsymbol{0}$ ではない. そこで, 式 (6.40) から, $\int xg(x)d\psi(x) = 0$ ならば,

$$n^{1/2}(\widehat{\boldsymbol{\alpha}}_M - \boldsymbol{\alpha}) \Rightarrow \mathcal{N}_{s+1}\left[\boldsymbol{0}, \Lambda^{-1}(\boldsymbol{\theta})J_M(\psi, G)\right]$$

となり, 式 (6.41) から, $\int xg(x)\varphi(G(dx)) = 0$ ならば,

$$n^{1/2}(\widehat{\boldsymbol{\alpha}}_R - \boldsymbol{\alpha}) \Rightarrow \mathcal{N}_{s+1}\left[\boldsymbol{0}, \Lambda_c^{-1}(\boldsymbol{\theta})J_R(\varphi, G)\right]$$

となる．式 (6.30) で $E(\varepsilon_1^4) < \infty$ のとき，広く使われている疑似最尤推定量（QMLE）$\widehat{\boldsymbol{\alpha}}_{QMLE}$ の漸近分布は以下のとおりである．

$$n^{1/2}(\widehat{\boldsymbol{\alpha}}_{QMLE} - \boldsymbol{\alpha}) \Rightarrow \mathcal{N}_{s+1}\Big[\mathbf{0}, \Lambda^{-1}(\boldsymbol{\theta})Var(\varepsilon_1^2)\Big]$$

したがって，M 推定量 $\widehat{\boldsymbol{\alpha}}_M$ の Engle の ARCH モデルの QMLE に対する漸近的相対効率性は，1 標本位置モデルや線形回帰モデルの最小 2 乗推定量に対する M 推定量のそれと同様である．

例 12（ARLSCH モデル） $\boldsymbol{Z}_0 = [1, X_0^2]'$ と定義すると，

$$\Lambda(\boldsymbol{\theta}) = E\left[\frac{X_0^2}{\boldsymbol{\beta}'\boldsymbol{Z}_0}\right]$$

$$\boldsymbol{G}(\boldsymbol{\theta}) = E\left[\frac{X_0\boldsymbol{Z}_0'}{2(\boldsymbol{\beta}'\boldsymbol{Z}_0)^{3/2}}\right]$$

$$\Lambda_c(\boldsymbol{\theta}) = \Lambda(\boldsymbol{\theta}) - \left[E\Big\{\frac{X_0}{(\boldsymbol{\beta}'\boldsymbol{Z}_0)^{1/2}}\Big\}\right]^2$$

$$G_c(\boldsymbol{\theta}) = G(\boldsymbol{\theta}) - E\left[\frac{X_0}{(\boldsymbol{\beta}'\boldsymbol{Z}_0)^{1/2}}\right]E\left[\frac{Z_0'}{2(\boldsymbol{\beta}'\boldsymbol{Z}_0)}\right]$$

である．X_0 の分布が 0 を中心に左右対称なら $G(\boldsymbol{\theta}) = G_c(\boldsymbol{\theta}) = \mathbf{0}$ であることに注意されたい．したがって，適切な次数のモーメントが存在すれば，

$$n^{1/2}(\widehat{\boldsymbol{\alpha}}_M - \boldsymbol{\alpha}) \Rightarrow \mathcal{N}\Big[0, \Lambda^{-1}(\boldsymbol{\theta})J_M(\psi, G)\Big]$$

$$n^{1/2}(\widehat{\boldsymbol{\alpha}}_R - \boldsymbol{\alpha}) \Rightarrow \mathcal{N}\Big[0, \Lambda_c^{-1}(\boldsymbol{\theta})J_R(\varphi, G)\Big]$$

となる．再び，上のモデルの最小 2 乗推定量に対するスコア関数 ψ に対応する M 推定量の漸近的相対効率性は，1 標本位置モデルや線形回帰モデル，線形自己回帰モデルに対するものと同様である．R 推定量についても同じことが言える．

例 13（ARTCH モデル） このモデルでは，平均と標準偏差の両方がパラメータに関して線形であり，異なる行列表現を式 (6.39) から非常に簡単に見つけることができる．これについて，詳細は省略する．

再び，前の二つの例で相対効率性について述べたのと同様のことが，ここでも成り立つ．

6.7 AR–ARCH モデルのデータ分析

本節では，最初に 6.6.2 項の漸近分布の結果を証明するシミュレーション分析について報告し，Wilcoxon の R 推定量（$\widehat{\boldsymbol{\alpha}}_W$），符号付きスコア（$\widehat{\boldsymbol{\alpha}}_S$）に基づく R 推定量，QMLE（$\widehat{\boldsymbol{\alpha}}_{QMLE}$）を，三つの誤差密度で，真のパラメータからの平均 2 乗偏差や

平均 2 乗誤差 (MSE) の推定値の観点から比較する．この結果から，ある誤差密度でいくつかの最適な R 推定量のパフォーマンスは，正規分布の尤度関数に基づく MLE に匹敵することがわかる．次に，6.3 節の IBM 株の月次対数リターンを考え，このデータにおける不均一分散の定式化の誤りに対する Wilcoxon の R 推定量の頑健性を，$\hat{\alpha}_{QMLE}$ と比較することにより分析する．

6.7.1　シミュレーション分析

多くの異なるモデルの中で，ここでは $p = s = 1$ とした ARTCH モデルと $p = s = 1$, $r = 2$ とした ARLSCH モデルを考える．真のパラメータ $\boldsymbol{\theta}$ の値を決め，誤差は規準化した (i) 正規分布 (N)，(ii) ロジスティック分布 (L)，(iii) 二重指数分布 (D) からシミュレーションした．尺度パラメータを推定するために，スコア関数 $\kappa(u) = u$ を用いた．ARTCH モデルの尺度推定量の閉じた表現と比べても，このようなスコア関数を選択すると，計算が比較的簡単になる．それぞれのモデルで，繰り返しの回数を $r = 100$ とした．繰り返しの k 番目（$1 \leq k \leq r$）において，パラメータを ARTCH モデルでは $\alpha = 0.1$, $\beta_1 = 0.2$, $\beta_2 = 0.3$，ARLSCH モデルでは $\alpha = 0.1$, $\beta_0 = 0.2$, $\beta_1 = 0.3$ として大きさ $n = 100$ のサンプルを発生させ，(i) 暫定推定量 $\hat{\alpha}_p$，(ii) 正規分布に基づく MLE $\hat{\alpha}_{QMLE}$，(iii) スコア関数 $\varphi(u) = u - (1/2)$ に基づく Wilcoxon の R 推定量，(iv) 符号付きスコア関数 $\varphi(u) = \text{sign}\{u - (1/2)\}$ に基づく R 推定量 $\hat{\alpha}_S$ を計算した．各推定量（一般的に $\hat{\alpha}(k)$ で表す）について，$r^{-1} \sum_{k=1}^{r} (\hat{\alpha}(k) - \alpha)^2$ も計算した．これは推定値の真のパラメータの値 α からの 2 乗偏差をすべての繰り返しで平均したものであり，$\hat{\alpha}$ の平均 2 乗誤差の推定値である．

シミュレーションの結果と分析： 表 6.12 と表 6.13 の列 2〜5 に示している．列 6, 8 は列 5 をそれぞれ列 3, 4 で割って計算したもので，$\hat{\alpha}_{QMLE}$ に関する $\hat{\alpha}_W$ と $\hat{\alpha}_S$ の ARE の推定値を表す（これを E($\hat{\alpha}_W$) のように示す）．太字になっている箇所は，さまざまな誤差分布の中で ARE が最大であることを示す．列 7, 9 は，注釈 2 で説明したような $\hat{\alpha}_W$ と $\hat{\alpha}_S$ の対応する理論的な ARE を表す（これを T($\hat{\alpha}_W$) のように示

表 **6.12** α のさまざまな推定量の MSE と ARE の推定値（ARTCH モデル）．

g	MSE($\hat{\alpha}_p$)	MSE($\hat{\alpha}_W$)	MSE($\hat{\alpha}_S$)	MSE($\hat{\alpha}_{QMLE}$)	E($\hat{\alpha}_W$)	T($\hat{\alpha}_W$)	E($\hat{\alpha}_S$)	T($\hat{\alpha}_S$)
N	0.0545	0.0005	0.0006	0.0005	0.983	0.96	0.940	0.64
L	0.0459	0.0007	0.0007	0.0008	**1.181**	1.1	1.209	0.82
D	0.0416	0.0004	0.0004	0.0007	1.558	1.5	**1.670**	2

表 **6.13** α のさまざまな推定量の MSE と ARE の推定値（ARLSCH モデル）．

g	MSE($\hat{\alpha}_p$)	MSE($\hat{\alpha}_W$)	MSE($\hat{\alpha}_S$)	MSE($\hat{\alpha}_{QMLE}$)	E($\hat{\alpha}_W$)	T($\hat{\alpha}_W$)	E($\hat{\alpha}_S$)	T($\hat{\alpha}_S$)
N	0.0183	0.0208	0.0291	0.0188	0.903	0.96	0.645	0.64
L	0.0232	0.0136	0.0214	0.0154	**1.139**	1.1	0.721	0.82
D	0.0217	0.0128	0.0133	0.0173	1.354	1.5	**1.300**	2

す).表の特定の行に対応する各シナリオについて,同一の設定のもとで5回シミュレーションを行い,理論的な ARE 以上か最もそれに近いという意味で最良の ARE の推定値が得られたシミュレーションの結果を報告している.

シミュレーションの結果とそれらのヒストグラムは,さまざまな推定量の漸近正規性に関するわれわれの理論的な発見と一致する.パラメータのさまざまな組合せを用いたここでは報告していない他の多くのシミュレーションにおいて,$\widehat{\alpha}_W$ と $\widehat{\alpha}_S$ の ARE の結果はモデルが非定常な場合でさえも,近似的に成り立つことが観測された.一般的に,正規分布の場合は,多少の犠牲は払っても,幅広い分布で ARE の高い QMLE に代わる良い手法として,実務家には $\widehat{\alpha}_W$ を使うことを推奨する.そこで,以下の実際のデータの例では,分析に $\widehat{\alpha}_W$ と $\widehat{\alpha}_{QMLE}$ のみを用いる.

6.7.2 金融データ

ここでの主な目的は,提案した R 推定量 $\widehat{\alpha}_R$ のモデルの条件付き不均一分散の定式化に対する頑健性を示すことである.例示のために,Wilcoxon の R 推定量 $\widehat{\alpha}_W$ を考え,対称 AR(1)–ARLSCH モデルと非対称 AR(1)–TARCH モデルに対応する値が互いに近いことを示すことによって頑健性を示す.実際,それらは Tsay (2010) で計算されている対称 AR(1)–GARCH モデルと非対称 AR(1)–EGARCH モデルの α の QMLE 推定値と近い.同時に,われわれはさらに平均パラメータの QMLE 推定値が AR(1)–ARLSCH モデルと AR(1)–TARCH モデルとで大きく異なることに注目して,QMLE が条件付き不均一分散モデルの定式化に対して極度に敏感であることを示す.$\widehat{\alpha}_W$ の頑健性をより説得的に示すためには,R 推定量が対称 AR(1)–GARCH と非対称 AR(1)–EGARCH モデルとで近いことを示す必要があるが,これはモデル (6.29) の範囲を超えているので,今後の研究課題とする.

Tsay (2010, Example 3.4) は,GARCH の誤差を持つ AR(1) モデルを IBM データに当てはめ,自己回帰パラメータの推定値 0.099, 標準誤差 0.037 を得ており,モデルは適切なようである.われわれは ARLSCH モデルを使い,暫定推定値 $\widehat{\alpha}_p = 0.10601551$, R 推定値 $\widehat{\alpha}_W = 0.10864080$, 標準誤差 0.01903097 を得た.したがって,切片パラメータは Tsay の推定値に近く,Tsay の結果と同じく有意である.しかし,ARLSCH モデルの QMLE は $\widehat{\alpha}_{QMLE} = 0.31733076$, 標準誤差 0.09571206 で,AR(1)–GARCH モデルの QMLE を用いて Tsay が得た推定値と大きく異なる.これは,$\widehat{\alpha}_W$ が ARCH もしくは GARCH の不均一分散の定式化に対して,$\widehat{\alpha}_{QMLE}$ より頑健であることを示している.さらに,ARLSCH モデルにおける QMLE に対する R 推定量の ARE 推定値は 25.29363788 と高い.

$Q^*(k)$ を,ARLSCH モデルの残差 $\{\widehat{\varepsilon}_t\}$ のかばん検定 (portmanteau test) のためのラグ k の Ljung–Box 統計量を表すものとする.Ljung–Box 統計量は,R 推定値の残差では $Q^*(10) = 6.8387$, $Q^*(20) = 15.0339$, QMLE の残差では $Q^*(10) = 6.9607$, $Q^*(20) = 14.7694$ であることがわかった.Ljung–Box 統計量の p 値が高いので,R

推定値と QMLE のどちらを用いた場合でも，ARLSCH モデルは適切なようである．

次に，このデータの特徴として非線形性を強調する．Tsay (2010) は AR(1)–EGARCH モデルをこのデータに当てはめ，自己回帰パラメータの推定値 0.092 を得ている．ここでは，ARTCH モデルをこのデータに当てはめ，暫定推定値 0.10601551, $\hat{\alpha}_W = 0.09289947$，標準誤差 0.14118706 を得た．しかし，QMLE は，この R 推定値や Tsay の比較可能な推定値 $\hat{\alpha}_{QMLE} = 0.41444369$，標準誤差 0.26747658 と大幅に異なる．切片パラメータは，どちらの推定値を用いても有意でない．次に，ARTCH モデルの Ljung–Box 統計量を考える．ランク推定値の残差では $Q^*(10) = 7.0857$, $Q^*(20) = 31.7230$, QMLE では $Q^*(10) = 7.4309$, $Q^*(20) = 31.3810$ であり，ARTCH モデルは適切のようである．これは，前と同様，ARTCH モデルと EGARCH モデルの間でモデルの定式化の誤りがあっても，R 推定量はパフォーマンスが良いことを示している．さらに，R 推定量の ARE の推定値は 3.58906858 である．

6.8 結論

本章では，非線形 ARCH, GARCH や，より一般的な GJR モデルのような条件付き不均一分散モデルのパラメータの頑健な推定法を展望した．それらを金融データセットに応用し，バックテストを用いて M 推定量の標本内と標本外の VaR のパフォーマンスを評価した．

実証分析から，VaR の推定値は，特に対称的なモデルの不均一分散の関数型の選択に対して頑健であり，R 推定値は条件付き不均一分散の定式化の誤りに対して頑健であることがわかった．GARCH と GJR モデルでは，本章でデータに当てはめた五つの M 推定量の中で，Cauchy と B 推定量の AQL が最小であった．QMLE の MRB は，多くの場合，他の推定量より高いこともわかり，このことは，QMLE によるリスクの推定値は他のリスクの推定値よりも少し高いことを示している．これらの結果は，Cauchy と B 推定量が QMLE より優れていることを裏付けるものである．

実際，多くの場合で，4 次モーメントが有限であるという仮定が金融データでは必ずしも成り立たないことを無視して，QMLE が頻繁に用いられている．そのような場合，QMLE に代わる漸近理論がしっかり確立した推定法を使うことが強く推奨される．

当然，この研究から，さらに分析が必要な多くの興味深い拡張や疑問が生まれる．例えば，平均関数がパラメータに対して非線形である場合の条件付き不均一分散の定式化の誤りに対する R 推定量と M 推定量の頑健性の分析は興味深い．6.7 節で述べたように，対称 AR(p)–GARCH と非対称 AR(p)–EGARCH モデルはさまざまなデータ分析に有用であり，これらの設定のもとで，さまざまな頑健推定量の理論的および実証的な性質を調べることも興味深い．

謝辞

匿名の査読者と編集者から，原稿を改善するための多くの建設的なコメントをいただいたことに感謝する．

(Kanchan Mukherjee／渡部敏明)

文　献

Basel Committee on Banking Supervision, 1996. Supervisory Framework for the use of Backtesting in Conjunction with the International Model-based Approach to Market Risk Capital Requirements. BIS, Basel, Switzerland.

Berkes, I., Horvath, L., 2004. The efficiency of the estimators of the parameters in GARCH processes. Ann. Stat. 32, 633–655.

Berkes, I., Horvath, L., Kokoszka, P., 2003. GARCH processes: structure and estimation. Bernoulli 9, 201–228.

Bollerslev, T., 1986. Generalised autoregressive conditional heteroscedasticity. J. Econom. 31, 307–327.

Bose, A., Mukherjee, K., 2003. Estimating the ARCH parameters by solving linear equations. J. Time Ser. Anal. 24, 127–136.

Bougerol, P., Picard, N., 1992. Stationarity of GARCH processes and of some nonnegative time series. J. Econom. 52, 115–127.

Christoffersen, P., 1998. Evaluating interval forecasts. Int. Econ. Rev. 39, 841–862.

Engle, R., 1982. Autoregressive conditional heteroskedasticity and estimates of the variance of UK inflation. Econometrica 50, 987–1008.

Engle, R., Manganelli, S., 2004. CAViaR: Conditional autoregressive value at risk by regression quantiles. J. Bus. Econ. Stat. 22, 367–381.

Fan, J., Qi, L., Xiu, D., 2010. Non-Gaussian Quasi Maximum Likelihood Estimation of GARCH Models. Technical Report. Princeton University. Available at (papers.ssrn.com) (accessed 28.4.2011).

Glosten, L., Jagannathan, R., Runkle, D., 1993. On the relation between the expected value and the volatility on the nominal excess returns on stocks. J. Finance 48, 1779–1801.

Härdle, W., Tsybakov, A., 1997. Local polynomial estimators of the volatility function in nonparametric autoregressive. J. Econom. 81, 223–242.

Hendricks, D., 1996. Evaluation of value-at-Risk models using Historical Data. Federal Reserve Bank of New York, Econ. Pol. Rev. April, 36–69.

Iqbal, F., 2010. Contributions to Conditional Heteroscedastic Models: M-estimation and other Methods. PhD Thesis; Dept. of Mathematics and Statistics, Lancaster University.

Iqbal, F., Mukherjee, K., 2010. M-estimators of some GARCH-type models; computation and application. Stat. Comput. 20, 435–445.

Iqbal, F., Mukherjee, K., in press. A study of Value-at-Risk based on M-estimators of the conditional heteroscedastic models. J. Forecast.

Jorion, P., 2000. Value-at-Risk: The New Benchmark for Managing Financial Risk. McGraw-Hill, New York.

Koul, H., Mukherjee, K., 2002. Some Estimation Procedures in ARCH Models. Technical Report 9-2002. National University of Singapore.

Kupiec, P., 1995. Techniques for verifying the accuracy of risk measurement models. J. Derivatives 3, 73–84.

Lehmann, E., 1983. Theory of Point Estimation. Wiley, New York.

Lopez, J., 1999. Methods for evaluating Value-at-Risk estimates. Fed. Reserve Bank San Francisco Econ. Rev. 2, 3–17.

Mukherjee, K., 2006. Pseudo-likelihood estimation in ARCH model. Can. J. Stat. 34, 341–356.

Mukherjee, K., 2007. Generalized R-estimators under conditional heteroscedasticity. J. Econom. 141, 383–415.

Mukherjee, K., 2008. M-estimation in GARCH model. Econom. Theory 24, 1530–1553.

Nelson, D., 1991. Conditional heteroscedasticity in asset returns; a new approach. Econometrica 59, 347–370.

Peng, L., Yao, Q., 2003. Least absolute deviations estimation for ARCH and GARCH models. Biometrika 90, 967–975.

Rabemananjara, R., Zakoian, J., 1993. Threshold ARCH models and asymmetry in volatility. J. Appl. Econom. 8, 31–49.

Robinson, P., Zaffaroni, P., 2006. Pseudo-maximum-likelihood estimation of ARCH(∞) models. Ann. Stat. 34, 1049–1074.

Tsay, R., 2010. Analysis of Financial Time Series. Wiley, New York.

Part III

High Dimensional Time Series

高次元時系列

CHAPTER 7

Functional Time Series

関数時系列

概　要　本章では，時間に関して連続に観測された曲線を取り扱った最近の研究を説明する．曲線は関数データ解析の枠組みの中で捉えられる．すなわち，各曲線はその全体として統計解析の対象となる．数学的基礎のもととなるヒルベルト空間を説明する．そして，そのようなデータにおいて最もよく使われるモデルである関数自己回帰過程 (functional autoregressive process) を導入し，その性質について議論する．そして曲線の時間従属性を定量化する一般的な枠組みを導入する．この枠組みの中で，長期分散の定義や推定を含む，スカラーデータに対する時系列解析の中心概念の関数時系列版を議論する．

■ キーワード ■　自己回帰過程，関数データ，予測，主成分，時系列

7.1　はじめに

関数データは，ほとんど連続な時間で測定される記録を，例えば "1 日" のように自然で連続な区間に分割することにより得られる観測値から，しばしば生じる．その例として，日々の金融取引データや，地球物理学や環境データの日々のパターンの曲線などがある．そのようにして得られる関数は，時系列 $\{X_k, k \in \mathbb{Z}\}$ を形作る．ただし，各 X_k は（ランダム）関数 $X_k(t)$ ($t \in [a,b]$) である．われわれはそのようなデータの構造を関数時系列（functional time series）と呼ぶ．その例を 7.1.1 項で示す．そのようなデータの解析の問題の中心は，観測値の時間従属性を考慮に入れることである．つまり，$\{X_k, k \leq m\}$ と $\{X_k, k \geq m+h\}$ によって決定するイベント間の従属性である．スカラー時系列やベクトル時系列に関する文献はたくさんあるが，関数時系列に関する文献は比較的少数である．関数データ解析の主眼は，ほとんどが i.i.d. の関数測定値に置かれている．それゆえ，現在の研究では時系列解析と関数データ解析のアイデアを結合する役立つ方法を提供することが望まれている．

Bosq (2000) のモノグラフは，関数自己回帰モデルにフォーカスを当て，ヒルベルト空間とバナッハ空間の両方の中での線形関数時系列の理論を記している．しかしながら，多くの関数時系列にとって，それらが従う特定のモデルが何であるのかは明らかではなく，また，多くの統計手法にとって，必ずしもある特定のモデルを仮定する

必要はない．そのような場合，重要なことは，ある与えられた手法に従うことの影響がどれほどのものかを知ることである．時間従属性に対して頑健であるのか？　あるいは，この種の従属性は深刻なバイアスを生むのか？　この種の質問に答えるには，時間従属性の概念を定量化することが本質的である．スカラー時系列やベクトル時系列に対しては，この疑問はさまざまな角度からアプローチされている．しかし，Bosq (2000) の線形モデルを除いて，関数時系列に対しては利用可能な一般的な枠組みがない．われわれは Hörmann and Kokoszka (2010) によって提案されたモーメントに基づく弱従属性の概念を紹介する．

このテーマを可能な限り本書の中で取り扱えるように，7.2 節では，このテーマに対して要求される数学的枠組みについて記述するとともに，系列従属な関数データと独立な関数データに対する結果の比較が可能となるよう，i.i.d. データに対するいくつかの結果も報告する．次に 7.3 節では，Bosq (2000) の自己回帰モデルを紹介し，その応用について議論する．7.4 節では，Hörmann and Kokoszka (2010) によって提案された従属性の概念の概要を述べ，どのようにその概念が関数時系列の解析に適用可能かを示す．7.5 節では，この話題に関連する参考文献について簡単に述べる．

7.1.1　関数時系列の例

ここで紹介される研究の動機となったデータは，$X_k(t)$（$t \in [a,b]$）の形で表される．区間 $[a,b]$ は通常単位区間 $[0,1]$ に標準化される．a と b の取り扱いはデータの集め方に依存する．日内の金融取引データに対しては，a は取引所の開始時刻，b は終了時刻である．例えば，ニューヨーク証券取引所のデータには，a と b の両端点が入っている．地球物理学のデータは，$X(u)$ の形で表されることが多い．ただし，u はとても細かい時間間隔で測定される．単位区間へ標準化後，その曲線は $X_k(t) = X(k+t)$（$0 \le t < 1$）と定義される．どちらの場合も，観測されるのは曲線である．

図 7.1 は，1 週間を通して測定された磁気計の測定値を示している．磁気計は設置された場所における磁場の三つの要素を測定する装置である．地球上には 100 か所を超える地磁気観測所があり，そのほとんどがデジタルの磁気計を持っている．これらの磁気計は 5 秒ごとに磁場の強さや方向を記録するが，地磁気はどの瞬間でも存在しているので，磁場記録は連続な記録の近似と考えるのが自然である．生の磁場記録データは処理され，1 分間の平均として報告される．その平均が図 7.1 に記されているデータである．したがって，（場の一つの要素の）$7 \times 24 \times 60 = 10080$ 個の値が図 7.1 を描くのに用いられている．横軸は万国標準時における日ごとに区切られている．このデータの形に影響を与える主要な要素の一つは地球の自転であるため，この日ごとの曲線を一つの観測値と見なすことは自然である．観測所に太陽が昇ると，主に太陽の熱によって引き起こされるイオン圏に吹く風によって生成される磁場を記録する．それゆえ，図 7.1 は関数時系列の七つの連続な観測値を示している．

関数として取り扱うことが自然であるデータのもう一つの例は，金融取引の記録で

7.1 はじめに

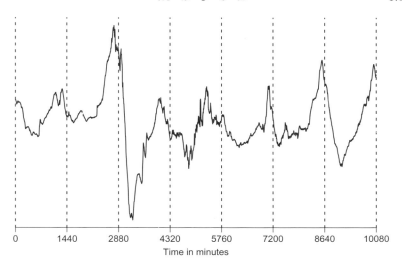

図 7.1 縦軸はホノルル地磁気観測所において，2001 年 1 月 1 日 0 時 0 分から 2001 年 1 月 7 日 24 時 0 分の期間に 1 分間隔で測定された磁場の強さを示している．

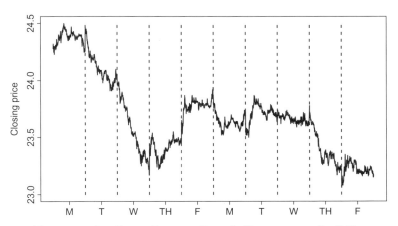

図 7.2 2006 年 5 月 1〜5 日，8〜12 日の 1 分ごとの Microsoft 社の株価．

ある．図 7.2 は連続する 2 週間における Microsoft 社の株価の 1 分ごとの記録である．金融取引に関する研究の大部分は 1 日の終値を使って行われる．つまり，取引日の最後の取引の価格である．しかしながら，多くの資産が瞬間瞬間に取引され，それはまるで曲線と考えることができるほどの頻度である．Microsoft 社の株は 1 分ごとに数百回売買される．図 7.2 を描くのに用いた値は 1 分ごとの終値である．一つの取引日を，そのもととなる時間間隔として選ぶのは自然である．もし，そのように時間

間隔を選ぶならば,図 7.2 は 10 個の連続する関数観測値を示している.磁気計のデータとは対照的に,k 番目の日の最後の分の価格は,$k+1$ 番目の日の最初の分の価格と近い必要はない.

しかしながら,関数時系列は上記のようなメカニズムを通して起こる必要がないことを強調しておきたい.例えば,Kargin and Onatski (2008) と Horváth et al. (2012) により研究されたユーロドル曲線は,この形ではない.関数時系列は曲線の列なのである.

7.2 関数データに対するヒルベルト空間モデル

X_k は,ノルム $\|\cdot\|$ を生成する内積 $\langle \cdot, \cdot \rangle$ を持つ可分ヒルベルト空間 H (つまり,可算基底 $\{e_k, k \in \mathbb{Z}\}$ を持つあるヒルベルト空間) の要素であるという仮定が,典型的に用いられる.本章でも,以後これを仮定する.7.2.2 項で紹介するヒルベルト空間 $L^2 = L^2([0,1])$ は,一つの重要な例である.われわれは形式的に一般のヒルベルト空間を許容するが,H 値データを "関数観測値" と呼ぶ.全ランダム関数はある共通の確率空間 $(\Omega, \mathcal{A}, P)$ 上に定義される.もし $E\|X\| < \infty$ であれば,X は可積分であるといい,もし $E\|X\|^2 < \infty$ であれば,2 乗可積分であるという.もし $E\|X\|^p < \infty$ ($p > 0$) が成り立つならば,$X \in L_H^p = L_H^p(\Omega, \mathcal{A}, P)$ と書く.L_H^p において $\{X_n\}$ が X へ収束することは,$E\|X_n - X\|^p \to 0$ を意味する.一方 $\|X_n - X\| \to 0$ a.s. (almost surely) を概収束と呼ぶ.

この節では,Bosq (2000) の説明法を厳密に踏襲する.ヒルベルト空間についての良い参考文献は,Riesz and Sz.-Nagy (1990),Akhiezier and Glazman (1993),Debnath and Mikusinski (2005) である.ヒルベルト空間内の作用素の綿密な理論は,Gohberg et al. (1990) により展開されている.

7.2.1 作用素

$\langle \cdot, \cdot \rangle$ を,ノルム $\|\cdot\|$ を生成する H における内積とする.そして,H 上のノルム
$$\|\Psi\|_{\mathcal{L}} = \sup\{\|\Psi(x)\| : \|x\| \leq 1\}$$
を持つ有界(連続)線形作用素の空間を $\mathcal{L}$ により表す.

もし,
$$\Psi(x) = \sum_{j=1}^{\infty} \lambda_j \langle x, v_j \rangle f_j, \quad x \in H \tag{7.1}$$
を満たすような二つの正規直交基底 $\{v_j\}$ と $\{f_j\}$ と,0 に収束する実数列 $\{\lambda_j\}$ が存在するならば,作用素 $\Psi \in \mathcal{L}$ は "コンパクト" であるという.必要に応じて f_j を $-f_j$ に変えることができるので,λ_j は正値であると仮定する.式 (7.1) は特異値分解 (singular value decomposition) と呼ばれる.コンパクト作用素は完全連続作用素と

も呼ばれる．

式 (7.1) における λ_j が $\sum_{j=1}^{\infty} \lambda_j^2 < \infty$ を満たすとき，その作用素をヒルベルト・シュミット（Hilbert–Schmidt）作用素と呼ぶ．ヒルベルト・シュミット作用素の空間 $\mathcal{S}$ は，

$$\langle \Psi_1, \Psi_2 \rangle_{\mathcal{S}} = \sum_{i=1}^{\infty} \langle \Psi_1(e_i), \Psi_2(e_i) \rangle \tag{7.2}$$

というスカラー積を持つ可分なヒルベルト空間である．ただし，$\{e_i\}$ は任意の正規直交基底であり，式 (7.2) の値は $\{e_i\}$ に依存しない．このとき $\|\Psi\|_{\mathcal{S}}^2 = \sum_{j \geq 1} \lambda_j^2$ および

$$\|\Psi\|_{\mathcal{L}} \leq \|\Psi\|_{\mathcal{S}} \tag{7.3}$$

を示すことができる．

もし

$$\langle \Psi(x), y \rangle = \langle x, \Psi(y) \rangle, \quad x, y \in H$$

を満たすならば，作用素 $\Psi \in \mathcal{L}$ は"対称"であるという．また，もし

$$\langle \Psi(x), x \rangle \geq 0, \quad x \in H$$

が成り立つならば正定値という（この最後の性質を満たす作用素のことをしばしば半正定値と呼び，$x \neq 0$ に対して $\langle \Psi(x), x \rangle > 0$ が成り立つとき，正定値という用語を用いる場合がある）．

対称な正定値ヒルベルト・シュミット作用素 Ψ は，Ψ の固有関数，つまり，$\Psi(v_j) = \lambda_j v_j$ である正規直交ベクトル v_j を用いて

$$\Psi(x) = \sum_{j=1}^{\infty} \lambda_j \langle x, v_j \rangle v_j, \quad x \in H \tag{7.4}$$

と分解できる．v_j によって張られる部分空間の直交補空間に完全正規直交系を加えることによって，v_j は基底へと拡張することができる．それゆえ，式 (7.4) の中の v_j は，基底を構成していると仮定することができる．しかし，そのときいくつかの λ_j は 0 かもしれない．

7.2.2 　L^2 　空　間

L^2 空間は，$\int_0^1 x^2(t) dt < \infty$ を満たす $[0,1]$ 上の可測な実数値関数 x の集合であり，内積

$$\langle x, y \rangle = \int x(t) y(t) dt$$

を持つ可分なヒルベルト空間である．特に積分の範囲を示していない場合，全区間 $[0,1]$ での積分を示している．もし $x, y \in L^2$ ならば，$x = y$ は常に $\int [x(t) - y(t)]^2 dt = 0$ を意味する．

L^2 空間内の作用素の重要なクラスは，実数値カーネル $\psi(\cdot, \cdot)$ を用いて

$$\Psi(x)(t) = \int \psi(t,s) x(s) ds, \quad x \in L^2 \tag{7.5}$$

によって定義される積分作用素である．$\iint \psi^2(t,s) dt ds < \infty$ が成り立つとき，かつそのときに限って，そのような作用素はヒルベルト・シュミット作用素であるという．そのとき

$$\|\Psi\|_S^2 = \iint \psi^2(t,s) dt ds \tag{7.6}$$

が成り立つ．

もし $\psi(s,t) = \psi(t,s)$ と $\iint \psi(t,s) x(t) x(s) dt ds \geq 0$ が成り立てば，積分作用素 Ψ は対称かつ正定値であり，式 (7.4) から

$$\psi(t,s) = \sum_{j=1}^{\infty} \lambda_j v_j(t) v_j(s) \quad \text{in } L^2([0,1] \times [0,1]) \tag{7.7}$$

が成り立つ．もし ψ が連続ならば，上記の拡張は全 $s, t \in [0,1]$ に対して成り立ち，その列は一様収束する．この結果はマーサーの定理 (Riesz and Sz.-Nagy, 1990) として知られる．

7.2.3 関数平均と共分散作用素

$X, X_1, X_2, \ldots$ を H 値ランダム関数とする．もしすべての $y \in H$ に対して $E \langle X, y \rangle = \langle \mu, y \rangle$ を満たすような $\mu \in H$ が存在するならば，X を弱積分可能と呼ぶ．この場合，μ は X の期待値と呼ばれ，EX で表される．以下の簡単な結果が成り立つ：(a) EX は一意である，(b) 可積分ならば弱積分可能である，(c) $\|EX\| \leq E\|X\|$ が成り立つ．$H = L^2$ が成り立つ特別な場合には，$\{(EX)(t), t \in [0,1]\} = \{E(X(t)), t \in [0,1]\}$，つまり，各点における評価により平均関数が得られることが示せる．この期待値は有界作用素と可換である．つまり，もし $\Psi \in \mathcal{L}$ かつ X が可積分ならば，$E\Psi(X) = \Psi(EX)$ が成り立つ．

$X \in L_H^2$ に対して，X の共分散作用素は

$$C(y) = E[\langle X - EX, y \rangle (X - EX)], \quad y \in H$$

で定義される．共分散作用素 C は

$$\sum_{i=1}^{\infty} \lambda_i = E\|X - EX\|^2 < \infty \tag{7.8}$$

を満たす固有値 λ_i を持ち，対称かつ正定値である．したがって，C は式 (7.4) を満たす対称正定値ヒルベルト・シュミット作用素である．

$X_1, \ldots, X_N$ の標本平均と標本共分散作用素は，以下のように定義される．

$$\hat{\mu}_N = \frac{1}{N} \sum_{k=1}^{N} X_k, \quad \hat{C}_N(y) = \frac{1}{N} \sum_{k=1}^{N} \langle X_k - \hat{\mu}_N, y \rangle (X_k - \hat{\mu}_N), \quad y \in H$$

以下の結果は i.i.d. 標本に対して今定義した推定量の一致性を示している．

定理 1 $\{X_k\}$ を $EX = \mu$ である H 値 i.i.d. 列とする．

(a) もし $X_1 \in L_H^2$ ならば，$E\|\hat{\mu}_N - \mu\|^2 = O(N^{-1})$．
(b) もし $X_1 \in L_H^4$ ならば，$E\|\hat{C}\|_S^2 < \infty$ かつ $E\|C - \hat{C}\|_S^2 = O(N^{-1})$．

7.4 節では，より一般的な枠組みである定常弱従属過程に対して定理 1 を証明する．$H = L^2$ に対して，
$$C(y)(t) = \int c(t,s)y(s)ds, \quad \text{ただし } c(t,s) = \mathrm{Cov}(X(t), X(s))$$
が成立することは容易にわかる．共分散カーネル $c(t,s)$ は
$$\hat{c}(t,s) = \frac{1}{N} \sum_{k=1}^{N} (X_k(t) - \hat{\mu}_N(t))(X_k(s) - \hat{\mu}_N(s))$$
によって推定される．

7.2.4 経験関数主成分

関数 $x_1, x_2, \ldots, x_N$ が観測されるとする．この項では，これらの関数がランダムであると見なす必要はなく，ある可分なヒルベルト空間 H の中のランダム関数の実現値として観測されたものと考えてよい．データは中心化されている，つまり $\sum_{i=1}^{N} x_i = 0$ と仮定する．ある整数 $p < N$ を固定する．p は典型的には 1 桁の数字のように，N よりもかなり小さい一つの数値と考える．われわれは，
$$\hat{S}^2 = \sum_{i=1}^{N} \left\| x_i - \sum_{k=1}^{p} \langle x_i, u_k \rangle u_k \right\|^2$$
が最小となるような正規直交基底 $u_1, u_2, \ldots, u_p$ を見つけたい．いったんそのような基底が見つかると，$\sum_{k=1}^{p} \langle x_i, u_k \rangle u_k$ が x_i に対する近似となる．選択した p に対して，この近似は $\hat{S}^2$ を最小化するという意味で一様に最適である．このことは無限次元の曲線である x_i を取り扱う代わりに，p 次元のベクトルである
$$\mathbf{x}_i = [\langle x_i, u_1 \rangle, \langle x_i, u_2 \rangle, \ldots, \langle x_i, u_p \rangle]^T$$
を取り扱えば済むことを意味している．これは任意の計算ができるように無限から有限へ次元を減らさなければならない関数データ解析の中心となっているアイデアである．関数 u_j は集合として最適経験正規直交基底（optimal empirical orthonormal basis）あるいは自然正規直交成分（natural orthonormal components）と呼ばれる．ここで，"経験" や "自然" という用語は，それらが関数データから直接計算されることを強調している．

$\hat{S}^2$ を最小化する関数 $u_1, u_2, \ldots, u_p$ は，標本共分散作用素の正規化された固有関数 $\hat{v}_1, \hat{v}_2, \ldots, \hat{v}_p$ と（符号を除いて）等しくなる．つまり $\hat{\lambda}_1 \geq \hat{\lambda}_2 \geq \cdots \geq \hat{\lambda}_p$ とするとき，$\hat{C}(u_i) = \hat{\lambda}_i u_i$ が成り立つ．固有関数 $\hat{v}_i$ をデータ $x_1, x_2, \ldots, x_N$ の経験関数主成分（empirical functional principal components; EFPCs）という．すなわち，$\hat{v}_i$ は自然正規直交成分であり，最適な経験正規直交基底を形作る．

7.2.5 母集団関数主成分

H の中での平均 0 の関数観測値 $X_1, X_2, \ldots, X_N$ が X と同じ分布に従うと仮定する．7.2.4 項に沿って，H の中のどの正規直交要素 $v_1, \ldots, v_p$ が，

$$E \left\| X - \sum_{i=1}^{p} \langle X, v_i \rangle v_i \right\|^2$$

を最小化するかを問うことができる．その答えは 7.2.5 項の見地から驚くものではない．共分散作用素 C の固有関数 v_i は，X の "最適な" 表現を可能にさせる．関数主成分 (FPCs) は，X の共分散作用素 C の固有関数として定義される．その表現

$$X = \sum_{i=1}^{\infty} \langle X, v_i \rangle v_i$$

は，Karhunen–Loéve 展開と呼ばれる．

内積 $\langle X_i, v_j \rangle = \int X_i(t) v_j(t) dt$ は X_i の j 番目のスコアと呼ばれ，それは曲線 X_i に対する関数主成分 v_j の重みとして解釈することが可能である．

われわれは，しばしば C の固有値，固有関数を推定するが，パラメータとしてのこれらの量の解釈，そしてその推定方法には注意が必要である．固有値は識別可能でなければならない．そのため，$\lambda_1 > \lambda_2 > \cdots$ という仮定を置く必要がある．実際には，大きなものから数えて p 個の固有値だけが推定可能であり，$\lambda_1 > \lambda_2 > \cdots > \lambda_p > \lambda_{p+1}$ という仮定を置く．この仮定は最初の p 個の固有値は 0 でないことを示唆している．固有関数 v_j は $C(v_j) = \lambda_j v_j$ により定義される．したがって，もし v_j が固有関数であるならば，任意の 0 でないスカラー a に対して av_j も固有関数である（定義より，固有関数は 0 ではない）．v_j は $\|v_j\| = 1$ となるように標準化される．しかし，この作業は v_j の符号は決定しない．それゆえ，もし $\hat{v}_j$ がデータから計算された推定値であるならば，

$$\hat{c}_j = \operatorname{sign}(\langle \hat{v}_j, v_j \rangle)$$

としたとき，われわれとしては $\hat{c}_j \hat{v}_j$ が v_j に近い値であることを願うばかりである．$\hat{c}_j$ はデータから計算できないことに注意しよう．したがって，われわれが取り扱いたい統計量が $\hat{c}_j$ に依存しないことを保証しなければならない．

これらの準備を頭に入れて，固有要素の推定量を

$$\hat{C}_N(\hat{v}_j) = \hat{\lambda}_j \hat{v}_j, \quad j = 1, 2, \ldots, N \tag{7.9}$$

と定義する．

Dauxois et al. (1982) と Bosq (2000) による次の結果は，漸近理論を展開するためによく使われる．

定理 2 観測値 $X_1, X_2, \ldots, X_N$ は H の中で i.i.d. であり，その分布は $EX = 0$ である $X \in L_H^4$ の分布と同じと仮定する．さらに

$$\lambda_1 > \lambda_2 > \cdots > \lambda_d > \lambda_{d+1} \tag{7.10}$$

と仮定する．そのとき，各 $1 \leq j \leq d$ に対して，

$$E\left[\|\hat{c}_j \hat{v}_j - v_j\|^2\right] = O(N^{-1}), \quad E\left[|\lambda_j - \hat{\lambda}_j|^2\right] = O(N^{-1}) \tag{7.11}$$

が成り立つ．

定理 2 は，正則条件のもとで，母集団固有関数は経験固有関数で一致推定可能であることを意味している．もし仮定が成り立たないならば，$\hat{v}_k$ の方向は v_k と近くないかもしれない．Johnstone and Lu (2009) の研究の中で，多くの参考文献とともに，この種の例が議論されている．これらの例は，i.i.d. 曲線にノイズが大きければ式 (7.11) が成立しないことを示す．式 (7.11) が成り立たないかもしれない別の設定は，曲線が十分に正則であるが，それらの従属性が強すぎる場合である．その例は Hörmann and Kokoszka (2012) で議論されている．

定理 2 は，定理 1 のパート (b) と以下の補題 1 と補題 2 から簡単に証明できる．これらの定理と補題は 7.4 節でも用いられる．これら二つの補題は，Bosq (2000) では Lemma 4.2, 4.3 においてもう少し特別な形で表される．補題 1 は Gohberg et al. (1990) の Section 6.1 で証明されている．p.99 の Corollary 1.6 を参照されたい．一方，補題 2 は Horváth and Kokoszka (2012) の研究の中で示された．補題 1 と補題 2 を定式化するために，特異値分解

$$C(x) = \sum_{j=1}^{\infty} \lambda_j \langle x, v_j \rangle f_j, \quad K(x) = \sum_{j=1}^{\infty} \gamma_j \langle x, u_j \rangle g_j \tag{7.12}$$

を持つ二つのコンパクト作用素 $C, K \in \mathcal{L}$ を考える．

補題 1 $C, K \in \mathcal{L}$ を，特異値分解 (7.12) を持つ二つのコンパクト作用素とする．そのとき，各 $j \geq 1$ に対して，$|\gamma_j - \lambda_j| \leq \|K - C\|_{\mathcal{L}}$ が成り立つ．

ここで

$$v'_j = c_j v_j, \quad c_j = \text{sign}(\langle u_j, v_j \rangle)$$

と定義しておく．

補題 2 $C, K \in \mathcal{L}$ を，特異値分解 (7.12) を持つ二つのコンパクト作用素とする．もし，C が対称で，式 (7.12) において $f_j = v_j$ であり，その固有値が式 (7.10) を満たすならば，そのとき

$$\|u_j - v'_j\| \leq \frac{2\sqrt{2}}{\alpha_j} \|K - C\|_{\mathcal{L}}, \quad 1 \leq j \leq d$$

が成り立つ．ただし，$\alpha_1 = \lambda_1 - \lambda_2$ であり $\alpha_j = \min(\lambda_{j-1} - \lambda_j, \lambda_j - \lambda_{j+1})$ ($2 \leq j \leq d$) とする．

もし C が共分散作用素であるならば,補題 2 で C に課された条件を満たすことに注意しよう.そのとき,v_j は C の固有関数である.これらの固有関数は符号までしか決定されないので,関数 v'_j を導入する必要がある.

この節では,単に基本的な定義と性質を提示した.関数主成分の解釈や推定は,平滑化や正則化の概念が主要な役割を果たす詳細な研究のトピックである.Ramsay and Silverman (2005) の Chapter 8, 9, 10 を参照されたい.

7.3 関数自己回帰モデル

ヒルベルト空間やバナッハ空間の中の自己回帰や,より一般的な線形過程の理論は,Bosq (2000) のモノグラフにおいて展開された.7.3.1 項と 7.3.2 項はその本に基づいており,証明においても参照している.ここでは中心的なアイデアの導入に繋がるということを重視し,いくつか選りすぐりの結果だけを紹介する.7.3.3 項は,関数自己回帰 (functional autoregressive; FAR) 過程による予測の話題に当てる.表記をわかりやすくするために,本章では $\|\cdot\|_{\mathcal{L}} = \|\cdot\|$ とおく.

7.3.1 存 在 性

もし H の中の平均 0 の関数列 $\{X_n, -\infty < n < \infty\}$ が

$$X_n = \Psi(X_{n-1}) + \varepsilon_n \tag{7.13}$$

に従うならば,その関数列は関数 AR(1) モデルに従うという.ただし,$\Psi \in \mathcal{L}$ であり,$\{\varepsilon_n, -\infty < n < \infty\}$ は $E\|\varepsilon_n\|^2 < \infty$ を満たす H の中の平均 0 の i.i.d. の誤差の列である.

上記の定義は,$\{\varepsilon_n\}$ が i.i.d. であることを仮定せず,むしろそれらがある適当なヒルベルト空間内で無相関であることを仮定した Bosq (2000) によって考慮された過程よりも,幾分狭いクラスの過程を定義している.参考までに,Bosq (2000) の Definition 3.1, 3.2 を確認されたい.しかしながら,過程 (7.13) の推定の理論は,誤差が i.i.d. であるという仮定のもとでのみ展開されている.

スカラー AR(1) 方程式 $X_n = \psi X_{n-1} + \varepsilon_n$ は,もし $|\psi| < 1$ であれば,一意な因果解 $X_n = \sum_{j=0}^{\infty} \psi^j \varepsilon_{n-j}$ の存在を許す.本項のわれわれの目的は,関数 AR(1) 方程式 (7.13) に対する $|\psi| < 1$ に類似の条件を述べることである.その目的のために,次の補題から始める.

補題 3 任意の $\Psi \in \mathcal{L}$ に対して,次の二つの条件は等価である.
 C0: $\|\Psi^{j_0}\| < 1$ を満たす整数 j_0 が存在する.
 C1: すべての $j \geq 0$ に対して,$\|\Psi^j\| \leq ab^j$ を満たす $a > 0$ と $0 < b < 1$ が存在する.

ここで，条件 C0 は条件 $\|\Psi\| < 1$ よりも弱い条件であることに注意しよう（スカラーの場合には，条件 C0 と $\|\Psi\| < 1$ は明らかに等価である）．にもかかわらず，C1 は定理 3 に述べているように，関数 AR(1) 方程式に対する定常因果解の存在と列 $\sum_j \Psi^j(\varepsilon_{n-j})$ の収束を保証することができる十分強い条件である．

式 (7.13) は繰り返しランダム関数系と見ることができることに注意しよう (Diaconis and Freeman, 1999; Wu and Shao, 2004)．そのとき，条件 C1 は，そのような過程に対する定常解を得るために必要な幾何学的な収縮性を指している．繰り返しランダム関数系は一般的な距離空間で研究されたものなので，$X_t = \Psi_{\varepsilon_t}(X_{t-1})$ の形の非線形関数マルコフ過程への関数自己回帰過程の拡張を研究するのに，この方法を利用することができる．

定理 3 もし条件 C0 が成立するならば，そのとき式 (7.13) の一意な強定常因果解が存在し，この解は

$$X_n = \sum_{j=0}^{\infty} \Psi^j(\varepsilon_{n-j}) \tag{7.14}$$

で与えられる．また，この列は概収束し，L_H^2 に属する．

例 1

$$\iint \psi^2(t,s) dt ds < 1 \tag{7.15}$$

を満たす式 (7.5) によって定義される L^2 上の積分ヒルベルト・シュミット作用素を考える．7.2.2 項から式 (7.15) の左辺は $\|\Psi\|_S^2$ に一致することを思い出そう．$\|\Psi\| \leq \|\Psi\|_S$ より，式 (7.15) から $j_0 = 1$ のときの補題 3 の条件 C0 が成り立つことがわかる．

7.3.2 推定

本項では，自己回帰作用素 Ψ の推定を取り扱うが，まず経験関数主成分の収束とそれに対応する固有値に関する定理について述べる．これらは，例 2 や定理 7, 補題 3 から得られる．本質的には，定理 4 は，もし X_n が FAR(1) モデルに従うならば，有界性 (7.11) も成り立つことを述べている．

定理 4 式 (7.13) の中の作用素 Ψ が補題 3 の条件 C0 を満たし，解 $\{X_n\}$ が $E\|X_0\|^4 < \infty$ を満たすとする．このとき，式 (7.10) が成り立つならば，各 $1 \leq j \leq d$ に対して関係式 (7.11) が成り立つ．

では，自己回帰作用素 Ψ の推定の話に戻ろう．わかりやすくするために，最初にすべての量がスカラーである 1 変量のケース $X_n = \psi X_{n-1} + \varepsilon_n$ について考える．定

常解が存在するように，ε_n が X_{n-1} と独立になるような $|\psi| < 1$ を仮定する．そのとき，この AR(1) 方程式に X_{n-1} を乗じ，期待値をとることによって，$\gamma_1 = \psi\gamma_0$ を得る．ただし，$\gamma_k = E[X_n X_{n+k}] = \text{Cov}(X_n, X_{n+k})$ である．自己共分散 γ_k は標本自己共分散 $\hat{\gamma}_k$ によって推定されるので，ψ の通常の推定量は $\hat{\psi} = \hat{\gamma}_1/\hat{\gamma}_0$ である．この推定量は多くの場合に最適である．Brockwell and Davis (1991) の Chapter 8 を参照されたい．また，上記の手順はユール・ウォーカー推定として知られており，より高次で多変量の自己回帰過程に機能する．このテクニックを関数モデルに適用するために，式 (7.13) より補題 3 の条件 C0 のもとで

$$E[\langle X_n, x \rangle X_{n-1}] = E[\langle \Psi(X_{n-1}), x \rangle X_{n-1}], \quad x \in H$$

が成り立つことに注意しよう．ラグ 1 の自己共分散作用素を

$$C_1(x) = E[\langle X_n, x \rangle X_{n+1}]$$

で定義し，上付き文字 T で随伴作用素を示すことにする．そのとき，$C_1^T = E[\langle X_n, x \rangle X_{n-1}]$，つまり，

$$C_1 = \Psi C \tag{7.16}$$

により，$C_1^T = C\Psi^T$ が成り立つ．上記の等式はスカラーの場合に似ているので，関係式 $\Psi = C_1 C^{-1}$ の有限サンプル版により Ψ の推定値を得たいと考える．しかしながら，作用素 C は H 全体で有界な逆関数を持たない．それを確認するために思い起こしておくべきなのは，C が式 (7.4) を満たすということは，すなわち

$$C^{-1}(y) = \sum_{j=1}^{\infty} \lambda_j^{-1} \langle y, v_j \rangle v_j$$

なる C^{-1} で $C^{-1}(C(x)) = x$ が成り立っているということである．すべての λ_j が正のとき，作用素 C^{-1} が定義されるが，$n \to \infty$ のとき $\|C^{-1}(v_n)\| = \lambda_n^{-1} \to \infty$ となることから，それは有界作用素ではない．このことは，$\Psi = C_1 C^{-1}$ を使って有界作用素 Ψ を推定することを難しくしている．実際の解法では，最初の p 個の経験関数主成分 $\hat{v}_j$ だけを使用し，

$$\widehat{IC}_p(x) = \sum_{j=1}^{p} \hat{\lambda}_j^{-1} \langle x, \hat{v}_j \rangle \hat{v}_j$$

と定義する．作用素 $\widehat{IC}_p$ は L^2 全体で定義され，$j \leq p$ に対し $\hat{\lambda}_j > 0$ が成り立つならば，有界である．慎重に p を選択することによって，小さな固有値 $\hat{\lambda}_j$ の逆数を用いる危険と，サンプル中の関連ある情報を保持することのバランスをとることができる．計算可能な推定量 Ψ を導出するために，式 (7.16) の経験版を用いる．C_1 は

$$\widehat{C}_1(x) = \frac{1}{N-1} \sum_{k=1}^{N-1} \langle X_k, x \rangle X_{k+1}$$

により推定されるので，任意の $x \in H$ に対して，

7.3 関数自己回帰モデル

$$\widehat{C}_1 \widehat{IC}_p(x) = \widehat{C}_1 \left(\sum_{j=1}^{p} \hat{\lambda}_j^{-1} \langle x, \hat{v}_j \rangle \hat{v}_j \right)$$

$$= \frac{1}{N-1} \sum_{k=1}^{N-1} \left\langle X_k, \sum_{j=1}^{p} \hat{\lambda}_j^{-1} \langle x, \hat{v}_j \rangle \hat{v}_j \right\rangle X_{k+1}$$

$$= \frac{1}{N-1} \sum_{k=1}^{N-1} \sum_{j=1}^{p} \hat{\lambda}_j^{-1} \langle x, \hat{v}_j \rangle \langle X_k, \hat{v}_j \rangle X_{k+1}$$

を得る.

推定量 $\widehat{C}_1 \widehat{IC}_p$ は原理上は用いることができるが, 近似式 $X_{k+1} \approx \sum_{i=1}^{p} \langle X_{k+1}, \hat{v}_i \rangle \hat{v}_i$ を用いることで, さらなる平滑化ステップが導入される. これは推定量

$$\widehat{\Psi}_p(x) = \frac{1}{N-1} \sum_{k=1}^{N-1} \sum_{j=1}^{p} \sum_{i=1}^{p} \hat{\lambda}_j^{-1} \langle x, \hat{v}_j \rangle \langle X_k, \hat{v}_j \rangle \langle X_{k+1}, \hat{v}_i \rangle \hat{v}_i \quad (7.17)$$

を導く. この推定量の一致性のためには, p がサンプルサイズ N の関数 (つまり $p = p_N$) であることを仮定しなければならない. そのとき, Bosq (2000) の Theorem 8.7 は, $\|\widehat{\Psi}_p - \Psi\|$ が 0 に収束する十分条件を示している. その条件は専門的ではあるが, 直観的に言えば, λ_j とそれらの距離は過度に急速に 0 に収束できないことを要請している.

もし $H = L^2$ であれば, 推定量 (7.17) はカーネル

$$\hat{\psi}_p(t, s) = \frac{1}{N-1} \sum_{k=1}^{N-1} \sum_{j=1}^{p} \sum_{i=1}^{p} \hat{\lambda}_j^{-1} \langle X_k, \hat{v}_j \rangle \langle X_{k+1}, \hat{v}_i \rangle \hat{v}_j(s) \hat{v}_i(t) \quad (7.18)$$

を持つカーネル作用素である. このことは

$$\widehat{\Psi}_p(x)(t) = \int \hat{\psi}_p(t, s) x(s) ds$$

に注意することで, 確認される.

式 (7.18) の右辺のすべての量は, R 関数 pca.fd から出力される. そのため, この推定量は非常に簡単に計算できる. Kokoszka and Zhang (2010) は, 推定される曲面 $\hat{\psi}_p(t, s)$ が FAR(1) 過程をシミュレートするために使用される曲面 $\psi(t, s)$ に対してどれだけ近いかを決定するために, 多数の数値実験を行った. 大まかに言うと, $N \leq 100$ のとき, 乖離は大きさ・形の両面で非常に大きい. このことは図 7.3 で見てとれる. この図では ψ のヒルベルト・シュミットノルムが 1/2 となるように選ばれた α を持つガウシアンカーネル $\psi(t, s) = \alpha \exp\{-(t^2 + s^2)/2\}$ を $p = 2, 3, 4$ の三つの場合について示している. イノベーション ε_n はブラウン橋として生成される. そのような乖離は, 他のカーネルや他のイノベーション過程に対しても観測される. さらに, 二つの曲面の距離に関して, 理にかなった尺度をいろいろ導入してみても, ψ と $\hat{\psi}_p$ の距離は, p が増加するにつれて増加する. このことは直感に反する. なぜなら, より多くの経験関数主成分 $\hat{v}_j$ を用いることによって, 近似式 (7.18) が改善される

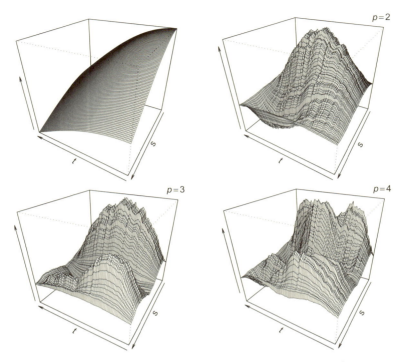

図 7.3 カーネル表面 $\psi(t,s)$（左上）と，$p=2,3,4$ に対するその推定値 $\hat{\psi}_p(t,s)$.

ことを期待するからである．図 7.3 を生成するために用いた FAR(1) 過程に対して，$\sum_{j=1}^{p} \hat{\lambda}_j$ は $p=2,3,4$ に対してそれぞれ変動の 74%, 83%, 87%を説明する．しかし，（長さ $N=100$ の列に対して）ψ と $\hat{\psi}_p$ の間の絶対距離は，それぞれ 0.40, 0.44, 0.55 である．同様の結果が，RMSE 距離 $\|\hat{\psi}-\psi\|_S$ と相対絶対距離に対して観測される．N の増加につれて，これらの距離は減少するが，p とともに増大する傾向は残る．多くの FAR(1) モデルに対して，$\hat{\lambda}_1$ と $\hat{\lambda}_2$ を除いて固有値の推定値 $\hat{\lambda}_j$ はとても小さく，そのため，推定値の小さな誤差が，式 (7.18) の逆数 $\hat{\lambda}_j^{-1}$ に大きな影響を及ぼすことが，この問題の要因の一部だと考えられる．Kokoszka and Zhang (2010) は，この問題は $\hat{\lambda}_j$ にある正の定数を加えることによって，ある程度軽減できることを示している．しかしながら，7.3.3 項で見るように，カーネル ψ の正確な推定は，必ずしも満足する予測値をもたらすことにはならない．

7.3.3 予　　　　　測

この項では，FAR(1) モデルを用いた予測のいくつかの性質について議論する．Besse et al. (2000) は，伝統的な（関数データではない）方法を含むいくつかの予測法を，

実際の地球物理学のデータから得られた関数時系列に適用した．その結果，以下で推定カーネル（estimated kernel）法と呼ぶ方法が最も良い性能を示した．関数データの予測の異なる方法は Antoniadis et al. (2006) によって提案された．この項では主に Didericksen et al. (2012) の結果を報告する．その中で行われているシミュレーション研究は，関数主成分を予測にとって最も関連のある方向で置き換えようとする，Kargin and Onatski (2008) によって提案された，以下で予測因子（predictive factor）法と呼ぶ新しい方法を含んでいる．

ここでは，比較しようとする予測法を説明することから始める．そして，有限サンプルの性質の議論を行う．

a. 推定カーネル（EK）法

この方法は推定量 (7.18) を用いる．予測は次のように計算される．

$$\hat{X}_{n+1}(t) = \int \hat{\psi}_p(t,s) X_n(s) ds = \sum_{i=1}^p \left(\sum_{j=1}^p \hat{\psi}_{ij} \langle X_n, \hat{v}_j \rangle \right) \hat{v}_i(t) \tag{7.19}$$

ただし

$$\hat{\psi}_{ij} = \hat{\lambda}_j^{-1} (N-1)^{-1} \sum_{n=1}^{N-1} \langle X_n, \hat{v}_j \rangle \langle X_{n+1}, \hat{v}_i \rangle \tag{7.20}$$

である．

この方法には，どこでどのような平滑化を適用するかによって，いくつかの変種がある．われわれが計算するときは，すべての曲線を，99 個のフーリエ基底関数を用いて R の中の関数オブジェクトに変換する．同じ最小平滑化が予測因子法に対しても使われる．

b. 予測因子（PF）法

推定量 (7.18) は，予測に対して関連がないデータの性質にフォーカスを当てるかもしれない関数主成分に基づいており，必ずしも予測問題には適さない．予測因子法として知られる方法は，より予測に適している可能性がある．その方法は，関数主成分が行うように変動を説明するよりもむしろ，予測に対してより関連のある方向を見つける．大まかに説明すると，理論的には X_n の最適展開よりも，X_{n+1} の最良の予測因子である $\Psi(X_n)$ の最適展開に着目している．Ψ は未知であるので，Kargin and Onatski (2008) は，有限サンプルの中でのそのような展開を近似する方法を開発した．Kargin and Onatski (2008) によって開発された理論的枠組みは非常に複雑であるため，ここでは単に一般的なアイデアを説明するに留める．後に見るように，予測因子法は有限サンプルでは利点はないので，ここで詳細を説明する必要はないと考える．

$\mathcal{R}_k$ はランク k の全作用素（つまり，L^2 を k 次元の部分空間へ写像する作用素）の集合を表すとする．ここでの目的は，$E\|X_{n+1} - A(X_n)\|^2$ を最小とする $A \in \mathcal{R}_k$ を見つけることである．作用素 A に対する計算可能な近似を見つけるには，パラメータ

$\alpha > 0$ を導入しなければならない．ここでは Kargin and Onatski (2008) の推奨に従い，$\alpha = 0.75$ を用いた．その予測は次のように計算される．

$$\hat{X}_{n+1} = \sum_{i=1}^{k} \left\langle X_n, \hat{b}_{\alpha,i} \right\rangle \hat{C}_1(\hat{b}_{\alpha,i})$$

ただし，

$$\hat{b}_{\alpha,i} = \sum_{j=1}^{p} \hat{\lambda}_j^{-1/2} \langle \hat{x}_{\alpha,i}, \hat{v}_j \rangle \hat{v}_j + \alpha \hat{x}_{\alpha,i}$$

である．ベクトル $\hat{x}_{\alpha,i}$ は経験関数主成分 $\hat{v}_i$ ($1 \leq i \leq k$) の線形結合であり，極分解 $\Psi C^{1/2} = U\Phi^{1/2}$ によって定義される作用素 Φ の固有関数に対する近似である．ここで，C は X_1 の共分散作用素であり，U はユニタリ作用素である．作用素 $\hat{C}_1$ は

$$\hat{C}_1(x) = \frac{1}{N-1} \sum_{i=1}^{N-1} \langle X_i, x \rangle X_{i+1}, \quad x \in L^2$$

により定義されるラグが 1 の自己共分散作用素である．この方法は p と k の選択に依存している．ここでは p を累積分散法で選択し，$k = p$ とおいた．

われわれは比較のために五つの予測法を選択した．そのうち二つは，自己回帰構造を使用しない．さらなる洞察を得るために，作用素 Ψ の完全な知識を仮定することによって得られる誤差も含めた．このあとの参照を簡単にするために，これらの方法を説明し，便利な記法をいくつか導入する．

- **MP** (mean prediction; 平均予測法)：$\hat{X}_{n+1}(t) = 0$ とおく．シミュレートされる曲線は各 t で平均が 0 であるので，これは平均関数を予測因子として用いることに対応する．この予測因子はデータが無相関のときに最適である．
- **NP** (naive prediction; 単純予測法)：$\hat{X}_{n+1} = X_n$ とおく．この方法は時間の従属性のモデル化は考えない．データの自己回帰構造を利用することによって，どれだけ得ることができるかを見るために，ここに含めた．
- **EX** (exact; 厳密な予測法)：$\hat{X}_{n+1} = \Psi(X_n)$ とおく．自己回帰作用素 Ψ は未知であるので，これは正確には予測法ではない．良くない予測が良くない Ψ の推定によるものかを見るために，ここに含めた（7.3.2 項を参照）．
- **EK** (estimated kernel; 推定カーネル法)：この方法はすでに説明した．
- **EKI** (estimated kernel improved; 改良推定カーネル法)：この方法は，式 (7.20) の中の $\hat{\lambda}_i$ を 7.3.2 項で説明した $\hat{\lambda}_i + \hat{b}$ で置き換えた推定カーネルである．
- **PF** (predictive factor; 予測因子)：この方法はすでに説明した．

Didericksen et al. (2012) は $N = 50, 100, 200$，そして $\|\Psi\|_{\mathcal{S}} = 0.5, 0.8$ のときの

$$E_n = \sqrt{\int_0^1 \left(X_n(t) - \hat{X}_n(t)\right)^2 dt} \quad \text{と} \quad R_n = \int_0^1 \left|X_n(t) - \hat{X}_n(t)\right| dt$$

で定義される誤差 E_n と R_n ($N - 50 < n < N$) について研究した．彼らは複数の

7.3 関数自己回帰モデル

カーネルを考察するとともに，イノベーション過程についても，二つの三角関数の和として生成される滑らかな誤差や，あるいはブラウン橋から生成される不規則な誤差，さらには上述の滑らかなイノベーションに対しブラウン橋に小さな数を掛け合わせたものを加えて，いわば両者の中間的位置付けとなるイノベーション過程も考察対象に加えている．図 7.4 と図 7.5 に箱ひげ図の例を挙げる．箱ひげ図に加えて，Didericksen et al. (2012) は E_n と R_n ($N-50 < n < N$) の平均値とその標準誤差を報告した．これにより，予測因子の性能の差が統計的に有意であるかどうかを評価することがで

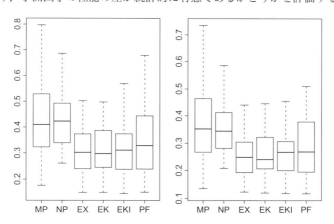

図 7.4 予測誤差 E_n（左）と R_n（右）の箱ひげ図．ブラウン橋イノベーション，$\psi(t,s) = Ct$, $N = 100$, $p = 3$, $||\Psi|| = 0.5$.

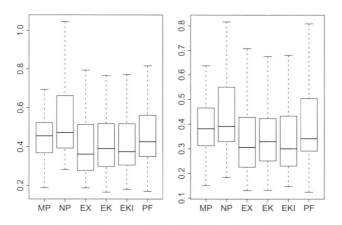

図 7.5 予測誤差 E_n（左）と R_n（右）の箱ひげ図．ブラウン橋イノベーション，$\psi(t,s) = Ct$, $N = 100$, $p = 3$, $||\Psi|| = 0.8$.

きる．彼らの結果は，次のように要約される．

1. 自己回帰構造を考慮に入れると予測誤差が減るが，ある設定，特に $\|\Psi\| = 0.5$ のとき，この減少は MP 法と比べて統計的に有意ではない．一般に $\|\Psi\| = 0.8$ ならば，自己回帰構造を用いることは，有意に目に見えて予測を改善する．
2. EX, EK, EKI 法の中で常に抜きん出ているものはない．ほとんどの場合，EK 法は他と同程度か，他より優れている．
3. ある設定では，PF 法は他の方法よりも目に見えて悪い．しかし，常に NP よりは良い．
4. 7.3.2 項で説明した改良推定法は，一般に予測誤差を減らさない．

Didericksen et al. (2012) も，Besse et al. (2000) で研究された平均補正済み降雨データに対してすべての予測法を適用した．このデータセットに対して，E_n と R_n の平均値は，それぞれ最初の五つの予測法の間で有意な差はなく，PF 法は他よりも有意に性能が悪かった．ここで，PF 法の性能がパラメータ α と k の選択に依存することに注意が必要である．その性能は，これらパラメータをより良くチューニングすることにより改善できる．一方，われわれの数値実験においては，EK 法が本質的に可能な限りの限界に到達しており，理論的に完璧な EX 法と同等の性能を示している．観測値の自己回帰構造を考慮することは予測誤差は減らすけれども，多くの予測誤差は平凡な MP 法のものと大して変わらない．この観察結果をさらに解析するために，図 7.6 に，$\|\Psi\| = 0.5$ とブラウン橋イノベーションを持つ FAR(1) 過程の六つの連続な軌道を，EK 法の予測値とともに示す．他の方法で得られる予測は，単純法を除き，似たような結果である．予測値は観測値より滑らかで，とりうる値の範囲はより小さくなっていることがわかる．イノベーション ε_n が滑らかであれば，観測値もまた滑らかであるが，予測曲線は観測値よりも目に見えて小さな範囲に収まる．予測曲線の滑らかさは，各予測因子が，それ自身が滑らかな曲線であるいくつかの経験関数主成分の線形結合であることを示す，式 (7.19) から生じる．予測値の値域が狭いことは関数データにとって奇妙なことではなく，関数の枠組みでより増強されるものである．平均 0 のスカラー AR(1) 過程 $X_n = \psi X_{n-1} + \varepsilon_n$ に対して，$\mathrm{Var}(X_n) = \psi^2 \mathrm{Var}(X_{n-1}) + \mathrm{Var}(\varepsilon_n)$ を得るので，予測因子 $\hat{\psi} X_{n-1}$ の分散は X_n の分散に比べて約 ψ^{-2} 倍小さくなる．関数データの枠組みでは，$\hat{X}_n(t)$ の分散は $\mathrm{Var}[\int \psi(t,s) X_n(s) ds]$ に近い．もし，カーネル ψ が，われわれの使用するカーネルすべてがそうであるように，分解 $\psi(t,s) = \psi_1(t)\psi_2(s)$ を許容するならば，

$$\mathrm{Var}\left[\hat{X}_n(t)\right] \approx \psi_1^2(t) \mathrm{Var}\left[\int_0^1 \psi_2(s) X_{n-1}(s) ds\right]$$

となる．もし関数 ψ_1 が $t \in [0,1]$ のいくつかの値に対して小さいのであれば，予測因子を自動的に押し下げるだろう．もし ψ_2 がいくつかの $s \in [0,1]$ に対して小さいのであれば，それは積分 $\int_0^1 \psi_2(s) X_{n-1}(s) ds$ の値を減少させるだろう．推定カーネル

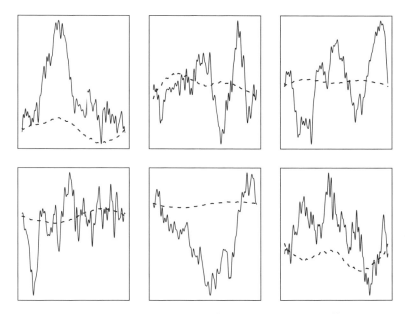

図 7.6 ガウシアンカーネル $||\Psi|| = 0.5$ とブラウン橋イノベーションを持つ FAR(1) 過程の六つの連続軌道. 破線は $p = 3$ での EK 予測値.

はこの種の分解を認めないが, それらは常に正規直交関数（経験関数主成分 $\hat{v}_k$）の積の重み付き和である. この議論の結論は, 予測曲線は一般により滑らかであり, データよりも"小さい"ということである. しかしながら, この多少残念な性能は, 貧弱な予測法によるものではなく, FAR(1) モデルの予測力の自然な限界によるものである. どのように Ψ を推定するかに関係なく, 曲線 $\Psi(X_n)$ は曲線 $\hat{\Psi}(X_n)$ の一般的な性質を分かち合っている.

7.4 弱従属関数時系列

時系列解析と統計学の他の分野とで異なる点は, データの時間従属の取り扱いである. この節では, 関数時系列の時間従属に対応する一般的な枠組みを説明し, そのことをいくつかの例で見ていく.

7.4.1 近似可能な関数列

弱従属の概念は, 多くの方法で定式化される. おそらく最も有名なものは, さまざまな混合条件（Doukhan (1994) と Bradley (2007) を参照）であるが, 最近ではそれ以外の方法もいくつか導入された（数ある参考文献の中でも, Doukhan and Louhichi

(1999),Wu (2005, 2007) を参照).時系列解析では,モーメントに基づく従属性の尺度,とりわけ自己相関とキュムラントが,広い支持を得ている.以下で考慮する尺度はモーメント型の量であるが,その尺度は無限大に発散する m を用いて m 時点離れた σ 代数を考慮しているので,混合条件とも関連している.独立性を緩めたものとして最も直接的なのは m 従属である.$\{X_n\}$ を,可測空間 S に値をとるランダム要素の列とする.$\mathcal{F}_k^- = \sigma\{\ldots, X_{k-2}, X_{k-1}, X_k\}$ および $\mathcal{F}_k^+ = \sigma\{X_k, X_{k+1}, X_{k+2}, \ldots\}$ により,それぞれ時点 k 以前および以後の観測値により生成される σ 代数を表す.そのとき,もし任意の k に対して σ 代数 $\mathcal{F}_k^-$ と $\mathcal{F}_{k+m}^+$ が独立であるならば,列 $\{X_n\}$ は m 従属であるという.ほとんどの時系列モデルは m 従属ではない.むしろ,さまざまな従属性の尺度は,σ 代数 $\mathcal{F}_k^-$ と $\mathcal{F}_{k+m}^+$ 間の差 m が増加するにつれて,十分速く減衰する.しかしながら,m 従属は多くの非線形列の性質を学ぶためのツールとして用いることができる.最近の応用については,Hörmann (2008) と Berkes et al. (2011) を参照されたい.大まかなアイデアは,m 従属過程 $\{X_n^{(m)}, n \in \mathbb{Z}\}$ $(m \geq 1)$ で $\{X_n, n \in \mathbb{Z}\}$ を近似することである.各 n に対して $m \to \infty$ としたとき,列 $\{X_n^{(m)}, m \geq 1\}$ が何らかの形で X_n に収束するようにすることが目的である.この収束が十分速ければ,m 従属列に対して成立する結果から,もとの過程の漸近挙動を得ることができる.1 はこのアイデアを定式化し,そのような m 従属近似列の構築に必要な枠組みを組み立てる.スカラー列を m 従属非線形移動平均によって近似するアイデアは,Billingsley (1968) の Section 21 ですでに扱われており,Pötscher and Prucha (1997) がいくつかの方向に展開している.定義 1 のベクトル値過程に対するバージョンは,Aue et al. (2009) の研究の中で用いられている.

$X \in L_H^p$ に対して,
$$\nu_p(X) = (E\|X\|^p)^{1/p} < \infty \tag{7.21}$$
を定義する.

定義 1 ε_i は可測空間 S に値をとる i.i.d. 列で,$f: S^\infty \to H$ は可測関数とする.さらに,$\{\varepsilon_i'\}$ を,同じ確率空間に定義された $\{\varepsilon_i\}$ の独立なコピーとしたとき,
$$X_n^{(m)} = f(\varepsilon_n, \varepsilon_{n-1}, \ldots, \varepsilon_{n-m+1}, \varepsilon_{n-m}', \varepsilon_{n-m-1}', \ldots) \tag{7.22}$$
とおくと
$$\sum_{m=1}^\infty \nu_p(X_m - X_m^{(m)}) < \infty \tag{7.23}$$
であると仮定する.そのとき,もし X_n が
$$X_n = f(\varepsilon_n, \varepsilon_{n-1}, \ldots) \tag{7.24}$$
と表すことができるならば,$\{X_n\} \in L_H^p$ は L^p–m 近似可能であるという.

定義 1 の適用可能性は，いくつかの線形や非線形関数時系列に対して Hörmann and Kokoszka (2010) により実証された．変数 ε_n は一般的にモデル誤差である．その大まかなアイデアは，非線形移動平均式 (7.24) の中で，ε_{n-m} の X_n に対する影響は $m \to \infty$ につれて非常に小さくなるので，異なる誤差で置き換えることができる，というものである．ここで FAR(1) モデルに対して，そのことを説明しよう．

例 2 (関数自己回帰過程) $\{X_n, n \in \mathbb{Z}\}$ を $\|\Psi\| < 1$ のときの式 (7.13) で与えられるような FAR(1) モデルとする．定理 3 で得たように，AR(1) 列は展開 $X_n = \sum_{j=0}^{\infty} \Psi^j(\varepsilon_{n-j})$ を許す．ただし，Ψ^j は Ψ を j 回繰り返した作用素である．それゆえ $X_m^{(m)} = \sum_{j=0}^{m-1} \Psi^j(\varepsilon_{n-j}) + \sum_{j=m}^{\infty} \Psi^j(\varepsilon'_{n-j})$ とおく．$\mathcal{L}$ の中の各 A に対して，$\nu_p(A(Y)) \leq \|A\| \nu_p(Y)$ を確認することは容易である．$X_m - X_m^{(m)} = \sum_{j=m}^{\infty} \left(\Psi^j(\varepsilon_{m-j}) - \Psi^j(\varepsilon'_{m-j}) \right)$ であるので，$\nu_p(X_m - X_m^{(m)}) \leq 2 \sum_{j=m}^{\infty} \|\Psi\|^j \nu_p(\varepsilon_0) = O(1) \nu_p(\varepsilon_0) \|\Psi\|^m$ が成り立つ．それゆえ，仮定 $\nu_2(\varepsilon_0) < \infty$ と $\sum_{m=1}^{\infty} \nu_2(X_m - X_m^{(m)}) < \infty$ より，条件 (7.23) は $\nu_p(\varepsilon_0) < \infty$ である限り，$p \geq 2$ のとき成り立つ．

7.4.2 平均関数と関数主成分の推定

先ほど定義した弱従属性の概念とともに，時系列に対する定理 1, 2 の類似定理を得ることができる．この証明は m 近似可能の条件を適用することの容易さを説明するので，ここで紹介する．7.2.3 項で行ったのと同様に，$\hat{\mu}_N$ と $\hat{C}_N$ が定義されているものとする．

定理 5 $\{X_k\}$ を，$EX = \mu$ を満たす H 値 L^2–m 近似可能過程とする．そのとき，$E\|\hat{\mu}_N - \mu\|^2 = O(N^{-1})$ が成り立つ．

証明 任意の $h > 0$ に対して
$$X_0 = f(\varepsilon_0, \varepsilon_{-1}, \ldots), \quad X_h^{(h)} = f^{(h)}(\varepsilon_h, \varepsilon_{h-1}, \ldots, \varepsilon_1, \varepsilon_0^{(h)}, \varepsilon_{-1}^{(h)}, \ldots)$$
が成り立ち，それゆえ確率変数 X_0 と $X_h^{(h)}$ は独立であることがわかる．$\{X_k\}$ の定常性と，X_0 と $X_h^{(h)}$ の独立性，そしてコーシー・シュワルツの不等式は

$$\begin{aligned}
NE\|\hat{\mu}_N - \mu\|^2 &= \sum_{h=-(N-1)}^{N-1} \left(1 - \frac{|h|}{N}\right) E\langle X_0 - \mu, X_h - \mu \rangle \\
&\leq \sum_{h \in \mathbb{Z}} |E\langle X_0 - \mu, X_h - \mu \rangle| \\
&\leq E\|X_0 - \mu\|^2 + 2 \sum_{h \geq 1} |E\langle X_0 - \mu, X_h - X_h^{(h)} \rangle| \\
&\leq \nu_2(X_0 - \mu) \times \left(\nu_2(X_0 - \mu) + 2 \sum_{h \geq 1} \nu_2\left(X_h - X_h^{(h)}\right) \right) < \infty
\end{aligned}$$

定理 6 $\{X_n\} \in L_H^4$ を，共分散作用素 C を持つ $L^4\text{-}m$ 近似可能列とする．そのとき，N に依存せず，

$$E\|\hat{C} - C\|_\mathcal{S}^2 \leq U_X N^{-1} \tag{7.25}$$

を満たすような定数 $U_X < \infty$ が存在する．

この証明を与える前に，次の重要な結果を述べる．この結果は定理 6 から，そして補題 1, 2 から直ちに導かれる．

定理 7 $\{X_n, n \in \mathbb{Z}\} \in L_H^4$ はある $L^4\text{-}m$ 近似可能列であり，式 (7.10) が成立するとする．そのとき，$1 \leq j \leq d$ に対して，

$$E\left[|\lambda_j - \hat{\lambda}_j|^2\right] = O(N^{-1}) \quad \text{と} \quad E\left[\|\hat{c}_j \hat{v}_j - v_j\|^2\right] = O(N^{-1}) \tag{7.26}$$

が成り立つ．

定理 5〜7 は関数平均の標準的な推定値と i.i.d. データに対して用いられる関数主成分が，独立性の仮定からの十分弱い逸脱に対して頑健であることを示している．

定理 6 の証明 簡単のため，$EX = 0$ と仮定する．$k \in \mathbb{Z}$, $y \in H$ に対して，作用素 $B_k(y) = \langle X_k, y \rangle X_k - C(y)$ を定義する．そのとき，B_k は定常なので，

$$E\|\hat{C}_N - C\|_\mathcal{S}^2 = E \left\| \frac{1}{N} \sum_{k=1}^N B_k \right\|_\mathcal{S}^2$$

$$= \frac{1}{N} \sum_{k=-(N-1)}^{N-1} \left(1 - \frac{|k|}{N}\right) E\langle B_0, B_k \rangle_\mathcal{S}$$

$$\leq \frac{1}{N} \left(E\|B_0\|_\mathcal{S}^2 + 2 \sum_{k \geq 1} |E\langle B_0, B_k \rangle_\mathcal{S}| \right)$$

であり，残るは $|E\langle B_0, B_k \rangle_\mathcal{S}|$ が十分速く減衰することを示すだけである．$\lambda_1 \geq \lambda_2 \geq \cdots$ を作用素 C の固有値とし，$\{e_i\}$ を対応する固有関数とする．

$$E\langle B_0, B_k \rangle_\mathcal{S} = E\langle X_0, X_k \rangle^2 - \sum_{j \geq 1} \lambda_j^2, \quad k \geq 1$$

であることは簡単に確認することができる．さらに，X_0 と $X_k^{(k)}$ の独立性を利用することによって，

$$E\left\langle X_0, X_k^{(k)} \right\rangle^2 = \sum_{j \geq 1} \lambda_j^2, \quad k \geq 1$$

から

$$E\langle B_0, B_k\rangle_{\mathcal{S}} = E\langle X_0, X_k\rangle^2 - E\left\langle X_0, X_k^{(k)}\right\rangle^2 \tag{7.27}$$

となっていることがわかる．記法を簡単にするために，$X_k' = X_k^{(k)}$ とおく．このとき

$$\begin{aligned}\langle X_0, X_k - X_k'\rangle^2 &= \langle X_0, X_k\rangle^2 + \langle X_0, X_k'\rangle^2 - 2\langle X_0, X_k\rangle\langle X_0, X_k'\rangle \\ &= \langle X_0, X_k\rangle^2 - \langle X_0, X_k'\rangle^2 - 2\langle X_0, X_k - X_k'\rangle\langle X_0, X_k'\rangle\end{aligned}$$

を得る．それゆえ，

$$\langle X_0, X_k\rangle^2 - \langle X_0, X_k'\rangle^2 = \langle X_0, X_k - X_k'\rangle^2 + 2\langle X_0, X_k - X_k'\rangle\langle X_0, X_k'\rangle$$

であり，コーシー・シュワルツを繰り返し適用することにより

$$\begin{aligned}&\left|E\langle X_0, X_k\rangle^2 - E\langle X_0, X_k'\rangle^2\right| \\ &\leq \nu_4^2(X_0)\nu_4^2(X_k - X_k') + 2\nu_4^2(X_0)\nu_2(X_0)\nu_2(X_k - X_k')\end{aligned} \tag{7.28}$$

が成り立つ．式 (7.27) と式 (7.28) の結合と L^4-m 近似可能の定義から，U_X が式 (7.28) の右辺の $k \geq 1$ にわたる総和に等しいことを示し，定理の証明を与える． □

7.4.3　長期分散の推定

本項の主要な結果は，データを関数主成分上へ写影することにより得られる長期分散行列が一致推定可能であることを述べる，系 1 および命題 1 である．主要な結果を導くためのいくつかの準備から始める．説明のために，補題 4 の証明を与える．さらなる詳細は Hörmann and Kokoszka (2010) に見ることができる．

$\{X_n\}$ をスカラー（弱）定常列とする．$\gamma_j = \text{Cov}(X_0, X_j)$ とおくと，その長期分散は $\{X_n\}$ が絶対収束するときに限り，$\sigma^2 = \sum_{j\in\mathbb{Z}}\gamma_j$ で与えられる．最初の補題は L^2-m 近似可能列に対するこの結果を示す．

補題 4 $\{X_n\}$ をスカラー L^2-m 近似可能列とする．このとき自己共分散関数 $\gamma_j = \text{Cov}(X_0, X_j)$ は絶対総和可能であり，つまり $\sum_{j=-\infty}^{\infty}|\gamma_j| < \infty$ が成り立つ．

証明 定理 5 の証明の中で注意したように，X_0 と $X_j^{(j)}$ は独立であり，したがって $\text{Cov}(X_0, X_j^{(j)}) = 0$ が成り立つ．このとき $|\gamma_j| \leq [EX_0^2]^{1/2}[E(X_j - X_j^{(j)})^2]^{1/2}$ であり，このことが補題を証明する． □

$N\text{Var}[\bar{X}_N] \to \sum_{j=-\infty}^{\infty}\gamma_j$，つまり標本平均の分散は N^{-1} のスピードで 0 に収束し，同様のことが i.i.d. 観測値に対しても成り立つので，自己共分散の総和可能性は弱従属の基本的な性質である．長期分散の推定に対してよく使われる方法は，カーネル推定量

$$\hat{\sigma}^2 = \sum_{|j| \leq q} \omega_q(j)\hat{\gamma}_j, \quad \hat{\gamma}_j = \frac{1}{N}\sum_{i=1}^{N-|j|}(X_i - \bar{X}_N)(X_{i+|j|} - \bar{X}_N)$$

を使用する方法である.

さまざまな重み $\omega_q(j)$ が提案され,その最適性が研究された.多くの文献の中でも,特に Andrews (1991) と Anderson (1994) を参照されたい.理論的な研究では,バンド幅 q を,$q = q(N) \to \infty$ と $q = o(N^r)$ を満たすようなサンプルサイズの決定論的関数と仮定することが多い.

データが
$$\mathbf{X}_n = [X_{1n}, X_{2n}, \ldots, X_{dn}]^T, \quad n = 1, 2, \ldots, N$$

の形のベクトルの場合を考える.標本平均による平均の推定はカーネル長期分散推定量の極限に影響を与えないので,$EX_{in} = 0$ と仮定し,自己共分散を
$$\gamma_r(i,j) = E[X_{i0}X_{jr}], \quad 1 \leq i, j \leq d$$

と定義する.$\gamma_r(i,j)$ は $r \geq 0$ のとき $N^{-1}\sum_{n=1}^{N-r} X_{in}X_{j,n+r}$ で推定され,$r < 0$ のときは $N^{-1}\sum_{n=1}^{N-|r|} X_{i,n+|r|}X_{j,n}$ で推定される.それゆえ,自己共分散行列は

$$\hat{\mathbf{\Gamma}}_r = \begin{cases} N^{-1}\sum_{n=1}^{N-r} \mathbf{X}_n \mathbf{X}_{n+r}^T & \text{if} \quad r \geq 0 \\ N^{-1}\sum_{n=1}^{N-|r|} \mathbf{X}_{n+|r|} \mathbf{X}_n^T & \text{if} \quad r < 0 \end{cases}$$

となる.

分散 $\mathrm{Var}[N^{-1}\bar{\mathbf{X}}_N]$ は,(i,j) 要素が
$$N^{-2}\sum_{m,n=1}^{N} E[X_{im}X_{jn}] = N^{-1}\sum_{|r|<N}\left(1 - \frac{|r|}{N}\right)\gamma_r(i,j)$$

なので,長期分散は
$$\mathbf{\Sigma} = \sum_{r=-\infty}^{\infty} \mathbf{\Gamma}_r, \quad \mathbf{\Gamma}_r := [\gamma_r(i,j), \, 1 \leq i, j \leq d]$$

であり,そのカーネル推定量は
$$\hat{\mathbf{\Sigma}} = \sum_{|r| \leq q} \omega_q(r)\hat{\mathbf{\Gamma}}_r \tag{7.29}$$

である.

ここで,重み $\omega_q(j) = K(j/q)$ を考える.ただし,K は次の仮定を満たすカーネルである.

仮定 1

(i) $K(0) = 1$

7.4 弱従属関数時系列

(ii) K は対称であり，リプシッツ関数
(iii) K は有界なサポートを持つ
(iv) K のフーリエ変換である $\hat{K}$ もまたリプシッツ関数で，かつ積分可能

次の定理は Horváth and Kokoszka (2012) の中で証明されている．

定理 8 $\{\mathbf{X}_n\}$ をある L^2–m 近似可能列とする．仮定 1 が成り立ち，$q \to \infty$, $q/N \to 0$ ならば，$\hat{\boldsymbol{\Sigma}}_N \stackrel{P}{\to} \boldsymbol{\Sigma}$ が成り立つ．

多くの古典的な結果（Newey and West (1987) を参照）と対照的に，定理 8 は 4 次条件を示唆せず，混合や線形の条件を L^2–m 近似可能性に置き換える．条件 (iv) を除き，仮定 1 は標準的である．次の例は，バートレットカーネルに対して仮定 1 が成立することを示す（他のよく使われるカーネルのフーリエ変換はより滑らかで，より速く減衰する）．

例 3 バートレットカーネルは
$$K(s) = \begin{cases} 1 - |s|, & |s| \le 1 \\ 0, & \text{otherwise} \end{cases}$$
である．このカーネルは明らかに仮定 1 の (i)〜(iii) を満たす．そのフーリエ変換は
$$\hat{H}(u) = \left\{ \frac{1}{\pi u} \sin\left(\frac{u}{2}\right) \right\}^2$$
である．それゆえ仮定 1 の (iv) を確認するためには，関数
$$F(t) = \left\{ \frac{\sin(t)}{t} \right\}^2$$
が積分可能で，リプシッツ関数であるかを確認する必要がある．$|F(t)| \le t^{-2}$ であり，$t \to 0$ のとき $F(t) \to 1$ なので，積分可能性は成り立つ．

$t \ne 0$ に対する F の導関数は
$$F'(t) = \frac{2\sin(t)}{t} \left\{ \frac{t\cos(t) - \sin(t)}{t^2} \right\}$$
である．この関数は明らかに 0 の任意の近傍の外側のとき有界である．sin 関数と cos 関数のテイラー展開を用いて，$t \to 0$ のとき $F'(t) = o(t)$ であることを確認することは容易である．同様に，$t \to 0$ のとき $F(t) - F(0) = o(t^2)$ であることも確認できる．それゆえ，F は全体でリプシッツ関数である．

準備が整ったので関数データに話を戻そう．$\{X_n\} \in L^2_H$ は平均 0 の列で，$e_1, e_2, \ldots, e_d$ は H の正規直交関数の任意の集合であるとする．$X_{in} = \langle X_n, e_i \rangle$,

$\mathbf{X}_n = [X_{1n}, X_{2n}, \ldots, X_{dn}]^T$, $\mathbf{\Gamma}_r = \mathrm{Cov}(\mathbf{X}_0, \mathbf{X}_r)$ を定義する．もし $\{X_n\}$ が L^p–m 近似可能であるならば，ベクトル列 $\{\mathbf{X}_n\}$ も同様である．それゆえ，次の系を得ることができる．

系 1 (a) $\{X_n\} \in L_H^2$ が L^2–m 近似可能列であるとすると，列 $\sum_{r=-\infty}^{\infty} \mathbf{\Gamma}_r$ は絶対収束する．
(b) さらに，仮定 1 が成り立ち，$q \to \infty$ のとき $q = o(N)$ ならば，$\hat{\mathbf{\Sigma}} \xrightarrow{P} \mathbf{\Sigma}$ が成り立つ．

系 1 では，関数 $e_1, e_2, \ldots, e_d$ が任意の正規直交決定論的基底を形作る．多くの応用では，経験関数主成分 $\hat{v}_1, \hat{v}_2, \ldots, \hat{v}_d$ を構築する確率基底を用いる．この基底に関するスコアは
$$\hat{\eta}_{\ell i} = \langle X_i - \bar{X}_N, \hat{v}_\ell \rangle, \quad 1 \leq \ell \leq d$$
により定義される．ここまでのところで確立した結果を利用するために，定常列 $\{X_n\}$ をその平均と平均 0 の過程に分解しておくと都合が良い．つまり，$X_n = \mu + Y_n$ で $EY_n = 0$ とおく．ここで，観測不能の量
$$\beta_{\ell n} = \langle Y_n, v_\ell \rangle, \quad \hat{\beta}_{\ell n} = \langle Y_n, \hat{v}_\ell \rangle, \quad 1 \leq \ell \leq d$$
を導入する．次の命題は，関数時系列に対する多くの統計的方法に関する漸近的議論の展開に役立つ．太字は上に定義された座標系でのベクトルを表し，$\hat{\mathbf{\Sigma}}(\boldsymbol{\delta})$ は観測されるベクトル $\boldsymbol{\delta}_1, \ldots, \boldsymbol{\delta}_N$ から計算される推定量 (7.29) である．

命題 1 $\hat{c}_i = \mathrm{sign}(\langle v_i, \hat{v}_i \rangle)$ で $\hat{\mathbf{C}} = \mathrm{diag}(\hat{c}_1, \ldots, \hat{c}_d)$ とおく．$\{X_n\} \in L_H^4$ が L^4–m 近似可能で，しかも式 (7.10) が成り立つとする．さらに，より強い条件 $q^4/N \to 0$ とともに仮定 1 が成り立つとする．そのとき
$$|\hat{\mathbf{\Sigma}}(\boldsymbol{\beta}) - \hat{\mathbf{\Sigma}}(\hat{\mathbf{C}}\hat{\boldsymbol{\beta}})| = o_P(1) \quad \text{かつ} \quad |\hat{\mathbf{\Sigma}}(\hat{\boldsymbol{\eta}}) - \hat{\mathbf{\Sigma}}(\hat{\boldsymbol{\beta}})| = o_P(1) \qquad (7.30)$$
が成り立つ．

命題 1 の要点は，もし，いくつかの条件のもとで $\hat{\mathbf{\Sigma}}(\boldsymbol{\beta})$ が，例えば定理 8 の中で述べられているもののように，一致推定量であるならば，同じことが $\hat{\mathbf{\Sigma}}(\hat{\boldsymbol{\eta}})$ に言える，ということである．命題 1 の証明を紹介する前に，カーネル $c_h(t, s) = \mathrm{Cov}(X_i(t), X_{i+h}(t))$ に関して定義される長期共分散カーネルを考えることは，関数データに対してしばしば有用である．カーネル推定量は式 (7.29) と似た形で定義でき，その一致性は L^2–m 近似可能性と，さらなる技術的条件のもとで成立する．Horváth et al. (2012) を参照されたい．

命題 1 の証明 式 (7.30) の最初の式だけを証明する．定数

7.4 弱従属関数時系列

$$\kappa := \sup_{q \geq 1} \frac{1}{q} \sum_{j=-q}^{q} w_q(j)$$

を定義する．仮定 1 により，この定数は有界である（かつ，$2\int_{-1}^{1} K(x)dx$ に収束する）．$\hat{\mathbf{\Sigma}}(\boldsymbol{\beta}) - \hat{\mathbf{\Sigma}}(\hat{\mathbf{C}}\hat{\boldsymbol{\beta}})$ の k 行 ℓ 列要素は

$$\sum_{h=0}^{q} \frac{w_q(h)}{N} \sum_{1 \leq n \leq N-h} \left(\beta_{kn}\beta_{\ell,n+h} - \hat{c}_k\hat{\beta}_{kn}\hat{c}_\ell\hat{\beta}_{\ell,n+h} \right)$$
$$+ \sum_{h=1}^{q} \frac{w_q(h)}{N} \sum_{1 \leq n \leq N-h} \left(\beta_{k,n+h}\beta_{\ell,n} - \hat{c}_k\hat{\beta}_{k,n+h}\hat{c}_\ell\hat{\beta}_{\ell,n} \right) \quad (7.31)$$

で与えられる．対称性から式 (7.31) の第 1 項だけ調べれば十分で，それは

$$\sum_{h=0}^{q} \frac{w_q(h)}{N} \sum_{1 \leq n \leq N-h} \beta_{kn} \left(\beta_{\ell,n+h} - \hat{c}_\ell\hat{\beta}_{\ell,n+h} \right)$$
$$+ \sum_{h=0}^{q} \frac{w_q(h)}{N} \sum_{1 \leq n \leq N-h} \hat{c}_\ell\hat{\beta}_{\ell,n+h} \left(\beta_{kn} - \hat{c}_k\hat{\beta}_{kn} \right) \quad (7.32)$$

と分解される．式 (7.31) の第 2 項も同様に取り扱うことができるので，式 (7.32) だけを扱う．任意の $\varepsilon > 0$ に対して，

$$P\left(\left| \sum_{h=0}^{q} \frac{w_q(h)}{N} \sum_{1 \leq n \leq N-h} \beta_{kn} \left(\beta_{\ell,n+h} - \hat{c}_\ell\hat{\beta}_{\ell,n+h} \right) \right| > \varepsilon\kappa \right)$$
$$\leq P\left(\left| \sum_{h=0}^{q} \frac{w_q(h)}{N} \sum_{1 \leq n \leq N-h} \beta_{kn} \left(\beta_{\ell,n+h} - \hat{c}_\ell\hat{\beta}_{\ell,n+h} \right) \right| > \frac{\varepsilon}{q} \sum_{h=0}^{q} w_q(h) \right)$$
$$\leq \sum_{h=0}^{q} P\left(\frac{1}{N} \left| \sum_{1 \leq n \leq N-h} \beta_{kn} \left(\beta_{\ell,n+h} - \hat{c}_\ell\hat{\beta}_{\ell,n+h} \right) \right| > \frac{\varepsilon}{q} \right) \quad (7.33)$$

が成り立つ．式 (7.33) が $N \to \infty$ のとき 0 に収束することを示すために，$q^4\alpha_N/N \to 0$ のように，ゆっくりと増加する列 $\alpha_N \to \infty$ を導入する．そして $N\max_{1\leq \ell \leq d} E\|v_\ell - \hat{c}_\ell\hat{v}_\ell\|^2 \leq C_0$ を満たすように C_0 をおく．コーシー・シュワルツの不等式とマルコフの不等式より，

$$P\left(\left| \sum_{1 \leq n \leq N-h} \beta_{kn} \left(\beta_{\ell,n+h} - \hat{c}_\ell\hat{\beta}_{\ell,n+h} \right) \right| > \frac{\varepsilon N}{q} \right)$$
$$\leq P\left(\sum_{n=1}^{N} \beta_{kn}^2 \sum_{n=1}^{N} \left(\beta_{\ell n} - \hat{c}_\ell\hat{\beta}_{\ell n} \right)^2 > \frac{\varepsilon^2 N^2}{q^2} \right)$$
$$\leq P\left(\frac{1}{N}\sum_{n=1}^{N} \beta_{kn}^2 > q\alpha_N \right) + P\left(\frac{1}{N}\sum_{n=1}^{N} \left(\beta_{\ell n} - \hat{c}_\ell\hat{\beta}_{\ell n} \right)^2 > \frac{\varepsilon^2}{q^3\alpha_N} \right)$$

$$\leq \frac{E\beta_{k1}^2}{q\alpha_N} + P\left(\frac{1}{N}\sum_{n=1}^{N}\|Y_n\|^2\|v_\ell - \hat{c}_\ell\hat{v}_\ell\|^2 > \frac{\varepsilon^2}{q^3\alpha_N}\right)$$

$$\leq \frac{E\|Y_1\|^2}{q\alpha_N} + P\left(\frac{1}{N}\sum_{n=1}^{N}\|Y_n\|^2 > 2E\|Y_1\|^2\right)$$

$$+ P\left(\|v_\ell - \hat{c}_\ell\hat{v}_\ell\|^2 > \frac{\varepsilon^2}{2E\|Y_1\|^2 q^3\alpha_N}\right)$$

$$\leq \frac{E\|Y_1\|^2}{q\alpha_N} + \frac{\mathrm{Var}\left(\frac{1}{N}\sum_{n=1}^{N}\|Y_n\|^2\right)}{E^2\|Y_1\|^2} + \frac{2C_0\,E\|Y_1\|^2 q^3\alpha_N}{N\varepsilon^2}$$

を得る. L_H^4 の中の U と V に対して,

$$\nu_2\left(\|U\|^2 - \|V\|^2\right) \leq \nu_4^2(U-V) + 2\left\{\nu_4(U) + \nu_4(V)\right\}\nu_4(U-V)$$

が成り立つことは簡単に示せる. ここから直ちに得られる帰結は, $\{Y_n\}$ が L^4–m 近似可能であればスカラー列 $\{\|Y_n\|^2\}$ は L^2–m 近似可能である, ということである. 定常列に対する基本的な結果が

$$\mathrm{Var}\left(\frac{1}{N}\sum_{n=1}^{N}\|Y_n\|^2\right) \leq \frac{1}{N}\sum_{h\in\mathbb{Z}}\left|\mathrm{Cov}\left(\|Y_0\|^2, \|Y_h\|^2\right)\right|$$

を与える. ただし, 補題 4 より自己共分散は絶対総和可能である. したがって, 式 (7.33) の中の総和は

$$C_1\left\{\frac{1}{q\alpha_N} + \frac{1}{N} + \frac{q^3\alpha_N}{N\varepsilon^2}\right\}$$

で上から抑えられる. ここで, 定数 C_1 は $\{Y_n\}$ の分布にのみ依存する. 命題の証明は q と α_N に関して置いた仮定から直ちに従う.

7.5 文献解題

本章で議論されたすべてのトピックは, Horváth and Kokoszka (2012) に詳細に述べられている. Bosq (2000) は 7.2 節と 7.3 節のほとんどの結果の理論的基礎を含んでいる. Ramsay and Silverman (2005) は, FDA の多くの基本的概念を紹介している. 一方, Ramsay et al. (2009) は R や MATLAB での実装に焦点を当てている.

時系列解析の中で特に重要なトピックは, "変化点の検出" である. 時系列をモデリングするほとんどのアプローチが, データは一つのモデルに従うと仮定している. もしデータの確率構造がある点で変化するならば, 探索や推論のツールはともに誤った結果を与える. Berkes et al. (2009) は, 時間上で集められているが, 独立であると仮定した場合の平均関数の変化の検定問題を研究している. Hörmann and Kokoszka

(2010) は，彼らの手法を L^4-m 近似可能関数時系列に対して拡張している．関連する変化点推定量の漸近分布は，Aue et al. (2009) の中で研究されている．Horváth et al. (2009) は，FAR(1) モデルの中の自己回帰作用素 Ψ の中の変化点の検定を提案している．Gabrys et al. (2010a) は，FDA のフレームワークを日中の株価変動パターンの変化の判別に利用し，一方，Aston and Kirch (2011a, b) は fMRI データで考察している．

FDA の中の中心的トピックは，$Y_n = \Psi(X_n) + \varepsilon_n$ の形で表される "関数線形モデル" である．その最も一般的な形では，応答変数 Y_n，説明変数 X_n，誤差 ε_n は関数であり，Ψ は積分カーネル作用素である．(X_n, Y_n) が独立で，誤差 ε_n が独立であるという仮定のもとで，非常に広範囲にわたって研究が行われている．Hörmann and Kokoszka (2010) は，X_n が L^4-m 近似可能時系列であるならば，i.i.d. の仮定のもとで開発された Ψ の推定量は，一致推定量の性質を失わないことを示している．Gabrys et al. (2010b) は，ε_n が相関しているという対立仮説に対して，ε_n が i.i.d. であるという仮説を検定するための手順を開発した．Gabrys and Kokoszka (2007) は同様の検定を開発した．しかしながら，その方法は直接観測可能な曲線に適用可能であるものの，観測できない誤差には適用できない．

曲線間の従属性は，空間関数データに対しても中心的役割を果たす．この文脈では，空間の多くの場所で曲線を観測する．例えば，たくさんの測定拠点における何十年にもわたる降雨量データである．有用な統計手法を開発するためには，曲線間の従属性に加えて，場所の空間分布も考慮する必要がある．Hörmann and Kokoszka (2012) は，そのようなデータに対する平均関数と関数主成分の推定に関する漸近理論を展開している．Gromenko et al. (2011) は，7.2 節で定義された標準的な単純平均と経験関数主成分を改良するいくつかの推定法を提案し，比較している．しかしながら，空間的なインデックスの付いた曲線に対する研究で，これまで高い注目を集めてきたのはクリギング（空間予測）であったと言うべきだろう．これについては Delicado et al. (2010)，Nerini et al. (2010)，Giraldo et al. (2010)，Bel et al. (2011) を参照されたい．

謝辞

この研究は，National Science Foundation, la Banque nationale de Belgique, Communauté française de Belgique – Actions de Recherche Concertées (2010～2015) から部分的に支援を受けた．

（Siegfried Hörmann and Piotr Kokoszka／米本孝二）

文　献

Akhiezier, N.I., Glazman, I.M., 1993. Theory of Linear Operators in Hilbert Space. Dover, New York.
Anderson, T.W., 1994. The Statistical Analysis of Time Series. Wiley & Sons.
Andrews, D.W.K., 1991. Heteroskedasticity and autocorrelation consistent covariance matrix estimation. Econometrica 59, 817–58.
Antoniadis, A., Paparoditis, E., Sapatinas, T., 2006. A functional wavelet–kernel approach for time series prediction. J. Roy. Stat. Soc. B 68, 837–57.
Aston, J.A.D., Kirch, C., 2011a. Detecting and estimating epidemic changes in dependent functional data. CRiSM Research Report 11–07. University of Warwick.
Aston, J.A.D., Kirch, C., 2011b. Estimation of the distribution of change-points with application to fMRI data. CRiSM Research Reports. University of Warwick.
Aue, A., Gabrys, R., Horváth, L., Kokoszka, P., 2009. Estimation of a change–point in the mean function of functional data. J. Multivariate Anal. 100, 2254–69.
Aue, A., Hörmann, S., Horváth, L., Reimherr, M., 2009. Break detection in the covariance structure of multivariate time series models. Ann. Stat. 37, 4046–87.
Bel, L., Bar-Hen, A., Cheddadi, R., Petit, R., 2011. Spatio-temporal functional regression on paleo–ecological data. J. Appl. Stat. 38, 695–704.
Berkes, I., Gabrys, R., Horváth, L., Kokoszka, P., 2009. Detecting changes in the mean of functional observations. J. Roy. Stat. Soc. B 71, 927–46.
Berkes, I., Hörmann, S., Schauer, J., 2011. Split invariance principles for stationary processes. Ann. Probab. 39, 2441–2473.
Besse, P., Cardot, H., Stephenson, D., 2000. Autoregressive forecasting of some functional climatic variations. Scand. J. Stat. 27, 673–87.
Billingsley, P., 1968. Convergence of Probability Measures. Wiley, New York.
Bosq, D., 2000. Linear Processes in Function Spaces. Springer, New York.
Bradley, R.C., 2007. Introduction to Strong Mixing Conditions, vol. 1,2,3. Kendrick Press.
Brockwell, P.J., Davis, R.A., 1991. Time Series: Theory and Methods. Springer, New York.
Dauxois, J., Pousse, A., Romain, Y., 1982. Asymptotic theory for principal component analysis of a vector random function. J. Multivariate Anal. 12, 136–54.
Debnath, L., Mikusinski, P., 2005. Introduction to Hilbert Spaces with Applications. Elsevier.
Delicado, P., Giraldo, R., Comas, C., Mateu, J., 2010. Statistics for spatial functional data: some recent contributions. Environmetrics 21, 224–39.
Diaconis, P., Freeman, D., 1999. Iterated random functions. SIAM Rev. 41, 45–76.
Didericksen, D., Kokoszka, P., Zhang, X., 2012. Empirical properties of forecasts with the functional autoregressive model. Comput. Stat. 27, 285–298.
Doukhan, P., 1994. Mixing: Properties and Examples. Lecture Notes in Statistics. Springer.
Doukhan, P., Louhichi, S., 1999. A new weak dependence and applications to moment inequalities. Stoch. Processes Appl. 84, 313–43.
Gabrys, R., Hörmann, S., Kokoszka, P., 2010a. Monitoring the intraday volatility pattern. Technical Report. Utah State University.
Gabrys, R., Horváth, L., Kokoszka, P., 2010b. Tests for error correlation in the functional linear model. J. Am. Stat. Assoc. 105, 1113–25.

Gabrys, R., Kokoszka, P., 2007. Portmanteau test of independence for functional observations. J. Am. Stat. Assoc. 102, 1338–48.

Giraldo, R., Delicado, P., Mateu, J., 2010. Geostatistics for functional data: An ordinary kriging approach. Environ. Ecol. Stat. 18, 411–426.

Gohberg, I., Golberg, S., Kaashoek, M.A., 1990. Classes of Linear Operators. Operator Theory: Advances and Applications, vol. 49. Birkhaüser.

Gromenko, O., Kokoszka, P., Zhu, L., Sojka, J., 2011. Estimation and testing for spatially distributed curves with application to ionospheric and magnetic field trends. Technical Report. Utah State University.

Hörmann, S., 2008. Augmented GARCH sequences: Dependence structure and asymptotics. Bernoulli 14, 543–61.

Hörmann, S., Kokoszka, P., 2010. Weakly dependent functional data. Ann. Stat., 38, 1845–84.

Hörmann, S., Kokoszka, P., 2013. Consistency of the mean and the principal components of spatially distributed functional data. Bernoulli 19, issue 5A, 1535–58.

Horváth, L., Hušková, M., Kokoszka, P., 2009. Testing the stability of the functional autoregressive process. J. Multivariate Anal., 101, 352–67.

Horváth, L., Kokoszka, P., 2012. Inference for Functional Data with Applications. Springer Series in Statistics. Springer.

Horváth, L., Kokoszka, P., Reeder, R., 2012. Estimation of the mean of functional time series and a two sample problem. J. Roy. Stat. Soc. B.

Johnstone, I.M., Lu, A.Y., 2009. On consistency and sparcity for principal components analysis in high dimensions. J. Am. Stat. Assoc. 104, 682–93.

Kargin, V., Onatski, A., 2008. Curve forecasting by functional autoregression. J. Multivariate Anal. 99, 2508–26.

Kokoszka, P., Zhang, X., 2010. Improved estimation of the kernel of the functional autoregressive process. Technical Report. Utah State University.

Nerini, D., Monestiez, P., Mantéa, C., 2010. Cokriging for spatial functional data. J. Multivariate Anal. 101, 409–18.

Newey, W.K., West, K.D., 1987. A simple, positive semi-definite, heteroskedasticity and autocorrelation consistent covariance matrix. Econometrica 55, 703–8.

Pötscher, B., Prucha, I., 1997. Dynamic Non–linear Econonometric Models. Asymptotic Theory. Springer.

Ramsay, J., Hooker, G., Graves, S., 2009. Functional Data Analysis with R and MATLAB. Springer.

Ramsay, J.O., Silverman, B.W., 2005. Functional Data Analysis. Springer.

Riesz, F., Sz.-Nagy, B., 1990. Functional Analysis. Dover.

Wu, W., 2005. Nonlinear system theory: another look at dependence. Proc. Natl. Acad. Sci. USA 102, 14150–4.

Wu, W., 2007. Strong invariance principles for dependent random variables. Ann. Probab 35, 2294–320.

Wu, W.B., Shao, X., 2004. Limit theorems for iterated random functions. J. Appl. Probab. 41, 425–36.

CHAPTER 8

Covariance Matrix Estimation in Time Series

時系列における共分散行列の推定

概　要　　共分散は時系列理論において中心的役割を果たし，これらは周波数領域の分析でも時間領域の分析でも必要とされる，決定的に重要な量である．共分散行列の推定は，未知パラメータの信頼領域の構築や，仮説検定，主成分分析，予測，判別分析などに必要である．本章では，低次元および高次元の共分散推定問題を考え，標本共分散や共分散行列推定量の漸近的性質についてレビューを行う．特に，本章は時系列における高次元共分散行列の推定量に対する漸近理論を提示し，推定パラメータの共分散行列推定量に対する一致性の結果について紹介する．

■ キーワード ■　　高次元推論，定常過程，スペクトル密度推定，分散不均一・自己相関一致（HAC），正則化

8.1　はじめに

　共分散および共分散行列は，時系列の理論と実践において中心的役割を果たす．これらは周波数領域の分析でも時間領域の分析でも必要とされる，決定的に重要な量である．例えば，未知パラメータの信頼領域の構築，仮説検定，主成分分析，予測，判別分析など，多くの問題において共分散推定に直面することになる．このことは，観測データが従属しており，共分散行列が（背後にある）確率過程の2次従属性を特徴付けている時系列分析では，特に重要である．もし背後の過程がガウシアンであれば，共分散は完全にその従属性構造を捉えることができる．本章では，標本共分散の漸近理論および時系列の共分散行列推定量に対する収束レートを示す[*1]．

　8.2節において，定常過程の標本共分散に対する漸近論のレビューを行う．特に，小さなラグと大きなラグにおける標本共分散の漸近的挙動について議論する．得られた結果は，定常過程に対する一致性を持った共分散行列推定量の構築に有用である．ま

[*1]　【訳注】統計的推測理論では，確率変数である推定量（estimator）とその実現値である推定値（estimate）は区別して扱われるが，原著においては，本来であれば前者を使うのが適切と考えられる文脈においても，一貫して後者が使用されている．この翻訳では，これらの箇所の訳語として "推定量" を当てることにする．

た，一様収束に関する結果を提示する．これにより，（複数の）共分散に対して同時信頼区間を構築したり，ホワイトノイズに対して検定を行ったりすることができるようになる．また，8.2 節において，標本共分散に対する漸近論に必要な従属性の測度を導入する．

8.3 節および 8.4 節は，本章のメインテーマである共分散行列の推定について述べる．共分散行列の推定問題には，基本的に二つのタイプがある．一つ目は，有限次元の推定パラメータに関する共分散行列の推定である．例えば，所与の観測列 $Y_1,\ldots,Y_n$ に対し，$\hat{\theta}_n = \hat{\theta}_n(Y_1,\ldots,Y_n)$ を確率過程 (Y_i) の未知パラメータベクトル $\theta_0 \in \mathbb{R}^d$, $d \in \mathbb{N}$ の推定量とする．θ_0 に関する統計的推測のため，われわれは $d \times d$ 次元の共分散行列 $\Sigma_n = \text{cov}(\hat{\theta}_n)$ を推定したい．例えば，Σ_n の推定値を用いて，θ_0 に対する信頼領域が構築でき，θ_0 に関する仮説検定を行うことができる．これらの問題を総称して，低次元共分散行列推定問題と呼ぶこととする．この命名は，次元 d が固定値と仮定され，n とともに増大しないことに由来する．

二つ目のタイプとして，$(X_1,\ldots,X_p)$ を，$E(X_i^2) < \infty$ $(i=1,\ldots,p)$ であるような p 次元のランダムベクトルであるとし，$\gamma_{i,j} = \text{cov}(X_i, X_j) = E(X_i X_j) - E(X_i)E(X_j)$ $(1 \leq i,j \leq p)$ をその共分散関数であるとする．直面する問題は $p \times p$ 次元行列

$$\Sigma_p = (\gamma_{i,j})_{1 \leq i,j \leq p} \tag{8.1}$$

を推定することである．このタイプの問題の際立った特徴は，次元 p が非常に大きい可能性があることである．高次元の共分散行列推定量に対する技法や漸近論は，低次元のそれとは大きく異なっている．しかしながら，他方では，因果的過程および Wu (2005) による研究で提案された物理的従属性測度（physical dependence measure）[*2] のフレームワークに基づくことで，どちらのケースに対しても漸近理論を構築することができる．

低次元の共分散行列推定問題については，8.3 節で議論する．特に，ランダムベクトルの標本平均と線形回帰パラメータの推定量の文脈において，この問題を考えることにする．われわれは，White (1980)，Newey and West (1987)，Andrews (1991)，Andrews and Monahan (1992)，de Jong and Davidson (2000) らによる不均一分散・自己相関一致（heteroskedasticity and autocorrelation consistent; HAC）共分散行列の推定量に関する古典的理論のレビューを行う．これらの伝統的な結果との比較において，われわれの漸近理論の興味深い特徴は，非常に緩いモーメント条件を課す点である．加えて，われわれは既存文献（Andrews, 1991; Rosenblatt, 1985）において広く用いられている強ミキシング条件やキュムラントの総和可能性条件を必要としない．例えば，共分散行列推定量に対する一致性が成立するためには，われわれ

[*2] 【訳注】本文にも述べられているとおり，"physical dependence measure" は本節の筆者の一人 Wu によって提案された新しい概念である．現在のところ定着した邦訳がないことから，この翻訳では "物理的従属性測度" と訳することにする．

は高々2次か $(2+\epsilon)$ 次のモーメントの存在を課すにすぎない．ここで $\epsilon > 0$ は極めて小さい値である．一方，古典理論では，典型的には4次のモーメントの存在が必要である．課された従属性条件は容易に確認可能で，何らかの意味で最適である．推定共分散行列の収束レートに関する研究は，次元が有限であるがゆえ，通常用いられるあらゆるノルム（例えば，作用素ノルム，Frobenius ノルム，$\mathcal{L}^1$ ノルム）は同値であり，収束レートは採用されたノルムに依存しない．

8.4節は，p が大きな値をとりうる，2番目のタイプの共分散行列推定問題を扱う．高次元であるがゆえ，上述のノルムはもはや同値ではない．加えて，低次元のケースと異なり，標本共分散行列の推定量はもはや一致性を持たない．よって，一致性を得るための適切な正則化（regularization）の処理が必要となる．8.4節においては，次の作用素ノルムを使用する．すなわち，ある $p \times p$ 次元行列 A に対して，

$$\rho(A) = \sup_{v:|v|=1} |Av| \tag{8.2}$$

を作用素ノルム（またはスペクトル半径）と定義する．ただし，任意のベクトル $v = (v_1, \ldots, v_p)^\top$ に対し，長さを $|v| = (\sum_{i=1}^p v_i^2)^{1/2}$ と書く．8.4節は，標本自己共分散行列の作用素ノルムの正確な次数と，正則化後の共分散行列推定量の収束レートを求める．われわれは Bickel and Levina (2008a, b) による正則化共分散行列推定理論（regularized covariance matrix estimation theory）[*3]や，Pourahmadi (1999)，Wu and Pourahmadi (2003) などにある Cholesky 分解理論，そして一般化線形モデル（generalized linear model）を用いた共分散行列のパラメトリック推定についてのレビューを行う．いま，手もとに n 個の独立かつ同一な分布に従う（i.i.d.）$(X_1, \ldots, X_p)$ の実現パスがあるとする．多くの状況において，p は n よりずっと大きい．これは"高次元小標本問題"（large p small n problem）と呼ばれる．Bickel and Levina (2008a) は，帯型（banded）共分散行列推定量が，もし X_i が非常に短いテールを持ち，かつ繰り返し標本の数 n が $\log(p) = o(n)$ となるような増大スピードを有するならば，作用素ノルムに関して一致性を持つことを示した．しかしながら，多くの時系列のアプリケーションにおいては，わずか1本の実現パス（$n = 1$）しか手もとにはない．8.4節において，実現パスが1本の場合と複数の場合の両方について高次元の行列推定に関するレビューを行う．前者においては定常性を仮定し，標本自己共分散行列を用いる．帯型の標本自己共分散行列は一致性を持ちうる．

[*3] 【訳注】本節で紹介される "regularized covariance matrix estimation" 理論は，Bickel らが今世紀に入り提案した高次元共分散行列の推定法に関する新しい統計理論であり，現在のところ定着した邦訳がない．異なる目的の技法であるが，例えば regularized least squares が正則化最小2乗法と訳されることなどから，本節では "正則化共分散行列推定" という訳語を当てることにする．また，この推定法の具体的技法である banded covariance matrix estimation は "帯型正則化共分散行列推定"，tapered⋯ は "テーパー型⋯"，thresholded⋯ は "閾値型⋯" と訳すことにする．

8.2 標本共分散の漸近的性質

本節では,定常因果的過程とその従属性測度,さらには標本共分散の漸近理論を紹介する.もし確率過程 (X_i) が定常であれば,$\gamma_{i,j}$ は $\gamma_{i-j} = \text{cov}(X_0, X_{i-j})$ のように書け,$\Sigma_n = (\gamma_{i-j})_{1 \leq i,j \leq n}$ は Toeplitz 行列となる[*4].初めに $\mu = EX_i = 0$ を仮定しよう.Σ_n を推定するためには,Σ_n 内の γ_k を対応する標本バージョン

$$\hat{\gamma}_k = \frac{1}{n} \sum_{i=1+|k|}^{n} X_i X_{i-|k|}, \quad 1-n \leq k \leq n-1 \tag{8.3}$$

に置き換えるのが自然である.もし $\mu = EX_i$ が未知であれば,式 (8.3) を

$$\tilde{\gamma}_k = \frac{1}{n} \sum_{i=1+|k|}^{n} (X_i - \bar{X}_n)(X_{i-|k|} - \bar{X}_n), \quad \text{ただし } \bar{X}_n = \frac{\sum_{i=1}^{n} X_i}{n} \tag{8.4}$$

によって置き換えればよい.8.4.4 項で Σ_n の推定を扱うが,$\tilde{\gamma}_k$ の漸近的性質は Σ_n の推定量の収束レートの導出に有用である.

標本共分散の漸近的性質に関しては,多くの文献がある.線形過程については,この問題は Priestley (1981),Brockwell and Davis (1991),Hannan (1970, 1976),Anderson (1971),Hall and Heyde (1980),Hosking (1996),Phillips and Solo (1992),Wu and Min (2005) や Wu et al. (2010) において研究されている.もしラグ次数 k が固定され有界であれば,$\hat{\gamma}_k$ は基本的にはラグのある項同士の積 $(X_i X_{i-|k|})$ からなる定常過程の標本平均にすぎないので,強ミキシング過程に対する極限理論を適用することができる.Ibragimov and Linnik (1971),Eberlein and Taqqu (1986),Doukhan (1994) や Bradley (2007) などの研究を参照されたい.

有界でない k の $\hat{\gamma}_k$ に対する漸近理論は重要である.なぜならば,それを用いて大きなラグにおける自己共分散関数(ACF)のプロットを調べることで,もとの確率過程の従属性の構造を評価できるからである.例えば,その時系列が次数のわからない移動平均過程であるとすると,一般的なアプローチとして,その ACF プロットをチェックすることで次数を推定することが可能である.しかし,後者の問題は,もしラグ k が有界でないならば非常に困難な問題となる.Keenan (1997) は,ミキシング係数の減衰が幾何的に速いような強ミキシング過程に対して,$k_n \to \infty$ のとき $k_n = o(\log n)$ という,極めて限定的なラグに関する条件のもとで中心極限定理を導いた.Harris et al. (2003) らの研究は,より広い範囲の k_n を許容するものである.しかし,彼らは

[*4] 【訳注】(i,j) 成分の値が行と列の番号の差 $i-j$ にのみ依存して決まるような構造を持つ行列を Toeplitz(テプリッツ)行列と呼ぶ.すなわち,行列を $A = (a_{i,j})$ と書くとすると,i,j にかかわらず $a_{i,j} = a_{i-1,j-1}$ であり,左上から右下へと対角方向に同一の値を持った成分が並ぶ.定常過程の自己共分散行列は,Toeplitz 行列でかつ非負定値対称行列の例である.

確率過程が線形であると仮定した．Wu (2009) は非線形過程を扱ったが，そのラグ条件は非常に弱いものである．

標本共分散や共分散行列推定量の性質を調べるためには，(X_i) の構造に適当な条件を付与することが必要である．ここでは，

$$X_i = H(\varepsilon_i, \varepsilon_{i-1}, \ldots) \tag{8.5}$$

と書けると仮定する．ただし，$\varepsilon_j\ (j \in \mathbb{Z})$ は i.i.d. であり，H は X_i が適切に定義されるような可測関数であるとする．式 (8.5) のフレームワークは非常に一般的であり，多くの広く使用されている線形あるいは非線形の確率過程を含んでいる (Wu, 2005)．Wiener (1958) は，いかなる定常な，純粋に非確定的な確率過程 $(X_j)_{j \in \mathbb{Z}}$ に対しても，式 (8.5) が成り立つような，i.i.d. の一様 $(0,1)$ 確率変数 ε_j と可測関数 H が存在すると主張した．しかしながら，この主張は一般には正しくない．Rosenblatt (2009)，Ornstein (1973)，Kalikow (1982) の研究を参照されたい．にもかかわらず，上の構築は式 (8.5) が表す確率過程のクラスは極めて大きくなりうることを示唆している．ここで触れた確率的実現理論 (stochastic realization theory) に関するより歴史的な背景に関しては，Borkar (1993)，Tong (1990)，Kallianpur (1981)，Ornstein (1973)，Rosenblatt (2009) の研究を，また，式 (8.5) の形式を持つような定常確率過程の例については，Wu (2011) の研究を参照されたい．

Priestley (1988) や Wu (2005) の研究にならい，(X_i) を，$(\varepsilon_j, \varepsilon_{j-1}, \ldots)$ が入力，X_i が出力で，H が変換，フィルタ，あるいはデータ生成メカニズムであるような物理システムであるとしよう．シフト過程を

$$\mathcal{F}_i = (\varepsilon_i, \varepsilon_{i-1}, \ldots) \tag{8.6}$$

と書く．$(\varepsilon'_i)_{i \in \mathbb{Z}}$ を $(\varepsilon_i)_{i \in \mathbb{Z}}$ の i.i.d. のコピーであるとする．よって $\varepsilon'_i, \varepsilon_j\ (i, j \in \mathbb{Z})$ は i.i.d. である．$l \leq j$ に対して，

$$\mathcal{F}^*_{j,l} = (\varepsilon_j, \ldots, \varepsilon_{l+1}, \varepsilon'_l, \varepsilon_{l-1}, \ldots)$$

を定義する．一方，$l > j$ であれば $\mathcal{F}^*_{j,l} = \mathcal{F}_j$ と定義する．射影作用素

$$\mathcal{P}_j \cdot = E(\cdot | \mathcal{F}_j) - E(\cdot | \mathcal{F}_{j-1}) \tag{8.7}$$

を定義する．確率変数 X に対して，$\|X\|_p := (E|X|^p)^{1/p} < \infty$ が成り立つとき，$X \in \mathcal{L}^p\ (p > 0)$ と書く．$\mathcal{L}^2$ ノルムを $\|X\| = \|X\|_2$ と書くことにする．いま $X_i \in \mathcal{L}^p\ (p > 0)$ とする．$j \geq 0$ に対して，物理的（あるいは関数的）従属性測度

$$\delta_p(j) = \|X_j - X^*_j\|_p, \quad \text{ただし}\ X^*_j = H(\mathcal{F}_{j,0}) \tag{8.8}$$

を定義する．ここで，X^*_j は ε_0 を ε'_0 に入れ替えた X_j の変形バージョンであるとする．従属性測度 (8.8) は，ランダム過程の漸近理論に関する研究に大いに役立つ．多くの場合，これは用いるのが容易で，背後にある過程のデータ生成メカニズムに直接

関係している．$p>0$ に対して，p 安定性条件

$$\Delta_p := \sum_{i=0}^{\infty} \delta_p(i) < \infty \tag{8.9}$$

を導入する．Wu (2005) で説明されているように，式 (8.9) は ε_0 の確率過程 $(X_i)_{i\geq 0}$ への累積インパクトが有限であることを意味し，したがって短期従属性を示唆している．もし上記条件がわずかにでも破られれば，過程 (X_i) は長期従属かもしれず，スペクトル密度はもはや存在しない．例えば，$a_j \sim j^{-\beta}$ $(1/2 < \beta)$, ε_i は i.i.d. であるとして $X_n = \sum_{j=0}^{\infty} a_j \varepsilon_{n-j}$ とすると，$\delta_p(k) = |a_k| \|\varepsilon_0 - \varepsilon_0'\|_p$ となり，式 (8.9) は $\beta < 1$ の場合には満たされない．これはよく知られた長期従属過程の例である．もし K がリプシッツ連続な関数であれば，過程 $X_n = K(\sum_{j=0}^{\infty} a_j \varepsilon_{n-j})$ に対しては，その物理的従属性測度 $\delta_p(k)$ もまた $O(|a_k|)$ のオーダーとなる．Wu (2011) は，$\delta_p(i)$ が計算できて式 (8.9) が確かめられるようなケースとして，ヴォルテラ過程，非線形 AR(p) 過程および AR(∞) 過程の例をいくつか紹介している．

行列 A に対して，その転置行列を $A^\top$ で記す．

定理 1 (Wu, 2009, 2011)　$k \in \mathbb{N}$ を固定し，$E(X_i) = 0$ であるとし，$Y_i = (X_i, X_{i-1}, \ldots, X_{i-k})^\top$ かつ $\Gamma_k = (\gamma_0, \gamma_1, \ldots, \gamma_k)^\top$ とする．

(i) $X_i \in \mathcal{L}^p$ ($2 < p \leq 4$) であり，式 (8.9) がこの p に対して成り立つと仮定する．このとき，すべての $0 \leq k \leq n-1$ に対して，

$$\|\hat{\gamma}_k - (1-k/n)\gamma_k\|_{p/2} \leq \frac{4n^{2/p-1}\|X_1\|_p \Delta_p}{p-2} \tag{8.10}$$

となる．

(ii) $X_i \in \mathcal{L}^4$ であり，式 (8.9) が $p=4$ において成り立つとする．このとき，$n \to \infty$ に従って，

$$\sqrt{n}(\hat{\gamma}_0 - \gamma_0, \hat{\gamma}_1 - \gamma_1, \ldots, \hat{\gamma}_k - \gamma_k) \Rightarrow N[0, E(D_0 D_0^\top)] \tag{8.11}$$

となる．ここで $D_0 = \sum_{i=0}^{\infty} \mathcal{P}_0(X_i Y_i) \in \mathcal{L}^2$ であり，$\mathcal{P}_0$ は式 (8.7) によって定義される射影作用素である．

(iii) $l_n \to \infty$ とし，また $p=4$ において式 (8.9) を仮定する．このとき，

$$\frac{1}{\sqrt{n}} \sum_{i=1}^{n} [X_i Y_{i-l_n} - E(X_{l_n} Y_0)] \Rightarrow N(0, \Sigma_h) \tag{8.12}$$

となる．ただし，Σ_h は $h \times h$ 次元の行列で，要素として

$$\sigma_{ab} = \sum_{j \in \mathbb{Z}} \gamma_{j+a} \gamma_{j+b} = \sum_{j \in \mathbb{Z}} \gamma_j \gamma_{j+b-a} =: \sigma_{0,a-b}, \quad 1 \leq a,b \leq h \tag{8.13}$$

を持つ．さらに $l_n/n \to 0$ となるときに，

$$\sqrt{n}[(\hat{\gamma}_{l_n}, \ldots, \hat{\gamma}_{l_n-h+1})^\top - (\gamma_{l_n}, \ldots, \gamma_{l_n-h+1})^\top] \Rightarrow N(0, \Sigma_h) \tag{8.14}$$

となる．

定理 1 の好ましい特徴は，それが明示的な誤差限界 (8.10) を示すことである．この限界は多くのケースにおいて乗数項を除いてシャープである．このことは（関数的あるいは）物理的従属性測度を持った因果的過程に対するわれわれのフレームワークの重要なメリットである．以降の節の他の定理も参照されたい．式 (8.11) と式 (8.12) において，漸近的共分散行列の明示的な形式を与え，8.3 節にある技法を用いて推定することが可能である．

定理 1 は，大きなラグにおいて，$\sqrt{n}(\hat{\gamma}_k - E\hat{\gamma}_k)$ は漸近的に $\sum_{j \in \mathbb{Z}} \gamma_j \eta_{k-j}$ のように振る舞うことを示唆している．ここで，η_j は i.i.d. 標準正規確率変数である．Wu (2011) は，推定された共分散間の共分散の近似表現（Bartlett, 1946）との関連性について議論した．この結果は，γ_k が小さい場合には，S/N 比が小さいために，標本共分散 $\hat{\gamma}_k$ が γ_k に対する悪い推定量となりうることを含意している．具体的には，もし k_n が $\gamma_{k_n} = o(n^{-1/2})$ を満たすのであれば，標本共分散 $\hat{\gamma}_{k_n}$ は漸近的に標本 2 乗誤差（MSE）σ_{00}/n を持つ．これは $\gamma_{k_n}^2$ よりも大きい．ここで，$\gamma_{k_n}^2$ は自明な推定量 $\tilde{\gamma}_{k_n} = 0$ の MSE であることに注意しよう．ある定数 $c > 0$ に対して $c_n = c/\sqrt{n}$ としたとき，$\bar{\gamma}_k = \hat{\gamma}_k \mathbf{1}_{|\hat{\gamma}_k| \geq c_n}$ のように書ける切断推定量の MSE は，最小オーダー $O[\min(1/n, r_n^2)]$ を達成する．切断を用いる同様のアイデアは，Lumley and Heagerty (1999) や Bickel and Levina (2008b) の研究にも用いられている．最後の論文は，閾値型共分散行列推定量を扱っている．8.4.4 項を参照されたい．

ある過程における相関の存在を調べるのによく用いられる方法は，その ACF プロットをチェックすることである．相関の検定には，多重仮説 $H_0{:}\gamma_1 = \gamma_2 = \cdots = 0$ が関わる．ラグの個数が非有界な場合には，多重性の問題への対応が必要である．厳密な検定法を開発するためには，$\max_{k \leq s_n} |\hat{\gamma}_k - \gamma_k|$ に対する分布の結果を確立する必要がある．ただし，s_n は最大ラグであり，無限大まで発散しうる．実際，物理的従属性測度を用いて，最大偏差 $\max_{k \leq s_n} |\hat{\gamma}_k - E\hat{\gamma}_k|$ に対する漸近的結果を定式化できることがわかる．そのような結果は，複数のラグにおける γ_k に対する同時信頼区間を構築するのに用いることができる．いま，

$$\Delta_p(m) = \sum_{i=m}^{\infty} \delta_p(i), \ \Psi_p(m) = \left(\sum_{i=m}^{\infty} \delta_p^2(i) \right)^{1/2} \tag{8.15}$$

かつ

$$\Phi_p(m) = \sum_{i=0}^{\infty} \min\{\delta_p(i), \Psi_p(m)\} \tag{8.16}$$

とおく．

定理 2（Xiao and Wu, 2011a）　$EX_i = 0, \ X_i \in \mathcal{L}^p, \ p > 4, \ \Delta_p(m) = O(m^{-\alpha})$，さらに $\Phi_p(m) = O(m^{-\alpha'}) \ (\alpha, \alpha' > 0)$ を仮定する．

(i) もし $\alpha > 1/2$ あるいは $\alpha'p > 2$ ならば,$c_p = 6(p+4)\mathrm{e}^{p/4}\Delta_4 \|X_i\|_4$ に対して,

$$\lim_{n\to\infty} P\left(\max_{1\leq k<n} |\hat{\gamma}_k - E\hat{\gamma}_k| \leq c_p \sqrt{\frac{\log n}{n}}\right) = 1 \qquad (8.17)$$

が成り立つ.

(ii) もし $s_n \to \infty$ が $0 < \eta < \min(1, \alpha p/2)$,$\eta \min(2 - 4/p - 2\alpha, 1 - 2\alpha') < 1 - 4/p$ に対して $s_n = O(n^\eta)$ を満たせば,Gumbel 収束が成り立つ.すなわち,すべての $x \in \mathbb{R}$ に対して,

$$\lim_{n\to\infty} P\left(\max_{1\leq k\leq s_n} \sqrt{n}|\hat{\gamma}_k - E\hat{\gamma}_k| \leq \sigma_0^{1/2}(a_{2s_n}x + b_{2s_n})\right)$$
$$= \exp(-\exp(-x)) \qquad (8.18)$$

となる.ただし $a_n = (2\log n)^{-1/2}$,$b_n = a_n(4\log n - \log\log n - \log 4\pi)/2$ である.

8.3 低次元共分散行列の推定

低次元共分散行列の推定問題は,しばしば,時系列に関わる未知パラメータを推定したい状況において発生する.θ_0 を確率過程 (Y_i) に関する未知パラメータとする.観測値 $Y_1, \ldots, Y_n$ が与えられたとき,θ_0 を $\hat{\theta}_n = \hat{\theta}_n(Y_1, \ldots, Y_n)$ によって推定する.例えば,もし (Y_i) が d 次元の確率過程で未知の共通な平均ベクトル $\mu_0 = EY_i$ を持つとすると,それを標本平均ベクトル

$$\hat{\mu}_n = \frac{1}{n}\sum_{i=1}^n Y_i \qquad (8.19)$$

で推定することができる.確率過程 (Y_i) に対する適当な条件のもとで,以下のように,$\hat{\theta}_n$ に対する中心極限定理が成立することが期待される.

$$\Sigma_n^{-1/2}(\hat{\theta}_n - \theta_0) \Rightarrow N(0, \mathrm{Id}_d) \qquad (8.20)$$

ただし,Id_d は d 次元単位行列である.式 (8.20) を用いて,θ_0 に対する信頼領域を構築することができる.特に,$\hat{\Sigma}_n$ を Σ_n の推定量とする.すると,$(1-\alpha)$ $(0<\alpha<1)$ の水準を持つ θ_0 に対する信頼楕円は

$$\left\{\nu \in \mathbb{R}^d : (\hat{\theta}_n - \nu)^\top \hat{\Sigma}_n^{-1}(\hat{\theta}_n - \nu) = |\hat{\Sigma}_n^{-1/2}(\hat{\theta}_n - \nu)|^2 \leq \chi^2_{d,1-\alpha}\right\} \qquad (8.21)$$

となる.ここで,$\chi^2_{d,1-\alpha}$ は自由度 d の χ^2 分布の $(1-\alpha)$ クォンタイル(確率点)である.上記の構築において鍵となる問題は,いまや Σ_n の推定となった.この問題は,長期間の分散推定問題と密接に関連する.

中心極限定理 (8.20) の導出において，典型的には

$$\hat{\theta}_n - \theta_0 = \sum_{i=1}^n X_i + R_n \tag{8.22}$$

の形をした漸近展開を確立する必要がある．ここで，R_n は $\Sigma_n^{-1/2} R_n = o_\mathbb{P}(1)$ という意味で無視できるほど小さく，また，(X_i) は (Y_i) に関係する中心極限定理を満たす以下のような確率過程である．

$$\Sigma_n^{-1/2} \sum_{i=1}^n X_i \Rightarrow N(0, \mathrm{Id}_d)$$

しばしば，式 (8.22) の展開は Bahadur (1966) 表現と呼ばれる．i.i.d. 確率変数 $Y_1, \ldots, Y_n$ に対して，Bahadur は水準 α $(0 < \alpha < 1)$ の標本クォンタイルにおける漸近線形近似を得た．こうした近似は漸近論の研究に大いに役立つ．なお，標本クォンタイルは Y_i に複雑かつ非線形に依存することに注意しよう．漸近展開 (8.22) は最尤推定法，疑似最尤推定法，あるいは一般化モーメント推定法によって得られる．式 (8.22) 内の確率変数 X_i はスコアあるいは推定関数と呼ばれる．もう一つの例として，(Y_i) が定常なマルコフ過程であり，推移密度関数として $p_{\theta_0}(Y_i|Y_{i-1})$ を持つ場合を考えよう．ここで，θ_0 は未知パラメータである．すると，観測値 $Y_0, \ldots, Y_n$ が与えられたもとで，条件付き最尤推定量 $\hat{\theta}_n$ は

$$\ell_n(\theta) = \sum_{i=1}^n \log p_\theta(Y_i|Y_{i-1}) \tag{8.23}$$

を最大化する．尤度推定理論においてよく行われるように，$\dot{\ell}_n(\theta) = \partial \ell_n(\theta)/\partial \theta$ とおき，また $\ddot{\ell}_n(\theta) = \partial^2 \ell_n(\theta)/\partial \theta \partial \theta^\top$ を $d \times d$ 行列とする．エルゴード定理により，ほとんど確実に，$\ddot{\ell}_n(\theta_0)/n \to E\ddot{\ell}_1(\theta_0)$ となる．いま $\dot{\ell}_n(\hat{\theta}_n) = 0$ であるから，確率過程 (Y_i) に対する適当な条件のもとで，テイラー展開 $\dot{\ell}_n(\hat{\theta}_n) \approx \dot{\ell}_n(\theta_0) + \ddot{\ell}_n(\theta_0)(\hat{\theta}_n - \theta_0)$ を行うことができる．よって，表現 (8.22) は，

$$X_i = n^{-1}(E\ddot{\ell}_1(\theta_0))^{-1} \frac{\partial}{\partial \theta} \log p_\theta(Y_i|Y_{i-1})|_{\theta=\theta_0} \tag{8.24}$$

とおくことで成立するのである．式 (8.22) を確立するための一般理論は，Amemiya (1985) や Heyde (1997) で紹介されており，さまざまな特別ケースは Hall and Heyde (1980)，Hall and Yao (2003)，Wu (2007)，He and Shao (1996)，Klimko and Nelson (1978)，Tong (1990) などの研究において考察されている．

標本平均推定量 (8.19) については，$\hat{\mu}_n - \mu_0 = n^{-1}\sum_{i=1}^n(Y_i - \mu_0)$ および $X_i = (Y_i - \mu_0)/n$ と書くことで，式 (8.22) の形式を持つことになる．したがって，推定パラメータの共分散行列を推定するために，式 (8.22) の観点から，われわれは典型的には和 $S_n = \sum_{i=1}^n X_i$ の共分散行列 Σ_n を推定しなければならない．明らかに，

$$\Sigma_n = \sum_{1 \le i,j \le n} \mathrm{cov}(X_i, X_j) \tag{8.25}$$

である.ここで,$\mathrm{cov}(X_i, X_j) = E(X_i X_j^\top) - E(X_i) E(X_j^\top)$ である.8.3.1〜8.3.3 項では,観測値 $(X_i)_{i=1}^n$ に基づいた Σ_n の推定量の収束レートを扱う.これらの $(X_i)_{i=1}^n$ は独立,無相関,非定常,あるいは弱従属でもよい.$S_n = \sum_{i=1}^n X_i$ に対する共分散行列の推定に際して,表現 (8.22) に基づく $\hat{\theta}_n$ については,推定関数 X_i は未知パラメータ θ_0 に依存するかもしれない(よって,$X_i = X_i(\theta_0)$ は観測されないかもしれない).例えば,標本平均推定量 (8.19) においては $X_i = (Y_i - \mu_0)/n$ であるが,式 (8.24) における条件付き最尤推定量 X_i もまた未知パラメータ θ_0 に依存する.Heagerty and Lumley (2000) は,強ミキシング過程に関する推定パラメータに対する共分散行列の推定について考察した.Newey and West (1987) や Andrews (1991) による研究も参照されたい.8.3.2 項の系 1 および 8.3.4 項において,共分散行列推定量に対する漸近的結果を推定パラメータとともに示す.

8.3.1 HC 共分散行列推定量

独立だが必ずしも同一分布に従わない確率ベクトル X_i $(1 \le i \le n)$ に対して,White (1980) は,$\Sigma_n = \mathrm{var}(S_n)$,$S_n = \sum_{i=1}^n X_i$ に対する不均一分散・一致(heteroskedasticity-consistent; HC)共分散行列推定量を提案した.その他の貢献は Eicker (1963) や MacKinnon and White (1985) に見出せる.もし $\mu_0 = EX_i$ が既知ならば,Σ_n を次式で推定することができる.

$$\hat{\Sigma}_n^\circ = \sum_{i=1}^n (X_i - \mu_0)(X_i - \mu_0)^\top \tag{8.26}$$

もし μ_0 が未知ならば,これを $\hat{\mu}_n = \sum_{i=1}^n X_i/n$ で置き換えて,推定量を構成する.

$$\begin{aligned}
\hat{\Sigma}_n &= \frac{n}{n-1} \sum_{i=1}^n (X_i - \hat{\mu}_n)(X_i - \hat{\mu}_n)^\top \\
&= \frac{n}{n-1} \sum_{i=1}^n (X_i X_i^\top - \hat{\mu}_n \hat{\mu}_n^\top)
\end{aligned} \tag{8.27}$$

$\hat{\Sigma}_n^\circ$ と $\hat{\Sigma}_n$ はいずれも Σ_n に対して不偏である.これを示すために,一般性を失うことなく $\mu = 0$ とおく.すると,独立性により,$n^2 E(\hat{\mu}_n \hat{\mu}_n^\top) = \sum_{i=1}^n E(X_i X_i^\top)$ である.したがって

$$\begin{aligned}
E\hat{\Sigma}_n &= \frac{n}{n-1} \left[\sum_{i=1}^n E(X_i X_i^\top) - E(n \hat{\mu}_n \hat{\mu}_n^\top) \right] \\
&= \sum_{i=1}^n E(X_i X_i^\top) = \Sigma_n
\end{aligned} \tag{8.28}$$

8.3 低次元共分散行列の推定

となる．以下の定理 3 は，$\hat{\Sigma}_n^\circ$ の収束レートを示す．証明は，Rothenthal 不等式によって簡単に求められるので，ここでは省略する．

定理 3 X_i は独立な $\mathbb{R}^d$ 次元の確率ベクトルで，$EX_i = 0$ $(X_i \in \mathcal{L}^p,\ 2 < p \leq 4)$ であるとする．このとき，p および d にのみ依存するある定数 C が存在して，

$$\|\hat{\Sigma}_n^\circ - \Sigma_n\|_{p/2}^{p/2} \leq C \sum_{i=1}^n \|X_i\|_p^p \tag{8.29}$$

が成り立つ．

定理 3 より直ちに，もし $\Sigma := \mathrm{cov}(X_i)$ が i に依存せず，Σ が正定値（すなわち $\Sigma > 0$）であり $\sup_i \|X_i\|_p < \infty$ であるならば，

$$\|\hat{\Sigma}_n^\circ \Sigma_n^{-1} - \mathrm{Id}_d\|_{p/2} = O(n^{2/p-1})$$

が成り立ち，信頼楕円 (8.21) が漸近的に正しい被覆確率を持つことが示される．単純な計算により，$\hat{\Sigma}_n^\circ$ を $\hat{\Sigma}_n$ に置き換えることで上記の関係式も成立することが確認される．

もし X_i が無相関であれば，式 (8.28) の計算を使って，式 (8.26) の推定量 $\hat{\Sigma}_n^\circ$ と式 (8.27) の $\hat{\Sigma}_n$ はやはり不偏であることが，簡単に示される．しかし，式 (8.29) は，もし X_i が独立ではなく単なる無相関であるならば，もはや成り立たない．上界を得るため，Wu (2011) のように，(X_i) が形式

$$X_i = H_i(\varepsilon_i, \varepsilon_{i-1}, \ldots) \tag{8.30}$$

と表されると仮定しよう．ここで，ε_i は i.i.d. の確率変数であり，H_i は X_i が確率変数となるような可測関数である．もし関数 H_i が i に依存しないのならば，式 (8.30) は式 (8.5) に帰着する．一般に，式 (8.30) は非定常確率過程を定義する．確率的表現理論 (stochastic representation theory) によれば，いかなる有限次元確率ベクトルも，分布の意味で等価な，i.i.d. の一様確率変数列の関数として表現することができる．レビューとして Wu (2011) を参照されたい．式 (8.8) と同様に，物理的従属性測度

$$\delta_p(k) = \sup_i \|X_i - X_{i,k}\|_p, \quad k \geq 0 \tag{8.31}$$

を定義する，ここで，$X_{i,k}$ は式 (8.31) において ε_{i-k} を ε'_{i-k} に入れ替えた X_i の変形バージョンである．式 (8.5) の形をした定常過程にとっては，式 (8.8) と式 (8.31) は同一のものある．

定理 4 X_i は形式 (8.30) を持つ無相関な過程であり，$EX_i = 0$ $(X_i \in \mathcal{L}^p,\ 2 < p \leq 4)$ であるとする．$\kappa_p = \sup_i \|X_i\|_p$ とおく．このとき，ある定数 $C = C_{p,d}$ が存在し，

$$\|\hat{\Sigma}_n^\circ - \Sigma_n\|_{p/2} \leq Cn^{2/p}\kappa_p \sum_{k=0}^{\infty} \delta_p(k) \tag{8.32}$$

が成立する．

証明 $\alpha = p/2$ とおく．$X_i X_i^\top - EX_i X_i^\top = \sum_{k=0}^{\infty} \mathcal{P}_{i-k}(X_i X_i^\top)$ で $\mathcal{P}_{i-k}(X_i X_i^\top)$ ($i = 1, \ldots, n$) はマルチンゲール差分であるから，Burkholder–Minkowski 不等式によって，

$$\|\hat{\Sigma}_n^\circ - \Sigma_n\|_\alpha \leq \sum_{k=0}^{\infty} \|\sum_{i=1}^{n} \mathcal{P}_{i-k}(X_i X_i^\top)\|_\alpha$$

$$\leq C \sum_{k=0}^{\infty} \left[\sum_{i=1}^{n} \|\mathcal{P}_{i-k}(X_i X_i^\top)\|_\alpha^\alpha\right]^{1/\alpha}$$

が成立する．$E[(X_{k,0} X_{k,0}^\top)|\mathcal{F}_0] = E[(X_k X_k^\top)|\mathcal{F}_{-1}]$ に注目しよう．Scharwz 不等式によって，$\|\mathcal{P}_0(X_k X_k^\top)\|_\alpha \leq \|X_{k,0} X_{k,0}^\top - X_k X_k^\top\|_\alpha \leq 2\kappa_p \delta_p(k)$ となる．よって，式 (8.32) を得る． □

8.3.2 定常過程に対する長期の共分散行列推定

もし X_i が相関を持つならば，推定量 (8.27) はもはや Σ_n に対して一致性を持たず，自己共分散を考慮に入れる必要が生じる．$S_n = \sum_{i=1}^{n} X_i$ であることを思い出そう．$EX_i = 0$ を仮定する．ラグ窓スペクトル密度推定量のアイデアを利用して，共分散行列 $\Sigma_n = \mathrm{var}(S_n)$ を

$$\tilde{\Sigma}_n = \sum_{1 \leq i,j \leq n} K\left(\frac{i-j}{B_n}\right) X_i X_j^\top \tag{8.33}$$

によって推定する．ただし，K は以下を満たす窓関数である：$K(0) = 1$，$K(u) = 0$ ($|u| > 1$ のとき)，K は偶関数でかつ区間 $[-1,1]$ において微分可能．また，B_n は以下を満たすラグ幅の列である：$B_n \to \infty$ かつ $B_n/n \to 0$．前者の条件は未知の従属次数に対応するために，後者の条件は一致性のために付与される．

もし (X_i) がスカラー値をとる過程であれば，式 (8.33) は長期の分散 $\sigma_\infty^2 = \sum_{k \in \mathbb{Z}} \gamma_i$ に対するラグ窓推定量であり，ここで $\gamma_i = \mathrm{cov}(X_0, X_i)$ である．$\sigma_\infty^2/(2\pi)$ が (X_i) の周波数 0 におけるスペクトル密度の値であることに注意しよう．スペクトル密度推定に関しては多くの研究がある．古典的な教科書 Anderson (1971), Brillinger (1975), Brockwell and Davis (1991), Grenander and Rosenblatt (1957), Priestley (1981), Rosenblatt (1985), さらには Brillinger and Krishnaiah (1983) によって編集された統計学ハンドブック第 3 巻 "*Time Series in the Frequency Domain*" を参照されたい．Rosenblatt (1985) は 8 次の結合キュムラントの総和可能性条件のもとで，強ミキシング過程に対するラグ窓スペクトル密度推定量に対する漸近正規性

を示した.

Liu and Wu (2010) は,ラグ窓スペクトル密度推定量についての漸近理論を,最小限のモーメント条件と自然な従属性条件のもとで示した.彼らの結果は,ベクトル値をとる過程へと簡単に拡張することができる. $EX_i = 0$ を仮定すると, $\Sigma_n = \text{var}(S_n)$ は次を満たす.

$$\frac{1}{n}\Sigma_n = \sum_{k=1-n}^{n-1}(1-|k|/n)E(X_0 X_k^\top) \to \sum_{k=-\infty}^{\infty} E(X_0 X_k^\top) =: \Sigma^\dagger \quad (8.34)$$

記号 vec をベクトル作用素としよう.すると, $\text{vec}(\tilde{\Sigma}_n)$ に対する一致性と漸近正規性についての以下の定理が成り立つ.証明は Liu and Wu (2010) にある議論を用いることで簡単に行える.詳細は省略する.

定理 5 d 次元定常過程 (X_i) が形式 (8.5) を持つと仮定し, $B_n \to \infty$ かつ $B_n = o(n)$ であるとする. (i) もし短期従属性条件 (8.9) が $p \geq 2$ において成り立てば, $\|\tilde{\Sigma}_n/n - \Sigma_n/n\|_{p/2} = o(1)$ が成り立ち,式 (8.34) によって, $\|\tilde{\Sigma}_n/n - \Sigma^\dagger\|_{p/2} = o(1)$ が成り立つ. (ii) もし式 (8.9) が $p = 4$ において成り立てば, $\rho(\Gamma) < \infty$ となるような行列 Γ が存在し,

$$(nB_n)^{-1/2}[\text{vec}(\tilde{\Sigma}_n) - E\text{vec}(\tilde{\Sigma}_n)] \Rightarrow N(0, \Gamma) \quad (8.35)$$

が成り立ち,またバイアスは

$$n^{-1}\left\|E\text{vec}(\tilde{\Sigma}_n) - \Sigma_n\right\| \leq \sum_{k=-B_n}^{B_n}|1 - K(k/B_n)|\gamma_2(k) + 2\sum_{k=B_n+1}^{n}\gamma_2(k) \quad (8.36)$$

となる.ここで, $\gamma_2(k) = \|E(X_0 X_{i+k}^\top)\| \leq \sum_{i=0}^{\infty}\delta_2(i)\delta_2(i+k)$ である.

定理 5 (i) の興味深い特徴は,最小限のモーメント条件 $X_i \in \mathcal{L}^2$ と非常に緩い従属性条件 $\Delta_2 < \infty$ のもとで,推定量 $\tilde{\Sigma}_n/n$ が Σ_n/n に対して一致性を持つことである.この性質は,ラグ窓共分散行列推定量の応用可能性の範囲を大幅に拡大するものである.一致性については,Andrews (1991) による研究は有限の 4 次モーメントと 4 次の結合キュムラントの総和可能性条件を必要とするが,漸近平均 2 乗誤差の計算には有限の 8 次モーメントと 8 次の結合キュムラントの総和可能性条件が必要となる.しかし,非線形過程に対しては,これらのキュムラントの総和可能性条件の検証は困難となるかもしれない.われわれの提案する物理的従属性測度のフレームワークは,長期の共分散行列の推定に,大変便利かつ有用と思われる.結合キュムラントを用いる必要はもはやない.

多くの状況において, X_i は未知のパラメータに依存するため,直接的には観察することができない.例えば,式 (8.24) 内の X_i は未知パラメータ θ_n に依存する.そのような場合,式 (8.33) の $\tilde{\Sigma}_n$ を次のような推定量に修正するのが自然である.

$$\tilde{\Sigma}_n(\hat{\theta}_n) = \sum_{1 \leq i,j \leq n} K\left(\frac{i-j}{B_n}\right) X_i(\hat{\theta}_n) X_j(\hat{\theta}_n)^\top \qquad (8.37)$$

ただし，$\hat{\theta}_n$ は θ_0 の推定量であり，よって $X_i(\hat{\theta}_n)$ は $X_i(\theta_0) = X_i$ の推定量となる．なお，$\tilde{\Sigma}_n(\theta_0) = \tilde{\Sigma}_n$ であることに注意しよう．Newey and West (1987) や Andrews (1991) の研究にあるように，ランダムな関数 $X_i(\cdot)$ に対する適当な連続条件を与えることで，推定量 $\tilde{\Sigma}_n(\hat{\theta}_n)$ の一致性が得られることがある．次の系1は定理5より直ちに得られる．

系1 $\hat{\theta}_n$ は θ_0 に対する $\sqrt{n}$ 一致推定量，すなわち，$\sqrt{n}(\hat{\theta}_n - \theta_0) = O_\mathbb{P}(1)$ であるとする．さらに，局所最大値関数 $X_i^* = \sup\{|\partial X_i(\theta)/\partial \theta| : |\theta - \theta_0| \leq \delta_0\} \in \mathcal{L}^2$ を満たすような定数 $\delta_0 > 0$ が存在すると仮定する．$B_n \to \infty$，$B_n = o(\sqrt{n})$ であり，$p = 2$ において式 (8.9) が成り立つと仮定する．このとき，$\tilde{\Sigma}_n(\hat{\theta}_n)/n - \Sigma_n/n \to 0$ (確率収束) が成立する．

8.3.3 HAC 共分散行列推定量

非定常過程に対する物理的従属性測度の定義として，式 (8.31) を思い出そう．もし (X_i) が非定常で相関を持つならば，式 (8.9) と同様な短期の従属性条件のもとで，式 (8.33) で定義される推定量 $\tilde{\Sigma}_n$ に対する収束レートも求めることができる．同様な結果は，Newey and West (1987) や Andrews (1991) の研究でも与えられた．Andrews and Monahan (1992) は事前白色化処理によって推定量の改良を行った．

定理6 $B_n \to \infty$ また $B_n/n \to 0$ であると仮定する．非定常過程 (X_i) が形式 (8.30) を持ち，$X_i \in \mathcal{L}^p$ $(p > 2)$ であり，また短期の従属性条件 (8.9) を有すると仮定する．(i) もし $2 < p < 4$ ならば，$\|\tilde{\Sigma}_n/n - \Sigma_n/n\|_{p/2} = o(1)$ となる．(ii) もし $p \geq 4$ ならば，p および d にのみ依存する定数 C が存在し，

$$\|\tilde{\Sigma}_n - E\tilde{\Sigma}_n\|_{p/2} \leq C\Delta_p^2 B_n \qquad (8.38)$$

また，バイアスは

$$n^{-1}\left\|E\tilde{\Sigma}_n - \Sigma_n\right\| \leq \sum_{k=-B_n}^{B_n} |1 - K(k/B_n)|\gamma_2(k) + 2\sum_{k=B_n+1}^{n} \gamma_2(k) \qquad (8.39)$$

を満たす．ただし，$\gamma_2(k) = \sup_i \|E(X_i X_{i+k}^\top)\| \leq \sum_{i=0}^\infty \delta_2(i)\delta_2(i+k)$ である．

注釈1 本項において，共分散行列 Σ の次元は固定であるから，すべての行列ノルムは本質的に同値であり，式 (8.29), (8.32), (8.36), (8.38) は，仮に Frobenius ノルムや最大 (成分) ノルムなどの別の行列ノルムを採用しても成立することを強調しておきたい．この性質は，次元が有界ではない高次元の行列推定では，もはや成り立たない．8.4節を参照されたい． □

定理 5 と同様に，定理 6 の証明は Liu and Wu (2010) にある議論を用いることで行える．定理 6 を適用する際の鍵となるステップは，どのように平滑化パラメータを選択するかである．この問題に対する優れた説明として，Zeileis (2004) の研究を参照されたい．

8.3.4 　線形モデルに対する共分散行列の推定

線形モデル

$$y_i = \boldsymbol{x}_i^\top \boldsymbol{\beta} + e_i, \quad 1 \leq i \leq n \tag{8.40}$$

を考えよう．ここで，$\boldsymbol{\beta}$ は $s \times 1$ 次元の未知の回帰係数ベクトルであり，$\boldsymbol{x}_i = (x_{i1}, x_{i2}, \ldots, x_{is})'$ は $s \times 1$ 次元の既知の（非確率的）デザインベクトルである．$\hat{\boldsymbol{\beta}}$ を $\boldsymbol{\beta}$ の最小 2 乗推定量とする．ここでは，(e_i) が非定常で形式 (8.30) を持つという仮定のもとで，$\mathrm{cov}(\hat{\boldsymbol{\beta}})$ の推定問題を考える．特に，共変量がただ一つで，$x_i = 1$ ($1 \leq i \leq n$) の場合には，$S_n = \sum_{i=1}^n e_i$ に対して $\hat{\beta} = S_n/n$ となる．よって，8.3.3 項における S_n の共分散行列の推定の特別なケースとなる．大きな n に対して，$T_n := \mathbf{X}_n^\top \mathbf{X}_n$ は正定値であるとする．スケール変換したモデル

$$y_i = \boldsymbol{z}_i^\top \boldsymbol{\theta} + e_i, \quad \text{ただし } \boldsymbol{z}_i = \boldsymbol{z}_{i,n} = T_n^{-1/2} \boldsymbol{x}_i, \ \boldsymbol{\theta} = \boldsymbol{\theta}_n = T_n^{1/2} \boldsymbol{\beta} \tag{8.41}$$

を考えるのが便利であり，そのとき最小 2 乗推定量は $\hat{\boldsymbol{\theta}} = \sum_{i=1}^n \boldsymbol{z}_i e_i$ となる．もし e_i が仮に既知だとすれば，$\Sigma_n := \mathrm{cov}(\hat{\boldsymbol{\theta}})$ を

$$V_n = \sum_{1 \leq i,j \leq n} K\left(\frac{i-j}{B_n}\right) \mathbf{z}_i e_i \mathbf{z}_j^\top e_j \tag{8.42}$$

によって，式 (8.33) と同様なやり方で推定することができる．しかし，今は e_i が未知なので，V_n 内の e_i を推定残差 $\hat{e}_i$ に置き換えて，次の推定量を採用すればよい．

$$\hat{V}_n = \sum_{1 \leq i,j \leq n} \mathbf{z}_i \hat{e}_i \mathbf{z}_j^\top \hat{e}_j c_{ij} \tag{8.43}$$

ただし，$c_{ij} = K((i-j)/B_n)$ である．推定量 $\hat{V}_n$ に対する収束レートが，Liu and Wu (2010) と同様な議論によって，以下のように得られる．

定理 7　非定常確率過程 (e_i) が形式 (8.30) を持ち，$p \geq 4$ のとき $e_i \in \mathcal{L}^p$，さらに $\Delta_p < \infty$ であると仮定する．$c_k := K(k/B_n)$ とおく．このとき，p および s にのみ依存する定数 C が存在し，

$$\left\| \hat{V}_n - EV_n \right\|_{p/2} \leq C \Delta_p^2 \left(\sum_{1 \leq i,j \leq n} c_{i-j}^2 |\mathbf{z}_i|^2 |\mathbf{z}_j|^2 \right)^{1/2} \tag{8.44}$$

であり，バイアスについては

$$\| EV_n - \Sigma_n \| \leq s \sum_{k=1-n}^{n-1} |1 - c_k| \gamma_2(k) \tag{8.45}$$

を満たす．ただし，$\gamma_2(k) = \sup_{i \in \mathbb{Z}} |E(e_i e_{i+k})| \leq \sum_{i=0}^\infty \delta_2(i) \delta_2(i+|k|)$ である．

8.4.4 項の例 1 において，β に対する最良線形不偏推定量（BLUE）を $(e_1,\ldots,e_n)$ の高次元共分散行列を推定することによって得る．これは共分散行列推定の二つのタイプの異なる特徴を示すものとなる．

8.4 高次元共分散行列の推定

本節では，次元が無限大に発散する状況における時系列の高次元共分散行列の推定について考えることにする．この設定は，次元が固定され増大しなかった式 (8.25) のそれとは極めて異なっている．過去 10 年間，高次元共分散行列の推定問題は，大いに注目されてきた．優れたレビューとして，Pourahmadi (2011) によってなされた成果を参照されたい．この問題は極めて厄介である．というのも，式 (8.1) で与えられる Σ_p を推定するためには，$p(p+1)/2$ 個の未知パラメータを推定する必要があるためである．加えて，これらのパラメータはまったく自明でない正定値性条件を満たさなければならない．複数の i.i.d. の p 変量の確率変数があるような多変量の設定において，この問題は広く研究されている．Meinshausen and Bühlman (2006)，Yuan and Lin (2007)，Rothman et al. (2009)，Bickel and Levina (2008a, b)，Cai et al. (2010)，Lam and Fan (2009)，Ledoit and Wolf (2004) などの成果を参照されたい．Bickel and Gel (2011) において言及されているように，経時や時系列の設定における同じ問題についての研究例は，それらと比べて大幅に少ない．多変量統計の文脈における行列推定問題との比較において，時系列の場合にはいくつかの顕著な特徴がある．

(i) 観測値間の順序の情報が重要である．
(ii) 遠く離れた変数の間には弱従属性がある[*5]．
(iii) 繰り返し観測の回数は非常に少なく，多くの場合ただ 1 回の実現パスが入手可能である．

多変量統計では，多くの場合，解釈可能性を犠牲にすることなく変数の順序を入れ替えることができ，共分散行列推定量の持つこの入れ替え不変性はとても魅力的である．しかし，時系列における共分散行列推定においては，この入れ替え不変性が成り立つとは限らない．

8.4.1 項では，共分散行列の Cholesky 分解についてレビューする．Pourahmadi (1999) において議論されているように，Cholesky 分解をベースにした共分散行列推定は正定値性を内包しており，各成分は自己回帰係数として解釈可能であるため好都合である．8.4.2 項では，共分散行列のパラメトリック推定について簡単にレビュー

[*5] 【訳注】大雑把に言えば，定常過程 (X_i) があるとき，任意の時点 t において，2 時点間の差 h が広がるにつれて二つの確率変数 X_t と X_{t+h} が "ほとんど独立" になる場合，(X_i) は弱従属（weakly dependent）であるという．通常，特に (X_i) が弱定常（2 次定常または共分散定常）のケースにおいて，$h \to \infty$ のとき $\mathrm{Corr}(X_t, X_{t+h}) \to 0$ となる場合を指すことが多い．

する．そこでは，ターゲットの共分散行列はある特定のパラメトリックな形を持つ．よって，支配パラメータを推定すれば十分である．8.4.3 項と 8.4.4 項は，共分散行列のノンパラメトリック推定問題を，二つの異なる設定で扱う．1 番目の設定は，背後にある過程の複数個の i.i.d. の実現パスが得られるケース，2 番目はただ一つの実現パスしかないケースである．後者においては，背後にある過程は定常であると仮定する．

8.4.1 Cholesky 分解

$X_1, \ldots, X_p$ が平均 0 のガウス過程で，共分散行列 Σ_p が式 (8.1) で与えられているとする．Pourahmadi (1999) の研究にあるように，次のとおり，X_t の逐次自己回帰（successive autoregression）を，それに先行する値 $X_1, \ldots, X_{t-1}$ に対して行う．

$$X_t = \sum_{j=1}^{t-1} \phi_{tj} X_j + \eta_t =: \hat{X}_t + \eta_t, \quad t = 1, \ldots, p \tag{8.46}$$

ただし，ϕ_{tj} は自己回帰係数であり，$\hat{X}_t$ は X_t の $X_1, \ldots, X_{t-1}$ によって張られた線形空間への射影であるとする．すると，$\eta_1 \equiv X_1$ となり，また $\eta_t = X_t - \hat{X}_t$ ($t = 2, \ldots, n$) は独立となる．$\sigma_t^2 = \text{var}(\eta_t)$ をイノベーションの分散，また $D = \text{diag}(\sigma_1, \ldots, \sigma_p)$ とし，

$$L = \begin{pmatrix} 1 & & & & \\ -\phi_{21} & 1 & & & \\ -\phi_{31} & -\phi_{32} & 1 & & \\ \cdots & \cdots & \cdots & \cdots & \\ -\phi_{11} & -\phi_{p2} & \cdots & -\phi_{p,p-1} & 1 \end{pmatrix} \tag{8.47}$$

を下三角行列とする．このとき，Σ_p は表現

$$L \Sigma_p L^\top = D^2 \tag{8.48}$$

を持つが，これより，その逆行列（または精度行列）について次の等式が成立するという便利な性質が得られる．

$$\Sigma_p^{-1} = L D^{-2} L^\top \tag{8.49}$$

表現 (8.48) の重要な特徴は L の係数に制約がないことであり，もし Σ_p の推定量が L や D の推定量に基づいて計算されるのであれば，非負定値性が保証される．Cholesky 法は，時系列における共分散や精度行列の推定に特に適しており，L の成分は自己回帰係数として解釈することが可能である．

もう一つのよく行われる方法は，固有分解 $\Sigma_p = Q \Lambda Q^\top$ である．ここで，Q は正規直交行列，すなわち $QQ^\top = \text{Id}_p$ が成り立ち，また Λ は Σ_p の固有値を並べた対角行列である．固有分解は主成分分析に関係する．一般に，正規直交性に関する制約条件があるもとでの処理は容易ではない．さらなる議論に関しては Pourahmadi (2011) を参照されたい．

8.4.2 パラメトリック共分散行列推定

共分散行列のパラメトリック推定問題においては，Σ_n は有限次元のパラメータによってインデックス化された既知の形式 $\Sigma_n(\theta)$ を持つことが仮定される．Σ_n を推定するためには，θ に対する良い推定量を見つけることができれば十分であろう．Anderson (1970) は Σ_n がある既知の行列の線形結合であるとの仮定を置いた．Burg et al. (1982) は最尤推定法を適用した．Quang (1984), Dembo (1986), Fuhrmann and Miller (1988), Jansson and Ottersten (2000), Dietrich (2008) の研究を参照されたい．Chiu et al. (1996) は対数線形構造を共分散行列に付与するパラメトライゼーションを採用した[*6)]．

Cholesky 分解 (8.48) に基づいて，Pourahmadi (1999) は自己回帰係数 ϕ_{ij} およびイノベーション分散 σ_i^2 に対するパラメトリックモデリングを考えることで，パラメータ数の大幅な削減を行った．Pan and MacKenzie (2003) や Zimmerman and Núñez-Antón (2010) による研究を参照されたい．

8.4.3 複数の i.i.d. 実現パスを用いた共分散行列の推定

$(X_{l,1}, X_{l,2}, \ldots, X_{l,p})$ $(l = 1, \ldots, m)$ は，$(X_1, \ldots, X_p)$ と同一の分布を持つ i.i.d. のランダムベクトルであると仮定する．もし平均 $\mu_j = EX_{l,j}$ $(j = 1, \ldots, p)$ が既知ならば，共分散 $\gamma_{i,j} = \mathrm{cov}(X_{l,i}, X_{l,j})$ $(1 \leq i, j \leq p)$ は

$$\hat{\gamma}_{i,j} = \frac{1}{m} \sum_{l=1}^{m} (X_{l,i} - \mu_i)(X_{l,j} - \mu_j) \tag{8.50}$$

によって推定でき，標本共分散行列推定量は

$$\hat{\Sigma}_p = (\hat{\gamma}_{i,j})_{1 \leq i,j \leq p} \tag{8.51}$$

となる．他方，μ_j が未知であっても，標本平均 $\bar{\mu}_j = m^{-1} \sum_{l=1}^{m} X_{l,j}$ によってごく自然に μ_j は推定できるから，式 (8.50) および式 (8.51) にある $\hat{\gamma}_{i,j}$ や $\hat{\Sigma}_p$ も修正することができる．

最近研究の盛んなランダム行列理論 (random matrix theory) によれば，全要素 $X_{l,i}$ $(1 \leq l \leq m, 1 \leq i \leq p)$ が独立であるとの仮定のもとでは，$\hat{\Sigma}_p$ は作用素ノルムに関して一致性を持たないという点で Σ_p に対して悪い推定量である．そのような多変量解析における標本共分散行列に対して一致性を持たないという結果は Stein (1975), Bai and Silverstein (2010), El Karoui (2007), Paul (2007), Johnstone (2001), Geman (1980), Wachter (1978), Anderson et al. (2010) などにおいて議論されている．もし $m < p$ であれば，$\hat{\Sigma}_p$ は特異行列となることに注意しよう．

[*6)] 【訳注】Chiu et al. (1996) は，Nelder and McCullagh (1989) の一般化線形モデルのフレームワークを応用することで，多変量正規分布の共分散行列の構造を簡素に表現し，共分散行列の説明変数への依存性を調べることを可能にする，しかも推定の容易な共分散行列構造のモデリング方法を提案した．リンク関数として (行列の) 対数変換が用いられる．

$X_{l,i}$ に関する適当なモーメント条件のもとで,もし $p/m \to c$ ならば,$\hat{\Sigma}_p$ の固有値の経験分布は $[(1-\sqrt{c})^2, (1+\sqrt{c})^2]$ を台に持ち,しかも $c > 1$ の場合には原点に質点を持つような,Marcenko–Pastur 則に従う.また,最大固有値は適当な規格化を施したあとは,Tracy–Widom 則に従う.これらのすべての結果は,標本共分散行列が一致性を持たないことを示すものである.

推定の質を改善して一致性を与えるため,さまざまな正則化の方法が提案されている.ラグ $i-j$ が大きいところでは相関が弱いと仮定して,Bickel and Levina (2008a) は帯型(banded)共分散推定量

$$\hat{\Sigma}_{p,B} = (\hat{\gamma}_{i,j} \mathbf{1}_{|i-j| \leq B})_{1 \leq i,j \leq p} \tag{8.52}$$

を提案した.ここで $B = B_p$ はバンド(帯)幅パラメータである.さらに,より一般的なものとして,テーパー型(tapered)推定量

$$\hat{\Sigma}_{p,B} = (\hat{\gamma}_{i,j} K(|i-j|/B))_{1 \leq i,j \leq p} \tag{8.53}$$

も提案した.ここで K は台 $[-1,1]$ を持つ対称なウィンドウ関数であり,$K(0) = 1$,また K は $(-1,1)$ において連続である.以下では,$B_p \to \infty$ かつ $B_p/p \to 0$ を仮定する.前者の条件は,$\hat{\Sigma}_{p,B}$ が未知の次数での従属性を持つことを保証し,一方後者は $|i-j|$ が大きい場合に $\hat{\gamma}_{i,j}$ が $\gamma_{i,j}$ の悪い推定量になるという,低 S/N 比の問題を回避するために導入されるものである.特に,Bickel and Levina (2008a) は,次のようなクラスを考えた.

$$\mathcal{U}(\epsilon_0, \alpha, C) = \left\{ \Sigma \colon \max_j \sum_{i: |i-j| > k} |\gamma_{i,j}| \leq C k^{-\alpha}, \rho(\Sigma) \leq \epsilon_0^{-1}, \rho(\Sigma^{-1}) \leq \epsilon_0 \right\} \tag{8.54}$$

この条件は,本節の最初に言及した課題 (iii) を定量的に表現したものである.彼らは次のことを証明した.(i) もしある $u > 0$ に対して $\max_j E \exp(u X_{l,i}^2) < \infty$ であり,$k_n \asymp (m^{-1} \log p)^{-1/(2\alpha+2)}$ であるならば,

$$\rho(\hat{\Sigma}_{p,k_p} - \Sigma_p) = \mathcal{O}_P[(m^{-1} \log p)^{\alpha/(2\alpha+2)}] \tag{8.55}$$

となる.(ii) もし $\max_j E|X_{l,i}|^\beta < \infty$ であり,かつ $k_n \asymp (m^{-1/2} p^{2/\beta})^{c(\alpha)}$,ただし $c(\alpha) = (1 + \alpha + 2/\beta)^{-1}$ であるならば,

$$\rho(\hat{\Sigma}_{p,k_p} - \Sigma_p) = \mathcal{O}_P[(m^{-1/2} p^{2/\beta})^{\alpha c(\alpha)}] \tag{8.56}$$

となる.

このテーパー型推定量 (8.53) の式中で,行列 $W_p = (K(|i-j|/l))_{1 \leq i,j \leq p}$ が正定値となるように K を選べば,$\tilde{\Sigma}_{p,l}$ は $\hat{\Sigma}_n$ と W_p のアダマール積(Hadamard product)またはシューア積(Schur product)となり,行列理論におけるシューア積定理(Horn and Johnson, 1990)によって非負定値となる($\hat{\Sigma}_n$ は非負定値であるから).例え

ば，三角窓 $K(u) = \max(0, 1 - |u|)$ あるいは Parzen 窓 $K(u) = 1 - 6u^2 + 6|u|^3$ ($|u| < 1/2$ の場合)，$K(u) = \max[0, 2(1-|u|)^3]$ ($|u| \geq 1/2$ の場合) のケースにおいては，W_n は正定値である．

Cholesky 分解 (8.48) に基づき，Wu and Pourahmadi (2003) は局所定常過程 (Dahlhaus, 1997) の精度行列 Σ_p^{-1} に対するノンパラメトリック推定量を提案した．この過程は時変パラメータを持つ AR 過程である．

$$X_t = \sum_{j=1}^{k} f_j(t/p) X_{t-j} + \sigma(t/p) \eta_t^0 \qquad (8.57)$$

ここで，η_t^0 は，平均 0 分散 1 を持つ i.i.d. 確率変数列であり，$f_j(\cdot)$ および $\sigma(\cdot)$ は連続関数である．よって，$\phi_{t,t-j} = f_j(t/p)$ ($1 \leq j \leq k$ の場合) あるいは $\phi_{t,t-j} = 0$ ($j > k$ の場合) となる．Wu and Pourahmadi (2003) は，$f_j(\cdot)$ と $\sigma(\cdot)$ の推定に際して 2 ステップの方法を適用した．第 1 ステップでは，データ $(X_{l,1}, X_{l,2}, \ldots, X_{l,p})$ ($l = 1, \ldots, m$) に基づき，逐次線形回帰を実行して最小 2 乗推定量 $\hat{\phi}_{t,t-j}$ と予測分散 $\hat{\sigma}^2(t/p)$ を得る．第 2 ステップにおいて，先に得られた (粗い) 推定量 $\hat{\phi}_{t,t-j}$ に対して局所線形回帰を実行し，平滑化された推定量 $\hat{f}_j(\cdot)$ を得る．次にこれらの推定量をまとめて，精度行列 Σ_p^{-1} を式 (8.49) によって得る．ラグ k は AIC や BIC，あるいはその他の情報量規準によって選択することができる．Huang et al. (2006) は，LASSO およびリッジ回帰と関連した罰則付き最尤推定量を採用した．

8.4.4 一つの実現パスを用いた共分散行列の推定

実現パスが一つしか入手可能でないならば，適当な構造条件を背後にある確率過程に課す必要がある．さもなくば，共分散行列を推定できなくなるかもしれない．ここでは，確率過程が定常であると仮定する．よって，行列 Σ_n は Toeplitz であり $\gamma_{i,j} = \gamma_{i-j}$ は標本自己共分散 (8.3) または (8.4) によって推定可能である．平均 μ が既知かどうかによって，二つの式のどちらを用いるかが定まる．

定常過程の共分散行列推定は，工学分野において広く研究されてきた．Lifanov and Likharev (1983) は，無線工学分野において最尤法を適用した．Christensen (2007) は，帯状 Toeplitz 共分散行列[*7)]を推定するために，EM アルゴリズムを適用した．Toeplitz 共分散行列推定に関するその他の貢献は，Jansson and Ottersten (2000) あるいは Burg et al. (1982) などの研究に見られる．また，優れたモノグラフである Dietrich (2008) の Chapter 3 を参照されたい．しかしながら，これらのほとんどの論文では，複数の i.i.d. の実現パスが入手可能であるとの仮定が置かれている．

[*7)] 【訳注】原文は "band–Toeplitz covariance matrices" である．Toeplitz 行列の中で，対角成分から遠く離れた位置（行番号と列番号の差が一定値超）にある成分が 0 である，すなわち，非ゼロ成分が対角成分を中心に一定の幅で帯状に配置されているもの．

定常過程 (X_i) に対して，Wu and Pourahmadi (2009) は，標本共分散行列 $\hat{\Sigma}_p$ は Σ_p の一致推定量ではないことを示した．改良された結果は Xiao and Wu（2011b）の研究によって得られている．彼らは $\rho(\hat{\Sigma}_p - \Sigma_p)$ の正確なオーダーを導いた．

定理 8（Xiao and Wu, 2011b） $X_i \in \mathcal{L}^\beta$, $\beta > 2$, $EX_i = 0$, $\Delta_\beta(m) = o(1/\log m)$，および $\min_\theta f(\theta) > 0$ を仮定する．このとき，

$$\lim_{n \to \infty} P\left[\frac{\pi \min_\theta f^2(\theta)}{12\Delta_2^2} \log p \leq \rho(\hat{\Sigma}_p) \leq 10\Delta_2^2 \log p\right] = 1 \tag{8.58}$$

となる．

Σ_p に対する一致推定量を得るために，ラグ窓スペクトル密度推定とテーパリングの考え方に従って，テーパー型共分散行列を次のように定義する．

$$\hat{\Sigma}_{p,B} = [K((i-j)/B)\hat{\gamma}_{i-j}]_{1 \leq i, j \leq p} = \hat{\Sigma}_p \star W_p \tag{8.59}$$

ここで，$B = B_p$ は $B_p \to \infty$ および $B_p/p \to 0$ を満たすバンド（帯）幅であり，$K(\cdot)$ は

$$K(0) = 1, \quad |K(x)| \leq 1, \quad \text{かつ} \quad K(x) = 0 \ (|x| > 1 \text{ に対して}) \tag{8.60}$$

なる性質を持つ対称なカーネル関数である．推定量 (8.59) は，Bickel–Levina による式 (8.52) とは，標本共分散行列を標本自己共分散行列に差し替えた以外，同じ形をしている．形式 (8.59) は McMurry and Politis (2010) の研究においても考察されている．Toeplitz (1911) は無限次元行列 $\Sigma_\infty = (a_{i-j})_{i,j \in \mathbb{Z}}$ について研究し，その固有値が像集合 $\{g(\theta): \theta \in [0, 2\pi)\}$ と一致することを証明した．ここで

$$g(\theta) = \sum_{j \in \mathbb{Z}} a_j e^{\sqrt{-1}j\theta} \tag{8.61}$$

である．いま，$2\pi g(\theta)$ は (a_j) のフーリエ変換であることに注意しよう．有限の $p \times p$ 行列 $\Sigma_p = (a_{i-j})_{1 \leq i, j \leq p}$ に対しては，その固有値は近似的に $\{g(\theta_j), j = 0, \ldots, p-1\}$ と等しく分布する．$\theta_j = 2\pi j/p$ はフーリエ周波数である．詳細な解説については，優れたモノグラフである Grenander and Szegö (1958) を参照されたい．よって，式 (8.59) の行列推定量 $\hat{\Sigma}_{p,B}$ は，次式で表されるラグ窓推定量の像集合に近いことが期待される．

$$\hat{f}_{p,B}(\theta) = \frac{1}{2\pi} \sum_{k=-B}^{B} K(k/B)\hat{\gamma}_k \cos(k\theta) \tag{8.62}$$

ラグ窓スペクトル密度推定量に対する漸近理論を使って，Xiao and Wu (2011b) は $\rho(\hat{\Sigma}_{p,B} - \Sigma_p)$ に対する収束レートを導いた．$\Delta_p(m)$ および $\Phi_p(m)$ に関する式 (8.15) および式 (8.16) を思い出そう．

定理 9 (Xiao and Wu, 2011b) $X_i \in \mathcal{L}^\beta$, $\beta > 4$, $EX_i = 0$, および $\Delta_p(m) = O(m^{-\alpha})$ を仮定する. $B \to \infty$ および $B = O(p^\gamma)$ を仮定する. ここで $0 < \gamma < \min(1, \alpha\beta/2)$ かつ $(1-2\alpha)\gamma < 1 - 4/\beta$ である. $c_\beta = (\beta+4)e^{\beta/4}$ とする. このとき，

$$\lim_{n \to \infty} P\left[\rho(\hat{\Sigma}_{p,B} - E\hat{\Sigma}_{p,B}) \leq 12c_\beta \Delta_4^2 \sqrt{\frac{B \log B}{p}}\right] = 1 \tag{8.63}$$

が成り立つ. 特に, $K(x) = \mathbf{1}_{\{|x| \leq 1\}}$ が矩形カーネルであり, $B \asymp (p/\log p)^{1/(2\alpha+1)}$ であるならば,

$$\rho(\hat{\Sigma}_{p,B} - \Sigma_p) = O_P\left[\left(\frac{\log p}{p}\right)^{\frac{\alpha}{2\alpha+1}}\right] \tag{8.64}$$

である.

定理 2 における一様収束の結果は，次の閾値型（thresholded）推定量へと繋がる.

$$\hat{\Sigma}_{p,T}^\ddagger = (\hat{\gamma}_{i-j} \mathbf{1}_{|\hat{\gamma}_{i-j}| \geq T})_{1 \leq i,j \leq p} \tag{8.65}$$

これは縮小推定量の一種である. $\hat{\Sigma}_{p,T}^\ddagger$ は正定値とは限らないことに注意しよう. Bickel and Levina (2008b) は，観測者が複数の i.i.d. の実現パスを有するという仮定のもとで, 上記の推定量について考察した.

定理 10 (Xiao and Wu, 2011b) $X_i \in \mathcal{L}^\beta$, $\beta > 4$, $EX_i = 0$, $\Delta_p(m) = O(m^{-\alpha})$, また $\Phi_p(m) = O(m^{-\alpha'})$ ($\alpha \geq \alpha' > 0$) であると仮定する. $T = 6c_\beta \|X_0\|_4 \Delta_2 \sqrt{p^{-1} \log p}$ とおく. もし $\alpha > 1/2$ あるいは $\alpha'\beta > 2$ であるならば，このとき

$$\rho\left(\hat{\Sigma}_{p,T}^\ddagger - \Sigma_p\right) = O_P\left[\left(\frac{\log p}{p}\right)^{\frac{\alpha}{2\alpha+2}}\right] \tag{8.66}$$

が成り立つ.

例 1 ここでは，従属誤差項を持つ線形モデルに対する BLUE の導出法について見てみよう. 線形回帰モデル (8.40)

$$y_i = \boldsymbol{x}_i^\top \boldsymbol{\beta} + e_i, \quad 1 \leq i \leq p \tag{8.67}$$

を考えよう. ここで, (e_i) は定常であると仮定する. もし $(e_1, \ldots, e_p)$ の共分散行列 Σ_p が既知ならば, $\boldsymbol{\beta}$ に対する BLUE は

$$\hat{\boldsymbol{\beta}} = (\mathbf{X}^\top \Sigma_p^{-1} \mathbf{X})^{-1} \Sigma_p^{-1/2} \boldsymbol{y} \tag{8.68}$$

という形になる. ここで $\boldsymbol{y} = (y_1, \ldots, y_p)^\top$ また $\mathbf{X} = (\boldsymbol{x}_1, \ldots, \boldsymbol{x}_p)^\top$ である. もし Σ_p が未知であれば, $\boldsymbol{\beta}$ は 2 ステップで推定すればよい. 最小 2 乗法により, 初期推

定量 $\bar{\beta}$ と推定残差 $\hat{e}_i = y_i - \boldsymbol{x}_i^T \bar{\beta}$ が得られる．これをもとにして，式 (8.59) の形をした Σ_p に対するテーパー型推定量 $\tilde{\Sigma}_p$ を用い，$\bar{\beta}$ を改良した推定量が重み付き最小2乗法によって得られる．すなわち，式 (8.68) において，重み行列 $\tilde{\Sigma}_p$ を用いればよい．$\tilde{\Sigma}_p$ の一致性によって，得られた β に対する推定量は漸近的に BLUE となる．

謝辞

この研究は，全米科学財団（National Science Foundation）奨学金 DMS-0906073 および DMS-1106970 による財政支援を部分的に受けた．本章の改訂のためにレビューアからコメントをいただいたことに対し，感謝を申し上げる．

（Wei Biao Wu and Han Xiao／林　高樹）

文　　献

Amemiya, T., 1985. Advanced Econometrics. Cambridge, Harvard University Press.
Anderson, G.W., Guionnet, A., Zeitouni, O., 2010. An introduction to random matrices, Cambridge Studies in Advanced Mathematics, 118, Cambridge University Press, Cambridge.
Anderson, T.W., 1970. Estimation of covariance matrices which are linear combinations or whose inverses are linear combinations of given matrices. In: Essays in Probability and Statistics, pp. 1–24. The University of North Carolina Press, Chapel Hill.
Anderson, T.W., 1971. The Statistical Analysis of Time Series. Wiley, New York.
Andrews, D.W.K., 1991. Heteroskedasticity and autocorrelation consistent covariance matrix estimation. Econometrica 59, 817–858.
Andrews, D.W.K., Monahan, J.C., 1992. An improved heteroskedasticity and autocorrelation consistent covariance matrix estimator. Econometrica 60, 953–966.
Bai, Z., Silverstein, J.W., 2010. Spectral Analysis of Large Dimensional Random Matrices, second ed. Springer, New York.
Bahadur, R.R., 1966. A note on quantiles in large samples. Ann. Math. Stat. 37, 577–580.
Bartlett, M.S., 1946. On the theoretical specification and sampling properties of auto-correlated time-series. Suppl. J. Roy. Stat. Soc. 8, 27–41.
Bickel, P.J., Levina, E., 2008a. Regularized estimation of large covariance matrices. Ann. Stat. 36, 199–227.
Bickel, P.J., Levina, E., 2008b. Covariance regularization by thresholding. Ann. Stat. 36, 2577–2604.
Bickel P., Gel, Y., 2011. Banded regularization of covariance matrices in application to parameter estimation and forecasting of time series. J. Roy. Stat. Soc. B. 73, 711–728.
Borkar, V.S., 1993. White-noise representations in stochastic realization theory. SIAM J. Control Optim. 31, 1093–1102.
Bradley, R.C., 2007 Introduction to Strong Mixing Conditions. Kendrick Press, Utah.
Brillinger, D.R., 1975. Time series. Data analysis and theory. International Series in Decision Processes. Holt, Rinehart and Winston, Inc., New York-Montreal, London.

Brillinger, D.R., Krishnaiah, P.R. (Eds.), 1983. Handbook of Statistics 3: Time Series in the Frequency Domain, North-Holland Publishing Co., Amsterdam.

Brockwell, P.J., Davis, R.A., 1991. Time Series: Theory and Methods, second ed. Springer, New York.

Burg, J.P., Luenberger, D.G., Wenger, D.L., 1982. Estimation of structured covariance matrices. Proc. IEEE 70, 963–974.

Cai, T., Zhang, C.H., Zhou, H., 2010. Optimal rates of convergence for covariance matrix estimation. Ann. Stat. 38, 2118–2144.

Chiu, T.Y.M., Leonard, T., Tsui, K.W., 1996. The matrix-logarithm covariance model. J. Amer. Stat. Assoc. 91, 198–210.

Christensen, L.P.B., 2007. An EM-algorithm for Band-Toeplitz Covariance Matrix Estimation. In: IEEE International Conference on Acoustics, Speech and Signal Processing III, Honolulu, pp. 1021–1024.

Dahlhaus, R., 1997. Fitting time series models to nonstationary processes. Ann. Stat. 36, 1–37.

de Jong, R.M., Davidson, J., 2000. Consistency of kernel estimators of heteroscedastic and autocorrelated covariance matrices. Econometrica 68, 407–423.

Dembo, A., 1986. The relation between maximum likelihood estimation of structured covariance matrices and periodograms. IEEE Trans. Acoust., Speech, Signal Processing 34(6), 1661–1662.

Dietrich, F.A., 2008. Robust Signal Processing for Wireless Communications. Springer, Berlin.

Doukhan, P., 1994. Mixing: Properties and Examples. Springer, New York.

Eberlein, E., Taqqu, M., (Ed.), 1986. Dependence in Probability and Statistics: A Survey of Recent Results. Birkhauser, Boston.

Eicker, F., 1963. Asymptotic normality and consistency of the least squares estimator for families of linear regressions. Ann. Math. Stat. 34, 447–456.

El Karoui, N., 2007. Tracy-Widom limit for the largest eigenvalue of a large class of complex sample covariance matrices. Ann. Probab. 35, 663–714.

Fuhrmann, D.R., Miller, M.I., 1988. On the existence of positive-definite maximum-likelihood estimates of structured covariance matrices. IEEE Trans. Inform. Theor. 34(4), 722–729.

Geman, S., 1980. A limit theorem for the norm of random matrices. Ann. Probab. 8, 252–261.

Grenander, U., Rosenblatt, M., 1957. Statistical Analysis of Stationary Time Series. Wiley, New York.

Grenander, U., Szegö, G., 1958. Toeplitz Forms and Their Applications. Berkeley, CA, University of California Press.

Hall, P., Heyde, C.C., 1980. Martingale Limit Theorem and its Application. Academic Press, New York.

Hall, P., Yao, Q.W., 2003. Inference in ARCH and GARCH models with heavy-tailed errors. Econometrica 71, 285–317.

Hannan, E.J., 1970. Multiple Time Series. Wiley, New York.

Hannan, E.J., 1976. The asymptotic distribution of serial covariances. Ann. Stat. 4, 396–399.

Harris, D., McCabe, B., Leybourne, S., 2003. Some limit theory for autocovariances whose order depends on sample size. Economet. Theor. 19, 829–864.

He, X., Shao, Q.-M., 1996. A general Bahadur representation of M-estimators and its application to linear regression with nonstochastic designs. Ann. Stat. 24, 2608–2630.

Heagerty, P.J., Lumley, T., 2000. Window subsampling of estimating functions with application to regression models. J. Amer. Stat. Assoc. 95, 197–211.
Heyde, C.C., 1997. Quasi-Likelihood and Its Application: A General Approach to Optimal Parameter Estimation, Springer, New York.
Horn, R.A., Johnson, C.R., 1990. Matrix Analysis. Corrected reprint of the 1985 original. Cambridge University Press, Cambridge, UK.
Hosking, J.R.M., 1996. Asymptotic distributions of the samplemean, autocovariances, and autocorrelations of long-memory timeseries. J. Econom. 73, 261–284.
Huang, J.Z., Liu, N., Pourahmadi, M., Liu, L., 2006. Covariance matrix selection and estimation via penalised normal likelihood. Biometrika 93, 85–98.
Ibragimov, I.A., Linnik, Y.V., 1971. Independent and Stationary Sequences of Random Variables. Groningen, Wolters-Noordhoff.
Jansson, M., Ottersten, B., 2000. Structured covariance matrix estimation: A parametric approach, 2000 IEEE International Conference on Acoustics, Speech, and Signal Processing 5, 3172–3175.
Johnstone, I.M., 2001. On the distribution of the largest eigenvalue in principal components analysis. Ann. Stat. 29, 295–327.
Kalikow, S.A., 1982. T, T^{-1} transformation is not loosely Bernoulli. Ann. Math. 115, 393–409.
Kallianpur, G., 1981. Some ramifications of Wieners ideas on nonlinear prediction. In: Norbert Wiener, Collected Works with Commentaries. MIT Press, Mass., pp. 402–424.
Keenan, D.M., 1997. A central limit theorem for m(n) autocovariances. J. Time Ser. Anal. 18, 61–78.
Klimko, L.A., Nelson, P.I., 1978. On conditional least squares estimation for stochastic processes. Ann. Stat. 6, 629–642.
Lam, C., Fan, J., 2009. Sparsistency and rates of convergence in large covariance matrix estimation. Ann. Stat. 37, 4254–4278.
Ledoit, O., Wolf, M., 2004. A well-conditioned estimator for large-dimensional covariance matrices. J. Multivariate Anal. 88, 365–411.
Lifanov, E.I., Likharev, V.A., 1983. Estimation of the covariance matrix of stationary noise. Radiotekhnika 5, 53–55.
Liu, W., Wu, W.B., 2010. Asymptotics of spectral density estimates Economet. Theor. 26, 1218–1245.
Lumley, T., Heagerty, P., 1999. Empirical adaptive variance estimators for correlated data regression. J. Roy. Stat. Soc. B 61, 459–477.
MacKinnon, J.G., White, H., 1985. Some heteroskedasticity-consistent covariance matrix estimators with improved finite sample properties. J. Econometrics 29, 305–325.
McMurry, T.L., Politis, D.N., 2010. Banded and tapered estimates for autocovariance matrices and the linear process bootstrap. J. Time Series Anal. 31, 471–482.
Meinshausen, N., Bühlman, P., 2006. High-dimensional graphs and variable selection with the lasso. Ann. Stat. 34, 1436–1462.
Newey, W.K., West, K.D., 1987. A simple positive semi-definite, heteroskedasticity and autocorrelation consistent covariance matrix. Econometrica 55, 703–708.
Ornstein, D.S., 1973. An example of a Kolmogorov automorphism that is not a Bernoulli shift. Adv. Math 10, 49–62.
Pan, J., MacKenzie, G., 2003. On modelling mean-covariance structure in longitudinal studies. Biometrika 90, 239–244.
Paul, D., 2007. Asymptotics of the leading sample eigenvalues for a spiked covariance model. Stat. Sinica. 17, 1617–1642.

Phillips, P.C.B., Solo, V., 1992. Asymptotics for linear processes. Ann. Stat. 20, 971–1001.
Pourahmadi, M., 1999. Joint mean-covariance models with applications to longitudinal data: Unconstrained parameterisation. Biometrika 86(3), 677–690.
Pourahmadi, M., 2001. Foundations of Time Series Analysis and Prediction Theory. Wiley, New York.
Pourahmadi, M., 2011. Modeling Covariance Matrices: The GLM and Regularization Perspectives. Stat. Sci. 26(3), 369–387.
Priestley, M.B., 1981. Spectral Analysis and Time Series 1. Academic Press, London. MR0628735
Priestley, M.B., 1988. Nonlinear and Nonstationary Time Series Analysis. Academic Press, London.
Quang, A.N., 1984. On the uniqueness of the maximum-likeliwood estimate of structured covariance matrices. IEEE Trans. Acoust., Speech, Signal Processing 32(6), 1249–1251.
Rosenblatt, M., 1985. Stationary Sequences and Random Fields. Birkhäuser, Boston.
Rosenblatt, M., 2009. A comment on a conjecture of N. Wiener. Stat. Probab. Lett. 79, 347–348.
Rothman, A.J., Levina, E., Zhu, J., 2009. Generalized thresholding of large covariance matrices. J. Amer. Stat. Assoc. (Theory and Methods) 104, 177–186.
Stein, C., 1975. Estimation of a covariance matrix. In: 39th annual meeting IMS, 1975 Reitz lecture, Atlanta, Georgia.
Toeplitz, O., 1911. Zur theorie der quadratischen und bilinearan Formen von unendlichvielen, Veranderlichen. Math. Ann. 70, 351–376.
Tong, H., 1990. Non-linear Time Series: A Dynamic System Approach. Oxford University Press, Oxford.
Wachter, K.W., 1978. The strong limits of random matrix spectra for sample matrices of independent elements. Ann. Probab. 6, 1–18.
White, H., 1980. A heteroskedasticity-consistent covariance matrix estimator and a direct test for heteroskedasticity. Econometrica 48, 817–838.
Wiener, N., 1958. Nonlinear Problems in Random Theory. MIT Press, MA.
Wu, W.B., 2005. Nonlinear system theory: Another look at dependence. Proc. Natl. Acad. Sci. USA. 102(40), 14150–14154.
Wu, W.B., 2007. M-estimation of linear models with dependent errors. Ann. Stat. 35, 495–521.
Wu, W.B., 2009. An asymptotic theory for sample covariances of Bernoulli shifts. Stochast. Proc. Appl. 119, 453–467.
Wu, W.B., 2011. Asymptotic theory for stationary processes. Stat. Interface. 4(2), 207–226.
Wu, W.B., Huang, Y., Zheng, W., 2010. Covariances estimation for long-memory processes. Adv. in Appl. Probab. 42(1), 137–157.
Wu, W.B. Min, W., 2005. On linear processes with dependent innovations. Stochast. Proc. Appl. 115(6), 939–959.
Wu, W.B., Pourahmadi, M., 2003. Nonparametric estimation of large covariance matrices of longitudinal data. Biometrika 90, 831–844.
Wu, W.B., Pourahmadi, M., 2009. Banding sample autocovariance matrices of stationary processes. Stat. Sinica 19, 1755–1768.
Xiao, H., Wu, W.B., 2011a. Asymptotic inference of autocovariances of stationary processes. preprint, available at http://arxiv.org/abs/1105.3423.

Xiao, H., Wu, W.B , 2011b. Covariance matrix estimation for stationary time series. preprint, available at http://arxiv.org/abs/1105.4563.

Yuan, M., Lin, Y., 2007. Model selection and estimation in the Gaussian graphical model. Biometrika 94, 19–35.

Zeileis, A., 2004. Econometric computing with HC and HAC covariance matrix estimators. J. Stat. Software 11(10), 117. Available from: http://www.jstatsoft.org/v11/i10/.

Zimmerman, D.L., Núñez-Antón, V., 2010. Antedependence Models for Longitudinal Data. CRC Press, New York.

Part IV

Time Series and
Quantile Regression

時系列と分位点回帰

CHAPTER 9 Time Series Quantile Regressions
時系列分位点回帰

■ 概　要　■　分位点情報は，時系列解析において重要な役割を果たす．分位点回帰は，通常の時系列モデルの条件付き分位点（したがって条件付き分布関数）の推定方法を与えるだけでなく，個別の分位点について特定化された時系列変動を考えることにより，モデル化の選択肢を大幅に増やす．伝統的な最小2乗法による方法は，条件付き平均関数の推定するものである．統計学を応用する際，多くの場合において問題は複雑であり，いくつかのモーメントを考えるだけでは十分でない．また，単に条件付き平均を調べるだけでは見つけられない，確率変数の間の関係についての重要な情報もあるかもしれない．分位点回帰に基づいた方法は，確率変数間の関係を調べる際に，条件付き平均による方法を補完するものである．この章では，分位点回帰に基づく時系列モデルを広く考察し，従来の時系列モデルに関する分位点回帰，それぞれの分位点の視点から見た変動に関するモデル，そして時系列解析への応用について論じる．

■ キーワード ■　条件付き分布，分位点自己回帰（QAR），分位点回帰，時系列，バリュー・アット・リスク（VaR）

9.1　分位点回帰入門

スカラー確率変数 Y の分位点関数（quantile function）とは，Y の分布関数の逆関数である．分位点関数を与えれば，分布関数同様に，確率変数の統計的性質はすべて決まる．条件付き分布の場合も同じである．X を与えた場合の Y の条件付き分位点関数（conditional quantile function）は，以下に示すとおり，対応する条件付き分布関数の逆関数である．

$$Q_Y(\tau|X) = F_Y^{-1}(\tau|X) = \inf\{y : F_Y(y|X) \geq \tau\}$$

ここで，$F_Y(y|X) = P(Y \leq y|X)$ である．そして X を与えた場合の Y の条件付き分位点関数は，Y と X の関係を完全に定める．

X と Y などの確率変数間の関係を調べることが統計解析の主題である．多くの応用例では，通常，確率変数間の関係は，条件付き平均関数の形を特定化した上で，観

測値を使い Y を X に最小2乗法を用いて回帰することにより調べられている.

従来の最小2乗法に基づく方法では,平均関数を推定する.統計学を応用する際,多くの場合において問題は複雑であり,いくつかのモーメントを考えるだけでは十分でない.また,単に条件付き平均を調べるだけでは見つけられない,確率変数の間の関係についての重要な情報もあるかもしれない.この種の問題は,過去の情報が系統的にその後の変動に影響を与えているかもしれない時系列データにおいては,特に慎重に考慮すべきである.

分位点回帰に基づいた方法は,確率変数間の関係を調べる際に,条件付き平均による方法を補うものである.以下の古典的な線形回帰モデルを考えてみよう.

$$Y_t = \theta' X_t + u_t, \quad t = 1, \ldots, n$$

ここで X_t は定数項を含む説明変数ベクトルであり, u_t は平均0の独立に同一分布に従う, X_t とは独立な誤差項である.このモデルに関する回帰は,以下の最適化によって行われる.

$$\widehat{\theta} = \arg\min_{\theta} \sum_{t=1}^{n} \rho(Y_t - \theta' X_t) \tag{9.1}$$

ここで, $\rho(\cdot)$ は損失関数である.適当な仮定のもとで,式 (9.1) の解 $\widehat{\theta}$ は以下で定義される θ^* の一致推定量である.

$$\theta^* = \arg\min_{\theta} \mathrm{E}\rho(Y - \theta' X)$$

2次損失関数 $\rho(u) = u^2$ を用いた場合,式 (9.1) は通常の最小2乗推定量 $\widehat{\theta}_{OLS}$ を与える.ここで $\theta^*_{OLS} = \arg\min_{\theta} \mathrm{E}(Y - \theta' X)^2$ という式を解くと, $X' \theta^*_{OLS} = \mathrm{E}(Y|X)$ が得られる.この式は,最小2乗回帰は条件付き平均の推定値を与えることを示している.

$\rho(u) = |u|$ とおくと,最小絶対偏差 (least absolute deviation; LAD) 推定量 $\widehat{\theta}_{LAD}$ が得られる.ここで $\theta^*_{LAD} = \arg\min_{\theta} \mathrm{E}|Y - \theta' X|$ という式を解くと, $X' \theta^*_{LAD} = (Y \text{ の } X \text{ に関する条件付きの中央値})$ という関係が得られる.これは最小絶対偏差回帰が条件付き中央値の推定量を与えることを示し,最小絶対偏差回帰は中央値回帰 (median regression) とも呼ばれる.

Koenker and Bassett (1978) によって提案された分位点回帰 (quantile regression; QR) では, $\rho(u) = \rho_\tau(u) = u(\tau - I(u < 0))$ という形の非対称な損失関数を用いる.ここで $\tau \in (0, 1)$ であり, $I(\cdot)$ は定義関数である. $\rho_\tau(u) = (1-\tau)I[u < 0]|u| + \tau I[u > 0]|u|$ という関係式に注意すると,式 (9.1) での損失関数は,誤差の絶対値の非対称な重み付きの和となることがわかる. $\theta^*_\tau = \arg\min_\theta \mathrm{E}\rho_\tau(Y - \theta' X)$ という式を解くと, $X' \theta^*_\tau = Q_Y(\tau|X)$ という関係がわかり,これより第 τ 分位点回帰は Y の X に関する条件付き第 τ 分位点の推定値を与えることがわかる.この場合の損失関数は,Koenker and Bassett (1978) の中でチェック関数 (check function)

と呼ばれ，以下の式 (9.2) の解は回帰分位点 (regression quantile) と呼ばれている．

$$\widehat{\theta}(\tau) = \arg\min_{\theta} \sum_{t} \rho_\tau(Y_t - \theta^\top X_t) \tag{9.2}$$

この $\widehat{\theta}(\tau)$ が得られれば，Y_t の X_t に関する第 τ 条件付き分位点関数は

$$\widehat{Q}_{Y_t}(\tau|X_t) = X_t^\top \widehat{\theta}(\tau)$$

のように推定できる．そして，Y_t の $y = Q_{Y_t}(\tau|X_t)$ における X_t に関する条件付き密度関数は，

$$\widehat{f}_{Y_t}(y|X_t) = \frac{2h}{\widehat{Q}_{Y_t}(\tau+h|X_t) - \widehat{Q}_{Y_t}(\tau-h|X_t)}$$

により推定できる．$h = h(n)$ は，0 に収束する適当な正則条件を満たす数列である．

近年，分位点回帰は研究者の注目を集めている．Koenker and Hallock (2001) は，分位点回帰の素晴らしい紹介論文である．分位点回帰に関しては，Cade and Noon (2003), Yu et al. (2003), Kuan (2007) なども良い解説論文であり，Koenker (2005) は，体系的，網羅的な分位点回帰のテキストである．

この章では，時系列解析における分位点回帰的な方法に焦点を当てる．分位点回帰は，既存の時系列モデルの条件付き分位点（したがって条件付き分布関数）の推定方法を与えるだけでなく，時系列解析におけるモデル化の選択肢を大幅に増やす．9.2 節では分位点自己回帰モデルを紹介し，9.3 節においては ARCH/GARCH モデルに対する分位点回帰について論じる．誤差項が系列相関を持つ場合の分位点回帰については 9.4 節で考察し，9.5 節では時系列におけるノンパラメトリックおよびセミパラメトリック分位点回帰モデルを扱う．9.6 節では，CAViaR モデルとその他いくつかの時系列分位点回帰モデルを紹介し，9.7 節では極値分位点回帰を扱う．非定常時系列データに対する分位点回帰については 9.8 節で述べる．9.9 節では，分位点回帰の三つの応用例，すなわち，分位点回帰による予測，構造変化の検定，ポートフォリオの構成を簡潔に扱う．これらの応用例は，分位点回帰という方法の非常に大きな可能性を見せてくれるであろう．

9.2 自己回帰時系列に対する分位点回帰

分位点自己回帰 (quantile autoregression) に関しては，Weiss (1991), Knight (1989, 1998), Koul and Saleh (1995), Hercé (1996), Jureckova and Hallin (1999), Koenker and Xiao (2004, 2006) など，非常に多くの文献がある．さらに，Davis et al. (1992) と Knight (2006) は，誤差項が分散を持たない分位点自己回帰を扱い，Knight (1997) は分位点自己回帰推定量の 2 次のオーダーの性質を調べている．

分位点回帰法を用いて，定数係数を持つ従来の自己回帰モデルの条件付き分位点の推定を行うことができる．さらに，それぞれの分位点で時系列変動を特定化されたような新しいモデルも，分位点回帰法で扱うことができる．

9.2.1 古典的自己回帰モデル

ここでは以下の p 次の古典的な自己回帰モデルについて紹介する．

$$Y_t = \theta_0 + \theta_1 Y_{t-1} + \cdots + \theta_p Y_{t-p} + u_t \tag{9.3}$$

ここで，u_t は独立に同一分布に従い，平均は 0 で分布関数は $F(\cdot)$ である．この場合，過去の情報を与えたときの Y_t の条件付き分布は，$F(\cdot)$ を条件付き平均が $\theta_0 + \theta_1 Y_{t-1} + \cdots + \theta_p Y_{t-p}$ となるように平行移動させたものである．したがって Y_t の条件付きの分位点関数は，

$$Q_{Y_t}(\tau | \mathcal{F}_{t-1}) = \theta_0 + \theta_1 Y_{t-1} + \cdots + \theta_p Y_{t-p} + F^{-1}(\tau)$$

となる．ここで $\mathcal{F}_{t-1}$ は $t-1$ 時点までの情報から生成される σ 集合体である．

そして $\theta_0(\tau) = \theta_0 + F_u^{-1}(\tau)$，$\theta(\tau) = (\theta_0(\tau), \theta_1, \ldots, \theta_p)^\top$，$X_t = (1, Y_{t-1}, \ldots, Y_{t-p})^\top$ とおくと，

$$Q_{Y_t}(\tau | \mathcal{F}_{t-1}) = \theta(\tau)^\top X_t$$

と表せることがわかる．

時系列の観測値 $\{Y_t\}_{t=1}^n$ があるときには，回帰係数ベクトル $\theta(\tau)$ は分位点回帰 (9.2) によって推定できる．自己回帰分位点 (autoregression quantile) の漸近的性質を以下の定理にまとめる．

定理 1 $\{Y_t\}_{t=1}^n$ は，式 (9.3) の p 次の自己回帰モデルからの観測値であるとする．そして $\{u_t\}$ は独立に同一分布に従う確率変数列で，平均 0，分散 $\sigma^2 < \infty$ であり，u_t の分布関数 F は連続な密度関数 f を持つ．その f は，$\mathcal{U} = \{u : 0 < F(u) < 1\}$ 上で正 ($f(u) > 0$) であるとする．このとき，式 (9.2) の解として定義される自己回帰分位点 $\widehat{\theta}(\tau)$ の極限分布は，以下のとおりである．

$$f[F^{-1}(\tau)]\Omega_0^{1/2}\sqrt{n}(\widehat{\theta}(\tau) - \theta(\tau)) \Rightarrow B_k(\tau)$$

ここで

$$\Omega_0 = E(X_t X_t^\top) = \begin{bmatrix} 1 & \mu_y' \\ \mu_y & \Omega_y \end{bmatrix}$$

$$\Omega_y = \begin{bmatrix} E(Y_t^2) & \cdots & E(Y_t Y_{t-p+1}) \\ \vdots & \ddots & \vdots \\ E(Y_t Y_{t-p+1}) & \cdots & E(Y_t^2) \end{bmatrix} \tag{9.4}$$

であり，また $\mu_y = E(Y_t) \cdot 1_{p \times 1}$ である．そして，$B_k(\tau)$ は，$k = p+1$ とした k 次元標準ブラウニアンブリッジである．

τ を固定した場合には，ブラウニアンブリッジの定義により，$B_k(\tau)$ の分布は

$\mathcal{N}(0, \tau(1-\tau)I_k)$ となることより,
$$\sqrt{n}(\widehat{\theta}(\tau) - \theta(\tau)) \Rightarrow N\left(0, \frac{\tau(1-\tau)}{f[F^{-1}(\tau)]^2}\Omega_0^{-1}\right)$$
がわかる.

9.2.2 QAR モデル

先に述べたように,式 (9.3) の古典的自己回帰モデルでは,Y_t の条件付き分布の形状自体は過去の情報 (Y_{t-j}) によらず,条件付き分布の中心位置のみが過去の情報 (Y_{t-j}) に依存する.しかしながら,多くの応用例では,時系列の挙動はより複雑である.オーストラリア・メルボルンの日々の気温の時系列データ (Koenker, 2000; Knight, 2006) からの簡単な例を見ることにする.図 9.1 は,この時系列データの 1 次の自己回帰散布図である.図 9.2 は,前日の最高気温を与えたときの,最高気温の条件付き密度関数の推定値である(Knight, 2006).これらの図からわかるように,今日の最高気温は,明日の最高気温の条件付き分布関数の中心位置(と尺度)だけでなく,条件付き分布関数の形状にも影響を与えている.条件となる変数 (Y_{t-1}) の値が大きくなるに従って,Y_t の分布が 2 山になっていくのがわかる.

この種の時系列データの診断や予測を行うためには,時系列データの実際の特徴を捉えるメカニズムを考えるか,あるいは従来のモデルで分析できるように,もとの時系列データに対して何らかの変換を施す必要がある.しかしながら,言うのは簡単であるが,満足のいく形で行うことは容易ではない.

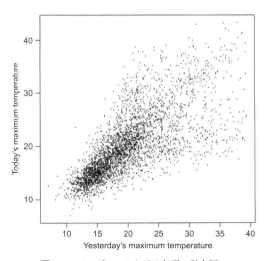

図 9.1 メルボルンにおける気温の散布図.

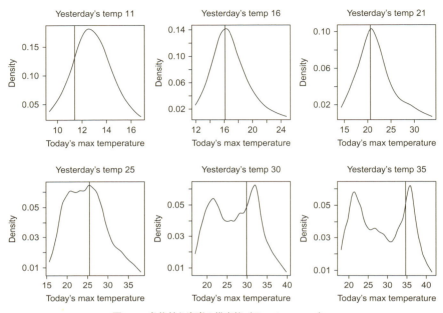

図 9.2 条件付き密度の推定値 (Koenker, 2006).

しかし分位点回帰法を用いることにより,この種の問題のいくつかを解決できると思われる.古典的定数係数時系列モデルの重要な拡張の一つは,次に定義する分位点自己回帰モデル (quantile autoregression model; QAR model) (Koenker and Xiao, 2006) である.時系列 $\{Y_t\}$ があり,$\mathcal{F}_t$ は $\{Y_s, s \leq t\}$ から生成される σ 集合体とする.ここで

$$Q_{Y_t}(\tau|\mathcal{F}_{t-1}) = \theta_0(\tau) + \theta_1(\tau)Y_{t-1} + \cdots + \theta_p(\tau)Y_{t-p} \tag{9.5}$$

であるならば,$\{Y_t\}$ は p 次の QAR 過程と呼ばれる.

定義により,式 (9.5) の右辺は τ について単調増加になる.この QAR モデルにおいては,自己回帰係数は τ に依存してもよく,したがって条件付き分布の分位点によって変化する.その結果,条件となる変数は,Y_t の条件付き分布の中心位置だけでなく,条件付き分布の尺度や形状をも変える.QAR モデルは,古典的自己回帰時系列モデルによるモデル化の領域を広げるのに役立ち,古典的 AR(p) モデルは,回帰係数 $\theta_j(\tau)$ ($j = 1, \ldots, p$) が τ によらない定数であるとした QAR モデルである.

また式 (9.5) の定式化は,QAR モデルは以下に定義するようなやや特殊な形のランダム係数自己回帰モデル (random coefficient autoregressive model; RCAR model) と解釈できることも示している.

$$Y_t = \theta_0(U_t) + \theta_1(U_t)Y_{t-1} + \cdots + \theta_p(U_t)Y_{t-p} \tag{9.6}$$

ここで $\{U_t\}$ は, $(0,1)$ 上の一様分布に従う互いに独立な確率変数列である. RCAR モデルに関するほとんどの文献では, 通常は回帰係数は統計的に互いに独立としているが, ここで扱っている QAR モデルでは, 係数は互いに関数的に依存している.

QAR 過程の重要な特徴を示すために, 以下の簡単な QAR(1) 過程を考えることにする.

$$Y_t = \alpha_t Y_{t-1} + u_t \tag{9.7}$$

ここでは $u_t = \theta_0(U_t)$ とおいているが, その右辺はある分布関数 $F(\cdot)$ に対して $\theta_0(U_t) = F^{-1}(U_t)$ である. そして, α_t は以下のように定義される.

$$\alpha_t = \begin{cases} \frac{1}{2} + U_t, & U_t < \frac{1}{2} \\ 1, & U_t \geq \frac{1}{2} \end{cases}$$

このモデルでは, $U_t \geq 1/2$ のときには, Y_t は単位根過程に従って生成される. しかしイノベーションの実現値がより小さいときには, このモデルは平均回帰の傾向を持つことになる. したがってこのモデルでは, 強い正のイノベーション系列は単位根過程的な動きを強めるが, その一方でイノベーションの負の実現値は, 平均回帰的傾向を与えてこの確率過程の持続性を弱める. その意味で, このモデルは一種の非対称な持続性を示すことになる. 実際この Y_t は共分散定常であり, 中心極限定理を満たす. このように分位点自己回帰過程は, 長期的には定常性を維持しながらも, 一時的には発散的な挙動も持ちうる.

$X_t = (1, Y_{t-1}, \ldots, Y_{t-p})^\top$ および $\theta(\tau) = (\theta_0(\tau), \theta_1(\tau), \ldots, \theta_p(\tau))^\top$ とおくと, 式 (9.5) の分位点自己回帰モデルは, 式 (9.2) による通常の分位点回帰により推定できる.

漸近的な性質を調べるために, 式 (9.6) の QAR(p) モデルを, 以下のようにより一般的なランダム係数モデルの形に書き直す.

$$Y_t = \mu_0 + \alpha_{1,t} Y_{t-1} + \cdots + \alpha_{p,t} Y_{t-p} + u_t \tag{9.8}$$

ここでは, $\mu_0 = E\theta_0(U_t)$, $u_t = \theta_0(U_t) - \mu_0$, $\alpha_{j,t} = \theta_j(U_t)$ $(j = 1, \ldots, p)$ である. よって $\{u_t\}$ は独立に同一分布に従う確率変数列であり, それぞれの分布関数は $F(\cdot) = \theta_0^{-1}(\cdot + \mu_0)$ である. 係数 $\alpha_{j,t}$ は, イノベーション確率変数 u_t の関数である. この式 (9.8) の QAR(p) 過程は, 以下のような 1 次の p 次元自己回帰過程として表すことができる.

$$\mathbf{Y}_t = \Gamma + A_t \mathbf{Y}_{t-1} + \mathbf{V}_t$$

ここで

$$\Gamma = \begin{bmatrix} \mu_0 \\ 0_{p-1} \end{bmatrix}, \quad A_t = \begin{bmatrix} A_{p-1,t} & \alpha_{p,t} \\ I_{p-1} & 0_{p-1} \end{bmatrix}, \quad \mathbf{V}_t = \begin{bmatrix} u_t \\ 0_{p-1} \end{bmatrix}$$

であり, また $A_{p-1,t} = [\alpha_{1,t}, \ldots, \alpha_{p-1,t}]$, $\mathbf{Y}_t = [Y_t, \ldots, Y_{t-p+1}]^\top$ である. そして 0_{p-1} は $(p-1)$ 次元 0 ベクトルである. Koenker and Xiao (2006) は, 以下の条件

のもとで QAR モデルについて調べている.

- A.1 $\{u_t\}$ は独立に同一分布に従う確率変数列で，それぞれ平均 0, 分散 $\sigma^2 < \infty$ である．確率変数 u_t の分布関数 F は連続な密度関数 f を持ち，その密度関数は $\mathcal{U} = \{u : 0 < F(u) < 1\}$ において正である $(f(u) > 0)$.
- A.2 行列 Ω_A を $E(A_t \otimes A_t) = \Omega_A$ で定義すると，この Ω_A の固有値の絶対値は 1 より小さい．
- A.3 条件付き分布関数 $\Pr[y_t < \cdot | \mathcal{F}_{t-1}]$ を $F_{t-1}(\cdot)$ とおき，その密度関数を $f_{t-1}(\cdot)$ と書くことにする．このとき f_{t-1} は $\mathcal{U}$ において一様可積分である．

定理 2 仮定 A.1〜A.3 が成立するとする．このとき，次の (1) と (2) が成り立つ．(1) 式 (9.8) で定義される QAR(p) 過程 Y_t は共分散定常であり，以下の中心極限定理が成立する．

$$\frac{1}{\sqrt{n}} \sum_{t=1}^{n} (Y_t - \mu_y) \Rightarrow N\left(0, \omega_y^2\right)$$

ここで $\mu_y = \mu_0 / \left(1 - \sum_{j=1}^{p} \mu_j\right)$, $\omega_y^2 = \lim n^{-1} E[\sum_{t=1}^{n}(y_t - \mu_y)]^2$, $\mu_j = E(\alpha_{j,t})$ $(j = 1, \ldots, p)$ である．(2) 自己回帰分位点過程 $\widehat{\theta}(\tau)$ は，以下の極限表現を持つ．

$$\Sigma^{-1/2} \sqrt{n}(\widehat{\theta}(\tau) - \theta(\tau)) \Rightarrow B_k(\tau)$$

ここで $\Sigma = \Omega_1^{-1} \Omega_0 \Omega_1^{-1}$, $\Omega_1 = \lim n^{-1} \sum_{t=1}^{n} f_{t-1}[F_{t-1}^{-1}(\tau)] X_t X_t^\top$, $\Omega_0 = E\left(X_t X_t^\top\right)$ であり，$B_k(\tau)$ は $k = p+1$ とした k 次元標準ブラウニアンブリッジである．

定理 2 より，τ を固定したときの QAR 推定量は，以下の漸近分布を持つことがわかる．

$$\sqrt{n}(\widehat{\theta}(\tau) - \theta(\tau)) \Rightarrow N\left(0, \tau(1-\tau)\Omega_1^{-1} \Omega_0 \Omega_1^{-1}\right)$$

QAR モデルは，非対称な変動を示し，かつ局所的な持続性を持つ時系列をモデル化する際の選択肢を広げる．QAR モデルは，被説明変数の条件付き分布の中心位置，尺度，形状に対する，条件となる変数の系統的な影響を捉えることを可能にする．したがって，QAR モデルは古典的な定数係数の線形時系列モデルを大幅に拡張すると言える．

分位点変動係数 (quantile varying coefficient) は，条件付き不均一分散性を示唆する．式 (9.6) の QAR 過程において，$\theta_0 = \mathrm{E}[\theta_0(U_t)]$, $\theta_1 = \mathrm{E}[\theta_1(U_t)]$, ..., $\theta_p = \mathrm{E}[\theta_p(U_t)]$ および

$$V_t = \theta_0(U_t) - \mathrm{E}\theta_0(U_t) + [\theta_1(U_t) - \mathrm{E}\theta_1(U_t)] Y_{t-1} + \cdots + [\theta_p(U_t) - \mathrm{E}\theta_p(U_t)] Y_{t-p}$$

とおくと，QAR 過程は

$$Y_t = \theta_0 + \theta_1 Y_{t-1} + \cdots + \theta_p Y_{t-p} + V_t \tag{9.9}$$

のように書き直せる．ここで V_t はマルチンゲール差分列である．QAR 過程は，条件付き不均一分散性を持った弱い意味での自己回帰過程であると言える．

QAR 過程と ARCH（または GARCH）過程を誤差に持つ自己回帰過程の違いは何であろうか？ 簡単に言えば，ARCH 型のモデルは最初の二つのモーメントに焦点を当てているのに対して，QAR モデルは 2 次より高次のモーメントにも，より柔軟な構造を与えうる．両方のモデルはともに条件付き不均一分散性を扱うことができ，最初の二つのモーメントでは類似性を持つが，条件付き分散より高次のモーメントではまったく異なる．

自己相関係数（偏自己相関係数など）に基づいた古典的時系列解析では，残差が無相関（マルチンゲール差分列）であることのみを求める．式 (9.9) からわかるように，式 (9.6) の QAR 過程の自己共分散構造は，定数係数を持つ AR(p) 過程と同じである．ここで以下に定義する二つの異なる QAR(p) 過程を考えるとする．

$$Y_{1,t} = \theta_{10}(U_t) + \theta_{11}(U_t)Y_{1,t-1} + \cdots + \theta_{1p}(U_t)Y_{1,t-p}$$

および

$$Y_{2,t} = \theta_{20}(U_t) + \theta_{21}(U_t)Y_{2,t-1} + \cdots + \theta_{2p}(U_t)Y_{2,t-p}$$

もし $E[\theta_{1j}(U_t)] = E[\theta_{2j}(U_t)]$ であれば，それらの自己相関係数構造は同じものとなる．結果として，古典的時系列解析の手法は，これらの異なる**時間依存構造**を持つ QAR 過程を，同じ（定数係数）AR(p) 過程と同一視してしまう．この場合 QAR モデルによる分析は，古典的時系列解析が見逃すかもしれない重要な情報を明らかにするのに役立つ．QAR モデルによる分析法は，異なった局所的挙動を持つ時系列を特定化する際に，古典的な解析法を大いに補完するものである．Knight (2006) に関連する議論がある．

QAR 過程についてのわかりやすい高水準の仮定の一つは，式 (9.5) の右辺の単調性である．条件付き分位点関数の単調性は，θ の関数の形に制限を加える．確率変数 Y_t が従来の定数係数過程でないときは，通常 Y_t の領域には制約がかかる．確率変数の領域（あるいは適宜変換されたものの領域）は，少なくとも片側において有界でなければならない（例えば非負など）．

単調性の仮定が成立しないときは，定理 2 の結果を修正する必要がある．この場合でもやはり線形分位点回帰を考えるかもしれないが，そのときは，$X_t'\widehat{\theta}(\tau)$ は $Q_{Y_t}(\tau|\mathcal{F}_{t-1})$ の近似と考える．ここでは，$\widehat{\theta}(\tau)$ はある疑似パラメータ $\overline{\theta}(\tau)$ に収束する．この $\overline{\theta}(\tau)$ は，$X_t'\theta$ と $Q_{Y_t}(\tau|\mathcal{F}_{t-1})$ の間のある距離を最小にする．正確に定義すると，

$$\widehat{\theta}(\tau) \to_p \overline{\theta}(\tau) = \arg\min_{\theta} E d(X_t'\theta, Q_{Y_t}(\tau|\mathcal{F}_{t-1}))$$

である．ここで，距離は $d(X_t'\theta, Q_{Y_t}(\tau|\mathcal{F}_{t-1})) = E\{(\delta - |\varepsilon_{t\tau}|)1(|\varepsilon_{t\tau}| < \delta)|\mathcal{F}_{t-1}\}$ で

あり，また，$\delta(\theta, X_t) = |X_t'\theta - Q_{Y_t}(\tau|\mathcal{F}_{t-1})|$ かつ $\varepsilon_{t\tau} = Y_t - Q_{Y_t}(\tau|\mathcal{F}_{t-1})$ である．

推定量 $\widehat{\theta}(\tau)$ の，$\overline{\theta}(\tau)$ の周辺での漸近正規性も証明することができる．これはモデルの特定化を誤った場合の $AR(p)$ 過程の推定の一般論と同様である．推定された線形 QAR モデルは，大域的なモデルに対する，個別の τ に関する局所近似としての役割を果たす．統計的推測を行うことは可能ではあるが，モデルの誤特定の可能性を考えて極限分布を修正する必要がある．特に単調性の仮定がないときは，適当な正則条件のもとで以下の漸近的な表現（そして漸近正規性）が得られる．

$$\sqrt{n}\left(\widehat{\theta}(\tau) - \overline{\theta}(\tau)\right) = V_n(\tau)^{-1} \frac{1}{\sqrt{n}} \sum_{t=1}^{n} X_t \psi_\tau(u_{t\tau}^*) + o_p(1)$$

ここで $V_n(\tau) = n^{-1} \sum_{t=1}^{n} f_t\left(X_t'\overline{\theta}(\tau)\right) X_t X_t^\top$, $u_{t\tau}^* = y_t - X_t'\overline{\theta}(\tau)$, $\psi_\tau(u) = \tau - I(u < 0)$ である．これは Angrist et al. (2005) の独立同一分布の場合の結果を時系列の場合に拡張している．モデルの特定化を誤った場合の QAR モデルに関する統計的推測には，サブサンプリングのようなシミュレーションによる方法を用いてもよい．

分位点曲線が交差する可能性もあるが，線形 QAR モデルは便利かつ有用な，大域的な非線形 QAR モデルの局所近似となる．線形 QAR モデルのような単純化された QAR モデルも，調整の非対称性などの時系列の観測値の変動に関する重要な知見を与える場合があり，実証的，診断的な時系列解析の貴重な道具となる．より詳細については，Koenker and Xiao (2006) およびその論文に続く JASA (Vol.101, 2006) での QAR に関する議論を参照されたい．

9.2.3 非線形 QAR モデル

時系列の大域的な動きに興味がある場合には，条件付き分位点関数に対して非線形性を持ったより複雑な関数形を考えることもできる．単調性がないということは，$Q_{Y_t}(\tau|X_t)$ に対しては，非線形性を持ったより複雑な関数形が必要であることを意味する．いま Y_t の第 τ 条件付き分位点関数が

$$Q_{Y_t}(\tau|\mathcal{F}_{t-1}) = H(X_t; \theta(\tau))$$

という形であったとする．上の式の X_t は，Y のラグ付き変数を含む確率変数ベクトルである．このとき，パラメータ $\theta(\tau)$ （したがって Y_t の条件付き分位点）は，以下の非線形分位点回帰で推定できる．

$$\min_\theta \sum_t \rho_\tau(Y_t - H(X_t, \theta)) \qquad (9.10)$$

ここで $\varepsilon_{t\tau} = y_t - H(x_t, \theta(\tau))$ および $\dot{H}_\theta(x_t, \theta) = \partial H(x_t; \theta)/\partial\theta$ とおき，以下の仮定をする．

$$V_n(\tau) = \frac{1}{n} \sum_t f_t(Q_{Y_t}(\tau|X_t)) \dot{H}_\theta(X_t, \theta(\tau)) \dot{H}_\theta(X_t, \theta(\tau))^\top \xrightarrow{P} V(\tau)$$

$$\Omega_n(\tau) = \frac{1}{n}\sum_t \dot{H}_\theta(X_t,\theta(\tau))\dot{H}_\theta(X_t,\theta(\tau))^\top \xrightarrow{P} \Omega(\tau)$$

および

$$\frac{1}{\sqrt{n}}\sum_t \dot{H}_\theta(x_t,\theta(\tau))\psi_\tau(\varepsilon_{t\tau}) \Rightarrow N(0,\tau(1-\tau)\Omega(\tau))$$

ここで $V(\tau)$ および $\Omega(\tau)$ は正則とする．さらに適当な仮定を加えると，式 (9.10) の解として定義される非線形 QAR 推定量 $\widehat{\theta}(\tau)$ は $\sqrt{n}$ 一致性を持ち，以下の分布収束をする．

$$\sqrt{n}\left(\widehat{\theta}(\tau) - \theta(\tau)\right) \Rightarrow N(0,\tau(1-\tau)V(\tau)^{-1}\Omega(\tau)V(\tau)^{-1}) \tag{9.11}$$

実用的には，非線形パラメトリック QAR モデルを生成するためには，パラメトリックコピュラモデルを用いてもよい（例えば Bouyé and Salmon (2008) および Chen et al. (2009)）．コピュラ生成マルコフモデル（copula-based Markov model）により，さまざまな時間依存性や裾依存性を表現する，多くの非線形変動を与えることができる．

例えば，確率的性質が Y_{t-1} と Y_t の同時分布 $G^*(y_{t-1},y_t)$ で決定される 1 次の強定常マルコフ過程 $\{Y_t\}_{t=1}^n$ を考えることにする．ここで $G^*(y_{t-1},y_t)$ は連続な周辺分布 $F^*(\cdot)$ を持つとする．このとき Sklar の定理より，

$$G^*(y_{t-1},y_t) \equiv C^*(F^*(y_{t-1}),F^*(y_t))$$

を満たすコピュラ関数 $C^*(\cdot,\cdot)$ が一意的に存在する．このコピュラ関数 $C^*(\cdot,\cdot)$ は，二つの周辺分布が一様分布である 2 次元確率分布関数である．コピュラ関数 $C^*(u,v)$ を u について微分して $u=F^*(x)$，$v=F^*(y)$ とすると，$Y_{t-1}=x$ のときの，Y_t の条件付き分布関数

$$\Pr[Y_t < y|Y_{t-1}=x] = \left.\frac{\partial C^*(u,v)}{\partial u}\right|_{u=F^*(x),v=F^*(y)} \equiv C_1^*(F^*(x),F^*(y))$$

が得られる．そして $\tau \in (0,1)$ に対して，$\tau = \Pr[Y_t < y|Y_{t-1}=x] \equiv C_1^*(F^*(x),F^*(y))$ を満たす y を求めると，以下のように $Y_{t-1}=x$ のときの，Y_t の第 τ 条件付き分位点関数が得られる．

$$Q_{Y_t}(\tau|x) = F^{*-1}(C_1^{*-1}(\tau;F^*(x)))$$

ここで，$F^{*-1}(\cdot)$ は $F^*(\cdot)$ の逆関数であり，$C_1^{*-1}(\cdot;u)$ は u を固定したときの $C_1^*(u,v)$ の v についての逆関数である．

実際には，コピュラ関数 $C^*(\cdot,\cdot)$ も $\{Y_t\}$ の周辺分布関数 $F^*(\cdot)$ も未知である．それら両方に対して，$C(\cdot,\cdot;\alpha)$ および $F(y;\beta)$ のようにパラメトリックモデルを仮定すると，Y_t の第 τ 条件付き分位点関数 $Q_{Y_t}(\tau|x)$ は，

$$Q_{Y_t}(\tau|x) = F^{-1}(C_1^{-1}(\tau;F(x,\beta),\alpha),\beta)$$

のように未知パラメータ α および β の関数となる．そして $\theta = (\alpha',\beta')'$ かつ

$h(x, \alpha, \beta) \equiv C_1^{-1}(\tau; F(x, \beta), \alpha)$ とおいて，

$$Q_{Y_t}(\tau|x) = F^{-1}(h(x, \alpha, \beta), \beta) \equiv H(x; \theta) \tag{9.12}$$

と書くことにする．例えば Clayton コピュラ

$$C(u, v; \alpha) = [u^{-\alpha} + v^{-\alpha} - 1]^{-1/\alpha}, \quad \text{ここで } \alpha > 0$$

を考えると，u_{t-1} を与えたときの U_t の第 τ 条件付き分位点関数が以下の形になることを容易に示せる．

$$Q_{U_t}(\tau|u_{t-1}) = [(\tau^{-\alpha/(1+\alpha)} - 1)u_{t-1}^{-\alpha} + 1]^{-1/\alpha}$$

コピュラに基づいた条件付き分位点関数の他の例については，Bouyé and Salmon (2008) を参照されたい．

上の表現で特定化された分位点関数においては，パラメータはすべての分位点で共通であると仮定されているが，推定されるパラメータは τ によって異なってもよいものとする．そうすることにより，もともとのコピュラに基づいた QAR モデルは，被説明変数の条件付き分布に対する，条件となる変数からのさまざまな形の系統的な影響を捉えることができるようになる．モデルに用いるコピュラ関数を変えることにより，さまざまな非線形 QAR の関係を定義することができる．そして周辺分布の選び方を変えることにより，分布の裾についてもさまざまなものを考えることができる．多くの金融時系列の応用例では，時間従属性の性質や形は，条件付き分布の分位点によって変化する．Chen et al. (2009) は，コピュラに基づいた非線形分位点自己回帰の漸近的性質を調べている．

注釈 1 条件付き分位点関数についての仮定を緩めて，ノンパラメトリックなモデル特定化をすることもできる．ノンパラメトリック QR については，9.5 節を参照されたい． □

注釈 2 ARMA モデルもまた同様に，非線形 QR によって分析してもよい． □

9.3 ARCH および GARCH モデルに対する分位点回帰

ARCH および GARCH モデルは，金融データをモデル化するために非常に有効であることが示されてきた．ARCH および GARCH モデルに基づくボラティリティと分位点の推定量は，金融の応用分野で現在広く使われている．Koenker and Zhao (1996) では，線形 ARCH モデル (linear ARCH model) に対する分位点回帰が研究されている．その論文では，以下の線形 ARCH(p) を扱っている．

9.3 ARCH および GARCH モデルに対する分位点回帰

$$u_t = \sigma_t \cdot \varepsilon_t, \quad \sigma_t = \gamma_0 + \gamma_1 |u_{t-1}| + \cdots + \gamma_p |u_{t-p}| \tag{9.13}$$

ここで, $0 < \gamma_0 < \infty$, $\gamma_1, \ldots, \gamma_p \geq 0$ である. また, ε_t は独立に同一分布に従う平均 0, 分散 1 の確率変数列で, それぞれは密度関数 $f(\cdot)$ と分布関数 $F(\cdot)$ を持つ. ここで, $Z_t = (1, |u_{t-1}|, \ldots, |u_{t-q}|)^\top$ かつ $\gamma(\tau) = (\gamma_0 F^{-1}(\tau), \gamma_1 F^{-1}(\tau), \ldots, \gamma_q F^{-1}(\tau))^\top$ とおくと, u_t の条件付き分位点は

$$Q_{u_t}(\tau|\mathcal{F}_{t-1}) = \gamma_0(\tau) + \gamma_1(\tau)|u_{t-1}| + \cdots + \gamma_p(\tau)|u_{t-p}| = \gamma(\tau)^\top Z_t$$

で与えられる. そしてその分位点は, 以下のような u_t の Z_t への線形分位点回帰によって推定することができる.

$$\min_\gamma \sum_t \rho_\tau(u_t - \gamma^\top Z_t) \tag{9.14}$$

ここで $\gamma = (\gamma_0, \gamma_1, \ldots, \gamma_q)^\top$ である. この分位点回帰推定量の漸近的性質は, 以下の定理 (Koenker and Zhao, 1996) に与えられている.

定理 3 u_t は式 (9.13) のモデルで定義されているとする. その f は有界かつ連続であり, すべての $\tau \in (0,1)$ について $f(F^{-1}(\tau)) > 0$ とする. さらに, $\mathrm{E}|u_t|^{2+\delta} < \infty$ と仮定する. そのとき, 式 (9.14) で定義される回帰分位点 $\widehat{\gamma}(\tau)$ は, 以下の Bahadur 表現 (Bahadur representation) を持つ.

$$\sqrt{n}(\widehat{\gamma}(\tau) - \gamma(\tau)) = \frac{\Sigma_1^{-1}}{f(F^{-1}(\tau))} \frac{1}{\sqrt{n}} \sum_{t=1}^n Z_t \psi_\tau(\varepsilon_{t\tau}) + o_p(1)$$

ここで $\Sigma_1 = \mathrm{E} Z_t Z_t'/\sigma_t$, $\varepsilon_{t\tau} = \varepsilon_t - F^{-1}(\tau)$ である. その結果, $\Sigma_0 = \mathrm{E} Z_t Z_t'$ とおいて, 以下の分布収束が成立する.

$$\sqrt{n}(\widehat{\gamma}(\tau) - \gamma(\tau)) \Rightarrow N\left(0, \frac{\tau(1-\tau)}{f(F^{-1}(\tau))^2} \Sigma_1^{-1} \Sigma_0 \Sigma_1^{-1}\right)$$

多くの応用例では, 条件付き不均一分散については, 回帰の残差をモデル化している. 例えば以下の AR-ARCH モデルを考える.

$$Y_t = \alpha' X_t + u_t \tag{9.15}$$

ここで $X_t = (1, Y_{t-1}, \ldots, Y_{t-p})^\top$, $\alpha = (\alpha_0, \alpha_1, \ldots, \alpha_p)^\top$ であり, u_t は式 (9.13) の線形 ARCH(p) 過程である. そのとき, Y_t の条件付き分位点は

$$Q_{Y_t}(\tau|\mathcal{F}_{t-1}) = \alpha' X_t + \gamma(\tau)^\top Z_t \tag{9.16}$$

で与えられる.

上のモデルを推定する一つの方法は, 非線形分位点回帰によって α と $\gamma(\tau)$ の同時推定を行うことである. 他の方法としては, 最初に α を推定し, 推定された残差によって $\gamma(\tau)$ を推定する 2 段階推定法を考えることもできる. 2 段階推定法では, 最初の α の推定が 2 段階目の $\gamma(\tau)$ の推定に影響するので, 通常は効率が落ちる. しかし計算がはるかに簡単なので, 実証例では広く用いられている. Koenker and Zhao (1996) はこの 2 段階推定法を研究しており, その結果を定理 4 にまとめる.

定理 4 Y_t は式 (9.15) および式 (9.13) で定義され，定理 3 の条件が成立し，さらに $\widehat{\alpha}$ は $\sqrt{n}$ 一致推定量であると仮定する．そして

$$\widetilde{\gamma}(\tau) = \arg\min_{\gamma} \sum_{t} \rho_\tau(\widehat{u}_t - \gamma^\top \widehat{Z}_t)$$

とする．ここで $\widehat{Z}_t = (1, |\widehat{u}_{t-1}|, \ldots, |\widehat{u}_{t-q}|)^\top$ かつ $\widehat{u}_t = Y_t - \widehat{\alpha}' X_t$ である．そのとき，

$$\sqrt{n}\left(\widetilde{\gamma}(\tau) - \gamma(\tau)\right)$$
$$= \frac{\Sigma_1^{-1}}{f(F^{-1}(\tau))} \frac{1}{\sqrt{n}} \sum_{t=1}^{n} Z_t \psi_\tau(\varepsilon_{t\tau}) + \Sigma_1^{-1} G_1 \sqrt{n}\left(\widehat{\alpha} - \alpha\right) + o_p(1)$$

が成り立つ．ここで，$G_1 = \mathrm{E}(\sigma_t^{-1} Z_t (X_t - B_t \gamma(\tau))^\top)$, $B_t = (0, \mathrm{sign}(u_{t-1})X_{t-1}, \ldots, \mathrm{sign}(u_{t-p})X_{t-p})$ である．もし f が原点について対称で $\alpha_0 = 0$ ならば，$G_1 = 0$ となり，

$$\sqrt{n}\left(\widetilde{\gamma}(\tau) - \gamma(\tau)\right) \Rightarrow N\left(0, \frac{\tau(1-\tau)}{f(F^{-1}(\tau))^2} \Sigma_1^{-1} \Sigma_0 \Sigma_1^{-1}\right)$$

が得られる．

ARCH モデルは推定が容易であるが，GARCH モデルに比べ，過去のショックの長期にわたる持続的な影響を少ないパラメータで表すことができない．しかし分位点回帰 GARCH モデルは高度に非線形で，推定法も複雑になる．特に GARCH モデルの分位点回帰は，制約付きの非線形分位点回帰になり，従来の非線形回帰手法を直接使うことができない．

Xiao and Koenker (2009) は，以下に定義される線形 GARCH(p,q) モデル (linear GARCH(p,q) model) の分位点回帰の推定を扱っている．

$$u_t = \sigma_t \cdot \varepsilon_t \tag{9.17}$$

$$\sigma_t = \beta_0 + \beta_1 \sigma_{t-1} + \cdots + \beta_p \sigma_{t-p} + \gamma_1 |u_{t-1}| + \cdots + \gamma_q |u_{t-q}| \tag{9.18}$$

ここで $\mathcal{F}_{t-1}$ は時刻 $t-1$ までの情報を表すとすると，u_t の第 τ 条件付き分位点は以下のようになる．

$$Q_{u_t}(\tau | \mathcal{F}_{t-1}) = \theta(\tau)^\top Z_t \tag{9.19}$$

ここで $Z_t = (1, \sigma_{t-1}, \ldots, \sigma_{t-p}, |u_{t-1}|, \ldots, |u_{t-q}|)^\top$ かつ $\theta(\tau)^\top = (\beta_0, \beta_1, \ldots, \beta_p, \gamma_1, \ldots, \gamma_q) F^{-1}(\tau)$ である．

この Z_t は σ_{t-k} $(k=1, \ldots, p)$ を含み，その σ_{t-k} は未知パラメータ $\theta = (\beta_0, \beta_1, \ldots, \beta_p, \gamma_1, \ldots, \gamma_q)$ に依存しているので，問題の非線形性と θ への依存を表すために，この Z_t を $Z_t(\theta)$ と書くことにする．もし非線形回帰

$$\min_{\theta} \sum_{t} \rho_\tau(u_t - \theta^\top Z_t(\theta)) \tag{9.20}$$

9.3 ARCH および GARCH モデルに対する分位点回帰

を一つの固定された τ に対してのみ行ったならば，θ の一致推定量は得られない．それは，σ_{t-k} の τ にわたっての，$\theta(\cdot)$ という関数への依存性を無視しているからである．もし u_t の依存構造が式 (9.17) と式 (9.18) によって定義されていれば，式 (9.20) の代わりに，以下の制約付きの分位点回帰を考えることができる．

$$\left(\widehat{\pi}, \widehat{\theta}\right) = \begin{cases} \arg\min_{\pi, \theta} \sum_i \sum_t \rho_{\tau_i}(u_t - \pi_i^\top Z_t(\theta)) \\ s.t.\ \pi_i = \theta(\tau_i) = \theta F^{-1}(\tau_i) \end{cases}$$

この制約付きの非線形分位点回帰は複雑である．そこで，Xiao and Koenker (2009) は，より簡単な 2 段階推定量を提案している．その推定量は，τ にわたっての制約と，特定の分位点のまわりでの局所的な近似の両方を取り入れたものである．提案された推定量は，以下の 2 段階からなる．(i) 第 1 段階では，潜在変数 σ_{t-k} の τ にわたっての θ への依存を取り入れた推定をする．そして (ii) 第 1 段階での結果を使い，特定の分位点に注目して条件付き分位点の最良な局所近似を見つける．

最初に，複数の τ に関する情報を用いる第 1 段階の説明をする．ここでまず

$$A(L) = 1 - \beta_1 L - \cdots - \beta_p L^p, \quad B(L) = \gamma_1 + \cdots + \gamma_q L^{q-1}$$

とおくと，適当な正則条件のもとで $A(L)$ は反転可能になり，以下のような σ_t の ARCH(∞) 表現を得る．

$$\sigma_t = a_0 + \sum_{j=1}^\infty a_j |u_{t-j}| \tag{9.21}$$

パラメータの識別のために，$a_0 = 1$ と規準化をする．そして，上の ARCH(∞) 表現を式 (9.17) と式 (9.18) に代入すると，

$$u_t = \left(a_0 + \sum_{j=1}^\infty a_j |u_{t-j}|\right) \varepsilon_t \tag{9.22}$$

および

$$Q_{u_t}(\tau|\mathcal{F}_{t-1}) = \alpha_0(\tau) + \sum_{j=1}^\infty \alpha_j(\tau) |u_{t-j}|$$

が得られる．ここで $\alpha_j(\tau) = a_j Q_{\varepsilon_t}(\tau)$ $(j = 0, 1, 2, \ldots)$ である．

以上の式において，$m = m(n)$ を打ち切りパラメータとすると，以下の打ち切り分位点自己回帰を考えることができる．

$$Q_{u_t}(\tau|\mathcal{F}_{t-1}) \approx a_0(\tau) + a_1(\tau) |u_{t-1}| + \cdots + a_m(\tau) |u_{t-m}|$$

打ち切りパラメータ m を適切に選ぶ，すなわち，標本数 n に比べて小さく，しかし深刻な打ち切りバイアスをもたらさないくらい大きく選ぶことにより，GARCH モデルに対する篩近似 (sieve approximation) が得られる．

条件付き分位点は，この篩近似を用いれば推定できる．

$$\check{Q}_{u_t}(\tau|\mathcal{F}_{t-1}) = \hat{a}_0(\tau) + \hat{a}_1(\tau)|u_{t-1}| + \cdots + \hat{a}_m(\tau)|u_{t-m}|$$

ここで $\hat{a}_j(\tau)$ は分位点自己回帰の推定値である.そして適当な正則条件のもとで,

$$\check{Q}_{u_t}(\tau|\mathcal{F}_{t-1}) = Q_{u_t}(\tau|\mathcal{F}_{t-1}) + O_p(m/\sqrt{n})$$

となる.モンテカルロ実験の結果は,単純な篩近似だけでは良い推定量が得られないことを示唆しているが,篩近似推定量は十分な予備推定量の役割を果たす.

推定の第1段階では,τ にわたって共通な大域的なモデルに焦点を当てているので,推定に際しては複数の τ に関する情報を用いるのが望ましい.複数の τ についての情報を合わせることは,スケールパラメータの一貫した推定量を得ることに役立つ.

ここで m 次の分位点自己回帰モデル

$$\widetilde{\alpha}(\tau) = \arg\min_{\alpha} \sum_{t=m+1}^{n} \rho_\tau \left(u_t - \alpha_0 - \sum_{j=1}^{m} \alpha_j |u_{t-j}| \right) \tag{9.23}$$

を分位点 $(\tau_1, \ldots, \tau_K)$ で推定し,$\widetilde{\alpha}(\tau_k)$ $(k=1,\ldots,K)$ の推定値が得られているとしよう.パラメータの識別性の仮定に従って $\widetilde{a}_0 = 1$ とする.そして,$q_k = Q_{\varepsilon_t}(\tau_k)$ とおいて,

$$\mathbf{a} = [a_1, \ldots, a_m, q_1, \ldots, q_K]^\top, \quad \widetilde{\boldsymbol{\pi}} = \left[\widetilde{\alpha}(\tau_1)^\top, \ldots, \widetilde{\alpha}(\tau_K)^\top\right]^\top$$

と定義し,さらに

$$\phi(\mathbf{a}) = g \otimes \alpha = [q_1, a_1 q_1, \ldots, a_m q_1, \ldots, q_K, a_1 q_K, \ldots, a_m q_K]^\top$$

と定義する.ここで $g = [q_1, \ldots, q_K]^\top$, $\alpha = [1, a_1, a_2, \ldots, a_m]^\top$ である.そして K 個の分位点に関する推定値の情報を合わせて,$\alpha_j(\tau) = a_j Q_{\varepsilon_t}(\tau)$ という制約を用いたベクトル $\mathbf{a}$ の以下の推定量を考える.

$$\widetilde{\mathbf{a}} = \arg\min_{\mathbf{a}} (\widetilde{\boldsymbol{\pi}} - \phi(\mathbf{a}))^\top A_n (\widetilde{\boldsymbol{\pi}} - \phi(\mathbf{a})) \tag{9.24}$$

ここで A_n は $(K(m+1)) \times (K(m+1))$ の正定値行列である.そして $\widetilde{\mathbf{a}} = (\widetilde{a}_0, \ldots, \widetilde{a}_m)$ とおくと,σ_t は以下の式で推定される.

$$\widetilde{\sigma}_t = \widetilde{a}_0 + \sum_{j=1}^{m} \widetilde{a}_j |u_{t-j}|$$

第2段階では,u_t の $\widetilde{Z}_t = (1, \widetilde{\sigma}_{t-1}, \ldots, \widetilde{\sigma}_{t-p}, |u_{t-1}|, \ldots, |u_{t-q}|)^\top$ に対する,

$$\min_{\theta} \sum_t \rho_\tau(u_t - \theta^\top \widetilde{Z}_t) \tag{9.25}$$

による分位点回帰を行う.$\theta(\tau)^\top = (\beta_0(\tau), \beta_1(\tau), \ldots, \beta_p(\tau), \gamma_1(\tau), \ldots, \gamma_q(\tau))$ の2段階推定量は,式 (9.25) の解 $\widehat{\theta}(\tau)$ で与えられる.そして u_t の第 τ 分位点は

$$\widehat{Q}_{u_t}(\tau|\mathcal{F}_{t-1}) = \widehat{\theta}(\tau)^\top \widetilde{Z}_t$$

で推定される．推定量を改善するために，上で述べた手順を繰り返すこともできる．

$\widetilde{\alpha}(\tau)$ を式 (9.23) の解とすると，適当な仮定のもとで，

$$\|\widetilde{\alpha}(\tau) - \alpha(\tau)\|^2 = O_p(m/n) \tag{9.26}$$

が成立する．そして任意の $\lambda \in \mathcal{R}^{m+1}$ に対して，

$$\frac{\sqrt{n}\lambda^\top (\widetilde{\alpha}(\tau) - \alpha(\tau))}{\sigma_\lambda} \Rightarrow N(0,1)$$

となる．ここで $\sigma_\lambda^2 = f_\varepsilon \left(F_\varepsilon^{-1}(\tau)\right)^{-2} \lambda^\top D_n^{-1} \Sigma_n(\tau) D_n^{-1} \lambda$，および

$$D_n = \left[\frac{1}{n}\sum_{t=m+1}^n \frac{x_t x_t^\top}{\sigma_t}\right], \quad \Sigma_n(\tau) = \frac{1}{n}\sum_{t=m+1}^n x_t x_t^\top \psi_\tau^2(u_{t\tau})$$

である．さらに上式では $x_t = (1, |u_{t-1}|, \ldots, |u_{t-m}|)^\top$ とおいている．また

$$G = \left.\frac{\partial \phi(\mathbf{a})}{\partial \mathbf{a}^\top}\right|_{\mathbf{a}=\mathbf{a}_0} = \dot{\phi}(\mathbf{a}_0) = [g_0 \otimes J_m | I_K \otimes \alpha_0], \quad g_0 = \begin{bmatrix} Q_{\varepsilon_t}(\tau_1) \\ \cdots \\ Q_{\varepsilon_t}(\tau_K) \end{bmatrix}$$

と定義する．ここで g_0, α_0 は $g = [q_1, \ldots, q_K]^\top$ および $\alpha = [1, a_1, a_2, \ldots, a_m]^\top$ の真値である．そして

$$J_m = \begin{bmatrix} 0 & \cdots & 0 \\ 1 & \cdots & 0 \\ \vdots & \ddots & \vdots \\ 0 & \cdots & 1 \end{bmatrix}$$

は $(m+1) \times m$ 行列で，I_K は K 次元単位行列である．このとき適当な仮定のもとで，式 (9.24) を解いて得られる最小距離推定量（minimum distance estimator）$\widehat{\mathbf{a}}$ は以下の漸近的表現を持つ．

$$\sqrt{n}(\widehat{\mathbf{a}} - \mathbf{a}_0) = \left[G^\top A_n G\right]^{-1} G^\top A_n \sqrt{n}(\widetilde{\boldsymbol{\pi}} - \boldsymbol{\pi}) + o_p(1)$$

ここで

$$\sqrt{n}(\widetilde{\boldsymbol{\pi}} - \boldsymbol{\pi}) = -\frac{1}{\sqrt{n}} \sum_{t=m+1}^n \begin{bmatrix} \left(D_n^{-1} x_t \dfrac{\psi_{\tau_1}(u_{t\tau_1})}{f_\varepsilon\left(F_\varepsilon^{-1}(\tau_1)\right)}\right) \\ \cdots \\ \left(D_n^{-1} x_t \dfrac{\psi_{\tau_k}(u_{t\tau_k})}{f_\varepsilon\left(F_\varepsilon^{-1}(\tau_k)\right)}\right) \end{bmatrix} + o_p(1)$$

である．そして式 (9.25) による 2 段階推定量 $\widehat{\theta}(\tau)$ は，以下の漸近的表現を持つ．

$$\sqrt{n}\left(\widehat{\theta}(\tau) - \theta(\tau)\right) = -\frac{1}{f_\varepsilon\left(F_\varepsilon^{-1}(\tau)\right)} \Omega^{-1} \left\{\frac{1}{\sqrt{n}} \sum_t Z_t \psi_\tau(u_{t\tau})\right\}$$

$$+ \Omega^{-1} \Gamma \sqrt{n}(\widetilde{a} - a) + o_p(1)$$

ここで $a = [a_1, a_2, \ldots, a_m]^\top$, $\Omega = E\left[Z_t Z_t^\top / \sigma_t\right]$, および

$$\Gamma = \sum_{k=1}^{p} \theta_k C_k, \, C_k = \mathrm{E}\left[(|u_{t-k-1}|, \ldots, |u_{t-k-m}|)\frac{Z_t}{\sigma_t}\right]$$

である.

注釈 3 観測不可能な説明変数 z_t による実行不可能な推定量 $\widetilde{\theta}(\tau)$ は, 以下の Bahadur 表現を持つ.

$$\sqrt{n}\left(\widetilde{\theta}(\tau) - \theta(\tau)\right) = -\frac{1}{f_\varepsilon\left(F_\varepsilon^{-1}(\tau)\right)}\Omega^{-1}\left\{\frac{1}{\sqrt{n}}\sum_t z_t \psi_\tau(u_{t\tau})\right\} + o_p(1)$$

一方, $\widehat{\theta}(\tau)$ の Bahadur 表現（したがって分散）には, 予備推定からの項が加わっていることがわかる. □

注釈 4 ここでの推定法は, 条件付きボラティリティの頑健な推定量を与える. □

注釈 5 分位点回帰推定法は, ほかのタイプの ARCH, GARCH モデルにも適用できる. 例えば, 2 次 ARCH/GARCH モデルや非線形分位点回帰による TARCH/GARCH モデルである. □

9.4 時間従属性を持つ誤差の場合の分位点回帰

分位点回帰は, 誤差項が独立でない回帰モデルにも使うことができる. 以下の線形モデルを考えてみる.

$$Y_t = \alpha + \beta' X_t + u_t = \theta' Z_t + u_t \tag{9.27}$$

ここで X_t と u_t は, それぞれ k 次元と 1 次元の弱従属定常確率変数列（weakly dependent stationary random variable）である. そして $\{X_t\}$ と $\{u_t\}$ は互いに独立で $E(u_t) = 0$ とする. 誤差項 u_t の分布関数を $F_u(\cdot)$ で表すと, Y_t の X_t に関する第 τ 条件付き分位点は

$$Q_{Y_t}(\tau | X_t) = \alpha + \beta' X_t + F_u^{-1}(\tau) = \theta(\tau)' Z_t$$

となる. ここで, $\theta(\tau) = (\alpha + F_u^{-1}(\tau), \beta')'$ である. パラメータベクトル $\theta(\tau)$ は

$$\widehat{\theta}(\tau) = \arg\min_{\theta \in \mathbb{R}^p} \sum_{t=1}^{n} \rho_\tau(Y_t - Z_t'\theta) \tag{9.28}$$

を解くことによって推定できる．

ここで $u_{t\tau} = Y_t - \theta(\tau)'Z_t$ とおくと，$E[\psi_\tau(u_{t\tau})|X_t] = 0$ となる．そして，(X_t, u_t) のモーメントと弱従属性に関する仮定のもとで，

$$n^{-1/2}\sum_{t=1}^{n} Z_t \psi_\tau(u_{t\tau}) = \begin{bmatrix} n^{-1/2}\sum_{t=1}^{n} \psi_\tau(u_{t\tau}) \\ n^{-1/2}\sum_{t=1}^{n} X_t \psi_\tau(u_{t\tau}) \end{bmatrix} \Rightarrow N(0, \Sigma(\tau))$$

が成立する．ここで $\Sigma(\tau)$ は $Z_t \psi_\tau(u_{t\tau})$ の長期共分散行列であり，以下の式で定義される．

$$\Sigma(\tau) = \lim E \left(n^{-1/2}\sum_{t=1}^{n} Z_t \psi_\tau(u_{t\tau}) \right) \left(n^{-1/2}\sum_{t=1}^{n} Z_t \psi_\tau(u_{t\tau}) \right)^\top$$
$$= \begin{bmatrix} \omega_\psi^2(\tau) & 0 \\ 0 & \Omega(\tau) \end{bmatrix}$$

適当な正則条件のもとで，式 (9.28) で定義される分位点回帰推定量は，以下の漸近的な表現を持つ．

$$\sqrt{n}(\widehat{\theta}(\tau) - \theta(\tau)) = \frac{1}{2f(F^{-1}(\tau))}\Sigma_z^{-1}\frac{1}{n^{1/2}}\sum_{t=1}^{n} Z_t \psi_\tau(u_{t\tau}) + o_p(1)$$

ここで

$$\Sigma_z = \lim_{n\to\infty} E\left(\frac{1}{n}\sum_{t=1}^{n} Z_t Z_t^\top \right)$$

である．その結果，以下の極限分布が得られる．

$$\sqrt{n}(\widehat{\theta}(\tau) - \theta(\tau)) \Rightarrow N\left(0, \frac{1}{4f(F^{-1}(\tau))^2}\Sigma_z^{-1}\Sigma(\tau)\Sigma_z^{-1} \right)$$

以上の結果は，$\theta(\tau)$ の他の成分 β も τ に依存する場合にも拡張される．

$\widehat{\theta}(\tau)$ に基づく統計的推測を行うには，共分散行列 Σ_z および $\Sigma(\tau)$ の推定が必要となる．行列 Σ_z は，標本版

$$\widehat{\Sigma}_z = n^{-1}\sum_{t=1}^{n} Z_t Z_t^\top$$

により容易に推定できる．一方 $\Sigma(\tau)$ は，HAC 推定の文献に従って推定することができる（例えば Andrews (1991)）．ここで $\widehat{u}_{t\tau} = Y_t - \widehat{\theta}(\tau)'Z_t$ とおくと，$\Sigma(\tau)$ は以下のように推定できる．

$$\widehat{\Sigma}(\tau) = \sum_{h=-M}^{M} k\left(\frac{h}{M}\right) \left[\frac{1}{n}\sum_{1\leq t, t+h\leq n} Z_t \psi_\tau(\widehat{u}_{t\tau}) Z_{t+h}^\top \psi_\tau(\widehat{u}_{(t+h)\tau}) \right]$$

ここで $k(\cdot)$ は $[-1, 1]$ 上で定義され，$k(0) = 1$ を満たすラグウィンドウであり，M はバンド幅パラメータで $M \to \infty$ かつ $M/n \to 0$ を満たす．標本数 n は $n \to \infty$ である．

Portnoy (1991) は, m 従属誤差 (m-dependent error) の場合の回帰分位点の漸近的性質を調べた. この論文の理論は, 消えないバイアス項がある非定常過程も扱うことができる.

以上の分位点回帰の解析法は, 長期記憶誤差 (long-range dependent error) の場合にも拡張できる. Koul and Mukherjee (1994) は, 式 (9.27) の線形モデルを, 誤差項が定常かつ長期記憶を持つ正規確率過程の関数である場合を扱った. 式 (9.27) の u_t が定常かつ長期記憶を持つ正規確率過程であれば, ある $\lambda \in (0,1)$ について以下のようになる.

$$Cov(u_t, u_{t+h}) = h^{-\lambda} L(h)$$

ここで $L(h)$ は, h が十分大きな場合には正となる, ∞ における緩変動関数である.

9.5 ノンパラメトリックおよびセミパラメトリック QR モデル

ノンパラメトリックおよびセミパラメトリック時系列分位点回帰モデルは, 多くの注目を集めてきた分野である. 例えば, Koenker et al. (1994), Honda (2000), Cai (2002), Cai and Xu (2009), Cai and Xiao (2010), Wei et al. (2006) などを参照されたい.

9.5.1 ノンパラメトリック動学的分位点回帰モデル

まず

$$Q_{Y_t}(\tau|X_t) = \theta_\tau(X_t)$$

というモデルを考える. 上式の $\theta_\tau(\cdot)$ は未知の関数である. ここでノンパラメトリック平滑化による $\theta_\tau(x) = Q_{Y_t}(\tau|X_t = x)$ の推定を考える. 特に $\{(Y_t, X_t)\}_{t=1}^n$ という時系列の観測値が得られたとき, 以下の目的関数を最小化する Nadaraya–Watson ノンパラメトリック分位点回帰 (Nadaraya–Watson nonparametric quantile regression) を考える.

$$\widehat{\theta}_\tau(x) = \arg\min_\theta \sum_{t=1}^n K_h(X_t - x) \rho_\tau(Y_t - \theta)$$

ここで $K_h(X_t - x) = K((X_t - x)/h)$ であり, $K(\cdot)$ は $k(\cdot)$ から生成される積カーネル関数である. この $k(\cdot)$ は対称でコンパクトな台 (例えば $[-1,1]$) を持つ. また $h = h(n) \to 0$ はバンド幅パラメータで, X_t が x にどのくらい近いかを決める. そして, $\theta_\tau(x) = \theta_0$ とおき, $f_X(x)$ を X の密度関数とし, $f_{Y|X}(y)$ を X を与えたときの Y の条件付き密度関数とする. さらに

$$\mu_j = \int u^j K(u) du, \quad \nu_0 = \int K^2(u) du \tag{9.29}$$

と定義し, $v = \sqrt{nh^q}(\theta - \theta_0)$ とする. この q は X の次元である. 以上の記号の定

義と適当な仮定のもとで，

$$\sum_{t=1}^{n} K_h\left(X_t - x\right) \rho_\tau\left(Y_t - \theta\right) - \sum_{t=1}^{n} K_h\left(X_t - x\right) \rho_\tau\left(Y_t - \theta_0\right)$$

は，以下の v に関する 2 次関数

$$-\frac{1}{\sqrt{nh^q}} v \left[\sum_{t=1}^{n} K_h\left(X_t - x\right) \psi_\tau(u_{t\tau})\right] + \frac{1}{2} f_X(x) f_{Y|X}\left(Q_Y\left(\tau|x\right)\right) v^2$$

で近似される．そしてこの 2 次関数を最小にする解は漸近的に正規であり，QR 推定量はその最小解に十分近いこともわかる．その結果，条件付き分位点関数の Nadaraya–Watson 推定量は，以下の Bahadur 表現を持つ．

$$\sqrt{nh^q}\left(\widehat{\theta}_\tau(x) - \theta_\tau(x)\right) = \frac{1}{f_X(x) f_{Y|X}\left(Q_Y\left(\tau|x\right)\right)}$$
$$\times \left[\frac{1}{\sqrt{nh^q}} \sum_{t=1}^{n} K_h\left(X_t - x\right) \psi_\tau(Y_t - \theta_\tau(x))\right] + o_p(1)$$

ここで $nh^q \to \infty$ かつ $h \to 0$ であるようにバンド幅 h を選べば，

$$\sqrt{nh^q}\left(\widehat{\theta}_\tau(x) - \theta_\tau(x) - h^2 B_\tau(x)\right) \Rightarrow N\left(0, \frac{\tau(1-\tau)\nu_0}{f_X(x) f_{Y|X}\left(Q_Y\left(\tau|x\right)\right)^2}\right)$$

が成立する．$B_\tau(x)$ はバイアス項である．

局所多項式推定量（local polynomial estimator）などの他のノンパラメトリック推定量も，同様に扱うことができる．任意の与えられた点 x に対し，$\theta_\tau(\cdot)$ が $(m+1)$ 階 $(m \geq 1)$ の連続導関数を持つという $\theta_\tau(\cdot)$ の滑らかさに関する仮定のもとで，$\theta_\tau(X_t)$ は以下のような多項式で近似することができる．

$$\theta_\tau(X_t) \approx \theta_\tau(x) + \theta_\tau'(x)(X_t - x) + \cdots + \theta_\tau^{(m)}(x)(X_t - x)^m / m!$$

そして以下の近似式が得られる．

$$Q_{Y_t}(\tau|X_t) \approx \sum_{j=0}^{m} \theta_{j\tau}^\top (X_t - x)^j$$

ここでは $0 \leq j \leq m$ なる j に対して $\theta_{j\tau} = \theta_\tau^{(j)}(x)/j!$ とおいている．そのとき $\theta_\tau(x)$ は以下の式で推定できる．

$$\min_{\theta} \sum_{t=1}^{n} K_h\left(X_t - x\right) \rho_\tau \left(Y_t - \sum_{j=0}^{m} \theta_j^\top (X_t - x)^j\right)$$

ノンパラメトリック平均回帰と同様に，ノンパラメトリック分位点回帰推定量も "次元の呪い"（curse of dimensionality）の影響を受ける．そこで，ノンパラメトリック加法モデルや関数係数分位点回帰などのさまざまな次元縮約法が提案されている．Cai and Xu（2009）は，Honda（2004）の結果を時系列の場合に拡張して，動学的

関数係数分位点回帰モデルを研究した.

定常過程 $\{Y_t, X_t, Z_t\}_{t=-\infty}^{\infty}$ を考え, $0 < \tau < 1$ を満たす任意の τ に対し,
$$Q_{Y_t}(\tau|x, z) = Q_{Y_t}(\tau|(X_t, Z_t) = (x, z))$$
を $(X_t, Z_t) = (x, z)$ のときの Y_t の条件付き分位点関数とする. このとき関数 (または変動) 係数分位点回帰モデル (functional (varying) coefficient quantile regression model) は以下の形になる.
$$Q_{Y_t}(\tau|X_t, Z_t) = \alpha_\tau(X_t)^\top Z_t \qquad (9.30)$$
X_t が x の近傍にあれば, 係数関数 $\alpha_\tau(\cdot)$ の滑らかさに関する条件のもとで,
$$Q_{Y_t}(\tau|X_t, Z_t) = \alpha_\tau(X_t)^\top Z_t \approx \sum_{j=0}^{m} \theta_{j\tau}^\top Z_t (X_t - x)^j$$
の式が得られる. ここで $0 \le j \le m$ なる j に対して $\theta_{j\tau} = \alpha_\tau^{(j)}(x)/j!$ である. そして以下の局所多項式関数係数分位点回帰推定により $\alpha_\tau(x)$ が推定できる.
$$\min_\theta \sum_{t=1}^{n} K_h(X_t - x) \rho_\tau \left(Y_t - \sum_{j=0}^{m} \theta_j^\top Z_t (X_t - x)^j \right)$$
Cai and Xu (2009) は, 適当な正則条件のもとで,
$$\sqrt{nh^q}(\widehat{\alpha}_\tau(x) - \alpha_\tau(x) - h^2 b_\tau(x))$$
$$\Rightarrow N\left(0, \frac{\tau(1-\tau)\nu_2(K)}{f_X(x)} \Omega^*(x)^{-1} \Omega(x) \Omega^*(x)^{-1}\right)$$
を証明した. ここで $b_\tau(x) = \frac{1}{2} \left(\int u^2 K(u) du \right) \alpha_\tau''(x) + o_p(1)$, かつ
$$\Omega^*(x) = \mathrm{E}\left[f_{Y|X,Z}(Q_Y(\tau|X_t, Z_t)) Z_t Z_t^\top | X_t = x \right]$$
$$\Omega(x) = E\left[Z_t Z_t^\top | X_t = x \right]$$
である.

Koenker et al. (1994) は, 平滑化スプラインによるノンパラメトリック分位点回帰法を提案した. この論文は, 適当に選ばれた関数族 $\mathcal{G}$ に対する, 以下の最適化問題の解として定義される分位点平滑化スプラインを考えている.
$$\min_{g \in \mathcal{G}} \sum_{t=1}^{n} \rho_\tau \left(Y_t - g(X_t) \right) + \lambda V(g') \qquad (9.31)$$
ここで $V(f)$ は関数 f の全変動ノルムであり, λ は平滑化パラメータである. g' が十分に滑らかな場合, $V(g') = \int |g''(x)| dx$ である. Koenker et al. (1994) は, 式 (9.31) の解 $\widehat{g}(x)$ は連続な区分的線形関数であることを証明している. 十分大きな λ に対して, その解は区分的ではない一般の線形関数になる. 分位点平滑化スプラインの計算は, 線形計画法を使って効率的に行うことができる.

Chen and Shen (1998) および Chen (2006) は，弱従属性を持つデータに対する一般的な篩推定量 (sieve estimator) を研究した．その推定量は分位点の推定に応用できる．

チェック関数を使わない方法としては，条件付き分布関数の逆関数を求めて条件付き分位点を推定するというノンパラメトリックなアプローチがある．Yu and Jones (1998) の提案する推定法は，まず Fan et al. (1996) の二重カーネル局所線形テクニック (double-kernel local linear technique) で条件付き分布関数を推定し，その条件付き分布関数の推定量の逆関数を求めて条件付き分位点の推定量を得るというものである．この Yu and Jones (1998) 推定量は，境界効果 (boundary effect) がない，バイアスが共変量に依存しないというデザイン適合的 (design adaptive) である，といった良い性質を持つが，条件付き分布関数の推定値は，値域が $[0,1]$ にあるとは限らず，また単調とも限らないので，何らかの修正が必要である．Cai (2002) は，Hall et al. (1999) の条件付き分布関数の Nadaraya–Watson 推定量の逆関数を求めるという方法による，条件付き分位点の別の推定量を提案している．定常強混合過程 $\{Y_t, X_t\}$ があるとする．そのとき条件付き分布関数の重み付きの Nadaraya–Watson 推定量は，以下のように定義される．

$$\widehat{F}(y|x) = \frac{\sum_{t=1}^{n} p_t(x) K\left(\frac{x-X_t}{h}\right) I\left(Y_t \leq y\right)}{\sum_{t=1}^{n} p_t(x) K\left(\frac{x-X_t}{h}\right)}$$

ここで $p_t(x)$ は非負の重み付け関数で，$\sum_{t=1}^{n} p_t(x) = 1$ を満たす．この Nadaraya–Watson 推定量は，値域が $[0,1]$ にある，単調増加である，境界での挙動が良い，といった好ましい性質を持っている．Cai (2002) は，以下の Y_t の条件付きの第 τ 分位点の推定量を提案している．

$$\widehat{Q}_{Y_t}(\tau|x) = \inf\left\{y : \widehat{F}(y|x) \geq \tau\right\}$$

密度関数などの滑らかさの条件と，時間従属性をコントロールする混合係数に関する条件のもとで，Cai (2002) は，$\widehat{Q}_{Y_t}(\tau|x)$ が $Q_{Y_t}(\tau|X_t = x)$ の一致推定量であること，および，$f(y|x)$ を条件付き密度関数，$f_X(\cdot)$ を X の周辺密度関数として，以下の漸近正規性を証明している．

$$\sqrt{nh}\left[\widehat{Q}_{Y_t}(\tau|x) - Q_{Y_t}(\tau|x) - h^2 B_\tau(x) + o_p(h^2)\right] \Rightarrow N\left(0, \sigma_\tau^2(x)\right)$$

ここで

$$B_\tau(x) = -\frac{1}{2}\mu_2 \frac{\partial^2 F\left(Q_Y(\tau|x)|x\right)/\partial x^2}{f(Q_Y(\tau|x)|x)}, \quad \sigma_\tau^2(x) = \frac{\tau(1-\tau)\nu_0}{f(Q_Y(\tau|x)|x)^2 f_X(x)}$$

である．

9.5.2 セミパラメトリック動学的分位点回帰モデル

Cai and Xiao (2010) は，条件付き平均の推定における部分線形回帰のアプローチ

にならって，部分変動係数モデル (partially varying coefficient model) という，別の次元縮約のためのモデルについて考えた．部分変動係数分位点回帰モデルは，ある共変量をノンパラメトリックに扱うことで頑健性を持ち，そして他の変数のパラメトリックな影響についてはより正確な推定ができるという，中間的なモデルクラスである．このセミパラメトリックアプローチにおいては，推定効率を向上するために，いくつかの成分の線形性に関する既知の情報を考慮に入れる．

時系列データにおける部分変動係数分位点回帰モデルは，以下の形になる．

$$Q_{Y_t}(\tau|X_t, Z_t) = \beta_\tau^\top Z_{t1} + \alpha_\tau(X_t)^\top Z_{t2}$$

ここで $Z_t = (Z_{t1}^\top, Z_{t2}^\top)^\top \in \Re^{p+q}$ かつ $\alpha_\tau(\cdot) = (a_{1,\tau}(\cdot), \ldots, a_{q,\tau}(\cdot))^\top$ であり，$\{a_{k,\tau}(\cdot)\}$ は滑らかな関数である．このモデルのもとで，もし β_τ が既知ならば，$Y_{t1} = Y_t - \beta_\tau^\top Z_{t1}$ という部分的な分位点残差を構成することができ，

$$Q_{Y_{1t}}(\tau|X_t, Z_{2t}) = \alpha_\tau(X_t)^\top Z_{t2}$$

という分位点回帰が得られる．そのとき $\alpha_\tau(u_0)$ はノンパラメトリック関数係数分位点回帰推定により推定することができる．

しかし実際には β_τ は未知である．パラメータベクトル β と関数係数 $\alpha(\cdot)$ の両方を推定するには，まず β を X_t の関数 $\beta(X_t)$ にしてモデルを関数係数モデルにする．そのとき，すべての係数関数は，以下の局所回帰で推定できる．

$$\min_{\beta,\theta} \sum_{t=1}^n K_h(X_t - x) \rho_\tau \left(Y_t - \beta^\top Z_{t1} - \sum_{j=0}^m \theta_j^\top Z_{t2}(X_t - x)^j \right) \tag{9.32}$$

その β の局所多項式推定量を $\widehat{\beta}(x)$ と書くことにする．β は x によらないパラメータであるが，この β の推定量は x の近傍におけるデータしか使っていないため，最適ではないことに注意されたい．実際 $\widehat{\beta}(\cdot) - \beta = O_p((nh^q)^{-1/2})$ である．定数係数の最適な推定を行うには，すべてのデータを使わなければならず，そして最適な収束率は，$\sqrt{nh^q}$ ではなく $\sqrt{n}$ である．β_τ の $\sqrt{n}$ 一致推定量を得るためには，以下の平均法を使ってもよい．そのとき最適な収束率を持つ β の第 2 段階の推定量が得られる．

$$\widetilde{\beta} = \widetilde{\beta}_\tau = \frac{1}{n} \sum_{t=1}^n \widehat{\beta}(X_t) \tag{9.33}$$

関数係数 $\alpha(\cdot)$ を推定するために，β の $\sqrt{n}$ 一致推定量 $\widetilde{\beta}$ を用いて推定部分分位点残差を $Y_{t*} = Y_t - \widetilde{\beta}^T Z_{t1}$ と定義する．そして以下の実行可能な局所多項式関数係数推定を考える．

$$\min_\theta \sum_{t=1}^n K_{h_1}(X_t - x) \rho_\tau \left(Y_{t*} - \sum_{j=0}^m \theta_j^\top Z_{t2}(X_t - x)^j \right) \tag{9.34}$$

ここで h_1 はこの段階でのバンド幅であり，式 (9.32) で使われたバンド幅とは異なる．

式 (9.34) の最小化問題を解いた $\widetilde{\alpha}(u_0) = \widehat{\theta}_{0*}$ が $\alpha(u_0)$ の局所多項式推定値であり，$\widetilde{\alpha}^{(j)}(u_0) = j!\widehat{\theta}_{j*}$ $(j \geq 1)$ が，$\alpha(u_0)$ の第 j 階導関数 $\alpha^{(j)}(u_0)$ の局所多項式推定値である．

バンド幅を $h/h_1 = o(1)$ と選べば，上で定義したノンパラメトリック推定量はその他の正則条件のもとで，漸近的性質が β_τ の予備推定の影響を受けないという意味で"オラクル" (oracle) である．$f_X(\cdot)$ を X_t の周辺密度とし，$f_{y|z,x}(\cdot|\cdot)$ を (Z_t, X_t) を与えたときの Y_t の条件付き密度として，

$$\Omega(x) = E\left[Z_t Z_t^\top | X_t = x\right] \text{ および } \Omega^*(x) = E\left[Z_t Z_t^\top f_{y|z,x}(q_\tau(Z_t, X_t))|X_t = x\right]$$

$$B_1^* = e_1^\top E\left[(\Omega^*(X_1))^{-1}\Omega^{*'}(X_1)\begin{pmatrix}0\\\alpha'(X_1)\end{pmatrix}\right]$$

とおく．ここで $\Omega^{*'}(x)$ は $\Omega^*(x)$ の 1 次導関数であり，$e_1^\top = (I_p, 0_{p\times q})$ である．$e_1^\top$ の定義の中で，I_p は p 次単位行列で，$0_{p\times q}$ は $p \times q$ の 0 行列である．さらに $B_2^* = e_1^\top E[(\Omega^*(X_1))^{-1}\Gamma(X_1)]$ とする．ここで

$$\Gamma(x) = E\left[f'_{y|z,x}(q_\tau(Z_t, X_t))Z_t \left(\alpha'(X_t)^\top Z_{t2}\right)^2 | X_t = x\right]$$

であり，$f'_{y|z,x}(y)$ は $f_{y|z,x}(y)$ の y についての導関数である．そのとき適当な正則条件のもとで，

$$\sqrt{n}\left[\widetilde{\beta}_\tau - \beta_\tau - B_\beta\right] \Rightarrow N(0, \Sigma_\beta)$$

が成立する．$B_\beta = h^2\mu_2(B_1^* - B_2^*/2)$ は漸近バイアス項であり，μ_2 は式 (9.29) で定義されている．また，漸近分散は以下により与えられる．

$$\Sigma_\beta = \tau(1-\tau)E\left[e_1^\top (\Omega^*(X_1))^{-1}\Omega(X_1)(\Omega^*(X_1))^{-1}e_1\right]$$
$$+ 2\sum_{s=1}^\infty \text{Cov}(e_1^\top (\Omega^*(X_1))^{-1}Z_1\eta_1, e_1^\top (\Omega^*(X_{s+1}))^{-1}Z_{s+1}\eta_{s+1})$$

ここで $\eta_t = \tau - I\{Y_t \leq Q_Y(\tau|Z_t, X_t)\}$ である．

Linton and Shang (2010) は，セミパラメトリック GARCH モデルの条件付き分位点の推定を扱っている．特にこの論文は以下の 2 次 GARCH(1,1) モデルを考えている．

$$u_t = \sigma_t \cdot \varepsilon_t, \quad \sigma_t^2 = \gamma_0 + \beta_1 \sigma_{t-1}^2 + \gamma_1 u_{t-1}^2$$

ここで ε_t は独立に同一分布に従い，平均 0，分散 1 である．このとき u_t の条件付き分位点は $Q_{u_t}(\tau|\mathcal{F}_{t-1}) = \sigma_t F_\varepsilon^{-1}(\tau)$ となる．Linton and Shang (2010) は GARCH パラメータ $(\gamma_0, \beta_1, \gamma_1)$ の有効推定を考え，分布関数の逆関数を求めることによる $F_\varepsilon^{-1}(\tau)$ のノンパラメトリック推定も扱っている．

ε_t は分散 1 に規準化されているので，この論文では $F_\varepsilon(\cdot)$ の重み付き経験分布関数を考えている．定義は以下のとおりである．重みは

$$\{\widehat{w}_t\} = \arg\max_{w_t} \{\Pi_{t=1}^n w_t\}$$

$$\text{s.t.} \sum_{t=1}^n w_t = 1; \sum_{t=1}^n w_t \varepsilon_t = 0; \sum_{t=1}^n w_t \left(\varepsilon_t^2 - 1\right) = 0$$

によって与えられ，$F_\varepsilon(\cdot)$ の重み付き経験分布関数は

$$\widehat{F}_\varepsilon(x) = \sum_{t=1}^n \widehat{w}_t 1\left(\varepsilon_t \leq x\right)$$

で与えられる．そして $F_\varepsilon^{-1}(\tau)$ は $\widehat{F}_\varepsilon^{-1}(\tau) = \sup\left\{s : \widehat{F}_\varepsilon(s) \leq \tau\right\}$ によって推定される．M 目的関数を最小にするセミパラメトリック推定については，Komunjer and Vuong (2010) を参照されたい．

9.6 その他の動学的分位点モデル

9.6.1 CAViaR モデルと局所モデル化法

分位点に基づいた方法は，特定の分位点での時系列変動を直接モデル化するという，τ に関して局所的なアプローチを与える．

再び，式 (9.17) および式 (9.18) で定義される線形 GARCH モデルを考える．そのとき $\sigma_{t-j} F^{-1}(\tau) = Q_{u_{t-j}}(\tau|\mathcal{F}_{t-j-1})$ であることに注意されたい．そして，条件付き分位点 $Q_{u_t}(\tau|\mathcal{F}_{t-1})$ は，以下の表現を持つ．

$$Q_{u_t}(\tau|\mathcal{F}_{t-1}) = \beta_0^* + \sum_{i=1}^p \beta_i^* Q_{u_{t-i}}(\tau|\mathcal{F}_{t-i-1}) + \sum_{j=1}^q \gamma_j^* |u_{t-j}| \tag{9.35}$$

ここで $\beta_0^* = \beta_0(\tau) = \beta_0 F^{-1}(\tau)$，$\beta_i^* = \beta_i$ $(i=1,\ldots,p)$，$\gamma_j^* = \gamma_j(\tau) = \gamma_j F^{-1}(\tau)$ $(j=1,\ldots,q)$ である．式 (9.35) から，条件付き分位点 $Q_{u_t}(\tau|\mathcal{F}_{t-1})$ 自身が自己回帰に従うという，線形 GARCH モデルの重要な特徴がわかる．局所的な変動あるいは局所的な相関が，条件付き分位点に基づいて直接モデル化できるということを，この表現は示している．

Engle and Mangenelli (2004) は，式 (9.36) のような，u_t の第 τ 条件付き分位点の条件付き自己回帰バリュー・アット・リスク型（CAViaR）の特定化を提案した．

$$Q_{u_t}(\tau|\mathcal{F}_{t-1}) = \beta_0 + \sum_{i=1}^p \beta_i Q_{u_{t-i}}(\tau|\mathcal{F}_{t-i-1}) + \sum_{j=1}^q \alpha_j \ell(X_{t-j}) \tag{9.36}$$

ここで $X_{t-j} \in \mathcal{F}_{t-j}$ であり，$\mathcal{F}_{t-j}$ は時刻 $t-j$ までの情報集合である．X_{t-j} の自然な選び方は，u のラグ付き変数を選ぶことである．$X_{t-j} = |u_{t-j}|$ とした場合には，式 (9.35) を得ることになる．Engle and Mangenelli (2004) は，さまざまな CAViaR モデルを作る $\ell(X_{t-j})$ の多くの選択肢について論じている．

Sim and Xiao (2009) および Sim (2009) は，国際的な株価収益の非対称な相関

9.6 その他の動学的分位点モデル

を調べるために局所モデルを考えた．Y_t の第 τ_Y 分位点と X_t の第 τ_X 分位点の相関を調べるために，彼らは以下の分位点の関係のモデルを考えた．

$$Q_{Y_t}(\tau_Y | \mathcal{F}_{t-1}) = h(Q_{X_t}(\tau_X | V_t), \beta(\tau_X, \tau_Y)) \tag{9.37}$$

上のモデルで，$X_t = Y_{t-1}$，$\tau_X = \tau_Y = \tau$，$Q_{X_t}(\tau_X | V_t) = Q_{X_t}(\tau_X | \mathcal{F}_{t-2})$ として，$h(\cdot)$ を線形関数とすると，以下の Y_t の第 τ_Y 条件付き分位点に関する自己回帰モデルが得られる．

$$Q_{y_t}(\tau | \mathcal{F}_{t-1}) = \beta_0 + \beta Q_{y_{t-1}}(\tau | \mathcal{F}_{t-2})$$

このモデルに説明変数を追加することもできる．例えば $\tau_X = \tau_Y = \tau$ として，以下の分位点モデルを考えることもできる．

$$Q_{Y_t}(\tau | \mathcal{F}_{t-1}) = h(Q_{Z_{t-1}}(\tau | \mathcal{F}_{t-2}), Q_{Y_{t-1}}(\tau | \mathcal{F}_{t-2}), \beta(\tau))$$

このモデルでは，Y_t の第 τ_Y 条件付き分位点は，それ自身のラグ付きの値と共変量の条件付き分位点のラグ付きの値の影響を受けている．

CAViaR モデルの推定は簡単ではない．未知パラメータからなるベクトルを θ で表し，簡単のために $Q_{u_t}(\tau | \mathcal{F}_{t-1})$ を $Q_t(\tau, \theta)$ で表すと，以下の式の最小化による θ の推定を考えることができる．

$$RQ_n(\tau, \theta) = \sum_t \rho_\tau(Y_t - Q_t(\tau, \theta)) \tag{9.38}$$

ここで $Q_t(\tau, \theta) = \beta_0 + \sum_{i=1}^{p} \beta_i Q_{t-i}(\tau, \theta) + \sum_{j=1}^{q} \alpha_j \ell(X_{t-j})$ である．CAViaR 回帰モデルの中では条件付き分位点は説明変数となるが，条件付き分位点は観測されないので，通常の非線形分位点回帰のテクニックを直接使うことはできない．De Rossi and Harvey (2009) は，繰り返しカルマンフィルタ法による動学的な条件付き分位点の計算を扱っている．その結果は，あるタイプの CAViaR モデルを計算するために使える．De Rossi and Harvey (2009) のモデルでは，観測される時系列 Y_t は観測方程式

$$Y_t = \xi_t(\tau) + \varepsilon_t(\tau)$$

によって記述される．ここで $\xi_t(\tau) = Q_{Y_t}(\tau | \mathcal{F}_{t-1})$ は状態変数であり，攪乱項 $\varepsilon_t(\tau)$ は独立変数列で，$\xi_t(\tau)$ とも独立である．このシステムの時間変動は，$\xi_t(\tau)$ に基づく状態遷移方程式によって特徴付けられる．例えば，もし条件付き分位点が自己回帰モデルに従えば，

$$\xi_t(\tau) = \beta \xi_{t-1}(\tau) + \eta_t(\tau)$$

などとなる．他の状態遷移方程式も考えることができる．上の状態空間モデルは，適当な信号抽出アルゴリズムを繰り返し用いることにより推定できる．

Hsu (2010) は，Yu and Moyeed (2001) のベイズアプローチに基づき，MCMC 法による CAViaR モデルの推定を扱った．彼女は非対称ラプラス密度（asymmetric

Laplace density）を，以下のように CAViaR モデルの誤差項に関する実用的な条件付き密度とした．

$$f(\varepsilon_{t\tau}|\mathcal{F}_{t-1}) = \frac{\tau(1-\tau)}{\sigma} \exp\left\{-\frac{1}{\sigma}\rho_\tau(\varepsilon_{t\tau})\right\}$$

ここで $\varepsilon_{t\tau} = Y_t - Q_t(\tau,\theta)$ であり σ は尺度パラメータである．サイズ n の標本が与えられたときの実際の尤度は，

$$f(\text{Data}|\theta,\sigma) = \left(\frac{\tau(1-\tau)}{\sigma}\right)^n \exp\left\{-\frac{1}{\sigma}RQ_n(\tau,\theta)\right\}$$

となる．上式の $RQ_n(\tau,\theta)$ は式 (9.38) で定義されている．Hsu (2010) では，θ の中の各係数に対して平坦な事前分布を選び，σ には逆ガンマ分布 IG(α_0, s_0) をとっている．したがって同時事前分布は

$$\pi(\theta,\sigma) \propto \frac{1}{\sigma^{\alpha_0+1}} \exp\left(-\frac{s_0}{\sigma}\right)$$

となり，(θ,σ) の同時事後分布は，

$$f(\theta,\sigma|\text{Data}) \propto \frac{1}{\sigma^{\alpha_0+1}} \left(\frac{\tau(1-\tau)}{\sigma}\right)^n \exp\left\{-\frac{1}{\sigma}RQ_n(\tau,\theta) - \frac{s_0}{\sigma}\right\}$$

となる．これらから CAViaR モデルに関する事後推定が行える．

9.6.2 加法分位点モデル

Gourieroux and Jasiak (2008) は，いくつかのベースライン分位点関数に基づく動学的な加法分位点モデル（additive quantile model）を提案した．特に Gourieroux and Jasiak (2008) では，分位点 $Q_{Y_t}(\tau|\mathcal{F}_{t-1})$ がある未知パラメータ θ により $Q_{Y_t|X_t}(\tau;\theta)$ と表せるとして，動学的加法分位点モデルを

$$Q_{Y_t|X_t}(\tau;\theta) = \sum_{k=1}^{K} \rho_k(X_t, \alpha_k) Q_k(\tau, \beta_k) + \rho_0(X_t, \alpha_0)$$

で定義している．ここで $Q_k(\tau, \beta_k)$ はパラメータによらない値域を持つベースライン分位点関数であり，$\rho_k(X_t, \alpha_k)$ は過去の情報の正値関数である．モデルの定義から分位点関数は交差しない．Gourieroux and Jasiak (2008) では，情報量規準に基づくモデル推定法が提案されている．

9.6.3 動学的パネルに対する分位点回帰

Galvao (2010) は動学的パネルデータ（dynamic panel data）における分位点回帰を扱っている．特にこの論文は以下の動学的パネル分位点モデルを扱っている．

$$Q_{Y_{it}}(\tau|Z_{it}, Y_{i,t-1}, X_{it}) = Z_{it}\eta(\tau) + \alpha(\tau)Y_{i,t-1} + X'_{it}\beta(\tau)$$
$$i = 1,\ldots,n, \quad t = 1,\ldots,T$$
(9.39)

ここで Z_{it} は 0 か 1 の値をとり, n 個のグループにおける固定効果を特定する. n 次元ベクトル $\eta = (\eta_1, \ldots, \eta_n)^\top$ は各グループにおける個別効果を表す. y のラグ付き変数があるために,

$$\sum_{i=1}^n \sum_{t=1}^T \rho_\tau (Y_{it} - Z_{it}\eta - \alpha Y_{i,t-1} - X'_{it}\beta)$$

を最小にする,式 (9.39) に基づく直接的な分位点回帰は,バイアスを持つ可能性がある. Galvao (2010) は,この動学的パネルモデルに対して以下の操作変数法による推定を考えている. $Y_{i,t-1}$ には影響するけれども,誤差項とは独立な操作変数 W_{it} が存在すると仮定し,Chernozhukov and Hansen (2008) にならって,Galvao は次のように考えた. まず α を固定して,

$$(\widehat{\eta}(\alpha), \widehat{\beta}(\alpha), \widehat{\gamma}(\alpha)) = \arg\min_{\eta, \beta, \gamma} \sum_{i=1}^n \sum_{t=1}^T \rho_\tau (Y_{it} - Z_{it}\eta - \alpha Y_{i,t-1} - X'_{it}\beta - W'_{it}\gamma)$$

を得る. そして

$$\widehat{\alpha} = \arg\min_\alpha \|\widehat{\gamma}(\alpha)\|_A$$

を解くことにより α を推定する. ここで $\|x\|_A = x'Ax$ である. $\alpha(\tau)$ および $\beta(\tau)$ の最終的な推定量は,$(\widehat{\alpha}(\tau), \widehat{\beta}(\widehat{\alpha}(\tau), \tau))$ となる.

9.7 極値分位点回帰

多くの統計学の応用例では,分布または条件付き分布の下方または上方の分位点に焦点を当てる. したがって,そのような応用例では,極値分位点 (extremal quantile) の理論を使うこともできる. 以下,一般性を失うことはないので,下側の極値分位点 (すなわち $\tau \searrow 0$) のみを考えることにする.

標本数 n のランダム標本 $\{Y_t, X_t\}_{t=1}^n$ が与えられ,Y の第 τ 分位点または Y の X に関する条件付き第 τ 分位点に興味があるとする. Knight (2001) と Portnoy and Jureckova (1999) は,$\tau n \to 0$ で $n \to \infty$ を満たすときの極値分位点回帰推定量の漸近的挙動を調べた. 特に Knight (2001) は点過程によるアプローチで極値分位点回帰推定量を調べ,Portnoy and Jureckova (1999) は密度収束のアプローチを用いた. Chernozhukov (2005) は,$n \to \infty$ で $\tau n \to \kappa$ の場合と $\tau n \to \infty$ の場合の,極値分位点回帰推定量の漸近的挙動を調べた. この論文では,$n \to \infty$ で $\tau \searrow 0$ かつ $\tau n \to \kappa \geq 1$ のとき,対応する分位点を極値分位点と呼んでいる. そして,$n \to \infty$ で $\tau \searrow 0$ かつ $\tau n \to \infty$ のとき,対応する分位点を中間オーダー分位点 (intermediate-order quantile) と呼んでいる. これらの場合,$\tau = \tau(n)$ は $n \to \infty$ で 0 に収束する,標本数 n に依存する分位点指数列である.

極値分位点の漸近的挙動は,上に述べたような分位点のタイプにのみ依存するのではなく,分布関数 (あるいは条件付き分布関数) の裾の挙動にも依存する. 例えば以

下の古典的線形分位点回帰モデルを考えることにする．

$$Q_Y(\tau|X) = X'\theta(\tau) \tag{9.40}$$

ここで X は d 次元ベクトルであり，さらに以下のことが成立するとする．補助的なパラメータ θ_0 が存在して $U = Y - X'\theta_0$ と定義すると，この U の条件付き分布の下限は確率 1 で 0（または $-\infty$）であり，その条件付き分位点関数 $Q_U(\tau|X)$ は，以下の裾条件を満たす．すなわち $\tau \searrow 0$ のとき X のサポートにおいて一様に，

$$Q_U(\tau|X) = Q_Y(\tau|X) - X'\theta_0 \sim F_U^{-1}(\tau)$$

となる．ここで $F_U^{-1}(\tau)$ は裾において $F_U^{-1}(\tau) \sim L(\tau)\tau^{-\xi}$ のようなパレート型の挙動を示す分位点関数である．$L(\tau)$ は 0 における緩変動関数であることに注意する．ξ は裾指数（tail index）（または極値指数（extreme value index））と呼ばれる．

時系列の観測値 $\{Y_t, X_t\}_{t=1}^{n}$ と式 (9.40) の分位点回帰モデルが与えられたとき，$\widehat{\theta}(\tau)$ を分位点回帰 (9.2) から求めて，$Q_Y(\tau|X)$ を $X'\widehat{\theta}(\tau)$ により推定するとする．このとき適当な仮定のもとで，回帰分位点 $\widehat{\theta}(\tau)$ は，極値分位点の場合には非正規分布に，中間オーダー分位点の場合には正規分布に収束する．規準化された回帰分位点

$$Z_n^*(\tau) = \frac{1}{F_U^{-1}(1/n)}\left(\widehat{\theta}(\tau) - \theta(\tau)\right)$$

について，$\{Y_t, X_t\}_t$ が弱従属過程で極値事象が非クラスタ条件を満たすとき，Chernozhukov (2005) は以下のことを証明した．$n \to \infty$ で $\tau \searrow 0$ かつ $\tau n \to \kappa \geq 1$ の場合は，

$$Z_n^*(\tau) \Rightarrow Z_\infty(\kappa) - \kappa^{-\xi}$$

となる．ここで

$$Z_\infty(\kappa) = \arg\min_z \left[-\kappa\mu_X'z + \sum_{i=1}^{\infty}\left[X_i'z - \Gamma_i^{-\xi}\right]_+\right], \quad \xi < 0$$

$$Z_\infty(\kappa) = \arg\min_z \left[-\kappa\mu_X'z + \sum_{i=1}^{\infty}\left[X_i'z + \Gamma_i^{-\xi}\right]_+\right], \quad \xi > 0$$

であり，$\{\Gamma_1, \Gamma_2, \ldots\} = \{\mathcal{E}_1, \mathcal{E}_1 + \mathcal{E}_2, \ldots\}$ と定義されている．この $\{\mathcal{E}_1, \mathcal{E}_2, \ldots\}$ は独立に同一の指数分布に従い，$\{X_1, X_2, \ldots\}$ とは独立とする．また，$\mu_X = E(X)$ である．

以上の規準化された回帰分位点は，規準化定数 $F_U^{-1}(1/n)$ が未知であるため，実際には扱いにくい．その代わり自己規準化回帰分位点

$$Z_n(\kappa) = \frac{\sqrt{\tau n}}{\overline{X}'\left(\widehat{\theta}(m\tau) - \widehat{\theta}(\tau)\right)}\left(\widehat{\theta}(\tau) - \theta(\tau)\right)$$

を考えることもできる．ここで m は $\kappa(m-1) > d$ を満たす任意の定数である．これについて Chernozhukov (2005) は以下のことを示している．弱従属性と非クラスタ

条件のもとで，$n \to \infty$ で $\tau \searrow 0$ かつ $\tau n \to \kappa \geq 1$ のとき，

$$Z_n(\kappa) \Rightarrow \frac{\sqrt{\kappa} Z_\infty(\kappa)}{\mu'_X [Z_\infty(m\kappa) - Z_\infty(\kappa)]}$$

となる．そして $n \to \infty$ で $\tau \searrow 0$ かつ $\tau n \to \infty$ のときは，

$$Z_n(\kappa) \Rightarrow N\left(0, \Sigma_X^{-1} \frac{\xi^2}{(m^{-\xi} - 1)^2}\right)$$

が成立する．ここで $\Sigma_X = E(XX')$ である．極限分布は，ブートストラップや他のサブサンプリング法で近似できる．したがって，統計的推測はそのような方法を用いて行うことができる．詳しくは Chernozhukov (2005) などを参照されたい．

9.8 非定常時系列に対する分位点回帰

9.8.1 単位根分位点回帰

自己回帰単位根モデルは経済時系列分析で重要なモデルの一つであり，そのモデルにおいては，原系列の 1 次差分をとると定常過程（I(0)）になる．分位点回帰は単位根時系列にも適用できる．

最も広く用いられている単位根モデルの一つは，以下の拡張 Dickey–Fuller 回帰モデル（augmented Dickey–Fuller regression model; ADF regression model）である．

$$Y_t = \alpha_1 Y_{t-1} + \sum_{j=1}^{q} \alpha_{j+1} \Delta Y_{t-j} + u_t \tag{9.41}$$

ここで u_t は独立に平均 0，分散 σ^2 の同一分布に従う．$A(L) = 1 - \sum_{j=1}^{q} \alpha_{j+1} L^j$ のとき，この多項式の根はすべて単位円の外側にあると仮定する．そのとき，$\alpha_1 = 1$ ならば Y_t は単位根を持ち，$|\alpha_1| < 1$ ならば Y_t は定常である．$\mathcal{F}_t$ を $\{u_s, s \leq t\}$ から生成される σ 集合体とすると，$\mathcal{F}_{t-1}$ に関する Y_t の第 τ 条件付き分位点は，

$$Q_{Y_t}(\tau | \mathcal{F}_{t-1}) = Q_u(\tau) + \alpha_1 Y_{t-1} + \sum_{j=1}^{q} \alpha_{j+1} \Delta Y_{t-j}$$

となる．ここで $\alpha_0(\tau) = Q_u(\tau)$，$\alpha_j(\tau) = \alpha_j$，$j = 1, \ldots, p$，$p = q + 1$ とおいて，

$$\alpha(\tau) = (\alpha_0(\tau), \alpha_1, \ldots, \alpha_{q+1}), \quad X_t = (1, Y_{t-1}, \Delta Y_{t-1}, \ldots, \Delta Y_{t-q})'$$

と定義すれば，$Q_{Y_t}(\tau | \mathcal{F}_{t-1}) = X'_t \alpha(\tau)$ となる．したがって単位根分位点自己回帰モデルは次式で推定できる．

$$\min_\alpha \sum_{t=1}^{n} \rho_\tau(Y_t - X_t^\top \alpha)$$

以下，推定量の漸近分布について述べる．$w_t = \Delta Y_t$，$u_{t\tau} = Y_t - X'_t \alpha(\tau)$ とおくと，単位根の仮定とその他の正則条件のもとで

$$n^{-1/2}\sum_{t=1}^{[nr]}(w_t,\psi_\tau(u_{t\tau}))^\top \Rightarrow (B_w(r), B_\psi^\tau(r))^\top = BM(0,\underline{\Sigma}(\tau))$$

となる．ここで

$$\underline{\Sigma}(\tau) = \begin{bmatrix} \sigma_w^2 & \sigma_{w\psi}(\tau) \\ \sigma_{w\psi}(\tau) & \sigma_\psi^2(\tau) \end{bmatrix}$$

は，2次元ブラウン運動の長期共分散行列であり，$\Sigma_0(\tau) + \Sigma_1(\tau) + \Sigma_1^\top(\tau)$ と表せる．$\Sigma_0(\tau)$ と $\Sigma_1(\tau)$ は，$\Sigma_0(\tau) = E[(w_t,\psi_\tau(u_{t\tau}))^\top(w_t,\psi_\tau(u_{t\tau}))]$ および

$$\Sigma_1(\tau) = \sum_{s=2}^{\infty} E[(w_1,\psi_\tau(u_{1\tau}))^\top(w_s,\psi_\tau(u_{s\tau}))]$$

で定義される．さらに $n^{-1}\sum_{t=1}^n Y_{t-1}\psi_\tau(u_{t\tau}) \Rightarrow \int_0^1 \underline{B}_w dB_\psi^\tau$ も成立する．

確率的関数 $n^{-1/2}\sum_{t=1}^{[nr]}\psi_\tau(u_{t\tau})$ は，二つのパラメータを持つ確率過程 $B_\psi^\tau(r) = B_\psi(\tau,r)$ に収束する．その確率過程は部分的にブラウン運動であり，部分的にブラウニアンブリッジである．その意味は，r を固定すると $B_\psi^\tau(r) = B_\psi(\tau,r)$ は通常のブラウニアンブリッジを定数倍したものであり，その一方で各 τ に対しては，分散 $\tau(1-\tau)$ を持つブラウン運動となるということである．したがって (τ,r) を固定した場合には，$B_\psi^\tau(r) = B_\psi(\tau,r) \sim N(0,\tau(1-\tau)r)$ となる．推定量を $\widehat{\alpha}(\tau) = (\widehat{\alpha}_0(\tau),\widehat{\alpha}_1,\ldots,\widehat{\alpha}_p)$ で表し，$D_n = \mathrm{diag}(\sqrt{n},n,\sqrt{n},\ldots,\sqrt{n})$ とおくと，$\widehat{\alpha}(\tau)$ の極限分布は以下の定理にまとめることができる (Koenker and Xiao, 2004)．

定理 5 式 (9.41) で定義される Y_t を考える．単位根の仮定とその他の正則条件のもとで，以下の結果が成立する．

$$D_n(\widehat{\alpha}(\tau) - \alpha(\tau)) \Rightarrow \frac{1}{f(F^{-1}(\tau))} \begin{bmatrix} \int_0^1 \overline{B}_w \overline{B}_w^\top & 0_{2\times q} \\ 0_{q\times 2} & \Omega_\Phi \end{bmatrix}^{-1} \begin{bmatrix} \int_0^1 \overline{B}_w dB_\psi^\tau \\ \Phi \end{bmatrix}$$

ここで $\overline{B}_w(r) = [1, B_w(r)]^\top$ であり，$\Phi = [\Phi_1,\ldots,\Phi_q]^\top$ は q 変量正規分布に従い，その共分散行列は $\tau(1-\tau)\Omega_\Phi$ で，Ω_Φ は以下のとおりである．

$$\Omega_\Phi = \begin{bmatrix} \nu_0 & \cdots & \nu_{q-1} \\ \vdots & \ddots & \vdots \\ \nu_{q-1} & \cdots & \nu_0 \end{bmatrix}, \quad \nu_j = E[w_t w_{t-j}]$$

Φ は $\int_0^1 \overline{B}_w dB_\psi^\tau$ と独立であることに注意する．

以上の定理から，$n(\widehat{\alpha}_1(\tau) - 1)$ の極限分布は，$\widehat{\alpha}_j(\tau)$ $(j = 2,\ldots,p)$ の推定とラグ次数 p に依存せず，以下のようになることがわかる．

$$n(\widehat{\alpha}_1(\tau) - 1) \Rightarrow \frac{1}{f(F^{-1}(\tau))} \left[\int_0^1 \underline{B}_w^2\right]^{-1} \int_0^1 \underline{B}_w dB_\psi^\tau \tag{9.42}$$

ここで $\underline{B}_w(r) = B_w(r) - \int_0^1 B_w$ は,平均調整済みブラウン運動である.

自己回帰分位点過程による統計的推測は,単位根仮説の検定に頑健なアプローチを与える.従来の ADF t 検定(ADF t-ratio test)同様に,以下で定義される t 統計量を考える.

$$t_n(\tau) = \frac{f(\widehat{F^{-1}(\tau)})}{\sqrt{\tau(1-\tau)}} \left(Y_{-1}^\top P_X Y_{-1}\right)^{1/2} (\widehat{\alpha}_1(\tau) - 1)$$

ここで $f(\widehat{F^{-1}(\tau)})$ は $f(F^{-1}(\tau))$ の一致推定量であり,Y_{-1} はラグ付きの従属変数 (Y_{t-1}) からなるベクトルである.P_X は,$X = (1, \Delta Y_{t-1}, \ldots, \Delta Y_{t-q})$ から生成される部分空間の直交補空間への射影行列である.そして単位根の仮説のもとで以下の分布収束が成立する.

$$t_n(\tau) \Rightarrow t(\tau) = \frac{1}{\sqrt{\tau(1-\tau)}} \left[\int_0^1 \underline{B}_w^2\right]^{-1/2} \int_0^1 \underline{B}_w dB_\psi^\tau \tag{9.43}$$

任意の τ に対して,検定統計量 $t_n(\tau)$ は,よく知られた単位根の ADF t 検定の検定統計量をそのまま分位点回帰の形に合わせたものになっている.この $t_n(\tau)$ の極限分布は非標準的なものであり,B_w と B_ψ^τ という二つのブラウン運動が相関を持つため,$(\sigma_w^2, \sigma_{w\psi}(\tau))$ という攪乱パラメータに依存する.

この $t_n(\tau)$ の極限分布は,二つの(独立な)確率変数の1次結合で表せる.その1次結合の重みは,一致推定可能な長期(周波数 0)相関係数により決まる.実際 Hansen and Phillips (1990) の結果より,

$$\int_0^1 \underline{B}_w dB_\psi^\tau = \int \underline{B}_w dB_{\psi.w}^\tau + \lambda_{\omega\psi}(\tau) \int \underline{B}_w dB_w$$

がわかる.ここで,$\lambda_{\omega\psi}(\tau) = \sigma_{w\psi}(\tau)/\sigma_w^2$ であり,$B_{\psi.w}^\tau$ は分散 $\sigma_{\psi.w}^2(\tau) = \sigma_\psi^2(\tau) - \sigma_{w\psi}^2(\tau)/\sigma_w^2$ のブラウン運動で,$\underline{B}_w$ と独立である.したがって,$t_n(\tau)$ の極限分布は以下の分解を持つ.

$$\frac{1}{\sqrt{\tau(1-\tau)}} \frac{\int \underline{B}_w dB_{\psi.w}^\tau}{\left(\int_0^1 \underline{B}_w^2\right)^{1/2}} + \frac{\lambda_{w\psi}(\tau)}{\sqrt{\tau(1-\tau)}} \frac{\int \underline{B}_w dB_w}{\left(\int_0^1 \underline{B}_w^2\right)^{1/2}}$$

説明を簡単にするために,二つのブラウン運動 $B_w(r)$ と $B_{\psi.w}^\tau(r)$ を,以下のように書き直す.

$$B_w(r) = \sigma_w W_1(r), \quad B_{\psi.w}^\tau(r) = \sigma_{\psi.w}(\tau) W_2(r)$$

$$\underline{B}_w(r) = \sigma_w \underline{W}_1(r), \quad \underline{W}_1(r) = W_1(r) - \int_0^1 W_1(s) ds$$

ここで $W_1(r)$ と $W_2(r)$ は,互いに独立な標準ブラウン運動である.$\sigma_\psi^2(\tau) = \tau(1-\tau)$ に注意すると,$t_n(\tau)$ の極限分布は以下のように表せる.

$$\delta \left(\int_0^1 \underline{W}_1^2\right)^{-1/2} \int_0^1 \underline{W}_1 dW_1 + \sqrt{1-\delta^2} N(0,1) \tag{9.44}$$

さらに

$$\delta = \delta(\tau) = \frac{\sigma_{w\psi}(\tau)}{\sigma_w \sigma_\psi(\tau)} = \frac{\sigma_{w\psi}(\tau)}{\sigma_w \sqrt{\tau(1-\tau)}}$$

である．以上の極限分布は，シミュレーションにより容易に近似できる．実際，必要となる臨界値は文献に数表化されており，実証研究などの際に利用可能である．

攪乱パラメータが消えるような $t_n(\tau)$ の変換を行うという他の方法もある．その場合には，分布に依存しない推測が可能である．Hasan and Koenker (1997) は拡張 Dickey–Fuller 型の枠組みで，回帰ランクスコアに基づいたランク型検定を考えている．三つ目の方法は，もとの分布によらない漸近分布を持つ検定統計量による検定という枠組みから離れて，リサンプリング法による臨界値を使う方法である．OLS で扱えるものよりも広いクラスの対立仮説を扱うこと念頭に置いて，複数の分位点にわたる分位点自己回帰による単位根検定を考えることもできる．この話題についての詳細は，Koenker and Xiao (2004) を参照されたい．

9.8.2 共和分時系列に対する分位点回帰

再び式 (9.27) の回帰モデルを考えることにする．もし X_t が和分過程からなる k 次元説明変数ベクトルで，u_t が平均 0 で定常ならば (X_t との相関があってもよい)，その回帰モデルは，重要な共和分回帰モデル (cointegration regression model) になる (Xiao, 2009)．内生性を扱うために，X_t のリードとラグの両方を用いることにする (u_t と X_t の相関を扱うには別の方法もある)．回帰モデルの u_t は，以下の表現を持つとする．

$$u_t = \sum_{j=-K}^{K} v'_{t-j} \Pi_j + \varepsilon_t \tag{9.45}$$

ここで $v_t = \Delta X_t$ であり，ε_t は任意の j について $E(v_{t-j}\varepsilon_t) = 0$ を満たす定常過程である．さらに

$$n^{-1/2} \sum_{t=1}^{[nr]} \begin{bmatrix} \psi_\tau(\varepsilon_{t\tau}) \\ v_t \end{bmatrix} \Rightarrow B(r) = \begin{bmatrix} B^*_\psi(r) \\ B_v(r) \end{bmatrix} = BM(0, \Omega^*)$$

とする．このときもとの共和分回帰は，以下のように書き直せる．

$$Y_t = \alpha + \beta' X_t + \sum_{j=-K}^{K} \Delta X'_{t-j} \Pi_j + \varepsilon_t$$

上のモデルにおいて，ε_t の第 τ 分位点を $Q_\varepsilon(\tau)$ とし，$\mathcal{G}_t = \sigma\{X_t, \Delta X_{t-j}, \forall j\}$ とおくと，Y_t の $\mathcal{G}_t$ についての第 τ 条件付き分位点は

$$Q_{Y_t}(\tau|\mathcal{G}_t) = \alpha + \beta' X_t + \sum_{j=-K}^{K} \Delta X'_{t-j} \Pi_j + F_\varepsilon^{-1}(\tau)$$

となる．ここで $F_\varepsilon(\cdot)$ は ε_t の分布関数である．Z_t を $z_t = (1, X_t)$ と $(\Delta X'_{t-j},$

9.8 非定常時系列に対する分位点回帰

$j = -K, \ldots, K$)からなる回帰係数ベクトルとし,次いで $\Theta = (\alpha, \beta', \Pi'_{-K}, \ldots, \Pi'_K)'$ および

$$\Theta(\tau) = (\alpha(\tau), \beta(\tau)', \Pi'_{-K}, \ldots, \Pi'_K)'$$

とおく.$\Theta(\tau)$ では,$\alpha(\tau) = \alpha + F_\varepsilon^{-1}(\tau)$ である.このとき共和分回帰モデルと分位点回帰式は,$Y_t = \Theta' Z_t + \varepsilon_t$ および

$$Q_{Y_t}(\tau|\mathcal{F}_t) = \Theta(\tau)' Z_t$$

と書き直せる.

そして以下の分位点共和分回帰 (quantile cointegration regression) を考える.

$$\widehat{\Theta}(\tau) = \arg\min_\theta \sum_{t=1}^n \rho_\tau(Y_t - \Theta' Z_t) \tag{9.46}$$

ADF 回帰と同様に,$\widehat{\Theta}(\tau)$ の要素は異なった収束率を持つ.そのため $G_n = \mathrm{diag}(\sqrt{n}, n, \ldots, n, \sqrt{n}, \ldots, \sqrt{n})$ とし,また,$\Theta(\tau)$ の定義にならい,$\widehat{\Theta}(\tau)$ を以下のように分割する.

$$\widehat{\Theta}(\tau)' = \left[\widehat{\alpha}(\tau), \widehat{\beta}(\tau)', \widehat{\Pi}_{-K}(\tau)', \ldots, \widehat{\Pi}_K(\tau)'\right]$$

このとき,適当な正則条件のもとで,

$$G_n(\widehat{\Theta}(\tau) - \Theta(\tau)) \Rightarrow \frac{1}{f_\varepsilon(F_\varepsilon^{-1}(\tau))} \begin{bmatrix} \int_0^1 \overline{B}_v \overline{B}_v^\top & 0 \\ 0 & \Gamma \end{bmatrix}^{-1} \begin{bmatrix} \int_0^1 \overline{B}_v dB_\psi^* \\ \Psi \end{bmatrix}$$

が成り立つ.特に共和分ベクトルについては,

$$n(\widehat{\beta}(\tau) - \beta(\tau)) \Rightarrow \frac{1}{f_\varepsilon(F_\varepsilon^{-1}(\tau))} \left[\int_0^1 \underline{B}_v \underline{B}_v^\top\right]^{-1} \int_0^1 \underline{B}_v dB_\psi^*$$

が成立する.以上の結果の中では,$\overline{B}_v(r) = (1, B_v(r)')'$, $\underline{B}_v(r) = B_v(r) - rB_v(1)$, $\Gamma = E(V_t V_t')$, $V_t = (\Delta X'_{t-K}, \ldots, \Delta X'_{t+K})'$ である.また Ψ は $(\Pi_{-K}(\tau)', \ldots, \Pi_K(\tau)')'$ に対応した次元を持つ多変量正規確率変数である.

分位点回帰残差

$$\varepsilon_{t\tau} = Y_t - Q_{Y_t}(\tau|\mathcal{F}_t) = Y_t - \Theta(\tau)' Z_t = \varepsilon_t - F_\varepsilon^{-1}(\tau)$$

を考えると,$Q_{\varepsilon_{t\tau}}(\tau) = 0$ かつ $E\psi_\tau(\varepsilon_{t\tau}) = 0$ である.ここで $Q_{\varepsilon_{t\tau}}(\tau)$ は $\varepsilon_{t\tau}$ の第 τ 分位点を表す.

共和分関係の存在は,分位点共和分回帰からの残差過程 $\varepsilon_{t\tau}$ の変動を直接見ることによって検定できる.ここで以下の部分和過程

$$Y_n(r) = \frac{1}{\omega_\psi^* \sqrt{n}} \sum_{j=1}^{[nr]} \psi_\tau(\varepsilon_{j\tau})$$

を考えることにする.ω_ψ^{*2} は $\psi_\tau(\varepsilon_{j\tau})$ の長期分散である.適当な正則条件のもとで,

この部分和過程は，不変原理より標準ブラウン運動 $W(r)$ に弱収束する．$\psi_\tau(\varepsilon_{j\tau})$ は定義関数から定義されることに注意しよう．ここで $Y_n(r)$ の変動を測る連続汎関数 $h(\cdot)$ を選ぶと，$h(Y_n(r))$ に基づく共和分の頑健な検定が構成できる．連続写像の定理より，適当な正則条件と共和分関係が存在するという帰無仮説のもと，

$$h(Y_n(r)) \Rightarrow h(W(r))$$

が成立する．原理的には，$Y_n(r)$ の変動を測るどのような距離も，汎関数 h の自然な候補である．古典的な Kolmogoroff–Smirnov 型または Cramer–von Mises 型の尺度が特に重要である．共和分関係が存在しないという対立仮説のもとでは，この統計量は発散する．

実際には，式 (9.46) を使って $\Theta(\tau)$ を $\widehat{\Theta}(\tau)$ で推定することにより，以下の残差を得る．

$$\widehat{\varepsilon}_{t\tau} = Y_t - \widehat{\Theta}(\tau)' Z_t$$

そして頑健な共和分検定は，

$$\widehat{Y}_n(r) = \frac{1}{\widehat{\omega}_\psi^* \sqrt{n}} \sum_{j=1}^{[nr]} \psi_\tau(\widehat{\varepsilon}_{j\tau})$$

に基づいて構成される．ここで $\widehat{\omega}_\psi^{*2}$ は ω_ψ^{*2} の一致推定量である．適当な正則条件と共和分関係が存在するという帰無仮説のもと，

$$\widehat{Y}_n(r) \Rightarrow \widetilde{W}(r) = W_1(r) - \left[\int_0^1 dW_1 \overline{W}_2'\right] \left[\int_0^1 \overline{W}_2 \overline{W}_2'\right]^{-1} \int_0^r \overline{W}_2(s)$$

が成立する．ここで $\overline{W}_2(r) = (1, W_2(r)')'$ であり，W_1 と W_2 は互いに独立な，それぞれ 1 次元と k 次元の標準ブラウン運動である．頑健な共和分検定に関するより詳細な議論については，Xiao (2012) を参照されたい．

9.9 時系列分位点回帰の応用

分位点回帰の膨大な応用例はさまざまな分野にわたっており，その数も増えつつある．この節では，区間予測，構造変化の検定，ポートフォリオの構成という，分位点回帰の三つの応用例について議論する．

9.9.1 分位点モデルによる予測

動学的分位点回帰モデル (dynamic quantile regression model) は，区間予測に対する自然なアプローチを与える．時系列の観測値 $\{Y_t\}_{t=1}^T$ と動学的分位点回帰モデル

$$Q_{Y_t}(\tau | \mathcal{F}_{t-1}) = g(X_t, \theta(\tau))$$

があるとする．ここでは，説明変数は $X_t = (1, Y_{t-1}, \ldots, Y_{t-p})^\top$ とする．ここで利

用可能な観測値によるサンプル外予測を考える．例えば $g(X_t, \theta(\tau)) = X_t^\top \theta(\tau)$ の場合には，式 (9.5) の QAR モデルになる．もしパラメータ $\theta(\tau)$ が既知ならば，

$$[g(X_{T+1}, \theta(\alpha/2)), g(X_{T+1}, \theta(1-\alpha/2))]$$

で定義される区間は，正確に水準 $(1-\alpha)$ の Y_{T+1} の予測区間である．実際には $\theta(\tau)$ は未知なので，上で述べた区間の構成には分位点回帰推定量 $\widehat{\theta}(\tau)$ を使わなければならない．Portnoy and Zhou (1996) によれば，

$$\left[g(X_{T+1}, \widehat{\theta}(\alpha/2 - h_T)), g(X_{T+1}, \widehat{\theta}(1-\alpha/2 + h_T))\right]$$

のような修正予測区間を使うこともできる．h_T は分位点回帰の予備推定量 $\widehat{\theta}(\tau)$ による不確実性のためにあり，$h_T \to 0$ を満たす．

Y_{T+p} に対する p 段階予測をするために，まず Y_{T+1} の 1 期先予測の条件付き分布は

$$\widehat{Y}_{T+1} = g(X_{T+1}, \widehat{\theta}(U))$$

から得られることに注意する．ここで U は一様分布 $U[0,1]$ に従う．U_1^* を $U[0,1]$ からの標本とすると，

$$\widehat{Y}_{T+1}^* = g(X_{T+1}, \widehat{\theta}(U_1^*))$$

は上で得られた Y_{T+1} の 1 期先予測の条件付き分布からの標本になる．次に，$\widetilde{X}_{T+2} = (1, \widehat{Y}_{T+1}^*, Y_T, \ldots, Y_{T-p+2})^\top$ および $U_2^* \sim U[0,1]$ とすると，

$$\widehat{Y}_{T+2}^* = g(\widetilde{X}_{T+2}, \widehat{\theta}(U_2^*))$$

は，Y_{T+2} の 2 期先予測の分布からの標本となる．そして s 段階目で $\widetilde{X}_{T+s} = (1, \widehat{Y}_{T+s-1}^*, \ldots, \widehat{Y}_{T+s-p}^*)^\top$ (ここで $j \leq T$ のときは $\widehat{Y}_j^* = Y_j$) かつ $U_s^* \sim U[0,1]$ とすると，

$$\widehat{Y}_{T+s}^* = g(\widetilde{X}_{T+s}, \widehat{\theta}(U_s^*))$$

という予測値が得られる．以上の標本抽出手順を繰り返すことにより，以下のサンプルパスの予測値が得られる．

$$\left(\widehat{Y}_{T+1}^*, \widehat{Y}_{T+2}^*, \ldots, \widehat{Y}_{T+p}^*\right)$$

この手順全体を R 回繰り返すことにより，サンプルパスの予測値標本全体 $\left\{(\widehat{Y}_{T+1}^{(r)}, \ldots, \widehat{Y}_{T+p}^{(r)})\right\}_{r=1}^R$ と Y_{T+p} の予測値標本全体 $\left\{\widehat{Y}_{T+p}^{(r)}\right\}_{r=1}^R$ が得られる．これらに基づいて，Y_{T+p} の条件付き分布の予測値や水準 $(1-\alpha)$ の p 段階予測区間を求めることができる．

ARCH モデルや，AR 構造の期待値と ARCH 誤差を持つモデルなど，他のモデルについても，同様な予測を行うことができる．詳しくは Granger et al. (1989) を参照されたい．線形 ARCH モデルに関する議論については，Koenker and Zhao (1996) を参照されたい．

Yu and Moyeed (2001) は，分位点回帰の問題に対して，非対称なラプラス分布の尤度によるベイズ推定法を提案した．確率変数の密度が

$$f(\varepsilon) = \tau(1-\tau)\exp\{-\rho_\tau(\varepsilon)\}$$

という形であれば，その密度関数は非対称ラプラス密度（asymmetric Laplace density）と呼ばれる．ここで自己回帰モデルを考えることにする．もし誤差項 u_t が $\exp\{-\rho_\tau(u)\}$ に比例する密度関数を持つならば，対応する最尤推定は分位点回帰のチェック関数を最小にすることになる．さらに，分位点回帰の尤度による解釈は，MCMC 法によって未知パラメータの事後分布を得ることを容易にし，パラメータの不確実さを分位点予測による統計的推測の中に組み込むための便利な方法を与える．分位点回帰モデルが与えられれば，この方向でベイズ分位点予測を行うことができる．

Lee and Yang (2007) は，分位点予測量を得るために，平均型ブートストラップ（バギング）（bootstrap aggregating（bagging））を提案した．

9.9.2 条件付き分布の構造変化の検定

分位点回帰は，条件付き分位点関数に関する統計的推測を行うためのさまざまなテクニックを提供する．例として，分位点回帰は，分布関数あるいは条件付き分布関数の変化の検定に有用な方法を与える．実際，条件付き分位点関数は条件付き分布関数の逆関数なので，条件付き分位点関数を調べると，分布の変化に関する情報が得られる．

$\{Y_t, X_t\}_{t=1}^n$ を多次元の時系列データとし，$\mathcal{F}_0 = \sigma\{X_1\}$ かつ $\mathcal{F}_{t-1} = \sigma(Y_{t-1},\ldots,Y_1,X_t,\ldots,X_1)$ $(t \geq 2)$ とおく．そして Y_t の $\mathcal{F}_{t-1}$ に関する第 τ 条件付き分位点関数が

$$Q_{Y_t}(\tau|\mathcal{F}_{t-1}) = \beta(\tau,t)'X_t \tag{9.47}$$

となると仮定する．ここで $\beta(\tau,t)$ は p 次元のパラメータベクトルである．例えば $X_t = (1, Y_{t-1},\ldots,Y_{t-p+1})'$ であり，$\beta(\tau,t)$ は t に依存しないとすると，以下の形の式 (9.5) の分位点自己回帰（QAR）モデルが得られる．

$$Q_{Y_t}(\tau|\mathcal{F}_{t-1}) = \beta_1(\tau) + \beta_2(\tau)Y_{t-1} + \cdots + \beta_p(\tau)Y_{t-p+1} = \beta(\tau)'X_t \tag{9.48}$$

ここで $\beta(\tau) = (\beta_1(\tau), \beta_2(\tau), \ldots, \beta_p(\tau))'$ である．

サイズ n のランダム標本があり，X_t を与えたときの Y_t の条件付き分布が変化しないという帰無仮説の検定を考えるとする．条件付き分布関数を $F_t(y, x_t) = \Pr(Y_t \leq y|x_t)$ とすると，帰無仮説は以下のように表せる．

$$H_0 : F_t(y, x_t) = F(y, x_t)$$

条件付き分布関数の逆関数が条件付き分位点関数なので，上の H_0 を

$$H_0 : Q_t(\tau, x_t) = Q(\tau, x_t)$$

のように表すこともできる．ここで，$Q_t(\tau, x_t)$ と $Q(\tau, x_t)$ は $X_t = x_t$ のときの Y_t

の条件付き分位点関数であり，これらは，$\tau \in [0,1]$ に対して

$$F_t(y, x_t) = \tau \quad \text{および} \quad F(y, x_t) = \tau$$

をそれぞれ y について解くことによって得られる．

線形パラメトリックモデル

$$Q_t(\tau, x_t) = \beta(\tau, t)' x_t$$

を考えるとすると，この検定問題は

$$H_0 : \beta(\tau, t) = \beta(\tau) \tag{9.49}$$

と表すことができる．ここで，$\beta(\tau) \in \mathcal{B} \subset \mathbb{R}^p$ である．

実際の問題では，分布に変化があるときでも，通常その変化点 r は未知なので，変化点を内生化しなければならない．そのために $I_{r,t} = 1(t \geq \lceil nr \rceil + 1)$ というダミー変数を定義する．ここで $1(\cdot)$ は定義関数である．以上の定義のもと，次の逐次分位点回帰モデル (sequential quantile regression model) を考える．

$$Q_{Y_t}(\tau | x_t, I_{r,t}) = \beta(\tau)' x_t + \delta(\tau)' (x_t I_{r,t}) \tag{9.50}$$

そのとき，構造変化がないという帰無仮説の検定は，

$$H_0 : \delta_0(\tau) = 0 \text{ がすべての } \tau \text{ で成立する．} \tag{9.51}$$

の検定になる．ここで $\delta_0(\tau)$ は式 (9.50) の $\delta(\tau)$ の真値である．

議論を進めるために，$z_{rt} = (x_t', x_t' I_{r,t})'$ かつ $\theta(\tau) = (\beta(\tau)', \delta(\tau)')'$ とおく．すると，$\{Y_t, z_{rt}\}_{t=1}^n$ による $\theta(\tau)$ の逐次分位点回帰推定量 (SQRE) は，

$$\widehat{\theta}(\tau, r) = \arg \min_{\beta \in \mathbb{R}^{2p}} \rho_\tau \left(Y_t - \theta(\tau)' z_{rt} \right) \tag{9.52}$$

で与えられる．ここで $\rho_\tau(u) = u[\tau - 1(u < 0)]$ かつ $\widehat{\theta}(\tau, r) = (\widehat{\beta}(\tau, r)', \widehat{\delta}(\tau, r)')' \in \mathbb{R}^p \times \mathbb{R}^p$ である．直観的には，帰無仮説のもとで $\widehat{\delta}(\tau, r)$ はすべての τ と r に対して小さいはずである．

Su and Xiao (2008) はこの問題を考察した．いま $F(\cdot | \mathcal{F}_{t-1})$ を，$\mathcal{F}_{t-1}$ を与えたときの Y_t の条件付き分布関数とする．そして $F(\cdot | \mathcal{F}_{t-1}) = F(\cdot | x_t) = F_t(\cdot)$ とおく．構造変化なしの帰無仮説のもとで，確率 1 で $F_t(\cdot)$ はルベーグ測度に関する密度 $f_t(\cdot) = f(\cdot | x_t)$ を持ち，またさらに，$\mathrm{E}[\psi_\tau(Y_t - \beta_0(\tau)' x_t) | \mathcal{F}_{t-1}] = 0$ という式が，ある $\beta_0(\tau) \in \mathcal{B} \subset \mathbb{R}^p$ について成立すると仮定する．この $\beta_0(\tau)$ は一意的であり，どの τ に対してもコンパクト集合 $\mathcal{B}$ の内点であると仮定する．

条件付き分布と時系列の弱従属性に関する仮定のもとで，逐次回帰分位点過程 $\sqrt{n}\left(\widehat{\theta}(\tau, r) - \theta_0(\tau)\right)$ は，τ と r について一様に以下の Bahadur 表現を持つ．

$$\left[\frac{1}{n}\sum_{t=1}^n f_t(\theta_0(\tau)' z_{rt}) z_{rt} z_{rt}'\right]^{-1} \frac{1}{\sqrt{n}} \sum_{t=1}^n \psi_\tau(Y_t - \theta_0(\tau)' z_{rt}) z_{rt}$$

ここで以上の表現について考えることにする．まず仮定を述べる．ある有限な正定値対称行列 Q に対して $\sup_{0<r\leq 1}\left|n^{-1}\sum_{t=1}^{\lceil nr \rceil} x_t x_t' - rQ\right| = o_P(1)$ が成立し，さらに

$$\sup_{0\leq\tau\leq 1,\ 0<r\leq 1}\left|n^{-1}\sum_{t=1}^{\lceil nr \rceil} f_t\left(\beta_0(\tau)' x_t\right) x_t x_t' - rH^*(\tau)\right| = o_P(1)$$

も成立するとする．上の式の $H^*(\tau)$ は，どの τ に対しても有限な正定値対称行列であるとする．そのとき帰無仮説のもとで，

$$\sqrt{n}\widehat{\delta}(\tau,r) \Rightarrow (r(1-r))^{-1} H^*(\tau)^{-1} Q^{1/2} W(\tau,r)$$

となる．上の式において，$W(\tau,r) = rW^*(\tau,1) - W^*(\tau,r)$ であり，また，$\{W^*(\tau,r):(\tau,r)\in[0,1]^2\}$ は，$E[W^*(\tau,r)]=0$ と $E[W^*(\tau_1,r_1)W^*(\tau_2,r_2)] = (r_1\wedge r_2)(\tau_1\wedge\tau_2-\tau_1\tau_2)I_p$ を満たす Kiefer 過程（Kiefer process）である．

次に検定統計量を考える．いま $\widehat{\Omega}(\tau,r)$ を，

$$\Omega(\tau,r) \equiv \frac{\tau(1-\tau)}{r(1-r)} H^*(\tau)^{-1} Q H^*(\tau)^{-1}$$

のパラメータについて一様な一致推定量とする．これらを用いた以下の sup-Wald 型統計量により，条件付き分布の構造変化に関する検定が行える．

$$\sup W_n \equiv \sup_{\tau\in\mathcal{T}}\sup_{r\in\mathcal{A}} W_n(\tau,r), \quad \text{ここで } W_n(\tau,r) = n\widehat{\delta}(\tau,r)'\widehat{\Omega}(\tau,r)^{-1}\widehat{\delta}(\tau,r) \tag{9.53}$$

帰無仮説と正則条件のもと，$\sup W_n$ については，

$$\sup W_n \Rightarrow \sup_{\tau\in\mathcal{T}}\sup_{r\in\mathcal{A}} W(\tau,r)' W(\tau,r) / [\tau(1-\tau)r(1-r)]$$

が成立する．

線形分位点回帰モデルに関連した研究については，Su and Xiao (2008) および Qu (2008) を参照されたい．また，Hušková (1997)，Hušková and Picek (2002) にも関連した研究がある．

上のモデルでは，$\mathcal{F}_{t-1}$ は Y_{t-1} を含んでいる．したがって

$$E[\psi_\tau(Y_t - \beta_0(\tau)' X_t)|\mathcal{F}_{t-1}] = 0$$

の仮定のもと，分位点回帰残差はマルチンゲール差分列である．この仮定は緩めることができ，以上の結果は，回帰残差が弱い系列相関を持つ場合にも拡張できる．この場合，条件付き分布には構造変化がないという帰無仮説のもと，回帰分位点過程の極限は，やはり平均 0 の正規過程である．しかし極限過程の共分散核（covariance kernel）はより複雑であり，データの時間的従属構造に依存するが，統計的推測はシミュレーションによって行うことができる．

以上のケースでは，Y_t と X_t の関係はパラメトリックモデルによって特徴付けられ

ている．したがって分布の変化の検定は，分位点回帰係数が一定かどうかの検定として定式化されることになる．多くの応用例では，Y_t と X_t の関係の関数形は未知である．計量経済モデルの誤特定化が構造変化という形で現れてくることもある．線形性の仮定（あるいはその他のパラメトリックな仮定）が満たされていないときには，誤った結論が導かれることもある．モデルの誤特定化による見せかけの構造変化を避けるために，Su and Xiao (2009) はノンパラメトリック分位点回帰からの残差による分布の変化の検定を提案し，その性質を調べた．

9.9.3 ポートフォリオの構築

ファイナンスにおける分位点回帰の応用に関する論文は多数ある．例えば，Taylor (1999), Chernozhukov and Umantsev (2001), Bassett and Chen (2001), Wu and Xiao (2002), Bassett et al. (2004), Linton and Whang (2004), Ma and Pohlman (2008), Gowlland et al. (2009), Xiao and Koenker (2009) などである．実際，分位点回帰はポートフォリオの構成に非常に重要である．市場リスクの計測とポートフォリオの選択にどのリスク測度 (risk measure) を用いるべきかについては，ファイナンスの文献において議論が続いている．その一方で，長期間にわたり，最も有力な市場リスク測度はポートフォリオの収益率の分散であった．期待収益率が一定ならば，投資家は収益率の分散が最小になるようなポートフォリオを選ぶべきであると，Markowitz (1952) は提案した．ポートフォリオの収益率が正規分布に従うか，投資家が2次効用関数を持つときには，この最適ポートフォリオ選択のアプローチは，期待効用最大化とうまく関連付けられる．

しかし一般的には，ファイナンス関係の収益率は正規分布には従わない．実際，多くの研究者によって，収益率の正規性に反する実証研究が報告されている．実証分析においては金融時系列は裾が重い（または尖度が大きい）が，通常このような特徴はデータの観測間隔が短くなると目立つようになる．また2次効用関数は，投資家は損失を嫌うのと同様に利益も嫌うことを想定している．実際には，投資家は主として値下がりからの損失を気にしており，値上がりからの利益にペナルティを課すべきではない．ここ20年の間に蓄積された実証研究の結果は，投資家は投資に関する決定をするとき，利益と損失には異なる態度をとることを示している．

多くの研究者や実務家が，さまざまなポートフォリオ管理の場面で，下振れリスク測度 (downside risk measure) を使うようになってきている．最も顕著な例は，バリュー・アット・リスク (VaR) に基づくリスク測度である．そして，それは国際的な銀行業の規制体系の一部にもなっている．一定期間に，ある損失率以上の損失を被る確率が τ のとき，その市場価値の損失率をバリュー・アット・リスクという．つまり，資産の収益率の時系列 $\{r_t\}_{t=1}^n$ があるとすると，時刻 t におけるバリュー・アット・リスク VaR_t は，

$$\Pr(r_t < -\mathrm{VaR}_t | \mathcal{I}_{t-1}) = \tau \tag{9.54}$$

で定義される．以下 VaR と書くことにする．ここで $\mathcal{I}_{t-1}$ は，時刻 $t-1$ における情報集合である．VaR は条件付き分位点であり，したがって，その推定は分位点の推定と密接に関連している．そしてこれまでの分位点回帰モデルは，VaR に関する問題に応用できる．

ポートフォリオの VaR を最小にすることは，投資家はポートフォリオの収益率の分布全体ではなく，収益率の分布の第 τ 分位点のみを気にするということになる．その普及の程度にかかわらず，リスク測度としての VaR は，金融エンジニアから批判されている．最も重要な批判は，VaR はコヒーレントなリスク測度（coherent risk measure）ではないということである．公理的なアプローチに従い，Artzner et al. (1999) は規制側の視点からコヒーレントなリスク測度を定義した．平均分散型のアプローチでは，標準偏差（分散）がリスク測度として用いられる．Artzner et al. (1999) の定義によれば，そのようなリスク測度はコヒーレントなリスク測度ではない．

VaR はコヒーレントではないので，コヒーレントなリスク測度である期待ショートフォール（expected shortfall; ES）が，VaR によるリスク測度に代わるもの（問題を解決するもの）として考えられてきている．以下，ES と書くことにする．ES は，VaR を超えるときの期待損失率と定義される．より明確に言えば，ポートフォリオの収益率 Y の水準 τ の ES は，第 τ 分位点かそれより悪い損失が起きるという条件のもとでの期待損失率であり，以下の式で定義される．

$$\mathrm{ES}_\tau = E(Y|Y < \mathrm{VaR}_\tau)$$

一定のパーセント点を超える損失率の大きさ自体には影響されない VaR とは異なり，ES は損失率の加重和である．ES はコヒーレントなリスク測度であるという良い性質を持つので，近年，研究者や実務家は，ポートフォリオの期待収益率一定のもとでポートフォリオの ES を最小化するという，ポートフォリオ選択の平均 ES 解析というものを唱えている．

Bassett et al. (2004) は，分位点回帰による平均 ES 型のポートフォリオ選択と Choquet 期待効用最大化を考えた．q_τ を収益率分布の第 τ 分位点とする．平均 ES 型のアプローチは，以下の単純な打ち切り型の効用関数に対応する．

$$u(R) = \begin{cases} R/\tau, & R \leq q_\tau \text{のとき} \\ 0, & \text{それ以外} \end{cases} \quad (9.55)$$

平均 ES 型の設定では，以下に示すように，投資家のその効用関数についての期待効用は，ポートフォリオ収益率分布の第 τ 分位点に対応する ES である．

$$Eu(R) = \int_{-\infty}^{+\infty} u(R)dF(R) = \frac{1}{\tau}\int_{-\infty}^{q_\tau} RdF(R)$$

Bassett et al. (2004) は，ポートフォリオの収益率 R の第 τ リスクを以下のように定義した．

9.9 時系列分位点回帰の応用

$$\varrho_\tau(R) = -\frac{1}{\tau}\int_{-\infty}^{q_\tau} R\,dF(R)$$

ここで q_τ は収益率分布の第 τ 分位点である．彼らは，データを使って第 τ リスクを最小にすることは，以下で述べるように分位点回帰の方法に直結することを示した．$\rho_\tau(\cdot)$ を分位点回帰のチェック関数とすると，彼らは

$$\min_\theta \mathrm{E}\rho_\tau(R-\theta) = \alpha\left(\mu + \varrho_\tau(R)\right) \tag{9.56}$$

を示した．この式が分位点回帰と $\rho_\tau(R)$ の最小化を結び付ける．

ランダムな収益率 $r = (r_1,\ldots,r_L)'$ を持つ L 個の資産への投資を考えることにする．$w = (w_1,\ldots,w_L)'$ ($\sum_{i=1}^L w_i = 1$) をポートフォリオのウエイトとすると，ポートフォリオの収益率 R は $w'r$ である．そのポートフォリオの期待値を $\mu(w'r)$ で表すと，平均 ES 型の投資家の最適なポートフォリオ選択は，

$$\min_w \varrho_\tau(w'r)$$
$$\text{s.t.}\ \mu(w'r) = \mu_0,\ \sum_{i=1}^L w_i = 1$$

のようになる．

実際には，資産の収益率ベクトルの n 個の観測値 $\{r_t, t=1,\ldots,n\}$ と式 (9.56) の関係を用い，期待値をその標本版に置き換えることにより，

$$\min_{w,\theta} \sum_{t=1}^n \rho_\tau(w'r_t - \theta)$$
$$\text{s.t.}\ \frac{1}{n}\sum_{t=1}^n w'r_t = \mu_0,\ \sum_{i=1}^L w_i = 1$$

を考えることになる．

以上の分位点回帰と $\sum_{j=1}^L \omega_j = 1$ という制約式を扱うために，$Y_t = r_{1t}$, $X_t = (r_{1t} - r_{2t},\ldots,r_{1t}-r_{Lt})^\top$ のようなデータの変換を行い，

$$\omega = \left(1 - \sum_{j=2}^L \beta_j, \beta_2,\ldots,\beta_L\right),\quad \beta = (\beta_2,\ldots,\beta_L)^\top$$

と定義する．そのとき上の制約付き分位点回帰は，以下のような制約のない分位点回帰になる．

$$\min_{\beta,\theta}\left\{\sum_{t=1}^n \rho_\tau\left(Y_t - \theta - \beta^\top X_t\right)\right\}$$

そして ES をリスクの規準に使った最適なポートフォリオのウエイトの推定値を容易に計算することができる．

9.10 結　　　論

時系列データに関する分位点回帰は発展中の分野であり，多くの興味深い問題が現在研究されている．本章は，動学的分位点回帰に関するいくつかのトピックを選んで扱っているにすぎない．ページ数の制約上，ここでは扱ってない興味深いトピックも多くある．特に，ここでは時系列分位点回帰による方法論の紹介に焦点を当てたので，興味を引き付ける多くの推定問題や実証分析などは議論されていない（例えば Koenker (2005) および Koenker and Xiao (2002, 2006) などを参照）．分位点回帰を用いるためのいくつかのプログラムもある．例えば，パラメトリック分位点回帰およびノンパラメトリック分位点回帰ともに，統計計算言語 R の関数 rq() および rqss() で実行できる．現在では，SAS も R パッケージ quantreg の機能にならった多くのプロシージャを備えている．

謝辞
この章の以前のバージョンに対して非常に有益なコメントをいただいた，Roger Koenker, Steve Portnoy および匿名の査読者に感謝したい．このプロジェクトの一部は，Boston College 研究基金の援助を受けた．

（Zhijie Xiao／本田敏雄）

文　　　献

Andrews, D.W.K., 1991. Heteroskedasticity and autocorrelation consistent covariance matrix estimation. Econometrica 59, 817–858.

Angrist, J., Chernozhukov, V., Fernandez-Val, I., 2005. Quantile regression under misspecification, with an application to the U.S. wage structure. Econometrica 74(2), 539–563. March 2006.

Artzner, P., Delbaen, F., Eber, J.-M., Heath, D., 1999. Coherent measures of risk. Math. Finance 9, 203–228.

Bassett, G., Chen, H., 2001. Portfolio style: return-based attribution using quantile regression. Empir. Econ. 26, 293–305.

Bassett, G., Koenker, R., Kordas, G., 2004. Pessimistic portfolio allocation and choquet expected utility. J. Financ. Econom. 4, 477–492.

Bouyé, E., Salmon, M., 2008. Dynamic copula quantile regressions and tail area dynamic dependence in forex markets. Manuscript, Financial Econometrics Research Centre, Warwick Business School, UK.

Cade, B., Noon, B., 2003. A gentle introduction to quantile regression for ecologists. Front. Ecol. Environ. 1, 412–420.

Cai, Z., 2002. Regression quantiles for time series. Econom. Theory 18, 169–192.

Cai, Z., Xiao, Z., 2010. Semiparametric quantile regression estimation in dynamic models with partially varying coefficients. J. Econom. 167, 413–425.
Cai, Z., Xu, X., 2009. Nonparametric quantile estimations for dynamic smooth coefficient models. JASA December 1, 2008, 103(484), 1595–1608.
Chen, X., 2006. Large Sample Sieve Estimation of Semi-Nonparametric Models. In: Heckman, J., & Leamer, E. (Eds.), Handbook of Econometrics, vol. 6, Part 2. North Holland, pp. 5549–5632.
Chen, X., Koenker, R., Xiao, Z., 2009. Copula-based nonlinear quantile autoregression. Econom. J. 12, 50–67.
Chen, X., Shen, X., 1998. Sieve extremum estimates for weakly dependent data. Econometrica 66(2), 289–314.
Chernozhukov, V., 2005. Extremal quantile regression. Ann. Stat. 33(2), 806–839.
Chernozhukov, V., Hansen, C., 2008. Instrumental variable quantile regression: a robust inference approach. J. Econom. 142, 379–398.
Chernozhukov, V., Umantsev, L., 2001. Conditional value-at-risk: aspects of modeling and estimation. Empir. Econom. 26(1), 271–292.
Davis, R.A., Knight, K., Liu, J., 1992. M-estimation for autoregressions with infinite variance. Stoch. Processes Appl. 40(1), 145–180.
De Rossi, G., Harvey, A., 2009. Quantiles, expectiles and splines. J. Econom. 152(2), 179–185.
Engle, R., Mangenelli, S., 2004. CAViaR: conditional autoregressive value at risk by regression quantiles. J. Bus. Econ. Stat. 22, 367–381.
Fan, J., Yao, Q., Tong, H., 1996. Estimation of conditional densities and sensitivity measures in nonlinear dynamical systems. Biometrika 83, 189–206.
Galvao, A., 2010. Quantile Regression for Dynamic Panel, preprint.
Gourieroux, Jasiak, 2008. Dynamic quantile models. J. Econom. 147(1), 198–205.
Gowlland, C., Xiao, Z., Zeng, Q., 2009. Beyond the central tendency: quantile regression as a tool in quantitative investing. J. Portf. Manag. 35(3), 106–119.
Granger, C.W.G., White, H., Kamstra, M., 1989. Interval forecasting: an analysis based on ARCH-quantile estimators. J. Econom. 40, 87–96.
Hall, P., Wolff, R.C.L., Yao, Q., 1999. Methods for estimating a conditional distribution function. JASA 94, 154–163.
Hansen, B.E., Phillips, P.C.B., 1990. Estimation and inference in models of cointegration: a simulation study. Adv. Econom. 8, 225–248.
Hasan, M.N., Koenker, R., 1997. Robust rank tests of the unit root hypothesis. Econometrica 65(1), 133–161.
Hercé, M., 1996. Asymptotic theory od LAD estimation in a unit root process with finite variance errors. Econom. Theory 12, 129–153.
Honda, T., 2000. Nonparametric estimation of a conditional quantile for α-mixing processes. Ann. Inst. Stat. Math. 52(3), 459–470.
Honda, T., 2004. Quantile regression in varying coefficient models. J. Stat. Plann. Infer. 121, 113–125.
Hsu, Y.H., 2010. Applications of quantile regression to estimation and detection of some tail characteristics, Ph.D. Dissertation, University of Illinois.
Hušková, M., 1997. L1-test procedures for detection of change. In: Dodge, Y. (Ed.), L1-Statistics Procedures and Related Topics. Institute of Mathematical Statistics, Hayward, California, pp. 57–70.
Hušková, M., Picek, J., 2002. M-tests for detection of structural changes in regression. In: Dodge, Y. (Ed.), Statistical Data Analysis Based on the L1-Norm and Related Methods. Birkhauser Verlag, Basel, Switzerland, pp. 213–227.

Jureckova, J., Hallin, M., 1999. Optimal tests for autoregressive models based on autoregression rank scores. Ann. Stat. 27, 1385–1414.

Knight, K., 1989. Limit theory for autoregressive-parameter estimates in an infinite-variance random walk. Can. J. Stat. 17, 261–278.

Knight, K., 1997. Some limit theory for L1-estimators in autoregressive models under general conditions, Lecture Notes-Monograph Series, vol. 31. In: Dodge, Y. (Ed.), L1-Statistical Procedures and Related Topics. California, pp. 315–328.

Knight, K., 1998. Asymptotics for L1 regression estimates under general conditions. Ann. Stat. 26, 755–770.

Knight, K., 2001. Limiting distributions of linear programming estimators. Extremes 4, 87–103.

Knight, K., 2006. Comment on: quantile autoregression. JASA 101(475), 991–1001.

Koenker, R., 2000. Galton, Edgeworth, Frisch and prospects for quantile regression in econometrics. J. Econom. 95, 347–374.

Koenker, R., 2005. Quantile Regression, Econometric Society Monographs (No. 38). Cambridge University Press, New York.

Koenker, R., 2006. Slides in "Econometrics in Rio". http://www.econ.uiuc.edu/~roger/research/qar/Rio.pdf.

Koenker, R., Bassett, G., 1978. Regression Quantiles. Econometrica V46, 33–49.

Koenker, R., Hallock, K., 2001. Quantile regression. J. Econ. Perspect. 15, 143–156.

Koenker, R., Ng, P., Portnoy, S., 1994. Quantile smoothing splines. Biometrika 81, 673–680.

Koenker, R., Xiao, Z., 2002. Inference on the Quantile Regression Processes. Econometrica 70, 1583–1612.

Koenker, R., Xiao, Z., 2004. Unit root quantile regression inference. JASA 99(467), 775–787.

Koenker, R., Xiao, Z., 2006. Quantile autoregression. JASA 101(475), 980–1006.

Koenker, R., Zhao, Q., 1996. Conditional quantile estimation and inference for ARCH models. Econom. Theory 12, 793–813.

Komunjer, I., Vuong, Q., 2010. Efficient estimation in dynamic conditional quantile models. J. Econom. 157(2), 272–285.

Koul, H., Mukherjee, K., 1994. Regression quantiles and related processes under long range dependent errors. J. Multivar. Anal. 51, 318–317.

Koul, H., Saleh, A.K., 1995. Autoregression quantiles and related rank-scores processes. Ann. Stat. 23(2), 670–689.

Kuan, C.M., 2007. An introduction to quantile regression, preprint.

Lee, T.-H., Yang, Y., 2007. Bagging binary and quantile predictors for time series. J. Econom. 135, 465–497.

Linton, O., Shang, D., 2010. Efficient Estimation of Conditional Risk Measures in a Semiparametric GARCH Model, preprint.

Linton, O., Whang, Y.-J., 2004. A Quantilogram Approach to Evaluating Directional Predictability, preprint.

Ma, L., Pohlman, L., 2008. Return forecasts and optimal portfolio construction: a quantile regression approach. Eur. J. Financ. 14, 409–425.

Markowitz, H., 1952. Portfolio selection. J. Finance 7(1), 77–91.

Portnoy, S., 1991. Asymptotic behavior of regression quantiles in non-stationary, dependent cases. J. Multivar. Anal. 38(1), 100–113.

Portnoy, S., Jureckova, J., 1999. On extreme regression quantiles. Extreme 2, 227–243.

Portnoy, S.L., Zhou, K.Q., 1996. Direct use of regression quantiles to construct confidence sets in linear models. Ann. Stat. 24(1), 287–306.

Qu, Z., 2008. Testing for structural change in regression quantiles. J. Econom. 148, 170–184.

Sim, N., 2009. Modeling Quantile Dependence, Ph.D. Dissertation, Boston College, Massachusetts.

Sim, N., Xiao, Z., 2009. Modeling Quantile Dependence: Estimating the Correlations of International Stock Returns, Working Paper, Boston College, Massachusetts.

Su, L., Xiao, Z., 2008. Testing structural change via regression quantiles. Stat. Probab. Lett. 78(16), 2768–2775.

Su, L., Xiao, Z., 2009. Testing for Structural Change in Conditional Distributions via Quantile Regression. Working paper, Boston College.

Taylor, J., 1999. A quantile regression approach to estimating the distribution of multiperiod returns. J. Deriv. 7, 64–78.

Wei, Y., Pere, A., Koenker, R., He, X., 2006. Quantile regression methods for reference growth curves. Stat. Med. 25, 1369–1382.

Weiss, A., 1991. Estimating nonlinear dynamic models using least absolute error estimation. Econom. Theory 7, 46–68.

Wu, G., Xiao, Z., 2002. An analysis of risk measures. J. Risk 4(4), 53–75.

Xiao, Z., 2009. Quantile cointegrating regression. J. Econom. 150(2), 248–260.

Xiao, Z., 2012. Robust inference in nonstationary time series models. J. Econom. 169(2), 211–223.

Xiao, Z., Koenker, R., 2009. Conditional quantile estimation and inference for GARCH models. JASA 104 (488), 1696–1712.

Yu, K., Jones, M.C. 1998. Local linear quantile regression. JASA 93, 228–237.

Yu, K., Moyeed, R.A., 2001. Bayesian quantile regression. Stat. Probab. Lett. 54(4), 437–447.

Yu, Lu, Stander, 2003. Quantile regression: applications and current research areas. JRSS(D) Statistician 52(3), 331–350.

Part V
Biostatistical Applications

生物統計への応用

CHAPTER 10

Frequency Domain Techniques in the Analysis of DNA Sequences

DNA 配列解析における周波数領域のテクニック

概要 カテゴリカル時系列における周期性を分析するためのスペクトルエンベロープという概念は，Stoffer et al.（1993a）により，統計学の文脈で，非数値列の調和解析および尺度化に対する，計算が単純かつ一般的な方法論として導入された．分析技術の進歩とともに，多くの興味深い応用が明らかになってきた．例えば，Stoffer and Tyler（1998）は，二つのカテゴリカル時系列の最大2乗コヒーレンスを考察している．最も興味深い方向性の一つは，そのような分析技術を長大な DNA 配列解析に用いることである．その方法の利点は，長い DNA 配列内の診断パターンを素早く探索するために，現代のコンピュータ性能と厳密な統計解析とを組み合わせたことにあった．その方法論は，時系列の周波数領域による主成分分析や正準相関分析と密接に関係し，本章の補遺で，それらの話題を要約的に説明した．スペクトルエンベロープの理論および方法と関連する技法を記述するだけでなく，DNA 配列のさまざまな解析を収録した．専らというわけではないが，主としてウイルス解析に焦点を置く．考察する問題は，ヌクレオソーム配置信号の周期長，コドン使用頻度の最適なアルファベット，および配列アライメントに関わるものである．

キーワード スペクトル解析，分子生物学，スペクトルエンベロープ，コヒーレンスエンベロープ，カテゴリカル時系列

10.1 はじめに

ゲノム配列が急速に蓄積されているため，米国の GenBank，日本 DNA データバンク（DDBJ）や欧州分子生物学研究所（EMBL）のようなデータバンクに集められた遺伝情報を解読する方法への需要が増加している．短い配列のミクロ的な解析に対する多くの方法が開発されてきたものの，長い DNA 配列のマクロ的な解析に対する強力な手段は未だ十分とは言えない．統計解析を現代のコンピュータ性能と組み合わせることで，長い配列内の診断パターンを高速探索することが可能になる．この二つの技術の結合が，長い配列内のパターンに見られる類似性および差異を評価するための自動的な分析法を提供し，これらの有機分子に隠された生化学情報の発見が支援される．

DNA 鎖は時系列であるか? 手短に言って, DNA 鎖は繋がったヌクレオチドの長い列と見なすことができる. 各ヌクレオチドは塩基, 五炭糖およびリン酸からなる. 大きさでグループ分けされた四つの異なる塩基があり, チミン (T) とシトシン (C) はピリミジンで, アデニン (A) とグアニン (G) はプリンである. ヌクレオチドは, 糖とリン酸が交互に織りなす主鎖上に, 一つの糖の 5′ 位炭素に次の糖の 3′ 位炭素が結合し, 次の方向を与えるようにして繋がっている. DNA 分子は, 内側向きに塩基を持ったヌクレオチド鎖の 2 重らせんとして出現する. 二つの鎖は相補的であり, したがって, DNA 分子を図 10.1 のように 1 本の鎖上の塩基の列として表現すればよい. DNA 鎖を有限個のアルファベット {A,C,G,T}[*1)]からなる塩基ペア (base pair)

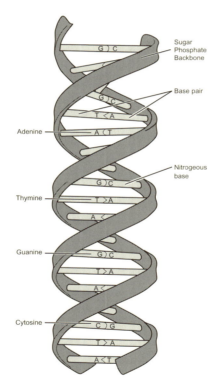

図 10.1 DNA の一般的な構造とその塩基.

[*1)] ヌクレオチド配列に用いられるシンボル割り当てについて詳しく調べることは価値がある. グアニン, アデニン, チミン, シトシンのアルファベット (G, A, T, C) とは別に, プリン (アデニンまたはグアニン) の R, ピリミジン (チミンまたはシトシン) の Y, アデニンまたはチミン

（以降 bp と略す）と呼ばれる文字列 $\{X_t : t = 1, \ldots, n\}$ で表すことができる．ヌクレオチドの順番は，生物に固有の遺伝情報を含む．これら分子に記憶された情報を表現することは，複雑な多段階プロセスである．ここで一つの重要な課題は，DNA のタンパク質コーディング配列（CDS）に記憶された情報を翻訳することである．長い DNA 配列のデータを解析するときの共通の問題は，配列全体に分散し，DNA の大半を占める非コーディング領域で隔てられた CDS を識別することである．もう一つの興味深い問題は，二つの DNA 配列 X_{1t}, X_{2t} をマッチングさせることである．この問題の背景は，Waterman and Vingron（1994）で詳細に議論されている．例えば，新しい DNA 配列ないしタンパク質配列はすべて，すでに研究がなされている配列と類似ないし同一の配列を見つける目的で，一つまたは複数の既存の配列データベースと比較されるが，こうしたデータベース探索の結果，重要な発見に至った事例が数多くある．

　DNA 分子に沿ってヌクレオソームが配置され除去されるメカニズムをめぐる課題に，多くの努力が傾けられている．DNA 配列に関するヌクレオソームの正確な位置は，制御活性を左右する．したがって，ヌクレオソームの配置問題は，分子遺伝学の初期の関心事であった（Komberg, 1974）．複数の研究が示すところでは，ほとんどのゲノムについて，その少なからぬ割合が，定位置を持つヌクレオソームから構成されている（レビューとして Simpson（1990）を参照）．もし定位置を持つヌクレオソームが生体内で現れるならば，それらの正確な位置は，どのように決められ，維持されるのか？ 考えうるメカニズムが文献で議論されているが，経験的証拠で強く支持されるものもあれば，そうでないものもある．例えば，特別な配置を行うタンパク質に対する証拠や，複製に関連したアライメントに対する証拠は，これまでまったく提示がなされていない．ヌクレオソームの配置に影響を与えているように思われる主要因は，DNA 配列それ自身である．ヒストン–DNA 相互作用[*2]は，正確な八量体位置の微調整に決定的な役割を果たすと信じられている．ヌクレオソーム配置に関しては，二つの要因がよく知られている．一つは DNA 配列上のサイトをマークする翻訳信号であり，もう一つはヒストンに面する側の DNA の曲率を決める回転信号である．翻訳信号については，現時点で多くのことがわ

　　　（塩基ペア間の"弱い"水素結合作用のため）の W，グアニンまたはチミン（塩基ペア間の"強い"水素結合作用のため）の S，アデニンまたはシトシン（アミノから）の M，グアニンまたはチミン（両者とも同じような位置にケト基を持つ）の K，アデニンまたはチミンまたはシトシン（グアニンでない）の H，グアニンまたはチミンまたはシトシン（アデニンでない）の B，グアニンまたはアデニンまたはシトシン（チミンでない）の V，グアニンまたはアデニンまたはチミン（シトシンでない）の D，グアニンまたはアデニンまたはチミンまたはシトシン（任意または特定できない）の N，および未知の X がある．

[*2] ヒストンとは，DNA が巻き付くスプールとして働くタンパク質のことで，遺伝子調整の役割をする．曲がりは約 10bp の周期で起きる．

かっているわけではない．ある仮説が示唆するところによると，ダイアド[*3]において特定の塩基パターンが見られる場合には，それが翻訳信号として働きやすいとされている．実際，ダイアドにおいては，巻き付いた DNA が，通常であれば八量体のまわりに滑らかに描く超らせん型軌道から鋭く折れ曲がった形ではみ出しており，塩基パターンが特別な形をとるという性質は，必然的にダイアド付近にあると考えられるからである．この見解は，ダイアドにおけるトリヌクレオチド RRR-YYY と RRY-RYY にそのような傾向が観察されることから支持されている（Turnell et al., 1988）．別の仮説では，A ないし T が単独で 5～18 個連なっている場合，それらは概してダイアド付近の領域から除外され両端で発見されがちであるという理由から，この配列を潜在的な信号であると見なしている．第 3 の仮説は配列依存ではあるが，ダイアド領域付近のジ（またはトリ）ヌクレオチドの周期性に変化や中断がある場合，それらは翻訳信号である可能性がある（Satchwell et al., 1986）．

ヌクレオソーム配置が回転信号と関連しているという考え方は，ヌクレオソームの DNA がタンパクコアのまわりにしっかりと巻き付いているという事実に基づく．巻き付いた DNA が曲がるには，コアに通している側の溝が縮み，外側に向いた溝が伸びる必要がある．ヌクレオチド配列に依存して，DNA の屈曲が同一平面内に留まりやすい傾向から，Trifonov and Sussman (1980) は，DNA 配列とその曲がる方向との間に一定の関連性があるために，コア粒子のまわりへの巻き付きが必然的な形で促進されている可能性を指摘した．このような配列依存の曲がりやすさは，回転信号に関する理論的かつ実験的探索を動機付けた．これらの信号は，巻き付いたヌクレオソーム DNA の構造的な周期性を反映する，配列のある種の周期性の表れであると考えられた．

実験データ同様，各種のモデル計算は，ある種の周期的な信号が存在するという点でかなり意見の一致を見ているが，同期性のタイプを正確に論じ始めると，結論は不一致で，多くの問題が未解決のまま残されている．回転信号の周期性は，圧倒的にジ（あるいはトリ）ヌクレオチドにおいて起きるのであろうか？ それとも，より高次のジヌクレオチドでも見られるのであろうか？ Ioshikhes et al. (1992) がジヌクレオチド信号に対する新たな証拠を報告する一方，Satchwell et al. (1986) の分析の結果によれば，Muyldermans and Travers (1994) の研究から得られたデータによって新しく支持されたトリヌクレオチドのパターンに至った．どのヌクレオチドのアルファベットが回転信号に関与しているのだろう？ Satchwell et al. (1986) は，強い (G,C) 水素結合アルファベットを弱い (A,T) 水素結合アルファベットに対比して用いること

[*3] DNA 分子の 2 領域で塩基ペアの配列が互いに逆向きに相補的に（例えば GAATAC と GTATTC というように）なるとき，この対称性をダイアドと呼ぶ．相補的な配列は，しばしば互いに塩基ペアをなす形で折り重なり，それらはヘアピン型のループを形成する．

で，10bp 信号の $W_2N_2S_3N_2$ を提案した．Zhurkin (1985) は，RYN_3YRN_3 のパターンを持つプリン・ピリミジンのアルファベットを示唆し，また，Trifonov と共同研究者は，AAN_3TTN_3 モチーフ配列を提案した．正確な周期長はどれくらいであろうか？ フリー DNA のらせんの繰り返しは約 10.5bp，回転信号の周期性は一般的に 10.5bp よりもわずかに短い傾向がある．例えば，Shrader and Crothers (1990) は 10.1bp，Satchwell et al. (1986) は 10.2bp，Bina (1994) は 10.3bp，Ioshikhes et al. (1992) は 10.4bp としている．これらすべてのデータが一致していることとして，ヌクレオソームの DNA は 1 巻き当たり約 0.3bp で巻き付いているという Shrader and Crothers (1990) による命題がある．約 10bp 周期以外に他の周期はないのだろうか？ Uberbacher et al. (1988) は長さ 6～7bp，10bp，21bp のいくつかの周期的なパターンを観察している．Bina (1994) は 6.4bp の TT 周期を報告した．

上記のリストに，配置信号の性質や特徴についての賛否の分かれる論点をさらに付け加えようと思えば，もちろん可能である．こうした多くの観察や主張に対していずれ寄りの立場をとるかに依存して，ヌクレオソームマッピングに対するさまざまな配列指向アルゴリズムが，例えば Drew and Calladine (1987)，Mengeritsky and Trifonov (1983)，Uberbacher et al. (1988)，Zhurkin (1983)，Piña et al. (1990) により開発されてきた．スペクトルエンベロープ (Stoffer et al., 1993a) を用いた既存データの解析は，ヌクレオソーム配置に寄与する主要な周期信号について，より統一的な描写をもたらした．この方法は，今後，長い DNA 配列のヌクレオソーム位置をコンピュータで予測する際に，信頼性と効率性のある新手法となりうる．

位置決めの問題に加えて，スペクトルエンベロープは，非同義語コドンの使用頻度を調べる際，役立つ道具にもなることが示されている．GC 含量 (等容変化) の局部的変動は，サイレント部位に影響するだけでなく，高 GC 領域において GC リッチコドンへと向かう傾向 (GC 圧) を作り出しているように見える．Bernardi and Bernardi (1985) と Sueoka (1988) を参照されたい．Schachtel et al. (1991) は，HSVI と VZV という二つの密接に関連している α ヘルペスウイルスを比較し，相同遺伝子のペアに対して GC 出現頻度が三つすべてのコドン位置で異なっていることを示したが，そのことは両者における全体的な GC 含量の大きな違いを反映するものだった．全体的組成のバイアスと完全に一致する形で，個々のアミノ酸の使用頻度は特定の GC 含量のコドンへとかなりシフトしていた．多くの著者がコドンに関係したバイアスを報告している (レビューとして Buckingham (1990) を参照)．Blaisdell (1983) は，3 番目のコドンサイトが，S (強) – W (弱) アルファベットに隣接する左側とも右側とも異なる塩基であるよう選択されていることを明らかにした．Shepherd (1984) は，コーディング配列における RNY コドンの濃縮を発見し，このバイアスが未発達だった原始時代のメッセージの名残であることを示唆している (Wong and Cedergren (1986) を参照)．発現の弱い遺伝子に対する別のプリン・ピリミジンパターンが Yarus and Folley (1985) によっても示唆されている．彼らは，R|YYR または Y|RRY (た

だし，最初の文字が先行するコドンの 3 番目の位置を表し，バーがコドン間の境界を示している）が優先することを見出している．Trifonov（1987）と Lagunez-Otero and Trifonov（1992）は，翻訳過程におけるリボソームのずれ（slippage）を阻止するための G–非 G–N フレームを維持するメカニズムを示唆している．このメカニズムによって，広範囲にわたって観察される GHN コドンの優先を説明しうる（この点を批判的に評価したものとして，Curran and Gross（1994）を参照）．非同義語コドンの使用頻度に関してさまざまに言及している研究には，量的にも程度としてもかなりの違いが見られるが，それらの大部分は，コドン配列に何らかの種類の周期性があるという点で一致する．この広く受け入れられている見解はスペクトルエンベロープ法でも支持され，それによれば，遺伝子内に非常に強い周期 3 の信号が見られる一方，非コーディング領域においてはそうした信号は消失する．後述するが，この方法では誤って割り当てられた遺伝子の断片を検出することも可能である．さらに，スペクトルエンベロープは最適な周期長だけでなく，$\{S,W\}$，$\{R,Y\}$ または $\{G,H\}$ のような最も好ましいアルファベットも決定できる．このような解析は，RNY，GHN など提案されている異なるパターンの中でどれが最も妥当であるかを決めるのに役立つ可能性がある．

　スペクトルエンベロープ法は高速フーリエ変換に基づいており，ノンパラメトリック（つまり，モデルに無関係）なので，計算は高速かつ簡明である．このことは，長大な DNA 配列を解析する際の方法論としては理想的である．フーリエ解析は 20 世紀初頭から，相関のあるデータ（時系列）の解析で用いられてきた．フーリエ解析的テクニックを援用するにあたっての基本的な関心事は，データに隠れた周期性または規則性を発見することにある．フーリエ解析および関連する信号処理は物理科学や工学で定着しているが，分子生物学ではようやく緒に就いたばかりである．DNA 配列をカテゴリカル値時系列として扱うため，長大な DNA 配列中に何らかのパターンを発見するとか，二つの長い DNA 配列の中に類似のパターンを発見するとかの目的で，フーリエ解析（あるいはスペクトル解析）に基づいた時系列の分析法を応用することに関心がある．

　DNA 配列特性を探索する際の単純素朴なやり方の一つとして，ヌクレオチドに数値（または尺度）を割り当てて標準的な時系列解析の方法を当てはめるやり方がある．しかしながら，そのような解析が数値の特定の割り当てに依存することは明白である．ここで，人為的な配列として ACGTACGTACGT… を考えよう．仮に $A = G = 0$，$C = T = 1$ とすると，原データは数列 010101010101… に帰着し，すなわち 2 塩基ペアごとに 1 周期となる（換言するなら，振動数 $\omega = 1/2$（サイクル/bp）と言ってもよいし，振動周期 $1/\omega = 2$（bp/サイクル）と言ってもよい）．もう一つの興味ある尺度化は，$A=1$，$C=2$，$G=3$，$T=4$ と設定することであり，これから 123412341234… すなわち 4bp で 1 サイクル（$\omega = 1/4$）の数列を得る．この例では，ヌクレオチドのいずれの尺度化（すなわち，$\{A,C,G,T\} = \{0,1,0,1\}$ と $\{A,C,G,T\} = \{1,2,3,4\}$）

も興味深く，配列の異なった特性を引き出すと考えられる．このとき，一方だけの尺度化に焦点を合わせたくないことは明白である．そうではなく，データの興味ある特性をもたらす可能な限りのすべての尺度化を見つけることに専心するべきである．スペクトルエンベロープ法は，値を恣意的に選ぶのではなく，DNA配列に内在する周期的特徴を浮かび上がらせるのに役立つような尺度を，ほとんどのような長さの配列に対しても迅速かつ自動化されたやり方で与えることができる．さらに，そのテクニックは，配列が単に文字列のランダムな割り当てであるかどうかも判定することができる．

フーリエ解析は分子遺伝学においても首尾良く応用されてきた．McLachlan and Stewart (1976) と Eisenberg et al. (1994) は，フーリエ解析を使用してタンパク質の周期性を研究し，あらかじめ与えられていた尺度（例えば，疎水性のアルファベット）を所与として両親媒性ヘリックスに $\omega = 1/3.6$ という周期を見つけている．尺度化を先に与えるのは幾分恣意的であり，最適でない可能性もあるため，Cornette et al. (1987) は，問題を逆転させ，$\omega_0 = 1/3.6$ の周期から始めて $\omega_0 = 1/3.6$ で尺度化が最適になるような方法を提案している．この設定における最適性とは，大まかに言って，尺度化された（数値）列が ω_0 の周期で振幅する正弦波と最大に相関しているという事実を指す．Viari et al. (1990) はこの方法を一般化し，一種のスペクトルエンベロープ（彼らの言う λ グラフ）を計算する方法と，対応する最適尺度化をすべての基本周波数にわたって計算する方法とを体系的に整えた．上述の著者はアミノ酸配列だけを扱っているが，調和解析のさまざまな形式は，例えば Tavaré and Giddings (1989) では DNA，Satchwell et al. (1986) や Bina (1994) ではヌクレオソーム配置問題の文脈で応用されている．Stoffer et al. (1993a) は，周波数領域におけるカテゴリカル時系列を解析するためのスペクトルエンベロープのテクニックを提案している．基本的なテクニックは Tavaré and Giddings (1989) と Viari et al. (1990) の方法に類似しているが，いくつか違いがある．大きく違うのは，スペクトルエンベロープ法が統計的設定において開発されているため，分析者が有意な結果と偶然に起因する結果とを区別できる点である．特に，有意性検定や信頼区間を大標本理論に基づいて計算することができる．

10.2 スペクトルエンベロープ

10.2.1 スペクトル解析

標本平均で中心化されている実数値時系列のサンプル X_t ($t = 1, \ldots, n$) が与えられたとき，標本スペクトル密度（またはピリオドグラム）は，周波数 $\omega \in [-1/2, 1/2]$ において

$$\widetilde{f}(\omega) = \left| n^{-1/2} \sum_{t=1}^{n} X_t \exp(-2\pi \mathrm{i} t \omega) \right|^2$$

で定義される（$\mathrm{i} = \sqrt{-1}$ は虚数単位）．

時系列のスペクトル密度 $f(\omega)$ は，もし存在すれば，標本数 n が無限大に発散するときの $E[\widetilde{f}(\omega)]$ の極限として定義される（統計モデルから生じる見本過程に対する仮説的な母集団を表現するものである）．その存在は，もし確率過程が定常で絶対総和可能な自己共分散関数 $\gamma(h) = \text{cov}(X_{t+h}, X_t)$ を持つ，すなわち，$\sum_h |\gamma(h)| < \infty$ を満たすならば保証される．詳細は，多くの時系列のテキストに見られる．$f(\omega) \geq 0$, $f(\omega) = f(-\omega)$ かつ

$$\int_{-1/2}^{1/2} f(\omega)\, d\omega = 2\int_{0}^{1/2} f(\omega)\, d\omega = \sigma^2 \tag{10.1}$$

に注意しよう．ただし，$\text{var}(X_t) = \sigma^2$ は時系列の母分散である．したがって，スペクトル密度とは，確率過程の全分散を周波数成分へと分解したものと考えられる．すなわち，正の周波数に対して，狭い周波数の区間 $[\omega, \omega + d\omega]$ に占めるデータの振動に寄与できる X_t の分散に対する比は，約 $2f(\omega)\, d\omega$ になる．n が合成数のとき，高速フーリエ変換により $\widetilde{f}(j/n)$ $(j = 1, 2, \ldots, [\![n/2]\!])$ を極めて高速に計算することができる．ただし，$[\![\cdot]\!]$ は最大の整数関数とし，周波数 $\omega_j = j/n$ を基本（またはフーリエ）周波数と呼ぶ．積分の等式 (10.1) の標本版は

$$2\sum_{j=1}^{[\![(n-1)/2]\!]} \widetilde{f}(j/n) n^{-1} + \widetilde{f}(1/2) n^{-1} = S^2 \tag{10.2}$$

で与えられる．ただし，S^2 はデータの標本分散であり，n が奇数の場合，最後の項を削除する．しばしば，$j = 1, 2, \ldots, [\![n/2]\!]$ について，ピリオドグラム $\widetilde{f}(j/n)$ を基本周波数 $\omega_j = j/n$ に対して図示することで，値の大きさをグラフで調べることができる．ω_j におけるピリオドグラムの値が大きければ，それは，時系列長 n の同期 j で振動する正弦波と相関が高いことを示している．もしデータが無相関（またはホワイトノイズ）ならば，スペクトル密度が平らになり，したがって，すべての周波数で $f(\omega) = \sigma^2$ となる．

標本数がどんなに大きくても，ピリオドグラムの分散はそれにつり合うことなく大きいままであり，ピリオドグラムのグラフは，多くの有意でないピークを示しうる．この問題を克服するため，通常はスペクトル密度の平滑化推定値が使用される．推定値の一般形は

$$\widehat{f}(\omega) = \sum_{q=-m}^{m} h_q \widetilde{f}(\omega_{j+q}) \tag{10.3}$$

で与えられる．ここで，$\{\omega_{j+q} : q = 0, \pm 1, \ldots, \pm m\}$ は周波数帯であり，ω_j は ω に最も近い基本周波数を表し，正の重み $h_q = h_{-q}$ は $\sum_{q=-m}^{m} h_q = 1$ を満たすものとする．単純平均は $h_q = 1/(2m+1)$, $q = -m, \ldots, 0, \ldots, m$ に相当する．項数 m を調整することで，目的にかなう程度の平滑化を得る．m を大きく選ぶと，より滑らかな推定値に至るが，有意なピークまで消し去ってしまわないよう注意しなければならない（これは，いわゆるバイアス・分散のトレードオフ問題である）．経験と試行錯誤に

頼ってそこそこ良い m の値と重み $\{h_q\}$ を選ぶことも可能であるが，もう一つ考えておくべきことは，事前にデータをテーパー処理 (tapering) してからスペクトル解析を行うことである．すなわち，与えられたデータ X_t を直接扱うのではなく，テーパー処理されたデータ $Y_t = a_t X_t$ を扱うことで，スペクトル推定を改善することができる．ここで，一般的にテーパー $\{a_t\}$ は，Blackman and Tukey（1959）で推奨された余弦ベル型の $a_t = 0.5[1 + \cos(2\pi t'/n)]$（ただし，$t' = t - (n+1)/2$）のように，両端に比べてデータの中心を強調する形になっている．もう一つの関連するアプローチとして，ウィンドウ型のスペクトル推定値もある．具体的に言うと，実数値，偶関数，有界変動で $\int_{-\infty}^{\infty} H(\alpha) \, d\alpha = 1$ および $\int_{-\infty}^{\infty} |H(\alpha)| \, d\alpha < \infty$ を満たすようなウィンドウ関数 $H(\alpha)$（$-\infty < \alpha < \infty$）を考えるとき，ウィンドウ型のスペクトル推定値は

$$\widehat{f}(\omega) = n^{-1} \sum_{q=1}^{n-1} H_n(\omega - q/n) \widetilde{f}(q/n) \tag{10.4}$$

で与えられる．ただし，$H_n(\alpha) = B_n^{-1} \sum_{j=-\infty}^{\infty} H(B_n^{-1}[\alpha + j])$ とおき，B_n は，$n \to \infty$ のとき $B_n \to 0$ かつ $nB_n \to \infty$ となるような非負のスケールパラメータの有界列である．スペクトル密度を推定する際は，スペクトルの漏れ (leakage) や密度関数推定に関するバイアス・分散のトレードオフといった問題に，特別な注意が必要である．このような論点に精通していない読者は，Shumway and Stoffer (2011, Chapter 4) など，時系列の周波数領域分析に関するテキストを参照されたい．

データが数値型であれば，p 変量時系列 $X_{1t}, \ldots, X_{pt}$ $(t = 1, \ldots, n)$ に対しても類似の理論が当てはまる．このとき，$\boldsymbol{X}_t = (X_{1t}, \ldots, X_{pt})'$ と書いて $p \times 1$ 列ベクトルデータを表す．ピリオドグラムは $p \times p$ 複素行列

$$\widetilde{f}(\omega) = \left[n^{-1/2} \sum_{t=1}^{n} \boldsymbol{X}_t \exp(-2\pi \mathrm{i} t \omega) \right] \left[n^{-1/2} \sum_{t=1}^{n} \boldsymbol{X}_t \exp(-2\pi \mathrm{i} t \omega) \right]^*$$

となる．ただし，$*$ は共役転置を表す．$\widetilde{f}(\omega)$ の対角要素は各々の標本スペクトルであり，非対角要素は p 個の列間のペアごとの相関構造に関係する．非対角要素については，後により詳細に検討する．この場合にも，母スペクトル密度は，系列長 n が発散するときの $E[\widetilde{f}(\omega)]$ の極限として定義される．ピリオドグラムの平滑化も，1 変量の場合と同様に，$\widehat{f}(\omega) = \sum_{q=-m}^{m} h_q \widetilde{f}(\omega_{j+q})$ として得られる．

10.2.2 定義と漸近論

スペクトルエンベロープは，DNA 配列のようにデータがカテゴリ値である場合に，スペクトル解析を拡張したものになっている．ヌクレオチドのアルファベットを用いて手短にそのテクニックを説明するため，X_t $(t = 1, \ldots, n)$ を $\{\mathrm{A,C,G,T}\}$ の値からなる DNA 配列とする．その成分がすべて等しくはならない実数値ベクトル $\boldsymbol{\beta} = (\beta_1, \beta_2, \beta_3, \beta_4)'$ に対して，尺度化によって数値を付与されたデータを $X_t(\boldsymbol{\beta})$ と記し，以下のとおりとする．

$X_t = $ A のとき $X_t(\boldsymbol{\beta}) = \beta_1$　　　$X_t = $ C のとき $X_t(\boldsymbol{\beta}) = \beta_2$
$X_t = $ G のとき $X_t(\boldsymbol{\beta}) = \beta_3$　　　$X_t = $ T のとき $X_t(\boldsymbol{\beta}) = \beta_4$

例えば，$\boldsymbol{\beta} = (1,0,1,0)'$ ならば，t の位置にプリン (A または G) があれば $X_t(\boldsymbol{\beta}) = 1$ となり，t の位置にピリミジン (C または T) があれば $X_t(\boldsymbol{\beta}) = 0$ となる．したがって，もし X_t が ATAGC であれば，$X_t(\boldsymbol{\beta})$ は 10110 となる．各周波数において，もし

$$\lambda(\omega) = \max_{\boldsymbol{\beta}} \left\{ \frac{f(\omega; \boldsymbol{\beta})}{\sigma_{\boldsymbol{\beta}}^2} \right\}$$

を満たせば，その最大化を達成する $\boldsymbol{\beta}(\omega)$ を周波数 ω での"最適尺度化"(optimal scaling) と定義する．ただし，$f(\omega; \boldsymbol{\beta})$ は尺度化データ $X_t(\boldsymbol{\beta})$ のスペクトル密度，$\sigma_{\boldsymbol{\beta}}^2$ は尺度化データの分散である．この $\lambda(\omega)$ は，DNA 配列 X_t の任意の尺度化に対して周波数 ω で得られるパワー (分散) の最大比であると見なされる．この $\lambda(\omega)$ を"スペクトルエンベロープ"と呼ぶ．$\lambda(\omega)$ が任意の尺度化された確率過程のスペクトルを包絡するので，スペクトルエンベロープという名前は適切である．すなわち，"文字に任意の数を割り当てるときに，尺度化された列の規準化スペクトル密度はスペクトルエンベロープを超えることがなく"，等式が成り立つのは数値の割り当てが最適尺度化 $\boldsymbol{\beta}(\omega)$ に比例するときに限られる．この事実の重要性は，図 10.2 に示されている．なお，最適尺度化 $\boldsymbol{\beta}(\omega)$ が一意に決められないので，"比例する"と記述した．しかしながら，それは位置と尺度を除いて一意に決まる．すなわち，$a\boldsymbol{\beta}(\omega) + b\mathbf{1}$ の形の尺度化であれば，$\lambda(\omega)$ の値は同じになる．ただし，$a \neq 0$ と b は実数で，$\mathbf{1} = (1,1,1,1)'$ とする．例えば，数値割り当て {A,C,G,T} = {0,1,0,1} と {A,C,G,T} = {$-1,1,-1,1$} では，同じ規準化されたスペクトル密度を持つであろう．しかし，$\lambda(\omega)$ の値は尺度の特定の選択に依存しない．詳細は Stoffer et al. (1993a) を参照されたい．計算を簡単にするため，$\boldsymbol{\beta}(\omega)$ の一つの要素を 0 にして (例えば，T に与える尺度を T = 0 と固定して) 計算を進める．

例えば，スペクトルエンベロープ $\lambda(\omega)$ と対応する最適尺度化を求めるため，T の尺度を 0 としたままで 3×1 ベクトル $\boldsymbol{Y}_t$ を以下のように作る．

$X_t = $ A のとき $\boldsymbol{Y}_t = (1,0,0)'$　　　$X_t = $ C のとき $\boldsymbol{Y}_t = (0,1,0)'$
$X_t = $ G のとき $\boldsymbol{Y}_t = (0,0,1)'$　　　$X_t = $ T のとき $\boldsymbol{Y}_t = (0,0,0)'$

$\boldsymbol{\beta} = (\beta_1, \beta_2, \beta_3)'$ とおけば，尺度化された列 $X_t(\boldsymbol{\beta})$ は，関係 $X_t(\boldsymbol{\beta}) = \boldsymbol{\beta}' \boldsymbol{Y}_t$ により一連の $\boldsymbol{Y}_t$ ベクトルから得られる．この関係から

$$\lambda(\omega) = \max_{\beta} \left\{ \frac{\boldsymbol{\beta}' f_Y(\omega) \boldsymbol{\beta}}{\boldsymbol{\beta}' V \boldsymbol{\beta}} \right\} \tag{10.5}$$

が導かれる．ただし，$f_Y(\omega)$ は指示関数型データ $\boldsymbol{Y}_t$ の 3×3 スペクトル行列，V は $\boldsymbol{Y}_t$ の母分散共分散行列である．$f_Y(\omega) = f_Y^{re}(\omega) + i f_Y^{im}(\omega)$ がエルミート (i は虚数単位)，$f_Y^{im}(\omega)$ が歪対称なので，$\boldsymbol{\beta}' f_Y(\omega) \boldsymbol{\beta} = \boldsymbol{\beta}' f_Y^{re}(\omega) \boldsymbol{\beta}$ となる．したがって，$\lambda(\omega)$ と $\boldsymbol{\beta}(\omega)$ は，実行列の固有値問題を解くことで簡単に求められる．

言い換えれば，もし $\boldsymbol{Y}_t$ がカテゴリカル系列 X_t に付随する指示関数型の多変量確

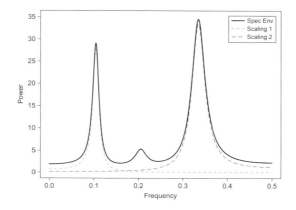

図 10.2 スペクトルエンベロープの例示．短い破線は，ある尺度化に対応するスペクトル密度であり，長い破線は，異なる尺度化に対応するスペクトル密度である．実線はスペクトルエンベロープであり，配列のあらゆる尺度化に対応するスペクトル密度を包んでいると考えられる．示されたスペクトル密度は 0.1 と 0.33 近くの周波数でスペクトルエンベロープの値に到達しているので，対応する尺度化がそれらの周波数で最適である．興味を起こさせるような新たな周波数（例えば，尺度化 1 でも 2 でも検出できない 0.2 の周波数付近に興味をそそる何かが存在する）を発見できることに加え，スペクトルエンベロープは，関心外と言ってよい周波数（例えば，どのような尺度化を採用しても，0.4 以上の周波数の範囲にはこの配列に関して注目に値することがない）も明らかにしてくれる．

率過程であり，また，$f_Y(\omega)$ と V がそれぞれ $\boldsymbol{Y}_t$ のスペクトル密度行列と分散共分散行列であるとすれば，

(i) スペクトルエンベロープ $\lambda(\omega)$ は，計量 V に関する $f_Y^{re}(\omega)$ の最大固有値である．すなわち，$\lambda(\omega)$ は行列式の方程式 $|f_Y^{re}(\omega) - \lambda V| = 0$ の最大固有値である．
(ii) 最適尺度化 $\boldsymbol{\beta}(\omega)$ は対応する固有値であり，$f_Y^{re}(\omega)\boldsymbol{\beta}(\omega) = \lambda(\omega)V\boldsymbol{\beta}(\omega)$ を満たす．

アルファベット $\mathcal{S} = \{c_1, \ldots, c_{k+1}\}$ を持つ特定の DNA 配列に対してスペクトルエンベロープと最適尺度化を推定するアルゴリズムは，以下のようになる．

1. 長さ n の DNA 配列に対して，$k \times 1$ ベクトルの $\boldsymbol{Y}_t$ $(t = 1, \ldots, n)$ を，もし $X_t = c_j$ となる $j = 1, \ldots, k$ があれば $\boldsymbol{Y}_t = \boldsymbol{e}_j$，もし $X_t = c_{k+1}$ であれば $\boldsymbol{Y}_t = \boldsymbol{0}$ のように作る．ただし，$\boldsymbol{e}_j$ は j 番目のみ 1 とするような $k \times 1$ ベクトルである．
2. データの（高速）フーリエ変換

$$d(j/n) = n^{-1/2} \sum_{t=1}^{n} \boldsymbol{Y}_t \exp(-2\pi \mathrm{i} t j/n)$$

を計算する．ここで，$d(j/n)$ は $k \times 1$ 複素ベクトルである．ピリオドグラム $\tilde{f}(j/n) = d(j/n)d^*(j/n)$ $(j = 1, \ldots, [\![n/2]\!])$ を計算し，その実部 $\tilde{f}^{re}(j/n)$ のみを保存する．

3. ピリオドグラムの実部を適切に平滑化して，スペクトル行列の実部の一致推定値 $\hat{f}^{re}(j/n)$ を求める．
4. データの $k \times k$ 分散共分散行列 $S = n^{-1} \sum_{t=1}^{n} (\boldsymbol{Y}_t - \overline{\boldsymbol{Y}})(\boldsymbol{Y}_t - \overline{\boldsymbol{Y}})'$ を計算する．ただし，$\overline{\boldsymbol{Y}}$ はデータの標本平均である．
5. 各 $\omega_j = j/n$ $(j = 1, \ldots, [\![n/2]\!])$ に対して，行列 $2n^{-1} S^{-1/2} \hat{f}^{re}(\omega_j) S^{-1/2}$ の最大固有値および対応する固有ベクトルを求める．ただし，$S^{-1/2}$ は S の一意な平方根行列の逆行列である[*4)]．
6. スペクトルエンベロープの推定値は，前のステップで得られた固有値である．前のステップで得られた固有ベクトルを $\boldsymbol{b}(\omega_j)$ と書けば，最適尺度化の推定値は $\hat{\boldsymbol{\beta}}(\omega_j) = S^{-1/2} \boldsymbol{b}(\omega_j)$ である（$k = 3$ のとき，これは三つの値であり，4 番目を 0 に固定する）．

標準的なプログラミング言語であれば，上述の計算を実行することができる．基本的には，高速フーリエ変換と実対称行列の固有値・固有ベクトルを計算できればよいからである．R という統計プログラミング言語を用いた例が Shumway and Stoffer (2011, Chapter 7) に見られる．再びここで注意しておくと，この方法は想定されるカテゴリの数が有限個でありさえすれば適用可能であるので，ヌクレオチドのアルファベットを調べることだけに限定されない．スペクトルエンベロープと最適尺度化の推測については，Stoffer et al. (1993a) に詳細に記述されている．この論文の主要結果の一部を述べると，以下のとおりである．

もし X_t が独立同一分布な系列で，平滑化が行われないなら（すなわち，式 (10.3) で $m = 0$ の場合），カイ 2 乗分布に基づいた大標本近似

$$\Pr\{n2^{-1}\hat{\lambda}(\omega_j) < x\}$$
$$\doteq \Pr\{\chi^2_{2k} < 4x\} - \pi^{1/2} x^{(k-1)/2} \exp(-x) \Pr\{\chi^2_{k+1} < 2x\} \Big/ \Gamma(k/2) \qquad (10.6)$$

が $x > 0$ で成り立つ．ただし，$k+1$ は考察対象となっている文字列におけるアルファベットの文字種数である．

一般の場合においては，もし平滑化推定値 (10.3) が使われて，$\lambda(\omega)$ が単根（$\lambda(\omega) > 0$ とする）であるなら，固定された M について周波数 $\{\omega_{j_i} : i = 1, \ldots, M\}$ のいかなる組合せに対しても

$$\nu_m \frac{\hat{\lambda}(\omega_{j_i}) - \lambda(\omega_{j_i})}{\lambda(\omega_{j_i})} \sim \mathrm{AN}(0, 1) \qquad (10.7)$$

[*4)] もし $S = P\Lambda P'$ が S のスペクトル分解であれば，$S^{-1/2} = P\Lambda^{-1/2} P'$ である．ただし，$\Lambda^{-1/2}$ は対角に固有値の平方根の逆数を持つような対角行列である．

および
$$\nu_m[\widehat{\boldsymbol{\beta}}(\omega_{j_i}) - \boldsymbol{\beta}(\omega_{j_i})] \sim \text{AN}(\mathbf{0}, \Sigma_{j_i}) \tag{10.8}$$

が，大きな n と m について成り立つ（なお，式 (10.7) と式 (10.8) は独立である）．ただし，

$$\Sigma_{j_i} = V^{-1/2} \Omega_{j_i} V^{-1/2}$$
$$\Omega_{j_i} = \{\lambda(\omega_{j_i}) H(\omega_{j_i})^+ f^{re}(\omega_{j_i}) H(\omega_{j_i})^+ - \boldsymbol{a}(\omega_{j_i}) \boldsymbol{a}(\omega_{j_i})'\}/2$$
$$H(\omega_{j_i}) = f^{re}(\omega_{j_i}) - \lambda(\omega_{j_i}) \boldsymbol{I}_k$$
$$\boldsymbol{a}(\omega_{j_i}) = H(\omega_{j_i})^+ f^{im}(\omega_{j_i}) V^{-1/2} \boldsymbol{\beta}(\omega_{j_i})$$

とし，$H(\omega_{j_i})^+$ は $H(\omega_{j_i})$ のムーアペンローズ逆行列を表す．また，ν_m は使用した推定値の型に依存し，加重平均型の場合には，$\nu_m^{-2} = \sum_{q=-m}^{m} h_q^2$ となる（単純平均ならば，$h_q = 1/(2m+1)$ なので $\nu_m^2 = (2m+1)$ となる）．この結果に基づいて $\lambda(\omega)$ の漸近正規信頼区間や検定が直ちに構成される．同様に，$\boldsymbol{\beta}(\omega)$ の漸近信頼楕円やカイ 2 乗検定を構成することができる．詳細は Stoffer et al. (1993a, Theorem 3.1〜3.3) の研究に見られる．このテクニックが正弦波の場合に制限されないことに注意しよう．Stoffer et al. (1993b) が示すように，± 1 の値だけをとる矩型波動関数からなるウォルシュ基底[*5]を採用することも可能である．

$\boldsymbol{\beta}(\omega)$ に対する単純な漸近的検定統計量を求める．いま，$\widehat{H}(\omega) = \widehat{f}_Y^{re}(\omega) - \widehat{\lambda}(\omega) \boldsymbol{I}_k$ として

$$\boldsymbol{\xi}_m(\omega) = \sqrt{2} \nu_m \widehat{f}_Y^{re}(\omega)^{-1/2} \widehat{H}(\omega)(\widehat{\boldsymbol{\beta}}(\omega) - \boldsymbol{\beta}(\omega))/\widehat{\lambda}(\omega)^{1/2}$$

を定義すると，

$$\boldsymbol{\xi}_m(\omega)' \boldsymbol{\xi}_m(\omega) \tag{10.9}$$

は，$m \to \infty$ のとき，χ_k^2 より確率的に小さく，かつ χ_{k-1}^2 より確率的に大きいようなある分布へ分布収束する．検定統計量 (10.9) は，$\boldsymbol{\beta}(\omega)$ を $\widehat{\boldsymbol{\beta}}(\omega)$ に置き換えたとき 0 になることに注意しよう．$\widehat{\boldsymbol{\beta}}(\omega)$ の特定の要素が 0 であるかどうかをチェックすることも可能だが，この場合，特定の要素を 0 に置き換えた上でベクトルを長さ 1 になるように規格化して，式 (10.9) の $\boldsymbol{\beta}(\omega)$ の位置に $\widehat{\boldsymbol{\beta}}(\omega)$ を代入する．

平滑化されたスペクトルエンベロープ推定値に対する有意な閾値は，以下の近似を用いて容易に計算できる．1 次のテイラー展開により

$$\log \widehat{\lambda}(\omega) \approx \log \lambda(\omega) + \frac{\widehat{\lambda}(\omega) - \lambda(\omega)}{\lambda(\omega)}$$

であるので，$n, m \to \infty$ のとき

$$\nu_m[\log \widehat{\lambda}(\omega) - \log \lambda(\omega)] \sim \text{AN}(0, 1) \tag{10.10}$$

[*5] ウォルシュ関数とは，ハール関数の完備化である．統計学におけるそれらの使用についての要約が，Stoffer (1991) に与えられている．

であり，$E[\log \widehat{\lambda}(\omega)] \approx \log \lambda(\omega)$ と $\mathrm{var}[\log \widehat{\lambda}(\omega)] \approx \nu_m^{-2}$ を得る．もし長さ n の系列に信号がないなら，$1 < j < n/2$ について $\lambda(j/n) \approx 2/n$ となることが期待されるので，近似的には $(1-\alpha) \times 100\%$ で，$\log \widehat{\lambda}(\omega)$ が $\log(2/n) + (z_\alpha/\nu_m)$ より小さいことになる．ただし，z_α は標準正規分布の上側 $(1-\alpha)$ の臨界点である．よって，この指数をとることで，$\widehat{\lambda}(\omega)$ の α 臨界点は $(2/n)\exp(z_\alpha/\nu_m)$ となる．この方法は少し雑であるものの，経験上では，ずっと小さな α レベル（n の大きさに依存するが，例えば $\alpha = 10^{-4}$ から 10^{-6}）の閾値を考えるとうまく機能する．

10.2.3 データ解析

簡単な例として，人の Y 染色体 DNA 断片の解析として使用された Whisenant et al.（1991）の配列データを考える．なお，この断片は長さ $n = 4156$bp の列からなる．この配列のスペクトルエンベロープの推定値を図 10.3 に示す．ただし，周波数は bp 当たりの周期で測られている．スペクトルエンベロープは，DNA 配列のいかなる尺度化に対しても得られるような周波数 ω での変動が "全分散に占める最大比率" として解釈できる．ピークの探索は，前項の終わりに述べたように，近似的帰無確率を採用した上でグラフを使って行うことができる．図 10.3 には，あらかじめ指定された単一の周波数 ω に対して，おおよそ 0.00001 の限界有意水準を表示している．このように有意水準を小さくとるのは，複数の周波数でスペクトルエンベロープの値に関して同時推論を行うことに伴う問題を考慮するためである．

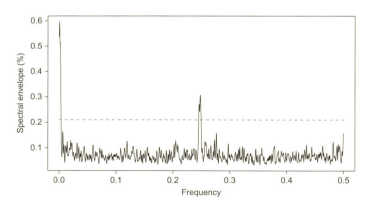

図 10.3 平滑化ピリオドグラム推定値から計算した，人の Y 染色体断片のスペクトルエンベロープ．水平な破線は，近似的な 0.00001 の有意な閾値を示す．

図 10.3 では 0 周波数近傍に大きなピークが観察されており，この確率過程が長期記憶であることを示している．長期記憶性は長い DNA 配列解析で一般によく見られるが，これが何を意味するかは Maddox（1992）において議論されている．周波数 0 で

推定された最適尺度化は A = 0.67，C = 0.74，G = 0.03，T = 0 であり，この特定の尺度化から，長期記憶性がアミノ・ケトのアルファベット（A=C，G=T）によるものであることが示唆される．また，おおよそ $\omega = 0.25$ （サイクル/bp）に 2 番目のピークがあることもわかり，それに対応する推定された尺度化は A = 0.41，C = 0.43，G = 0.80，T = 0 である．これから再びアミノペア A = C を見出せるが，この場合，G と T は異なる．

10.3 局所スペクトルエンベロープ

10.3.1 区分的定常性

長い DNA 配列は不均一であり，したがって，局所的な振る舞いを調べる方法を確立する必要がある．実際，10.1 節で議論したように，遺伝モデルにおいては，CDS（コーディング領域）は断片的に配列内に散在し，非コーディング領域やノイズで隔てられている．遺伝情報が断片的に含まれているとなると，区分的定常性が適当なモデルであると言える．

$n \geq 1$ に対して，$k \times 1$ ベクトル値の "区分的定常過程"（piecewise stationary process）$\{\boldsymbol{Y}_{s,n}\}_{s=0}^{n-1}$ を

$$\boldsymbol{Y}_{s,n} = \sum_{b=1}^{B} \boldsymbol{Y}_{s,b} \mathcal{I}(s/n, U_b) \tag{10.11}$$

で定義する．ただし，$\boldsymbol{Y}_{s,b}$ は連続な $k \times k$ スペクトル行列 $f_{Y,b}(\omega)$ を持つ定常過程であり，$U_b = [u_{b-1}, u_b) \subset [0,1)$ は区間，$\mathcal{I}(s/n, U_b)$ は $s/n \in U_b$ ならば値 1，その他で値 0 をとる指示関数とする．記号を簡単にするため，各ブロックの時間スケールを変え，

$$\{\boldsymbol{Y}_{s,b} : s/n \in U_b\}$$

の代わりに

$$\{\boldsymbol{Y}_{t,b} : t = 1, \ldots, n_b\}$$

を考える．ただし，セグメント b 内の観測数を n_b と書くとき，$\sum_{b=1}^{B} n_b = n$ である．このような時間スケーリングは単純な時間の移動を表し，したがって，$s/n \in U_b$ の $\boldsymbol{Y}_{s,b}$ を $t = s + 1 - \sum_{i=1}^{b-1} n_i$ とした $\boldsymbol{Y}_{t,b}$ へ読み替えることになる．

状態変数が有限個でその周辺確率がすべて非ゼロであるような（10.1 節での議論を参照）カテゴリカル時系列 $\{X_{s,n}\}$ が "区分的に定常"（piecewise stationary）であるとは，対応する $k \times 1$ 点過程 $\{\boldsymbol{Y}_{s,n}\}$ が区分的に定常であることである．しばしばインフィル型の漸近論が局所定常過程で用いられる（Dahlhaus (1997) を参照）．しかし，DNA 配列は実際には離散時間過程であり，観測時間が増えていくにつれセグメント内により多くの観測値が得られると仮定するようなインフィル型の漸近的状況を考えることは，非現実的である．われわれの場合，適度に大きいセグメントに対す

るスペクトルエンベロープ推定量の振る舞いを近似する際，定義域を増大させるタイプの漸近論に依拠する．小さなセグメントに対しては，スペクトルエンベロープ推定量の小標本の帰無分布を近似するためにモンテカルロシミュレーションが使用される．

もし $X_{s,n}$ が区分的定常なカテゴリカル時系列であるならば，式 (10.5) で記述される最適規準の局所版として，局所スペクトルを $b = 1, \ldots, B$ に対し

$$\lambda_b(\omega) = \sup_{\boldsymbol{\beta}} \left\{ \frac{\boldsymbol{\beta}' f_{Y,b}^{re} \boldsymbol{\beta}}{\boldsymbol{\beta}' V_b \boldsymbol{\beta}} \right\} \tag{10.12}$$

と定義する．ただし，前節で記述されたブロック b 内の指示関数ベクトル $\boldsymbol{Y}_{t,b}$ の分散共分散行列を V_b とする．また，10.1 節と同様，$\lambda_b(\omega)$ は局所スペクトルエンベロープを表し，対応する固有ベクトル $\boldsymbol{\beta}_b(\omega)$ はブロック b と周波数 ω の"局所最適尺度化"(local optimal scaling) を表すものとする．

局所スペクトルエンベロープの推定値は，定常な場合の類推で得られる．$b = 1, \ldots, B$ に対し，ブロック b 内のデータ $\{\boldsymbol{Y}_{s,n} : s/n \in U_b\}$ の"局所ピリオドグラム"(local periodogram) は

$$\widetilde{f}_b(\omega) = \boldsymbol{d}_b(\omega) \boldsymbol{d}_b^*(\omega) \tag{10.13}$$

で定義される．ただし，

$$\boldsymbol{d}_b(\omega) = n_b^{-1/2} \sum_{t=1}^{n_b} \boldsymbol{Y}_{t,b} \exp(-2\pi i t \omega)$$

はデータ $\{\boldsymbol{Y}_{t,b} : t = 1, \ldots, b\}$ の有限フーリエ変換である．さらに，局所スペクトル密度の平滑化推定値は

$$\widehat{f}_b(\omega_j) = \sum_{q=-m_b}^{m_b} h_{q,b} \widetilde{f}_b(\omega_{j+q}) \tag{10.14}$$

として得られる．ただし，$\omega_j = j/n_b$ であり，$\{h_{q,b}\}$ で表される平滑化のタイプ (型) とその重みの大きさはさまざまな要因で決まるが，とりわけ n_b に依存する．区分的定常性の仮定のもとで，定常なブロックが既知である場合，推定に関する結果は前節に従う．実際，n_b が十分に大きいとき，結果 (10.6)～(10.10) が局所推定の場合にも適用される．前に述べたが，n_b が小さいときはシミュレーションで直接扱われる．

10.3.2 データ解析

達成される解析の簡単な例として，エプスタイン・バーウイルス (EBV) の遺伝子 BNRF1 (1736～5689bp) を考える．この遺伝子が約 4000bp の長さであることに注意しよう．図 10.4 に，$n_b = 500$ のブロックサイズでのダイナミックなスペクトルエンベロープを示す．遺伝子内でさえ不均一性があることは，図から直ちに明らかである．しかしながら，$\omega = 1/3$ におけるピークが明らかに示すように，たいていの遺伝子には，端を除いて基本的な周期パターンがある．表 10.1 に，周波数 1/3 での最適尺

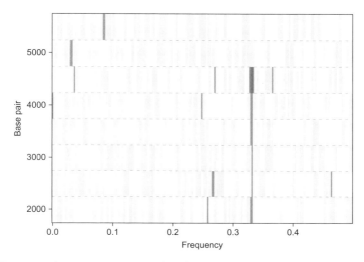

図 10.4 エプスタイン・バーウイルス (EBV) の BNRF1 遺伝子 (1736〜5689bp) に関するダイナミックなスペクトルエンベロープ推定値．水平方向の破線はブロックを表す．近似的な 0.005 の有意閾値を超える値が暗い領域で示されている．

表 10.1 エプスタイン・バーウイルスの BNRF1 遺伝子の例に対するブロックごとの最適尺度化 $\widehat{\beta}(1/3)$.

ブロック (bp)	A	C	G	T
1736〜2235	0.26	0.69	0.68	0
2236〜2735	0.23	0.71	0.67	0
2736〜3235	0.16	0.56	0.82	0
3236〜3735	0.15	0.61	0.78	0
3736〜4235	0.30	0.35	0.89	0
4236〜4735	0.22	0.61	0.76	0
4736〜5235[a]	0.41	0.56	0.72	0
5236〜5689[a]	0.90	−0.43	−0.07	0

[a] は，このブロックで $\widehat{\lambda}(1/3)$ が有意でないことを示す．

度化を与える．対応するアルファベットが "有意な" ブロックである程度一致しており，5 番目のブロック (3736〜4235bp) を除き，各ブロックが弱・強結合のアルファベット (A = T, C = G) を示していることに注意しよう．

10.3.3 2 進 分 割

次に，局所スペクトルエンベロープを求めるための系統的な方法を議論する．基本的なアイデアは Stoffer et al. (2002) に見られるが，Jeong (2011) で厳密な議論が与えられた．Stoffer et al. (2002) では，ブロックサイズが大きいという追加的な

仮定をし，定常な場合に類似した，局所定常な場合における漸近理論を与えた．この論文で考察されていなかった一つの問題は，局所スペクトル推定値がブロックをまたいで独立であるかどうかという点であった．この目的のため，Stoffer et al.（2002, Theorem 3.3）が成り立つような条件下（この条件は，式 (10.12) で定義された局所スペクトルエンベロープ $\lambda_b(\omega)$ の推定量の漸近正規性を保証する）で，以下の補題を述べる．独立性が成り立つための主な条件は，過程が長期記憶でないことである．前節で見たように，この仮定は長い DNA で崩れるかもしれないが，比較的短い部分配列ならば，おそらく満たされる．以下の補題で，$\omega_{j:n} = j_n/n$ とおく．ただし，$\{j_n\}$ は，j_n/n が関心のある周波数 ω に最も近いフーリエ周波数であるように選ばれる整数列である．すなわち，$n \to \infty$ のとき $\omega_{j:n} \to \omega$ である．

補題 1 $\{X_t\}$ は定常で，$\sum_h |h||\gamma(h)| < \infty$ を満たすような共分散関数 $\gamma(h)$ を持つとする．$n \geq 1$ に対し，$X_1, \ldots, X_n, X_{n+1}, \ldots, X_{2n}$ を得たとする．$j = 0, 1, \ldots, n-1$ に対して

$$d_1(\omega_{j:n}) = n_b^{-1/2} \sum_{t=1}^n X_t \exp(-2\pi \mathrm{i} t \omega_{j:n})$$

と

$$d_2(\omega_{k:n}) = n_b^{-1/2} \sum_{t=1}^n X_{t+n} \exp(-2\pi \mathrm{i} t \omega_{k:n})$$

を考える．ただし，$\omega_{j:n} \to \omega_1$，$\omega_{k:n} \to \omega_2$ とする．このとき，$d_\ell(\cdot)$ $(\ell = 1, 2)$ は $n \to \infty$ のとき漸近的に複素正規分布に従い，$d_1(\omega_{j:n})$ と $d_2(\omega_{k:n})$ は任意の ω_1, ω_2 に対して漸近的に独立である．

証明 漸近的に複素正規分布に従うことは，Shumway and Stoffer（2011, Theorem C.4）からわかる．独立性については，不等式

$$|\mathrm{cov}\{d_1(\omega_{j:n}), d_2(\omega_{k:n})\}| \leq n^{-1} \sum_{t=1}^n \sum_{s=1}^n |\gamma(n+s-t)|$$

$$= \sum_{j=1}^n \frac{j}{n}|\gamma(j)| + \sum_{j=n+1}^{2n-1} \frac{2n-j}{n}|\gamma(j)|$$

$$\leq \sum_{j=1}^n \frac{j}{n}|\gamma(j)| + \sum_{j=n+1}^{2n-1} |\gamma(j)|$$

より従う．$n \to \infty$ とするとき，クロネッカーの補題から $\sum_{j=1}^n \frac{j}{n}|\gamma(j)| \to 0$ であり，$\gamma(h)$ の絶対総和可能性から $\sum_{j=n+1}^{2n-1} |\gamma(j)| \to 0$ である． □

補題 1 によれば，長期記憶でないという条件のもとで，スペクトルエンベロープ推定値と対応する尺度化をブロックごとに比較することは，各ブロックの推定量の漸近独立性により，直ちに実施可能である．例えば，二つのブロックでの同じ周波数におけ

る β の同等性の大標本検定は,以下のようになる.$\widehat{\beta}_1, \widehat{\beta}_2$ を,それぞれ第 1 ブロック,第 2 ブロックについての周波数 ω_j での最適尺度の推定値(ただし,β の最初の非ゼロ要素を正にする)とし,$\widehat{\Sigma}_i$ を式 (10.8) で与えられている対応する共分散行列の推定値とする.$\beta_1 = \beta_2$ という帰無仮説のもとで(ただし,それは $\Sigma_1 = \Sigma_2$ を意味しない),

$$\nu_m^2 (\widehat{\beta}_1 - \widehat{\beta}_2)'(\widehat{\Sigma}_1 + \widehat{\Sigma}_2)^{-1}(\widehat{\beta}_1 - \widehat{\beta}_2) \sim \chi_k^2$$

となる.ただし,k はアルファベット数より 1 を引いたものである.

さて,ブロック $b = 1, \ldots, B$ を探す決定木ベースの適応的分割法を議論する.手順としては,配列を小ブロックに分け,局所スペクトルエンベロープの推定値が十分に類似しているような隣接ブロックを再結合することになる.基本的な考え方は,類似した局所スペクトルエンベロープ推定値を持つ隣接ブロックが類似の遺伝子情報を与えるということである.アルゴリズムの主な特徴は,二つの隣接ブロックに含まれている遺伝子コーディング情報間の距離(または分離度)を用いることで 2 進的に配列を分ける点にある.Adak (1998) に端を発して Stoffer et al. (2002) で提案されたアルゴリズムは,以下のとおりである.

1. 最大レベル J を設定する: J の値は分割されたブロックの最小サイズを決める.長さ n の配列に対して,最小ブロックは長さ $n/2^J$ を持つ.理想的には,ブロック固有の有益な遺伝子情報と,コーディングされていないもの(ノイズ)とを分離できるように,ブロックサイズを十分小さくするべきである.しかしながら,ブロックをあまりに小さくしてしまうことも注意が必要である.局所スペクトルエンベロープの良い推定値を与えるために,ブロックは十分な大きさでなければならない.ブロックサイズは,少なくとも 2^8 にすることを推奨する.

2. ブロックを形成する: レベル $j = 0, 1, \ldots, J$ ごとに,データ列を 2^j ブロックに分割する.$\ell = 1, \ldots, 2^j$ について,$B(j, \ell)$ をレベル j での第 ℓ 番目のブロックと記す(j レベルでの最初のブロックが $B(j, 1)$,最後のブロックが $B(j, 2^j)$,そして,$\ell = 2, \ldots, 2^j - 1$ に対して内部のブロックが $B(j, \ell)$ である).任意のレベル $j = 0, \ldots, J$ に対して,$\ell = 1, \ldots, 2^j$ のブロック $B(j, \ell)$ は,$M_j = n/2^j$ の要素 $\{X_{[(\ell-1)n/2^j]}, \ldots, X_{[\ell n/2^j - 1]}\}$ からなる.

3. スペクトルエンベロープを計算する: $j = 0, \ldots, J$ と $\ell = 1, \ldots, 2^j$ に対し,各ブロック $B(j, \ell)$ において各基本周波数 $\omega_k = k/M_j$ ($k = 0, \ldots, M_j/2$) で局所スペクトルエンベロープを計算する.

4. 距離の表を作成する: 二つの子ブロック (child block) のスペクトルエンベロープ推定値間の距離(分離度)を $\delta[\cdot, \cdot]$ と記す.距離の選択に関してはアルゴリズムを述べたあとで議論する.その距離を用いて各ブロック $B(j, \ell)$ に対

応する距離の表を作成する．すなわち，$\ell = 1, \ldots, 2^j$ とレベル $j < J$ に対して

$$D(j,\ell) = \delta[\widehat{\lambda}_{j+1,2\ell-1}(\omega), \widehat{\lambda}_{j+1,2\ell}(\omega)]$$

とする．

5. 最後の分割に対するブロックをマークする： レベル $J-1$ では，$\ell = 1, \ldots, 2^{J-1}$ に対してすべてのブロック $B(J-1, \ell)$ をマークする．$j = J-2$ と $\ell = 1, \ldots, 2^j$ に対して，もし

$$D(j,\ell) \leq D(j+1, 2\ell-1) + D(j+1, 2\ell)$$

ならば，ブロック $B(j, \ell)$ をマークして $D(j, \ell)$ をそのままにする．そうでなければ，$B(j, \ell)$ をマークせずに

$$D(j,\ell) = D(j+1, 2\ell-1) + D(j+1, 2\ell)$$

と更新する．この手続きを $j = J-3, J-4, \ldots, 0$ で繰り返す．DNA 配列の最終的な分割（final segmentation）とは，$B(j, \ell)$ がマークされ，その親ブロックと先祖ブロックがマークされていないようなマーク付きブロック $B(j, \ell)$ の最高位の集合である．

6. 判別する： 最終的な分割に対し，局所スペクトルエンベロープの推定値の情報により，分割を，(i) CDS を含む，(ii) 非コーディング領域を含む，または (iii) 不確定，のいずれかとして判別する．特定の判別法については，以下で議論する．

Stoffer et al.（2002）による推奨と異なるが，手順 4 の距離尺度として好ましい選択は，子ブロック $B(j+1, 2\ell-1)$ と $B(j+1, 2\ell)$ の局所スペクトルエンベロープ間の対称なカルバック・ライブラー距離である．この目的のため，距離尺度

$$D(j,\ell) = \frac{1}{M_j/2} \sum_{j=1}^{M_j/2} [\widehat{\lambda}_{j+1,2\ell-1}(\omega_j) - \widehat{\lambda}_{j+1,2\ell}(\omega_j)] \log \frac{\widehat{\lambda}_{j+1,2\ell-1}(\omega_j)}{\widehat{\lambda}_{j+1,2\ell}(\omega_j)} \quad (10.15)$$

を考える．ただし，$\omega_j = j/M_j$ である．こうした距離尺度の使用は Jeong（2011）でも議論されており，もし $\lambda_{j+1,2\ell-1}(\omega) = \lambda_{j+1,2\ell}(\omega)$ ならば，$M_j \to \infty$ のとき

$$\Pr\{D(j,\ell) > D(j+1, 2\ell-1) + D(j+1, 2\ell)\} \to 0$$

となることが示されている．

換言すれば，ブロックサイズが大きいならば，実際にはブロックが分割されるべきでないときにアルゴリズムがブロックを分割してしまう確率は小さい．最終的な分割がいったん決められると，"判別ルール"（classification rule）が分割された配列上でなされる．そのようなルールはおそらく分子生物学者に委ねられ，考察中の DNA の型を考慮に入れるべきである．ウイルスに関する経験から以下に述べるようなウイル

スの判別ルールに至るが，それを例として示そう．この目的のため，(i) 局所スペクトルエンベロープが周波数 1/3，および 1980 年代に Trifonov が予測した周波数 1/10 のような他の非ゼロ周波数でピークを示しているとき，ブロックはコーディングのみを含むと判定する．(ii) 局所スペクトルエンベロープが周波数 0 かその近くでピークを持ち，かつ，周波数 1/3 とその他の非ゼロ周波数でピークを持つとき，ブロックはコーディング領域と非コーディング領域の両者を含むと判定する．(iii) 局所スペクトルエンベロープが平ら（ホワイトノイズを示す），または周波数 0 かその近くでピークを持ち他のピークを持たない（フラクタルなノイズを示す）とき，ブロックは非コーディング領域（ノイズ）を含むと判定する．(iv) スペクトルエンベロープがいくつかの非ゼロなピークを持つとき，ブロックは他の興味ある特性（例えば，反復領域）を含むと判定する．(v) 隣接ブロックが同じように判別され，最適尺度化が同じアルファベットを示唆するとき，それらを併合することもありうる．

10.3.4 データ解析

例として，エプスタイン・バーウイルスのゲノムの部分配列解析を挙げる．この部分配列は 46001〜54192bp で構成され，その列の長さは $n = 2^{13} = 8192$ である．表 10.2 にウイルスの EMBL ファイルの一部を示す．この部分配列内では，三つの関心のある領域が示唆されている．セグメントは二つのコーディング領域（CDS）を含む．一つは 46333〜47481bp [BWRF1]，もう一つは 48386〜50032bp [BYRF1] である．さらに注目すべきことに，50578〜52115bp に大きな反復領域が存在する．ここでは，反復領域とは非常に繰り返しの多い DNA 領域を指すこととする．反復領域は CDS として分子生物学者の関心が高い．例えば，人間なら，反復領域がしばしば疾患症候群に関連している．この例では最低レベルに $J = 5$ を設定しているので，最小ブロックが 256 要素を持つ．

最良な分割および判別を示す距離の表を，表 10.3 に示す．同じ判別を持つ隣接ブロックが併合されていることがわかり，それはブロック $B(4, 10)$ と $B(3, 6)$ で生じている．図 10.5 は，最終的な分割に対するスペクトルエンベロープを示している．このアルゴリズムは，ここで考察している DNA について関心を引く領域を示している．実際，ブロック $B(1, 1)$ は部分配列の CDS を示しており，その領域のスペクトルエンベロープは周波数 1/10 と 1/3 とで予想どおりピークを持つ．50609〜52144bp を含むブロック $B(4, 10)$ と $B(3, 6)$ を併合したことは，大きな反復領域（実際の位置は 50578〜52115bp である）を正確に同定できていることを示している．CDS 領域と，ピークをたくさん持つような反復領域間の違いに注意しよう．これら二つのブロックを併合することは，もちろん妥当である．最後に，ブロック $B(4, 9)$ と $B(2, 4)$ のスペクトルエンベロープが類似し，かつ，両者はフラクタルなノイズであることを示している．図 10.5 では，参考のために，近似的に有意確率 0.00001 の閾値を示す破線を引いている．ブロック $B(1, 1)$ 内のコーディング配列は，アルゴリズムで分割され

表 10.2 欧州分子生物学研究所（EMBL）のエプスタイン・バーウイルスのファイルのセクション．

見出し	位置/限定子	見出し	位置/限定子
CDS[a]	46333..47481 /note="BWRF1 reading frame 12"	mRNA	49852..50032 /note="exon (Bodescot et al., 1984)"
misc_feature	47007..47007 /note="BAM: BamH1 W/Y"	misc_feature	50003..50003 /note="polyA signal: AATAAA, end of T1 RNA and EBNA-2 RNA (3.0kb latent RNA in IB4 cells)"
mRNA	47761..47793 /note="Exon Y1 Bodescot et al., 1984"		
promoter	47831..47831 /note="TATA: TATAAGT"	promoter	complement (50156..50156) /note="TATA: TATAAGT"
mRNA	47878..47999 /note="Exon Y2 Bodescot et al., 1984 EBNA-1 (Speck and Strominger, 1985) last common exon"	misc_feature	complement (50317..50317) /note="polyA signal: AATAAA, early RNA from 52817"
		repeat_region[a]	50578..52115
misc_feature	complement (48023..48023) /note="polyA signal: AATAAA"		/note="12 x "125bp" repeats"
		misc_feature	complement (50578..52557)
CDS[a]	48386..50032 /note="Coding exon for EBNA-2 (Sample et al., 1986)"		/note="BHLF1 early reading frame"
		misc_feature	52654..53697 /note="region homologous to Eco"
mRNA	48386..48444 /note="exon Bodescot et al., 1984"	promoter	complement (52817..52817) /note="TATA: GATAAAA early RNA containing BHLF1 (Jeang and Hayward, 1983; Freese et al., 1983)"
CDS[a]	48429..49964 /note="BYRF1, encodes EBNA-2 (Dambaugh et al., 1984; Dillner et al., 1984)"		
		promoter	53759..53759

[a] は関心のある配列の領域を示す．

10.3 局所スペクトルエンベロープ

表 10.3 各ブロックに対して式 (10.15) で定義された距離.

レベル	$B(j,\ell)$															
$j=0$	28 ↦ 25															
$j=1$	9 [**C**]								29 ↦ 16							
$j=2$	7				7				30 ↦ 8				8 [**N**]			
$j=3$	6		7		15		11		19 ↦ 6		2 [**R**]		7		8	
$j=4$	6	3	7	7	6	14	19	5	6 [**N**]	0 [**R**]	3	3	6	46	12	6

記号 ↦ はもとの距離が再設定されたことを示す．記号 ↦ なしのブロックは，マーク付きのブロックを意味する (これらはアルゴリズム手順 5 に従う)．最良分割は判別 ([C]=CDS, [N]=ノイズ, [R]=反復領域) を示す文字を付けてマークされている．

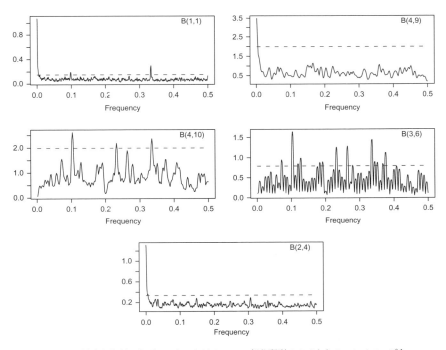

図 10.5 最良な分割の各ブロックにおける DNA 部分配列のスペクトルエンベロープと, 近似的に有意確率 0.00001 の閾値を示す破線.

ない．おそらくこのことは，CDS の BWRF1 がアルゴリズムで併合されてしまうブロック $B(2,1)$ と $B(2,2)$ としてまたがっているという事実に起因しているようである．遺伝子はアルゴリズムで分割されないけれども，関心のある領域を正しく識別している．関心のある領域をさらに調べれば，異なる二つのメカニズムが明らかになる．一つは周波数 1/10，もう一つは周波数 1/3 である．個々の遺伝子のスペクトルエンベロープを図 10.6 に示す．図から二つの遺伝子間の違いは明らかである．

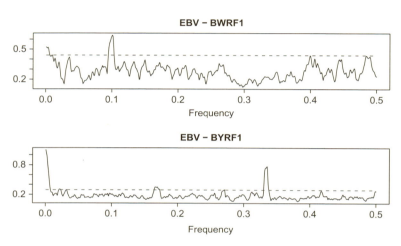

図 10.6　ブロック $B(1,1)$ 内の BWRF1 と BYRF1 遺伝子のスペクトルエンベロープと，近似的に有意確率 0.00001 の閾値を示す破線．

10.3.5　議　　　論

この節を終える前に，多変量過程のスペクトル行列を平滑化することには，特別な注意を払う必要があることに触れておこう．例えば，ピリオドグラム行列のすべての要素を式 (10.3) で定義される典型的な平滑化法で一律に平滑化するとき，これは推定値 $\hat{f}(\omega)$ が非負定値であることを保証する．しかしながら，DNA 配列解析を含む多くの場合に，スペクトル行列の異なる要素に対しては異なる平滑化の程度が求められる．これを克服するため，Rosen and Stoffer（2007）は，ピリオドグラム行列のコレスキー分解の実部および虚部の各要素にスプライン平滑化を当てはめるような MCMC 法を用いたベイズ法を提案した．スペクトル推定値は，そのとき平滑化されたコレスキー分解からスペクトル推定値を再構成して求められる．このテクニックを使うことで，スペクトル行列推定値が自動的に平滑化された形で得られる一方，パラメータの事後分布からの標本も得られるので，それを使ってパラメータに関する推測もできる．ここでは，このテクニックを使用した解析例は与えない．関心のある読者は，Rosen and Stoffer（2007, Section 3.3）の DNA 配列の例を参照されたい．

10.4 ゲノム差異の検出

初めに議論したように，二つの DNA 配列をマッチングする問題は，分子生物学者にとって非常に重要な関心事である．Waterman and Vingron (1994) は，いくつか問題背景に言及しながら，読み手として統計学者を意識して書かれた文献である．そこで指摘されているのは，新しい DNA またはタンパク質配列は，調査済みの類似または相同な配列を見つけるため，一つまたは複数の配列データベースと比較されなければならない，ということである．実際こうした比較の結果得られた発見は，枚挙に暇がない．例えば，嚢胞性線維症の遺伝子からクローンを作成して，そこから遺伝子配列を取り出したとき，データベース検索によって明らかになったのは，この複製した遺伝子には，小さな親水性分子が活発に細胞膜を通過することに伴う一種の ATP 結合タンパクとの類似性が見られるということであった (Riordan et al., 1989)．

10.4.1 一般的問題設定

Stoffer and Tyler (1998) は，より一般的な形で問題を議論しているが，ここでは問題設定の背景として，その一部を説明しよう．一般に，X_{1t}, X_{2t} ($t = 0, \pm 1, \pm 2, \ldots$) は次元 $k_1 + 1, k_2 + 1$ の (両者の値は異なっていてもよい) 状態空間に値をとるようなカテゴリカル列であるとする．いま，$g(X_{1t})$ と $h(X_{2t})$ が実数値時系列であるような二つの変換 g, h があって，$g(X_{1t})$ が連続なスペクトル密度 $f_{gg}(\omega)$ を，また $h(X_{2t})$ が連続なスペクトル密度 $f_{hh}(\omega)$ を持つとし，さらに，2 系列 $g(X_{1t})$ と $h(X_{2t})$ の複素数値の相互スペクトル密度を $f_{gh}(\omega)$ と書く．このとき，系列 $g(X_{1t})$ と $h(X_{2t})$ の周波数 ω における類似度の尺度として，2 乗コヒーレンス

$$\rho_{gh}^2(\omega) = \frac{|f_{gh}(\omega)|^2}{f_{gg}(\omega) f_{hh}(\omega)} \tag{10.16}$$

がある．

もちろん，$\rho_{gh}^2(\omega)$ は変換 g, h の選択に依存する．もし X_{1t} と X_{2t} が独立であれば，任意の g と h に対して $g(X_{1t})$ と $h(X_{2t})$ も独立で，したがって，すべての ω で $\rho_{gh}^2(\omega) = 0$ である．ここの主な目標は，いくつかの制約のもとで 2 乗コヒーレンス $\rho_{gh}^2(\omega)$ を最大にするような g と h を探すことである．もし $\rho_{gh}^2(\omega)$ の最大値が小さければ，2 系列 X_{1t} と X_{2t} は周波数 ω でマッチしないと言える．もし $\rho_{gh}^2(\omega)$ の最大値が大きいなら，得られた変換 g と h は，2 系列間の類似特性を理解する手助けになる．

この目的のため，カテゴリカル系列 X_{1t} をベクトル値指示関数過程 $\boldsymbol{Y}_{1t}$ で同一視する．ただし，$\boldsymbol{Y}_{1t}$ は，もし X_{1t} が時刻 t で状態 j ($j = 1, \ldots, k_1$) にあれば j 番目の要素にだけ 1 を持つような $k_1 \times 1$ ベクトルである．もし X_{1t} が状態 $k_1 + 1$ にあれば，$\boldsymbol{Y}_{1t}$ は零ベクトルである．同様にして，X_{2t} を $k_2 \times 1$ ベクトル値指示関数過程

Y_{2t} で同一視する. Y_{1t} と Y_{2t} のそれぞれについて $k_i \times k_i$ $(i=1,2)$ の正則なスペクトル行列 $f_{11}(\omega)$, $f_{22}(\omega)$ が存在すると仮定し, Y_{1t} と Y_{2t} の間の $k_1 \times k_2$ 相互スペクトル行列を $f_{12}(\omega)$ と書く.

問題を尺度化の列で記述するため, $\boldsymbol{\alpha} = (\alpha_1, \ldots, \alpha_{k_1})' \in \mathbb{R}^{k_1}$ ($\boldsymbol{\alpha} \neq \boldsymbol{0}$) を最初の系列 X_{1t} のカテゴリに関連する尺度化のベクトルとし, $\boldsymbol{\beta} = (\beta_1, \ldots, \beta_{k_2})' \in \mathbb{R}^{k_2}$ ($\boldsymbol{\beta} \neq \boldsymbol{0}$) を2番目の系列 X_{2t} のカテゴリに関連する尺度化のベクトルとする. 実数値の系列を

$$\begin{aligned} &\text{もし } X_{1t} \text{ が状態 } j \ (j=1,\ldots,k_1) \text{ にあれば } X_{1t}(\boldsymbol{\alpha}) = \alpha_j \\ &\text{もし } X_{2t} \text{ が状態 } j \ (j=1,\ldots,k_2) \text{ にあれば } X_{2t}(\boldsymbol{\beta}) = \beta_j \end{aligned} \quad (10.17)$$

のように定義する. ただし, 上記に加え, もし X_{1t} が状態 k_1+1 にあれば $X_{1t}(\boldsymbol{\alpha}) = 0$, もし X_{2t} が状態 k_2+1 にあれば $X_{2t}(\boldsymbol{\beta}) = 0$ とする. 尺度を与えられた系列は $X_{1t}(\boldsymbol{\alpha}) = \boldsymbol{\alpha}' \boldsymbol{Y}_{1t}$, $X_{2t}(\boldsymbol{\beta}) = \boldsymbol{\beta}' \boldsymbol{Y}_{2t}$ と表示されるので, $X_{1t}(\boldsymbol{\alpha})$ と $X_{2t}(\boldsymbol{\beta})$ の間の2乗コヒーレンスは

$$\rho_{12}^2(\omega; \boldsymbol{\alpha}, \boldsymbol{\beta}) = \frac{|\boldsymbol{\alpha}' f_{12}(\omega) \boldsymbol{\beta}|^2}{[\boldsymbol{\alpha}' f_{11}^{re}(\omega) \boldsymbol{\alpha}][\boldsymbol{\beta}' f_{22}^{re}(\omega) \boldsymbol{\beta}]} \quad (10.18)$$

となる.

制約 $\boldsymbol{a}'\boldsymbol{a} = 1$ と $\boldsymbol{b}'\boldsymbol{b} = 1$ のもとで $\boldsymbol{a} = f_{11}^{re}(\omega)^{1/2} \boldsymbol{\alpha}$, $\boldsymbol{b} = f_{22}^{re}(\omega)^{1/2} \boldsymbol{\beta}$ とおいて

$$Q(\omega) = f_{11}^{re}(\omega)^{-1/2} f_{12}(\omega) f_{22}^{re}(\omega)^{-1/2} = Q^{re}(\omega) + \mathrm{i} Q^{im}(\omega) \quad (10.19)$$

を定義すると, 式 (10.18) は

$$\rho_{12}^2(\omega; \boldsymbol{a}, \boldsymbol{b}) = [\boldsymbol{a}' Q^{re}(\omega) \boldsymbol{b}]^2 + [\boldsymbol{a}' Q^{im}(\omega) \boldsymbol{b}]^2 \quad (10.20)$$

と書くことができる. 目標は, 関心のある周波数 ω に対して式 (10.20) を最大にするような $\boldsymbol{a}$ と $\boldsymbol{b}$ を探すことである. その最大化には, いくつかの方法がある. そのうちの一つの方法は, 以下に基づいている.

命題 1 (Stoffer and Tyler) ω を固定し, 以下の記法では省略する. 式 (10.20) は

$$\rho_{12}^2(\boldsymbol{a}, \boldsymbol{b}) = \boldsymbol{a}'(Q^{re} \boldsymbol{b} \boldsymbol{b}' Q^{re} + Q^{im} \boldsymbol{b} \boldsymbol{b}' Q^{im}) \boldsymbol{a} = \boldsymbol{b}'(Q^{re} \boldsymbol{a} \boldsymbol{a}' Q^{re} + Q^{im} \boldsymbol{a} \boldsymbol{a}' Q^{im}) \boldsymbol{b} \quad (10.21)$$

と書くことができる.

$\boldsymbol{b}_0$ を任意の長さ 1 の $k_2 \times 1$ 実数値ベクトルとし, $j = 1, 2, \ldots$ に対し, $\boldsymbol{a}_j$ を高々ランク 2 の半正定値行列

$$Q^{re} \boldsymbol{b}_{j-1} \boldsymbol{b}_{j-1}' Q^{re} + Q^{im} \boldsymbol{b}_{j-1} \boldsymbol{b}_{j-1}' Q^{im} \quad (10.22)$$

の最大固有値に対応する固有ベクトル, $\boldsymbol{b}_j$ を高々ランク 2 の半正定値行列

$$Q^{re} \boldsymbol{a}_j \boldsymbol{a}_j' Q^{re} + Q^{im} \boldsymbol{a}_j \boldsymbol{a}_j' Q^{im} \quad (10.23)$$

の最大固有値に対応する固有ベクトルとする. このとき, 式 (10.21) の前半から

$\rho^2(\boldsymbol{a}_{j+1}, \boldsymbol{b}_j) \geq \rho^2(\boldsymbol{a}, \boldsymbol{b}_j)$ が任意の長さ 1 の $\boldsymbol{a}$ に対して成立し，式 (10.21) の後半から $\rho^2(\boldsymbol{a}_{j+1}, \boldsymbol{b}_{j+1}) \geq \rho^2(\boldsymbol{a}_{j+1}, \boldsymbol{b})$ が任意の長さ 1 の $\boldsymbol{b}$ に対して成立する．したがって，

$$\rho^2(\boldsymbol{a}_{j+1}, \boldsymbol{b}_{j+1}) \geq \rho^2(\boldsymbol{a}_{j+1}, \boldsymbol{b}_j) \geq \rho^2(\boldsymbol{a}_j, \boldsymbol{b}_j) \tag{10.24}$$

となる．

このアルゴリズムは，関心のある周波数 ω ごとに最適尺度化を見つけるために利用することができる．行列 A の最大固有値に対応する固有ベクトルを $\mathcal{L}(A)$ と書けば，アルゴリズムは，$\boldsymbol{b}_0$ を任意の $\boldsymbol{a}$ に対し，式 (10.20) の大きいほうの値を与えるベクトルに応じて $\mathcal{L}[Q^{re}(\omega)'Q^{re}(\omega)]$ または $\mathcal{L}[Q^{im}(\omega)'Q^{im}(\omega)]$ として設定することで，初期化される．もし $\boldsymbol{a}(\omega)$ と $\boldsymbol{b}(\omega)$ が式 (10.20) を最大にするなら，順繰りに，$\boldsymbol{\alpha}(\omega)$ と $\boldsymbol{\beta}(\omega)$ はそれぞれ $f_{11}^{re}(\omega)^{-1/2}\boldsymbol{a}(\omega)$ と $f_{22}^{re}(\omega)^{-1/2}\boldsymbol{b}(\omega)$ に比例するように選ぶ．このアルゴリズムは，状態空間の次元にかかわらず，高々ランク 2 の半正定値行列の固有値と固有ベクトルの計算しか必要としない．さらに，不等式 (10.24) から，目的関数は各ステップで増加する．

DNA 配列を比較する特定の問題では，両者の配列に同じ尺度化を適用してよいかどうかに関心がある．次の命題は，そうしたやり方が最適になる条件を示す．

命題 2（Stoffer and Tyler） 命題 1 の記号と条件のもとで，もし $k_1 = k_2 = k$，かつ，行列 Q^{re} と Q^{im} が対称ならば，$\rho_{12}^2(\boldsymbol{a}, \boldsymbol{b})$ の最大値は $\boldsymbol{a} = \boldsymbol{b}$ で達成される．

対称性がある場合，命題 1 のアルゴリズムは，$\boldsymbol{b}_0$ を，$\rho_{12}^2(\omega, \boldsymbol{b}_0)$ の最大値を与えるベクトルに応じて $\mathcal{L}[Q^{re}(\omega)^2]$ または $\mathcal{L}[Q^{im}(\omega)^2]$ として設定することで簡単になる．$j = 1, 2, \ldots$ に対して，列

$$\boldsymbol{b}_j = \mathcal{L}[Q^{re}(\omega)\boldsymbol{b}_{j-1}\boldsymbol{b}_{j-1}'Q^{re}(\omega) + Q^{im}(\omega)\boldsymbol{b}_{j-1}\boldsymbol{b}_{j-1}'Q^{im}(\omega)] \tag{10.25}$$

が交互の列 (10.22)，(10.23) の代わりになり，$\rho_{12}^2(\omega, \boldsymbol{b}_j) \geq \rho_{12}^2(\omega, \boldsymbol{b}_{j-1})$ を満たす．

上で述べた問題は，Brillinger (2001, Chapter 10) で記述された時系列の正準分析に関連している．詳細を補遺に記載しているが，手短に説明すると，もし定義 (10.17) で $\boldsymbol{\alpha}$ と $\boldsymbol{\beta}$ が複素数であってもよいとすると，その解として $X_{1t}(\boldsymbol{\alpha})$ と $X_{2t}(\boldsymbol{\beta})$ は正準変量の系列であって，その最大の 2 乗コヒーレンスが $f_{22}(\omega)^{-1/2}f_{21}(\omega)f_{11}(\omega)^{-1}f_{12}(\omega)f_{22}(\omega)^{-1/2}$ の最大固有値になる．この方法は実数値の場合に対して上界を求めることに利用されるが，DNA 配列への応用で使用するには，かなり荒っぽい手法と言わざるを得ないだろう．一つの明らかな問題は，各配列に対して異なる複素数値の尺度を使用することになるという点である．

10.4.2 配列マッチングモデル

DNA 配列をマッチングする場合，同じ状態空間 $\mathcal{S} = \{c_1, \ldots, c_{k+1}\}$ 上で定義され

た配列 X_{1t}, X_{2t} に関心がある．この場合，共通の尺度化を選ぶことが適当である．二つの配列が同位相にあるような "局所的アライメント" (local alignment) と，配列が異位相にあるような "大域的アライメント" (global alignment) の二つの場合を考える．今後，$i = 1, 2$ に対し，DNA 配列 X_{it} に対応する $k \times 1$ ダミー配列を $\boldsymbol{Y}_{it}$ と書く．

Stoffer (1987, Section 3) で，離散値時系列に対する加法型信号・ノイズモデルがいくつか開発された．配列マッチングの文脈では，これらの概念を以下のように使用する．局所的アライメントと呼んでいる最初のモデルは

$$\boldsymbol{Y}_{it} = \boldsymbol{p}_i + \boldsymbol{S}_t + \boldsymbol{e}_{it} \tag{10.26}$$

と定義される．ただし，$i = 1, 2$, $j = 1, \ldots, k$ に対して $\boldsymbol{p}_i = (p_{i1}, \ldots, p_{ik})'$ は，確率 $p_{ij} = \Pr(X_{it} = c_j)$ の正のベクトルである．さらに，$\boldsymbol{S}_t$ は $k \times 1$ 系列 $\boldsymbol{e}_{it}$ $(i = 1, 2)$ と無相関な共通の $k \times 1$ ベクトル値系列である．$\boldsymbol{S}_t$ と $\boldsymbol{e}_{it}$ との間には従属構造があるかもしれないし，異なるサポート上に値をとるかもしれない．もし比較的短い配列を調べるならば，$\boldsymbol{S}_t$ は $k \times k$ スペクトル密度行列 $f_{ss}(\omega)$ を持ち，$\boldsymbol{e}_{it}$ $(i = 1, 2)$ は共通な $k \times k$ スペクトル $f_{ee}(\omega)$ を持つと仮定する．この方法が，$\boldsymbol{e}_{it}$ に共通なスペクトルを仮定することについて，かなり頑健であることは明らかであろう．

$\boldsymbol{\beta} = (\beta_1, \ldots, \beta_k)' \in \mathbb{R}^k$ $(\boldsymbol{\beta} \neq \boldsymbol{0})$ を，カテゴリ $\{c_1, \ldots, c_k\}$ に関する尺度化のベクトルとする．前と同じで，$i = 1, 2$ に対し，もし $X_{it} = c_j$ $(j = 1, \ldots, k)$ ならば実数値系列を $X_{it}(\boldsymbol{\beta}) = \beta_j$, $X_{it} = c_{k+1}$ ならば $X_{it}(\boldsymbol{\beta}) = 0$ と定義する．$i = 1, 2$ に対し，$X_{it}(\boldsymbol{\beta}) = \boldsymbol{\beta}'\boldsymbol{Y}_{it} = \boldsymbol{\beta}'\boldsymbol{p}_i + \boldsymbol{\beta}'\boldsymbol{S}_t + \boldsymbol{\beta}'\boldsymbol{e}_{it}$ に注意する．尺度化された過程 $X_{1t}(\boldsymbol{\beta})$ のスペクトルを $f_{11}(\omega; \boldsymbol{\beta})$, 同様に，$X_{2t}(\boldsymbol{\beta})$ のスペクトルを $f_{22}(\omega; \boldsymbol{\beta})$ とし，さらに，$X_{1t}(\boldsymbol{\beta})$ と $X_{2t}(\boldsymbol{\beta})$ の間の相互スペクトルを $f_{12}(\omega; \boldsymbol{\beta})$ と書く．このとき

$$\begin{aligned} f_{ii}(\omega; \boldsymbol{\beta}) &= \boldsymbol{\beta}'\{f_{ss}^{re}(\omega) + f_{ee}^{re}(\omega)\}\boldsymbol{\beta}, \quad i = 1, 2 \\ f_{12}(\omega; \boldsymbol{\beta}) &= \boldsymbol{\beta}' f_{ss}^{re}(\omega) \boldsymbol{\beta} \end{aligned} \tag{10.27}$$

が成立し，$X_{1t}(\boldsymbol{\beta})$ と $X_{2t}(\boldsymbol{\beta})$ の間のコヒーレンスは

$$\rho_{12}(\omega; \boldsymbol{\beta}) = \frac{\boldsymbol{\beta}' f_{ss}^{re}(\omega) \boldsymbol{\beta}}{\boldsymbol{\beta}'\{f_{ss}^{re}(\omega) + f_{ee}^{re}(\omega)\}\boldsymbol{\beta}} \tag{10.28}$$

となる．

命題 2 の条件が満たされ，ここでは共通の尺度化を採用することが最適となっていることに注意されたい．

もし共通の信号がなければ（つまり，$f_{ss}(\omega) = 0$ ならば），任意の尺度化 $\boldsymbol{\beta}$ に対して $\rho_{12}(\omega; \boldsymbol{\beta}) = 0$ である．よって，共通信号の検出は，モデル条件のもとで最大のコヒーレンスを求めることで達成される．$\boldsymbol{b}'\boldsymbol{b} = 1$ の制約のもとで $\boldsymbol{b} = [f_{ss}^{re}(\omega) + f_{ee}^{re}(\omega)]^{1/2}\boldsymbol{\beta}$ とおくと，式 (10.28) を

$$\rho_{12}(\omega; \boldsymbol{b}) = \boldsymbol{b}'[f_{ss}^{re}(\omega) + f_{ee}^{re}(\omega)]^{-1/2} f_{ss}^{re}(\omega)[f_{ss}^{re}(\omega) + f_{ee}^{re}(\omega)]^{-1/2}\boldsymbol{b} \tag{10.29}$$

と書くことができる．これは固有値問題であり，式 (10.29) の最大値は

$$[f_{ss}^{re}(\omega) + f_{ee}^{re}(\omega)]^{-1/2} f_{ss}^{re}(\omega)[f_{ss}^{re}(\omega) + f_{ee}^{re}(\omega)]^{-1/2} \boldsymbol{b}(\omega) = \lambda(\omega)\boldsymbol{b}(\omega) \quad (10.30)$$

を満たす最大のスカラー $\lambda(\omega)$ である．

最適尺度化 $\boldsymbol{\beta}(\omega)$ は $[f_{ss}^{re}(\omega) + f_{ee}^{re}(\omega)]^{-1/2} \boldsymbol{b}(\omega)$ に比例するように選ぶ．この値は，二つの配列間の周波数 ω におけるコヒーレンスを最大にする．ただし，その最大値は $\lambda(\omega)$ である．すなわち，$\rho_{12}(\omega; \boldsymbol{\beta}) \leq \rho_{12}(\omega; \boldsymbol{\beta}(\omega)) = \lambda(\omega)$ で，その等号は $\boldsymbol{\beta}$ が $\boldsymbol{\beta}(\omega)$ に比例するときのみ達成される．推定の進め方は明らかであって，一致推定値 $\widehat{f}_{ij}(\omega)$ が $i,j = 1, 2$ で得られたとき，

$$\widehat{f}_{ss}^{re}(\omega) = [\widehat{f}_{12}^{re}(\omega) + \widehat{f}_{21}^{re}(\omega)]/2, \quad \widehat{f}_{ss}^{re}(\omega) + \widehat{f}_{ee}^{re}(\omega) = [\widehat{f}_{12}^{re}(\omega) + \widehat{f}_{21}^{re}(\omega)]/2 \quad (10.31)$$

とすればよい．

尺度化された列 $X_{1t}(\boldsymbol{\beta})$ と $X_{2t}(\boldsymbol{\beta})$ における共通信号を周波数ベースで検定することは，Stoffer and Tyler (1998) に記述されている．ただし，帰無仮説は $f_{ss}(\omega) = 0$ である．基本的な条件は，ピリオドグラムを単純平均で平滑化することである．すなわち，式 (10.3) で重みをすべて等しく $1/L$ にする．ただし，$L = 2m + 1$ である．この場合，推定値の上にバーを付けたとき単純平均であると約束しておけば，式 (10.31) に基づく推定されたコヒーレンスは，$\overline{\rho}_{12}(\omega_j; \boldsymbol{\beta}) \neq 1$ のとき

$$\overline{\rho}_{12}(\omega_j; \boldsymbol{\beta}) = \frac{\boldsymbol{\beta}' \overline{f}_{ss}^{re}(\omega_j) \boldsymbol{\beta}}{\boldsymbol{\beta}' \{\overline{f}_{ss}^{re}(\omega_j) + \overline{f}_{ee}^{re}(\omega_j)\} \boldsymbol{\beta}} = \frac{F(\omega_j; \boldsymbol{\beta}) - 1}{F(\omega_j; \boldsymbol{\beta}) + 1} \quad (10.32)$$

となる．ただし，ω_j は基本周波数であり，ω_j と $\boldsymbol{\beta}$ の固定された値に対して $F(\omega_j; \boldsymbol{\beta})$ は，$n \to \infty$ のとき漸近的に自由度 $(2L, 2L)$ の F 分布に従う．式 (10.32) を最大にする尺度化 $\overline{\boldsymbol{\beta}}(\omega_j)$ は $F(\omega_j; \boldsymbol{\beta})$ も最大にする．さらに，モデル (10.26) のもとで，$F(\omega_j; \boldsymbol{\beta})$ の最大値は $\lambda_F(\omega_j) = [1 + \overline{\lambda}(\omega_j)]/[1 - \overline{\lambda}(\omega_j)]$ である．ただし，$\overline{\lambda}(\omega_j)$ は単純平均による推定値から計算した，このモデルに対するスペクトルエンベロープの推定値である．なお，$\lambda_F(\omega_j) = \sup_{\beta \neq 0} F(\omega_j; \boldsymbol{\beta})$ である．$\boldsymbol{Y}_{1t}$ と $\boldsymbol{Y}_{2t}$ がミキシングであるという仮定があれば，$\lambda_F(\omega_j)$ の $n \to \infty$ における漸近帰無分布は Roy の最大根である．$\boldsymbol{e}_{1t}$ と $\boldsymbol{e}_{2t}$ が両方ともホワイトノイズであるという追加条件のもとで，有限標本の帰無分布は直接的なシミュレーションで得られる．詳細は Stoffer and Tyler (1998) を参照されたい．

このモデルは，各配列に多くの共通な信号が存在する可能性と，配列は必ずしも揃っていないという可能性を含めるように拡張することができる．一般の大域的アライメントのモデルは

$$\boldsymbol{Y}_{1t} = \boldsymbol{p}_1 + \sum_{j=1}^{q} \boldsymbol{S}_{jt} + \boldsymbol{e}_{1t}, \quad \boldsymbol{Y}_{2t} = \boldsymbol{p}_2 + \sum_{j=1}^{q} \boldsymbol{S}_{j,t-\tau_j} + \boldsymbol{e}_{2t} \quad (10.33)$$

である．ただし，$\boldsymbol{S}_{jt}$ ($j = 1, \ldots, q$) は互いに無相関な平均 0 の定常な $k \times 1$ 多変量時系列であり，それらは平均 0 の定常な $k \times 1$ 多変量時系列 $\boldsymbol{e}_{1t}$ と $\boldsymbol{e}_{2t}$ とも無相関で

ある.さらに,S_{jt} $(j=1,\ldots,q)$ は $k \times k$ スペクトル密度行列 $f_{S_j}(\omega)$ を持ち,e_{it} $(i=1,2)$ は共通の $k \times k$ スペクトル $f_{ee}(\omega)$ を持つ.ここでも,推定の手続きは,スペクトルの同等性の仮定について頑健である.

位相差 $\tau_1,\ldots,\tau_q$ や非負整数 $q \geq 0$ を特定化する必要はないが,それらを推定する問題は興味深い.以下のような方法があり,$q = 0$ であるかどうかを決めることができる.$q > 0$ ならば

$$f_{11}(\omega) = f_{22}(\omega) = \sum_{j=1}^{q} f_{S_j}(\omega) + f_{ee}(\omega), \quad f_{12}(\omega) = \sum_{j=1}^{q} f_{S_j}(\omega)\exp(\mathrm{i}\omega\tau_j) \tag{10.34}$$

に注意しておく.$\boldsymbol{\beta} = (\beta_1,\ldots,\beta_k)' \in \mathbb{R}^k$ $(\boldsymbol{\beta} \neq \boldsymbol{0})$ を尺度化のベクトルとし,$j=1,2$ に対して $X_{it}(\boldsymbol{\beta}) = \boldsymbol{\beta}'\boldsymbol{Y}_{it}$ と書くとき,$X_{1t}(\omega)$ と $X_{2t}(\omega)$ の間の 2 乗コヒーレンスは

$$\rho_{12}^2(\omega;\boldsymbol{\beta}) = \frac{|\sum_{j=1}^{q} \boldsymbol{\beta}' f_{S_j}^{re}(\omega)\boldsymbol{\beta}\exp(\mathrm{i}\omega\tau_j)|^2}{|\boldsymbol{\beta}' f^{re}(\omega)\boldsymbol{\omega}|^2} \tag{10.35}$$

となる.ただし,$f(\omega) = f_{11}(\omega) = f_{22}(\omega)$ とする.制約 $\boldsymbol{b}'\boldsymbol{b} = 1$ のもとで $\boldsymbol{b} = f^{re}(\omega)^{1/2}\boldsymbol{\beta}$ とおけば,式 (10.35) を

$$\rho_{12}^2(\omega;\boldsymbol{b}) = \left|\boldsymbol{b}'\Big\{\sum_{j=1}^{q} f^{re}(\omega)^{-1/2} f_{S_j}^{re}(\omega) f^{re}(\omega)^{-1/2}\exp(\mathrm{i}\omega\tau_j)\Big\}\boldsymbol{b}\right|^2 \tag{10.36}$$

と書くことができる.複素数値行列 $Q(\omega)$ を

$$Q(\omega) = \sum_{j=1}^{q} f^{re}(\omega)^{-1/2} f_{S_j}^{re}(\omega) f^{re}(\omega)^{-1/2}\exp(\mathrm{i}\omega\tau_j) = Q^{re}(\omega) + \mathrm{i}Q^{im}(\omega) \tag{10.37}$$

で定義する.$Q^{re}(\omega)$ と $Q^{im}(\omega)$ はいずれも対称行列であるが,必ずしも正定値でないことに注意する.命題 2 で述べたように,最適な戦略は,両方の配列に対して同じ尺度化を採用することである.さて,式 (10.36) を

$$\rho_{12}^2(\omega;\boldsymbol{b}) = [\boldsymbol{b}'Q^{re}(\omega)\boldsymbol{b}]^2 + [\boldsymbol{b}'Q^{im}(\omega)\boldsymbol{b}]^2 \tag{10.38}$$

と書いておく.一致推定値 $\widehat{f}_{ij}(\omega)$ が得られれば,$f(\omega)$ を $\widehat{f}(\omega) = [\widehat{f}_{11}(\omega) + \widehat{f}_{22}(\omega)]/2$ で推定できるので,$Q^{re}(\omega)$ と $Q^{im}(\omega)$ の一致推定値は,それぞれ

$$\widehat{Q}^{re}(\omega) = [\widehat{f}_{11}^{re}(\omega) + \widehat{f}_{22}^{re}(\omega)]^{-1/2}[\widehat{f}_{12}^{re}(\omega) + \widehat{f}_{21}^{re}(\omega)][\widehat{f}_{11}^{re}(\omega) + \widehat{f}_{22}^{re}(\omega)]^{-1/2} \tag{10.39}$$

$$\widehat{Q}^{im}(\omega) = [\widehat{f}_{11}^{re}(\omega) + \widehat{f}_{22}^{re}(\omega)]^{-1/2}[\widehat{f}_{12}^{im}(\omega) + \widehat{f}_{21}^{im}(\omega)][\widehat{f}_{11}^{re}(\omega) + \widehat{f}_{22}^{re}(\omega)]^{-1/2} \tag{10.40}$$

となる.

推定された 2 乗コヒーレンスは命題 2 によって最大化され,任意の特定の周波数での最適尺度化 $\widehat{\boldsymbol{\beta}}(\omega)$ は,$\widehat{f}^{re}(\omega)^{-1/2}\widehat{b}(\omega)$ に比例するように選ぶ.ただし,$\widehat{b}(\omega)$ は最大化を達成するベクトルとする.

10.4.3 データ解析

図 10.4 において，1/3 の周期がたいていの遺伝子に見られるが，最後の 1000bp は周期的な振る舞いを含まないように見え，非コーディング領域と考えられるかもしれない．ヘルペスウイルス・サイミリ（HVS）も BNRF1 のラベルの遺伝子を含む．HVS と EBV の BNRF1 遺伝子の最後の 1000bp のスペクトルエンベロープを図 10.7 に示す．EBV-BNRF1 と違って，HVS-BNRF1 のスペクトルエンベロープは，最後の 1000bp に周波数 1/3 でかなり大きい値をとる．EBV-BNRF1 の最後の部分が本当にコーディング領域であるという証拠はないとしても，二つの遺伝子が最後の 1000bp でマッチするかを知ることに関心がある．図 10.8 で局所的アライメントと大域的アライメントを比較しているが，少なくとも 1/3 の周波数の近くでは，二つの配列間の有意なコヒーレンスを見つけることができる．したがって，局所的モデルから，二つの遺伝子間には，最後の 1000bp に有意なマッチングがあると結論付けられる．局所的モデルの場合，1/3 の周波数で推定された共通の最適尺度化が A = 59.4, C = 0.8, G = 64.9, T = 0（大域的モデルでは A = 60.8, C = 5.6, G = 67.1, T = 0）であり，このことはプリン・ピリミジン（A = G, C = T）のアルファベットがマッチしていることを示している．

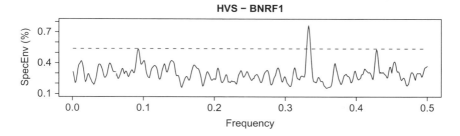

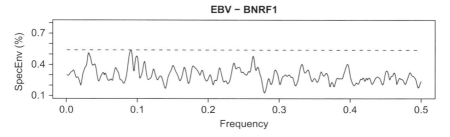

図 10.7 ヘルペスウイルス・サイミリ（HVS）とエプスタイン・バーウイルス（EBV）の BNRF1 遺伝子の最後の 1000bp についてのスペクトルエンベロープ．水平方向の破線は，各点で有意確率 0.001 に対応する閾値を示している．

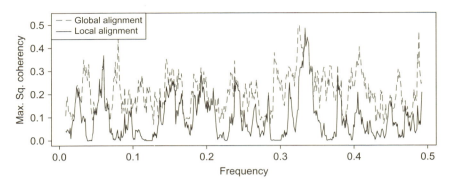

図 10.8 局所的モデル (10.26) と大域的モデル (10.33) の二つのモデルを用いた EBV-BNRF の部分と HVS-BNRF の部分との間の最大 2 乗コヒーレンス．各点での局所的モデルに対する有意確率 0.0001 に対応する閾値は 41.2% である．

10.A 補遺：時系列の主成分分析と正準相関分析

前述のとおり，ここでのスペクトルエンベロープと最大コヒーレンスに関連する理論と方法は，時系列の主成分分析と正準相関分析に関連する理論と方法に，密接に関係する．この補遺では，概念間の関係が明らかになるように，それらのテクニックをまとめる．

10.A.1 主 成 分

時系列の主成分分析の場合には，平均 0 の $p \times 1$ 定常ベクトル過程 $\bm{X}_t$ が，$p \times p$ スペクトル密度行列 $f_{xx}(\omega)$ を持つとする．ただし，$f_{xx}(\omega)$ は複素数値であり，非負定値エルミート行列とする．古典的な主成分からの類推で，固定された ω に対し，複素数値の 1 変量過程 $Y_t(\omega) = \bm{c}(\omega)^* \bm{X}_t$ をうまく見つけ[*6)]，$Y_t(\omega)$ のスペクトル密度を ω で最大にする．ただし，$\bm{c}(\omega)$ は長さが 1 で $\bm{c}(\omega)^* \bm{c}(\omega) = 1$ の複素（数値）ベクトルである．周波数 ω で $Y_t(\omega)$ のスペクトル密度が $f_y(\omega) = \bm{c}(\omega)^* f_{xx}(\omega) \bm{c}(\omega)$ となるので，この問題は

$$\max_{c(\omega) \neq 0} \frac{\bm{c}(\omega)^* f_{xx}(\omega) \bm{c}(\omega)}{\bm{c}(\omega)^* \bm{c}(\omega)} \tag{A.1}$$

を達成するような複素ベクトル $\bm{c}(\omega)$ を求めることと言い換えられる．$f_{xx}(\omega)$ の固

[*6)] 【訳注】原著では，$Y_t(\omega) = \bm{c}(\omega)^* \bm{X}_t$ をうまく見つける，として，$\bm{c}(\omega)$ を順々に決めていくような時系列の主成分の考え方を記載しているが，時点 t で表されている系列に周波数 ω を関連付けるような説明は不適かもしれない．実際，本項の最後に補足されている Brillinger (1981) の考え方については，フィルタ $\{\bm{c}_j\}$ とその変換 $\bm{c}(\omega)$ で記載されていて，明解な説明であろうが，本項のこの付近の記載はむしろ曖昧に感じられる．

有値・固有ベクトルのペアを $\{(\lambda_1(\omega), \boldsymbol{e}_1(\omega)), \ldots, (\lambda_p(\omega), \boldsymbol{e}_p(\omega))\}$ とする．ただし，$\lambda_1(\omega) \geq \cdots \geq \lambda_p(\omega) \geq 0$，かつ，その固有ベクトルは長さ 1 である．エルミート行列の固有値が実数であることに注意する．式 (A.1) の解が $\boldsymbol{c}(\omega) = \boldsymbol{e}_1(\omega)$ で与えられ，このときの線形結合は $Y_t(\omega) = \boldsymbol{e}_1(\omega)^* \boldsymbol{X}_t(\omega)$ である．この選択に対して，

$$\max_{c(\omega) \neq 0} \frac{\boldsymbol{c}(\omega)^* f_{xx}(\omega) \boldsymbol{c}(\omega)}{\boldsymbol{c}(\omega)^* \boldsymbol{c}(\omega)} = \frac{\boldsymbol{e}_1(\omega)^* f_{xx}(\omega) \boldsymbol{e}_1(\omega)}{\boldsymbol{e}_1(\omega)^* \boldsymbol{e}_1(\omega)} = \lambda_1(\omega) \tag{A.2}$$

となる．

この手続きが任意の周波数 ω で繰り返され，得られた複素数値過程 $Y_{t1}(\omega) = \boldsymbol{e}_1(\omega)^* \boldsymbol{X}_t$ を周波数 ω での第 1 主成分と呼ぶ．古典的な場合から類推すると，$k = 1, 2, \ldots, p$ に対し，周波数 ω での第 k 主成分は，複素数値時系列 $Y_{tk}(\omega) = \boldsymbol{e}_k(\omega)^* \boldsymbol{X}_t$ として与えられる．周波数 ω において $Y_{tk}(\omega)$ のスペクトル密度が $f_{y_k}(\omega) = \boldsymbol{c}_k(\omega)^* f_{xx}(\omega) \boldsymbol{c}_k(\omega) = \lambda_k(\omega)$ となる．

周波数領域における主成分の発展は，式 (10.5) の近辺で議論したようなスペクトルエンベロープ法と関連している．実際，スペクトルエンベロープは $f_{xx}(\omega)$ の実部に関する主成分分析である．ゆえに，周波数領域における主成分とスペクトルエンベロープの違いは，スペクトルエンベロープに対し，$\boldsymbol{c}(\omega)$ が実数に制限されていることである．もし，スペクトルエンベロープの発展において複素数での尺度化を認めたならば，両者の方法は同一になるだろう．

周波数領域における主成分の使用を動機付ける別の方法は，Brillinger (1981, Chapter 9) に与えられている．テクニックは異なるように見えるが，同じ結果に至る．この場合，定常な p 次元ベクトル値過程 $\boldsymbol{X}_t$ があるとして，何らかの最適規準に従ってベクトル値過程 $\boldsymbol{X}_t$ を再構成できるような 1 変量過程 Y_t を見つけることができる．具体的に言えば，スペクトル行列 $f_{xx}(\omega)$ を持つような平均 0 の定常ベクトル値過程 $\boldsymbol{X}_t$ を

$$Y_t = \sum_{j=-\infty}^{\infty} \boldsymbol{c}_{t-j}^* \boldsymbol{X}_j \tag{A.3}$$

として定義される 1 変量時系列 Y_t で近似することを考える．ただし，$\{\boldsymbol{c}_j\}$ は絶対総和可能（つまり，$\sum_{j=-\infty}^{\infty} |\boldsymbol{c}_j| < \infty$）であるような $p \times 1$ ベクトル値フィルタである．この近似は

$$\widehat{\boldsymbol{X}}_t = \sum_{j=-\infty}^{\infty} \boldsymbol{b}_{t-j} Y_j \tag{A.4}$$

とおいて，平均 2 乗近似誤差

$$E\{(\boldsymbol{X}_t - \widehat{\boldsymbol{X}}_t)^* (\boldsymbol{X}_t - \widehat{\boldsymbol{X}}_t)\} \tag{A.5}$$

が最小になるように $\boldsymbol{X}_t$ を Y_t から再構成して実行される．ただし，$\{\boldsymbol{b}_j\}$ は絶対総和可能な $p \times 1$ フィルタである．

$\boldsymbol{b}(\omega)$ と $\boldsymbol{c}(\omega)$ をそれぞれ $\{\boldsymbol{b}_j\}$ と $\{\boldsymbol{c}_j\}$ の変換であるとする．例えば，

$$\boldsymbol{c}(\omega) = \sum_{j=-\infty}^{\infty} \boldsymbol{c}_j \exp(-2\pi \mathrm{i} j \omega) \tag{A.6}$$

とし, したがって,

$$\boldsymbol{c}_j = \int_{-1/2}^{1/2} \boldsymbol{c}(\omega) \exp(2\pi \mathrm{i} j \omega) \, d\omega \tag{A.7}$$

とする.

Brillinger (1981, Theorem 9.3.1) は, この問題の解が式 (A.1) を満たす $\boldsymbol{c}(\omega)$ を選び, $\boldsymbol{b}(\omega) = \overline{\boldsymbol{c}(\omega)}$ と設定すればよいことを示した. これはまさに先に述べた問題であり, その解は式 (A.2) で与えられている. すなわち, $\boldsymbol{c}(\omega) = \boldsymbol{e}_1(\omega)$ と $\boldsymbol{b}(\omega) = \overline{\boldsymbol{e}_1(\omega)}$ を選んだとき, フィルタ値は式 (A.7) の反転公式を通して得られる. これらの結果を用いれば, 式 (A.3) の観点で, 第 1 主成分系列 Y_{t1} を作ることができる.

このテクニックは, 平均 2 乗誤差を最小にする意味で $\boldsymbol{X}_t$ を近似する別の系列 Y_{t2} を求めるように拡張することができる. ただし, Y_{t2} と Y_{t1} のコヒーレンスを 0 とする. この場合 $\boldsymbol{c}(\omega) = \boldsymbol{e}_2(\omega)$ を選ぶことになる. これを続けると, 最初の q ($\leq p$) 個の主成分系列 $\boldsymbol{Y}_t = (Y_{t1}, \ldots, Y_{tq})'$ が得られ, そのスペクトル密度が $f_{yy}(\omega) = \mathrm{diag}\{\lambda_1(\omega), \ldots, \lambda_q(\omega)\}$ となる. その系列 Y_{tk} が第 k 主成分系列である.

10.A.2 正 準 相 関

10.4 節の式 (10.25) の下で, DNA 配列をマッチングする問題と時系列における正準相関の関係を議論した. ここでは, その関係の詳細を述べる. 定常な平均 0 の $k_1 \times 1$ 時系列 $\boldsymbol{X}_{t1}$ と $k_2 \times 1$ 時系列 $\boldsymbol{X}_{t2}$ があり, それぞれの正則なスペクトル密度行列を $f_{11}(\omega)$, $f_{22}(\omega)$ とする. $\boldsymbol{X}_{t1}$ と $\boldsymbol{X}_{t2}$ の間の相互スペクトル行列は, $\boldsymbol{X}_{t1}$ と $\boldsymbol{X}_{t2}$ の要素の間の相互スペクトルからなる $k_1 \times k_2$ 行列であり, それを $f_{12}(\omega)$ と書く. $f_{21}(\omega) = f_{12}^*(\omega)$ に注意しよう.

古典的な正準相関から類推し, ある特定の周波数 ω で複素数の線形結合 $U_t(\omega) = \boldsymbol{\alpha}^* \boldsymbol{X}_{t1}$ と $V_t(\omega) = \boldsymbol{\beta}^* \boldsymbol{X}_{t2}$ を見つけたい[*7]. ただし, $\boldsymbol{\alpha}$ と $\boldsymbol{\beta}$ は $k_1 \times 1$ と $k_2 \times 1$ の複素ベクトルで, $U_t(\omega)$ と $V_t(\omega)$ の間の 2 乗コヒーレンスが最大になるものである. $U_t(\omega)$ の周波数 ω でのスペクトル密度が $f_{uu}(\omega) = \boldsymbol{\alpha}^* f_{11}(\omega) \boldsymbol{\alpha}$ となり, $V_t(\omega)$ の周波数 ω でのスペクトル密度が $f_{vv}(\omega) = \boldsymbol{\beta}^* f_{22}(\omega) \boldsymbol{\beta}$, また $U_t(\omega)$ と $V_t(\omega)$ との相互スペクトルが $f_{uv}(\omega) = \boldsymbol{\alpha}^* f_{12}(\omega) \boldsymbol{\beta}$ となるので,

$$\rho_{uv}^2(\omega) = \frac{|f_{uv}(\omega)|^2}{f_{uu}(\omega) f_{vv}(\omega)} = \frac{|\boldsymbol{\alpha}^* f_{12}(\omega) \boldsymbol{\beta}|^2}{[\boldsymbol{\alpha}^* f_{11}(\omega) \boldsymbol{\alpha}][\boldsymbol{\beta}^* f_{22}(\omega) \boldsymbol{\beta}]} \tag{A.8}$$

[*7] 【訳注】原著では, $U_t(\tau)$ と $V_t(\tau)$ を見つけていくような時系列の正準相関の考え方を記載しているが, 10.A.1 項と同様に, 時点 t で表されている系列に周波数 ω を関連付けるような説明は不適かもしれない. 実際, 本項の最後に補足されている Brillinger (1981) の考え方については, フィルタとその変換で記載されていて, 明解な説明であろうが, 本項のこの付近の記載はむしろ曖昧に感じられる.

を得る．

解を $\boldsymbol{\alpha} = \boldsymbol{\alpha}_1(\omega)$, $\boldsymbol{\beta} = \boldsymbol{\beta}_1(\omega)$ とすれば，$\boldsymbol{\alpha}_1(\omega)$ を

$$f_{11}(\omega)^{-1/2} f_{12}(\omega) f_{22}(\omega)^{-1} f_{21}(\omega) f_{11}(\omega)^{-1/2}$$

の第1固有ベクトルに比例するように選び，$\boldsymbol{\beta}_1(\omega)$ を

$$f_{22}(\omega)^{-1/2} f_{21}(\omega) f_{11}(\omega)^{-1} f_{12}(\omega) f_{22}(\omega)^{-1/2}$$

の第1固有ベクトルに比例するように選ぶ．ω での最大の2乗コヒーレンスは

$$f_{11}(\omega)^{-1} f_{12}(\omega) f_{22}(\omega)^{-1} f_{21}(\omega)$$

の最大固有値 $\lambda_1^2(\omega)$ である．一般的なやり方として，$\boldsymbol{\alpha}_1(\omega)$ と $\boldsymbol{\beta}_1(\omega)$ には，それぞれ

$$\boldsymbol{\alpha}_1(\omega)^* f_{11}(\omega) \boldsymbol{\alpha}_1(\omega) = 1, \quad \boldsymbol{\beta}_1(\omega)^* f_{22}(\omega) \boldsymbol{\beta}_1(\omega) = 1$$

という制約を付ける．この場合，

$$\max \rho_{uv}^2(\omega) = |\boldsymbol{\alpha}_1^*(\omega) f_{12}(\omega) \boldsymbol{\beta}_1(\omega)|^2 = \lambda_1^2(\omega) \tag{A.9}$$

である．他の正準系列も，古典的な場合と類似したやり方で選ばれる．

主成分と同じで，正準分析の別の見方も存在し，これは Brillinger (1981, Chapter 10) でとられたアプローチである．ここで，$i = 1, 2$ について $\sum_t |\boldsymbol{b}_{ti}| < \infty$ となる $k_i \times 1$ の線形フィルタ $\{\boldsymbol{b}_{ti}\}$ を考える．各 ω で最大の2乗コヒーレンス $\rho_{uv}^2(\omega)$ を持つような実数値1変量系列

$$U_t = \sum_{j=-\infty}^{\infty} \boldsymbol{b}_{t-j,1}^* \boldsymbol{X}_{j1}, \quad V_t = \sum_{j=-\infty}^{\infty} \boldsymbol{b}_{t-j,2}^* \boldsymbol{X}_{j2}$$

は，$i = 1, 2$ に対して

$$\boldsymbol{b}_i^*(\omega) f_{ii}(\omega) \boldsymbol{b}_i(\omega) = 1$$

($\boldsymbol{b}_i(\omega)$ は $\{\boldsymbol{b}_{ti}\}$ の変換とする) の制約のもとで

$$f_{11}(\omega)^{-1/2} f_{12}(\omega) f_{22}(\omega)^{-1} f_{21}(\omega) f_{11}(\omega)^{-1/2} \boldsymbol{\alpha}(\omega) = \lambda^2(\omega) \boldsymbol{\alpha}(\omega) \tag{A.10}$$

$$f_{22}(\omega)^{-1/2} f_{21}(\omega) f_{11}(\omega)^{-1} f_{12}(\omega) f_{22}(\omega)^{-1/2} \boldsymbol{\beta}(\omega) = \lambda^2(\omega) \boldsymbol{\beta}(\omega) \tag{A.11}$$

となる最大のスカラー $\lambda(\omega)$ を見つけることで与えられる．U_t と V_t の間の最大2乗コヒーレンスが $\lambda^2(\omega)$ であり，$\boldsymbol{b}_1(\omega)$ と $\boldsymbol{b}_2(\omega)$ は，それぞれ

$$f_{11}(\omega)^{-1/2} f_{12}(\omega) f_{22}(\omega)^{-1} f_{21}(\omega) f_{11}(\omega)^{-1/2}$$

と

$$f_{22}(\omega)^{-1/2} f_{21}(\omega) f_{11}(\omega)^{-1} f_{12}(\omega) f_{22}(\omega)^{-1/2}$$

の第1固有ベクトルに比例するように選ばれる．そのフィルタは式 (A.7) のような関係から $\boldsymbol{b}_1(\omega)$ と $\boldsymbol{b}_2(\omega)$ を反転させて得られる．他の正準系列についても導出の仕方は

明らかであり,その推定は,$i,j=1,2$ に対してスペクトル $f_{ij}(\omega)$ をそれぞれの推定値 $\widehat{f}_{ij}(\omega)$ に替えて行われる.

謝辞

この研究は部分的に National Science Foundation から DMS-0805050 の助成を受けた.

(David S. Stoffer／柿沢佳秀)

文　　　献

Adak, S., 1998. Time dependent spectral analysis of nonstationary time series, J.Am.Stat.Assoc. 93, 1488–1501.

Bernardi, G., Bernardi, G., 1985. Codon usage and genome composition. J.Mol.Evol. 22, 363–365.

Bina, M., 1994. Periodicity of dinucleotides in nucleosomes derived from simian virus 40 chromatin. J.Mol.Biol. 235, 198–208.

Blaisdell, B.E., 1983. Choice of base at silent codon site 3 is not selectively neutral in eucaryotic structural genes: it maintains excess short runs of weak and strong hydrogen bonding bases. J.Mol.Evol. 19, 226–236.

Blackman, R.B., Tukey, J.W., 1959. The Measurement of Power Spectra from the Point of View of Communications Engineering. Dover, New York.

Brillinger, D.R., 1981. Time Series: Data Analysis and Theory, second ed. Holden-Day.

Brillinger, D.R., 2001. Time Series: Data Analysis and Theory, Society for Industrial and Applied Mathematics.

Buckingham, R.H., 1990. Codon context. Experientia 46, 1126–1133.

Cornette, J.L., Cease, K.B., Margaht, H., Spouge, J.L., Berzofsky, J.A., DeLisi, C., 1987. Hydrophobicity scales and computational techniques for detecting amphipathic structures in proteins. J.Mol.Biol. 195, 659–685.

Curran, J.F., Gross, B.L., 1994. Evidence that GHN phase bias does not constitute a framing code. J.Mol.Biol. 235, 389–395.

Dahlhaus, R., 1997. Fitting time series models to nonstationary processes. Ann.Stat. 25, 1–37.

Drew, H.R., Calladine, C.R., 1987. Sequence-specific positioning of core histones on an 860 base-pair DNA: Experiment and theory. J.Mol.Biol. 195, 143–173.

Eisenberg, D., Weiss, R.M., Terwillger, T.C., 1994. The hydrophobic moment detects periodicity in protein hydrophobicity. Proc.Natl.Acad.Sci. 81, 140–144.

Ioshikhes, I., Bolshoy, A., Trifonov, E.N., 1992. Preferred positions of AA and TT dinucleotides in aligned nucleosomal DNA sequences. J.Biomol.Struct.Dyn. 9, 1111–1117.

Jeong, H., 2011. The Spectral Analysis of Nonstationary Categorical Time Series Using Local Spectral Envelope. Ph.D. Dissertation, University of Pittsburgh.

Komberg, R.D., 1974. Chromatin structure: A repeating unit of histones and DNA. Science 184, 868–871.

Lagunez-Otero, J., Trifonov, E.N., 1992. mRNA periodical infrastructure complementary to the proof-reading site in the ribosome. J.Biomol.Struct.Dyn. 10, 455–464.

Maddox, J., 1992. Long-range correlations within DNA. Nature 358, 103.
McLachlan, A.D., Stewart, M., 1976. The 14-fold periodicity in alpha-tropomyosin and the interaction with actin. J.Mol.Biol. 103, 271–298.
Mengeritsky, G., Trifonov, E.N., 1983. Nucleotide sequence-directed mapping of the nucleosomes. Nucleic Acids Res. 11, 3833–3851.
Muyldermans, S., Travers, A.A., 1994. DNA sequence organization in chromatosomes. J.Mol.Biol. 235, 855–870.
Piña, B., Barettino D., Truss, M., Beato, M., 1990. Structural features of a regulatory nucleosome. J.Mol.Biol. 216, 975–990.
Riordan, J. R., Rommens, J.M., Kerem, B.S., Alon, N., Rozmahel, R., Grzelczak, Z., et al., 1989. Identification of the cystic fibrosis gene: cloning and characterization of complementary DNA. Science 245, 1066–1073.
Rosen, O., Stoffer, D.S., 2007. Automatic estimation of multivariate spectra via smoothing splines. Biometrika 94, 335–345.
Satchwell, S.C., Drew, H.R., Travers, A.A., 1986. Sequence periodicities in chicken nucleosome core DNA. J.Mol.Biol. 191, 659–675.
Schachtel, G.A., Bucher, P., Mocarski, E.S., Blaisdell, B.E., Karlin, S., 1991. Evidence for selective evolution in codon usage in conserved amino acid segments of human alphaherpesvirus proteins. J.Mol.Evol. 33, 483–494.
Shepherd, J.C.W., 1984. Fossil remnants of a primeval genetic code in all forms of life? Trends in the Biochem.Sci. 9, 8–10.
Shrader, T.E., Crothers, D.M., 1990. Effects of DNA sequence and histone-histone interactions on nucleosome placement. J.Mol.Biol. 216, 69–84.
Shumway, R.H., Stoffer, D.S., 2011. Time Series Analysis and Its Applications: With R Examples, third ed. Springer, New York.
Simpson, R.T., 1990. Nucleosome positioning can affect the function of a cis-acting DNA element in vivo. Nature 343, 387–389.
Stoffer, D.S., 1987. Walsh-Fourier analysis of discrete-valued time series. J.Time Series Anal. 8, 449–467.
Stoffer, D.S., 1991. Walsh-Fourier analysis and its statistical applications (with discussion). J.Am.Stat.Assoc. 86, 462–483.
Stoffer, D.S., Ombao, H., Tyler, D.E., 2002. Evolutionary spectral envelope: An approach using tree-based adaptive segmentation. Ann.Inst.Stat.Math. 54, 201–223.
Stoffer, D.S., Tyler, D.E., 1998. Matching sequences: Cross spectral analysis of categorical time series. Biometrika 85, 201–213.
Stoffer, D.S., Tyler, D.E., McDougall, A.J., 1993a. Spectral analysis for categorical time series: Scaling and the spectral envelope. Biometrika 80, 611–622.
Stoffer, D.S., Tyler. D.E., McDougall, A.J., Schachtel, G.A., 1993b. Spectral analysis of DNA sequences (with discussion). Bull.Int.Stat.Inst. Bk 1, 345–361; Bk 4, 63–69.
Sueoka, N., 1988. Directional mutation pressure and neutral molecular evolution. Proc.Natl.Acad.Sci. 85, 2653–2657.
Tavaré, S., Giddings, B.W., 1989. Some statistical aspects of the primary structure of nucleotide sequences. In Waterman M.S. (Ed), Mathematical Methods for DNA Sequences. CRC Press, Boca Raton, Florida, pp.117–131.
Trifonov, E.N., 1987. Translation framing code and frame-monitoring mechanism as suggested by the analysis of mRNA and 16 S rRNA nucleotide sequences. J.Mol.Biol. 194, 643–652.
Trifonov, E.N., Sussman, J.L., 1980. The pitch of chromatin DNA is reflected in its nucleotide sequence. Proc.Natl.Acad.Sci. 77, 3816–3820.

Turnell, W.G., Satchwell, S.C., Travers, A.A., 1988. A decapeptide motif for binding to the minor groove of DNA: A proposal. Febs Lett. 232, 263–268.

Uberbacher, E.C., Harp, J.M., Bunick, G.J., 1988. DNA sequence patterns in precisely positioned riucleosomes. J.Biomol.Struct.Dyn. 6, 105–120.

Viari, A., Soldano, H., Ollivier, E., 1990. A scale-independent signal processing method for sequence analysis. Comput.Appl.Biosci. 6, 71–80.

Waterman, M. S., Vingron, M., 1994. Sequence comparison significance and Poisson approximation. Stat.Sci. 9, 367–381.

Whisenant E.C., Rasheed, B.K., Ostrer, H., Bhatnagar, Y.M., 1991. Evolution and sequence analysis of a human Y-chromosomal DNA fragment. J.Mol.Evol. 33, 133–141.

Wong, J.T., Cedergren, R., 1986. Natural selection versus primitive gene structure as determinant of codon usage. Eur.J.Biochem. 169, 175–180.

Yarus, M., Folley, L.S., 1985. Sense codons are found in specific contexts. J.Mol.Biol. 182, 529–40.

Zhurkin, V.B., 1983. Specific alignment of nucleosomes on DNA correlates with periodic distribution of purine-pyrimidine and pyrimidine-purine dimers. FEBS Lett. 158, 293–297.

Zhurkin, V.B., 1985. Sequence-dependent bending of DNA and phasing of nucleosomes. J.Biomol.Struct.Dyn. 2, 785–804.

CHAPTER 11

Spatial Time Series Modeling for fMRI Data Analysis in Neurosciences

神経科学における fMRI データ解析のための時空間モデリング

概要 時空間データの統計解析は，fMRI データにおける脳内部位間の結合性の研究において用いられている．fMRI データの特性分析のために一般的によく知られているのは SPM 法であるが，本章ではその限界について議論し，その欠点を補うために NN-ARX を用いたイノベーションアプローチによる解析方法を提案する．そして，最尤法による NN-ARX モデルの推定方法や，脳内の遠隔 voxel 間の結合性を同定するためのイノベーションの探索的利用法について解説する．

キーワード 時空間相関，空間確率過程，イノベーションアプローチ，時空間モデリング，fMRI データ，SPM，NN-ARX モデル，脳内部位間結合性，因果性

11.1 はじめに

この章では，神経科学における fMRI（functional magneto-resonance imaging）データのように，非常に"高"次元の時空間データの時空間ダイナミクスの構造の特徴付けを目的とし，時系列解析のために開発されたイノベーションアプローチの有用性を解説する．

fMRI により，ヒトや動物の脳や脊髄における神経活動と関係した血流動態応答に対応する BOLD（blood-oxygen-level dependence）信号を計測することができる．

fMRI データは，脳内の各 voxel において時系列として得られる．つまり，fMRI データは，適切にデザインされた刺激下における単一の被験者に対して単一の計測で得られる典型的な高次元（計測システムによって異なるが，磁場強度 1.5T の装置では $64 \times 64 \times 36$ 程度）時系列であると言える．ヒトの脳において，神経活動が高まると，グルコースと酸素が血液からすみやかに供給される．これは，神経活動が高まった領域における静脈血中の酸化ヘモグロビンの超過と，酸化ヘモグロビンと還元ヘモグロビンの局所的な比率の明確な変化をもたらす．高強度の BOLD 信号は酸化ヘモグロビンの濃縮によりもたらされ，血液の磁場感受率がその部位とよく一致することが知られている．ここで，fMRI データはヘモグロビンの磁化率にパラメータのシーケンスを合わせた MRI（magneto resonance imaging）スキャナで計測される．そして，

BOLD 信号の強度の変化として評価される (Buxton, 2002). このように, fMRI は MRI の特殊な用途である. 元来の MRI スキャン技術では, 水分子の分布, 炎症や出血といった異常の詳細な物理的形態の評価が可能であるが, 脳の活動がどのように機能するかという脳の代謝の情報を得ることはできない. それゆえ, MRI イメージングと fMRI イメージングの特徴の差は, MRI が脳の構造的な情報をもたらすのに対し, fMRI は脳の構造とダイナミクス（機能）の情報をもたらすことである.

脳内で離れた領域同士の神経ダイナミクスの関係は, ヒトの脳機能の理解の手掛かりを与える. そして, fMRI データは脳内の結合性の研究の共通のツールとなりつつある. Friston and Buckel (2004) は, 機能的結合性を "空間的に離れた神経生理学的な現象の相関性" と定義している. fMRI (BOLD 信号) の時系列データは時空間データの一種であり, このデータから "時空間相関" を推定する効率的な統計学的方法が必要である. fMRI データは磁場強度 1.5T の装置の場合, 一般的に脳内の $64 \times 64 \times 36$ グリッド点で計測されたおよそ 147000 チャンネルの時系列である.

11.2 従来のアプローチ：時空間共分散関数

時空間データの統計的特徴付けを行うための従来からのアプローチは, データの共分散と相関構造の推定である. fMRI データの背景にある時空間プロセスの相関構造 $\{x_t^{(i,j,k)}(t=1,2,\ldots,N)\}$, ただし $\{(i,j,k) \in (64 \times 64 \times 36)\}$ は, 時空間共分散関数

$$c_x(h,k) = \mathrm{cov}\left\{\tilde{x}_{t+k}^{(s+h)}, \tilde{x}_t^{(s)}\right\}$$

から導かれる. ここで, $\tilde{x}_t = x_t - E[x_t]$ である.

多くの文献にあるように（例えば Cressie (1993)）, 時空間共分散関数は, 純粋な空間要素を $c_x^{(1)}(h)$ とし, 純粋な時間要素を $c_x^{(2)}(k)$ とすると, それらの積

$$c_x(h,k) = c_x^{(1)}(h) c_x^{(2)}(k)$$

で表されると仮定される. しかし, この "分離性" と呼ばれる仮定は極めて人為的で, この仮定を支える物理学的あるいは生理学的な裏付けはないということに注意が必要である. ある時空間プロセスの空間共分散関数 $x_t^{(s)}$ は空間的定常性の仮定のもとで, 形式的に

$$c_x^{(1)}(h) = \mathrm{cov}\left\{\tilde{x}_t^{(s+h)}, \tilde{x}_t^{(s)}\right\}$$

と定義されるが (Whittle, 1962), 各々の voxel $s=(i,j,k)$ における時空間共分散関数 $E[\tilde{x}_t^{(s)} \tilde{x}_{t+\tau}^{(s)}] = R_{xx}^{(s)}(\tau)$ ほどの有用性はない. 大脳皮質における二つの領域の間, 例えば第 1 視覚野 $V1$（座標を i,j,k とする）と第 5 視覚野 $V5$（座標を $i+u1, j+u2, k+u3$ とする）の大きな空間相関は, 他のあらゆる voxel (x,y,z) とその座標から $u1,u2,u3$ だけ移動した voxel $(x+u1,y+u2,z+u3)$ の間の同様の大きな相関と同じであることを意味するものではない. この種の時空間仮説は, 空間が

等方で位置が問題にならないような平面における農業生産高の解析には適しているが (Whittle, 1962)，ヒトの脳の機能の解析にはまったく適さない．

空間共分散関数とは違い，時間共分散関数は，fMRI 時系列の背後にある空間プロセスを特徴付けるための測度として適している．脳が一定区間，刺激があるかないかの一方にコントロールされているとき，計測された fMRI 時系列は時間的に定常であると見なすことができる．時間的な定常性の仮定のもとで，各々の voxel (i,j,k) における時間共分散関数は

$$R_{xx}^{(i,j,k)}(\tau) = E\left[x_t^{(i,j,k)} x_{t+\tau}^{(i,j,k)}\right] \tag{11.1}$$

と定義することができる．

fMRI データが on-off ブロックデザインで提示される刺激下で計測されるときには，時間共分散関数を注意深く再定義する必要がある．もし，刺激が BOLD 信号に連続的に影響を及ぼし，そして，ブロックデザイン実験の安静中にも刺激の影響が継続すると仮定するのであれば，式 (11.1) での定義を変更する必要がある．しかし，BOLD 信号に及ぼす刺激の影響が，刺激を与えない時間区間と比べて十分に大きい場合は，結合性と時間共分散関数の関係は単純ではない．刺激が on のときと off のときの時間共分散関数は，時間領域における精巧なモデリングを通して区別する必要がある (Yamashita et al., 2005)．

11.3 SPM とその決定論的含意

神経科学において，fMRI データの時空間構造の統計解析に最もよく用いられている方法は，古典的時間共分散関数ではなく，SPM と呼ばれる統計ツールもしくはその改良版である (Friston et al., 1995)．SPM のアプローチは二つの確立した理論（一般線形モデルとガウス型確率場理論）を用いたもので，イメージングデータ解析のための完全かつ単純な統計解析の枠組みを提供する．実際，fMRI データの空間情報は，SPM に組み込まれている洗練された空間統計解析法で抽出される．しかし，SPM において，時間相関の情報を完全に抽出することができないことは強調しておく必要がある．

fMRI データ $x_t^{(v)}$（標準化やアーチファクト除去のための事前処理後のデータ）は，SPM において

$$x_t^{(v)} = \sum_{k=0}^{T} h_k s_{t-k} + \xi_t^{(v)} \tag{11.2}$$

と表現される．

ここで，ノイズ $\xi_t^{(v)}$ は観測誤差であり，$x_t^{(v)}$ の将来の値には影響を及ぼさない．応答関数 h_k は，ガンマ関数 $t^r e^{-\lambda t}$ の組合せで与えられる (Lange and Zeger, 1997; Worsley et al., 2002)．その仮定されたパラメトリック応答関数は，i 番目のスキャ

ンにおける応答 $y_i = y(t_i)$ を得るために,n 個のスキャン時刻点 $t_1, t_2, \ldots, t_n$ においてサブサンプリングされる.そして,観測された fMRI データ x_i は,観測誤差 ξ_i とともに,

$$x_i = y_i \beta + \xi_i$$

と記述することができる.ここで,モデルのパラメータは最小 2 乗法で推定される.そして,式 (11.2) は

$$\begin{aligned} y_t^{(v)} &= \sum h_k s_{t-k} \\ x_t^{(v)} &= y_t^{(v)} + \xi_t^{(v)} \end{aligned} \tag{11.3}$$

と同値である.

式 (11.3) により表現されるモデルは,外生変数 $s(t)$ により駆動される決定論的プロセス $y_t^{(v)}$ で加法的な観測誤差 $\xi_t^{(v)}$ とともに,$x_t^{(v)}$ により計測される.つまり,

$$\begin{aligned} \frac{dz^{(v)}(t)}{dt} &= Az^{(v)}(t) + Bs(t) \\ x_t^{(v)} &= Cz^{(v)}(t) + \xi_t^{(v)} \end{aligned} \tag{11.4}$$

となる.

例えば,応答関数 $t^{k-1}e^{-\lambda t}$ により駆動される決定論的システムは,式 (11.4) で与えられる.ここで,$k \times k$ の要素を持つ行列 A,および k 次元のベクトル B と C は

$$A = \begin{pmatrix} -\lambda & 0 & \cdots & 0 & 0 \\ 1 & -\lambda & \cdots & 0 & 0 \\ \cdots & \cdots & \cdots & \cdots & \cdots \\ 0 & 0 & \cdots & -\lambda & 0 \\ 0 & 0 & \cdots & 1 & -\lambda \end{pmatrix}, \quad B = \begin{pmatrix} b^{(v)} \\ 0 \\ \cdots \\ 0 \\ 0 \end{pmatrix}, \quad C = (0 \; 0 \; \cdots \; 0 \; 1)$$

となる.

もし,さらに一般的な応答関数が必要であれば,より一般的な状態空間モデルを構築する必要がある.例えば,インパルス応答関数

$$h(t) = h_1 e^{-\lambda_1 t} + h_2 t e^{-\lambda_2 t} + \cdots + h_k t^k e^{-\lambda_k t}$$

を得るには,次のような状態空間モデルが必要である.

11.3 SPM とその決定論的含意

$$\frac{d}{dt}\begin{pmatrix} z_1^{(1)}(t) \\ z_1^{(2)}(t) \\ z_2^{(2)}(t) \\ \cdots \\ z_1^{(k)}(t) \\ z_2^{(k)}(t) \\ \cdots \\ z_{k-1}^{(k)}(t) \\ z_k^{(k)}(t) \end{pmatrix} = \begin{pmatrix} -\lambda_1 & 0 & 0 & \cdots & 0 & 0 & \cdots & 0 & 0 \\ 0 & -\lambda_2 & 0 & \cdots & 0 & 0 & \cdots & 0 & 0 \\ 0 & 1 & -\lambda_2 & \cdots & 0 & 0 & \cdots & 0 & 0 \\ \cdots & \cdots & \cdots & \cdots & \cdots & \cdots & \cdots & \cdots & \cdots \\ 0 & 0 & 0 & \cdots & -\lambda_k & 0 & \cdots & 0 & 0 \\ 0 & 0 & 0 & \cdots & 1 & -\lambda_k & \cdots & 0 & 0 \\ \cdots & \cdots & \cdots & \cdots & \cdots & \cdots & \cdots & \cdots & \cdots \\ 0 & 0 & 0 & \cdots & 0 & 0 & \cdots & -\lambda_k & 0 \\ 0 & 0 & 0 & \cdots & 0 & 0 & \cdots & 1 & -\lambda_k \end{pmatrix}$$

$$\times \begin{pmatrix} z_1^{(1)}(t) \\ z_1^{(2)}(t) \\ z_2^{(2)}(t) \\ \cdots \\ z_1^{(k)}(t) \\ z_2^{(k)}(t) \\ \cdots \\ z_{k-1}^{(k)}(t) \\ z_k^{(k)}(t) \end{pmatrix} + \begin{pmatrix} b_1^{(v)} \\ b_2^{(v)} \\ 0 \\ \cdots \\ b_k^{(v)} \\ 0 \\ \cdots \\ 0 \\ 0 \end{pmatrix} s(t)$$

$$x_t^{(v)} = z_1^{(1)}(t) + z_2^{(2)}(t) + \cdots + z_k^{(k)}(t) + \xi_t^{(v)}$$

式 (11.4) の離散時間型のモデルは,

$$Z_t^{(v)} = A Z_{t-1}^{(v)} + B^{(v)} s_{t-1}$$
$$x_t^{(v)} = C Z_t^{(v)} + \xi_t^{(v)} \tag{11.5}$$

のように書ける.ここで,状態 $Z_t(v)$ の次元は $K = k(k+1)/2$ である.この決定論的なモデル (11.4) あるいは (11.5) が意味するものは,BOLD 信号の将来の値 $y_{t+\tau}^{(v)}$ ($\tau > 0$) は,初期値 $Z_0^{(v)}$ 入力 $s(t)$ ($0 < t < T$) により正確に予測できるという極めて強い仮定である.ここで,ノイズ $\xi_t^{(v)}$ は観測誤差で将来の値 $Z_t^{(v)}$ や $y_t^{(v)}$ には決して影響を及ぼさない.このモデルは次の外生入力を持つ ARMA (K, K) モデルと等価である (Ozaki, 1998).

$$x_t^{(v)} + \phi_1 x_{t-1}^{(v)} + \cdots + \phi_K x_{t-K}^{(v)}$$
$$= (\xi_t + CB^{(v)} s_t) + \{C(A - \phi_1 I)B^{(v)} s_{t-1} + \phi_1 \xi_{t-1}\}$$
$$+ \cdots + \{C(A^{K-1} + \phi_1 A^{K-2} + \cdots + \phi_{K-1} I)$$

$$\times B^{(v)}s_{t-K+1} + \phi_{K-1}\xi_{t-K+1}\} + \phi_K \xi_{t-K}$$
$$= CB^{(v)}s_{t-1} + C(A - \phi_1 I)B^{(v)}s_{t-2} + \cdots + C(A^{K-1}$$
$$+ \phi_1 A^{K-2} + \cdots + \phi_{K-1}I)B^{(v)}s_{t-K} + \xi_t + \phi_1 \xi_{t-1}$$
$$+ \cdots + \phi_{K-1}\xi_{t-K+1} + \phi_K \xi_{t-K}$$

$\xi_t^{(v)}$ がガウス型ホワイトノイズであるという仮定のもとで，ARX モデルの対数尤度の -2 倍を計算することができる（Box and Jenkins, 1970）．AR と MA 部分の係数と入力シグナルの係数は，互いに強い制約を課している．このような制約は，非常に柔軟性を欠き，小さな予測誤差を生じさせず，ARMAX モデルと比べて対数尤度の -2 倍と AIC の値を大きくするということが知られている．この制約における仮定の適切さを検証するには，観測データ $x_t^{(v)}$ に基づく客観的な統計学的方法も必要である．

SPM における応答関数 h_k ($k = 1, 2, \ldots$) は，空間変数 v からは独立である．これも，観測された fMRI データに基づいて客観的な統計学的方法で検証すべき強い仮定である．

11.4　イノベーションアプローチと NN-ARX モデル

時系列解析においては，定常時系列の時間相関構造の特徴付けを，AR モデルのような線形動的モデルを用いて行うことは自然なことである．

観測されたデータによる確率的/決定論的動的システムのモデルの同定や推定は，N. Wiener や A. N. Kolmogorov の時代以来精力的に研究されてきたトピックであった．1930 年代以来多くの方法が提案されてきている．その中でも，N. Wiener（1949）により提案された"イノベーションアプローチ"（予測誤差アプローチと同義である）は特に興味深く，応用分野の研究者に有用なものである．なぜなら，原理が直観的に単純で，計算アルゴリズムと統計的診断の評価に曖昧さがなく，実務家が容易に実践することができるからである．

イノベーションアプローチは，時系列データに基づき最も小さい予測誤差を得る動的モデルを提案する．fMRI の BOLD 信号データは，非常に高次元な多変量時系列（およそ 147000 次元）として提示され，そのデータでは 147000 変量の各々の変量の予測が考慮されることになる．時刻 $t-1$ における $x_t^{(i,j,k)}$ の最適な予測は，局所的ガウス性の仮定のもとで $E[x_t^{(i,j,k)}|x_{t-1}^{(*)}]$ となる．ここで，$x_{t-1}^{(*)}$ は時刻 $t-1$ における，すべての BOLD 信号の情報を表す．近接している voxel は $x_t^{(i,j,k)}$ の 1 期先予測のために最も有用な情報を持っているので，自然な線形近似予測は，$x_{t-1}^{(i,j,k)}$ とそれに近接する voxel の値 $x_{t-1}^{(i-1,j,k)}, x_{t-1}^{(i+1,j,k)}, \ldots, x_{t-1}^{(i,j,k+1)}$ との線形結合である．そして，その予測誤差は

11.4 イノベーションアプローチと NN-ARX モデル

$$\varepsilon_t^{(i,j,k)} = x_t^{(i,j,k)} - \left\{ a_1^{(i,j,k)} x_{t-1}^{(i,j,k)} + b_1^{(i,j,k)} x_{t-1}^{(i-1,j,k)} + b_2^{(i,j,k)} x_{t-1}^{(i+1,j,k)} \right.$$
$$\left. + \cdots + b_6^{(i,j,k)} x_{t-1}^{(i,j,k+1)} \right\}$$

と書くことができる．

統制された刺激入力を伴う実験下において被験者の fMRI データが計測されるとき，1 期先予測は実験における刺激の on, off 情報を用いると有意に向上する．そして，その予測誤差 $x_t^{(i,j,k)}$ は，

$$\varepsilon_t^{(i,j,k)} = x_t^{(i,j,k)} - \left\{ a_1^{(i,j,k)} x_{t-1}^{(i,j,k)} + b_1^{(i,j,k)} x_{t-1}^{(i-1,j,k)} + b_2^{(i,j,k)} x_{t-1}^{(i+1,j,k)} \right.$$
$$\left. + \cdots + b_6^{(i,j,k)} x_{t-1}^{(i,j,k+1)} + \theta_1^{(i,j,k)} s_{t-1} \right\}$$

となる．

これは，以下の空間的自己回帰型モデルが fMRI 時系列の妥当な動的初期モデルであることを示す．

$$x_t^{(i,j,k)} = a_1^{(i,j,k)} x_{t-1}^{(i,j,k)} + b_1^{(i,j,k)} x_{t-1}^{(i-1,j,k)} + b_2^{(i,j,k)} x_{t-1}^{(i+1,j,k)}$$
$$+ \cdots + b_6^{(i,j,k)} x_{t-1}^{(i,j,k+1)} + \theta_1^{(i,j,k)} s_{t-1} + \varepsilon_t^{(i,j,k)}$$

このモデルのもとのアイデアは，2000 年にモントリオール大学で開催された Workshop on Mathematical Methods in Brain Mapping at CRM において，著者により発表された．Riera et al. (2004) によりさらに発展され，このモデルの生理学的意味付けがなされて，外生変数型 NN-ARX モデル（nearest neighbor autoregressive model with exogenous variable）と名付けられた．より一般的な大きなタイムラグを持つ NN-ARX モデルは

$$x_t^{(v)} = a_1^{(v)} x_{t-1}^{(v)} + \cdots + a_p^{(v)} x_{t-p}^{(v)} + \frac{1}{6}\left(\sum_{v' \in N(v)} b_{v'}^{(v)} x_{t-1}^{(v')} \right)$$
$$+ \theta_1^{(v)} s_{t-1} + \cdots + \theta_r^{(v)} s_{t-r} + \varepsilon_t^{(v)} \tag{11.6}$$

と書かれる．

ここで，$(v) = (i,j,k)$, $N(v) = \{(i-1,j,k), (i+1,j,k), (i,j-1,k), (i,j+1,k), (i,j,k-1), (i,j,k+1)\}$ である．係数 $a_1^{(v)}, \ldots, a_p^{(v)}, b_{v'}^{(v)}, \ldots, \theta_1^{(v)}, \ldots, \theta_r^{(v)}$ は，各 voxel v において線形方程式を解くことにより計算できる．システムノイズ $\varepsilon_t^{(v)}$ が 0 であるかどうかは，統計学的方法により検証する必要がある．ところで，$p = 1$, $r = 1$ としたときの離散時間モデル (11.6) は，外部入力 $s(t)$ を伴う空間確率過程の以下の偏微分方程式で記述されるモデルで離散化される．

$$\frac{\partial x(\xi, \eta, \varsigma, t)}{\partial t} = a(\xi, \eta, \varsigma) x + b(\xi, \eta, \varsigma) \left(\frac{\partial^2 x}{\partial \xi^2} + \frac{\partial^2 x}{\partial \eta^2} + \frac{\partial^2 x}{\partial \varsigma^2} \right)$$
$$+ \theta(\xi, \eta, \varsigma) s(t) + \delta W(\xi, \eta, \varsigma, t)$$

言い換えれば，fMRI データの解釈は，刺激 $s(t)$ により駆動される空間的 "ボケ" の過程と空間的ガウスホワイトノイズ過程 $\delta W(\xi, \eta, \varsigma, t)$ (Brown et al., 2000) により実現される．ここで，NN-ARX モデルによるイノベーションアプローチは，ある種の "ボケ除去" の手順を実行するものである．それは，空間解像度を向上させるためのもので，データの中の重要な時空間情報を見出すものである．空間確率過程のイノベーション（予測誤差）アプローチの理論的基礎は K. Ito (1984) で述べられている．

これまでのところ，近接 voxel のノイズの間の同時相関関係については考慮せず，147000 次元の AR モデルの誤差共分散行列は対角であると仮定してきた．近接 voxel 間の同時相関関係を除去する単純な方法の一つは，同時ラプラス演算子 L を適用することである．ラプラス演算子は 3 次元の場合には，

$$Lx_t^{(i,j,k)} = x_t^{(i,j,k)} - \frac{1}{6}\left(x_t^{(i+1,j,k)} + x_t^{(i-1,j,k)} + x_t^{(i,j+1,k)}\right.$$
$$\left. + x_t^{(i,j-1,k)} + x_t^{(i,j,k-1)} + x_t^{(i,j,k+1)}\right)$$

のように作用する．

原データに NN-ARX を適用する前にラプラス演算子 L を作用させると，

$$Lx_t^{(v)} = y_t^{(v)}$$
$$y_t^{(v)} = \mu_t^{(v)} + \sum_{k=1}^{r_1} \alpha_k^{(v)} y_{t-k}^{(v)} + \sum_{k=1}^{r_2} \beta_k^{(v)} \xi_{t-k}^{(v)} + \sum_{k=1}^{r_3} \gamma_k^{(v)} s_{t-k} + n_t^{(v)}$$

となる．

変換された空間におけるノイズの分散行列 $n_t^{(v)}$ は，$E[n_t n_t'] = \sigma_n^2 I$ のように対角である．変換前の空間におけるノイズの分散行列 $\varepsilon_t^{(v)} = L^{-1} n_t^{(v)}$ は非対角行列であり，$\Sigma_\varepsilon = \sigma_n^2 (L'L)^{-1}$ として与えられる．これは単純であるが，近接 voxel のノイズの間に空間的に均一な同時的独立性を特徴付けるために有用であり，EEG の動的逆問題を解くために用いられている（詳しくは Galka et al. (2004), Yamashita et al. (2004) を参照）．ラプラス演算子を導入した NN-ARX モデルの有意性は，同じ fMRI データに対してラプラス演算子を導入したモデルと導入していないモデルの AIC を比較することにより，確認することができる．

11.5 尤度と仮説の有意性

NN-ARX モデルの対数尤度の -2 倍は，以下のように与えられる．

$$(-2)\log p\left(x_1^{(1,1,1)}, \ldots, x_1^{(64,64,36)}, \ldots, x_N^{(1,1,1)}, \ldots, x_N^{(64,64,36)}|\varphi\right)$$
$$\approx \sum_{v=(1,1,1)}^{(64,64,36)} \left[\sum_{t=p+1}^{T} \left\{\log \sigma_{\varepsilon_t^{(v)}}^2 + \frac{(\varepsilon_t^{(v)})^2}{\sigma_{\varepsilon_t^{(v)}}^2}\right\}\right] + \text{Const}$$

11.5 尤度と仮説の有意性

もし，データ $x_t^{(v)}$ が近接する voxel 間の同時相関を除去するためにラプラス演算子 L により $y_t^{(v)}$ と変換されていれば，尤度関数は，

$$
\begin{aligned}
&(-2)\log p\left(x_1^{(1,1,1)},\ldots,x_1^{(64,64,36)},\ldots,x_N^{(1,1,1)},\ldots,x_N^{(64,64,36)}|\varphi\right)\\
&=(-2)\log p\left(y_1^{(1,1,1)},\ldots,y_1^{(64,64,36)},\ldots,y_N^{(1,1,1)},\ldots,y_N^{(64,64,36)}|\varphi\right)\\
&\quad+\log\det(L^{-1})\\
&\approx\sum_{v=(1,1,1)}^{(64,64,36)}\left[\sum_{t=1}^{T}\left\{\log\sigma_{\varepsilon_t^{(v)}}^2+\frac{(\varepsilon_t^{(v)})^2}{\sigma_{\varepsilon_t^{(v)}}^2}\right\}\right]+\log\det(L^{-1})+\mathrm{Const}
\end{aligned}
\tag{11.7}
$$

となる．

$\varepsilon_t^{(v)}$ は標準的な NN-AR モデル

$$
\varepsilon_t^{(v)}=y_t^{(v)}-\left\{a_1^{(v)}y_{t-1}^{(v)}+\frac{1}{6}\left[\sum_{v'\in N(v)}b_{v'}^{(v)}y_{t-1}^{(v')}\right]+\theta_1^{(v)}s_{t-1}\right\}\quad\forall v
$$

により与えられ，決定論的 SPM モデル

$$
\begin{aligned}
Z_t^{(v)}&=AZ_{t-1}^{(v)}+B^{(v)}s_{t-1}\\
x_t^{(v)}&=CZ_t^{(v)}+\xi_t^{(v)}
\end{aligned}
\tag{11.8}
$$

の対数尤度の -2 倍は

$$
\begin{aligned}
&(-2)\log p\left(x_1^{(1,1,1)},\ldots,x_1^{(64,64,36)},\ldots,x_N^{(1,1,1)},\ldots,x_N^{(64,64,36)}|\varphi\right)\\
&=(-2)\log p\left(x_1^{(1,1,1)},\ldots,x_1^{(64,64,36)},\ldots,x_N^{(1,1,1)},\ldots,x_N^{(64,64,36)}|\varphi\right)\\
&\approx\sum_{v=(1,1\ 1)}^{(64,64,36)}\left[\sum_{t=1}^{T}\left\{\log\sigma_{\varepsilon_t^{(v)}}^2+\frac{(\varepsilon_t^{(v)})^2}{\sigma_{\varepsilon_t^{(v)}}^2}\right\}\right]+\mathrm{Const}
\end{aligned}
$$

となる．ここで，$\varepsilon_t^{(v)}$ は次のような再帰的カルマンフィルタの枠組みで与えられる．

$$
\begin{aligned}
\varepsilon_t^{(v)}&=x_t^{(v)}-CZ_{t|t-1}^{(v)}\\
Z_{t|t-1}^{(v)}&=AZ_{t-1|t-1}^{(v)}+B^{(v)}s_{t-1}\\
Z_{t-1|t-1}^{(v)}&=Z_{t-1|t-2}^{(v)}+K_{t-1}^{(v)}\varepsilon_{t-1}^{(v)}\\
K_{t-1}^{(v)}&=P_{t-1}^{(v)}C'\left\{CP_{t-1}^{(v)}C'+\sigma_{\xi^{(v)}}^2\right\}^{-1}\\
P_{t-1}^{(v)}&=AV_{t-2}^{(v)}A'\\
V_{t-1}^{(v)}&=P_{t-1}^{(v)}-K_{t-1}^{(v)}CP_{t-1}^{(v)}
\end{aligned}
\tag{11.9}
$$

空間構造における最近接 voxel 間の作用メカニズムがあるため，

$$
Z_{t|t-1}^{(v)}=E\left[Z_t^{(v)}|x_{t-1}^{(*)},x_{t-2}^{(*)},\ldots,x_1^{(*)}\right]
$$

$$\approx E\left[Z_t^{(v)} | x_{t-1}^{(v)}, x_{t-1}^{N(v)}, x_{t-2}^{(*)}, \ldots, x_1^{(*)}\right]$$
$$Z_{t|t}^{(v)} = E\left[Z_t^{(v)} | x_t^{(*)}, x_{t-1}^{(*)}, x_{t-2}^{(*)}, \ldots, x_1^{(*)}\right]$$
$$\approx E\left[Z_t^{(v)} | x_t^{(v)}, x_{t-1}^{(v)}, x_{t-1}^{N(v)}, x_{t-2}^{(*)}, \ldots, x_1^{(*)}\right]$$

のような近似を行う．

ここで，$x_t^{(*)}$ は時刻 t において観測されるすべての BOLD 信号を意味する．

11.5.1　SPM における決定論的仮説の統計的検証

SPM で用いられている決定論的モデルが正しいかどうかは，決定論的 SPM モデル

$$\begin{aligned} Z_t^{(v)} &= A Z_{t-1}^{(v)} + B^{(v)} s_{t-1} \\ x_t^{(v)} &= C Z_t^{(v)} + \xi_t^{(v)} \end{aligned} \tag{11.10}$$

の対数尤度の -2 倍と，より一般的な確率モデル

$$\begin{aligned} Z_t^{(v)} &= A Z_{t-1}^{(v)} + B^{(v)} s_{t-1} + D n_t^{(v)} \\ x_t^{(v)} &= C Z_t^{(v)} + \xi_t^{(v)} \end{aligned} \tag{11.11}$$

の対数尤度の -2 倍とを比較することによって行うことができる．

両方のモデルは状態空間表示が可能であるので，それらの対数尤度の -2 倍はカルマンフィルタの枠組み (11.9) によって推定されるイノベーションを用いて計算することができる．もし，二つのモデルの AIC を比較するのであれば，モデル (11.11) の AIC の値がモデル (11.10) と比べて非常に小さくなることは明らかである．

11.5.2　各々の voxel における賦活の統計的検証

被験者がある刺激下にあるときに voxel v が賦活するかどうかは，二つのモデルを比較することにより検出することができる．一つは NN-AR モデル

$$\begin{aligned} y_t^{(v)} &= a_1^{(v)} y_{t-1}^{(v)} + \cdots + a_{p^{(v)}}^{(v)} y_{t-p^{(v)}}^{(v)} + \frac{b^{(v)}}{6} \sum_{v' \in N(v)} y_{t-1}^{(v')} + n_t^{(v)} \\ x_t^{(v)} &= L^{-1} y_t^{(v)} \end{aligned}$$

であり，もう一つは NN-ARX モデル

$$\begin{aligned} y_t^{(v)} &= a_1^{(v)} y_{t-1}^{(v)} + \cdots + a_{p^{(v)}}^{(v)} y_{t-p^{(v)}}^{(v)} + \frac{b^{(v)}}{6} \sum_{v' \in N(v)} y_{t-1}^{(v')} + \theta_1^{(v)} s_{t-1} + n_t^{(v)} \\ x_t^{(v)} &= L^{-1} y_t^{(v)} \end{aligned}$$

である．

外生変数項 $\theta_1^{(v)} s_{t-1}$ の有意性は，二つのモデルの AIC の値の比較，あるいは対数尤度比を調べることによって評価することができる．各々の voxel における二つのモ

デルの AIC の差をマップ化し，AIC の差が正の値になっている領域において，その差が大きければ大きいほど賦活も大きいということになる．しかし，AIC のプロットは刺激に相当する外生変数項の有意性の大きさを示すだけであるが，各々の voxel における $\theta_1^{(v)} s_{t-1}$ の値のプロットを用いれば，BOLD 信号が増大しているのか，あるいは減少しているのか，"どのように"刺激がその voxel に影響を及ぼすかがわかる．

11.5.3 遠隔 voxel 間の同時結合性の統計的検証

fMRI データは遅いサンプリングレートで記録されているので，その voxel が他の voxel から同時駆動されるように見え，神経結合により伝達される因果情報は同時に現れる．言い換えると，二つの遠隔 voxel の予測誤差の間には強い相関があるということになる．予測誤差における同時相関の有意性の統計学的検証は，以下の二つのモデル

$$y_t^{(v)} = a_1^{(v)} y_{t-1}^{(v)} + \cdots + a_{p^{(v)}}^{(v)} y_{t-p^{(v)}}^{(v)} + \frac{b^{(v)}}{6} \sum_{v' \in N(v)} y_{t-1}^{(v')} + \theta_1^{(v)} s_{t-1} + n_t^{(v)}$$

$$y_t^{(w)} = a_1^{(w)} y_{t-1}^{(w)} + \cdots + a_{p^{(w)}}^{(w)} y_{t-p^{(w)}}^{(w)} + \frac{b^{(w)}}{6} \sum_{w' \in N(w)} y_{t-1}^{(w'')} + \theta_1^{(w)} s_{t-1} + n_t^{(w)}$$

$$x_t^{(v)} = L^{-1} y_t^{(v)}$$

$$x_t^{(w)} = L^{-1} y_t^{(w)} \quad \Sigma_n = \begin{pmatrix} \cdots & \cdots & \cdots & \cdots & \cdots \\ \cdots & \sigma_{vv} & \cdots & 0 & \cdots \\ \cdots & \cdots & \cdots & \cdots & \cdots \\ \cdots & 0 & \cdots & \sigma_{ww} & \cdots \\ \cdots & \cdots & \cdots & \cdots & \cdots \end{pmatrix}$$

と

$$y_t^{(v)} = a_1^{(v)} y_{t-1}^{(v)} + \cdots + a_{p^{(v)}}^{(v)} y_{t-p^{(v)}}^{(v)} + \frac{b^{(v)}}{6} \sum_{v' \in N(v)} y_{t-1}^{(v')} + \theta_1^{(v)} s_{t-1} + n_t^{(v)}$$

$$y_t^{(w)} = a_1^{(w)} y_{t-1}^{(w)} + \cdots + a_{p^{(w)}}^{(w)} y_{t-p^{(w)}}^{(w)} + \frac{b^{(w)}}{6} \sum_{w' \in N(w)} y_{t-1}^{(w'')} + \theta_1^{(w)} s_{t-1} + n_t^{(w)}$$

$$x_t^{(v)} = L^{-1} y_t^{(v)}$$

$$x_t^{(w)} = L^{-1} y_t^{(w)} \quad \Sigma_n = \begin{pmatrix} \cdots & \cdots & \cdots & \cdots & \cdots \\ \cdots & \sigma_{vv} & \cdots & \sigma_{vw} & \cdots \\ \cdots & \cdots & \cdots & \cdots & \cdots \\ \cdots & \sigma_{vw} & \cdots & \sigma_{ww} & \cdots \\ \cdots & \cdots & \cdots & \cdots & \cdots \end{pmatrix}$$

の AIC の値を比較することで，あるいは尤度比を調べることで行える．

ここで，イノベーションは標準的な NN-AR モデルと同様に得ることができるが，式 (11.7) で示される対数尤度の -2 倍における項

$$\sum_t \left\{ \log \sigma^2_{\varepsilon^{(v)}_t} + \frac{(\varepsilon^{(v)}_t)^2}{\sigma^2_{\varepsilon^{(v)}_t}} \right\} + \sum_t \left\{ \log \sigma^2_{\varepsilon^{(w)}_t} + \frac{(\varepsilon^{(w)}_t)^2}{\sigma^2_{\varepsilon^{(w)}_t}} \right\}$$

は

$$\sum_t \left\{ \log \det \begin{pmatrix} \sigma^2_{\varepsilon^{(v)}_t} & \sigma_{vw} \\ \sigma_{vw} & \sigma^2_{\varepsilon^{(w)}_t} \end{pmatrix} + \begin{pmatrix} \varepsilon^{(v)}_t & \varepsilon^{(w)}_t \end{pmatrix} \begin{pmatrix} \sigma^2_{\varepsilon^{(v)}_t} & \sigma_{vw} \\ \sigma_{vw} & \sigma^2_{\varepsilon^{(w)}_t} \end{pmatrix}^{-1} \begin{pmatrix} \varepsilon^{(v)}_t \\ \varepsilon^{(w)}_t \end{pmatrix} \right\}$$

と置き換える必要がある．ここで，

$$\sigma_{vw} = \frac{1}{N} \sum \varepsilon^{(v)}_t \varepsilon^{(w)}_t$$

である．

11.5.4 遠隔 voxel 間の動的相関の統計的検証

あるタスクの条件下で，voxel w におけるヘモグロビンの還元が voxel v における還元の数秒後に常に生じている場合には，二つの遠隔 voxel 間の血流動態に物理的な作用がなくても，ある一定のタイムラグで見かけの相関が生じるかもしれない．この状況において，二つの voxel 間の動的相関の統計的検証は，以下の二つのモデル

$$y^{(v)}_t = a^{(v)}_1 y^{(v)}_{t-1} + \cdots + a^{(v)}_{p^{(v)}} y^{(v)}_{t-p^{(v)}} + \frac{b^{(v)}}{6} \sum_{v' \in N(v)} y^{(v')}_{t-1} + \theta^{(v)}_1 s_{t-1} + n^{(v)}_t$$

$$y^{(w)}_t = a^{(w)}_1 y^{(w)}_{t-1} + \cdots + a^{(w)}_{p^{(w)}} y^{(w)}_{t-p^{(w)}} + \frac{b^{(w)}}{6} \sum_{w' \in N(w)} y^{(w')}_{t-1} + \theta^{(w)}_1 s_{t-1} + n^{(w)}_t$$

$$x^{(v)}_t = L^{-1} y^{(v)}_t$$
$$x^{(w)}_t = L^{-1} y^{(w)}_t$$

と

$$y^{(v)}_t = a^{(v)}_1 y^{(v)}_{t-1} + \cdots + a^{(v)}_{p^{(v)}} y^{(v)}_{t-p^{(v)}} + \frac{b^{(v)}}{6} \sum_{v' \in N(v)} y^{(v')}_{t-1} + \theta^{(v)}_1 s_{t-1} + n^{(v)}_t$$

$$y^{(w)}_t = a^{(w)}_1 y^{(w)}_{t-1} + \cdots + a^{(w)}_{p^{(w)}} y^{(w)}_{t-p^{(w)}} + \frac{b^{(w)}}{6} \sum_{w' \in N(w)} y^{(w')}_{t-1}$$
$$+ c^{(w,v)} y^{(v)}_{t-1} + \theta^{(w)}_1 s_{t-1} + n^{(w)}_t$$

$$x^{(v)}_t = L^{-1} y^{(v)}_t$$
$$x^{(w)}_t = L^{-1} y^{(w)}_t$$

の AIC の値あるいは尤度比を調べることにより行える．

11.5.5 イノベーションのガウス性

"イノベーションアプローチ"あるいは"予測誤差アプローチ"の原理は，システムが微視的あるいは巨視的のどちらであっても，動的現象が時系列として観測されていれば，ダイナミクスのモデリングのさまざまな局面で有用である．予測誤差が小さければよいことは直観的にわかり，これは，最小2乗法が時系列の統計解析において広く用いられている理由の一つである．

注目すべき重要な点を，定理1にまとめる．この定理は，有限次元の過程が標本連続，有限分散であるマルコフ過程（必ずしもガウス性はなくてもよい）であれば，予測誤差は"白色"であるとともに"ガウス性"を持つことを意味している（無限次元の確率過程についても，類似の定理が K. Ito (1984) によって示されている）．多くの場面における，最小2乗法か，ガウス性イノベーションに基づく最大対数尤度法かの選択は，この定理によって数学的に裏付けられている．

定理1 (Doob, 1953; Feller, 1966)　d 次元のあらゆる標本連続有限分散であるマルコフ過程 x_t において，予測誤差 $v_t = x_t - E[x_t|x_{t-1}, x_{t-2}, \ldots, x_N, \theta]$ は，$\Delta t \to 0$ としたときガウス分布に従うホワイトノイズへと収束する．

予測誤差がガウス性を示さない場合は，現在用いている動的モデルを再考する必要がある．しばしば，同じ動的モデルを，非ガウスなど他の分布モデルとともに用いるなど容易な解決法に流される傾向が見られる．非ゼロ平均密度分布，非対称密度分布，裾厚密度分布，二峰型密度分布に従う誤差のほうがガウス分布に従う誤差より一般的で妥当であるように思われるが，このような考えは無意味である．予測誤差が非ガウス性であるということは，データに適用するために仮定した動的モデルの不適切性を率直に示すものである．予測誤差はそんなには一般化できないことを肝に銘じるべきである．定理1で示されたように，マルコフ拡散過程における予測誤差はガウス性を持つ．マルコフ過程が拡散型でない場合，つまり，標本路に跳躍不連続点がある場合，予測誤差は，ガウス分布に従うホワイトノイズと（コンペンセイター付きの）複合ポアソン過程の互いに独立な二つの過程に分解されると，Levy–Ito の分解定理で示されている（Levy (1954)，さらに詳細は Sato (1999) を参照）．

このような状況で，予測誤差に基づく最大対数尤度法のための最も合理的で容易な解決策は，実験を再検討し，パルスのような突発的ノイズを生じさせるあらゆる要因を排し，新たなデータを得ることである．実験において突発的ノイズが避けられない場合や，突発的ノイズが生理学的に重要な意味を持つ場合は，代替策として，予測誤差に基づく最大対数尤度法ではなく，跳躍不連続点を持つマルコフ拡散モデルを用いるのが自然である．つまり，ガウス分布に従うホワイトノイズで駆動される動的確率過程を，ガウス分布に従うホワイトノイズと混合ポアソン過程の和に置き換えるということである．跳躍不連続点を持つマルコフ拡散過程における最大対数尤度関数を正確に求めることは非常に困難であるが，跳躍不連続点の検出とモデルの推定において，

最大対数尤度法の数値的近似法が提案されている（Ozaki and Iino, 2001; Jimenez and Carbonell, 2006）.

11.6 脳の部位間の因果解析と脳機能マッピングへの応用

fMRI データは低いサンプリングレートで計測されるので，神経結合によりもたらされる因果性に関する速い情報伝達は，外部からその voxel へと同時に駆動される現象として現れる．ということは，神経ネットワークでシステマティックに結合している二つの遠隔 voxel に適用した NN-ARX モデルの予測誤差には，強い相関が見られるはずである．予測誤差の間に有意に強い相関を持ち，対数尤度の -2 倍を有意に減少させる voxel の組合せを探索する計算法は，すでにツールボックスとして提供されており，いくつかの生理学的実験において fMRI データ解析に適用されている（Bosch-Bayard et al., 2007, 2010）.

脳データ解析において，結果を脳イメージ上にマッピングすることは常に有用である．統計解析の結果をマッピングする方法として，統計的有意性を表すマッピングと，どのように変量が互いに影響を及ぼしているかを示す空間相関のマッピングの 2 種類がある．例えば，刺激に相当する外生変数を持つ NN-ARX モデルと持たない NN-AR モデルの AIC の差のマップは，各々の voxel の賦活の強さを表す．しかし，統計的有意性を示すマップは，各々の voxel において BOLD 信号に対して刺激がどのように影響しているかを示す情報は含まない．各々の voxel における刺激に相当する項 $\theta_1^{(v)} s_{t-1}$ のマップは，BOLD 信号の増減に寄与しているかどうかを示すものであるので，さらに有用な情報になりうる．

同じことが，脳の機能的結合性の研究におけるマッピングについても言える．例えば，1 次視覚野 V1 と他の脳内の部位との重要な voxel 間の結合性を視覚化するために，二つのモデル，すなわち，1 次視覚野 V1 と他の部位の voxel との同時ノイズ相関を考慮しない NN-ARX モデル（モデル 1）と，1 次視覚野 V1 と他の部位の voxel との同時ノイズ相関を考慮した NN-ARX モデル（モデル 2）を比較する．これにより，各々の voxel において，これら二つのモデルの AIC の差も，1 次視覚野 V1 と他の部位の voxel の相関も，マップ化することができる．この AIC マップは，各々の voxel から 1 次視覚野 V1 へ向かう同時相関の大きさと有意性を示す．しかし，相関が正であるか負であるかはわからないので，各々の voxel における相関マップも一緒に並べてみると，符号の情報が得られ，脳機能の理解に非常に有効である．このように，有意性を示すマップ（AIC の差）と相関マップは互いに情報を補完し合うものであり，解析には両方を用いるべきである．

ここで，二つの voxel v および w に依存性を持たせたモデルと持たせないモデルの二つの局所的モデルの AIC の差は，本質的に相互情報量 $I(x^{(v)}, x^{(w)} | \hat{\theta})$ に等しいことを示しておく．

$$I\left(x^{(v)}, x^{(w)}|\hat{\theta}\right) = \log\left\{p\left(x_1^{(v)}, x_1^{(w)}\right)', \left(x_2^{(v)}, x_2^{(w)}\right)', \ldots \left(x_N^{(v)}, x_N^{(w)}\right)'|\hat{\theta}^{(vw)}\right\}$$
$$- \log\left\{p\left(x_1^{(v)}, \ldots, x_N^{(v)}|\hat{\theta}^{(v)}\right) p\left(x_1^{(w)}, \ldots, x_N^{(w)}|\hat{\theta}^{(w)}\right)\right\}$$

二つのモデルの AIC の差や対数尤度比のマップにおいて,

$$I\left(x^{(v)}, x^{(w)}|\hat{\theta}\right) = \log\left\{p\left(x_1^{(v)}, x_1^{(w)}\right)', \left(x_2^{(v)}, x_2^{(w)}\right)', \ldots \left(x_N^{(v)}, x_N^{(w)}\right)'|\hat{\theta}^{(vw)}\right\}$$
$$- \log\left\{p\left(x_1^{(v)}, \ldots, x_N^{(v)}|\hat{\theta}^{(v)}\right) p\left(x_1^{(w)}, \ldots, x_N^{(w)}|\hat{\theta}^{(w)}\right)\right\}$$
$$= \sum_{i=1}^{N} \log\left\{\frac{p\left(\left(\varepsilon_t^{(v|v,w)}, \varepsilon_t^{(w|v,w)}\right)'|\hat{\theta}^{(vw)}\right)}{p\left(\varepsilon_i^{(v)}|\theta^{(v)}\right) p\left(\varepsilon_i^{(w)}|\hat{\theta}^{(w)}\right)}\right\}$$
$$= \left(-\frac{1}{2}\right) N \left[\log\left(1 - \hat{\rho}_{v,w}^2\right) + \left\{\left(\log \hat{\sigma}_{(v|v,w)}^2 - \log \hat{\sigma}_v^2\right)\right.\right.$$
$$\left.\left. + \left(\log \hat{\sigma}_{(w|v,w)}^2 - \log \hat{\sigma}_w^2\right)\right\}\right] + \text{Const}$$

であるので,$\hat{\rho}_{v,w}$ の符号を無視すれば,voxel v および w に対する予測誤差に関して $\log(1 - \hat{\rho}_{v,w}^2)$ をプロットすることと, 本質的に等価である.

イノベーションアプローチのもう一つの有効な点は, マップの解像度と関係している. もし, 白色化された予測誤差 $\varepsilon_1^{(v)}, \varepsilon_2^{(v)}, \ldots, \varepsilon_N^{(v)}$ と $\varepsilon_1^{(w)}, \varepsilon_2^{(w)}, \ldots, \varepsilon_N^{(w)}$ の間の相関と, 遠隔 voxel の元データ $y_1^{(v)}, y_2^{(v)}, \ldots, y_N^{(v)}$ と $y_1^{(w)}, y_2^{(w)}, \ldots, y_N^{(w)}$ の相関マップが同時相関の同じ情報を持っていたとしても, 予測誤差の間の相関マップのほうが元データ間の相関よりも非常に高い空間解像度を持つことが, シミュレーションデータを用いた研究で示されている (Galka et al., 2006). これは, 結合状態にある二つの遠隔 voxel 間の強い同時結合性の情報は明確に示すことができ, また, fMRI のもとの時空間データよりも予測誤差を用いたほうがより明確に示されることを意味する.

11.7 おわりに

時系列解析では, 定常時系列の時間相関構造の特徴付けにおいて AR モデルのような線形モデルを用いることは, ごく自然なことである. 例えば, もし脳全体が定常状態にあれば, fMRI データ (BOLD 信号) の 147000 次元の多変量 AR モデルは 147000 次元の自己共分散関数を決定し, 各 voxel において自己相関関数を計算して, すべての voxel の組合せで相互相関係数を求めることができる. しかし, システムがある外生変数で駆動されている場合には, システムの相関構造の定義は定常時系列の場合のように簡単にはいかない.

イノベーションアプローチは, 単純な定常 AR モデルより精巧なモデルが必要かどうかの根拠を探るために, 非常に有用である. 例えば, イノベーションアプローチは,

刺激タイミングの情報を外生変数として扱うことにより，刺激に相当する変量からの影響の有無を検出するのに有用である．刺激の影響を通常の BOLD 信号の挙動から分離することにより，刺激からの影響が駆動ノイズの一部であると解釈できる部位において，NN-AR モデルを用いるよりも脳全体の相関構造をより適切に推定することができる．

イノベーションアプローチの妥当性は，線形モデリングに即したものではない．もし，刺激が入力されているときとされていないときの NN-ARX モデルの予測誤差に違いがあれば，NN-ARX モデルは，次のような双線形 NN-ARX モデルへと一般化することができる．

$$y_t^{(v)} = \sum_{i=1}^{p^{(v)}} \left(a_i^{(v)} + \alpha_i^{(v)} s_{t-1} \right) y_{t-i}^{(v)} + \frac{b^{(v)}}{6} \sum_{v' \in N(v)} y_{t-1}^{(v')} + \theta_1^{(v)} s_{t-1} + n_t^{(v)}$$

$$x_t^{(v)} = L^{-1} y_t^{(v)}$$

AIC と対数尤度比による統計的方法は，一般化されたモデルにおける外生変数項の有意性を評価するのに有用である．

上で述べたような探索的脳マッピングの方法により，遠隔 voxel 間で強い相関を持つ組合せが検出されると，時系列解析において発展してきた方法（Akaike, 1968, 1974; Granger, 1969; Yamashita et al., 2005）によって，より精度の高い動的因果性の解析が可能である．特に，赤池のパラメトリックスペクトル解析法（Akaike, 1968; Ozaki, 2012）は，複雑な高次元フィードバックシステムにおいて，観測不能で隠れた状態変量を通してある変量から他の変量に向かう因果性を検出するのに有用である．ここで，フィードバックシステムにおける変量間の駆動ノイズ間の相関が強い場合，状態空間表現によるアプローチが有用である（Ozaki, 2012; Wong and Ozaki, 2006）．

謝辞

この章で述べた数々の方法やアイデアは，J. Bosch-Bayard 博士，R. Biscay 教授，A. Galka 博士，K. F. K. Wong 博士，J. Riera 博士，川島隆太教授，定藤規弘教授，P. Valdes-Sosa 教授たちとの議論から生まれた．特に，生理学研究所の定藤規弘教授，Cuban Neuroscience Center の J. Bosch-Bayard 博士には多くの助言をいただいた．

（**Tohru Ozaki**／三分一史和）

文　　献

Akaike, H., 1968. On the use of a linear model for the identification of feedback systems. Ann. Inst. Statist. Math. 20, 425–439.

Akaike, H., 1974. A new look at the statistical model identification. IEEE Trans. Automat. Contri. AC-19, 6, 7116–723.

Bosch-Bayard, J., Riera-Diaz, J.J., Biscay-Lirio, R., Wong, K.F.K., Galka, A., Yamashita, O., et al., 2007. Spatio-temporal correlations in fMRI time series: the whitening approach. Research Memo No.1025, Institute of Statistical Mathematics, Tokyo.

Bosch-Bayard, J., Riera-Diaz, J.J., Biscay-Lirio, R., Wong, K.F.K., Galka, A., Yamashita, O., et al., 2010. Spatio-temporal correlations from fMRI time series based on the NN-ARx Model. J. Integr. Neurosci. 9, 381–406.

Box, G.E.P., Jenkins 1970. Time Series Analysis, Forecasting and Control. Holden-Day, San Francisco.

Brown, P.E., Karesen, K.F., Roberts G.O., Tonellato, S., 2000. Blur-generated nonseparable space-time models. J.R.Statist. Soc. B. 62(4), 847–860.

Buxton, R.B., 2002. An Introduction to Functional Magnetic Resonance Imaging: Principles and Techniques Cambridge University Press, Cambridge.

Cressie, N., 1993. Statistics for Spatial Data. Wiley, New York.

Doob, J.L., 1953. Stochastic Processes. John Wiley & Sons, New York.

Feller, W., 1966. An Introduction to Probability Theory and Its Applications. John Wiley & Sons, New York.

Friston, K.J., Buckel, C., 2004. Functional connectivity. In: Frackowiak, R.S.J., Friston, K.J., Frith, C., Dolan, R., Price, C.J., Zeki, S., Ashburner, J., Penny, W.D. (Eds.), Human Brain Function, second ed. Academic Press, San Diego, pp. 999–1018.

Friston, K.J., Holmes, A.P., Worsley, K.J., Poline, J.-P., Frith, C.D., Frackowiak, R.S.J., 1995. Statistical parametric maps in functional imaging: A general linear approach. Hum. Brain Mapp. 2, 189–210.

Galka, A., Ozaki, T., Bosch-Bayard, J., Yamashita, O., 2006. Whitening as a tool for estimating mutual information in spatiotemporal datasets. J. Stat. Phys. 124(5), 1275–1315.

Galka, A., Yamashita, O., Ozaki, T., Biscay, R., Valdes-Sosa, P., 2004. A solution to the dynamical inverse problem of EEG generation using spatiotemporal Kalman filtering. NeuroImage 23, 435–453.

Granger, C.W.J., 1969. Investigating causal relations by econometric models and cross-spectral methods. Econometrica 37(3), 424–438.

Ito, K., 1984. Infinite dimensional Ornstein-Uhlenbeck processes. In: Ito, K. (Ed.), Taniguchi Symposium SA, Katata, 1982, North-Holland, pp. 197–224.

Jimenez, J.C., Carbonell, F., 2006. Local linear approximations of jump diffusion processes. J. Appl. Prob. 43, 185–194.

Lange, N., Zeger, S.L., 1997. Non-linear Fourier time series analysis for human brain mapping by functional magnetic resonance imaging (with discussion). Appl. Statist. 46, 1–29.

Levy, P., 1954. Theorie de l'Addition des Variables Aleatoires, second ed. Gauthier-Villars, Paris.

Ozaki, T., 1998. Dynamic X-11 model and nonlinear seasonal adjustment—II: numerical examples and discussion. Proc. Institut of Statist. Math., 45, 287–300 (in Japanese).

Ozaki, T., 2012. Time Series Modelling of Neuroscience Data. Chapman Hall, London.

Ozaki, T., Iino, M., 2001. An innovation approach to non-Gaussian time series analysis. J. App. Prob. Trust 38A, 78–92.

Riera, J., Bosch, J., Yamashita, O., Kawashima, R., Sadato, N., Okada, T., et al., 2004. fMRI activation maps based on the NN-ARx model. Neuroimage 23, 680–697.

Sato, K., 1999. Levy Processes and Infinitely Divisible Distributions. Cambridge University Press, Cambridge.

Whittle, P., 1962. Topographic correlation, power-law covariance function, and diffusion. Biometrika 49, 305–314.

Wiener, N., 1949. Extrapolation, Interpolation and Smoothing of Stationary Time Series with Engineering Applications. Wiley, New York (Originally issued as a classified report by MIT Radiation Lab., Cambridge, February 1942).

Wong, K.F.K., Ozaki, T., 2006. Akaike causality in state space—Instantaneous causality between visual cortex in fMRI time series.Biol. Cybern. 97, 151–157.

Worsley, K.J., Liao, C.H., Aston, J., Petre, V., Duncan, G.H., Morales, F., et al., 2002. A general statistical analysis for fMRI data. Neuroimage 15, 1–15.

Yamashita, O., Galka, A., Ozaki, T., Biscay, R., Valdes-Sosa, P., 2004. Recursive penalized least squares solution for dynamical inverse problems of EEG generation. Hum. Brain Mapp. 21, 221–235.

Yamashita, O., Sadato, N., Okada, T., Ozaki, T., 2005. Evaluating frequency-wise directed connectivity of BOLD signals applying relative power contribution with the linear multivariate time series models. Neuroimage 25, 478–490.

CHAPTER 12

Count Time Series Models

計数時系列モデル

概 要 本章では，計数時系列の回帰モデルを概観する．一般化線形モデルに基づいた手法と，整数自己回帰過程というクラスについて論じる．一般化線形モデルの枠組みは，標準的なソフトウェアを用いてモデルの当てはめや予測を実装するのに便利な道具である．さらにこの手法は，伝統的な ARMA を自然に拡張する．この線に沿ってモデルが開発されてきたが，つい最近になって定常性の条件や適切な漸近推論が明らかにされた．これらの知見を概観する．以上のほか，計数時系列の整数自己回帰モデルを検討し，推定方法および可能な拡張を，実際のデータへの適用に基づいて論じる．

キーワード 自己相関，リンク関数，ポアソン分布，予測，定常性

12.1 はじめに

計数時系列の統計分析というものがなぜ必要なのか，図 12.1 はその例を示している．左上は，木材産業で負傷した者からの短期廃疾給付請求の時系列（C3 系列と呼ぶ）である（Zhu and Joe, 2006）．左下は，このデータの通常の標本自己相関関数（ACF）である．もし ACF を観測値間の相関の尺度とするなら，この図が示すのは，短いラグですぐに減衰する弱程度の相関である．ゆえに，通常の ARMA モデルの考え方からすれば（例えば Brockwell and Davis (1991) 参照），これらのデータをモデル化するには，回帰モデルにいくつかのラグ変数を入れるだけで，データの中の相関を記述するのに十分である．図 12.1 の右側の図は，正反対の状況を示している．右上は，1日におけるエリクソン B 株の取引回数を示す．右下は，このデータの標本 ACF を表す．前のデータの例と比べると，取引データを特徴付ける際立った点に気づく．観測間の相関が強く，ゆっくりと減衰する．したがって，回帰分析にいくつかのラグ変数を入れるだけでは，データのこうした特別な点に対処するには十分でない．言い換えれば，こうしたデータのモデル化には，ARCH や GARCH（Bollerslev, 1986; Engle, 1982）と似たような問題と困難がある．本章の主目的は，計数時系列の統計的推論を論じ，上述したデータ例のような状況における推論に指針を与えることにある．それにより，こうしたモデルの重要な確率論的性質や関連する統計的推論を概観する．

12. 計数時系列モデル

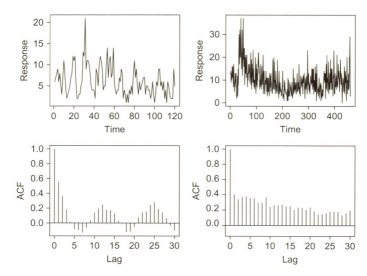

図 12.1 左図：請求の時系列（上）とその標本 ACF（下），右図：取引回数（上）とその標本 ACF（下）．

　計数のモデル化は，統計学や計量経済学，そして社会科学や自然科学に至るまで，あらゆる領域で見出される．その例としては，前述したもののほか，日次入院数，月次疾病症例数，週間降雨日数などがある．計数データを回帰分析する際，応答変数が離散値をとるので，通常の線形モデルは適用できない．これに対応するのはポアソン回帰モデルであり，それを従属性のある計数データに対して拡張するところから始めるのが自然である．計数をモデル化する際，いくつかの応用分野でポアソン回帰モデルが使われてきた．実際，ポアソンモデルは非線形だが，簡潔でよく使われるモデル化の道具であり，標準的なソフトウェアで実装されている．この基本的な道具から出発して，本章は計数時系列を分析するモデルや手法を概観する．

　ポアソンモデルは，計数時系列データをモデル化する主たる道具である．しかし，その代わりに他の分布を想定してもよいかもしれない．その他の候補で最も自然なのは，負の二項分布である．どの分布を選ぶかとは関係なく，時系列の一般化線形モデルの枠組みに入るモデルを主として概観する．このクラスのモデルと最尤理論は，量的・質的時系列データを分析する際の体系的な枠組みとなる．実際，多くの既存ソフトウェアパッケージが，推定・診断・モデル評価・予測を実装している．これらのモデルを使った経験からすると，モデルのパラメータを適切に定義することにより，順相関も逆相関も取り扱える．こうした論点は Davis et al. (1999) や Zeger and Qaqish (1988) の必須一覧に挙げられている．

　計数時系列の回帰モデルには，他のクラスもある．最も著名なのは整数自己回帰

(integer autoregressive) モデルである．これらは間引き演算子（thinning operator）という概念に基づいている．したがって，整数自己回帰モデルは，掛け算ではなく間引き演算子を用いて，通常の自己回帰過程の構造を模倣している．

本章は上述のモデルを概観する．それらの特性，推定方法，理論について論じる．12.2 節では，ポアソン回帰モデルを紹介する．12.3 節では，計数時系列の線形および対数線形モデルを詳述する．12.4 節では，ポアソン分布ではなく他の分布を仮定する．12.5 節は整数自己回帰モデルの特性を略述する．最後に 12.6 節は，他のありうる適用例や，さらなる方法的発展に触れて本章を終える．表現を簡単にするために，回帰パラメータや誤差系列の表記を厳密にはしていない．それでも主たる概念に影響しないことは，文脈から明らかであろう．

12.2　ポアソン回帰モデリング

ポアソン分布は，ある期間に起こる（到着する）確率的な事象の割合をモデル化するのに使われる．ある一定期間の到着数を表す確率変数 Y は，到着率を λ で表記すると，次の確率関数を持つポアソン分布に従う．

$$\mathrm{P}[Y=y] = \frac{\exp(-\lambda)\lambda^y}{y!}, \quad y=0,1,2,\ldots \qquad (12.1)$$

Y の平均と分散がともに λ に等しくなること（$\mathrm{E}[Y] = \mathrm{Var}[Y] = \lambda$）を示すのは，初歩的な練習問題である．実際，この特性がポアソン分布を特徴付ける．関連する特性として，$M_Y(t)$ を Y のモーメント母関数とすれば，ポアソン確率変数のキュムラント母関数は $K_Y(t) \equiv \log M_Y(t) = \lambda(\exp(t)-1)$ となる．これは簡単な計算で証明できるが，本章にとっては，ポアソン分布を自然指数型分布族 (natural exponential family of distribution) の一員と捉えることが有益である．

θ をパラメータとする自然指数型分布族の密度関数を $f(x;\theta)$ で表す．

$$f(x;\theta) = h(x)\exp(\theta x - b(\theta)), \quad x \in \mathcal{A} \qquad (12.2)$$

ここで，$h(\cdot)$ と $b(\cdot)$ は既知の関数であり，$\mathcal{A}$ は $\mathbb{R}$ の部分集合とする．すると，ポアソン分布は，$\theta = \log \lambda$, $b(\theta) = \exp(\theta)$, $h(x) = 1/x!$ とおけば，直ちに式 (12.2) のように表せる．これは，式 (12.2) のキュムラント母関数が $b(t+\theta) - b(\theta)$ に等しいことから導かれる．

ほとんどの応用で，計数データはたいてい共変量と一緒に観測される．例えば McCullagh and Nelder (1989, Section 6.3.2) の研究が参考になるが，彼らは船の損傷事故件数の期待値を，運行期間の総月数の対数値をオフセット項として採用した上で，船の種類，建造年，運行期間といった変数との関連性の中で調べている（オフセット項とは，対応する回帰係数が 1 であると，あらかじめわかっている連続値説明変数のことである）．一般に，ポアソン分布に従う計数応答変数 Y と一緒に p 個の回帰変数

$X_1, \ldots, X_p$ が観測されると想定する. $X_1, \ldots, X_p$ を所与としたときに, Y の期待値を回帰変数に関係付ける回帰モデルの一つは

$$\lambda = \beta_0 + \sum_{i=1}^{p} \beta_i X_i \tag{12.3}$$

である. これは, 推定すべき未知の回帰係数 $\beta_i \ (i = 0, \ldots, p)$ を持つ通常の線形モデルである. モデル (12.3) は, パラメータ λ が正でなければならないので, 当てはめでいくつかの困難が生じる. しかし, 時系列の文脈では, 連続する観測値の相関が正であれば (図 12.1 を参照), 式 (12.3) のようなモデルは極めて有用である. 計数データの回帰モデルの中でより自然なのは, いわゆる対数線形モデルである.

$$\log \lambda = \beta_0 + \sum_{i=1}^{p} \beta_i X_i \tag{12.4}$$

ここで, 記法は式 (12.3) と同じである. いずれを選ぶにせよ, 式 (12.3) と式 (12.4) はともに, Nelder and Wedderburn (1972) により導入されて McCullagh and Nelder (1989) によりさらに精緻化された一般化線形モデルのクラスに属する. 一般化線形モデルは, 三つの要素, すなわち, $E[X] = \mu$ であるような指数型分布族 (12.2) に属する確率的要素, 系統的要素 η, リンク関数 $g(\cdot)$ からなる. リンク関数は 2 次微分可能な単調関数で, 分析者が選ぶか, または推定される. この関数は $g(\mu) = \eta$ という形で確率的要素と系統的要素を関係付ける. ポアソン分布の場合, 式 (12.3) と式 (12.4) の両方が, $\eta = \beta_0 + \sum_{i=1}^{p} \beta_i X_i$ かつ $g(\lambda) = \lambda$ (式 (12.3) の場合) もしくは $g(\lambda) = \log \lambda$ (式 (12.4) の場合) となるような一般化線形モデルを導入していることは明らかである. 推定と推論は最尤理論に基づいており, いくつかの教科書で述べられている. 例えば McCullagh and Nelder (1989) や Agresti (2002) を参照されたい. 次節では, 計数時系列の文脈でこれらの考え方を掘り下げる.

12.3　計数時系列のポアソン回帰モデル

古典的な AR(1) (1 次自己回帰) 過程を考えてみることは有用であろう.

$$Y_t = b_1 Y_{t-1} + \epsilon_t \tag{12.5}$$

ここで, $|b_1| < 1$ であり, $\{\epsilon_t\}$ は平均 0 で分散が σ^2 の正規分布に独立同一で従う (i.i.d.) 確率変数列とする. これは, 実数値をとる時系列の分析で用いられる標準的なモデルである. これは, 時点 t における過程の値は, 時点 $t-1$ における過程の値に確率的な誤差項を加えたものに依存していることを意味している. 例えば, Priestley (1981), Brockwell and Davis (1991, Chapter 3), Shumway and Stoffer (2006) を参照されたい. モデル (12.5) を, 時系列の一般化線形モデルの一つと考えてみるとよい. 前節の最後の議論に立ち返れば, モデルの確率的要素は指数型分布族になる

12.3 計数時系列のポアソン回帰モデル

(AR(1) モデル (12.5) では，自身の過去に条件付けられた Y_t の確率密度関数は正規分布である)．さらに，系統的要素を $\eta_t = b_1 Y_{t-1}$ と定義する．リンク関数 $g(\cdot)$ が恒等リンク（identity link）であれば，$g(\mathrm{E}[Y_t \mid Y_{t-1}]) = \eta_t$ となる．したがって，AR(1) 過程 (12.5) は時系列の一般化線形モデルの枠組みに収まる．Kedem and Fokianos (2002, Chapter 1) を参照されたい．こうした議論から，以後の発展が生まれている．

12.3.1 計数時系列の線形モデル

ここからは，計数時系列を $\{Y_t\}$ と表記する．この過程を "応答"（response）と呼ぶ．AR(1) の枠組みに従い，モデル (12.5) をポアソン自己回帰の文脈で次のように一般化する．

$$Y_t \mid \mathcal{F}_{t-1} \sim \mathrm{Poisson}(\lambda_t), \quad \lambda_t = d + b_1 Y_{t-1}, \quad t \geq 1 \qquad (12.6)$$

ここで，$\mathcal{F}_t = \sigma(Y_s, s \leq t)$ であり，d, b_1 は非負パラメータで，$\{\lambda_t\}$ は Y_t の自身の過去を所与とした平均過程である．Y_t は非負整数なので，d と b_1 を正にして $\lambda_t > 0$ となるようにする．この記法から明らかに，モデル (12.6) は，確率的要素がポアソン分布であり，系統的要素が $\eta_t = d + b_1 Y_{t-1}$ で，リンクが恒等リンクであるような，一般化線形モデルの枠組みに収まる．これは式 (12.5) に極めて似た状況である．自明な記法を用いれば

$$Y_t = \lambda_t + (Y_t - \lambda_t) = d + b_1 Y_{t-1} + \epsilon_t, \quad t \geq 1 \qquad (12.7)$$

であるから，モデル (12.6) からはモデル (12.5) と同じ動学的構造が示唆される．この式によれば，時点 t における過程の値は，時点 $t-1$ における過程の値に，ホワイトノイズ過程（平均 0 で分散が一定で，自己相関がない確率変数列）である $\{\epsilon_t\}$ 項を加えたものに依存する．実際，過程 $\{Y_t\}$ が定常と仮定すれば，以下が導かれる．

- 平均が一定：

$$\mathrm{E}[\epsilon_t] = \mathrm{E}\left[(Y_t - \lambda_t)\right] = \mathrm{E}\left[\mathrm{E}\left(Y_t - \lambda_t \mid \mathcal{F}_{t-1}\right)\right] = 0$$

- 分散が一定：

$$\mathrm{Var}[\epsilon_t] = \mathrm{Var}\left[\mathrm{E}\left(\epsilon_t \mid \mathcal{F}_{t-1}\right)\right] + \mathrm{E}\left[\mathrm{Var}\left(\epsilon_t \mid \mathcal{F}_{t-1}\right)\right] = \mathrm{E}[\lambda_t] = \mathrm{E}[Y_t]$$

これは $\{Y_t\}$ 定常の仮定により t と独立である．最後の等号は $\mathrm{E}[\epsilon_t] = 0$ から導かれる．

- 無相関数列：$k > 0$ に対して

$$\mathrm{Cov}(\epsilon_t, \epsilon_{t+k}) = \mathrm{E}[\epsilon_t \epsilon_{t+k}] = \mathrm{E}\left[\epsilon_t \mathrm{E}\left(\epsilon_{t+k} \mid \mathcal{F}_{t+k-1}\right)\right] = 0$$

こうした結果は $\{\epsilon_t\}$ 系列がホワイトノイズ系列であることを裏付ける．定常性の仮定により，式 (12.7) から $\mathrm{E}[Y_t] = d + b_1 \mathrm{E}[Y_{t-1}]$ であること，したがって

$\mathrm{Var}[\epsilon_t] = \mathrm{E}[Y_t] = d/(1-b_1)$ が言える．ここから b_1 は正かつ 1 未満でなければならない．

式 (12.6) の 2 次の特性を考察するにあたり，式 (12.7) を用いる．後退代入を繰り返し，

$$\begin{aligned}
Y_t &= d + b_1 Y_{t-1} + \epsilon_t \\
&= d + b_1(d + b_1 Y_{t-2} + \epsilon_{t-1}) + \epsilon_t \\
&= d(1 + b_1) + b_1^2 Y_{t-2} + b_1 \epsilon_{t-1} + \epsilon_t \\
&= \cdots\cdots\cdots\cdots\cdots \\
&= d(1 + b_1 + b_1^2 + \cdots + b_1^t) + \sum_{i=0}^{t} b_1^i \epsilon_{t-i}
\end{aligned} \quad (12.8)$$

を得る．したがって，通常の AR(1) モデルの場合と同様，$0 < b_1 < 1$ として，大きな t に対して平均 2 乗の意味で有用な表現が，式 (12.8) より導かれる．

$$Y_t = \frac{d}{1-b_1} + \sum_{i=0}^{\infty} b_1^i \epsilon_{t-i}$$

標準的な議論から，モデル (12.6) の自己共分散関数は

$$\mathrm{Cov}(Y_t, Y_{t+h}) = \frac{b_1^h}{1-b_1^2} \mathrm{E}[Y_t], \quad h \geq 0$$

となり，ここからモデル (12.6) の ACF は

$$\mathrm{Corr}(Y_t, Y_{t+h}) = b_1^h, \quad h \geq 0 \quad (12.9)$$

となる．$b_1 = 0$ でなければ，$\{Y_t\}$ の分散は常に期待値よりも大きい．つまり，モデル (12.6) は過大分散 (overdispersion) を考慮に入れている．式 (12.7) は，式 (12.6) が AR(1) モデル (12.5) と同じ 2 次の特性を持つことを示しているから，以上の結果はそこから直ちに導かれる．しかし，$b_1 > 0$ なので，すべての $h > 0$ に対して $\mathrm{Corr}(Y_t, Y_{t+h}) > 0$ である．つまり，モデル (12.6) は正の相関を持つ計数時系列に使える．

こうした考え方が実際にうまくいく例が，図 12.2 の左半分である．左上の図は，$d=1$ および $b_1 = 0.6$ としてモデル (12.6) から生成した 200 個の観測値である．左下の図は同じデータの ACF を表す．極めて明瞭に，ラグ h が増えるに従い，ACF は急速に小さい値になっている．式 (12.9) を参照し，この図を図 12.1 の左半分と比べてみよう（モデル (12.6) のモーメントとキュムラントのさらなる結果は，Weiß (2010) にある）．

図 12.2 の右半分は，異なる状況を示している．これは次のモデルからの 200 個の実現値を示す．

$$Y_t \mid \mathcal{F}_{t-1}^{Y,\lambda} \sim \mathrm{Poisson}(\lambda_t), \quad \lambda_t = d + a_1 \lambda_{t-1} + b_1 Y_{t-1}, \quad t \geq 1 \quad (12.10)$$

12.3 計数時系列のポアソン回帰モデル

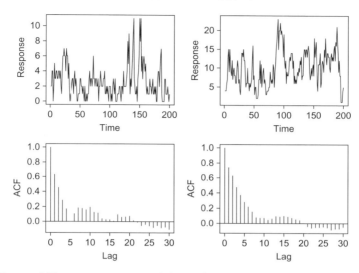

図 12.2 左図：$d = 1$, $b_1 = 0.6$ のときのモデル (12.6) から得られた 200 個の観測（上）とその標本 ACF（下），右図：$d = 1$, $a_1 = 0.3$, $b_1 = 0.6$ のときのモデル (12.10) から得られた 200 個の観測（上）とその標本 ACF（下）．

ここで，$\mathcal{F}_t^{Y,\lambda}$ は $\{Y_0, \ldots, Y_t, \lambda_0\}$ により生成される σ 集合体，すなわち $\mathcal{F}_t^{Y,\lambda} = \sigma(Y_s, \lambda_0, s \leq t)$ であり，$\{\lambda_t\}$ はこれまで同様ポアソン強度過程である．パラメータ d, a_1, b_1 は正で，$0 < a_1 + b_1 < 1$ を満たすと仮定する．二つの初期値 λ_0 と Y_0 はランダムとする．$a_1 = 0$ のとき，モデル (12.6) に帰着する．図 12.1 と図 12.2 の右下の図を比べてみよう．ACF で大きな正の値が続くのは，明らかに式 (12.10) で導入されたフィードバックメカニズム $\{\lambda_t\}$ がある（右辺にラグ λ_{t-1} が入っている）ためである．原則として，計数時系列の ACF が高次のラグにわたって相対的に大きい値であるとき，モデル (12.6) ならば多くのラグ回帰変数を入れて対処する．しかし，モデル (12.10) は，そうした手法を回避でき，この種のデータをパラメータ節約的（parsimonious）にモデル化する手法となっている (Fokianos et al., 2009)．

モデル (12.10) に関する結果は，先行研究でも報告されている．Rydberg and Shephard (2000), Streett (2000), Heinen (2003) を参照されたい．Ferland et al. (2006) は次のような (p, q) 次の一般的なモデルを検討し，$0 < \sum_{i=1}^{p} a_i + \sum_{j=1}^{q} b_j < 1$ という前提を置けば，このモデルは 2 次定常（second-order stationary）であることを示している．

$$Y_t \mid \mathcal{F}_{t-1}^{Y,\lambda} \sim \text{Poisson}(\lambda_t), \quad \lambda_t = d + \sum_{i=1}^{p} a_i \lambda_{t-i} + \sum_{j=1}^{q} b_j Y_{t-j}, t \geq \max(p, q)$$

(12.11)

式 (12.10) の特性を検討するため，やや記法に厳密さを欠くが，式 (12.10) の 2 番目の部分を式 (12.7) のように分解し，応答過程を次のように表現しておくと，理解しやすい．

$$Y_t = d + (a_1 + b_1)Y_{t-1} + \epsilon_t - a_1 \epsilon_{t-1}$$

ここで $\epsilon_t = Y_t - \lambda_t$ であり，この確率変数列は式 (12.7) で定義される数列とは異なるが，依然としてホワイトノイズである．証明はモデル (12.6) に対応するノイズ系列の場合と同じである．

さらに，先の式は次のように書き換えられる．

$$\left(Y_t - \frac{d}{1-(a_1+b_1)}\right) = (a_1+b_1)\left(Y_{t-1} - \frac{d}{1-(a_1+b_1)}\right) + \epsilon_t - a_1\epsilon_{t-1} \tag{12.12}$$

ここから，式 (12.10) の 2 次の特性は，通常の ARMA(1,1) モデルとまったく同じだとわかる．そこで，$0 < a_1 + b_1 < 1$ のとき，式 (12.10) の定常解 $\{Y_t\}$ が存在する．平均は $\mathrm{E}[Y_t] = \mathrm{E}[\lambda_t] \equiv \mu = d/(1-a_1-b_1)$ であり，自己共分散関数は

$$\mathrm{Cov}[Y_t, Y_{t+h}] = \begin{cases} \dfrac{(1-(a_1+b_1)^2+b_1^2)\mu}{1-(a_1+b_1)^2}, & h = 0 \\ \dfrac{b_1(1-a_1(a_1+b_1))(a_1+b_1)^{h-1}\mu}{1-(a_1+b_1)^2}, & h \geq 1 \end{cases}$$

である．モデル (12.10) の ACF が

$$\mathrm{Corr}[Y_t, Y_{t+h}] = \frac{b_1(1-a_1(a_1+b_1))(a_1+b_1)^{h-1}}{(1-(a_1+b_1)^2+b_1^2)}, \quad h \geq 1$$

に等しいことは明らかである．これは図 12.1 と図 12.2 の右側と合致し，対応する ACF の緩慢な減衰を説明する．

ポアソン分布については，$\mathrm{E}[Y_t \mid \mathcal{F}_{t-1}^{Y,\lambda}] = \mathrm{Var}[Y_t \mid \mathcal{F}_{t-1}^{Y,\lambda}] = \lambda_t$ である．したがって，モデル (12.10) は INGARCH(1,1)，すなわち整数 GARCH モデルとして定義できる．その構造は通例の GARCH モデル（ボラティリティ（volatility）をその過去の値と応答の 2 乗に回帰する）と似ている．事実，モデル (12.11) は INGARCH(p, q) モデルと名付けうる．しかし，モデル (12.10)，より一般的にモデル (12.11) は，λ_t と Y_t の双方の過去の値と "関係付けられた条件付き平均" を特定する．ここで，$\mathrm{Var}[Y_t] \geq \mathrm{E}[Y_t]$ であり，等号は $b_1 = 0$ のときに成り立つ．したがって，λ_t に Y_t の過去の値が影響すると，過大分散が生じる．これはモデル (12.6) の場合と同じである．さらに，モデル (12.6) の場合と同様，モデル (12.10) でも $\mathrm{Corr}[Y_t, Y_{t+h}] > 0$ が成り立つ．

後退代入を繰り返すと，

$$\lambda_t = d + a_1 \lambda_{t-1} + b_1 Y_{t-1}$$
$$= d + a_1(d + a_1\lambda_{t-2} + b_1 Y_{t-2}) + b_1 Y_{t-1}$$

$$= d + a_1 d + a_1^2 \lambda_{t-2} + a_1 b_1 Y_{t-2} + b_1 Y_{t-1}$$
$$= \cdots\cdots\cdots\cdots\cdots\cdots$$
$$= d\frac{1 - a_1^t}{1 - a_1} + a_1^t \lambda_0 + b_1 \sum_{i=0}^{t-1} a_1^i Y_{t-i-1} \qquad (12.13)$$

となる.

この式は, 潜在過程 (hidden process) $\{\lambda_t\}$ が過去の反応と初期値 λ_0 の関数によって決まることを示す. したがって, モデル (12.10) は Cox (1981) の言う意味での観測値駆動型 (observation driven) モデルのクラスに属する. ACF がゆっくり減衰する計数時系列データをモデル化する上で, なぜモデル (12.10) がパラメータ節約的な方法であるのかは, 式 (12.13) のように表現すればわかる. 図 12.1 の右側の例を見てみよう. 過程 $\{\lambda_t\}$ は, 高次にわたるラグの反応の値に依存する. したがって, 式 (12.6) という形式のモデルよりもパラメータ節約型のモデルになるだろう.

最後に, $a_1 + b_1$ が 1 に近づくと, モデル (12.10) の ACF は不安定になり, その結果得られるモデルは和分 (integrated) GARCH モデルと似た特性を持つ. すなわち, λ_t の予測はデータの最近の変動を反映するが, そうしたモデルはこれまで研究されてきていない.

12.3.2 計数時系列の対数線形モデル

これまでの議論から, モデル (12.10) は従属性のある計数時系列データをモデル化するのに適当な概念枠組みである. しかし, モデルの定義は, 暗黙にデータに制約を課している. まず, $0 < a_1 + b_1 < 1$ なので, $\mathrm{Cov}[Y_t, Y_{t+h}] > 0$ である. したがって, モデル (12.10) は, 連続する観測間の負の相関をモデル化するためには使えない. モデル (12.10) のさらなる欠点は, 恒等リンクのため, 共変量を簡単には入れられないことである. しかし, 12.2 節で言及したように, 計数データをモデル化するリンク関数の中では, 対数関数が最もよく使われる. 事実これは正準リンクモデルである. そこで, 計数時系列の対数線形モデルを用いる. Zeger and Qaqish (1988), Li (1994), MacDonald and Zucchini (1997), Brumback et al. (2000), Kedem and Fokianos (2002), Benjamin et al. (2003), Davis et al. (2003), Fokianos and Kedem (2004), Jung et al. (2006), Creal et al. (2008), Fokianos and Tjøstheim (2011) を参照されたい.

再び計数時系列を $\{Y_t\}$ と表そう. いわゆる正準リンク過程 $\nu_t \equiv \log \lambda_t$ を用いて, 次のような対数線形自己回帰モデル族を考える.

$$Y_t \mid \mathcal{F}_{t-1}^{Y,\nu} \sim \mathrm{Poisson}(\lambda_t), \quad \nu_t = d + a_1 \nu_{t-1} + b_1 \log(Y_{t-1} + 1), \quad t \geq 1 \qquad (12.14)$$

ここで, $\mathcal{F}_t^{Y,\nu}$ は $\{Y_0, \ldots, Y_t, \nu_0\}$ により生成される σ 集合体, すなわち $\mathcal{F}_t^{Y,\nu} =$

$\sigma(Y_s, \nu_0, s \leq t)$ である. 一般にパラメータ d, a_1, b_1 は正でも負でもよいが, 定常時系列になるように一定の条件を満たす必要がある. 再び ν_0 と Y_0 の双方ともランダムな初期値であると仮定する.

応答 Y_t の過去の観測値は, $\log(Y_{t-1}+1)$ 項を通して ν_t の自己回帰方程式に入れられている. これは Y_{t-1} の 1 対 1 変換であり, データの値が 0 の場合に対処する極めて標準的な処置法である. さらに, λ_t と Y_t の両方とも, 同じスケールに変換されている. 共変量は式 (12.14) の 2 番目の方程式に入れることで対応できる. ほかにとりうるモデル化法として, 式 (12.14) における $\log(Y_{t-1}+1)$ に替えて, $c \in (0,1]$ とした上で $\log(\max(Y_{t-1}, c))$ という変換を用いることが考えられる (Zeger and Qaqish (1988) を参照).

$a_1 = 0$ のとき

$$\nu_t = d + b_1 \log(Y_{t-1}+1), \quad t \geq 1 \tag{12.15}$$

というモデルになるが, これは式 (12.6) の構造と似ている. この記法より, モデル (12.15) は明らかに, 確率的要素がポアソン分布であり, 系統的要素が $\eta_t = d + b_1 \log(Y_{t-1}+1)$, リンク関数が対数であるような一般化線形モデルの枠組みに入る. 図 12.3 は, 図 12.2 と同様, 相関がゆっくり 0 へと減衰するときは, フィードバックメカニズムを入れるとパラメータ節約的になることを示している.

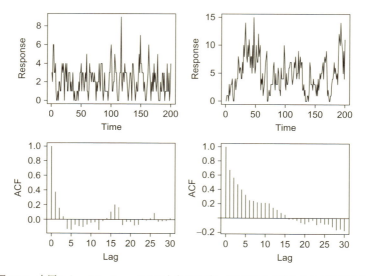

図 **12.3** 左図: $d = 0.1$, $b_1 = 0.6$ のときのモデル (12.15) から得られた 200 個の観測 (上) とその標本 ACF (下), 右図: $d = 0.1$, $a_1 = 0.3$, $b_1 = 0.6$ のときのモデル (12.14) から得られた 200 個の観測 (上) とその標本 ACF (下).

12.3 計数時系列のポアソン回帰モデル

対数強度過程 (12.14) は，後退代入を繰り返すと次のように書き換えられる．

$$\nu_t = d\frac{1-a_1^t}{1-a_1} + a_1^t \nu_0 + b_1 \sum_{i=0}^{t-1} a_1^i \log(1+Y_{t-i-1}) \tag{12.16}$$

したがって，再び潜在過程 $\{\nu_t\}$ は反応のラグの関数によって決まることになる．言い換えると，対数線形モデル (12.14) は，観測値駆動型モデルのクラスに入り，線形モデル (12.10) と似た特性を持つ．

なぜ応答のラグ値の対数関数を使うかを考えるため，式 (12.14) の $\log(Y_{t-1}+1)$ を Y_{t-1} に替えたモデル

$$Y_t \mid \mathcal{F}_{t-1}^{Y,\nu} \sim \text{Poisson}(\lambda_t), \quad \nu_t = d + a_1 \nu_{t-1} + b_1 Y_{t-1}$$

を考えてみる．この場合

$$\lambda_t = \exp(d)\lambda_{t-1}^{a_1}\exp(b_1 Y_{t-1})$$

であり，したがって，このシステムが安定となることが保証されるのは，$b_1 < 0$ のときのみである．さもなければ，過程 $\{\lambda_t\}$ は指数的に急増する．詳しくは Wong (1986) と Kedem and Fokianos (2002, Chapter 4) を参照．したがって，そうしたモデルでは負の相関しか扱えない．しかし，式 (12.14) はパラメータを正（あるい負）にすることで正の相関（あるい負の相関）になる．モデル (12.14) の ACF を明示的に表現するのは難問である．このことは，式 (12.16) を考えるとわかりやすい．両辺を指数変換すると，

$$\lambda_t = \exp\Big(d(1-a_1^t)/(1-a_1)\Big)\lambda_0^{a_1^t} \prod_{i=0}^{t-1}\Big(1+Y_{t-i+1}\Big)^{b_1 a_1^i}$$

となり，モデル (12.14) の 1 次と 2 次のモーメントの計算が複雑であることがわかる．しかし，時系列を長期間にわたってシミュレーションすれば，式 (12.14) の相関がどれくらいになりうるか，その範囲の手掛かりが得られる．表 12.1 は 1 期および 2 期のラグのモデル (12.14) の ACF を示す．対数線形モデルが正負双方の相関を扱えることが明らかである．

表 12.1 モデル (12.14) で $d = 0.5$ のときに，パラメータ a_1 および b_1 の値に対する，1 期および 2 期のラグの ACF の典型的な値．10000 個のデータに基づく．ここで $h = 1, 2$ に対して $\rho(h) = \text{Corr}[Y_t, Y_{t+h}]$．

a_1	-0.800	-0.500	-0.400	0.100	0.250	0.250
b_1	-0.430	-1.000	-0.350	0.200	0.550	0.730
$\rho(1)$	-0.984	-0.519	-0.188	0.145	0.630	0.979
$\rho(2)$	0.997	0.613	0.117	0.016	0.500	0.959

Davis et al. (2003) が研究している，以上とは別の計数時系列の対数線形モデルは

$$\nu_t = \beta_0 + \sum_{i=1}^{p} \beta_i \zeta_{t-i} \qquad (12.17)$$

と表せる．ここで

$$\zeta_t = \frac{Y_t - \lambda_t}{\lambda_t^{\delta}} \qquad (12.18)$$

であり，β_i ($i = 0, \ldots, p$)（ただし $i = 1, 2, \ldots, p$ のとき $\beta_i \neq 0$）は未知の回帰母数で，$\delta \in (0, 1]$ である．もし $\delta = 1/2$ であれば，式 (12.17) はいわゆるピアソン残差の移動平均モデルである．定義は式 (12.29) を参照されたい．以上の特定化のもとで，以下のようになる．

- 数列 $\{\zeta_t\}$ の平均は 0

$$\mathrm{E}[\zeta_t] = 0$$

- 数列 $\{\zeta_t\}$ の分散は

$$\mathrm{Var}[\zeta_t] = \mathrm{E}[\lambda_t^{1-2\delta}]$$

- 対数平均過程 $\{\nu_t\}$ の平均と ACF は

$$\mathrm{E}[\nu_t] = \beta_0$$

および

$$\mathrm{Cov}[\nu_t, \nu_{t+h}] = \begin{cases} \displaystyle\sum_{i=1}^{p-h} \beta_i \beta_{i+h} \lambda_{t-i}^{1-2\delta}, & h \leq p \\ 0, & \text{それ以外} \end{cases}$$

$\delta = 1/2$ のとき，以上の式は t に依存しない．特に $h > 0$ に対する ν_t と ν_{t+h} の間の自己共分散関数は，標準的な p 次の移動平均モデルの自己共分散関数に帰着する．

注釈 1 すでに指摘したとおり，モデル (12.14) の長所の一つは，時間依存共変量 (time-dependent covariate) を簡単に組み込めることである．より具体的には，$\{X_t\}$ を共変量時系列とし，σ 集合体を $\mathcal{F}_t^{Y,X,\lambda} = \sigma(Y_s, X_{s+1}, \lambda_0, s \leq t)$ に拡大すると，次のモデルになる．

$$Y_t \mid \mathcal{F}_{t-1}^{Y,X,\lambda} \sim \mathrm{Poisson}(\lambda_t), \quad \nu_t = d + a_1 \nu_{t-1} + b_1 \log(Y_{t-1} + 1) + c X_t, \quad t \geq 1 \qquad (12.19)$$

ここで，c は一般に実数パラメータである．パラメータ c にどのような選択がありうるかは後述する．以上は，自明な修正を加えれば，モデル (12.17) の場合にも当てはまる． □

12.3.3 計数時系列の非線形モデル

計数時系列を分析するモデルの大きなクラスは，次のように特定される．

$$Y_t \mid \mathcal{F}_{t-1}^{Y,\lambda}, \quad \lambda_t = f(\lambda_{t-1}, Y_{t-1}), \quad t \geq 1 \quad (12.20)$$

ここで，$f(\cdot)$ の関数型は既知だがそこに含まれる有限次元パラメータベクトルは未知であるとする．さらに，$f(\cdot)$ は正の実数値をとる，すなわち $f : (0, \infty) \times \mathbb{N} \to (0, \infty)$ である．初期値 Y_0 と λ_0 は再びランダムと仮定する．計数時系列分析の非線形モデルの興味深い例を以下に与える．

$$f(\lambda, y) = d + (a_1 + c_1 \exp(-\gamma\lambda^2))\lambda + b_1 y \quad (12.21)$$

ここで，d, a_1, c_1, t_1, γ は正のパラメータである．上記のモデルは，むしろ伝統的な指数 AR モデルに似ている．Haggan and Ozaki (1981) を参照されたい．Fokianos et al. (2009) は，モデル (12.21) を $d = 0$ の場合について調べている．γ が 0 か無限大に向かうとき，モデル (12.21) は二つの異なる線形モデルに近づくという意味で，母数 γ は線形モデル (12.10) の摂動 (perturbation) を導入している．モデル (12.20) に関する一つの自明な一般化は，平均過程を

$$\lambda_t = f(\lambda_{t-1}, \ldots, \lambda_{t-p}, Y_{t-1}, \ldots, Y_{t-q}) \quad (12.22)$$

とすることによって得られる．ここで，$f(.)$ は $f : (0, \infty)^p \times \mathbb{N}^q \to (0, \infty)$ となるような関数である．例として，指数 AR モデルを含む，平滑推移 AR モデルのクラスがある（Teräsvirta et al. (2010) を参照）．他の非線形モデルの例は，Tong (1990) や Fan and Yao (2003) にある．これらのモデルは，計数時系列の一般化線形モデルの文脈では先行研究で検討されてこなかったが，計数時系列を研究する際の柔軟な枠組みを与える．

12.3.4 推論

線形モデル (12.10) に対する条件付き最尤推論を説明する．モデル (12.14), (12.20) については，手法が極めて類似しているので省略する．しかし，式 (12.21) のようなモデルについては，非線形パラメータがある場合には，正確な推定には大標本を必要とする．式 (12.10) の未知のパラメータの 3 次元ベクトルを $\boldsymbol{\theta} = (d, a_1, b_1)'$ とし，パラメータの真値を $\boldsymbol{\theta}_0 = (d_0, a_{1,0}, b_{1,0})'$ とする．すると，初期値を λ_0 とすれば，モデル (12.10) の $\boldsymbol{\theta}$ の条件付き尤度関数は，

$$L(\boldsymbol{\theta}) = \prod_{t=1}^{n} \frac{\exp(-\lambda_t(\boldsymbol{\theta}))\lambda_t^{Y_t}(\boldsymbol{\theta})}{Y_t!}$$

となる．ここでは，式 (12.10) のポアソン分布の仮定と，$\lambda_t(\boldsymbol{\theta}) = d + a_1\lambda_{t-1}(\boldsymbol{\theta}) + b_1 Y_{t-1}$，$\lambda_t = \lambda_t(\boldsymbol{\theta}_0)$ を用いている．したがって，定数項を除く対数尤度関数は

$$l(\boldsymbol{\theta}) = \sum_{t=1}^{n} l_t(\boldsymbol{\theta}) = \sum_{t=1}^{n} (Y_t \log \lambda_t(\boldsymbol{\theta}) - \lambda_t(\boldsymbol{\theta})) \quad (12.23)$$

であり，スコア関数は

$$S_n(\boldsymbol{\theta}) = \frac{\partial l(\boldsymbol{\theta})}{\partial \boldsymbol{\theta}} = \sum_{t=1}^{n} \frac{\partial l_t(\boldsymbol{\theta})}{\partial \boldsymbol{\theta}} = \sum_{t=1}^{n} \left(\frac{Y_t}{\lambda_t(\boldsymbol{\theta})} - 1 \right) \frac{\partial \lambda_t(\boldsymbol{\theta})}{\partial \boldsymbol{\theta}} \tag{12.24}$$

と定義される．ここで，$\partial \lambda_t(\boldsymbol{\theta})/\partial \boldsymbol{\theta}$ は

$$\frac{\partial \lambda_t}{\partial d} = 1 + a_1 \frac{\partial \lambda_{t-1}}{\partial d}, \quad \frac{\partial \lambda_t}{\partial a_1} = \lambda_{t-1} + a_1 \frac{\partial \lambda_{t-1}}{\partial a_1},$$

$$\frac{\partial \lambda_t}{\partial b_1} = Y_{t-1} + a_1 \frac{\partial \lambda_{t-1}}{\partial b_1} \tag{12.25}$$

からなる3次元ベクトルである．

方程式 $S_n(\boldsymbol{\theta}) = 0$ の解は，もし存在するなら，$\boldsymbol{\theta}$ の条件付き最尤推定量となり，$\widehat{\boldsymbol{\theta}}$ と表記する．さらに，モデル (12.10) のヘッセ行列は，スコアの方程式 (12.24) をさらに微分し

$$\begin{aligned} \boldsymbol{H}_n(\boldsymbol{\theta}) &= -\sum_{t=1}^{n} \frac{\partial^2 l_t(\boldsymbol{\theta})}{\partial \boldsymbol{\theta} \partial \boldsymbol{\theta}'} \\ &= \sum_{t=1}^{n} \frac{Y_t}{\lambda_t^2(\boldsymbol{\theta})} \left(\frac{\partial \lambda_t(\boldsymbol{\theta})}{\partial \boldsymbol{\theta}} \right) \left(\frac{\partial \lambda_t(\boldsymbol{\theta})}{\partial \boldsymbol{\theta}} \right)' - \sum_{t=1}^{n} \left(\frac{Y_t}{\lambda_t(\boldsymbol{\theta})} - 1 \right) \frac{\partial^2 \lambda_t(\boldsymbol{\theta})}{\partial \boldsymbol{\theta} \partial \boldsymbol{\theta}'} \end{aligned} \tag{12.26}$$

により得られる．

条件付き情報行列は

$$\boldsymbol{G}_n(\boldsymbol{\theta}) = \sum_{t=1}^{n} \mathrm{Var}\left[\frac{\partial l_t(\boldsymbol{\theta})}{\partial \boldsymbol{\theta}} \mid \mathcal{F}_{t-1}^{Y,\lambda} \right] = \sum_{t=1}^{n} \frac{1}{\lambda_t(\boldsymbol{\theta})} \left(\frac{\partial \lambda_t(\boldsymbol{\theta})}{\partial \boldsymbol{\theta}} \right) \left(\frac{\partial \lambda_t(\boldsymbol{\theta})}{\partial \boldsymbol{\theta}} \right)' \tag{12.27}$$

と定義され，最尤推定値 $\widehat{\boldsymbol{\theta}}$ の漸近分布で重要な役割を果たす．

詳述すると，ある正則条件のもとで，$\widehat{\boldsymbol{\theta}}$ には一致性がありかつ漸近的に正規分布に従うこと，すなわち

$$\sqrt{n}\left(\widehat{\boldsymbol{\theta}} - \boldsymbol{\theta}_0\right) \xrightarrow{D} \mathcal{N}(0, \boldsymbol{G}^{-1})$$

が証明できる．ここで，行列 $\boldsymbol{G}$ は

$$\boldsymbol{G}(\boldsymbol{\theta}) = \mathrm{E}\left[\frac{1}{\lambda_t} \left(\frac{\partial \lambda_t}{\partial \boldsymbol{\theta}} \right) \left(\frac{\partial \lambda_t}{\partial \boldsymbol{\theta}} \right)' \right]$$

であり，期待値 $\mathrm{E}[\cdot]$ は定常分布に関して計算する．上記のすべての量は計算でき，予測値や信頼区間などを構築するのに使われる．以上の結果は，線形モデル (12.10) に関するものだが，適切に修正することで，対数線形モデル (12.14) や非線形モデル (12.20) の場合にも使える．

12.3.5 最尤推定値の漸近分布について

先に触れたように,式 (12.10) あるいは式 (12.14) という形の回帰モデル,より一般的には式 (12.20) のようなモデルについて,最尤推定値 $\widehat{\boldsymbol{\theta}}$ が漸近的に正規分布に従うことが証明できる.推論はこの近似に基づくので,この事実は重要である.しかし,漸近理論を調べるためには,2 変量過程 $\{(Y_t, \lambda_t)\}$ の中心極限定理を導き出す必要がある.Neumann (2011) の方法は,モデル (12.20) について,2 変量過程 $\{(Y_t, \lambda_t)\}$ が一意的な定常分布を持ち,応答過程が絶対正則 (absolute regular) であることを示す.さらに,Franke (2010) は式 (12.22) を検討し,応答過程が 1 次のモーメントが有限の弱従属過程となることを示した.弱従属の定義とさらなる例については,Doukhan and Louhichi (1999) および Dedecker et al. (2007) による最近の研究を参照されたい.一般的なモデル (12.22) を用いるにあたって,両方の文献で置かれている本質的な仮定は,関数 $f(\cdot)$ が縮小写像であること,すなわち,いかなる $(\lambda_1, \ldots, \lambda_p, y_1, \ldots, y_q)$ および $(\lambda_1', \ldots, \lambda_p', y_1', \ldots, y_q')$ に対しても

$$|f(\lambda_1, \ldots, \lambda_p, y_1, \ldots, y_q) - f(\lambda_1', \ldots, \lambda_p', y_1', \ldots, y_q')|$$
$$\leq \sum_{i=1}^{p} \alpha_i |\lambda_i - \lambda_i'| + \sum_{j=1}^{q} \gamma_j |y_j - y_j'| \quad (12.28)$$

となることである.ここで,$\sum_{i=1}^{p} \alpha_i + \sum_{j=1}^{q} \gamma_j < 1$ である.これは Fokianos et al. (2009) と Fokianos and Tjøstheim (2012) が仮定した条件と同じである.彼らの手法はマルコフ連鎖理論に基づいている.

ここで,エルゴード性と推論に関する問題に移ると,これらの問題は,Fokianos et al. (2009) と Fokianos and Tjøstheim (2012) で詳しく検討されている (Woodard et al. (2011) も参照).彼らは $\{(Y_t, \lambda_t)\}$ の幾何的エルゴード性 (geometric ergodicity) を証明するために,摂動論を用いている.つまり,$\{(Y_t, \lambda_t)\}$ の幾何的なエルゴード性を証明する代わりに,摂動を組み入れた $\{(Y_t^m, \lambda_t^m, U_t)\}$ を検討している.ここで,$\{U_t\}$ は一様分布に独立同一で従う確率変数列である.2 変量過程 $\{(Y_t, \lambda_t)\}$ の特性を調べるため,$\{(Y_t^m, \lambda_t^m, U_t)\}$ の幾何的エルゴード性を証明した上で,尤度推定量の漸近的正規性を示すという戦略がとられている.非摂動モデルの尤度推定値の漸近的正規性は,摂動モデルが非摂動モデルに近くなるための条件に関する近似補題を用いて証明する.摂動論の詳細な説明は前述した文献にある.以下では,モデル (12.10), (12.14) について,最新の知見を掲げる.

1. 線形モデル (12.10) について
   (a) 摂動線形モデルを考え,$0 < a_1 + b_1 < 1$ とする.すると,過程 $\{(Y_t^m, \lambda_t^m, U_t), t \geq 0\}$ は,$V_{(Y,U,\lambda)}$ 幾何的エルゴードマルコフ連鎖である.ここで,$V_{Y,U,\lambda}(Y, U, \lambda) = 1 + Y^k + \lambda^k + U^k$ である.
   (b) もし $0 < a_1 + b_1 < 1$ ならば,摂動モデルは非摂動モデルに任意に近づけることができる.

(c) もし $0 < a_1 + b_1 < 1$ ならば，(d, a_1, b_1) の条件付き最尤推定量は，一致性があり，漸近的に正規分布に従う．

2. 対数線形モデル (12.14) について，$\{(Y_t^m, \nu_t^m, U_t), t \geq 0\}$ をその摂動モデルと定義する．

  (a) $|a_1| < 1$ とする．さらに，$b_1 > 0$ のときは $|a_1 + b_1| < 1$，$b_1 < 0$ のときは $|a_1||a_1 + b_1| < 1$ と仮定する．すると，過程 $\{(Y_t^m, U_t, \nu_t^m), t \geq 0\}$ は，$V_{(Y,U,\nu)}$ 幾何的エルゴードマルコフ連鎖である．ここで $V_{Y,U,\lambda}(Y, U, \nu) = 1 + \log^{2k}(1+Y) + \nu^{2k} + U^{2k}$ であり，k は正の整数である．

  (b) もし，a_1 と b_1 が同符号のとき常に $|a_1 + b_1| < 1$ であり，かつ a_1 と b_1 が異符号のとき常に $a_1^2 + b_1^2 < 1$ であるならば，摂動対数線形モデルは，非摂動対数線形モデルに任意に近づけることができる．

  (c) もし，a_1 と b_1 が同符号のときは常に $|a_1 + b_1| < 1$ で，かつ a_1 と b_1 が異符号のときは常に $a_1^2 + b_1^2 < 1$ ならば，(d, a_1, b_1) の条件付き最尤推定量は一致性があり，漸近的に正規分布に従う．

以上の結果を明確にするために，上記 1(a) を検討しよう．これが意味するのは，$0 < a_1 + b_1 < 1$ のとき，摂動モデルは何次のモーメントでも持ち，$\{(Y_t^m, \lambda_t^m, U_t), t \geq 0\}$ の関数のいかなる平均も，その期待値に弱収束する，ということである．これが重要なのは，同じ条件で非摂動モデルが摂動モデルに近いという前提で，式 (12.23) から導かれる最尤推定量を調べることができるからである．対数線形モデル (12.14) については，摂動モデルが非摂動モデルで近似できることを証明するための条件は，幾何的エルゴード性の条件と比べて，極めて厳しい．同じ現象は，$p = 1$ の場合にモデル (12.17) についても起こる．Davis et al. (2005) を参照すると，$\delta = 1$，$\beta_1 > 0$，$\beta_1(1 + \exp(\beta_1 - \beta_0))^{1/2} < 1$ のときに，最尤推定量の漸近的正規性が証明されている．しかし，Davis et al. (2003) は，もし $1/2 \leq \delta \leq 1$ ならば，連鎖 $\{\nu_t\}$ は定常分布を持つことを示した．特に $\delta = 1$ のとき，$\{\nu_t\}$ は一様にエルゴード的 (uniformly ergodic) で，一意的な定常分布を持つ．

補足すると，モデル (12.20) のエルゴード性は，式 (12.28) で $p = q = 1$ として，縮小写像の仮定のもとで証明されている (摂動モデルは Fokianos and Tjøstheim (2012)，応答過程については Neumann (2011) と Franke (2010))．そうした仮定のもとで，Fokianos and Tjøstheim (2012) は，摂動モデルが非摂動モデルを近似することを示すことで，式 (12.20) という形の最尤推定値の漸近的正規性を示している．最後に，いくつか重要なコメントを加える．

注釈 2 式 (12.19) のように共変量を含む対数線形モデルについても，推定問題は 12.3.4 項に示した方針に沿って攻略できる．この場合，エルゴード性と最尤推定値の漸近的正規性を調べるため，$\{X_t\}$ は密度を持つ実数値マルコフ連鎖であると仮定する．すると，

2次元のマルコフ連鎖 $\{\nu_t, X_{t+1}\}$ と，それに $\{Y_t\}$ を含めた3次元連鎖を構築することができる．$\{X_t\}$ の遷移メカニズムが $\{\nu_t, Y_t\}$ に依存していない場合には，幾何的エルゴード性の条件を見つけることは簡単である．詳しくは Fokianos and Tjøstheim (2011) を参照されたい． □

注釈 3 しかし，ここで注意しておくべきことは，回帰パラメータの最尤推定量に関する漸近理論は，ポアソン分布の仮定のもとに発展してきたということである．そうした手法には，モデルの特定化の誤りに関連した頑健性の問題が伴う．この問題を克服する一つのやり方は，疑似尤度推定法である．例えば Heyde (1997) および Kedem and Fokianos (2002, Section 1.7) を参照されたい．この場合，スコアは平均回帰方程式と採用している分散関数の形で決まる．そうした方法は，例えば Berkes et al. (2003) により GARCH の枠組みで探求されてきており，その性能を計数時系列回帰モデルの文脈で調べてみる価値はある． □

12.3.6 データ例

以上の理論を，冒頭で述べた実際のデータ例に適用する．図 12.1 を見返すと，双方の時系列とも，平均は分散よりも小さい．言葉を換えれば，データは過大分散を示している．これは，これまで論じてきたすべてのポアソン分布モデルに言えることである．これらの時系列を解析するために，線形モデル (12.10) と対数線形モデル (12.14) の両方を当てはめる．これらのデータをモデル化するには，線形モデルの場合，反復の初期化で $\lambda_0 = 0$ かつ $\partial \lambda_0 / \partial \boldsymbol{\theta} = \boldsymbol{0}$ とおく（式 (12.25) 参照）．対数線形モデルの場合，この初期化は $\nu_0 = 1$ かつ $\partial \nu_0 / \partial \boldsymbol{\theta} = \boldsymbol{0}$ と設定する．表 12.2 に分析結果を示す．推定量の真下の括弧内の数字は，推定値の標準誤差である．これらは，いわゆる頑健サンドウィッチ行列 $H_n(\hat{\theta}) G_n^{-1}(\hat{\theta}) H_n(\hat{\theta})$ を使って計算している．ここで，$G_n(\theta)$ は式 (12.27)，$H_n(\hat{\theta})$ は式 (12.26) である．当てはまりが適切であるかどうかを調べる

表 12.2 データ分析結果．

線形モデル				対数線形モデル			
C3 系列							
$\hat{d}$	$\hat{a}_1$	$\hat{b}_1$	平均2乗誤差	$\hat{d}$	$\hat{a}_1$	$\hat{b}_1$	平均2乗誤差
2.385	0.050	0.5603	1.285	0.476	0.080	0.619	1.296
(0.533)	(0.088)	(0.073)		(0.183)	(0.097)	(0.084)	
取引データ							
$\hat{d}$	$\hat{a}_1$	$\hat{b}_1$	平均2乗誤差	$\hat{d}$	$\hat{a}_1$	$\hat{b}_1$	平均2乗誤差
0.581	0.744	0.198	2.367	0.105	0.746	0.207	2.391
(0.162)	(0.026)	(0.016)		(0.034)	(0.026)	(0.019)	

ため，以下のいわゆるピアソン残差（式 (12.18) で $\delta = 1/2$）を検討する．

$$e_t = \frac{Y_t - \lambda_t}{\sqrt{\lambda_t}}, \quad t \geq 1 \tag{12.29}$$

真のモデルのもとで，過程 $\{e_t\}$ は分散一定のホワイトノイズ系列である．Kedem and Fokianos (2002, Section 1.6.3) を参照されたい．ピアソン残差を推定するために，λ_t を $\hat{\lambda}_t \equiv \lambda_t(\hat{\boldsymbol{\theta}})$ で置換する．推定するパラメータの数を p として，ピアソン残差の平均 2 乗誤差 $\sum_{t=1}^{N} \hat{e}_t^2/(N-p)$ を計算し，モデルを比較する．診断の詳細は，Kedem and Fokianos (2002, Section 1.8) を参照されたい（式 (12.6) の形のモデルに直接関連する最近の成果については，Zhu and Wang (2010) も参照）．

データ分析の結果は，表 12.2 にまとめられている．まず，C3 系列を検討しよう．線形モデルも対数線形モデルもほぼ同じ平均 2 乗誤差であることと，a_1 と b_1 の推定量が両モデル間で似ていることがわかる．事実，両モデルにおいて a_1 の推定量はその標準誤差と比べて小さいため，フィードバックメカニズムは当てはまりを改善しない．図 12.4 はデータ分析の結果を示す．当てはまりが十分であることがわかる．(c)

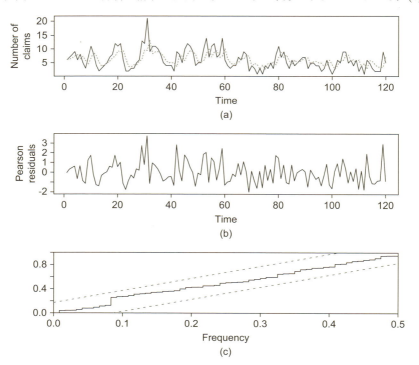

図 12.4 (a) C3 系列．破線がモデル (12.14) を当てはめた $\lambda_t(\hat{\boldsymbol{\theta}})$ の予測値である．(b) モデル (12.14) を当てはめたピアソン残差．(c) ピアソン残差の累積ピリオドグラム．

はピアソン残差の累積ピリオドグラムであり，式 (12.29) で算出される系列がホワイトノイズであることを裏付けている．モデル (12.14) を実際に適用する際に問題になるのは，回帰方程式で $\log(Y_{t-1}+1)$ を選んでよいかという点である．ここで，モデル (12.14) の対数項の定義（の仕方）によって結果がどれほど敏感に変わるかを調べるため，次の手順をとる．両時系列に対し，次の系列モデルを対数平均過程に当てはめる．

$$\nu_t = d + a_1 \nu_{t-1} + b_1 \log(Y_{t-1} + v)$$

ここで，v は 1〜10（あるいは他の範囲）の値を 0.5 刻みでとる定数である．定数 v の値ごとに，ピアソン残差の平均 2 乗誤差を計算する．C3 系列の場合，平均 2 乗誤差値の標本分散はほぼ 0 である．結論として，少なくとも C3 系列の場合は，$\log(Y_{t-1}+1)$ ($v=1$) としても分析結果にさほど影響しないことがわかる．

次に，取引データに移ると，式 (12.10) と式 (12.14) の両モデルとも，似たような平均 2 乗誤差値になることがわかる．線形モデルも対数線形モデルも，係数の推定値 ($\hat{a}_1$ と $\hat{b}_1$) の合計は 1 に近くなることに注意しよう．これは GARCH(1,1) モデルで頻繁に見られる現象である．図 12.5 は，再び対数線形モデルの当てはまりの良さを示

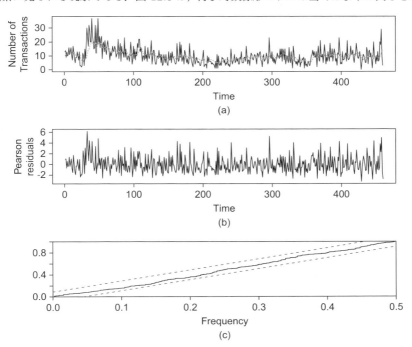

図 **12.5** (a) 取引データ．破線がモデル (12.14) を当てはめた $\lambda_t(\hat{\boldsymbol{\theta}})$ の予測値である．(b) モデル (12.14) を当てはめたピアソン残差．(c) ピアソン残差の累積ピリオドグラム．

す．先ほどと同様，モデル (12.14) の対数項の中で，定数 v を 1 から 10 まで 0.5 刻みで動かして，結果がどれほど敏感に変わるかを調べる．平均 2 乗誤差値は 2.389〜2.391 である．したがって，対数項として $\log(Y_{t-1}+1)$ $(v=1)$ を選ぶことは，分析結果に大して影響しない．

一般論として，式 (12.10) や式 (12.14) のようなモデルは，強い相関のある計数時系列に適用する際に，より有用であり，フィードバックメカニズムのため，よりパラメータ節約型のモデル化ができる．これは，ボラティリティのラグ値のおかげでパラメータが少なくて済んでいる GARCH の手法と同様である．さらに，データが正の相関を持つとき，モデル (12.10) やモデル (12.14) は似たような結論をもたらす．データに負の相関があるか，データ分析に共変量を組む込む必要があるときは，対数線形モデル (12.14) のほうが当てはまりが良いと考えられる．

12.4 計数時系列の他の回帰モデル

計数データをモデル化する離散分布の中で，ポアソン分布は最も自然な選択肢である．しかし，他の分布もいくつか先行研究で提案されている．本節では，計数時系列分析におけるオプションとして，負の二項分布と二重ポアソン (double Poisson) 分布について論じる．計数時系列分析の代替手法として，回帰に基づいたものも概観する．

12.4.1 他の分布の仮定

$\theta \in (0,1)$ とし，r は整数として，もし Y が (r, θ) をパラメータとする負の二項分布に従う確率変数だとすれば，その確率関数は

$$\mathrm{P}[Y=y] = \binom{y+r-1}{y}\theta^y(1-\theta)^r, \quad y=0,1,2,\ldots \quad (12.30)$$

となり，このとき，$Y \sim \mathrm{NegBin}(r, \theta)$ と表記することにする．この場合，$\mathrm{E}[Y] = r\theta/(1-\theta)$ かつ $\mathrm{Var}[Y] = r\theta/(1-\theta)^2$ であることはよく知られている．再び $\{Y_t\}$ が応答だと考えて，次のモデルを仮定する (Zhu (2011) 参照)．

$$Y_t \mid \mathcal{F}_{t-1}^{Y,\lambda} \sim \mathrm{NegBin}(r, \theta_t), \quad \lambda_t \equiv \frac{\theta_t}{1-\theta_t} = d + a_1\lambda_{t-1} + b_1 Y_{t-1}, \quad t \geq 1 \quad (12.31)$$

ここで，パラメータ d, a_1, b_1 はすべて非負であり，λ_0, Y_0 はランダムな初期値である．上記のモデルは，θ_t のオッズ $\theta_t/(1-\theta_t)$ を，それ自身と応答の過去の値に回帰する．より一般的に

$$\lambda_t = d + \sum_{i=1}^{p} a_i \lambda_{t-i} + \sum_{j=1}^{q} b_j Y_{t-j}, \quad t \geq \max(p, q)$$

という形のモデルを考えることもできるが，ここでは説明を容易にするため，より簡

単なモデル (12.31) のままにする（より詳しくは Zhu (2011) を参照）．前と同じ記法を用いると，そのモデルから次の式が出てくることは簡単にわかる．

$$\mathrm{E}[Y_t] = \mathrm{E}\Big(\mathrm{E}\Big[Y_t \mid \mathcal{F}_{t-1}^{Y,\lambda}\Big]\Big) = r\mathrm{E}[\lambda_t]$$

したがって，定常性を仮定すると，$a_1 + rb_1 < 1$ という条件で式 (12.31) から

$$\mathrm{E}[Y_t] = r\frac{d}{1 - a_1 - rb_1}$$

を得る．モデル (12.31) の動学的構造を理解するために，モデル (12.10) の場合と同様に考察を進める．そのため，再び次のような表現を考える．

$$Y_t = r\lambda_t + (Y_t - r\lambda_t) = rd + ra_1\lambda_{t-1} + rb_1 Y_{t-1} + \epsilon_t \tag{12.32}$$

ここで，誤差項 $\{\epsilon_t\}$ は再びホワイトノイズ系列である．これは $a_1 + rb_1 < 1$ という条件を仮定すると証明できる．さらに，式 (12.32) は，観測された過程が，その過去の値と，確率の系列 $\{\theta_t\}$ の過去のオッズ (λ_{t-1}) に依存することを意味する．系列 $\{\epsilon_t\}$ がホワイトノイズであることの証明は，詳しくは以下のとおりである．

- 平均が一定：

$$\mathrm{E}[\epsilon_t] = \mathrm{E}\Big[(Y_t - r\lambda_t)\Big] = \mathrm{E}\Big[\mathrm{E}\Big(Y_t - r\lambda_t \mid \mathcal{F}_{t-1}^{Y,\lambda}\Big)\Big] = 0$$

- 分散が一定：

$$\mathrm{Var}[\epsilon_t] = \mathrm{Var}\Big[\mathrm{E}\Big(\epsilon_t \mid \mathcal{F}_{t-1}^{Y,\lambda}\Big)\Big] + \mathrm{E}\Big[\mathrm{Var}\Big(\epsilon_t \mid \mathcal{F}_{t-1}^{Y,\lambda}\Big)\Big] = r\mathrm{E}[\lambda_t(1 + \lambda_t)]$$

$$= \frac{1 - (a_1 + rb_1)^2}{1 - (a_1 + rb_1)^2 - rb_1^2}\Big(\mathrm{E}[Y_t] + \frac{\mathrm{E}^2[Y_t]}{r}\Big) \tag{12.33}$$

$\{Y_t\}$ が定常なので，以上は t と独立である．式 (12.33) の証明は章末の付録に示す．

- 無相関系列：$k > 0$ に対して，

$$\mathrm{Cov}(\epsilon_t, \epsilon_{t+k}) = \mathrm{E}[\epsilon_t \epsilon_{t+k}] = \mathrm{E}\Big[\epsilon_t \mathrm{E}\Big(\epsilon_{t+k} \mid \mathcal{F}_{t+k-1}^{Y,\lambda}\Big)\Big] = 0$$

式 (12.31) の 2 次の特性を調べるため，式 (12.12) を導出する際に用いたのと同じ技法を用いて，式 (12.32) という表現を使う．より具体的には，式 (12.32) により，過程 $\{Y_t\}$ は次のように表現できる．

$$\Big(Y_t - \frac{rd}{1 - a_1 - rb_1}\Big) = (a_1 + rb_1)\Big(Y_{t-1} - \frac{rd}{1 - a_1 - rb_1}\Big) + \epsilon_t - a_1\epsilon_{t-1} \tag{12.34}$$

これは ARMA(1,1) 過程であり，したがって $0 < (a_1 + rb_1)^2 + rb_1^2 < 1$ であるとき，$\{Y_t\}$ は 2 次定常となり，次のような自己共分散関数を持つ．

$$\text{Cov}\,[Y_t, Y_{t+h}] = \begin{cases} \dfrac{(1-(a_1+rb_1)^2+r^2b_1^2)}{1-(a_1+rb_1)^2-rb_1^2}\left(\text{E}[Y_t]+\dfrac{\text{E}^2[Y_t]}{r}\right), & h=0 \\[2ex] \dfrac{rb_1(1-a_1(a_1+rb_1))}{1-(a_1+rb_1)^2-rb_1^2}\left(\text{E}[Y_t]+\dfrac{\text{E}^2[Y_t]}{r}\right)(a_1+rb_1)^{h-1}, & h\geq 1 \end{cases}$$

明らかに,モデル (12.31) の ACF は

$$\text{Corr}\,[Y_t, Y_{t+h}] = \frac{rb_1(1-a_1(a_1+rb_1))}{1-(a_1+rb_1)^2+r^2b_1^2}(a_1+rb_1)^{h-1}, \quad h\geq 1 \tag{12.35}$$

となる(付録参照).モデル (12.31) の推定はプロファイル法を用いた最尤法に基づき,いくつかの r の値(正の整数)に対して,負の二項分布の対数尤度関数を (d, a_1, b_1) について最大化する.これらの対数尤度関数の値の中で,最大値をとるときの r の値をその推定値とし,この r に対して回帰パラメータを推定する.この方法は 2 段階法であるので,パラメータ推定量の標準誤差は,リサンプリング法によって計算しなければならない.母数 r の推定の問題は難しく,その値の解釈も難しい.この問題へのより良い対処法は,負の二項分布の確率関数 (12.30) を

$$\text{P}[Y=y] = \frac{\Gamma(y+k)}{y!\Gamma(k)}\left(\frac{k}{\lambda+k}\right)^k\left(\frac{\lambda}{\lambda+k}\right)^y, \quad y=0,1,2,\ldots$$

と定義することである.ここで $k>0$ である.これは,負の二項分布がポアソン確率変数の混合であることから簡単に導かれる.ここでは,モデル (12.31) か,もしくはそれを一般化したものに自明な修正を加えたものを用いている.

ポアソン分布の仮定を緩和するもう一つのやり方は,二重ポアソン分布である (Efron, 1986).二重ポアソン分布は二つのポアソン密度の指数的結合,すなわち

$$f(y;\lambda,\theta) = C(\lambda,\theta)\,[\text{Poisson}(\lambda)]^\theta\,[\text{Poisson}(y)]^{1-\theta}$$

である.ここで,θ は散布度 (dispersion) パラメータ,$C(\lambda,\theta)$ は正規化定数である.ここから

$$\frac{1}{C(\lambda,\theta)} \approx 1 + \frac{1-\theta}{12\theta\lambda}\left(1+\frac{1}{\theta\lambda}\right)$$

であり,二重ポアソン分布の平均と分散は,それぞれ λ と λ/θ に近似的に等しい.二重ポアソンモデルについて,平均過程をモデル化するのに,式 (12.10) のようなモデルを使うことができる.Kedem and Fokianos (2002, Section 4.6, Problem 4) や Heinen (2003) を参照されたい.負の二項分布や二重ポアソン分布を課して導出される最尤推定量の特性は,先行研究でも十分には扱われていない研究課題である.最後に,これまでの路線に沿って,他の代替的な分布を想定することもできる.例えば,ゼロ過剰 (zero-inflated) ポアソンモデル (Lambert, 1992) や切断 (truncated) ポアソンモデル (Fokianos, 2001) などの方法でデータをモデル化することができる.しかし,そうした手法で見込める利点は,それを適用する文脈によって変わる.

12.4.2 パラメータ駆動型モデル

ここまでは観測値駆動型モデルの枠組みに入るモデルを検討してきた．そう呼ばれる由縁は，平均過程 $\{\lambda_t\}$ は直接観測されなくても過去の応答の関数として明示的に表せる点にある（例えば式 (12.13) を参照）．しかし，Zeger (1988) は見方を変え，観測された過程は潜在的な（観測されない）過程によって引き起こされていると仮定することで，計数時系列の回帰モデルを導入した．より具体的には，観測されない過程 $\{\xi_t, t \geq 1\}$ を条件として，$\{Y_t, t \geq 1\}$ を次のような独立計数列だとする．

$$\mathrm{E}[Y_t \mid \xi_t] = \mathrm{Var}[Y_t \mid \xi_t] = \xi_t \exp(d + a_1 y_{t-1}) \tag{12.36}$$

この式では説明のために簡単なモデルを考えているが，応答のより高次のラグ項や共変量を含むもっと複雑なモデルを式 (12.36) に入れることもできる．$\{\xi_t\}$ が $h \geq 0$ に対して $\mathrm{E}[\xi_t] = 1$ かつ $\mathrm{Cov}[\xi_t, \xi_{t+h}] = \sigma^2 \rho_\xi(h)$ であるような定常過程だと仮定すると，次のことが証明できる．

$$\mathrm{E}[Y_t] = \mathrm{E}[\exp(d + a_1 Y_{t-1})], \quad \mathrm{Cov}(Y_t, Y_{t+h}) = \sigma^2 \mathrm{E}[Y_t] \mathrm{E}[Y_{t+h}] \rho_\xi(h)$$

以上の定式化は，ポアソン対数線形モデルに似ているが，観測されたデータが明らかに過大分散であることを示す．Zeger (1988) はすべての未知パラメータの推定を論じている．さらに，Davis et al. (2000) はモデル (12.36) を詳細に検討している．彼らは潜在確率過程（latent stochastic process）$\{\xi_t\}$ の存否の問題に対処し，それが存在するときの回帰係数の漸近分布を導出している．彼らはまた，σ^2 と自己共分散の推定量を調整することを提案している．負の二項分布回帰の文脈で，潜在過程モデル (12.36) は Davis and Wu (2009) によって拡張された．計数時系列分析のための共役事前分布を用いた状態空間法については Harvey and Fernandes (1989) を，また，多変量計数経時（longitudinal）データについては Jørgensen et al. (1999) を参照されたい．より一般的に，計数時系列の状態空間モデルについては，とりわけ West and Harrison (1997)，Durbin and Koopman (2001)，Cappé et al. (2005) などを参照されたい．

12.5 整数自己回帰モデル

整数時系列に対するモデルとして，さらに別のクラスについてここで論じる．このクラスは，間引き演算子の方法で構築される，いわゆる整数自己回帰モデルからなる．後述するように，これらのモデルは，移入のある分岐過程（branching process with immigration）の特殊な場合と見ることができる．整数 ARMA 過程の詳細な説明は，Kedem and Fokianos (2002, Chapter 5) を参照されたい．$\{Y_t\}$ は依然として応答過程を表す．

12.5.1 分岐過程

整数時系列の重要なモデルは，移入のある分岐過程（またはガルトン・ワトソン (Galton–Watson) 過程）である．その定義は

$$Y_t = \sum_{i=1}^{Y_{t-1}} X_{t,i} + I_t, \quad t = 1, \ldots \qquad (12.37)$$

である．ここで初期値 Y_0 は非負整数値確率変数であり，$\sum_1^0 \equiv 0$ と約束する．$\{X_{t,i}\}$ と $\{I_t\}$ はシステムの時間変化を駆動する源泉であり，互いに独立で，かつ Y_0 とも独立であり，それぞれが独立同一分布に従う確率変数からなっている．これは非負整数状態のマルコフ連鎖を規定する．モデル (12.37) はもともと熱力学の第 2 法則との関連で，少量に含まれた粒子の数の揺らぎを調べるために，1916 年にスモルコフスキーにより導入され適用された（Chandrasekhar (1943) を参照）．それ以来，この過程は，生物学的，社会学的，そして物理学的分岐現象に，広範に適用されてきた．例えば Kedem and Chiu (1987), Franke and Seligmann (1993), Berglund and Brännäs (2001), Böckenholt (1999), および，McKenzie (2003), Weiß (2008), Jung and Tremayne (2011) による概観を参照されたい．

Y_t は第 t 世代の人口規模，$X_{t,1}, \ldots, X_{t,Y_{t-1}}$ は第 $(t-1)$ 世代の子孫，I_t は第 t 世代への移入を表す．$\{Y_t\}$ がどのように振る舞うかに関し，子孫の分布の平均 $m = \mathrm{E}[X_{t,i}]$ が重要な役割を果たす．ここで，$m<1$, $m=1$, $m>1$ の場合をそれぞれ未臨界 (subcritical)，臨界 (critical)，超臨界 (supercritical) と呼ぶ．$\{Y_t\}$ は未臨界の場合，極限で定常分布を持つのに対し，超臨界の場合は指数的に発散する．臨界の場合，この過程は零再帰的 (null recurrent) か一時的 (transient) かのいずれかである．

この過程 (12.37) については，例えば式 (12.32) のように，有用な自己回帰表現がある．$\lambda = \mathrm{E}[I_t]$ であり，$\mathcal{F}_t$ が過去の情報 $Y_0, Y_1, Y_2, \ldots, Y_t$ により生成されるとすると，$\mathrm{E}[Y_t \mid \mathcal{F}_{t-1}] = mY_{t-1} + \lambda$ となる．したがって，$\epsilon_t \equiv Y_t - \mathrm{E}[Y_t \mid \mathcal{F}_{t-1}]$ として，確率的な式 (12.37) は以前同様，確率的な回帰モデルに変換できる．

$$Y_t = mY_{t-1} + \lambda + \epsilon_t, \quad t = 1, \ldots \qquad (12.38)$$

ノイズ過程 $\{\epsilon_t\}$ は，$\mathrm{E}[\epsilon_t] = 0$ となるような無相関の確率変数からなる．しかし，Y_{t-1} が大きくなるにつれて，$\mathrm{E}[\epsilon_t^2 \mid \mathcal{F}_{t-1}] = \mathrm{Var}[X_{t,i}]Y_{t-1} + \mathrm{Var}[I_t]$ は非有界となる．

式 (12.38) から示唆されるように，m と λ の最小 2 乗推定量は

$$\sum_{t=1}^n \epsilon_t^2 = \sum_{t=1}^n (Y_t - mY_{t-1} - \lambda)^2$$

を最小化する

$$\tilde{m} = \frac{\sum Y_t \sum Y_{t-1} - n \sum Y_t Y_{t-1}}{(\sum Y_{t-1})^2 - n \sum Y_{t-1}^2}$$

$$\tilde{\lambda} = \frac{\sum Y_{t-1} Y_t \sum Y_{t-1} - \sum Y_{t-1}^2 \sum Y_t}{(\sum Y_{t-1})^2 - n \sum Y_{t-1}^2}$$

となる．ここで，$\sum$ は $t=1$ から $t=n$ までを合計する．このとき，$\hat{m}$ は未臨界・臨界・超臨界のすべての場合に一致性を有するが，$\tilde{\lambda}$ に関しては，臨界と超臨界の場合に一致性を持たない．重み付き最小 2 乗法を使えば，推定量を改善することができる．式 (12.38) を

$$\frac{Y_t}{\sqrt{Y_{t-1}+1}} = m\sqrt{Y_{t-1}+1} + \frac{(\lambda-m)}{\sqrt{Y_{t-1}+1}} + \frac{\epsilon_t}{\sqrt{Y_{t-1}+1}} \qquad (12.39)$$

と書き換え，$\delta_t = \epsilon_t/\sqrt{Y_{t-1}+1}$ とした $\sum \delta_t^2$ を最小化することで，m と $\lambda - m$ を推定すると（Winnicki (1986) を参照），

$$\hat{m} = \frac{\sum Y_t \sum \frac{1}{Y_{t-1}+1} - n\sum \frac{Y_t}{Y_{t-1}+1}}{\sum (Y_{t-1}+1) \sum \frac{1}{Y_{t-1}+1} - n^2} \qquad (12.40)$$

$$\hat{\lambda} = \frac{\sum Y_{t-1} \sum \frac{Y_t}{Y_{t-1}+1} - \sum Y_t \sum \frac{Y_{t-1}}{Y_{t-1}+1}}{\sum (Y_{t-1}+1) \sum \frac{1}{Y_{t-1}+1} - n^2} \qquad (12.41)$$

となる．ここでも，$\sum$ は $t=1$ から $t=n$ までを合計する．すると，$0 < m < \infty$ に対し，$\hat{m} \to m$ に確率収束する．すなわち，$m > 0$ という前提で，$\hat{m}$ は未臨界・臨界・超臨界のすべての場合に一致性がある．さらに，$\hat{m}$ の極限分布は非臨界で正規分布，臨界で非正規分布となる．他方，$\hat{\lambda}$ は $m \leq 1$ のとき一致性を持つが，$m > 1$ では一致性を持たず，$m < 1$ のとき，または $m = 1$ かつ $2\lambda > \text{Var}[Y_{n,i}]$ のとき，漸近的に正規分布に従う（Wei and Winnicki, 1990; Winnicki, 1986）．

12.5.2　間引き演算子に基づくモデル

本項では，間引き演算子に基づくモデルを概観する．間引き演算子は次のように定義される（Steutel and van Harn (1979) 参照）．Y は非負整数値確率変数で，$\alpha \in [0,1]$ とする．すると，◦ で表記される間引き演算子は

$$\alpha \circ Y = \sum_{i=1}^{Y} X_i$$

と定義される．ここで，$\{X_i\}$ は，成功確率 α のベルヌーイ分布に独立同一で従う確率変数列で，Y と独立である．数列 $\{X_i\}$ は数え上げ系列（counting series）と名付けられる．確率変数 $\alpha \circ Y$ は，ベルヌーイ試行の確率変数のうちの成功数を計る．ここで，成功確率 α は試行を通じて一定である．したがって，$Y = y$ に対して，確率変数 $\alpha \circ Y$ は母数 y と α の二項分布に従う．

間引き演算子は，計数時系列をモデル化する上で極めて有用であることがわかっている．計数時系列のモデルの構築は，典型的な自己回帰モデルに基づく．掛け算の代わりに間引き演算子を用いる．McKenzie (1985, 1986, 1988), Al-Osh and Alzaid (1987), Alzaid and Al-Osh (1990), Du and Li (1991) を参照されたい．次数 1 の単純な整数自己回帰（integer autoregressive）モデル，略して INAR(1) を考えて

みよう．INAR(1) モデルは移入あり分岐過程 (12.37) の特殊な場合であるが，間引き演算あるいはその計算があるので，特に検討に値する．$a_1 \in (0,1)$ とし，$\{\epsilon_t\}$ を，$\mathrm{E}[\epsilon_t] = \mu$ かつ $\mathrm{Var}[\epsilon_t] = \sigma^2$ となるような独立同一分布に従う非負整数値確率変数列とする．1 次の整数自己回帰過程 $\{Y_t, t \geq 1\}$ の定義は

$$Y_t = a_1 \circ Y_{t-1} + \epsilon_t, \quad t \geq 1 \tag{12.42}$$

である．ここで $a_1 \circ Y_{t-1}$ は Y_{t-1} と独立な Y_{t-1} 個のベルヌーイ確率変数の総和である．$a_1 \circ Y_{t-1}$ と $a_1 \circ Y_{t-2}$ で用いられているベルヌーイ変数は互いに独立であり，他の時点間についても同様であることに注意しなくてはならない．これは Du and Li (1991) が課した仮定で，以後，整数自己回帰過程に関連した公刊物の多くで踏襲されている．明らかに，式 (12.42) は式 (12.37) の特殊な場合である．前と同じ技法（つまり，式 (12.42) に後退代入を繰り返し，間引き演算子の特性を使うこと）により，INAR(1) の平均，分散そして ACF は

$$\mathrm{E}[Y_t] = \frac{\mu}{1-a_1}, \quad \mathrm{Var}[Y_t] = \frac{a_1\mu + \sigma^2}{1-a_1^2}, \quad \mathrm{Cov}[Y_t, Y_{t+h}] = a_1^h, \quad h \geq 1 \tag{12.43}$$

となる．AR(1) モデルと同様，ACF はラグ h とともに指数的に減衰するが，定常 AR(1) 過程の自己相関と違い，$a_1 \in (0,1)$ において常に正である．さらに，適当な条件において，Y_t は離散自己分解可能分布（self-decomposable distribution）を持つことが示される．翻って，このことは，単峰性（unimodality）という特性や，$\{\epsilon_t\}$ を通して Y_t の分布が特徴付けられることを意味する．例えば，ϵ_t がポアソン分布に従うときかつそのときに限り Y_t もポアソン分布に従うことがわかる（Al-Osh and Alzaid (1987) を参照）．

INAR(1) の推定とは，未臨界の場合の移入あり分岐過程の推定のことであり，これについてはすでに論じた．それでも，ポアソン INAR(1) の推定に関するいくつかの点は興味深い．INAR(1) モデル (12.42) のパラメータ a_1 と μ の推定手順は，系列 $\{\epsilon_t\}$ がポアソン分布に従うと仮定して，Al-Osh and Alzaid (1987) で論じられている．誤差の系列 $\{\epsilon_t\}$ がポアソン分布すると仮定し，式 (12.43) を用いると，a_1 と μ （この場合は $\mu = \sigma^2$）のモーメント推定量は

$$\hat{a}_1 = \frac{\sum_{t=0}^{n-1}(Y_t - \bar{Y})(Y_{t+1} - \bar{Y})}{\sum_{t=0}^{N}(Y_t - \bar{Y})^2}, \quad \hat{\mu} = \frac{1}{n}\sum_{t=1}^{n}\hat{\epsilon}_t$$

となる．ここで $t = 1, \ldots, n$ に対して $\hat{\epsilon}_t = Y_t - \hat{a}_1 Y_{t-1}$ である．それに替えて，パラメータ a_1 と μ の条件付き最小 2 乗，すなわち残差 2 乗和

$$\sum_{t=1}^{N}(X_t - a_1 X_{t-1} - \mu)^2$$

を最小化する値を考えることもできる．結果として得られる推定量の漸近的特性は，Klimko and Nelson (1978) の古典的結果を用いて導かれる．Ispány et al. (2003)

は，$\gamma_n \to \gamma > 0$ のもとで自己回帰係数 $a_1 = a_{1n}$ が $a_{1n} = 1 - \gamma_n/n$ を満たすような INAR(1) モデルを調べている．そうした系列は極めて不安定（nearly unstable）と呼ばれる．彼らは，それを適切な意味で正規マルチンゲールにより近似できることを示し，それを使って，a_1 の条件付き最小2乗推定量が収束速度 $n^{3/2}$ で漸近的に正規分布に従うことを示している．最後に，最尤推定するにはイノベーション（ϵ_t）の分布を完全に仮定する必要があることに注意する．ポアソン分布を仮定すると，モデル (12.42) からの時系列 $Y_0, Y_1, \ldots, Y_n$ の尤度関数は

$$\left(\prod_{t=1}^{N} P_t(Y_t)\right) \frac{(\mu/(1-a_1))^{Y_0}}{Y_0!} \exp(-\mu/(1-a_1))$$

$$P_t(y) = \exp(-\mu) \sum_{i=0}^{\min(Y_t, Y_{t-1})} \frac{\mu^{y-i}}{(y-i)!} \binom{Y_{t-1}}{i} a_1^i (1-a_1)^{Y_{t-1}-i}, \quad t = 1, 2, \ldots, n$$

となる．より一般的に，p 次のモデル INAR(p) の定義は

$$Y_t = \sum_{i=1}^{p} a_i \circ Y_{t-i} + \epsilon_t \tag{12.44}$$

となる．ここで $\{\epsilon_t\}$ は，平均が μ で分散が σ^2 の独立同一分布に従う非負整数値確率変数列で，p 個のすべての間引き演算は互いに独立である．INAR(p) の存在と一般化は Latour (1997, 1998) により調べられている．これらを畳み込みに基づいて統一する研究を，Joe (1996) が提示している．式 (12.44) の定常かつエルゴード的な一意解は，もし

$$\sum_{i=1}^{p} a_i < 1 \tag{12.45}$$

ならば存在する．INAR(p) モデルの推定は，INAR(1) モデルの場合と同じものに基づく．しかし，最近の研究で Drost et al. (2009) は，INAR(p) モデルのセミパラメトリックな最尤推定の問題を検討している．言い換えると，彼らはモデルの有限次元パラメータと，残差過程の未知の累積分布を推定し，効率的な推定量を導いている．推定と予測に関するさらなる結果については，Jung and Tremayne (2006), Neal and Subba Rao (2007), Bu et al. (2008), McCabe et al. (2011) を参照されたい．

12.5.3 間引き演算子に基づいたモデルの拡張

Joe (1996) は2項間引きを一般化した次のモデルを考察している．

$$Y_t = A_t(Y_{t-1}; a) + \epsilon_t, \quad t = 1, 2, \ldots$$

ここで，$A_t(\cdot)$ は確率変換（random transformation）であり，$A_t(Y_{t-1}; a)$ と ϵ_t は独立である．この一般化された間引きに基づき，Jørgensen and Song (1998) は，周辺分布が無限分解可能指数型散布度モデル（infinitely divisible exponential dispersion model）のクラスであるような定常移動平均過程のクラスを導入した．その他の

一般化として，1次の条件付き線形自己回帰過程（conditional linear autoregressive process）

$$m(Y_{t-1}) = a_1 Y_{t-1} + \mu$$

があり，これを CLAR(1) と略記する．ここで，$m(Y_{t-1}) = \mathrm{E}[Y_t|Y_{t-1}]$ であり，a_1 と μ は実数である．CLAR(1) のクラスは，これまで提案された多くの非正規 AR(1) モデルを含み，これまでの結果を多様な形で一般化できる（Grunwald et al. (2000) を参照）．興味深いことに，$|a_1| < 1$ のとき，移入あり分岐過程 (12.37) を含む他の1次自己回帰過程と同様に，CLAR(1) モデルの ACF は a_1^h ($h = 1, 2, \ldots$) に等しい．

Doukhan et al. (2006) は非負整数値双線形過程（non-negative integer-valued bilinear process）を定義し，研究している（Latour and Truquet (2008) も参照）．これらの過程は

$$Y_t = \sum_{i=1}^{p} a_i \circ Y_{t-i} + \sum_{j=1}^{q} c_j \epsilon_{t-j} + \sum_{k=1}^{m} \sum_{l=1}^{n} b_{lk} \circ (Y_{t-k} \epsilon_{t-l}) + \epsilon_t$$

と表される．ここで，すべての間引き演算子は互いに独立で，$\{\epsilon_t\}$ は独立同一分布に従う非負整数値確率変数列である．さらに，Drost et al. (2008) は，以上のモデルの特殊形を検討している．Zheng et al. (2006, 2007) は，ランダム係数（random coefficient）整数自己回帰モデルを提案している．例えば，1次のランダム係数モデルは

$$Y_t = a_{1t} \circ Y_{t-1} + \epsilon_t$$

となる．ここで，$\{a_{1t}\}$ は，ノイズ $\{\epsilon_t\}$ とは独立の分布に独立同一で従う確率変数列である．Franke and Rao (1995) は多変量 INAR タイプのモデルを考察し，定常性の条件と，1次の多変量モデルの特性を論じている．多変量モデルの推論に関する新たな結果については，Pedeli (2011) を参照されたい．

12.5.4 再生過程モデル

Cui and Lund (2009) は，定常計数時系列に新しい単純なモデルを提案している．彼らは間引き演算子を利用せず，代わりに再生過程（renewal process）を使って，系列相関のあるベルヌーイ試行列を発生させている．このとき，独立同一分布に従うそうした過程の重ね合わせ（superposition）は，二項分布，ポアソン分布，幾何分布，その他いかなる離散周辺分布にも従う定常過程を生み出すことがわかる．明らかに，この新しい非マルコフモデルのクラスは，パラメータ節約的で，短期記憶と長期記憶の自己共分散を持つ系列を容易に発生させる．このモデルは，定常系列に対する線形予測の方法を用いて当てはめられる．

12.6 おわりに

一般に,計数時系列とは,状態空間が可算集合である確率過程を指す.これらの過程の確率的な特性はよく理解されているが(例えば Billingsley (1961) や Meyn and Tweedie (1993)),パラメトリックなモデル化が妥当性を持つために満たすべき条件が何なのかは明らかでない.特に時系列が共変量と同時に観測されるとき,あるいは時系列の振る舞いが観測されない過程によって引き起こされるときはそうである.パラメトリックな枠組みであれば,既存の統計ソフトウェアを用いて,推定,モデル評価,予測ができる.それがこの枠組みの強みであり,これまで述べてきた問題をうまく解決するには,Nelder and Wedderburn (1972) や McCullagh and Nelder (1989) による一般化線形モデル理論を用いることが推奨される.本章は,計数時系列の回帰に関連して最もよく使われるモデルを概観した.このクラスのモデルの基礎は,ポアソン回帰である.しかし,式 (12.10) のようなモデルは,負の二項分布や他の離散分布を仮定しても構築できる.このテーマに関する研究は,応用・理論ともに急速に成長している.例えば,Andersson and Karlis (2010) は,欠損データがあるときに 1 次の整数自己回帰モデルのパラメータを推定する方法を検討し,Monteiro et al. (2010) は,周期的な 1 次の整数自己回帰モデルを調べている.Fokianos and Fried (2010) は,線形モデル (12.6) に介入(intervention)概念を導入し,介入の存否の検定だけでなくその大きさの推定も論じている.多変量計数データの分析も,現在関心が寄せられている問題である.Jung et al. (2011) は,二つの産業における五つの株の取引回数を分析するために,動的因子モデル(dynamic factor model)を提案している.

付 録

式 (12.33) と式 (12.35) の証明

負の二項分布回帰モデル (12.31) では,$\mathrm{E}[Y_t] = rd/(1-a_1-rb_1)$ である.2 次定常を仮定すると

$$\sigma^2 = \mathrm{Var}[\epsilon_t] = r\mathrm{E}[\lambda_t + \lambda_t^2]$$

となる.しかし,$\mathrm{E}[\lambda_t] = \mathrm{E}[Y_t]/r$ である.したがって,$\mathrm{E}[\lambda_t^2] \equiv \mu_\lambda^{(2)}$ を計算する必要がある.式 (12.31) の状態方程式より

$$\begin{aligned}
\mu_\lambda^{(2)} &= \mathrm{E}\left[d + a_1\lambda_{t-1} + b_1 Y_{t-1}\right]^2 \\
&= \mathrm{E}\left[d + (a_1 + rb_1)\lambda_{t-1} + b_1(Y_{t-1} - r\lambda_{t-1})\right]^2 \\
&= d^2 + (a_1 + rb_1)^2 \mu_\lambda^{(2)} + b_1^2 \sigma^2 + 2d(a_1 + rb_1)\mathrm{E}[\lambda_t]
\end{aligned}$$

$$= \left((a_1 + rb_1)^2 + rb_1^2\right)\mu_\lambda^{(2)} + d^2 + \left(rb_1^2 + 2d(a_1 + rb_1)\right)\mathrm{E}[\lambda_t]$$

となり，したがって

$$\mu_\lambda^{(2)} = \frac{d^2 + \left(rb_1^2 + 2d(a_1 + rb_1)\right)\mathrm{E}[\lambda_t]}{1 - (a_1 + rb_1)^2 - rb_1^2}$$

を得る．これを σ^2 の定義に代入すると，$d = (1 - a_1 - rb_1)\mathrm{E}[\lambda_t]$ より，式 (12.33) が得られる．式 (12.35) は式 (12.34) と ACF のよく知られた結果を用いて証明される．

謝辞

本章の一部は，著者が Cergy-Pontoise 大学数学部に滞在している期間に執筆された．P. Doukhan と G. Lang の厚意に大いに感謝する．V. Christou, M. Neumann, B. Kedem, S. Kitromilidou および匿名の査読者には，表現を改善する示唆を受けたことに特に感謝する．

(Konstantinos Fokianos／福元健太郎)

文　　　献

Agresti, A., 2002. Categorical Data Analysis, second ed. John Wiley & Sons, New York.

Al-Osh, M.A., Alzaid, A.A., 1987. First-order integer-valued autoregressive (INAR(1)) process. J. Time Ser. Anal. 8, 261–275.

Alzaid, A.A., Al-Osh, M., 1990. An integer-valued pth-order autoregressive structure (INAR(p)) process. J. Appl. Probab. 27, 314–324.

Andersson, J., Karlis, D., 2010. Treating missing values in INAR(1) models: an application to syndromic surveillance data. J. Time Ser. Anal. 31, 12–19.

Benjamin, M.A., Rigby, R.A., Stasinopoulos, D.M., 2003. Generalized autoregressive moving average models. J. Am. Stat. Assoc. 98, 214–223.

Berglund, E., Brännäs, K., 2001. Plant's entry and exit in Swedish municipalities. Ann. Reg. Sci. 35, 431–448.

Berkes, I., Horváth, L., Kokoszka, P., 2003. GARCH processes: structure and estimation. Bernoulli 9, 201–227.

Billingsley, P., 1961. Statistical Inference for Markov Processes. Univ. Chicago Press, Chicago.

Böckenholt, U., 1999. Analyzing multiple emotions over time by autoregressive negative multinomial regression models. J. Am. Stat. Assoc. 94, 757–765.

Bollerslev, T., 1986. Generalized autoregressive conditional heteroskedasticity. J. Econom. 31, 307–327.

Brockwell, P.J., Davis, R.A., 1991. Time Series: Data Analysis and Theory, second ed. Springer, New York.

Brumback, B.A., Ryan, L.M., Schwartz, J.D., Neas, L.M., Stark, P.C., Burge, H.A., 2000. Transitional regression models with application to environmental time series. J. Am. Stat Assoc. 85, 16–27.

Bu, R., McCabe, B., Hadri, K., 2008. Maximum likelihood estimation of higher–order integer-valued autoregressive process. J. Time Ser. Anal. 6, 973–994.

Cappé, O., Moulines, E., Rydén, T., 2005. Inference in Hidden Markov Models. Springer, New York.

Chandrasekhar, S., 1943. Stochastic problems in physics and astronomy. Rev. Mod. Phys. 15, 1–89.

Cox, D.R., 1981. Statistical analysis of time series: some recent developments. Scand. J. Stat. 8, 93–115.

Creal, D., Koopman, S.J., Lucas, A., 2008. A general framework for observation driven time-varying parameter models. Technical Report TI 2008–108/4, Tinbergen Institute.

Cui, Y., Lund, R., 2009. A new look at time series of counts. Biometrika 96, 781–792.

Davis, R., Wu, R., 2009. A negative binomial model for time series of counts. Biometrika 96, 735–749.

Davis, R.A., Dunsmuir, W.T.M., Streett, S.B., 2003. Observation-driven models for Poisson counts. Biometrika 90, 777–790.

Davis, R.A., Dunsmuir, W.T.M., Streett, S.B., 2005. Maximum likelihood estimation for an observation driven model for Poisson counts. Methodol. Comput. Appl. Probab. 7, 149–159.

Davis, R.A., Dunsmuir, W.T.M., Wang, Y., 2000. On autocorrelation in a Poisson regression model. Biometrika 87, 491–505.

Davis, R.A., Wang, Y., Dunsmuir, W.T.M., 1999. Modelling time series of count data. In: Ghosh, S. (Ed.), Asymptotics, Nonparametric & Time Series. Marcel Dekker, New York, pp. 63–304.

Dedecker, J., Doukhan, P., Lang, G., León, R.J.R., Louhichi, S., Prieur, C., 2007. Weak dependence: with examples and applications, Volume 190 of Lecture Notes in Statistics. Springer, New York.

Doukhan, P., Louhichi, S., 1999. A new weak dependence condition and applications to moment inequalities. Stoch. Processes Appl. 84, 313–342.

Doukhan, P., Latour, A., Oraichi, D., 2006. A simple integer-valued bilinear time series model. Adv. Appl. Probab. 38, 559–578.

Drost, F. C., van den Akker, R., Werker, B.J.M., 2008. A note on integer-valued bilinear time series models. Stat. Probab. Lett. 78, 992–996.

Drost, F.C., van den Akker, R., Werker, B.J.M., 2009. Efficient estimation of autoregression parameters and innovation distributions for semiparametric integer-valued AR(p) models. J. R. Stat. Soc. Series B 71, 467–485.

Du, J.G., Li, Y., 1991. The integer-valued autoregressive INAR(p) model. J. Time Ser. Anal. 12, 129–142.

Durbin, J., Koopman, S.J., 2001. Time Series Analysis by State Space Methods. Oxford University Press, Oxford.

Efron, B., 1986. Double exponential families and their use in generalized linear regression. J. Am. Stat. Assoc. 81, 709–721.

Engle, R.F., 1982. Autoregressive conditional heteroscedasticity with estimates of the variance of United Kingdom inflation. Econometrica 50, 987–1007.

Fan, J., Yao, Q., 2003. Nonlinear Time Series. Springer-Verlag, New York.

Ferland, R., Latour, A., Oraichi, D., 2006. Integer-valued GARCH processes. J. Time Ser. Anal. 27, 923–942.

Fokianos, K., 2001. Truncated Poisson regression for time series of counts. Scand. J. Stat. 28, 645–659.

Fokianos, K., Fried, R., 2010. Intereventions in INGARCH processess. J. Time Ser. Anal. 31, 210–225.
Fokianos, K., Kedem, B., 2004. Partial likelihood inference for time series following generalized linear models. J. Time Ser. Anal, 25, 173–197.
Fokianos, K., Tjøstheim, D., 2012. Nonlinear Poisson autoregression. To appear in Ann. Inst. Stat. Math.
Fokianos, K., Tjøstheim, D., 2011. Log–linear Poisson autoregression. J. Multivar. Anal. 102, 563–578.
Fokianos, K., Rahbek, A., Tjøstheim, D., 2009. Poisson autoregression. J. Am. Stat. Assoc. 104, 1430–1439.
Franke, J., 2010. Weak dependence of functional INGARCH processes. unpublished manuscript.
Franke, J., Rao, T.S., 1995. Multivariate first-order integer values autoregressions. Technical report, Department of Mathematics, UMIST.
Franke, J., Seligmann, T., 1993. Conditional maximum likelihood estimates for (INAR(1)) processes and their application to modeling epileptic seizure counts. In: Rao, T.S. (Ed.), Developments in Time Series Analysis. Chapman & Hall, London, pp. 310–330.
Grunwald, G.K., Hyndman, R.J., Tedesco, L., Tweedie, R.L., 2000. Non-Gaussian conditional linear AR(1) models. Aust. N. Z. J. Stat. 42, 479–495.
Haggan, V., Ozaki, T., 1981. Modelling nonlinear random vibrations using an amplitude-dependent autoregressive time series model. Biometrika 68, 189–196.
Harvey, A.C., Fernandes, C., 1989. Time series models for count or qualitative observations. J. Bus. Econ. Stat. 7, 407–422. with discussion.
Heinen, A., 2003. Modelling time series count data: An autoregressive conditional poisson model. Technical Report MPRA Paper 8113, University Library of Munich, Germany. available at http://mpra.ub.uni-muenchen.de/8113/.
Heyde, C.C., 1997. Quasi-Likelihood and its Applications: A General Approach to Optimal Parameter Estimation. Springer, New York.
Ispány, M., Pap, G., van Zuijlen, M.C.A., 2003. Asymptotic inference for nearly unstable INAR(1) models. J. Appl. Probab. 40, 750–765.
Joe, H., 1996. Time series models with univariate margins in the convolution–closed infinitely divisible class. J. Appl. Probab. 33, 664–677.
Jørgensen, B., Song, P.X., 1998. Stationary time series models with exponential dispersion model margins. Appl. Probab. 35, 78–92.
Jørgensen, B., Lundbye-Christensen, S., Song, P. X.-K., Sun, L., 1999. A state space model for multivariate longitudinal count data. Biometrika 86, 169–181.
Jung, R., Liesenfeld, R., Jean-François, R., 2011. Dynamic factor models for multivariate count data: an application to stock–market trading activity. J. Bus. Econ. Stat. 29, 73–85.
Jung, R.C., Tremayne, A.R., 2006. Coherent forecasting in integer time series models. Int. J. Forecast. 22, 223–238.
Jung, R.C., Tremayne, A.R., 2011. Useful models for time series of counts or simply wrong ones? AStA Adv. Stat. Anal. 95, 59–91.
Jung, R.C., Kukuk, M., Liesenfeld, R., 2006. Time series of count data: modeling, estimation and diagnostics. Comput. Stat. Data Anal. 51, 2350–2364.
Kedem, B., Chiu, L.S., 1987. On the lognormality of rain rate. Proc. Natl. Acad. Sci. U.S.A. 84, 901–905.
Kedem, B., Fokianos, K., 2002. Regression Models for Time Series Analysis. Wiley, Hoboken, NJ.

Klimko, L.A., Nelson, P.I., 1978. On conditional least squares estimation for stochastic processes. Ann. Stat. 6, 629–642.

Lambert, D., 1992. Zero-inflated Poisson regression with an application to defects is manufacturing. Technometrics 34, 1–14.

Latour, A., 1997. The multivariate GINAR(p) process. Adv. Appl. Probab. 29, 228–248.

Latour, A., 1998. Existence and stochastic structure of a non-negative integer-valued autoregressive process. J. Time Ser. Anal. 19, 439–455.

Latour, A., Truquet L., 2008. An integer-valued bilinear type model. available at http://hal.archives-ouvertes.fr/hal-00373409/fr/.

Li, W.K., 1994. Time series models based on generalized linear models: some further results. Biometrics 50, 506–511.

MacDonald, I.L., Zucchini, W., 1997. Hidden Markov and Other Models for Discrete-valued Time Series. Chapman & Hall, London.

McCabe, B.P., Martin, G.M., Harris, D., 2011. Efficient probabilistic forecasts for counts. J. R. Stat. Soc. Ser. B 73, 253–272.

McCullagh, P., Nelder, J.A., 1989. Generalized Linear Models, second ed. Chapman & Hall, London.

McKenzie, E., 1985. Some simple models for discrete variate time series. Water Resour. Bull. 21, 645–650.

McKenzie, E., 1986. Autoregressive moving-average processes with negative-binomial and geometric marginal distributions. Adv. Appl. Probab. 18, 679–705.

McKenzie, E., 1988. Some ARMA models for dependent sequences of Poisson counts. Adv. Appl. Probab. 20, 822–835.

McKenzie, E., 2003. Discrete variate time series. In: Stochastic Processes: Modelling and Simulation, Volume 21 of Handbook of Statistics. Amsterdam, North-Holland, pp. 573–606.

Meyn, S.P., Tweedie, R.L., 1993. Markov Chains and Stochastic Stability. Springer, London.

Monteiro, M., Scotto, M.G., Pereira, I., 2010. Integer-valued autoregressive processes with periodic structure. J. Stat. Plan. Inference 140, 1529–1541.

Neal, P., Subba Rao, T., 2007. MCMC for integer-valued ARMA processes. J. Time Ser. Anal. 28, 92–100.

Nelder, J.A., Wedderburn, R.W.M., 1972. Generalized linear models. J. R. Stat. Soc. Ser. A 135, 370–384.

Neumann, M., 2011. Absolute regularity and ergodicity of Poisson count processes. Bernoulli, 17, 1268–1284.

Pedeli, X., 2011. Modelling multivariate time series for count data. Ph. D. thesis, Athens University of Economics and Business, Greece.

Priestley, M.B., 1981. Spectral Analysis and Time Series. Academic Press, London.

Rydberg, T.H., Shephard, N., 2000. A modeling framework for the prices and times of trades on the New York stock exchange. In: Fitzgerlad, W.J., Smith, R.L., Walden, A.T., Young, P.C. (Eds.), Nonlinear and Nonstationary Signal Processing. Isaac Newton Institute and Cambridge University Press, Cambridge, pp. 217–246.

Shumway, R.H., Stoffer, D.S., 2006. Time Series Analysis and its Applications, second ed. Springer, New York. With R examples.

Steutel, F.W., van Harn, K., 1979. Discrete analogues of self-decomposability and stability. Ann. Probab. 7, 893–899.

Streett, S., 2000. Some observation driven models for time series of counts. Ph. D. thesis, Colorado State University, Department of Statistics.

Teräsvirta, T., Tjøstheim, D., Granger, C.W.J., 2010. Modelling Nonlinear Economic Time Series. Oxford University Press, Oxford.
Tong, H., 1990. Nonlinear Time Series: A Dynamical System Approach. Oxford University Press, New York.
Wei, C.Z., Winnicki, J., 1990. Estimation of the means in the branching process with immigration. Ann. Stat. 18, 1757–1773.
Weiß, C.H., 2008. Thinning operations for modeling time series of counts–a survey. AStA Adv. Stat. Anal. 92, 319–341.
Weiß, C.H., 2010. INARCH(1) process: Higher-order moments and jumps. Stat. Probab. Lett. 80, 1771–1780.
West, M., Harrison, P., 1997. Bayesian Forecasting and Dynamic Models, second ed. Springer, New York.
Winnicki, J., 1986. A useful estimation theory for the branching process with immigration. Ph. D. thesis, University of Maryland, College Park, MD, USA.
Wong, W.H., 1986. Theory of partial likelihood. Ann. Stat. 14, 88–123.
Woodard, D.W., Matteson, D.S., Henderson, S.G., 2011. Stationarity of count-valued and nonlinear time series models. Electron. J. Stat. 5, 800–828.
Zeger, S.L., 1988. A regression model for time series of counts. Biometrika 75, 621–629.
Zeger, S.L., Qaqish, B., 1988. Markov regression models for time series: a quasi-likelihood approach. Biometrics 44, 1019–1031.
Zheng, H., Basawa, I.V., Datta, S., 2006. Inference for the pth-order random coefficient integer-valued process. J. Time Ser. Anal. 27, 411–440.
Zheng, H., Basawa, I.V., Datta, S., 2007. First-order random coefficient integer-valued autoregressive processes. J. Stat. Plan. Inference 137, 212–229.
Zhu, F., 2011. A negative binomial integer-valued GARCH model. J. Time Ser. Anal. 32, 54–67.
Zhu, R., Joe, H., 2006. Modelling count data time series with Markov processes based on binomial thinning. J. Time Ser. Anal. 27, 725–738.
Zhu, F., Wang, D., 2010. Diagnostic checking integer-valued ARCH(p) models using conditional residual autocorrelations. Comput. Stat. Data Anal. 54, 496–508.

Part VI
Nonstationary Time Series

非定常時系列

CHAPTER 13

Locally Stationary Processes

局所定常過程

概要 本章では局所定常過程の概観を与える．初めに，時変係数の自己回帰過程について詳しく述べる．これは奥深い例であるとともに，局所定常過程の重要なクラスでもある．13.3 節では，有限次元の時変パラメータを持つ時系列の一般的な枠組みについて，特に，非線形局所定常過程に重点を置いて述べる．次に，より一般的な理論が可能となる線形過程に焦点を合わせる．初めに，線形過程についての一般的な定義を与え，時変スペクトル密度について詳しく述べる．次に，局所定常過程についての正規尤度の理論を紹介する．13.6 節では，局所定常時系列についての経験スペクトル過程の適切性について述べる．経験スペクトル過程は，理論的結果を証明する上で主要な役割を演じ，多くの手法について，より深い理解を与える．最後に，局所定常過程についてのその他の結果の概観を与えて締めくくる．

キーワード 局所定常過程，時変パラメータ，局所尤度，微分過程，時変自己回帰過程，形状曲線，経験スペクトル過程，時変スペクトル密度

13.1 はじめに

定常性は，時系列解析において数十年にわたって主要な役割を演じてきた．定常過程については，多種多様なモデルと，ブートストラップ法やスペクトル密度に基づく方法などの強力な方法が存在する．さらに，エルゴード定理や種々の中心極限定理といった，重要な数学的な道具も揃っている．例えば，正規過程についての尤度理論が発展していることが挙げられる．

ここ数年の間に，焦点が非定常時系列に向けられるようになってきた．このとき，状況はより困難になる．まず，定常時系列から非定常時系列への自然な一般化というものは存在しない．次に，非定常過程についての意味のある漸近量をどのように規定すればよいかは，多くの場合，明らかでない．例外は，時間不変な生成メカニズムによって生成される非定常モデル，例えば和分モデルや共和分モデルである．これらのモデルは，近年多くの関心を集めている．一般の非定常過程について，非定常過程の将来の観測は，現在の過程の確率構造についての情報を，少しも含まないかもしれないので，従来の漸近的な考察は，しばしば非定常の考え方に矛盾する．この理由のた

めに，局所定常過程の理論は，ノンパラメトリック統計量に起因するインフィル漸近量（infill asymptotics）に基づく．

結果として，そのような過程についての統計手法の理論的扱い方において，一致性，漸近正規性，有効性，LAN 展開，テイラー展開における高次項の無視など，価値のある漸近的概念を利用することができる．このことは，もとの縮尺されない場合についても，異なる推定量の比較，推定量の分布の近似，バンド幅選択といった，いくつかの有意義な結果を導く（詳細な例については，注釈 2 を参照）．

このインフィル漸近量によって記述されるタイプの過程は，それぞれの時点では局所的に定常過程に近いが，時間が進むに従って，それらの特性（共分散やパラメータなど）が一定の傾向を伴わずに緩やかに変化する過程である．そのような過程の最も単純な例は，パラメータが時間とともに変化する AR(p) 過程であろう．インフィル漸近量の手法は，時間が単位区間に縮尺されることを意味する．これに関しては，次節で時変 AR 過程について詳しく説明する．その他の例として GARCH 過程があり，近年，幾人かの著者によって調査された．13.3 節を参照されたい．

局所的に，近似的に定常過程を持つという考え方は，Priestley (1965) のエボリューショナリースペクトルを持つ過程の理論の出発点でもあった（特に，Priestley (1988), Granger and Hatanaka (1964), Tjøstheim (1976), Mélard and Herteleer-de-Schutter (1989) も参照）．Priestley は時変スペクトル表現

$$X_t = \int_{-\pi}^{\pi} \exp(i\lambda t) \tilde{A}_t(\lambda) \, d\xi(\lambda), \quad t \in \mathbf{Z}$$

を持つ過程を考えた．ここで，$\xi(\lambda)$ は直交増分過程であり，$\tilde{A}_t(\lambda)$ は時変トランスファ関数である（Priestley は，主に連続時間過程に目を向けていたが，理論は同様である）．このような手法内においても，漸近的な考察（例えば，局所共分散推定量の有効性の判断）は不可能であるか，または，応用上の観点から意味がない．上述したインフィル漸近量を用いることは，この場合には，基本的には，$\tilde{A}_t(\lambda)$ をある関数 $A(t/T, \lambda)$ で置き換えることを意味する（式 (13.78) を参照）．

上で引用したエボリューショナリースペクトルを持つ過程についての研究以外に，本章で述べるインフィル漸近量を用いない，時変パラメータを持つ過程に関する研究もなされてきた（特に，Subba Rao (1970), Hallin (1986) を参照）．さらに，時変パラメータを持つ過程についての推論に関する論文も，主に工学分野の論文にいくつかある（特に，Grenier (1983), Kayhan et al. (1994) を参照）．

本章は以下のように構成される．13.2 節では，奥深い例と局所定常過程の重要なクラスとして，時変自己回帰過程から始める．そこでは，後の段階でより一般的に扱う，多くの原理や問題に注目する．13.3 節では，有限次元の時変パラメータを持つ時系列のより一般的な枠組みを紹介し，ノンパラメトリックな推論がどのようになされ，理論的に扱われるかを示す．さらに，導出において重要な役割を演じる微分過程を紹介する．結果は，特に，時変パラメータを持つ GARCH 過程といった非線形過程を含む．

もし，線形過程，あるいはさらに正規過程に制限するならば，より一般的な理論が可能となる．それらはその後の節で展開される．13.4 節では，線形過程の一般的な定義を与え，時変スペクトル密度について詳しく述べる．13.5 節は，局所定常過程についての正規尤度理論を含む．13.6 節では，局所定常時系列の経験スペクトル過程の適切性について述べる．経験スペクトル過程は，理論的な結果を証明する上で重要な役割を演じ，多くの手法についてのより深い理解を与える．

13.2　時変自己回帰過程——奥深い例

本節では，時変自己回帰過程について詳細に述べる．特に，後の段階でより一般的な設定で扱う多くの原理や問題に注目する．時変 AR(1) 過程

$$X_t + \alpha_t X_{t-1} = \sigma_t \varepsilon_t, \quad \varepsilon_t \text{ i.i.d. } \mathcal{N}(0,1) \tag{13.1}$$

を考える．ここで，インフィル漸近量を適用する．つまり，パラメータ曲線 α_t と σ_t を単位区間に縮尺する．このことは，それらを $\alpha(\frac{t}{T})$ と $\sigma(\frac{t}{T})$ で置き換えることを意味する．ここで，$\alpha(\cdot): [0,1] \to (-1,1)$ と $\sigma(\cdot): [0,1] \to (0,\infty)$ は曲線であり，後述の式 (13.2) で与えられる一般の AR(p) の場合の定義を導く．形式的には，これにより，X_t を観測の三角配列 $(X_{t,T}; t=1,\ldots,T; T \in \mathbb{N})$ で置き換えることになる．ここで，T は標本の大きさである．

再び，縮尺する理由について述べる．パラメトリックモデル $\alpha_{\theta,t} := b + ct + dt^2$ を縮尺されないモデル (13.1) に適合することを考える．ここで，$t = 1, \ldots, T$ について観測すると仮定する．パラメータについての異なる推定量を容易に構成することができる（例えば，最小2乗推定量，最尤推定量，モーメント推定量など）が，それらの推定量の有限標本の性質を導くことは，ほとんど不可能に近い．一方で，これらの推定量の比較について，古典的な縮尺されない状況での漸近的考察は，意味をなさない．なぜならば，$t \to \infty$ のとき，$\alpha_{\theta,t} \to \infty$ でもあるが，一方で，例えば $|\alpha_t|$ は観測線分内で1より小さいであろう．つまり，得られる漸近的な結果は，データの観測列について適切性がない．上で述べたように，α_t と σ_t を単位区間に縮尺することによって，これらの問題を克服することができる．T が無限大に近づくにつれて，それぞれの局所的な構造について，より多くの観測が利用可能になり，非定常過程について，一致性，漸近正規性，有効性，LAN 展開などといった，強力な道具を保持することを可能にする，統計手法の有意義な漸近的な解析についての，理にかなった枠組みを得ることができる．例えば，この枠組みにおいて得られる推定量の漸近正規性の結果は，標本数が有限な状況で推定量の分布を近似するのに用いられるだろう．定常過程についての古典的な漸近量は，このインフィル漸近量のすべてのパラメータ曲線を定数とした，特別な場合として現れることに注意することが重要である．

残念ながら，インフィル漸近量は，$T \to \infty$ のときの過程の物理的な振る舞いを記

述しない．このことは，時系列解析においては見慣れないかもしれないが，統計学の他の分野では，長年にわたってよくあることであった．すべての統計手法や手順は，縮尺された過程ともとの縮尺されない過程の間で，同じままであるか，あるいは容易に変換できることに注意しよう．どのように縮尺された場合の結果が，縮尺されない場合に変換するかのより複雑な例は，注釈 2 で与える．

したがって，以下では

$$X_{t,T} + \sum_{j=1}^{p} \alpha_j\left(\frac{t}{T}\right) X_{t-j,T} = \sigma\left(\frac{t}{T}\right)\varepsilon_t, \quad t \in \mathbf{Z} \qquad (13.2)$$

で定義される時変自己回帰(tvAR(p)) 過程について考える．ここで，ε_t は独立な確率変数列であり，平均 0，分散 1 である．$u<0$ について $\sigma(u) = \sigma(0)$，$\alpha_j(u) = \alpha_j(0)$ であり，$u>1$ について $\sigma(u) = \sigma(1)$，$\alpha_j(u) = \alpha_j(1)$ であると仮定する．加えて，通常は $\sigma(\cdot)$ と $\alpha_j(\cdot)$ に，ある滑らかさに関する条件を仮定する．さらに，式 (13.2) で $X_{t-j,T}$ を $X_{t-j,T} - \mu(t-j/T)$ で置き換えることによって，時変平均を含めるかもしれない（13.7.6 項を参照）．

固定した時点 $u_0 = t_0/n$ のある近傍において，過程 $X_{t,T}$ は，

$$\tilde{X}_t(u_0) + \sum_{j=1}^{p} \alpha_j(u_0)\,\tilde{X}_{t-j}(u_0) = \sigma(u_0)\varepsilon_t, \quad t \in \mathbf{Z} \qquad (13.3)$$

で定義される定常過程 $\tilde{X}_t(u_0)$ で近似できる．適切な正則条件のもとで

$$\left|X_{t,T} - \tilde{X}_t(u_0)\right| = O_p\left(\left|\frac{t}{T} - u_0\right| + \frac{1}{T}\right) \qquad (13.4)$$

を示すことができ（13.3 節を参照），このことが，"局所定常過程" という表記の根拠となる．$X_{t,T}$ は，局所的に $\tilde{X}_t(u)$ のスペクトル密度と等しい，唯一の時変スペクトル密度，すなわち

$$f(u,\lambda) := \frac{\sigma^2(u)}{2\pi}\left|1 + \sum_{j=1}^{p}\alpha_j(u)\exp(-ij\lambda)\right|^{-2} \qquad (13.5)$$

を持つ（例 7 を参照）．さらに，$\mathrm{cov}(X_{[uT],T}, X_{[uT]+k,T}) = c(u,k) + O(T^{-1})$ が，u と k に関して一様に成り立つ（式 (13.73) を参照）ので，局所的に，ある意味で等しい自己共分散

$$c(u,j) := \int_{-\pi}^{\pi} e^{ij\lambda} f(u,\lambda)d\lambda, \quad j \in \mathbf{Z}$$

を持つ．このことが，$c(u,k)$ を時刻 $u = t/T$ における $X_{t,T}$ の局所共分散関数と呼ぶ根拠となる．

例として，tvAR(2) 過程の $T = 128$ の観測値を図 13.1 に示す．ここで，平均は 0 であり，パラメータは $\sigma(u) \equiv 1$，$\alpha_1(u) \equiv -1.8\cos(1.5 - \cos 4\pi u)$，$\alpha_2(u) = 0.81$，また ε_t は正規イノベーションである．パラメータは，固定した u について，特性多項式の複素根が $\frac{1}{0.9}\exp[\pm i(1.5-\cos 4\pi u)]$ となるように選ばれている．つまり，そ

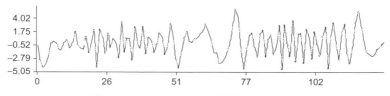

図 13.1 tvAR(2) モデルの実現値 ($T = 128$).

れらは単位円に近く，位相が u に関して周期的に変動する．これらの根から期待されるように，観測値は周期的な振る舞いを示し，周期の長さが時間変化する．図 13.2 の左図は，過程の真の時変スペクトルを示している．明らかに，ピークの位置も時間変化していることがわかる（周波数 $1.5 - \cos 4\pi u$ に位置している）．

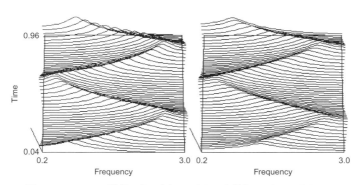

図 13.2 tvAR(2) 過程の真の時変スペクトルと推定されたスペクトル．

13.2.1　線分上の定常法による局所推定

局所定常過程のほとんどすべての場合に働くアドホックな方法は，線分上の定常法により推論を行うことである．適度に短い線分 $\{t: |t/T - u_0| \le b/2\}$ において，過程 $X_{t,T}$ がほとんど定常であるという考え方である．興味のあるパラメータ（または，相関やスペクトル密度など）は，ある古典的な方法で推定されて，得られた推定値は，線分の中点 u_0 に割り当てられる．線分をシフトしていくことによって，最終的には，未知のパラメータ曲線（時変相関，時変スペクトル密度など）の推定量が導かれる．区間の端にあるデータよりも，区間の中央にあるデータにより大きな重みを与えることで，この方法の重要な修正版が得られる．これは，線分上のデータテーパー（data taper）やカーネル型推定量を用いることで，しばしば達成することができる．

（$\tilde{X}_t(u_0)$ の代わりに）過程 $X_{t,T}$ からの観測値を用いるため，この手法は，線分上での過程の非定常性の度合いに依存したバイアスを生ずる．このバイアスを評価し，線分の最適な長さを選択するための式を導くのに用いることができる．このことを実証するため

に，いま AR 係数関数を，線分上の古典的なユール・ウォーカー推定量によって推定することを考える．近似過程 $\tilde{X}_t(u_0)$ は定常であるから，式 (13.3) からユール・ウォーカー方程式は，時刻 u_0 で局所的に成り立つ．つまり，$\boldsymbol{\alpha}(u_0) := \bigl(\alpha_1(u_0),\ldots,\alpha_p(u_0)\bigr)'$ について

$$\boldsymbol{\alpha}(u_0) = -R(u_0)^{-1}\, r(u_0), \quad \sigma^2(u_0) = c(u_0,0) + \boldsymbol{\alpha}(u_0)'\, r(u_0) \tag{13.6}$$

を得る．ここで，$r(u_0) := \bigl(c(u_0,1),\ldots,c(u_0,p)\bigr)'$, $R(u_0) := \{c(u_0,i-j)\}_{i,j=1,\ldots,p}$ である．

$\boldsymbol{\alpha}(u_0)$ を推定するために，（もとの時刻の）線分 $[u_0 T] - N/2 + 1, \ldots, [u_0 T] + N/2$, または（バンド幅 $b_T := N/T$ の縮尺された時刻の）線分 $[u_0 - b_T/2, u_0 + b_T/2]$ 上の古典的なユール・ウォーカー推定量を用いる．つまり

$$\hat{\boldsymbol{\alpha}}_T(u_0) = -\hat{R}_T(u_0)^{-1}\, \hat{r}_T(u_0), \quad \hat{\sigma}_T^2(u_0) = \hat{c}_T(u_0,0) + \hat{\boldsymbol{\alpha}}_T(u_0)'\, \hat{r}_T(u_0) \tag{13.7}$$

を得る．ここで，$\hat{r}_T(u_0) := (\hat{c}_T(u_0,1),\ldots,\hat{c}_T(u_0,p))'$, $\hat{R}_T(u_0) := \{\hat{c}_T(u_0,i-j)\}_{i,j=1,\ldots,p}$ であり，$\hat{c}_T(u_0,j)$ はある共分散推定量である．

この推定量の性質について述べる前に，まず，いくつかの共分散推定量とそれらの性質について述べる．

13.2.2 局所共分散推定量

線分 $[u_0 T] - N/2 + 1, \ldots, [u_0 T] + N/2$ 上のデータテーパーを用いた共分散推定量は，

$$\hat{c}_T(u_0,k) := \frac{1}{H_N} \sum_{\substack{s,t=1 \\ s-t=k}}^{N} h\left(\frac{s}{N}\right) h\left(\frac{t}{N}\right) X_{[u_0 T]-\frac{N}{2}+s,T}\, X_{[u_0 T]-\frac{N}{2}+t,T} \tag{13.8}$$

で与えられる．ここで，$h : [0,1] \to \mathbf{R}$ は $h(x) = h(1-x)$ のデータテーパーであり，$H_N := \sum_{j=0}^{N-1} h^2\bigl(\frac{j}{N}\bigr) \sim N \int_0^1 h^2(x)\, dx$ は正規化因子である．データテーパーは通常 $x = 1/2$ で最大であり，ゆっくりと減衰して，端で 0 となる．$h(x) = \chi_{(0,1]}(x)$ とすると，テーパーしない古典的な共分散推定量を得る．

漸近的に同等なもの（また，ある意味でより直観的な推定量）として，カーネル推定量

$$\tilde{c}_T(u_0,k) := \frac{1}{b_T T} \sum_t K\left(\frac{u_0 - (t+k/2)/T}{b_T}\right) X_{t,T} X_{t+k,T} \tag{13.9}$$

がある．ここで，$K : \mathbf{R} \to [0,\infty)$ はカーネルで，$K(x) = K(-x)$, $\int K(x)\, dx = 1$ であり，$x \notin [-1/2, 1/2]$ のとき $K(x) = 0$ を満たす．また，b_T はバンド幅である．さらに，同等なものは $i - j = k$ とした

$$\tilde{\tilde{c}}_T(u_0,i,j) := \frac{1}{b_T T} \sum_t K\left(\frac{u_0 - t/T}{b_T}\right) X_{t-i,T} X_{t-j,T} \tag{13.10}$$

であり，最小2乗回帰において現れる（後出の例1 (i) を参照）．$K(x) = h(x)^2$ であるとき，三つの推定量はすべて，同じ漸近バイアス，同じ漸近分散，同じ漸近平均2乗誤差を導くという意味で同等である．明白にするために，いくつかの注意を並べる．

1. 古典的な線分上の定常法は，この場合，データテーパーしない推定量であり，矩形カーネルのカーネル推定量と同じである．
2. （下で証明するように）より良い推定量に改良する初めのステップは，線分上の $X_{t,T}$ の非定常性により良く対処するために，観測領域の中央により高い重みを置き，端により低い重みを置くことである．このことは，漸近的に同等である，カーネル推定量かデータテーパーを用いることにより，容易に達成することができる．これは，局所共分散推定や局所ユール・ウォーカー推定において直接的であり，通常その他の推定問題にも応用することができる．
3. データテーパーは，定常時系列にも用いられてきた（特に，スペクトル推定に用いられるが，ユール・ウォーカー推定や共分散推定にも用いられて，低いバイアスの正定値自己共分散を与える）．したがって，線分推定について，データテーパーを用いる理由は重なっている．すなわち，線分上の非定常性によるバイアスを減少させることと，定常法としての手法の（古典的な）バイアスを減少させることである．

いま，上の推定量の平均2乗誤差を確かめる．さらに，最適な線分の長さ N を確かめて，もとの推定量より重み付け推定量のほうが良いことを示す．

定理1 $X_{t,T}$ は平均 0 の局所定常であるとする．適切な正則条件（特に，$c(\cdot, k)$ の2次の滑らかさ）のもとで，$K(x) = h(x)^2$, $b_T = N/T$ のときの $\hat{c}_T(u_0, k)$, $\tilde{c}_T(u_0, k)$, $\tilde{\tilde{c}}_T(u_0, i, j)$ について

(i) $\mathbf{E}\hat{c}_T(u_0, k) = c(u_0, k) + \dfrac{1}{2} b_T^2 \int x^2 K(x) dx \left[\dfrac{\partial^2}{\partial^2 u} c(u_0, k) \right] + o(b_T^2) + O\left(\dfrac{1}{b_T T} \right)$

(ii) $\mathrm{var}(\hat{c}_T(u_0, k)) = \dfrac{1}{b_T T} \int_{-1/2}^{1/2} K(x)^2 dx \sum_{\ell=-\infty}^{\infty} c(u_0, \ell) [c(u_0, \ell) + c(u_0, \ell + 2k)]$
$\qquad + o\left(\dfrac{1}{b_T T} \right)$

を得る．

証明 (i) Dahlhaus (1996c) を参照．(ii) 省略（漸近分散の形は定常な場合と同様である）． □

上の b_T^2 次のバイアスは，非定常性単独によるものであり，$\partial^2/\partial u^2 c(u_0, k)$ で測られることに注意しよう．もし過程が定常であれば，この2次導関数は0であり，バイアスが消滅する．いま，バンド幅 b_T は平均2乗誤差を最小にするように選ばれる．

注釈 1 （平均2乗誤差の最小化） $\mu(u_0) := \frac{\partial^2}{\partial^2 u_0} c(u_0, k)$, $\tau(u_0) := \sum_{\ell=-\infty}^{\infty} c(u_0, \ell)$ $[c(u_0, \ell) + c(u_0, \ell+2k)]$, $d_K := \int x^2 K(x)\, dx$, $v_K := \int K(x)^2\, dx$ とする．このとき，平均2乗誤差について

$$\mathbf{E}\left|\hat{c}_T(u_0, k) - c(u_0, k)\right|^2 = \frac{b^4}{4} d_K^2 \, \mu(u_0)^2 + \frac{1}{bT} v_K \, \tau(u_0) + o\left(b^4 + \frac{1}{bT}\right) \quad (13.11)$$

を得る．この MSE が

$$K(x) = K_{opt}(x) = 6x(1-x), \quad 0 \le x \le 1 \quad (13.12)$$

$$b = b_{opt}(u_0) = C(K_{opt})^{1/5} \left[\frac{\tau(u_0)}{\mu(u_0)^2}\right]^{1/5} T^{-1/5} \quad (13.13)$$

について最小になることを示すことができる（Priestley (1981, Chapter 7.5) を参照）．ここで，$C(K) = v_K/d_K^2$ である．この場合，$c(K) = v_K d_K^{1/2}$ として，

$$T^{4/5}\, \mathbf{E}\left|\hat{c}_T(u_0, k) - c(u_0, k)\right|^2 = \frac{5}{4} c(K_{opt})^{4/5} \mu(u_0)^{2/5} \tau(u_0)^{4/5} + o(1) \quad (13.14)$$

を得る．$\mu(u_0) = \frac{\partial^2}{\partial^2 u_0} c(u_0, k)$ は "非定常性の度合い" を測る，一方で，$\tau(u_0)$ は，時刻 u_0 における推定量の変動性を測る．$\mu(u_0)$ が小さくなると，つまり，過程が定常に近づくと（この場合には，k 次の共分散が時間に関してより定数/より線形に近づくと），線分の長さ $N_{opt} = b_{opt}T$ は長くなる．同時に平均2乗誤差は減少する．結果はノンパラメトリック回帰におけるカーネル推定と類似している．未だに未解決な問題は，観測過程に適合するように，どのようにしてバンド幅を決定するかである．□

13.2.3　線分選択と局所ユール・ウォーカー推定量の漸近平均2乗誤差

式 (13.8) で定義される共分散 $\hat{c}_T(u_0, k)$ を用いた式 (13.7) の局所ユール・ウォーカー推定量について，Dahlhaus and Giraitis (1998) は

$$\mathbf{E}\, \hat{\boldsymbol{\alpha}}_T(u_0) = \boldsymbol{\alpha}(u_0) - \frac{b^2}{2} d_K \, \boldsymbol{\mu}(u_0) + o(b^2)$$

$$\boldsymbol{\mu}(u_0) = R(u_0)^{-1} \left[\left(\frac{\partial^2}{\partial u^2} R(u)\right) \boldsymbol{\alpha}(u_0) + \left(\frac{\partial^2}{\partial u^2} r(u)\right)\right]_{u=u_0}$$

および

$$\mathrm{var}(\hat{\boldsymbol{\alpha}}_T(u_0)) = \frac{1}{bT} v_K \, \sigma^2(u_0)\, R(u_0)^{-1} + o\left(\frac{1}{bT}\right)$$

を証明した（後述の例4も参照）．

したがって，$\mathbf{E}\|\hat{\boldsymbol{\alpha}}_T(u_0) - \boldsymbol{\alpha}(u_0)\|^2$ について，$\tau(u_0) = \sigma^2(u_0)\,\mathrm{tr}\{R(u_0)^{-1}\}$ とし，$\mu(u_0)^2$ を $\|\boldsymbol{\mu}(u_0)\|^2$ で置き換えて，式 (13.11) と同じ表現を得る．これらの変更を用いて，最適なバンド幅は式 (13.13) により，また最適な平均2乗誤差は式 (13.14) により与えられる．

13.2 時変自己回帰過程——奥深い例

注釈 2 （縮尺されない過程が意味すること） （縮尺されていない）tvAR(p) 過程

$$X_t + \sum_{j=1}^{p} \alpha_{tj} X_{t-j} = \sigma_t\, \varepsilon_t, \quad t \in \mathbf{Z} \tag{13.15}$$

からのデータを観測するとしよう．ある時刻 t_0 における $\boldsymbol{\alpha}_t$ を推定するために，式 (13.7) で与えられる線分ユール・ウォーカー推定量を用いることができる．理論的に最適な線分の長さは，式 (13.13) により

$$N_{opt}(u_0) = C(K_{opt})^{1/5} \left[\frac{\tau(u_0)}{\|\boldsymbol{\mu}(u_0)\|^2}\right]^{1/5} T^{4/5} \tag{13.16}$$

として与えられ，一見すると T に依存していて，縮尺されているように見える．パラメータ関数 $\tilde{a}_j(\cdot)$，および $\tilde{a}_j(\frac{t_0}{T}) = \alpha_j(t_0)$ となるような $T > t_0$ がある（つまり，もとの関数は単位区間に縮尺されている）とし，対応する縮尺された世界でのパラメータを $\tilde{R}, \tilde{r}, \tilde{\boldsymbol{\alpha}}$ で表す（つまり，$\tilde{R}(u_0) = R(t_0)$ など）．このとき

$$\tau(u_0) = \tilde{\sigma}^2(u_0)\,\mathrm{tr}\{\tilde{R}(u_0)^{-1}\} = \sigma^2(t_0)\,\mathrm{tr}\{R(t_0)^{-1}\}$$

と（2 次差分を 2 次導関数の近似として）

$$\boldsymbol{\mu}(u_0) = \tilde{R}(u_0)^{-1} \left[\left(\frac{\partial^2}{\partial u^2}\tilde{R}(u)\right)\tilde{\boldsymbol{\alpha}}(u_0) + \left(\frac{\partial^2}{\partial u^2}\tilde{r}(u)\right)\right]_{u=u_0}$$

$$\approx R(t_0)^{-1}\left[\frac{R(t_0) - 2R(t_0-1) + R(t_0-2)}{1/T^2}\boldsymbol{a}(t_0)\right.$$

$$\left.+ \frac{r(t_0) - 2r(t_0-1) + r(t_0-2)}{1/T^2}\right]$$

を得る．これを式 (13.16) に代入すると，T が完全に抜け落ちて，最適な線分の長さは，もとの縮尺されない過程によって完全に決定できることがわかる．これは，どのようにすると縮尺された世界での漸近的な考察をもとの縮尺されない世界に有用に移せるかを示す良い例となる． □

これらの考察は，本章の漸近的アプローチを正当化する．すなわち，縮尺されないモデル (13.1) について有意義な漸近的理論を規定することは不可能であるが，一方，縮約されたモデル (13.2) を用いたアプローチは，式 (13.1) についても有意義な結果を導く．この適切性についての別の例は，Dahlhaus and Giraitis (1998, Theorem 3.2) の中心極限定理による，局所ユール・ウォーカー推定量の信頼区間の構築である．

13.2.4 パラメトリック Whittle 型推定——最初のアプローチ

いま，$p+1$ 次元パラメータ曲線 $\boldsymbol{\theta}(\cdot) = (\alpha_1(\cdot), \ldots, \alpha_p(\cdot), \sigma^2(\cdot))'$ が有限次元パラメータ $\eta \in \mathbf{R}^q$ でパラメータ化されていると仮定する．つまり，$\boldsymbol{\theta}(\cdot) = \boldsymbol{\theta}_\eta(\cdot)$ である．下で研究される例では，AR 係数が多項式によってモデル化される．別の例で

は，13.2.6 項 (iv) のように，AR 係数がパラメータ変化曲線によってモデル化される．特に，時系列の長さが短いとき，これは適切な選択になるであろう．いま，どのようにして定常な Whittle 尤度を局所定常な場合に一般化できるかを示す（別の一般化は式 (13.89) で与えられる）．

もし，パラメータ曲線 $\boldsymbol{\theta}(\cdot)$ についての "ノンパラメトリック" 推定量を探しているならば，線分上の定常 Whittle 推定量を適用することができ，

$$\hat{\boldsymbol{\theta}}_T^W(u_0) := \underset{\boldsymbol{\theta} \in \Theta}{\operatorname{argmin}} \mathcal{L}_T^W(u_0, \boldsymbol{\theta}) \tag{13.17}$$

を導く．ここで，Whittle 尤度

$$\mathcal{L}_T^W(u_0, \boldsymbol{\theta}) := \frac{1}{4\pi} \int_{-\pi}^{\pi} \left\{ \log 4\pi^2 f_{\boldsymbol{\theta}}(\lambda) + \frac{I_T(u_0, \lambda)}{f_{\boldsymbol{\theta}}(\lambda)} \right\} d\lambda \tag{13.18}$$

は，u_0 のまわりの線分上のテーパーされたペリオドグラムを用いる．つまり，

$$I_T(u_0, \lambda) := \frac{1}{2\pi H_N} \left| \sum_{s=1}^{N} h\left(\frac{s}{N}\right) X_{[u_0 T] - N/2 + s, T} \exp\left(-i\lambda s\right) \right|^2 \tag{13.19}$$

である．

ここで，$h(\cdot)$ は式 (13.8) のデータテーパーである．$h(x) = \chi_{(0,1]}(x)$ とすると，テーパーされないペリオドグラムを得る．このノンパラメトリック推定量の性質については後に（特に，例3と例9の最後で）議論する．tvAR(p) 過程の場合には，$\hat{\boldsymbol{\theta}}_T(u_0)$ は正確に，式 (13.8) で与えられた共分散推定量を用いた，式 (13.7) で定義された局所ユール・ウォーカー推定量である．

いま，パラメトリックモデル $\boldsymbol{\theta}(\cdot) = \boldsymbol{\theta}_\eta(\cdot)$ をデータに，全体的に適合したいとする．つまり，時変スペクトル $f_\eta(u, \lambda) := f_{\boldsymbol{\theta}_\eta(u)}(\lambda)$ を持つとする．$\mathcal{L}_T^W(u, \boldsymbol{\theta})$ は，線分 $\{[uT] - N/2 + 1, \ldots, [uT] + N/2\}$ 上の正規対数尤度の近似であるので，理にかなったアプローチは

$$\hat{\eta}_T^{BW} := \underset{\eta \in \Theta_\eta}{\operatorname{argmin}} \mathcal{L}_T^{BW}(\eta) \tag{13.20}$$

を用いることである．ここで

$$\mathcal{L}_T^{BW}(\eta) := \frac{1}{4\pi} \frac{1}{M} \sum_{j=1}^{M} \int_{-\pi}^{\pi} \left\{ \log 4\pi^2 f_\eta(u_j, \lambda) + \frac{I_T(u_j, \lambda)}{f_\eta(u_j, \lambda)} \right\} d\lambda \tag{13.21}$$

は，ブロック Whittle 尤度である．ただし，$u_j := t_j/T$，$t_j := S(j-1) + N/2$ $(j = 1, \ldots, M)$ である．つまり，それぞれの時間を S ずつシフトして，オーバーラップした線分上で尤度を計算する．さらに，$T = S(M-1) + N$ である．尤度の形のより良い正当化は，定理5で導かれる漸近カルバック・ライブラー情報量によって提供される．

上で議論したように，データテーパーを用いることには二重の理由がある．すなわち，線分上の非定常性によるバイアスを減少させることと，（定常の場合にすでに知

られているように）リーケージ（leakage）を減少させることである．この場合，テーパーは線分がオーバーラップしていれば漸近分散の増加を導かないことは，注目すべきである（Dahlhaus (1997, Theorem 3.3) を参照）．

一致性，漸近正規性，モデル選択，モデルが誤指定された場合の振る舞いといった上述の推定量の性質については，Dahlhaus (1997) で議論されている．$S/N \to 0$ であるとき，推定量は漸近有効になる．

例として，いま，tvAR(p) モデルを図 13.1 のデータに適合し，$\mathcal{L}_T^{BW}(\eta)$ を最小化することにより，パラメータを推定する．AR 係数は，さまざまな次数の多項式によりモデル化される．したがって，モデル

$$\alpha_j(u) = \sum_{k=0}^{K_j} b_{jk} u^k \quad (j=1,\ldots,p) \quad \text{と} \quad \sigma(u) \equiv c$$

をデータに適合する．モデルの次数 $p, K_1, \ldots, K_p$ は，AIC 規準

$$AIC(p, K_1, \ldots, K_p) = \log \hat{\sigma}^2(p, K_1, \ldots, K_p) + 2\left(p + 1 + \sum_{j=1}^{p} K_j\right) / T$$

を最小化することによって選ばれる．表 13.1 は $p=2$ と，さまざまな K_1 と K_2 についてのこれらの値を示している．その他の p についての値は，より大きいものであった．したがって，$p=2, K_1=6, K_2=0$ のモデルが適合される．関数 $\alpha_1(u)$ とその推定量を，図 13.3 に示す．$\hat{a}_2(u)$ については 0.71 を得る（$K_2=0$ なので，定数が適合される）．一方で，真の $\alpha_2(u)$ は 0.81 である．さらに，$\hat{\sigma}^2 = 1.71$ であるが，一方で，$\sigma^2 = 1.0$ である．対応する（パラメトリック）スペクトル推定量は図 13.2 の右図に示されており，真のスペクトルとの差は，図 13.4 に描かれている．

表 13.1 $p=2$ と，さまざまな多項式の次数についての AIC 値．

K_2 \ K_1	4	5	6	7	8	9
0	0.929	0.888	0.669	0.685	0.673	0.689
1	0.929	0.901	0.678	0.694	0.682	0.698
2	0.916	0.888	0.694	0.709	0.697	0.712

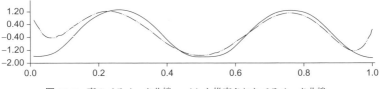

図 13.3 真のパラメータ曲線 $\alpha_1(\cdot)$ と推定されたパラメータ曲線．

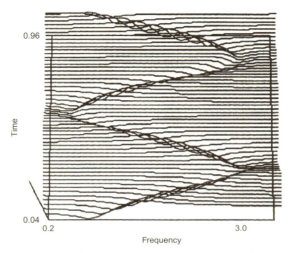

図 13.4 推定されたスペクトルと真のスペクトルの差.

与えられた小さい標本数に対して,適合の質が良いことは注目に値する.二つの否定的な影響が見てとれる.初めに,$\alpha_1(u)$ の適合は,$u_1 = 0.063$ と $u_M = 0.938$ の外側でかなり悪い.このことは,多項式の振る舞いのため,また,$\mathcal{L}_T^{BW}(\eta)$ を距離として用いるとき,区間 $[u_1, u_M]$ の内側でのみ悪い適合を罰するためであり,驚くべきことではない.この端の影響は,$K_1 = 6$ の代わりに $K_1 = 8$ を選ぶことで改良できる.より良いやり方は,$\mathcal{L}_T^{BW}(\eta)$ を修正して,端では長さの短いペリオドグラムを含むようにすることであろう.2 番目の影響は,スペクトルのピークが過小評価されていることである.このバイアスは,$I_T(u_j, \lambda)$ が計算される区間 $(u_j - N/(2T), u_j + N/(2T))$ における過程の非定常性による部分である.

上の推定量は閉じた形で与えられ,最適化のルーチンを用いることなく計算できる.より一般的に,σ^2 が一定で,ある関数 $f_1(u), \ldots, f_K(u)$ を用いて,$\alpha_j(u) = \sum_{k=1}^{K} b_{jk} f_k(u)$ (上の場合には,$f_k(u) = u^{k-1}$) であるならば,このことは,tvAR(p) について成り立つ.詳細については Dahlhaus (1997, Section 4) を参照されたい.

上の推定量をより詳細に見ると,2 段階法の結果のようになっていることが明らかになる.すなわち,(直接,AR(p) モデルと多項式をデータに適合する代わりに) 初めのステップでは,線分上でペリオドグラム (暗に,バンド幅 $b = N/T$ の,ある平滑化を含んでいる) が計算されて,次に,上述の多項式の AR(p) 過程が結果に適合されている.いま,このことをより詳細に見る.

上述の形のスペクトル $f_\eta(u, \lambda)$ (式 (13.5) を参照) と Kolmogorov フォーミュラ (Brockwell and Davis (1991, Theorem 5.8.1) を参照) より,式 (13.7) で定義された $\hat{R}_T(u_j)$ と $\hat{r}_T(u_j)$ を用いて,直接的な計算により,

13.2 時変自己回帰過程——奥深い例

$$\mathcal{L}_T^{BW}(\eta) = \frac{1}{2}\frac{1}{M}\sum_{j=1}^{M}\Big[\log 4\pi^2\sigma_\eta^2(u_j) + \frac{1}{\sigma_\eta^2(u_j)}$$
$$\times \big(\hat{c}_T(u_j,0) - \hat{r}_T(u_j)'\hat{R}_T(u_j)^{-1}\hat{r}_T(u_j)\big)\Big]$$
$$+ \frac{1}{2}\frac{1}{M}\sum_{j=1}^{M}\frac{1}{\sigma_\eta^2(u_j)}\Big[\big(\hat{R}_T(u_j)\,\boldsymbol{\alpha}_\eta(u_j) + \hat{r}_T(u_j)\big)'\hat{R}_T(u_j)^{-1}$$
$$\times \big(\hat{R}_T(u_j)\,\boldsymbol{\alpha}_\eta(u_j) + \hat{r}_T(u_j)\big)\Big]$$

を得る.

いま,漸近分散が $\sigma^2(u)\,R(u)^{-1}$ に比例するユール・ウォーカー推定量 $\hat{\boldsymbol{\alpha}}_T(u) = -\hat{R}_T(u)^{-1}\hat{r}_T(u)$ と,漸近分散が $2\sigma^4(u)/T$ である $\hat{\sigma}_T^2(u) = \hat{c}_T(u,0) - \hat{r}_T(u)'\hat{R}_T(u)^{-1}\hat{r}_T(u)$ を代入する.$\log x = (x-1) - \frac{1}{2}(x-1)^2 + o((x-1)^2)$ であるので,

$$\mathcal{L}_T^{BW}(\eta)$$
$$= \frac{1}{2}\frac{1}{M}\sum_{j=1}^{M}\frac{1}{2\sigma_\eta^4(u_j)}\Big[\sigma_\eta^2(u_j) - \hat{\sigma}_T^2(u_j)\Big]^2$$
$$+ \frac{1}{2}\frac{1}{M}\sum_{j=1}^{M}\Big[\big(\boldsymbol{\alpha}_\eta(u_j) - \hat{\boldsymbol{\alpha}}_T(u_j)\big)'\sigma_\eta^2(u_j)^{-1}\hat{R}_T(u_j)\big(\boldsymbol{\alpha}_\eta(u_j) - \hat{\boldsymbol{\alpha}}_T(u_j)\big)\Big]$$
$$+ \frac{1}{2}\frac{1}{M}\sum_{j=1}^{M}\log 4\pi^2\hat{\sigma}_T^2(u_j) + \frac{1}{2} + o\left(\left(\frac{\sigma_\eta^2(u_j) - \hat{\sigma}_T^2(u)}{\sigma_\eta^2(u_j)}\right)^2\right)$$

を得る.モデルが正しく指定されたならば,最小値に近い η について,$\sigma_\eta^2(u_j)^{-1}\hat{R}_T(u_j) \approx \sigma^2(u_j)^{-1}R(u_j)$ と $2\sigma_\eta^4(u_j) \approx 2\sigma^4(u_j)$ となり,$\hat{\eta}_T$ は近似的に,$\boldsymbol{\alpha}_\eta(u)$ と $\sigma_\eta^2(u)$ の,線分上のユール・ウォーカー推定量への重み付き最小2乗適合により得られる.この場合に手法がうまく働くのは,第2段階で適合された(パラメトリック!)モデルが,線分上のペリオドグラムを用いることで暗に引き起こされる初めの平滑化よりも,"滑らか" であることによる.しかしながら,適合される多項式がより高次になるか,または,さらに $T \to \infty$ のとき $K_j = K_j(T) \to \infty$ であるときには,明らかに問題が起こる.

代わりの良い方法は,式 (13.89) の疑似尤度 $\mathcal{L}_T^{GW}(\eta)$ か,または(特に,AR(p) モデルについては)式 (13.23) の $\ell_{t,T}(\cdot)$ を用いた,式 (13.30) の条件付き尤度推定量を使用することである.この場合,$\sigma(\cdot) \equiv c$ であるならば,推定量は明確に計算することができる.$\sigma_0(\cdot) \neq c$ については,反復による,または近似の解が必要である.この推定量の性質については,まだ調べられていない.いずれの場合でも,尤度 $\mathcal{L}_T^{BW}(\eta)$ や,さらに改良した尤度 $\mathcal{L}_T^{GW}(\eta)$ の恩恵は,その一般性にあり,それゆえ,任意のパラメトリックモデルに適用することができて,2次のスペクトルによって識別するこ

とができる.

さらに,アルゴリズムが使える状態(例えば,Levinson–Durbin アルゴリズムの一般化)かというような,アルゴリズム上の問題を発展させる必要がある.

13.2.5 ノンパラメトリック tvAR モデルの推論——概観

前項で,tvAR(p) モデルのパラメトリック推定について調べた.これは,時系列の長さが短いときや特定のパラメトリックモデルが想定できるときには,重要な選択である.しかしながら,一般的には,ノンパラメトリックモデルのほうが好まれるであろう.ノンパラメトリック統計量に関しては,非常に多種にわたるさまざまな推定量(局所多項式適合,形状制限のもとでの推定量,ウェーブレット法など)が利用可能であり,それらの手法を tvAR(p) モデルや,さらに,その他の非線形であるようなモデルにも適用することは,それほど難しくないことがわかる(一方で,対応する理論を導くことは挑戦的であろう).時刻 t における条件付き尤度が重要な役割を演じ,tvAR(p) モデルの場合には

$$\ell_{t,T}(\boldsymbol{\theta}) := -\log f_{\boldsymbol{\theta}}(X_{t,T}|X_{t-1,T},\ldots,X_{1,T}) \tag{13.22}$$

$$= \frac{1}{2}\log(2\pi\sigma^2) + \frac{1}{2\sigma^2}\left(X_{t,T} + \sum_{j=1}^{p}\alpha_j X_{t-j,T}\right)^2 \tag{13.23}$$

となる.ここで,$\boldsymbol{\theta} = (\alpha_1,\ldots,\alpha_p,\sigma^2)'$ である.その近似 $\ell_{t,T}^*(\boldsymbol{\theta})$ は式 (13.96) で定義される.単純な例として,tvAR(1) 過程の曲線 $\alpha_1(\cdot)$ の $\hat{\alpha}_1(\cdot) = \hat{c}_0$ で与えられる局所線形適合による推定を考える.ここで

$$(\hat{c}_0,\hat{c}_1) = \operatorname*{argmin}_{c_0,c_1} \frac{1}{bT}\sum_{t=1}^{T} K\left(\frac{u_0 - t/T}{b}\right)\left(X_{t,T} + \left[c_0 + c_1\left(\frac{t}{T} - u_0\right)\right]X_{t-1,T}\right)^2 \tag{13.24}$$

である.または,より一般的に(ベクトル $\boldsymbol{c}_0$ と $\boldsymbol{c}_1$ を用いて),$\hat{\boldsymbol{\theta}}(u_0) = \hat{\boldsymbol{c}}_0$ で与えられる.ここで,

$$(\hat{\boldsymbol{c}}_0,\hat{\boldsymbol{c}}_1) = \operatorname*{argmin}_{\boldsymbol{c}_0,\boldsymbol{c}_1} \frac{1}{bT}\sum_{t=1}^{T} K\left(\frac{u_0 - t/T}{b}\right)\ell_{t,T}\left(\boldsymbol{c}_0 + \boldsymbol{c}_1\left(\frac{t}{T} - u_0\right)\right) \tag{13.25}$$

である.この局所線形推定量以外にも,上の条件付き尤度 $\ell_{t,T}(\boldsymbol{\theta})$ に基づき,多くの他の推定量を構成することができる.

1. "カーネル推定量" は

$$\hat{\boldsymbol{\theta}}(u_0) = \operatorname*{argmin}_{\boldsymbol{\theta}} \frac{1}{bT}\sum_{t=1}^{T} K\left(\frac{u_0 - t/T}{b}\right)\ell_{t,T}(\boldsymbol{\theta}) \tag{13.26}$$

で定義される.この推定量については 13.3 節で調べる.これは,式 (13.7) で $K(x) = h(x)^2$, $b = N/T$ とした局所ユール・ウォーカー推定量と同値であり,

式 (13.3) から導かれるすべての結果は，この推定量についてもまったく同じであると確信する．

2. "局所多項式適合" は

$$(\hat{c}_0, \ldots, \hat{c}_d)' = \underset{c_0, \ldots, c_d}{\operatorname{argmin}} \frac{1}{bT} \sum_{t=1}^{T} K\left(\frac{u_0 - t/T}{b}\right) \ell_{t,T}\left(\sum_{j=0}^{d} c_j \left(\frac{t}{T} - u_0\right)^j\right) \quad (13.27)$$

を用いて $\hat{\boldsymbol{\theta}}(u_C) = \hat{\boldsymbol{c}}_0$ で定義される．tvAR(p) モデルについての局所多項式適合は，Kim (2001) と Jentsch (2006) で調査された．

3. "直交級数推定"（例えば，ウェーブレット推定）は

$$\bar{\boldsymbol{\beta}} = \underset{\boldsymbol{\beta}}{\operatorname{argmin}} \frac{1}{T} \sum_{t=1}^{T} \ell_{t,T}\left(\sum_{j=1}^{J(T)} \boldsymbol{\beta}_j \psi_j\left(\frac{t}{T}\right)\right) \quad (13.28)$$

と $\bar{\boldsymbol{\beta}}$ のある縮小により，$\hat{\boldsymbol{\beta}}$ と $\hat{\boldsymbol{\theta}}(u_0) = \sum_{j=1}^{J(T)} \hat{\boldsymbol{\beta}}_j \psi_j(u_0)$ を得ることで定義される．通常，$T \to \infty$ のとき，$J(T) \to \infty$ である．そのような推定量として，Dahlhaus et al. (1999) によって，tvAR(p) モデルにおける切断ウェーブレット展開が調査された．

4. "ノンパラメトリック最尤推定量" は

$$\hat{\boldsymbol{\theta}}(\cdot) = \underset{\boldsymbol{\theta}(\cdot) \in \Theta}{\operatorname{argmin}} \frac{1}{T} \sum_{t=1}^{T} \ell_{t,T}\left(\boldsymbol{\theta}\left(\frac{t}{T}\right)\right) \quad (13.29)$$

により定義される．ここで，Θ は適切な関数空間であり，例えば単調性の制約などの，形状制限のもとでの曲線の空間である．Dahlhaus and Polonik (2006) において，tvAR モデルの単調な分散関数の推定が，アイソトニック回帰 (isotonic regression) に関連する陽なアルゴリズムを含めて研究された．

5. 曲線 $\boldsymbol{\theta}(\cdot) = \boldsymbol{\theta}_\eta(\cdot)$ $(\eta \in \mathbf{R}^q)$ についての "パラメトリック適合" は

$$\hat{\eta} = \underset{\eta}{\operatorname{argmin}} \frac{1}{T} \sum_{t=1}^{T} \ell_{t,T}\left(\boldsymbol{\theta}_\eta\left(\frac{t}{T}\right)\right) \quad (13.30)$$

で定義される．得られる推定量については，まだ調査されていない．おそらく，定理 8 で研究される正確な MLE に非常に近いであろう．

注釈 3 (i) tvAR(p) の場合，$\sigma^2(\cdot) \equiv c$ であるとき，状況は非常に単純になる．この場合には，$\boldsymbol{\alpha}(\cdot)$ と σ^2 の推定量が "分かれる"（split）．したがって，すべての箇所で，$\ell_{t,T}(\boldsymbol{\theta})$ を $\left(X_{t,T} + \sum_{j=1}^{p} \alpha_j X_{t-j,T}\right)^2$ で置き換えることができて，最小 2 乗型の推定量が導かれる．(ii) 上のすべての推定量は，特定のモデルについての条件付き尤度 (13.22) を用いて，他のモデルに移すことができる．カーネル推定量については，13.3 節で調査する．(iii) 上で述べたように，代わりの選択は，$\ell_{t,T}(\boldsymbol{\theta})$ を式 (13.96) の局所一般化 Whittle 尤度 $\ell_{t,T}^*(\boldsymbol{\theta})$ で置き換えることである．その尤度を用いて，

上述のいくつかの推定量が調査された．13.5 節の最後の詳細な議論を参照されたい．その場合に，d 次元パラメータ曲線 $\boldsymbol{\theta}(\cdot) = \bigl(\theta_1(\cdot),\ldots,\theta_d(\cdot)\bigr)'$ は，時変スペクトル $f(u,\lambda) = f_{\boldsymbol{\theta}(u)}(\lambda)$ から一意に識別されなければならない． □

13.2.6 形状曲線と変化曲線

tvAR 過程の代わりとなるモデルがいくつか存在する．特に，時系列の特定の特徴が曲線でモデル化されるようなモデルである．以下で，tvAR(2) に限定して，四つの例を与える．複素根 $\frac{1}{r}\exp(i\phi)$ と $\frac{1}{r}\exp(-i\phi)$ を持つ定常 AR(2) モデルがあるとする．つまり，パラメータは $a_1 = -2r\cos(\phi)$, $a_2 = r^2$ と分散 σ^2 である．対応する過程は疑似周期的な振る舞いを示し，周期の長さは $\frac{2\pi}{\phi}$ である．つまり，周波数 ϕ を持つ．r が 1 に近づくにつれて，過程の形状はサイン曲線に近づいていく．振幅は σ に比例する（もし，(式 (13.2) で述べたように) σ が $c\cdot\sigma$ で置き換えられたならば，X_t は $c\cdot X_t$ で置き換えられる）．

いま，特定の tvAR(2) の場合に，疑似周期過程について，以下の形状と変化モデルを考えることができる．

(i) 時変振幅曲線を持つモデル：

$$a_1(\cdot),\ a_2(\cdot)\ \text{は一定}, \quad \sigma(\cdot)\ \text{は時変}$$

Chandler and Polonik (2006) は，地震と爆発の判別について，単峰の $\sigma(\cdot)$ を持つこのモデルと，ノンパラメトリック最尤推定量を用いた．推定量の性質は Dahlhaus and Polonik (2006) で調査された．

(ii) 時変周波数曲線を持つモデル：

$$a_1(\cdot) = -2r\cos\bigl(\phi(\cdot)\bigr),\ a_2(\cdot) = r^2, \quad r\ \text{は一定},\ \phi(\cdot)\ \text{は時変},\ \sigma(\cdot)\ \text{は一定}$$

図 13.1 のモデルは，この形で $r = 0.9$ と $\phi(u) = 1.5 - \cos 4\pi u$ である．

(iii) 時変周期弁別性を持つモデル：

$$a_1(\cdot) = -2r(\cdot)\cos(\phi),\ a_2(\cdot) = r(\cdot)^2, \quad r(\cdot)\ \text{は時変},\ \phi\ \text{は一定},\ \sigma(\cdot)\ \text{は一定}$$

(iv) 変化モデル：Amado and Teräsvirta (2011) は，近年，ロジスティック変化関数を GARCH モデルのパラメータ変化のモデル化に用いた．最も単純な変化関数は

$$G\Bigl(\frac{t}{T};\gamma,c\Bigr) := \Bigl[1 + \exp\Bigl\{-\gamma\Bigl(\frac{t}{n} - c\Bigr)\Bigr\}\Bigr]^{-1}$$

である．$G(0;\gamma,c) \approx 0$ と $G(1;\gamma,c) \approx 1$ より，モデル

$$a_1(u) = a_1^{\text{start}} + G(u;\gamma,c)\bigl(a_1^{\text{end}} - a_1^{\text{start}}\bigr)$$
$$a_2(u) = a_2^{\text{start}} + G(u;\gamma,c)\bigl(a_2^{\text{end}} - a_2^{\text{start}}\bigr)$$

は，$u = 0$ でパラメータが $(a_1^{\text{start}}, a_2^{\text{start}})$ である AR モデルから，$u = 1$ でパ

ラメータが $(a_1^{\text{end}}, a_2^{\text{end}})$ であるモデルへ，滑らかに変化するパラメトリックモデルである．ここで，c は位置を表し，γ は変化の"滑らかさ"を表す．より一般的な変化モデル（特に，より多くの状態を持つモデル）は，Amado and Teräsvirta (2011) の研究に見つかるだろう．$G(\cdot; \gamma, c)$ は $G(0) = 0$ と $G(1) = 0$ であるような（ノンパラメトリック）な関数 $G(\cdot)$ にも置き換えられるであろう．

13.2.5 項のすべての手法は，明らかに (i)〜(iv) の場合に応用することができて，定数パラメータと，形状や変化曲線を推定することができる．これらのモデルには以下の結果，すなわち，Dahlhaus and Giraitis (1998) の局所 Whittle 推定量の理論結果（例 3 を参照），定理 13 における局所一般化 Whittle 推定量の一様収束の結果，パラメータ曲線が非線形ウェーブレット法により推定される Dahlhaus and Neumann (2001) の漸近結果，形状制約のもとでのノンパラメトリック最尤推定量についての Dahlhaus and Polcnik (2006) の結果，定理 8 における MLE と一般化 Whittle 推定量と，Dahlhaus (1997) によるブロック Whittle 推定量のパラメトリックモデルについての結果を応用できることを述べておく．

13.3 局所尤度，微分過程，時変パラメータを持つ非線形モデル

本節では，時変有限次元パラメータ $\boldsymbol{\theta}(\cdot)$ を持つ時系列について，より一般的な枠組みを紹介し，どのようにしてノンパラメトリックな推論がなされ，理論的に扱われるかを示す．典型的には，そのようなモデルは，古典的なパラメトリックモデルを時変の場合へ一般化することにより得られる．もし線形過程に，またはさらに正規過程に制限するならば，後の節で発展させるものよりも，より一般的な理論が可能となる．本節の大部分は，時変 ARCH モデルを調査した，Dahlhaus and Subba Rao (2006) によって紹介された考え方に基づいている．

鍵となる考え方は，それぞれの時点 $u_0 \in (0,1)$ で，もとの過程 $X_{t,T}$ の定常近似 $\tilde{X}_t(u_0)$ を用いて，この近似を用いることによるバイアスを計算することである．最後に，$X_{t,T}$ の，いわゆる微分過程を用いたテイラー型展開について述べる．これらの展開は，理論的な導出において重要な役割を演じる．

例えば，多変量パラメータ曲線 $\boldsymbol{\theta}(\cdot)$ を，（負の）局所条件付き対数尤度を最小化することで推定する．つまり

$$\hat{\boldsymbol{\theta}}_T^C(u_0) := \operatorname*{argmin}_{\boldsymbol{\theta} \in \Theta} \mathcal{L}_T^C(u_0, \boldsymbol{\theta})$$

とする．ここで，

$$\mathcal{L}_T^C(u_0, \boldsymbol{\theta}) := \frac{1}{T} \sum_{t=1}^{T} \frac{1}{b} K\left(\frac{u_0 - t/T}{b}\right) \ell_{t,T}(\boldsymbol{\theta}) \qquad (13.31)$$

と

$$\ell_{t,T}(\boldsymbol{\theta}) := -\log f_{\boldsymbol{\theta}}\left(X_{t,T}|X_{t-1,T},\ldots,X_{1,T}\right)$$

であり，K は対称で，コンパクトサポート $[-\frac{1}{2},\frac{1}{2}]$ を持ち，$\int_{-1/2}^{1/2} K(x)\,dx = 1$ を満たす．$T \to \infty$ のとき，$b = b_T \to 0$ と $bT \to \infty$ を仮定する．この尤度について，二つの例が以下で与えられる．

$\mathcal{L}_T^C(u_0, \boldsymbol{\theta})$ を $\tilde{\mathcal{L}}_T^C(u_0, \boldsymbol{\theta})$ で近似する．それらは同じ関数であるが，$\ell_{t,T}(\boldsymbol{\theta})$ が

$$\tilde{\ell}_t(u_0, \boldsymbol{\theta}) := -\log f_{\boldsymbol{\theta}}(\tilde{X}_t(u_0)|\tilde{X}_{t-1}(u_0),\ldots,\tilde{X}_1(u_0))$$

で置き換えられる．このことは，$X_{t,T}$ がその定常近似 $\tilde{X}_t(u_0)$ で置き換えられることを意味する．通常，これは過程 $\tilde{X}_t(u_0)$ についての局所条件付き尤度である．

例 1 (i) 式 (13.2) で定義された tvAR(p) と，式 (13.3) で与えられた時刻 u_0 におけるその定常近似を考える．適切な正則条件のもとで，$X_{t,T} = \tilde{X}_t(u_0) + O_p(|\frac{t}{T} - u_0| + \frac{1}{T})$ が示される（式 (13.51) を参照）．ε_t が正規過程の場合には，時刻 t における条件付き尤度は

$$\ell_{t,T}(\boldsymbol{\theta}) = \frac{1}{2}\log(2\pi\sigma^2) + \frac{1}{2\sigma^2}\left(X_{t,T} + \sum_{j=1}^{p}\alpha_j X_{t-j,T}\right)^2 \quad (13.32)$$

で与えられる．ここで，$\boldsymbol{\theta} = (\alpha_1, \ldots, \alpha_p, \sigma^2)'$ である．得られる推定量が式 (13.7) と同じであることが容易に示せるが，$\hat{r}_T(u_0) := (\tilde{\tilde{c}}_T(u_0, 0, 1), \ldots, \tilde{\tilde{c}}_T(u_0, 0, p))'$ と $\hat{R}_T(u_0) := \{\tilde{\tilde{c}}_T(u_0, i, j)\}_{i,j=1,\ldots,p}$ は，式 (13.10) で定義された局所共分散推定量 $\tilde{\tilde{c}}_T(u, i, j)$ を用いたものである．

(ii) tvARCH(p) モデル．ここで，$\{X_{t,T}\}$ は表現

$$X_{t,T} = \sigma_{t,T} Z_t$$
$$\sigma_{t,T}^2 = \alpha_0\left(\frac{t}{T}\right) + \sum_{j=1}^{p}\alpha_j\left(\frac{t}{T}\right)X_{t-j,N}^2 \quad \text{for } t = 1, \ldots, N \quad (13.33)$$

を満たすと仮定する．Z_t は独立同一分布の確率変数で，$\mathbf{E}Z_t = 0$, $\mathbf{E}Z_t^2 = 1$ である．

対応する時刻 u_0 における定常近似 $\tilde{X}_t(u_0)$ は

$$\tilde{X}_t(u_0) = \sigma_t(u_0) Z_t$$
$$\sigma_t(u_0)^2 = \alpha_0(u_0) + \sum_{j=1}^{p}\alpha_j(u_0)\tilde{X}_{t-j}(u_0)^2 \quad \text{for } t \in \mathbf{Z} \quad (13.34)$$

で与えられる．Dahlhaus and Subba Rao (2006) により，上で定義される $\{X_{t,T}^2\}$ は，すべての因果解（causal solution）の集合のうちで，ほとんど確実に矛盾なく定義された唯一の解を持ち，$X_{t,T}^2 = \tilde{X}_t(u_0)^2 + O_p(|\frac{t}{T} - u_0| + \frac{1}{N})$ であることが示される．Z_t が正規の場合には，条件付き尤度は

$$\ell_{t,T}(\boldsymbol{\theta}) = \frac{1}{2}\log w_{t,T}(\boldsymbol{\theta}) + \frac{X_{t,T}^2}{2\,w_{t,T}(\boldsymbol{\theta})} \quad \text{with } w_{t,T}(\boldsymbol{\theta}) = \alpha_0 + \sum_{j=1}^{p}\alpha_j X_{t-j,T}^2 \quad (13.35)$$

で与えられる．ここで，$\boldsymbol{\theta} = (\alpha_0, \ldots, \alpha_p)'$ である．Dahlhaus and Subba Rao (2006) は，真の過程が非正規の場合にも，得られる推定量の一致性を示した．Fryzlewicz et al. (2008) は，代わりに，カーネル正規化最小2乗推定量を提案した．それは閉じた形を持つので，小標本の場合に上のカーネル推定量に対して有利である．

(iii) 他の例は，tvGARCH(p,q) 過程である．例 6 を参照されたい．

ここで，（上述の局所条件付き尤度に注意しながら）"任意の" 局所最小距離関数 $\mathcal{L}_T(u_0, \boldsymbol{\theta})$ について，$\hat{\boldsymbol{\theta}}_T(u_0)$ の漸近バイアス，平均 2 乗誤差，一致性，漸近正規性の導出について議論する．結果は，$\mathcal{L}_T(u_0, \boldsymbol{\theta})$ を $\tilde{\mathcal{L}}_T(u_0, \boldsymbol{\theta})$ で近似することで得られる．これらは同じ関数であるが，$X_{t,T}$ がその定常近似 $\tilde{X}_t(u_0)$ で置き換えられる．一般的には，$\mathcal{L}_T(u_0, \boldsymbol{\theta})$ と $\tilde{\mathcal{L}}_T(u_0, \boldsymbol{\theta})$ の両方が同じ極限関数に収束する．これを $\mathcal{L}(u_0, \boldsymbol{\theta})$ と表す．

$$\boldsymbol{\theta}_0(u_0) := \underset{\boldsymbol{\theta} \in \Theta}{\operatorname{argmin}} \, \mathcal{L}(u_0, \boldsymbol{\theta})$$

とする．もし，モデルが正しく指定されたならば，一般的には，$\boldsymbol{\theta}_0(u_0)$ は真の曲線になる．さらに，

$$\mathcal{B}_T(u_0, \boldsymbol{\theta}) := \mathcal{L}_T(u_0, \boldsymbol{\theta}) - \tilde{\mathcal{L}}_T(u_0, \boldsymbol{\theta})$$

とする．

以下の二つの結果は，どのようにして $\hat{\boldsymbol{\theta}}_T(u_0)$ の漸近的な性質を導くことができるかを述べている．これらは，一般的なロードマップとして見なされるべきである．特定の状況において，条件を証明することは挑戦的であり，とても困難かもしれない．

定理 2 (i) Θ はコンパクトで，$\boldsymbol{\theta}_0(u_0) \in Int(\Theta)$ であり，関数 $\mathcal{L}(u_0, \boldsymbol{\theta})$ は $\boldsymbol{\theta}$ に関して連続で，唯一の最小値 $\boldsymbol{\theta}_0(u_0)$ を持つと仮定する．もし，

$$\sup_{\boldsymbol{\theta} \in \Theta} \left| \tilde{\mathcal{L}}_T(u_0, \boldsymbol{\theta}) - \mathcal{L}(u_0, \boldsymbol{\theta}) \right| \xrightarrow{P} 0 \tag{13.36}$$

と

$$\sup_{\boldsymbol{\theta} \in \Theta} \left| \mathcal{B}_T(u_0, \boldsymbol{\theta}) \right| \xrightarrow{P} 0 \tag{13.37}$$

が成り立てば

$$\hat{\boldsymbol{\theta}}_T(u_0) \xrightarrow{P} \boldsymbol{\theta}_0(u_0) \tag{13.38}$$

となる．

(ii) さらに，$\mathcal{L}(u, \boldsymbol{\theta})$ と $\boldsymbol{\theta}_0(u)$ が u と $\boldsymbol{\theta}$ に関して一様に連続であり，式 (13.36) と式 (13.37) の収束が $u_0 \in [0,1]$ に関して一様であれば，

$$\sup_{u_0 \in [0,1]} \left| \hat{\boldsymbol{\theta}}_T(u_0) - \boldsymbol{\theta}_0(u_0) \right| \xrightarrow{P} 0 \tag{13.39}$$

となる．

証明 (i) の証明は標準的である．Dahlhaus and Subba Rao (2006) による研究の定理 2 の証明を参照されたい．(ii) の証明はまっすぐな一般化である． □

(i) のうちの式 (13.37) を除くすべての条件は，(固定した) パラメータ $\boldsymbol{\theta}(u_0)$ の定常過程 $\tilde{X}_t(u_0)$ と，定常な，尤度/最小距離，関数 $\tilde{\mathcal{L}}_T(u_0, \boldsymbol{\theta})$ についての条件であることに注意する．これらの性質は，通常，既存の定常過程における結果から知ることができる．残りは，条件 (13.37) を確かめることであるが，これは，微分過程による展開 (13.51) を用いて確認できる (下の議論を参照)．(ii) は，思いがけない危険を少し含んでいる．すなわち，通常，推定量 $\hat{\boldsymbol{\theta}}_T(u_0)$ は，端の影響により，$u_0 = 0$ や $u_0 = 1$ については異なった方法で定義される．このことは，$\tilde{\mathcal{L}}_T(u_0, \boldsymbol{\theta})$ も異なった様子になることを意味する．つまり，通常，$u_0 \in (0,1)$ についての一様な収束の結果のほうを好むかもしれないが，その証明はより困難である．

より興味深く挑戦的なことは，収束率を伴った一様な収束についての結果である．これは，定理 13 で，時変 AR(p) 過程において，異なった尤度について述べられる．そのような結果は，通常，考慮中のモデル向けに調整された指数型の限界と最大不等式を必要とする．

いま，2 次の滑らかさを持つ場合について，漸近正規性に関する対応する結果を述べる．∇ は θ_i に関する微分を表す．つまり，$\nabla := (\partial/\partial \theta_i)_{i=1,\ldots,d}$ である．

定理 3 $\boldsymbol{\theta}_0 := \boldsymbol{\theta}_0(u_0)$ とする．$\mathcal{L}_T(u_0, \boldsymbol{\theta})$, $\tilde{\mathcal{L}}_T(u_0, \boldsymbol{\theta})$, $\mathcal{L}(u_0, \boldsymbol{\theta})$ は $\boldsymbol{\theta}$ に関して 2 回連続微分可能であり，正則行列 $\Gamma(u_0) := \nabla^2 \mathcal{L}(u_0, \boldsymbol{\theta}_0)$ を持つとする．さらに，ある列 $b = b_T$ について

$$\sqrt{bT} \, \nabla \tilde{\mathcal{L}}_T(u_0, \boldsymbol{\theta}_0) \xrightarrow{\mathcal{D}} \mathcal{N}(0, V(u_0))$$

とする．ここで，$b \to 0$, $bT \to \infty$ である (b の定義は尤度の定義の一部 (通常，あるバンド幅) である)．また

$$\sup_{\boldsymbol{\theta} \in \Theta} \left| \nabla^2 \tilde{\mathcal{L}}_T(u_0, \boldsymbol{\theta}) - \nabla^2 \mathcal{L}(u_0, \boldsymbol{\theta}) \right| \xrightarrow{P} 0$$

とする．もし，さらに，ある $\boldsymbol{\mu}^0(\cdot)$ (下で指定される．式 (13.47) を参照) について

$$\sqrt{bT} \left(\Gamma(u_0)^{-1} \nabla \mathcal{B}_T(u_0, \boldsymbol{\theta}_0) - \frac{b^2}{2} \boldsymbol{\mu}^0(u_0) \right) = o_p(1) \quad (13.40)$$

であり

$$\sup_{\boldsymbol{\theta} \in \Theta} \left| \nabla^2 \mathcal{B}_T(u_0, \boldsymbol{\theta}) \right| \xrightarrow{P} 0 \quad (13.41)$$

であるならば

$$\sqrt{bT} \left(\hat{\boldsymbol{\theta}}_T(u_0) - \boldsymbol{\theta}_0(u_0) + \frac{b^2}{2} \boldsymbol{\mu}^0(u_0) \right) \xrightarrow{\mathcal{D}} \mathcal{N}\left(0, \Gamma(u_0)^{-1} V(u_0) \Gamma(u_0)^{-1}\right) \quad (13.42)$$

が成り立つ．

証明 通常の $\nabla \mathcal{L}_T(u_0, \boldsymbol{\theta})$ の $\boldsymbol{\theta}_0$ まわりのテイラー展開より

$$\sqrt{bT}\,(\hat{\boldsymbol{\theta}}_T(u_0) - \boldsymbol{\theta}_0 + \Gamma(u_0)^{-1}\nabla\mathcal{B}_T(u_0, \boldsymbol{\theta}_0))$$
$$= -\sqrt{bT}\,\Gamma(u_0)^{-1}\nabla\tilde{\mathcal{L}}_T(u_0, \boldsymbol{\theta}_0) + o_p(1) \qquad (13.43)$$

を得る．したがって，結果は直ちに従う． □

注釈 4 (i) 再び，初めの二つの条件は，(固定した) パラメータ $\boldsymbol{\theta}(u_0)$ の定常過程 $\tilde{X}_t(u_0)$ と，定常な，尤度/最小距離，関数 $\tilde{\mathcal{L}}_T(u_0, \boldsymbol{\theta})$ についての条件であり，通常，既存の定常過程における結果から知ることができる．

(ii) もちろん，異なる滑らかさの条件や，式 (13.40) と式 (13.42) における b^2 の他の率についても，類似の結果が成り立つ．

(iii) 通常，正則条件を追加したもとで，モーメントについても，式 (13.43) と同じ展開が成り立つことを証明することができて，

$$\mathbf{E}\,\hat{\boldsymbol{\theta}}_T(u_0) = \boldsymbol{\theta}_0(u_0) - \frac{b^2}{2}\boldsymbol{\mu}^0(u_0) + o(b^2) \qquad (13.44)$$

と

$$\mathrm{var}(\hat{\boldsymbol{\theta}}_T(u_0)) = \frac{1}{bT}\Gamma(u_0)^{-1}V(u_0)\Gamma(u_0)^{-1} + o\!\left(\frac{1}{bT}\right) \qquad (13.45)$$

が導かれる (式 (13.43) は確率展開であり，自動的には，これらのモーメントの関係を意味しないことに注意する)．通常，これらの性質の証明は容易ではない． □

例 2 (カーネル型局所尤度) いま，特別な場合として，局所条件付き尤度 (13.31) に戻り，上述の項 (特に，バイアス $\boldsymbol{\mu}^0(u_0)$) の計算の仕方について，ある発見的な方法を与える．特別なモデルが与えられる具体的な状況において，通常，正確な証明は同じように進むが，詳細はとても挑戦的であるだろう．

定常過程 $\tilde{X}_t(u_0)$ の局所尤度が

$$\mathcal{L}(u_0, \boldsymbol{\theta}) := \lim_{T\to\infty}\tilde{\mathcal{L}}_T(u_0, \boldsymbol{\theta}) = \lim_{t\to\infty}\mathbf{E}\,\tilde{\ell}_t(u_0, \boldsymbol{\theta})$$

に確率収束すると仮定する．通常，$X_{t,T} = \tilde{X}_t(t/T) + O_p(T^{-1})$ と

$$\mathbf{E}\,\nabla\ell_{t,T}(\boldsymbol{\theta}) = \mathbf{E}\,\nabla\tilde{\ell}_t\!\left(\frac{t}{T},\boldsymbol{\theta}\right) + o((bT)^{-1/2}) = \nabla\mathcal{L}\!\left(\frac{t}{T},\boldsymbol{\theta}\right) + o((bT)^{-1/2})$$

を t について一様に得る．そのとき，$b^3 = o((bT)^{-1/2})$ の場合に，テイラー展開とカーネル K の対称性から

$$\mathbf{E}\,\nabla\mathcal{L}_T(u_0, \boldsymbol{\theta})$$
$$= \frac{1}{bT}\sum_{t=1}^{T}K\!\left(\frac{u_0 - t/T}{b}\right)\nabla\mathcal{L}\!\left(\frac{t}{T},\boldsymbol{\theta}\right) + o((bT)^{-1/2})$$

$$= \nabla \mathcal{L}(u_0, \boldsymbol{\theta}) + \Big[\frac{\partial}{\partial u}\nabla\mathcal{L}(u_0,\boldsymbol{\theta})\Big]\frac{1}{bT}\sum_{t=1}^{T}K\Big(\frac{u_0-t/T}{b}\Big)\Big(\frac{t}{T}-u_0\Big)$$

$$+\frac{1}{2}\Big[\frac{\partial^2}{\partial u^2}\nabla\mathcal{L}(u_0,\boldsymbol{\theta})\Big]\frac{1}{bT}\sum_{t=1}^{T}K\Big(\frac{u_0-t/T}{b}\Big)\Big(\frac{t}{T}-u_0\Big)^2$$

$$+ o\big((bT)^{-1/2}\big)$$

$$= \nabla\mathcal{L}(u_0,\boldsymbol{\theta}) + \frac{1}{2}b^2 d_K \frac{\partial^2}{\partial u^2}\nabla\mathcal{L}(u_0,\boldsymbol{\theta}) + o\big((bT)^{-1/2}\big) \quad (13.46)$$

が導かれる.ここで,$d_K := \int x^2 K(x)\,dx$ である.$\mathbf{E}\nabla\tilde{\mathcal{L}}_T(u_0,\boldsymbol{\theta}) = \nabla\mathcal{L}(u_0,\boldsymbol{\theta}) + o\big((bT)^{-1/2}\big)$ であるので,これと式 (13.40) から,バイアス項

$$\boldsymbol{\mu}^0(u_0) = d_K\,\Gamma(u_0)^{-1}\,\frac{\partial^2}{\partial u^2}\nabla\mathcal{L}(u,\boldsymbol{\theta}_0(u_0))\big]_{u=u_0} =: d_K\,\boldsymbol{\mu}(u_0) \quad (13.47)$$

が導かれる.$\boldsymbol{\theta}_0 := \boldsymbol{\theta}_0(u_0)$ とする.もし,モデルが正しく指定されたならば,通常,$\nabla\tilde{\ell}_t(u_0,\boldsymbol{\theta}_0)$ がマルチンゲール差分列であり,Lindeberg マルチンゲール中心極限定理の条件が満たされることを示すことができて,

$$\sqrt{bT}\,\nabla\tilde{\mathcal{L}}_T(u_0,\boldsymbol{\theta}_0) \xrightarrow{\mathcal{D}} \mathcal{N}\Big(0, v_K\,\mathbf{E}\big(\nabla\tilde{\ell}_t(u_0,\boldsymbol{\theta}_0)\big)\big(\nabla\tilde{\ell}_t(u_0,\boldsymbol{\theta}_0)\big)'\Big)$$

が導かれる.ここで,$v_K = \int K(x)^2 dx$ である.さらに,もし,モデルが正しく指定されたならば,通常,

$$\mathbf{E}\big(\nabla\tilde{\ell}_t(u_0,\boldsymbol{\theta}_0)\big)\big(\nabla\tilde{\ell}_t(u_0,\boldsymbol{\theta}_0)\big)' = \nabla^2\mathcal{L}(u_0,\boldsymbol{\theta}_0) = \Gamma(u_0)$$

を得る.つまり

$$\sqrt{bT}\,\Big(\hat{\boldsymbol{\theta}}_T(u_0) - \boldsymbol{\theta}_0(u_0) + \frac{b^2}{2}d_K\,\Gamma(u_0)^{-1}\frac{\partial^2}{\partial u^2}\nabla\mathcal{L}(u_0,\boldsymbol{\theta}_0)\Big)$$
$$\xrightarrow{\mathcal{D}} \mathcal{N}\big(0, v_K\,\Gamma(u_0)^{-1}\big) \quad (13.48)$$

となる.加えて,漸近バイアスと分散について,式 (13.44) と式 (13.45) が証明できれば,漸近平均2乗誤差について,$\tau(u_0) = \mathrm{tr}\{\Gamma(u_0)^{-1}\}$ とし,$\mu(u_0)^2$ を $\|\boldsymbol{\mu}(u_0)\|^2$ で置き換えて,式 (13.11) と同じ式が得られる.ここで,$\boldsymbol{\mu}(u_0) = \Gamma(u_0)^{-1}\frac{\partial^2}{\partial u^2}\nabla\mathcal{L}(u_0,\boldsymbol{\theta}_0)$ である.これは,注釈 1 と同様にして,最適な線分の長さと最適な平均2乗誤差を導く.縮尺されない過程の意味することは,注釈 2 と同様である.

いま,上述の結果が明示的に証明される三つの例を紹介する.

例 3 (**局所 Whittle 推定量**) 初めの例は,$\mathcal{L}_T^W(u_0,\boldsymbol{\theta})$ を最小化して得られる,線分上の局所 Whittle 推定量 $\hat{\boldsymbol{\theta}}_T^W(u_0)$ である (式 (13.18) を参照).tvAR(p) 過程の場合には,$\hat{\boldsymbol{\theta}}_T^W(u_0)$ はまさに式 (13.7) で定義される局所ユール・ウォーカーであり,式 (13.8) で与えられる共分散推定量を持つ.$\mathcal{L}_T^W(u,\boldsymbol{\theta})$ は式 (13.31) で定義される局所

13.3 局所尤度，微分過程，時変パラメータを持つ非線形モデル

条件付き尤度と，厳密には等しくないが，近似的に（式 (13.8) の $\hat{c}_T(u_0, k)$ が，カーネル共分散推定量の近似であったのと同じ意味で）等しくなる．その理由により，上述の発見的な方法をこの推定量にも応用して，正確にすることができる．

Dahlhaus and Giraitis (1998) の Theorem 3.1 と 3.2 において，$\hat{\boldsymbol{\theta}}_T^W(u_0)$ のバイアスと漸近正規性が，式 (13.44) と式 (13.45) で与えられる分散と平均 2 乗誤差の導出を含んで，厳密に導かれた（つまり，式 (13.43) の確率展開だけではない）．したがって，式 (13.12) と式 (13.13) における最適なカーネルとバンド幅についての結果も，この状況に応用される．

現在の状況では

$$\mathcal{L}(u, \boldsymbol{\theta}) = \frac{1}{4\pi} \int_{-\pi}^{\pi} \left\{ \log 4\pi^2 f_{\boldsymbol{\theta}}(\lambda) + \frac{f(u, \lambda)}{f_{\boldsymbol{\theta}}(\lambda)} \right\} d\lambda$$

を得る（Dahlhaus and Giraitis (1998) の (3.7) を参照）．したがって

$$\frac{\partial^2}{\partial u^2} \nabla \mathcal{L}(u_0, \boldsymbol{\theta}) = \frac{1}{4\pi} \int_{-\pi}^{\pi} \nabla f_{\boldsymbol{\theta}}(\lambda)^{-1} \frac{\partial^2}{\partial u^2} f(u_0, \lambda) \, d\lambda$$

であり，モデルが正しく指定された $f(u, \lambda) = f_{\boldsymbol{\theta}_0(u)}(\lambda)$ の場合には

$$\Gamma(u_0) = \nabla^2 \mathcal{L}(u_0, \boldsymbol{\theta}_0) = \frac{1}{4\pi} \int_{-\pi}^{\pi} \left(\nabla \log f_{\boldsymbol{\theta}_0} \right) \left(\nabla \log f_{\boldsymbol{\theta}_0} \right)' d\lambda$$

となり，式 (13.47) の漸近バイアス $\boldsymbol{\mu}(u_0)$ と中心極限定理 (13.48) の漸近分散が導かれる．$\hat{\boldsymbol{\theta}}_T^W(u_0)$ に関する一様な収束の結果については，定理 13 で述べる．

例 4（tvAR(p) 過程） 正規 tvAR(p) 過程の特別な場合の局所ユール・ウォーカー推定量 (13.7) についての正確な結果は，局所 Whittle 推定量についての上述の結果の特別な場合として従う（Dahlhaus and Giraitis (1998, Section 2) も参照．そこでは tvAR(p) 過程が単独で議論されている）．その場合には，式 (13.6) の $R(u)$ と $r(u)$ を用いて $\Gamma(u) = 1/\sigma^2(u) R(u)$ を得る．さらに，

$$\nabla \mathcal{L}(u, \boldsymbol{\theta}) = \frac{1}{\sigma^2} \left[R(u) \boldsymbol{\alpha} + r(u) \right]$$

であり，これは

$$\boldsymbol{\mu}(u_0) = R(u_0)^{-1} \left[\left(\frac{\partial^2}{\partial u^2} R(u) \right) \boldsymbol{\alpha}(u_0) + \left(\frac{\partial^2}{\partial u^2} r(u) \right) \right]_{u=u_0}$$

を意味する．

$$\mathcal{L}_T^C(u_0, \boldsymbol{\theta}) := \frac{1}{T} \sum_{t=1}^{T} \frac{1}{b} K\left(\frac{u_0 - t/T}{b} \right) \left[\frac{1}{2} \log(2\pi \sigma^2) \right.$$
$$\left. + \frac{1}{2\sigma^2} \left(X_{t,T} + \sum_{j=1}^{p} \alpha_j X_{t-j,T} \right)^2 \right]$$

を最小化することで得られる条件付き尤度推定量についても，正確に同じ漸近結果が得られると推測する．

いま,微分過程を導入する.Dahlhaus and Giraitis (1998) の証明における鍵となる考え方は,もとの過程 $X_{t,T}$ への,時刻 $u_0 \in (0,1)$ における定常近似 $\tilde{X}_t(u_0)$ (証明では,Y_t と表されている) を用いて,この近似を用いることから生じるバイアスを計算することである.Dahlhaus and Subba Rao (2006) と同じようにして,この考え方を拡張し,テイラー型展開 (13.51) を導く.これは,微分過程と呼ばれる (通常,エルゴード的な) 定常過程による,もとの過程の展開である.エルゴード定理を含む定常過程についてのすべての手法が,非定常過程 $X_{t,T}$ の局所的な調査に応用されるであろうから,この展開は強力な道具である.この展開と微分過程を一般的に用いると,証明の一般的な構成が導かれ,導出が大いに単純化される.

すべてを直接計算することができる tvAR(1) の単純な例から始める.そのとき,$X_{t,T}$ は $X_{t,T} + \alpha_1(t/T)X_{t-1,T} = \varepsilon_t$ $(t \in \mathbf{Z})$ によって,時刻 $u_0 = t_0/n$ における定常近似 $\tilde{X}_t(u_0)$ は $\tilde{X}_t(u_0) + \alpha_1(u_0)\tilde{X}_t(u_0) = \varepsilon_t$ $(t \in \mathbf{Z})$ によって定義される.代入を繰り返すことにより,適切な正則条件のもとで,

$$X_{t,T} = \sum_{j=0}^{\infty} (-1)^j \left[\prod_{k=0}^{j-1} \alpha_1 \left(\frac{t-k}{T} \right) \right] \varepsilon_{t-j} = \sum_{j=0}^{\infty} (-1)^j \alpha_1 \left(\frac{t}{T} \right)^j \varepsilon_{t-j} + O_p \left(\frac{1}{T} \right)$$
(13.49)

$$= \tilde{X}_t \left(\frac{t}{T} \right) + O_p \left(\frac{1}{T} \right) = \tilde{X}_t(u_0) + \left(\frac{t}{T} - u_0 \right) \frac{\partial \tilde{X}_t(u)}{\partial u} \Big|_{u=u_0} + O_p \left(\frac{1}{T} \right)$$
(13.50)

となる (厳密な議論については,Dahlhaus (1996a) の Theorem 2.3 の証明を参照).現在の状況においては

$$\frac{\partial \tilde{X}_t(u)}{\partial u} = \sum_{j=0}^{\infty} (-1)^j \frac{\partial \alpha_1(u)^j}{\partial u} \varepsilon_{t-j} = \sum_{j=0}^{\infty} (-1)^j \left[j\, \alpha_1(u)^{j-1} \alpha_1(u)' \right] \varepsilon_{t-j}$$

を得る.つまり,$\partial \tilde{X}_t(u)/\partial u$ は,t における定常エルゴード過程で,$\left| \partial \tilde{X}_t(u)/\partial u \right| \leq \sum_{j=1}^{\infty} j\rho^{j-1} |\varepsilon_{t-j}|$ となる.ここで,$|\rho| < 1$ である.同様にして,

$$X_{t,T} = \tilde{X}_t(u_0) + \left(\frac{t}{T} - u_0 \right) \frac{\partial \tilde{X}_t(u)}{\partial u} \Big|_{u=u_0} + \frac{1}{2} \left(\frac{t}{T} - u_0 \right)^2 \frac{\partial^2 \tilde{X}_t(u)}{\partial u^2} \Big|_{u=u_0}$$
$$+ O_p \left(\left(\frac{t}{T} - u_0 \right)^3 + \frac{1}{T} \right)$$
(13.51)

を得る.ここで,2 次の微分過程 $\partial^2 \tilde{X}_t(u)/\partial u^2 |_{u=u_0}$ は,同様に定義される.厳密な意味で,存在性と一意性を証明することは難しくない.

一般の tvAR(p) 過程についても,同様な結果が成り立つ.ただし,この場合には,微分過程を明示的な形で表すことは難しい.微分過程が

$$\frac{\partial \tilde{X}_t(u)}{\partial u} + \sum_{j=1}^{p} \left(\alpha_j(u) \frac{\partial \tilde{X}_{t-j}(u)}{\partial u} + \alpha_j'(u)\, \tilde{X}_{t-j}(u) \right) = \frac{\partial \sigma(u)}{\partial u} \varepsilon_t$$

13.3 局所尤度，微分過程，時変パラメータを持つ非線形モデル 401

を満たすことに注目することは興味深い．ここで，$\alpha_j'(u)$ は $\alpha_j(u)$ の u に関する導関数を表す．このことは，形式的には，式 (13.3) の両辺を微分することで得られる．さらに，この方程式系が微分過程を一意に定義することが示せる．

式 (13.51) や式 (13.52) のような方程式系を，いくつかの他の局所定常時系列モデルについて確立できるであろう．上述のように，式 (13.51) が定常過程による展開であることが重要な点である．

次の例で，微分過程が局所尤度推定量の性質を導くのに，どのように使われるかを示す．

例 5（tvARCH 過程） 過程 $X_{t,T}$ と $\tilde{X}_t(u_0)$ の定義は上の式 (13.33) と式 (13.34) で，また，局所尤度の定義は式 (13.35) と式 (13.31) ですでに与えられた．Dahlhaus and Subba Rao (2006) の研究の定理 2 と定理 3 において，得られる推定量について一致性と漸近正規性が確立され，特に式 (13.48) が証明された．微分過程は証明の中で主要な役割を演じる．どのようにそれらが使用されるかを簡潔に示す．初めに，過程 $X_{t,T}^2$ のテイラー型展開

$$X_{t,T}^2 = \tilde{X}_t(u_0)^2 + \left(\frac{t}{T} - u_0\right)\frac{\partial \tilde{X}_t(u)^2}{\partial u}\Big|_{u=u_0} + \frac{1}{2}\left(\frac{t}{T} - u_0\right)^2 \frac{\partial^2 \tilde{X}_t(u)^2}{\partial u^2}\Big|_{u=u_0}$$
$$+ O_p\left(\left(\frac{t}{T} - u_0\right)^3 + \frac{1}{T}\right) \tag{13.52}$$

を含めて，微分過程の存在性と一意性が証明された（このモデルにおいては，$X_{t,T}^2$ が一意に定まるので，$X_{t,T}$ よりもむしろ $X_{t,T}^2$ を扱っている）．さらに，$\partial \tilde{X}_t(u)^2/\partial u$ は，ほとんど確実に，形式的に式 (13.34) を微分して得られる式

$$\frac{\partial \tilde{X}_t(u)^2}{\partial u} = \left(\alpha_0'(u) + \sum_{j=1}^{\infty} \alpha_j'(u)\,\tilde{X}_{t-j}(u)^2 + \sum_{j=1}^{\infty} \alpha_j(u)\frac{\partial \tilde{X}_{t-j}(u)^2}{\partial u}\right) Z_t^2 \tag{13.53}$$

の唯一の解である．この式の 2 回微分をとることによって，2 次導関数 $\partial^2 \tilde{X}_t(u)^2/\partial u^2$ などについても同様の式が得られる．

上の証明の鍵となるステップは，式 (13.40) と，この状況でのバイアス項 $\boldsymbol{\mu}^0(\cdot)$ の導出である．この概略を簡潔に述べる．$\boldsymbol{\theta}_0 = \boldsymbol{\theta}_0(u_0)$ について，

$$\nabla \mathcal{B}_T(u_0, \boldsymbol{\theta}_0) = \frac{1}{bT}\sum_{t=1}^{T} K\left(\frac{u_0 - t/T}{b}\right)\left(\nabla \ell_{t,T}(\boldsymbol{\theta}_0) - \nabla \tilde{\ell}_t(u_0, \boldsymbol{\theta}_0)\right)$$

を得る．初めに，$\nabla \ell_{t,T}(\boldsymbol{\theta}_0)$ が $\nabla \tilde{\ell}_t(t/T, \boldsymbol{\theta}_0)$ で置き換えられる．ここでは，詳細は省略する（$X_{t,T}^2$ が $\tilde{X}_t^2(t/T)$ と近似的に同じであるので，これがうまく働く）．そのとき，テイラー型展開が適用される．

$$\nabla\tilde{\ell}_t\left(\frac{t}{T},\boldsymbol{\theta}_0\right)-\nabla\tilde{\ell}_t(u_0,\boldsymbol{\theta}_0)=\left(\frac{t}{T}-u_0\right)\frac{\partial\nabla\tilde{\ell}_t(u,\boldsymbol{\theta}_0)}{\partial u}\rfloor_{u=u_0}$$
$$+\frac{1}{2}\left(\frac{t}{T}-u_0\right)^2\frac{\partial^2\nabla\tilde{\ell}_t(u,\boldsymbol{\theta}_0)}{\partial u^2}\rfloor_{u=u_0} \quad (13.54)$$
$$+\frac{1}{6}\left(\frac{t}{T}-u_0\right)^3\frac{\partial^3\nabla\tilde{\ell}_t(u,\boldsymbol{\theta}_0)}{\partial u^3}\rfloor_{u=\tilde{U}_t}$$

ここで,$\tilde{U}_t \in (0,1]$ は確率変数である.いま,画期的な点は,$\partial\nabla\tilde{\ell}_t(u,\boldsymbol{\theta}_0)/\partial u$ が微分過程 $\partial\tilde{X}_t(u)^2/\partial u$ と過程 $\tilde{X}_t(u)^2$ を用いて明示的に表すことができる点である.つまり,全微分についての式

$$\frac{\partial\nabla\tilde{\ell}_t(u,\boldsymbol{\theta}_0)}{\partial u}$$
$$=\sum_{j=0}^{p}\left(\frac{\partial}{\partial\tilde{X}_{t-j}(u)^2}\left[\frac{\nabla w_t(u,\boldsymbol{\theta}_0)}{w_t(u,\boldsymbol{\theta}_0)}-\frac{\tilde{X}_t(u)^2\nabla w_t(u,\boldsymbol{\theta}_0)}{w_t(u,\boldsymbol{\theta}_0)^2}\right]\times\frac{\partial\tilde{X}_{t-j}(u)^2}{\partial u}\right)$$

を得る.ここで,$w_t(u,\boldsymbol{\theta})=c_0(\boldsymbol{\theta}_0)+\sum_{j=1}^{\infty}c_j(\boldsymbol{\theta})\tilde{X}_{t-j}(u)^2$ である(高次の項についても同じことが成り立つ).特に,$\partial\nabla\tilde{\ell}_t(u,\boldsymbol{\theta}_0)/\partial u$ は,平均が一定の定常過程である.したがって,カーネルの対称性により,膨大ながらも直線的な計算の後に,

$$\sqrt{bT}\Big(\Gamma(u_0)^{-1}\nabla\mathcal{B}_T(u_0,\boldsymbol{\theta}_0)-\frac{b^2}{2}d_K\,\Gamma(u_0)^{-1}\frac{\partial^2}{\partial u^2}\nabla\mathcal{L}(u,\boldsymbol{\theta}_0)\rfloor_{u=u_0}\Big)=o_p(1)$$
$$(13.55)$$

を得る.とても単純な例は tvARCH(0) 過程

$$X_{t,T}=\sigma_{t,T}Z_t,\quad \sigma_{t,T}^2=\alpha_0\left(\frac{t}{T}\right)$$

である.この場合には,$\frac{\partial\tilde{X}_t(u)^2}{\partial u}=\alpha_0'(u)\,Z_t^2$ であり,

$$\frac{\partial^2\nabla\mathcal{L}(u,\boldsymbol{\alpha}_{u_0})}{\partial u^2}\rfloor_{u=u_0}=-\frac{1}{2}\frac{\alpha_0''(u_0)}{\alpha_0(u_0)^2} \quad \text{と} \quad \Sigma(u_0)=\frac{1}{2\alpha_0(u_0)^2}$$

を得る.つまり,$\mu(u_0)=-\alpha_0''(u_0)$ である.これは,どのようにしてバイアスと過程の非定常性が関連付けられるかを説明する別の例である.すなわち,もし過程が定常であれば,$\alpha_0(\cdot)$ の導関数は 0 になり,バイアスも 0 になる.この場合に,最適なバンド幅についての式 (13.13) は

$$b_{opt}(u_0)=\left[\frac{2v_K}{d_K^2}\right]^{1/5}\left[\frac{\alpha_0(u_0)}{\alpha_0''(u_0)}\right]^{2/5}T^{-1/5}$$

を導き,もし,$\alpha_0''(u_0)$ が小さいならば大きなバンド幅が導かれ,逆もまた同じである.注釈 2 と同じようにして,このことは,縮尺されていない場合に "変換する" ことができる.

例 6（tvGARCH 過程） tvGARCH(p,q) 過程は以下の表現を満たす．
$$X_{t,T} = \sigma_{t,T} Z_t$$
ここで，
$$\sigma_{t,T}^2 = \alpha_0\left(\frac{t}{T}\right) + \sum_{j=1}^{p} \alpha_j\left(\frac{t}{T}\right) X_{t-j,T}^2 + \sum_{i=1}^{q} \beta_i\left(\frac{t}{T}\right) \sigma_{t-i,T}^2 \tag{13.56}$$
であり，$\{Z_t\}$ は $\mathbf{E}Z_t = 0$，$\mathbf{E}Z_t^2 = 1$ となる i.i.d. 確率変数列である．時刻 u_0 における対応する定常近似は
$$\tilde{X}_t(u_0) = \sigma_t(u_0) Z_t \quad \text{for } t \in \mathbf{Z}$$
で与えられる．ここで，
$$\sigma_t(u_0)^2 = \alpha_0(u_0) + \sum_{j=1}^{p} \alpha_j(u_0) \tilde{X}_{t-j}(u_0)^2 + \sum_{i=1}^{q} \beta_i(u_0) \sigma_{t-i}(u_0)^2 \tag{13.57}$$
である．$\sup_u \left(\sum_{j=1}^{p} \alpha_j(u) + \sum_{i=1}^{q} \beta_i(u)\right) < 1$ の条件のもとで，Subba Rao (2006, Section 5) は，$X_{t,T}^2 = \tilde{X}_t(u_0)^2 + O_p(|\frac{t}{T} - u_0| + \frac{1}{T})$ を示した．パラメータ $\{\alpha_j(\cdot)\}$ と $\{\beta_i(\cdot)\}$ の推定量を得るために，イノベーション $\{Z_t\}$ が正規であるとして構成される，条件付き疑似尤度の近似が用いられる．無限の過去が観測されないように，観測可能な条件付き疑似尤度の近似は
$$\ell_{t,T}(\boldsymbol{\theta}) = \frac{1}{2}\log w_{t,T}(\boldsymbol{\theta}) + \frac{X_{t,T}^2}{2\,w_{t,T}(\boldsymbol{\theta})} \text{ with } w_{t,T}(\boldsymbol{\theta}) = c_0(\boldsymbol{\theta}) + \sum_{j=1}^{t-1} c_j(\boldsymbol{\theta}) X_{t-j,T}^2 \tag{13.58}$$
となる．ここで，興味のあるパラメータ $\{\alpha_j\}$ と $\{\beta_i\}$ による $c_j(\boldsymbol{\theta})$ についての再帰的な式は，Berkes et al. (2003) に見つけることができる．時変 GARCH パラメータの導関数が存在するならば，式 (13.57) を形式的に微分することができて，
$$\frac{\partial \tilde{X}_t(u)^2}{\partial u} = \frac{\partial \sigma_t(u)^2}{\partial u} Z_t^2$$
$$\frac{\partial \sigma_t(u)^2}{\partial u} = \alpha_0'(u) + \sum_{j=1}^{p}\left(\alpha_j'(u)\,\tilde{X}_{t-j}(u)^2 + \alpha_j(u)\frac{\partial \tilde{X}_{t-j}(u)^2}{\partial u}\right)$$
$$+ \sum_{i=1}^{q}\left(\beta_i'(u)\,\sigma_{t-i}(u)^2 + \beta_i(u)\frac{\partial \sigma_{t-i}(u)^2}{\partial u}\right)$$
を得る．

Subba Rao (2006) は，上記は状態空間表現で表すことができ，ほとんど確実に唯一の解を持ち，それは $\tilde{X}_t(u)^2$ の u に関する導関数となることを示した．したがって，$X_{t,T}^2$ は式 (13.52) の展開を満たす．さらに，Fryzlewicz and Subba Rao (2011) は，tvGARCH 過程の幾何 α 混合を示した．これらの結果とある技術的な仮定のも

とで，定理 2 (i) と定理 3 が，局所近似条件付き疑似尤度推定量について成り立つことを示すことができる．特に，式 (13.55) と類似の結果が成り立つ．ここで，

$$\mathcal{L}(u, \boldsymbol{\theta}) = \mathbf{E}\left(\log\left(c_0(\boldsymbol{\theta}) + \sum_{j=1}^{\infty} c_j(\boldsymbol{\theta})\tilde{X}_{t-j}(u)\right)\right)$$
$$+ \mathbf{E}\left(\frac{\tilde{X}_t(u)^2}{c_0(\boldsymbol{\theta}) + \sum_{j=1}^{\infty} c_j(\boldsymbol{\theta})\tilde{X}_{t-j}(u)^2}\right)$$

である．

Amado and Teräsvirta (2011) は，パラメトリック tvGARCH モデルについて調査した．そこでは，時変パラメータはロジスティック変化関数によってモデル化される．13.2.6 項を参照されたい．

本節で述べられた方法と類似の方法が，Koo and Linton (2010) でも応用されて，局所定常拡散過程のセミパラメトリック推定が調査された．式 (13.42) のようなバイアス項を持つ中心極限定理も証明された．その証明の中で，定常近似 $\tilde{X}_t(u_0)$ とテイラー型展開 (13.51) を用いた．Vogt (2011) は，局所定常独立変数や，時とともに緩やかに変化する回帰関数を許した，非線形ノンパラメトリックモデルについて調査した．

13.4　一般的な定義，線形過程と時変スペクトル密度

一般的な定義についての直観的な考え方は，それぞれの縮尺された時点 U_0 のまわりで局所的に，性質 (13.4) を用いた確率的な意味で，過程 $\{X_{t,T}\}$ が定常過程 $\{\hat{X}_t(u_0)\}$ によって近似できるように要求することである（Dahlhaus and Subba Rao (2006) を参照）．Vogt (2011) は，それぞれの u_0 について定常過程 $\hat{X}_t(u_0)$ が存在して

$$\|X_{t,T} - \hat{X}_t(u_0)\| \leq \left(\left|\frac{t}{T} - u_0\right| + \frac{1}{T}\right) U_{t,T}(u_0) \tag{13.59}$$

となることを要求することで，それを形式化した．ここで，$U_{t,T}(u_0)$ は正の確率過程であり，ある一様なモーメント条件を満たす．しかしながら，今までのところ，そのような一般的な定義に基づく一般的な理論は存在しない．以下では，線形局所定常過程についての一般的な理論を目指す．ある場合には，正規性を仮定したり，正規尤度法やその近似を用いたりもする．この場合には，適合度検定やブートストラップ法などのパラメトリックおよびノンパラメトリックな推測問題を広く扱うことができる，適切に一般的な理論を導くことができる．式 (13.59) を意味する線形過程に適合させた，一般的な定義を用いる．

13.4.1　線形局所定常過程の定義

この定義を時変 MA(∞) 表現

13.4 一般的な定義，線形過程と時変スペクトル密度

$$X_{t,T} = \mu\left(\frac{t}{T}\right) + \sum_{j=-\infty}^{\infty} a_{t,T}(j)\,\varepsilon_{t-j}, \quad \text{ただし，} a_{t,T}(j) \approx a\left(\frac{t}{T}, j\right)$$

によって与える．ここで，係数 $a(\cdot, j)$ は付加的に正則な関数（証明される結果に依存する．詳細は以下で与える）である必要がある．著者はいくつかの論文において，代わりに時変トランスファ関数 $A(\cdot, \lambda)$ を持つ時変スペクトル表現

$$X_{t,T} = \mu\left(\frac{t}{T}\right) + \frac{1}{\sqrt{2\pi}} \int_{-\pi}^{\pi} \exp(i\lambda t)\, A_{t,T}(\lambda)\, d\xi(\lambda),$$
$$\text{ただし，} A_{t,T}(\lambda) \approx A\left(\frac{t}{T}, \lambda\right) \tag{13.60}$$

を用いた．両方の表現は，基本的に同値である．式 (13.78) の導出を参照されたい．以下で述べる結果の中では，"適切な正則条件のもとで…" という定式化がいつも用いられ，原著論文が参照される．しかしながら，すべての結果が仮定 1 のもとで，再度証明されると推測される．このことは，たいていの状況において，周波数領域の証明を時間領域に移すことを意味するので，容易な課題ではないと言える．その場合には，ε_t がマルチンゲール差分列であることのみを要求することは，いくつかの非線形過程もそのような表現を許すので，価値があるだろう．

$$V(g) = \sup\left\{\sum_{k=1}^{m} |g(x_k) - g(x_{k-1})| : 0 \leq x_o < \cdots < x_m \leq 1, m \in \mathbf{N}\right\} \tag{13.61}$$

が g の全変動であるとする．

仮定 1 確率過程の列 $X_{t,T}$ は表現

$$X_{t,T} = \mu\left(\frac{t}{T}\right) + \sum_{j=-\infty}^{\infty} a_{t,T}(j)\,\varepsilon_{t-j} \tag{13.62}$$

を持つ．ここで，μ は有界変動，ε_t は i.i.d. で，$E\varepsilon_t = 0$，$s \neq t$ について $E\varepsilon_s\varepsilon_t = 0$，$E\varepsilon_t^2 = 1$ である．ある $\kappa > 0$ について，

$$\ell(j) := \begin{cases} 1, & |j| \leq 1 \\ |j|\log^{1+\kappa}|j|, & |j| > 1 \end{cases}$$

と

$$\sup_t |a_{t,T}(j)| \leq \frac{K}{\ell(j)} \quad \text{（ただし，K は T と独立）} \tag{13.63}$$

とする．さらに，関数 $a(\cdot, j) : (0, 1] \to \mathbf{R}$ が存在して

$$\sup_u |a(u, j)| \leq \frac{K}{\ell(j)} \tag{13.64}$$

$$\sup_j \sum_{t=1}^{T} \left| a_{t,T}(j) - a\left(\frac{t}{T}, j\right) \right| \leq K \tag{13.65}$$

$$V(a(\cdot,j)) \leq \frac{K}{\ell(j)} \tag{13.66}$$

を満たすと仮定する．

上の仮定は，係数関数について，有界変動だけが要求されるという意味で弱いものである．特に，局所的な結果のために，より強い滑らかさの仮定を課す必要がある．例えば，加えて，ある i について

$$\sup_u \left|\frac{\partial^i \mu(u)}{\partial u^i}\right| \leq K \tag{13.67}$$

$$\sup_u \left|\frac{\partial^i a(u,j)}{\partial u^i}\right| \leq \frac{K}{\ell(j)} \quad \text{for } j = 0, 1, \ldots \tag{13.68}$$

と式 (13.65) の代わりに，より強い仮定

$$\sup_{t,T} \left|a_{t,T}(j) - a\left(\frac{t}{T}, j\right)\right| \leq \frac{K}{T\,\ell(j)} \tag{13.69}$$

が必要となる．一見したところ，$a_{t,T}(j)$ と $a(t/T, j)$ の構成は複雑に見える．関数 $a(\cdot, j)$ は，縮尺をし，必要となる滑らかさの条件を課すために必要である．一方で，付加的に $a_{t,T}(j)$ を用いることにより，クラスを十分に豊かにして，tvAR モデルのような興味深い場合を含むことができる（AR(1) の場合，この理由は式 (13.49) から理解できる）．Cardinali and Nason (2010) は，$(a(t/T, j), a_{t,T}(j))$ について，"近いペア"という用語を用いた．通常，加えて，ε_t についてのモーメント条件が必要となる．

定常近似と微分過程の構成はまっすぐである．

$$\tilde{X}_t(u) := \mu(u) + \sum_{j=-\infty}^{\infty} a(u,j)\,\varepsilon_{t-j}$$

と

$$\frac{\partial^i \tilde{X}_t(u)}{\partial u^i} = \frac{\partial^i \mu(u)}{\partial u^i} + \sum_{j=-\infty}^{\infty} \frac{\partial^i a(u,j)}{\partial u^i}\,\varepsilon_{t-j}$$

を得る．また，式 (13.59) と，より一般的な展開 (13.51) は容易に証明できる．時変スペクトル密度関数を

$$f(u,\lambda) := \frac{1}{2\pi}\left|A(u,\lambda)\right|^2 \tag{13.70}$$

によって定義する．ここで，

$$A(u,\lambda) := \sum_{j=-\infty}^{\infty} a(u,j)\,\exp(-i\lambda j) \tag{13.71}$$

である．また，縮尺された時刻 u におけるラグ k の時変共分散は

$$c(u,k) := \int_{-\pi}^{\pi} f(u,\lambda)\,\exp(i\lambda k)\,d\lambda = \sum_{j=-\infty}^{\infty} a(u,k+j)\,a(u,j) \tag{13.72}$$

13.4 一般的な定義，線形過程と時変スペクトル密度

で定義される．$f(u,\lambda)$ と $c(u,k)$ は定常近似 $\tilde{X}_t(u)$ のスペクトル密度と共分散関数である．仮定 1 と式 (13.69) のもとで，

$$\text{cov}(X_{[uT],T}, X_{[uT]+k,T}) = c(u,k) + O(T^{-1}) \tag{13.73}$$

を u と k に関して一様に示すことができる．したがって，$c(u,k)$ を過程 $X_{t,T}$ の時変共分散とも呼ぶ．定理 4 において，$f(u,\lambda)$ が $X_{t,T}$ の一意に定義される時変スペクトル密度であることを示す．

例 7 (i) 上の仮定を満たす過程 $X_{t,T}$ の単純な例は，$X_{t,T} = \mu(\frac{t}{T}) + \phi(\frac{t}{T})Y_t$ である．ここで，$Y_t = \Sigma_j a(j)\varepsilon_{t-j}$ は定常で $|a(j)| \leq K/\ell(j)$ であり，μ と ϕ は有界変動である．もし，Y_t が単位円に近い複素根を持つ AR(2) 過程であるならば，Y_t は周期的な振る舞いを示し，$\phi(\cdot)$ は過程 $X_{t,T}$ の時変振幅調整関数と見なされるだろう．$\phi(\cdot)$ はパラメトリックかノンパラメトリックかのどちらかであろう．

(ii) tvARMA(p,q) 過程

$$\sum_{j=0}^{p} \alpha_j\left(\frac{t}{T}\right) X_{t-j,T} = \sum_{k=0}^{q} \beta_k\left(\frac{t}{T}\right) \sigma\left(\frac{t-k}{T}\right) \varepsilon_{t-k} \tag{13.74}$$

ここで，ε_t は $E\varepsilon_t = 0$, $E\varepsilon_t^2 < \infty$ となる i.i.d. である．また，すべての $\alpha_j(\cdot)$, $\beta_k(\cdot)$, $\sigma^2(\cdot)$ は有界変動で，$\alpha_0(\cdot) \equiv \beta_0(\cdot) \equiv 1$ であり，すべての u について，かつ，ある $\delta > 0$ に関してすべての $|z| \leq 1+\delta$ について，$\sum_{j=0}^{p}\alpha_j(u)z^j \neq 0$ であり，仮定 1 を満たす．もし，パラメータが微分可能で，有界な導関数を持つならば，式 (13.67)〜(13.69) も（$i=1$ について）満たされる．時変スペクトル密度関数は

$$f(u,\lambda) = \frac{\sigma^2(u)}{2\pi} \frac{|\sum_{k=0}^{q}\beta_k(u)\exp(i\lambda k)|^2}{|\sum_{j=0}^{p}\alpha_j(u)\exp(i\lambda j)|^2} \tag{13.75}$$

となる．これは Dahlhaus and Polonik (2006) によって証明された．$\alpha_j(\cdot)$ と $\beta_k(\cdot)$ は，パラメトリックとノンパラメトリックのどちらにもできる．

時変 MA(∞) 表現 (13.62) は，例えば Dahlhaus (1997, 2000) の研究で用いられた時変スペクトル表現に，容易に変換することができる．ε_t が定常であると仮定すると，Cramér 表現（Brillinger (1981) を参照）

$$\varepsilon_t = \frac{1}{\sqrt{2\pi}} \int_{-\pi}^{\pi} \exp(i\lambda t)\, d\xi(\lambda) \tag{13.76}$$

が存在する．ただし，$\xi(\lambda)$ は平均 0 の過程で，直交増分を持つ．ここで，

$$A_{t,T}(\lambda) := \sum_{j=-\infty}^{\infty} a_{t,T}(j)\exp(-i\lambda j) \tag{13.77}$$

とする．そのとき，

$$X_{t,T} = \frac{1}{\sqrt{2\pi}} \int_{-\pi}^{\pi} \exp(i\lambda t)\, A_{t,T}(\lambda)\, d\xi(\lambda) \tag{13.78}$$

となる．いま，式 (13.69) は，上で引用された論文で仮定されたように，

$$\sup_{t,\lambda} |A_{t,T}(\lambda) - A\left(\frac{t}{T}, \lambda\right)| \leq KT^{-1} \qquad (13.79)$$

を意味する．逆に，もし式 (13.78) と式 (13.79) から始めたならば，$A(u,\lambda)$ についての適切な滑らかさの条件から，仮定 1 の条件を導くことができる．

ここで，スペクトル表現の一意性について述べる．固定した T についての Wigner–Ville スペクトル (Martin and Flandrin (1985) を参照) は，式 (13.62) の $X_{t,T}$ を用いて，

$$f_T(u, \lambda) := \frac{1}{2\pi} \sum_{s=-\infty}^{\infty} \operatorname{cov}(X_{[uT-s/2],T}, X_{[uT+s/2],T}) \exp(-i\lambda s)$$

である（$u \notin [0,1]$ について，係数を定数とするか，または 0 として拡張する）．以下で，$f_T(u,\lambda)$ が式 (13.70) で定義された $f(u,\lambda)$ に平均 2 乗収束することを証明する．したがって，$f(u,\lambda)$ を過程の時変スペクトル密度と呼ぶことが正当化される．

定理 4 $X_{t,T}$ が局所定常で，すべての j について，仮定 1 と式 (13.68) を満たすとする．そのとき，すべての $u \in (0,1)$ について，

$$\int_{-\pi}^{\pi} |f_T(u,\lambda) - f(u,\lambda)|^2 d\lambda = o(1)$$

を得る．

証明 異なる条件の集合のもとで，Dahlhaus (1996b) によって結果は証明された．現在の条件のもとで結果を証明することも，非常に難しいわけではない． □

結果として，時変スペクトル密度 $f(u,\lambda)$ は一意に定義される．加えて，過程 $X_{t,T}$ が非正規ならば，$A(u,\lambda)$, したがって係数 $a(u,j)$ も一意に定まる．このことは，高次スペクトルを考慮に入れることで，同様に証明されるだろう．$\mu(t/T)$ も過程の平均であるので，一意に定まる．縮尺されない場合には，時変過程は唯一のスペクトル密度や唯一の時変スペクトル表現を持たないので (Priestley (1981, Chapter 11.1), Mélard and Herteleer-de-Schutter (1989) を参照)，このことは注目に値する．定理 4 の $f(u,\lambda)$ は（特に tvAR 過程について (Kitagawa and Gersch, 1985)）瞬時スペクトル (instantaneous spectrum) と呼ばれた．上述の定理は，この定義の理論的な正当化を与える．

唯一の時変スペクトル密度を持つことは，大きな恩恵をもたらす．いま，このことについての例を与える．正規過程についてのカルバック・ライブラー情報量の極限を導き，それが $f(u,\lambda)$ に依存していることを示す．これをスペクトル推定量で置き換えたものは，定常過程についての Whittle 尤度と同様に，パラメトリックモデルについての疑似尤度を導く．唯一のスペクトル密度なしに，このような構成は不可能である．

13.4 一般的な定義，線形過程と時変スペクトル密度

正確な正規最尤推定量

$$\hat{\eta}_T^{ML} := \operatorname*{argmin}_{\eta \in \Theta_\eta} \mathcal{L}_T^E(\eta)$$

を考える．ここで，η は（式 (13.20) と同様に）有限次元パラメータであり，$\mathbf{X} = (X_{1,T}, \ldots, X_{T,T})'$, $\mu_\eta = (\mu_\eta(1/T), \ldots, \mu_\eta(T/T))'$ と Σ_η をモデルの共分散行列として，

$$\mathcal{L}_T^E(\eta) = \frac{1}{2}\log(2\pi) + \frac{1}{2T}\log\det\Sigma_\eta + \frac{1}{2T}(\mathbf{X} - \mu_\eta)'\Sigma_\eta^{-1}(\mathbf{X} - \mu_\eta) \quad (13.80)$$

である．ある正則条件のもとで，$\hat{\eta}_T^{ML}$ は

$$\eta_0 := \operatorname*{argmin}_{\eta \in \Theta_\eta} \mathcal{L}(\eta) \quad (13.81)$$

に収束する．ここで，

$$\mathcal{L}(\eta) := \lim_{T \to \infty} \mathbf{E}\,\mathcal{L}_T^E(\eta)$$

である．もしモデルが正しいならば，一般的には η_0 は真のパラメータ値となる．さもなければ，パラメータ空間の上へのある "射影" (projection) となる．したがって，$\mathcal{L}(\eta)$ を計算することは重要であり，それはカルバック・ライブラー情報量の計算と同値である．

定理 5 $X_{t,T}$ は局所定常過程であり，真の平均，および，スペクトル密度曲線 $\mu(\cdot)$, $f(u,\lambda)$ とそれらに対応するモデル曲線 $\mu_\eta(\cdot)$, $f_\eta(u,\lambda)$ を持つとする．適切な正則条件のもとで，

$$\begin{aligned}\mathcal{L}(\eta) &= \lim_{T \to \infty} \mathbf{E}\,\mathcal{L}_T^E(\eta) \\ &= \frac{1}{4\pi}\int_0^1\int_{-\pi}^\pi \left\{\log 4\pi^2 f_\eta(u,\lambda) + \frac{f(u,\lambda)}{f_\eta(u,\lambda)}\right\} d\lambda\,du \\ &\quad + \frac{1}{4\pi}\int_0^1 \frac{(\mu_\eta(u) - \mu(u))^2}{f_\eta(u,0)}\,du\end{aligned}$$

を得る．

証明 Dahlhaus (1996b, Theorem 3.4) を参照されたい． □

定常過程についてのカルバック・ライブラー情報量は，これの特別な場合として得られる (Parzen (1983) を参照).

例 8 モデルが定常であると仮定する．つまり，$f_\eta(\lambda) := f_\eta(u,\lambda)$ と $m := \mu_\eta(u)$ は u に依存しない．そのとき，

$$\mathcal{L}(\eta) = \frac{1}{4\pi}\int_{-\pi}^\pi \left\{\log 4\pi^2 f_\eta(\lambda) + \frac{\int_0^1 f(u,\lambda)\,du}{f_\eta(\lambda)}\right\} d\lambda$$

$$+ \frac{1}{4\pi} f_\eta(0)^{-1} \int_0^1 (m - \mu(u))^2 du$$

である.つまり,$m_0 = \int_0^1 \mu(u) du$ と $f_{\eta_0}(\lambda)$ は,時間積分された真のスペクトル $\int_0^1 f(u, \lambda)\, du$ への最良近似を与える.これらは,局所定常データに定常モデルが当てはめられたときの,MLE や疑似 MLE によって "推定される" 値である.

いま,定理 5 のようにして与えられた $\mathcal{L}(\eta)$ の形式に対して,疑似尤度規準

$$\mathcal{L}_T^{QL}(\eta) = \frac{1}{4\pi} \int_0^1 \int_{-\pi}^{\pi} \left\{ \log 4\pi^2 f_\eta(u, \lambda) \right. \\ \left. + \frac{\hat{f}(u, \lambda)}{f_\eta(u, \lambda)} \right\} d\lambda\, du + \frac{1}{4\pi} \int_0^1 \frac{(\mu_\eta(u) - \hat{\mu}(u))^2}{f_\eta(u, 0)} du$$

を提案することができる.ここで,$\hat{f}(u, \lambda)$ と $\hat{\mu}(u)$ は,それぞれ $f(u, \lambda)$ と $\mu(u)$ の適切なノンパラメトリック推定量である.式 (13.21) のブロック Whittle 尤度 $\mathcal{L}_T^{BW}(\eta)$ と,式 (13.89) の一般化 Whittle 尤度 $\mathcal{L}_T^{GW}(\eta)$ はこの形式である.

いま,パラメータ推定の有効性 (efficiency) を研究するために,フィッシャー情報量 (Fisher information) 行列

$$\Gamma := \lim_{T \to \infty} T\, \mathbf{E}_{\eta_0} \left(\nabla \mathcal{L}_T^E(\eta_0) \right) \left(\nabla \mathcal{L}_T^E(\eta_0) \right)'$$

を計算する(定理 8 も参照).

定理 6 $X_{t,T}$ を,正しく特定された平均曲線 $\mu_\eta(u)$ と時変スペクトル密度 $f_\eta(u, \lambda)$ を持つ局所定常過程とする.適切な正則条件のもとで

$$\Gamma = \frac{1}{4\pi} \int_0^1 \int_{-\pi}^{\pi} (\nabla \log f_{\eta_0})(\nabla \log f_{\eta_0})'\, d\lambda\, du \\ + \frac{1}{2\pi} \int_0^1 (\nabla \mu_{\eta_0}(u))(\nabla \mu_{\eta_0}(u))' f_{\eta_0}^{-1}(u, 0)\, du$$

を得る.

証明 Dahlhaus (1996b, Theorem 3.6) を参照されたい. □

どのようにして時変スペクトル密度関数を推定できるかについて,簡潔に述べる.前節の議論に従って,古典的な線分上の "定常な" 平滑化ペリオドグラム推定量から始める.$I_T(u, \lambda)$ を,式 (13.19) で定義された u のまわりの長さ N の線分上のテーパーされたペリオドグラムとする.定常な場合でさえ,$I_T(u, \lambda)$ はスペクトルの一致推定量ではないので,隣接する周波数において,平滑化する必要がある.したがって,

$$\hat{f}_T(u, \lambda) := \frac{1}{b_f} \int K_f\left(\frac{\lambda - \mu}{b_f}\right) I_T(u, \mu)\, d\mu \qquad (13.82)$$

とする.ここで,K_f は対称なカーネルで,$\int K_f(x)\, dx = 1$ であり,b_f は周波数方

13.4 一般的な定義，線形過程と時変スペクトル密度

向のバンド幅である．以下の定理 7 は，推定量がカーネル

$$K_t(x) := \left\{\int_0^1 h(x)^2 dx\right\}^{-1} h(x+1/2)^2, \quad x \in [-1/2, 1/2] \quad (13.83)$$

とバンド幅 $b_t := N/T$ の，時間方向のカーネル推定量でもあることを，暗に示している．つまり，推定量は周波数と時間方向の二つの畳み込みカーネルを持つカーネル推定量のように振る舞う．漸近的に同等な推定量の一つは，カーネル推定量

$$\tilde{f}_T(u,\lambda) := \frac{2\pi}{T^2}\sum_{t=1}^{T}\sum_{j=1}^{T}\frac{1}{b_t}K_t\left(\frac{u-t/T}{b_t}\right)\frac{1}{b_f}K_f\left(\frac{\lambda-\lambda_j}{b_f}\right)J_T\left(\frac{t}{T},\lambda_j\right) \quad (13.84)$$

である．ここで，$J_T(u,\lambda)$ は式 (13.88) で定義されるプレペリオドグラム（preperiodogram）である．式 (13.82) における周波数方向の積分を，フーリエ周波数の和で置き換えることもできるだろう．

定理 7 $X_{t,T}$ を $\mu(\cdot) \equiv 0$ である局所定常過程とする．適切な正則条件のもとで，

(i) $\mathbf{E}I_T(u,\lambda) = f(u,\lambda) + \frac{1}{2}b_t^2\int_{-1/2}^{1/2}x^2 K_t(x)\,dx\,\frac{\partial^2}{\partial u^2}f(u,\lambda) + o(b_t^2)$
$\qquad + O\left(\frac{\log(b_t T)}{b_t T}\right)$

(ii) $\mathbf{E}\hat{f}_T(u,\lambda) = f(u,\lambda) + \frac{1}{2}b_t^2\int_{-1/2}^{1/2}x^2 K_t(x)\,dx\,\frac{\partial^2}{\partial u^2}f(u,\lambda)$
$\qquad + \frac{1}{2}b_f^2\int_{-1/2}^{1/2}x^2 K_f(x)\,dx\,\frac{\partial^2}{\partial \lambda^2}f(u,\lambda) + o\left(b_t^2+b_f^2 + \frac{\log(b_t T)}{b_t T}\right)$

(iii) $\operatorname{var}(\hat{f}_T(u,\lambda))$
$\qquad = (b_t b_f T)^{-1}2\pi f(u,\lambda)^2\int_{-1/2}^{1/2}K_t(x)^2 dx\int_{-1/2}^{1/2}K_f(x)^2 dx\,(1+\delta_{\lambda 0})$

を得る．

証明 証明の概略は，Dahlhaus (1996c, Theorem 2.2) に見つかる． $\square$

$\hat{f}$ の初めのバイアス項は非定常性によるものであり，一方，2 番目の項は周波数方向のスペクトルの変動によるものであることに注意する．

注釈 1 のように，相対平均 2 乗誤差 $\mathrm{RMSE}(\hat{f}) := E(\hat{f}(u,\lambda)/f(u,\lambda)-1)^2$ を b_f, b_t （つまり，N）と K_f, K_t （つまり，データテーパー h）に関して最小化することが考えられる．これは，Dahlhaus (1996c, Theorem 2.3) で行われた．結果として，

$$\Delta_u := \frac{\partial^2}{\partial u^2}f(u,\lambda)\Big/ f(u,\lambda), \quad \Delta_\lambda := \frac{\partial^2}{\partial \lambda^2}f(u,\lambda)\Big/ f(u,\lambda)$$

を用いて，

$$b_t^{\text{opt}} = T^{-1/6}(576\pi)^{1/6}\left(\frac{\Delta_\lambda}{\Delta_u^5}\right)^{1/12}, \quad b_f^{\text{opt}} = T^{-1/6}(576\pi)^{1/6}\left(\frac{\Delta_u}{\Delta_\lambda^5}\right)^{1/12}$$

と,最適なカーネル $K_t^{\text{opt}}(x) = K_f^{\text{opt}}(x) = 6\left(1/4 - x^2\right)$ および最適な収束率 $T^{-2/3}$ によって,最適な RMSE が得られた.

関係 $b_t = N/T$ と式 (13.83) から,最適な線分の長さと最適なデータテーパー h が直ちに導かれる.定理 7 の結果はとても理にかなっている.すなわち,非定常性の程度が小さければ,Δ_u は小さくなり,b_t^{opt} は大きくなる.f の周波数方向での変動が小さければ,Δ_λ が小さくなり,b_f^{opt} は小さくなる(時間方向よりも周波数方向でより多くの平滑化が行われる).これは,どのようにして,非定常性によるバイアスが局所定常性の方法によって測られ,他のバイアス項や分散項とつり合わされるかを示す,もう一つの例である.もちろん,バンド幅パラメータのデータ適合な選択は,残された課題である.推定量の漸近正規性は定理 11 から導くことができる(Dahlhaus (2009, Example 4.2) を参照).

Rosen et al. (2009) は,局所スペクトルの対数を,スプラインのベイズ混合を用いて推定した.データの分割上の対数スペクトルは,個々の対数スペクトルの混合であると仮定して,時変混合加重を持つ平滑化スプラインの混合を用いて,エボリューショナリー対数スペクトルを推定した.Guo et al. (2003) は,平滑化スプライン ANOVA を用いて,時変対数スペクトルを推定した.

13.5 局所定常過程についての正規尤度理論

単変量定常過程についての尤度理論の基礎は,Whittle (1953, 1954) に帰する.これは後に,多くの著者により何度も取り上げられ,議論が続けられた.多数の論文の中で,単変数時系列については Dzhaparidze (1971) と Hannan (1973),多変数時系列については Dunsmuir (1979),誤指定した多変量時系列については,例えば Hosoya and Taniguchi (1982) を挙げる.この尤度理論についての一般的な概観,特に定常モデルについての Whittle 推定は,Dzhaparidze (1986) と Taniguchi and Kakizawa (2000) のモノグラフに見つかるだろう.

実用上の観点から,この理論の最も有名な成果は,負の対数正規尤度 (13.80) の近似としての,Whittle 尤度

$$\frac{1}{4\pi}\int_{-\pi}^{\pi}\left\{\log 4\pi^2 f_\eta(\lambda) + \frac{I_T(\lambda)}{f_\eta(\lambda)}\right\}d\lambda \qquad (13.85)$$

である.ここで,$I_T(\lambda)$ はペリオドグラムである.この尤度は,古典的な枠組みを超えたところでも用いられてきた.例えば,Mikosch et al. (1995) はイノベーションが裾の重い分布を持つ線形過程について,Fox and Taqqu (1986) は長期記憶過程について,Robinson (1995) は長期記憶過程のセミパラメトリック推定量の構成について,この尤度を用いた.

13.5 局所定常過程についての正規尤度理論

この尤度の理論の成果は，Whittle 尤度の構成を超越する．技術的な核は，Toeplitz 行列の理論と，特に，逆関数の Toeplitz 行列による Toeplitz 行列の逆行列の近似である．もとの正規尤度から Whittle 尤度を導くこの近似は，本質的である．さらに，理論は，Hájek–Le Cam の意味での正規定常過程の実験列の収束を導き，多くの検定の性質を構成し，正確な MLE と Whittle 推定量の性質を導くために用いることができる（Dzhaparidze (1986)，Taniguchi and Kakizawa (2000) を参照）．

局所定常過程について，この尤度理論はうまい具合に一般化されて，定常過程についての古典的な尤度理論が特別な場合として現れることがわかる．技術的に述べると，このことは，特に，局所定常過程向けに調整された Toeplitz 行列の一般化（式 (13.92) で定義される行列 $U_T(\phi)$）によって達成される．

この理論に由来するいくつかの結果は，すでに 13.4 節で述べられている．すなわち，定理 5 のカルバック・ライブラー情報量の極限と，定理 6 のフィッシャー情報量の極限である．ここでは，さらなる結果について述べる．Whittle 型尤度を導くペリオドグラムの分割から始める．

$$I_T(\lambda)$$

$$= \frac{1}{2\pi T} \Big| \sum_{r=1}^{T} X_r \exp(-i\lambda r) \Big|^2$$

$$= \frac{1}{2\pi} \sum_{k=-(T-1)}^{T-1} \left(\frac{1}{T} \sum_{t=1}^{T-|k|} X_t X_{t+|k|} \right) \exp(-i\lambda k) \qquad (13.86)$$

$$= \frac{1}{T} \sum_{t=1}^{T} \frac{1}{2\pi} \sum_{\substack{k \\ 1 \leq [t+0.5+k/2], [t+0.5-k/2] \leq T}} X_{[t+0.5+k/2],T} X_{[t+0.5-k/2],T} \exp(-i\lambda k)$$

$$= \frac{1}{T} \sum_{t=1}^{T} J_T\left(\frac{t}{T}, \lambda\right) \qquad (13.87)$$

を得る．ここで，プレペリオドグラムと呼ばれる

$$J_T(u,\lambda)$$
$$:= \frac{1}{2\pi} \sum_{\substack{k \\ 1 \leq [uT+0.5+k/2], [uT+0.5-k/2] \leq T}} X_{[uT+0.5+k/2],T} X_{[uT+0.5-k/2],T} \exp(-i\lambda k) \qquad (13.88)$$

は，時刻 t におけるペリオドグラムの局所版と見なせるだろう．もとのペリオドグラム $I_T(\lambda)$ が，線分全体にわたるラグ k の共分散推定量のフーリエ変換である（式 (13.86) を参照）のに対して，プレペリオドグラムは，組 $X_{[t+0.5+k/2]} X_{[t+0.5-k/2]}$ だけを時刻 t におけるラグ k の共分散の "局所推定量" のようにして用いている（$[t+0.5+k/2] - [t+0.5-k/2] = k$ に注意）．プレペリオドグラムは，時変スペクトル密度のウェーブレット推定の出発点として，Neumann and von Sachs (1997)

によって導入された．上述の分割は，ペリオドグラムは，プレペリオドグラムの時間にわたる平均であることを意味する．

式 (13.85) の $I_T(\lambda)$ を上述のプレペリオドグラムの平均で置き換えて，その後，モデルスペクトル密度 $f_\eta(\lambda)$ を非定常モデルの時変スペクトル密度 $f_\eta(u,\lambda)$ で置き換えると，"一般化 Whittle 尤度"

$$\mathcal{L}_T^{GW}(\eta) := \frac{1}{T} \sum_{t=1}^T \frac{1}{4\pi} \int_{-\pi}^{\pi} \left\{ \log 4\pi^2 f_\eta\left(\frac{t}{T},\lambda\right) + \frac{J_T(\frac{t}{T},\lambda)}{f_\eta(\frac{t}{T},\lambda)} \right\} d\lambda \qquad (13.89)$$

を得る．もし，当てはめられたモデルが定常，つまり，$f_\eta(u,\lambda) = f_\eta(\lambda)$ であったならば，(式 (13.87) により) 上述の尤度は Whittle 尤度と等しくなり，古典的な Whittle 推定量を得る．したがって，上述の尤度は，非定常過程への Whittle 尤度の真の一般化である．定理 9 において，この尤度は，局所定常過程の正規対数尤度の接近した近似であることを示す．特に，式 (13.21) のブロック Whittle 尤度 $\mathcal{L}_T^{BW}(\eta)$ よりも良い近似である (と予想できる)．

ここで，パラメトリックな場合の漸近正規性の結果を簡潔に述べる．例として，13.2.4 項の多項式パラメータ曲線を持つ tvAR(2) がある．

$$\hat{\eta}_T^{GW} := \operatorname*{argmin}_{\eta \in \Theta_\eta} \mathcal{L}_T^{GW}(\eta) \qquad (13.90)$$

を対応する疑似尤度推定量とし，$\hat{\eta}_T^{ML}$ を式 (13.80) で定義された正規 MLE，η_0 を式 (13.81) で与えられたものとする．つまり，モデルは誤指定されるかもしれないとする．

定理 8 $X_{t,T}$ を局所定常過程であるとする．適切な正則条件のもとで，$\mu(\cdot) = \mu_\eta(\cdot) = 0$ の場合に，

$$\sqrt{T}(\hat{\eta}_T^{GW} - \eta_0) \xrightarrow{\mathcal{D}} \mathcal{N}(0, \Gamma^{-1} V \Gamma^{-1}), \quad \sqrt{T}(\hat{\eta}_T^{ML} - \eta_0) \xrightarrow{\mathcal{D}} \mathcal{N}(0, \Gamma^{-1} V \Gamma^{-1})$$

を得る．ここで，

$$\Gamma_{ij} = \frac{1}{4\pi} \int_0^1 \int_{-\pi}^{\pi} (f - f_{\eta_0}) \nabla_{ij} f_{\eta_0}^{-1} \, d\lambda \, du$$
$$+ \frac{1}{4\pi} \int_0^1 \int_{-\pi}^{\pi} (\nabla_i \log f_{\eta_0})(\nabla_j \log f_{\eta_0}) \, d\lambda \, du$$

$$V_{ij} = \frac{1}{4\pi} \int_0^1 \int_{-\pi}^{\pi} f (\nabla_i f_\eta^{-1}) f (\nabla_j f_\eta^{-1}) \, d\lambda \, du$$

である．モデルが正しく指定された場合には，$V = \Gamma$ であり，Γ は定理 6 と同じになる．つまり，両方の推定量は漸近的に Fisher 有効である．さらに，実験列は局所漸近正規 (locally asymptotically normal; LAN) であり，両方の推定量は，局所漸近ミニマックス (locally asymptotically minimax; LAM) である．

証明 Dahlhaus（2000, Theorem 3.1）を参照されたい．MLE についての LAN と LAM は，Dahlhaus (1996b, Theorem 4.1, 4.2) で証明された．これらの結果と一般化 Whittle 推定量の LAM 性も，Dahlhaus (2000) の技術的な補題から従う（この論文の Remark 3.3 を参照）． □

多変量の場合や，$\mu(\cdot) \neq 0$ または $\mu_\eta(\cdot) \neq 0$ の場合の対応する結果は Dahlhaus (2000, Theorem 3.1) に見つかる．

$\mathcal{L}_T^{GW}(\eta)$ をより深く調査すると，それは，共分散行列の逆行列を近似することによって，正規対数尤度から導かれることが明らかになる．$\underline{X} = (X_{1,T}, \ldots, X_{T,T})'$, $\underline{\mu} = (\mu(\frac{1}{T}), \ldots, \mu(\frac{T}{T}))'$ とし，$\Sigma_T(A, B)$ と $U_T(\phi)$ を (r, s) 要素が

$$\Sigma_T(A, B)_{r,s} = \frac{1}{2\pi} \int_{-\pi}^{\pi} \exp\left(i\lambda(r-s)\right) A_{r,T}(\lambda) B_{s,T}(-\lambda) d\lambda \tag{13.91}$$

および

$$U_T(\phi)_{r,s} = \int_{-\pi}^{\pi} \exp\left(i\lambda(r-s)\right) \phi\left(\frac{1}{T}\left[\frac{r+s}{2}\right]^*, \lambda\right) d\lambda \tag{13.92}$$

である $T \times T$ 行列とする $(r, s = 1, \ldots, T)$．ここで，関数 $A_{r,T}(\lambda)$, $B_{r,T}(\lambda)$, $\phi(u, \lambda)$ は，ある正則条件を満たすとする（$A_{r,T}(\lambda)$, $B_{r,T}(\lambda)$ はトランスファ関数，または式 (13.77) で定義されたそれらの導関数である）．$[x]^* = [x]$ は x 以下の最大の整数を表すとする（角括弧の記号と区別するために * を加えた）．直接計算することにより，

$$\mathcal{L}_T^{GW}(\eta) = \frac{1}{4\pi} \frac{1}{T} \sum_{t=1}^{T} \int_{-\pi}^{\pi} \log\left[4\pi^2 f_\eta\left(\frac{t}{T}, \lambda\right)\right] d\lambda + \frac{1}{8\pi^2 T} \left(\underline{X} - \underline{\mu}_\eta\right)'$$
$$\times U_T\left(f_\eta^{-1}\right) \left(\underline{X} - \underline{\mu}_\eta\right) \tag{13.93}$$

を得る．さらに，正確な正規尤度は

$$\mathcal{L}_T^E(\eta) := \frac{1}{2}\log(2\pi) + \frac{1}{2T}\log\det\Sigma_\eta + \frac{1}{2T}\left(\underline{X} - \underline{\mu}_\eta\right)' \Sigma_\eta^{-1} \left(\underline{X} - \underline{\mu}_\eta\right) \tag{13.94}$$

となる．ここで，$\Sigma_\eta = \Sigma_T(A_\eta, A_\eta)$ である．

以下の命題 1 は，$U_T(\frac{1}{4\pi^2} f_\eta^{-1})$ が Σ_η^{-1} の近似であることを述べている．命題 2 の Szegö 恒等式の一般化と合わせると，これは，$\mathcal{L}_T^{GW}$ が $\mathcal{L}_T^E$ の近似であることを意味する（定理 9 を参照）．モデルが定常であれば，A_η は時間において一定であり，$\Sigma_\eta = \Sigma_T(A_\eta, A_\eta)$ は，スペクトル密度 $f_\eta(\lambda) = \frac{1}{2\pi}|A_\eta|^2$ の Toeplitz 行列である．一方で，$U_T(\frac{1}{4\pi^2} f_\eta^{-1})$ は，$\frac{1}{4\pi^2} f_\eta^{-1}$ の Toeplitz 行列である．これは，Whittle 尤度を導く古典的な行列近似である (Dzhaparidze (1986) を参照)．

命題 1 適切な正則条件のもとで，それぞれの $\varepsilon > 0$ と，ユークリッドノルムについて

$$\frac{1}{T} \left| \Sigma_T(A, A)^{-1} - U_T(\{2\pi A\bar{A}'\}^{-1}) \right|_2^2 = O(T^{-1+\varepsilon}) \tag{13.95}$$

および

$$\frac{1}{T} \left\| U_T(\phi)^{-1} - U_T(\{4\pi^2 \phi\}^{-1}) \right\|_2^2 = O(T^{-1+\varepsilon})$$

を得る．

証明　Dahlhaus (2000, Proposition 2.4) を参照されたい．　□

上述の近似を用いると，以下の Szegö 恒等式 (Grenander and Szegö (1958, Section 5.2) を参照) の局所定常過程への一般化を証明することができる．

命題 2　適切な正則条件のもとで，$f(u,\lambda) = \frac{1}{2\pi}|A(u,\lambda)|^2$ として，それぞれの $\varepsilon > 0$ について，

$$\frac{1}{T}\log\det\Sigma_T(A,A) = \frac{1}{2\pi}\int_0^1\int_{-\pi}^{\pi}\log\left[2\pi f(u,\lambda)\right]d\lambda\,du + O(T^{-1+\varepsilon})$$

を得る．$A = A_\eta$ がパラメータ η に依存しているならば，$O(T^{-1+\varepsilon})$ の項は η に関して一様である．

証明　Dahlhaus (2000, Proposition 2.5) を参照されたい．　□

ある状況においては，右辺は $\int_0^1\log\left(2\pi\sigma^2(u)\right)du$ の形で書くことができる．ここで，$\sigma^2(u)$ は時刻 u における 1 期先予測誤差である．

上述の結果の数学的な核は，行列 $\Sigma_T(A,B)$, $\Sigma_T(A,A)^{-1}$, $U_T(\phi)$ の積の性質の導出である．これらの性質は，Dahlhaus (2000, Lemma A.1, A.5, A.7, A.8) によって導かれた．これらの結果は，以前にいくつかの文献で証明された，定常な場合の対応する結果の一般化である．

ここで，異なる尤度の性質について述べる．

定理 9　適切な正則条件のもとで，$k = 0, 1, 2$ について，

 (i) $\sup_{\eta\in\Theta_\eta}\left|\nabla^k\{\mathcal{L}_T^{GW}(\eta) - \mathcal{L}_T^E(\eta)\}\right| \xrightarrow{P} 0$

 (ii) $\sup_{\theta\in\Theta_\eta}\left|\nabla^k\{\mathcal{L}_T^{GW}(\eta) - \mathcal{L}(\eta)\}\right| \xrightarrow{P} 0$

 (iii) $\sup_{\eta\in\Theta_\eta}\left|\nabla^k\{\mathcal{L}_T^E(\eta) - \mathcal{L}(\eta)\}\right| \xrightarrow{P} 0$

を得る．

証明　Dahlhaus (2000, Theorem 3.1) を参照されたい．　□

より強い仮定のもとで，$\hat{\eta}_T^{GW} - \hat{\eta}_T^{ML} = O_p(T^{-1+\varepsilon})$ も言えるだろう．このことは，$\hat{\eta}_T^{GW}$ は MLE の接近した近似であることを意味する．証明の概略は Dahlhaus (2000, Remark 3.4) で与えられた．

注釈 5　一般化 Whittle 推定量 $\hat{\eta}_T^{GW}$ と，Σ_η^{-1} についての，それの潜在する近似 $U_T(\frac{1}{4\pi^2}f_\eta^{-1})$ を，式 (13.20) で定義されたブロック Whittle 推定量 $\hat{\eta}_T^{BW}$ に対して比較することは興味深い．そこでは，近似が悪いと考えられる，あるオーバーラップしたブロック Toeplitz 行列が，近似として用いられる．この近似について，命題 2 と類似の結果が，Dahlhaus (1996a, Lemma 4.7) で証明された．$\mathcal{L}_T^{BW}(\eta)$ について，定

理 9 と類似の結果と，さらに，$\hat{\eta}_T^{BW} - \hat{\eta}_T^{ML} = O_p\big(\frac{N}{T^{1-\varepsilon}} + \frac{1}{N}\big)$ も証明できると推測する（これは，しっかりとした推測ではなく，不確かな憶測である）．このことは，後者の近似が悪く，そしておそらく推定量 $\hat{\eta}_T^{BW}$ も悪いことを意味する．両方の推定量を比較する，より厳格な結果と，注意深いシミュレーション研究は，興味深いだろう． □

いま，式 (13.89) の一般化 Whittle 尤度

$$\mathcal{L}_T^{GW}(\eta) = \frac{1}{T}\sum_{t=1}^T \frac{1}{4\pi}\int_{-\pi}^{\pi}\left\{\log 4\pi^2 f_\eta\Big(\frac{t}{T},\lambda\Big) + \frac{J_T(\frac{t}{T},\lambda)}{f_\eta(\frac{t}{T},\lambda)}\right\}d\lambda$$

を思い出す．真の正規尤度と反対に，時間について和がとられて，和の中身は時刻 t における局所対数尤度と解釈できる．したがって，

$$\ell_{t,T}^*(\boldsymbol{\theta}) := \frac{1}{4\pi}\int_{-\pi}^{\pi}\left\{\log 4\pi^2 f_{\boldsymbol{\theta}}(\lambda) + \frac{J_T(\frac{t}{T},\lambda)}{f_{\boldsymbol{\theta}}(\lambda)}\right\}d\lambda \tag{13.96}$$

と定義する（混乱を避けるために，曲線全体を決定する有限次元パラメータについて，表記 η を用いることを付け加えておく．つまり，$\boldsymbol{\theta}(\cdot) = \boldsymbol{\theta}_\eta(\cdot)$ と $f_\eta(u,\lambda) = f_{\boldsymbol{\theta}_\eta(u)}(\lambda)$ である）．いま，$\ell_{t,T}(\boldsymbol{\theta})$ を $\ell_{t,T}^*(\boldsymbol{\theta})$ で置き換えて，すべてのノンパラメトリック推定量 (13.26)〜(13.30) を構成することができる．五つの場合のそれぞれについて，代わりに，局所疑似尤度推定量が導かれる．

この局所尤度を用いた式 (13.30) のパラメトリック推定量は，上述の推定量 $\hat{\eta}_T^{GW}$ である．$\ell_{t,T}^*(\boldsymbol{\theta})$ を用いた直交級数推定量 (13.28) は，切断ウェーブレット級数展開について，非線形閾値とともに，Dahlhaus and Neumann (2001) によって調査された．手法は完全に自動的であり，さまざまな滑らかさのクラスに適合する．Besov クラスにおける通常の収束率が対数因子まで達成されることが示された．$\ell_{t,T}^*(\boldsymbol{\theta})$ を用いたノンパラメトリック推定量 (13.29) は，Dahlhaus and Polonik (2006) で研究された．関数空間の距離エントロピーに依存する収束率が導かれた．これは，特に，形状制限のもとで導かれる最尤推定量を含む．これらの結果を導く主な道具は，次の節で議論される，いわゆる，経験スペクトル過程と呼ばれるものである．$\ell_{t,T}^*(\boldsymbol{\theta})$ を用いたカーネル推定量 (13.26) は，Dahlhaus (2009, Example 3.6) で調査された．一様収束の結果は，Dahlhaus and Polonik (2009, Section 4) で証明された（以下の例 9 と定理 13 も参照）．この尤度と組み合わせた局所多項式適合 (13.27) は，まだ調査されていない．

すべての話題は，理論的な点と，シミュレーションやデータ例を含む実用的な点の両方から，より注意深い調査が必要である．

13.6 経験スペクトル過程

ここでは，線形局所定常時系列について，経験スペクトル過程の適切性を述べる．経験過程の理論は，統計的方法についての理論結果を証明するのに主要な役割を果たすのみでなく，多くの手法や，それらで生じる問題についてのより深い理解も与える．

理論は，まず定常過程について発展し（Dahlhaus (1988), Mikosch and Norvaisa (1997), Fay and Soulier (2001) を参照），その後，Dahlhaus and Polonik (2006, 2009) と Dahlhaus (2009) において，局所定常過程へ拡張された．経験スペクトル過程は，関数のクラスによって指標付けられる．いくつかの統計的応用を後に導くことになる基礎的な結果は，汎関数中心極限定理，最大指数不等式，Glivenko–Cantelli 型の収束結果である．すべての結果は，インデックスクラスの距離エントロピーに基づく条件を用いる．本章ですでに述べられた多くの結果は，これらの手法を用いることで証明された．

経験スペクトル過程は

$$E_T(\phi) := \sqrt{T}\left(F_T(\phi) - F(\phi)\right)$$

で定義される．ここで，

$$F(\phi) := \int_0^1 \int_{-\pi}^{\pi} \phi(u,\lambda) f(u,\lambda) d\lambda\, du \tag{13.97}$$

は一般化スペクトル測度であり，

$$F_T(\phi) := \frac{1}{T}\sum_{t=1}^{T}\int_{-\pi}^{\pi} \phi\left(\frac{t}{T},\lambda\right) J_T\left(\frac{t}{T},\lambda\right) d\lambda \tag{13.98}$$

は，式 (13.88) で定義されたプレペリオドグラムを用いた経験スペクトル測度である．

初めに，$F_T(\phi)$ の形で書くことができる統計量の概観を与える．その中のいくつかは，本章ですでに述べられた（K_T は常にカーネル関数を表す）．

1. $\phi(u,\lambda)$ 局所共分散推定量   式 (13.9) a.s., 注釈 9
  $= K_T(u_0-u)\cos(\lambda k)$
2. $\phi(u,\lambda)$ スペクトル密度推定量   式 (13.84) a.s., 注釈 9
  $= K_T(u_0-u)\, K_T(\lambda_0-\lambda)$
3. $\phi(u,\lambda)$ $\nabla \mathcal{L}_T^{GW}(u_0, \boldsymbol{\theta}_0)$,   例 9
  $= K_T(u_0-u)\,\nabla f_{\boldsymbol{\theta}_0}(u,\lambda)^{-1}$ $\boldsymbol{\theta}_0 = \boldsymbol{\theta}_0(u_0)$
4. $\phi(u,\lambda)$ 局所最小次乗   例 1, 注釈 9
  $\approx K_T(u_0-u)\,\nabla f_{\boldsymbol{\theta}_0}(u,\lambda)^{-1}$
5. $\phi(u,\lambda) = \nabla f_{\eta_0}(u,\lambda)^{-1}$ パラメトリック Whittle 推定量   Dahlhaus and Polonik (2009, Example 5)
6. $\phi(u,\lambda)$ 定常性検定   例 10
  $= \left(I_{[0,u_0]}(u) - u_0\right) I_{[0,\lambda_0]}(\lambda)$
7. $\phi(u,\lambda) = \cos(\lambda k)$ 定常共分散   注釈 6
8. $\phi(u,\lambda) = \nabla f_{\eta_0}(\lambda)^{-1}$ 定常 Whittle 推定量   注釈 6
9. $\phi(u,\lambda) = K_T(\lambda_0-\lambda)$ 定常スペクトル密度   注釈 6

13.6 経験スペクトル過程

例 1〜4 と 9 は,インデックス関数 ϕ_T が T に依存している例である.より複雑な例は,形状制限のもとでのノンパラメトリック最尤推定量 (Dahlhaus and Polonik, 2006),sieve 推定量を用いたモデル選択 (Van Bellegem and Dahlhaus, 2006),ウェーブレット推定量 (Dahlhaus and Neumann, 2001) である.さらに,$F_T(\phi)$ は局所多項式適合 (Kim, 2001; Jentsch, 2006) や,適合度検定に適しているいくつかの推定量においても発生する.これらの応用は,とても複雑である.

しかしながら,応用は 2 次形式統計量に制限される.つまり,経験スペクトル測度は,通常,非線形モデルを扱う手助けをしない.その上,線形過程について,経験過程は,尤度 $\mathcal{L}_T^{GW}(\eta)$,その局所変形 $\mathcal{L}_T^{GW}(u,\boldsymbol{\theta})$,局所 Whittle 尤度 $\mathcal{L}_T^W(u,\boldsymbol{\theta})$(のスコア関数やヘッセ行列)のさらなる修正をしないものにだけ応用される.$\nabla \mathcal{L}_T^{GW}(\eta_0) - \nabla \mathcal{L}_T^E(\eta_0) = o_p(T^{-1/2})$ を証明した後,正確な尤度 $\mathcal{L}_T^E(\eta)$(定理 9 (i) も参照),条件付き尤度 $\mathcal{L}_T^C(\eta)$,tvAR の場合の $\mathcal{L}_T^C(u,\boldsymbol{\theta})$(注釈 9 を参照.ただし一般の場合には,これはまだ明確でない)にも応用される.ブロック Whittle 尤度 $\mathcal{L}_T^{BW}(\eta)$ についても,$\nabla \mathcal{L}_T^{GW}(\eta_0) - \nabla \mathcal{L}_T^{BW}(\eta_0) = o_p(T^{-1/2})$ を確証した後に,応用されるだろう.しかしながら,これもまだ明確でない.

初めに,T で変化しないインデックス関数 ϕ を持つ,$E_T(\phi)$ についての中心極限定理を述べる.$\phi(u,\lambda)$ の両方の成分についての有界変動の仮定を用いる.式 (13.61) の定義のほかに,2 次元の定義が必要である.

$$V^2(\phi) = \sup\left\{\sum_{j,k=1}^{\ell,m} |\phi(u_j,\lambda_k) - \phi(u_{j-1},\lambda_k) - \phi(u_j,\lambda_{k-1}) + \phi(u_{j-1},\lambda_{k-1})| : \right.$$
$$\left. 0 \leq u_0 < \cdots < u_\ell \leq 1;\ -\pi \leq \lambda_0 < \cdots < \lambda_m \leq \pi;\ \ell, m \in \mathbf{N} \right\}$$

とする.簡単のため

$$\|\phi\|_{\infty,V} := \sup_u V(\phi(u,\cdot)), \quad \|\phi\|_{V,\infty} := \sup_\lambda V(\phi(\cdot,\lambda)),$$
$$\|\phi\|_{V,V} := V^2(\phi), \quad \|\phi\|_{\infty,\infty} := \sup_{u,\lambda} |\phi(u,\lambda)|$$

とおく.

定理 10 仮定 1 が成り立つとし,$\phi_1, \ldots, \phi_d$ を,$\|\phi_j\|_{\infty,V}$, $\|\phi_j\|_{V,\infty}$, $\|\phi_j\|_{V,V}$, $\|\phi_j\|_{\infty,\infty}$ $(j=1,\ldots,d)$ が有限である関数とする.そのとき,

$$\bigl(E_T(\phi_j)\bigr)_{j=1,\ldots,d} \xrightarrow{\mathcal{D}} \bigl(E(\phi_j)\bigr)_{j=1,\ldots,d}$$

が成り立つ.ここで,$\bigl(E(\phi_j)\bigr)_{j=1,\ldots,d}$ は正規確率ベクトルで,平均 0,

$$\text{cov}\bigl(E(\phi_j), E(\phi_k)\bigr) = 2\pi \int_0^1 \int_{-\pi}^\pi \phi_j(u,\lambda)\left[\phi_k(u,\lambda) + \phi_k(u,-\lambda)\right] f^2(u,\lambda)\, d\lambda\, du$$

$$+ \kappa_4 \int_0^1 \left(\int_{-\pi}^{\pi} \phi_j(u, \lambda_1) f(u, \lambda_1) \, d\lambda_1 \right)$$
$$\times \left(\int_{-\pi}^{\pi} \phi_k(u, \lambda_2) f(u, \lambda_2) d\lambda_2 \right) du \tag{13.99}$$

である.

証明 Dahlhaus and Polonik (2009, Theorem 2.5) を参照されたい. □

注釈 6 (定常過程/定常モデルによるモデル誤指定) 定常な場合の重み付けペリオドグラムの古典的な中心極限定理が,以下の系として得られる. $\phi(u, \lambda) = \tilde{\phi}(\lambda)$ が時間不変であれば,

$$F_T(\phi) = \int_{-\pi}^{\pi} \tilde{\phi}(\lambda) \frac{1}{T} \sum_{t=1}^{T} J_T\left(\frac{t}{T}, \lambda\right) d\lambda = \int_{-\pi}^{\pi} \tilde{\phi}(\lambda) I_T(\lambda) \, d\lambda \tag{13.100}$$

となる(式 (13.87) を参照). つまり, $F_T(\phi)$ は定常な場合の古典的なスペクトル測度で,以下の応用を持つ.

(i) $\phi(u, \lambda) = \tilde{\phi}(\lambda) = \cos \lambda k$ は,ラグ k の経験共分散推定量
(ii) $\phi(u, \lambda) = \tilde{\phi}(\lambda) = 1/4\pi \nabla f_{\boldsymbol{\theta}}^{-1}(\lambda)$ は,Whittle 尤度のスコア関数

定理 10 は,これらの例についての漸近分布を与える. すなわち,定常な場合と誤指定された場合の両方で,真の潜在する過程だけが局所定常である. $\phi(u, \lambda) = \tilde{\phi}(\lambda)$ がカーネルであれば,スペクトル密度の推定量を得て,その漸近分布は(誤指定された場合も),以下の定理 11 の特別な場合となる. □

いま,インデックス関数 ϕ_T が T に依存する $F_T(\phi_T) - F(\phi_T)$ についての中心極限定理を述べる. 加えて,従来の定義をテーパーされたデータ

$$X_{t,T}^{(h_T)} := h_T\left(\frac{t}{T}\right) \cdot X_{t,T}$$

に拡張する. ここで, $h_T : (0, 1] \to [0, \infty)$ はデータテーパーである ($h_T(\cdot) = I_{(0,1]}(\cdot)$ のときは,テーパーされない場合である). データテーパーを導入する主な理由は,線分推定量を含めるためである. 以下の議論を参照されたい. 以前のように,経験スペクトル測度は

$$F_T(\phi) = F_T^{(h_T)}(\phi) := \frac{1}{T} \sum_{t=1}^{T} \int_{-\pi}^{\pi} \phi\left(\frac{t}{T}, \lambda\right) J_T^{(h_T)}\left(\frac{t}{T}, \lambda\right) d\lambda \tag{13.101}$$

で定義される. いま,テーパーされたプレペリオドグラム

$$J_T^{(h_T)}\left(\frac{t}{T}, \lambda\right) \tag{13.102}$$
$$= \frac{1}{2\pi} \sum_{k:1 \leq [t+1/2 \pm k/2] \leq T} X_{[t+1/2+k/2],T}^{(h_T)} X_{[t+1/2-k/2],T}^{(h_T)} \exp(-i\lambda k)$$

13.6 経験スペクトル過程

を用いる ($J_T^{(h_T)}(u, \lambda)$ が $f(u, \lambda)$ のプレ推定量となるために，縮尺が必要となる場合もあるだろう．このことについての明らかな例は $h_T(u) = (1/2) I_{(0,1]}(u)$ のときである)．

$F(\phi)$ は $F_T(\phi)$ の理論的な対の片方であり，

$$F(\phi) = F^{(h_T)}(\phi) := \int_0^1 h_T^2(u) \int_{-\pi}^{\pi} \phi(u, \lambda) f(u, \lambda) d\lambda\, du \qquad (13.103)$$

である．式 (13.87) はデータテーパーについても成り立つことに注意する．つまり，

$$\frac{1}{T} \sum_{t=1}^T J_T^{(h_T)}\left(\frac{t}{T}, \lambda\right) = \frac{H_{2,T}}{T} I_T^{(h_T)}(\lambda)$$

である．ここで，

$$I_T^{(h_T)}(\lambda) := \frac{1}{2\pi H_{2,T}} \left| \sum_{s=1}^T X_s^{(h_T)} \exp(-i\lambda s) \right|^2, \quad H_{2,T} := \sum_{t=1}^T h_T\left(\frac{t}{T}\right)^2 \qquad (13.104)$$

はテーパーされたペリオドグラムである．

重要な特別な場合は，$h_T^{(u_0)}(tT) := k\left(\frac{u_0 - t/T}{b_T}\right)$ で，バンド幅が b_T，また k が $[-\frac{1}{2}, \frac{1}{2}]$ 上でコンパクトサポートを持つ場合である．$b_T := N/T$ であれば，式 (13.19) と同じ $I_T(u_0, \lambda)$ を用いて，$I_T^{(h_T)}(\lambda) = I_T(u_0, \lambda)$ となる．加えて，$\phi(u, \lambda) = \psi(\lambda)$ であれば，

$$F_T(\phi) = \int_{-\pi}^{\pi} \psi(\lambda) \left(\frac{1}{T} \sum_{t=1}^T J_T^{(h_T)}\left(\frac{t}{T}, \lambda\right)\right) d\lambda = \frac{H_{2,T}}{T} \int_{-\pi}^{\pi} \psi(\lambda) I_T^{(h_T)}(\lambda) d\lambda$$

を得る．例えば，$\psi(\lambda) := \exp i\lambda k$ について，これは，式 (13.8) のテーパーされた共分散推定量を用いて，正確に $H_{2,T}/T\, \hat{c}_T(u_0, k)$ となる．この場合，$H_{2,T}/T$ は b_T に比例する．

最後の例は，標準化因子として，式 (13.101) の $1/T$ の代わりに $1/H_{2,T}$ を用いることを示唆する．しかしながら，(注釈 8 (ii) の場合からわかるように) これはいつでも正しい選択というわけではない．

上述の状況において，経験スペクトル測度の収束率は，$\sqrt{T}/\rho_2^{(h_T)}(\phi_T)$ となることがわかる．ここで，

$$\rho_2^{(h_T)}(\phi) := \left(\int_0^1 h_T^4(u) \int_{-\pi}^{\pi} \phi(u, \lambda)^2 d\lambda\, du\right)^{1/2}$$

である．したがって，

$$E_T^{(h_T)}\left(\frac{\phi_T}{\rho_2^{(h_T)}(\phi_T)}\right) = \frac{\sqrt{T}}{\rho_2^{(h_T)}(\phi_T)} \left(F_T(\phi_T) - F^{(h_T)}(\phi_T)\right)$$

の収束を調べることで，この場合を前節で扱った状況に当てはめることができる．さらに，

$$c_E^{(h_T)}(\phi_j, \phi_k) := 2\pi \int_0^1 h_T^4(u) \int_{-\pi}^{\pi} \phi_j(u,\lambda) \left[\phi_k(u,\lambda) + \phi_k(u,-\lambda)\right] f^2(u,\lambda) d\lambda\, du$$
$$+ \kappa_4 \int_0^1 h_T^4(u) \left(\int_{-\pi}^{\pi} \phi_j(u,\lambda_1) f(u,\lambda_1) d\lambda_1\right)\left(\int_{-\pi}^{\pi} \phi_k(u,\lambda_2) f(u,\lambda_2) d\lambda_2\right) du$$
(13.105)

とする．

定理 11 $X_{t,T}$ が局所定常過程であり，適切な正則条件が成り立つとする．極限
$$\Sigma_{j,k} := \lim_{T\to\infty} \frac{c_E^{(h_T)}(\phi_{Tj}, \phi_{Tk})}{\rho_2^{(h_T)}(\phi_{Tj})\rho_2^{(h_T)}(\phi_{Tk})} \tag{13.106}$$
が，すべての $j, k = 1, \ldots, d$ について存在するとき，
$$\left(\frac{\sqrt{T}}{\rho_2^{(h_T)}(\phi_{Tj})}\left(F_T(\phi_{Tj}) - F^{(h_T)}(\phi_{Tj})\right)\right)_{j=1,\ldots,d} \xrightarrow{\mathcal{D}} \mathcal{N}(0, \Sigma) \tag{13.107}$$
となる．

注釈 7（バイアス）加えて，バイアス項
$$\frac{\sqrt{T}}{\rho_2^{(h_T)}(\phi_T)}\left(F^{(h_T)}(\phi_T) - \lim_{T\to\infty} F^{(h_T)}(\phi_T)\right)$$
を得る．このバイアスの大きさは，時変スペクトル密度の滑らかさに依存する．本節では，通常このバイアスが低次のオーダーになるという条件を要求する．このことは，バイアスが明示的に調査された 13.3 節と異なる． □

注釈 8（典型的な応用）この結果の典型的な応用は，カーネル型局所推定量の場合であり，カーネルかデータテーパー，またはその両方の組合せを用いることで構成される．

(i) $\phi_T(u,\lambda) = \frac{1}{b_T} K\left(\frac{u_0-u}{b_T}\right) \psi(\lambda)$ $\quad h_T(\cdot) = I_{(0,1]}(\cdot)$

(ii) $\phi_T(u,\lambda) = \frac{1}{b_T} K\left(\frac{u_0-u}{b_T}\right) \psi(\lambda)$ $\quad h_T(u) = I_{[u_0-b_T/2, u_0+b_T/2]}(u)$

(iii) $\phi_T(u,\lambda) = \psi(\lambda)$ $\quad\quad\quad\quad\quad h_T\left(\frac{t}{T}\right) = k\left(\frac{u_0-t/T}{b_T}\right)$

ここで，$K(\cdot)$ と $k(\cdot)$ はカーネル関数であり，b_T はバンド幅である．$K(\cdot) = k(\cdot)^2$ のとき，得られる推定量はすべて同じ漸近的な性質を持つ（以下を参照）．関数 $\psi(\lambda)$ に依存して，これは，異なる応用を導く．すなわち，$\psi(\lambda) = \cos(\lambda k)$ としたならば，推定量 (iii) は式 (13.8) の推定量 $\hat{c}_T(u_0, k)$ であり，(i) はほとんど式 (13.9) の $\tilde{c}_T(u_0, k)$ である（k が偶数のときには正確に等しく，k が奇数のときには，その差は注釈 5 で述べた方法で扱うことができる）．

いま，定理 11 がいかにしてこれらの推定量の漸近分布を導くかを示す．

(i) $K(\cdot)$ と $\psi(\cdot)$ が有界変動で，$b_T \to 0$, $b_T T \to \infty$ ならば，定理の正則条件が満たされる（Dahlhaus (2009, Remark 3.4) を参照）．さらに，

$$\rho_2^{(h_T)}(\phi_T) = \rho_2(\phi_T) = \left(\frac{1}{b_T}\int K^2(x)\,dx \int |\psi(\lambda)|^2\,d\lambda\right)^{1/2} \approx b_T^{-1/2} \tag{13.108}$$

である．u_0 で連続な $f(\cdot, \lambda)$ について，

$$c_E^{(h_T)}(\phi_{Tj}, \phi_{Tk}) \sim \frac{1}{b_T}\int K^2(x)\,dx \left[2\pi \int_{-\pi}^{\pi} \psi_j(\lambda)\left[\psi_k(\lambda) + \psi_k(-\lambda)\right]\right.$$

$$\times f^2(u_0, \lambda)\,d\lambda + \kappa_4 \left(\int_{-\pi}^{\pi} \psi_j(\lambda_1) f(u_0, \lambda_1)\,d\lambda_1\right)$$

$$\left.\times \left(\int_{-\pi}^{\pi} \psi_k(\lambda_2) f(u_0, \lambda_2)\,d\lambda_2\right)\right] =: \frac{1}{b_T}\Gamma_{jk}$$

を得る．つまり，式 (13.106) も満たされて，定理 11 から

$$\sqrt{b_T T}\left(F_T(\phi_{Tj}) - F^{(h_T)}(\phi_{Tj})\right)_{j=1,\ldots,d} \xrightarrow{\mathcal{D}} \mathcal{N}(0, \Gamma) \tag{13.109}$$

を得る．

(ii) 付加的なテーパー $h_T(u) = I_{[u_0 - b_T/2, u_0 + b_T/2]}(u)$ は，区間 $[u_0 - b_T/2, u_0 + b_T/2]$ からのデータのみを用いることを意味する．この場合，

$$\rho_2^{(h_T)}(\phi_T) = \left(\int_0^1 \frac{1}{b_T^2} K\left(\frac{u_0 - u}{b_T}\right)^2 du \int_{-\pi}^{\pi} |\psi(\lambda)|^2\,d\lambda\right)^{1/2}$$

を得る．すなわち，上と同じ $\rho_2^{(h_T)}(\phi_T)$ を得る．さらに，$c_E^{(h_T)}(\phi_T, \phi_T)$ は同じである．したがって，同じ漸近分布と同じ収束率を得る．

(iii) $K(\cdot) = k(\cdot)^2$ のとき，

$$\frac{1}{b_T}\rho_2^{(h_T)}(\phi_T) = \left(\int_0^1 \frac{1}{b_T^2} K\left(\frac{u_0 - u}{b_T}\right)^2 du \int_{-\pi}^{\pi} |\psi(\lambda)|^2\,d\lambda\right)^{1/2}$$

を得る．すなわち，再び同じ式を得る．さらに，$1/b_T^2\, c_E^{(h_T)}(\phi_{Tj}, \phi_{Tk})$ は，上の $c_E^{(h_T)}(\phi_{Tj}, \phi_{Tk})$ と同じである．したがって，再び同じ漸近分布と同じ収束率を得る．　□

例 9（**局所疑似尤度推定量による曲線推定**）線分上の局所 Whittle 推定量は，式 (13.17) で定義され，例 3 で議論された（バイアスは例 2 で発見的に導かれた）．いま，おそらく同等であろう

$$\hat{\boldsymbol{\theta}}_T^{GW}(u_0) := \operatorname*{argmin}_{\boldsymbol{\theta} \in \Theta} \mathcal{L}_T^{GW}(u_0, \boldsymbol{\theta}) \tag{13.110}$$

で定義される，局所疑似尤度推定量を考える．ここで，

$$\mathcal{L}_T^{GW}(u_0, \boldsymbol{\theta})$$
$$:= \frac{1}{4\pi} \frac{1}{T} \sum_{t=1}^T \frac{1}{b_T} K\Big(\frac{u_0 - t/T}{b_T}\Big) \int_{-\pi}^{\pi} \Big\{ \log 4\pi^2 f_{\boldsymbol{\theta}}(\lambda) + \frac{J_T(\frac{t}{T}, \lambda)}{f_{\boldsymbol{\theta}}(\lambda)} \Big\} d\lambda \quad (13.111)$$

である(式 (13.26) と式 (13.96) の組合せ). 推定量 $\hat{\boldsymbol{\theta}}_T^{GW}(u_0)$ の漸近正規性は,Dahlhaus (2009, Example 3.6) で導かれた. 証明の鍵となるステップは, スコア関数とヘッセ行列の両方が, 経験スペクトル過程を用いて書くことができて, より単純な証明が導かれることである. 例えば,

$$\sqrt{b_T T} \, \nabla_i \mathcal{L}_T(u_0, \boldsymbol{\theta}_0(u_0)) = \sqrt{b_T T} \Big(F_T(\phi_{T,u_0,i}) - F(\phi_{T,u_0,i}) \Big) + o_p(1) \quad (13.112)$$

となる. ここで, $\phi_{T,u_0,i}(v,\lambda) := \frac{1}{b_T} K(u_0 - v/b_T) \, \frac{1}{4\pi} \nabla_i f_{\boldsymbol{\theta}}^{-1}(\lambda)|_{\boldsymbol{\theta}=\boldsymbol{\theta}_0(u_0)}$ である. そのとき, 定理 11 からスコア関数の漸近正規性が直ちに導かれて, 付加的な考察の後に, $\hat{\boldsymbol{\theta}}_T^{GW}(u_0)$ の漸近正規性も導かれる. 詳細については, Dahlhaus (2009, Example 3.6) を参照されたい.

上述の推定量は, 注釈 8 (i) の場合に相当する. (iii) の場合は, $h_T^{(u_0)}(t/T) := k(u_0 - t/T/b_T)$ について, 式 (13.19) と同じ $I_T(u_0, \lambda)$ を用いて, $I_T^{(h_T)}(\lambda) = I_T(u_0, \lambda)$ を得る. したがって, 代わりに, 線分上のテーパーされた Whittle 推定量 $\hat{\boldsymbol{\theta}}_T^W(u_0)$ を導く. この推定量は, $k(\cdot)^2 = K(\cdot)$ とすると, 同じ漸近的な性質を持つ. いま, その漸近的な性質も, 定理 11 を用いて導くことができる.

注釈 9 (関連する推定量) 多くの推定量は, 近似的にしか, 上述の形にならない. 例えば, 総和統計量

$$F_T^{\Sigma}(\phi) := \frac{2\pi}{T^2} \sum_{t=1}^T \sum_{j=1}^T \phi\Big(\frac{t}{T}, \lambda_j\Big) J_T^{(h_T)}\Big(\frac{t}{T}, \lambda_j\Big) \quad (13.113)$$

である. ここで, $\lambda_j = 2\pi j/T$ である(または, フーリエ係数を用いた表現である). 関連する推定量の重要な例は, スペクトル密度推定量 (13.84), 共分散推定量 (13.9), (13.10), 例 1 の局所最小 2 乗 tvAR(p) 推定量のスコア関数である. 定理 11 の中心極限定理は, いくつかの修正した推定量についても成り立つことを述べておく. 詳細と証明は Dahlhaus (2009, Section 4) に見つかる. □

いま, 指数不等式について簡潔に述べる. これは, 漸近的でない結果なので, ϕ が T に依存するかどうかによらずに成り立つ. $\rho_{2,T}(\phi) := \big(1/T \sum_{t=1}^T \int_{-\pi}^{\pi} \phi(t/T, \lambda)^2 d\lambda\big)^{1/2}$ とする.

定理 12 (指数型不等式) 適切な正則条件のもとで, すべての $\eta > 0$ について,

$$P\Big(\big| \sqrt{T} \big(F_T(\phi) - \mathbf{E} F_T(\phi) \big) \big| \geq \eta \Big) \leq c_1 \exp\Big(- c_2 \sqrt{\frac{\eta}{\rho_{2,T}(\phi)}} \Big) \quad (13.114)$$

を得る. ここで, $c_1, c_2 > 0$ は T と独立な, ある定数である.

この結果は，Dahlhaus and Polonik（2009, Theorem 2.7）で証明された．この結果にはいくつかのバージョンが存在する．例えば，正規の場合には，式 (13.114) の $\sqrt{\cdot}$ を省略できるか，または，より強い Bernstein 型不等式を証明することができる（Dahlhaus and Polonik（2006, Theorem 4.1）を参照）．

その後，最大不等式，すなわち $\sup_{\phi \in \Phi} |E_T(\phi)|$ についての指数不等式が，対応する関数空間 Φ の距離エントロピーについての条件のもと，Dahlhaus and Polonik（2009, Theorem 2.9）で証明された．詳細については，この論文を参照されたい．

最大不等式とともに，経験スペクトル過程のタイト性を示すことができて，関数空間によって指数付けされた経験スペクトル過程の，汎関数中心極限定理が導かれる（Dahlhaus and Polonik（2009, Theorem 2.11）を参照）．さらに，経験スペクトル過程の Glivenko–Cantelli 型の結果も得られる（Dahlhaus and Polonik（2009, Theorem 2.12）を参照）．

最大不等式の他の応用は，例えば，異なる推定量に対する一様な収束率である．例として，式 (13.110) の局所疑似尤度推定量 $\hat{\boldsymbol{\theta}}_T^{GW}(u_0)$ の一様な収束結果を述べる．

定理 13 $X_{t,T}$ を $\mu(\cdot) \equiv 0$ の局所定常過程とする．適切な正則条件（特に，$f_{\boldsymbol{\theta}}(\lambda)$ が $\boldsymbol{\theta}$ に関して 2 回微分可能で，λ に関して一様にリプシッツ連続な導関数を持つという仮定）のもとで，$b_T T \gg (\log T)^6$ について，

$$\sup_{u_0 \in [b_T/2, \, 1-b_T/2]} \|\hat{\boldsymbol{\theta}}_T^{GW}(u_0) - \boldsymbol{\theta}_0(u)\|_2 = O_p\left(\frac{1}{\sqrt{b_T T}} + b_T^2\right)$$

を得る．つまり，$b_T \sim T^{-1/5}$ について，一様な率 $O_p\left(T^{-2/5}\right)$ を得る．

証明 この結果は，Dahlhaus and Polonik（2009, Theorem 4.1）によって証明された． □

例 10（**定常性の検定**） 最大不等式の他の応用は，経験スペクトル過程の汎関数中心極限定理の導出である．考えうる応用は定常性の検定である．考え方を簡潔に述べる（その構成は最終的に成功しないけれども）．定常性の検定についての考え方は，時変スペクトル密度 $f(u,\lambda)$ が u について一定であるかどうかを検定することである．これは，例えば検定統計量

$$\sqrt{T} \sup_{u \in [0,1]} \sup_{\lambda \in [0,\pi]} \left| F_T(u,\lambda) - u \, F_T(1,\lambda) \right| \tag{13.115}$$

によって達成される．ここで，

$$F_T(u,\lambda) := \frac{1}{T} \sum_{t=1}^{[uT]} \int_0^\lambda J_T\left(\frac{t}{T}, \mu\right) d\mu$$

は時間・周波数積分されたスペクトル密度 $F(u,\lambda) := \int_0^u \int_0^\lambda f(v,\mu) \, d\mu dv$ の推定量

であり,

$$uF_T(1,\lambda) = u\int_0^\lambda I_T(\mu)d\mu$$

は,$f(v,\mu) = f(\mu)$ となる定常性の仮説のもとでの,$F(u,\lambda)$ の対応する推定量である.定常性の仮説のもとで

$$F(u,\lambda) - uF(1,\lambda) = \int_0^1 \int_0^\lambda \bigl(I_{[0,u]}(v) - u\bigr)f(\mu)\,d\mu\,dv = 0$$

を得る.したがって,

$$\sqrt{T}\Bigl(F_T(u,\lambda) - uF_T(1,\lambda)\Bigr) = E_T(\phi_{u,\lambda})$$

を得る.ここで,$\phi_{u,\lambda}(v,\mu) = \bigl(I_{[0,u]}(v) - u\bigr)I_{[0,\lambda]}(\mu)$ である.いま,$E_T(\phi_{u,\lambda})$ の汎関数の収束が必要である.有限次元分布の収束は,上述の定理 10 から従う.タイト性と,したがって汎関数の収束は,Dahlhaus and Polonik (2009, Theorem 2.11) から従う.結果として,帰無仮説のもとで,

$$\sqrt{T}\Bigl(F_T(u,\lambda) - uF_T(1,\lambda)\Bigr)_{u\in[0,1],\lambda\in[0,\pi]} \xrightarrow{\mathcal{D}} E(u,\lambda)_{u\in[0,1],\lambda\in[0,\pi]}$$

を得る.ここで,$E(u,\lambda)$ は正規過程である.もし,$\kappa_4 = 0$ (正規の場合) かつ $f(\mu) = c$ であれば,これは Kiefer–Müller 過程であることが示せる.しかしながら,一般の f について,極限分布,特に検定統計量 (13.115) の分布を計算または推定することは,困難で未解決な課題である.これは,変換 (U_p 型または T_p 型のような変換) または適切なブートストラップ法,あるいはその両方を見つけることで行われるだろう.

Paparoditis (2009, 2010) が,この検定問題について二つの異なる解答を与えたことを述べておく.

13.7 付加的な話題とさらなる参考文献

本節では,付加的な話題とさらなる参考文献についての概観を与える.局所定常過程のインフィル漸近手法を用いた研究に集中する.この場合だけでも,完全な概観を与えることは不可能である.

13.7.1 局所定常ウェーブレット過程

局所定常過程のモデリングにウェーブレットを用いた論文が多数存在する.応用の初めの型は,ウェーブレットを用いた,パラメータ曲線の推定である.これはこれまでの説明で何度か述べられた (式 (13.28) を参照).

非定常過程へのウェーブレットの応用の飛躍的な前進は,Nason et al. (2000) による "局所定常ウェーブレット過程" の導入である.このクラスは,局所定常過程についての表現 (13.60) に対応する.そこでも,縮尺する議論が用いられる.したがっ

て，これらの過程についてのすべての方法が，意義のある漸近理論を利用できるようになる．局所定常ウェーブレット過程 (locally stationary wavelet process; LSW process) は，ウェーブレット表現

$$X_{t,T} = \mu\left(\frac{t}{T}\right) + \sum_{j=1}^{\infty} \sum_{k=-\infty}^{\infty} w_{j,k;T}\, \psi_{j,k-t}\, \xi_{j,k} \tag{13.116}$$

を持つ過程である．ここで，$\{\xi_{j,k}\}$ は平均 0，分散 1 の無相関確率変数の集まりであり，$\{\psi_{j,t}\}$ は離散オーバーラップウェーブレット (discrete nondecimated wavelet) (コンパクトサポートを持つ振動するベクトルで，サポートが 2^j に比例する) の集合，$\{w_{j,k;T}\}$ は k の関数として特定の具合に滑らかな振幅の集合である．$\{w_{j,k;T}\}$ の滑らかさは，$X_{t,T}$ の局所定常性の程度を制御する．スペクトルは，$\{w_{j,k;T}\} \approx S_j\left(\frac{k}{T}\right)$ によって過程と関連付けられる．Nason et al. (2000) は "エボリューショナリー・ウェーブレットスペクトル" も定義し，どのようにして，平滑化ウェーブレットペリオドグラムによって，これが推定されるかを示した．加えて，これは局所共分散の推定量を導く．LSW 過程の紹介と，そのような過程についての初期の結果の概観は，Nason and von Sachs (1999) に見つかる．Fryzlewicz and Nason (2006) は，エボリューショナリー・ウェーブレットスペクトルの推定に，Haar ウェーブレットと分散安定化 Fisz 変換を組み合わせた Haar–Fisz 法を用いることを提案した．Van Bellegem and von Sachs (2008) は，スペクトル密度関数が時間とともに急速に変化するウェーブレット過程を考察した．彼らは，いわゆる自己相関ウェーブレットに関しては，共分散関数のウェーブレット型変換を用いることで，時変自己共分散と時変スペクトルの点ごとの適合推定量を提案した．

さらに，以下で述べるいくつかの論文は，LSW 過程の枠組みを用いる．

13.7.2 多変量局所定常過程

初めに，特に，13.5 節の局所定常過程の正規尤度の理論は，多変量過程についても成り立つことを述べておく (Dahlhaus (2000) を参照)．

さらに，Chiann and Morettin (1999, 2005) は，入力と出力が局所定常過程である線形システムの時変係数の推定を調査した．周波数と時間領域で異なる推定手法を研究した．

Ombao et al. (2001) は，2 変量非定常時系列を解析した．SLEX 関数 (時間局所化して一般化したフーリエ波形) を用いて，時系列を近似的に定常なブロックに自動的に分けて，時変スペクトルとコヒーレンスの平滑化推定量を得るために用いる期間を選択する方法を提案した．Ombao et al. (2005) は，多変量時系列の時変スペクトルとコヒーレンスの性質を明確に特徴付けることができる，多変量モデルの族を構築するために，SLEX の枠組みを用いた．Ombao and Van Bellegem (2008) は，時間局所化した線形フィルタリングを用いて，時変コヒーレンスを推定した．その手法は，同質性 (homogeneity) の検定によって，局所コヒーレンスの推定についての最

適なウィンドウ幅を自動的に選択する．

Motta et al. (2011) は，横断と時間の次元が大きい場合の局所定常因子モデルを提案した．因子荷重は，ノンパラメトリックに推定された共分散行列の固有ベクトルによって推定される．Eichler et al. (2011) は，局所定常過程の動的因子モデリングを調査した．動的因子モデルの共通の構成要素を，時変スペクトル密度行列の推定量の固有ベクトルによって推定した．このことは，周波数領域の時変主成分分析法として見ることもできる．

Cardinali and Nason (2010) は，二つの局所定常時系列の共定常性 (costationary) の概念を導入した．そこでは，二つの過程のある線形結合が定常になる．共定常性は，一つの列の分散の変化が，同時につり合うもう一方の列の変化に反映される，誤差修正型の式を意味することを，彼らは示した．Sanderson et al. (2010) は，二つの LSW 過程間のウェーブレットコヒーレンスに基づいて非定常時系列間の依存性を測る，新しい手法を提案した．

13.7.3　局所定常過程の検定――特に定常性の検定

検定における多数の文献において，相当な部分が定常性の検定を扱っている．局所定常性の枠組みが作られるよりも以前から，定常性の検定は，すでに提案され，理論的に調査されてきた．その場合，理論的な調査は主として，定常性の仮説のもとでの検定統計量の漸近分布の調査からなる．

Priestley and Subba Rao (1969) は，異なる時点で評価されたエボリューショナリースペクトルの集合の同質性検定を提案した．正規過程について，変化点検出の目的で，Picard (1985) は，時系列の異なる部分から推定されたスペクトル密度関数間の差に基づく検定を発展させ，上限型の統計量を用いて評価した．Giraitis and Leipus (1992) は，この手法を線形過程の場合に一般化した．von Sachs and Neumann (2000) は，ペリオドグラムの局所化版を用いて推定された，経験ウェーブレット係数に基づく定常性の検定を発展させた．Paparoditis (2009) は，局所スペクトル密度推定量に基づいて，定常の，滑らかに時間変化するスペクトル構造の対立仮説に対する，ノンパラメトリック検定を発展させた．彼は，固定した局所定常過程の対立仮説のもとでの検出力も調査した．Paparoditis (2010) は，段階的な線分における局所ペリオドグラムと，使用できる時系列全体を用いて得られるスペクトル密度推定量の間で，L_2 距離の時間にわたる上限を評価することで，定常性の仮定を検定した．上限型検定の限界値は，定常ブートストラップ法を用いて得られる．Dwivedi and Subba Rao (2011) は，規準周波数 (canonical frequency) における時系列の離散フーリエ変換は，時系列が 2 次定常のとき，かつそのときに限り漸近的に無相関であるという性質を用い，時系列の定常性の検定について，Portmanteau 型検定統計量を構成した．

一般の仮説の検定は，Sakiyama and Taniguchi (2003) によって導かれた．彼らは，正規尤度比検定，Wald 検定，ラグランジュ乗数検定により，パラメトリック複

合仮説を検定した．Sergides and Paparoditis（2009）は，時変スペクトル密度がセミパラメトリック構造を持つという仮説の検定を発展させた．スペクトル領域における L_2 距離測度に基づく検定が導入された．特別な場合として，tvAR モデルの存在性を検定した．帰無仮説のもとでの検定統計量の分布について，より正確に近似するために，ブートストラップ法が応用された．Preuß et al.（2011）も，セミパラメトリック仮説を検定した．その方法は，真の時変スペクトル密度と，帰無仮説のもとでのその最良近似の間の L_2 距離の経験版に基づく．

Zhou and Wu（2010）は，汎関数線形モデルの時変回帰係数について，同時信頼チューブを構成した．彼らは，構成された同時信頼チューブが漸近的に正確な名目被覆確率を持つことを，非定常多変量時系列についての正規近似の結果を用いて示した．

13.7.4 局所定常過程についてのブートストラップ法

ブートストラップ法は，特に，検定統計量の漸近分布を導く際に必要となる．局所定常過程の時間領域の局所ブロックブートストラップ法は，Paparoditis and Politis（2002）と Dowla et al.（2003）によって提案された．Sergides and Paparoditis（2008）は，局所ペリオドグラムのブートストラップ法を発展させた．その方法は，パラメトリック時間領域とノンパラメトリック周波数領域のブートストラップ法を組み合わせて，疑似局所ペリオドグラム列を発生させる方法である．初めに，潜在する過程の本質的な特徴を捉えるために，局所的に時変自己回帰モデルを適合する．次に，局所的に計算された，周波数領域におけるノンパラメトリック補正が，局所パラメトリック自己回帰適合を改良するために用いられた．Kreiss and Paparoditis（2011）は，潜在する過程の局所的な 2 次と 4 次のモーメント構造を模倣する疑似時系列を生成することにより，ノンパラメトリックブートストラップ法を提案した．彼らはプレペリオドグラムに基づく統計量の一般的な族について，ブートストラップ中心極限定理を証明した．

13.7.5 モデル誤指定とモデル選択

時変過程についてのモデル選択規準は，発見的に何度も提案されてきた（特に，Ozaki and Tong（1975），Kitagawa and Akaike（1978），Dahlhaus（1996b, 1997）を参照）．すべての論文で，AIC 型の規準が，さまざまな目的で提案された．

Van Bellegem and Dahlhaus（2006）は，セミパラメトリック推定を考察し，セミパラメトリックモデルと真の過程の間のカルバック・ライブラー距離を推定した．その後，この推定量をモデル選択規準として用いた．Hirukawa et al.（2008）は，時変スペクトル密度の非線形汎関数に基づく一般化情報量規準を提案した．Chandler（2010）は，時変パラメータが次数選択にいかにして影響を及ぼすかを調査した．

その他の興味深い側面は，本章の多くの結果がモデル "誤指定" のもとでも成り立つことである．例えば，定理 8 と式 (13.20) のブロック Whittle 推定量についての対

応する結果が挙げられる．重要な例は，定常モデルが適合されて，真の潜在する過程は，局所的にだけ定常な場合である．例 8 と，Dahlhaus (1997, Section 5) における定常ユール・ウォーカー推定量に関するより詳細な議論を参照されたい．

13.7.6 尤度理論と大偏差

パラメトリック正規の場合の LAN は，Dahlhaus (1996b, 2000) によって導かれた（この論文の Remark 3.3 を参照）．ノンパラメトリック LAN の結果は Sakiyama and Taniguchi (2003) で導かれ，非正規のもとでの LAN の結果は，Hirukawa and Taniguchi (2006) で導かれた．両方の論文で，結果が漸近最適な推定と検定に応用された．ある統計量について，近接する対立仮説のもとでの漸近分布も導かれた．Tamaki (2009) は，正規局所定常過程について，適切に修正された最尤推定量の 2 次漸近有効性を研究した．

局所定常過程の 2 次形式についての大偏差原理は，Zani (2002) で導かれ，局所スペクトル密度と共分散推定に応用された．Wu and Zhou (2011) は，非定常ベクトル値確率過程について不変原理を得た．非定常過程の部分和が，より豊かな確率空間において，独立な正規確率ベクトルの和で近似されることを示した．

13.7.7 再帰的な推定

再帰的な推定のアルゴリズムは

$$\widehat{\theta}_t = \widehat{\theta}_{t-1} + \lambda_t \, \psi(\boldsymbol{X}_t, \widehat{\theta}_{t-1}) \tag{13.117}$$

の形である．ここで，$\boldsymbol{X}_t = (X_1, \ldots, X_t)'$ である．再帰的な構造は，次の観測値が利用可能になるとすぐに推定量を更新させる．したがって，特にオンラインの状況での推定が重要である．定常過程について，アルゴリズムは $\lambda_t \sim 1/t$ で用いられた．一方で，非定常な状況では，非減少な λ（一定のステップ数の場合）が用いられる．つまり，推定値は最後の観測に，より大きな比重を置く．

上述の型の適応型推定値（adaptive estimate）は，ここ 30 年にわたって，"再帰的同定法"（recursive identification method）の名前でシステム理論家に調査され (Ljung (1977), Ljung and Söderström (1983) を参照)，確率的近似コミュニティにおいて調査され (Benveniste et al. (1990), Kushner and Yin (1997) を参照)，"後方伝播アルゴリズム"（back-propagation algorithm）の名前でニューラルネットワークコミュニティにおいて調査され (White (1992), Haykin (1994) を参照)，応用科学，特に生物学と医療の応用において調査され (Schack and Grieszbach (1994) を参照) というように，さまざまな科学コミュニティにおいて調査されてきた．

再帰的推定のアルゴリズムの性質は，潜在する真の過程が定常であるという前提のもとで，多くの論文において厳格に調査されてきた．しかしながら，非定常過程と一定のステップ数の場合については，これらのアルゴリズムの性質を理論的に研究する

ための理にかなった枠組みが，長い間存在しなかった．インフィル漸近量を用いた局所定常過程の概念によってこのことが変化し，これらのアルゴリズムの理論的な調査が可能になった．

　Moulines et al.（2005）において，tvAR 過程の再帰的推定量の性質が，局所定常過程の枠組みで調査された．また，ミニマックス結果を含む推定量の漸近的性質が証明された．Dahlhaus and Subba Rao（2007）において，tvARCH 過程のパラメータの推定についての，再帰的アルゴリズムが提案された．ここでも，推定量の漸近的性質が証明された．

13.7.8　平均曲線の推測

　局所定常過程の時変平均のモデリングは重要な課題であるが，本章では議論してこなかった．原理的には，カーネル推定，局所多項式適合，ウェーブレット推定といったノンパラメトリック回帰の，ほとんどすべての既知の手法が用いられるだろう．しかしながら，この場合，"残差"（residuals）は局所定常過程であり，通常同時にモデル化されるため，状況はより挑戦的である．

　一般的に，この話題はさらなる調査が必要である．Dahlhaus（1996a, b, 1997, 2000）と Dahlhaus and Neumann（2001）は，平均が時変である，かつ/または，推定される，結果も含んでいる．より詳細な調査は，Tunyavetchakit（2010）に含まれている．時変 AR(p) 過程の文脈で，平均曲線が同時に推定され，最適な線分の長さが式（13.16）と同様に決定される．

13.7.9　区分的に一定なモデル

　Davis et al.（2005）は，区分的に一定な AR 過程を用いた非定常時系列のクラスのモデリングの問題を考察した．それぞれの AR 過程の次数に加えて，区分的な AR 線分の数と場所も，記述長最小原理（minimum description length principle）によって決定された．その後，最良の組合せが，遺伝的アルゴリズム（genetic algorithm）によって決定された．Davis et al.（2008）において，線分上の一般のパラメトリック時系列モデルが考察され，区分的な GARCH モデル，確率的ボラティリティ，一般化状態空間モデルを用いた方法が説明された．

　局所的に一定のパラメトリックモデルも，非漸近的な手法により Mercurio and Spokoiny（2004）などで考察されてきた．いわゆる小さなモデリングバイアス条件（small modeling bias condition）が，時間同質な区間の長さを決定したり，パラメータを適合したりするのに用いられた．さらなる詳細については，Spokoiny（2010）を参照されたい．

13.7.10　長期記憶過程

　Beran（2009）と Palma and Olea（2010）は，局所定常性の概念を長期間依存過

程に拡張した．Beran (2009) が式 (13.26) と同様な局所最小 2 乗推定量のノンパラメトリックな手法を用いたのに対し，Palma and Olea (2010) は，パラメトリックな手法で式 (13.21) のブロック Whittle 尤度を用いた．どちらの論文も，その上で漸近的な性質を調査した．Roueff and von Sachs (2011) は，時間依存長期記憶パラメータの局所対数回帰ウェーブレット推定量を用いて，その漸近的な性質を研究した．

13.7.11 局所定常ランダムフィールド

Fuentes (2001) は，空間にわたって変化するパラメータを持つ，局所定常等方的ランダムフィールド（isotropic random fields）について，さまざまな方法を研究した．彼女は，特に局所 Whittle 推定量を用いた．Eckley et al. (2010) は，格子過程についての局所定常ウェーブレット過程モデルの拡張を用いて，画像テクスチャ（image texture）のモデリングと解析を提案した．空間的に局所化されたスペクトルと局所共分散の推定量を構成し，その後，多重スケール（multiscale）かつ空間的に適合できるように，テクスチャを特徴付けるのに用いた．Anderes and Stein (2011) は，局所定常ランダムフィールドの局所的な空間依存性を制御するパラメータについて，重み付け局所尤度推定量を発展させた．

13.7.12 判別解析

カルバック・ライブラー情報量に基づく局所定常過程についての判別解析は，格付け規準として，Sakiyama and Taniguchi (2004) で調査され，多変量過程について，Hirukawa (2004) で調査された．Huang et al. (2004) は，SLEX ライブラリに基づく判別法と，同じくカルバック・ライブラー情報量に関連する判別規準を提案した．Chandler and Polonik (2006) は，形状の異なる特徴に基づいた，局所定常過程の判別についての方法を発展させた．特に，分散関数の形状測度を判別規準として用い，彼らの方法を地震と爆発の判別に応用した．Fryzlewicz and Ombao (2009) は，バイアス補正オーバーラップウェーブレット変換を，LSW の枠組みで格付けに用いた．

13.7.13 予 測

Fryzlewicz et al. (2003) は，オーバーラップウェーブレットによって非定常時系列をいかに予測するかという問題を扱った．彼らは LSW 過程のクラスを用いて，ウェーブレットに基づく新しい予測子を導入し，ユール・ウォーカー方程式の一般化として，予測方程式を導出した．Van Bellegem and von Sachs (2004) は，収益率や為替レートといった，いくつかの経済データセットの予測に，局所定常過程を応用した．

13.7.14 金 融

金融において，時変パラメータを持つモデルに対する関心が増している．局所定常ボラティリティモデルの概観が，Van Bellegem (2011) で与えられた．金融のさま

ざまな分野における局所定常についての一般的な議論は，Guégan（2007）の研究に見つけることができる（Taniguchi et al.（2008）も参照）．例えば，多くの研究者は，株収益の絶対値に関する標本自己相関関数において観測される緩やかな減衰は，長期記憶性の影響ではなくて，条件付き分散の非定常な変化によるものだと確信しており（Fryzlewicz et al.（2006），Mikosch and Stărică（2004），Stărică and Granger（2005）を参照），例えば，時変パラメータを持つ GARCH モデルが導かれた．

tvGARCH モデルに関する研究についての参考文献は，13.3節で与えた．金融における局所定常過程の応用に対する他の研究は，例えば，Shiraishi and Taniguchi（2007）による，資産の局所定常収益を用いた最適なポートフォリオの研究である．Hirukawa（2006）は，局所定常過程を株収益のクラスタリング問題に用いた．Fryzlewicz（2005）は，金融対数収益のいくつかの様式化された事実を，LSW 過程によってモデル化した．Fryzlewicz et al.（2006）は，金融対数収益についての局所定常モデルを考察し，Haar ウェーブレットを分散安定化 Fisz 変換と組み合わせて，ボラティリティ推定のウェーブレット閾値アルゴリズムを提案した．

13.7.15 さらなる話題

Robinson（1989）も，インフィル漸近量アプローチを，時変係数の"ノンパラメトリック回帰"の研究で用いた．Orbe et al.（2000）は，季節性と滑らかさの制約を含む時変係数モデルを，ノンパラメトリックに推定した．Orbe et al.（2005）は，係数全体や局所定常独立変数についての形状制約のもとで，時変係数を推定した．Chiann and Morettin（2005）は，時変線形システムの係数曲線の推定を調査した．

非定常過程の時変分位点曲線の推定は，Draghicescu et al.（2009）と Zhou and Wu（2009）で行われた．時変分位点曲線の仕様検定（specification test）は，Zhou（2010）で調査された．

謝辞

著者は，初期の版に対する Suhasini Subba Rao の有益なコメントに謝意を表する．彼女の助言により，著しい改善がなされた．

（**Rainer Dahlhaus**／蛭川潤一）

文　　献

Amado, C., Teräsvirta, T., 2011. Modelling volatility with variance decomposition. CREATES Research Paper 2011-1, Aarhus University.
Anderes, E.B., Stein, M.L., 2011. Local likelihood estimation for nonstationary random fields. J. Multivar. Anal. 102, 506–520.

Benveniste, A., Metivier, M., Priouret, P., 1990. Adaptive Algorithms and Stochastic Approximations. Springer-Verlag, Berlin.

Beran, J., 2009. On parameter estimation for locally stationary long-memory processes. J. Stat. Plann. Inference 139, 900–915.

Berkes, I., Horváth, L., Kokoskza, P., 2003. GARCH processes: structure and estimation. Bernoulli 9, 201–207.

Brillinger, D.R., 1981. Time Series: Data Analysis and Theory. Holden Day, San Francisco.

Brockwell, P.J., Davis, R.A., 1991. Time Series: Theory and Methods, 2nd ed. Springer-Verlag, New York.

Cardinali, A., Nason, G., 2010. Costationarity of locally stationary time series. J. Time Ser. Econom. 2, (2), Article 1. doi:10.2202/1941-1928.1074

Chandler, G., 2010. Order selection for heteroscedastic autoregression: A study on concentration. Stat. Prob. Lett. 80, 1904–1910.

Chandler, G., Polonik, W., 2006. Discrimination of locally stationary time series based on the excess mass functional. J. Am. Stat. Assoc. 101, 240–253.

Chiann, C., Morettin, P., 1999. Estimation of time varying linear systems. Stat. Inference Stoch. Proc. 2, 253–285.

Chiann, C., Morettin, P., 2005. Time-domain estimation of time-varying linear systems. J. Nonpar. Stat. 17, 365–383.

Dahlhaus, R., 1988. Empirical spectral processes and their applications to time series analysis. Stoch. Proc. Appl. 30, 69–83.

Dahlhaus, R., 1996a. On the Kullback-Leibler information divergence for locally stationary processes. Stoch. Proc. Appl. 62, 139–168.

Dahlhaus, R., 1996b. Maximum likelihood estimation and model selection for locally stationary processes. J. Nonpar. Stat. 6, 171–191.

Dahlhaus, R., 1996c. Asymptotic statistical inference for nonstationary processes with evolutionary spectra. In: Robinson, P.M., Rosenblatt, M. (Eds.), Athens Conference on Applied Probability and Time Series, Vol II. Lecture Notes in Statistics, Vol. 115, Springer, New York, pp. 145–159.

Dahlhaus, R., 1997. Fitting time series models to nonstationary processes. Ann. Stat. 25, 1–37.

Dahlhaus, R., 2000. A likelihood approximation for locally stationary processes. Ann. Stat. 28, 1762–1794.

Dahlhaus, R., 2009. Local inference for locally stationary time series based on the empirical spectral measure. J. Econom. 151, 101–112.

Dahlhaus, R., Giraitis, L., 1998. On the optimal segment length for parameter estimates for locally stationary time series. J. Time Ser. Anal. 19, 629–655.

Dahlhaus, R., Neumann, M.H., 2001. Locally adaptive fitting of semiparametric models to nonstationary time series. Stoch. Proc. Appl. 91, 277–308.

Dahlhaus, R., Neumann, M.H., von Sachs, R., 1999. Nonlinear wavelet estimation of time-varying autoregressive processes. Bernoulli 5, 873–906.

Dahlhaus, R., Polonik, W., 2006. Nonparametric quasi maximum likelihood estimation for Gaussian locally stationary processes. Ann. Stat. 34, 2790–2824.

Dahlhaus, R., Polonik, W., 2009. Empirical spectral processes for locally stationary time series. Bernoulli 15, 1–39.

Dahlhaus, R., Subba Rao, S., 2006. Statistical inference for locally stationary ARCH models. Ann. Stat. 34, 1075–1114.

Dahlhaus, R., Subba Rao, S., 2007. A recursive online algorithm for the estimation of time-varying ARCH parameters. Bernoulli 13, 389–422.

Davis, R.A., Lee, T., Rodriguez-Yam, G., 2005. Structural break estimation for nonstationary time series models. J. Am. Stat. Assoc. 101, 223–239.
Davis, R.A., Lee, T. Rodriguez-Yam, G., 2008. Break detection for a class of nonlinear time series models. J. Time Ser. Anal. 29, 834–867.
Dowla, A., Paparoditis, E., Politis, D.N., 2003. Locally stationary processes and the local bootstrap. In: Akritas, M.G., Politis, D.N. (Eds.), Recent Advances and Trends in Nonparametric Statistics . Elsevier Science B.V., Amsterdam, 437–445.
Draghicescu, D., Guillas, S., Wu, W.B., 2009. Quantile curve estimation and visualization for non-stationary time series. J. Comput. Graph. Stat. 18, 1–20.
Dunsmuir, W., 1979. A central limit theorem for parameter estimation in stationary vector time series and its application to models for a signal observed with noise. Ann. Stat. 7, 490–506.
Dwivedi, Y., Subba Rao, S., 2011. A test for second-order stationarity of a time series based on the discrete Fourier transform. J. Time Ser. Anal. 32, 68–91.
Dzhaparidze, K., 1971. On methods for obtaining asymptotically efficient spectral parameter estimates for a stationary Gaussian process with rational spectral density. Theory Probab. Appl. 16, 550–554.
Dzhaparidze, K., 1986. Parameter Estimation and Hypothesis Testing in Spectral Analysis of Stationary Time Series. Springer-Verlag, New York.
Eckley, I.A., Nason, G.P., Treloar, R.L., 2010. Locally stationary wavelet fields with application to the modelling and analysis of image texture. Appl. Statist. 59, 595–616.
Eichler, M., Motta, G., von Sachs, R., 2011. Fitting dynamic factor models to nonstationary time series. J. Econom. 163, 51–70.
Fay, G., Soulier, P., 2001 The periodogram of an i.i.d. sequence. Stoch. Proc. Appl. 92, 315–343.
Fox, R., Taqqu, M.S., 1986. Large-sample properties of parameter estimates for strongly dependent stationary Gaussian time series. Ann. Stat. 14, 517–532.
Fryzlewicz, P., 2005 Modelling and forecasting financial log-returns as locally stationary wavelet processes. J. Appl. Stat. 32, 503–528.
Fryzlewicz, P., Nason, G.P., 2006. Haar-Fisz estimation of evolutionary wavelet spectra. J. R. Stat. Soc. B 68, 611–634.
Fryzlewicz, P., Ombao, H., 2009. Consistent classification of nonstationary time series using stochastic wavelet representations. J. Am. Stat. Assoc. 104, 299–312.
Fryzlewicz, P., Sapatinas, T., Subba Rao, S., 2006. A Haar-Fisz technique for locally stationary volatility estimation. Biometrika 93, 687–704.
Fryzlewicz, P., Sapatinas, T., Subba Rao, S., 2008. Normalised least-squares estimation in time-varying ARCH models. Ann. Stat. 36, 742–786.
Fryzlewicz, P., Subba Rao, S., 2011. On mixing properties of ARCH and time-varying ARCH processes. Bernoulli 17, 320–346.
Fryzlewicz, P., Van Bellegem, S., von Sachs, R., 2003. Forecasting non-stationary time series by wavelet process modeling. Ann. Inst. Stat. Math. 55, 737–764.
Fuentes, M., 2001. A high frequency kriging approach for non-stationary environmental processes. Environmetrics 12, 469–483.
Giraitis, L., Leipus, R., 1992. Testing and estimating in the change-point problem of the spectral function. Lith. Math. J. 32, 15–29.
Granger, C.W.J., Hatanaka, M., 1964. Spectral Analysis of Economic Time Series. Princeton University Press, Princeton.
Grenander, U., Szegö, G., 1958. Toeplitz Forms and their Applications. University of California Press, Berkeley.

Grenier, Y., 1983. Time dependent ARMA modelling of nonstationary signals. IEEE Trans. Acoust. Speech Signal Process. 31, 899–911.

Guégan, D., 2007. Global and local stationary modelling in finance: Theory and empirical evidence. Centre d'Economique de la Sorbonne.

Guo, W., Dai, M., Ombao, H.C., von Sachs, R., 2003. Smoothing spline ANOVA for time-dependent spectral analysis. J. Am. Stat. Assoc. 98, 643–652.

Hannan, E.J., 1973. The asymptotic theory of linear time series models. J. Appl. Prob. 10, 130–145.

Hallin, M., 1986. Nonstationary q-dependent processes and time-varying moving average models: invertibility properties and the forecasting problem. Adv. Appl. Probab. 18, 170–210.

Hirukawa, J., 2004. Discriminant analysis for multivariate non-Gaussian locally stationary processes. Sci. Math. Japonicae Online 10, 235–258.

Hirukawa, J., 2006. Cluster analysis for non-Gaussian locally stationary processes. Int. J. Theor. Appl. Fin. 9, 113–132.

Hirukawa, J., Kato, H.S., Tamaki, K., Taniguchi, M., 2008. Generalized information criteria in model selection for locally stationary processes. J. Japan Stat. Soc. 38, 157–171.

Hirukawa, J., Taniguchi, M., 2006. LAN theorem for non-Gaussian locally stationary processes and its applications. J. Stat. Plan. Infer. 136, 640–688.

Hosoya, Y., Taniguchi, M., 1982. A central limit theorem for stationary processes and the parameter estimation of linear processes. Ann. Stat. 10, 132–153.

Huang, H.-Y., Ombao, H.C., Stoffer, D.S., 2004. Discrimination and Classification of Nonstationary Time Series Using the SLEX Model. J. Amer. Stat. Assoc. 99, 763–774.

Jentsch, C., 2006. Asymptotik eines nicht-parametrischen Kernschätzers für zeitvariable autoregressive Prozesse. Diploma thesis, University of Braunschweig.

Kayhan, A., El-Jaroudi, A., Chaparro, L., 1994. Evolutionary periodogram for nonstationary signals. IEEE Trans. Signal Process. 42, 1527–1536.

Kim, W., 2001. Nonparametric kernel estimation of evolutionary autoregressive processes. Discussion paper 103. Sonderforschungsbereich 373, Berlin.

Kitagawa, G., Akaike, H., 1978. A Procedure for The Modeling of Non-Stationary Time Series. Ann. Inst. Stat. Math. 30 B, 351–363.

Kitagawa, G., Gersch, W., 1985. A smoothness priors time-varying AR coefficient modeling of the nonstationary covariance time series. IEEE Trans. Automat. Cntrl. 30, 48–56.

Koo, B., Linton, O., 2010. Semiparametric estimation of locally stationary diffusion models. LSE STICERD Research Paper No. EM/2010/551.

Kreiss, J.-P., Paparoditis, E., 2011. Bootstrapping Locally Stationary Processes. Technical report.

Kushner, H.J., Yin, G.G., 1997. Stochastic Approximation Algorithms and Applications. Springer-Verlag, New York.

Ljung, L., 1977. Analysis of recursive stochastic algorithms. IEEE Trans. Automat. Contr. 22, 551–575.

Ljung, L., Söderström, T., 1983. Theory and Practice of Recursive Identification. MIT Press, Cambridge, MA.

Martin, W., Flandrin, P., 1985. Wigner-Ville spectral analysis of nonstationary processes. IEEE Trans. Acoust. Speech Signal Process. 33, 1461–1470.

Mélard, G., Herteleer-de-Schutter, A., 1989. Contributions to evolutionary spectral theory. J. Time Ser. Anal. 10, 41–63.

Mercurio, D., Spokoiny, V., 2004. Statistical inference for time-inhomogenous volatility models. Ann. Stat. 32, 577–602.
Mikosch, T., Gadrich, T., Klüppelberg, C., Adler, R.J., 1995. Parameter estimation for ARMA models with infinite variance innovations. Ann. Stat. 23, 305–326.
Mikosch, T., Norvaisa, R., 1997. Uniform convergence of the empirical spectral distribution function. Stoch. Proc. Appl. 70, 85–114.
Mikosch, T., Stărică, C., 2004. Nonstationarities in financial time series, the long-range dependence, and the IGARCH effects. Rev. Econ. Stat. 86, 378–390.
Motta, G., Hafner, C.M., von Sachs, R., 2011. Locally stationary factor models: Identification and nonparametric estimation. Econom. Theory 27(6), 1279–1319. doi:10.1017/S026646661100005, page 1–41.
Moulines, E., Priouret, P., Roueff, F., 2005. On recursive estimation for locally stationary time varying autoregressive processes. Ann. Stat. 33, 2610–2654.
Nason, G.P., von Sachs, R., 1999. Wavelets in time series analysis. Phil. Trans. R. Soc. Lond. A 357, 2511–2526.
Nason, G.P., von Sachs, R., Kroisandt, G., 2000. Wavelet processes and adaptive estimation of evolutionary wavelet spectra. J. R. Stat. Soc. B 62, 271–292.
Neumann, M.H., von Sachs, R., 1997. Wavelet thresholding in anisotropic function classes and applications to adaptive estimation of evolutionary spectra. Ann. Stat. 25, 38–76.
Ombao, H.C., Raz, J.A., von Sachs, R., Malow, B.A., 2001. Automatic statistical analysis of bivariate nonstationary time series. J. Am. Stat. Assoc. 96, 543–560.
Ombao, H.C., Van Bellegem, S., 2008. Evolutionary coherence of nonstationary signals. IEEE Trans. Signal Process. 56, 2259–2266.
Ombao, H.C., von Sachs, R., Guo, W., 2005. The SLEX analysis of multivariate nonstationary time series. J. Am. Stat. Assoc. 100, 519–531.
Orbe, S., Ferreira, E., Rodriguez-Poo, R.M., 2000. A nonparametric method to estimate time varying coefficients. J. Nonparam. Stat. 12, 779–806.
Orbe, S., Ferreira, E., Rodriguez-Poo, R.M., 2005. Nonparametric estimation of time varying parameters under shape restrictions. J. Econom. 126, 53–77.
Ozaki, T., Tong, H., 1975. On the fitting of non-stationary autoregressive models in time series analysis. Proceedings of the 8th Hawaii International Conference on System Sciences. Western Periodical Company, California.
Palma, W., Olea, R., 2010. An efficient estimator for locally stationary Gaussian long-memory processes. Ann. Stat. 38, 2958–2997.
Paparoditis, E., 2009. Testing temporal constancy of the spectral structure of a time series. Bernoulli 15, 1190–1221.
Paparoditis, E., 2010. Validating stationarity assumptions in time series analysis by rolling local periodograms. J. Amer. Statist. Assoc. 105, 839–851.
Paparoditis, E., Politis, D.N., 2002. Local block bootstrap. C. R. Acad. Sci. Paris, Ser. I 335, 959–962.
Parzen, E., 1983. Autoregressive spectral estimation. In: Brillinger, D.R., Krishnaiah, P.R. (Eds.), Handbook of Statistics. North-Holland, Amsterdam, 3, pp. 221–247.
Picard, D., 1985. Testing and estimating change-points in time series. Adv. Appl. Probab. 17, 841–867.
Preuß, P., Vetter, M., Dette, H., 2011. Testing semiparametric hypotheses in locally stationary processes. Discussion paper 13/11. SFB 823, TU Dortmund.
Priestley, M.B., 1965. Evolutionary spectra and non-stationary processes. J. R. Stat. Soc. Ser. B 27, 204–237.
Priestley, M.B., 1981. Spectral Analysis and Time Series. Academic Press, London.

Priestley, M.B., 1988. Nonlinear and Nonstationary Time Series Analysis, Academic Press, London.
Priestley, M.B., Subba Rao, T., 1969. A test for non-stationarity of time series. J. R. Stat. Soc. B 31, 140–149.
Robinson, P.M., 1989. Nonparametric estimation of time varying parameters. In: Hackl, P. (Ed.), Statistics Analysis and Forecasting of Economic Structural Change. Springer, Berlin, pp. 253–264.
Robinson, P.M., 1995. Gaussian semiparametric estimation of long range dependence. Ann. Stat. 23, 1630–1661.
Rosen, O., Stoffer, D.S., Wood, S., 2009. Local Spectral Analysis via a Bayesian Mixture of Smoothing Splines. J. Am. Stat. Assoc. 104, 249–262.
Roueff, F., von Sachs, R., 2011. Locally stationary long memory estimation. Stoch. Proc. Appl. 121, 813–844.
Sanderson, J., Fryzlewicz, P., Jones, M., 2010. Estimating linear dependence between nonstationary time series using the locally stationary wavelet model. Biometrika 97, 435–446.
Sakiyama, K., Taniguchi, M., 2003. Testing composite hypotheses for locally stationary processes. J. Time Ser. Anal. 24, 483–504.
Sakiyama, K., Taniguchi, M., 2004. Discriminant analysis for locally stationary processes. J. Multiv. Anal. 90, 282–300.
Schack, B., Grieszbach, G., 1994. Adaptive methods of trend detection and their application in analyzing biosignals. Biom. J. 36, 429–452.
Sergides, M., Paparoditis, E., 2008. Bootstrapping the Local Periodogram of Locally Stationary Processes. J. Time Ser. Anal. 29, 264–299. Corrigendum: J. Time Ser. Anal. 30, 260–261.
Sergides, M., Paparoditis, E., 2009. Frequency domain tests of semiparametric hypotheses for locally stationary processes. Scandin. J. Stat. 36, 800–821.
Shiraishi, H., Taniguchi, M., 2007. Statistical estimation of optimal portfolios for locally stationary returns of assets. Int. J. Theor. Appl. Finance 10, 129–154.
Spokoiny, V., 2010. Local parametric methods in nonparametric estimation. Springer-Verlag, Berlin Heidelberg New York.
Stărică, C., Granger, C., 2005. Nonstationarities in stock returns. Rev. Econ. Stat. 87, 503–522.
Subba Rao, S., 2006. On some nonstationary, nonlinear random processes and their stationary approximations. Adv. Appl. Probab. 38, 1155–1172.
Subba Rao, T., 1970. The fitting of non-stationary time series models with time-dependent parameters. J. R. Stat. Soc. B 32, 312–322.
Tamaki, K., 2009. Second order properties of locally stationary processes. J. Time Ser. Anal. 30, 145–166.
Taniguchi, M., Kakizawa, Y., 2000. Asymptotic Theory of Statistical Inference for Time Series. Springer Verlag, New York.
Taniguchi, M., Hirukawa, J., Tamaki, K., 2008. Optimal Statistical Inference in Financial Engineering. Chapman & Hall, Boca Raton.
Tjøstheim, D., 1976. Spectral generating operators for non-stationary processes. Adv. Appl. Probab. 8, 831–846.
Tunyavetchakit, S., 2010. On the optimal segment length for tapered Yule-Walker estimates for time-varying autoregressive processes. Diploma Thesis, Heidelberg.
Van Bellegem, S., Dahlhaus, R., 2006. Semiparametric estimation by model selection for locally stationary processes. J. R. Stat. Soc. B 68, 721–764.

Van Bellegem, S., von Sachs, R., 2004. Forecasting economic time series with unconditional time varying variance. Int. J. Forecast. 20, 611–627.

Van Bellegem, S., von Sachs, R., 2008. Locally adaptive estimation of evolutionary wavelet spectra. Ann. Stat. 36, 1879–1924.

Van Bellegem, S., 2011. Locally stationary volatility models. In: Bauwens, L., Hafner, C., Laurent, S. (eds.), Wiley Handbook in Financial Engineering and Econometrics: Volatility Models and Their Applications, Wiley, New York.

Vogt, M., 2011. Nonparametric regression for locally stationary time series. Preprint, University of Mannheim.

von Sachs, R., Neumann, M., 2000. A wavelet-based test for stationarity. J. Time Ser. Anal. 21, 597–613.

White, H., 1992. Artificial Neural Networks. Blackwell, Oxford.

Whittle, P., 1953. Estimation and information in stationary time series. Ark. Mat. 2, 423–434.

Whittle, P., 1954. Some recent contributions to the theory of stationary processes. Appendix to A study in the analysis of stationary time series, by H. Wold, 2nd ed. 196–228. Almqvist and Wiksell, Uppsala.

Wu, W.B., Zhou, Z., 2011. Gaussian approximations for non-stationary multiple time series. Statistica Sinica 21, 1397–1413.

Zani, M., 2002. Large deviations for quadratic forms of locally stationary processes. J. Multivar. Anal. 81, 205–228.

Zhou, Z., 2010. Nonparametric inference of quantile curves for nonstationary time series. Ann. Stat. 38, 2187–2217.

Zhou, Z., Wu, W.B., 2009. Local linear quantile estimation for non-stationary time series. Ann. Stat. 37, 2696–2729.

Zhou, Z., Wu, W.B., 2010. Simultaneous inference of linear models with time varying coefficients. J. R. Stat. Soc. B 72, 513–531.

CHAPTER 14

Analysis of Multivariate Nonstationary Time Series Using the Localized Fourier Library

局所化フーリエ関数族を利用した多変量非定常時系列解析

■ 概　要 ■　SLEX 関数族（SLEX library）を主要な道具立てとして，多変量非定常時系列解析のための系統的で，柔軟かつ計算効率性の高い方法を展開する．SLEX 関数族とは基底関数の集合であり，各々の基底は局所化された複数のフーリエ波形で構成されている．信号表現とスペクトル推定の問題においては，背後にある確率過程を最も良く表す基底を，SLEX 関数族の中から選ぶことができる．さらに，非定常時系列の判別・分類にあたっては，非定常時系列の複数のクラス間で最大の分離度を与えるような基底を選ぶことが可能である．SLEX 関数族を使った例として，てんかん発作の最中に記録された多チャンネル EEG や，視覚・運動実験で観察された多チャンネル EEG の解析結果を示す．

■ キーワード ■　コヒーレンス，判別，フーリエ変換，非定常時系列，平滑局所化複素指数，スペクトル解析，スペクトル行列

14.1　はじめに

脳科学の実験では，多くの場合，脳の電気的・磁気的活動，あるいは血流動態の活動を研究するために，動物や人間といった被験対象から多変量時系列データを観測する．本章では，局所的なフーリエ関数族に基づいて多変量時系列を解析するための方法を提示する．多変量時系列の一例としては，頭部に設置した多数のセンサーにより記録される脳の電気的活動を測った脳波（EEG）データが挙げられる．われわれがここで解析するのは，てんかん発作の最中に記録された多チャンネル EEG データと，実験参加者が与えられた刺激に反応する形でジョイスティックを左か右に動かすという視覚・運動課題実験の最中に記録された多チャンネル EEG データである．

14.1.1　本章の目的

最初のデータセット（図 14.1 を参照）における目的は，てんかん症状の発現の間に波形の組成がいかに時間発展していくかを研究することである．われわれはここで，スペクトル（分散の周波数成分への分解を示した量）とコヒーレンス（多変量時系列間の動的な相互依存関係を測った量）を推定する方法を示す．二つ目のデータセット

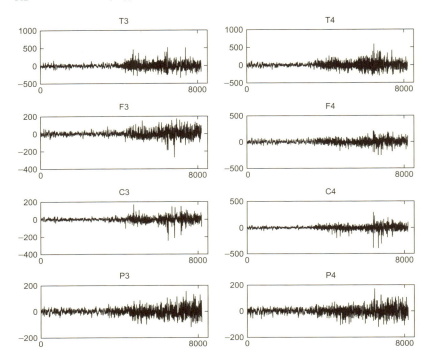

図14.1 てんかん発作中に記録された脳波（EEG）データ．$T = 8192$．サンプリングレートは100Hz．解析に用いたデータは $p = 18$ チャンネル分であるが，そのうち8チャンネルのEEG時系列だけをプロットしている．左列のEEGプロットは"左脳"からのデータの記録である：T3（左側頭葉），F3（左前頭葉），C3（左中心葉），P3（左頭頂葉）．右列のEEGプロットは"右脳"からのデータの記録である：T4（右側頭葉），F4（右前頭葉），C4（右中心葉），P4（右頭頂葉）．

（図14.2を参照）は，手持ちサイズのジョイスティックを真ん中の位置から左右いずれかの方向へ素早く動かすという，単純な随意運動を被験者に求める実験で記録されたデータである．脳の領域間の相互作用の働き方は，"右"，"左"といった条件が違えば変わってくる可能性がある．ここでは，左方向への運動時に想定される脳内接続性（brain connectivity）と，右方向への運動時のそれとを判別できるスペクトルの特徴を選ぶ方法を提示する．この方法を使い，自発活動に伴って記録されたEEG時系列に見られる確かな情報を評価することによって，どちらに動かすつもりなのかを予測することも視野に入ってくる．

ほとんどの脳時系列データは，それらの統計的性質もスペクトルの大きさも時間とともに変化するという意味で，典型的な非定常データである．古典的なフーリエ解析

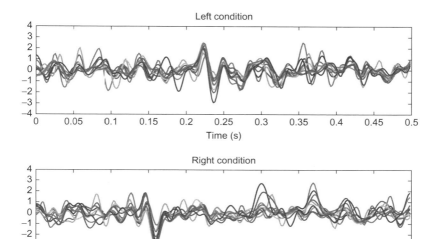

図 14.2 上図："左"条件（left condition）の実験で記録された代表的な 11 チャンネルの EEG．下図："右"条件（right condition）の実験で記録された代表的な 11 チャンネルの EEG．

に頼っていては，そのような信号を適切に調べることは不可能である．本章では，脳の信号を局所化されたフーリエ波形の"関数族"（library）を使って解析する．この関数族は，複数の基底関数で構成される．非定常時系列を最も良く表現する基底を選び，そのことによって時間発展型のスペクトルとコヒーレンスを推定することが最初の目標であり，二つの異なる信号のクラス（左方向か右方向か）を，最大限判別ないし分離するような基底を選ぶことが次の目標である．

14.1.2 スペクトル表現定理の概説

最初に，時系列のスペクトル表現について背景となる知識を簡潔に記しておこう．$\mathbf{X}(t) = [X_1(t), \ldots, X_P(t)]'$ を平均 0 の P 変量時系列とする．定常性の仮定のもとでは，$\mathbf{X}(t)$ には，ランダムに重み付けられた正弦・余弦波形により，以下のクラメール表現（スペクトル表現）を与えることができる．

$$\mathbf{X}(t) = \int_{-1/2}^{1/2} \mathbf{A}(\omega) \exp(i2\pi\omega t) d\mathbf{Z}(\omega) \tag{14.1}$$

ここで，$\mathbf{A}(\omega)$ は $P \times P$ 次元の伝達関数行列であり，$d\mathbf{Z}(\omega)$ は平均 0 の直交増分確率過程，すなわち $\omega \neq \lambda$ のとき $\mathbb{C}\text{ov}[d\mathbf{Z}(\omega), d\mathbf{Z}(\lambda)] = \mathbf{0}$ で，$\mathbf{1}$ を $P \times P$ の単位行列としたとき $\text{Var}[d\mathbf{Z}(\omega)] = \mathbf{1} d\omega$ である．$\mathbf{X}(t)$ のスペクトル密度行列は，$P \times P$ 次

元の複素数値エルミート行列 $\mathbf{f}(\omega) = \mathbf{A}(\omega)\mathbf{A}^*(\omega)$ として与えられる．

関連するスペクトル量を以下に挙げておく．$X_p(t)$ に対する周波数 ω における自己スペクトルは第 p 対角成分で，$f_{pp}(\omega)$ と記す．また，第 p 成分と第 q 成分間の相互スペクトルは，スペクトル行列の第 (p,q) 成分で，$f_{pq}(\omega)$ と記す．第 p 成分と第 q 成分間のコヒーレンスは，$\rho_{pq}(\omega) = |f_{pq}(\omega)|^2/[f_{pp}(\omega)f_{qq}(\omega)]$ で定義される．コヒーレンスは，第 p 成分と第 q 成分間の，周波数 ω における振動の大きさの，線形関係の強さである．実際，Ombao and Van Bellegem (2008) が示すとおり，フィルタ後の信号が周波数 ω に集中するように $X_p(t)$ と $X_q(t)$ に線形フィルタを適用したとすると，コヒーレンスはおおよそフィルタ後の信号間での相互相関の 2 乗に等しい．

コヒーレンスは，直接的な線形関係と間接的な線形関係とを区別できない．例えば，$X_p(t)$ と $X_q(t)$ とが，ある周波数 ω で高いコヒーレンスを示しているとしても，その関連性は他の成分 $X_r(t)$ に起因している可能性があるからである．したがって，直接的な線形の関連性を測るためには，以下に定義する偏コヒーレンスを用いる．$\mathbf{G}(\omega) = \mathbf{f}^{-1}(\omega)$ と定義し，その対角成分を $g_{pp}(\omega)$ と記す．また $\mathbf{H}(\omega)$ を $P \times P$ の対角行列とすると，その要素は $h_{pp}(\omega) = 1/\sqrt{g_{pp}(\omega)}$ となる．さらに，$\Lambda(\omega) = -\mathbf{H}(\omega)\mathbf{f}^{-1}(\omega)\mathbf{H}(\omega)$ と定義する．このとき，第 p 成分と第 q 成分間の偏コヒーレンシーは，行列 $\Lambda(\omega)$ の第 (p,q) 成分として定義され，これを $\Lambda_{pq}(\omega)$ と書く．偏コヒーレンスとは，複素数の大きさの 2 乗 $|\Lambda_{pq}(\omega)|^2$ のことを指す．

定常過程について，いくつか注意を述べておく．(a) スペクトル表現定理では，フーリエ型の複素指数関数が基礎的要素になっている．(b) 伝達関数は周波数だけに依存し，時間とともに変化することはない．したがって，(c) スペクトル行列と関連するスペクトル量は，時間に関しては不変である．非定常多変量時系列に対して，Dahlhaus (2001) はフーリエ波形を基礎的要素としながら，伝達関数が時間とともに変わりうるタイプの表現を導いた．ここでは，着想をわかりやすく提示する目的で，その近似的な表現として以下を用いる．

$$\mathbf{X}_{t,T} \approx \int_{-1/2}^{1/2} \mathbf{A}(t/T, \omega) \exp(i2\pi\omega t) d\mathbf{Z}(\omega) \tag{14.2}$$

ここで，$\mathbf{A}(t/T, \omega)$ は，スケール変換した時間 t/T 上で定義される伝達関数行列である．この表現のもとで，構成要素は依然としてフーリエ波形であるが，ランダム係数 $\mathbf{A}(t/T, \omega)d\mathbf{Z}(\omega)$ は時間にも周波数にも依存している．スケール変換された時間 $u \in [0, 1]$ と周波数 $\omega \in (-0.5, 0.5)$ 上でのスペクトル行列は，$\mathbf{f}(u, \omega) = \mathbf{A}(u, \omega)\mathbf{A}^*(u, \omega)$ と定義される．ダールハウスモデルは，時変スペクトル行列の推定量が一致性を持つための漸近的な枠組みを与えている．

本章では，"局所化"フーリエ波形族を活用した補完的なアプローチを採用する．本章の構成は，以下のとおりである．SLEX 波形と変換の基本的なアイデアを，14.2 節で与える．SLEX モデルを当てはめ，時変スペクトルの性質を推定する方法を，14.3

節と 14.4 節で与える．最後に，クラス間の最大分離度を与えるような SLEX 基底を見つけることによって非定常時系列のクラスを判別する方法を提示する．

14.2　SLEX 解析の概要

14.2.1　SLEX 波形

非定常時系列データの解析が目的であれば，フーリエ波形は理想的な道具とは言えない．というのは，フーリエ波形では，時間に関して局所化された信号のスペクトル特徴量を直接捉えることができないからである．非定常時系列の研究における標準的なアプローチの一つは，ウィンドウ化されたフーリエ波形 (Daubechies, 1992) $\phi_F(u) = \Psi(u)\exp(i2\pi\omega u)$ を利用することである．ここで，Ψ は台がコンパクトなテーパーで，$\omega \in (-1/2, 1/2]$ である．ウィンドウ化されたフーリエ波形は時間に関しては局所化されているが，ウィンドウ化されたフーリエ基底関数は直交化と局所化を同時に達成し得ないという Balian–Low 定理により，一般に直交とはなっていない (Wickerhauser, 1994)．直交性は，エレガントな表現とともに，時間・周波数領域での分解に一意解を与えるという意味で望ましい性質である．直交変換は時系列のエネルギーを保存し，計算上効率的で大量データセットの解析を実現する Coifman and Wickerhauser (1992) の最良基底アルゴリズム (BBA) の利用を可能にする．

非定常時系列解析に使える局所化された正規直交基底は（ウェーブレットやウェーブレットパケットなど）多数存在するが，時間に関して局所化された"フーリエ"波形の一般化を採用することには，強い理論的根拠がある．ここでは Ombao et al. (2001) に従い，SLEX (smooth localized complex exponential; 平滑局所化複素指数) 波形

$$\phi_\omega(u) = \Psi_+(u)\exp(i2\pi\omega u) + \Psi_-(u)\exp(-i2\pi\omega u) \tag{14.3}$$

を使って，非定常時系列を解析する．ここで，$\omega \in (-1/2, 1/2]$，$u \in \mathcal{I} = [-\eta, 1+\eta]$ $(0 < \eta < 0.5)$ である．窓関数は，図 14.3 に描かれているように，組で使われる．すなわち，いったん Ψ_+ が特定化されれば，Ψ_- も自動的に定まる．さらに，これらの窓関数を拡大・縮小することで，スケール変換された関数の台を $B \subset \mathcal{I}$ とすることが可能である．SLEX 波形のプロットは，図 14.4 に与えられている．SLEX 波形は直交性と滑らかさを同時に達成する．平滑ウィンドウ化フーリエ複素指数とは異なり，SLEX 波形は単一の窓関数ではなく射影作用素を使って構成されるので，Balian–Low 定理が示す障壁を回避することができる．射影作用素から波形を構成することの詳細は，Auscher et al. (1992) による研究で与えられている．SLEX と他の変換の比較については，簡潔にだが 14.2.6 項で議論している．SLEX 関数族は，SLEX が多変量時系列間の時間ラグ構造を時変相互スペクトルの位相情報から捉えることから，時系列のモデリングに適していると言える．また，定常時系列のフーリエ解析の時間依存型への一般化と考えれば，得られる結果の解釈もしやすい．

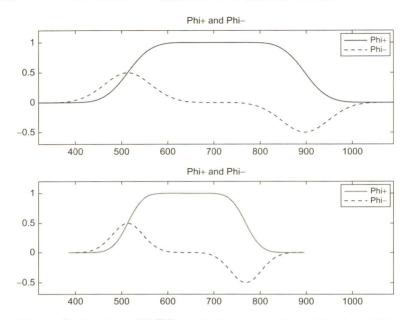

図 14.3 滑らかなウィンドウ関数のペア $\Psi_{+,B}(u)$ と $\Psi_{-,\omega,B}(u)$. ウィンドウ関数は拡大・縮小できる. 上図では B は概ねスケール変換された区間 $(500/1000, 900/1000)$, 下図では B は概ね区間 $(500/1000, 750/1000)$ である.

14.2.2 SLEX 関 数 族

SLEX 関数族は基底関数の集まりであるが, その構成要素となっている波形は, 時系列のスペクトルに関して局所的な特徴を捉えることが可能となるように, 各々局所化されている. さらに, SLEX 関数族は観測時系列を柔軟かつ豊かに表現することができる. こうした利点を例示するために, 図 14.5 にレベル $J = 2$ の SLEX 関数族を示す. この関数族では, 時間方向を七つの 2 進ブロックに分割している. $S(0,0)$ は時系列全体をカバーし, $S(1,0)$ と $S(1,1)$ は半分ずつ二つのブロックで, $S(2,b)$ ($b = 0, 1, 2, 3$) は 4 分の 1 ずつ四つのブロックで, 全体をカバーしている. 一般に, 各解像度レベル $j = 0, 1, \ldots, J$ に対して 2^j 個のブロックがあり, 各ブロックの長さは $T/2^j$ となっている. 解像度レベル j 上のブロック b ($b = 0, 1, \ldots, 2^j - 1$) を表すのに $S(j,b)$ という記号を採用しよう. 時間ブロック $S(j,b)$ は, スケール変換されたブロック $B(j,b)$ に対し, $S(0,0)$ が $[0,1]$ に, $S(1,0)$ が $(0, 1/2)$ に, $S(2,3)$ が $[3/4, 1]$ に, という具合に対応する.

この特定の SLEX 関数族からは, 5 通りの基底のとり方が考えられる. ある特定の基底を挙げれば, それは図 14.5 で網掛けされたブロック $S(1,0), S(2,2), S(2,3)$ か

14.2 SLEX 解析の概要

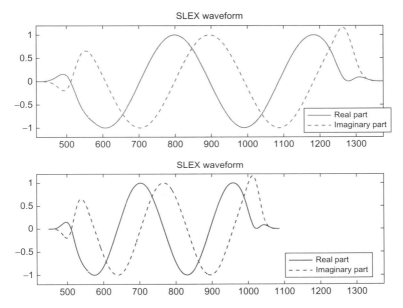

図 14.4 尺度と位置が異なる複数の SLEX 波形の例．SLEX 波形は拡大・縮小の後，シフトすることが可能である．

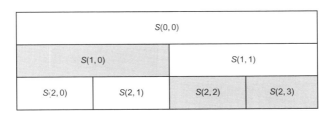

図 14.5 レベル $J = 2$ の SLEX 関数族．網掛けされたブロックは，SLEX 関数族からの一つの基底のとり方を表している．

ら構成される．ここで指摘しておきたいのは，基底ごとに多重解像度であって構わないこと，すなわち，ある基底が長さの異なる複数の時間ブロック上で定義されてもよいことである．このことは，定常性を満たす期間の長さが時間とともに変わるような確率過程に対しては理想的である．変換 J に関して最も細かい時間スケール（すなわち最も深いレベル）を選ぶ場合には，EEG の適切な時間解像度に関して何らかの指標を与えてくれるような，共同研究者からの助言が，統計家に必要となるだろう．一般に，ブロック長を十分短くとれば，各ブロック内で時系列は定常と見なして差し支えないであろう．その一方で，ブロック長を小さくとりすぎて，スペクトル推定値の分

散も制御できないことにならないことも重要である．

14.2.3 SLEX 変換の計算

SLEX 変換とは，SLEX 関数族に含まれる SLEX 波形に対応する係数の集まりを指す．まず，時点 $\{\alpha_0, \ldots, \alpha_1 - 1\}$ からなる，離散化された時間ブロック $S(j, b)$ 上で，"SLEX ベクトル" を定義する．次に，$|S| = \alpha_1 - \alpha_0$ とし，重複部分を $\epsilon = [\eta |S|]$ と定義する．ここで，$[.]$ は引数から最大整数値を取り出す関数である．SLEX 波形はブロック方向に沿った滑らかな推移を与えるものであり，実際，SLEX ベクトルは "拡張された" ブロック $\{\alpha_0 - \epsilon, \ldots, \alpha_1 - 1 + \epsilon\}$ 上で定義される．周波数 ω_k で振動する S 上での SLEX ベクトルは，以下の形をとる．

$$\phi_{S,\omega_k}(t) = \Psi_+\left(\frac{t-\alpha_0}{|S|}\right)\exp(i2\pi\omega_k(t-\alpha_0))$$
$$+ \Psi_-\left(\frac{t-\alpha_0}{|S|}\right)\exp(-i2\pi\omega_k(t-\alpha_0))$$

ここで，$\omega_k = k/|S|$ $(k = -\frac{|S|}{2} - 1, \ldots, \frac{|S|}{2})$ である．

次に，SLEX 係数が高速フーリエ変換 (fast Fourier transform; FFT) を使って計算できることを示そう．$X_\ell(t)$ と書いて，長さ T の P チャンネル時系列 $\mathbf{X}(t)$ の一つの要素を表すものとしよう．ブロック $S(j, b)$ 上で ($X_\ell(t)$ に対応する) SLEX 係数は

$$d_{j,b}^\ell(\omega_k) = (M_j)^{-1/2}\sum_t X_\ell(t)\overline{\phi_{j,b,\omega_k}(t)}$$
$$= (M_j)^{-1/2}\sum_t \Psi_+\left(\frac{t-\alpha_0}{|S|}\right)X_\ell(t)\exp[-i2\pi\omega_k(t-\alpha_0)]$$
$$+ (M_j)^{-1/2}\sum_t \Psi_-\left(\frac{t-\alpha_0}{|S|}\right)X_\ell(t)\exp[i2\pi\omega_k(t-\alpha_0)]$$

と定義される．ここで，$M_j = |S(j,b)| = T/2^j$ である．SLEX 変換の計算にあたっては，各レベル j で "端" のブロック，すなわち $S(j,0)$ と $S(j, 2^j - 1)$ は，実装上 0 で埋めておく．最終的に FFT を使うことで，SLEX 変換の計算に必要な操作数のオーダーは $O[T(\log_2 T)^2]$ となる．

14.2.4 SLEX ピリオドグラム行列の計算

ブロック $S(j, b)$ 上かつ周波数 ω_k での SLEX 係数ベクトル $(P \times 1)$ を，$\mathbf{d}_{j,b}(\omega_k)$ で表すとしよう．すなわち $\mathbf{d}_{j,b}(\omega_k) = [d_{j,b}^1(\omega_k), \ldots, d_{j,b}^P(\omega_k)]'$ である．$\mathbf{d}^*$ で $\mathbf{d}$ の複素共役転置を表すとき，SLEX ピリオドグラム行列は $\mathbf{I}_{j,b}(\omega_k) = \mathbf{d}_{j,b}(\omega_k)\mathbf{d}_{j,b}^*(\omega_k)$ で与えられる．$\mathbf{I}_{j,b}$ の対角成分 $I_{j,b}^{\ell\ell}(\omega_k) = |d_{j,b}^\ell(\omega_k)|^2$ を SLEX 自己ピリオドグラムと呼び，一方非対角成分 $I_{j,b}^{pq}(\omega_k) = d_{j,b}^p(\omega_k)d_{j,b}^{q*}(\omega_k)$ を SLEX 相互ピリオドグラムと呼ぶ．フーリエピリオドグラム行列と同様に，平均2乗一致推定量を作るために，周波数領域 $\widetilde{\mathbf{I}}_{j,b}(\omega_k) = \frac{1}{2L+1}\sum_{r=-L}^{L}\mathbf{I}_{j,b}(\omega_{k+r})$ で SLEX ピリオドグラム行列を平滑化する．

14.2.5 最良基底アルゴリズム

すでに述べたとおり,SLEX 関数族は SLEX 基底の集合のことである.当面の問題に依存する形で,例えば目的が信号の表現なのであれば,それに最適な基底を選びたいと考えるだろうし,信号を判別するのが目的であれば,それに最適な別の基底を選びたいと考えるだろう.いずれの場合も,各時間ブロック $S(j,b)$,あるいはスケール変換されたブロック $B(j,b)$ で,何らかの規準を計算することになる.その規準の値を $C(j,b)$ と書くことにしよう.ここで,Coifman and Wickerhauser (1992) によって研究・展開された最良基底アルゴリズム (best basis algorithm; BBA) を紹介しよう.

アルゴリズム 1

最大レベル J を決める.最も高精細のレベルでのブロック長は $T/2^J$ となることに注意する.
ターミナルのブロック群 $S(J,0),\ldots,S(J,2^J-1)$ をマークする.
$j = J-1,\ldots,0$ に対して以下を実行
    $b = 0,1,\ldots,2^j-1$ に対して以下を実行
        親ブロック $S(j,b)$ におけるコストと,子ブロック $S(j+1,2b)$ と $S(j+1,2b+1)$ におけるコストを比較する.
        $C(j,b) < C(j+1,2b) + C(j+1,2b+1)$ の場合,
            ブロック $S(j,b)$ をマークする.
        それ以外の場合,
            ブロック $B(j+1,2b)$ と $B(j+1,2b+1)$ をマークし,
            $C(j,b)$ を $C(j+1,2b) + C(j+1,2b+1)$ で置き換える.
    b に関するループ終了
j に関するループ終了

最終的に,最良基底はその祖先がマークされていないようなブロックから構成される.

14.2.6 SLEX と他の局所波形

ウェーブレットは局所的な振動特性を持つ数学関数である.ウェーブレットは一般的に,局所的な領域で突然大きな値をとったりピークを迎えたりするような関数を推定するために有効利用されてきた.ウェーブレットを利用したノンパラメトリックな関数推定に関する重要な仕事に関しては,Donoho and Johnstone (1994, 1995) の研究を参照されたい.さらに,Nason et al. (2000) は,時変係数スペクトルを持つ時系列の表現やスケール分解に対してウェーブレットを使った方法を開発している.統計的問題に対するウェーブレットの応用についてのわかりやすい解説としては,Vidakovic

(1999) を参照されたい.

ウェーブレットパケットは，局所化された波形の別のクラスを形成する．ウェーブレットパケットはウェーブレットの一つの一般化である．SLEX と同じように，ウェーブレットパケットは正規直交基底関数群を形成するが，その中にはウェーブレット基底も含まれる．その一般性ゆえに，ウェーブレットパケットは振動すなわち周期的な挙動を示す信号を表現する際に，さらなる柔軟性を提供する．ウェーブレットパケットと SLEX の違いは，時間・周波数領域を区分化するやり方にある．SLEX 関数群は時間軸上の台を 2 進法的に分割していく形で波形を生成することで得られるが，ウェーブレットパケット関数群はスペクトルのパワー，すなわち周波数の台を 2 進法的に分割する波形群から構成される．最良のウェーブレットパケット正規直交基底もまた，最良基底アルゴリズム BBA を使うことで選べる．ウェーブレットパケットの構成に関する詳細な議論は，Wickerhauser (1994) が与えている．

コサインパケットも，時間と周波数に関して局所化された別種の波形群である (Auscher et al., 1992). コサインパケット変換（CPT）には，SLEX 変換に共通する特徴がある．すなわち，両者とも時間に関して局所化された三角関数であり，両者とも時間・周波数平面の（ウェーブレットパケット変換のように周波数軸でなく）時間軸を 2 進法的に分割する．さらに，両者の波形は，同じウィンドウ関数の組を適用することで得られるという特徴がある．Ψ_+ と Ψ_- （図 14.3 を参照）を複素指数関数に適用すると SLEX 波形が生成され，一方，同じウィンドウ関数をコサイン関数に適用するとコサインパケット波形が得られる．

多変量時系列解析に関する限りは，ウェーブレットパケットやコサインパケットに比べて，SLEX を使うことの利点が多数挙げられる．SLEX 波形は複素数値であり，それゆえ多変量時系列の成分間のラグ推定に直接使うことができる．さらに，SLEX 波形は時間に関しても周波数に関しても局所化されるという意味で，フーリエ波形の一般化になっている．したがって，SLEX に基づく方法は，フーリエ関数に基づく定常過程の古典的スペクトル解析と対応する．SLEX 関数族を使うことで，定常時系列に対するクラメール（スペクトル）表現の時間依存版ともいうべきモデル族を展開することができる．こうした SLEX 表現の集合体を使って，時間発展のあるコヒーレンスを調べたり，非定常時系列の分類・識別といった問題に対して時間・周波数平面でのスペクトルの特徴を選択したりすることが可能になる．

14.3 最良 SLEX 信号表現の選択

ここでの究極の目的は，多変量時系列の時変スペクトルと時変コヒーレンスを推定することである．これを達成するには，SLEX モデル族の中から，データを一番よく表現する "究極の" モデルを選択する必要がある．その第 1 ステップは，多変量時系列の時間発展的なスペクトルの性質を明示的に特徴付け，かつ一意的な SLEX 基底に

よるスペクトル表現を持つような "SLEX モデル族を構築する" ことである．第 2 ステップは，時系列データを最も良く表現する "モデルを選択する" ことである．このことは，多変量時系列に対する最適な 2 進法的区分化を選択することと同値である．われわれが用いるのは，Ombao et al. (2005) により示された，(1) SLEX モデルと与えられた時系列データを生成する未知の確率過程との間のカルバック・ライブラー (KL) 乖離と，(2) 時系列が定常となるブロックに分割する確率を制御するために必要な複雑な罰則項との和で定義される，罰則付き対数エネルギー規準である．最適モデル（あるいは最適区分化）が求められた後，最適な区分化を与えるブロック上で，時変のスペクトル行列，コヒーレンス，偏コヒーレンスといった量の推定値が抽出される．

モデル選択ステップで不可避の問題として，多変量時系列の高次元性と多重共線性を指摘しておく．これらの問題は，脳波において非常によく見かける．われわれとしては，個別にペアをたくさん考えて 2 変量の解析を繰り返すというアプローチは，特にチャンネル数が多い場合は勧めない．というのは，このような分析を行っても，多変量時系列のすべての成分時系列が互いにどのようにして "同時に" 作用し合っているかを正確に捉えることはできないからである．ここでわれわれが勧めるアプローチは，モデル選択やその後の解析で使われる，冗長性のないスペクトル情報の集合を体系的に抽出する方法である．われわれは，Brillinger (1981) に見られる周波数領域での主成分分析 (PCA) の一般化となる，SLEX スペクトル密度行列の時変固有値・固有ベクトル分解を利用する．このステップの出力は，時変スペクトルを持つゼロコヒーレンシー（無相関）SLEX 主成分である．SLEX 成分は，モデル選択ステップで役立つであろう．

14.3.1　SLEX モデル族の構築

離散時間 $t = 1, \ldots, T$ において観測される P 次元非定常時系列を，$\mathbf{X}(t) = [X_1(t), \ldots, X_P(t)]'$ と記す．われわれの当座の目標は，この時系列を最も良く表現する SLEX モデルを見つけることだが，それに際しては，候補となる SLEX モデルと真の（かつ未知の）データ生成過程との距離を，本質的にはカルバック・ライブラー距離で測りながら，複雑度に罰則を科した形で適用する．

SLEX モデル族は信号に対する表現で構成されるが，その表現の一つ一つが SLEX 関数族内の基底に一意的に対応する．したがって，各モデルに対して一意的な時系列の 2 進法的区分化が対応する．各 SLEX モデルの主要な構成要素は，(a) 単位区間 $[0,1]$ 上で各波形が定義されるための一意的な SLEX 基底，(b) 対応する SLEX 伝達関数，(c) 平均 0 の正規直交増分確率過程である．これらの要素は，局所定常過程 (Dahlhaus, 2001) や局所定常ウェーブレット過程 (Nason et al., 2000) など，確率過程に対する他の表現法にも共通している．

$\mathcal{B}$ はある特定の区分化を与えたときの $[0,1]$ におけるスケール変換された時間ブロックの集まりを表し，$\{\phi_{B,\omega}(t), B \in \mathcal{B}\}$ はある特定の基底を表すとする．ブロック B

は時系列のブロック S のスケール変換版であり，レベル j とシフト b (すなわちスケール) で特徴付けられることに注意しよう．$\Theta_B(\omega)$ をブロック B 上で定義された伝達関数とし，$\mathrm{d}\mathbf{Z}_B(\omega)$ を以下を満たす直交増分確率過程とする．

$$\mathbb{E}\mathrm{d}\mathbf{Z}_B(\omega) = 0 \tag{14.4}$$

$$\mathbb{C}\mathrm{ov}[\mathrm{d}\mathbf{Z}_B(\omega), \mathrm{d}\mathbf{Z}_{B'}(\lambda)] = 0 \tag{14.5}$$

$$\mathbb{C}\mathrm{ov}[\mathrm{d}\mathbf{Z}_B(\omega), \mathrm{d}\mathbf{Z}_B(\lambda)] = \delta(\omega - \lambda)\mathbf{1}\mathrm{d}\omega\mathrm{d}\lambda \tag{14.6}$$

区分化 $\mathcal{B}$ に対応する SLEX モデルは

$$\mathbf{X}(t) = \sum_{B\in\mathcal{B}} \int_{-0.5}^{0.5} \Theta_B(\omega)\phi_{B,\omega}(t)\mathrm{d}\mathbf{Z}_B(\omega) \tag{14.7}$$

と与えられる．

注意

(i) 時系列は離散時点 $t = 1,\ldots,T$ で定義されているが，スペクトル特徴量は時間と周波数の組 (u,ω) 上で定義されている．ここで，u はスケール変換された単位区間 $[0,1]$ に値をとり，ω は $(-0.5, 0.5)$ に値をとる．

(ii) 周波数 (u,ω) での SLEX スペクトル密度行列は，u がブロック B にあるとき

$$\mathbf{f}(u,\omega) = \Theta_B(\omega)\Theta_B^*(\omega)$$

と定義される．ここで，Θ^* は行列 Θ の複素共役転置行列である．スペクトル行列 $\mathbf{f}(u,\omega)$ は $P \times P$ 次元のエルミート行列である．

(iii) 第 p 成分 $X_p(t)$ の (u,ω) 上での自己スペクトルは，スペクトル行列の第 p 対角成分であり $f_{pp}(u,\omega)$ と記す．

(iv) 第 p 成分と第 q 成分の間の (u,ω) 上での相互スペクトルは，第 (p,q) 要素 $f_{pq}(u,\omega)$ である．

(v) 第 p 成分と第 q 成分の間の (u,ω) 上での相互コヒーレンスは

$$\rho_{pq}(u,\omega) = \frac{|f_{pq}(u,\omega)|^2}{f_{pp}(u,\omega)f_{qq}(u,\omega)}$$

と定義される．

a. 複雑度罰則化カルバック・ライブラー規準

最良の SLEX モデルを選択するために，われわれは Ombao et al. (2005) で導出された複雑度罰則化カルバック・ライブラー規準を適用する．この規準は二つの要素から構成される．すなわち，(1) 候補となった SLEX モデルとデータ生成過程との乖離度を測る KL パートと，(2) 定常な親ブロックを不必要に子ブロックに分割してしまうことを防ぐ複雑度罰則パートである．この複雑度罰則化カルバック・ライブラー規準 (以後単純に KL と記す) は，多変量時系列のすべての個別系列からの自己相関・相互相関の情報を，同時かつ明示的に考慮に入れるものである．

14.3 最良 SLEX 信号表現の選択

候補モデル $\mathcal{M}_\mathcal{B}$ を考えよう．ここで，$\mathcal{B}$ は，時系列のある特定の区分化に対応する，スケール変換されたブロック $\{B(j,b)\}$ の集合である．B を基底 $\mathcal{B}$ における一つのブロックとし，$\mathcal{C}(B)$ と書いてその対応する KL 値としよう．候補モデル $\mathcal{M}_\mathcal{B}$ に対する全体としての KL は，すべてのブロック上で $\mathcal{C}(\mathcal{B}) = \sum_{B \in \mathcal{B}} \mathcal{C}(B)$ と足し合わせることで得られる．

Ombao et al. (2005) で導入された複雑度罰則化カルバック・ライブラー規準について述べよう．時系列 $\mathbf{X}(t)$ のブロックを考え，$t \in S(j,b)$ とする．このブロックは，$[0,1]$ 区間上のスケール変換されたブロック $B(j,b)$ に対応している．このブロックには全部で $M_j = T/2^j$ 個の時点があり，したがって，また M_j 個の離散周波数値が存在する．ブロック $B(j,b)$ 上の KL 値は

$$\mathcal{C}(j,b) = \sum_{k=-M_j/2+1}^{M_j/2} \log \det \widetilde{\mathbf{I}}_{j,b}(\omega_k) + \beta_{j,b}(p)\sqrt{M_j} \tag{14.8}$$

で与えられる．ここで，$\widetilde{\mathbf{I}}_{j,b}$ は $S(j,b)$ 上での平滑化ピリオドグラム行列（14.2.4 項を参照）であり，$\beta_{j,b}(p)$ はブロック $S_{j,b}$ に対するデータ依存型（data-driven）の複雑度罰則項である．$h_{j,b}$ を，SLEX ピリオドグラム行列を平滑化するときに使うバンド幅としよう．われわれが使う複雑度パラメータの簡単なバージョンは $\beta_{j,b}(p) = p\,\beta_{j,b}$ であるが，このとき $\beta_{j,b}$ は以下の形をとる．

$$\beta_{j,b} = \beta_{j,b}(h_{j,b}) = \frac{\log_{10}(\mathrm{e})}{\sqrt{h_{j,b}}}\sqrt{2\,\log M_j} \tag{14.9}$$

最終的に，モデル $\mathcal{M}_\mathcal{B}$ に対する複雑度罰則化カルバック・ライブラー規準値は

$$\mathcal{C}(\mathcal{B}) = \sum_{B(j,b) \in \mathcal{B}} C(j,b)$$

となる．例示として述べれば，図 14.5 において網掛けの施されたブロックで定義されるモデルのコストは，各ブロックのコストの和 $C(1,0) + C(2,2) + C(2,3)$ で与えられる．

b. 最良モデル選択のためのアルゴリズム

データに対する最良の区分化 $\mathcal{B}^*$，あるいは同値だが最良のモデル $\mathcal{M}_{\mathcal{B}^*}$ は，複雑度罰則化カルバック・ライブラー規準を最小化する，すなわち

$$\mathcal{B}^* = \mathrm{argmin}_\mathcal{B} \mathcal{C}(\mathcal{B})$$

となる．実装にあたっては，14.2.5 項で説明した最良基底アルゴリズム（BBA）を活用する．これはボトムアップ型アルゴリズムであり，発想の本質は親ブロックと子ブロックでコストの比較を行うことである．もし $C(j,b) < C(j+1, 2b-1) + C(j+1, 2b)$ であれば親ブロック $S(j,b)$ を選び，そうでなければ子ブロックを選択する．

c. モデル選択に関する注意

1. **SLEX モデルによる真の過程の近似について**： この方法論では，正規 SLEX 過程の族の範囲内で，候補モデルと真のデータ生成過程との間で，カルバック・ライブラーダイバージェンスを最小化するものを選択する．このことは，区分定常な共分散を持つ SLEX 過程で，データに対する最良のカルバック・ライブラー近似を見出すことと同値である．

2. **非冗長な情報抽出について**： 多くの脳信号では，各成分間は通常高い共線性を有しており，結果的に推定されたスペクトル行列が特異に近くなるため，式 (14.8) において KL 規準を計算するのが面倒になりうる．データに多重共線性の度合いが高いことから示される方向性として，例えば非冗長な情報をもたらす成分を抽出するなどして次元縮約を行いながら，多変量時系列の全変動のかなりの部分を説明するように努めるべきである．これを達成する一つの方法は，（次の d 項で議論される）SLEX 主成分分析である．複雑度罰則化カルバック・ライブラー規準の計算において，もとの多変量時系列を SLEX 主成分で置き換えるのである．かくして，モデル選択の手続きは，多変量のスペクトルに関する情報を完全に考慮に入れる形で進めることができる．

3. **複雑度罰則項の必要性について**： むやみに多くのブロックを持つモデルを選ばないように，選択規準には罰則項が加えられる．例えば，親ブロックが定常であるとき，罰則項には子ブロックより親ブロックを選ぶ確率を増加させることが期待される．ブロック長 $S(j,b)$ の平方根 $\sqrt{M_j}$ に比例するように罰則項を選ぶこの形は，Ombao et al. (2005) や Donoho et al. (2000) によって導入されたものであるが，和 $\sum_{k=-M_j/2+1}^{M_j/2} \log \det \mathbf{f}_{j,b}(\omega_k)$ がハールウェーブレットベクトルへの射影と見なすことができて，そのノルムが $\sqrt{M_j}$ である，という議論を追えば，正確な規準化になっていることがわかる．さまざまなシミュレーション研究が示すところでは，実用に際して平滑化ピリオドグラム行列 $\tilde{\mathbf{I}}_{j,b}(\omega_k)$ を使うことで，定常ブロックを不必要に分割することは回避できる傾向にある．

4. **複雑度罰則パラメータ $\beta_{j,b}$ について**： このパラメータはデータから決めることができる．最適な区分化（あるいはブロックの分割）を探索するアルゴリズムは，Donoho (1997) の研究にある 2 進 CART アルゴリズムの変種と見なすことができる．このアルゴリズムでは，ブロックを含める・含めないといった操作は，長さ M_j のブロック $S(j,b)$ における係数に対してハールウェーブレットによる閾値化を適用することと似ている．一つの可能性として，普遍型閾値（universal threshold）を使うことがあるが，その形は係数の標準誤差によく知られた係数 $\sqrt{2\log M_j}$ を掛けた量に比例する．すなわち

$$\beta_{j,b} = P \times \log_{10}(e) \times \sqrt{(h_{j,b})^{-1}\, 2\log(M_j)}$$

という形になる．ここで，$h_{j,b}$ は，すべての自己ピリオドグラムと相互ピリオドグラムの推定値が非負定となるように平滑化する際に適用されるバンド幅である．

d. SLEX 主成分分析

定常多変量時系列に対して，Brillinger (1981) は以下のような形で周波数領域での主成分分析を提案した．$\mathbf{X}(t)$ を P 変量ゼロ平均の時系列とし，そのスペクトル密度行列を $\mathbf{f}(\omega)$ とする．ここで，各成分のコヒーレンシーが 0 である Q 変量過程 $\mathbf{U}(t)$（ただし $Q \leq P$）で $\mathbf{X}(t)$ を近似することを考えよう．

$$\mathbf{U}(t) = \sum_{\ell=-\infty}^{\infty} \mathbf{c}'_{t-\ell} \mathbf{V}_\ell$$

ここで，$\{\mathbf{c}_r\}$ は，$\sum_{r=-\infty}^{\infty} |\mathbf{c}_r| < \infty$ を満たす $P \times Q$ フィルタ行列である．それでは，フィルタ係数 $\{\mathbf{c}_r\}$ が再構成規準によりどのように導かれるかを簡潔に示そう．次元の縮小した時系列 $\mathbf{U}(t)$ から，もとの時系列 $\mathbf{X}(t)$ を $\widehat{\mathbf{X}}(t) = \sum_{\ell=-\infty}^{\infty} \mathbf{b}_{t-\ell} \mathbf{U}(\ell)$ によって再構成したいと想定しよう．ここで，フィルタ $\mathbf{b}_r$ は $\sum_{r=-\infty}^{\infty} |\mathbf{b}_r| < \infty$ を満たす $P \times Q$ 行列である．われわれとしては，$\widehat{\mathbf{X}}(t)$ が平均 2 乗近似誤差 $E\left[\left(\mathbf{X}(t) - \widehat{\mathbf{X}}(t)\right)^* \left(\mathbf{X}(t) - \widehat{\mathbf{X}}(t)\right)\right]$ を最小化するように選びたい．議論を単純化するために，$\mathbf{f}(\omega)$ の固有値が一意的で $v^1(\omega) > v^2(\omega) > \cdots > v^Q(\omega)$ となっていて，対応する固有ベクトルが $V^1(\omega), V^2(\omega), \ldots, V^Q(\omega)$ であるとする．解は，固有ベクトル $V^1(\omega), \ldots, V^Q(\omega)$ からなる行列 $\mathbf{c}(\omega)$ で $\mathbf{c}_\ell = \int_{-1/2}^{1/2} \mathbf{c}(\omega) \exp(i2\pi\ell\omega) d\omega$ とすることで与えられる．周波数 ω における第 m 主成分 $U_m(t)$ のスペクトルの値は，m 番目に大きい固有値 $v^m(\omega)$ であることがわかる．定常時系列に対して周波数領域で PCA を適用することを論じた優れた著作として，Shumway and Stoffer (2006) を参照してほしい．

これらの考え方に，上述のフィルタ係数 $\{\mathbf{c}_r\}$ を時間変化させることで，非定常時系列の場合にも拡張できる．ここで，われわれは多変量非定常時系列を SLEX 主成分に分解するが，それらはゼロコヒーレンシーの非定常成分である．時変フィルタと，スケール変換されたブロック $B(j,b)$ 上で定義される SLEX 主成分スペクトルは，時間ブロック $S(j,b)$ 上で各 ω_k について推定されたスペクトル行列 $\widetilde{\mathbf{I}}_{j,b}(\omega_k)$ に関して固有値・固有ベクトル分解を実行することで得られる．最良モデル（あるいは最良区分化）は，SLEX 主成分に罰則化対数エネルギー規準を適用することで得られる．SLEX 主成分のスペクトルに，単にスペクトル密度行列の固有値である．$v^1_{j,b}(\omega_k), \ldots, v^p_{j,b}(\omega_k)$ を大きさの降順で並べ替えた p 個の固有値としよう．仮に縮小次元 $q \leq p$ が既知なら，ブロック $S(j,b)$ での罰則化対数エネルギー規準 (14.8) は，q 個の SLEX 主成分によって以下のように定義される．

$$\mathcal{C}(j,b) = \sum_{k=-M_j/2+1}^{M_j/2} \sum_{d=1}^{q} \log(v^d_{j,b}(\omega_k)) + q\,\beta_{j,b}\,\sqrt{M_j} \qquad (14.10)$$

しかしながら，実際には q が既知であることはほとんどなく，定常の場合においてすら最良の q の選択法についての一致した見解は存在しない．われわれは，分析者に q を指定することを要求しない，データ適応的なアプローチを提案する．基本的なアイデアは，各 SLEX 成分にその分散（スペクトル）に比例した重みを与えることである．本質的に，大きな固有値を持つ SLEX 主成分はより大きな重みを与えられ，一方，固有値が小さければ与えられる重みもそれだけ小さくなる．d 番目に大きい固有値を持つ SLEX 主成分の重み $w_{j,b}^d(\omega_k)$ は

$$w_{j,b}^d(\omega_k) = v_{j,b}^d(\omega_k) / \sum_{c=1}^{p} v_{j,b}^c(\omega_k) \tag{14.11}$$

で定義される．ブロック $S(j,b)$ においては，罰則化対数エネルギーコストは

$$\mathcal{C}(j,b) = \sum_{k=-M_j/2+1}^{M_j/2} \sum_{d=1}^{p} w_{j,b}^d(\omega_k) \log v_{j,b}^d(\omega_k) + \beta_{j,b} \sqrt{M_j} \tag{14.12}$$

と定義される．ここで，以前と同様に，$\log(v_{j,b}^d(\omega_k))$ は，最適平滑化ピリオドグラム行列に主成分分析を適用して得られる，周波数 ω_k ブロック $S(j,b)$ における第 d 主成分のスペクトルの対数値である．このコスト関数は "重み付き" 固有値に基づくことに注意されたい．したがって，複雑度罰則項に q という要素は必要ない．

固有値を重み付けするやり方の一つの利点は，そうすることで変動に大して貢献していない成分に暗に低い評価を与える一方，"最適な" 成分数 q を明示的に指定する必要がないことである．数値計算的観点からも，v^d と w^d がともに 0 に近いとき，すなわち絶対的意味でも相対的意味でも分散に対する貢献が小さいときに，$w^d \log(v^d)$ という項を "ゼロ" にしておくことができるのだから，計算上の問題を回避できている．

14.3.2 スペクトル推定値の算出

最良モデルに対応する基底を $\mathcal{B}^*$ と書こう．スケール変換された時刻 u と周波数 ω における時変スペクトル行列 $\mathbf{f}(u,\omega)$ を推定するために，$B(j,b)$ を，スケール変換された時刻 u に対応する基底 $\mathcal{B}^*$ における時間ブロックであるとしよう．(u,ω) での SLEX スペクトル密度行列の推定値は

$$\widehat{\mathbf{f}}(u,\omega) = \widetilde{\mathbf{I}}_{j,b}(\omega)$$

で定義されるカーネル平滑化ピリオドグラム行列である．(u,ω) 上で定義される第 p 成分の自己スペクトル推定値は $\widehat{f}_{pp}(u,\omega)$ で与えられ，第 p 成分と第 q 成分の間の相互スペクトル推定値は $\widehat{f}_{pq}(u,\omega)$ で，また，第 p 成分と第 q 成分の間の相互コヒーレンス推定値は

$$\widehat{\rho}_{pq}(u,\omega) = \frac{|\widehat{f}_{pq}(u,\omega)|^2}{\widehat{f}_{pp}(u,\omega)\widehat{f}_{qq}(u,\omega)}$$

で与えられる.

SLEX 自己スペクトルの信頼区間の算出のために，Ombao et al.（2002）による漸近的な結果を述べておこう．$\omega \in (0, 1/2)$ に対して以下が成り立つ．

$$\widehat{f}_{p,p}(u,\omega)/f_{p,p}(u,\omega) \sim \chi^2_{2M_j h_{j,b}}/(2M_j h_{j,b})$$

ここで，$h_{j,b}$ は平滑化のバンド幅であり，$M_j h_{j,b}$ は平滑化区間内での周波数要素の個数である．SLEX コヒーレンスに対して信頼区間を得るには，

$$\widehat{r}_{p,q}(u,\omega) = \tanh^{-1}[\widehat{\rho}_{p,q}(u,\omega)]$$

と定義する．このとき，$\widehat{r}_{p,q}(u,\omega)$ は，平均と分散がおおよそ $r_{p,q}(u,\omega)$ と $1/[2(2M_j h_{j,b} - P)]$ の正規分布に漸近的に従う．この事実は Goodman（1963）や Brillinger（1981, Section 8.6）の結果から容易に従う．

14.3.3　例：多チャンネル EEG

データセットは，ミシガン大学の神経科医 Malow 博士がとある患者に対して記録した 18 チャンネルの EEG（脳波）データである．各 EEG 時系列の長さは $T = 8192$ で，82 秒間にわたり記録したものから 100Hz のレートでサンプリングされている．われわれの方法における最初のステップは，SLEX モデル族を構成し，罰則化対数エネルギー規準に従って最良のモデルを選択することだった．神経学者の示唆に従いレベル J は 6 か 7 としたが，どちらもまったく同じ最良モデルに帰着した．モデル選択に先立ち，SLEX 行列に基づく時変固有値・固有ベクトル分解（14.3.1 項 d を参照）によって，SLEX 主成分を得る．最良モデルは，測定開始時刻から起算しておおよそ 20, 30, 36, 38, 40, 61, 72, 73, 74, 77 秒のところで変化点を有している．神経学者によれば，発作の物理的発現は開始後 40 秒あたりで明らかに認められるということであった．しかしながら，その時点より先に，つまり物理的な症状が観察される以前に，脳の電気的活動ではすでに変化が発生しつつあったことが，SLEX に基づく解析で明らかにされたのである．

SLEX 主成分分析法は，冗長性を排した形で首尾良く情報を抽出した．注意すべきは，もし患者情報がなければ $\frac{18!}{2!16!} = 153$ 個のすべての組合せで相互相関を調べなければならず，とてつもない計算量になることである．SLEX 主成分法は，分析者を最も興味深いチャンネル（この特定の事例では T3 と T4）に焦点を当てるよう導いたのである．第 1 および第 2 SLEX 主成分を合わせると，EEG 時系列の分散のおよそ 70% が説明されることから，われわれは第 1 および第 2 SLEX 主成分のみに関心を集中する．

第 1 SLEX 主成分の時変スペクトル（図 14.6 の左側）が主に捉えているのは，発作が始まって以降の低周波におけるパワーの増加である．一方，第 2 SLEX 主成分（図 14.6 の右側）は，デルタ帯域（0〜4Hz）からアルファ帯域（8〜12Hz）にパワーが広がっていることを示している．われわれは，さらに固有ベクトルの成分の大きさを，

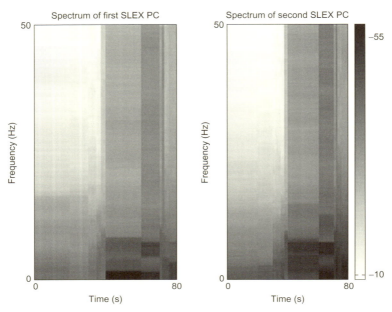

図 14.6　第 1 および第 2 SLEX 主成分の時変スペクトル．

デルタ，アルファ，ベータ帯域で検証したが（図 14.7 と図 14.8 を参照），これらは各 EEG チャンネルにおける時変ウエイトとして解釈できる．SLEX 法は，患者情報を一切使わなくても，この特定の患者の発作に関連していると信じられている脳障害の領域である T3（左側頭葉）が，重要なチャンネルの一つであることを突き止めたのである．ここでは，大きいほうから八つのウエイトだけを報告する．第 1 SLEX 主成分に対しては，ほとんどのウエイトは T3（左側頭葉）と T4（右側頭葉）に集中していることが見てとれる．第 2 SLEX 主成分に対しては，ウエイトは側頭葉と前頭葉にわたってかなり拡散している．

8 チャンネルでの SLEX 時変スペクトルの推定値を，図 14.9 に示す．スペクトルのプロットが示す主たる情報は，発作の最中には周波数帯域上のパワーの分布が実際に時間変化するということである．低周波でのパワーが増加し，そのパワーは発作の間は中央帯域から高周波の領域へと広がっていることが見てとれる．18 チャンネル EEG の特徴は第 1 および第 2 SLEX 主成分によって捉えられたものであることに注意することが重要である．われわれの解析における主要目的の一つは，活動的な脳の部位間の接続性を研究すること，すなわち，脳のある部位におけるニューロン活動が他の部位のそれにどう影響しているのかを研究することであった．第 1 固有値が示唆したとおり，(i) T3 と他のチャンネル間のコヒーレンス，および (ii) T4 と他のチャンネル間のコヒーレンスの，二つのネットワークが調べられた．図 14.10 および図 14.11

14.3 最良 SLEX 信号表現の選択

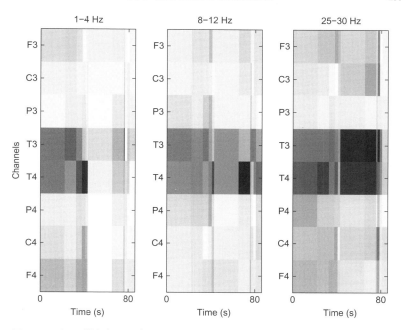

図 14.7 デルタ帯域（1〜4Hz），アルファ帯域（8〜12Hz），より高周波のベータ帯域（25〜30Hz）における，第 1 SLEX 主成分の時変重み係数．色が濃いほど重みが大きいことを表す．

では，てんかんの発作が続いている間中ずっと，脳の各部位間の接続性は変化している．図 14.10 において，T3 と左脳，すなわち左頭頂葉（P3），左前頭葉（F3），左中頭葉（C3）とのコヒーレンスは互いに非常に似通っていることが観察できることは興味深い．さらに，T3 と右脳における各部位（P4，F4，C4）との間のコヒーレンスはまったく異なっていることから，脳のある部位と左右の意味で同じ側にある部位との間の接続性は，発作の間は同じような挙動を示すことが示唆されていると言えよう．図 14.11 からさらに観察されることは，コヒーレンスの両側性（対称性）すなわち T4 でのコヒーレンスのパターンが T3 のそれと類似していることである．両側同期性については完全に解明されているわけではないが，興味をそそられる現象である．というのは，左側頭葉から右側頭葉へと発作が素早く伝播している可能性を示唆するものだからである．それに，側頭葉部における両側同期性の存在は決して稀ではなく，実験的パラダイム（Grunwald et al.（1999）を参照）において，その存在が観察されてきた．

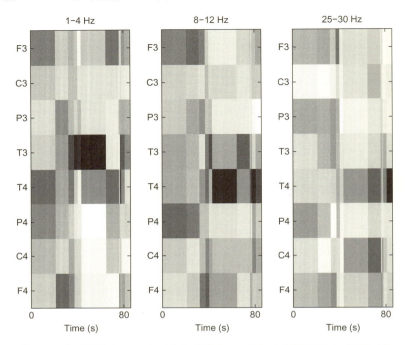

図 14.8　デルタ帯域（1〜4Hz），アルファ帯域（8〜12Hz），より高周波のベータ帯域（25〜30Hz）における，第 2 SLEX 主成分の時変重み係数．色が濃いほど重みが大きいことを表す．

14.4　時系列の分類・判別

　古典的なパターン認識の手法を非定常多変量時系列に拡張することは，神経科学界において，とりわけ大きな関心が持たれている問題である．ここでは，多変量かつ非定常な信号を判別・分類する SLEX 法を提示し，随意運動を仲介する脳内ネットワークの研究のために収集された脳波（EEG）データセットにこの手法を適用する．この種の実験では，被験者は，コンピュータのモニター上に現れる視覚的刺激に反応して手持ちサイズのジョイスティックを中央の位置から右あるいは左へと素早く動かすことを求められるといった類の，単純な随意運動を求められる．SLEX 法は，随意運動と同時に記録された EEG 時系列データから読み取れる情報を評価して，動かす方向の予測を試みることで，右あるいは左に動かしている間に生じている脳内の接続性を判別するように構成される．

　64 個の頭皮電極の合成から，さらなる解析に向けて 1 組 10 チャンネルが事前に選

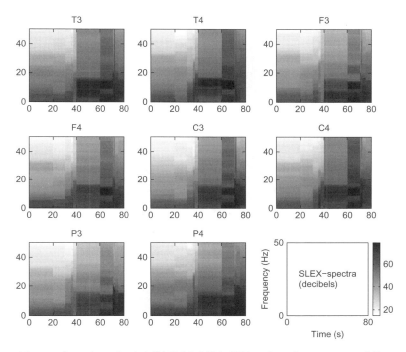

図 14.9 全 18 チャンネルから絞り込まれた最も重要な 8 チャンネルでの SLEX 自己スペクトルの推定値.

択された（図 14.12 を参照）．これらのチャンネルが選ばれた理由は，運動出力（C3, C4）あるいは視覚入力（O1, O2）に関わる領域，新皮質の主たる視覚領域（P3, P4）から投射を受け取る領域，新皮質の運動領域（FC3, FC4, FC5, FC6）に対して投射を行う，計画行為関連の領域を網羅しているからである．選ばれたセンサーは，視覚・行動変換と計画行為に関連することが示されてきた新皮質の構造（Marconi et al., 2001）を概ねカバーしている．図 14.2 は，代表的な実験参加者からの，左方向へのジョイスティック移動の場合（図 14.2 上）と右方向の場合（図 14.2 下）の EEG の時間・振幅プロットを例示している．

時系列の判別と分類には長い歴史がある．Shumway and Unger (1974) と Shumway (1982) は，後続のほとんどの研究者が採用することとなった時系列の判別のための枠組みを開発した．Shumway と共同研究者たちは自分たちの方法を，地盤の振動の判別（例えば地震なのか何らかの爆発なのか）に適用した．Kakizawa et al. (1998) は地震波の P 波区間と S 波区間を組み合わせて 2 変量時系列を構成し，定常多変量時系列に対する分類・判別法を開発した．

非定常時系列に対しては，Shumway (2003) は，Dahlhaus (2001) の局所定常過

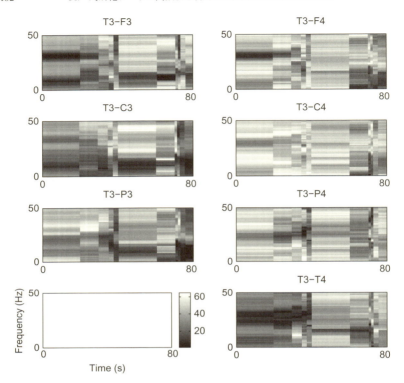

図 14.10 左：T3 と，左脳にあるチャンネルすなわち F3, C3, P3 との間の SLEX コヒーレンスの推定値．右：T3 と，右脳にあるチャンネルすなわち F4, C4, P4, T4 との間の SLEX コヒーレンスの推定値．

程に対するモデルからの実現値として時系列を取り扱うような，情報理論的な分類法を開発した．Sakiyama and Taniguchi (2004) はカルバック・ライブラー規準を使った分類法の一致性を示し，一方，Fryzlewicz and Ombao (2009) は確率的ウェーブレット表現を用いた一致性を持つ分類法を提案した．Saito (1994) は，多くの基底関数の集まりから，時系列の異なるクラス間に最大分離度を与える基底を選択するための，別種の方法を提案した．

非定常時系列の判別に使える局所化された関数族は，数多く存在する．ここでは SLEX 関数族を採用する．Huang et al. (2004) は，Saito (1994) や Shumway (1982) の着想に触発され，1 変量非定常時系列に関するクラスを判別する目的に照らして最良の時間・周波数スペクトルを選出する方法を，SLEX 関数族を利用して開発した．この判別問題を多変量時系列へと拡張しようとすると，二つの大きな困難に直面することになる．第一に，ほとんどの EEG データセットは巨大であり，データの局所的な

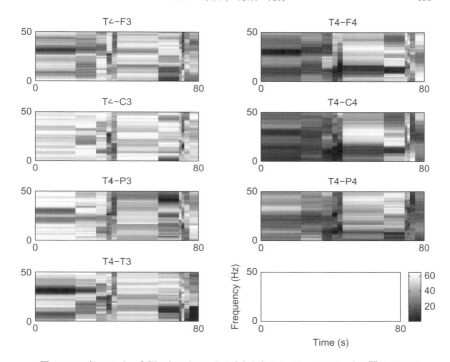

図 14.11 左：T4 と，左脳にあるチャンネルすなわち F3, C3, P3, T3 との間の SLEX コヒーレンスの推定値．右：T4 と，右脳にあるチャンネルすなわち F4, C4, P4 との間の SLEX コヒーレンスの推定値．

特徴を捉えようとすると，計算上効率的な変換が必要となる．第二に，多変量スペクトルの推定値は，悪条件下（すなわち，最大固有値と最小固有値の比が極端に大きく，結果的にスペクトルの推定値が特異に近い状況）にある．このことは，共分散（あるいはスペクトル）行列の標本最大固有値が真の最大固有値を過大推定しがちであり，標本最小固有値が負のバイアスを持つ傾向にあるという事実に起因する．これらの帰結として，行列の条件数は大きくなる．したがって，スペクトル行列の推定値から逆行列を計算しても不正確な結果しか得られない場合があり，式 (14.15) におけるチャーノフ規準のような情報量に基づく分類規準を使うときには，特に予測力の観点から逆効果である．

多重共線性の強いデータを取り扱う際，標準的なアプローチには，例えば主成分分析（PCA）のような次元縮約法が必ず伴う．しかし，主成分分析は時系列の判別・分類には必ずしも理想的とは言えない．というのも，スペクトル行列の固有値・固有ベクトル分解は，時系列の（空間的意味での）並べ替えに関して不変だからである．チャンネル R1 と R2 のペア（頭皮トポグラフィ上，ともに右側に位置する）を考えよう．

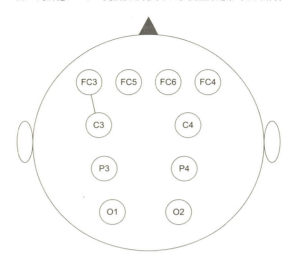

図 14.12 最も高い判別力を持つ接続性の特徴量は，C3 チャンネルと FC3 チャンネルの間でのアルファ帯域（8〜12Hz）におけるコヒーレンスで，左方向への運動条件下での値は，右方向への運動条件下での値に比べて有意に大きい（対応のある t 検定で p 値は 0.079）．

これらは右方向への動作条件下にあるときは相互依存構造を持っているが，左方向への動作条件下にあるときの頭皮トポグラフィ上左側にあるペア L1 と L2 の間にある構造は，それとまったく同一である．主成分分析は信号源の位置を区別できないので，左方向あるいは右方向への運動条件下にあるときに生じる機能的接続性を判別することには役に立たない．

もう一つの方法は，ピリオドグラム行列が特異行列に近くなることを防ぐために十分大きさのバンド幅で周波数方向で平滑化し，推定量を正則化することである．平滑化は，ピリオドグラムに関してよく知られた変動性の大きさを低減することを主目的とする標準的なやり方であり，1 変量時系列に対しては Parzen (1961) で，多変量時系列に対しては Brillinger (1981) で議論されている．しかしながら，平滑化のスパンが次元 P よりかなり大きい場合を除き，このアプローチでもなお，スペクトル行列の推定値は特異に近くなりがちである．一方で，スパン（バンド幅）を大きくとりすぎると，周波数方向の解像度が粗くなってしまい，特に条件による差異が非常に狭い周波数帯域に現れるような場合には，予測能力の劣化を招きかねない．したがって，十分小さいバンド幅をとっても許容されるような別種の正則化法が求められる．それがスペクトル縮小推定である．

それでは，SLEX 関数族を使って局所的な相互依存構造（脳の接続性）を抽出する，多変量時系列に対する分類・識別法と，スペクトル密度行列の縮小推定法を提示しよ

う．この方法は，Böhm et al. (2010) により提案された．スペクトル縮小推定量は，若干平滑化されたピリオドグラム行列と単位行列との線形結合という形をしている．スペクトル縮小推定法は，定常時系列の場合に対しては Böhm (2008) と Böhm and von Sachs (2009) により提案されたが，Fiecas et al. (2010) によって議論が精緻化され，コヒーレンス推定については Fiecas and Ombao (2011) で開発された．ここでは，この手法を非定常の設定に拡張しよう．縮小型スペクトル推定量は優れた周波数解像度を持ち，条件数の意味でも良く，2 乗誤差リスクの観点から標準的な平滑化ピリオドグラムより優れていることが示される．最後に，この章におけるシミュレーション研究が示すとおり，縮小推定によるアプローチは，分類の正答率の点でも優れた性能を示す．

われわれが採用する方法の明確な特徴は，以下のとおりである．第一に，非定常信号の時間局所的特徴を抽出する道具立てとして，SLEX 関数族を利用する．第二に，時変スペクトルを縮小推定法で推定する（すなわち，若干平滑化されたピリオドグラム行列を単位行列方向に縮小する）．本章では，観測時系列とスペクトル密度行列が与えるクラスとのダイバージェンスを測るチャーノフ規準（式 (14.15) を参照）を採用する．さらに言えば，この規準には，スペクトル行列の逆行列計算と行列式の計算が必要である．当然のことながら，条件数の悪い推定値は結果的に信頼できないチャーノフダイバージェンスの値に帰着するので，本章で示すとおり，到底受け入れがたい高い誤分類率へと繋がる．

14.4.1 縮小型スペクトル推定の概観

ここでは，スペクトル推定を目的とした縮小推定法の基本的な考え方を簡潔に述べる．

a. 定常時系列の縮小推定

$\mathbf{X}(t) = [X_1(t), \ldots, X_P(t)]'$ $(t = 1, \ldots, T)$ でスペクトル密度行列 $\mathbf{f}(\omega)$ を持つ定常時系列を表す．古典的な推定量は平滑化ピリオドグラムであり，スパンを m_T，周波数を $\omega_k = k/T$ として

$$\widetilde{\mathbf{f}}(\omega) = \frac{1}{m_T} \sum_{k=-(m_T-1)/2}^{(m_T-1)/2} \mathbf{I}(\omega + \omega_k)$$

で与えられる．$\widetilde{\mathbf{f}}(\omega)$ の要素を $\widetilde{f}_{pq}(\omega)$ と呼ぶことにする．$\widehat{\mu}_T(\omega) = \frac{1}{P} \sum_{p=1}^{P} \widetilde{f}_{pp}(\omega)$ と定義し，$\mathbf{1}$ は $P \times P$ の単位行列とする．$\mathbf{f}(\omega)$ に対する縮小推定量は以下の形をとる．

$$\widehat{\mathbf{f}}(\omega) = \frac{\widehat{\beta}_T^2(\omega)}{\widehat{\delta}_T^2(\omega)} \widehat{\mu}_T(\omega) \mathbf{1} + \frac{\widehat{\alpha}_T^2(\omega)}{\widehat{\delta}_T^2(\omega)} \widetilde{\mathbf{f}}(\omega) \tag{14.13}$$

ここで，重みは，いま考えている $\widetilde{\mathbf{f}}(\omega)$ と単位行列の線形結合のクラスの中で L_2 リスクを最小化するように，以下のとおり選択する．

最初に，$\|\mathbf{A}\|^2$ で行列 $\mathbf{A}$ の（"規格化された"）ヒルベルト・シュミットノルム，すなわち，$\|\mathbf{A}\|^2 = \dfrac{1}{P}\mathrm{trace}(\mathbf{A}\mathbf{A}')$ を表すことにする．次に，

$$\widehat{\delta}_T^2(\omega) = \|\widetilde{\mathbf{f}}(\omega) - \widehat{\mu}_T(\omega)\mathbf{1}\|^2$$

と定義しよう．これは，古典的な平滑化ピリオドグラムとスケール変換された単位行列との間の経験的なダイバージェンス（すなわちヒルベルト・シュミットノルム）を測る一つの量である．$\overline{\beta}_T^2(\omega)$ を

$$\overline{\beta}_T^2(\omega) = \dfrac{1}{m_T^2}\sum_{k=-(m_T-1)/2}^{(m_T-1)/2}\|\mathbf{I}(\omega+\omega_k) - \widetilde{\mathbf{f}}(\omega)\|^2$$

で定義すると，これは周波数 ω におけるピリオドグラムの局所分散の推定値になっている．最後に，$\widehat{\beta}_T^2(\omega)$ と $\widehat{\alpha}_T^2(\omega)$ を

$$\widehat{\beta}_T^2(\omega) = \min\{\overline{\beta}_T^2(\omega), \widehat{\delta}_T^2(\omega)\}$$
$$\widehat{\alpha}_T^2(\omega) = \widehat{\delta}_T^2(\omega) - \widehat{\beta}_T^2(\omega)$$

で与える．

これらの最適縮小推定パラメータ値は，母集団で対応がつく量に関して成り立つピタゴラス関係 $\delta^2(\omega) = \alpha^2(\omega) + \beta^2(\omega)$ を使って導かれる．Böhm and von Sachs (2009) に示されるとおり，周波数 ω における最適縮小推定は，適切にスケール変換された単位行列と平滑化ピリオドグラム $\widetilde{\mathbf{f}}_T(\omega)$ とで張られる直線上へ，$\widetilde{\mathbf{f}}_T(\omega)$ の期待値を射影したものである．したがって，射影から構成される三角形の各辺の長さを計算した上で，正値制約のもとで母集団のパラメータ $\delta^2, \alpha^2, \beta^2$ を推定値で置き換えれば十分である．

b. 縮小推定法の非定常時系列への拡張

所与の非定常時系列に対して，スケール変換されたブロック B と周波数 ω_k における SLEX スペクトルの縮小推定量は，上記の結果を拡張することで導かれる．以下の議論では，B に対応する時間ブロックが $S(j,b)$ であると仮定する．ブロック $S(j,b)$ 上かつ周波数 ω_k における SLEX ピリオドグラムを $\mathbf{I}_{j,b}(\omega_k)$ で表すことにする．平滑化 SLEX ピリオドグラムを

$$\widetilde{\mathbf{f}}(B, \omega_k) = \dfrac{1}{m_T}\sum_{\ell=-(m_T-1)/2}^{(m_T-1)/2}\mathbf{I}_{j,b}(\omega_{k+\ell})$$

と書くこととすると，それらの要素は $\widetilde{f}_{pq}(B, \omega_k)$ と表される．

$$\widehat{\mu}_T(B, \omega_k) = \dfrac{1}{P}\sum_{p=1}^{P}\widetilde{f}_{pp}(B, \omega_k)$$

としよう．$\mathbf{f}(B, \omega_k)$ に対する縮小推定量は

$$\widehat{\mathbf{f}}(B,\omega_k) = \frac{\widehat{\beta}_T^{\,2}(B,\omega_k)}{\widehat{\delta}_T^{\,2}(B,\omega_k)} \widehat{\mu}_T(B,\omega_k)\mathbf{1} + \frac{\widehat{\alpha}_T^{\,2}(B,\omega_k)}{\widehat{\delta}_T^{\,2}(B,\omega_k)} \widetilde{\mathbf{f}}(B,\omega_k) \qquad (14.14)$$

という形になる．ここで，重みは似たようなやり方で，以下のように求められる．

$$\widehat{\delta}_T^{\,2}(B,\omega_k) = \|\, \widetilde{\mathbf{f}}(B,\omega_k) - \widehat{\mu}_T(B,\omega_k)\mathbf{1}\,\|^{\,2}$$
$$\widehat{\beta}_T^{\,2}(B,\omega_k) = \min\{\overline{\beta}_T^{\,2}(B,\omega_k), \widehat{\delta}_T^{\,2}(B,\omega_k)\}$$
$$\widehat{\alpha}_T^{\,2}(B,\omega_k) = \widehat{\delta}_T^{\,2}(B,\omega_k) - \widehat{\beta}_T^{\,2}(B,\omega_k)$$

ただし

$$\overline{\beta}_T^{\,2}(B,\omega_k) = \frac{1}{m_T^2} \sum_{\ell=-(m_T-1)/2}^{(m_T-1)/2} \|\, \mathbf{I}_{j,b}(\omega_{k+\ell}) - \widetilde{\mathbf{f}}(B,\omega_k)\,\|^{\,2}$$

である．

14.4.2　SLEX 縮小推定型判別法のアルゴリズム

例として，ここでは，条件 1 と条件 2（手を左方向に動かすか右方向に動かすか）のそれぞれに対して，長さ T の P チャンネル時系列データから構成される訓練データを考える．各条件に対して，合計 N 回の試行を行う．一般に，二つの条件下で試行回数が同じである必要はないが，考え方を説明しやすいので，そのようにする．二つの条件下での n 回の試行から得られる時系列を，それぞれ以下のように記す．

- $\mathbf{X}_n(t) = [X_{n1}(t), \ldots, X_{nP}(t)]'$ $(n = 1, \ldots, N,\ t = 1, \ldots, T)$
- $\mathbf{Y}_n(t) = [Y_{n1}(t), \ldots, Y_{nP}(t)]'$ $(n = 1, \ldots, N,\ t = 1, \ldots, T)$

二つの異なる条件下で生成された時系列は，それぞれスペクトル行列 $\mathbf{f}^1(u,\omega)$ と $\mathbf{f}^2(u,\omega)$ で特徴付けられる平均 0 の多変量非定常過程でモデル化されると仮定する．最初にすべきことは，2 条件を可能な限り精度良く分離しうる時間・周波数特性（自己スペクトル，相互スペクトル，コヒーレンス）の同定である．局所的な相互依存特性を抽出し，$\mathbf{f}^1(u,\omega)$ と $\mathbf{f}^2(u,\omega)$ との間に最大の分離度を与える時間ブロックと周波数の組を識別する主要な道具立てとして SLEX 関数族を使うことにより，これは達成される．次にすべきことは，選ばれたこれらの特徴を頼りに，どの条件群に帰属するか明らかでない将来的に得られる信号を分類することである．

SLEX 縮小推定法のアルゴリズム

$\mathbf{f}^g(u,\omega)$ を，条件 g のもとでの $P \times P$ 時変スペクトル密度行列を表すものとして，$\mathbf{f}^1(u,\omega)$ と $\mathbf{f}^2(u,\omega)$ で特徴付けられる二つの多変量非定常過程を考えよう．

目標 A：特徴の抽出と選択

> **Step A.1** 訓練用の時系列データに対し，スケール変換された時間ブロック B と添字 k に対応する周波数でのスペクトル行列の推定値を計算する．

$\mathbf{X}_n(t) = [X_{n1}(t), \ldots, X_{nP}(t)]'$ $(n = 1, \ldots, N, \ t = 1, \ldots, T)$ を，条件 1 のもとで N 回記録した，訓練用の多変量時系列データとする．時間ブロック B かつ周波数 ω_k での SLEX 縮小推定型スペクトル推定値は

$$\widehat{\mathbf{f}}^{\,1}(B, \omega_k) = \frac{1}{N} \sum_{n=1}^{N} \widehat{\mathbf{f}}_n^{\,1}(B, \omega_k)$$

で与えられる．ここで，$\widehat{\mathbf{f}}_n^{\,1}(B, \omega_k)$ は条件 1 の第 n 回目の試行データに対する SLEX 縮小推定型スペクトル推定値である．$\mathbf{Y}_n(t) = [Y_{n1}(t), \ldots, Y_{nP}(t)]'$ $(n = 1, \ldots, N, \ t = 1, \ldots, T)$ を，条件 2 のもとで N 回記録した，訓練用の多変量時系列データとする．時間ブロック B かつ周波数 ω_k での SLEX 縮小推定型スペクトル推定値を $\widehat{\mathbf{f}}_n^{\,2}(B, \omega_k)$ と記すが，これは条件 1 の場合と同様に計算される．

Step A.2 時間ブロック B かつ周波数 ω_k における 2 条件のスペクトルに基づき，チャーノフダイバージェンスを以下のように計算する．

$$\mathcal{D}(B, \omega_k) = \ln \frac{|\lambda \widehat{\mathbf{f}}^{\,1}(B, \omega_k) + (1-\lambda) \widehat{\mathbf{f}}^{\,2}(B, \omega_k)|}{|\widehat{\mathbf{f}}^{\,2}(B, \omega_k)|} - \lambda \ln \frac{|\widehat{\mathbf{f}}^{\,1}(B, \omega_k)|}{|\widehat{\mathbf{f}}^{\,2}(B, \omega_k)|} \quad (14.15)$$

ここで，$|\mathbf{G}|$ は行列 $\mathbf{G}$ の行列式であり，$\lambda \in (0, 1)$ は正則化パラメータである．したがって，時間ブロック B でのチャーノフダイバージェンスの合計は，M_B をブロック B での係数の数として，

$$\mathcal{D}(B) = \sum_{k=1}^{M_B} \mathcal{D}(B, \omega_k)$$

で与えられる．

Step A.3 最も判別力のある基底の選択する．

14.2.5 項で要点を述べた最良基底アルゴリズム（BBA）を使って，最も判別力のある基底を選ぶ．最良基底をブロックの集まり $\mathcal{B}^*$ で表す．

目標 B：分　類

新たに得られたベクトル値時系列を $\mathbf{Z} = [\mathbf{Z}(1), \ldots, \mathbf{Z}(T)]$ とし，そのスペクトル行列の推定値を $\widehat{\mathbf{f}}_{\mathbf{Z}}$ とする．目標は，時系列 $\mathbf{Z}$ を，チャーノフダイバージェンス規準に照らして一番近い条件（1 か 2）に分類することである．$\mathbf{Z}$ と条件 1，$\mathbf{Z}$ と条件 2 の間のチャーノフダイバージェンスをそれぞれ $\mathcal{D}_1, \mathcal{D}_2$ と書くことにすると，それらは以下で与えられる．

$$\mathcal{D}_1 = \sum_{B \in \mathcal{B}^*} \sum_{k} \ln \frac{|\lambda \widehat{\mathbf{f}}^{\,1}(B, \omega_k) + (1-\lambda) \widehat{\mathbf{f}}_{\mathbf{Z}}(B, \omega_k)|}{|\widehat{\mathbf{f}}_{\mathbf{Z}}(B, \omega_k)|} - \lambda \ln \frac{|\widehat{\mathbf{f}}^{\,1}(B, \omega_k)|}{|\widehat{\mathbf{f}}_{\mathbf{Z}}(B, \omega_k)|}$$

$$\mathcal{D}_2 = \sum_{B \in \mathcal{B}^*} \sum_k \ln \frac{|\lambda \widehat{\mathbf{f}}^{\,2}(B,\omega_k) + (1-\lambda)\widehat{\mathbf{f}}_{\mathbf{Z}}(B,\omega_k)|}{|\widehat{\mathbf{f}}_{\mathbf{Z}}(B,\omega_k)|} - \lambda \ln \frac{|\widehat{\mathbf{f}}^{\,2}(B,\omega_k)|}{|\widehat{\mathbf{f}}_{\mathbf{Z}}(B,\omega_k)|}$$

$\mathcal{D}_1 > \mathcal{D}_2$ であれば $\mathbf{Z}$ は条件 2 に分類し，そうでなければ条件 1 に分類する．われわれの解析では $\lambda = 0.50$ とした．

14.4.3 視覚・運動 EEG データへの応用

コンピュータのモニタ上でカーソルが画面右側で点滅したらジョイスティックを中央の位置から右へ動かし，左側で点滅したら左へ動かすという実験で，5 人の被験者から脳波（EEG）データを記録した．左右の各条件でそれぞれ $N = 100$ 回実験を試行し，EEG は刺激開始時点を 0 として各試行で 500 ミリ秒記録する．われわれの分析では，視覚・運動作用に関わる脳の運動野ネットワークに最も密接に関連していると考えられている 10 チャンネル（$P = 10$）に焦点を当てる．これらのチャンネルは，(A) 頭皮トポグラフィで左側に位置する P3，C3，FC3，FC5，(B) 右側に位置する P4，C4，FC4，FC6，(C) 後頭部に位置するチャンネル O1，O2，の 3 群を指す．

われわれの解析結果が示すところでは，最良の判別基底からは $(0, 250) \cup (250, 500)$（単位はミリ秒）という分割が得られた．これは $\mathcal{S}(1,0) \cup \mathcal{S}(1,1)$ という，全区間を半分ずつに分ける区分化と同値である．左条件と右条件の差は，区間 $(0, 250)$ ミリ秒上かつアルファ帯域でのチャンネル C3 と FC3 の偏コヒーレンスによって最も良く捉えられており，右条件のときよりも左条件のときのほうが有意に値が大きい（図 14.12 を参照）．この差は，5 人の被験者全員に対して一貫して観察されている．最良判別をもたらす特徴変数の予測能力を評価するために，縮小推定を伴う SLEX 法と縮小なしの SLEX 法とを，一個抜き型（leave-one-out）の交差検証法で比較した．左方向あるいは右方向への動きを正確に判別した率を表 14.1 に示す．縮小推定を使ったほうが概して判別率が良く，非常に期待の持てる結果である．

表 14.1

被験者	縮小あり (%)	縮小なし (%)
1	71	65
2	72	67
3	74	66
4	74	66
5	68	71

14.5 ま と め

SLEX 関数族を用いて多変量非定常時系列を解析するための，体系的かつ柔軟で計算上効率的な方法を提示した．SLEX 関数族は局所化されたフーリエ波形から構成さ

れる基底族であり，この道具立ては時系列解析のさまざまな問題に適用できる可能性を秘めている．SLEX 波形は非定常時系列を表現するのに理想的なだけでなく，時系列のクラスを分離する時間・スペクトルの特性を同定する目的にもふさわしい．

われわれの方法では，時変スペクトルの特徴を推定するために，信号の時変自己スペクトル・相互スペクトルの特徴を最も良く表現する基底を，SLEX 関数族から選ぶ．信号表現のための規準は，(a) カルバック・ライブラーダイバージェンスによって測られるモデルの適合度と，(b) 定常ブロックを過度に分割することを避けるためのモデルの複雑度という，二つの重要な要素の間でバランスをとる役割を果たす．判別・分類問題に対しては，チャーノフダイバージェンスで測ってクラスの分離度が最大になるような SLEX 基底を選ぶ．チャーノフダイバージェンスもカルバック・ライブラーダイバージェンスも，時系列の相互スペクトル構造に依存するので，時系列成分間の時変相互依存性を明示的に考慮に入れている．

これらの方法について，多チャンネル脳波（EEG）データの解析を例に説明した．最初の応用例では，てんかん発作の最中の脳の電気的活動の変化特性を明らかにし，二つ目の例では，2種類の異なる実験条件に対する脳内の異なる接続性を峻別した．

謝辞

この研究プロジェクトは，部分的に NIH と NSF の研究資金による支援を受けている．これらのプロジェクトにおける主な共同研究者は，Rainer von Sachs（ルーヴァン大学カトリック校，ベルギー），Mark Fiecas（ブラウン大学），Hilmar Böhm（ルーヴァン大学カトリック校）である．Jerome N. Sanes（ブラウン大学 神経科学部）と Beth Malow（ヴァンダービルト大学 神経科学部）は EEG データセットを提供してくれた．Daniel Van Lunen（ブラウン大学 統計科学センター）の助力により，本章における図版の何点かを用意することができた．

（Hernando Ombao／川崎能典）

文献

Auscher, P., Weiss, G., Wickerhauser, M., 1992. Local sine and cosine basis of Coifman and Meyer and the construction of smooth wavelets. In: Chui (Ed.), Wavelets – A Tutorial in Theory and Applications. Academic Press, Boston, pp. 237–256.

Böhm, H., 2008. Shrinkage Methods for Multivariate Spectral Analysis. Ph.D. Dissertation, Université catholique de Louvain, Institut de statistique.

Böhm, H., Ombao, H., von Sachs, R., Sanes, J.N., 2010. Discrimination and classification of multivariate non-stationary signals: the SLEX-shrinkage method. J. Stat. Plan. Inference 140, 3754–3763.

Böhm, H., von Sachs, R., 2009. Shrinkage estimation in the frequency domain of multivariate time series. J. Multivar. Anal. 100, 913–935.

Brillinger, D., 1981. Time Series: Data Analysis and Theory. Holden-Day, Oakland, CA.
Coifman, R. R., Wickerhauser, M. V., 1992. Entropy-based algorithms for best basis selection. IEEE Trans. Inf. Theory 38(2), 713–718.
Dahlhaus, R., 2001 A likelihood approximation for locally stationary processes. Ann. Stat. 28, 1762–1794.
Daubechies, I., 1992. Ten Lectures on Wavelets. Society for Applied and Industrial Mathematics, Philadelphia, PA.
Donoho, D., 1997. CART and best-ortho-basis: a connection. Ann. Stat. 5, 1870–1911.
Donoho, D., Johnstone, I., 1994. Ideal adaptation via wavelet shrinkage. Biometrika 81, 425–455.
Donoho, D., Johnstone, I., 1995. Adapting to unknown smoothness via wavelet shrinkage. J. Am. Stat. Assoc. 90, 1200–1224.
Donoho, D., Mallat, S., von Sachs, R., 2000. Estimating covariances of locally stationary processes: rates of convergence of best basis methods. Technical Report 517, Department of Statistics, Stanford University.
Fiecas, M., Ombao, H., 2011. The generalized shrinkage estimator for the analysis of functional connectivity of brain signals. Ann. Appl. Stat. 5(2), 1102–1125.
Fiecas, M., Ombao, H., Linkletter, C., Thompson, W., Sanes, J.N., 2010. Functional connectivity: shrinkage estimation and randomization test. NeuroImage 40, 3005–3014.
Fryzlewicz, P., Ombao, H., 2009. Consistent classification of non-stationary signals using stochastic wavelet representations. J. Am. Stat. Assoc. 104, 299–312.
Goodman, N., 1963. Statistical analysis based upon a certain multivariate complex Gaussian distribution (an introduction). Ann. Math. Stat. 34, 152–177.
Grunwald, T., Beck, H., Lehnertz, K., Blümcke, I., Pezer, N., Kutas, M., et al., 1999. Limbic P300s in temporal lobe epilepsy with and without Ammon's horn sclerosis. Eur. J. Neurosci 11, 1899–1906.
Huang, H.-Y., Ombao, H., Stoffer, D., 2004. Discrimination and classification of non-stationary time series using the SLEX model. J. Am. Stat. Assoc. 99, 763–774.
Kakizawa, Y., Shumway, R., Taniguchi, M., 1998. Discrimination and clustering for multivariate time series. J. Am. Stat. Assoc. 93, 328–340.
Marconi, B., Genovesio, A., Battaglia-Mayer, A., Ferraina, S., Squatrito, S., Molinari, M., et al., 2001. Eye-hand coordination during reaching. I. Anatomical relationships between parietal and frontal cortex. Cereb. Cortex 11, 513–527.
Nason, G., von Sachs, R., Kroisandt, G., 2000. Wavelet processes and adaptive estimation of the evolutionary wavelet spectrum. J. Roy. Stat. Soc. Ser. B 62, 271–292.
Ombao, H., Raz, J., von Sachs, R., Guo, W., 2002. The SLEX model of a non-stationary random process. Ann. Ins. Stat. Math. 54, 171–200.
Ombao, H., Raz, J., von Sachs, R., Malow, B., 2001. Automatic statistical analysis of bivariate nonstationary time series. J. Am. Stat. Assoc. 96, 543–560.
Ombao, H., Van Bellegem, S., 2008. Evolutionary coherence of non-stationary signals. IEEE Trans. Signal Process. 100, 101–120.
Ombao, H., von Sachs, R., Guo, W., 2005. The SLEX analysis of multivariate non-stationary time series. J. Am. Stat. Assoc. 100, 519–531.
Parzen, E., 1961. Mathematical considerations in the estimation of spectra. Technometrics 3, 167–190.
Saito, N., 1994. Local Feature Extraction and Its Applications. Ph.D. Dissertation, Yale University, Department of Mathematics.

Sakiyama, K., Taniguchi, M., 2004. Discriminant analysis for locally stationary processes. J. Multivar. Anal. 90, 282–300.

Shumway, R., 1982. Discriminant analysis for time series. In: Krishnaiah, P.R., Kanal, L.N. (Eds.), Handbook of Statistics, vol. 2. Elsevier, New York, Holland.

Shumway, R.H., 2003. Time-frequency clustering and discriminant analysis. Stat. Probab. Lett. 63, 948–956.

Shumway, R.H., Stoffer, D.S., 2006. Time Series Analysis and Its Applications with R Examples. Springer, New York.

Shumway, R.H., Unger, A.N., 1974. Linear discriminant functions for stationary time series. J. Am. Stat. Assoc. 69, 948–956.

Vidakovic, B., 1999. Statistical Modeling by Wavelets. John Wiley and Sons, New York.

Wickerhauser, M., 1994. Adapted Wavelet Analysis from Theory to Software. IEEE Press, Wellesley, MA.

CHAPTER 15

An Alternative Perspective on Stochastic Coefficient Regression Models

確率的係数回帰モデルに関する新たな視点

■ 概　要 ■　古典的な重回帰モデルは，統計解析において非常に重要な役割を果たしている．その場合の典型的仮定は，説明変数の変化に対する応答変数の変化は時間に関して一定であるというものである．すなわち，変化の程度は，他の外的変数に影響されずに観測値の全期間で同一である．この強い仮定は，例えば，社会科学や環境科学などの分野では，非現実的な場合がある．確率的係数回帰モデル（SCR モデル; stochastic coefficient regression model）は，この点を考慮して提案されたものであり，SCR モデルに基づく統計的推測を扱った論文もいくつか出ている．その多くのものは，背後に正規性を仮定している．本章では，SCR モデルを再考して，最近開発された他の統計モデルとの比較を行う．そして，SCR モデルが局所定常時系列モデルと関連があり，したがって，相関構造が変化するような時系列に SCR モデルを適用できることを示す．また，係数の確率的変動性に関する検定方法，および，その分布に関する仮定，特に正規性を必要としない推定方法を提案する．これらの方法を使って，SCR モデルを二つの現実のデータに当てはめて，予測の振る舞いを調べる．

■ キーワード ■　ガウス型尤度，周波数領域，局所定常時系列，線形重回帰，非定常性，確率的係数

15.1　は じ め に

古典的な線形重回帰モデルは，多くの研究領域で使われている．しかしながら，応答変数 $\{Y_t\}$ が時間の経過とともに観測される状況では，説明変数 $\{x_{t,j}\}$ が Y_t に与える影響を一定と仮定することは，必ずしもできない．古典的な例として，Burnett and Guthrie (1970) による空気の質を汚染排出物質の関数として予測する問題がある．任意の日に排出物質が空気の質に与える影響は，その日や前日の気象条件などのようなさまざまな要因に依存する．そのような影響を決定論的な方法でモデル化することは複雑すぎる．単純な方法は，回帰係数を確率的に扱うことであろう．過去の係数が現在の係数に与える影響を考慮するためには，係数の動きが線形で表現される定常過程に従うことを仮定するのが合理的である．すなわち，説明変数が応答変数に与

える時間的な変化の影響を説明するモデルは，次のように表される．

$$Y_t = \sum_{j=1}^{n}(a_j + \alpha_{t,j})x_{t,j} + \varepsilon_t := \sum_{j=1}^{n} a_j x_{t,j} + X_t \tag{15.1}$$

ここで，$\{x_{t,j}\}$ は非確率的な説明変数，$\{a_j\}$ は平均回帰係数，$\mathbb{E}(X_t) = 0$，$X_t = \sum_{j=1}^{n} \alpha_{t,j} x_{t,j} + \varepsilon_t$ であり，$\{\varepsilon_t\}$ と $\{\alpha_{t,j}\}$ は定常線形確率過程で，$\mathbb{E}(\alpha_{t,j}) = 0$，$\mathbb{E}(\varepsilon_t) = 0$，$\mathbb{E}(\alpha_{t,j}^2) < \infty$，$\mathbb{E}(\varepsilon_t^2) < \infty$ である．特に，$\mathbb{E}(\alpha_{t,j}) = 0$，$\text{var}(\alpha_{t,j}) = 0$ の場合には，古典的な重回帰モデルになることがわかる．このモデルは，しばしばSCRモデルと呼ばれており，統計学では長い歴史がある（Burnett and Guthrie (1970)，Breusch and Pagan (1980)，Duncan and Horn (1972)，Fama (1977)，Franke and Gründer (1995)，Hildreth and Houck (1968)，Newbold and Bos (1985)，Pfeffermann (1984)，Rosenberg (1972, 1973)，Swamy (1970, 1971)，Swamy and Tinsley (1980)，Stoffer and Wall (1991)，Synder (1985) を参照）．このモデルをレビューするには，Newbold and Bos (1985) を参照されたい．近年，一時的な変化をモデル化するための統計モデルがいくつか提案されている．その中には，時変係数モデルや局所定常過程がある．この章での目的は，これらの新たなモデルと比較しつつ，SCRモデルを再考して，その結果，これらに密接な関係があることを示すことにある（15.2節を参照）．SCRモデルが広範囲の時変的な動きをモデル化できることを示した上で，回帰係数の確率的変動性に関する検定方法を考察し，確率的係数の分布に関する仮定を何ら必要としないパラメータの推定方法を議論する．

前述の諸文献では，通常，$\{\alpha_{t,j}\}$ は，ガウス型最尤法（GML）により推定される有限個のパラメータで特定化される構造を持つような線形過程であることが仮定されている．$\{Y_t\}$ が正規ならば，推定量は漸近正規であり，分散は Fisher 情報行列の逆行列から計算できる．$\{Y_t\}$ が非正規であっても，ガウス型尤度を目的関数として最大化するのが通常である．この場合，目的関数は，しばしば，疑似ガウス型尤度（疑似GML）と呼ばれる．疑似GML推定量は一致推定量である（Ljung and Caines (1979)，Caines (1988, Chapter 8.6)，Shumway and Stoffer (2006) を参照）が，$\{Y_t\}$ が非正規の場合には，疑似GML推定量の標準誤差を求めることは，非常に困難であると思われる．そのため，通常は $\{Y_t\}$ が正規であることが仮定され，正規性に基づいた推測が行われることになる．しかし，正規性の仮定に依存しない推定量が必要な場合もある．本章では，この問題を扱う．

15.3節では，平均回帰パラメータおよび線形過程のインパルス応答関数のパラメータを推定するための二つの方法を考察する．それらは，観測値のフーリエ変換に基づいている．スペクトルの方法は，通常，分布的な仮定が不要であり，計算も速く，漸近理論も可能である（Dzhapharidze (1971)，Dahlhaus (2000)，Dunsmuir (1979)，Giraitis and Robinson (2001)，Hannan (1971, 1973)，Shumway and Stoffer (2006)，Taniguchi (1983)，Whittle (1962)，Walker (1964) を参照）．提案された方法は，いずれもSCRモデルの新たな視点を提供し，分布的な仮定は不要である．

15.5.2 項と 15.5.3 項では，提案する推定量の漸近的な性質を考察する．われわれの推定量と GML 推定量を比較することは，後者の漸近分散を求めることができないので，多くの場合，理論的に不可能である．しかしながら，説明変数が滑らかであるような SCR モデルの部分クラスに限定すれば，GML 推定量の漸近分散の導出は可能となる．このことから，15.5.4 項では，このような場合を扱い，両者が漸近的に同一の分布を持つことを示す．

15.6 節では，二つの実際のデータを考える．これらは，それぞれ，経済学および環境科学分野における時系列データである．第 1 の例では，SCR モデルを使って，月次のインフレ率と名目財務省証券利子率との関係を調べる．その場合，インフレ率が応答関数で，証券利子率は説明変数である．そして，Newbold and Bos (1985) で見出された事実，すなわち，回帰係数が確率的であるという事実を確認する．第 2 の例では，米国のシェナンドー国立公園において，人工的に作り出された大気汚染（説明変数）が粒子状物質に与える影響を考察する．通常は，これらの間に線形関係があり，重回帰モデルが当てはめられる．しかし，ここでは，回帰係数が確率的であり，したがって，大気汚染と粒子状物質の関係は従来考えられていたよりも複雑であるという結論を導く．

なお，定理の証明はテクニカルレポート (Subba Rao, 2010) を参照されたい．

15.2　確率的係数回帰モデル

15.2.1　モ　デ　ル

以下，本章では，応答変数 $\{Y_t\}$ が式 (15.1) を満たし，説明変数 $\{x_{t,j}\}$ が観測され，次の条件が成り立つことを仮定する．

仮定 1

(i) 定常過程 $\{\alpha_{t,j}\}$ と $\{\varepsilon_t\}$ は，次の MA(∞) 表現を持つ．

$$\alpha_{t,j} = \sum_{i=0}^{\infty} \psi_{i,j} \eta_{t-i,j} \ (j=1,\ldots,n), \quad \varepsilon_t = \sum_{i=0}^{\infty} \psi_{i,n+1} \eta_{t-i,n+1} \quad (15.2)$$

ここで，すべての $1 \leq j \leq n+1$ に対して，$\sum_{i=0}^{\infty} |\psi_{i,j}| < \infty$, $\sum_{i=0}^{\infty} |\psi_{i,j}|^2 = 1$, $\mathbb{E}(\eta_{t,j}) = 0$, $\mathbb{E}(\eta_{t,j}^2) = \sigma_{j,0}^2 < \infty$ である．また，各 j に対して，$\{\eta_{t,j}\}$ は i.i.d.（独立，同一分布）の確率変数であり，j ごとに独立である．

パラメータ $\{\psi_{i,j}\}$ は未知であるが, 既知の関数 $\psi_{i,j}(\cdot)$ が存在して，あるベクトル $\boldsymbol{\theta}_0 = (\boldsymbol{\vartheta}_0, \boldsymbol{\Sigma}_0)$ に対して，$\psi_{i,j}(\boldsymbol{\vartheta}_0) = \psi_{i,j}$, $\boldsymbol{\Sigma}_0 = \mathrm{diag}(\sigma_{1,0}^2, \ldots, \sigma_{n+1,0}^2) = \mathrm{var}(\underline{\eta}_t)$ となるものとする．ここで，$\underline{\eta}_t = (\eta_{t,1}, \ldots, \eta_{t,n+1})$ である．

(ii) コンパクトなパラメータ空間 $\Omega \subset \mathbb{R}^n$, $\Theta_1 \subset \mathbb{R}^q$, $\Theta_2 \subset \mathrm{diag}(\mathbb{R}^{n+1})$ に対して，$\boldsymbol{a}_0 = (a_1, \ldots, a_n)$, $\boldsymbol{\vartheta}_0$, $\boldsymbol{\Sigma}_0$ は，それぞれ，Ω, Θ_1, Θ_2 の内部に属すると仮定する．

さらに, 伝達関数 $A_j(\boldsymbol{\vartheta}, \omega) = (2\pi)^{-1/2} \sum_{k=0}^{\infty} \psi_{k,j}(\boldsymbol{\vartheta}) \exp(ik\omega)$ とスペクトル密度 $f_j(\boldsymbol{\vartheta}, \omega) = |A_j(\boldsymbol{\vartheta}, \omega)|^2$ を定義して, $\{\alpha_{t,j}\}$ のスペクトル密度を $\sigma_{j,0}^2 f_j(\boldsymbol{\vartheta}_0, \omega)$ とする. また, $c_j(\boldsymbol{\theta}, t-\tau) = \sigma_j^2 \int f_j(\boldsymbol{\vartheta}, \omega) \exp(i(t-\tau)\omega) d\omega$ とおく. したがって, $\mathrm{cov}(\alpha_{t,j}, \alpha_{\tau,j}) = c_j(\boldsymbol{\theta}_0, t-\tau)$ である.

式 (15.2) を一般化して, $\boldsymbol{\alpha}_t = (\alpha_{t,1}, \ldots, \alpha_{t,n})$ がベクトル値の MA(∞) 表現を持つように拡張することは容易である. しかしながら, このことが記法を厄介にするので, 式 (15.2) を仮定する.

例 1 $\{\alpha_{t,j}\}$ と ε_t が自己回帰過程

$$\alpha_{t,j} = \sum_{k=1}^{p_j} \phi_{k,j} \alpha_{t-k,j} + \eta_{t,j}, \qquad \varepsilon_t = \sum_{k=1}^{p_{n+1}} \phi_{k,n+1} \varepsilon_{t-k} + \eta_{t,n+1}$$

に従えば, 仮定 1 は満たされる. ここで, $\eta_{t,j}$ は $\mathbb{E}(\eta_{t,j}) = 0$, $\mathrm{var}(\eta_{t,j}) = \sigma_j^2$ の i.i.d. 確率変数である. また, 特性多項式 $1 - \sum_{k=1}^{p_j} \phi_{k,j} z^k$ の零根は単位円外にある. この場合, パラメータの真値は, $\boldsymbol{\vartheta}_0 = (\phi_{1,1}, \ldots, \phi_{p_{n+1}, n+1})$, $\boldsymbol{\Sigma}_0 = \mathrm{diag}\left(\frac{\sigma_1^2}{(\int g_1(\omega) d\omega)}, \ldots, \frac{\sigma_{n+1}^2}{(\int g_{n+1}(\omega) d\omega)}\right)$ である. ただし, $g_j(\omega) = \frac{1}{2\pi}|1 - \sum_{k=1}^{p_j} \phi_{k,j} \exp(ik\omega)|^{-2}$ である.

15.2.2 SCR モデルと他の統計モデルとの比較

本項では, SCR モデルが他によく使われる統計モデルと密接に関連していることを示す. もちろん, SCR モデルは, $\mathrm{var}(\alpha_{t,j}) = 0$, $\mathbb{E}(\alpha_{t,j}) = 0$ という特別な場合には, 線形重回帰モデルに帰着する.

a. 時変係数モデル

応用上, 時間に依存するパラメータを持つような線形回帰モデルが当てはめられる場合がある. 例としては, Martinussen and Scheike (2000) で考察されたモデルがある. そこでは, $\{Y_t\}$ は次のモデルに従っている.

$$Y_t = \sum_{j=1}^{n} \alpha_j\left(\frac{t}{T}\right) x_{t,j} + \varepsilon_t, \quad t = 1, \ldots, T \tag{15.3}$$

ここで, $\{\alpha_j(\cdot)\}$ は滑らかな未知の関数であり, $\{\varepsilon_t\}$ は $\mathbb{E}(\varepsilon_t) = 0$, $\mathrm{var}(\varepsilon_t) < \infty$ の i.i.d. 確率変数である. SCR モデルとの違いは回帰係数の時間依存のモデル化にあることがわかる. 式 (15.3) では係数は非確率的であるが, SCR モデルでは係数は定常過程に従っている. ある意味で, $\{\alpha_{t,j}\}$ の相関が $\{\alpha_{t,j}\}$ の滑らかさを決めていて, 相関が高ければそれだけ滑らかになる. したがって, SCR モデルは, 粗い変化をモデル化する時変係数モデルの代替として使うことができる.

b. 局所定常時系列

ここでは，SCR モデルの部分クラスと，Dahlhaus (1996) により定義された局所定常線形過程のクラスが密接に関連していることを示す．そのために，説明変数は滑らかであるとして，ある N に対して，$x_{t,j} = x_j(\frac{t}{N})$，ただし，$\frac{1}{T}\sum_t x_{t,j}^2 = 1$ となるような関数 $\{x_j(\cdot)\}$ が存在して，$\{Y_{t,N}\}$ が次のように表されるものとする．

$$Y_{t,N} = \sum_{j=1}^n a_j x_j\left(\frac{t}{N}\right) + X_{t,N}, \quad X_{t,N} = \sum_{j=1}^n \alpha_{t,j} x_j\left(\frac{t}{N}\right) + \varepsilon_t, \quad t = 1,\ldots,T \tag{15.4}$$

非定常過程は，時点 t の任意の近傍において定常過程で近似されるならば局所定常である．以下，式 (15.4) で定義された $\{X_{t,N}\}$ は，局所定常であることを示そう．

命題 1 仮定 1 (i), (ii) が成り立ち，説明変数が有界 ($\sup_{j,v}|x_j(v)| < \infty$) で，$X_{t,N}$ が式 (15.4) で与えられるとする．このとき，定常過程 $X_t(v) = \sum_{j=1}^n \alpha_{t,j} x_j(v) + \varepsilon_t$ を定義するならば，次のことが成り立つ．

$$|X_{t,N} - X_t(v)| = O_p\left(\left|\frac{t}{N} - v\right|\right)$$

証明 説明変数がリプシッツ連続であることを使えば簡単に証明することができるので，省略する． □

上の結果は，時点 t の近傍で，$\{X_{t,N}\}$ が定常過程で近似されることを示している．それゆえに，ゆっくりとした動きを伴う説明変数を持つ SCR モデルは，局所定常過程と見なすことができる．

次に，逆のことを示そう．すなわち，局所定常過程のクラスは，ゆっくりとした動きを伴う説明変数を持つ SCR モデルにより，いくらでも近似できるということである．Dahlhaus (1996) は，次の式で表される確率過程 $\{X_{t,N}\}$ を局所定常過程と定義した．

$$X_{t,N} = \int A_{t,N}(\omega)\exp(it\,\omega)dZ(\omega) \tag{15.5}$$

ここで，$\{Z(\omega)\}$ は $[0,2\pi]$ 上で定義された複素数値直交過程であり，$Z(\lambda+\pi) = Z(\lambda)$，$\mathbb{E}(Z(\lambda)) = 0$，$\mathbb{E}\{dZ(\lambda)dZ(\mu)\} = \eta(\lambda+\nu)d\lambda d\mu$ となり，また，$\eta(\lambda) = \sum_{j=-\infty}^{\infty} \delta(\lambda+2\pi j)$ は Dirac のデルタ関数を周期的に拡張した関数である．さらに，$\sup_{\omega,t}|A(\frac{t}{N},\omega) - A_{t,N}(\omega)| \leq KN^{-1}$ となるようなリプシッツ連続な関数 $A(\cdot)$ が存在する．ここで，K は N に依存しない定数である．

次の命題は，局所定常過程を任意の精度で近似できるような SCR モデルが存在することを示すものである．

命題 2 $\{X_{t,N}\}$ を，式 (15.5) で与えられた局所定常過程で，$\sup_u \int |A(u,\lambda)|^2 d\lambda < \infty$

を満たすものとする．このとき，$L_2[0,1]$ の任意の基底 $\{x_j(\cdot)\}$ と任意の正数 δ に対して，ある $n_\delta \in \mathbb{Z}$ が存在して，

$$X_{t,N} = \sum_{j=1}^{n_\delta} \alpha_{t,j} x_j\left(\frac{t}{N}\right) + O_p(\delta + N^{-1}) \tag{15.6}$$

と表すことができる．ここで，$\{\boldsymbol{\alpha}_t\} = \{(\alpha_{t,1}, \ldots, \alpha_{t,n_\delta})\}$ はベクトル値定常過程である．

証明 Subba Rao（2010）のテクニカルレポートを参照されたい． □

上の結果から，相関が時間とともに滑らかに動くような時系列ならば，SCR モデルが適用できることになる．

以下の節では，SCR に含まれるパラメータの推定方法を提案し，既存のガウス型尤度の方法と比較する．

15.3 推　定　量

平均回帰パラメータ $\boldsymbol{a}_0 = (a_{1,0}, \ldots, a_{n,0})$ と仮定 1 で定義された時系列モデルのパラメータ $\boldsymbol{\theta}_0$ を推定するための二つの方法を考えよう．

15.3.1 目的関数の動機付け

目的関数を設定するために，時点 t で中心化された $\{Y_t\}$ の局所有限フーリエ変換，すなわち，$J_{Y,t}(\omega) = \frac{1}{\sqrt{2\pi m}} \sum_{k=1}^{m} Y_{t-m/2+k} \exp(ik\omega)$（$m$ は偶数）を考えよう．$J_{Y,t}(\omega)$ を非確率的な項と確率的な項の和に分解して，$J_{Y,t}(\omega) = \sum_{j=1}^{n} a_{j,0} J_{t,m}^{(j)}(\omega) + J_{X,t}(\omega)$ と表そう．ここで，$J_{t,m}^{(j)}(\omega) = \frac{1}{\sqrt{2\pi m}} \sum_{k=1}^{m} x_{t-m/2+k,j} \exp(ik\omega)$，$J_{X,t}(\omega) = \frac{1}{\sqrt{2\pi m}} \sum_{k=1}^{m} X_{t-m/2+k} \exp(ik\omega)$ であり，(Y_t, X_t) は式 (15.1) で定義されたものである．フーリエ変換 $J_{Y,t}(\omega)$ を基本周波数 $\omega_k = \frac{2\pi k}{m}$ で評価して，$m(T-m)$ 次元ベクトル $\mathcal{J}_{Y,T} = (J_{Y,m/2}(\omega_1), \ldots, J_{Y,T-m/2}(\omega_m))$ と $\mathcal{J}_{x,T}(\boldsymbol{a}_0) = (\sum_{j=1}^{n} a_{j,0} J_{m/2,m}^{(j)}(\omega_1), \ldots, \sum_{j=1}^{n} a_{j,0} J_{T-m/2,m}^{(j)}(\omega_m))$ を定義しよう．目的関数を導出するために，$\mathcal{J}_{Y,T}$ が観測値 $\underline{Y}$ の線形変換であり，$\mathcal{J}_{Y,T} = A\underline{Y}$ となるような $m(T-m) \times T$ 次元の複素行列 A が存在することに注意しよう．また，$\{Y_t\}$ が正規であってもなくても，$\mathcal{J}_{Y,T}$ を正規と見なし，$\mathcal{J}_{Y,T}$ の疑似尤度に比例した関数

$$\ell_T(\boldsymbol{\theta}_0) = ((\mathcal{J}_{Y,T} - \mathcal{J}_{x,T}(\boldsymbol{a}_0))^H \Delta_T(\boldsymbol{\theta}_0)^{-1} (\mathcal{J}_{Y,T} - \mathcal{J}_{x,T}(\boldsymbol{a}_0))$$
$$+ \log(\det \Delta_T(\boldsymbol{\theta}_0))$$

を扱うことができる．ここで，$\Delta_T(\boldsymbol{\theta}_0) = \mathbb{E}((\mathcal{J}_{Y,T} - \mathcal{J}_{x,T}(\boldsymbol{a}_0))(\mathcal{J}_{Y,T} - \mathcal{J}_{x,T}(\boldsymbol{a}_0))^H) = A\mathbb{E}(\underline{X}_T \underline{X}_T')A^H$，$\underline{X}_T = (X_1, \ldots, X_T)'$ であり，H は複素行列の共役転置を表す（Picinbono (1996) の Eq.(15.17) を参照）．しかしながら，$\ell_T(\boldsymbol{\theta}_0)$

の計算は，非正則行列 $\Delta_T(\boldsymbol{\theta}_0)$ の逆行列演算を含んでいる．したがって，それは，パラメータ $\boldsymbol{a}_0$ と $\boldsymbol{\theta}_0$ を推定するための規準として適切でない．その代わりに，$\Delta_T(\boldsymbol{\theta}_0)$ の非対角要素を 0 で置き換えた対角行列を考えよう．このとき，簡単な計算から，次の表現が得られる．

$$\tilde{\ell}_T(\boldsymbol{\theta}_0) = \frac{1}{T_m m} \sum_{t=m/2}^{T-m/2} \sum_{k=1}^{m} \left(\frac{|J_{Y,t}(\omega_k) - \sum_{j=1}^{n} a_{j,0} J_{t,m}^{(j)}(\omega_k)|^2}{\mathcal{F}_{t,m}(\boldsymbol{\theta}_0, \omega_k)} + \log \mathcal{F}_{t,m}(\boldsymbol{\theta}_0, \omega_k) \right) \quad (15.7)$$

$$\mathcal{F}_{t,m}(\boldsymbol{\theta}_0, \omega)$$
$$= \frac{1}{2\pi} \sum_{r=-(m-1)}^{m-1} \exp(ir\omega) \sum_{j=1}^{n+1} c_j(\boldsymbol{\theta}_0, r) \times \frac{1}{m} \sum_{k=1}^{m-|r|} x_{t-m/2+k,j} x_{t-m/2+k+r,j}$$
$$= \sum_{j=1}^{n} \sigma_{j,0}^2 \int_{-\pi}^{\pi} I_{t,m}^{(j)}(\lambda) f_j(\boldsymbol{\vartheta}_0, \omega - \lambda) d\lambda$$
$$+ \sigma_{n+1,0}^2 \int_{-\pi}^{\pi} I_m^{(n+1)}(\lambda) f_{n+1}(\boldsymbol{\vartheta}_0, \omega - \lambda) d\lambda \quad (15.8)$$

ここで，$T_m = T - m$, $x_{t,n+1} = 1$, および

$$I_{t,m}^{(j)}(\omega) = |J_{t,m}^{(j)}(\omega)|^2, \quad I_m^{(n+1)}(\omega) = \frac{1}{2\pi m}|\sum_{k=1}^{m} \exp(ik\omega)|^2$$

である．$\{Y_t\}$ が定常時系列ならば，その有限フーリエ変換は，ほとんど無相関で，$\Delta_T(\boldsymbol{\theta}_0)$ は対角行列に近くなる性質がある（この性質は Dwivedi and Subba Rao (2011) により，定常性の検定の基礎として使われた）．

15.3.2 第 1 推定量

ここでは，式 (15.7) を使って，推定量の目的関数を設定する．そのために，式 (15.7) における和 $\frac{1}{m} \sum_{k=1}^{m}$ を積分に置き換えることにより，次の目的関数を得る．

$$\mathcal{L}_T^{(m)}(\boldsymbol{a}, \boldsymbol{\theta}) = \frac{1}{T_m} \sum_{t=m/2}^{T-m/2} \int_{-\pi}^{\pi} \left\{ \frac{\mathcal{I}_{t,m}(\boldsymbol{a}, \omega)}{\mathcal{F}_{t,m}(\boldsymbol{\theta}, \omega)} + \log \mathcal{F}_{t,m}(\boldsymbol{\theta}, \omega) \right\} d\omega \quad (15.9)$$

ここで，m は偶数である．そして，

$$\mathcal{I}_{t,m}(\boldsymbol{a}, \omega) = \frac{1}{2\pi m} \left| \sum_{k=1}^{m} (Y_{t-m/2+k} - \sum_{j=1}^{n} a_j x_{t-m/2+k,j}) \exp(ik\omega) \right|^2 \quad (15.10)$$

である．ここで，$\boldsymbol{\theta} = (\boldsymbol{\vartheta}, \boldsymbol{\Sigma})$ なので，$\mathcal{L}_T^{(m)}(\boldsymbol{a}, \boldsymbol{\theta}) = \mathcal{L}_T^{(m)}(\boldsymbol{a}, \boldsymbol{\vartheta}, \boldsymbol{\Sigma})$ であることに注意されたい．いま，$\boldsymbol{a} \in \Omega \subset \mathbb{R}^n$ および $\boldsymbol{\theta} \in \Theta_1 \otimes \Theta_2 \subset \mathbb{R}^{n+q+1}$ として，$\hat{\boldsymbol{a}}_T$ と

$\hat{\boldsymbol{\theta}}_T = (\hat{\boldsymbol{\vartheta}}_T, \hat{\boldsymbol{\Sigma}}_T)$ を $\boldsymbol{a}_0$ と $\boldsymbol{\theta}_0 = (\boldsymbol{\vartheta}_0, \boldsymbol{\Sigma}_0)$ の推定量とする. ただし,

$$(\hat{\boldsymbol{a}}_T, \hat{\boldsymbol{\vartheta}}_T, \hat{\boldsymbol{\Sigma}}_T) = \arg\inf_{\boldsymbol{a}\in\Omega, \boldsymbol{\vartheta}\in\Theta_1, \boldsymbol{\Sigma}\in\Theta_2} \mathcal{L}_T^{(m)}(\boldsymbol{a}, \boldsymbol{\vartheta}, \boldsymbol{\Sigma}) \qquad (15.11)$$

である. そして, $T \to \infty$ のとき $T_m/T \to 1$ となるような m を選ぶ. したがって, m は固定されているか, T よりもゆっくりと大きくなる.

15.3.3 第 2 推定量

説明変数の数が比較的多い場合は, $\mathcal{L}_T^{(m)}$ の最小化は計算が遅くなり, 最小値ではなく極小値に収束する傾向がある. ここでは, 第 1 推定量に基づいて, パラメータ $\boldsymbol{a}$ と $\boldsymbol{\theta} = (\boldsymbol{\Sigma}, \boldsymbol{\vartheta})$ を 2 段階で推定する第 2 の推定量を提案する. 実証例では, 第 1 推定量よりも初期値に対して頑健であることが示されている. これは, 第 1 段階で $\boldsymbol{\Sigma}_0$ を推定し, 第 2 段階で $\boldsymbol{a}_0$ と $\boldsymbol{\vartheta}_0$ の推定量を得るスキームであり, 各段階では推定すべきパラメータを少なくしていることになる. また, 第 1 段階で係数推定量の分散を推定することの追加的な利点として, 係数が非確率的か確率的かを判断できることが挙げられる.

a. パラメータの 2 段階推定の手続き

Step 1: 第 1 段階では, 確率的係数 $\{\alpha_{t,j}\}$ と誤差 $\{\varepsilon_t\}$ の相関を無視して, 平均回帰係数 $\{a_j\}$ と誤差分散 $\boldsymbol{\Sigma}_T = \{\sigma_{j,0}^2\}$ を加重最小 2 乗法で推定して, $(\bar{\boldsymbol{a}}_T, \tilde{\boldsymbol{\Sigma}}_T) = \arg\min_{\boldsymbol{a}\in\Omega, \boldsymbol{\Sigma}\in\Theta_2} \mathcal{L}_T(\boldsymbol{a}, \boldsymbol{\Sigma})$ を得る. ここで,

$$\mathcal{L}_T(\boldsymbol{a}, \boldsymbol{\Sigma}) = \frac{1}{T}\sum_{t=1}^{T}\left(\frac{\left(Y_t - \sum_{j=1}^{n}a_j x_{t,j}\right)^2}{\sigma_t(\boldsymbol{\Sigma})} + \log\sigma_t(\boldsymbol{\Sigma})\right) \qquad (15.12)$$

および $\sigma_t(\boldsymbol{\Sigma}) = \sum_{j=1}^{n}\sigma_j^2 x_{t,j}^2 + \sigma_{n+1}^2$ である.

Step 2: 推定量 $\tilde{\boldsymbol{\Sigma}}_T$ を使って, $\tilde{\boldsymbol{a}}_T$ と $\boldsymbol{\vartheta}_0$ を推定する. $\tilde{\boldsymbol{\Sigma}}_T$ を $\mathcal{L}_T^{(m)}$ に代入して, $(\boldsymbol{a}, \boldsymbol{\vartheta})$ に関して $\mathcal{L}_T^{(m)}$ を最小化する. そして,

$$(\tilde{\boldsymbol{a}}_T, \tilde{\boldsymbol{\vartheta}}_T) = \arg\min_{\boldsymbol{a}\in\Omega, \boldsymbol{\vartheta}\in\Theta_1} \mathcal{L}_T^{(m)}(\boldsymbol{a}, \boldsymbol{\vartheta}, \tilde{\boldsymbol{\Sigma}}_T) \qquad (15.13)$$

となる $(\tilde{\boldsymbol{a}}_T, \tilde{\boldsymbol{\vartheta}}_T)$ を $(\boldsymbol{a}_0, \boldsymbol{\vartheta}_0)$ の推定量とする. さらに, $T \to \infty$ のとき, $T_m/T \to 1$ となるような m を選ぶ.

15.4 SCR モデルの係数の確率的変動性に関する検定

SCR モデルをデータに当てはめる前に, 係数が確率的な証拠があるかどうかを調べることは興味深い. Breusch and Pagan (1980) は, パラメータが定数であるという帰無仮説を確率的であるという対立仮説に対して検定するスコア検定を提案した. 検定統計量は, 誤差項が正規で同一分布に従うという仮定のもとで導かれている. Newbold

15.4 SCR モデルの係数の確率的変動性に関する検定

and Bos (1985, Chapter 3) では，Breusch and Pagan (1980) により提案された検定は，残差2乗和と説明変数間の相関係数と解釈できると説明している．この節では，Newbold and Bos (1985) による検定を分布に依存しない形で提案する．さらに，パラメータが i.i.d. であるという帰無仮説を，相関を伴う確率的変動をしているという対立仮説に対して検定する方法を提案する．

記法を簡略化するために，以下では説明変数が1個の場合を考える．帰無仮説を $H_0 : Y_t = a_0 + a_1 x_t + \epsilon_t$ としよう．ここで，$\{\epsilon_t\}$ は $\mathbb{E}(\epsilon_t) = 0$, $\mathrm{var}(\epsilon_t) = \sigma_\epsilon^2 < \infty$ となる i.i.d. 確率変数である．また，対立仮説を $H_A : Y_t = a_0 + a_1 x_t + \epsilon_t$ とする．ここで，$\epsilon_t = \alpha_t x_t + \varepsilon_t$ であり，$\{\alpha_t\}$ と $\{\varepsilon_t\}$ は $\mathbb{E}(\alpha_t) = 0$, $\mathbb{E}(\varepsilon_t) = 0$, $\mathrm{var}(\alpha_t) = \sigma_\alpha^2 < \infty$, $\mathrm{var}(\varepsilon_t) = \sigma_\varepsilon^2 < \infty$ となるような i.i.d. 確率変数である．対立仮説が正しければ，$\mathrm{var}(\epsilon_t) = x_t^2 \sigma_\alpha^2 + \sigma_\varepsilon^2$ となるので，$\mathrm{var}(\epsilon_t)$ を x_t に対してプロットすれば，明らかに正の傾きが得られるはずである．次の検定は，このような観点に基づいている．OLS を使ってモデル $a_0 + a_1 x_t$ を Y_t に当てはめたあとの残差を $\hat{\epsilon}_t$ とする．このとき，検定統計量として，$\{x_t^2\}$ と $\{\hat{\epsilon}_t^2\}$ の共分散

$$\mathcal{S}_1 = \frac{1}{T}\sum_{t=1}^T x_t^2 \hat{\epsilon}_t^2 - \left(\frac{1}{T}\sum_{t=1}^T x_t^2\right)\left(\frac{1}{T}\sum_{t=1}^T \hat{\epsilon}_t^2\right) \tag{15.14}$$

を考える．$\mathcal{S}_1$ が帰無，対立の両仮説でどのような振る舞いをするかを調べるために，$\mathcal{S}_1$ を次のように書き換えよう．

$$\mathcal{S}_1 = \underbrace{\frac{1}{T}\sum_{t=1}^T \left(\hat{\epsilon}_t^2 - \mathbb{E}\left(\epsilon_t^2\right)\right)\left(x_t^2 - \frac{1}{T}\sum_{s=1}^T x_s^2\right)}_{o_p(1)} + R_1$$

$$R_1 = \frac{1}{T}\sum_{t=1}^T x_t^2 \left(\mathbb{E}\left(\epsilon_t^2\right) - \frac{1}{T}\sum_{s=1}^T \mathbb{E}\left(\epsilon_s^2\right)\right)$$

帰無仮説が正しい場合には，$\mathbb{E}(\epsilon_t^2)$ がすべての t に対して定数であり，$\mathcal{S}_1 = o_p(1)$ となる．他方，対立仮説が正しい場合には，

$$R_1 = \frac{1}{T}\sum_{t=1}^T x_t^2 \sigma_\alpha^2 \left(x_t^2 - \frac{1}{T}\sum_{s=1}^T x_s^2\right) \tag{15.15}$$

となることに注意して $\mathcal{S}_1 \to \mathbb{E}(R_1)$ を得る．次の命題では，検定統計量 $\mathcal{S}_1$ の帰無仮説および対立仮説のもとでの分布を導出する．

命題 3 $\mathcal{S}_1$ を式 (15.14) で定義する．また，ある $\delta > 0$ に対して，$\mathbb{E}(|\epsilon_t|^{4+\delta}) < \infty$ を仮定する．このとき，帰無仮説のもとで，$\sqrt{T}\Gamma_{1,T}^{-1/2}\mathcal{S}_1 \xrightarrow{\mathcal{D}} \mathcal{N}(0,1)$ を得る．ここで，$\Gamma_{1,T} = \frac{\mathrm{var}(\epsilon_t^2)}{T}\sum_{t=1}^T \left(x_t^2 - \frac{1}{T}\sum_{s=1}^T x_s^2\right)^2$ である．

他方，対立仮説のもとでは，$\{\alpha_t\}$ と $\{\varepsilon_t\}$ が i.i.d. 確率変数で，ある $\delta > 0$ に対して，$\mathbb{E}(|\varepsilon_t|^{4+\delta}) < \infty$, $\mathbb{E}(|\alpha_t|^{4+\delta}) < \infty$ を満たすならば，次の結果を得る．

$$\sqrt{T}\Gamma_{2,T}^{-1/2}(\mathcal{S}_1 - R_1) \xrightarrow{\mathcal{D}} \mathcal{N}(0,1)$$

ここで,R_1 は式 (15.15) で定義されている.また,$\Gamma_{2,T} = \frac{1}{T}\sum_{t=1}^{T} \mathrm{var}((\alpha_t x_t + \epsilon_t)^2)(x_t^2 - \frac{1}{T}\sum_{s=1}^{T} x_s^2)^2$ である.

証明 Subba Rao (2010) のテクニカルレポートを参照されたい. □

回帰モデルのパラメータが定数でも,誤差分散が x_t とは独立に時間とともに変動する場合には,検定統計量 $\mathcal{S}_1$ は,R_1 が 0 でないことから,誤って対立仮説が正しいと結論付けるかもしれない.しかしながら,その分散の動きが遅いならば,時間依存を考慮した検定統計量に修正することは可能であるが,詳細は省略する.

次に,上記の検定をパラメータが確率的かどうかの検定に適用する.帰無仮説を係数がランダム的,すなわち $H_0: Y_t = a_0 + a_1 x_t + \epsilon_t$ とする.ここで,$\epsilon_t = \alpha_t x_t + \varepsilon_t$ であり,$\{\alpha_t\}$ は i.i.d. 確率変数,$\{\varepsilon_t\}$ は定常過程で $\mathrm{cov}(\varepsilon_0, \varepsilon_k) = c(k)$ とする.対立仮説は係数が相関を持つ場合,すなわち,$H_A: Y_t = a_0 + a_1 x_t + \epsilon_t$ において,$\epsilon_t = \alpha_t x_t + \varepsilon_t$ であり,$\{\alpha_t\}$ と $\{\varepsilon_t\}$ が定常過程で,$\mathrm{cov}(\varepsilon_0, \varepsilon_k) = c(k)$,$\mathrm{cov}(\epsilon_0, \epsilon_k) = \rho(k)$ となる場合である.帰無仮説が正しければ,$\mathbb{E}(\epsilon_t \epsilon_{t-1}) = c(1)$ である.他方,対立仮説が正しければ,$\mathbb{E}(\epsilon_t \epsilon_{t-1}) = x_t x_{t-1} \rho(1) + c(1)$ となるので,$\epsilon_t \epsilon_{t-1}$ を $x_t x_{t-1}$ に対してプロットすれば,ある傾きを持った直線となる.したがって,$\{\hat{\epsilon}_t \hat{\epsilon}_{t-1}\}$ と $\{x_t x_{t-1}\}$ の標本相関を検定統計量として使うことができる.そこで,次の統計量を定義する.

$$\mathcal{S}_2 = \frac{1}{T}\sum_{t=2}^{T} x_t x_{t-1} \hat{\epsilon}_t \hat{\epsilon}_{t-1} - \left(\frac{1}{T}\sum_{t=2}^{T} x_t x_{t-1}\right)\left(\frac{1}{T}\sum_{t=2}^{T} \hat{\epsilon}_t \hat{\epsilon}_{t-1}\right) \quad (15.16)$$

$\mathcal{S}_2$ を次のように書き直す.

$$\mathcal{S}_2 = \underbrace{\frac{1}{T}\sum_{t=2}^{T}(\hat{\epsilon}_t \hat{\epsilon}_{t-1} - \mathbb{E}(\epsilon_t \epsilon_{t-1}))\left(x_t x_{t-1} - \frac{1}{T}\sum_{s=2}^{T} x_s x_{s-1}\right)}_{o_p(1)} + R_2 \quad (15.17)$$

ここで,$R_2 = \frac{1}{T}\sum_{t=2}^{T} x_t x_{t-1}\bigl(\mathbb{E}(\epsilon_t \epsilon_{t-1}) - \frac{1}{T}\sum_{s=2}^{T} \mathbb{E}(\epsilon_s \epsilon_{s-1})\bigr)$ である.帰無仮説が正しければ,$\mathcal{S}_2 = o_p(1)$ となり,対立仮説が正しければ,

$$R_2 = \frac{1}{T}\sum_{t=2}^{T} x_t x_{t-1}\bigl(x_t x_{t-1} \mathrm{cov}(\alpha_t, \alpha_{t-1}) - \frac{1}{T}\sum_{s=2}^{T} x_s x_{s-1} \mathrm{cov}(\alpha_s, \alpha_{s-1})\bigr)$$

であることから,$\mathbb{E}(\mathcal{S}_2) \xrightarrow{\mathcal{P}} R_2$ となる.以下,$\mathcal{S}_2$ の帰無仮説および対立仮説のもとでの分布を導出しよう.

命題 4 $\mathcal{S}_2$ を式 (15.16) で定義する.帰無仮説が正しい場合,すなわち,$Y_t = a_0 + a_1 x_t + \epsilon_t$ において,$\epsilon_t = \alpha_t x_t + \varepsilon_t$ であり,$\{\alpha_t\}$ が i.i.d. 確率変数で $\mathbb{E}(|\alpha_t|^{4+\delta}) < \infty$ を満たし,$\{\varepsilon_t\}$ が定常過程で $\varepsilon_t = \sum_{j=0}^{\infty} \psi_j \eta_{t-j}$,$\sum_j |\psi_j| < \infty$,

$\mathbb{E}(|\eta_j|^{4+\delta}) < \infty$ を満たすとする. このとき, $\sqrt{T}\Delta_{1,T}^{-1/2}\mathcal{S}_2 \xrightarrow{\mathcal{D}} \mathcal{N}(0,1)$ となる. ただし, $\Delta_{1,T} = \frac{1}{T^2}\sum_{t_1,t_2=1}^{n} \text{cov}(\varepsilon_{t_1}\varepsilon_{t_1-1}, \varepsilon_{t_2}\varepsilon_{t_2-1})v_{t_1}v_{t_2}$, $v_t = \left(x_t^2 - \frac{1}{T}\sum_{s=2}^{T} x_s^2\right)^2$ である.

他方, 対立仮説が正しい場合, すなわち, $Y_t = a_0 + a_1 x_t + \epsilon_t$ において, $\epsilon_t = \alpha_t x_t + \varepsilon_t$ であり, $\{\alpha_t\}$ と $\{\varepsilon_t\}$ が定常過程で $\varepsilon_t = \sum_{j=0}^{\infty} \psi_j \eta_{t-j}$, $\alpha_t = \sum_{j=0}^{\infty} \psi_{j,1} \eta_{t-j,1}$, $\sum_j |\psi_j| < \infty$, $\sum_j |\psi_{j,1}| < \infty$, $\mathbb{E}(|\eta_j|^8) < \infty$ かつ $\mathbb{E}(|\eta_{j,1}|^8) < \infty$ を満たすならば, $\sqrt{T}\Delta_{2,T}^{-1/2}(\mathcal{S}_2 - R_2) \xrightarrow{\mathcal{D}} \mathcal{N}(0,1)$ となる. ここで, $\Delta_{2,T} = \text{var}(\mathcal{S}_2)$ である.

証明 命題 3 と同様である. $\square$

上記の検定は, $\mathcal{S}_2$ のように, 1 期のラグに限定する必要はない. 適当な方法で, 数期のラグを含むような包括的な検定に一般化できることを指摘しておく.

15.5 推定量の漸近的な性質

15.5.1 いくつかの仮定

ここでは, 第 1 および第 2 の推定量の漸近的な性質を考察する. そのために, 確率的係数および説明変数に関して次の仮定を置き, 一致性や漸近分布を導出する際に使う.

以下では, ベクトルあるいは行列のユークリッドノルムを $|\cdot|$ で表す.

仮定 2 (確率的係数に関する仮定)
(i) パラメータ空間 Θ_1 と Θ_2 は, ある $\delta > 0$ が存在して $\inf_{\Sigma \in \Theta_2} \sigma_{n+1}^2 \geq \delta$, $\inf_{\vartheta \in \Theta_1} \int_{-\pi}^{\pi} \left(\sum_{r=-(m-1)}^{m-1} \left(\frac{m-|r|}{m}\right) \exp(ir\lambda)\right) \cdot f_0(\vartheta, \omega - \lambda) d\lambda \geq \delta$ となるような空間である.
(ii) パラメータ空間 $\Omega, \Theta_1, \Theta_2$ はコンパクトである.
(iii) 仮定 1 で与えられた MA(∞) 表現における係数 $\psi_{i,j}$ は, すべての $0 \leq k \leq 3$ および $1 \leq j \leq n+1$ に対して, $\sup_{\vartheta \in \Theta_1} \sum_{i=0}^{\infty} |i| \cdot |\nabla_{\vartheta}^{k} \psi_{i,j}(\vartheta)| < \infty$ を満たす.
(iv) 誤差系列 $\{\eta_{t,j}\}$ は $\sup_{1 \leq j \leq n+1} \mathbb{E}(\eta_{t,j}^8) < \infty$ を満たす.

仮定 3 (説明変数に関する仮定)
(i) $\sup_{t,j}|x_{t,j}| < \infty$ であり, $\frac{1}{T}\sum_{t=1}^{T}\{\boldsymbol{X}_t \boldsymbol{X}_t'/\text{var}(Y_t)\}$ は, すべての T に対して正則である. ここで, $\boldsymbol{X}_t' = (x_{t,1}, \ldots, x_{t,n})$ である.
(ii) $\boldsymbol{\theta}_0$ を真のパラメータとするとき, すべての $0 \leq r \leq m-1$ と無数の t に対して,
$$\sum_{j=1}^{n} \left(c_j(\boldsymbol{\theta}_0, r) - c_j(\boldsymbol{\theta}^*, r)\right) \sum_{k=0}^{m-|r|} x_{t-m/2+k,j} x_{t-m/2+k+r,j} = 0$$
となるような $\boldsymbol{\theta}^* \in \Theta_1 \otimes \Theta_2$ は存在しない ($\otimes$ はテンソル積を表す).

$\mathcal{J}_{T,m}(\boldsymbol{\vartheta},\omega)' = \sum_{t=m/2}^{T-m/2} \mathcal{F}_{t,m}(\boldsymbol{\vartheta},\omega)^{-1}(J_{t,m}^{(1)}(\omega),\ldots,J_{t,m}^{(n)}(\omega))$ とするとき，すべての T と $\boldsymbol{\vartheta} \in \Theta_1$ に対して，$\int \mathcal{J}_{T,m}(\boldsymbol{\vartheta},\omega)\mathcal{J}_{T,m}(\boldsymbol{\vartheta},\omega)'d\omega$ は正則であり，その最小固有値は正である．

(iii) すべての T に対して，$\mathbb{E}(\nabla_{\boldsymbol{\theta}}^2 \mathcal{L}_T^{(m)}(\boldsymbol{a}_0,\boldsymbol{\theta}_0))$ と $\mathbb{E}(\nabla_{\boldsymbol{a}}^2 \mathcal{L}_T^{(m)}(\boldsymbol{a}_0,\boldsymbol{\theta}_0))$ は正則であり，それらの最小固有値は正である．

仮定 2 (i) は，$\mathcal{F}_{t,m}$ が正則であること，したがって $\mathbb{E}|\mathcal{L}_T^{(m)}(\boldsymbol{a},\boldsymbol{\theta})| < \infty$ が成り立つことを保証する．同様に，仮定 2 (iii) は，$\sup_j \sum_{r=-\infty}^{\infty} |r \cdot \nabla^k c_j(\boldsymbol{\theta},r)| < \infty$ となり，したがって $\mathbb{E}|\nabla_{\boldsymbol{\theta}}^k \mathcal{L}_T^{(m)}(\boldsymbol{a},\boldsymbol{\theta})| < \infty$ が成り立つことを示唆する．仮定 3 (i), (ii) は，推定量が真の値に収束することを保証する．

15.5.2　第 1 推定量 $\hat{\boldsymbol{\alpha}}_T$ と $\hat{\boldsymbol{\theta}}_T$ の性質

まず，$(\hat{\boldsymbol{a}}_T, \hat{\boldsymbol{\theta}}_T)$ の一致性を示す．

命題 5 仮定 1, 2 (i), (ii), 3 が成り立つとして，推定量 $\hat{\boldsymbol{a}}_T$ と $\hat{\boldsymbol{\theta}}_T$ が式 (15.11) で定義されるとする．このとき，$T_m \to \infty$ および $T \to \infty$ ならば，$\hat{\boldsymbol{a}}_T \xrightarrow{\mathcal{P}} \boldsymbol{a}_0$, $\hat{\boldsymbol{\theta}}_T \xrightarrow{\mathcal{P}} \boldsymbol{\theta}_0$ となる．

証明 Subba Rao (2010) のテクニカルレポートを参照されたい． □

次に，推定量の収束の程度と漸近正規性を議論する．そのためには，$\mathcal{L}_T^{(m)}(\boldsymbol{a},\boldsymbol{\theta})$ と，その導関数の分散の上限が必要となる．そこで，$\mathcal{L}_T^{(m)}(\boldsymbol{a},\boldsymbol{\theta})$ を 2 次形式で書き直すことにする．$J_{X,T}(\omega) = J_{Y,T}(\omega) - \sum_{j=1}^n a_j J_{t,m}^{(j)}(\omega)$ を $\mathcal{L}_T^{(m)}(\boldsymbol{a},\boldsymbol{\theta})$ に代入すると，次の表現を得る．

$$\mathcal{L}_T^{(m)}(\boldsymbol{a},\boldsymbol{\theta}) = \frac{1}{T_m}\Big\{V_T\left(\mathcal{F}_{\boldsymbol{\theta}}^{-1}\right) + 2\sum_{j=1}^n (a_{j,0}-a_j)D_T^{(j)}\left(\mathcal{F}_{\boldsymbol{\theta}}^{-1}\right)$$

$$+ \sum_{j_1,j_2=1}^n (a_{j_1,0}-a_{j_1})(a_{j_2,0}-a_{j_2})H_T^{(j_1,j_2)}\left(\mathcal{F}_{\boldsymbol{\theta}}^{-1}\right)$$

$$+ \sum_{t=m/2}^{T-m/2} \int \log \mathcal{F}_{t,m}(\boldsymbol{\theta},\omega)d\omega\Big\}$$

ここで，関数 $\{\mathcal{G}_t(\omega)\}$ に対して，次の諸量を定義する．

$$V_T(\mathcal{G}) = \sum_{t=m/2}^{T-m/2} \int \mathcal{G}_t(\omega)|J_{X,t}(\omega)|^2 d\omega$$

$$= \frac{1}{2\pi m} \sum_{k=1}^m \sum_{s=k}^{T-m+k} \sum_{r=-k}^{m-k} X_s X_{s+r} g_{s+m/2-k}(r) \quad (15.18)$$

$$H_T^{(j_1,j_2)}(\mathcal{G}) = \sum_{t=m/2}^{T-m/2} \int \mathcal{G}_t(\omega) J_{t,m}^{(j_1)}(\omega) J_{t,m}^{(j_2)}(-\omega) d\omega$$

$$= \frac{1}{2\pi m} \sum_{k=1}^{m} \sum_{s=k}^{T-m+k} \sum_{r=-k}^{m-k} x_{s,j_1} x_{s+r,j_2} g_{s+m/2-k}(r)$$

$$D_T^{(j)}(\mathcal{G}) = \sum_{t=m/2}^{T-m/2} \int \mathcal{G}_t(\omega) \Re\{J_{X,t}(\omega) J_{t,m}^{(j)}(-\omega)\} d\omega$$

$$= \frac{1}{2\pi m} \sum_{k=1}^{m} \sum_{s=k}^{T-m+k} \sum_{r=-k}^{m-k} X_s x_{s+r,j} \tilde{g}_{s+m/2-k}(r)$$

$$g_s(r) = \int G_s(\omega) \exp(ir\omega) d\omega$$

$$\tilde{g}_s(r) = \int G_s(\omega) \cos(r\omega) d\omega$$

同様な表現が $\mathcal{L}_T^{(m)}$ の導関数に対して成り立つ(それらは $\mathcal{L}_T^{(m)}$ を数値的に最小化するのに使われる). $\nabla = \left(\frac{\partial}{\partial a_1}, \ldots, \frac{\partial}{\partial \boldsymbol{\theta}_q}\right)$ と $\nabla \mathcal{L}_T^{(m)} = (\nabla_{\boldsymbol{a}} \mathcal{L}_T^{(m)}, \nabla_{\boldsymbol{\theta}} \mathcal{L}_T^{(m)})$ を定義すると, 次の表現を得る.

$$\nabla_{\boldsymbol{\theta}} \mathcal{L}_T^{(m)}(\boldsymbol{a}, \boldsymbol{\theta}) = \frac{1}{T_m} \Bigg\{ \left(V_T(\nabla_{\boldsymbol{\theta}} \mathcal{F}^{-1}) + 2 \sum_{j=1}^{n} (a_{j,0} - a_j) D_T^{(j)}(\nabla_{\boldsymbol{\theta}} \mathcal{F}^{-1}) \right)$$

$$+ \sum_{j_1, j_2=1}^{n} (a_{j_1,0} - a_{j_1})(a_{j_2,0} - a_{j_2}) H_T^{(j_1,j_2)}(\nabla_{\boldsymbol{\theta}} \mathcal{F}^{-1})$$

$$+ \sum_{t=m/2}^{T-m/2} \int \frac{\nabla_{\boldsymbol{\theta}} \mathcal{F}_{t,m}(\boldsymbol{\theta}, \omega)}{\mathcal{F}_{t,m}(\boldsymbol{\theta}, \omega)} d\omega \Bigg\}$$

$$\nabla_{a_j} \mathcal{L}_T^{(m)}(\boldsymbol{a}, \boldsymbol{\theta}) = \frac{-2}{T_m} \left\{ D_T^{(j)}(\mathcal{F}^{-1}) + \sum_{j_1=1}^{n} (a_{j_1,0} - a_{j_1}) H_T^{(j,j_1)}(\mathcal{F}^{-1}) \right\} \quad (15.19)$$

さらに, 2次導関数は次のようになる.

$$\nabla_{a_j} \nabla_{\boldsymbol{\theta}} \mathcal{L}_T^{(m)}(\boldsymbol{a}, \boldsymbol{\theta}) = \frac{-2}{T_m} \left\{ D_T^{(j)}(\nabla_{\boldsymbol{\theta}} \mathcal{F}^{-1}) + \sum_{j_1=1}^{n} (a_{j_1,0} - a_{j_1}) H_T^{(j,j_1)}(\nabla_{\boldsymbol{\theta}} \mathcal{F}^{-1}) \right\}$$

$$\nabla_{a_{j_1}} \nabla_{a_{j_2}} \mathcal{L}_T^{(m)}(\boldsymbol{a}, \boldsymbol{\theta}) = \frac{2}{T_m} H_T^{(j_1,j_2)}(\nabla_{\boldsymbol{\theta}} \mathcal{F}^{-1}) \quad (15.20)$$

$$\nabla_{\boldsymbol{\theta}}^2 \mathcal{L}_T^{(m)}(\boldsymbol{a}, \boldsymbol{\theta}) = \frac{1}{T_m} \Bigg[V_T(\nabla_{\boldsymbol{\theta}}^2 \mathcal{F}^{-1}) + 2 \sum_{j=1}^{n} (a_{j,0} - a_j) D_T^{(j)}(\nabla_{\boldsymbol{\theta}}^2 \mathcal{F}^{-1})$$

$$+ \sum_{j_1, j_2=1}^{n} (a_{j_1,0} - a_{j_1})(a_{j_2,0} - a_{j_2}) H_T^{(j_1,j_2)}(\nabla_{\boldsymbol{\theta}}^2 \mathcal{F}^{-1})$$

$$+ \frac{1}{T_m} \sum_{t=m/2}^{T-m/2} \left\{ \int \left[\frac{\nabla_{\boldsymbol{\theta}}^2 \mathcal{F}_{t,m}(\boldsymbol{\theta}, \omega)}{\mathcal{F}_{t,m}(\boldsymbol{\theta}, \omega)} \right. \right.$$

$$\left. \left. - \frac{\nabla_{\boldsymbol{\theta}} \mathcal{F}_{t,m}(\boldsymbol{\theta}, \omega) \nabla_{\boldsymbol{\theta}} \mathcal{F}_{t,m}(\boldsymbol{\theta}, \omega)'}{\mathcal{F}_{t,m}(\boldsymbol{\theta}, \omega)^2} \right] d\omega \right\} \right]$$

$\mathcal{L}_T^{(m)}$ およびその導関数のフーリエ係数は仮定のもとで絶対総和可能であるから, $Z_{t,m} = \frac{1}{2\pi m} \sum_{k=1}^{m} \sum_{r=-k}^{m-k} X_t X_{t+r} g_{t+m/2-k}(r)$ で定義される列 $\{Z_{t,m}\}$ の共分散も絶対総和可能であることが示される. このことは, $m = o(T)$ である限り, $\mathcal{L}_T^{(m)}$ とその導関数の分散が m に依存しないことを意味する. このことを使って, 次の補題を得る.

補題 1 仮定 1, 2 (i)〜(iii), 3 (i) および $\sup_j \mathbb{E}(\eta_{t,j}^4) < \infty$ が成り立つとする. $V_T(\mathcal{G})$ と $D_T^{(j)}(\mathcal{G})$ を式 (15.8) のように定義して, $\sup_s \sum_r |g_s(r)| < \infty$, $\sup_s \sum_r |\tilde{g}_s(r)| < \infty$ とする. このとき, $\mathbb{E}(D_T^{(j)}(\mathcal{G})) = 0$ であり, さらに次の結果を得る.

$$\mathbb{E}(V_T(\mathcal{G})) = \sum_{t=m/2}^{T-m/2} \int \mathcal{G}_t(\omega) \mathcal{F}_{t,m}(\boldsymbol{\theta}_0, \omega) d\omega \tag{15.21}$$

$$\mathrm{var}(V_T(\mathcal{G})) \leq T(n+1) \sup_s \sum_r |g_s(r)| \left\{ 2 \left(\sum_r \rho_2(r) \right)^2 + \sum_{k_1,k_2,k_3} \rho_4(k_1,k_2,k_3) \right\} \tag{15.22}$$

$$\mathrm{var}\left(D_T^{(j)}(\mathcal{G})\right) \leq T(n+1) \sup_s \left(\sum_r |\tilde{g}_s(r)| \right) \left(\sum_r \rho_2(r) \right) \tag{15.23}$$

ここで,

$$\rho_2(k) = \kappa_2^2 \sup_j \sum_i |\psi_{i,j}| \cdot |\psi_{i+k,j}|$$

$$\rho_4(k_1, k_2, k_3) = \kappa_4 \sup_j \sum_i |\psi_{i,j}| \cdot |\psi_{i+k_1,j}| \cdot |\psi_{i+k_2,j}| \cdot |\psi_{i+k_3,j}| \tag{15.24}$$

$$\kappa_2 = \sup_j \mathrm{var}(\eta_{0,j})$$

$$\kappa_4 = \sup_j \mathrm{cum}(\eta_{0,j}, \eta_{0,j}, \eta_{0,j}, \eta_{0,j})$$

である.

証明 Subba Rao (2010) のテクニカルレポートを参照されたい. □

平均値の定理を $\nabla \mathcal{L}_T^{(m)}(\boldsymbol{a}_0, \boldsymbol{\theta}_0)$ に適用し, 一様収束 $\sup_{\boldsymbol{a},\boldsymbol{\theta}} |\nabla^2 \mathcal{L}_T^{(m)}(\boldsymbol{a}, \boldsymbol{\theta}) - \mathbb{E}(\nabla^2 \mathcal{L}_T^{(m)}(\boldsymbol{a}, \boldsymbol{\theta}))| \xrightarrow{\mathcal{P}} 0$ を使うことにより, 次の表現を得る.

15.5 推定量の漸近的な性質

$$\begin{pmatrix} \hat{\boldsymbol{a}}_T - \boldsymbol{a}_0 \\ \hat{\boldsymbol{\theta}}_T - \boldsymbol{\theta}_0 \end{pmatrix} = \mathbb{E}(\nabla^2 \mathcal{L}_T^{(m)}(\boldsymbol{a}_0, \boldsymbol{\theta}_0))^{-1} \begin{pmatrix} \nabla_{\boldsymbol{a}} \mathcal{L}_T^{(m)}(\boldsymbol{a}_0, \boldsymbol{\theta}_0) \\ \nabla_{\boldsymbol{\theta}} \mathcal{L}_T^{(m)}(\boldsymbol{a}_0, \boldsymbol{\theta}_0) \end{pmatrix} + o_p\left(\frac{1}{\sqrt{T}}\right) \quad (15.25)$$

したがって，仮定 3 (iii) と $m = o(T)$ が成り立てば，次の結果を得る．

$$(\hat{\boldsymbol{a}}_T - \boldsymbol{a}_0, \hat{\boldsymbol{\theta}}_T - \boldsymbol{\theta}_0) = O_p\left(\frac{1}{\sqrt{T}}\right)$$

次の定理では，上記の展開を使って $(\hat{\boldsymbol{a}}_T, \hat{\boldsymbol{\theta}}_T)$ の漸近正規性を示す．そのためには，$\mathbb{E}(\nabla^2 \mathcal{L}_T^{(m)}(\boldsymbol{a}_0, \boldsymbol{\theta}_0))$ と $\mathrm{var}(\nabla \mathcal{L}_T^{(m)}(\boldsymbol{a}_0, \boldsymbol{\theta}_0))$ を評価する必要がある．ここで，$\mathbb{E}(\nabla^2 \mathcal{L}_T^{(m)}(\boldsymbol{a}_0, \boldsymbol{\theta}_0))$ の部分行列については，まず，$\mathbb{E}(\nabla_{\boldsymbol{\theta}} \nabla_{\boldsymbol{a}} \mathcal{L}_T^{(m)}(\boldsymbol{a}_0, \boldsymbol{\theta}_0)) = 0$ が成り立つ．さらに，次の表現が得られる．

$$\mathbb{E}(\nabla_{\boldsymbol{a}}^2 \mathcal{L}_T^{(m)}(\boldsymbol{a}_0, \boldsymbol{\theta}_0))]_{j_1, j_2} = \frac{1}{T_m} \sum_{t=m/2}^{T-m/2} \int \mathcal{F}_{t,m}(\boldsymbol{\theta}_0, \omega)^{-1} J_{t,m}^{(j_1)}(\omega) J_{t,m}^{(j_2)}(-\omega) d\omega \quad (15.26)$$

$$\mathbb{E}(\nabla_{\boldsymbol{\theta}}^2 \mathcal{L}_T^{(m)}(\boldsymbol{a}_0, \boldsymbol{\theta}_0)) = \frac{1}{T_m} \sum_{t=m/2}^{T-m/2} \int \frac{\nabla \mathcal{F}_{t,m}(\boldsymbol{\theta}_0, \omega) \nabla \mathcal{F}_{t,m}(\boldsymbol{\theta}_0, \omega)'}{(\mathcal{F}_{t,m}(\boldsymbol{\theta}_0, \omega))^2} d\omega$$

第 1 推定量と第 2 推定量の極限分布を比較するために，$\mathrm{var}(\nabla \mathcal{L}_T^{(m)}(\boldsymbol{a}_0, \boldsymbol{\theta}_0))$ を次のように分割して表現しよう．

$$W_T = T \mathrm{var}(\nabla \mathcal{L}_T^{(m)}(\boldsymbol{a}_0, \boldsymbol{\theta}_0))$$

$$= \begin{pmatrix} W_{1,T} & T\mathrm{cov}(\nabla_{\boldsymbol{\beta}} \mathcal{L}_T^{(m)}(\boldsymbol{a}_0, \boldsymbol{\theta}_0), \nabla_{\Sigma} \mathcal{L}_T^{(m)}(\boldsymbol{a}_0, \boldsymbol{\theta}_0)) \\ T\mathrm{cov}(\nabla_{\boldsymbol{\beta}} \mathcal{L}_T^{(m)}(\boldsymbol{a}_0, \boldsymbol{\theta}_0), \nabla_{\Sigma} \mathcal{L}_T^{(m)}(\boldsymbol{a}_0, \boldsymbol{\theta}_0)) & T\mathrm{var}(\nabla_{\boldsymbol{\Sigma}} \mathcal{L}_T^{(m)}(\boldsymbol{a}_0, \boldsymbol{\theta}_0)) \end{pmatrix} \quad (15.27)$$

ここで，$\boldsymbol{\beta} = (\boldsymbol{a}, \boldsymbol{\vartheta})$，また，

$$W_{1,T} = \mathrm{var}\begin{pmatrix} \sqrt{T} \nabla_{\boldsymbol{a}} \mathcal{L}_T^{(m)}(\boldsymbol{a}_0, \boldsymbol{\vartheta}_0, \boldsymbol{\sigma}_0) \\ \sqrt{T} \nabla_{\boldsymbol{\vartheta}} \mathcal{L}_T^{(m)}(\boldsymbol{a}_0, \boldsymbol{\vartheta}_0, \boldsymbol{\sigma}_0) \end{pmatrix} \quad (15.28)$$

である．

定理 1 仮定 1, 2, 3 が成り立つとする．このとき，$T_m/T \to 1$ および $T \to \infty$ ならば，次の結果を得る．

$$\sqrt{T} B_T^{-1/2} \begin{pmatrix} \hat{\boldsymbol{a}}_T - \boldsymbol{a}_0 \\ \hat{\boldsymbol{\theta}}_T - \boldsymbol{\theta}_0 \end{pmatrix} \xrightarrow{\mathcal{D}} \mathcal{N}(0, I) \quad (15.29)$$

ここで，$B_T = V_T^{-1} W_T V_T^{-1}$ であり，W_T は式 (15.27) で定義されている．また，

$$V_T = \begin{pmatrix} \mathbb{E}(\nabla_{\boldsymbol{a}}^2 \mathcal{L}_T^{(m)}(\boldsymbol{a}_0, \boldsymbol{\theta}_0)) & 0 \\ 0 & \mathbb{E}(\nabla_{\boldsymbol{\theta}}^2 \mathcal{L}_T^{(m)}(\boldsymbol{a}_0, \boldsymbol{\theta}_0)) \end{pmatrix}$$

である．

証明 Subba Rao (2010) のテクニカルレポートを参照されたい. □

V_T はブロック対角行列になることに注意されたい. このことは, 直接的な計算により, $\mathbb{E}(\nabla_{\boldsymbol{a}}\nabla_{\boldsymbol{\theta}}\mathcal{L}_T^{(m)}(\boldsymbol{a}_0,\boldsymbol{\theta}_0))=0$ となることによる.

注釈 1 W_T に含まれるパラメータで推定する必要があるのは, $(\boldsymbol{a}_0,\boldsymbol{\theta}_0)$ のほかに, キュムラント $\mathrm{cum}(\eta_{t,j},\eta_{t,j},\eta_{t,j})$ と $\mathrm{cum}(\eta_{t,j},\eta_{t,j},\eta_{t,j},\eta_{t,j})$ である. これらは, 標本モーメントを使って推定する. そのために, 観測値 $\{Y_t\}$ を長さ $M=T/(n+1)$ の $(n+1)$ 個のブロックに分けて, 各ブロック内で標本の 3 次モーメントを計算する. ブロックの長さ $M=T/(n+1)$ が大きければ, 次の漸近式を得る.

$$\frac{1}{M}\sum_{s=1}^M Y_{Mr+s}^3 \approx \frac{1}{M}\sum_{j=1}^{n+1}\mathbb{E}(\eta_{t,j}^3)\sum_{s=1}^M x_{Mr+s,j}^3\sum_{i=0}^\infty \psi_{i,j}(\boldsymbol{\vartheta}_0)^3$$

明らかに, $r=1,\ldots,(n+1)$ に対しては, この式が成り立つ. したがって, 未知の $\{\mathbb{E}(\eta_{t,j}^3)\}$ に関する $(n+1)$ 本の線形同次方程式が得られ, $\boldsymbol{\vartheta}_0$ を $\hat{\boldsymbol{\vartheta}}_T$ で置き換えることにより, この方程式を解くことができる. これが, $\mathbb{E}(\eta_{t,j}^3)$ の推定量となる. 同様の方法で, 4 次のキュムラントの推定量を得ることができる. □

15.5.3 第 2 推定量 $\tilde{\boldsymbol{\Sigma}}_T, \tilde{\boldsymbol{a}}_T, \tilde{\boldsymbol{\vartheta}}_T$ の性質

次に, 第 2 推定量の性質を議論する. まず, 分散推定量 $\tilde{\boldsymbol{\Sigma}}_T$ を考えよう.

命題 6 仮定 1, 2, 3 が成り立つとする. $\mathcal{L}_T(\boldsymbol{a},\boldsymbol{\Sigma})$ と $\tilde{\boldsymbol{\Sigma}}_T$ を式 (15.12) で定義すると, $T\to\infty$ のとき, 次の結果を得る.

$$\mathrm{var}(\nabla_{\boldsymbol{\Sigma}}\mathcal{L}_T(\boldsymbol{a}_0,\boldsymbol{\Sigma}_0))^{-1/2}\nabla_{\boldsymbol{\Sigma}}\mathcal{L}_T(\boldsymbol{a}_0,\boldsymbol{\Sigma}_0)\xrightarrow{\mathcal{D}}\mathcal{N}(0,I) \tag{15.30}$$

$$C_T^{-1/2}(\tilde{\boldsymbol{\Sigma}}_T-\boldsymbol{\Sigma}_0)\xrightarrow{\mathcal{D}}\mathcal{N}(0,I)$$

ここで, $C_T=\mathbb{E}\big(\nabla_{\boldsymbol{\Sigma}}^2\mathcal{L}_T(\boldsymbol{a}_0,\boldsymbol{\Sigma}_0)\big)^{-1}\mathrm{var}(\nabla_{\boldsymbol{\Sigma}}\mathcal{L}_T(\boldsymbol{a}_0,\boldsymbol{\Sigma}_0))\mathbb{E}\big(\nabla_{\boldsymbol{\Sigma}}^2\mathcal{L}_T(\boldsymbol{a}_0,\boldsymbol{\Sigma}_0)\big)^{-1}$ である.

このとき, 第 2 段階で得られる推定量 $(\tilde{\boldsymbol{a}}_T,\tilde{\boldsymbol{\vartheta}}_T)$ の性質については, 次の結果を得る.

定理 2 仮定 1, 2, 3 が成り立つとする. $T\to\infty$ のとき, $m=o(T)$ ならば, 次の分布収束が得られる.

$$\sqrt{T}(\tilde{V}_T^{(m)})^{1/2}(\tilde{W}_T^{(m)})^{-1/2}(\tilde{V}_T^{(m)})^{1/2}\begin{pmatrix}\tilde{\boldsymbol{a}}_T-\boldsymbol{a}_0\\\tilde{\boldsymbol{\vartheta}}_T-\boldsymbol{\vartheta}_0\end{pmatrix}\xrightarrow{\mathcal{D}}\mathcal{N}(0,I) \tag{15.31}$$

ここで,

$$\tilde{W}_T^{(m)}=W_{1,T}+\begin{pmatrix}0 & \Xi_1\\ \Xi_1' & \Xi_2\end{pmatrix}$$

$$\tilde{V}_T^{(m)} = \begin{pmatrix} \mathbb{E}(\nabla_{\boldsymbol{a}}^2 \mathcal{L}_T^{(m)}(\boldsymbol{a}_0, \boldsymbol{\vartheta}_0, \boldsymbol{\Sigma}_0)) & 0 \\ 0 & \mathbb{E}(\nabla_{\boldsymbol{\vartheta}}^2 \mathcal{L}_T^{(m)}(\boldsymbol{a}_0, \boldsymbol{\vartheta}_0, \boldsymbol{\Sigma}_0)) \end{pmatrix}$$

である．ただし，$W_{1,T}$ は式 (15.28) で定義されている．また，

$$\Xi_1 = \text{cov}\left(\sqrt{T}\nabla_{\boldsymbol{a}} \mathcal{L}_T^{(m)}(\boldsymbol{a}_0, \boldsymbol{\vartheta}_0, \boldsymbol{\Sigma}_0), \sqrt{T}\nabla_{\boldsymbol{\Sigma}} \mathcal{L}_T(\boldsymbol{a}_0, \boldsymbol{\Sigma}_0)\right) \mathcal{Q}_T'$$

$$\Xi_2 = 2\text{cov}\left(\sqrt{T}\nabla_{\boldsymbol{\vartheta}} \mathcal{L}_T^{(m)}(\boldsymbol{a}, \boldsymbol{\vartheta}_0, \boldsymbol{\Sigma}_0), \sqrt{T}\nabla_{\boldsymbol{\Sigma}} \mathcal{L}_T(\boldsymbol{a}_0, \boldsymbol{\Sigma}_0)\right) \mathcal{Q}_T'$$
$$+ \mathcal{Q}_T \text{var}(\sqrt{T}\nabla_{\boldsymbol{\Sigma}} \mathcal{L}_T(\boldsymbol{a}_0, \boldsymbol{\Sigma}_0)) \mathcal{Q}_T'$$

であり，$\mathcal{Q}_T$ は次に定義される $q \times (n+1)$ 次元の行列である．

$$\mathcal{Q}_T = \left(\frac{1}{T_m} \int \sum_{t=m/2}^{T-m/2} (\nabla_{\boldsymbol{\vartheta}} \mathcal{F}_{t,m}(\boldsymbol{\vartheta}_0, \boldsymbol{\Sigma}_0, \omega)^{-1}) \otimes \underline{H}_{(t,m)}(\omega) d\omega\right) \tag{15.32}$$
$$\times \mathbb{E}\left(\nabla_{\boldsymbol{\Sigma}}^2 \mathcal{L}_T(\boldsymbol{a}_0, \boldsymbol{\Sigma}_0)\right)^{-1}$$

また，

$$\underline{H}_{(t,m)}(\omega) = (h_1^{(t,m)}(\omega), \ldots, h_{n+1}^{(t,m)}(\omega))$$
$$h_j^{(t,m)}(\omega) = \int_{-\pi}^{\pi} I_{t,m}^{(j)}(\lambda) f_j(\boldsymbol{\vartheta}_0, \omega - \lambda) d\lambda$$

である．

注釈 2 どちらの推定量が小さい分散を持っているかは明らかでない．しかし，式 (15.29) と式 (15.31) の分散を比較すれば，似通っていることがわかる．特に，$\tilde{V}_T$ は V_T の部分行列である．また，$\tilde{W}_T$ に含まれる項 Ξ_1 と Ξ_2 は，第 1 段階での Σ_0 の推定から生じたものである． □

15.5.4 ガウス型尤度と第 1 推定量の漸近的効率性

本項では，周波数領域推定量である $(\hat{\boldsymbol{a}}_T, \hat{\boldsymbol{\theta}}_T)$ の漸近的性質を GMLE（ガウス型最尤推定量）と比較する．GMLE は，確率的係数 $\{\alpha_{t,j}\}$ と誤差項 $\{\varepsilon_t\}$ が正規であるという想定で構成される．しかしながら，周波数領域推定量とは異なり，GMLE の漸近分散の明示的な表現は存在しない．ここでは，説明変数が緩やかに動くような SCR モデルの部分クラスに制限した上で，両者の比較を行う．この部分クラスに対しては，GMLE の漸近分散が導出できることを示す．そのために，説明変数には，滑らかな関数 $x_j(\cdot)$ が存在して，$x_{t,j} = x_j(\frac{t}{N})$ となり，回帰モデルは次のように表せるものとする．

$$Y_{t,N} = \sum_{j=1}^{n} (a_{j,0} + \alpha_{t,j}) x_j\left(\frac{t}{N}\right) + \varepsilon_t, \quad t = 1, \ldots, T \tag{15.33}$$

次の補題では，T および N が ∞ となるときの GMLE の漸近分布を導出する．

補題 2 $\{Y_{t,N}\}$ は式 (15.33) を満たすとする．ここで，$\{\alpha_{t,j}\}$ と $\{\varepsilon_t\}$ は正規で，仮定 1 が成り立つとする．さらに，

$$\mathcal{F}(v, \boldsymbol{\theta}_0, \omega) = \sum_{j=1}^n x_j(v)^2 \sigma_{j,0}^2 f_j(\boldsymbol{\vartheta}_0, \omega) + \sigma_{n+1,0}^2 f_{n+1}(\boldsymbol{\vartheta}_0, \omega) \qquad (15.34)$$

を定義して，すべての $v \in [0, T/N]$ に対して，$\mathcal{F}(v, \boldsymbol{\theta}_0, \omega) = \mathcal{F}(v, \boldsymbol{\theta}, \omega)$ となるような $\boldsymbol{\theta} \in \Theta_1 \otimes \Theta_2$ は存在しないものとする．また，行列 $\frac{N}{T} \int_0^{T/N} \mathbf{x}(v)\mathbf{x}(v)' dv$ ($\mathbf{x}(v)' = (x_1(v), \ldots, x_n(v))$) の固有値は有限であるとする．以上のもとで，$T \to \infty$ 次いで $N \to \infty$ とするとき，$(\boldsymbol{a}_0, \boldsymbol{\theta}_0)$ の GMLE $(\boldsymbol{a}_{mle}, \boldsymbol{\theta}_{mle})$ は，次の分布収束に従う．

$$\sqrt{T} \begin{pmatrix} \boldsymbol{a}_{mle} - \boldsymbol{a}_0 \\ \boldsymbol{\theta}_{mle} - \boldsymbol{\theta}_0 \end{pmatrix} \xrightarrow{\mathcal{D}} \mathcal{N}\left(0, \begin{pmatrix} \Delta_1^{-1} & 0 \\ 0 & \Delta_2^{-1} \end{pmatrix}\right)$$

ここで，

$$(\Delta_1)_{j_1, j_2} = \frac{N}{T} \int_0^{T/N} x_{j_1}(v) x_{j_2}(v) \mathcal{F}(v, \boldsymbol{\theta}_0, 0)^{-1} dv$$

$$\Delta_2 = 2\frac{N}{T} \int_0^{T/N} \int_0^{2\pi} \frac{\nabla_{\boldsymbol{\theta}}\mathcal{F}(v, \boldsymbol{\theta}_0, \omega)(\nabla_{\boldsymbol{\theta}}\mathcal{F}(v, \boldsymbol{\theta}_0, -\omega))'}{|\mathcal{F}(v, \boldsymbol{\theta}_0, \omega)|^2} d\omega dv$$

$$a(v, k) = \int \frac{1}{\mathcal{F}(v, \boldsymbol{\theta}_0, \omega)} \exp(ik\omega) d\omega \underline{b}(v, k)$$

$$= \int \nabla_{\boldsymbol{\theta}} \mathcal{F}(v, \boldsymbol{\theta}_0, \omega)^{-1} \exp(ik\omega) d\omega$$

$$a(v) = \{a(v, k)\}$$

$$\underline{\bar{b}}(v) = \{\underline{b}(v, -k)\}$$

である．

実際には，説明変数 $\{x_{t,j}\}$ が与えられても，N は未知であろう．しかし，N の下限は $\{x_{t,j}\}$ から導くことが可能である．説明変数の大きさが N に影響しないように，すべての j に対して，$\frac{1}{T}\sum_{t=1}^T x_{t,j}^2 = 1$ となるようにしておく．そして，説明変数の滑らかさを測るために，

$$\hat{N} = \frac{1}{\sup_{t,j} |x_{t,j} - x_{t-1,j}|} \qquad (15.35)$$

を定義する．明らかに，$\hat{N}$ が大きければ説明変数は滑らかとなる．

以上の設定のもとで，GMLE と第 1 推定量の漸近分散を比較しよう．

命題 7 仮定 1, 2, 3 が成り立つとする．さらに，次のことを仮定する．

$$\sup_j \int \left|\frac{d^2 f_j(\boldsymbol{\vartheta}_0, \omega)}{d\omega^2}\right|^2 d\omega < \infty, \quad \sup_j \int \left|\frac{d^2 \nabla_{\boldsymbol{\vartheta}} f_j(\boldsymbol{\vartheta}_0, \omega)}{d\omega^2}\right|^2 d\omega < \infty \qquad (15.36)$$

$V_T^{(m)}$, $W_T^{(m)}$, $\Delta_{T,N,1}$, $\Delta_{T,N,2}$, $\hat{N}$ を，それぞれ式 (15.26), (15.27), 補題 2, 式 (15.35) で定義されたものとする．このとき，次の不等式が成り立つ．

$$\left| W_T^{(m)} - \left(\begin{pmatrix} \Delta_1 & 0 \\ 0 & \Delta_2 \end{pmatrix} + \begin{pmatrix} 0 & \Gamma_{1,2} \\ \Gamma'_{1,2} & \Gamma_2 \end{pmatrix} \right) \right| \leq K \left\{ \frac{1}{\hat{N}} + \frac{1}{m} + \frac{1}{T_m} + \frac{m}{\hat{N}} \right\} \tag{15.37}$$

$$\left| V_T^{(m)} - \begin{pmatrix} \Delta_1 & 0 \\ 0 & \Delta_2 \end{pmatrix} \right| \leq K \frac{m}{\hat{N}} \tag{15.38}$$

ここで，K は定数である．また，

$$\Gamma_2 = \frac{N}{T} \int_0^{T/N} \int_0^{2\pi} \int_0^{2\pi} \frac{\nabla_{\boldsymbol{\theta}} \mathcal{F}(v, \boldsymbol{\theta}_0, \omega_1) \nabla_{\boldsymbol{\theta}} \mathcal{F}(v, \boldsymbol{\theta}_0, \omega_1)'}{\mathcal{F}(v, \boldsymbol{\theta}_0, \omega_1)^2 \mathcal{F}(v, \boldsymbol{\theta}_0, \omega_2)^2}$$
$$\times \mathcal{F}_4(v, \boldsymbol{\vartheta}_0, \omega_1, \omega_2, -\omega_1) d\omega_1 d\omega_2 dv,$$
$$\Gamma_{1,2} = \frac{N}{T} \int_0^{T/N} \mathbf{x}(v) \int_0^{2\pi} \int_0^{2\pi} \frac{\nabla_{\boldsymbol{\theta}} \mathcal{F}(v, \boldsymbol{\theta}_0, \omega_2)'}{\mathcal{F}(v, \boldsymbol{\theta}_0, \omega_1) \mathcal{F}(v, \boldsymbol{\theta}_0, \omega_2)^2}$$
$$\times \mathcal{F}_3(v, \boldsymbol{\vartheta}_0, \omega_1, \omega_2) \exp(ir\omega_2) d\omega_1 d\omega_2 dv, \tag{15.39}$$

である．ただし，$\mathbf{x}(v)' = (x_1(v), \ldots, x_n(v))$ であり，$\mathcal{F}(v, \boldsymbol{\theta}, \omega)$ は式 (15.34) で定義されたものである．さらに，

$$\mathcal{F}_3(v, \boldsymbol{\vartheta}, \omega_1, \omega_2) = \sum_{j=1}^{n+1} \kappa_{j,3} x_j(v)^3 A_j(\boldsymbol{\vartheta}, \omega_1) A_j(\boldsymbol{\vartheta}, \omega_2) A_j(\boldsymbol{\vartheta}, -\omega_1 - \omega_2)$$

$$\mathcal{F}_4(v, \boldsymbol{\vartheta}, \omega_1, \omega_2, \omega_3) = \sum_{j=1}^{n+1} \kappa_{j,4} x_j(v)^4 A_j(\boldsymbol{\vartheta}, \omega_1) A_j(\boldsymbol{\vartheta}, \omega_2) A_j(\boldsymbol{\vartheta}, \omega_3)$$
$$\times A_j(\boldsymbol{\vartheta}, -\omega_1 - \omega_2 - \omega_3)$$

$$\kappa_{j,3} = \text{cum}(\eta_{0,j}, \eta_{0,j}, \eta_{0,j}), \quad \kappa_{j,4} = \text{cum}(\eta_{0,j}, \eta_{0,j}, \eta_{0,j}, \eta_{0,j})$$

である．

注釈 3 (m の選択) $\{\alpha_{t,j}\}$ と $\{\varepsilon_t\}$ が正規の場合は，$\Gamma_{1,2} = 0$, $\Gamma_2 = 0$ となる．この場合，GMLE と $(\hat{\boldsymbol{a}}_T, \hat{\boldsymbol{\theta}}_T)$ の漸近分散を比較すると，$T \to \infty$ のとき，$\hat{N} \to \infty$, $m \to \infty$, $m/\hat{N} \to 0$ とすれば，GMLE も $(\hat{\boldsymbol{a}}_T, \hat{\boldsymbol{\theta}}_T)$ も同一の漸近分布に従う．したがって，GMLE に対する漸近効率は 1 となる．さらに，$\{\alpha_{t,j}\}$ と $\{\varepsilon_t\}$ が正規ならば，式 (15.37) の表現は m の選び方の示唆を与える．実際，この場合には GMLE が効率的であり，式 (15.37) から次の結果を得る．

$$\left| (V_T^{(m)})^{-1} W_T^{(m)} (V_T^{(m)})^{-1} - \text{diag}(\Delta_1^{-1}, \Delta_2^{-1}) \right| = O_p\left(\frac{1}{\hat{N}} + \frac{1}{m} + \frac{1}{T_m} + \frac{m}{\hat{N}} \right)$$

したがって，この差の最小値は $m = \hat{N}^{1/2}$ で達成される． □

15.6 データ分析

本節では，二つのデータの分析例を考える．

例1．金融時系列への応用：米国の財務省証券利子率とインフレ率のモデル化

計量経済学においては，確率的係数回帰モデルが応用できる例が多い．その一つは，3か月物の財務省証券の名目利子率がインフレ率に与える影響の分析である．Fama (1977) は，両者の関係が証券市場の効率性の決め手になることを論じている．本項では，3か月物の証券利子率とインフレ率の関係を，1959年1月～2008年12月の月次データに基づいて考察する．データは，米国連邦銀行の URL, http://www.federalreserve.gov/releases/h15/data.htm#fn26 および http://inflationdata.com/inflation/Inflation_Rate/HistoricalInflation.aspx から入手可能である．このデータの時系列プロットを図15.1に示してある．両者の相関係数は0.72である．Y_t と x_t を，それぞれ，時点 t の月次インフレ率，財務省証券利子率とする．Fama (1977) と Newbold and Bos (1985) は，1953年から1980年までの3か月ごとのデータを分析している．Fama (1977) は，回帰モデル $Y_t = a_1 x_t + \varepsilon_t$（$\{\varepsilon_t\}$ は i.i.d.）を当てはめて，係数 a_1 は1から有意に離れていないことを示し，証券市場は効率的である

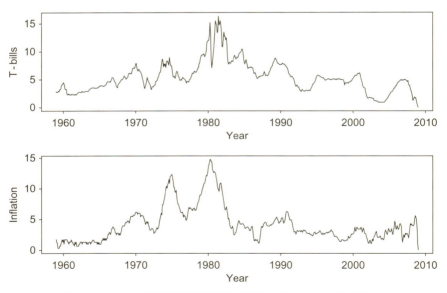

図 15.1　上：3か月物財務省証券利子率（月次），下：インフレ率（月次）．

という結論を得た．しかしながら，Newbold and Bos (1985) は，両者の関係はもっと複雑であるとして，SCR モデルを提案している．モデルは，x_t の係数が確率的で AR(1) モデルに従う．すなわち，

$$Y_t = a_0 + (a_1 + \alpha_{t,1})x_t + \varepsilon_t, \quad \alpha_{t,1} = \vartheta_1 \alpha_{t-1,1} + \eta_t \tag{15.40}$$

である．ここで，$\{\varepsilon_t\}$ と $\{\eta_t\}$ は i.i.d. 確率変数で，$\mathbb{E}(\varepsilon_t) = 0$，$\mathbb{E}(\varepsilon_t) = 0$，$\text{var}(\varepsilon_t) = \sigma_\varepsilon^2 < \infty$，$\text{var}(\eta_t) = \sigma_\eta^2 < \infty$ となるものである．そして，GMLE を使って，パラメータの推定値として，$a_0 = -0.97$，$a_1 = 1.09$，$\vartheta_1 = 0.89$，$\sigma_\varepsilon^2 = 1.41$，$\sigma_\eta^2 = 0.013$ を得た．われわれは，1959 年 1 月〜2008 年 12 月の月次データに対して，2 段階第 2 推定量を使って，同じモデルのパラメータ a_0, a_1, ϑ_1 および $\sigma_\alpha^2 = \text{var}(\alpha_{t,1})$，$\sigma_\varepsilon^2 = \text{var}(\varepsilon_t)$ を推定した．分散 σ_α^2 と σ_ε^2 は第 1 段階で推定し，その結果を標準誤差とともに表 15.1 に示している．これらは，標準誤差の観点から有意である．第 2 段階では，パラメータ a_0, a_1, ϑ_1 を推定し（ただし，切片 a_0 は有意性が低いので，切片なしのモデルも推定した），これらの結果を表 15.1 にまとめている．さまざまな m に対する推定結果は似通っているが，最も適切と思われるのは $m = 200$ の場合であり，次のように推定された．

表 15.1 モデル $Y_t = a_0 + (a_1 + \alpha_{t,1})x_t + \varepsilon_t$，$\alpha_{t,1} = \vartheta_1 \alpha_{t-1,1} + \eta_t$ の当てはめ（切片 a_0 がある場合とない場合）．

	a_0	a_1	ϑ_1	σ_α	σ_ε
OLS	0.088	0.750			
(s.e.)	(0.18)	(0.029)			
Stage 1	0.088	0.74		0.285	1.083
(s.e.)				(0.011)	(0.059)
$m = 10$ (切片あり)	0.618	0.625	0.981		
(s.e.)	(0.325)	(0.069)	(0.042)		
$m = 10$ (切片なし)		0.741	(0.971)		
(s.e.)		(0.0325)	(0.05)		
$m = 50$ (切片あり)	0.309	0.687	0.969		
(s.e.)	(0.35)	(0.069)	(0.026)		
$m = 50$ (切片なし)		0.743	0.957		
(s.e.)		(0.032)	(0.038)		
$m = 200$ (切片あり)	0.223	0.7327	0.96088		
(s.e.)	(0.44)	(0.022)	(0.024)		
$m = 200$ (切片なし)		0.765	0.951		
(s.e.)		(0.029)	(0.030)		
$m = 400$ (切片あり)	0.367	0.725	0.963		
(s.e.)	(0.48)	(0.070)	(0.023)		
$m = 400$ (切片なし)		0.773	0.957		
(s.e.)		(0.029)	(0.026)		

LSE とさまざまな m を使った周波数領域推定量の結果．括弧内の値は標準誤差．

$$Y_t = (0.73 + \alpha_{t,1})x_t + \varepsilon_t, \quad \alpha_{t,1} = 0.960\alpha_{t-1,1} + \eta_t$$

ここで, $\sigma_\varepsilon^2 = 1.083^2$, $\sigma_\alpha^2 = 0.285^2$ である. よって, $\sigma_\eta^2 = 0.079^2$ となる. 確率的係数 $\{\alpha_{t,1}\}$ の AR(1) パラメータの推定値は 0.96 であり, 1 に近いので, 単位根過程と考えることもできる.

このモデルの有効性を評価するために, 2008 年において, インフレ率データ $\{Y_s\}_{s=1}^{t-1}$ と証券利子 x_t を与えたときの 1 期先の線形最良予測値を計算した. そのために, 1959 〜2007 年のデータでモデルを再推定し, $m = 200$ の場合に次の結果を得た.

$$Y_t = (0.77 + \alpha_{t,1})x_t + \varepsilon_t, \quad \alpha_{t,1} = 0.965\alpha_{t-1,1} + \eta_t \tag{15.41}$$

ここで, $\sigma_\varepsilon^2 = 0.79^2$, $\sigma_\alpha^2 = 0.30^2$ である. したがって, $\sigma_\eta^2 = 0.18^2$ となる. 通常の線形回帰 $Y_t = a_1 x_t + \varepsilon_t$ の結果は, $Y_t = 0.088 + 0.75x_t + \varepsilon_t$ であった. 通常の線形回帰と SCR に基づく予測の結果は, 図 15.2 に示されている. 1 か月先の予測をするために, カルマンフィルタを用いた. その際, R パッケージの ss1.R を利用した (詳細は Shumway and Stoffer (2006, Chapter 6) を参照). 12 か月にわたる予測の平均 2 乗誤差は, それぞれ 8.99 と 0.89 であった. 図 15.2 のプロットからも, 通常の線形回帰による予測は常に過小であり, 平均 2 乗誤差が SCR モデルの場合よりも極端に過大となることがわかる.

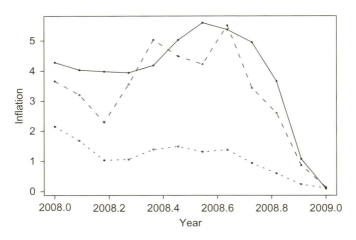

図 15.2 インフレ率の時系列と予測値 (―――:インフレ率, − −:式 (15.41) の SCR モデルに基づく予測, - - -:回帰モデル $\hat{Y}_t = 0.088 + 0.750x_t$ に基づく予測).

例 2. 環境時系列データへの応用:視界度と大気汚染の関係のモデル化

視界度は, 粒子状物質の量に依存することが知られている (粒子状物質の量が視界度に負の影響を及ぼす). さらに, 大気汚染は, 粒子状物質の量に影響を与えるこ

15.6 データ分析

とが知られている（Hand and Malm (2008) を参照）．その影響をモデル化するために，Hand and Malm (2008) は線形回帰を当てはめた（式 (15.6) を参照）．しかしながら，Burnett and Guthrie (1970) は，その影響が，気象条件に依存して毎日変化することを指摘して，SCR モデルのほうが適切であると論じている．本項では，このモデルの可能性を検討する．具体的には，米国バージニア州にあるシェナンドー国立公園で人工的に作られた粒子状物質（PM2.5-10）の影響を考察する．データは，硝酸アンモニウム（ammNO3f），硫酸アンモニウム（ammSO4f），全元素状炭素（ECF），および粒子状物質（PM2.5-10）である（ammNO3f, ammSO4f, ECF の測定単位は $\mu g/m^3$）．これらは，2000 年から 2005 年の間に 3 日ごとに集められた（全部で 600 の観測値）．これらのデータは，次の VIEWs ウェブサイト http://vista.cira.colostate.edu/views/Web/Data/DataWizard.aspx で入手可能である．この人為的な汚染放出が視界度に与える影響は，米国の国立公園事業体（NPS）にとって非常に重要であり，NPS はこのデータの収集と編集に参画した．そのデータに関して，また，大気汚染がどのように視界度に影響を与えるか（光散乱）に関しては，Hand and Malm (2008) により知ることができる．

大気汚染のデータと PM2.5-10 のデータを，それぞれ図 15.3 と図 15.4 にプロット

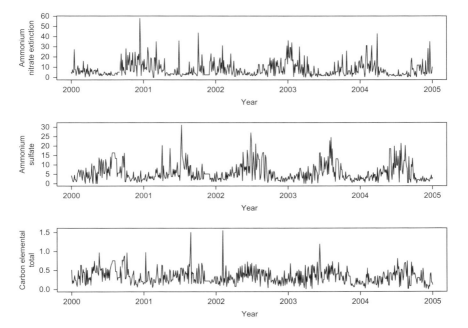

図 15.3 上：3 日ごとの硝酸アンモニウム量，中：3 日ごとの硫酸アンモニウム量，下：3 日ごとの全元素状炭素．

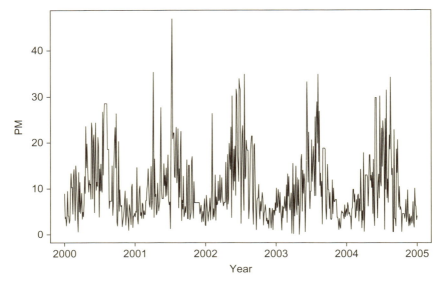

図 15.4　3 日ごとの粒子状物質（PM2.5-10）の量.

している.

　プロットからわかるように，データは季節変動を含んでいる．したがって，PM2.5-10 と大気汚染の間の見せかけの相関をなくすために，これらのデータからトレンドと季節変動を除去した．そして，支配的な周期を探るために，Quinn and Fernandes (1991) と Kavalieris and Hannan (1994) で提案された最大ピリオドグラム法を用いた．その結果，次のモデルが当てはめられた．

$$Y_t = (a_1 + \alpha_{t,1})x_{t,1} + (a_2 + \alpha_{t,2})x_{t,2} + (a_3 + \alpha_{t,3})x_{t,3} + \varepsilon_t$$

ここで，$\{x_{t,1}\}, \{x_{t,2}\}, \{x_{t,3}\}, \{Y_t\}$ は，順に，トレンドと季節調整後の ammNO3f, ammSO4f, ECF, PM2.5-10 である．他方，$\{\alpha_{t,j}\}$ と ε_t は，次のように定義される．

$$\alpha_{t,j} = \vartheta_j \alpha_{t-1,j} + \eta_{t,j}, \quad j = 1, 2, 3, \qquad \varepsilon_t = \vartheta_4 \varepsilon_{t-1} + \eta_{t,4}$$

ここで，$\{\eta_{t,i}\}$ は i.i.d. 確率変数である．以下，$\sigma_\varepsilon^2 = \text{var}(\varepsilon_t)$, $\sigma_{\alpha,1}^2 = \text{var}(\alpha_{t,1})$, $\sigma_{\alpha,2}^2 = \text{var}(\alpha_{t,2})$, $\sigma_{\alpha,3}^2 = \text{var}(\alpha_{t,3})$ とおく．

　われわれは，第 2 推定量を使ってパラメータ $a_1, a_2, a_3, \alpha_{t,1}, \alpha_{t,2}, \alpha_{t,3}, \alpha_{t,4}, \sigma_\varepsilon^2$, $\sigma_{\alpha,1}^2, \sigma_{\alpha,2}^2, \sigma_{\alpha,3}^2$ を推定した．最小化の初期値としては，$\boldsymbol{a}_0$ に対しては LSE，他のすべての未知パラメータには 0.1 を与えた．第 1 段階で，a_1, a_2, a_3 および $\sigma_\varepsilon^2, \sigma_{\alpha,1}^2$, $\sigma_{\alpha,2}^2, \sigma_{\alpha,3}^2$ を推定した．係数のいくつかを定数として扱う節約的なモデルを当てはめた．これらの結果を表 15.2 の Stage 1 に示している．ここで，$\sigma_{\alpha,1}$ の推定値は非常に小さく，有意でないことがわかる．そして，目的関数 $\mathcal{L}_T$ の最小値は，説明変数 $\{x_{t,1}\}$

15.6 データ分析

表 15.2 推定の第 1 段階：モデル $Y_t = (a_1 + \alpha_{t,1})x_{t,1} + (a_2 + \alpha_{t,2})x_{t,2} + (a_3 + \alpha_{t,3})x_{t,3} + \varepsilon_t$ と，その派生モデルの推定（確率的係数の独立性を仮定）．

	a_1	a_2	a_3	ϑ_2	ϑ_3	ϑ_4	$\sqrt{\mathrm{var}(\alpha_{t,1})}$	$\sqrt{\mathrm{var}(\alpha_{t,2})}$	$\sqrt{\mathrm{var}(\alpha_{t,3})}$	$\sqrt{\mathrm{var}(\varepsilon_t)}$	minL
OLS	0.29	4.57	1.76								
	(0.078)	(0.088)	(0.0908)								
Stage 1	0.38	4.53	1.58			7.10^{-7}	1.25	0.84	1.29		2.102
(s.e.)	(0.048)	(0.079)	(0.076)			(0.07)	(0.097)	(0.098)	(0.046)		
Stage 1	0.56	3.28	-3.09			0.75		3.315	4.496		4.09
(s.e.)	(0.170)	(0.181)	(0.29)			(0.042)		(0.159)	(0.049)		
Stage 1	0.387	4.53	1.58				1.157	0.84	1.296		2.102
(s.e.)	(0.048)	(0.080)	(0.076)				(0.009)	(0.009)	(0.002)		
Stage 1	0.287	3.52	-3.11					3.00	3.83		3.99
(s.e.)	(0.139)	(0.171)	(0.27)					(0.164)	(0.07)		
Stage 1	0.521	5.09	-2.93						4.42		4.15
(s.e.)	(0.131)	(0.145)	(0.65)						(0.011)		
$m=10$	0.393	4.47	1.630	0.883	-0.144						2.066
(s.e.)	(0.048)	(0.079)	(0.076)	(0.095)	(0.351)						
$m=10$	0.39	4.47	1.63		-0.13						2.066
(s.e.)	(0.05)	(0.077)	(0.071)		(0.34)						
$m=10$	0.388	4.467	1.661			0.94					2.084
(s.e.)	(0.039)	(0.061)	(0.058)			(0.029)					

（続く）

(ammNO3f) の係数が一定の場合と確率的な場合とで，同一の値 2.102 となっている．このことは，係数が非確率的であることを示唆する．さらに，$\{x_{t,1}\}$ は応答変数への影響が一定で，他の要因に影響されないことを意味しているかもしれない．われわれは，$\sigma_{\alpha,2}$ と $\sigma_{\alpha,3}$ を除外した上で，あらためて最小化を行った．その結果，最小値は大きく変化した（2.102 が 4.09, 3.99, 4.15 に変化）．このことから，適切なモデルは，次のようになると思われる．

$$Y_t = a_1 x_{t,1} + (a_2 + \alpha_{t,2})x_{t,2} + (a_3 + \alpha_{t,3})x_{t,3} + \varepsilon_t$$

ここで，$\{\alpha_{t,2}\}$ と $\{\alpha_{t,3}\}$ は確率的係数である．このモデルで，$\{x_{t,2}\}$ (ammSO4f) と $\{x_{t,3}\}$ (ECF) の係数が独立なのか相関を持つのかを調べることは興味深い．そこで，周波数領域推定の第 2 段階で，$\{\alpha_{t,2}\}$ と $\{\alpha_{t,3}\}$ を独立系列と AR(1) 系列 $\alpha_{t,j} = \vartheta_j \alpha_{t-1,j} + \eta_{t,j}$ $(j=2,3)$ でモデル化した．この結果が表 15.2 に示されている．尤度の値を両者で比較すると，違いはほとんどないことがわかる．さらに，ϑ_2 と ϑ_3 の推定値の標準誤差は大きい．結局，ϑ_2 と ϑ_3 は有意でないこと，および，$\{\alpha_{t,2}\}$ と $\{\alpha_{t,3}\}$ は無相関であることが示唆される．このことから，ammSO4f と ECF の係数は確率的に独立であると推測される．他方，誤差項 $\{\varepsilon_t\}$ が相関を持つかどうかを

表 15.2 （続き）

	a_1	a_2	a_3	ϑ_2	ϑ_3	ϑ_4	$\sqrt{\mathrm{var}(\alpha_{t,1})}$	$\sqrt{\mathrm{var}(\alpha_{t,2})}$	$\sqrt{\mathrm{var}(\alpha_{t,3})}$	$\sqrt{\mathrm{var}(\varepsilon_t)}$	minL
$m=50$	0.327	4.55	1.75	0.617	-0.235						2.199
(s.e.)	(0.056)	(0.070)	(0.071)	(0.30)	(0.659)						
$m=50$	0.324	4.54	1.746		-0.32						2.22
(s.e.)	(0.055)	(0.073)	(0.070)		(0.54)						
$m=50$	0.308	4.55	1.764			0.244					2.21
(s.e.)	(0.049)	(0.062)	(0.062)			(0.127)					
$m=200$	0.261	4.595	1.770	0.538	0.9722						2.111
(s.e.)	(0.06)	(0.067)	(0.070)	(0.322)	(0.042)						
$m=200$	0.261	4.60	1.77		-0.087						2.124
(s.e.)	(0.06)	(0.068)	(0.068)		(1.2)						
$m=200$	0.255	4.58	1.797			0.458					2.1339
(s.e.)	(0.051)	(0.058)	(0.058)			(0.145)					
$m=400$	0.2531	4.597	1.793	0.979	0.932						2.116
(s.e.)	(0.061)	(0.068)	(0.070)	(0.032)	(0.143)						
$m=400$	0.25	4.59	1.79		0.92						2.128
(s.e.)	(0.06)	(0.068)	(0.068)		(0.167)						
$m=400$	0.250	4.580	1.807			0.478					2.139
(s.e.)	(0.051)	(0.0583)	(0.059)			(0.148)					

推定の第 2 段階（$m = 10, 50, 200, 400$ に対して推定）：$\{\alpha_{t,2}\}, \{\alpha_{t,3}\}, \{\varepsilon_t\}$ に AR(1) モデル $\alpha_{t,2} = \vartheta_2 \alpha_{t-1,2} + \eta_{t,2}$, $\alpha_{t,3} = \vartheta_3 \alpha_{t-1,3} + \eta_{t,3}$, $\varepsilon_t = \vartheta_4 \varepsilon_{t-1} + \eta_{t,4}$ を適用．尤度の最小値は minL の欄に記載．括弧内は推定値の標準誤差である．

チェックするために，AR(1) モデルを当てはめてみたが，表 15.2 の結果は有意性を示していない．さらに，尤度の値も，独立性の場合とほとんど同一の値となっている．このことから，誤差項の独立性が示唆される．結局，われわれの分析では，ammNO3f が PM2.5-10 に与える影響は時間に関して一定である．それに対して，ammSO4f と ECF の影響は，時間に関して確率的に独立な変動をするものと結論することができる．以上より，$m = 200$ の場合に，次のモデルを提案する．

$$Y_t = 0.255 x_{t,1} + (4.58 + \alpha_{t,2}) x_{t,2} + (1.79 + \alpha_{t,3}) x_{t,3} + \varepsilon_t$$

ここで，$\{\alpha_{t,2}\}$ と $\{\alpha_{t,3}\}$ は i.i.d. 確率変数で，$\sigma_{\alpha,2} = 1.157$, $\sigma_{\alpha,3} = 0.84$, $\sigma_\varepsilon = 1.296$ である．この分析に基づいて，汚染に関わる変数の係数は確率的であるが，時間的な従属性はないと結論付けることができよう．従属性がないことの一つの理由として，データが 3 日ごとに収集されている点を挙げることができる．このことは，3 日前からの気象条件は，今日の汚染粒状物質に影響を与えないことを意味する．他方，汚染物質や PM2.5-10 を日次で解析するならば，結論は異なりうる．しかし，日次データは入手不可能である．データが 3 日間の集計なので，時間依存があったとしても，集

計により除去されてしまう可能性も考えられる．

謝辞

コロラド州立大学 CIRA の Bret Schichtel 博士からいただいた貴重な助言と VIEWs データに関する解説に感謝したい．この研究は，米国の NSF Grant DMS-0806096 およびドイツの Deutsche Forschungsgemeinschaft DA 187/15-1 による資金援助を受けた．

(Suhasini Subba Rao／田中勝人)

文　　献

Breusch, T.S., Pagan, A.R., 1980. A simple test for heteroscedasticity and random coefficient variation. Econmetrica 47, 1287–1294.
Burnett, T.D., Guthrie, D., 1970. Estimation of stationary stochastic regression parameters. J. Am. Stat. Assoc. 65, 1547–1553.
Caines, P., 1988. Linear Stochastic Systems. Wiley, New York.
Dahlhaus, R., 1996. Maximum likelihood estimation and model selection for locally stationary processes. J. Nonparametri. Stat. 6, 171–191.
Dahlhaus, R., 2000. A likelihood approximation for locally stationary processes. Ann. Stat. 28, 1762–1794.
Duncan, D.B., Horn, S., 1972. Linear dynamic recursion estimation from the viewpoint of regression analysis. J. Am. Stat. Assoc. 67, 815–821.
Dunsmuir, W., 1979. A central limit theorem for parameter estimation in stationary vector time series and its application to models for a signal observed with noise. Ann. Stat. 7, 490–506.
Dwivedi, Y., Subba Rao, S., 2011. A test for second order stationarity based on the discrete fourier transform. J. Time Ser. Anal. 32, 68–91.
Dzhapharidze, K., 1971. On methods for obtaining asymptotically efficient spectral parameter estimates for a stationary Gaussian processes with rational spectral density. Theory Probab. Appl. 16, 550–554.
Fama, E.F., 1977. Interest rates and inflation: the message in the entrails. Ame. Econ. Rev. 67, 487–496.
Franke, J., Gründer, B., 1995. General kriging for spatial-temporal processes with random ARX-regression parameters. In: Robinson, P.M., Rosenblatt, M. (Eds.), Athens Conference in Applied Probability and Time Series Analysis, vol. ii. Springer, New York, pp. 177–189.
Giraitis, L., Robinson, P., 2001. Whittle estimation of ARCH models. Econom. Theory 17, 608–631.
Hand, J.L., Malm. W.C., 2008. Review of the improve equation for estimating ambient light extinction coefficients - final report (Tech. Rep.). http://vista.cira.colostate.edu.
Hannan, E.J., 1971. Non-linear time series regression. J. Appl. Probab. 8, 767–780.
Hannan, E.J., 1973. The asymptotic theory of linear time series models. J. Appl. Probab. 10, 130–145.

Hildreth, C., Houck, C., 1968. Some estimates for a linear model with random coefficients. J. Am. Stat. Assoc. 63, 584–595.

Kavalieris, L., Hannan, E.J., 1994. Determining the number of terms in a periodic regression. J. Time Ser. Anal. 15, 6130625.

Ljung, L., Caines, P., 1979. Asymptotic normality of prediction error estimators for approximate system models. Stochastics 3, 29–46.

Martinussen, T., Scheike, T.H., 2000. A nonparametric dynamic additive regression model for longitudinal data. Ann. Stat. 28, 1000–1025.

Newbold, P., Bos, T., 1985. Stochastic Parameter Regression Models. Sage Publications, Beverly Hills.

Pfeffermann, D., 1984. On extensions of the Gauss-Markov theorem to the case of stochastic-regression coefficient. J. R. Stat. Soc. B 46, 139–148.

Picinbono, B., 1996. Second-order complex random vectors and normal distributions. IEEE Trans. Signal Process. 44, 2637–2640.

Quinn, B.G., Fernandes, J.M., 1991. A fast and efficient technique for the estimation of frequency. Biometrika 78, 489–498.

Rosenberg, B., 1972. The estimation of stationary stochastic regression parameters reexamined. J. Am. Stat. Assoc. 67, 650–654.

Rosenberg, B., 1973. Linear regression with randomly dispersed parameters reexamined. Biometrika 60, 65–72.

Shumway, R.H., Stoffer, D.S., 2006. Time Series Analysis and Its Applications (with R examples). Springer, New York.

Stoffer, D.S., Wall, K.D., 1991. Bootstrapping state space models: Gaussian maximum likelihood estimation. J. Am. Stat. Assoc. 86, 1024–1033.

Subba Rao, S., 2010. Statistical inference for a stochastic coefficient regression models (Technical Report) .
http://www.stat.tamu.edu/~suhasini/papers/rcr_techincal_report.pdf

Swamy, P.A.V.B., 1970. Efficient inference in a random coefficient regression model. Econometrica 38, 311–323.

Swamy, P.A.V.B., 1971. Statistical Inference in Random Coefficient Models. Springer, Berlin.

Swamy, P.A.V.B., Tinsley, P.A., 1980. Linear prediction and estimation methods for regression model with stationary stochastic coefficients. J. Econom. 12, 103–142.

Synder, R.D., 1985. Recursive estimation of dynamic linear models. J. R. Stat. Soc. B 47, 272–276.

Taniguchi, M., 1983. On the second order asymptotic efficiency of estimators of Gaussian ARMA processes. Ann. Stat. 11, 157–169.

Walker, A.M., 1964. Asymptotic properties of least squares estimates of parameters of the spectrum of nonstationary non-deterministic time series. J. Aust. Math. Soc. 4, 363–384.

Whittle, P., 1962. Gaussian estimation in stationary time series. Bull. Int. Stat. Inst. 39, 105–129.

Part VII
Spatio-Temporal Time Series

時空間時系列

CHAPTER 16

Hierarchical Bayesian Models for Space–Time Air Pollution Data

時空間大気汚染データに対する階層ベイズモデル

■ 概　要 ■　大規模かつ複雑なデータに対するベイズモデリングとベイズ計算法における近年の著しい発展は，時空間大気汚染データの分析に変革をもたらした．空間的・時間的依存関係を同時にモデリングできるようになり，時間あるいは空間に関して要約・集計された変量に対しても正確な予測や推測が可能となっている．こうしたモデリングの方法では，推測における不確実性を減少させることができるだけでなく，階層ベイズの枠組みを用いることによって，さまざまな監視ネットワークからの観測データ，数値モデルのアウトプット，気象変数，土地利用状況，発電所からの排出量などの情報を組み合わせることができる．また，手もとの問題に最適な統計モデルでは，利用可能なこれらの情報の相対的な重要性が判断され，モデルにおけるそれらの最適な役割が決定されることになる．本章では，時空間大気汚染データを扱うための階層自己回帰ベイズモデルについて説明し，オゾンデータを用いてその有用性を示す．また，既存モデルとの比較を行い，ここで提案するモデルによって予測平均2乗誤差がかなり改善されることも示す．

■ キーワード ■　自己回帰モデル，基準汚染物質，規制監視，オゾン濃度のモデリング，空間補間

16.1　はじめに

　1990年に米国の国会議員らによって改正された大気浄化法（Clean Air Act）では，オゾン，粒子状物質，一酸化炭素，二酸化炭素，二酸化硫黄，鉛という6種類の有害大気汚染物質について，二つの大気環境基準を満たすよう求めている．まず，1次基準では，環境弱者である喘息患者，子供，老人など人間の健康を守るための基準を設けている．一方，2次基準は，環境全体への影響を守るための基準であり，視界の悪化，動物，農作物，草木，建物への被害などを防ぐことを目的としている．これらの現在の環境基準値は，ホームページ http://epa.gov/air/criteria.html において公開されている．これまでの研究では，六つの汚染物質のうち粒子状物質とオゾンに最も高い関心が寄せられており，本章でもこれらに着目する．もちろん，ここで説明するモデリングの方法は，他の汚染物質に対しても適用することが可能である．

大気環境基準が遵守されているかを監視し，また，大気汚染への曝露を評価することを目的として，米国環境保護庁は米国全土を網羅する監視測定局のネットワークをいくつか構築している．都市部など特定地域の大気汚染水準について，厳密な統計手法に基づく適切な推測を行うためには，空間モデル（spatial model）あるいは時空間モデル（spatio-temporal model）を用いて，疎なネットワークから集められたデータを分析しなければならない．事実，地域ごとに大気質の改善状況を評価することができる空間モデルへの需要は，ここ十年間で急速に伸びてきている．さらに，環境に関してより良い意思決定を行うためには，こうしたモデルによる空間的予測（spatial prediction）を通じて，どのような違いが大気汚染において重要なのかを明らかにできること，また，大気環境基準を達成していない地域を特定するための指針を示せること，そして，個人の大気汚染への曝露を評価するモデルに対して大気質に関する情報を提供できることが必要である．また，空間的予測は，排出規制に関する政策決定において新しい視点を提示し，資源配分（特にネットワーク構築）についての決定に関して信頼できる裏付けを与える可能性を秘めている．

粒子状物質は，非常に小さい粒子と液体粒子の複雑な混合物であり，摂取すれば人体の健康に甚大な影響を与える．粒子状物質には 2 種類あり，直径が $10\,\mu m$（マイクロメートル）以下のものを PM_{10} と呼び，直径が $2.5\,\mu m$ 以下のものを $PM_{2.5}$ と呼ぶ．また，PM_{10} は車道や工場付近で観測され，$PM_{2.5}$ は煙やもやの中で観測される．こうした粒子状物質の時空間的な振る舞いを分析するため，これまでに多くのモデルが提案されてきた．以下，それらを簡単に紹介する．Cressie et al. (1999) は，ピッツバーグ付近の PM_{10} 濃度の予測において，クリギングモデル（kriging model）とマルコフ確率場モデル（Markov-random field model）の比較を行っている．Sun et al. (2000) は，バンクーバー（カナダ）における大気中 PM_{10} 濃度の時空間データ（spatio-temporal data）に対し，空間的予測分布（spatial predictive distribution）を開発している．Kibria et al. (2002) は，フィラデルフィアにおける $PM_{2.5}$ を予測するために，ベイズ分析の枠組みに基づく多変量データの空間的予測法を考え，観測開始時期が異なる測定局で収集された PM_{10} と $PM_{2.5}$ のデータを用いて分析を行っている．また，Shaddick and Wakefield (2002) は，PM_{10} に対する短期の時空間モデルを提案している．Zidek et al. (2002) は，バンクーバーにおける未計測地点の PM_{10} 濃度に対する予測分布を開発し，Smith et al. (2003) は米国南東部の 3 州における $PM_{2.5}$ 濃度の週平均値や年平均値などを予測する時空間モデルを提案している．Sahu and Mardia (2005) は，2002 年のニューヨークのデータを用いて，$PM_{2.5}$ の短期予測を行っている．また，Sahu et al. (2006) は，$PM_{2.5}$ に対して地方と都市部とで異なる確率過程を用いたモデリングの方法を考えている．さらに，Cocchi et al. (2007) は，PM_{10} 濃度の日次平均値に対して階層ベイズモデル（hierarchical Bayesian model）の開発を行い，Pollice and Lasinio (2010) は，日次の PM_{10} 濃度を推定するためのクリギングに基づくベイズ法を提案している．

16.1 はじめに

地表付近のオゾンは，特に喘息を持つ子供や呼吸器官に問題がある大人の健康に重大な影響を与える汚染物質である．また，作物，森林，その他の植物に対しても被害を与え，都市部におけるスモッグの主要成分となっている．オゾンに対するモデリングを行った初期の研究として，Cox and Chu (1992), Brown et al. (1994), Guttorp et al. (1994), Carroll et al. (1997), Thompson et al. (2001) などが挙げられる．Porter et al. (2001) は，各測定局の気象条件によって調整したオゾン濃度の傾向を推定している．Zhu et al. (2003) は，空間的に不整合なデータ（spatially misaligned data）に対して階層モデルを適用し，アトランタにおける大気中オゾン濃度と小児喘息患者の救急外来受診との関連について調べている．また，Huerta et al. (2004) では，メキシコシティのデータを用いて，1時間ごとのオゾン濃度測定値と気温とを同時にモデリングしている．Cocchi et al. (2005) は，日最高オゾン濃度はワイブル分布に従うと仮定し，Huang and Smith (1999) と同様に決定木を用いて観測値を分類している．McMillan et al. (2005) は，オゾン濃度を予測するために気象変数を説明変数とするスイッチングモデルを提案し，1999年4～9月のミシガン湖全体を網羅するデータを分析している．Sahu et al. (2007) はオゾンデータと気象情報の不整合について議論し，また Sahu et al. (2009b) は，米国東部を幅広く含むオゾン濃度の日最高8時間平均値（daily maximum 8-hour average）のデータに対し，階層的時空間モデルを開発している．さらに Dou et al. (2010) は，1時間ごとに観測されたオゾン濃度をモデリングするためのベイズ法を比較している．Berrocal et al. (2010, 2011) は，観測された点レベルでのオゾン濃度を，ガウス過程（Gaussian process）によって定式化された空間的可変係数を持つコンピュータモデルのアウトプットに回帰することによって，さまざまなダウンスケール法を提案している．

時空間データを分析するための一般的なモデルも提案されており，この分野における研究は，Cressie (1994), Goodall and Mardia (1994), Mardia et al. (1998) まで遡る．一方，この分野の最近の研究としては，Kyriakidis and Journal (1999), Stroud et al. (2001), Wikle and Cressie (1999), Wikle (2003), Gelfand et al. (2005), Cressie et al. (2010) などがある．さらに，Cressie and Wikle (2011) は，時空間データを分析する古典的方法とベイズ的方法の包括的なレビューを提供している．

本章の構成は，以下のとおりである．16.2節では，最近のわれわれの研究に基づき，階層自己回帰モデル（hierarchical autoregressive model）について説明する．また，ガウス過程についても紹介する．マルコフ連鎖モンテカルロ法（Markov chain Monte Carlo method; MCMC法）を用いた空間的予測法については，16.3節において説明する．さらに，16.4節では，米国中西部のイリノイ州，インディアナ州，オハイオ州の3州で2006年に観測されたオゾン濃度の日最高8時間平均値のデータを用いたモデリングの例を示す．最後の16.5節では，本章のまとめを行う．付録に，MCMC法を行うために必要な完全条件付き分布をまとめる．

16.2 階層モデル

16.2.1 データに対するモデル

地点 s, 時点 t における大気汚染データを $Z(\mathbf{s}, t)$ と表すことにする.必要であれば,$Z(\mathbf{s}, t)$ は適当な変換を施した後のデータであってもよい.大気汚染データを分析する際,対数変換を行うこともあるが,正規性や分散を安定化させるために平方根をとることが多い(例えば Sahu et al. (2007) を参照).また,モデルの当てはまりの良さ(goodness-of-fit),モデルの診断(diagnostics),パラメータの推定値やその精度といった統計量については,モデルを推定したときのデータのスケールに基づいて結果の報告がなされる.しかし,モデルの検証(validation)や予測では,実務者などとのコミュニケーションを容易にするため,データ本来のスケールに基づく報告が行われる.

いま,$Z(\mathbf{s}, t)$ は 1 変量であると仮定し,観測地点 s は緯度・経度(つまり東西南北座標)を表す 2 次元ベクトル,時点 t は離散変数であるとする.また,$Z(\mathbf{s}, t)$ は,n 個の測定局 $\mathbf{s}_i$ $(i = 1, \ldots, n)$ において,T 時点 $(t = 1, \ldots, T)$ にわたり観測されるとする.時間の単位については,1 時間あるいは 1 日が一般的であるが,モデリングの目的に応じて,より長い 1 か月や 1 年となることもある.

階層モデルの第 1 段階では,次の測定誤差モデル(measurement error model)を仮定する.

$$Z(\mathbf{s}_i, t) = Y(\mathbf{s}_i, t) + \epsilon(\mathbf{s}_i, t), \quad i = 1, \ldots, n, \quad t = 1, \ldots, T \tag{16.1}$$

ここで,$Y(\mathbf{s}_i, t)$ は真の時空間過程(spatio-temporal process)を表し,誤差項 $\epsilon(\mathbf{s}_i, t)$ は正規分布 $N(0, \sigma_\epsilon^2)$ に従うホワイトノイズ過程(white noise process)であるとする.σ_ϵ^2 は,空間統計学の分野ではナゲット効果(nugget effect)と呼ばれ,少ししか離れていない地点で測定されたデータ間の変動を表す.σ_ϵ^2 は時間とともに変動することも理論的には可能であるが,節約の原則から多くの応用例では定数として扱っている.MCMC 法を用いたベイズモデリングでは,MCMC の繰り返し時に,任意の欠損値 $Z(\mathbf{s}_i, t)$ を式 (16.1) から得られる正規分布 $N(Y(\mathbf{s}_i, t), \sigma_\epsilon^2)$ から発生させればよいので,この 1 段階目の定式化は,欠損値を扱う上で便利である.次に,$Y(\mathbf{s}_i, t)$ に対する定式化について考えよう.

時空間過程 $Y(\mathbf{s}_i, t)$ は,平均 $\mu(\mathbf{s}_i, t)$ を持つと仮定し,過去の値や適当な説明変数に依存できるとする.$\rho Y(\mathbf{s}_i, t-1)$ によって与えられる 1 次の自己回帰モデルを利用すれば,過去の値に依存することをモデルとして表すことができる.任意の地点において,異時点間で高い自己相関がある場合には,このモデルは適切であると考えられる.もし,時間的依存関係を表すのに,1 次の自己回帰モデルでは不十分というのであ

れば，高次の自己回帰モデルを用いることもできる．しかし，説明変数の効果といった他のモデル構成要素を導入したときには，高次の項は有意ではなくなるかもしれない．本章では，節約の原則から1次の自己回帰モデルのみを考えることにする．

平均関数 $\mu(\mathbf{s}_i, t)$ は，p 個の空間的・時間的に変動する説明変数 $\mathbf{x}(\mathbf{s}_i, t) = (x_1(\mathbf{s}_i, t), \ldots, x_p(\mathbf{s}_i, t))'$ を導入することによって，さらに拡張することができる．ここで，説明変数の一部は，時間的にのみ，あるいは空間的にのみ，変動する変数であっても構わない．また，空間的に変化する p 次元の係数過程 $\boldsymbol{\beta}(\mathbf{s})$ を仮定することにより，説明変数の効果を空間的に変化させることも可能である．このモデルでは，特定の説明変数に対して平均関数が局所的に変化することができる．ベイズ分析を行うとき，適切な事前確率過程を $\boldsymbol{\beta}(\mathbf{s})$ に対して仮定しなければならない．応用上よく用いられているガウス過程事前分布（Gaussian process prior）については，あとで説明することにする．また 16.4 節の例では，すべての地点 $\mathbf{s}$ において固定された $\boldsymbol{\beta}$ を用いている．

時空間過程 $Y(\mathbf{s}_i, t)$ の最後の構成要素は，空間的・時間的に変化する残差 $w(\mathbf{s}_i, t)$ である．すでに自己回帰過程を用いて時間的依存関係をモデルに導入していることから，$w(\mathbf{s}_i, t)$ については，時間に関して独立に分布し，平均が 0 で，ある特定の共分散関数を持つガウス過程であると仮定する．この独立性の仮定によって，$nT \times nT$ の共分散行列の代わりに，$n \times n$ の共分散行列を考えればよく，計算が簡略化されることになる．Wikle and Cressie (1999) は，空間に対しては直交基底関数を，時間に対しては平均が 0 である確率変数を用いた，$w(\mathbf{s}_i, t)$ の定式化を提案している．

以上をまとめると，2 段階目におけるモデルの定式化は，

$$Y(\mathbf{s}_i, t) = \rho Y(\mathbf{s}_i, t-1) + \mathbf{x}(\mathbf{s}_i, t)' \boldsymbol{\beta} + w(\mathbf{s}_i, t) \tag{16.2}$$

と表すことができる．このモデルにおいて，自己回帰項と回帰項はそれぞれデータを異なる方法で説明しようとしている．さらに，これらの項は，空間的相関を表す誤差項とも競合している．したがって，実際にモデルを当てはめるという作業は，データを説明するのに最もふさわしいモデル構成要素の組合せを選ぶために，別々の情報を持つこれら三つの項に対して重み付けを行っていると考えることができる．もちろん，正式なベイズモデル選択規準を用いて，例えば説明変数のないモデルなど，関心のある特定のモデルを比較することも可能である．1 段階目のガウス分布を基礎とするモデルに対しては，予測モデル選択規準（predictive model choice criteria; PMCC）など，いくつかの予測ベイズモデル選択規準が存在する（例えば，PMCC の応用については Sahu et al. (2009b) を参照）．しかし，本章ではこうしたモデル選択規準を考えることはせず，説明変数などをモデルに含めるかどうかの判断は，パラメータの有意性に基づいて判断する．

自己回帰モデルでは，初期値 $\mathbf{Y}_0' = (Y(\mathbf{s}_1, 0), \ldots, Y(\mathbf{s}_n, 0))$ を定める必要がある．初期値 $\mathbf{Y}_0$ の定式化には，(i) 定数として取り扱い，$Y(\mathbf{s}_i, 0)$ を地点 $\mathbf{s}_i$ における平均

に設定する，(ii) 平均が μ_0，共分散行列が Σ_0 である事前分布を設定する，の二つの方法がある．後者の方法では，μ_0 の各要素は地点ごとの平均とすることができる．一方，Σ_0 についてはさまざまな定式化を考えることができる．例えば，対角行列であると仮定し，対角要素に 10^4 といった大きな値を設定することによって，無情報事前分布を仮定することが考えられる．また，別の方法として，後述するガウス型共分散関数を用いて Σ_0 の各要素を決定することも可能である．本章の例では，簡便化のために $\mathbf{Y}_0$ は固定された値として扱っている．

16.2.2 ガウス過程

空間モデルあるいは時空間モデルの構成要素として，ガウス過程がよく利用される．一般に確率過程は，例えば空間的領域のように連続体上で定義されるため，無限次元の確率変数を定式化する必要があり，応用上その取り扱いは困難である．しかし，ガウス過程は，平均関数 $\mu(\mathbf{s})$ と適当な正値定符号である共分散関数 $C(\mathbf{s}, \mathbf{s}^*) = \mathrm{Cov}(w(\mathbf{s}), w(\mathbf{s}^*))$ によって完全に定義されるため，分析を行う上で非常に便利である．ここで，共分散関数から導かれる任意の有限個の確率変数に対する共分散行列が正値定符号であるとき，その共分散関数は正値定符号であるという．適切な正値定符号の共分散関数については，あとで示すことにする．

確率分布に関して魅力的な性質を有しているため，ガウス過程は空間モデルの作成において好んで用いられている．まず，ガウス過程のすべての有限次元の確率分布は多次元正規分布である．したがって，任意の有限地点におけるデータの同時分布（あるいは対応する変量効果）は多変量正規分布となる．さらに，観測されていない地点におけるクリギングや空間的予測では，観測されたデータを所与とする条件付き分布が用いられるが，それもまた正規分布となる．モデルに基づいて空間データをベイズ分析する場合，こうした便利な分布論は，空間的予測を行う上で非常に好都合である．なぜなら，空間的予測分布の計算が容易になり，その分布から簡単に MCMC のサンプリングを行えるからである．

次に，共分散関数の定式化について説明する．これについては，すでにさまざまな結果が得られており，例えば Banerjee et al. (2004, Chapter 2) に詳しい説明がある．また，定常性 (stationarity)，等方性 (isotropy)，分離可能性 (separability) といった関連する概念についても説明されている．これらの概念を，それぞれ簡単に説明しよう．確率過程の共分散が 2 地点間の距離と方位のみに依存し，実際に観測された地点に依存しないとき，その確率過程は弱 "定常" であるという．"等方的" 共分散関数は，任意の 2 地点間の距離にのみ依存し，方向には依存しない．したがって，任意の 2 地点で観測された確率変数の組の共分散は，同じ距離だけ離れた別の 2 地点の確率変数の共分散と等しくなっている．"分離可能性" は，時空間データを含む多次元の空間データをモデリングする際に用いられる概念である．例えば，空間と時間に関して分離可能な共分散関数は，空間に関する共分散関数と時間に関する共分散関数の

積として表される.

共分散関数に対する一般的なモデルとして Matérn 族があり,その共分散関数は

$$C(u) = \sigma^2 \frac{1}{2^{\nu-1}\Gamma(\nu)}(2\sqrt{\nu}u\phi)^\nu K_\nu(2\sqrt{\nu}u\phi), \quad \phi > 0, \ \nu \geq 1, \ u > 0 \qquad (16.3)$$

によって与えられる.ここで,$K_\nu(\cdot)$ はオーダーが ν である第 2 種変形ベッセル関数を表す(例えば,Abramowitz and Stegun (1965, Chapter 9) を参照).Matérn 族は,その特殊な場合として (i) 指数モデル $C(u) = \sigma^2 \exp(-\phi u)$ ($\nu = 1/2$), (ii) $C(u) = \sigma^2(1 + \phi u)\exp(-\phi u)$ ($\nu = 3/2$), (iii) ガウスモデル $C(u) = \sigma^2 \exp(-\phi^2 u^2)$ ($\nu \to \infty$) などを含んでいる.

空間統計学においては,$C(u) \approx 0$ となる u の最小値をレンジ(range)と定義している.指数型共分散関数において,u が非常に大きいとき,すなわち ∞ であるとき,$C(u)$ は厳密に 0 となる.対象領域が有限(つまり,任意の 2 地点間の距離の最大値が有限)であるときに,レンジの値が無限大になることを避けるため,$C(u)$ の値が非常に小さいとき(例えば 0.01 や 0.05)の距離 u をレンジの値として,しばしば計算する.本章の例では,指数型共分散関数を用いて分析を行い,$-\log(0.05)/\phi \approx 3/\phi$ をレンジの値としている.

16.2.3 同時事後分布

いま,$\mathbf{Z}_t = (Z(\mathbf{s}_1, t), \ldots, Z(\mathbf{s}_n, t))'$, $\mathbf{Y}_t = (Y(\mathbf{s}_1, t), \ldots, Y(\mathbf{s}_n, t))'$ と定義する.また,$\mathbf{X}_t$ は $n \times p$ 行列であるとし,その第 i 行を $\mathbf{x}(\mathbf{s}_i, t)'$ と表す.このとき,$\mathbf{Z}_t, \mathbf{Y}_t, \mathbf{X}_t$ を用いて同時事後分布を表すと都合が良い.そこで,これらのベクトルと行列を用いて,階層モデルを以下のように書き直すことにする.最初のモデルは,式 (16.1) から求めることができ,

$$\mathbf{Z}_t = \mathbf{Y}_t + \boldsymbol{\epsilon}_t, \quad t = 1, \ldots, T \qquad (16.4)$$

と書くことができる.ここで,$\boldsymbol{\epsilon}_t = (\epsilon(\mathbf{s}_1, t), \ldots, \epsilon(\mathbf{s}_n, t))'$ である.さらに,式 (16.2) より,

$$\mathbf{Y}_t = \rho \mathbf{Y}_{t-1} + \mathbf{X}_t \boldsymbol{\beta} + \mathbf{w}_t, \quad t = 1, \ldots, T \qquad (16.5)$$

が得られる.ただし,$\mathbf{w}_t = (w(\mathbf{s}_1, t), \ldots, w(\mathbf{s}_n, t))'$ である.

式 (16.4) の測定誤差モデルでは,$\boldsymbol{\epsilon}_t \sim N(\mathbf{0}, \sigma_\epsilon^2 \mathbf{I}_n)$ ($t = 1, \ldots, T$) であり,独立に分布している.ここで,$\mathbf{0}$ はすべての要素が 0 であるベクトルであり,$\mathbf{I}_n$ は n 次単位行列を表す.空間的な相関を持つ誤差項 $\mathbf{w}_t$ については,共分散関数 $\sigma_w^2 \rho_w(\mathbf{s}_i - \mathbf{s}_j; \phi_w)$ を持つ独立なガウス過程であると仮定する.また,地点 $\mathbf{s}_i$ と $\mathbf{s}_j$ との距離を $d(\mathbf{s}_i, \mathbf{s}_j)$ ($i, j = 1, \ldots, n$) と表し,$\rho_w(\mathbf{s}_i - \mathbf{s}_j; \phi_w) = \exp(-\phi_w d(\mathbf{s}_i, \mathbf{s}_j))$ であるとする.このガウス過程に関する仮定から,$\mathbf{w}_t \sim N(\mathbf{0}, \Sigma_w)$ ($t = 1, \ldots, T$) であることがわかる.ここで,Σ_w の第 (i, j) 要素は $\sigma_w(i, j) = \sigma_w^2 \exp(-\phi_w d(\mathbf{s}_i, \mathbf{s}_j))$ で与えられる.また,以下の説明のために,S_w を $\Sigma_w = \sigma_w^2 S_w$ によって定義しておく.

時点 $t = 1, \ldots, T$ に対して，$\vartheta_t = \rho \mathbf{Y}_{t-1} + \mathbf{X}_t \boldsymbol{\beta}$ とおく．また，$\boldsymbol{\theta}$ はすべてのパラメータ $\boldsymbol{\beta}, \rho, \sigma_\epsilon^2, \phi_w, \sigma_w^2$ を表すものとする．さらに，$\mathbf{Y}_t$ と欠損値 $z^*(\mathbf{s}_i, t)$ ($i = 1, \ldots, n, \ t = 1, \ldots, T$) からなる拡張されたデータを $\mathbf{v}$ と表し，すべての観測されたデータ $z(\mathbf{s}_i, t)$ ($i = 1, \ldots, n, \ t = 1, \ldots, T$) を $\mathbf{z}$ とする．このとき，対数事後分布 $\log \pi(\boldsymbol{\theta}, \mathbf{v} | \mathbf{z})$ は，

$$\log \pi(\boldsymbol{\theta}, \mathbf{v} | \mathbf{z}) = -\frac{nT}{2} \log(\sigma_\epsilon^2) - \frac{1}{2\sigma_\epsilon^2} \sum_{t=1}^{T} (\mathbf{Z}_t - \mathbf{Y}_t)'(\mathbf{Z}_t - \mathbf{Y}_t)$$
$$- \frac{nT}{2} \log(\sigma_w^2) - \frac{T}{2} |S_w| - \frac{1}{2\sigma_w^2} \sum_{t=1}^{T} (\mathbf{Y}_t - \vartheta_t)' S_w^{-1} (\mathbf{Y}_t - \vartheta_t)$$
$$+ \log \left(\pi(\rho, \boldsymbol{\beta}, \sigma_\epsilon^2, \sigma_w^2, \phi_w) \right)$$

と表すことができる．ここで，$\pi(\rho, \boldsymbol{\beta}, \sigma_\epsilon^2, \sigma_w^2, \phi_w)$ はパラメータの事前分布を表し，$|S_w|$ は S_w の行列式を表す．パラメータ $\boldsymbol{\beta}$ に対しては，$\boldsymbol{\beta} \sim N(\mathbf{0}, \sigma_\beta^2 I_p)$ であると仮定し，無情報事前分布を表現するために，$\sigma_\beta^2 = 10^4$ とする．次に，自己回帰係数 ρ については，事前分布として $N(0, 10^4) I(0 < \rho < 1)$ を仮定する．したがって，ρ の事前分布はほぼ平らとなっている．また，分散の逆数である $1/\sigma_\epsilon^2$ と $1/\sigma_w^2$ については，独立に $G(a, b)$ に従うと仮定する．ここで，$G(a, b)$ は，平均が a/b であるガンマ分布を表す．非正則な事前分布を用いた場合，事後分布も非正則となるおそれがあるので，実際にデータ分析を行うときには，これら分散の逆数については正則な事前分布となるように $a = 2, \ b = 1$ としている．

減衰パラメータ ϕ_w については，区間 $(0.001, 1)$ において独立な一様分布を仮定する．これは，レンジが 3〜3000（多くの場合，単位は km もしくはマイル）であることに対応している．この事前分布は，例えば任意の 2 地点間の最大距離がわずか数 km である都市から，3000km に及ぶ米国東部の地域まで，さまざまな地域において観測される大気汚染データをモデリングするのに適している．もちろん，事前分布の端点の値は，実際の問題においてレンジが意味のある値をとることができるように変更しても構わない．

16.3 予測の詳細

最初に，新しい地点 $\mathbf{s}_0$ と任意の時点 t ($t = 1, \ldots, T$) における大気汚染データを空間補間 (spatial interpolation) する方法について説明する．時点 $t = T + 1$ における 1 期先予測の詳細については，16.3.2 項で説明する．地点 $\mathbf{s}_0$，時点 t における空間補間は，式 (16.1) と式 (16.2) から導出される $Z(\mathbf{s}_0, t)$ の予測分布に基づいて行われる．まず，式 (16.1) より，$Z(\mathbf{s}_0, t)$ の分布は

$$Z(\mathbf{s}_0, t) \sim N\left(Y(\mathbf{s}_0, t), \ \sigma_\epsilon^2\right) \tag{16.6}$$

16.3 予測の詳細

で与えられる．また，

$$Y(\mathbf{s}_0, t) = \rho Y(\mathbf{s}_0, t-1) + x(\mathbf{s}_0, t)'\boldsymbol{\beta} + w(\mathbf{s}_0, t)$$

である．容易に確認できるように，$Y(\mathbf{s}_0, t)$ は，$Y(\mathbf{s}_0, 0)$ を含む t 期までのすべての $Y(\mathbf{s}_0, t)$ を使うことによって，逐次的に求めることができる．そこで，$t \geq 1$ に対して，$\mathbf{Y}(\mathbf{s}, [t]) = (Y(\mathbf{s}, 1), \ldots, Y(\mathbf{s}, t))'$ と表記することにする．予測問題においても $Y(\mathbf{s}_0, 0)$ の値が必要であり，この値は $\mathbf{Y}_0$ の事前分布に従って設定する必要がある．$\mathbf{Y}_0$ を定数とした場合には，本章の例で行っているように $Y(\mathbf{s}_0, 0)$ も同じ定数とすることができる．

$Z(\mathbf{s}_0, t)$ の事後予測分布は，式 (16.6) における未知の変量を同時事後分布に関して積分することによって導出される．すなわち，

$$\pi\left(Z(\mathbf{s}_0, t) | \mathbf{z}\right) = \int \pi\left(Z(\mathbf{s}_0, t) | \mathbf{Y}(\mathbf{s}_0, [t]), \sigma_\epsilon^2\right) \pi\left(\mathbf{Y}(\mathbf{s}_0, [t]) | \boldsymbol{\theta}, \mathbf{v}\right)$$
$$\times \pi(\boldsymbol{\theta}, \mathbf{v} | \mathbf{z}) \, d\mathbf{Y}(\mathbf{s}_0, [t]) \, d\boldsymbol{\theta} \, d\mathbf{v} \tag{16.7}$$

で与えられる．MCMC 法を用いて事後分布からサンプリングを行うとき，式 (16.7) の事後予測分布は，合成法（composition method）によってサンプリングすることができる．また，事後分布 $\pi(\boldsymbol{\theta}, \mathbf{v} | \mathbf{z})$ からのサンプルを用いることによって，上式で与えられる積分を評価することができる．以下，その詳細について説明する．

まず，$\boldsymbol{\theta}$, $\mathbf{v}$ および $\mathbf{Y}(\mathbf{s}_0, [t-1])$ を所与とした条件付き分布から $Y(\mathbf{s}_0, t)$ を発生させる．式 (16.5) と同様に，$t \geq 0$ に対して

$$\begin{pmatrix} Y(\mathbf{s}_0, t) \\ \mathbf{Y}_t \end{pmatrix} \sim N\left[\begin{pmatrix} \rho Y(\mathbf{s}_0, t-1) + x(\mathbf{s}_0, t)'\boldsymbol{\beta} \\ \rho \mathbf{Y}_{t-1} + \mathbf{X}_t \boldsymbol{\beta} \end{pmatrix}, \sigma_w^2 \begin{pmatrix} 1 & S_{w,12} \\ S_{w,21} & S_w \end{pmatrix}\right]$$

が成立する．ここで，$S_{w,12}$ は $1 \times n$ のベクトルで，第 i 要素は $\exp(-\phi_w d(\mathbf{s}_i, \mathbf{s}_0))$ である．また，$S_{w,21} = S'_{w,12}$ である．したがって，

$$Y(\mathbf{s}_0, t) | \mathbf{Y}_t, \boldsymbol{\theta}, \mathbf{v} \sim N(\chi, \Lambda) \tag{16.8}$$

が得られることになる．ただし，$\Lambda = \sigma_w^2 \left(1 - S_{w,12} S_w^{-1} S_{w,21}\right)$，また，

$$\chi = \rho Y(\mathbf{s}_0, t-1) + x(\mathbf{s}_0, t)'\boldsymbol{\beta} + S_{w,12} S_w^{-1} \left(\mathbf{Y}_t - \rho \mathbf{Y}_{t-1} - \mathbf{X}_t \boldsymbol{\beta}\right)$$

である．

これらをまとめると，$Z(\mathbf{s}_0, t)$ $(t = 1, \ldots, T)$ を予測するためには，次のアルゴリズムを実行すればよい．

1. 事後分布から $\boldsymbol{\theta}^{(j)}$ と $\mathbf{v}^{(j)}$ $(j \geq 1)$ を発生させる．
2. 式 (16.8) を用いて，逐次的に $\mathbf{Y}^{(j)}(\mathbf{s}_0, [t])$ を発生させる．本章の例では，すべての $\mathbf{s}_0$ に対して初期値 $Y^{(j)}(\mathbf{s}_0, 0)$ は定数としている．
3. $Z^{(j)}(\mathbf{s}_0, t)$ を $N(Y^{(j)}(\mathbf{s}_0, t), \sigma_\epsilon^{2(j)})$ から発生させる．

大気汚染データのもともとのスケールは，$Z^{(j)}(\mathbf{s}_0, t)$ の2乗である．ナゲット効果のない滑らかな大気汚染データを予測したい場合には，上述のアルゴリズムの最後のステップを省略し，$\mathbf{Y}^{(j)}(\mathbf{s}_0, t)$ の2乗を計算すればよい．また，本章では，MCMCサンプルの中央値と95%信用区間の長さを用いて，予測値を要約している．これは，中央値を要約として用いた場合，Y と Z の要約と Y^2 と Z^2 の要約との間に一対一の関係が保持されているからである．

16.3.1 要約の計算

大気汚染データを時間に関して要約する方法を説明する．ここでは，任意の地点 $\mathbf{s}_0$ において年間で4番目に高いオゾン濃度の日最高8時間平均値の計算を例にとって説明する．

年間で4番目に高いオゾン濃度の日最高8時間平均値を $f(\mathbf{s}_0)$ と表せば，これは $Y^2(\mathbf{s}_0, 1), \ldots, Y^2(\mathbf{s}_0, T)$ の中で4番目に高い値によって与えられる（平方根による変換を行ってオゾン濃度に対するモデルを作成していることに注意）．したがって，MCMCの繰り返しにおいて $f^{(j)}(\mathbf{s}_0)$ を計算し，そしてこれらの値をまとめることによって，年間で4番目に高いオゾン濃度の日最高8時間平均値（とその不確実性）を予測することができる．

16.3.2 予 測

ベイズ分析において，地点 $\mathbf{s}_0$ における1期先の予測は，$Y(\mathbf{s}_0, T+1)$ によって決定される $Z(\mathbf{s}_0, T+1)$ の事後予測分布に基づいて行われる．$\mathbf{Y}_t, \boldsymbol{\theta}, \mathbf{v}$ を所与とした $Y(\mathbf{s}_0, T)$ の条件付き分布は，式 (16.8) ですでに導出されており，式 (16.2) を用いることによって，この条件付き分布を1期先に進めることができる．また，1期先の予測分布の平均は，$\rho Y(\mathbf{s}_0, T) + x(\mathbf{s}_0, T+1)' \boldsymbol{\beta}$ で与えられ，もし平均を予測することに関心があるのであれば，$Y(\mathbf{s}_0, T+1)$ をこの値に等しくすればよい．しかし，地点 $\mathbf{s}_0$ における値を予測したいのであれば，平均が $\rho Y(\mathbf{s}_0, T) + x(\mathbf{s}_0, T+1)' \boldsymbol{\beta}$ で，分散が σ_w^2 である周辺分布から $Y(\mathbf{s}_0, T+1)$ を発生させる必要がある．ここでは，式 (16.8) のような条件付き分布ではなく，この周辺分布を用いることにする．これは，観測地点 $\mathbf{s}_1, \ldots, \mathbf{s}_n$ における時点 T までのすべての情報を所与（つまりクリギング）として $Y(\mathbf{s}_0, T)$ を求めており，時点 $T+1$ 期における新たな情報は $x(\mathbf{s}_0, T+1)$ 以外にないからである．したがって，先のアルゴリズムを適用し，MCMC法から得られたサンプルの平均値を計算することで，予測値やその精度を求める．

16.4 例

本節では，米国中西部に位置するイリノイ州，インディアナ州，オハイオ州の3州にある117の測定局で2006年に観測されたオゾン濃度の日最高8時間平均値を用い

た分析を紹介する．分析対象の地域には，オハイオ州の工業地帯，シカゴなどの大都市，またそれらを隔てる広大な農村地帯などが含まれている（図 16.1 を参照）．分析では，ランダムに選ばれた 12 地点のデータをモデルの検証のために使用し，残り 105 地点で観測されたデータを，モデルを推定するために用いた．

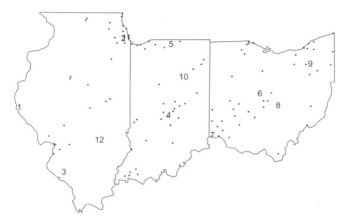

図 16.1 イリノイ州，インディアナ州，オハイオ州の地図．105 のオゾン測定局が点で表され，検証地点が $1, \ldots, 12$ の数字で示されている．

ここでは，オゾン濃度が高い 5〜9 月の $T = 153$ 日分の日次データを使用して分析を行っている．したがって，データ数は 16065 ($= 105 \times 153$) であり，空間的にも時間的にも比較的大規模なデータである．また，データには 291 個 ($= 1.8\%$) の欠損値があり，平均値は 47.62 ppb（パーツ・パー・ビリオン），範囲は 6.75〜131.38 ppbであった．図 16.2 に示された地点ごとの箱ひげ図から，平均値について観測地点間に空間的変動があることがわかる．しかし，観測地点内の変動についてはほぼ一定であり，これは，分析で用いた日次データが 8 時間平均値に基づくためであると考えられる．図 16.3 は，ランダムに抽出された 2 地点におけるデータの時系列プロットを示している．この図より，6 月，7 月，8 月の最も暑い時期にオゾン濃度が高くなっていることがわかる．また，緩やかな時間的依存関係があることも見てとれる．

Sahu et al. (2009b) に従い，説明変数として CMAQ (community multiscale air quality) として知られているコンピュータシミュレーションモデルからの出力データを用いた（CMAQ については，http://www.cmaq-model.org/ を参照）．この CMAQ モデルは，排出インベントリ，気象情報，土地利用などに基づいて，アメリカ（大陸部）のすべてを網羅する 12km^2 メッシュごとに平均オゾン濃度を，過去に遡って計算してくれるモデルである．一方，Eta-CMAQ として知られているモデルもあり，これは 2 日先までの予測値を計算してくれる．本章では，測定局を含むメッシュにおいて，

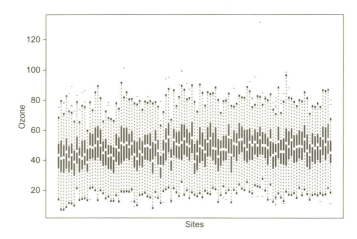

図 16.2　イリノイ州とインディアナ州の 105 測定局において 2006 年に観測された 153 日間のオゾン濃度の日最高 8 時間平均値に対する箱ひげ図.

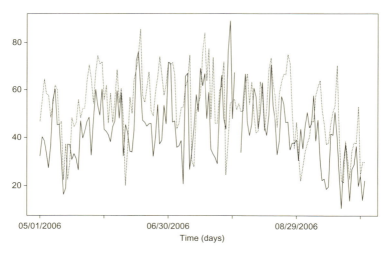

図 16.3　ランダムに選ばれた二つの測定局で観測されたオゾン濃度の日最高 8 時間平均値の時系列プロット.

オゾン濃度の日最高 8 時間平均値を CMAQ を使って計算し, その値を説明変数としている. 図 16.4 は, オゾン濃度と対応する CMAQ 値の散布図を示しており, これら二つの間には強い線形関係が存在することがわかる. また, 明らかに CMAQ 値には上方バイアスがあり, より正確な実証モデルが必要であることを示唆している (この図やモデルを作成する際, データを平方根に変換していることに注意). 以下では,

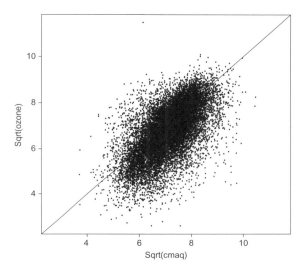

図 16.4 2006 年に 105 測定局で観測された日最高 8 時間平均値と CMAQ 値の散布図（平方根変換後）.

観測されていない地点に対して空間的予測を行う場合にも，対応するメッシュにおける CMAQ からの結果を利用している．なお，日最高気温などの気象変数を取り入れた分析も行ったが，CMAQ 値がある場合には，いずれも有意でないことがわかった．

CMAQ 値に加え，モデルに定数項 β_0 も含めて分析を行った．つまり，$Y(\mathbf{s},t)$ の平均は $\rho Y(\mathbf{s}, t-1) + \beta_0 + \beta x(\mathbf{s},t)$ で与えられることになる．ここで，$x(\mathbf{s},t)$ は地点 $\mathbf{s}$ を含むメッシュの CMAQ 値である．モデルには，ρ, β_0, β のほかに，二つの分散パラメータ σ_ϵ^2, σ_w^2 と空間的減衰パラメータ ϕ_w も含まれている．さらに，すべての $Y(\mathbf{s}_i,t)$ と欠損値 $Z(\mathbf{s}_i,t)$ についても同時に推定する必要がある．ここでは，ϕ_w についてはメトロポリスアルゴリズム（Metropolis algorithm）を適用したギブスサンプラ（Gibbs sampler）を利用し，これらのパラメータを条件付き分布から発生させて推定を行った（パラメータの条件付き分布については，付録にまとめてある）．

減衰パラメータ ϕ_w に対するメトロポリスアルゴリズムでは，採択確率が区間 $(0.15, 0.40)$ に入るように提案分布のステップサイズを調整した．最終的に採用したステップサイズを用いて 25000 回の繰り返しを行ったところ，採択確率は 27.35% であった．MCMC の計算でよく行われるように，さまざまな初期値からマルコフ連鎖を走らせ，パラメータ ρ, β_0, β, σ_ϵ^2, σ_w^2, ϕ_w の時系列プロットを見ることで収束を確認した．また，パラメータの自己相関プロットを調べ，ある程度のラグのところで自己相関の値が 0 になることも確認している．しかし，σ_w^2 と ϕ_w の間には高い相関があり，そのため MCMC の緩和（mixing）が若干遅くなっていることがわかった．こ

の緩和に関する問題は，多くの研究者によって指摘されており，パラメータの識別性が弱いことが原因である（例えば，Zhang（2004）や Stein（1999）を参照）．もし，ϕ_w を推定せずに何らかの方法（例えば Sahu et al.（2007）を参照）によってその値を固定すれば，この問題は解決することがわかっている．ここでは，繰り返し数の多い MCMC を利用することにより，具体的には最初の 5000 個のサンプルを破棄した後，20000 個のサンプルを発生させて，ϕ_w の推定を行っている．

先に述べたように，12 地点におけるデータをモデルの検証のために用いた．したがって，1836（12 × 153）個の検証用のオゾン濃度データがあり，そのうち 32 個が欠損値となっている．図 16.5 は，95% 予測区間と 45 度線とともに，1804 個の予測値と実際の観測値の散布図を示している．この図から，オゾン濃度の両端において若干の上方バイアスと下方バイアスが見られるものの，概ね観測値と予測値とは一致していることがわかる．さらに，95% 予測区間は 96.2% の割合で実際の観測値を含んでおり，モデルが十分であることも示している．12 地点で計算された検証平均 2 乗誤差（validation mean square errors; VMSE）は 8.91〜114.68 であり，1804 個の観測値とその予測値をすべて使って計算した VMSE は 38.02 であった．一方，CMAQ から計算した VMSE は 144.18，地点ごとの VMSE は 58.39〜451.88 であり，ここで提案するモデルのほうが CMAQ よりも優れていることがわかる．また，38.02 という VMSE の値は，最近になり Berrocal et al.（2011）によって提案されたダウンスカラーモデルから得られた 48.5 よりも小さい値となっている．

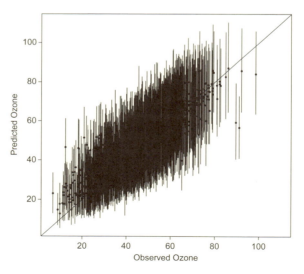

図 16.5　オゾン濃度の観測値と対応する予測値のプロット（95% 予測区間と 45 度線）．

パラメータの点推定と区間推定の結果を表 16.1 に示す．この表から，緩やかな時間的依存関係がオゾン濃度にあることがわかる（ρ の推定値は 0.2687）．また，ϕ_w の推定値は 0.0027 であり，これはレンジが約 1109 km であることを意味していることから，強い空間的相関があることも見てとれる．こうした強い空間的・時間的依存関係に加えて，β の推定値が 0.4976 であること，また，その 95%信用区間が 0 を含んでいないことから，オゾン濃度の分析では CMAQ 値が有意な説明変数であることがわかる．ただし，平方根による変換を行っているため，推定値をそのまま解釈することは難しく，注意する必要がある．また，自己回帰項と回帰項はともに有意であることから，それらをモデルに取り入れることによって，モデルの当てはまりや予測が向上することが期待される．最後に，分散パラメータ σ_ϵ^2 と σ_w^2 の推定値から，純粋な誤差項 $\epsilon(\mathbf{s},t)$ よりも，時空間効果によってデータの変動がより多く説明されていることも見てとれる．

次に，図 16.6 は，分析地域に含まれる CMAQ メッシュを 900 地点ランダムに選び，各メッシュの中心における予測値を線形補間することによって得られた，分析期

表 16.1 パラメータの推定結果（CI は信用区間を表す）．

	平均	SD	95% CI
ρ	0.2687	0.0108	(0.2469, 0.2890)
β_0	1.4152	0.0667	(1.2885, 1.5485)
β	0.4976	0.0081	(0.4820, 0.5136)
σ_ϵ^2	0.2165	0.0042	(0.2085, 0.2248)
σ_w^2	0.4246	0.0229	(0.3848, 0.4738)
ϕ_w	0.0027	0.0002	(0.0024, 0.0031)

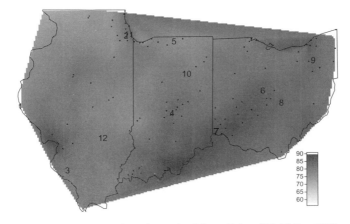

図 16.6 2006 年において 4 番目に高いオゾン濃度の日最高 8 時間平均値の予測値．105 のオゾン測定局が点で表され，検証地点が $1,\ldots,12$ の数字で示されている．

間において4番目に高いオゾン濃度の日最高8時間平均値を示している．分析の結果，予測値と観測値がかなり一致していることが確認された．検証用の12地点におけるデータを用いてこの結果を数値として表すため，表16.2に，4番目に高いオゾン濃度の日最高8時間平均値の観測値，モデルからの予測値，CMAQ値を示す．この表から，モデルに基づく予測値の平均2乗誤差が10.4であるのに対し，CMAQのそれは17.3であることがわかる．したがって，非常に正確なCMAQの結果よりも，モデルのほうがさらに正確な予測を行っており，また，4番目に高い日最高8時間平均値を$3.2 (= \sqrt{10.4})$ ppbの範囲内で予測している．図16.7は，モデルによる予測の不確実性を，95％信用区間の長さとして地図に表している．予想されたとおり，観測地点

表16.2 2006年において4番目に高いオゾン濃度の日最高8時間平均値の観測値，モデルからの予測値，CMAQ値（単位はppb）．

検証地点	観測値	予測値	CMAQ
1	71.13	64.38	67.86
2	60.25	62.08	70.59
3	72.75	70.03	72.16
4	76.63	76.64	70.98
5	70.75	71.02	70.55
6	75.50	79.36	78.59
7	81.00	78.68	83.96
8	72.25	74.90	76.43
9	70.80	75.61	72.51
10	70.25	73.81	72.78
11	73.00	73.42	69.62
12	67.38	69.59	68.48

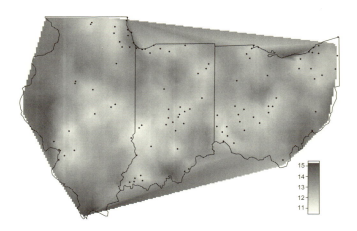

図16.7 2006年において4番目に高いオゾン濃度の日最高8時間平均値に対する予測値の95％予測区間の長さ．

と比べると，観測地点以外では区間が長くなっていることがわかる．CMAQ の結果から，こうした不確実性を表す図を作成することはできない．

16.5　さらなる展望

本章で説明したモデリングの方法は，大気汚染基準が遵守されているかを監視するのに適している．空間的に解像度が高く，また，時間単位の短いデータをモデリングすることによって，例えば地域や年のように，空間的・時間的に集計された変量に関して推測を行うことができる．また，ベイズ統計における計算方法を用いれば，要約された統計量の不確実性をより正確に評価できるようになる．

大気汚染のモデリングでは，ほかにも重要な研究領域がある．例えば，多くの論文で大気汚染への曝露の評価が試みられており，また，シミュレーションモデルとデータとの融合も行われている．これらの最近の研究成果については，例えば Gelfand and Sahu (2010) を参照されたい．硫黄酸化物や窒素酸化物といった別の汚染物質の分析においても重要なモデルが開発されており，酸性雨に関する分析も研究者の関心を集めている（例えば，Sahu et al. (2010) を参照）．また，大気汚染の短期的・長期的予測も統計学における重要な問題である．Sahu et al. (2009a, b) は，1 時間単位や 1 日単位でオゾンの水準を即座に予測するための方法を開発している．

謝辞

David Holland（米国環境保護庁）には，貴重な助言や，本章で用いた CMAQ モデルのデータを提供していただいたことに感謝する．

付録：ギブスサンプリングのための条件付き分布

1. **欠損値のサンプリング**
   任意の欠損値 $Z(\mathbf{s}, t)$ は，$N(Y(\mathbf{s}, t), \sigma_\epsilon^2)$ $(t = 1, \ldots, T)$ からサンプリングすればよい．
2. **σ_ϵ^2 と σ_w^2 のサンプリング**
   簡単な計算から，完全条件付き分布は
   $$\frac{1}{\sigma_\epsilon^2} \sim G\left(\frac{nT}{2} + a, b + \frac{1}{2}\sum_{t=1}^{T}(\mathbf{Z}_t - \mathbf{Y}_t)'(\mathbf{Z}_t - \mathbf{Y}_t)\right)$$
   $$\frac{1}{\sigma_w^2} \sim G\left(\frac{nT}{2} + a, b + \frac{1}{2}\sum_{t=1}^{T}(\mathbf{Y}_t - \boldsymbol{\vartheta}_t)' S_w^{-1}(\mathbf{Y}_t - \boldsymbol{\vartheta}_t)\right)$$
   となる．

3. $\mathbf{Y}_t$ のサンプリング

$Q_w = \Sigma_w^{-1}$ とすれば，$\mathbf{Y}_t$ の完全条件付き分布は $N(\Lambda_t \boldsymbol{\chi}_t, \Lambda_t)$ で与えられる．ここで，

ケース1：$1 \leq t < T-1$ の場合

$$\Lambda_t^{-1} = \frac{1}{\sigma_\epsilon^2}\mathbf{I}_n + (1+\rho^2)Q_w$$

$$\boldsymbol{\chi}_t = \frac{1}{\sigma_\epsilon^2}\mathbf{Z}_t + Q_w\{\rho\mathbf{Y}_{t-1} + \mathbf{X}_t\boldsymbol{\beta} + \rho(\mathbf{Y}_{t+1} - X_{t+1}\boldsymbol{\beta})\}$$

ケース2：$t = T$ の場合

$$\Lambda_t^{-1} = \frac{1}{\sigma_\epsilon^2}\mathbf{I}_n + Q_w$$

$$\boldsymbol{\chi}_t = \frac{1}{\sigma_\epsilon^2}\mathbf{Z}_t + Q_w(\rho\mathbf{Y}_{t-1} + \mathbf{X}_t\boldsymbol{\beta})$$

である．

4. ρ のサンプリング

ρ の完全条件付き分布は，区間 $(0,1)$ に制限された $N(\Lambda\chi, \Lambda)$ である．ただし，

$$\Lambda^{-1} = \sum_{t=1}^{T}\mathbf{Y}'_{t-1}Q_w\mathbf{Y}_{t-1} + 10^{-4}, \quad \chi = \sum_{t=1}^{T}\mathbf{Y}'_{t-1}Q_w(\mathbf{Y}_t - \mathbf{X}_t\boldsymbol{\beta})$$

である．

5. $\boldsymbol{\beta}$ のサンプリング

$\boldsymbol{\beta}$ の完全条件付き分布は，$N(\Lambda\boldsymbol{\chi}, \Lambda)$ である．ここで，

$$\Lambda^{-1} = \sum_{t=1}^{T}\mathbf{X}'_t Q_w \mathbf{X}_t + \Sigma_\beta^{-1}$$

$$\boldsymbol{\chi} = \sum_{t=1}^{T}\mathbf{X}'_t Q_w(\mathbf{Y}_t - \rho\mathbf{Y}_{t-1})$$

である．

6. ϕ_w のサンプリング

ϕ_w の完全条件付き分布は，よく知られた分布ではない．したがって，ϕ_w を含む事前分布と尤度関数の項から計算する必要があり，

$$\log \pi(\phi_w|\cdots) = -\frac{1}{2}|S_w| - \frac{1}{2\sigma_w^2}\sum_{t=1}^{T}(\mathbf{Y}_t - \boldsymbol{\vartheta}_t)' S_w^{-1}(\mathbf{Y}_t - \boldsymbol{\vartheta}_t)$$
$$+ \log(\pi(\phi_w))$$

で与えられる．ただし，定数項は省略しており，"$\cdots$" は ϕ_w を除くすべてのデータとパラメータを表す．ここでは，この完全条件付き分布からサンプリング

を行うため，以下のメトロポリス・ヘイスティングアルゴリズム（Metropolis–Hastings algorithm）を適用することにする．提案分布 $q\left(\phi_w^{(p)}|\phi_w^{(c)}\right)$ から発生させた ϕ_w の候補値を $\phi_w^{(p)}$，現在の値を $\phi_w^{(c)}$ と表す．候補値 $\phi_w^{(p)}$ は，確率

$$\alpha\left(\phi_w^{(p)},\phi_w^{(c)}\right) = \min\left\{1, \frac{\pi(\phi_w^{(p)}|\cdots)\,q\left(\phi_w^{(c)}|\phi_w^{(p)}\right)}{\pi(\phi_w^{(c)}|\cdots)\,q\left(\phi_w^{(p)}|\phi_w^{(c)}\right)}\right\}$$

に従って採択される．この採択確率は，$\phi_w^{(p)}$ と $\phi_w^{(c)}$ に関して $q\left(\phi_w^{(p)}|\phi_w^{(c)}\right)$ が対称，すなわち $q\left(\phi_w^{(p)}|\phi_w^{(c)}\right) = q\left(\phi_w^{(c)}|\phi_w^{(p)}\right)$ であるとき簡略化される．この場合，採択確率は $\pi\left(\phi_w^{(p)}|\cdots\right)/\pi(\phi_w^{(c)}|\cdots)$ で与えられ，これはメトロポリスアルゴリズムとして知られている．

本章では，平均が現在のパラメータ値，分散が σ_p^2 である正規分布を提案分布としてメトロポリスアルゴリズムを実行した．提案分布の σ_p^2 については，採択確率が15％から40％になるように調整している（理論的背景については，Gelman et al. (1996) を参照）．さらに，正規分布の定義域が実数全体であるため，ϕ_w の代わりに対数をとった $\log(\phi_w)$ に対してメトロポリスアルゴリズムを実行した．また，ϕ_w の候補値がレンジ内にないときには，単にその値を棄却している．

（Sujit K. Sahu／古澄英男）

文　　　献

Abramowitz, M., Stegun, I.A., 1965. Handbook of Mathematical Functions. Dover, New York.

Banerjee, S., Carlin, B.P., Gelfand, A.E., 2004. Hierarchical Modeling and Analysis for Spatial Data. Chapman & Hall/CRC, Boca Raton.

Berrocal, V.J., Gelfand, A.E., Holland, D.M., 2010. A spatio-temporal downscaler for output from numerical models. J. Agric. Biol. Environ. Stat. 15, 176–197.

Berrocal, V.J., Gelfand, A.E., Holland, D.M., 2011. Space-time data fusion under error in computer model output: an application to modeling air quality. Technical Report. Duke University.

Brown, P.J., Le, N.D., Zidek, J.V., 1994. Multivariate spatial interpolation and exposure to air pollutants. Can. J. Stat. 22, 489–510.

Carroll, R.J., Chen, R., George, E.I., Li, T.H., Newton, H.J., Schmediche, H., et al., 1997. Ozone exposure and population density in Harris County, Texas. J. Am. Stat. Assoc. 92, 392–404.

Cocchi, D., Fabrizi, E., Trivisano, C., 2005. A stratified model for the assessment of meteorologically adjusted trends of surface ozone. Environ.dtins, Ecol. Stat. 12, 1195–1208.

Cocchi, D., Greco, F., Trivisano, C., 2007. Hierarchical space-time modelling of PM10 pollution. Atmos. Environ. 41, 532–542.

Cox, W.M., Chu, S.H., 1992. Meteorologically adjusted trends in urban areas, a probabilistic approach. Atmos. Environ. 27, 425–434.

Cressie, N., 1994. Comment on "An approach to statistical spatial-temporal modeling of meteorological fields" by M.S. Handcock and J.R. Wallis. J. Am. Stat. Assoc. 89, 379–382.

Cressie, N., Shi, T., Kang, E.L., 2010. Fixed rank filtering for spatio-temporal data. J. Comput. Graph. Stat. 19, 724–745.

Cressie, N., Kaiser, M.S., Daniels, M.J., Aldworth, J., Lee, J., Lahiri, S.N., et al., 1999. Spatial analysis of particulate matter in an urban environment. In: Gmez-Hernndez, J., Soares, A., Froidevaux, R. (Eds.), GeoEnv II: Geostatistics for Environmental Applications. Dordrecht, Kluwer, pp. 41–52.

Cressie, N., Wikle, C.K., 2011. Statistics for Spatio-Temporal Data. John Wiley & Sons, Hoboken.

Dou, Y., Le, N.D., Zidek, J.V., 2010. Modeling hourly ozone concentration fields. Ann. Appl. Stat. 4, 1183–1213.

Gelman, A., Roberts, G.O., Gilks, W.R., 1996. Efficient Metropolis jumping rules. In: Bernardo, J.O., Berger, J.O., Dawid, A.P., Smith, A.F.M. (Eds.), Bayesian Statistics 5. Oxford, Oxford University Press, pp. 599–607.

Gelfand, A.E., Banerjee, S., Gamerman, D., 2005. Spatial process modeling for univariate and multivariate dynamic spatial data. Environmetrics 16, 465–479.

Gelfand, A.E., Sahu, S.K., 2010. Combining monitoring data and computer model output in assessing environmental exposure. In: OHagan, A., West, M. (Eds.), Handbook of Applied Bayesian Analysis. Oxford University Press, Oxford, pp. 482–510.

Goodall, C., Mardia, K.V., 1994. Challenges in multivariate spatio-temporal modeling. In: Proceedings of the XVIIth International Biometric Conference. Hamilton, Ontario, Canada, 8–12 August 1994, pp. 1–17.

Guttorp, P., Meiring, W., Sampson, P.D., 1994. A space-time analysis of ground-level ozone data. Environmetrics, 5, 241–254.

Huang, L.S., Smith, R.L., 1999. Meteorologically-dependent trends in urban ozone. Environmetrics 10, 103–118.

Huerta, G., Sanso, B., Stroud, J.R., 2004. A spatiotemporal model for Mexico City ozone levels. J. Roy. Stat. Soc. C, 53, 231–248.

Kibria, B.M.G., Sun, L., Zidek, J.V., Le, N.D., 2002. Bayesian spatial prediction of random space-time fields with application to mapping PM2.5 exposure. J. Am. Stat. Assoc. 97, 112–124.

Kyriakidis, P.C., Journal, A.G., 1999. Geostatistical space-time models: A review. Math. Geol. 31, 651–684.

Mardia K.V., Goodall C., Redfern E.J., Alonso F.J., 1998. The Kriged Kalman filter (with discussion). Test 7, 217–252.

McMillan, N., Bortnick, S.M., Irwin, M.E. Berliner, M., 2005. A hierarchical Bayesian model to estimate and forecast ozone through space and time. Atmos. Environ. 39, 1373–1382.

Pollice, A., Lasinio, G.J., 2010. Spatiotemporal analysis of PM10 concentration over the Taranto area. Environ. Monit. Assess. 162, 177–190.

Porter, P.S., Rao, S.T., Zurbenko, I.G., Dunker, A.M., Wolff, G.T., 2001. Ozone air quality over North America: part II – an analysis of trend detection and attribution techniques. J. Air Waste Manag. Assoc. 51, 283–306.

Sahu, S.K., Mardia, K.V., 2005. A Bayesian Kriged-Kalman model for short-term forecasting of air pollution levels. J. R. Stat. Soc. Ser. C 54, 223–244.

Sahu, S.K., Gelfand, A.E., Holland, D.M., 2006. Spatio-temporal modeling of fine particulate matter. J. Agric. Biol. Environ. Stat. 11, 61–86.
Sahu, S.K., Gelfand, A.E. Holland, D.M., 2007. High resolution space-time ozone modeling for assessing trends. J. Am. Stat. Assoc. 102, 1221–1234.
Sahu, S.K., Gelfand, A.E. Holland, D.M., 2010. Fusing point and areal space-time data with application to wet deposition. J. R. Stat. Soc. Ser. C 59, 77–103.
Sahu, S.K., Yip, S., Holland, D.M., 2009a. A fast Bayesian method for updating and forecasting hourly ozone levels. Environ. Ecol. Stat. 18, 185–207. doi:10.1007/s10651-009-0127-y.
Sahu, S.K., Yip, S., Holland, D.M., 2009b. Improved space-time forecasting of next day ozone concentrations in the eastern US. Atmos. Environ. 43, 494–501. doi:10.1016/j.atmosenv.2008.10.028.
Stein, M., 1999. Interpolation of Spatial Data: Some Theory for Kriging. Springer-Verlag, New York.
Stroud, J.R., Müller, P. Sansó, B., 2001. Dynamic models for Spatio-temporal data. J. R. Stat. Soc. B 63, 673–689.
Shaddick, G., Wakefield, J., 2002. Modelling daily multivariate pollutant data at multiple sites. J. R. Stat. Soc. Ser. C 51, 351–372.
Smith, R.L., Kolenikov, S., Cox, L.H., 2003. Spatio-Temporal modelling of $PM_{2.5}$ data with missing values. J. Geophys. Res. Atmos. 108, NO. D24, 9004, doi:10.1029/2002JD002914.
Sun L., Zidek, J.V., Le, N.D., Ozkaynak, H., 2000. Interpolating Vancouver's daily ambient PM10 field. Environmetrics 11, 651–663.
Thompson, M.L., Reynolds, J., Cox, L.H., Guttorp, P., Sampson, P.D., 2001. A review of statistical methods for the meteorological adjustment of tropospheric ozone. Atmos. Environ. 35, 617–630.
Wikle, C.K., 2003. Hierarchical models in environmental science. Int. Stat. Rev. 71, 181–199.
Wikle, C.K., Cressie, N., 1999. A dimension-reduced approach to space-time Kalman filtering. Biometrika 86, 815–829.
Zhang, H., 2004. Inconsistent estimation and asymptotically equal interpolations in model-based geostatistics. J. Am. Stat. Assoc. 99, 250–261.
Zhu, L., Carlin, B.P., Gelfand, A.E., 2003. Hierarchical regression with misaligned spatial data: relating ambient ozone and pediatric asthma ER visits in Atlanta. Environmetrics 14, 537–557.
Zidek, J.V., Sun, L., Le, N., Ozkaynak, H., 2002. Contending with space-time interaction in the spatial prediction of pollution: Vancouver's hourly ambient PM_{10} field. Environmetrics 13, 595–613.

CHAPTER 17

Karhunen–Loéve Expansion of
Temporal and Spatio-Temporal Processes

時間および時空間過程に対する Karhunen–Loéve 展開

概　要　本章では時間および時空間過程に対する Karhunen–Loéve 展開 (KLE) について説明する．KLE は，連続パラメータ確率過程のデータマイニングにおいて最も頻繁に用いられる統計手法の一つである．それはまた，離散パラメータによる定式化においては，簡潔に言えば経験直交関数 (EOF) 解析あるいは主成分分析 (PCA) となる．したがって，KLE, EOF ともに膨大なデータセットの次元を効率的に縮約するために有用である．

気候学における EOF や KLE の利用について議論した文献がいくつかある．ただし，これらの応用は大気圏科学に限られるわけではないので，本章の目的は，近年のさまざまな発展を述べることにより，KLE をより一般的な枠組みの中で扱うことにある．

キーワード　時間過程, 空間過程, 時空間過程, 生医学時系列, Karhunen–Loéve 展開, 経験直交関数, 主成分分析

17.1　はじめに

時系列モデルおよび時空間モデルは広く受け入れられ，工学，経済学，環境科学，気候予測，気象学など数多の科学分野への応用を通して大きな発展を遂げてきた．より最近の活動分野としては，トラッキング，機能的磁気共鳴装置，健康データ解析も含まれる．

Box and Jenkins (1970) の発刊以来，時系列解析の理論と応用は急速な発展を遂げてきた．一方，時空間統計解析の分野における発展および研究が始まったのは，空間的・時間的な変化に関連したデータの管理や処理が必須の課題であることが認識された，最近 20 年のことである．1990 年代に，幾人かの研究者が独立に，時空間統計モデリングにおけるダイナミックな時間的様相の可能性を見据え始めた．しかしながら，最近に至るまで，すでに確立された空間統計や時系列解析とは分離した時空間過程に関する理論は，存在しなかった．Banerjee et al. (2004) や Sherman (2011) は，この分野の研究者に適切な出発点を提供している．

さまざまな応用に動機付けられて，さまざまなモデリング手法が採用されてきた．

すなわち，一般的に，採用するアプローチは，予測の獲得，トレンドの推定，あるいは，根底にあるメカニズムに対する科学的理解の向上といった研究目的に応じて選択されてきた．

多くの研究における主要な課題は，今日利用可能になった大規模な時系列あるいは時空間データからの情報抽出である．これらのデータは，しばしば極度に複雑な過程から発生する観測値からなる．したがって，解析方法は，時間的・空間的に異なるダイナミックな変数間を横断するマルチスケールのダイナミックな変動性やさまざまな誤差の原因を説明でき，また，効率的な次元縮約法を提供できなければならない．科学者たちは，これらのデータを要約したり解釈したりする際に助けとなる記述統計学のテクニックを発展させ，あるいは借用し，また洗練させてきた．ここでは，連続確率過程のデータマイニングに対する統計的な技術として最も頻繁に利用されてきたものの一つである，Karhunen–Loéve（KL）展開に焦点を当てる．なお，離散的な定式化において，KL展開は簡潔に経験直交関数（EOF）解析あるいは主成分分析（PCA）になることを注意しておく．Lorenz (1956) によって導入されて以来，大気圏科学においては，EOFが幅広く利用されていることがわかる．例えば，気候を説明したり，一般循環モデル（general circulation model）に対するシミュレーションを比較したり，回帰予測法を発展させたりするのに使われるほか，天気の分類，地図の作成，地球物理場の解釈，確率場特に不均一な確率場のシミュレーションなどにも使われる．気象学におけるEOFについて一般的に議論した文献としては，例えばCraddock (1973) を参照されたい．

興味を持った読者は，いくつかの優れた参考文献（例えばJolliffe (2002) やvon Storch and Zwiers (1999)）およびレビュー論文（Hannachi et al., 2007; Monahan et al., 2009）が気候科学におけるEOFやKLの利用について議論しているので，参照するとよい．しかし，KLやEOFの応用は大気圏科学に限られており，したがって，近年のさまざまな発展が，より一般的な文脈においてまた統一的にはレビューされていない．本章の貢献は，決して網羅的ではないが，このギャップを埋めることにある．

本章の構成は，以下のとおりである．17.2節では，1次元連続過程に対するKarhunen–Loéve解析の理論を紹介する．解析は二つの相補的な段階からなることを示し，これらをEOFを通して説明する．17.3節ではKL解析の多重解像版を説明し，それが生医学的シグナルの解析に有用であることを示す．17.4節，17.5節では，KL理論を，組になった1次元過程および時空間過程へ拡張する．17.6節は，さまざまなディスカッションを展開し，結語とする．

17.2　1次元過程に対するKarhunen–Loéve展開

確率過程は，ランダムな係数を持つ確定的関数の完備集合からなる級数展開により表現することができる．広く利用されている級数展開がいくつかある．通常用いられ

るのは，係数が実数で，展開の基底が三角関数からなるフーリエ級数である．Zhang and Ellingwood (1994) は Legendre 多項式を確定的関数の基底とする他の直交級数展開を提案しているが，しかし，この展開におけるランダムな係数の間には相関がある．その他の多項式も利用されている (Li and Der-Kiureghian, 1993)．直交する確定的関数を基底とし，互いに無相関なランダムな係数を持つ Karhunen–Loéve 展開の利用は，その双直交性，すなわち確定的関数同士においても係数同士においても直交している性質から興味を惹起した．この性質は，確率過程に内包されている情報を離散的で互いに無相関な確率変数の集合へ最適に簡約化することを可能にする(Ghanem and Spanos, 1991)．

$Y(t)$ をある確率空間 $(\Omega; A; P)$ 上で定義された確率過程とする．パラメータ t は有界な領域 T を動くとする．$Y(t)$ は，平均値が $\mu(t)$ で，分散は任意の $t \in T$ に対して有限と仮定する．したがって，$X(t) = Y(t) - \mu(t)$ は平均値 0，分散は $E[X(t)^2]$ となる．また，共分散関数 $R(t,t') = E[X(t)X(t')]$ は連続関数と仮定する．平均値関数 $\mu(t)$ は通常未知であるが，$\mu(t)$ の関数形に関する事前情報が利用できる場合にはデータから推定することができる．例えば，$Y(t)$ が非定常のとき，$\mu(t)$ を次数 k (> 0) の多項式によりうまく近似できる場合もある．

このとき，以下の性質を満たす定数 $\lambda_1 \geq \lambda_2 \geq \cdots \geq 0$ と連続関数 $\phi_1(t), \phi_2(t), \ldots$ が存在することがよく知られている（例えば，Loève (1978), Shorack and Wellner (1986), Karhunen (1947) を参照）．

P.1 集合 $\{\phi_i,\ i \geq 1\}$ は 2 乗可積分空間 $L_2(T)$ の完備直交系をなす．すなわち

$$\int_T \phi_i(t)\phi_j(t)dt = \delta_{ij}$$

を満たす．ここで，δ_{ij} はクロネッカーのデルタ関数である．

P.2 集合 $\{(\lambda_i,\phi_i),\ i \geq 1\}$ は (λ, ϕ) に関するフレードホルム型方程式

$$\int_T R(t,t')\phi_i(t)dt = \lambda_i \phi_i(t'), \quad \int_T \phi_i^2(t)dt = 1 \tag{17.1}$$

の解の完備直交系をなす．

P.3 マーサーの定理 (Riesz and Sz-Nagy, 1955) より，スペクトルあるいは固有分解表現

$$R(t,t') = \sum_{i=1}^{\infty} \lambda_i \phi_i(t)\phi_i(t') \tag{17.2}$$

が成り立つ．ここで，右辺の級数は，絶対収束かつ (t,t') に関して一様収束する．

P.4 $X(t)$ と $\phi_i(t)$ の内積

$$z_i = \int_T X(t)\phi_i(t)dt \tag{17.3}$$

によって定義される $\{z_i,\ i \geq 1\}$ は，平均値 0，分散 $E[z_i^2] = \sigma_{z_i}^2 = \lambda_i$ の互いに無相関な確率変数列であり，さらに KL 展開

$$Y(t) = \mu(t) + \sum_{i=1}^{\infty} z_i\, \phi_i(t) \tag{17.4}$$

を満たす. もし $Y(t)$ がガウス過程であるとすれば, z_i も互いに無相関な（したがって独立な) ガウス確率変数列となる. また, 通常 z_i の分散が 1 になるように標準化するが, 以下では特に断らない限り, 標準化しないままであると仮定する.

$Y(t)$ の確率分布が何であっても式 (17.4) の級数展開は平均 2 乗収束することが知られているが, これは KL 展開 (KLE) と呼ばれ, 互いに無相関な確率変数列と確定的な直交関数列による 2 次モーメントに関する特徴付けを与えている.

実際に適用する場合には, 級数 (17.2), (17.4) は有限個の項 (M とおく) からなる級数,

$$R(t, t') = \sum_{i=1}^{M} \lambda_i \phi_i(t) \phi_i(t')$$

および

$$Y(t) = \mu(t) + \sum_{i=1}^{M} z_i\, \phi_i(t) \tag{17.5}$$

によって近似される.

Grenander (1976) および Ghanem and Spanos (1991) によって, この切断された有限級数は最適であることが示されている. すなわち, この展開における各項を, 係数 z_i の分散 λ_i が大きい順に順序付ければ, 任意の M に対して KLE は真の確率変数と近似する確率変数間の平均 2 乗誤差を最小にする有限級数展開を与える. 言い換えれば, M 個の基底関数により確率過程を近似する場合, 切断された級数展開に対する最適な基底関数は, 共分散行列 $\mathbf{R}$ の大きいほうから M 個の固有値に対応する固有関数である. したがって, 任意の異なる係数 $d_i \neq z_i$ に対しては, 不等式

$$\int_T \Big[X(t) - \sum_{i=1}^{M} z_i\, \phi_i(t)\Big]^2 dt \leq \int_T \Big[X(t) - \sum_{i=1}^{M} d_i\, \phi_i(t)\Big]^2 dt$$

が成立する. また, 式 (17.5) の級数展開はエントロピー測度

$$I_\lambda = \sum_{i=1}^{M} \lambda_i \ln(\lambda_i)$$

を最小にする. したがって, KLE は, 平均 2 乗誤差を最小にすると同時に情報量を最大にするという意味で最適である.

応用例に依存するが, モデルを診断する場合において, Karhunen–Loéve 解析は通常, ノイズを削減すると同時に, 分散を説明する観点からは主な時間的構造を見つけ出し, 大規模データの次元を縮約するために用いられる. したがって, KL 解析の目

17.2 1次元過程に対する Karhunen–Loéve 展開

的は，原系列を少数の独立かつ解釈可能な成分の和

$$Y(t) = T(t) + C(t) + S(t) + E(t)$$

に分解することにある．ここで，$T(t)$ は多項式トレンド，$C(t)$ は一般に振幅が可変的な循環成分，$S(t)$ は変動が1年以内の季節あるいは周期成分である．経済時系列においては，典型的な場合，$T(t), C(t), S(t)$ は各々長期，中期，短期の変動と見なされる．$E(t)$ は時間的な構造を持たないノイズで，期待値 0，分散 σ_e^2 の定常過程とする．また，$E(t)$ は，$Y(t)$ よりは "より滑らか" に変動する観測不可能なシグナルの成分

$$V(t) = T(t) + C(t) + S(t) \tag{17.6}$$

とは無相関である．

したがって，観測される時系列に対してパラメトリックモデルを特定化しなくても，Karhunen–Loéve 解析は，以下の問題を解くのに有用となる．(1) 異なる解像度を持つトレンドの発見，(2) 平滑化，(3) 季節成分の検出，(4) 大小の周期を持つ循環成分の同時検出，(5) 可変的な振幅を持つ周期性の検出，(6) 複雑なトレンドと周期性の同時検出，(7) 短い時系列の構造の発見，(8) 変化点の発見など．

Karhunen–Loéve 法は二つの相補的な段階からなる．それは分解（decomposition）と再構築（reconstruction）であり，両者はさらに二つのステップに分かれる．これらの点について，以降の項で議論する．

17.2.1 離散時系列の分解

a. 埋め込み

期待値 0 の時系列 $X(t)$ を考える．埋め込みのステップは，いわゆる "軌跡" 行列（trajectory matrix）を構成することに関係している．この行列を定義する方法はいくつかあり，それらの例は Basilevsky and Hum (1979), Golyandina et al. (2001), Hannachi et al. (2007) によって研究されている．ここでは，Fontanella et al. (2010) による方法に従い，軌跡行列を，観測される時系列 $\mathbf{x} = (x(1), \ldots, x(n))'$ の N 時点の遅れを伴いかつ間引かれたコピーとして定義する．したがって，埋め込みは1次元時系列の N 次元超空間への射影と見なすことができる．一般性を失うことなく，シグナルの長さ n と遅れを伴うコピーの個数 N は，2のべき乗すなわち $n = 2^J$, $N = 2^K$ と仮定できる．したがって，$(2^{J-K+1} \times N)$ 軌跡行列 $\mathbf{X}$ の $X(i,j)$ 要素は，一般に

$$X(i,j) = 2^{-1/2} x\left(j + 2^{K-1}(i-1)\right), \quad i = 1, \ldots, 2^{J-K+1}, \ j = 1, \ldots, N \tag{17.7}$$

によって与えられる．例えば $J=4, K=2$ とすれば，$\mathbf{X}$ は以下のような構造を示す．

$$\mathbf{X} = \frac{1}{\sqrt{2}} \begin{bmatrix} x(1) & x(2) & x(3) & x(4) \\ x(3) & x(4) & x(5) & x(6) \\ x(5) & x(6) & x(7) & x(8) \\ x(7) & x(8) & x(9) & x(10) \\ x(9) & x(10) & x(11) & x(12) \\ x(11) & x(12) & x(13) & x(14) \\ x(13) & x(14) & x(15) & x(16) \\ x(15) & x(16) & x(1) & x(2) \end{bmatrix}$$

ここでは，簡単のため，巡回境界条件（circular boundary condition）を仮定しているが，他の解決法を考えることも可能である．

巡回境界条件は扱いが容易であり，生医学への応用に有用であるとされている（例えば Fontanella et al. (2010) を参照）．N 列からなる原シグナルからの遅れを伴うコピーにおいては，2^{K-1} ステップごとにシグナルが抽出され，また，各行における最後の 2^{K-1} 個の要素は，すぐ次の行における最初の 2^{K-1} の要素に等しく，したがって各観測値が 2 度繰り返すことに注意しよう．このとき，データ行列が原シグナルのエネルギー（観測値の 2 乗和のこと）を保存することを保証するために，式 (17.7) において $\mathbf{X}$ の各要素に $1/\sqrt{2}$ を掛ける．実際，$\|\mathbf{X}\|_F = (\mathbf{x}'\mathbf{x})^{1/2}$ が成り立つ．ここで，$\|\cdot\|_F$ はフロベニウスノルムである．

b. 固有値分解

2 番目のステップでは，推定された共分散行列

$$\widehat{\mathbf{R}} = 2^{-(J-K+1)} \mathbf{X}'\mathbf{X}$$

の固有値分解を扱う．

上の推定量を採用する動機は，これが何らかの意味で最良であるからではなく，主に主成分分析モデルからの要請および直観に訴えやすいことによる．他のアプローチについては，17.5 節あるいは Basilevsky and Hum (1979) の研究を参照されたい．$\hat{\lambda}_1, \ldots, \hat{\lambda}_N$ は $\widehat{\mathbf{R}}$ の固有値を降順すなわち $\hat{\lambda}_1 \geq \hat{\lambda}_2, \ldots, \hat{\lambda}_N \geq 0$ となるように並べたものとし，また，$\hat{\boldsymbol{\phi}}_1, \ldots, \hat{\boldsymbol{\phi}}_N$ を対応する固有ベクトルとする．このとき，$\sum_{i=1}^{N} \hat{\lambda}_i = tr\left(\widehat{\mathbf{R}}\right) = 2^{K-1}\hat{\sigma}_x^2$ となる．ここで，$\hat{\sigma}_x^2 = 2^{-J}(\mathbf{x}'\mathbf{x})$ とする．

$\hat{\mathbf{z}}_i = \mathbf{X}\hat{\boldsymbol{\phi}}_i$ とおけば，軌跡行列は

$$\mathbf{X} = \mathbf{X}_1 + \mathbf{X}_2 + \cdots + \mathbf{X}_N \tag{17.8}$$

と書ける．ここで，$\mathbf{X}_i = \hat{\mathbf{z}}_i \hat{\boldsymbol{\phi}}_i'$ ($i = 1, \ldots, N$) とする．行列 $\mathbf{X}_i$ の階数は 1，したがって基本行列である．また，$\hat{\boldsymbol{\phi}}_i$ は "経験直交関数" あるいは簡単に EOF として知られている．一方，$\hat{\mathbf{z}}_i$ は軌跡行列の主成分あるいは右固有ベクトルである．また，$(\sqrt{\hat{\lambda}_i}, \hat{\boldsymbol{\phi}}_i, \hat{\mathbf{z}}_i)$ は $\mathbf{X}$ の固有三つ組（eigentriple）と呼ばれ，$\sqrt{\hat{\lambda}_i}$ と集合 $\{\sqrt{\hat{\lambda}_i}\}$ は，各々行列 $\mathbf{X}$ の特異値，スペクトルと呼ばれている．

ここで，軌跡行列の各行および各列は原時系列の部分系列であることに注意しよう．したがって，左固有ベクトル $\hat{\phi}_i$ および主成分 $\hat{z}_i$ もまた時間的構造を持っているので，時系列と見なすことができる．

c. ウィンドウの長さ

ウィンドウの長さ $N = 2^K$ が，この段階で必要となる唯一のパラメータである．適切なウィンドウの長さの選択は，抱えている問題や時系列に関する初期の情報などに依存する．この点に関するより深い議論については，Golyandina et al. (2001) を参照されたい．一般に，時系列が整数を周期とする周期成分を持っていることがわかっている場合（例えばこの成分が季節成分の場合）には，この周期成分をより良く分離するために，ウィンドウの長さは周期に比例させるのがよい．また，K の選択が自己共分散行列 $\hat{\mathbf{R}}$ 内の最大の時間の遅れと推定された基底関数 $\phi_i(t)$ ($i = 1, \ldots, N$) のサポートの長さを決定することに注意が必要である．一般に，K が大きいほど，KLE 変換により生じる変動の大きさは小さくなる．例えば，K の二つの値を K_1, K_2 ($K_1 > K_2$) とし，目標をシグナルの縮約とするならば，一般に K_1 に基づく変換は，K_2 に基づく変換より良いパフォーマンスを示す．一方，目標がグラフにおける転換点に関連したシグナルの特徴を同定することであれば，K_2 に基づく変換は，より明確にこれらの転換点を同定することができる．

17.2.2 再 構 築

a. 集 計

実際には，時系列成分を一義的に対応する直交変数（時間の関数）$\mathbf{z}_i$ に同定することは，常に可能とは限らない．例えば，循環効果 $C(t)$ は独立ないくつかの時間の関数で表現されるかもしれない．グルーピングの段階は，基本行列 $\mathbf{X}_i$ を m 個のグループに集計し，各グループにおいて行列を足し合わせることに対応する．したがって，p 個のインデックス $\{j_1, \ldots, j_p\}$ からなる集合に対して，集計された行列 $\tilde{\mathbf{X}}_g$ は，

$$\tilde{\mathbf{X}}_{g_k} = \mathbf{X}_{j_1} + \mathbf{X}_{j_2} + \cdots + \mathbf{X}_{j_p}, \quad k = 1, \ldots, m$$

によって定義される．その結果，m 個の互いに排反な部分集合 $G = \{g_1, \ldots, g_m\}$ にクラスタリングされたインデックスの集合 $i = \{1, \ldots, N\}$ には，

$$\mathbf{X} = \tilde{\mathbf{X}}_{g_1} + \tilde{\mathbf{X}}_{g_2} + \cdots + \tilde{\mathbf{X}}_{g_m}$$

が対応する．集合 $g_1, \ldots, g_m$ を選択する手順は，固有三つ組クラスタリング（eigentriple clustering）と呼ばれている．あるグループ g_k が与えられたとき，式 (17.8) の展開に対する $\tilde{\mathbf{X}}_{g_k}$ の寄与は，対応する固有値の占有率 $\sum_{i \in g_k} \hat{\lambda}_i / \sum_{j=1}^N \hat{\lambda}_j$ によって測られる．

しかし，その解釈が目的である場合には，単一の成分によって似通った時間的挙動を表現するほうが好ましいときもある．したがって，KL 解析を時系列データに適用する際には，因子分析の文献においてよく知られた同定問題から逃れることはできな

い．Basilevsky and Hum (1979) は，z_i を $T(t), C(t), S(t)$ に集計する以下の2段階からなる手順を提案している．

1. 時間的なパターンを視覚的に検査できるように，確率変数 z_i を時点ごとにプロットする．トレンド，循環成分，季節成分が $X(t)$ に存在するならば，通常，最大の固有値などに対応する最初の2,3の z_i がこれらを現出させる．また，時系列のペア z_i, z_j $(i \neq j)$ の散布図が，原系列の調和成分に対応する固有三つ組を同定するのに役立つときもある．
2. 複数の z_i が似通った時間的挙動を示すとき，例えば，ある周期の循環成分があるときには，複数の z_i を共通の循環成分 $C(t)$ としてクラスタにすべきか否かの検定に，χ^2 規準を利用することができる．実際上の目的のためには，固有値が等しいか否かの検定のみをすれば十分であり，この検定は Anderson (1963) による大標本の場合の検定統計量

$$\chi^2 = -c\sum_{i=1}^{r}\ln(\lambda_i) + c\,r\ln\left(\sum_{i=1}^{r}\frac{\lambda_i}{r}\right)$$

によって都合良く行える場合もある．自由度は $\frac{1}{2}r(r+1)-1$ であり，r は検定される固有値の個数である．

加えて，行列 $\mathbf{X}$ の固有三つ組を同定するために，さらなる方法も考えられる．例えば，調和成分系列に対する二つの固有三つ組における特異値が互いにかなり近い場合がしばしばあり，このときは，これらのクラスタリングが簡単になる．系列 z_i のピリオドグラムもまた，その重要な特徴を現出させることもあり，クラスタの構成に役立てることができる．実際，Fontanella et al. (2010) の研究によって示されたように，このアプローチは生医学時系列に固有な成分を同定する際に役立つことが知られている．Coli et al. (2005) はまた，基底関数のスペクトルの特徴を調べることが，ARFIMA(p,d,q) モデルの短期および長期記憶パラメータ[*1]を推定するのに役立つことを示している．

b．平 均 化

2回繰り返される各要素を平均化することにより，シグナル $X(t)$[*2]は再構築される．すなわち

$$x(t) = \sqrt{2}\,\mathrm{mean}\{X(i,j) : 1 \leq i \leq 2^{J-K+1},\ 1 \leq j \leq N,$$
$$t = j + 2^{K-1}(i-1)\}, \quad t = 1,\ldots,n$$

が成り立つ．

[*1] 【訳注】短期記憶パラメータは (p,q) を指し，長期記憶パラメータは d を指す．
[*2] 【訳注】$x(t)$ の誤りだと思われる．

切断された式 (17.5) による展開に従って，限られた M ($< N$) 個の固有ベクトルのみを考えるならば，行列 $\hat{\mathbf{X}} = \sum_{i=1}^{M} \mathbf{X}_i$ は軌跡行列 $\mathbf{X}$ に対して最も良い近似を与える．すなわち，$\|\mathbf{X} - \hat{\mathbf{X}}\|$ を最小にし，かつ $\hat{v}(t) = \hat{\mu}(t) + \hat{x}(t)$ は潜在する過程 $V(t)$ の推定量を表現する．

ここで，等式 $\|\mathbf{X}\|^2 = \sum_{i=1}^{N} \hat{\lambda}_i$ および $\|\mathbf{X}_i\|^2 = \hat{\lambda}_i$ ($i = 1, \ldots, N$) が成立することに注意しよう．したがって，比 $\hat{\lambda}_i / \sum_{j=1}^{N} \hat{\lambda}_j$ は，式 (17.8) への行列 $\mathbf{X}_i$ の寄与を表す特性値と考えることができる．よって，最初の M 個の比の和，$\sum_{i=1}^{M} \hat{\lambda}_i / \sum_{j=1}^{N} \hat{\lambda}_j$ は，階数 M の行列により軌跡行列を近似したとき，最適な近似における特性値である．

17.2.3　イタリア (1978～1995) における月次エネルギー消費

固有三つ組クラスタリングの簡単な例を紹介するため，1978～1995 年のイタリアの月次エネルギー消費を考察する．この時系列は線形トレンドを示すが，通常の最小2乗法によりトレンドを除去すると，残差項は期待値一定と見なすことができる．残差項の系列は明らかに調和成分を持ち，実際に Whittle と Hartley の検定 (Priestley, 1981) を行うと，8 個の周波数においてピリオドグラムが有意に大きいことが確認できる．推定された主成分の周波数を探査することにより，残差系列の周波数と一致する周波数を持つ 14 個の固有三つ組を見出せる．表 17.1 に，その 8 個の周波数，対応する固有三つ組クラスタリング，それによって説明される分散の割合，各部分集合 g_k に対する χ^2 検定の値を記載している．有意水準を $\alpha = 0.1$ とすれば，固有三つ組のペア（すなわち $r = 2$ とする）に対して，χ^2 検定の自由度は 2，その棄却点は 9.21 である．

表 17.1　イタリアにおけるエネルギー消費．その時間的変動パターンの同定と固有三つ組の集計．

周波数	周期(月)	調和成分	固有三つ組部分集合	説明される分散比（%）	検定統計量の値
0.524	12	$S(t)$	1～2	35.0	0.019
3.142	2	$S(t)$	3	17.9	—
2.094	3	$S(t)$	4～5	17.4	0.005
1.571	4	$S(t)$	7～8	12.2	0.006
1.047	6	$S(t)$	10～11	5.3	0.008
0.058	108	$C(t)$	6～9	4.5	0.001
2.618	2.5	$S(t)$	12～13	2.6	0.010
0.087	72	$C(t)$	14	1.2	—

17.3 多重解像 Karhunen–Loéve 展開

シグナルの成分が重複しないスケールで存在する場合，興味深い例がある．このような場合には，多重解像解析が，シグナル固有の特徴を明らかにするのに役立つ．多重解像 Karhunen–Loéve（MR-KL）変換は，本質的には KL 変換を次々とさまざまな解像度のレベルで計算するのと同じである．MR-KL 変換は，KL 変換をそれに先立つレベルの各部分シグナルに適用するという意味で，ウェーブレットパケット変換（wavelet packet transform; WPT）に同じく応用されている（Mallat, 1998）．最上位のレベルはシグナルの時系列表現である．わかりやすく提示するために，手順の階層的構造を以下のステップに分けて要約する．

Step 1: 長さ n のシグナル $\mathbf{x}$ に対して，式 (17.7) の軌跡行列 $\mathbf{X}$ を定義する J と K を選択する．$\operatorname{rank}(\widehat{\mathbf{R}}) \leq \min(2^{J-K+1}, 2^K)$ であるから，$2^{J-K+1} \geq 2^K$ を満たすように，$K \leq \lfloor \frac{J+1}{2} \rfloor$ とするのが理にかなっている．このとき，また最大の解像度のレベルを $L \leq \frac{J-K}{K-1}$ とすれば，各解像度のレベル l においてその遅れを伴うベクトル（lagged vector）の個数は軌跡行列の次元より大きいか少なくとも等しくなる．

Step 2: 共分散行列 $\widehat{\mathbf{R}}$ を計算し，$(2^{J-K+1} \times N)$ の主成分行列の推定量 $\widetilde{\mathbf{Z}}^{(1)} = \mathbf{X}\boldsymbol{\Phi}$ を求める．ここで，$\boldsymbol{\Phi} = (\widehat{\boldsymbol{\phi}}_1 \cdots \widehat{\boldsymbol{\phi}}_N)$ は，$\widehat{\mathbf{R}}$ の固有分解により得られる固有ベクトルからなる行列である．

Step 3: 解像度のレベル $l = 2, 3, \ldots, L$ に対して，以下のステップを繰り返す．

(a) 各 $p = 1, \ldots, 2^{(l-1)K}$ に対して，$\mathbf{z}_p^{(l)} = \widetilde{\mathbf{z}}_p^{(l-1)}$ とおく．ここで，$\widetilde{\mathbf{z}}_p^{(l-1)}$ は $\widetilde{\mathbf{Z}}^{(l-1)}$ の p 番目の列とする．

(b) 式 (17.7) に従い，各要素が

$$Z_p^{(l)}(i,j) = 2^{-1/2} z_p^{(l)}\left(j + 2^{K-1}(i-1)\right)$$

$$i = 1, \ldots, 2^{J-l(K-1)}, \quad j = 1, \ldots, N$$

によって定義される行列 $\mathbf{Z}_p^{(l)}$ を求める．

(c) スペクトル分解 $\widehat{\mathbf{R}}_p^{(l)} = \boldsymbol{\Phi}_p^{(l)} \boldsymbol{\Lambda}_p^{(l)} \boldsymbol{\Phi}_p^{(l)\prime}$ を行う．ここで，$\widehat{\mathbf{R}}_p^{(l)} = 2^{-J+l(K-1)} \mathbf{Z}_p^{(l)\prime} \mathbf{Z}_p^{(l)}$ である．この段階で，以下の関係が固有値に関して成り立つことに注意しよう．

$$\sum_{j=1}^{2^K} \hat{\lambda}_{p,j}^{(l)} = 2^{K-1} \hat{\lambda}_p^{(l-1)}, \quad \sum_{p=1}^{2^{(l-1)K}} \sum_{j=1}^{2^K} \hat{\lambda}_{p,j}^{(l)} = 2^{l(K-1)} \hat{\sigma}_x^2$$

(d) $(2^{J-l(K-1)} \times 2^K)$ 主成分行列 $\widetilde{\mathbf{Z}}_p^{(l)} = \mathbf{Z}_p^{(l)} \boldsymbol{\Phi}_p^{(l)}$ を求める．

(e) KL 係数の行列 $\widetilde{\mathbf{Z}}^{(l)} = \left[\widetilde{\mathbf{Z}}_1^{(l)} \cdots \widetilde{\mathbf{Z}}_p^{(l)} \cdots \widetilde{\mathbf{Z}}_{2^{(l-1)K}}^{(l)}\right]$ を求める.

各レベル $l = 1, \ldots, L$ において, シグナル $x_p^{(l)}(h)$ は
$$x_p^{(l)}(h) = \sqrt{2}\, \text{mean}\Big\{ X_p^{(l)}(i,j) : j + 2^{K-1}(i-1) = h,$$
$$i = 1, \ldots, 2^{J-l(K-1)},\ j = 1, \ldots, N \Big\}$$

のように再構築できる. ここで, $X_p^{(l)}(i,j)$ は $\mathbf{X}_p^{(l)} = \widetilde{\mathbf{Z}}_p^{(l)} \boldsymbol{\Phi}_p^{(l)'}$ の (i,j) 要素である. さらに, $\tilde{\mathbf{z}}^{(l)} = \text{vec}(\widetilde{\mathbf{Z}}^{(l)})$ とおけば, 各レベル l において, KL 係数は残ったシグナルのエネルギーを保存すること, すなわち $\|\tilde{\mathbf{z}}^{(l)}\|^2 = \|\mathbf{x}\|^2$ が成り立つことが示せる (Fontanella et al., 2010).

$J = 6$, $L = 2$, $K = 2$ の場合について, MR-KL 展開を要約したスキームを図 17.1 に示す. 典型的な離散ウェーブレット変換では, 近似された空間のみが分解されているが, それと比較してこのすべての樹形図には冗長性がある. したがって, データ圧縮として最適ではないが, シグナルの要となる構造を強調するのには役立つ. 実際, レベル l におけるすべての部分シグナル $\mathbf{z}_p^{(l)}$ を分解することにより, 周波数帯を一様に分離することができ, その結果, シグナルの特徴の各周波数への局所化がより良く行える. これはまた, 検出や識別に適した特徴を抽出するためにウェーブレットパケットによるアプローチが広く利用されてきた理由でもある (例えば Learned and Willsky (1995), Walczak et al. (1996) およびそれに掲載されている参考文献を参照).

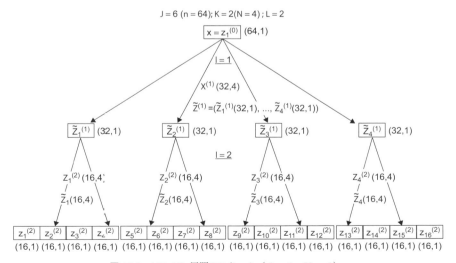

図 **17.1** MR-KL 展開のスキーム ($J = 6$, $K = 2$).

17.3.1 ノイズフィルタリング

解析装置による機械的な反応として得られるシグナルは，すべてノイズの影響を受けているので，ひとたび KL 係数が利用可能になれば，非線形な近似により，式 (17.6) におけるノイズのないシグナル $V(t)$ を回復することができる（Mallat, 1998）．シグナルとノイズからなる部分空間の分離を可能にするために，最も解像度の高い $\widetilde{\mathbf{Z}}^{(L)}$ に対して定義された KL 係数は，その大きさに基づいて閾値化（thresholding）される．ここでは，$\tau\sqrt{2^L}\hat{\sigma}_e$ によって定義される現実的な手順を考える．ここで，$\hat{\sigma}_e^2$ は最初の解像度レベルにおけるノイズの分散の推定量とし，τ は適当な定数である．

σ_e^2 の推定方法には，さまざまなものがある．この点に関しての議論は，例えば Ippoliti et al. (2005) を参照されたい．一つの可能性は，順序付けられた最後の r 個の固有値の平均によって σ_e^2 を推定する方法である．ここで，r は，Fontanella et al. (2010) によって説明されているように，赤池の情報量規準（Akaike's information theoretic criterion; AIC）によって定義できる．このとき，$V(t)$ は $E(t)$ と独立になるので，$\hat{\sigma}_x^2 = \hat{\sigma}_v^2 + \hat{\sigma}_e^2$ と書け，主成分分析の観点からは $\hat{\sigma}_{\widetilde{\mathbf{Z}}^{(L)}}^2 = \hat{\sigma}_{\widetilde{\mathbf{v}}^{(L)}}^2 + \hat{\sigma}_{\widetilde{\mathbf{e}}^{(L)}}^2$ となる．このとき $\hat{\sigma}_{\widetilde{\mathbf{Z}}^{(L)}}^2 = 2^{-L}\hat{\sigma}_x^2$ となるので，また $\hat{\sigma}_{\widetilde{\mathbf{e}}^{(L)}}^2 = 2^{-L}\hat{\sigma}_e^2$ を得る．もし $\widetilde{\mathbf{z}}_e^{(L)} \sim WN(0, 2^{-L}\sigma_e^2)$ と仮定すれば，確率 $1 - \alpha_\tau$ で観測値は区間 $\pm\tau\sqrt{2^L}\hat{\sigma}_e$ に入る．大まかな指針として，Kostantinides and Yao (1988) で議論されているシミュレーション結果では，簡単な閾値 $\tau = 3$ がさまざまなノイズのレベルにおいて，より安定的に機能することが示されている．τ として 3 に近い値を選ぶことは，Walker (1999, Section 2.6) によっても提案されている．

17.3.2 赤外線シグナルの MR-KL 解析

多重解像 Karhunen–Loéve 解析は，生医学時系列のダイナミクスを説明するのに有用であることが知られている（例えば Fontanella et al. (2010) を参照）．本項では，感情誘発実験（emotional induction experiment）を受ける 2 人の被験者の反応に関する精神生理学的研究について考察する．赤外線熱（infrared thermal; IR）シグナルによって測られる被験者の額における体温調節活動を用いて，外部からの刺激に対する交感神経の反応を解析する（熱画像に関するより詳しい内容については，例えば Shastri et al. (2009) を参照）．実験については Fontanella et al. (2010) によって説明されており，その全容に興味のある読者は彼らの論文を参照されたい．

ここでは，音声と視覚的な方法が被験者の驚く反応を誘発するために用いられることを述べておけば，十分である．背景が明るい灰色で，灰色を基調とする異なる五つの人間の顔の像からなる系列が，視覚的シミュレーションに用いられる．各像は 18 秒おきに 2 秒間見ることができる．五つの像の系列は繰り返し提示され，総計は 11 サイクルである．音響的な刺激は 90 デシベルのホワイトノイズの爆音であり，3, 4, 5, 6, 9, 10 回目のサイクルにおいて，5 番目の顔が提示されているときに 200 ミリ秒続

く．額の体温はデジタル赤外線カメラで記録される．解析の目的は，2人の被験者の交感神経反応を調べることによって実験の特徴を認識することである．IR シグナルは，重複しないスケールに存在するシグナル成分に依存するので (Shastri et al., 2009)，多重解像によるアプローチがこの研究には適切であろう．

二つの系列はそれぞれ1秒当たり 1024 個の観測値からなり，非線形トレンドを示しているので，これを平滑化スプライン法により除去する．シグナルの原系列，推定されたトレンド，残差系列を図 17.2 に示す．

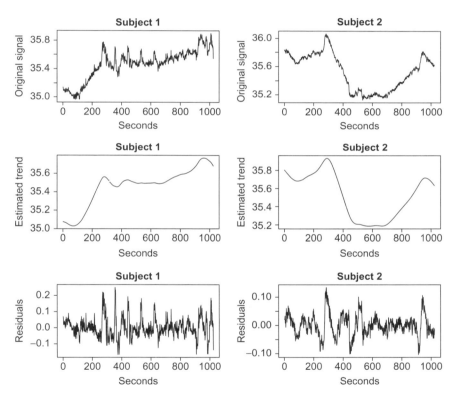

図 **17.2** 感情誘発実験を受けた 2 人の被験者の IR 原系列 (上段)，推定されたトレンド (中段)，残差系列 (下段)．

各被験者に対して，$J=10$, $K=3$ とおき，(256×8) 軌跡行列 $\mathbf{X}$ が残差シグナルから得られる．観測ノイズを除去するために，前述の手順に従って，非線形な閾値化が展開係数に施される．

両被験者ともに，第 1 主成分が平均してほぼ 50% の変動を説明し，とても滑ら

かであり,残差系列のパターンとよく似たシグナルを再構築している.また,興味のある周波数を明瞭に表している.確認のための解析として,再構築したシグナルのスペクトルの推定量は,周期 90 秒に相当する周波数で最も大きいピークを示している.これは,刺激の 3 番目と 6 番目のサイクルが再帰する間の間隔を表現している.図 17.3 は,第 1 主成分により再構築された残差系列と,切断点を (7,7) とした Daniell ウィンドウによって平滑化された対数ピリオドグラムを示している.残りの主成分は,さらにとても不規則な高周波成分を持つ.図 17.4 は第 2 主成分により再構築された残差系列を示しており,それは平均して約 25% の変動を説明する.切断点を (7,7) とする Daniell ウィンドウによって平滑化された対数ピリオドグラムは,像の系列と同じ周期で最も有意なピークを示すことを注意しておく.特に,両被験者ともに推定された周期はおよそ 17.96 秒で,これは明らかに像の間隔に関係している.しかし,この段階で,系列における特定の像の効果を検出することは困難に思

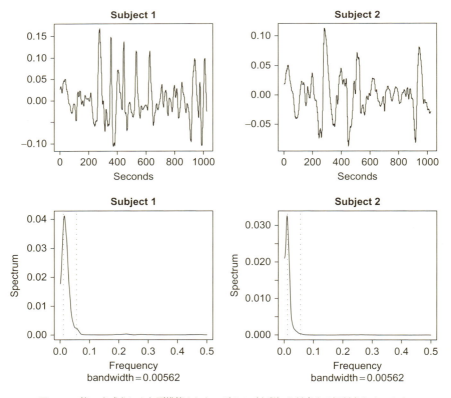

図 17.3 第 1 主成分により再構築されたシグナル(上段)と対応する切断点を (7,7) とする Daniell ウィンドウによって平滑化された対数ピリオドグラム(下段).

17.4 組になった1次元過程に対する Karhunen–Loéve 展開

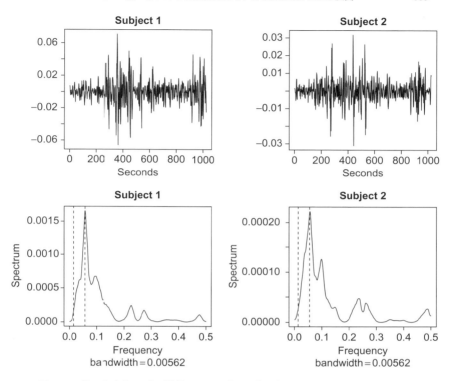

図 17.4 第 2 主成分により再構築されたシグナル（上段）と対応する切断点を (7,7) とする Daniell ウィンドウにより平滑化された対数ピリオドグラム（下段）．

える．

残りの主成分から再構築された残差シグナルは，より高周波でより振幅が小さいという特徴を持っている．平均して最初の三つの主成分が約 86% の変動を説明し，また大変興味深いことに，第 5，第 6 主成分が 3.3 秒の周期に相当する周波数成分を保持している．これは 1 分間に 15〜20 回のサイクルとして特徴付けられることが知られている呼吸活動を，たぶん反映している．

17.4 組になった1次元過程に対する Karhunen–Loéve 展開

組になった（相関のある）確率過程が利用できる場合に興味を持つときもある．これらの場合に対しては，KL 展開を二つのカーネル R_1 と R_2 が定義されるように拡張し，同時に分解するテクニックの枠組みの中で，二つの過程の間の相関を検出することが可能である．$R_1(t, t')$ と $R_2(t, t')$ を，二つの実対称で 2 乗可積分な関数とする．ま

た，R_1 と R_2 を，$R_1(t,t')$ と $R_2(t,t')$ をカーネルとする積分作用素とする．さらに，R_1 と R_2 は各々正定値，非負定値と仮定する．したがって，$R = R_1^{-1/2} R_2 R_1^{-1/2}$ は稠密に定義され，有界であり，その全空間 $L_2(T)$ への拡張は $L_2(T)$ を張る固有関数族を持つ．このとき，λ_i と ψ_i を R の固有値と正規直交化された固有関数とすれば，展開

$$R_1(t,t') = \sum_i w_i(t)w_i(t'), \quad R_2(t,t') = \sum_i \lambda_i w_i(t)w_i(t')$$

が成立する (Kadota, 1967)．ここで $w_i(t) = R_1^{1/2}\psi_i(t)$ とする．また，$w_i(t)$ は積分方程式

$$\int_T R_2(t,t')w_i(t)dt = \lambda_i \int_T R_1(t,t')w_i(t)dt \qquad (17.9)$$

を満たす．これはフレードホルム積分 (17.1) の一般化を表している．実際に R_1 と R_2 が可換ならば，このとき式 (17.9) は式 (17.1) に帰着する．

実際には，二つの行列 $\mathbf{R}_1$ と $\mathbf{R}_2$ に対して，二つのカーネルの同時対角化

$$\sum_{i=1}^M R_2(t,t')w_i(t) = \lambda_i \sum_{t=1}^M R_1(t,t')w_i(t)$$

によって，あるいは行列による定式化では

$$\mathbf{R}_2 \mathbf{w}_i = \lambda_i \mathbf{R}_1 \mathbf{w}_i \qquad (17.10)$$

によって近似される．

式 (17.10) は一般化固有値分解 (generalized eigenvalue decomposition; GED) (Golub and Van Loan, 1993) になっている．

もし $\mathbf{R}_2$ と $\mathbf{R}_1$ が対称で，$\mathbf{R}_1$ が正定値ならば，固有値 λ_i と固有ベクトル $\mathbf{w}_i$ は実数である．さらに固有値が互いに異なるならば，異なった固有ベクトルは行列 $\mathbf{R}_2$ と $\mathbf{R}_1$ によって定義される距離において直交し

$$\mathbf{W}'\mathbf{R}_1\mathbf{W} = \mathbf{I}, \quad \mathbf{W}'\mathbf{R}_2\mathbf{W} = \mathbf{\Lambda}$$

が成り立つ．ここで，$\mathbf{W}$ の列は固有ベクトル $\mathbf{w}_i$ からなり，$\mathbf{\Lambda}$ は固有値を成分とする対角行列である．$\mathbf{R}_1$ が正定値ならば，式 (17.10) は同値な表現

$$\mathbf{R}_1^{-1}\mathbf{R}_2\mathbf{w}_i = \lambda_i \mathbf{w}_i$$

によって処理できる．この場合，行列 $\mathbf{R}_1^{-1}\mathbf{R}_2$ は一般に対称ではないが，例えば Choelsky 分解を用いて $\mathbf{R}_1 = \mathbf{L}\mathbf{L}'$ とし，対称行列 $\mathbf{R} = \mathbf{L}^{-1}\mathbf{R}_2(\mathbf{L}^{-1})'$ の固有値分解を考えることにより対称な固有値問題を回復することが可能である．固有値は最初の問題と同一であるが，固有ベクトルは $\psi_i = \mathbf{L}'\mathbf{w}_i$ として得られる．

17.4.1 カーネルのタイプ

以下では，式 (17.10) の一般化された固有値問題の特別な場合の解として現れる，三

つの異なる規準を示す．これらのすべての場合において，次のことが成立する．$X_1(t)$ と $X_2(t)$ は平均 0 の二つの過程とし，$\mathbf{X}_1$ と $\mathbf{X}_2$ を観測時系列から得られた軌跡行列とする．また，$\mathbf{R}_{x_1}$ と $\mathbf{R}_{x_2}$ をその自己共分散行列とし，$\mathbf{R}_{x_1x_2}$ を交差共分散行列とする．最後に $\mathbf{w}_i = [\mathbf{w}'_{ix_1} \mathbf{w}'_{ix_2}]'$ とおく（定義は以下の項で与えられる）．

a. 部分的最小 2 乗法

部分的最小 2 乗法（partial least square; PLS）の目的は，データの共変動が最大となる二つの方向を見つけること（Naes and Martens, 1985），すなわち，展開係数 $\mathbf{z}_{ix_1} = \mathbf{X}_1\mathbf{w}_{ix_1}$ と $\mathbf{z}_{ix_2} = \mathbf{X}_2\mathbf{w}_{ix_2}$ が最大の共分散を持つような方向 $\mathbf{w}_{x_i}$ と $\mathbf{w}_{y_i}$ を見つけることにある．このとき，パターン $\mathbf{w}_i$ は一般化された固有値分解 (17.10) において

$$\mathbf{R}_2 = \begin{bmatrix} 0 & \mathbf{R}_{x_1x_2} \\ \mathbf{R}_{x_2x_1} & 0 \end{bmatrix}, \quad \mathbf{R}_1 = \begin{bmatrix} \mathbf{I} & 0 \\ 0 & \mathbf{I} \end{bmatrix}$$

とおくことにより得られる (Fontanella et al., 2005)．

b. 正準相関分析

正準相関分析（canonical correlation analysis; CCA）の目標は，データの相関を最大にする二つの方向を見つけること，すなわち，展開係数 $\mathbf{z}_{ix_1} = \mathbf{X}_1\mathbf{w}_{ix_1}$ と $\mathbf{z}_{ix_2} = \mathbf{X}_2\mathbf{w}_{ix_2}$ が最大の相関を持つことができるような方向 $\mathbf{w}_{x_i}$ と $\mathbf{w}_{y_i}$ を見つけることにある (Mardia et al., 1979)．このとき，パターン $\mathbf{w}_{x_i}$ は一般化された固有値分解 (17.10) において

$$\mathbf{R}_2 = \begin{bmatrix} 0 & \mathbf{R}_{x_1x_2} \\ \mathbf{R}_{x_2x_1} & 0 \end{bmatrix}, \quad \mathbf{R}_1 = \begin{bmatrix} \mathbf{R}_{x_1} & 0 \\ 0 & \mathbf{R}_{x_2} \end{bmatrix}$$

とおくことにより得られる（Fontanella et al. (2005) を参照）．

c. 冗長解析

二つの過程 X_1 と X_2 が与えられたとき，最小 2 乗誤差の意味で可能な限り X_2 の良い予測を行うことが目的ならば，この誤差が最小になるようなパターン $\mathbf{w}_{x_i}$ を選ばなくてはならない．これは次元縮約回帰 (Izenman, 1975) あるいは冗長解析 (redundancy analysis; RA) (van de Wollenberg, 1977) としても知られている多変量線形回帰モデルの低次元近似法に相当する．

CCA や PLS と違って，RA は二つの過程を非対称的に扱う．特に RA は被予測量の分散が最大になるような予測量と被予測量のペアを求めるが，これは，X_2 への最も効率的な多変量回帰を通して，強い関係を持つようなパターンを同定することにより，直接的に行われる．

$\mathbf{X}_1$ が $\mathbf{X}_2$ を予測できる度合いを測るために，冗長指数（redundancy index）

$$R^2 = \frac{tr(\mathbf{R}_{\hat{x}_2})}{tr(\mathbf{R}_{x_2})} = \frac{tr(\mathbf{R}_{x_2x_1}\mathbf{R}_{x_1}^{-1}\mathbf{R}_{x_1x_2})}{tr(\mathbf{R}_{x_2})}$$

を利用することができる．ここで，tr は行列のトレースとする．この指数は，$\mathbf{X}_2$ の総分散のうち，$\mathbf{X}_2$ を $\mathbf{X}_1$ に回帰することにより説明できる分散の比率を表している．

実際には，冗長指数の最大化，したがって最良の予測量と被予測量のパターンの同定は，一般化された固有値分解 (17.10) において

$$\mathbf{R}_2 = \begin{bmatrix} \mathbf{0} & \mathbf{R}_{x_1 x_2} \\ \mathbf{R}_{x_2 x_1} & \mathbf{0} \end{bmatrix}, \quad \mathbf{R}_1 = \begin{bmatrix} \mathbf{R}_{x_1} & \mathbf{0} \\ \mathbf{0} & \mathbf{I} \end{bmatrix}$$

とおいたときの解に関係している．

大気圏科学におけるこれらの手法の比較については，例えば Bretherton et al. (1992) を参照されたい．

17.5 時空間過程に対する Karhunen–Loéve 展開

空間的には連続で，時間的には離散の時空間過程に対する KL 解析の理論を示すことにより，この章を終える．時空間過程 $Y(\mathbf{s}_k, t)$ を考える．ここで，$\mathbf{s}_k = \{s_{k1}, s_{k2}\} \in D$ とし，D は 2 次元ユークリッド空間 $\Re^2$ のある領域であり，$t \in \{1, 2, \ldots, T\}$ は離散的な時間とする．また，各時点 t において，$X(\mathbf{s}_k, t) = Y(\mathbf{s}_k, t) - \mu(\mathbf{s}_k, t)$ は期待値 0 で 2 次モーメントが有限，共分散関数は $R(\mathbf{s}_k, \mathbf{s}_j)$ とする．このとき，17.2 節で示した結果と同様に，$X(\mathbf{s}_k; t)$ は，共分散関数の固有関数である任意の正規直交基底関数系 $\phi_i(\mathbf{s}_k)$ によって展開できる．したがって，時空間過程が与えられたとき，KL 解析は無相関な時系列の集合とともに直交する空間的なパターンの集合を見つけ出す．しかし，疎かつ不規則なネットワークからしかデータが収集できないときには，連続領域におけるアプローチは，多大な困難を伴う．離散的な地点において観測される過程を考えるという現実は，実際には式 (17.1) の数値解法に制限をもたらす．したがって，領域に p 個の標本地点があるときには，p 個の固有関数しか推定できないが，一方で，実際には，連続過程に対しては可算無限個の関数が存在する．したがって，積分領域に関する地理的な関係や地点 $\mathbf{s}_k$ ($k = 1, \ldots, p$) 間の関係は，離散行列による定式化 (17.1) では完全に無視されてしまう．しかし，この制限は解法の精度に対する制約として認識すべきであり，問題点の一部として認識すべきではない．したがって，実際に遭遇する数値的な問題は，$R(\mathbf{s}_k, \mathbf{s}_j)$ を推定することであり，式 (17.1)～(17.4) を解くことである．Obled and Creutin (1986) は，D 上にベクトル空間の構造を持つ関数族 $\{e_1(\mathbf{s}_i), e_2(\mathbf{s}_i), \ldots, e_p(\mathbf{s}_i)\}$ に基づく一般的なアプローチを提案している．このアプローチにより，以下の有限個のフレードホルム積分による定式化

$$\sum_{j=1}^{p} \sum_{m=1}^{p} R(\mathbf{s}_k, \mathbf{s}_j) E_{jm} \phi_i(\mathbf{s}_m) = \lambda_i \phi_i(\mathbf{s}_k), \quad i, k = 1, \ldots, p \tag{17.11}$$

が導かれる．ここで，$E_{jm} = \int_D e_j(\mathbf{s}) e_m(\mathbf{s}) d\mathbf{s}$ は 2 次因子 (quadrature factor) である．また，式 (17.4) の有限解は

$$z_i(t) = \sum_{k=1}^{p} \sum_{j=1}^{p} X(\mathbf{s}_k, t) E_{kj} \phi_i(\mathbf{s}_j), \quad i = 1, \ldots, p \tag{17.12}$$

になる.

式 (17.11) と式 (17.1) の主要な相違は，式 (17.11) においては，適切な生成関数を選択するという問題を解かなければならないことにある．実際的な観点から言えば，この問題は E_{jm} の積分項を評価することに限られる．2 次元の場合については，Cohen and Jones (1969) および Buell (1972) が区分的定数関数を用いる方法を提案している．このアプローチに従えば，各地点 $\mathbf{s}_k$ に影響を及ぼす地域の集合 $\{\delta(\mathbf{s}_k)\}$ ($k = 1, \ldots, p$) を定義し，$e_m(\mathbf{s}_k)$ は定数であり，一つの地域では 1, 他の地域では 0 と仮定する．一つの方法は，影響を及ぼす地域を，D のボロノイ分割 (Okabe et al., 1992) を適用することにより得て，各地域を E_{jm} の積分項の近似として用いることである．これらの地域は，変動するネットワークの密度からの効果を補正する．その結果，フレードホルム積分の数値近似は

$$\sum_{j=1}^{p} R(\mathbf{s}_k, \mathbf{s}_j) \delta(\mathbf{s}_j) \phi_i(\mathbf{s}_j) = \lambda_i \phi_i(\mathbf{s}_k)$$

となり，その対称的な形式は

$$\sum_{j=1}^{p} R^*(\mathbf{s}_k, \mathbf{s}_j) \theta_i(\mathbf{s}_j) = \lambda_i \theta_i(\mathbf{s}_k)$$

となる．ここで，$\theta_i(\mathbf{s}_j) = \phi_i(\mathbf{s}_j)\sqrt{\delta(\mathbf{s}_j)}$，$R^*(\mathbf{s}_k, \mathbf{s}_j) = R(\mathbf{s}_k, \mathbf{s}_j)\sqrt{\delta(\mathbf{s}_k)\delta(\mathbf{s}_j)}$ である．

例として，ミラノ地区のモニタリングネットワークにおけるある地点に用いられているボロノイ分割を，図 17.5 に示す．座標系は地球横断メルカトル投影（universal transverse Mercator projection; UTM projection）に基づくイタリア国家グリッド

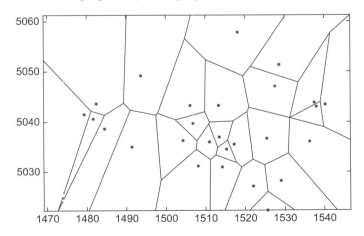

図 **17.5** ボロノイ分割．ミラノ地区に用いられたモニタリングネットワークに対する影響地域を示している．

システム (Gauss–Boaga) である.

なお,規則的なグリッドを考えるときには,2次因子は必要なく,17.2節の結果がそのまま成り立つことに注意しよう.

17.5.1 計算方法の詳細

p 個の異なる地点と n 個の時点でデータは観測されると仮定する.その結果観測された過程は,$(n \times p)$ のデータ行列 $\mathbf{Y}$ によって表現されるとする.von Storch and Zwiers (1999),Jolliffe (2002),Wilks (2006) は,中心化されたデータ行列の特異値分解により EOF を得る方法について詳細な説明を与えている.

ここでは,本質的には母集団における EOF へのアプローチを表す,モデルに基づくアプローチについて議論する.地球統計学における解析と同様に,空間共分散関数は理論的に正当化された関数 (Cressie, 1993) によって母数化されていると仮定する.正規性を仮定すれば,空間的なパラメータは,デビアンス (deviance),すなわち対数尤度の -2 倍

$$\mathcal{D}(\boldsymbol{\beta}) \propto -T \log |\mathbf{R}(\boldsymbol{\beta})| + \sum_{t=1}^{T} \mathbf{x}(t)' \mathbf{R}(\boldsymbol{\beta})^{-1} \mathbf{x}(t)$$

を,理論的に正当化されたパラメータ空間上で最小化することにより得られる.ここで,$\mathbf{R}(\boldsymbol{\beta})$ は $(p \times p)$ の空間共分散行列,また $\mathbf{x}(t) = \mathbf{y}(t) - \boldsymbol{\mu}(t)$ は時点 t における $(p \times 1)$ の空間系列とする.なお,推定はバリオグラム関数 (variogram function) に基づいても可能であり,Sahu and Mardia (2005) においてその例が説明されていることを注意しておく.いったん共分散関数が推定されれば,$\hat{\mathbf{R}}(\boldsymbol{\beta})$ の固有値分解が特異値の集合 $\hat{\lambda}_i$ および固有ベクトルの集合(空間パターン)$\hat{\phi}_i(\mathbf{s}_k)$ $(i=1,\ldots,p)$ を与える.

17.5.2 状態空間による定式化

線形ガウス状態空間モデル (Hamilton, 1994) と KL (EOF) 理論を結び付けると,確率場の空間および時空間予測を行う便利な方法が与えられる.考えるモデルは以下の状態 (state) および観測 (measurement) 方程式

$$\begin{aligned} \mathbf{z}(t) &= \boldsymbol{\Phi}\, \mathbf{z}(t-1) + \boldsymbol{\epsilon}(t) \\ \mathbf{y}(t) &= \mathbf{H}\, \mathbf{z}(t) + \mathbf{u}(t) \end{aligned} \quad (17.13)$$

によって説明される.ここで,$\mathbf{z}(t)$ は状態 (state) ベクトル,$\boldsymbol{\Phi}$ は正則な遷移 (transition) 行列,$\mathbf{y}(t)$ は観測ベクトル,$\mathbf{H}$ は定数の出力行列とする.系列 $\boldsymbol{\epsilon}(t)$ と $\mathbf{u}(t)$ は,互いに独立で正規分布に従う確率変数列であり,状態および観測それぞれの誤差を表している.

モデルの特定化の例を与えよう.簡単のため,各時点 t において,過程は線形な空間的トレンドを示していると仮定する.また,$\hat{\lambda}_1 \geq \hat{\lambda}_2 \geq \cdots \geq \hat{\lambda}_p$ と仮定し,対応

17.5 時空間過程に対する Karhunen–Loéve 展開

する固有ベクトル $\hat{\phi}_i(\mathbf{s}_k)$ も同じ順番に従って分類されているとする．このとき，最初の M ($\ll p$) 個の固有ベクトルと観測行列 $\mathbf{H}$ は

$$\mathbf{H} = \begin{bmatrix} 1 & s_{11} & s_{12} & \hat{\phi}_1(\mathbf{s}_1) & \hat{\phi}_2(\mathbf{s}_1) & \cdots & \hat{\phi}_M(\mathbf{s}_1) \\ 1 & s_{21} & s_{22} & \hat{\phi}_1(\mathbf{s}_2) & \hat{\phi}_2(\mathbf{s}_2) & \cdots & \hat{\phi}_M(\mathbf{s}_2) \\ \vdots & \vdots & \vdots & \vdots & \vdots & \cdots & \vdots \\ 1 & s_{p1} & s_{p2} & \hat{\phi}_1(\mathbf{s}_p) & \hat{\phi}_2(\mathbf{s}_p) & \cdots & \hat{\phi}_M(\mathbf{s}_p) \end{bmatrix}$$

となり，したがって，観測式 (17.13) は式 (17.5) のように切断された展開を表す．$\mathbf{H}$ の最初の 3 列がトレンドを特定化する説明変数であることに注意しよう．Mardia et al. (1998) によれば，$\mathbf{h}_k$, $\mathbf{H}$ の列は共通場（common field）として知られており，これらは空間的な構造を持っているので，空間系列と見なすこともできる．例を与えるために，(16 × 16) の規則的な格子状で観測される場を考える．また，空間相関関数は "球形的"（spherical）(Cressie, 1993) で，パラメータは領域（range）が 10，部分シル（partial sill）が 5，ナゲット（nugget）が 0.1 であるとする．このとき，空間共分散行列の固有分解は，固有値の大きさにより順序付けられた 256 の固有ベクトルからなる系列を与える．図 17.6 は，最初の 16 個の固有ベクトルを示し

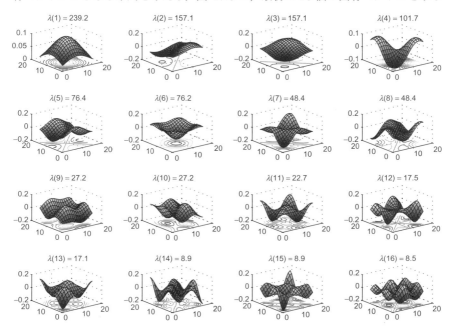

図 17.6 "球形的" 共分散行列の固有値分解から得られた共分散行列における最初の 16 個の固有値ベクトルが示す空間パターン．パラメータは，領域が 10，部分シルが 5，ナゲットが 0.1 である．

ている.最初のほうの固有ベクトルは最大の固有値などに対応し,滑らかで低周波の成分を表していることを,図は示唆している.したがって,これらは過程の大きいスケールの変動を捕捉することができる.一方,固有値が減少するにつれて,それに対応する固有ベクトルの空間的なパターンはより不規則になる.したがって,最後の固有ベクトルは場の小さいスケールの変動を与えている.よって,M は規則的な変動を規定するパラメータとして振る舞い,M が十分小さい場合には,カルマンフィルタの巡回式により $\mathbf{z}(t)$ のほんの 2, 3 の展開係数を推定すればよい(Hamilton, 1994).このモデル特定化法は,最初 Fontanella and Ippoliti (2003) の研究によって利用され,後に Mardia et al. (1998),Wikle and Cressie (1999),Sahu and Mardia (2005) によって議論され,環境科学に応用されたモデルの簡略版を表している.

a. 空間および時空間予測

$t \ (\leq T)$ に対して,状態空間による定式化は,データに当てはめ,最終的には欠測値を再構成するために利用できる.未観測の地点 $\mathbf{s}_0$ の値を内挿することも可能である.直接的なアプローチは,方程式

$$\hat{y}(\mathbf{s}_0, t) = \sum_{k=1}^{3+M} h_k(\mathbf{s}_0) z_k(t) \tag{17.14}$$

を用いるが,本質的には地点 $\mathbf{s}_0$ における M 個の空間パターン $\boldsymbol{\phi}_i(\mathbf{s}_0)$ の内挿を必要とする.これは難しいことではなく,また,直交性を保証するためには,thin-plate スプラインのような相対的に簡潔なスキームを応用することができる.Mardia et al. (1998) および Wikle and Cressie (1999) は,二つの代替的な方法を議論している.

Y の時間予測は状態方程式のダイナミズムにより保証されている.実際,展開係数 $\mathbf{z}(t)$ の k ステップ先の予測は

$$\hat{\mathbf{z}}(t+k|T) = \boldsymbol{\Phi}^k \ \hat{\mathbf{z}}(t|t), \quad t \geq T$$

によって得られ,また,Y の予測は,$\hat{\mathbf{z}}(t+k|t)$ を観測方程式

$$\hat{\mathbf{y}}(t+k|t) = \mathbf{H} \ \hat{\mathbf{z}}(t+k|t) \tag{17.15}$$

に代入することにより得られ,その予測分散は

$$\mathrm{Var}\Big(\mathbf{z}(t) - \hat{\mathbf{z}}(t+k|t)\Big) = \mathbf{H}\mathbf{P}_{t+k|t}\,\mathbf{H}' + \boldsymbol{\Sigma}_\mathrm{u}$$

となる.ここで,$\boldsymbol{\Sigma}_\mathrm{u}$ は $\mathbf{u}(t)$ の共分散行列であり,$\mathbf{P}_{t+k|t}$ はカルマンフィルタから計算される状態ベクトルの予測誤差分散である.式 (17.14) と式 (17.15) を合わせると,最終的に時空間予測を得ることができる.

17.6 要約と補足

　本章では，KL 法が時間データおよび時空間データ特有の特徴を抽出する際に，良く機能することを説明した．また，KL（および EOF）解析は次元縮約に対して有用な方法であることを示した．1 次元過程に対する従来の KL 法をレビューすることから始めて，次に，解析の特定の段階を説明するために，分解（decomposition）と再構築（reconstruction）の様相について述べた．もちろん時系列解析の共通の目標は，過去の挙動を未来に外挿することである．ここでは予測問題については考えなかったが，予測信頼区間の特定化の方法を含め，予測問題の具体的な詳細は Golyandina et al. (2001, Section 2.4) によって与えられている．

　データモデリングにおける重要な部分は，軌跡行列とウィンドウの長さ，したがって，系列の遅れのあるコピーの数 N を定義する K の特定化である．K の数値は実験により決定される．なぜならば，その選択は，$V(t)$ に存在すると想定されるシグナルの長さおよび成分の数により導かれるからである．K の選択はまた，ウェーブレット，例えば Daubechies のウェーブレット変換におけるサポートの長さの選択と大変よく似ている．

　また，KL 解析の多重解像版 MR-KL 解析についても議論した．MR-KL 解析は，よりノイズ除去の目的に適した非線形近似を考慮している．MR-KL とウェーブレットを含む他のよく知られた多重解像分解との連関は，Unser (1993) により提案されたシステムアプローチを採用することにより調べられるかもしれない．しかし，MR-KL はデータに適応する基底関数により特徴付けられる．ウェーブレットやフーリエ解析と対比して，KL モデルは，前もって固有関数の形式を特定化することを必要とせず，データの構造によって自由に決めることができる．17.4 節で示したように，データの共分散構造から基底関数を導けるので，一般化固有分解の枠内で理論を拡張することができる．例えば Merla et al. (2004) および Shastri et al. (2009) において述べられているように，二つの信号が利用できる場合には，これはとりわけ有用である．

　本章では，KLE の時空間解析の文脈における応用についても議論した．過程の展開については，カルマンフィルタの巡回式を通して展開係数の推定を可能にする時空間解析の枠組みの中で定義した．このアプローチは，Hannachi et al. (2007) によって説明されている時空間行列の特異値分解を通して得られる展開係数とは対照的である．

　明らかに，網羅するには広範すぎるこの分野の総合的なレビューを与えることは困難である．例えば循環定常（cyclostationary），PXEOF，S モード EOF 解析（S-mode EOF analysis），トレンド EOF（trend EOF），非線形 PCA への EOF の一般化といった拡張については議論しなかった．また，本章では大気圏科学における KL（EOF）

の利用については，十分に議論しなかった．これらについては，参考文献とレビュー論文がいくつかあるので，具体的な詳細に興味のある読者は参照されたい．

謝辞
17.3.2 項における赤外線シグナル解析を提供していただいた A. Merla 博士（Institute of Advanced Biomedical Technologies, University G. d'Annunzio, Italy）に感謝する．

(Lara Fontanella and Luigi Ippoliti／矢島美寛)

文　　献

Anderson, T.W., 1963. Asymptotic theory for principal components analysis. Ann. Math. Stat. 34, 122–148.

Banerjee, S., Carlin, B.P., Gelfand, A.E., 2004. Hierarchical Modeling and Analysis for Spatial Data. Chapman & Hall/CRC, Boca Raton, FL.

Basilevsky, A., Hum, D.P.J., 1979. Karhunen-loeve analysis of historical time series with an application to plantation Birthsin Jamaica. J. Am. Stat. Assoc. 74, 284–290.

Box, G.E.P., Jenkins, G.H., 1970. Time Series Analysis: Forecasting and Control. Holden-Day, San Francisco.

Bretherton, C.S., Smith, C., Wallace, J.M., 1992. An intercomparison of methods for finding coupled patterns in climate data. J. Clim. 5, 541–560.

Buell, C.E., 1972. Integral equation representation for factor analysis. J. Atmosph. Sci. 28, 1502–1505.

Cohen, A., Jones, R.H., 1969. Regression on a random field. JASA 64, 1172–1182.

Coli, M., Fontanella, L., Granturco, M.G., 2005. Parametric estimation for ARFIMA models via spectral methods. Stat. Meth. Appl. 14, 11–27.

Craddock, J.M., 1973. Problems and prospects for eigenvector analysis in meteorology. Statistician 22, 133–145.

Cressie, N., 1993. Statistics for Spatial Data. Wiley, New York.

Fontanella, L., Ippoliti, L., 2003. Dynamic models for space-time prediction via Karhunen-Loéve expansion. Stat. Meth. Appl. 12, 61–78.

Fontanella, L., Ippoliti, L., Mardia, K., 2005. Exploring apatio-temporal variability by eigen-decomposition techniques. In: Proceedings of the Meeting of the Italian Statistical Society: Statistics and Environment, 21–23 September 2005, Messina, Italy.

Fontanella, L., Ippoliti, L., Merla, A., 2010. Multiresolution Karhunen Loéve analysis of Galvanic skin response for psycho-physiological studies. Metrika (Online First). doi:10.1007/s00184-010-0327-3.

Ghanem, R., Spanos, P.D., 1991. Stochastic Finite Element: A Spectral Approach. Springer, New York.

Golub, G.H., Van Loan, C.F., 1993. Matrix Computations. John Hopkins University Press, Baltimore, Maryland.

Golyandina, N., Nekrutkin, V., Zhigljavsky, A., 2001. Analysis of Time Series Structure: SSA and Related Techniques. Chapman & Hall/CRC, New York/London.

文　　　献

Grenander, U., 1976. Pattern Synthesis: Lectures in Pattern Theory 1. Springer-Verlag, New York.
Hamilton, J.D., 1994. Time Series Analysis. Princeton University Press, Princeton.
Hannachi, A., Jolliffe, I.T., Stephenson, D.B., 2007. Empirical orthogonal functions and related techniques in atmospheric science: A review. Int. J. Climatol. 27, 1119–1152.
Ippoliti, L., Romagnoli, L., Fontanella, L., 2005. A Noise estimation method for corrupted correlated data. Stat. Meth. Appl. 14, 343–356.
Izenman, A.J., 1975. Reduced-rank regression for the multivariagte linear model. J. Multivar. Anal. 5, 248–264.
Jolliffe, I.T., 2002. Principal Component Analysis, second ed. Springer. New York.
Kadota, T.T., 1967. Simultaneous diagonalization of two covariance kernels and application to second order stochastic processes. SIAM J. Appl. Math. 15, 1470–1480.
Karhunen, K., 1947. Uber linear methoden in der wahrscheinlichkeitsrechnung. Ann. Acad. Sci. Fenn (AI) 37, 1–79.
Kostantinides, K., Yao, K., 1988. Statistical analysis of effective singular values in matrix rank determination. IEEE Trans. Acoust. Speech Signal Process. 36, 757–763.
Learned, R.E., Willsky, A.S., 1995. A wavelet packet approach to transient signal classification. Appl. Comput. Harmon. Anal. 2, 256–278.
Li, C.C., Der-Kiureghian, A., 1993. Optimal discretization of random processes. J. Eng. Mech. 119, 1136–1154.
Loève, M., 1978. Probability Theory, vol. 2, fourth ed. Springer Verlag, New York.
Lorenz, E.N., 1956. Empirical Orthogonal Functions and Statistical Weather Prediction, Technical report, Statistical Forecast Project Report 1, Dep. of Meteor, MIT: 49.
Mallat, S., 1998. A Wavelet Tour of Signal Processing. Academic Press, New York.
Mardia, K.V., Kent, J.T., Bibby, J.M., 1979. Multivariate Analysis. Academic Press, London.
Mardia, K.V., Redfern, E., Goodall, C.R., Alonso, F., 1998. The Kriged Kalman filter. TEST 7, 217–285.
Merla, A., Di Donato, L., Rossini, P.M., Romani, G.L., 2004. Emotion detection through Functional Infrared Imaging: preliminary results. Biomed. Tech. 48, 284–286.
Monahan, A.H., Fyfe, J.C., Ambaum, M.H.P., Stephenson, D.B., North, G.R., 2009. Empirical orthogonal functions: the medium is the message. J. Clim. 22, 6501–6514.
Naes, T., Martens, H., 1985. Comparison of prediction methods for multicollinear data. Commun. Stat. Simul. Comput. 14, 545–576.
Obled, C., Creutin, J.D., 1986. Some developments in the use of empirical orthogonal functions for mapping meteorological fields. J. Clim. Appl Meteorol. 25, 1189–1204.
Okabe, A., Boots, B., Sugihara, K., 1992. Spatial Tessellations. Concepts and Applications of Voronoi Diagrams. John Wiley & Sons. Chichester.
Priestley, M.B., 1981. Spectral Analysis and Time Series. Academic Press, London.
Riesz, F., Sz-Nagy, B., 1955. Functional Analysis. Ungar, New York.
Sahu, S.K., Mardia, K.V., 2005. A Bayesian Kriged-Kalman model for short-term forecasting of air pollution levels. J. Royal Stat. Soc. Ser. C 54, 223–244.
Shastri, D., Merla, A., Tsiamyrtzis, P., Pavlidis, I., 2009. Imaging facial signs of neurophysiological responses. IEEE Trans. Biomed. Eng. 56, 477–484.
Sherman, M., 2011. Spatial Statistics and Spatio-Temporal Data. Covariance Functions and Directional Properties. John Wiley & Sons, Chichester.
Shorack, G.R., Wellner, J.A., 1986. Empirical Processes with Applications to Statistics. Wiley, New York.
Unser, M., 1993. An extension of the Karhunen-Loéve transform for wavelets and perfect reconstruction filterbanks. Math Imaging SPIE 2034, 45–56.

van de Wollenberg, A.L., 1977. Redundancy analysis: an alternative for canonical correlation analysis. Psycometrica 36, 207–209.

von Storch, H., Zwiers, F.W., 1999. Statistical Analysis in Climate Research. Cambridge University Press, Cambridge.

Walczak, B., van den Bogaert, B., Massart, D.L., 1996. Application of wavelet packet transform in pattern recognition of near-IR data. Anal. Chem. 68, 1742–1747.

Walker, J.S., 1999. A Primer on Wavelets and their Scientific Applications.Chapman and Hall, CRC, Boca Raton.

Wikle, C.K., Cressie, N., 1999. A dimension-reduction approach to space-time Kalman filtering. Biometrika 86, 815–829.

Wilks, D.S., 2006. Statistical Methods in the Atmospheric Sciences, second ed. Academic Press, Amsterdam.

Zhang, J., Ellingwood, B., 1994. Orthogonal series expansions of random processes in reliability analysis. J. Eng. Mech. 120, 2660–2677.

CHAPTER 18

Statistical Analysis of Spatio-Temporal Models and Their Applications

時空間モデルの統計分析とその応用

概　要　本章では，空間過程のクリギングについて既存の研究を簡単に紹介する．非線形クリギング推定量を定義するために，クリギングの観点より非線形従属性の測度を導入する．検定の方法を提案するので，検定統計量の分布論を調べる必要がある．いくつかの地点で観測される時空間系列に対し，観測点ごとに時系列の離散フーリエ変換を定義する．この複素数値の確率過程を使って，同時時空間自己回帰モデルと条件付き時空間自己回帰モデルを定義する．このモデルは，Whittle (1954) の同時自己回帰モデル，Bartlett (1978) や Besag (1974) の条件付き自己回帰モデルに似ている点がある．このモデルの推定法の概略を述べる．時空間自己回帰モデルについて，著者や共著者の最近の結果を紹介する．

キーワード　空間データ，時空間データ，線形・非線形クリギング，離散フーリエ変換，同時時空間自己回帰モデル，条件付き時空間自己回帰モデル，時空間自己回帰モデル

18.1　はじめに

$\{Z(s), s \in D \subset \mathbb{R}^d\}$ を実数値をとる確率過程とする．ここで D は開集合である．$\{Z(s_i); i = 1, 2, \ldots, n\}$ を確率過程からの標本とする．ここで $(s_1, s_2, \ldots, s_n)$ は観測点である．このとき，$\{Z(s)\}$ は確率場とも呼ばれる．さて，この確率過程が定常性を満たすと仮定する．次の3条件を満たすとき，$\{Z(s)\}$ は2次定常過程であるという．

1. 任意の i に対して，$E(Z(s_i)) = \mu$ となる．
2. 任意の i に対して，$\mathrm{Var}(Z(s_i)) = E(Z(s_i) - \mu)^2 < \infty$ となる．
3. $\mathrm{Cov}(Z(s_i), Z(s_j)) = C(s_i - s_j)$ がラグ $s_i - s_j$ の関数である．

あとで非線形クリギングを考えるときには，高次モーメントにさらに条件を課す．

共分散関数 $C(s_i - s_j)$ は非負定値である．$\|s_i - s_j\|$ を2点 s_i と s_j のユークリッド距離とする．$C(s_i - s_j) = R(\|s_i - s_j\|)$ を満たすとき，この空間過程を等方的 (isotropic) と呼ぶ．空間過程が等方的であるためには，2次定常でなければならな

い. $N(h) = \{(s_i, s_j); s_i - s_j = h\}$ とおく.つまり,$N(h)$ は $s_i - s_j = h$ を満たすすべての組合せ (s_i, s_j) の集合である. $\|N(h)\|$ を集合 $N(h)$ に含まれる要素数とする. $\mu, \sigma^2, C(s_i - s_j)$ が未知であるとき,これらは次のようにデータから推定することができる. μ, σ^2 は

$$\hat{\mu} = \overline{Z} = \frac{1}{n}\sum Z(s_i), \quad \hat{\sigma}^2 = \frac{1}{n}\sum (Z(s_i) - \overline{Z})^2$$

により,ラグ h の共分散関数は

$$\widehat{C}(h) = \frac{1}{\|N(h)\|}\sum_i \sum_j (Z(s_i) - \overline{Z})(Z(s_j) - \overline{Z})$$

によって推定される.ここで,和を $N(h)$ に含まれるすべての組合せに対して計算する.これらの推定量の持つ性質は,Cressie (1993) によって詳細に紹介されている.時系列解析において共分散関数がモデル同定,診断などに用いられるように,空間データ解析において共分散関数は同様の役割を果たす.しかし,時系列の場合とは違って,バリオグラムあるいはセミバリオグラムというもう一つの重要な関数が空間データ解析においてよく使われる.セミバリオグラムは,次の式で定義される.

$$\gamma(s_i, s_j) = \frac{1}{2}E\left[Z(s_i) - Z(s_j)\right]^2$$

$2\gamma(s_i, s_j)$ がバリオグラムである.バリオグラムは条件付き非負定値性を持っている (Cressie, 1993).以後,簡単のために $\mu = 0$ とする.$\gamma(s_i, s_j) = \gamma(s_i - s_j)$ を満たすとき,空間過程 $\{Z(s)\}$ は固有定常性を持つと定義する.空間データ分析において空間過程に定常性を仮定することは非現実的であるが,差分過程に定常性を仮定することが多い.空間過程が定常性を持つならば,$C(h) = C(s_i) - C(s_j)$ として,

$$\gamma(s_i, s_j) = \gamma(s_i - s_j) = C(0) - C(h)$$

を満たす.さらに,h の関数である共分散関数 $C(h)$ がユークリッド距離 $\|h\|$ の関数であるならば,等方性 (isotropic) を持つと言われる.等方的な共分散関数は $R(\|h\|)$ と表される.等方性を持たないとき,非等方的 (anisotropic) な過程と呼ばれる.古典的な時系列解析と空間データ解析の差異の一つに,順序の有無がある.時系列では過去・現在・未来へと流れる明確な順序があるが,それに対して,空間系列では観測値に順序を付けられない.データに順序を定義できないことが,空間過程をモデル化する最大の難点である.

以降の節で扱うトピックをまとめておく.18.1.1 項では,ある地点の観測値を推定(予測)するいくつかの方法の概略を述べる.この予測量のことをクリギング予測量とも呼ぶ.クリギング予測量が非ガウス性のもとで最適にならないことから,18.1.5 項では非線形2次クリギングを提案する.さらに,この2次予測量のパフォーマンスを調べる必要があることも指摘する.仮説検定に使う検定統計量の標本分布も調べておく必要がある.18.2 節で,非線形従属性を測る測度を定義する.18.4 節では,ラ

ティス上の確率過程の周波数領域における分析法を簡単に述べる．18.5 節では，離散フーリエ変換を使って定義するモデルを，時間次元も含むように拡張する．18.6 節では，線形時空間 ARMA モデルとその非線形な拡張モデルである時空間バイリニアモデルを紹介する．

18.1.1 線形シンプルクリギング

空間データ解析の重要な目的の一つに，線形シンプルクリギングがある．これは，$\{Z(s)\}$ の観測値 $\{Z(s_i); i = 1, 2, \ldots, n\}$ によって s_0 における未知の観測値 $Z(s_0)$ を推測することである．$\mathbf{Z}'(\mathbf{s}) = (Z(s_1), Z(s_2), \ldots, Z(s_n))$ とし，$\sigma'(s_0, \mathbf{s}) = (E(Z(s_0)Z(s_1)), E(Z(s_0)Z(s_2)), \ldots, E(Z(s_0)Z(s_n)))$ とおく．さらに，$n \times n$ 行列

$$\mathbf{C} = (C(s_i, s_j)) = (C(s_i - s_j))$$

を定義しておく．

空間定常性の仮定により，この行列の各成分は空間ラグだけの関数であって，場所には依存しない．$Z(s_0)$ の推定量を $\mathbf{Z}(\mathbf{s})$ の線形結合，つまり，$\widehat{Z}(s_0) = \beta' \mathbf{Z}(\mathbf{s})$ で表そう．問題は，平均 2 乗誤差が最小となる係数 β を見つけることである．

平均 2 乗予測誤差

$$Q(\beta) = E(Z(s_0) - \beta' \mathbf{Z}(\mathbf{s}))^2$$

を最小化する β を見つけよう．

平均 2 乗誤差を最小化するために，β は関係式 $\mathbf{C}\beta = \sigma(s_0, \mathbf{s})$ を満たさなければならない．行列 $\mathbf{C}$ が正則ならば，$\beta = \mathbf{C}^{-1}\sigma(s_0, \mathbf{s})$ を得る．したがって，$Z(s_0)$ の線形推定量は

$$\widehat{Z}(s_0) = \sigma'(s_0, \mathbf{s})\mathbf{C}^{-1}\mathbf{Z}(\mathbf{s})$$

となり，その平均 2 乗予測誤差は $\mathrm{Min}Q(\beta) = \sigma^2 - \sigma'(s_0, \mathbf{s})\mathbf{C}^{-1}\sigma(s_0, \mathbf{s})$ である．これを Q_{lin} とおく．以上により，$Z(s_0)$ を推定するためには，σ^2，$\sigma(s_0, \mathbf{s})$，$\mathbf{C}$ を推定する必要があることがわかる．そのため，空間共分散に適当なパラメトリックな関数を当てはめて推定し，推定した共分散によって $Z(s_0)$ を推定することが多い．もう一つの方法として，共分散関数が位置ではなく空間ラグにだけ依存することを使って，直接に $\mathbf{C}$ と $\sigma(s_0, \mathbf{s})$ を推定することも可能である．場所ではなく空間ラグあるいは空間ラグの長さに共分散関数が依存していることを使えば，データから共分散を推定することが可能になるからである．なお，ここで提案した予測量は線形であり，正規性のもとで最適になる．線形予測量が最適になるのは正規性のもとでだけである．非正規性のもとでは，非線形予測量は線形クリギング予測量を改善する可能性がある．なお，クリギング予測量はバリオグラムを使って表すこともできる．この場合の予測量の漸近的な標本特性や文献については，Lahiri et al. (2002) を参考にしてほしい．

18.1.2 線形オーディナリクリギング

前項では, 平均 $\mu=0$ を仮定していた. $\mu\neq 0$ の場合, シンプルクリギング予測量は修正されて

$$\widehat{Z}(s_0) = \mu + \sigma'(s_0,\mathbf{s})\mathbf{C}^{-1}(\mathbf{Z}(\mathbf{s}) - \mu\mathbf{1})$$

が予測量となる. ここで, $\mathbf{1}' = (1,1,\ldots,1)$ であり, 平均値 μ を既知と仮定すれば, 平均 2 乗誤差は変化せず Q_{lin} のままである. この予測量をオーディナリクリギングと呼ぶ.

18.1.3 線形ユニバーサルクリギング

もっと現実的にするために, 平均値を場所に依存する $EZ(s) = \mu(s)$ として, トレンド成分を含む場合を考えよう. $d=2$ のときの具体的な例として, 多項式トレンド

$$\mu(s_i) = \sum\sum \alpha_{ll'} x_i^l y_i^{l'}, \quad l+l' \leq p \quad (i=1,2,\ldots,n)$$

がある. この場合, $\mu(s)$ はユークリッド座標で表される位置 $s_i=(x_i,y_i)$ の p 次多項式になっている. これを, 独立変数 $\mathbf{x}(s_i)$ を使って回帰モデル $\mu(s_i) = \mathbf{x}(s_i)\alpha$ で表すこともできる. ただし, 回帰係数 $\alpha = \{\alpha_{lm}\}$ を推定しなければならない. このように場所に依存する平均値関数を仮定したとき, 予測量

$$\widehat{Z}(s_0) = \mu(s_0) + \sigma'(s_0,\mathbf{s})\mathbf{C}^{-1}(\mathbf{Z}(\mathbf{s}) - \boldsymbol{\mu}(\mathbf{s}))$$

をユニバーサルクリギングと呼ぶ. オーディナリクリギングのときと同様に, 平均値関数を既知とすれば, ユニバーサルクリギングの平均 2 乗誤差はシンプルクリギングと変わらない.

18.1.4 一般的コメント

ここまでは $\sigma(s_0,\mathbf{s})$ と $\mathbf{C}$ を既知としてクリギングを計算したが, 現実には, これらは推定しなければならない. s_0 において観測はなされていないので, $\sigma(s_0,\mathbf{s})$ を推定することは一見不可能なように思われるかもしれない. しかし, 共分散関数をラグだけの関数であることを仮定すれば, 共分散関数を標本共分散関数で近似することも第 1 ステップの方法として考えることができる. 実際には, 共分散関数 (あるいはバリオグラム) にパラメトリックモデルを仮定し, 推定したパラメータによる共分散推定量を使うことが多い. パラメトリックモデルは, レンジ, 滑らかさといった未知パラメータによって表されている. これらの未知パラメータを推定するための最良の方法を見つけることが, 近年注目されている重要な問題である. 最近提案されたいくつかの方法を, 簡単に紹介しよう. バリオグラムに適当なパラメトリックモデルを選択することで, 推定すべきパラメータ数を節約することができるが, パラメトリックモデルをどのように選択するかが問題になる. 一つの方法として, クロスバリデーション法 (Cressie, 1993; Das, 2011) がある. $R(\|h\|)$ をラグ $h \in \mathbb{R}^d$ の 2 点間の共分散

関数とする．Matern クラス共分散関数は

$$R(\|h\|) = \sigma^2 (\Gamma(\nu))^{-1} \left(\frac{\theta \|h\|}{2}\right)^{\nu} 2K_\nu(\theta \|h\|)$$

で与えられる．ここで，$\nu > 0$, $\theta > 0$ であり，$K_\nu(\theta \|h\|)$ は第 2 種修正ベッセル関数である．θ によって空間共分散のレンジを決定し，ν によってプロセスの滑らかさを決める．レンジパラメータを直観的に捉えるためには，標本バリオグラム

$$\hat{\gamma}(h) = \frac{1}{\|N(h)\|} \sum_i (Z(s_i + h) - Z(s_i))^2$$

を精査すればよい．$\|h\| \to \infty$ のとき，$R(\|h\|) \to 0$ となることから $\gamma(h) \to \mathbf{C}(0)$ となる．よって，$\hat{\gamma}(h)$ が一定値に安定し始めるようなラグ $h \geq h_1$ を，レンジパラメータのラフな推定値とする．もちろん，この推定値は主観的な判断を含んでいる．

共分散関数のパラメトリックモデルを表すパラメータをデータから推定する方法がこれまでいくつか提案されてきた (Cressie, 1993; Gaetan and Guyon, 2010; Diggle and Ribeiro, 2007)．データに正規性を仮定すれば，最尤法によってパラメータを推定することができる（Diggle and Ribeiro, 2007）．尤度関数によらないで，関数

$$Q(\theta) = \sum [2\hat{\gamma}(h_i) - 2\gamma(h_i)]^2 w_i(\theta)$$

を最小化させるパラメータを推定値とする方法もある．ここで，$w_i(\theta)$ は事前に選択しておくべき重み関数である．Cressie (1993) は

$$w_i(\theta) = \|N(h)\| / 2[2\gamma(h_i, \theta)]^2$$

を重み関数として提案している．この重み関数は経験的に導出されたものだが，パラメータ推定やクリギングに優れたパフォーマンスを示すと言われている．最近，Das (2011) はマンチェスター大学への博士論文の中で，別の重み関数を提案している．この重みは正規性から乖離していても頑健に働き，推定量は優れたパフォーマンスを示すことを経験的に示している．

18.1.5　非線形 2 次クリギング

単純 2 次クリギングを提案する．

$$\widehat{Z}_{quad}(s_0) = \sum_{i=1}^{n_1} a_{1i}(s_{1i}) Z(s_{1i}) + \sum_{j=1}^{n_2} b_{2j}(s_{2j})(Z^2(s_{2j}) - \sigma^2) = \beta' \mathbf{Y}(\mathbf{s})$$

とおく．ここで，$\beta' = (a_{11}, a_{12}, \ldots, a_{1n_1}; b_{21}, b_{22}, \ldots, b_{2n_2})$，$\mathbf{Y}'(\mathbf{s}) = (Z(s_{11}), Z(s_{12}), \ldots, Z(s_{1n_1}); q(s_{21}), \ldots, q(s_{2n_2}))$，$q(s_{2s_j}) = Z^2(s_{2s_j}) - \sigma^2$ $(j = 1, 2, \ldots, n_2)$ とした．

係数ベクトルと変数ベクトル $\mathbf{Y}(\mathbf{s})$ の後半部分が，非線形項に対応している．n_1 と n_2 は，それぞれ線形項と非線形項の項数を表し，事前情報をもとに決めることになる．簡単にその決め方を紹介しよう．

わかりやすくするために, β と $\mathbf{Y}(\mathbf{s})$ を線形項と非線形項に対応する部分に分割しよう. $\beta' = (\beta_1' \mid \beta_2')$ および $\mathbf{Y}'(\mathbf{s}) = (\mathbf{Z}_{lin}'(\mathbf{s}) \mid \mathbf{Z}_{quad}'(s))$ とすると,

$$Q_{quad}(\beta) = E(Z(s_0) - \beta' \mathbf{Y}(\mathbf{s}))^2$$

を β について最小化する予測量が非線形クリギング $\widehat{Z}_{quad}(s_0)$ であり, $\widehat{Z}_{quad}(s_0)$ は

$$\widehat{Z}_{quad}(s_0) = \sigma_q'(s_0, \mathbf{s}) \mathbf{D}^{-1} \mathbf{Y}(\mathbf{s})$$

と表せる. ここで, $\sigma_q'(s_0, \mathbf{s}) = \left[EZ(s_0)\mathbf{Z}_{lin}'(\mathbf{s}), EZ(s_0)\mathbf{Z}_{quad}'(\mathbf{s}) \right]$ であり, 行列 D は分割行列

$$\mathbf{D} = \begin{bmatrix} \mathbf{D}_{11} & \mathbf{D}_{12} \\ \mathbf{D}_{21} & \mathbf{D}_{22} \end{bmatrix}$$

で与えられ, 最小化された Q_{quad} は $\sigma^2 - \sigma_q'(s_0, \mathbf{s}) \mathbf{D}^{-1} \sigma_q(s_0, \mathbf{s})$ となる. これを Q_{quad}^{min} と表し, 線形クリギングの最小平均 2 乗予測誤差を Q_{lin}^{min} と書く. 非線形項を追加することで $Z(s_0)$ の予測を改善できるかどうかを調べるには, これら二つの平均 2 乗予測誤差を比較するとよい. Q_{quad}^{min} が Q_{lin}^{min} を下回るであろうことは明らかであるが, 実際にこの仮説を統計的に検定するためには, 二つの予測誤差に含まれている共分散を推定しなければならない. さらに, 検定統計量の帰無分布を導く必要がある. 回帰分析の古典理論によれば, 2 次非線形項がすべて 0 になる帰無仮説のもとでは, 二つの平均 2 乗予測誤差の差はカイ 2 乗分布になることが知られている. ここでは, 空間統計の文脈で帰無分布を導く必要がある. $\{Z(s)\}$ が非正規過程であっても, 平均に対して対称な分布を持っているならば, $\mathbf{D}_{12} = \mathbf{D}_{21} = 0$ が成り立ち, 帰無分布を導きやすくなる. 予測誤差の差が大きければ, 線形クリギングが最適な予測という帰無仮説を棄却することになる. この帰無仮説を検定するためには, 予測誤差の差異の帰無仮説のもとでの標本分布を調べる必要がある. 回帰分析の古典理論によれば, この予測誤差の差異は自由度 n_2 のカイ 2 乗分布に漸近的に従うことがわかっている.

先にも述べたが, まず n_1 と n_2 を決めてやらなければならない. これらを選択するためには, 過程の線形性, 非線形性の度合いを測る必要がある. 今後研究を予定しているわれわれの新たな考えを, ここに発表しよう.

18.2 線形依存度と空間定常過程の線形性

簡単のため, $d = 2$ (2 次元空間) を仮定して進める. 空間統計の研究者により, 線形性を測る測度がいくつか提案されている (例えば Cliff and Ord (1981)). これから時系列解析で使われているアイデアに沿って紹介する. ここで定義する測度には, Moran と Geary のインデックスに似ているものもある (Gaetan and Guyon, 2010; Schanbenberger and Gotway, 2005). このインデックスについての詳細は, Gaetan and Guyon (2010) を参照していただきたい.

18.2 線形依存度と空間定常過程の線形性

定常空間過程 $\{Z(s), s \in \mathbb{R}^2\}$ からの標本 $\{Z(s_i); i = 1, 2, \ldots, n\}$ を観測したとする。クリギングの観点からアイデアを紹介する。$Z(s_0)$ を予測するためには、まず標本が完全に独立かどうかを知る必要がある。もし従属性があるならば、その従属が線形性と非線形性のどちらを持つかを知らなければならない。非線形性を持っているならば、どの程度のラグまで非線形性が及んでいるのかを調べる必要がある。というのは、通常、ラグが大きくなるにつれて、線形・非線形いずれの従属性も減少するからである。これらの概念を、鉱山学の簡単な例を使って説明しよう。ある地点 s_0 における鉱物の量を近隣の n 地点の標本を使って予測したいとする。このとき、s_0 に近い地点の標本ほど予測への影響が大きいことは明らかである。近さを設定するために、次のように進めることにする。標本地点を図 18.1 のように分類する。

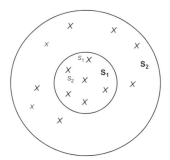

図 18.1 $d = 2$ の場合の確率場.

全空間 Ω を 2 個の背反な集合 $\mathbf{S_1}$ と $\mathbf{S_2}$ に分割する。$\mathbf{S_1}$ を s_0 の近傍

$$\mathbf{S_1} = \{s_j;\ j = 1, 2, \ldots, n_1;\ \|s_0 - s_j\| \leq \alpha_1\}$$
$$\mathbf{S_2} = \{s_m;\ m = n_1 + 1, \ldots, M;\ \alpha_1 < \|s_0 - s_m\| \leq \alpha_2\}$$

とする。ここで、α_1 と α_2 は事前に適当に選んでおいたユークリッド距離である。記号の都合上、$\mathbf{S_1}$ の要素を $\{Z(s_{oj});\ j = 1, 2, \ldots, N_1\}$ と表し、同様に、$\mathbf{S_2}$ の要素を $\{Z(s_{1j});\ j = 1, 2, \ldots, N_2\}$ と表すことにする。この 2 集合に共通に含まれる要素はない。この 2 集合の独立性を検定したいならば、この 2 集合の要素の 2 乗の相関を見ればよい。この 2 集合が独立ならば、この相関は 0 になるはずである。同様に、集合内の要素が互いに独立かどうかを知りたければ、2 集合の要素間の相関ではなく、集合内の 2 乗した要素間の相関を見ればよい。この方法は古典的な時系列解析のやり方と同じで、時系列解析では正規性や線形性を検定するために、高次キュムラントが使われている (Subba Rao and Gabr (1984), Terdik (1999) を参照)。集合 $\mathbf{S_1}$ 内で正規性を持つとすれば、

$$\mathrm{Cov}(Z^2(s_{oj}), Z^2(s_{oj})) = \mathrm{Var}(Z^2(s_{oj})) = 2[\mathrm{Var}(Z(s_{oj}))]^2$$

が成立する．通常は歪度や尖度を使って正規性を検定することが多いが，この関係を正規性の検定に使ってもよい．歪度や尖度の標本分布を空間統計の設定であらためて導く必要がある．この2集合の従属性に非線形性が検出されなければ，線形クリギングで十分ということになる．

18.2.1 固有空間定常過程

空間過程が固有定常である場合，上で述べた線形依存度を次のように修正する必要がある．集合 $\mathbf{S}_1$ の要素間の独立性を検定するためには，任意の h に対して $(Z(s_{oj}+h)-Z(s_{oj}))$ の2乗と $(Z(s_{ok}+h)-Z(s_{ok}))$ の2乗の相関係数を検証する．そして，2乗の相関係数が0のとき，この固有定常過程は独立であるとする．

同様にして，$\mathbf{S}_1$ と $\mathbf{S}_2$ の2集合の独立性を，差分をとった要素の2乗の相関係数によって検証する．将来の研究では，このように定義した従属性の応用を考察したいと考えている．

18.3 ラティス上の空間過程モデル

有限次元のパラメータで表される空間過程モデルのほとんどは，ラティス上で定義されている．これから2次元ラティスを扱うが，多次元への拡張も可能である．領域 $D = \{(i,j); i = 1, 2, \ldots, N; j = 1, 2, \ldots, M\}$ とおく．また，簡単のため，$Z(s) = Z(i,j)$ とおく．ここで，s は長方形ラティス内の (i,j) に対応しているという意味である．ラティス上のモデルには，広く使われているモデルが二つある．

1. 同時自己回帰モデル（SAR モデル）(Whittle, 1954)
2. 条件付き自己回帰モデル（CAR モデル）(Besag, 1974; Bartlett, 1978; Rozanov, 1967)

条件付き自己回帰モデルは，確率場のモデルとしても有名である (Rozanov, 1967)．Besag (1974) は，コード法による尤度を使って CAR モデルの推定を提案した．マルコフ確率場の周波数解析による推定法も，Yuan (1989)，Yuan and Subba Rao (1993) によって提案されている．周波数領域における推定法は，任意の次元のラティスデータに一般化され，さらに正規性の仮定も必要としない理論に拡張されている．

18.3.1 同時自己回帰モデル（SAR）

SAR モデル（simultaneous autoregressive model）は Whittle (1954) が提案したモデルであり，時系列モデルの自己回帰モデルに似ている．SAR モデルに従う確率過程 $Z(s)$ $(s \in \mathbb{Z}^2)$ は，確率差分方程式

$$Z(s) = \sum_{u \in S} a(u) Z(s+u) + e(s)$$

で定義される．ここで，集合 S は，点 $u+s$ が s 自身を除く s の近傍となるような u の集合である．$\{e(s)\}$ は独立同分布に従う誤差項で，さらに平均 0，分散 σ^2 の正規分布を仮定することもある．Ord (1975) は，SAR モデルの推定法を提案している．

18.3.2 条件付き自己回帰モデル（CAR）

このモデルは，SAR モデルとは違って，条件付き分布によって次のように定義される．

$$E[Z(s)|Z(s+u), u \in S, u \neq 0] = \sum_{u \in S} a(u)Z(s+u)$$

CAR モデル (conditional autoregressive model) は $Z(s) = \Sigma_{u \in S} a(u)Z(s+u) + \eta(s)$ とも書ける．SAR モデルとそっくりな形をしているが，根本的な違いがある．SAR モデルの誤差項 $e(s)$ は，$\Sigma_{u \in S} a(u)Z(s+u)$ と独立にはならず，CAR モデルの誤差項 $\eta(s)$ は条件付き平均による定義により正規性のもとでは独立になることを，Besag (1974, 1975) や Ord (1975) が指摘している．これらの文献は，さらに重要な次の指摘をしている．最小 2 乗推定量は SAR モデルに対して一致性を持たないが，CAR モデルに対しては一致性を持つ．その理由は，CAR モデルでは $E(\eta(s) \mid \Sigma_{u \in S} a(u)Z(s+u)) = 0$ により誤差項と説明変数が独立になるからである．以下では，周波数領域における方法を使って CAR モデルを推定する方法を紹介する．詳しくは Yuan (1989) や Yuan and Subba Rao (1993) を参照してほしい．

18.4 周波数領域における CAR モデル推定法

まず，定常確率過程のスペクトル表現とスペクトル密度関数について簡単に触れておく．2 次元ラティス上の確率過程を想定しているため，$t \in \mathbb{Z}^2$, $t = (t_1, t_2)$ として確率過程を $Z(t)$ とおく．$Z(t)$ は，平均 0 であり，2 次定常過程としてそのスペクトル表現

$$\mathbf{Z}(t) = \iint_{-\pi}^{\pi} \exp(it.\omega) dZ_X(\omega)$$

を持つものとする．ここで，$t.\omega = t_1\omega_1 + t_2\omega_2$ とし，$dZ_X(\omega) = dZ(\omega_1, \omega_2)$ とおいた．このとき，ラグ h の共分散 $C(h)$ は

$$C(h) = \iint_{-\pi}^{\pi} \exp(ih.\omega) f(\omega) d\omega$$

と表される．周波数 ω の積分範囲は $|\omega_i| \leq \pi$ $(i = 1, 2)$ である．ここで，関数 $f(\omega)$ は確率過程 $Z(t)$ の 2 次スペクトル密度関数である．反転公式により，次の関係を得る．

$$f(\omega) = \frac{1}{(2\pi)^2} \sum_h \exp(-ih.\omega) C(h)$$

$\{Z(t)\}$ による線形空間に内積を $\text{Cov}(Z(t_1), Z(t_2))$ によって定義した実数値ヒルベルト空間と，$\{Z(t+u); u \in S, u \neq 0\}$ による部分空間を構成する．このとき，任意

の $v \in S$ $(v \neq 0)$ に対して，方程式

$$E\left[Z(s) - \sum_{u \in S} a(u) Z(s+u)\right] Z(v) = 0$$

が成り立つ．この方程式を満たす $\Sigma a(u)Z(s+u)$ は，$Z(s)$ をこの部分空間に射影したものにほかならない．この方程式は，定常性に注意して

$$C(v-s) - \sum_{u \in S} a(u) C(v-s-u) = 0$$

と書き換えられる．この式を共分散のスペクトル表現によって書き直すと

$$\iint_{-\pi}^{\pi} \exp(i(v-s).\omega) f(\omega) \left[1 - \sum_{u \in S} a(u) \exp(-iu.\omega)\right] d\omega = 0$$

を得る．したがって，

$$f(\omega) = k \left[1 - \sum_{u \in S} a(u) \exp(-iu.\omega)\right]^{-1}$$

を満たさなければならない．$f(\omega) > 0$ のとき，

$$f^{-1}(\omega) = K \left[1 - \sum_{u \in S} a(u) \exp(-iu.\omega)\right]$$

を意味する．つまり，ラティス上の CAR モデルでは，スペクトルの逆数は $\{a(u)\}$ の線形関数となる．このことは，スペクトルの逆数のフーリエ係数は $\{a(u)\}$ の定数倍となることを意味する．Yuan (1989) は博士論文において，このことを使って CAR モデルのパラメータを推定する方法を考え，その統計的な性質も研究した．係数が $u=0$ の近傍で対称のときには，スペクトルの逆数は

$$f^{-1}(\omega) = K \left[1 - \sum_{u \in S} a(u) \cos(u.\omega)\right]$$

と表すことができる．

$a(u)$ が $u \to \infty$ のとき 0 に収束する速さを調べることで，近傍 S の次数も推定することができる．

この推定法の重要な点は，先に紹介した推定法と違って，正規性を仮定していないことである．

18.5 時空間過程

$Z(s,t)$ $(s \in \mathbb{R}^d, t \in Z)$ を平均 0 で空間的にも時間的にも定常な過程とする．その意味は，$E(Z(s,t)) = 0$, $\mathrm{Var}(Z(s,t)) = \sigma^2$, $\mathrm{Cov}(Z(s,t), Z(s+h, t+u)) = C(h,u)$ $(h \in \mathbb{R}^d, u \in Z)$ を満たすということである．ここで，h は空間ラグ，u は時間ラ

グである．$C(h, u) = R(\|h\|, u)$ を満たすとき，空間的に等方的（アイソトロピック）と呼んでいる．時空間過程の文献は空間過程に比べると少ないが，最近出版された書籍 Cressie and Wikle (2011) は，時空間過程の研究成果を豊富にまとめている．近年提案された有名な時空間過程に "可分過程" がある（Cressie and Huang, 1999; Fuentes, 2006; Gneiting, 2002; Ma, 2004）．これらの著者が述べるように，時空間過程に当てはめるモデルやその推定法の研究は，まだ始まったばかりである．本節では，将来われわれが発表することになるであろう，新しい時空間モデルとその推定などを紹介しよう．

時空間過程 $Z(s,t)$ が可分であるとは，共分散関数が時間と空間の共分散の積 $C(h,u) = C_1(h)C_2(u)$ となることである．したがって，可分過程では，$Z(s,t)$ のスペクトル密度関数が空間過程のスペクトルと時間過程のスペクトルの積になる．

共分散関数が $C(h,u) = C_1(h)C_2(u)$ で与えられる可分過程を考えよう．h と u に関して 2 次元フーリエ変換を加えると

$$f(\lambda, \omega) = f_1(\lambda) f_2(\omega)$$

を得る．ここで $|\omega| \leq \pi$，$|\lambda| \leq \pi^d$，$\lambda = (\lambda_1, \lambda_2, \ldots, \lambda_d)$ である．この式の両辺の対数をとると，加法性

$$\ln f(\lambda, \omega) = \ln f_1(\lambda) + \ln f_2(\omega)$$

を得る．この関係を使って，時空間過程の可分性を検定することができる（Fuentes, 2006）．Priestley and Subba Rao (1969) は，2 次定常性の検定統計量を構成するためにスペクトルの可分性を利用している．

18.5.1　時空間過程のモデル

ここでは，時空間過程をモデル化する新しい考え方を紹介しよう．空間過程のモデルで述べた SAR モデルや CAR モデルに似ているが，周波数領域におけるモデルである．

18.5.2　条件付き時空間自己回帰モデル（CAST）

$i = 1, 2, \ldots, M_1$，$j = 1, 2, \ldots, M_2$，$t = 1, 2, \ldots, N$ とおき，$Z(s_j, t)$ ($s_j \in \mathbb{Z}^2$, $t \in \mathbb{Z}$) を t ごとに $M_1 M_2$ 個の格子点で観測される確率過程とする．地点 s_j で観測される時系列の離散フーリエ変換を，次のように定義する．

$$J_{s_j}(\omega_k) = \frac{1}{\sqrt{2\pi N}} \sum_t Z(s_j, t) \exp(-it\omega_k)$$

ここで，$\omega_k = 2\pi k/N$ ($k = 0, \pm 1, \pm 2, \ldots, \pm [N/2]$) である．確率過程が定常性を持つとき，異なる周波数における二つの離散フーリエ変換 $J_{s_j}(\omega_k)$ と $J_{s_j}(\omega_{k'})$ が漸近的に独立になることは，よく知られている．平均を 0 とすると，次の結果が成り立つ．

$$E(J_{s_j}(\omega)) = E\left[\frac{1}{\sqrt{2\pi\mathbf{N}}}\sum_t Z(s_j,t)\exp(-it\omega)\right] = 0$$

$$\mathrm{Var}(J_{s_j}(\omega_k)) \simeq f_{s_j}(\omega_k)$$

定常性に加えて正規性を仮定すると，離散フーリエ変換は複素正規性を持つ．Rozanov (1967) にならい，複素確率変数（ある所与の周波数 ω における離散フーリエ変換の集合）によって構成されるヒルベルト空間を考えよう．適当な部分集合による部分空間も構成しておく．表現をやさしくするため，観測した格子点を s_i $(i = 1, 2, \ldots, M_1 M_2)$ とおく．離散フーリエ変換によって構成されるヒルベルト空間における内積を，二つの離散フーリエ変換に対するクロススペクトルで定義する．つまり，s_i, s_j における時系列の離散フーリエ変換の内積 $f_{s_i s_j}(\omega)$ $\mathrm{Cov}(J_{s_i}(\omega), J_{s_j}(\omega))$ を，そのクロススペクトル $f_{s_i s_j}(\omega)$ で定義する．空間定常性を仮定しているので，クロススペクトル $f_{s_i s_j}(\omega)$ はラグ $s_i - s_j$ だけの関数になっている．ここでさらに等方性を仮定すれば，このクロススペクトルはラグのユークリッド距離 h のみの関数になる．なお，$i = j$ つまり $h = 0$ のときのクロススペクトル密度関数は，s_i におけるスペクトル密度関数にほかならず，定常性からどの地点のスペクトル密度関数も同一である．ある周波数 ω に対し，条件付き期待値

$$E[J_s(\omega) \mid J_{s+u}(\omega); u \in S, u \neq 0] = \sum_{u \in S} \beta(u) J_{s+u}(\omega)$$

を考えよう．ここで，$\{\beta(u)\}$ は複素数でもよい．このとき，任意の $v \neq s$ に対し，

$$E\left[J_s(\omega) - \sum_{u \in S} \beta(u) J_{s+u}(\omega)\right] J_v^*(\omega) = 0$$

を満たし，スペクトル密度版のユール・ウォーカー方程式を得る．この方程式を解くことで $\{\beta(u)\}$ が計算できる．ユール・ウォーカー方程式は，周波数 ω に対して，

$$f_{v-s}(\omega) - \sum_{u \in S} \beta(u) f_{v-s-u}(\omega) = 0$$

と書き換えられる．ここで，$s = s_1, s_2, \ldots, s_{M_1 M_2}$ であり，u は $s + u$ が s の近傍 S になるような s 以外の要素すべてである．

この係数の推定法と標本特性を，われわれは今後の研究成果として発表する予定である．条件付き期待値によるモデルを離散フーリエ変換を使って形式的に書き直すと，

$$J_s(\omega) = \sum_u \beta(u) J_{s+u}(\omega) + J_{s,e}(\omega)$$

を得る．ここで，$\{J_{s,e}(\omega)\}$ は ω を固定したときに $\{s\}$ において互いに独立となる複素数値確率変数であり，条件付き期待値の議論から，右辺の2項は互いに独立である．このモデルは Besag (1974) の空間過程の CAR モデルと似ている．パラメータ推定と推定量の統計的性質については，今後の研究を待たなければならない．

18.5.3 同時時空間自己回帰モデル（SAST）

SASTモデル（simultaneous autoregressive spatio-temporal model）を周波数領域から導入しよう．Ali (1979) はSARモデルをラティス上の時系列に拡張した．Ali (1979) の記号にならって，$Z(l, m; t)$ を時点 t，地点 (l, m) における定常時系列とする．SARモデルを次式によって定義する．

$$Z(l, m; t) = \sum_i \sum_j \sum_{k=1}^p \phi(i, j; k) Z(l-i, m-j; t-k) + e(l, m; t)$$

パラメータの推定法は，Ali (1979) で論じられている．次数の選択，モデルに組み込む近傍 S の選択法も必要であるが，われわれの知る限りこれらを扱った研究はない．ここでは周波数領域版の SAST モデルを提案しよう．

18.5.4 周波数領域 SAST

CASTモデルを紹介したときの定義と同様に，観測地点ごとに離散フーリエ変換する．SASTモデルを

$$J_s(\omega) = \sum_{u \in S} \gamma(u) J_{s+u}(\omega) + J_{s,\eta}(\omega)$$

によって定義する．ここで，$\{J_{\mathbf{s},\eta}(\omega)\}$ は，ω を固定したとき s について独立な複素数値確率変数である．推定法，推定量の標本特性，応用について，今後の研究が必要である．空間過程のCARモデルやSARモデルを紹介したときにも述べたが，右辺の2項は互いに無相関にはならない．

18.6　多変量 AR と STAR モデル

以下ではラティス上のデータであることを仮定せず，ただ $s \in \mathbb{R}^d$ であることだけ仮定する．$Z(s_i, t)$ $(i = 1, 2, \ldots, n,\ t = 1, 2, \ldots, N)$ を n 個の地点ごとに観測した長さ N の時系列とする．各 t に対して，ベクトル

$$\mathbf{Z}'(t) = (Z(s_1, t), Z(s_2, t), \ldots, Z(s_n, t))$$

を定義しよう．

このベクトルを多変量定常時系列と捉えて，多変量ARMAモデルを時空間過程に用いる．つまり，$\mathbf{Z}(t)$ を ARMA(p, q) モデル

$$\mathbf{Z}(t) = \sum_{j=1}^p A(j) \mathbf{Z}(t-j) + \sum_{k=0}^q B(k) \mathbf{e}(t-k)$$

によって表現する．ここで，$B(0) = I$ であり，$\{\mathbf{e}(t)\}$ は独立で平均 0，分散共分散行列 $\mathbf{G}$ を持つ確率ベクトル列である（正規性を仮定することが多いが，必要でないこともある）とする．係数行列は，2次定常性や反転性を持たせるために，いくつかの

条件を満たしていなければならない (Priestley, 1981; Lutkepohl, 2008). これらの係数行列は最尤法を使って推定することができる. なお, 時空間過程 $\{\mathbf{Z}(t)\}$ の平均を 0 と仮定した. 次に, $\mathbf{X}(t,\vartheta)$ を平均値関数とし, 確率過程 $\{\mathbf{Y}(t)\}$ を

$$\mathbf{Y}(t) = \mathbf{X}(\mathbf{t},\vartheta) + \mathbf{Z}(t), \quad t = 1, 2, 3, \ldots, N$$

と表す. ここで, $\{\mathbf{Z}(t)\}$ は, 先に定義した平均 0 の時空間過程である. 平均値関数 $\mathbf{X}(t,\vartheta)$ は, 適当な独立変数の回帰式で表すことが多い.

気象や物理科学の現場では, 平均値関数が時間の関数となっていて, トレンドや季節性を持っていることが多い. 最近では Terdik et al. (2007), Subba Rao and Terdik (2006), Gao and Subba Rao (2010) が, そのような平均値関数のモデルを扱っている. Terdik et al. (2007), Subba Rao and Terdik (2006) は, 平均値が非線形回帰モデルで表される場合にパラメータを周波数領域で推定する方法を考案し, その標本特性を研究した. 前にも述べたが, 地球の気温系列などの環境時系列を分析する目的の一つに, 地球温暖化が起きているのかどうか, 起きているならばどの程度かを検証することがある. Hughes et al. (2007) は, 南極半島のファラデー観測所で測った最低気温と最高気温を使ってトレンドを推定し, どの程度の気温増加が起きているのかを推定した. ただし, トレンドを推定する際に, 極値分布による ARMA モデルを誤差項に仮定して誤差相関を近似している. この仮定が成立しない場合は, Terdik et al. (2007) や Subba Rao and Terdik (2006) による, 周波数領域におけるアプローチが有用であろう. 多変量 ARMA モデルを空間時系列に当てはめることは, 難しいケースが多い. 観測点の数が増えると必要な係数も増えてしまうため, 尤度関数を最大化することが困難になるからである. そこで対案として, Pfeifer and Deutsch (1980) は時空間自己回帰モデル (STARMA) を提案した. このモデルは, ラグだけでなく観測地点間の "近さ" も考慮して, パラメータ数を節約する. 最近の論文として, Subba Rao and Antunes (2004) や Antunes and Subba Rao (2006) も参照してほしい. n 個の観測地点間の関連性を, 分析者が事前に $n \times n$ 行列の系列で表す. その行列の系列を $\mathbf{W}^l$ ($l = 1, 2, \ldots, n$) とおく. STARMA($p_{\lambda_1 \lambda_2 \cdots \lambda_p}, : q_{m_1 m_2 \cdots m_q}$) を次のように定義する.

$$\mathbf{Z}(t) = -\sum_{k=1}^{p}\sum_{l=0}^{\lambda_k} \varphi_{kl} \mathbf{W}^l Z(t-k) + e(t) + \sum_{k=1}^{q}\sum_{l=0}^{m_k} \theta_{kl} \mathbf{W}^l e(t-k)$$

ここで, $\{\varphi_{kl}; \theta_{kl}\}$ はスカラーである. 誤差項 $\{e(t)\}$ は平均 0, 分散行列 $\mathbf{G}$ を持つ独立正規確率ベクトルであるとしている. 重み行列は事前に選ばれて既知としているので, 問題になるのは, n 地点それぞれにおいて T 個の時系列からパラメータを推定する方法である.

STARMA モデルを同定するには, 通常の時系列解析と同じように, 時空間自己相関係数や時空間偏自己相関係数を使う (Pfeifer and Deutsch (1980) を参照). k 次と l 次の近傍間のラグ s の時空間共分散関数は

$$\gamma_{lk}(s) = E\left\{\frac{(\mathbf{W}^l\mathbf{Z}(t))'(\mathbf{W}^k\mathbf{Z}(t+s))}{N}\right\}$$

であり，その場合の相関係数は

$$\rho_{lk}(s) = \frac{\gamma_{lk}(s)}{\{\gamma_{ll}(0)\gamma_{kk}(0)\}^{\frac{1}{2}}}$$

である．重み行列を既知としているので，これらの係数を計算することができる．時系列モデルと同様に，STAR モデルでは，その次数を超える時空間偏自己相関係数は 0 になり，また，STMA モデルでは，その次数を超える時空間相関係数は 0 になる (Subba Rao and Antunes (2004) を参照)．

正規性と $\mathbf{G} = \sigma^2 \mathbf{I}$ を仮定すれば，対数尤度関数の最大化は，

$$S(\varphi, \theta) = \sum_{i=1}^{N}\sum_{t=1}^{T} e_i^2(t)$$

をパラメータ (φ, θ) に関して最小化することと同じになる．この最小化を実行するには，残差項 $\{e_i(t)\}$ が必要になる．Subba Rao and Antunes (2004) は，Hannan and Rissanen (1982) に似た方法を提案している．その方法を使えば，確かに推定量は収束していた．Subba Rao and Antunes (2004) は，STARMA モデルを英国内 9 か所の気象観測所が観測した平均気温の月次時系列に当てはめた．このデータは，LDEO/IRI Data library のウェブサイト http://rainbow.ldeo.columbia.edu/ から入手できる．1951 年 1 月〜1969 年 8 月の 9 か所の月次系列が利用可能で，合計 223 個の観測値になる．分析結果は Subba Rao and Antunes (2004) にあるので，ここでは紹介しない．本章は，STARMA モデルの推定法を紹介することだけでなく，STARMA モデルの予測量を 1 次元 ARMA モデルの予測量と比較することも，目的としている．少なくともこの場合では，STARMA モデルを使うと，1 次元モデルよりも優れた予測量が得られた．その理由は明らかに，時系列相関だけではなく空間相関も考慮したことにある．さらには，STARMA モデルは推定すべきパラメータが少ないことも挙げられる．

多変量 ARMA モデルと STARMA モデルはよく似ているので，STARMA モデルは ARMA モデルの特殊ケース（入れ子）に当たるのかは，自然な疑問であろう．入れ子になっていないモデルの検定問題は，Cox (1961) によって独立同分布系列の場合に扱われている．時系列の場合の非入れ子型の検定問題は，Walker (1967) を除いてあまり知られていない．ここで，1 次の関連だけをモデル化した STAR モデルを考えよう．Antunes and Subba Rao (2006) が用いたモデルは

$$\mathbf{Z}(t) + \sum_{k=1}^{p}(\phi_k \mathbf{I}_n + \psi_k \mathbf{W})\mathbf{Z}(t-k) = \varepsilon(t)$$

である．ここで，係数 $\{\phi_j, \psi_j; j = 1, 2, \ldots, p\}$ をスカラーとし，1 次の重み行列 $\mathbf{W}$

を既知とする．次に，n 次元次数 q の多変量 AR モデル

$$\mathbf{Z}(t) + \sum_{j=1}^{q} \mathbf{A}(j)\mathbf{Z}(t-j) = \nu(t)$$

を考えよう．ここで，$\{\varepsilon(t)\}$, $\{\nu(t)\}$ をそれぞれ平均 0，分散行列 Σ_ε, Σ_ν の独立な多次元正規分布に従う確率ベクトルとする．Antunes and Subba Rao (2006) は，STAR モデルが多変量モデルの特殊ケースになる必要条件は次数 p と q が一致することであることを示した．彼らは，ロンドンの 4 地点で 2004 年 1 月 1 日より 1 時間ごとに 500 回計測された一酸化炭素濃度の 4 系列に対し，両モデルを当てはめた．観測地点はブルームスベリー，ヒリンドン，メリルボーンロード，ウェストミンスターの 4 地点である．いずれのモデルの次数も，Quinn (1980) の情報量規準で選択された．データを対数変換して，さらに季節性を除去している．この情報量規準により，次数 2 の STAR モデルおよび次数 3 の多変量 AR モデルが選択された．両モデルによる残差系列の分散行列は似通っているが，STAR モデルのパラメータ数は多変量 AR モデルに比べて少ない．パラメータ数が少ないモデルを選ぶことにするならば，少なくともこの場合は，STAR モデルが望ましいであろう．詳しくは，Antunes and Subba Rao (2006) を参照してほしい．

18.6.1 非線形時空間モデル（時空間バイリニアモデル）

時系列解析において，Granger and Andersen (1978), Subba Rao (1977, 1981), Subba Rao and Gabr (1984), Terdik (1999) は，バイリニアモデルとしてよく知られている非線形モデルを提案した．1 次元の場合を簡単に振り返ってみよう．

$\{X_t\}$ を離散時点で観測される時系列とする．次の差分方程式を満たす時系列をバイリニアモデルと呼ぶ．

$$X_t + \sum_{j=1}^{p} a_j X_{t-j} = \sum_{j=0}^{r} c_j e(t-j) + \sum_{l=1}^{m} \sum_{k=1}^{q} b_{lk} X_{t-l} e(t-k)$$

ここで，$c_0 = 1$ であり，$\{e_t\}$ は平均 0，分散 σ_e^2 の独立同分布を持つ誤差項である．このモデルを $BL(p, r, m, q)$ と表すことにする．$BL(p, 0, p, 1)$ の性質は，Subba Rao (1981) および Terdik (1999) によって詳しく研究されている．バイリニアモデルのパラメータ推定も，それらの論文で考察されている．Stensholt and Tjøstheim (1987), Subba Rao and Wong (1999) は，1 次元バイリニアモデルを多変量モデルに拡張している．バイリニアモデルは，ある条件のもとでヴォルテラ展開と呼ばれる興味深い表現を持つ．また，高次キュムラントを理論的に計算することができる (Terdik, 1999)．したがって，線形 AR モデルと同様に，高次キュムラントに対してユール・ウォーカータイプの方程式を立てることができる．さらに興味深いのは，条件付き平均は過去の値に非線形に依存するが，条件付き分散は一定値であることである．これは ARCH や GARCH と対照的な性質である．ARCH モデルや GARCH モデルは，

条件付き平均は通常 0 であるが，条件付き分散は過去の値に依存して変動する．したがって，ARCH モデルや GARCH モデルは，金融時系列のボラティリティの表現に用いられる．

Dai and Billard (1998) は，バイリニアモデルを空間モデルに拡張した．$\mathbf{Z}(t)$ を時点 t における n 地点のすべての値を含む時系列であるとすると，時空間バイリニアモデルは次の式で与えられる(Dai and Billard, 1998)．

$$\mathbf{Z}(t) = \sum_{i=1}^{p}\sum_{m=0}^{\lambda_i} \phi_m^i \mathbf{W}^m \mathbf{Z}(t-i) + \sum_{j=1}^{q}\sum_{n=0}^{\eta_j} \theta_n^j \mathbf{W}^n \mathbf{e}(t-j)$$
$$+ \sum_{i=1}^{r}\sum_{j=1}^{s}\sum_{m=0}^{\xi_i}\sum_{n=0}^{\mu_j} \beta_{mn}^{ij} [\mathbf{W}^m \mathbf{Z}(t-i)] \# [\mathbf{W}^n \mathbf{e}(t-j)] + \mathbf{e}(t)$$

ここで，$\{\mathbf{e}(t)\}$ は独立同分布に従う誤差項ベクトルであり，また $\mathbf{A}\#\mathbf{B} = \mathbf{C} = (c_{ij})$, $c_{ij} = a_{ij}b_{ij}$ である．

Dai and Billard (1998) は定常条件を考察した．文献を調べてみても，このモデルを実データに応用した例を見つからない．物理・生物学の分野においてこのモデルの重要性は高い．さらに，気象学において観測値をもとに未観測地点の値を予測するためのモデルとして，このモデルは重要であろう．以上の問題がこれからの研究によって明らかになることを望む．

結　語

このレビューの目的は，観測点の値から未観測点の値を推定する，線形予測法（クリギング）をはじめとする有力な方法を，非線形関数や時間次元を含む時空間データの場合に一般化する方法を示すことであった．ここで紹介した新しい時空間モデルは，離散フーリエ変換に基づくものである．以上のような方法には，未解明で興味深い問題がいくつかある．読者の研究のきっかけになれば幸いである．ここで紹介した方法を含む新しい方法論は，実データへの応用を通して検証する必要があるだろう．

謝辞

査読者による本章への建設的で有益なコメントに感謝する．

この研究の一部は TÁMOP 4.2.1./B-09/1/KONV-2010-0007/IK/IT プロジェクトから支援を受けている．また，European Social Fund および European Regional Development Fund によって運営されている New Hungary Development Plan を通して，この研究は実施された．

(T. Subba Rao and Gy. Terdik／松田安昌)

文　　献

Ali, M.M., 1979. Analysis of stationary spatial-temporal processes: estimation and Prediction. Biometrika 66, 513–518.
Antunes, A.M., Subba Rao, T., 2006. On hypotheses testing for the selection of spatio-temporal models. J. Time Ser. Anal. 27, 767–791.
Bartlett, M.S., 1978. Nearest neighbour models in the analysis of field experiments. J. R. Stat. Soc. Ser. B 40, 147–174.
Besag, J., 1974. Spatial interaction and the statistical analysis of lattice systems. J. R. Stat. Soc. Ser. B 36, 192–225.
Besag, J., 1975. Spatial analysis of non-lattice data. Statistician 24, 179–195.
Cliff, A., Ord, J.K., 1981. Spatial Processes: Models and Applications. Pion, London.
Cox, D., 1961. Tests of separate families of hypotheses. Proceedings of the 4th Berkeley Symposium, Berkeley, pp. 105–123.
Cressie, N., 1993. Statistics for Spatial Data. John Wiley, New York.
Cressie, N., Huang, H.-C., 1999. Classes of non-separable, spatio-temporal stationary covariance functions. J. Am. Stat. Assoc. 94, 330–340.
Cressie, N., Wikle, C.K., 2011. Statistics for Spatio-Temporal Data. Wiley Series in Probability and Statistics, Hoboken, NJ.
Dai, Y., Billard, L., 1998. A space time bilinear model and its identification. J. Time Ser. Anal. 19, 657–679.
Das, S., 2011. Statistical estimation of variogram and covariance parameters of spatial and spatio-temporal random processes. Unpublished Ph.D. Thesis submitted to the University of Manchester, United Kingdom.
Diggle, P.J., Ribeiro, P.J., 2007. Model-Based Geostatistics. Springer-Verlag, New York, NY.
Fuentes, M., 2006. Testing for separability of spatio-temporal covariance functions. J. Stat. Plan. Inference 13, 447–466.
Gaetan, C., Guyon, X., 2010. Spatial Statistics and Modeling. Springer-Verlag, New York, NY.
Gao, X., Subba Rao, T., 2010. Regression models with STARMA models: an application to the study of temperature variations in the Antarctic Peninsula. In: Martin, T.W., Ashish, S. (Eds.), Festchrift for S. R. Jammalamadaka. Springer-Verlag, pp. 27–50.
Gneiting, T., 2002. Non-separable stationary covariance functions for space-time. J. Am. Stat.Assoc. 97, 590–600.
Granger, C.W.J., Andersen, A.P., 1978. An introduction to Bilinear time series models. Vandenhoek and Ruprecht, Gottingen.
Hannan, E.J., Rissanen, J., 1982. Recursive estimation of mixed autoregressive moving average models. Biometrika 69, 81–94.
Hughes, G., Subba Rao, S., Subba Rao, T., 2007. Statistical analysis and time series models for minimum/ maximum temperatures in the Antarctic Peninsula. Proc. R. Soc. Ser A 461, 241–259.
Lahiri, S.N., Lee, Y., Cressie, N., 2002. On asymptotic distribution and asymptotic efficiency of least squares estimators of spatial variogram parameters. J. Stat. Plan. Inference. 103, 65–85.
Lutkepohl, H., 2008. New Introduction to Multiple Time Series Analysis. Springer-Verlag, New York, NY.

Ma, C., 2004. Spatial autoregression and related spatio-temporal models. J. Mult. Anal. 88, 152–162.

Matern, B., 1986. Spatial variation. Lecture Notes in Statistics. Springer-Verlag, New York, NY.

Ord, J.K., 1975. Estimation methods for models of spatial interaction. J. Am. Stat. Assoc. 70, 120–126.

Pfeifer, P., Deutsch, S., 1980. A three stage interacting procedure for space-time modeling. Technometrics 22, 35–47.

Priestley, M.B., 1981. Spectral Analysis of Time Series. Academic Press, New York, NY.

Priestley, M.B., Subba Rao, T., 1969. A test for non-stationarity of time series. J. Roy. Stat. Soc. Ser B 31, 140–149.

Quinn, B., 1980. Order determination for a multivariate autoregression. J. Roy. Stat. Soc. B. 42, 182–185.

Rozanov, Y.A., 1967. On the Gaussian homogeneous fields with given conditional distributions. Theory Prob. Appl. 12, 381–391.

Schanbenberger, O., Gotway, C.A., 2005. Statistical Methods for Spatial Data Analysis. Texts in Statistical Series. Chapman Hall/CRC, Boca Raton.

Stensholt, B.K., Tjøstheim, D., 1987. Multiple bilinear time series models. J. Time Ser. Anal. 8, 221–233.

Subba Rao, T., 1977. On the estimation of bilinear time series models. Bull Int. Stat. Inst, vol 41, 139–140 (Paper presented at the 41st session of ISI, New Delhi).

Subba Rao, T., 1981. On the theory of bilinear time series models. J. Roy. Stat. Soc. B 43, 244–255.

Subba Rao.T and Gabr M.M. (1984) An introduction to bispectral analysis and linear time series models vol 24. Springer-verlag. New York.

Subba Rao, T., Antunes, A., 2004. Spatio-temporal modelling of temperature time series-a comparative study. In: Schonberg, F., Brillinger, D.R., Robinson, E. (Eds.), Time Series analysis and Applications to Geophysical Systems, vol. 139. IMA Publications. Springer-Verlag, pp. 105–122.

Subba Rao, T., Terdik, Gy., 2006. Multivariate non-linear regression with applications. Lecture Notes in Statistics, No. 187. In: Bertail, P., Doukhan, P., Soulier, P. (Eds.), Dependence in Probability and Statistics, Springer Verlag, New York, pp. 431–470.

Subba Rao, T., Wong, W., 1999. Some contributions to multivariate bilinear time series models. In: Ghosh, S. (Ed.), Asymptotics, Nonparametrics and Time Series. Marcell Dekker, New York.

Terdik, Gy., 1999. Bilinear Stochastic Models and Related Problems of Nonlinear Time Series Analysis: A Frequency Domain Approach. Lecture Notes in Statistics, vol. 142. Springer, New York, NY.

Terdik, Gy., Subba Rao, T., Jammalamadaka Rao, S., 2007. On multivariate nonlinear regression models with stationary correlated errors. J. Stat. Plan. Inference, vol 137, 3793–3814.

Yuan, J., 1989. Spectral analysis of multidimensional stationary process with applications with applications in image processing. Unpublished Ph.D. Thesis submitted to the University of Manchester Institute of Science and Technology (UMIST), U.K. Now It is the University of Manchester.

Yuan, J., Subba Rao, T., 1993. Spectral estimation for random fields with applications to Markov modeling and texture classification. In: Chellappa, R., Jain, A. (Eds.), Markov Random fields-Theory and Applications. Academic Press, pp. 179–209.

Walker, A.M., 1967. Some tests of separate families of hypotheses in time series analysis. Biometrika 54, 39–68.
Whittle, P., 1954. On stationary processes in the plane. Biometrika 49, 305–314.

Part VIII
Continuous Time Series

連續時間時系列

CHAPTER 19

Lévy-Driven Time Series Models for Financial Data

金融データのためのレビィ駆動型モデル

概　要　ARCH モデルおよび GARCH モデルは，金融データ時系列のモデリングにおいて大きな成功を収めた（Engle, 1982; Bollerslev, 1986）．離散時間確率的ボラティリティモデルもまた，当該データのボラティリティの時間変動を表現するのに非常に有用であることが知られている．本章では，これらのモデルのレビィ駆動型連続時間版と関連する推測問題について概説していく．

キーワード　レビィ過程，レビィ駆動型 CARMA 過程，確率的ボラティリティモデル，COGARCH 過程，一般化オルンシュタイン・ウーレンベック過程

AMS Classification　62M10, 60H10, 91G70

19.1　はじめに

とりわけブラック，ショールズ，マートンのオプション価格理論の成功に端を発する金融理論の爆発的な発展に触発され，連続時間径数を持つ時系列モデルの研究が一気に活性化した．金融時系列の近年の結果については，Andersen et al.（2009）に優れた総説がある．レビィ過程の金融への応用については，Cont and Tankov（2004）および Schoutens（2003）を参照されたい．

本章では，レビィ過程で駆動されるいくつかの金融時系列モデルに焦点を当てる．レビィ過程が重要である理由としては，標本路が連続である必要がなく，また増分の分布が非常に広い任意の無限分解可能分布となりうることが挙げられる．詳細については 19.2 節を参照されたい．19.3 節では，離散時間の ARMA モデルの連続時間版であるレビィ駆動型 CARMA（continuous-time autoregressive moving average）過程を導入する．その特別な場合として，特に定常レビィ駆動型オルンシュタイン・ウーレンベック過程（OU 過程）を扱う．19.4 節では，Barndorff-Nielsen and Shephard (2001) で導入された著名な連続時間確率的ボラティリティモデルを扱う．そこでは"従属過程"（非減少な標本路を持つレビィ過程）で駆動される定常 OU 過程がボラティリティを表現する．19.5 節では，非負の CARMA 過程によるボラティリティ変動のモデル化を介して Barndorff-Nielsen–Shephard モデルを拡張する．実現ボラティリ

ティ (realized integrated volatility) に基づいたパラメータ推定についても論じる．19.6 節では，CARMA 過程とは別種の拡張としての一般化 OU (GOU) 過程を導入する．最後に，19.7 節において，Klüppelberg et al. (2004) による COGARCH(1,1) 過程，および Brockwell et al. (2006) による COGARCH(p,q) 過程を論じる．前者では，ボラティリティは GOU 過程で表現される．

19.2 レビィ過程

確率空間 $(\Omega, \mathcal{F}, P)$ で定義された $\mathbb{R}^d$ 値レビィ過程 ($d \in \mathbb{N}$) とは，確率 1 で独立定常増分を持ち，$M_0 = 0$，さらに標本路が右連続で有限な左極限を持つような確率過程 $M = (M_t)_{t \geq 0}$, $M_t : \Omega \to \mathbb{R}^d$ を指す．ここで，"独立増分性" とは，各 $n \in \mathbb{N}$, $0 \leq t_0 < t_1 < \cdots < t_n$ に対して確率変数 M_{t_0}, $M_{t_1} - M_{t_0}$, $M_{t_2} - M_{t_1}$, $\ldots$, $M_{t_n} - M_{t_{n-1}}$ が独立であることを意味し，"定常増分性" とは各 $s, t \geq 0$ に対して $M_{s+t} - M_s$ の分布が M_t のそれと同じであることを意味する．本節で述べる結果の証明およびレビィ過程のさらなる情報については，Applebaum (2004)，Bertoin (1996)，Kyprianou (2006)，Sato (1999) を参照されたい．

$\mathbb{R}^d$ 値レビィ過程の初等的な例としては，決定論的線形過程 $M_t = bt$ ($b \in \mathbb{R}^d$)，d 次元ブラウン運動，d 次元複合ポアソン過程などが挙げられる．任意のレビィ過程 $M = (M_t)_{t \geq 0}$ と t に対して，M_t の分布は一意的な三つ組 (A_M, ν_M, γ_M) によって特徴付けられる．ここで，A_M は $d \times d$ 対称非負定値行列，ν_M は $\nu_M(\{0\}) = 0$ かつ $\int_{\mathbb{R}^d} \min\{|x|^2, 1\} \nu_M(\mathrm{d}x) < \infty$ を満たす $\mathbb{R}^d$ 上の測度，$\gamma_M \in \mathbb{R}^d$ は定数である．この三つ組を用いて M_t の特性関数を表現しているのが，Lévy–Khintchine の公式

$$E\mathrm{e}^{i\langle M_t, z\rangle} = \exp\left\{i\langle \gamma_M, z\rangle - \frac{1}{2}\langle z, A_M z\rangle + \int_{\mathbb{R}^d} (\mathrm{e}^{i\langle z, x\rangle} - 1 - i\langle z, x\rangle \mathbf{1}_{\{|x| \leq 1\}}) \nu_M(\mathrm{d}x)\right\}, \quad z \in \mathbb{R}^d, \ t \geq 0 \tag{19.1}$$

である．ここで測度 ν_M は M のレビィ測度と呼ばれ，A_M はガウス分散と呼ばれる．逆に，任意の $\gamma_M \in \mathbb{R}^d$, $d \times d$ 対称非負定値行列 A_M, レビィ測度 ν_M に対して，式 (19.1) を満たすレビィ過程 M が分布同等を除いて一意に存在する．三つ組 (A_M, ν_M, γ_M) はレビィ過程 M の生成要素 (characteristic triplet) と呼ばれる．

$EX_t = \mu t$ かつ $\mathrm{Var}(X_t) = \sigma^2 t$ なるブラウン運動 $(X_t)_{t \geq 0}$ の生成要素は $(\sigma^2, 0, \mu)$ で与えられ，ジャンプ強度 λ およびジャンプサイズの分布関数 F を持つ複合ポアソン過程の生成要素は $(0, \lambda \mathrm{d}F(\cdot), \int_{[-1,1]} \lambda x \mathrm{d}F(x))$ で与えられる．

標本路が非減少である $\mathbb{R}$ 値レビィ過程 M は従属過程 (subordinator) と呼ばれ，この場合には必ず $A_M = 0$, $\nu_M((-\infty, 0)) = 0$, かつ $\int_0^1 x\nu_M(\mathrm{d}x) < \infty$ となる．従属過程の例としては，ジャンプサイズの分布が $(0, \infty)$ 上のものである複合ポアソン過程，ガン

マ過程，逆正規過程が挙げられる．パラメータ $c, \lambda > 0$ を持つガンマ過程とは，生成要素 $(0, \nu_M, \int_0^1 c \mathrm{e}^{-\lambda x} \mathrm{d}x)$ (ただし，$\nu_M(\mathrm{d}x) := cx^{-1} \mathrm{e}^{-\lambda x} \mathbf{1}_{(0,\infty)}(x) \,\mathrm{d}x$) を持つレビィ過程である．ガンマ過程 M については，M_t の分布はルベーグ密度 $x \mapsto (\Gamma(ct))^{-1} \lambda^{ct} x^{ct-1} \mathrm{e}^{-\lambda x} \mathbf{1}_{(0,\infty)}(x)$ を持つ．パラメータ $a, b > 0$ を持つ逆正規過程とは，生成要素 $A_M = 0$，$\nu_M(\mathrm{d}x) = (2\pi x^3)^{-1/2} a \mathrm{e}^{-xb^2/2} \mathbf{1}_{(0,\infty)}(x) \,\mathrm{d}x, \gamma_M = 2ab^{-1} \int_0^b (2\pi)^{-1/2} \mathrm{e}^{-y^2/2} \,\mathrm{d}y$ に対応するレビィ過程を指す．逆正規過程 M については，M_t の分布はルベーグ密度 $x \mapsto (2\pi x^3)^{-1/2} at \mathrm{e}^{-\frac{1}{2}(a^2 t^2 x^{-1} - 2abt + b^2 x)}$ を持つ．

レビィ過程 M の時刻 t におけるジャンプは

$$\Delta X_t := X_t - X_{t-}$$

で定義される．ここで，X_{t-} は X の t における左極限を表す．便宜上 $X_{0-} := 0$ とする．ブラウン運動を除くすべてのレビィ過程はジャンプを持つ．ボレル集合 B に対して，$\nu_M(B)$ は $(M_t)_{t \in [0,1]}$ が B に含まれるサイズのジャンプを何回持つかの期待平均量，すなわち

$$\nu_M(B) = E \sum_{0 < s \leq 1} \mathbf{1}_B(\Delta M_s)$$

を表す．

あるレビィ過程が有界時間区間上で有限回のジャンプしか持たないのは，有限レビィ測度の場合に限られる．任意の 1 次元レビィ過程はセミマルチンゲール（Applebaum (2004) または Protter (2005) を参照）であり，その 2 次変分は $[M, M]_t := A_M t + \sum_{0 < s \leq t} \Delta M_s^2$ で与えられる．セミマルチンゲール，特にレビィ過程による確率積分に関する詳細については，Applebaum (2004), Protter (2005) を参照されたい．

最後に，以下の事実に触れておく．$\kappa > 0$ に対して，レビィ過程 $M = (M_t)_{t \geq 0}$ が $E|M_1|^\kappa < \infty$ を満たす必要十分条件は，任意の $t \geq 0$ に対して $E|M_t|^\kappa < \infty$ となることであり，これはさらに $\int_{|x| \geq 1} |x|^\kappa \nu_M(\mathrm{d}x) < \infty$ と同値である．特に $\kappa = 2$ かつ $d = 1$ の場合，$\mathrm{Var}(M_t) = t(A_M + \int_{\mathbb{R}} x^2 \nu_M(\mathrm{d}x))$ が成り立つ．

19.3　レビィ駆動型 CARMA(p, q) 過程

19.2 節で定義された $\mathbb{R}$ 値レビィ過程 $(L_t)_{t \geq 0}$ は，$(L_t)_{t \geq 0}$ の独立な複製 $(M_t)_{t \geq 0}$ および $t < 0$ に対して $L_t = -M_{-t-}$ と定義することで右連続かつ左極限を有する独立定常増分過程 $(L_t)_{t \in \mathbb{R}}$, $L_0 = 0$ へと拡張される．この拡張のもと，実係数 $\{a_1, \ldots, a_p; b_1, \ldots b_q\}$ $(p > q)$ を持つレビィ駆動型 CARMA(p, q) 過程（Brockwell (2001) 参照）は，形式的な確率微分方程式

$$a(D)V_t = b(D)DL_t, \quad t \in \mathbb{R} \tag{19.2}$$

の強定常解として定義される．ここで，D は t に関する微分を表し，

$$a(z) := z^p + a_1 z^{p-1} + \cdots + a_p$$
$$b(z) := z^q + b_{q-1} z^{q-1} + \cdots + b_0$$

である．DL_t は通常の意味では存在しないため，微分方程式 (19.2) は，観測方程式

$$V_t = \mathbf{b}' \mathbf{X}_t \tag{19.3}$$

および状態方程式

$$d\mathbf{X}_t - \mathbf{A}\mathbf{X}_t dt = \mathbf{e} \, dL_t \tag{19.4}$$

からなる状態空間表現として解釈される．ここで

$$\mathbf{A} := \begin{bmatrix} 0 & 1 & 0 & \cdots & 0 \\ 0 & 0 & 1 & \cdots & 0 \\ \vdots & \vdots & \vdots & \ddots & \vdots \\ 0 & 0 & 0 & \cdots & 1 \\ -a_p & -a_{p-1} & -a_{p-2} & \cdots & -a_1 \end{bmatrix},$$

$$\mathbf{e} := \begin{bmatrix} 0 \\ 0 \\ \vdots \\ 0 \\ 1 \end{bmatrix}, \quad \mathbf{b} := \begin{bmatrix} b_0 \\ b_1 \\ \vdots \\ b_{p-2} \\ b_{p-1} \end{bmatrix} \tag{19.5}$$

$b_q := 1$, $b_j := 0$ $(j > q)$ である．式 (19.4) の任意の解は，関係式

$$\mathbf{X}_t = e^{\mathbf{A}(t-s)} \mathbf{X}_s + \int_s^t e^{\mathbf{A}(t-u)} \mathbf{e} \, dL_u, \quad t > s$$

を満たす．ここで現れる積分は，セミマルチンゲールに関する確率積分の特殊な場合に相当する．

Brockwell and Lindner (2009, Theorem 4.1) は，$a(z)$ と $b(z)$ は共通因子を持たないとしても一般性は失われず，また，L が決定論的でないもとで式 (19.3) と式 (19.4) が強定常解 V を持つための必要十分条件は，$E \max(0, \log |L_1|) < \infty$ かつ $a(z)$ が虚軸上に零点を持たないことを示した．この場合，強定常解は

$$V_t = \int_{-\infty}^{\infty} g(t-u) \, dL_u \tag{19.6}$$

と一意に与えられる．ここで

$$g(t) := \left(\sum_{\lambda : \Re\lambda < 0} \sum_{k=0}^{\mu(\lambda)-1} c_{\lambda k} t^k e^{\lambda t} \mathbf{1}_{(0,\infty)}(t) \right.$$
$$\left. - \sum_{\lambda : \Re\lambda > 0} \sum_{k=0}^{\mu(\lambda)-1} c_{\lambda k} t^k e^{\lambda t} \mathbf{1}_{(-\infty,0)}(t) \right) \tag{19.7}$$

19.3 レビィ駆動型 CARMA(p,q) 過程

であり，λ に関する和は多項式 $a(z)$ の相異なる零点にわたってとられていて，$\mu(\lambda)$ は各零点 λ の重複度を表す．和 $\sum_{k=0}^{\mu(\lambda)-1} c_{\lambda k} t^k \mathrm{e}^{\lambda t}$ は λ における $z \mapsto \mathrm{e}^{zt} b(z)/a(z)$ の留数，すなわち

$$\sum_{k=0}^{\mu(\lambda)-1} c_{\lambda k} t^k \mathrm{e}^{\lambda t} = \frac{1}{(\mu(\lambda)-1)!} \left[D_z^{\mu(\lambda)-1} \left((z-\lambda)^{\mu(\lambda)} \mathrm{e}^{zt} b(z)/a(z) \right) \right]_{z=\lambda}$$

を表す．ここで，D_z は z に関する微分を表す（$\mu(\lambda)=1$ なる λ については，この和は $b(\lambda)\mathrm{e}^{\lambda t}/a'(\lambda)$ となる．ただし a' は a の導関数を表す）．

注釈 1（**因果関係**）強定常な一意解は，$a(z)$ が実部が正である零点を持たない場合に限って因果関係を示す．この場合，式 (19.7) の第 2 項は消え，g は

$$g(t) = \begin{cases} \mathbf{b}' \mathrm{e}^{At} = \dfrac{1}{2\pi i} \displaystyle\int_\rho \dfrac{b(z)}{a(z)} \mathrm{e}^{tz} \mathrm{d}z, & \text{if } t > 0 \\ 0, & \text{if } t \leq 0 \end{cases} \tag{19.8}$$

と表される．ここで，下付き記号 ρ は，$a(z)$ の零点を取り囲み，かつ複素平面の左半分の開集合に含まれる単一閉曲線のまわりの反時計回りの積分を表す．すべての零点の重複度が 1 であれば，非常に簡潔な表現

$$V_t = \sum_{j=1}^p \frac{b(\lambda_j)}{a'(\lambda_j)} \int_{-\infty}^t \mathrm{e}^{\lambda_j(t-u)} \mathrm{d}L_u \tag{19.9}$$

が得られる．以降では，因果関係を示す CARMA 過程のみを対象としていく．特に断りがなければ，単に定常性と言うときは（弱定常性（共分散定常性）ではなく）強定常性を意味する．□

例 1（**定常 OU 過程**）CARMA(1,0) 過程は，CAR(1) (continuous-time autoregression of order 1) とも表記され，定常 OU 過程として広く知られている．この場合，状態ベクトル $\mathbf{X}_t$ の次元は 1 であり，$b(z)=1$, $a(z)=z-a_1$ である．因果関係を示すためには，$a_1 = \lambda_1 < 0$ が必要である．条件 $E\max(0,\log|L_1|) < \infty$ のもとで，$V_t = \mathbf{X}_t$ は方程式

$$\mathrm{d}V_t - a_1 V_t \mathrm{d}t = \mathrm{d}L_t \tag{19.10}$$

の一意な定常解となる．式 (19.9) より，直ちに

$$V_t = \int_{-\infty}^t \mathrm{e}^{\lambda_1(t-u)} \mathrm{d}L_u \tag{19.11}$$

が従う．L が従属過程，すなわち非減少な標本路を持つレビィ過程の場合には，式 (19.11) から V は非負値をとることがわかる．ゆえに，従属過程で駆動される CAR(1) 過程は，19.4 節で考察する確率的ボラティリティといった非負値過程モデルの候補となる．

例 2 (CARMA(2,1) 過程) $a(z) = (z - \lambda_1)(z - \lambda_2)$ かつ $\lambda_1 \neq \lambda_2$ の場合の CARMA(2,1) 過程は，特に簡単な構造

$$V_t = \alpha_1 \int_{-\infty}^{t} e^{\lambda_1(t-u)} dL_u + \alpha_2 \int_{-\infty}^{t} e^{\lambda_2(t-u)} dL_u$$

を持つ．ここで

$$\alpha_i = \frac{b(\lambda_i)}{a'(\lambda_i)} = \frac{\lambda_i + b_0}{2\lambda_i + a_1}, \quad i = 1, 2$$

である．すなわち，このモデルは独立な複素数値 CAR(1) 過程の和で表される ($a(z)$ が相異なる零点を持つ任意の CARMA(p,q) 過程についても同様の分解が成り立つことは，明らかである)．例 1 のときと同様に，L が従属過程であれば，カーネル $g(t) = \alpha_1 e^{\lambda_1 t} + \alpha_2 e^{\lambda_2 t}$ ($t \geq 0$) が非負のとき V_t も非負となる．このような場合は，λ_1 と λ_2 がともに実数で $b_0 \geq \max(|\lambda_i|)$ であるときに限られる (Brockwell and Davis (2001) を参照．CARMA(p,q) カーネルの非負値性のためのより一般の条件については Tsai and Chan (2005) を参照)．

19.3.1　$EL_1^2 < \infty$ の場合の 2 次的性質

$EL_1^2 < \infty$ とし，$\mu := EL_1$, $\sigma^2 := \text{Var}(L_1)$ と定義する．

このとき，式 (19.6) と式 (19.8) で定義される因果関係を示す CARMA 過程は共分散定常で，その平均は $\mu b_0/a_p$ である．以下，自己共分散関数を計算していこう．式 (19.8) より，$t < 0$ のとき $g(t) = 0$ であることに注意すれば，g のフーリエ変換は

$$\tilde{g}(\omega) := \int_{\mathbb{R}} g(t) e^{i\omega t} dt = -\frac{1}{2\pi i} \int_{\rho} \frac{b(z)}{a(z)} \frac{1}{z + i\omega} dz = \frac{b(-i\omega)}{a(-i\omega)}, \quad \omega \in \mathbb{R}$$

で与えられることがわかる．自己共分散関数 $\gamma_V(\cdot)$ は $\sigma g(\cdot)$ と $\sigma g(-\cdot)$ の畳み込みなので，そのフーリエ変換は

$$\tilde{\gamma}_V(\omega) = \sigma^2 \tilde{g}(\omega) \tilde{g}(-\omega) = \sigma^2 \left| \frac{b(i\omega)}{a(i\omega)} \right|^2, \quad \omega \in \mathbb{R}$$

となる．V のスペクトル密度は γ_V のフーリエ逆変換であるから，

$$f_V(\omega) = \frac{1}{2\pi} \int_{\mathbb{R}} e^{-i\omega h} \gamma_V(h) dh = \frac{1}{2\pi} \tilde{\gamma}_V(-\omega) = \frac{\sigma^2}{2\pi} \left| \frac{b(i\omega)}{a(i\omega)} \right|^2, \quad \omega \in \mathbb{R}$$

となる．この表現を関係式

$$\gamma_V(h) = \int_{\mathbb{R}} e^{i\omega h} f_V(\omega) d\omega, \quad h \in \mathbb{R}$$

へ代入し，ω から $z = i\omega$ へ変数変換して

$$\gamma_V(h) = \frac{\sigma^2}{2\pi i} \int_{\rho} \frac{b(z)b(-z)}{a(z)a(-z)} e^{|h|z} dz$$

$$= \sigma^2 \sum_{\lambda} Res_{z=\lambda} \left(e^{z|h|} b(z)b(-z)/(a(z)a(-z)) \right)$$

を得る．ここで再び，和は $a(z)$ の相異なる零点 λ にわたってとられる．以上から，一般の表現

$$\gamma_V(h) = \sigma^2 \sum_\lambda \frac{1}{(\mu(\lambda)-1)!} \left[D_z^{\mu(\lambda)-1} \frac{(z-\lambda)^m e^{z|h|} b(z) b(-z)}{a(z)a(-z)} \right]_{z=\lambda} \tag{19.12}$$

を得る．ここで，$\mu(\lambda)$ は λ の重複度を表す．すべての零点が異なる場合には，式 (19.12) は

$$\gamma_V(h) = \sigma^2 \sum_{\lambda: a(\lambda)=0} \frac{e^{\lambda|h|} b(\lambda) b(-\lambda)}{a'(\lambda)a(-\lambda)} \tag{19.13}$$

と簡略化される．

例 3（2 次 CAR(1) 過程） $EL_1^2 < \infty$ とすると，式 (19.13) より，例 1 で定義された CAR(1) 過程は，自己共分散関数

$$\gamma_V(h) = \frac{\sigma^2}{2|\lambda_1|} e^{\lambda_1|h|} \tag{19.14}$$

および自己相関関数 $\rho_V(h) = e^{\lambda_1|h|}$ を持つ．

例 4（2 次 CARMA(2,1) 過程） $EL_1^2 < \infty$ のとき，式 (19.13) より，例 2 で与えられる CARMA(2,1) 過程は，自己共分散関数

$$\gamma_V(h) = \frac{\sigma^2}{2\lambda_1 \lambda_2 (\lambda_1^2 - \lambda_2^2)} \left[\lambda_2 (b_0^2 - \lambda_1^2) e^{\lambda_1|h|} - \lambda_1 (b_0^2 - \lambda_2^2) e^{\lambda_2|h|} \right]$$

を持つ（ただし $\lambda_1 \ne \lambda_2$）．これは，例 3 のときよりもずっと広い関数族をなしており，CAR(1) モデルに制限した場合よりも，自己共分散構造の近似可能対象をはるかに広く設定できることがわかる．

19.4　連続時間確率的ボラティリティモデル

$\lambda < 0$ を定数とし，L を従属過程とする．時間尺度の違いを除き，Barndorff-Nielsen and Shephard (2001) の確率的ボラティリティモデルにおけるボラティリティ過程 V は，方程式

$$dV_t = \lambda V_t \, dt + dL_t \tag{19.15}$$

の定常解，すなわち従属過程 L で駆動される CAR(1) 過程で係数 λ を持つものとして定義される．式 (19.11) により，V_t は任意の $t \in \mathbb{R}$ に対して正値をとる．G_t で時刻 t における対数資産価格を表すとき，確率過程 $(G_t)_{t \ge 0}$ は確率微分方程式

$$dG_t = (m + bV_t) \, dt + \sqrt{V_t} \, dW_t \tag{19.16}$$

を満たすと仮定される．ここで m, b は定数で，$(W_t)_{t \ge 0}$ は L と独立な標準ブラウン運動である．

表記法 1 ボラティリティという用語は V_t を指すが，時として $\sqrt{V_t}$ を意味する場合もある．ここでは，時刻 t における（瞬間）ボラティリティを V_t で表し，V_t のある時間区間上での時間積分を累積ボラティリティと呼ぶことにする． □

$EL_1^2 < \infty$，$\mathrm{Var}(L_1) = \sigma^2$ の場合，式 (19.14) より，V の自己共分散関数は指数的減少関数
$$\mathrm{Cov}(V_{t+h}, V_t) = \sigma^2 \mathrm{e}^{\lambda|h|}/(2|\lambda|)$$
で与えられる．さらに $m = b = 0$ であれば，重なりのない長さ $r > 0$ の時間区間上の G の増分は無相関，すなわち
$$\mathrm{Cov}(G_t - G_{t-r}, G_{t+h} - G_{t+h-r}) = 0, \quad t, h \geq r$$
である．他方，$EL_1^4 < \infty$ であれば増分の 2 乗同士は相関を持ち，その自己共分散関数は $r > 0$ の正倍数 h と定数 $C_r > 0$ に対して
$$\mathrm{Cov}((G_t - G_{t-r})^2, (G_{t+h} - G_{t+h+r})^2) = C_r \mathrm{e}^{-\lambda h}$$
なる形で与えられる（Barndorff-Nielsen and Shephard (2001, Section 4) 参照）．すなわち，過程 $((G_{rh} - G_{r(h-1)})^2)_{h \in \mathbb{N}}$ は ARMA(1,1) 過程の自己共分散構造を持つ．対数価格過程の増分が無相関である一方で増分の 2 乗が相関を持つという事実は，金融時系列においては"定型化された事実"である．2 乗ボラティリティ過程の裾挙動は，駆動するレビィ過程のそれに依存する．特に V_t の分布の裾がパレート型，すなわちある定数 $\alpha > 0$ に対して $x \to \infty$ のとき $P(V_t > x)$ が漸近的に $x^{-\alpha}$ の定数倍のように振る舞うための必要十分条件は，L_1 が同じ指数 α を持つパレート型の分布に従うことである（Fasen et al. (2006) 参照．この逆は，正則変動関数に対する単調密度定理から従う．例えば Bingham et al. (1987, Theorem 1.7.2) を参照）．

19.5 累積 CARMA 過程と瞬間ボラティリティモデリング

確率的ボラティリティモデル (19.15), (19.16) における瞬間ボラティリティ V_t については，定常レビィ駆動 OU 過程で表現されるがゆえに自己相関関数が指数的に減少してしまう欠点がある．瞬間ボラティリティは観測されない量であるが，当該モデルにおいては，長さ Δ の期間に対応する累積ボラティリティ系列

$$I_n^\Delta = \int_{(n-1)\Delta}^{n\Delta} V_t \, dt, \quad n = 1, 2, \ldots \tag{19.17}$$

を実現ボラティリティ系列

$$R_n = \sum_{j=1}^{k} d_{n,j}^2 \tag{19.18}$$

で推定することが可能である．ここで

19.5 累積 CARMA 過程と瞬間ボラティリティモデリング

$$d_{n,j} = (G_{(n-1+j/k)\Delta} - G_{(n-1+(j-1)/k)\Delta})^2$$

であり，k は十分大きいものとしている．典型的には，Δ は 1 取引日を表し，k は Δ/k が 5 分程度になるように設定される．実現ボラティリティについては，優れた詳解記事 Andersen and Benzoni (2009) を参照されたい．図 19.1（Viktor Todorov により提供された）は，1986 年 12 月 1 日から 1999 年 6 月 30 日までのドイツマルク/米ドル (DM/US$) 為替レートの実現ボラティリティを図示している（この実現ボラティリティ系列に基づいた議論については Andersen et al. (2001) を参照）．

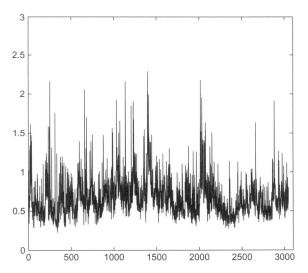

図 19.1 1986 年 12 月 1 日〜1999 年 6 月 30 日の DM/US$ 為替レートの実現ボラティリティ．

この系列の自己相関関数を図 19.2 に示す．瞬間ボラティリティ V_t が CAR(1) モデル (19.15) であるもとでは，日次累積ボラティリティは系列は ARMA(1,1) 過程をなし，したがってその自己相関関数は指数的に減少することが，Barndorff-Nielsen and Shephard (2001) によって示された．図 19.2 から，V を高次の CARMA 過程へ変えたほうがより良い適合が得られることは明らかである．Todorov and Tauchen (2006)，Todorov (2010)，Brockwell et al. (2011) は，日次実現ボラティリティ系列へ CARMA(2,1) モデルを当てはめた．本節では，式 (19.15) を CARMA モデルに替えて瞬間ボラティリティ V をモデリングすることで累積ボラティリティ系列 (19.17) に観測系列 (19.18) の性質を十分に反映させるという，異なる視点からのアプローチを試みる．

$EL_1^2 < \infty$，かつ V が L で駆動される CARMA(p,q) 過程であり，自己回帰および

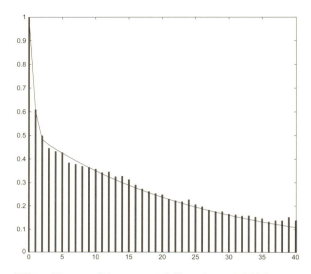

図 19.2 縦軸は，図 19.1 で見た DM/US\$ 為替レートの日次実現ボラティリティの標本自己相関関数を表す．実線グラフは，瞬間ボラティリティに CARMA(2,1) モデルを適用した場合の累積ボラティリティの自己相関関数を示している．ここで，後者は例 5 の方法で推定されたものである．

移動平均多項式が各々 $a(z)$ および $b(z)$ で与えられる場合において，Brockwell and Lindner (2012) は，累積ボラティリティ系列 I^{Δ} は微分方程式

$$\phi(B)I_n^{\Delta} = \theta(B)\epsilon_n$$

の弱定常解であることを示した．ここで，$(\epsilon_n)_{n\in\mathbb{Z}}$ は定数分散を持つ無相関系列，B は後退シフト作用素 (すなわち，すべての j およびすべての $n \in \mathbb{Z}$ に対して $B^j Y_n := Y_{n-j}$)，$\phi(z)$ は多項式

$$\phi(z) := \prod_{\lambda}(1 - e^{\lambda\Delta}z)^{\mu(\lambda)}$$

である．ただし，積は $a(z)$ の相異なる零点 λ にわたってとっており，$\mu(\lambda)$ は λ の重複度を表す．多項式 $\theta(z)$ は

$$\theta(z) = 1 + \theta_1 z + \cdots + \theta_p z^p$$

なる形で与えられる．ここで，係数 $\theta_1, \ldots, \theta_p$ は単位円の内点に零点を持たないように $a(z)$ と $b(z)$ から決定可能である．これより，任意の $a(z), b(z)$ に対して ARMA 過程 I^{Δ} の ARMA 多項式 $\phi(z), \theta(z)$ が決まり，したがって，系列 I^{Δ} の最小 2 乗誤差 1 期先線形予測子が決まる．これらの誤差の 2 乗和を多項式 $a(z), b(z)$ の係数について数値的に最小化することで，瞬間ボラティリティ過程 V の CARMA 係数の最小 2 乗推定値が得られる．

例 5 図 19.1 における日次実現ボラティリティを用いて推定方式を説明しよう．明らかに，図 19.2 の標本自己相関関数に（OU 過程を瞬間ボラティリティに用いる場合のように）単一指数関数をうまく当てはめることは不可能である．そこで，瞬間ボラティリティ過程として CARMA(2,1) モデルの適用を考えよう．ここでは，各日内での瞬間ボラティリティから計算される長さ 1 の時間区間上の累積ボラティリティ（すなわち I^Δ で $\Delta = 1$ としたもの）を，対応する時間区間上での実現ボラティリティで推定することになる．

各時間ラグについて，I^Δ の自己相関関数を実現ボラティリティ V^Δ の標本自己相関関数と等しいと置くことにより，係数の簡単な初期推定量を得ることができる．例えば，ラグ 1, 2, 10, 20, 40 に対する収益率 2 乗和を最小化することで，瞬間ボラティリティモデル

$$(D^2 + 3.09054D + 0.10983)V_t = (0.23302 + D)DL_t$$

および，$\lambda_1 = -0.035956$，$\lambda_2 = -3.05458$ を得る．

これらの係数を初期推定値とし，予測 2 乗和を数値的に最適化すると，最小 2 乗モデル

$$(D^2 + 3.07141D + 0.11793)V_t = (0.23938 + D)DL_t \tag{19.19}$$

および，$\lambda_1 = -0.038890$，$\lambda_2 = -3.02152$ が得られる．このモデルにおける日次累積ボラティリティの自己相関関数が，図 19.2 の実線グラフである．

あとは，図 19.1 に示される日次実現ボラティリティと整合するような累積ボラティリティを与える従属過程 L を特定できればよい．これは，$EL_1 = 0.3291$ かつ $\mathrm{Var} L_1 = 0.3954$ なる従属過程を介して，実現ボラティリティ系列の平均および分散と整合させることで達成できる．すなわち，まず式 (19.19) で定義される CARMA(2,1) 過程の標本路を疑似生成し，次に，その標本路を日ごとに時間積分し，最後に，そうして計算された累積ボラティリティ系列の標本累積分布関数およびカーネル密度推定値を，実現ボラティリティ系列から計算された対応する量と比較するのである．図 19.3 にその結果を示す．

上段のグラフは，指数分布に従うジャンプを持つ複合ポアソン過程で駆動される CARMA(2,1) 過程を用いたものである．平均ジャンプ強度は 0.5478，平均ジャンプサイズは 0.6008 であった．CARMA 過程の生成は，例 3 で触れた分解に基づき，同じ従属過程で駆動される二つの OU 過程の生成へ帰着させることで，大幅に簡略化できる．実際，ジャンプ時刻とジャンプサイズの疑似生成を介して正確な標本路を生成でき，日次累積ボラティリティの計算も容易である．$a(z)$ の零点がすべて異なる限りは，複合ポアソン過程で駆動される任意次数の CARMA 過程についても，同様のことが言える．

中段のグラフは $EL(1) = 0.3291$，$\mathrm{Var} L(1) = 0.3954$ なる逆正規従属過程の場合を示している．ここでは 0.01 日の微小時間ステップでオイラー法を用いて標本路を近

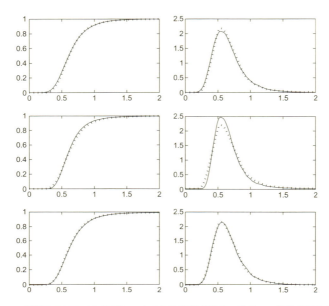

図 19.3 点線は DM/US\$ 為替レートの日次実現ボラティリティの経験累積分布関数（左）およびカーネル密度推定（右）を示す．実線は対応する三つの従属過程駆動型 CARMA(2,1) 瞬間ボラティリティ過程の日次累積ボラティリティのグラフである．詳細は例 5 を参照されたい．

似的に生成し，時間積分することで，40000 日分の日次累積ボラティリティ値を得た．

下段のグラフは，$EL(1) = 0.3291$，$\mathrm{Var}L(1) = 0.3954$ なるガンマ従属過程に対して先と同様の手順を踏んだ場合を示している．ここでも，40000 日分の日次累積ボラティリティ値に基づいて，経験累積分布関数とカーネル密度推定値を計算した．

以上三つの場合すべてにおいて妥当な適合が見られることから，L_1 の分布は日次累積ボラティリティの分布に影響を受けにくいことが示唆される．特に，ガンマ従属過程の場合には，経験分布と生成された分布はほぼ見分けがつかない．

19.6　一般化オルンシュタイン・ウーレンベック過程

レビィ駆動型 CARMA 過程は，OU 過程の高次への一般化と見なせる．式 (19.10) よりレビィ駆動型 OU 過程は

$$dV_t = \lambda_1 V_{t-}dt + dL_t, \quad t \geq 0$$

を満たす．OU 過程の別の拡張法としては，決定論的関数 $t \mapsto \lambda_1 t$ を第 2 のレビィ過程 $(U_t)_{t \geq 0}$ へ広げることが考えられよう．すなわち，確率微分方程式

$$dV_t = V_{t-}\,dU_t + dL_t, \quad t \geq 0 \tag{19.20}$$

または同値な表現として

$$V_t = V_0 + \int_0^t V_{s-}\,dU_s + L_t, \quad t \geq 0$$

を考えるのである．ここで，V_0 は初期状態確率変数であり，(U, L) は 2 次元レビィ過程である．以下では，U, L はいずれも零過程でないとする．上記の確率微分方程式の導入および求解は，Yoeurp and Yor (1977) によってなされた（Protter (2005), Exercise V.27) を参照）．また，Behme et al. (2011) も併せて参照されたい．特に，U がサイズ -1 のジャンプを持たなければ，すなわち $\nu_U(\{-1\}) = 0$ であれば，式 (19.20) は

$$V_t = \mathcal{E}(U)_t \left(V_0 + \int_0^t [\mathcal{E}(U)_{s-}]^{-1}\,d\eta_s \right), \quad t \geq 0 \tag{19.21}$$

で与えられる一意な解を持つ．ここで $\mathcal{E}(U)$ は

$$\mathcal{E}(U)_t = e^{U_t - t\sigma_U^2/2} \prod_{0 < s \leq t} (1 + \Delta U_s) e^{-\Delta U_s}, \quad t \geq 0$$

で与えられる U の確率指数であり，η は

$$\eta_t = L_t - \sum_{0 < s \leq t} \frac{\Delta U_s \Delta L_s}{1 + \Delta U_s} - t\sigma_{U,L}, \quad t \geq 0$$

で与えられる．ただし，$\sigma_U^2, \sigma_{U,L}$ は各々，(U, L) の正規分散 $A_{(U,L)}$ の $(1,1), (1,2)$ 要素を表す．

U がサイズ -1 以下のジャンプを持たなければ，すなわち $\nu_U((-\infty, -1]) = 0$ であれば，$\mathcal{E}(U)_t$ は正であり，

$$\xi_t := -\log \mathcal{E}(U)_t = -U_t + \sigma_U^2 t/2 + \sum_{0 < s \leq t} (\Delta U_s - \log(1 + \Delta U_s)), \quad t \geq 0$$

を定義することができる．このとき，$(\xi, \eta) = (\xi_t, \eta_t)_{t \geq 0}$ は 2 次元レビィ過程となり，式 (19.21) の確率過程は

$$V_t = e^{-\xi_t}\left(V_0 + \int_0^t e^{\xi_{s-}}\,d\eta_s \right), \quad t \geq 0 \tag{19.22}$$

と書ける．

さらに，V_0 が (ξ, η) と（同値な意味で (U, L) と）独立であれば，確率過程 (19.22) は (ξ, η) で駆動される一般化 OU 過程（GOU 過程）と呼ばれる．この用語は de Haan and Karandikar (1989) と Carmona et al. (1997) によるものであり，これらの文献ではこの確率過程のさまざまな性質が調べられている．関係式

$$\begin{pmatrix} U_t \\ L_t \end{pmatrix} = \begin{pmatrix} -\xi_t + \sum_{0 < s \leq t} (e^{-\Delta \xi_s} - 1 + \Delta \xi_s) + t\sigma_\xi^2/2 \\ \eta_t + \sum_{0 < s \leq t} (e^{-\Delta \xi_s} - 1)\Delta \eta_s - t\sigma_{\xi, \eta} \end{pmatrix}, \quad t \geq 0$$

より，確率過程 (U, L) は (ξ, η) から復元可能であることがわかる．明らかに，U と L が独立のときに限って ξ と η も独立になり，またそのとき $\eta_t = L_t$ が成り立つ．また，$\xi_t = -U_t = -\lambda_1 t$ であれば，GOU 過程は OU 過程 (19.10) となる．

GOU 過程は Barndorff-Nielsen and Shephard (2001) の確率的ボラティリティモデルにおいてすでに現れている．後の 19.7 節で見るように，GOU 過程は OU 過程と異なり，ξ が決定論的で η が確率的な場合の連続時間 GARCH(1,1) 過程のボラティリティ過程としても現れる．GOU 過程は確率変動する i.i.d. 係数を持つ AR(1) 過程の自然な連続時間版である（de Haan and Karandikar (1989) 参照）．非負の GOU 過程はそれ自身が確率的ボラティリティのモデルとして機能するため，連続時間 GARCH モデルという設定にこだわらずとも，ファイナンスへ応用できる可能性を有していると言えよう．$V_0 \geq 0$ かつ η が従属過程である場合には，GOU 過程は非負である．

GOU 過程の金融関連分野への応用対象として，ほかには保険数理，特に Paulsen (1993) のリスクモデルが挙げられる．そこでは，V_t はある保険会社の資本金を，L_t は保険料から支払金を引いた差額を，そして，U は保険会社の資本金が投資される金融市場の動きを表している．詳細は Paulsen (1993) を参照されたい．

GOU 過程をボラティリティ過程に用いるのに際し，どのような 2 次元レビィ過程 (ξ, η) に対して (ξ, η) と独立な初期状態確率変数 V_0 がとれて，対応する GOU 過程が強定常になりうるかを知ることは重要である．これについては，Lindner and Maller (2005) によって完全な特徴付けが得られた．すなわち，以下の 2 条件のいずれかが成り立つときに限って強定常解が存在する．第一に $V_0 = k$ かつ $e^\xi = \mathcal{E}(\eta/k)$ なる $k \in \mathbb{R} \setminus \{0\}$ が存在すること，第二に確率積分 $\int_0^t e^{-\xi_{s-}} dL_s$ が $t \to \infty$ のとき確率 1 で収束することである．前者の場合には，任意の $t \geq 0$ に対して $V_t = k$ となり，後者の場合には，定常分布は確率変数

$$\int_0^\infty e^{-\xi_{s-}} dL_s \tag{19.23}$$

の分布で与えられる．

Erickson and Maller (2004) は，式 (19.23) の積分が確率 1 で絶対収束するための必要十分条件を与えた．また，収束するための十分条件は $E \log^+ |L_1| < \infty$ かつ ξ_t が確率 1 で $+\infty$ へ発散することであり，後者は $E\xi_1 > 0$ から従う（de Haan and Karandikar (1989), Lindner and Maller (2005) 参照）．Behme et al. (2011) は，U が -1 以下のジャンプサイズを持ち，さらに V_0 が (U, L) と独立でない場合における式 (19.20) の解の定常解の特徴付けを介して，GOU 過程に関する結果を拡張した．これにより，因果関係を示さない解も扱えるようになった．

GOU 過程の自己相関構造は，常に指数関数形である．より正確には，U と L が $\nu_U((-\infty, -1]) = 0$, $EU_1^2 < \infty$, $EL_1^2 < \infty$, $E\mathcal{E}(U)_1^2 = Ee^{-2\xi_1} < 1$ を満たしていれば，$EU_1 < 0$ かつ有限 2 次モーメントを持つ GOU 定常過程が存在し，その平均

は $EV_0 = -(EU_1)^{-1}EL_1$, 自己共分散関数は

$$\mathrm{Cov}(V_t, V_{t+h}) = \frac{E(U_1 EL_1 - L_1 EU_1)^2}{(EU_1)^2 |2EU_1 + \mathrm{Var} U_1|} e^{hEU_1}, \quad t, h \geq 0$$

で与えられる.Behme (2011a, b) も併せて参照されたい.

GOU 過程の他の重要な特徴としては,η が重い裾を持たなくても,さまざまな場合においてパレート型定常分布を持ちうることが挙げられる.この事実は,確率的再帰方程式の解の裾挙動に関する Kesten (1973), Goldie (1991) の結果から従う.詳細は Behme (2011a, b), Lindner and Maller (2005) を参照されたい.最後に,GOU 過程の多次元拡張版は Behme (2011b) で得られたことに触れておく.Behme and Lindner (2012) も併せて参照されたい.

19.7 連続時間 GARCH 過程

最も著名な離散時間金融時系列モデルは,ARCH モデル (Engle, 1982) および GARCH モデル (Bollerslev, 1986) である.i.i.d. 系列 $(\varepsilon_n)_{n\in\mathbb{N}_0}$ ($\mathbb{N}_0 := \{0\} \cup \mathbb{N}$) と定数 $\beta > 0$, $\lambda_1, \ldots, \lambda_q \geq 0$, $\delta_1, \ldots, \delta_p \geq 0$ ($q \in \mathbb{N}$, $p \in \mathbb{N}_0$, $\lambda_q > 0$) に対して,ボラティリティ過程 $(V_n)_{n\in\mathbb{N}_0}$ を持つ GARCH(q, p) 過程 $(Y_n)_{n\in\mathbb{N}_0}$ は

$$Y_n = \sqrt{V_n}\, \varepsilon_n, \quad n \in \mathbb{N}_0 \tag{19.24}$$

$$V_n = \beta + \sum_{i=1}^{q} \lambda_i Y_{n-i}^2 + \sum_{j=1}^{p} \delta_j V_{n-j}, \quad n \geq \max\{p, q\} \tag{19.25}$$

で与えられる.ここで,非負過程 V_n ($n \in \mathbb{N}_0$) は,$(\varepsilon_{n+h})_{h\in\mathbb{N}_0}$ と独立である.特に $p = 0$ の場合,このモデルは ARCH(q) 過程と呼ばれる.

Nelson (1990) は GARCH(1,1) 過程に対して,また Duan (1997) は一般の GARCH(q, p) 過程に対して,連続時間拡散近似を導出した.細かい時間格子 $h\mathbb{N}_0$ 上で GARCH 過程を考え,$h \downarrow 0$ に沿って適切なスケーリング極限を考えることで,Nelson は

$$dG_t = \sqrt{V_t}\, dB_t^{(1)}, \quad t \geq 0 \tag{19.26}$$

$$dV_t = (\omega - \theta V_t)\, dt + \alpha V_t\, dB_t^{(2)}, \quad t \geq 0 \tag{19.27}$$

で与えられる拡散極限 $(G_t, V_t)_{t\geq 0}$ を導いた.ここで,$B^{(1)}$, $B^{(2)}$ は独立なブラウン運動であり,$\theta \in \mathbb{R}$, $\omega \geq 0$, $\alpha > 0$ はパラメータである.特に,式 (19.27) で与えられるボラティリティ過程は,$(\xi_t, \eta_t) = (-\alpha B_t^{(2)} + (\theta + \alpha^2/2)t, \omega t)$ で駆動される GOU 過程である.式 (19.24), (19.25) で定義される GARCH(1,1) 過程が単一のノイズ過程 $(\varepsilon_n)_{n\in\mathbb{N}_0}$ で駆動されているのに対し,Nelson の拡散極限は二つの独立な不確実性の源泉 $B^{(1)}$, $B^{(2)}$ を持っていることに注意しよう.この点に着目した Klüppelberg et al. (2004) は,単一のレビィ過程で駆動される連続時間 GARCH(1,1) 過程として,

COGARCH(1,1) 過程を構成した．初期値変数 $V_0 \geq 0$ とそれと独立な駆動レビィ過程 $M = (M_t)_{t\geq 0}$ で非ゼロのレビィ測度を持つもの，および定数 $\beta, \delta > 0$，$\lambda \geq 0$ を所与とするとき，彼らはボラティリティ過程 $(V_t)_{t\geq 0}$ を持つ COGARCH(1,1) 過程 $(G_t)_{t\geq 0}$ を

$$G_0 = 0, \quad \mathrm{d}G_t = \sqrt{V_{t-}}\,\mathrm{d}M_t, \quad t \geq 0$$

で定義した．ここで

$$V_t = \left(\beta \int_0^t \mathrm{e}^{\xi_{s-}}\,\mathrm{d}s + V_0\right)\mathrm{e}^{-\xi_t}, \quad t \geq 0$$

であり，$\xi = (\xi_t)_{t\geq 0}$ は

$$\xi_t = -t\log\delta - \sum_{0 < s \leq t}\log(1 + \lambda\delta^{-1}(\Delta M_s)^2), \quad t \geq 0$$

で定義される．ξ はレビィ過程であり，V は 2 次元レビィ過程 $(\xi_t, \beta t)_{t\geq 0}$ で駆動される GOU 過程である．式 (19.20) の確率過程 (U, L) には $U_t = t\log\delta + \lambda\delta^{-1}\sum_{0 < s \leq t}(\Delta M_s)^2$ および $L_t = \beta t$ が対応し，

$$\mathrm{d}V_t = V_{t-}\,\mathrm{d}(t\log\delta + \lambda\delta^{-1}[M, M]_t^{(d)}) + \beta\,\mathrm{d}t, \quad t \geq 0$$

となる．ここで，$[M, M]_t^{(d)} := \sum_{0 < s \leq t}(\Delta M_s)^2$ は，M の 2 次変分の純粋不連続部分を表す．COGARCH(1,1) 過程の多次元版は，Stelzer (2010) によって得られた．

Klüppelberg et al. (2004) は，COGARCH(1,1) モデルの定常ボラティリティ過程は

$$\int_{\mathbb{R}} \log(1 + \lambda\delta^{-1}x^2)\,\nu_M(\mathrm{d}x) < -\log\delta \tag{19.28}$$

のときに限って存在することを示した．このためには，特に，M が有限な対数モーメントを持たなければならない．V_t の共分散構造は GOU 過程のそれから得られる．高次モーメントについては，条件 (19.28) のもとで $\kappa > 0$ に対して

$$\Psi_\xi(\kappa) := \log E\mathrm{e}^{-\kappa\xi_1} = \kappa\log\delta + \int_{\mathbb{R}}\left((1 + \lambda\delta^{-1}y^2)^\kappa - 1\right)\nu_M(dy) \in (-\infty, \infty]$$

と定義するとき，V の定常分布が有限な k 次モーメント $(k \in \mathbb{N})$ を持つための必要十分条件は $EM_1^{2k} < \infty$ かつ $\Psi_\xi(k) < 0$ であることがわかっている．この場合，任意の $l \in \{1, \ldots, k\}$ に対して $\Psi_\xi(l) < 0$ で，また

$$EV_0^k = k!\beta^k \prod_{l=1}^k (-\Psi_\xi(l))^{-1}$$

が成り立つ．さらに，$EM_1^4 < \infty$ かつ $\Psi_\xi(2) < 0$ であれば

$$\mathrm{Cov}(V_t, V_{t+h}) = \beta^2\left(2\Psi_\xi^{-1}(1)\Psi_\xi^{-1}(2) - \Psi_\xi^{-2}(1)\right)\mathrm{e}^{-h|\Psi_\xi(1)|}, \quad t, h \geq 0$$

が成り立つ．詳細な証明は Klüppelberg et al. (2004) を参照されたい．

19.4 節で見た Barndorff-Nielsen–Shephard の確率的ボラティリティモデルと同様

に，適当な条件下では，定常 COGARCH(1,1) 過程 G の重なりがない時間区間上の増分は無相関であり，また同時に，任意の $r > 0$ に対して系列 $((G_{rh} - G_{r(h-1)})^2)_{h \in \mathbb{N}}$ の自己共分散関数は ARMA(1,1) 過程と同じ形をとる．すなわち，簡単のため $r = 1$ とし，駆動レビィ過程 $M = (M_t)_{t \geq 0}$ が

$$EM_1 = 0, \quad \text{Var}(M_1) = 1, \quad EM_1^4 < \infty, \quad \int_{\mathbb{R}} x^3 \nu_M(\mathrm{d}x) = 0$$

を満たし，さらに

$$\Psi_\xi(2) = 2 \log \delta + \int_{\mathbb{R}} \left(\lambda^2 \delta^{-2} y^4 + 2\lambda \delta^{-1} y^2 \right) \nu_\xi(\mathrm{d}y) < 0$$

が成り立つとすれば，$Y_n = G_n - G_{n-1}$ で定義される増分過程 $(Y_n)_{n \in \mathbb{N}}$ は，$EY_1^4 < \infty$ かつ

$$EY_1 = 0, \quad \mu := E(Y_1^2) = \frac{\beta}{|\Psi_\xi(1)|}, \quad \text{Cov}(Y_t, Y_{t+h}) = 0, \quad t, h \in \mathbb{N}$$

を満たす．また，$\varphi := \lambda \delta^{-1}$，$\tau := -\log \delta$，$p := |\Psi_\xi(1)|$，および

$$k := \frac{\beta^2}{p^3 \gamma(0)} (2\tau \varphi^{-1} + 2A_M - 1) \left(2|\Psi_\xi^{-1}(2)| - p^{-1} \right) (1 - \mathrm{e}^{-p}) (\mathrm{e}^p - 1)$$

とするとき，Y の自己共分散関数 ρ は

$$\rho(h) = k \mathrm{e}^{-hp}, \quad t, h \in \mathbb{N} \tag{19.29}$$

で与えられる．分散 $\text{Var}(Y_0)$ の陽な表現も得られる．これらの表現に基づき，Haug et al. (2007) は，$E(Y_1^2)$, $\text{Var}(Y_0)$, $\log \rho(h)$ をそれぞれ対応する経験量で置き換え，さらに，式 (19.29) における p, k について回帰を考えることで，COGARCH(1,1) 過程のパラメータの一般化モーメント推定法を考えた．この推定量は，正規分散 A_M を既知（例えば $A_M = 0$）と仮定したもとでの $\mu, \text{Var}(Y_0), p, k$ に関する推定方程式を β, φ, τ について解き，得られた推定値の表現における $\mu, \text{Var}(Y_0), p, k$ をそれぞれ $\widehat{\mu}, \widehat{\text{Var}(Y_0)}, \widehat{p}, \widehat{k}$ へ置き換えることによって得られる．これより，観測 $G_0, G_1, G_2, \ldots, G_n$ に基づいてパラメータ (β, δ, λ) の一般化モーメント推定量も併せて得られることになる．詳細は Haug et al. (2007) を参照されたい．この論文は，推定量の強一致性，さらに Y の有限 8 次モーメントの存在を含む付加条件下での漸近正規性も導出している．

COGARCH(1,1) 過程の他の推定方法としては，例えば Maller et al. (2008) の疑似最尤法や，Müller (2010) の Markov 連鎖モンテカルロ推定法がある．Maller et al. (2008) は COGARCH(1,1) モデルのオーストラリア証券取引所の ASX200 指数への当てはめも行っている．

最後に，Brockwell et al. (2006) の COGARCH(q,p) 過程を紹介しよう．式 (19.24), (19.25) より，GARCH(q,p) 過程のボラティリティ (V_n) は，$(V_{n-1} \varepsilon_{n-1}^2)$ で駆動されつつ β による "平均調節" を受ける "自己励起型" ARMA($p, q-1$) 過程と見なすことができる．この点に着目すれば，連続時間 GARCH(q,p) 過程のボラティリティ

過程 $(V_t)_{t\geq 0}$ を，適切なノイズで駆動される "平均調節自己励起型" CARMA$(p, q-1)$ 過程と定義することが考えられる．離散時間ではノイズは $(\sum_{i=0}^{n-1} V_i \varepsilon_i^2)_{n\in\mathbb{N}}$ の増分として定義されるため，連続時間では

$$R_t = \sum_{0<s\leq t} V_{s-}(\Delta M_s)^2 = \int_0^t V_{s-} d[M,M]_s^{(d)}, \quad t \geq 0$$

を CARMA 方程式の駆動ノイズ過程とするのが自然であろう．より正確には，以下のとおりである．$M = (M_t)_{t\geq 0}$ を非ゼロレビィ測度を持つレビィ過程とする．$q \leq p$ なる $p, q \in \mathbb{N}$，および $a_1, \ldots, a_p, b_0, \ldots, b_{p-1} \in \mathbb{R}$，$\beta > 0$，$a_p \neq 0$，$b_{q-1} \neq 0$，$b_q = \cdots = b_{p-1} = 0$ に対して，$p \times p$ 行列 $\mathbf{A}$ とベクトル $\mathbf{b}, \mathbf{e} \in \mathbb{C}^p$ を式 (19.5) のように定義する．このとき，パラメータ $\mathbf{A}, \mathbf{b}, \beta$ および駆動レビィ過程 M を持つボラティリティ過程 $(V_t)_{t\geq 0}$ を

$$V_t = \beta + \mathbf{b}' \mathbf{X}_t, \quad t \geq 0$$

で定義する．ここで，状態過程 $\mathbf{X} = (\mathbf{X}_t)_{t\geq 0}$ は，$(M_t)_{t\geq 0}$ と独立な初期変数 $\mathbf{X}_0$ を持つ確率微分方程式

$$d\mathbf{X}_t = \mathbf{A}\mathbf{X}_{t-} dt + \mathbf{e} V_{t-} d[M,M]_t^{(d)} = \mathbf{A}\mathbf{X}_{t-} dt + \mathbf{e}(\beta + \mathbf{b}'\mathbf{X}_{t-}) d[M,M]_t^{(d)}$$

の一意な解で与えられる．$(V_t)_{t\geq 0}$ が確率 1 で非負であるとき，

$$G_0 = 0, \quad dG_t = \sqrt{V_{t-}} dM_t$$

で与えられる $G = (G_t)_{t\geq 0}$ を，パラメータ $\mathbf{A}, \mathbf{b}, \beta$，および駆動レビィ過程 M を持つ COGARCH(q,p) 過程と定義する．

特に $p = q = 1$ のとき，COGARCH(q,p) 過程は，先に導入した COGARCH$(1,1)$ 過程に一致する．Brockwell et al. (2006) は，正値性を持つ強定常解 $(V_t)_{t\geq 0}$ が存在するための十分条件を与え，さらに，$(V_t)_{t\geq 0}$ が CARMA$(p, q-1)$ と同じ自己相関構造を持つことを示した．したがって，COGARCH(q,p) 過程は COGARCH$(1,1)$ 過程よりも幅広い自己相関構造を呈する．特に，M_1 の平均値が 0 であるなどの適当な条件下では，G の重なりのない時間区間増分は無相関で，さらに 2 乗増分系列の自己相関が 0 ではないことも示せる．より正確には，h によらない $H_r \in \mathbb{C}^p$ に対して

$$\mathrm{Cov}((G_t - G_{t-r})^2, (G_{t+h} - G_{t+h-r})^2) = \mathbf{b}' e^{(A+EM_1^2 \mathbf{e}\mathbf{b}')h} H_r, \quad h \geq r > 0$$

が成り立つ．特に，2 乗増分系列は CARMA 過程と同様の自己相関構造を持つ．

謝辞

National Science Foundation Grant DMS-1107031（Peter Brockwell），ならびに NTH bottom up project of the state of Lower Saxony（Alexander Lindner）からの研究助成に感謝する．

（Peter Brockwell and Alexander Lindner／増田弘毅）

文 献

Andersen, T.G., Bollerslev, T., Diebold, F.X., Labys, O., 2001. The distribution of exchange rate volatility. J. Am. Stat. Assoc. 96, 42–55.

Andersen, T.G., Davis, R.A., Kreiss, J.-P., Mikosch, T. (Eds.), 2009. Handbook of Financial Time Series. Springer-Verlag, Berlin.

Andersen, T.G., Benzoni, L., 2009. Realized volatility. In: Andersen, T.G., Davis, R.A., Kreiss, J.-P., Mikosch, T. (Eds.), Handbook of Financial Time Series. Springer-Verlag, Berlin, pp. 555–575.

Applebaum, D., 2004. Lévy Processes and Stochastic Calculus. Cambridge University Press, Cambridge.

Barndorff-Nielsen, O.E., Shephard, N., 2001. Non-Gaussian Ornstein-Uhlenbeck based models and some of their uses in financial economics (with discussion). J. Roy. Stat. Soc., Ser. B 63, 167–241.

Behme, A.D., 2011a. Distributional properties of stationary solutions of $dV_t = V_{t-}dU_t + dL_t$ with Lévy noise. Adv. Appl. Probab. 43, 688–711.

Behme, A.D., 2011b. Generalized Ornstein–Uhlenbeck Processes and Extensions. Ph.D. Thesis, TU Braunschweig.

Behme, A., Lindner, A., 2012. Multivariate generalized Ornstein–Uhlenbeck processes. Stoch. Proc. Appl., to appear, http://dx.doi.org/10.1016/j.spa.2012.01.002.

Behme, A., Lindner, A., Maller, R., 2011. Stationary solutions of the stochastic differential equation $dV_t = V_{t-}dU_t + dL_t$ with Lévy noise. Stoch. Proc. Appl. 121, 91–108.

Bertoin, J., 1996. Lévy Processes. Cambridge University Press, Cambridge.

Bingham, N.H., Goldie, C.M., Teugels, J.L., 1987. Regular Variation. Cambridge University Press, Cambridge.

Bollerslev, T., 1986. Generalized autoregressive conditional heteroskedasticity. J. Econom. 31, 307–327.

Brockwell, P.J., 2001. Lévy-driven CARMA processes. Ann. Inst. Stat. Math. 53, 113–124.

Brockwell, P.J., Chadraa, E., Lindner, A., 2006. Continuous-time GARCH processes. Ann. Appl. Probab. 16, 790–826.

Brockwell, P.J., Davis, R.A., 2001. Discussion of "Non-Gaussian Ornstein–Uhlenbeck based models and some of their uses in financial economics," by O.E. Barndorff-Nielsen and N. Shephard, J. Roy. Stat. Soc., Ser. B 63, 218–219.

Brockwell, P.J., Davis, R.A., Yang, Y., 2011. Estimation for non-negative Lévy-driven CARMA processes. J. Bus. Econom. Stat. 29, 250–259.

Brockwell, P.J., Lindner, A., 2009. Existence and uniqueness of stationary Lévy-driven CARMA processes. Stoch. Proc. Appl. 119, 2660–2681.

Brockwell, P.J., Lindner, A., 2012. Integration of CARMA processes and spot volatility modelling. Submitted.

Carmona, P., Petit, F., Yor, M., 1997. On the distribution and asymptotic results for exponential functionals of Lévy processes. In: Yor, M. (Ed.), Exponential Functionals and Prinicipal Values Related to Brownian Motion, Biblioteca de le Revista Mathemàtica Iberoamericana, pp. 73–130.

Cont, R., Tankov, P., 2004. Financial Modelling with Jump Processes. Chapman & Hall/CRC, Boca Raton.

Duan, J.-C., 1997. Augmented GARCH(p,q) process and its diffusion limit. Econometrics 79, 97–127.

Engle, R.F., 1982. Autoregressive conditional heteroscedasticity with estimates of the variance of United Kingdom inflation. Econometrica 50, 987–1008.

Erickson, K.B., Maller, R.A., 2004. Generalised Ornstein–Uhlenbeck processes and the convergence of Lévy integrals. In: Émery, M., Ledoux, M., Yor, M. (Eds.), Séminaire de Probabilités XXXVIII, Lecture Notes in Mathematics 1857, Springer, Berlin, pp. 70–94.

Fasen, V., Klüppelberg, C., Lindner, A., 2006. Extremal behavior of stochastic volatility models. In: Shiryaev, A., Grossinho, M.D.R., Oliviera, P., Esquivel, M. (Eds.), Stochastic Finance, Springer, New York, pp. 107–155.

Goldie, C., 1991. Implicit renewal theory and tails of solutions of random equations. Ann. Appl. Probab. 1, 126–166.

de Haan, L., Karandikar, R.L., 1989. Embedding a stochastic difference equation in a continuous-time process. Stoch. Proc. Appl. 32, 225–235.

Haug, S., Klüppelberg, C., Lindner, A., Zapp, M., 2007. Method of moment estimation in the COGARCH(1,1) model. Econom. J. 10, 320–341.

Kesten, H., 1973. Random difference equations and renewal theory for products of random matrices. Acta Math. 131, 207–228.

Klüppelberg, C., Lindner, A., Maller, R., 2004. Stationarity and second order behaviour of discrete and continuous-time GARCH(1,1) processes. J. Appl. Probab. 41, 601–622.

Kyprianou, A.E., 2006. Introductory Lectures on Fluctuations of Lévy Processes with Applications. Springer, Berlin.

Lindner, A., Maller, R., 2005. Lévy integrals and the stationarity of generalised Ornstein-Uhlenbeck processes. Stoch. Proc. Appl. 115, 1701–1722.

Maller, R.A., Müller, G., Szimayer, A., 2008. GARCH modelling in continuous-time for irregularly spaced time series data. Bernoulli 14, 519–542.

Müller, G., 2010. MCMC estimation of the COGARCH(1,1) model. J. Finan. Econom. 8, 481–510.

Nelson, D.B., 1990. ARCH models as diffusion approximations. J. Econom. 45, 7–38.

Paulsen, J., 1993. Risk theory in a stochastic economic environment. Stoch. Proc. Appl. 46, 327–361.

Protter, P.E., 2005. Stochastic Integration and Differential Equations, second ed., Version 2.1, Springer, Berlin.

Sato, K., 1999. Lévy Processes and Infinitely Divisible Distributions. Cambridge University Press, Cambridge.

Schoutens, W., 2003. Lévy Processes in Finance; Pricing Financial Derivatives. John Wiley and Sons Ltd., Chichester.

Stelzer, R., 2010. Multivariate COGARCH(1,1) processes. Bernoulli 16, 80–115.

Todorov, V., 2010. Econometric analysis of jump-driven stochastic volatility models. J. Econom. 160, 12–21.

Todorov, V., Tauchen, G., 2006. Simulation methods for Lévy-driven CARMA stochastic volatility models. J. Bus. Econom. Stat. 24, 455–469.

Tsai, H., Chan, K.S., 2005. A note on non-negative continuous-time processes. J. Roy. Stat. Soc., Ser. B 67, 589–597.

Yoeurp, Ch., Yor, M., 1977. Espace orthogonal à une semimartingale: applications, Unpublished.

CHAPTER 20

Discrete and Continuous Time Extremes of Stationary Processes

定常過程の離散時間・連続時間の極値

■ 概　要 ■ 多くの応用分野で，連続時間で変化する変量の確率過程を一定期間にわたって観測したときの最大値が，第一義的な興味の対象になることがある．しかしながら，入手できるデータは，一般に時間軸を離散的に刻んでサンプリングされたものであり，推測手法はその離散時間で計測される最大値に対するものにすぎない．連続時間に対する変量の最大値の特性を，離散時間でサンプリングされたデータをもとに推定したい場合には，連続時間における本来の最大値の特性と，離散時間で観察される最大値の特性の相互の関係を把握しておく必要がある．そのために，定常過程における両者の漸近的な同時分布について検討する．

■ キーワード ■　　極値，定常時系列，ピカンズ格子

■ AMS subject Classification ■　　60G70

20.1　は　じ　め　に

　多くの応用分野で，連続時間で変化する変量の確率過程を一定期間にわたって観測したときの最大値が，第一義的な興味の対象になることがある．しかしながら，入手できるデータは，一般に離散時間でサンプリングされたものであり，推測手法はその離散時間で計測される最大値に対するものにすぎない．連続時間での最大値は，いくつかの異なる時間間隔でサンプリングして得られる離散時間最大値よりも大きいはずである．連続時間に対する変量の最大値の特性を，離散時間でサンプリングされたデータをもとに推定したい場合には，離散時間サンプリングで生じる影響を補正するための調整を行い，それがどの程度小さめに出る傾向にあるのかを定量的に測る尺度を与える必要がある．本章では，この観点から最重要の結果を概観する．

　一定の間隔で刻まれた離散時間で観測される確率過程の極値の特性に対してサンプリング間隔が持つ重要性を最初に指摘したのは，Robinson and Tawn (2000) である．彼らは，サンプリング間隔が極値の諸指標に対して与える影響を，次のような議論に沿って示した．

　定常確率過程 $X(t)$ $(t \geq 0)$ は確率分布 $F(x)$ に従うとする．時間軸上の任意

の区間 $[0,T]$ に対して，サンプリング間隔 δ で観測される時系列 $X_\delta(i) = X(i\delta)$ ($i = 0, 1, \ldots, T/\delta$) を考える．ここで，連続時間の確率過程 $X(t)$ ならびに離散時間による時系列 $X_\delta(i)$ に対し，それぞれの極値 $M(T)$ および $M_\delta(T)$ を次式のように定める．

$$M(T) = \sup_{t \in [0,T]} X(t)$$

$$M_\delta(T) = \max_{0 \leq i \leq T/\delta} X(i\delta)$$

任意のサンプリング間隔 δ および ϵ で得られる二つの時系列に対して，適切な標準化を行うことにより，それらの最大値は，区間長 T が十分に大きければ，次式に示すように漸近収束する．

$$P(M_\delta(T) \leq x) \sim F^{[T/\delta]\theta_\delta}(x) \sim G_\delta(x)$$
$$P(M_\epsilon(T) \leq x) \sim F^{[T/\epsilon]\theta_\epsilon}(x) \sim G_\epsilon(x)$$

ここで，$\theta_\delta \in (0,1]$ および $\theta_\epsilon \in [0,1]$ は，定常な時系列 $X_\delta(i\delta)$ および $X_\epsilon(j\epsilon)$ に対する極値率（extremal index）[*1]である．このとき，

$$G_\epsilon(x) \sim G_\delta^{(\theta_\epsilon \delta)/(\epsilon \theta_\delta)}(x) \tag{20.1}$$

となるので，異なるサンプリング間隔で得られる時系列の極値の統計的特性は，極値率を介して互いに結び付けることができる．Scotto et al. (2003) は，点過程モデルを用いてより精密な結果を導き，Robinson and Tawn (2000) で得られている知見も例証し，ある特定のクラスの時系列に対して，さらに詳細な特性を示している．

$M(T)$ と $M_\delta(T)$ の漸近分布を結び付けるためには，上述に従って，一方のサンプリング間隔 δ を何らかの値で固定し，$\epsilon \to 0$ として考えるとよい．すなわち，

$$\lim_{\epsilon \to 0} \theta_\epsilon/\epsilon = H$$

とするならば（また，$\delta = 1$ ならびに $\theta_\delta = \theta$ ととり），次式が得られる．

$$P(M(T) \leq x) \sim G_1^{H/\theta}(x)$$

[*1] 【訳注】似て非なる言葉として，extreme value index というものがある．本書では 9.7 節で，extreme value index が登場する．extremal index を "極指数"，extreme value index を "極値指数" と訳すと，両者を区別できるどころか，余計に混乱を招くであろう．ただし，両者はまったく異なる概念であるので，読者が極値統計に慣れていれば，コンテキストで判断できるとも言える．"定常時系列の極値という限定されたモデルの中でのパラメータであり，extremal index のまま，あえて訳さない" という立場もある（慶應義塾大学 渋谷名誉教授）．しかし，この章では，extremal index は重要な役割を果たす概念であるため，日本語で訳しておくことが望ましく，物理学で用いられる refractive index を "屈折率" と訳すのにならって，extremal index を "極値率" と訳すことにする．なお，extreme value index については，tail index（裾指数）という別名があることを付記しておく．

したがって，H/θ は，離散時間で観測された時系列を用いる際に必要となる調整量と見なせる．

ほとんどの連続時間過程に関しては，サンプリング間隔 ϵ を十分に細かくとれば，区間 $[0, T]$ 上で $M_\epsilon(T)$ が $M(T)$ の十分良い近似となるという仮定に基づき，Anderson (2003) は，

$$\phi = \frac{\theta_\epsilon \delta}{\epsilon \theta_\delta} \tag{20.2}$$

を，離散時間サンプリングに対する調整量として提案した．さらに，彼はこの調整量に関して

$$1 \leq \phi \leq \frac{1}{P(S \geq \delta)} \tag{20.3}$$

が成り立つことを示した．ここで S は，連続時間過程が，ある高い水準を超え続ける時間で，これをストーム継続時間と呼んでいる[*2]．不等式 (20.3) の上限に現れる確率は，時間間隔 δ による離散時系列から推定することはできない．しかし，専門家に意見を求めるというような形で，ストーム継続時間がサンプリング間隔 δ を超える確率に関して，控えめな推定値であっても与えることができるのなら，さまざまなサンプリング間隔で計算される再現レベルのような重要な量を関連付けるのに，不等式 (20.3) を役立ててよいだろうと，Anderson (2003) は示唆している．サンプリング間隔を ϵ および δ としたときの再現レベル $x_{n,\epsilon}$ および $x_{n,\delta}$ に対して，

$$n(1 - G_\delta(x_{n,\delta})) = 1$$
$$n(1 - G_\epsilon(x_{n,\epsilon})) = n(1 - G_\delta^\phi(x_{n,\epsilon})) = 1$$

が成立し，それゆえ $x_{n,\epsilon} = x_{n\phi,\delta}$ となる．したがって，$M_\epsilon(h)$ が $M(h)$ の十分良い近似となるよう，間隔 ϵ でのサンプリングが十分稠密に行われているならば，$x_{n\phi,\delta}$ を連続時間観測からの n 単位時間当たりの再現レベル[*3]として扱ってよいだろう．

Anderson (2003) により示唆された上述の近似やその関係式は，連続的な時間変動の最大値を，時間軸を離散的に刻んでサンプリングされる最大値を用いて所与の精度で近似できるとする仮定に強く依存している．したがって，Anderson (2003) の議論の頑健性を評価するためには，連続時間と離散時間での最大値間の関係を把握してお

[*2] 【訳注】"ストーム継続時間"という固有の対象に限定した用語が唐突に登場している．Anderson (2003) は，波浪による高波の有義波高の時系列の極値を検討する際に，式 (20.3) を導入した．ストーム継続時間の平均を約 30 時間と考え，欧州では有義波高を $\delta = 3$ 時間ごとに計測していることを踏まえて，式 (20.3) に含まれる確率 P を指数分布で与えるならば，$P(S > \delta) = \exp(-3/30) \approx 0.9$ となる．これにより，$1 \leq \phi \leq 1.11$ と評価できる．したがって，連続的な確率過程における 100 年確率波高は，3 時間ごとに離散的な時系列から得られる 100 年確率波高と 111 年確率波高の間にあると考えることができる．このことは，Anderson 教授が 2009 年に統計数理研究所で講演したときに紹介された事例であり，この用語の由来となっている．

[*3] 【訳注】再現レベルは，単位時間の n 個分において平均的に一度超える閾値に相当する．

く必要がある．さらに，そのような結果が得られれば，調整量を評価する際のより高精度な上下限を求めることができるかもしれない．

固定区間上での連続時間極値と離散時間極値が同じ漸近分布に従うような最も粗い格子が，極限定理を得るのに基本的な役割を果たす．そのような格子は，等間隔に切った格子が特定のレートで 0 に収束するような格子族として定義され，ピカンズ格子 (Pickans' grid) と呼ばれる．固定区間上での連続・離散極値に関連した標準的なピカンズ格子は Leadbetter et al. (1983) により提案された．また，Albin (1987, 1990) ならびに Piterbarg (2004) も参照されたい．このような格子を $X(t)$ に適用しようとすると，確認が難しい技術的条件が避けられないが，結果に関して明解な特徴付けが得られる．正式には 20.2 節で定義されるとおり，この格子族（以下，その間隔幅 δ で表記）は，閾値 u の関数として，次式のようにとる．

$$\delta_a = \delta(a, u) = \{jaq(u), j = 0, 1, 2, \dots\}$$

ここで，$a > 0$ は任意の正の実数であり，$u \to \infty$ のとき $q(u)$ は 0 に収束するものとする．ここで，定数 a は時間間隔が 0 に収束するレートを規定する．Leadbetter et al. (1983) が指摘するとおり，定数 a を用いたパラメータ化をしなくても，実用に足る格子を定義できるが，そうすることで証明がやりやすくなるのである．また，閾値 u を無限大に近づけていくと，そのような大きな閾値を超える継続時間は短くなり，離散化した時系列でこのような事象を捉えるためには，それらに合わせて格子の間隔も 0 になるように調整しなければならない．$q(u)$ は，そのような事情を数量化したものである．

$u \to \infty$ のとき $q(u) = o(g(u))$ となるような格子 $\delta_b = \{jbg(u), j = 0, 1, 2, \dots\}$ は，すべて疎格子 (sparse grid) あるいは緩格子 (loose grid) と呼ぶ．$q(u) = o(g(u))$ ならばピカンズ格子であり，$g(u) = o(q(u))$ ならば密格子 (dense grid) である．δ_a をピカンズ格子とすると，$a \to \infty$ の極限で δ_a は密格子となる．

適当な線形の規準化関数 $u_T(x) = a_T + b_T x$ のもとで，区間長を増大させたときの極限

$$\lim_{T \to \infty} P(M(T) \leq u_T(x)) = G(x)$$

の存在条件と，その規準化関数がピカンズ格子上の最大値の分布にどのように関連しているかは，よく知られている．この場合，期間を長くとるときにその関数として閾値も高くとらなければならず，結果的にピカンズ格子も，増大する期間の関数として表される．正規定常過程の場合は Leadbetter et al. (1983) を，一般的な定常過程の場合は Albin (1987, 1990) を参照されたい．また一方，正規定常過程の場合に連続時間極値と離散時間極値との間に成り立つ関係についての最も完璧な形での特徴付けが，Piterbarg (2004) で与えられている．局所定常正規過程への一般化については Husler (2004) を参照されたい．

一般に，格子 δ_a に適当な規準化を行うとき，同時分布

20.1 はじめに

$$P(M(T) \leq u_T(x), M_{\delta_a}(T) \leq u_{T,\delta_a}(y)) \tag{20.4}$$

の $T \to \infty$ での漸近分布は，次の三つの場合に分けて研究されている．

- 密格子上でサンプリングするとき，式 (20.4) をピカンズ格子に対して調べることになるが，$a \to 0$ のとき式 (20.4) で与えられる 2 変量極限分布は退化して，結果として同一の周辺分布に収束する．すなわち，$z = \min(x,y)$ とおけば，次式のようになる．

$$\lim_{a \to 0} \lim_{T \to \infty} P(M(T) \leq u_T(x), M_{\delta_a}(T) \leq u_{T,\delta_a}(y)) = G(z)$$

- ピカンズ格子上でサンプリングするとき，それぞれの最大値は漸近的に従属性を持ち，固定した定数 a に対して，式 (20.4) の極限は次式で与えられる．

$$G(x) G_{\delta_a}(y) G(a,x,y) \tag{20.5}$$

ここで，$G(x)$ および $G_{\delta_a}(y)$ は，それぞれ連続時間での最大値と離散時間での最大値に対する周辺分布の極限であり，$G(a,x,y)$ は両最大値の漸近的な従属性の度合いを表す関数である．

- 疎格子上でサンプリングするとき，連続時間での最大値と離散時間での最大値は一般に収束スピードが異なるが，適切な規準化定数 $u_{T,\delta_a}(x)$ および $u_T(y)$ を定めて規準化された最大値が漸近的に独立かつ非退化な漸近周辺分布を持つようにすることは，依然として可能である．

式 (20.5) に現れる関数 $G(a,x,y)$ は，正規定常過程に対しては Piterbarg (2004) で具体的に計算されている．特に，$X(t)$ を平均 0，分散 1 の正規定常過程として，共分散 $r(t)$ が $t > 0$ において常に $r(t) < 1$ となり，$t \to 0$ に対しては，$\alpha > 0$ として，

$$r(t) = 1 - |t|^\alpha + o(|t|^\alpha)$$

となり，さらに，$t \to \infty$ のとき $r(t) = o(1/\log t)$ となる場合には，適切な標準化を行うことにより，次式のように漸近分布が得られる．

$$\begin{aligned}
&P(M(T) \leq u_T(x), M_{\delta_a}(T) \leq u_{T,\delta_a}(y)) \\
&= G(x) G_{\delta_a}(y) G(a,x,y) \\
&= \exp(-e^{-x}) \exp(-e^{-y}) \exp(-G_a(\log H + x, \log H_a + y)) \quad (20.6)
\end{aligned}$$

ここで，$0 < G_a(x,y) < \infty$ となる相関の度合いを表す関数

$$G_a(x,y) = \lim_{T \to \infty} \frac{1}{T} G_a(x,y,T)$$

は，次式で表される関数の極限である．

$$G_a(x,y,T)$$
$$= \int_{-\infty}^{\infty} e^v P\left(\max_{k:ka\in[0,T]} \sqrt{2}B_{\alpha/2}(ka) > v, \max_{k:t\in[0,T]} \sqrt{2}B_{\alpha/2}(t) - t^\alpha > v+y\right) dv \tag{20.7}$$

式 (20.7) に含まれる $B_{\alpha/2}(t)$ は，分散が $|t|^\alpha$ となるフラクショナルブラウン運動であり，H および H_a は極限周辺分布に現れるピカンズの定数である (Leadbetter et al. (1983), Piterbarg (2004) を参照).

正規過程では，都合が良いことに極値の漸近特性はすべてその共分散関数で特徴付けられ，その証明はおよそ上述の手法のように構成することができる．例えば，Husler (1999) を参照されたい．非ガウス過程に対しては，異なるいくつかの条件が必要となる．20.2 節では，必ずしもガウス過程とは限らない定常な確率過程に対しても，両者の漸近結合分布について類似した結果を示す．これらの結果は，Albin (1987, 1990) で用いられる仮定や技法で構成される．まずは，ピカンズ格子 δ_a と他の時間軸の分割 δ_b による最大値の漸近同時分布を検討することになる．すなわち，

$$P(M_{\delta_a}(h) \le u, M_{\delta_b}(h) \le u')$$

と表される同時確率について，時間軸上の区間 $[0,h]$ を固定して，それに対応する閾値 u と u' を増加させて検討し，その拡張として，時間軸上の区間を増大させた場合を検討するのである．分布の裾が正則変動となる定常過程についての結果をここでは報告する．その他の分布の裾の振る舞いをする場合は，Albin (1990) に従って拡張可能である．

明らかなことに，ピカンズ格子が 0 に収束するレートは，周辺分布の裾の振る舞いだけでなく，連続過程の標本パスに依存する．ここで，いくつかの例を挙げよう．

1. $X(t)$ を平均 0, 分散 1 に標準化された正規定常過程とし，$t \to 0$ に対する共分散関数が，
$$r(t) = 1 - C|t|^\alpha + o(|t|^\alpha), \quad \alpha \in [0,2], \ C > 0$$
で与えられるとき，ピカンズ格子を
$$\delta_a = \{jaq(u), j=0,1,2,..\}, \quad q(u) = u^{-2/\alpha}$$
と選べば，次の関係を得る．
$$\lim_{a\downarrow 0}\lim_{u\to\infty} |P(M(h) > u) - P(M_{\delta_a}(h) > u)| = 0 \tag{20.8}$$
これについては，Piterbarg (2004), Berman (1982) を参照されたい．

2. $X(t)$ を微分可能な標準化された正規定常過程とし，$t \to 0$ に対する共分散関数が，
$$r(t) = 1 + \frac{1}{2}r''(0)t^2 + o(t^2)$$
となるとき，

$$Y(t) = \int_{t}^{1+t} X^2(s)ds$$

で与えられる $\mathcal{L}^2$ ノルム移動過程 $Y(t)$ に対して，

$$q(u) = (1 \vee u)^{-1/2}$$

として時間軸の分割した格子をとると，式 (20.8) が成り立つ(Albin, 2001)．

3. 確率過程 $X(t)$ を α 安定過程 $(\alpha > 1)$ とする．このとき，$q(u) = 1$ ととることができて，極限 $a \to 0$ に対して式 (20.8) が成り立つ (Hsing and Leadbetter, 1998; Samorodnitsky and Taqqu, 1994)．

4. なお，確率過程 $X(t)$ を α 安定過程 $(\alpha > 1)$ の移動平均過程とすると，$q(u) = 1$ ととり，任意の $a > 0$ に対して式 (20.8) が成り立つ．

5. 確率過程 $X(t)$ を α 安定過程 $(\alpha < 1)$ とする．この場合は，

$$q(u) = (-u)^{\alpha/[2(1-\alpha)]}$$

ととり，極限 $a \to 0$ に対して，式 (20.8) が成り立つ (Albin, 2001)．

6. 独立かつ標準化された定常確率過程 $X_i(t)$ が，ある正の定数 $C_i > 0$ および $\alpha \in [0,2]$ を用いて，$t \to 0$ に対して，

$$1 + \frac{1}{2}C_i|t|^\alpha + o(|t|^\alpha)$$

となる共分散を持つ場合には，

$$Z(t) = \sum_{i=1}^{m} X_i^2(t)$$

に対して，$a \to 0$ のときに，

$$q(u) = u^{-1/\alpha}$$

とすれば，式 (20.8) が成り立つ(Albin, 1987)．

明らかなことであるが，$\alpha > 1$ の場合の α 安定過程の移動平均のような特別な場合を除き，離散時間での最大値が連続時間での最大値を所与の精度で近似できるようなサンプリング間隔をある一定の値に定めることができるとは限らない．連続過程における最大値は，離散時系列の最大値よりもほぼ確実に大きな値をとり，関数 $q(u)$ は，次式に示すように，連続過程における最大値と離散時系列の最大値の相対的な大きさを定量化するものであることに注意しよう．

$$q(u) \sim \frac{P(X(0) > u)}{P(M(0,1) > u)}, \quad u \to \infty$$

これについては，Hsing and Leadbetter (1998) を参照されたい．

次節では，裾の重い分布に従う定常過程の最大値の周辺分布の収束に対する主要な結果と併せて技術的な条件を述べる．このことは，連続時間と離散時間における各々

の最大値に対する同時分布の漸近収束を理解する上で，助けになるであろう．それらの証明は省略するが，Albin (1987, 1990) の論文に示されるとおりである．条件と結果を項ごとにまとめ，最初に有限区間上での結果を述べ，次に区間増大型の場合の結果を述べる．定理 2 および定理 5 で与えられる新しい結果の証明は，回りくどいため省略する．議論の詳細は，Turkman (2011) の研究を参照されたい．さらに，20.3 節では，ガウス過程の時系列に対するピリオドグラムの最大値の漸近的性質を検討する．なお，フーリエ変換による離散周波数 $\omega_j = 2\pi j/n$ $(j = 1, 2, \ldots, [\frac{1}{2}(n-1)])$ と区間 $[0, \pi]$ における連続周波数の両者を取り扱う上での技術的な観点に焦点を当てる．

20.2 条件と主要な結果

20.2.1 有限区間

連続的な時間を有限な区間で分割した際に得られる最大値の周辺分布の収束性に対して，定常確率過程による変数 $X(t)$ は，次式に示す Albin (1987, 1990) の十分条件を満足するものと仮定する．

1. 条件 $C1$
   分布関数 F はフレシェタイプ[*4)]の吸引域（domain of attraction）に属するものとして，任意の $x > 0$ に対して，ある定数 $c > 0$ が存在して，次式が成り立つ[*5)]．
   $$\lim_{u \to \infty} \frac{1 - F(ux)}{1 - F(u)} = x^{-c}$$

2. 条件 $C2$
   厳密に正の値をとる関数 $q = q(u)$ を用いて，区間 $[0, h]$ を $\delta_a = \{jaq(u), j = 0, 1, 2, \ldots, [h/aq]\}$ と分割したとき，$a \to 0$ に対して，次式が成り立つ（表記を簡単にするために，$q(u)$ を q と表す場合もあることに注意）．
   $$\limsup_{u \to \infty} \frac{q(u)}{1 - F(u)} P\left(M(h) > u, \max_{a \leq jaq \leq h} X(aqj) \leq u\right) = 0 \quad (20.9)$$
   任意の固定した，しかし十分小さい $a > 0$ に対し，式 (20.9) で与えられる意味で離散近似が十分正確となるような δ_a を，"ピカンズ格子" と呼ぶ．逆に言えば，いかなるピカンズ格子も，$a \to 0$ とすれば，密格子と呼ぶことができる．

3. 条件 $C3$
   ある確率変数列 $\{\eta_{a,x}(k)\}_{k=1}^{\infty}$ と，$\lim_{u \to \infty} q(u) = 0$ を満たす厳密に正値をとる関数 $q(u)$ が存在すると仮定する．このとき，任意の $x \geq 1$, $a > 0$, および

[*4)] 【訳注】極値の吸引域は，グンベルタイプ（極値 I 型），フレシェタイプ（極値 II 型），ワイブルタイプ（極値 III 型）の三つに分類される．

[*5)] 【訳注】後に言及しているが，フレシェタイプに限定してここで整理していることと同等のことが，残りの二つのタイプに対しても言える．

有限な任意の整数 N に対して，$u \to \infty$ のときに以下が成り立つと仮定する．
$$\left(\frac{1}{u}X(aq), \ldots, \frac{1}{u}X(aqN) \Big| \frac{1}{u}X(0) > x\right) \to^D (\eta_{a,x}(1), \ldots, \eta_{a,x}(N)) \tag{20.10}$$

4. 条件 $C4$：短時間経過（short-lasting exceedance）

   任意の固定した $a > 0$ に対し，$N \to \infty$ の極限で次式が成立する．
$$\limsup_{u \to \infty} \frac{1}{1 - F(u)} \sum_{k=N}^{[h/aq]} P(X(0) > u, X(kaq) > u) \to 0$$

これらの仮定の詳細については，Albin (1990) を参照されたい．条件 $C3$ は，条件 $C1$ の自然な拡張であり，ほとんどの確率過程で満足される．条件 $C2$ の代わりとなる条件が，Albin (1990) で与えられている．それは，2次元分布を用いて検証できる条件である．なお，条件 $C4$ は必ずしも成立するものではないことに注意しよう．この条件が成立しない場合の漸近的な結果については，Albin (1987) および Husler et al. (2010) を参照されたい．

定理 1　（ピカンズ格子，あるいはそれ以上の密格子における，最大値の周辺分布の漸近収束）（Albin, 1987）

1. 条件 $C1$，$C3$，$C4$ が満たされているとき，任意の定数 $a > 0$ に対して次式が成り立つ．
$$\lim_{u \to \infty} \frac{q(u)}{1 - F(u)} P(M_\delta(h) > u) = hH_{a,1}(1)$$
また，任意の変数 $x > 0$ に対して，次式が成り立つ．
$$\lim_{u \to \infty} \frac{q(u)}{1 - F(ux)} P(M_\delta(h) > ux) = hH_{a,x}(x)$$
ここで，
$$H_{a,x}(x) = \frac{1}{a} P\left(\max_{k \geq 1} \eta_{a,x}(k) \leq x\right) \tag{20.11}$$
であり，次式に示すように，$0 < H_x(x) < \infty$ となる極限が存在する．
$$\lim_{a \to 0} H_{a,x}(x) = H_x(x) \tag{20.12}$$

2. 上記に加えて条件 $C2$ も成立すれば，
$$\lim_{u \to \infty} \frac{q(u)}{1 - F(u)} P(M(h) > u) = hH_1(1) \tag{20.13}$$
および
$$\lim_{u \to \infty} \frac{q(u)}{1 - F(ux)} P(M(h) > ux) = hH_x(x)$$
が成立し，その結果，以下も成立する．
$$\lim_{u \to \infty} \frac{q(u)}{1 - F(u)} P(M(h) > ux) = hH_x(x) x^{-c} \tag{20.14}$$

ここで, $H_x(x)$ が一定値ではないことに注意すれば, 式 (20.14) の形から, $M(h)$ の分布関数と F は必ずしも同じ吸引域に属さないと読み取るかもしれない. しかしながら, Albin (1990) によれば, すべての $x > 0$ に対して, ある定数 $c^* \in [0, c)$ を用いて,

$$\frac{q(ux)}{q(u)} = x^{-c^*} \tag{20.15}$$

となることが示されるので, 結果的には, $u \to \infty$ に対して,

$$\lim_{u \to \infty} \frac{q(u)}{1 - F(u)} P(M(h) > ux) = h H_1(1) x^{-(c-c^*)}$$

となる. $c - c^* > 0$ であるので, $M(h)$ が従う分布と分布関数 F は, 同じフレシェタイプの吸引域に属し, その形状パラメータの値が異なることがわかる.

条件 C3 は, 事象 $\{X(0) > ux\}$ に関する条件付きの形で与えられている. しかし, 以下に述べるとおり, 事象 $\{X(0) = ux\}$ に関する条件付きの形で別の定式化を与えることも可能である.

系 1 定数 $c > 0$ に対し, 分布関数 F とその確率密度関数 f が次式を満足すると仮定する[*6].

$$\lim_{u \to \infty} \frac{u f(u)}{1 - F(u)} = c$$

さらに, 確率変数列 $\{\zeta_{a,x}(k)\}_{k=1}^{\infty}$ が存在し, すべての N およびすべての $X > 1$ に対して

$$\left(\frac{1}{u} X(aq), \ldots, \frac{1}{u} X(Naq) \middle| X(0) = ux \right) \to^D \{\zeta_{a,x}(k)\}_{k=1}^{N} \tag{20.16}$$

が成り立つと仮定する. このとき, 式 (20.13) および式 (20.14) が成り立ち, 特に

$$H_x(x) = \lim_{a \to 0} \frac{1}{a} \int_1^{\infty} P\left(\max_{k \geq 1} \zeta_{a,xy}(k) \leq x \right) c y^{-(c+1)} dy$$

および

$$H_1(1) = \lim_{a \to 0} \frac{1}{a} \int_1^{\infty} P\left(\max_{k \geq 1} \zeta_{a,y}(k) \leq 1 \right) c y^{-(c+1)} dy$$

となる.

周辺分布の収束については結果が揃ったので, 次に, 同時分布の収束に関する結果を述べよう.

[*6] 【訳注】この条件は, 次式で表されるフォン・ミーゼスによる十分条件を書き換えたものである.

$$\lim_{u \to \infty} \frac{d}{dx} \left(\frac{1 - F(x)}{f(x)} \right) \bigg|_{x=u} = \frac{1}{c}$$

定理 1 で用いている条件 C1 は, フレシェタイプの吸引域に属するための必要十分条件を置き換えていることに注意しよう.

20.2 条件と主要な結果

定理 2 (ピカンズ格子,あるいはそれ以上の密格子における,最大値の同時分布の収束)

1. 任意の $a > 0$, $b > 0$ (ただし, $a < b$) に対し,
$$\delta_a = \{jaq(u), j = 0, 1, 2, \ldots, [h/aq]\}$$
および
$$\delta_b = \{jbq(u), j = 0, 1, 2, \ldots, [h/bq]\}$$
という2種類のピカンズ格子を考え,条件 $C1 \sim C3$ を満足するものとする.ここで, $z = \min(x, y) \ (= x \wedge y)$ および $v = \max(x, y) \ (= x \vee y)$ とおく.このとき,次式が成立する.
$$\lim_{u \to \infty} \frac{q(u)}{1 - F(u)} P(\{M_{\delta_a}(h) > ux\} \cup \{M_{\delta_b}(h) > uy\}) = h H_z(a, b, x, y) z^{-c}$$
ここで, $H_z(a, b, x, y)$ は以下に定義される量である.
$$H_z(a, b, x, y) = \frac{1}{a} P\left(\max_{k \geq 1} \eta_{a,z}(k) \leq x, \max_{k \geq 1} \eta_{b,z}(k) \leq y\right)$$

2. 極限
$$\lim_{a \to 0} H_z(a, b, x, y) = H_z(b, x, y)$$
が, $0 < H_z(b, x, y) < \infty$ の範囲で存在して,次式が成立する.
$$\lim_{u \to \infty} \frac{q(u)}{1 - F(u)} P(M(h) > ux \cup M_{\delta_b}(h) > uy) = h H_z(b, x, y) z^{-c}$$
ただし,
$$H_z(b, x, y) = \lim_{a \to 0} \frac{1}{a} P\left(\max_{i \geq 1} \eta_{a,z}(i) \leq x, \max_{j \geq 1} \eta_{b,z}(j) \leq y\right)$$
である.

3. 極限
$$\lim_{b \to 0} H_z(b, x, y) = H_z(z)$$
が, $0 < H_z(z) < \infty$ の範囲で存在して,その右辺は,
$$H_z(z) = \lim_{b \to 0} \frac{1}{b} P\left(\max_{i \geq 1} \eta_{z,b}(i) \leq z\right)$$
を表し,それゆえ,次式が成立する.
$$\lim_{b \to 0} \lim_{u \to \infty} \frac{q(u)}{1 - F(u)} P(M(h) > ux \cup M_{\delta_b}(h) > uy) = h H_z(z) z^{-c}$$

証明はかなり手間がかかるが,ある整数 N に対して $I_0 = [0, aq, 2aq, \ldots, Naq]$ としたとき,

$$P(\{M_{\delta_a}(I_0) > uy\} \cup \{M_{\delta_b}(I_0) > ux\})$$

に対して漸近的な限界を求めることに基づく.この結果は,

$$P(\{M_{\delta_a}(I_0) > uy\})$$

に対する漸近限界を求めた Albin (1990, Theorem 1) の証明の拡張になっている.詳細は Turkman (2011) を参照されたい.

次に,ピカンズ格子と疎格子で得られる最大値の漸近独立性について検討しよう.

厳密に正値をとる関数 $g = g(u)$ で,$\lim_{u \to \infty} g(u) = 0$ かつ

$$\lim_{u \to \infty} \frac{q(u)}{g(u)} = 0$$

となるものに対し,

$$\delta_b = \{kbg(u), k = 0, 1, 2, \ldots, [h/bg]\} \tag{20.17}$$

を (ピカンズ格子に対して) 疎格子であるとする.また,$u \to \infty$ に対して $u' = o(u) \to \infty$ となるように,

$$u' = \left(\frac{q(u)}{g(u)}\right)^{1/c} u \tag{20.18}$$

とおく.さらに,緩慢変動関数 L を用いて,$1 - F(x) = x^{-c}L(x)$ として分布関数を表現したとき,式 (20.18) の u および u' に対して,

$$\lim_{u \to \infty} \frac{L(u')}{L(u)} = 1$$

を満足すると仮定する[*7].

また,任意の自然数 N と任意の正の値 $y > 0$ に対して,確率変数列 $\{\zeta_{b,y}(k)\}_{k=1}^{\infty}$ が存在し,次式が成り立つと仮定する.

$$\left(\frac{1}{u'}X(bg), \ldots, \frac{1}{u'}X(Nbg) \middle| \frac{1}{u'}X(0) > y\right) \to^D (\zeta_{b,y}(1), \ldots, \zeta_{b,y}(N))$$

定理 3 (ピカンズ格子と疎格子における最大値の同時分布の収束)

ピカンズ格子 δ_a と,式 (20.17) で定義される疎格子 δ_b に関して,任意の正の値 $x > 0$ および $y > 0$ について,次式が成り立つ.

1. ピカンズ格子と疎格子における最大値の同時分布に対して

$$\lim_{u \to \infty} \frac{q(u)}{1 - F(u)} P(M_{\delta_a}(h) \geq uy, M_{\delta_b}(h) \geq u'x) = 0$$

[*7] 【訳注】逆に言えば,これは $g(u)$ の条件となっている.

2. 連続時間と離散時間の疎格子における最大値の同時分布に対して
$$\lim_{u \to \infty} \frac{q(u)}{1-F(u)} P(M(h) > uy \cup M_{\delta_b}(h) > u'x)$$
$$= hy^{-c} H_y(y) + hx^{-c} H'_x(x)$$
ただし, $0 < H'_x(x) < \infty$ は
$$H'_x(x) = \lim_{b \to 0} \frac{1}{b} P\left(\max_{k \geq 1} \zeta_{b,x}(k) \leq x\right)$$
で与えられる極限であり, $H_y(y)$ は式 (20.12) で与えられる.

20.2.2 増大型区間

まず
$$M(T) = \max_{t \in [0,T]} X(t)$$
$$M_\delta(T) = \max_{0 \leq jaq \leq T} X(jaq)$$
と定義し, u_T は $T \to \infty$ のとき
$$\frac{T}{q(u_T)}(1 - F(u_T)) = 1$$
となるように選ぶ. 記法を簡潔に保つため, $q = q(u_T)$ と記そう. ここで, 次の2点を仮定する.

1. 条件 $\Delta(u_{T,1}(x_1), u_{T,2}(x_2))$:
   $0 < s < t < T$ なる s, t と x_i $(i = 1, 2)$ に対し
   $$\Im^T_{s,t}(x_1, x_2) = \sigma\{X(v) \leq u_{T,j}(x_i) : x_i > 0, s \leq v \leq t, i = 1, 2, j = 1, 2\}$$
   と書いて, 対応する事象から生成される σ 集合体とし, さらに
   $$\alpha_{T,l}(x_1, x_2) = \sup \{|P(AB) - P(A)P(B)| :$$
   $$A \in \Im^T_{0,s}(x_1, x_2), B \in \Im^T_{s+l,t}(x_1, x_2), s \leq 0, l + s \leq T\}$$
   とおく. ある $l_T = o(T)$ に対し, $T \to \infty$ で $\alpha_{T,l}(x_1, x_2) \to 0$ となるとき, 確率過程 $X(t)$ と定数の組 $\{u_{T,1}(x_1), u_{T,2}(x_2)\}$ に対して "条件 $\Delta(u_{T,1}(x_1), u_{T,2}(x_2))$" が成り立つという. これはよくある "条件 $D(u_n)$" の変種であり, 二つの異なる正規化により生成される事象に適合している. 類似の条件に関しては Mladenovic and Piterbarg (2006) を参照されたい.

2. 確率過程 $X(t)$ は, Albin (1990) の "クラスタのクラスタ" を作らないための条件を満たす. $X(t)$ が格子 $\delta = \{jaq(u), j = 0, 1, 2, \ldots\}$ に関してこの条件を満たすとは, 任意の有限の $h > 0$ に対して, $\epsilon \to 0$ としたとき
   $$\limsup_{u \to \infty} \frac{1}{1-F(u)} \sum_{\frac{1}{2}h < jaq < \epsilon T} P(X(0) > u, X(jaq) > u) \to 0 \quad (20.19)$$
   が成り立つときをいう.

定理 4 (増大区間上での最大値)

確率過程 $X(t)$ が前項で述べた条件に加えて,条件 $\Delta(u_T x, u_T y)$ と式 (20.19) を満たすと仮定する.このとき,

1. 定理 2 で与えられる任意のピカンズ格子 δ_b に対して,次式が成り立つ.

$$\lim_{T\to\infty} P(M(T) \leq u_T x, M_{\delta_b}(T) \leq u_T y) = \exp[-z^{-c} H_z(b,x,y)]$$

2. 任意の疎格子と

$$u'_T = \left(\frac{q(u_T)}{g(u_T)}\right)^{1/c} u_T$$

に対して,確率過程が条件 $\Delta(u_T x, u'_T y)$ と,式 (20.19) で与えられる"クラスタのクラスタはない"という条件を満たすとする.このとき,

$$\lim_{T\to\infty} P(M(T) \leq u_T x, M_{\delta_b}(T) \leq u'_T y) = \exp[-x^{-c} H_x(x) - y^{-c} H'_y(y)] \tag{20.20}$$

が成り立つ.

なお,系 1 を拡張して,同時分布の収束を示すことができる.すなわち,定理 2 の 1. で与えられたピカンズ格子に対して,条件 (20.16) のもとで定理 4 は次のように整理することができる.

系 2 ピカンズ格子 δ_b に対して,最大値 $M(T)$ と $M_{\delta_b}(T)$ の同時分布は,次式のように得られる[*8].

$$\lim_{T\to\infty} P(M(T) \leq ux, M_{\delta_b}(T) \leq uy) = \exp[-z^{-c} \hat{H}_z(b,x,y)]$$

ただし,

$$\hat{H}_z(b,x,y) = \lim_{a\to 0} \frac{1}{a} \int_1^\infty P\left(\max_{k\geq 1} \zeta_{a,zw}(k) \leq x, \max_{k\geq 1} \zeta_{b,zw}(k) \leq y\right) cw^{-(c+1)} dw$$

であり,さらに,

$$\lim_{b\to 0} \hat{H}_z(b,x,y) = \hat{H}_z(z) \tag{20.21}$$

が成り立つ.

記法が簡潔に済むことから,ここでは,フレシェタイプの吸引域となる場合の結果を述べている.しかしながら,いくつか形式的な変更を行うことで,他の吸引域の場合についても,これらの結果を拡張することができる.例えば,Albin (1987, 1990) では,周辺分布の収束についての条件とその証明がある.

正規過程以外では,定理の条件を確認したり,$H_x(x)$ や $H_z(b,x,y)$ に特定の表現を与えたりすることは困難である.しかしながら,例えばレイリー過程のように,正

[*8] 【訳注】この一文は原文にはないが,文脈上必要なのであえて補った.

規過程を変更した確率過程に対しては，それらの条件を検証したり，特定の表現を与えたりすることができる場合もある（Albin (1990) を参照）．ここでは，特定の結果を与えることができる，もう一つの例を与える．

20.3 ピリオドグラム

$\{X_t\}_{t=1}^n$ を平均 0, 分散有限の定常時系列とする．この時系列のピリオドグラムは，次式で定義される．

$$I_n(\omega) = \frac{2}{n}\left|\sum_{t=1}^n X_t e^{i\omega t}\right|^2$$
$$= X_n^2(\omega) + Y_n^2(\omega), \quad \omega \in [0, \pi] \tag{20.22}$$

ここで

$$X_n(\omega) = \sqrt{2/n}\sum_{t=1}^n X_t \cos(\omega t) \tag{20.23}$$

$$Y_n(\omega) = \sqrt{2/n}\sum_{t=1}^n Y_t \sin(\omega t) \tag{20.24}$$

である．一見すると，これはスペクトル密度関数 $h(\omega)$ の自然な推定に思えるが，実は一致推定量ではなく，病的な挙動を示すことが知られている．こうした挙動の理由の一つは，ピリオドグラムの最大値が，任意の有限区間上で $n \to \infty$ のとき，ほとんど確実に $2\log n$ のオーダーで発散することにある（詳細は Turkman and Walker (1990) を参照）．このような病的挙動の本質は，確率過程 $X_n(\omega)$ および $Y_n(\omega)$ に対する相関関数 $r_{n,X}(t)$ および $r_{n,Y}(t)$ が，$t \to 0$ のとき，

$$1 - \frac{n^2}{3}t + o(t^2)$$

となることによる．そのため，$n \to \infty$ で，スペクトルの 2 次モーメントが発散してしまうのである．ピリオドグラムは，スペクトル分布関数におけるジャンプを検定する上で重要な役割を果たす．フーリエ周波数 $\omega_j = 2\pi j/n$ $(j = 1, 2, \ldots, [\frac{1}{2}(n-1)])$ に規則的に配置されるピリオドグラムに対して，その最大値は，

$$M_{n,I} = \max_{1 \le j \le [\frac{1}{2}(n-1)]} I_n(\omega_j)$$

と表され，この種の仮説検定で中心的な役割を果たす．この検定統計量は，平均 0 の正規過程 X_t に対しては扱いやすい．なぜなら，フーリエ周波数で分割されたピリオドグラムの値は，標準指数分布に従う i.i.d.（独立かつ同一分布に従う）標本と見なせるからであり，その検定統計量の漸近分布は，比較的容易に得ることが可能である．その一方で，平均 0 で分散が有限値となる非ガウス過程 X_t に対しては，ピリオドグ

ラムの成分は互いに独立でないし，無相関でもない．しかし，そのような場合でも，$M_{n,I}$ の漸近分布は類似した性質があることを，Davis and Mikosch (1999) が示している．

原理的には，ジャンプの検定理論は，連続的な周波数に対して

$$M_I = \max_{\omega \in [0,\pi]} I_n(\omega)$$

で定義されるピリオドグラムの最大値に基づいて構築されるべきであろう．しかし，連続型の最大値の代わりに離散版最大値を用いることにより，いったいどれほど検出力が低下するのかについては，あまり明確にされていない．Walker (1965) は，連続版の最大値を使ったほうがより高い検出力を達成できると述べているが，これは取りも直さずフーリエ周波数上で考えた離散版最大値が連続版最大値の近似としては不十分である可能性を示している．実際，X_t が正規確率変数列のとき，三角多項式についてバーンスタインの定理を適用することで，ピリオドグラムに対するピカンズ格子を導くことができる（Turkman and Walker (1984) もしくは Zygmund (1959) を参照）．

定理 5 n 次の三角多項式

$$T(x) = \sum_{k=-n}^{n} c_k e^{ikx}$$

に対して，x がいかなる値をとる場合にも，$|T(x)| \leq M$ を満足するような定数 M を定めることができ，また，その微分 $T'(x)$ に対しても，$|T'(x)| \leq nM$ が成り立つ．

明らかに，ピリオドグラムは n 次の三角多項式である．$\delta_a = \{w_j = jaq(n), j = 0, 1, \ldots\}$ を区間 $[0,\pi]$ の分割の一つとすると，任意の周波数 $\omega \in [\omega_j, \omega_{j+1})$ に対して，次式を満足するもう一つの周波数 $\omega^* \in [\omega_j, \omega_{j+1})$ が存在する．

$$I_n(\omega) = I_n(\omega_j) + (\omega - \omega_j) I'_n(w^*)$$

また，格子 δ_a 上でのピリオドグラムの最大値を $M_{\delta_a, I}$ と記せば，バーンスタインの定理により，ほとんど確実に（almost surely）次のことが言える．

$$M_{\delta_a, I} \leq M_I \leq M_{\delta_a, I} + \max_{\omega_1} |\omega_1 - \omega_j| \max_{\omega \in [0,\pi]} I'_n(\omega)$$
$$\leq M_{\delta_a, I} + \pi a q(u) n M_I$$

なお，Turkman and Walker (1990) に示されるとおり，ほとんど確実に

$$\lim_{n \to \infty} \frac{M_I}{2 \log n} = 1$$

である．したがって，$n \to \infty$ に対して

$$0 \leq M_I - M_{\delta_a, I} \leq 2\pi a q(u) n \log n$$

20.3 ピリオドグラム

となる. ここで, $q(u) = (n \log n)^{-1}$ と選べば, ほとんど確実に

$$\lim_{a \to 0} \lim_{n \to \infty} M_{n,I} - M_{n,\delta_a,I} = 0$$

となる. ただし, $\omega = 0$ の近くでは, もう少し厳密な取り扱いが必要になる. これについては省略するので, Turkman and Walker (1984) で詳細を確認されたい.

このように, フーリエ周波数 $\omega_j = 2\pi j/n$ $(j = 1, 2, \ldots, [\frac{1}{2}(n-1)])$ は疎格子をなすので, フーリエ周波数上での最大値と密格子上での最大値とは, 異なるレートで増大していく. 実際, $n \to \infty$ に対して

$$P(M_{n,I} \le 2x + \log n - 2\log 2) \to \exp(e^{-x}) \tag{20.25}$$

となる一方,

$$P(M_I \le 2x + 2\log n + \log\log n - \log 3/\pi) \to \exp(e^{-x}) \tag{20.26}$$

が成り立つ.

あるいは, 標準ガンベル分布に従う確率変数 Λ を用いれば, 上式を

$$M_{n,I} =^d 2\Lambda + 2\log n - 2\log 2$$

および

$$M_I =^d 2\Lambda + 2\log n + \log\log n - \log\frac{3}{\pi}$$

と表すこともできる.

この結果から, 離散的にフーリエ周波数で刻まれたピリオドグラムの最大値と, 連続的な周波数領域での最大値との乖離度が, 極限で $\log\log n$ のオーダーの違いであることがわかる.

式 (20.25) の極限は Walker (1965) により与えられ, 式 (20.26) の極限は Turkman and Walker (1984) により与えられた. 導出にあたっては, $n \to \infty$ のときに次式が成立することを用いている.

$$P(M_{n,I} > u_n) \sim \mu(u_n)$$

ここで, $\mu(u_n)$ は閾値 u_n を上向きに横切る回数 (アップクロス) の強度 (intensity) である[*9]. しかしながら, このような結果を得るためには,

---

[*9] 【訳注】時系列 $X(t)$ の単位時間当たりの閾値 u のレベルクロスの回数の期待値 $\mu(u)$ は, 次のように扱われる. すなわち, レベル u を上向きに横切るためには, 時系列 $x = X(t)$ の時間微分 $z = dX/dt$ が正である必要があり, 時間 Δt に占めるレベルクロスの瞬間の割合が, 確率 $\int_0^\infty dz \int_{u-z\Delta t}^u p(x,z)dx = \mu(u)\Delta t$ で与えられる. したがって, レベルクロス回数の期待値として, $\mu(u) = \int_0^\infty z p(u,z)dz$ となる. なお, その被積分関数となる $p(x,z)$ は, 時系列の値 x とその微係数 z の同時確率密度であり, 時系列 $X(t)$ がガウス過程であれば, ピリオドグラムのモーメントを用いてそのパラメータが定まるため, 結果として理論展開が容易になる. このあたりの基礎は, 古典的な基礎論文である Rice, S.O., 1944, 1945. Mathematical analysis of random noise, Bell System Technical Journal を参照されたい. なお, 本文では, 時間領域ではなく, 周波数領域でのピリオドグラムのレベルクロスを検討していることに注意しよう.

$$E[N_{u_n}(N_{u_n}-1)]$$

で与えられるアップクロスの2次モーメントが無視できる程度に小さいことを示す必要がある．すなわち，

$$E[N_{u_n}(N_{u_n}-1)] = o(\mu(u_n)) \tag{20.27}$$

である．ここで，N_{u_n} は区間 $[0,\pi]$ での閾値 u_n に対するアップクロスの回数である[*10]．上述の結果を得た数学的な手法は，ガウス過程に特化したものであるが，ガウス時系列に対するピリオドグラムのように，ガウス過程を単純に変換した他の確率過程に対しても適用可能である．連続な周波数領域上でのピリオドグラムの最大値と，ピカンズ格子上でのピリオドグラムの最大値との同時分布の特徴付けを，式 (20.16) で与えた確率変数列 $\{\zeta_{a,x}(k)\}_{k=1}^{\infty}$ を通じて行うことは，興味深いだろう．Albin (1990) は，式 (20.27) の条件のもとで次式が成り立つことを示した．

$$\lim_{a \to 0} \frac{1}{a} P(\zeta_{a,x}(1) \leq x) = \lim_{a \to 0} \frac{1}{a} P\left(\sup_{k \geq 1} \zeta_{a,x}(k) \leq x\right)$$

それゆえ，確率変数 $\{\zeta_{a,x}(k)\}_{k=1}^{\infty}$ は，何らかの意味で退化していなければならないが，このことで，証明において手間のかかる技術的な検証が一部楽にはなる．

20.4 お わ り に

20.2 節で与えた特徴付けは，離散と連続の最大値の間に成り立つ関係を，非常に詳細かつ正確に記述しているが，それらの実用的用途は限られているというべきである．というのは，定理の前提条件は概して確認が難しいものばかりであり，連続と離散の極値の従属性についてその程度を規定する $H_z(b,x,y)$ といった量が，どのようにしたら推定可能かという点に関して，ほとんどわかっていないからである．したがって，Anderson (2003) が提案した調整法 (20.3) のように，数値計算や応用も可能な統計的推測により適した形で，連続と離散の最大値の間の関係を表現できる，もっと簡明かつ頑健な手法を導くことが非常に大切である．統計的応用の立場から最も興味深いのは，連続領域での最大値と疎格子上での最大値の同時分布である．しかしながら，これらの最大値は漸近的には独立となってしまうことから，結果はこれといって有益とは言いがたい．したがって，準漸近（subasymptotic）レベルで漸近的に独立な裾挙動を表現できる，より細分化されたモデルのクラスが求められている．これまでに報告されている漸近的結果についての収束レートに関する研究は，式 (20.3) で与えられている調整法を使ってより高精度な区間を得るのにも，非常に役立つであろう．

[*10] 【訳注】時系列 $X(t)$ に対して，$E[N_{u_n}(N_{u_n}-1)] = \int_0^{\infty}\int_0^{\infty} z_1 z_2 p(u,u,z_1,z_2) dz_1 dz_2$ となる．ただし，p は，$X(t_1), X(t_2), dX(t_1)/dt$ および $dX(t_2)/dt$ の同時分布であり，式 (20.27) は，これを周波数領域のピリオドグラムのレベルクロスとしていることに注意しよう．

謝辞

この研究は，FCT プロジェクト PTDC/MAT/118335/2010 および Pest-OE/MAT/ UI00C6/2011 による支援を受けている．

（K. F. Turkman／北野利一）

文　　献

Albin, P., 1987. On extremal theory for non differentiable stationary processes. Ph.D. Thesis, Department of Mathematical Statistics, University of Lund.

Albin, P., 1990. On extremal theory for stationary processes. Ann. Probab. 18, 92–128.

Albin, P., 2001. On extremes and streams of upcrossings. Stochastic Process. Appl. 94, 271–300.

Anderson, C.W., 2003. A note on continuous-time extremes from discrete time observations. Unpublished research report.

Berman, S., 1982. Sojourns and extremes of stationary processes. Ann. Probab. 10, 1–46.

Davis, R.A., Mikosch, T., 1999. The maximum of the periodogram of a non-Gaussian sequence. Ann. Probab. 27, 522–536.

Hsing, T., Leadbetter, M.R., 1998. On the excursion random measure of stationary processes. Ann. Probab. 26, 710–742.

Hüsler, J., 1999. Extremes of a Gaussian process and the constant H_α. Extremes 2, 59–70.

Hüsler, J., 2004. Dependence between extreme values of discrete and continuous time locally stationary Gaussian processes. Extremes 7, 179–190.

Hüsler, J., Ladneva, A., Piterbarg, V., 2010. On clusters of high extremes of Gaussian stationary processes with ϵ- separation. Elect. J. of Prob. 15(59): 1825–1862.

Leadbetter, M.R., Rootzén, H., Lindgren, G., 1983. Extreme value theory for continuous parameter stationary processes. Z. Wahrsch. verw. Gebiete 60, 1–20.

Mladenovic, P., Piterbarg, V., 2006. On asymptotic distribution of maxima of complete and incomplete samples from stationary sequences. Stochastic Process. Appl. 116, 1977–1991.

Piterbarg, V., 2004. Discrete and continuous time extremes of Gaussian processes. Extremes 7, 161–177.

Robinson, M.E., Tawn, J., 2000. Extremal analysis of processes sampled at different frequencies. J. R. Stat. Soc. B 62, 117–135.

Samorodnitsky, G., Taqqu, M., 1994. Stable Non-Gaussian Random Processes. Chapman and Hall, Boca Raton.

Scotto, M.G., Turkman, K.F., Anderson, C.W., 2003. Extremes of some subsampled time series. J. Time Ser. Anal. 24, 579–590.

Turkman, K.F., 2011. Continuous and discrete time extremes of stationary processes. Research report, CEAUL 06/11, Center of Statistics and its Applications, University of Lisbon.[*11)]

[*11)] 【訳注】CEAUL 06/11 と番号付きのものは，次の URL に掲載されている．

Turkman, K.F., Walker, A.M., 1984. On the asymptotic distributions of maxima of trigonometric polynomials with random coefficients. Adv. Appl. Probab. 16, 819–842.

Turkman, K.F., Walker, A.M., 1990. A stability result for the periodogram. Ann. Probab. 18, 1765–1783.

Walker, A.M., 1965. Some asymptotic results for the periodogram of a stationary time series. J. Aust. Math. Soc. 5, 107–128.

Zygmund, A., 1959. Trigonometric Series, vol. 2. Cambridge University Press, New York.

---

http://www.ceaul.fc.ul.pt/notas.html?ano=2011

しかし，この報告書は本章と同じように詳細な証明は省略している．本文中で引用されているのは，CEAUL 06/11 と番号の付いた上記でダウンロードできる報告書とは別に存在する，報告書番号が付かず，ページ数が多い同名の報告書であることに注意されたい．また，20.3 節で論じている周波数領域でのピリオドグラムに関して，さらに発展させた内容が，以下の文献で検討されていることも付記しておく：Turkman, K.F., 2014. On the upcrossings of trigonometric polynomials with random coefficients., Revstat. vol. 12, 135–155.

Part IX

Spectral and Wavelet Methods

スペクトル法・ウェーブレット法

CHAPTER 21 The Estimation of Frequency
周波数の推定

概　要　データへの正弦波の当てはめには，18世紀半ばから数値解析的な手法が用いられてきた．周波数推定の手法が計算機的に実行可能となったのは1965年のCooley and Tukeyによる高速フーリエ変換の発見以降である．

このレビューでは，ノイズが加わった正弦波について周波数を推定するためのさまざまな手法を検討する．それらは，フーリエ変換または周波数領域の手法に基づくもの，あるいはいくつかの標本自己共分散を考慮することに由来するものという二つのカテゴリに分類される．前者のフーリエ法は，Tを標本数とすると，常にオーダー T^{-3} の漸近分散を持ち，特に T が大きいときやノイズが含まれているときに役立つ．対して後者は，たいてい統計的有効性はなく，漸近分散のオーダーも T^{-1} で，時にはバイアス（偏り）すら持つが，計算が簡便なので T が小さいときや比較的ノイズが小さいときに用いられる．

キーワード　周波数推定，正弦波回帰，ピリオドグラム，フーリエ変換，周波数分解能

21.1　は　じ　め　に

周波数の推定や正弦波の当てはめに関する優れた歴史的解説は Bloomfield (1976) にあり，そこには "Fitting Sinusoids"（正弦波の当てはめ）という章も設けられている．より詳細な情報は Brillinger (1974, 1987)，Heideman et al. (1984)，Priestley (1981) で与えられている．

正弦波の当てはめに関する数値解析的な手法は，18世紀半ばから使用されてきた．中でも連立1次方程式を解くことによって複素指数を当てはめた Prony (1795) の手法は注目に値する．また，極めて少ない標本以外にも適用できた最初の手法は Buys-Ballot (1847) の方法である (Whittaker and Robinson, 1944)．それらの手法の多くでは，標本数が周期の整数倍であると暗黙に仮定されていたので，あとから追加されるデータも首尾一貫したまま並べることができた．高速フーリエ変換アルゴリズムが Cooley and Tukey (1965) による発見よりも前に存在していたとする説はあるものの，これ

以降，標本数の大きい時系列の離散フーリエ変換やフーリエ法に基づいた周波数推定が実現可能となった．

フーリエ法は正弦波や周期関数の周波数（frequency）の推定と定常確率過程のスペクトル密度（spectral density）の推定との両方で用いられるため，その歴史は若干混乱している．

21.2 基本モデル

より一般的なモデルは後に考慮するとして，まず基本としてノイズを含む正弦波 (sinusoid) とは，μ, ρ, ϕ, ω および $\alpha = \rho\cos\phi$, $\beta = -\rho\sin\phi$ を未知パラメータとして

$$X_t = \mu + \rho\cos(\omega t + \phi) + \varepsilon_t \tag{21.1}$$

$$= \mu + \alpha\cos(\omega t) + \beta\sin(\omega t) + \varepsilon_t, \quad t = 0, 1, \ldots, T-1 \tag{21.2}$$

という式を満たす．ここで，$\{\varepsilon_t\}$ は平均 0 の確率過程で，パラメータの推定量が妥当な漸近的性質を持つための十分な構造を持っているとする．固定した ω について，式 (21.2) は $\cos(\omega t)$ と $\sin(\omega t)$ を説明変数とする回帰モデルとして理解できる．多くの論文では，例えば $\{\varepsilon_t\}$ を独立同一分布の確率変数列としたり，時には正規性を仮定することもあるが，そのような仮定はほとんどの場合不要であり，われわれが一般的に仮定するのは，$\{\varepsilon_t\}$ が強定常かつエルゴードで，連続なスペクトル密度を持つということだけである．時に Quinn and Hannan (2001) の Section 2.5 にある最小限の条件を課すこともあり，以降これを Q&H と記す．

図 21.1 と図 21.2 は，$\mu = \beta = 0$, $\alpha = 1$, $\omega = 2\pi 35.5/128$, $T = 128$ での純粋な正弦波と，同じパラメータ値で分散 1 の疑似ガウス性ホワイトノイズを加えたバージョンを表している．正弦波の振幅とノイズの標準偏差が同じであることから，図 21.2 を見ただけで正弦波成分の有無を判断することは事実上不可能である．

式 (21.2) の $\mu, \alpha, \beta, \omega$ を推定する最も明らかな方法は，回帰である．ω は非線形に発生するので，最小 2 乗回帰推定量は

$$\widehat{\omega}_T = \arg\min_{\omega} S_T(\omega)$$

$$S_T(\omega) = \min_{\mu,\alpha,\beta} \sum_{t=0}^{T-1} \{X_t - \mu - \alpha\cos(\omega t) - \beta\sin(\omega t)\}^2$$

$$\left(\widehat{\mu}_T, \widehat{\alpha}_T, \widehat{\beta}_T\right) = \arg\min_{\mu,\alpha,\beta} \sum_{t=0}^{T-1} \{X_t - \mu - \alpha\cos(\widehat{\omega}_T t) - \beta\sin(\widehat{\omega}_T t)\}^2$$

によって定義できる．固定した ω に対して

21.2 基本モデル

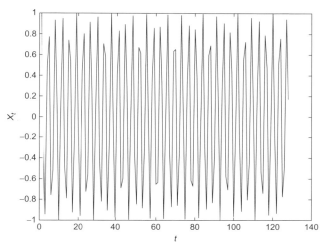

図 21.1　純粋な正弦波.

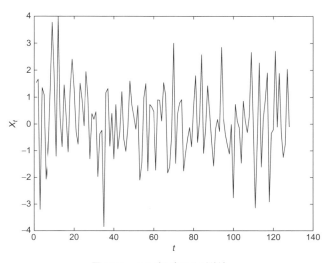

図 21.2　ノイズを含めた正弦波.

$$M_T = \begin{bmatrix} 1 & 1 & 0 \\ 1 & \cos\omega & \sin\omega \\ \vdots & \vdots & \vdots \\ 1 & \cos\{\omega(T-1)\} & \sin\{\omega(T-1)\} \end{bmatrix}$$

を式 (21.2) で与えられる回帰式の計画行列とする．すると

$$\sum_{t=0}^{T-1} e^{i\lambda t} = \begin{cases} T, & \lambda = 0, \mathrm{mod}\, 2\pi \\ \frac{e^{i\lambda T}-1}{e^{i\lambda}-1}, & \lambda \neq 0, \mathrm{mod}\, 2\pi \end{cases}$$

なる恒等関係から，$T \to \infty$ のとき $\omega \neq 0, \mathrm{mod}\, \pi$ で

$$M_T' M_T = \begin{bmatrix} T + O(1) & O(1) & O(1) \\ O(1) & \frac{T}{2} + O(1) & O(1) \\ O(1) & O(1) & \frac{T}{2} + O(1) \end{bmatrix}$$

を得る．これを確認するために，例えば

$$\sum_{t=0}^{T-1} \cos^2(\omega t) = \frac{1}{2} \sum_{t=0}^{T-1} \{1 + \cos(2\omega t)\}$$
$$= \frac{T}{2} + \frac{1}{2} \mathrm{Re} \sum_{t=0}^{T-1} e^{i2\omega t}$$
$$= \frac{T}{2} + \frac{1}{2} \mathrm{Re} \frac{e^{i2\omega T} - 1}{e^{i2\omega} - 1}$$
$$= \frac{T}{2} + O(1)$$

に注目する．このとき，固定した ω に対する回帰平方和は，$\overline{X}_T = T^{-1} \sum_{t=0}^{T-1} X_t$ とすると

$$\sum_{t=0}^{T-1} (X_t - \overline{X}_T)^2 - S_T(\omega)$$

$$= \begin{bmatrix} \sum_{t=0}^{T-1} X_t \\ \sum_{t=0}^{T-1} X_t \cos(\omega t) \\ \sum_{t=0}^{T-1} X_t \sin(\omega t) \end{bmatrix}' \begin{bmatrix} T + O(1) & O(1) & O(1) \\ O(1) & \frac{T}{2} + O(1) & O(1) \\ O(1) & O(1) & \frac{T}{2} + O(1) \end{bmatrix}^{-1}$$

$$\times \begin{bmatrix} \sum_{t=0}^{T-1} X_t \\ \sum_{t=0}^{T-1} X_t \cos(\omega t) \\ \sum_{t=0}^{T-1} X_t \sin(\omega t) \end{bmatrix} - T\overline{X}_T^2$$

$$= I_X(\omega) + R_X(\omega)$$

となることが示される．ここで

$$I_X(\omega) = \frac{2}{T}\left|\sum_{t=0}^{T-1}X_t e^{-i\omega t}\right|^2 \tag{21.3}$$

かつ，$R_X(\omega)$ は任意の $\delta > 0$ について $T \to \infty$ でほとんど確実に（almost surely）

$$\sup_{\delta < \omega < \pi - \delta}\left|\frac{R_X(\omega)}{I_X(\omega)}\right| \to 0$$

という意味において $I_X(\omega)$ よりも低いオーダーである．

よって，ω の回帰推定量は，(Schuster (1898) のピリオドグラムの定数倍である)"ピリオドグラム"（periodogram）$I_X(\omega)$ を最大化する量と漸近的に同等である．このように，ピリオドグラム最大化法は ω の回帰推定量と同じ漸近的性質を持つ．同様に，$[\mu\,\alpha\,\beta]'$ の推定量

$$\begin{bmatrix} \overline{X}_T \\ \frac{2}{T}\sum_{t=0}^{T-1} X_t \cos(\widehat{\omega}_T t) \\ \frac{2}{T}\sum_{t=0}^{T-1} X_t \sin(\widehat{\omega}_T t) \end{bmatrix}$$

も，対応する回帰推定量と同じ漸近的挙動を有する．

21.3　ピリオドグラム最大化法の性質

ピリオドグラムの最大化が最小 2 乗推定と漸近的に同等であることから，その漸近的性質も，ε_t が正規分布に独立同一分布する仮定，すなわちガウス性ホワイトノイズという仮定のもとでの最尤推定量の性質に等しい．ε_t が同分散 σ^2 を持つという仮定のもとでパラメータ $[\mu\,\alpha\,\beta\,\omega\,\sigma^2]'$ に関する情報行列は

$$\frac{1}{\sigma^2}\begin{bmatrix} T & O(1) & O(1) & O(T) & 0 \\ O(1) & T/2 + O(1) & O(1) & -\alpha T^2/4 + O(T) & 0 \\ O(1) & O(1) & T/2 + O(1) & \beta T^2/4 + O(T) & 0 \\ O(T) & -\alpha T^2/4 + O(T) & \beta T^2/4 + O(T) & (\alpha^2 + \beta^2)T^3/6 + O(T^2) & 0 \\ 0 & 0 & 0 & 0 & \frac{T}{2\sigma^2} \end{bmatrix}$$

であるので，ω の不偏推定量の分散に関する Cramér–Rao の下限は

$$\frac{24\sigma^2}{\rho^2 T^3}\{1 + O(1)\}$$

で与えられる．

この結果は Whittle (1952) によるもので，$T^{3/2}(\widehat{\omega}_T - \omega)$ が漸近的に平均 0，分

散 $24\sigma^2/\rho^2$ の正規分布に従うことも示されている．また，Walker (1971) は，i.i.d. の状況について厳密な結果を導いている．決定的な結果は Hannan (1973) によるものであり，ホワイトノイズに限らない一般的なノイズのもとでの強一致性と中心極限定理，すなわち $T^{3/2}(\widehat{\omega}_T - \omega)$ が平均 0，分散 $48\pi f(\omega)/\rho^2$ の漸近正規性を持つことが示されている．ただし，

$$f(\lambda) = \frac{1}{2\pi}\sum_{j=-\infty}^{\infty}\gamma_j e^{-ij\lambda}$$

は $\{\varepsilon_t\}$ のスペクトル密度関数であり，$\gamma_j = \mathrm{cov}(\varepsilon_t, \varepsilon_{t-j})$ である．この結果が 1952 年から 1974 年に至るまで工学系の文献で知られていなかったことは興味深い．実際，1974 年に Rife and Boorstyn が導いた結果があり，それは本質的には複素数値ガウス性ホワイトノイズでの Cramér–Rao の下限にほかならないのだが，工学系の文献ではその結果を一般的に参照している．この漸近分布の $T^{3/2}$ というオーダーについては，例えば ARMA パラメータの推定については $T^{1/2}$ であることから，初めは奇妙に思われるかもしれない．しかし，時系列の回帰において $T^{3/2}$ といったオーダーは，時間を説明変数とした線形回帰での傾きパラメータに関する中心極限定理などでも見られる．

また，Chen et al. (2000) では，ウィンドウ（窓関数）を適用したピリオドグラムを最大化して得られる周波数推定についての漸近理論が展開されている．

21.4　ARMA 過程との関連

微分方程式

$$\frac{d^2x(t)}{dt^2} = -\omega^2 x(t)$$

の一般解は

$$x(t) = c_1 \cos(\omega t) + c_2 \sin(\omega t)$$

であり，それは同時に自己回帰的な差分方程式

$$x(t) - 2\cos\omega\, x(t-1) + x(t-2) = 0 \tag{21.4}$$

の一般解でもある．

この事実は，Wolfer の太陽黒点数に関する周期性をモデル化するために自己回帰プロセスを導入した，有名な Yule (1927) の論文の出発点となった．そのときユールは，彼の言葉を借りれば，単振動振り子の休止位置からの出発においては観察誤差を事実上排除できるが，"残念なことに子供たちが部屋に入って来て，あちらこちらから振り子に豆を投げつけている" といった状況を想像していた．振り子の変位は，$\varepsilon(t)$ を摂動あるいはランダムな誤差とすると，方程式

$$x(t) - 2\cos\omega\, x(t-1) + x(t-2) = \varepsilon(t)$$

によって支配されている．ユールはその論文の Section 2 において，最小 2 乗推定量

$$\frac{\sum_{t=1}^{T-1}\{x(t)+x(t-2)\}x(t-1)}{\sum_{s=1}^{T-1}x^2(s-1)} \tag{21.5}$$

によって $2\cos\omega$ を推定することを提案している．他の明らかなアプローチとしては，$2\cos\omega$ をユール・ウォーカー推定量

$$2\frac{\sum_{t=1}^{T-1}x(t)x(t-1)}{\sum_{s=0}^{T-1}x^2(s)}$$

で推定することである（例えば Priestley（1981）を参照）．

また，ユールはその Section 3 において，太陽黒点数に AR(2) モデル

$$x(t)-b_1x(t-1)+b_2x(t-2)=\varepsilon(t)$$

を当てはめることを提案している．$z^2-2r\cos\omega z+r^2$ の零点は $re^{\pm i\omega}$ であり

$$x(t)-2r\cos\omega\,x(t-1)+r^2x(t-2)=0$$

の一般解は

$$x(t)=c_1r^t\cos(\omega t)+c_2r^t\sin(\omega t)$$

であるので，ユールは

$$z^2-\widehat{b}_1z+\widehat{b}_2=0$$
$$z=\widehat{r}e^{\pm i\widehat{\omega}}$$

に関する $(0,\pi)$ での解 $\widehat{\omega}$ によって周波数（frequency）を推定することを提案した．ただし，$\widehat{b}_1$ および $\widehat{b}_2$ は標本自己相関から（ユール・ウォーカー関係によって）作られる b_1 および b_2 の推定量であり，$\widehat{b}_1^2<4\widehat{b}_2$ を仮定する．

ここで，ユールが使用できたデータと同じ年，すなわち 1749〜1924 年のデータをもとに，ユール・ウォーカー法を用いた周期（period）$P=2\pi/\omega$ の推定値を求めてみると，論文の Section 2 の手法では 9.97 年，Section 3 の手法では 10.55 年となる．多くの著者が太陽黒点数データの平方根をとるように，われわれも一連の手法を系列の平方根に適用したが，そのときの周期の推定値はそれぞれ 10.26 および 10.85 であった．

21.5 自己回帰近似

前述のユールの結果に照らして，多くの著者が周波数の推定について自己回帰モデルによる近似を検討した．$\{\varepsilon(t)\}$ を無相関かつ 2 次定常とし，$\{X(t)\}$ を 2 次定常自

己回帰過程で
$$X(t) + \sum_{j=1}^{p} \beta_j X(t-j) = \varepsilon(t) \tag{21.6}$$
を満たすものとすると，そのスペクトル密度関数は
$$f(\lambda) = \frac{\sigma^2}{2\pi} \left| 1 + \sum_{j=1}^{p} \beta_j e^{ij\lambda} \right|^{-2} \tag{21.7}$$
となる．もし多項式 $\beta(z) = 1 + \sum_{j=1}^{p} \beta_j z^j$ が複素共役対の零点を持ち，それを $0 < r < 1$ に対して $r^{-1} e^{\pm i\omega}$ と書いたならば，斉次差分方程式
$$X(t) + \sum_{j=1}^{p} \beta_j X(t-j) = 0, \quad t = 0, 1, \ldots$$
は
$$cr^t \cos(\omega t + \phi)$$
という形の解を持つ．もし r が 1 に近く，$\beta(z)$ の他の零点も r^{-1} よりはるかに大きい絶対値を持っていれば，$f(\lambda)$ は ω の近くで最大値を持つであろう．例えば $p=2$，$\beta_1 = -1.9\cos(\pi/3)$，$\beta_2 = 0.95^2$，$\sigma^2 = 1$ とする．このとき
$$\beta(z) = \left(1 - 0.95 e^{-i\pi/3} z\right)\left(1 - 0.95 e^{i\pi/3} z\right)$$
は零点 $0.95^{-1} e^{\pm i\pi/3}$ を持つ．図 21.3 にスペクトル密度関数を示す．

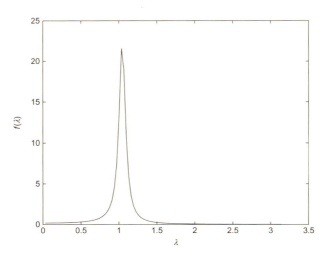

図 **21.3** AR(2) 過程のスペクトル密度関数．

21.5 自己回帰近似

しかしながら，最大値は $\pi/3 \sim 1.0472$ においてではなく，

$$\arccos\left(\frac{\cos(\pi/3)(1+0.95^2)}{2 \times 0.95}\right) \sim 1.0464$$

において起きている．もし $\beta_1 = -1.98\cos(\pi/3)$ と $\beta_2 = 0.99^2$ であったならば，

$$\arccos\left(\frac{\cos(\pi/3)(1+0.99^2)}{2 \times 0.99}\right) \sim 1.0472$$

において最大値となり，これは $\beta(z)$ の零点が単位根に近づくときどうなるかを例示している．すなわち，スペクトル密度を式 (21.7) で構成する際に，推定したパラメータ値が使用されていると，それを最大化する量は ω の一致推定量にはならないということである．

$\{X(t)\}$ を式 (21.2) を満たすものとして，ある次数の自己回帰モデルをユール・ウォーカー関係によって当てはめたとする．

$$\overline{X}_T = T^{-1}\sum_{t=0}^{T-1} X_t$$

として，$j = 0, 1, \ldots$ に対して C_j を j 次標本自己共分散

$$C_j = T^{-1}\sum_{t=j}^{T-1}\left(X(t) - \overline{X}_T\right)\left(X(t-j) - \overline{X}_T\right)$$

とする．そのとき，$\gamma_j = \mathrm{cov}\left(\varepsilon_t, \varepsilon_{t-j}\right)$ として，$T \to \infty$ でほとんど確実に

$$\overline{X}_T \to \mu$$
$$C_j \to \gamma_j + \rho^2 \cos(\omega j)/2$$

である．よって，γ_j に何も仮定を置かずに C_j を使って ω を推定することは，不可能である．$\{\varepsilon(t)\}$ をホワイトノイズであると仮定すれば，ω の一致推定は，二つの式

$$\begin{aligned} C_1 &= \frac{1}{2}\rho^2 \cos\widehat{\omega} \\ C_2 &= \frac{1}{2}\rho^2 \cos(2\widehat{\omega}) \end{aligned} \tag{21.8}$$

あるいは，式

$$\frac{C_2}{C_1} = \frac{\cos(2\widehat{\omega})}{\cos\widehat{\omega}} = \frac{2\cos^2\widehat{\omega} - 1}{\cos\widehat{\omega}} \tag{21.9}$$

から可能である．よって，C_1 および C_2 から作られる（強）一致性を持つ ω の推定量は

$$\widehat{\omega} = \arccos\left(\frac{C_2 + \sqrt{C_2^2 + 8C_1^2}}{4C_1}\right) \tag{21.10}$$

である．この推定量は，ユールの二つの推定量，すなわち

$$\begin{bmatrix} b_1 \\ b_2 \end{bmatrix} = \begin{bmatrix} C_0 & C_1 \\ C_1 & C_0 \end{bmatrix}^{-1} \begin{bmatrix} C_1 \\ C_2 \end{bmatrix}$$

としたときの
$$\arccos\left(\frac{C_1}{C_0}\right) \tag{21.11}$$

および
$$\arccos\left(-\frac{b_1}{2\sqrt{b_2}}\right) \tag{21.12}$$

と対比されるべきである．これら両者は，$\sigma^2 = 0$ つまりノイズを含まない場合にのみ一致性を持つが，そのような状況では推定量が正確なのだから，一致性は自明である．太陽黒点数データについて，式 (21.10), (21.11), (21.12) を使った周期の推定値は，それぞれ 11.37 年，9.94 年，10.55 年である．変換した系列についての推定値は，11.62 年，10.21 年，10.85 年である．Quinn and Fernandes (1991) の推定値およびピリオドグラム最大化では，変換前データについてはそれぞれ 11.38 年および 11.36 年で，変換した系列については 11.34 年および 11.33 年である．

上記の推定値の差は注目すべきであり，置かれている異なる仮定を反映している．ユールの二つの推定量では，潜在的なプロセスは確率的な強制項を持つ差分方程式の解とされているのに対して，ピリオドグラム最大化，Quinn–Fernandes，自己回帰推定量では，加法的ノイズを含む正弦波に基づいて導出されている．

実際にプロセスがノイズを含む正弦波である場合には，自己回帰に基づく手法は明らかに不適切である．なぜなら，式 (21.10) を ω に用いて $\{\varepsilon(t)\}$ が i.i.d. で同分散 σ^2 を持っていたとしても，

$$T^{\frac{1}{2}} \begin{bmatrix} C_1 - \frac{\rho^2}{2}\cos\omega \\ C_2 - \frac{\rho^2}{2}\cos(2\omega) \end{bmatrix}$$

が平均 0, 分散行列

$$(\sigma^2)^2 \begin{bmatrix} 1 & 0 \\ 0 & 1 \end{bmatrix} + 2\rho^2\sigma^2 \begin{bmatrix} \cos\omega \\ \cos(2\omega) \end{bmatrix} \begin{bmatrix} \cos\omega & \cos(2\omega) \end{bmatrix}$$

の漸近正規性を持つことが容易に示され，結果として，ω の推定量 $\hat{\omega}$ は，$T^{\frac{1}{2}}(\hat{\omega} - \omega)$ が平均 0, 分散

$$2\left(\frac{\sigma^2}{\rho^2}\right)^2 \frac{\cos^2\omega + \cos^2(2\omega)}{(2\cos^2\omega + 1)^2}$$

の漸近正規性を持つような $\hat{\omega}$ となるからである．

より高次の自己回帰モデルが当てはめられているときも，やはり推定スペクトル密度関数を最大化する量は，ω の一致推定量とはならないだろう．例えば AIC を使用して自己回帰モデルを当てはめる場合，推定される次数が T の増加関数となって，漸近的な"偏り"は 0 へ収束するであろうことが予想されてきた．しかし，これは証明されてはいない．

固定した次数（ここでは p 次とする）での自己回帰モデルの当てはめでは，ピリオ

ドグラム最大化法と同程度の良い漸近的性質を持つ推定量を作れない理由は簡単である．$\widehat{\beta}$ を自己回帰推定量のベクトルとして，再び $\{\varepsilon(t)\}$ は i.i.d. であると仮定する．そのとき，$C = \begin{bmatrix} C_0 & \cdots & C_p \end{bmatrix}$ とし，g と h を微分可能な関数とすると

$$\widehat{\omega} = h(\widehat{\beta})$$
$$\widehat{\beta} = g(C)$$

と表される．

$$\begin{bmatrix} C_0 - \sigma^2 - \frac{\rho^2}{2} \\ C_1 - \frac{\rho^2}{2}\cos\omega \\ \vdots \\ C_p - \frac{\rho^2}{2}\cos(p\omega) \end{bmatrix}$$

がほとんど確実に 0 へ収束し，かつ

$$T^{\frac{1}{2}} \begin{bmatrix} C_0 - \sigma^2 - \frac{\rho^2}{2} \\ C_1 - \frac{\rho^2}{2}\cos\omega \\ \vdots \\ C_p - \frac{\rho^2}{2}\cos(p\omega) \end{bmatrix}$$

が適当な共分散行列 Σ の漸近正規性を持つので，

$$\gamma = \begin{bmatrix} \sigma^2 + \frac{\rho^2}{2} \\ \frac{\rho^2}{2}\cos\omega \\ \vdots \\ \frac{\rho^2}{2}\cos(p\omega) \end{bmatrix}$$

とすると，

$$\omega = h(g(\gamma))$$

であり，$\widehat{\omega}$ は一致性を持ち，$T^{1/2}(\widehat{\omega} - \omega)$ は漸近正規性を持つ．これは，収束速度がピリオドグラム最大化法よりはるかに劣ることの表れである．さらに，ピリオドグラム最大化法はホワイトノイズでなくても優れた性質を持つのに対し，この推定量はホワイトノイズのもとでしか一致性を持たない．

21.6 Pisarenko 法

自己回帰パラメータの推定に標本自己共分散行列が使われることから，信号処理の文献における周波数推定でも，標本自己共分散行列の使用が注目されてきた．よく知られているのは，Pisarenko (1973) の手法である．

$$\mathbb{C}_p = \begin{bmatrix} C_0 & C_1 & \cdots & C_p \\ C_1 & C_0 & \cdots & C_{p-1} \\ \vdots & \ddots & \ddots & \vdots \\ C_p & \cdots & C_1 & C_0 \end{bmatrix}$$

とし,また $d = \begin{bmatrix} d_0 & d_1 & d_2 \end{bmatrix}'$ を $\mathbb{C}_2$ の最小固有値に対応する固有ベクトルとする.このとき $(0, \pi)$ の中で $d_0 + d_1 z + d_2 z^2$ の零点を求めることで, ω は推定される.この手法の動機付けは,ホワイトノイズを仮定したとき

$$\mathbb{C}_2 \underset{a.s.}{\to} \sigma^2 I_3 + \frac{\rho^2}{2} \begin{bmatrix} 1 & \cos\omega & \cos(2\omega) \\ \cos\omega & 1 & \cos\omega \\ \cos(2\omega) & \cos\omega & 1 \end{bmatrix}$$

$$= \sigma^2 I_3 + \frac{\rho^2}{2} \{cc' + ss'\}$$

となることである.ただし,

$$c' = \begin{bmatrix} 1 & \cos\omega & \cos(2\omega) \end{bmatrix}$$
$$s' = \begin{bmatrix} 0 & \sin\omega & \sin(2\omega) \end{bmatrix}$$

である.この

$$\sigma^2 I_3 + \frac{\rho^2}{2} \{cc' + ss'\}$$

は,最小固有値 σ^2 を持ち,

$$\begin{bmatrix} 1 & -2\cos\omega & 1 \end{bmatrix}'$$

が c と s の両方と直交していることから, $\mathbb{C}_2$ が概収束する行列の最小固有値に対応する左固有ベクトルである. $1 - 2z\cos\omega + z^2$ の零点が $e^{\pm i\omega}$ であるので,Pisarenko 推定量は強一致性を持つことがわかる.

$\mathbb{C}_2$ の左固有ベクトルは,その Toeplitz 構造ゆえ, $\begin{bmatrix} 1 & a & 1 \end{bmatrix}$ や $\begin{bmatrix} 1 & 0 & -1 \end{bmatrix}$ といったものの定数倍である.例えば,方程式

$$\begin{bmatrix} C_0 & C_1 & C_2 \\ C_1 & C_0 & C_1 \\ C_2 & C_1 & C_0 \end{bmatrix} \begin{bmatrix} 1 \\ a \\ 1 \end{bmatrix} = \lambda \begin{bmatrix} 1 \\ a \\ 1 \end{bmatrix}$$

は,解

$$a = \frac{-C_2 + \sqrt{C_2^2 + 8C_1^2}}{2C_1}, \quad \lambda = C_0 + \frac{C_2 + \sqrt{C_2^2 + 8C_1^2}}{2}$$

$$a = \frac{-C_2 - \sqrt{C_2^2 + 8C_1^2}}{2C_1}, \quad \lambda = C_0 + \frac{C_2 - \sqrt{C_2^2 + 8C_1^2}}{2}$$

を持ち,他方

21.6 Pisarenko 法

$$\begin{bmatrix} C_0 & C_1 & C_2 \\ C_1 & C_0 & C_1 \\ C_2 & C_1 & C_0 \end{bmatrix} \begin{bmatrix} 1 \\ 0 \\ -1 \end{bmatrix} = \lambda \begin{bmatrix} 1 \\ 0 \\ -1 \end{bmatrix}$$

は，解

$$\lambda = C_0 - C_2$$

を持つ．よって，最小固有値は

$$C_0 + \frac{C_2 - \sqrt{C_2^2 + 8C_1^2}}{2}$$

と

$$C_0 - C_2$$

の小さいほうである．ところで，

$$C_0 - C_2 - C_0 - \frac{C_2 - \sqrt{C_2^2 + 8C_1^2}}{2}$$
$$= \frac{-3C_2 + \sqrt{C_2^2 + 8C_1^2}}{2}$$

であるが，これはほとんど確実に

$$\frac{\sqrt{\cos^2(2\omega) + 8\cos^2\omega} - 3\cos(2\omega)}{2}$$
$$= 1 - \cos(2\omega) > 0$$

へ収束することが知られている．すなわち，最小固有値は $T \to \infty$ でほとんど確実に

$$C_0 + \frac{C_2 - \sqrt{C_2^2 + 8C_1^2}}{2}$$

である．よって，Pisarenko 推定量は

$$1 + \frac{-C_2 - \sqrt{C_2^2 + 8C_1^2}}{2C_1} z + z^2$$

の零点で正のものであり，それは絶対値 1 の複素共役対として現れる．$\widehat{\omega}_P$ で Pisarenko 推定量を記せば，

$$-2\cos\widehat{\omega}_P = \frac{-C_2 - \sqrt{C_2^2 + 8C_1^2}}{2C_1}$$

あるいは

$$\widehat{\omega}_P = \arccos \frac{C_2 + \sqrt{C_2^2 + 8C_1^2}}{4C_1}$$

すなわち式 (21.10) と同じであって，すでに見たように，これが C_0, C_1, C_2 から構成される唯一の強一致推定量であるから，Pisarenko 推定量の強一致性が従う．

　この Pisarenko 法は，ノイズを含む p 個の正弦波の和についての周波数推定へも一般化される．この場合，$C_0, \ldots, C_{2p}$ からなる標本自己共分散行列について最小固有値に対応する固有ベクトルが計算され，固有ベクトルからなる多項式の零点で正のものを p 個の周波数の推定量として定める．詳細については Pisarenko (1973) を，また，漸近理論については Sakai (1984) を参照されたい．

21.7 MUSIC 法

Schmidt (1981, 1986) の MUSIC (multiple signal characterization) 法は，アレイ処理の文献において発生したもので，周波数というよりも信号の到達方向を推定する手法である．それでも問題自体はよく似ており，MUSIC 法は今では周波数の推定でもよく知られた手法となっている．以前の多くの手法と同様，これが機能するためにはホワイトノイズの仮定が必要である．
$\left\{\widehat{P}_j; j = 1, \ldots, K\right\}$ を，$K \geq 3$ の標本共分散行列 $\mathbb{C}_K$ の固有値を降順に並べたものに対応する正規固有ベクトル（すなわち，各 j について $\widehat{P}'_j \widehat{P}_j = 1$）とする．$\omega$ の MUSIC 推定量とは，z^* で z の複素共役転置を表し

$$e^*_K(\omega) = \begin{bmatrix} 1 & e^{-i\omega} & \cdots & e^{-iK\omega} \end{bmatrix}$$

としたとき，

$$\sum_{k=3}^{K} \left|\widehat{P}'_k e_K(\omega)\right|^2$$

を最小化するものとして定義される．ここで，

$$\sum_{k=1}^{K} \left|\widehat{P}'_k e_K(\omega)\right|^2 = e^*_K(\omega) \sum_{k=1}^{K} \widehat{P}_k \widehat{P}'_k e_K(\omega)$$
$$= K + 1$$

であることから，ω の MUSIC 推定量は MUSIC スペクトルと呼ばれる量

$$\sum_{k=1}^{2} \left|\widehat{P}'_k e_K(\omega)\right|^2$$

を最大化するものであるとわかる．特に $K = 3$ においては，

$$\left| 1 + \frac{-C_2 - \sqrt{C_2^2 + 8C_1^2}}{2C_1} e^{i\omega} + e^{i2\omega} \right|^2$$

を最小化するものは，方程式

$$2\cos\omega = -\frac{-C_2 - \sqrt{C_2^2 + 8C_1^2}}{2C_1}$$

を満たすので，MUSIC 推定量は（漸近的には）Pisarenko 推定量と同等である．一般の K や複数個の周波数を持つ，より一般的な状況については，Q&H に含まれており，そこでは複素正弦波についての結果も示されている．

これに関連した推定量としては，$\widehat{\lambda}_k$ を降順に並んだ $\mathbb{C}_K$ の固有値とし，$\alpha \in \mathbb{R}$ としたとき

$$\sum_{k=3}^{K} \widehat{\lambda}_k^{\alpha} \left| \widehat{P}_k' e_K(\omega) \right|^2$$

を最小化するものがある．$\alpha = -1$ のとき，この手法は EV 法として知られている (Johnson, 1982)．Q&H では，任意の α についてもその漸近的性質が MUSIC 法のそれに等しいことが示されている．なお，この推定量の漸近分散は，$O(T^{-1})$ のオーダーである．

21.8 ARMA フィルタリングによる効率的手法

次式に照らせば，自己回帰多項式の零点を単位円の近くあるいは単位円上に制約したものを，ARMA(2,2) の推定法で検討してみることは理にかなっている．

$$X_t - 2\cos\omega X_{t-1} + X_{t-2} = \varepsilon_t - 2\cos\omega\, \varepsilon_{t-1} + \varepsilon_{t-2}$$

Nehorai and Porat (1986) や Fernandes et al. (1987) は，各反復で零点が単位円に近づく繰り返し推定法を提案した．Li and Kedem (1993) も同様の手法を開発したが，単位円の外に零点を拘束している．単位円の外に零点を拘束する手法は，必然的に漸近分散のオーダーが $O(T^{-1})$ になる．しかしながら，零点が単位円に近づく推定手法の統計的性質は不明であるものの，シミュレーション結果はこれらが Pisarenko 推定量および MUSIC 法よりも優れていたことを示している．自己回帰多項式の零点を単位円上に制約することを工学研究者たちが忌み嫌っているという事実が，おそらく下記のアイデアが試されてこなかった理由である．

ARMA(2,2) モデル

$$X_t + \beta X_{t-1} + X_{t-2} = \varepsilon_t + \alpha \varepsilon_{t-1} + \varepsilon_{t-2} \tag{21.13}$$

を下記の要領で当てはめたとする．

1. $\widehat{\alpha}_0$ を α の初期値とする（すなわち，これは $-2\cos\omega$ の推定量にほかならない）．
2. 次に，

$$\xi_t = X_t - \widehat{\alpha}_0 \xi_{t-1} - \xi_{t-2}$$
$$\xi_{-1} = \xi_{-2} = 0$$

とおく．すると

$$\varepsilon_t = \xi_t + \beta \xi_{t-1} + \xi_{t-2}$$

であり，

$$\sum_{t=0}^{T-1} \varepsilon_t^2 = \sum_{t=0}^{T-1} (\xi_t + \beta \xi_{t-1} + \xi_{t-2})^2$$

を最小にする β は，$\xi_t + \xi_{t-2}$ を $-\xi_{t-1}$ へ回帰することにより得られる．し

がって，われわれは

$$-\frac{\sum_{t=0}^{T-1}(\xi_t+\xi_{t-2})\xi_{t-1}}{\sum_{s=0}^{T-1}\xi_{s-1}^2}$$

によって β を推定することになる．

3. また，α と β は等しくなければならないので，$\widehat{\alpha}_0$ を

$$\begin{aligned}\widehat{\alpha}_1 &= -\frac{\sum_{t=0}^{T-1}(\xi_t+\xi_{t-2})\xi_{t-1}}{\sum_{s=0}^{T-1}\xi_{s-1}^2}\\ &= -\frac{\sum_{t=0}^{T-1}(X_t-\widehat{\alpha}_0\xi_{t-1})\xi_{t-1}}{\sum_{s=0}^{T-1}\xi_{s-1}^2}\\ &= \widehat{\alpha}_0 - \frac{\sum_{t=0}^{T-1}X_t\xi_{t-1}}{\sum_{s=0}^{T-1}\xi_{s-1}^2}\end{aligned}$$

によって置き換えて，再びステップ 2 を実行し，値が "収束" するまでこれを繰り返す．

これが何らかの適切さを持った推定手続きを生み出すという先験的な保証はない．ただ，収束が改善されていくためには，増分

$$-\frac{\sum_{t=0}^{T-1}X_t\xi_{t-1}}{\sum_{s=0}^{T-1}\xi_{s-1}^2}$$

が倍加されていかなければならないことが，単純なシミュレーションによって示されている．Quinn and Fernandes (1991) では，下記の手法が提案されている．

1. $\widehat{\alpha}_0$ を $\alpha = -2\cos\omega$ の初期値とする．
2. 各 $j = 0, 1, \ldots$ について，
   (a) $t = 0, \ldots, T$ に対して

   $$\xi_t = X_t - \widehat{\alpha}_j\xi_{t-1} - \xi_{t-2}$$
   $$\xi_{-1} = \xi_{-2} = 0$$

   とおく．
   (b) また，

   $$\widehat{\alpha}_{j+1} = \widehat{\alpha}_j - 2\frac{\sum_{t=0}^{T-1}X_t\xi_{t-1}}{\sum_{s=0}^{T-1}\xi_{s-1}^2}$$

   とする．
   (c) $\left|\sum_{t=0}^{T-1}X_t\xi_{t-1}/\sum_{s=0}^{T-1}\xi_{s-1}^2\right|$ が許容しうるサイズになるまで，ステップ 2 を繰り返す．
3. 現在の $\widehat{\alpha}_{j+1}$ に関する値 $\widehat{\alpha}$ を使って

$$\widehat{\omega}_{QF} = \arccos\left(-\frac{\widehat{\alpha}}{2}\right)$$

と定める．

21.8 ARMA フィルタリングによる効率的手法

　この手法は数値のフィルタリングや単純な算術演算を伴うのみであり，数学・統計パッケージを用いて簡単に実行できることに注意されたい．また，初期値と"収束"の規準についてもわかりやすい答えがある．ピリオドグラム最大化推定量 $\widehat{\omega}_P$ に想定した条件と同じ条件のもとで，ω の初期推定量が $o_P\left(T^{-1/2}\right)$ のオーダーで正確であれば，この推定量はピリオドグラム最大化と同じ漸近的性質を持つ．さらに，

$$k_T = \arg \max_{1 \leq j \leq T/2} I_X\left(\frac{2\pi j}{T}\right) \tag{21.14}$$

として

$$\widehat{\alpha}_0 = -2\cos\left(2\pi k_T/T\right)$$

とおけば，

$$\widehat{\omega}_{QF} = \arccos\left(-\frac{\widehat{\alpha}_2}{2}\right)$$

が，$T \to \infty$ で

$$T^{3/2}\left(\widehat{\omega}_{QF} - \widehat{\omega}_P\right) \to 0 \tag{21.15}$$

と $\widehat{\omega}_P$ に確率収束することが示される．つまり，ピリオドグラム最大化法と同じ効率で ω を推定するためであっても，反復数は2回しか必要とされない．特に，手法自体は最小2乗法によって動機付けられているものの，$\{\varepsilon_t\}$ はホワイトノイズである必要がない．また，式 (21.15) に照らせば，二つの推定量は同じ中心極限定理に従うこともわかる．

注釈：Truong-Van (1990) は，$\sum_{t=0}^{T-1} X_t \xi_{t-1}$ の零点を見つけることによる推定量を提案した．その手法は，差分方程式

$$\xi_t - 2\cos\lambda \xi_{t-1} + \xi_{t-2} = \cos\left(\omega t + \phi\right)$$

の解が $\lambda = \omega$ のときに

$$\xi_t = ct\cos\left(\omega t + \nu\right)$$

の形で"鳴る"ことに動機付けられている．Truong-Van (1990) は，このアプローチを"被増幅高調波"（amplified harmonics）と呼んだ．Quinn–Fernandes 法も $\sum_{t=0}^{T-1} X_t \xi_{t-1}$ の零点を生じるので，これらの推定量は理論的には同じ漸近的挙動を有する．なお，Truong-Van (1990) はノイズ過程 $\{\varepsilon_t\}$ を ARMA と仮定しているが，これは必要ではない．

注釈：$\sum_{t=0}^{T-1} X_t \xi_{t-1}$ の零点は

$$\sum_{j=1}^{T-1} \sin\left(j\lambda\right) C_j$$

の零点でもあり，

$$C_j = \frac{1}{4\pi} \int_{-\pi}^{\pi} e^{ij\lambda} I_X(\lambda) d\lambda$$

という関係から，それは

$$\kappa_X(\lambda) = \int_{-\pi}^{\pi} I_X(\gamma)\mu_T(\lambda - \gamma)\,d\gamma$$
$$= \int_{-\pi}^{\pi} I_X(\gamma)\mu(\lambda - \gamma)\,d\gamma$$

を局所的に最大化するものである.ただし

$$\mu_T(\lambda) = \sum_{k=1}^{T-1} \frac{\cos(k\lambda)}{k}$$

$$\mu(\lambda) = \sum_{k=1}^{\infty} \frac{\cos(k\lambda)}{k}$$

$$= -\frac{1}{2}\log\left\{4\sin^2\left(\frac{\lambda}{2}\right)\right\}$$

である.よって,関数 $\kappa_X(\lambda)$ はピリオドグラムを平滑化したもの,すなわちピリオドグラムの $\mu_T(\lambda)$ との畳み込みであって,それは $\lambda = 0$ では $\sim \log T$ であるが,任意の固定した λ に対しては収束する.さらなる詳細は Q&H で与えられている.図 21.4 は $T = 128, 256, 384, \ldots, 1024$ についての μ_T および μ を示している.

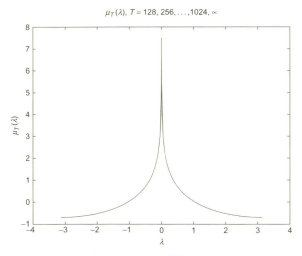

図 **21.4** カーネル関数 μ_T.

最後に,自己回帰多項式の零点が T に応じた速度で単位円へ収束することを認めた Li and Kedem (1993) の手法に関する漸近理論が,Song and Li (2000) で与えられていることに留意する.彼らは,その手法が ω に任意の初期値を許し,なおかつ T^{-3} に任意に近いオーダーの漸近分散を持つ推定量を生じると主張している.ただし,

Quinn and Fernandes の手法が初期推定量に $o(T^{-1})$ の正確さを要求しているという彼らの主張は,上で見たように誤りである.

21.9 ピリオドグラム最大化の実際

図 21.5 および図 21.6 は,$\rho = 1$,$\omega = 2\pi 35.3/1024$,$\phi = 0$,$T = 1024$ とし,$\{\varepsilon_t\}$ を分散 1 のガウス性ホワイトノイズとして,式 (21.1) から生成した同一の時系列に関するピリオドグラムと $\kappa_X(\lambda)$ を表している.

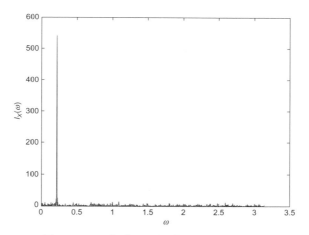

図 21.5 ノイズを含んだ正弦波のピリオドグラム.

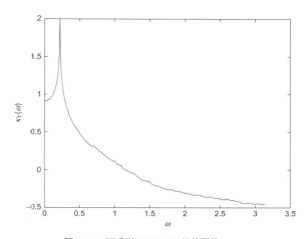

図 21.6 同系列についての目的関数 κ_T.

ピリオドグラムは正弦波の"検出"に優れていると思うかもしれないが，図 21.5 および図 21.6 から明らかなように，ピリオドグラムの導関数は"突端"の近くで局所的に急速な変化をするため，数値的にはピリオドグラムの最大化よりも κ_T の最大化のほうが容易である．実際，式 (21.14) で与えられる k_T を用いた初期推定量 $2\pi k_T/T$ として $I'_X(\omega)$ の零点を見つけるニュートン法が，ピリオドグラムを最大化するという保証はない．これは，ピリオドグラムでは真の周波数の $O(T^{-1})$ 内で"サイドローブ"(副極)が発生するが，対する κ_T は周辺にサイドローブを持たないことから来ている．詳細については，Rice and Rosenblatt (1988) および Quinn et al. (2008) を参照されたい．後者の文献によると，例えばゼロパディング（すなわち

$$\{X_0, \ldots, X_{T-1}\}$$

に $3T$ 個の 0 を付け加えたフーリエ変換）によって

$$n_T = \arg \max_{1 \leq j \leq 2T} I_X\left(\frac{2\pi j}{4T}\right)$$

を得たならば，推定量 $2\pi n_T/(4T)$ を初期値としたニュートン法は有効である．さらに，$\alpha \leq 0.373$ に対する $\{I_X(\omega)\}^\alpha$ の最大化に適用される場合には，初期推定量 $2\pi k_T/T$ のニュートン法が機能することも示されている．

21.10 離散フーリエ変換による手法

周波数の連続関数である $I_X(\omega)$ の最大化問題が与えられたとき，フーリエ周波数 $\{\omega_j = 2\pi j/T; 0 \leq j < T\}$ で $I_X(\omega)$ を計算することの簡便さを考えれば，

$$Y_j = \sum_{t=0}^{T-1} X_t e^{-i\omega_j t} \tag{21.16}$$

を用いた推定を検討することは合理的である．$\delta_T = O(1)$ として，仮に

$$\omega = \frac{2\pi (k + \delta_T)}{T} \tag{21.17}$$

と表されるならば，そのとき

$$Y_{k+j} = \frac{T\rho e^{i\phi}}{2} \frac{e^{i2\pi\delta_T} - 1}{2\pi i (\delta_T - j)} + \sum_{t=0}^{T-1} \varepsilon_t e^{-i\omega_j t} + O(1) \tag{21.18}$$

である．おそらく Bartlett (1967) が初めてこの事実を用いて，

$$\sum_j \left| Y_{k+j} - \frac{D}{\delta_T - j} \right|^2 \tag{21.19}$$

の δ_T と複素定数 D についての最小化から δ_T，ひいては ω を推定した．ただし，ここでの和は 0 に近い j についてとるものと定める．Bartlett は式 (21.19) を D といくつかのグリッド上での δ_T に関して最小化したあとで，補間を行った．その漸近的

挙動については Q&H で述べられている．現代では，式 (21.19) の最小化自体は難しくない．しかし，オフラインではなくオンラインでデータが処理されるリアルタイムのシステムにおいては，閉じた形の表現が望まれる．

各々の $T^{-1}\sum_{t=0}^{T-1}\varepsilon_t e^{-i\omega_j t}$ はほとんど確実に 0 へ収束するので，式 (21.18) から，$T \to \infty$ でほとんど確実に

$$\frac{Y_{k+j}}{Y_j} = \frac{\delta_T}{\delta_T - j} + o(1)$$

が成り立っている．よって，方程式

$$\operatorname{Re}\frac{Y_{k+j}}{Y_k} = \frac{\delta_T}{\delta_T - j}, \quad j = \pm 1, \pm 2, \ldots$$

は，各々式 (21.17) を経由して，ω の "強一致" 推定量を与える．例えば $j = 1$ では

$$\widehat{\delta}_T = \frac{\operatorname{Re}(Y_{k+j}/Y_j)}{\operatorname{Re}(Y_{k+j}/Y_j) - 1}$$

である．あとは，漸近論が意味をなすように，j と k を適切に定義することを残すのみである．そのようなアルゴリズムの一つとして，Quinn (1992, 1994) はフーリエ変換補間器（Fourier transform interpolator; FTI）を提案している．

アルゴリズム 1 (FTI)

1. k_T を式 (21.14) によって与える．
2. $R_j = \dfrac{\operatorname{Re}(Y_{k+j}/Y_j)}{\operatorname{Re}(Y_{k+j}/Y_j) - 1}$ として，$\widehat{\delta}_{jT} = \dfrac{jR_j}{R_j - 1}$ とおく．
3. $\widehat{\delta}_T = \widehat{\delta}_{1T}$ と定める．もし $\widehat{\delta}_{jT} > 0$ $(j = \pm 1)$ であれば，$\widehat{\delta}_T = \widehat{\delta}_{-1T}$ とする．
4. $\widehat{\omega}_T = 2\pi\left(k_T + \widehat{\delta}_T\right)/T$ と定める．

Quinn (1994) および Quinn and Hannan (2001) は，すべての $\nu > 0$ に対して $T^{3/2}(\log T)^{-1/2-\nu}(\widehat{\omega}_T - \omega)$ がほとんど確実に 0 へ収束することを示しており，

$$T^{3/2} v_T^{-1}(\widehat{\omega}_T - \omega)$$

の分布関数は標準正規分布へ収束する．ただし，

$$v_T^2 = \frac{16\pi^3 f(\omega)}{\rho^2}\frac{\pi^2 \delta_T^2}{\sin^2(\pi\delta_T)}(1 - |\delta_T|)^2\left\{(1 - |\delta_T|)^2 + \delta_T^2\right\}$$

であって，δ_T は $T\omega/(2\pi)$ から一番近い整数を引いたもの，すなわち $\left[-\frac{1}{2}, \frac{1}{2}\right]$ 内にあるとする．フーリエ周波数が T で変化することからも，"漸近分散" が T に依存していることは驚きではない．FTI のステップ 3 における二つの推定量からの選択は，Quinn (1992, 1994) および Quinn and Hannan (2001) に動機付けられている．特に $T\omega/(2\pi)$ に最も近い整数が先験的に知られているときには，$R_{-1} > R_1$ に対して

$\widehat{\delta}_T = \widehat{\delta}_{-1T}$ とするほうがよいことが,MacLeod (1998) によって指摘されている.上記の手法は,三つのフーリエ係数しか使っていないにもかかわらず,

$$\frac{v_T^2}{48\pi f(\omega)/\rho^2}$$

という比で表される(ピリオドグラム最大化法に対する)相対漸近効率は,$\delta_T = 0$ のとき最大値($\pi^2/3 \sim 3.2899$)であり,最小値でも $\delta_T = \pm\frac{1}{2}$ での $\pi^4/96 \sim 1.0147$ である.

また,二つの推定量 $\widehat{\delta}_{1T}$, $\widehat{\delta}_{-1T}$ を最適に組み合わせることによって得られるアルゴリズムのクラスも提案されている.そのような推定量の一つは,

$$g(x) = \frac{1}{4}\log(3x^2 + 6x + 1) - \frac{\sqrt{6}}{24}\log\left(\frac{x + 1 - \sqrt{\frac{2}{3}}}{x + 1 + \sqrt{\frac{2}{3}}}\right)$$

として,上のステップ 3 を

$$\widehat{\delta}_T = \frac{\widehat{\delta}_{1T} + \widehat{\delta}_{-1T}}{2} + g(\widehat{\delta}_{1T}^2) - g(\widehat{\delta}_{-1T}^2)$$

で置き換えるものである.漸近的に同等な推定量は,$\overline{\delta}_T$ を FTI 推定量として

$$\widehat{\delta}_T = \frac{\widehat{\delta}_{1T} + \widehat{\delta}_{-1T}}{2} + \left(\widehat{\delta}_{1T} - \widehat{\delta}_{-1T}\right)\frac{3\overline{\delta}_T^3 + 2\overline{\delta}_T}{3\overline{\delta}_T^4 + 6\overline{\delta}_T^2 + 1}$$

を用いることで得られる.新しい推定量 $\widehat{\omega}_T$ は

$$v_T^2 = \frac{8\pi^3 f(\omega)}{\rho^2}\frac{\pi^2 \delta_T^2}{\sin^2(\pi\delta_T)}\frac{(1-\delta_T^2)^2(3\delta_T^4+1)}{3\delta_T^4 + 6\delta_T^2 + 1}$$

を用いた同様の中心極限定理を満たす.ここでのピリオドグラム最大化法に対する相対漸近効率は,$\delta_T = 0$ のとき最大値($\pi^2/6 \sim 1.6449$),$\delta_T = \pm\frac{1}{2}$ のとき最小値($57\pi^4/5504 \sim 1.0088$)となる.さらなる詳細については,Quinn and Hannan (2001) を参照されたい.

Quinn (2006) は,"テーパリング"(漸減)された時系列にも適用できるアルゴリズムの開発と分析を行っている.

21.11 離散フーリエ変換において絶対値のみを用いる推定

よく知られた推定手法群は,ピリオドグラムに曲線を当てはめることに基づいている.最も有名な推定量は,点 $\{(\omega_{k_T+j}, I_X(\omega_{k_T+j})); j = -1, 0, 1\}$ を通る 2 次曲線の最大化から定義される 2 次補間器である.Q&H において,この周波数推定量は

$$\widehat{\omega}_T = 2\pi\frac{k_T + \widehat{\delta}_T}{T}$$

で与えられており,固定した $a > 0$ と $0 < \nu < 1/2$ について,δ_T が $\delta_T \in$

$\left[aT^{-\nu} - \frac{1}{2}, \frac{1}{2} - aT^{-\nu}\right]$ のときは，δ_T の代わりに $T \to \infty$ でほとんど確実に

$$\widehat{\delta}_T = \frac{1}{2} \frac{I_X(\omega_{k_T+1}) - I_X(\omega_{k_T-1})}{2I_X(\omega_{k_T}) - I_X(\omega_{k_T-1}) - I_X(\omega_{k_T+1})}$$
$$= \delta_T + \frac{4\delta_T^3 - \delta_T}{1 - 3\delta_T^2} + o(1)$$

であることも示されている．したがって，$T(\widehat{\omega}_T - \omega)$ はほとんど確実に 0 へは収束しておらず，2 次補間器は許容できないほど大きな偏りを持っている．他の推定量も提唱されており (Hawkes, 1990)，それは δ に依存しない c を用いて

$$\widehat{\delta}_T = c \frac{\sqrt{I_X(\omega_{k_T+1})} - \sqrt{I_X(\omega_{k_T-1})}}{\sqrt{I_X(\omega_{k_T})} + \sqrt{I_X(\omega_{k_T-1})} + \sqrt{I_X(\omega_{k_T+1})}} \tag{21.20}$$

と定めるものである．しかし，そのような推定量はすべて同様に偏りの問題を有している．これを見るために，再び，固定した $a > 0$ と $0 < \nu < 1/2$ に対して $\delta_T \in \left[aT^{-\nu} - \frac{1}{2}, \frac{1}{2} - aT^{-\nu}\right]$ のときには，$T \to \infty$ でほとんど確実に

$$\widehat{\delta}_T = \frac{a\sqrt{I_X(\omega_{k_T+1})} + b\sqrt{I_X(\omega_{k_T-1})}}{c\sqrt{I_X(\omega_{k_T})} + d\sqrt{I_X(\omega_{k_T-1})} + e\sqrt{I_X(\omega_{k_T+1})}}$$
$$= \frac{a\left|\frac{\delta_T}{\delta_T - 1}\right| + b\left|\frac{\delta_T}{\delta_T + 1}\right|}{c + d\left|\frac{\delta_T}{\delta_T - 1}\right| + e\left|\frac{\delta_T}{\delta_T - 1}\right|} + o(1)$$

となる．$\widehat{\delta}_T - \delta_T$ がほとんど確実に 0 へ収束するためには，適当な 0 の近傍において

$$\delta = \frac{a\left|\frac{\delta}{\delta - 1}\right| + b\left|\frac{\delta}{\delta + 1}\right|}{c + d\left|\frac{\delta}{\delta - 1}\right| + e\left|\frac{\delta}{\delta + 1}\right|}$$

であることが必要である．これは $\delta > 0$ に対しては

$$\delta = \frac{a\left(\frac{\delta}{1 - \delta}\right) + b\left(\frac{\delta}{\delta + 1}\right)}{c + d\left(\frac{\delta}{1 - \delta}\right) + e\left(\frac{\delta}{\delta + 1}\right)}$$
$$= \frac{a\delta(1 + \delta) + b\delta(1 - \delta)}{c(1 - \delta^2) + d\delta(1 + \delta) + e\delta(\delta + 1)}$$

すなわち

$$a = d, \ b = -e, \ c = d - e$$

であり，$\delta < 0$ に対しては

$$\delta = \frac{a\left(\frac{-\delta}{1 - \delta}\right) + b\left(\frac{-\delta}{\delta + 1}\right)}{c + d\left(\frac{-\delta}{1 - \delta}\right) + e\left(\frac{-\delta}{\delta + 1}\right)}$$
$$= \frac{-a\delta(1 + \delta) - b\delta(1 - \delta)}{c(1 - \delta^2) - d\delta(1 + \delta) - e\delta(\delta + 1)}$$

すなわち
$$a = d,\ b = -e,\ c = e - d$$
である．この2組の条件は $e = d$ のときのみ成り立つので，$c = 0$ および $b = -a$ とわかる．よって，正しい一致性のオーダーを持つ唯一の推定量は
$$\widehat{\delta}_T = \frac{\sqrt{I_X(\omega_{k_T+1})} - \sqrt{I_X(\omega_{k_T-1})}}{\sqrt{I_X(\omega_{k_T-1})} + \sqrt{I_X(\omega_{k_T+1})}}$$
から構成されている．

しかし，この推定量の漸近的性質は非常に乏しいものとなる．フーリエ係数の引数すなわち位相の代わりにその"絶対値だけ"を使用する推定量の主な問題点は，それらが重要な符号情報を欠いていることである．

Rife and Vincent (1970) は，
$$\widehat{\omega}_T = 2\pi \frac{k_T + \widehat{\delta}_T}{T}$$
$$\widehat{\delta}_T = \widehat{\alpha}_T \frac{\sqrt{I_X(\omega_{k_T+\widehat{\alpha}_T})}}{\sqrt{I_X(\omega_{k_T})} + \sqrt{I_X(\omega_{k_T+\widehat{\alpha}_T})}}$$
$$\widehat{\alpha}_T = \text{sgn}\{I_X(\omega_{k_T+1}) - I_X(\omega_{k_T-1})\}$$
という推定量を提案した．

この背景には，もし $I_X(\omega_{k_T+1}) > I_X(\omega_{k_T-1})$ ならば δ_T は正でありやすく，逆もまた然りであるという動機付けがある．ここで得られた周波数推定量は，奇妙な挙動を示す．Q&H では，$\omega/(2\pi)$ が無理数ならば $T^{5/4}(\widehat{\omega}_T - \omega)$ は 0 へ確率収束せず，また，$\omega/(2\pi)$ が有理数ならば，$T^{3/2}(\widehat{\omega}_T - \omega)$ は分布収束はするが漸近正規ではないことが示されている．この推定量の問題は，δ_T が 0 に近いときに間違った $\widehat{\alpha}_T$ が選択されてしまうことから生じている．これは部分的には
$$\text{sgn}\,\text{Re}\,\frac{Y_{k_T+j}}{Y_{k_T}},\quad j = -1, 1$$
を用いることで修正可能である．

詳細は Q&H で与えられている．k_T と $\{I_X(\omega_{k_T+j}); j = -1, 0, 1\}$ だけに基づいた推定手法では，フーリエ係数から提供される追加情報を用いた場合と同じ一致性のオーダーを持つことはないと予想される．

21.12 複数の正弦波からなる場合

データが複数の異なる周波数を持つ正弦波を含む場合，あるいは時系列が周期的ではあるが正弦波とは限らない現象から生成されている場合には，複数の正弦波を内包する
$$X_t = \mu + \sum_{j=1}^{f} \rho_j \cos(\omega_j t + \phi_j) + \varepsilon_t \tag{21.21}$$

21.12 複数の正弦波からなる場合

といったモデルが合理的である．後者の場合，上の周波数 ω_j は高調波関係 (harmonic relation) すなわち基本周波数の整数倍になる．実際には，特にソナーを用いるような状況において，時系列がノイズを含む多数の正弦波の和であり，そのいくつかは高調波関係の周波数を有しているが他はまったく関係ないといったこともある．以下，この節では f は既知とする．

ω_j の最小 2 乗推定量（Bloomfield, 1976; Quinn and Hannan, 2001）は，

$$\min_{\mu,\rho_1,\ldots,\rho_f,\phi_1,\ldots,\phi_f} \sum_{t=0}^{T-1} \left\{ X_t - \mu - \sum_{j=1}^{f} \rho_j \cos(\omega_j t + \phi_j) \right\}^2$$

あるいは同値なことだが

$$\min_{\mu,\alpha_1,\ldots,\alpha_f,\beta_1,\ldots,\beta_f} \sum_{t=0}^{T-1} \left[X_t - \mu - \sum_{j=1}^{f} \{\alpha_j \cos(\omega_j t) + \beta_j \sin(\omega_j t)\} \right]^2 \quad (21.22)$$

を ω_j について最小化することにより得られる．

後者の目的関数は，単一周波数の場合と同様に，固定した $\omega_1,\ldots,\omega_f$ に対して回帰によって容易に計算され，

$$\sum_{t=0}^{T-1} (X_t - \overline{X})^2 - \sum_{j=1}^{f} I_X(\omega_j) \quad (21.23)$$

と漸近的に同等である．

その結果，少なくとも通常の意味で，最小 2 乗推定量はピリオドグラムを局所的に最大化するものと漸近同等である．長い間，複数の周波数を推定するアプローチは，ピリオドグラムの最大の極大値を探すことであった．しかし，このアプローチにはいくつかの問題がある．

1. 二つの正弦波が T について "互いに近い" 周波数を有している場合があり，式 (21.23) で式 (21.22) を近似することが無効化されかねない．
2. ある正弦波が他のものよりもはるかに大きい振幅を持っている場合，その正弦波からのサイドローブが，別個の正弦波によるものとして捉えられる場合がある．

この二つの問題点はかなり異質であり，まったく異なる解決策を持つ．MUSIC 法や同様の手法は，第 2 の問題点，すなわち正弦波の振幅がかなり異なっている場合にピリオドグラムでは複数の周波数を "分解できない" という事実から発展してきた．しかし，複数の正弦波の周波数というものが単一の周波数についての関数を最大化して分解されるべきであると頭から決めつける理由は，どこにもない．

21.12.1 近接する周波数への分解能

Hannan and Quinn (1989) は，固定した ω_1 および a について，$f = 2$ かつ

$\omega_2 = \omega_1 + T^{-1}a$ なる状況を想定した. T^{-1} の項は奇妙に思えるかもしれないが, "近接する" 周波数のケースをモデル化するためには何かが必要であり, T^{-1} という値は解析により示されている. ただし, $\omega_1 = 0$ については, 0 と $\pm T^{-1}a$ という周波数が近い三つの正弦波が存在すると主張できることから, 特別な場合と見なされている. $\omega_1 = \omega \neq 0$ および $\omega_2 = \omega + T^{-1}a$ においては, 式 (21.22) は

$$Y_T(\omega) = \sum_{t=0}^{T-1} X_t e^{-i\omega t}$$

として

$$\sum_{t=0}^{T-1} (X_t - \overline{X})^2 - \frac{1}{1 - \dfrac{\sin^2(a/2)}{(a/2)^2}} \Bigg[I_X(\omega) + I_X(\omega + T^{-1}a)$$
$$- \frac{2}{T} \operatorname{Re} \left\{ \overline{Y}_T(\omega + T^{-1}a) Y_T(\omega) \frac{e^{ia} - 1}{ia} \right\} \Bigg]$$

に等しいことが示される.

ゆえに, 回帰平方和は離散フーリエ変換を用いて ω と a の関数として容易に計算される. Hannan and Quinn (1989) および Quinn and Hannan (2001) では, 最小2乗推定量 $\widehat{\omega}_T$ と $\widehat{a}_T$ は, $T \to \infty$ でほとんど確実に

$$T(\widehat{\omega}_T - \omega) \to 0$$
$$\widehat{a}_T - a \to 0$$

であること, および, $[T^{3/2}(\widehat{\omega}_T - \omega), T^{1/2}(\widehat{a}_T - a)]'$ が, 漸近的に平均 0 で共分散行列が $\phi_2 - \phi_1 - a/2, a/2, \rho_1, \rho_2, \omega$ に複雑に依存する正規分布に従うことが示されている. さらに, a/T といった形の単一の低い周波数の推定に関連した問題も, 議論されている. ここで, $\{\varepsilon_t\}$ を同分散 1 を持つガウス性ホワイトノイズとして

$$f = 2, \ \rho_1 = 1, \ \rho_2 = 0.5, \ \phi_1 = \phi_2 = 0, \ \omega_1 = \frac{2\pi 135.3}{1024}, \ a = 0.9, \ T = 1024$$

という状況を想定する. 図 21.7 に示すピリオドグラムは, ω_1 での正弦波による最初の右サイドローブ (副極) が, $\omega_1 + T^{-1}a$ での正弦波のメインローブ (主極) と混同されたために, 二つの周波数が分解されていない.

$K = 100$ のときの MUSIC スペクトルを, 図 21.8 に示している.

MUSIC 法では, 二つの近接する周波数は分解できない. しかしながら, $\zeta(\omega_1, \omega_2)$ を, 例えば $a = T(\omega_2 - \omega_1)$ として

$$\zeta(\omega_1, \omega_2) = \frac{1}{1 - \dfrac{\sin^2(a/2)}{(a/2)^2}} \Bigg[I_X(\omega_1) + I_X(\omega_2)$$
$$- \frac{2}{T} \operatorname{Re} \left\{ \overline{Y}_T(\omega_2) Y_T(\omega_1) \frac{e^{ia} - 1}{ia} \right\} \Bigg]$$

21.12 複数の正弦波からなる場合　　　641

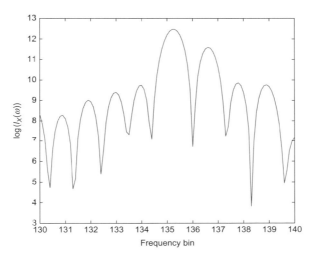

図 21.7　ピリオドグラム：近接する二つの周波数の場合.

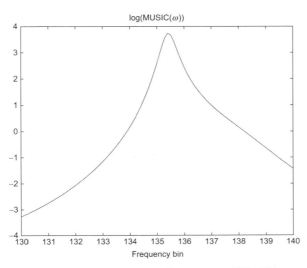

図 21.8　MUSIC スペクトル：近接する二つの周波数の場合.

のように計算される回帰平方和とすれば,周波数は分解できるかもしれない (図 21.9).
これを ζ の一つの曲面プロットで確認することは困難かもしれないが,

$$\xi(\omega) = \max_{\omega_1} \zeta(\omega_1, \omega)$$

のプロットには説得力がある (図 21.10).

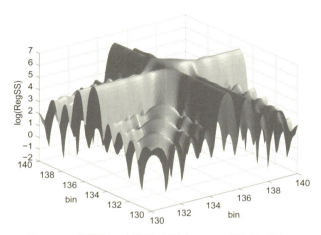

図 **21.9** 2 乗回帰和の対数値:近接する二つの周波数の場合.

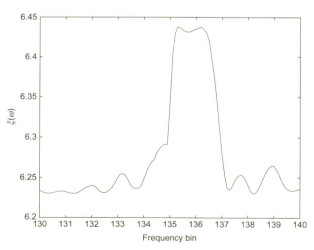

図 **21.10** ξ から見た分解能.

分解能の議論を完全にするには，"サイドローブ抑制"の技法にも言及しなければならない．図 21.11 は，ハニングウィンドウを適用したピリオドグラムのプロットである．しかし，これはかなり偏りを生じている．

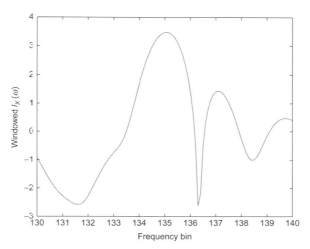

図 **21.11** ハニングウィンドウによるサイドローブ抑制．

21.12.2 その他の分解能問題

まず，$f = 2$, $\rho_1 = 10$, $\rho_2 = 1$, $\omega_1 = 171\pi/1024$, $\omega_2 = 190\pi/1024$, $\phi_1 = \phi_2 = 0$, $T = 1024$ という状況を想定する．また，$\{\varepsilon_t\}$ がホワイトノイズで同分散 1 を持つことを仮定する．シミュレーションで生成した時系列のピリオドグラムの対数値の一部を，図 21.12 に示す．ビン番号 k は，周波数 $2\pi k/T$ を指している．第 2 周波数は 6 番目の極大値に対応していることが明らかに見てとれる．

それと対照的に，図 21.13 では，$K = 100$ とした MUSIC スペクトルの該当箇所が与えられている．明らかに区別されるべきものであるにもかかわらず，MUSIC 法は二つの周波数を分解できていない．

ホワイトノイズでない場合，状況はさらに悪化することがある．いま，$f = 2$, $\rho_1 = 1$, $\rho_2 = 1$, $\omega_1 = 171\pi/1024$, $\omega_2 = 190\pi/1024$, $\phi_1 = \phi_2 = 0$, $T = 1024$, すなわち，振幅は等しいがノイズが 2 次の自己回帰過程

$$\varepsilon_t - 1.64\varepsilon_{t-1} + 0.81\varepsilon_{t-2} = u_t$$

で $\{u_t\}$ が同分散 1 を持つホワイトノイズであるものを想定する．これにより，$\{\varepsilon_t\}$ は周波数 $140\pi/1024$ に近い疑似的なサイクルを示す．シミュレーション生成した時系列の局所的なピリオドグラムを，図 21.14 に示す．

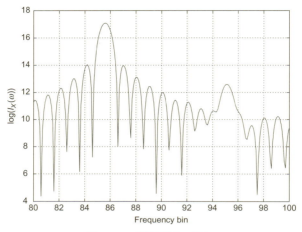

図 21.12 振幅が異なる場合.

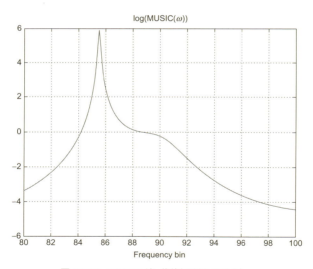

図 21.13 MUSIC 法（振幅が異なる場合）.

そこでは，ω_2 におけるピリオドグラムの最大値が抑えられているのみならず，背景にあるスペクトル密度が平坦でないことから，ほかに多くの偽の極大値が現れている．実際，ω_1 でのピリオドグラムは，ビン番号 73.6 の近くでピリオドグラムよりもわずかに大きくなっているだけである．これは閾値効果から来ている．すなわち，"ノイズから来る" ピリオドグラムの最大値が真の周波数でのピリオドグラムよりも大きくなっているのである．これに関する議論は，複素数値ガウス性ホワイトノイズの場合

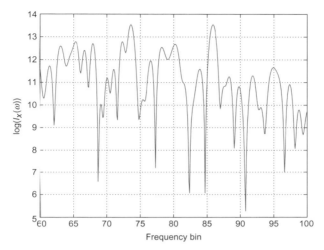

図 21.14 同一振幅,非ホワイトノイズでのピリオドグラム.

において Quinn and Kootsookos (1994) で与えられている.

Bloomfield (1976) および Quinn and Hannan (2001) は,ピリオドグラムを使用して周波数を分解しようとするよりも,むしろ正弦波に関する項は,一つ一つ検出・推定されたあとで回帰によって除去されるべきであると提唱している.ただし,このアプローチは周波数が離れている場合には機能するが,近接している場合では機能しないだろう.また,Quinn (2004) は,背景にあるノイズがホワイトノイズでないことから生じる問題を軽減するために,自己回帰の近似を推定すると同時にその効果を"均一化"する手法を開発し,ピリオドグラムを正弦波とホワイトノイズとの和からなるものとして表した.複素数の場合への拡張は,Quinn (2007) で与えられている.

21.12.3 高調波関係にある周波数

正弦波の和が実際に周期関数の近似であるとき,式 (21.21) の周波数は,ω を未知の "基本" 周波数として $\omega_j = j\omega$ のような形で表される.構成要素の正弦波が高調波 (harmonics) においてノイズのスペクトル密度から個別に影響されており,また,それぞれの正弦波が ω の関数となっていることから,ホワイトノイズの仮定に基づく回帰平方和は目的関数として適切ではない.もし,$\{\varepsilon_t\}$ がガウス性を持ちスペクトル密度が既知であれば,最尤法と漸近的に同等なアプローチ (Quinn and Thomson, 1991) は,

$$\sum_{j=1}^{f} \frac{I_X(j\omega)}{f(j\omega)} \tag{21.24}$$

を最大化することである.

しかし，当然ながらスペクトル密度は未知であり，推定されなければならない．Quinn and Thomson は λ の近くでの $I_X(\omega)$ の中央値（median）を用いて $f(\lambda)$ を推定することを提案している．Chiu (1989) は刈り込み平均（trimmed mean）を用いている．他のアプローチとしては，ノイズをモデル化することが考えられる．Quinn and Thomson (1998) は $\{\varepsilon_t\}$ を自己回帰と仮定し，正弦波と自己回帰パラメータを同時に推定している．彼らのアルゴリズムは，EM に似たアルゴリズムを組み込むことによってデータ内の欠損値も許容している．いずれの場合についても，式 (21.24) を最大化する $\hat{\omega}$ とは，$T^{3/2}(\hat{\omega} - \omega)$ が平均 0，分散

$$\frac{48\pi}{\sum_{j=1}^{f}} \frac{j^2 \rho_j^2}{f(j\omega)}$$

の漸近正規性を持つものである．

周期関数の周期を推定する問題へのセミパラメトリックあるいはノンパラメトリックなアプローチは，近年 Gassiat and Lévy-Leduc (2006), Hall et al. (2000), Hall and Li (2006), Hall and Yin (2003), Lévy-Leduc et al. (2008) によって提案されている．これらのアプローチは，不規則にサンプリングされた時系列など，より一般的な状況に適用されるものである．

21.13 複 素 正 弦 波

D_j を複素数，$\{\varepsilon_t\}$ を複素数値過程として

$$X_t = \mu + \sum_{j=1}^{f} D_j \exp(i\omega_j t) + \varepsilon_t \tag{21.25}$$

といった方程式を満たすような複素数値過程に対して，多くの工学的手法が開発されている．ここまでの手法の多くも，必要に応じて容易に修正される．しかし，手法の中には，複素正弦波のみに適用されるクラス，すなわち複素時系列の偏角（argument）あるいは位相（phase）のみを用いて絶対値を無視するクラスもある．このような手法の必要性が生じるのは，（例えば自動ゲイン制御によって）絶対値は歪んでいるかもしれないが，位相にはそうした問題がない，というようなシステムにおいてである．

ここでは，式 (21.25) を $\mu = 0$ と $f = 1$ として満たすような

$$\begin{aligned} X_t &= D\exp(i\omega t) + \varepsilon_t \\ &= D\exp(i\omega t)\{1 + D^{-1}\exp(-i\omega t)\varepsilon_t\} \end{aligned}$$

の $\{X_t\}$ を想定する．もし $\{\varepsilon_t\}$ が複素数値ガウス性ホワイトノイズであれば，$v_t = 1 + D^{-1}\exp(-i\omega t)\varepsilon_t$ とした $\{v_t\}$ もまた同様である．したがって，

$$\arg X_t = \arg D + \omega t + \arg v_t \mod (2\pi) \tag{21.26}$$

である.

　一般的な手法のいくつかは，上式が t に関して "線形" であることに基づいており，それゆえ線形回帰の手法が用いられる．ただし，実際には t の増加に伴って "ラッピング"（折り畳み）が発生することから，研究者の中には，1 階階差をとったり，あるいは

$$\arg\left(\frac{X_t}{X_{t-1}}\right) = \omega + \arg\left(\frac{v_t}{v_{t-1}}\right) \mod (2\pi)$$

という比の偏角を得た後に ω を $\arg\left(\frac{X_t}{X_{t-1}}\right)$ の加重平均によって推定することを余儀なくされてきた者もいる．しかし，そのような手法には一致性がないことが示されている（Quinn, 2000）．式 (21.26) を使用した単純な推定で，一致性および漸近有効性を持つ手法の存在を信じたくはなるが，ラッピング問題は克服できないようである．近年，McKilliam et al. (2010) は，$\langle x \rangle = x - \lfloor x \rceil$ すなわち $|\langle x \rangle|$ が，x とそれに最も近い整数との距離を表すとして，

$$\sum_{t=0}^{T-1} \left\langle \frac{\arg X_t - \arg D - \omega t}{2\pi} \right\rangle^2$$

の $\arg D$ および ω に関する最小化から得られる ω の推定量を分析した．その漸近的挙動は優れているが，この手法は高い計算機能力を要求する．

21.14　関連する問題および領域

　本章では，正弦波の存在に関する検定や正弦波の数を推定する問題については扱ってこなかった．Quinn and Hannan (2001) を参照されたい．正弦波の数の推定で最高水準の手法となる最有力候補は，正弦波の数とノイズに当てはめた自己回帰過程の次数の両方を BIC に似た手法によって推定する Kavalieris and Hannan (1994) である．変遷する周波数を "追跡" する問題も，本章では議論しなかった．しかし，この話題については膨大な文献がある．関連する問題として，センサーのアレイを用いた信号の到来方向の推定および追跡が挙げられる．

（**Barry G. Quinn**／谷合弘行）

文　　献

Bartlett, M.S., 1967. Inference and stochastic processes. J. Roy. Statist. Soc. A 130, 457–477.

Bloomfield, P., 1976. Fourier Analysis of Time Series: An Introduction, second ed., 2000. Wiley, New York.

Brillinger, D.R., 1974. Time Series Data Analysis and Theory, expanded ed., 1981. Holden-Day, San Francisco.

Brillinger, D.R., 1987. Fitting cosines: some procedures and some physical examples. In: MacNeill, I.B. Umphrey, G.J. (Eds.), Applied Probability, Stochastic Processes, and Sampling Theory. Reidel, Dordrecht, pp. 75–100.

Buys-Ballot, C., 1847. Les Changements Périodiques de Temperature. Kemink et Fils, Utrecht.

Chen, Z.G., Wu, K.H., Dahlhaus, R., 2000. Hidden frequency estimation with data tapers. J.Time Series Anal. 21, 113–142.

Chiu, S.-T., 1989. Detecting periodic components in a white Gaussian time series. J. Roy. Statist. Soc. B 51, 249–259.

Cooley, J.W., Tukey, J.W., 1965. An algorithm for the machine computation of complex Fourier series. Math. Comput. 19, 297–301.

de Prony, G.R., 1795. Essai éxperimental et analytique: sur les lois de la dilatabilité de fluides élastique et sur celles de la force expansive de la vapeur de l'alkool, à différentes températures. Journal de l'École Polytechnique, 1, cahier 22, 24–76.

Fernandes, J.M., Goodwin, G.C., De Souza, C.E., 1987. Estimation of models for systems having deterministic and random disturbances. Proc. 10th World Cong. Automat. Contr. 10, 370–375.

Gassiat, E., Lévy-Leduc, C., 2006. Efficient semiparametric estimation of the periods in a superposition of periodic functions with unknown shape. J. Time Series Anal. 27, 877–910.

Hall, P., Li, M., 2006. Using the periodogram to estimate period in nonparametric regression. Biometrika 93, 411–424.

Hall, P., Reimann, J., Rice, J., 2000. Nonparametric estimation of a periodic function. Biometrika 87, 545–557.

Hall, P., Yin, J., 2003. Nonparametric methods for deconvolving multiperiodic functions. J. Roy. Statist. Soc. B 65, 869–886.

Hannan, E.J., 1973. The estimation of frequency. J. Appl. Prob. 10, 510–519.

Hannan, E.J., Quinn, B.G., 1989. The resolution of closely adjacent spectral lines. J. Time Series Anal. 10, 13–22.

Hawkes, K., 1990. Bin interpolation. Technically Speaking, ESL Inc., pp. 17–30.

Heideman, M.T., Johnson, D.H., Burrus, C.S., 1984. Gauss and the history of the fast Fourier transform. IEEE ASSP magazine 1, 14–21.

Johnson, D.H., 1982. The application of spectral estimation methods to bearing estimation problems. Proc. IEEE 70, 1018–1028.

Kavalieris, L., Hannan, E.J., 1994. Determining the number of terms in a trigonometric regression., J. Time Series Anal. 15, 613–625.

Lévy-Leduc, C., Moulines, E., Roueff, F., 2008. Frequency estimation based on the cumulated Lomb-Scargle periodogram. J. Time Series Anal. 29, 1104–1131.

Li, T.H., Kedem, B., 1993. Strong consistency of the contraction mapping method for frequency estimation. IEEE Trans. Inf. Theor. 39, 989–998.

MacLeod, M.D., 1998. Fast nearly ML estimation of the parameters of real or complex single tones or resolved multiple tones. IEEE Trans. Signal Process. 46, 141–148.

McKilliam, R.G., Quinn, B.G., Clarkson, I.V.L., Moran, B., 2010. Frequency estimation by phase unwrapping. IEEE Trans. Signal Process. 58, 2953–2963.

Nehorai, A., Porat, B., 1986. Adaptive comb filtering for harmonic signal enhancement, IEEE Trans. ASSP. 34, 1124–1138.

Pisarenko, V.F., 1973. The retrieval of harmonics from a covariance function. Geophys. J.R. Astr. Soc. 10, 347–366.

Priestley, M.B., 1981. Spectral Analysis and Time Series. Academic Press, London.

Quinn, B.G., 1992. Some new high-accuracy frequency estimators. Proceedings of ISSPA, Gold Coast, pp. 323–326.

Quinn, B.G., 1994. Estimating frequency by interpolation using Fourier coefficients. IEEE Trans. Signal Process. 42, 1264–1268.

Quinn, B.G., 2000 On Kay's frequency estimator. J. Time Series Anal. 21, 707–712.

Quinn, B.G., 2004. Estimating a sinusoid in low SNR coloured noise. Proceedings of the 2004 Intelligent Sensors, Sensor Networks & Information Processing Conference, IEEE Press, Melbourne, Australia, pp. 301–306.

Quinn, B.G., 2006. Frequency estimation using tapered data. Proceedings of the 2006 International Conference on Acoustics, Speech and Signal Processing, III, IEEE Press, New York, pp. 73–76.

Quinn, B.G., 2007. Efficient estimation of the parameters in a sum of complex sinusoids in complex autoregressive noise. Proceedings of the 2007 Asilomar conference on Signals, Systems and Computers, IEEE Press, New York, pp. 636–640.

Quinn, B.G., Fernandes, J.M., 1991. A fast efficient technique for the estimation of frequency. Biometrika 78, 489–498.

Quinn, B.G., Hannan, E.J., 2001. The Estimation and Tracking of Frequency. Cambridge University Press, New York.

Quinn, B.G., Kootsookos, P.J., 1994. Threshold behavior of the maximum likelihood estimator of frequency. IEEE Trans. Signal Process. 42, 3291–3294.

Quinn, B.G., McKilliam, R.G., Clarkson, I.V.L., 2008. Maximizing the periodogram. Proc. IEEE Globecom 2008, 1–4.

Quinn, B.G., Thomson, P.J., 1991. Estimating the frequency of a periodic function. Biometrika 78, 65–75.

Quinn, B.G., Thomson, P.J., 1998. Fitting mixed sinusoidal/AR models to time series with missing values, Unpublished manuscript, Seminar delivered at the University of Kent.

Rice, J.A., Rosenblatt, M., 1988. On frequency estimation. Biometrika 74, 477–484.

Rife, D.C., Boorstyn, R.R., 1974. Single tone parameter estimation from discrete-time observations. IEEE Trans. Inf. Theor. 20, 591–598.

Rife, D.C., Vincent, G.A., 1970. Use of the discrete Fourier transform in the measurement of frequencies and levels of tones. Bell Syst. Tech. J. 49, 197–228.

Sakai, H., 1984. Statistical analysis of Pisarenko's method for sinusoidal frequency estimation. IEEE Trans. ASSP. 32, 95–101.

Schmidt, R.O., 1981. A Signal Subspace Approach to Multiple Emitter Location and Spectral Estimation. Ph.D. thesis, Stanford University, CA.

Schmidt, R.O., 1986. Multiple emitter location and signal parameter estimation. IEEE Trans. Antennas Propag. 34, 276–280.

Schuster, A., 1898. On the investigation of hidden periodicities with application to the supposed 26-day period of meteorological phenomena. Terr. Magn. Atmos. Electr. 3, 13–41.

Song, K.-S., Li, T.-H., 2000. A statistically and computationally efficient method for frequency estimation. Stochastic Processes and Their Applications 86, 29–47.

Truong-Van, B., 1990. A new approach to frequency analysis with amplified harmonics. J. Roy. Statist. Soc. B 52, 203–222.

Walker, A.M., 1971. On the estimation of the harmonic component in a time series with stationary independent residuals. Biometrika 58, 21–36.

Whittaker, E., Robinson, G., 1944. The Calculus of Observations, fourth ed. Blackie, London.

Whittle, P., 1952. The simultaneous estimation of a time series harmonic components and covariance structure. Trabajos de Estadistica 3, 43–57.

Yule, G.U., 1927. On a method of investigating periodicities in disturbed series, with special reference to Wolfer's Sunspot Numbers. Phil. Trans. Roy. Soc. London A 226, 267–298.

CHAPTER 22

A Wavelet Variance Primer

ウェーブレット分散入門

概　要　ウェーブレット分散は，時系列の分散の分解を与える．スケール（尺度）に基づく性質により，ウェーブレット分散はさまざまな時系列，特に自然科学における時系列に対して知見を与えることができる．この入門編は，ウェーブレット分散に関する基本的な導入部分を紹介する．まず，離散ウェーブレット変換に基づくウェーブレット分散の定義から始める[*1]．次に，大標本理論の枠組みにおけるウェーブレット分散の基本的な推定量の統計的性質を論じ，欠損値や不整合な値の混入を伴う時系列の解析における，適切なウェーブレット分散の推定量の検討へ進む．その後，時系列のスケール横断的な性質に関するウェーブレット分散の二つの使用方法，すなわち，べき乗則過程の指数の推定と固有スケールの推定について述べる．そして，原子時計，海氷の厚さ，北極の氷の反射係数，連星（互いの引力で両者の中心のまわりを回る二つの星の系）から発せられるX線の変動，および，コヒーレント構造（可干渉構造）を持つ川の流れの時系列へのウェーブレット分散の応用例を紹介し，この入門編を結ぶ．

キーワード　分散分析，固有スケール，離散ウェーブレット変換，ドブシーウェーブレットフィルタ，固有定常時系列，多重スケール混成，べき乗則過程，欠損値，頑健推定

22.1　はじめに

Daubechies (1988) や Mallat (1989a, b, c) をはじめとする研究者たちによって 1980 年代の終わりに定式化された離散ウェーブレット変換（discrete wavelet transform; DWT）は，その変換を時系列の分析に応用する広範な研究を引き起こしてきた．そうした研究における関心の的の一つに，ウェーブレット分散（またはウェーブ

[*1] 【訳注】ウェーブレット分散は，最大重複離散ウェーブレット変換をもとにして定義される．そこで，22.4 節でウェーブレット分散の定義を行う前に，22.2 節で最大重複離散ウェーブレット変換について述べ，22.3 節で最大重複離散ウェーブレット変換を利用したウェーブレット分散分析の概略を説明する．

レットスペクトル）がある．ウェーブレット分散は時系列の分散を分解し，その結果として，時系列に対して分散分析（analysis of variance; ANOVA）を可能にする．時系列解析において最も広く用いられているANOVAの手法は，スペクトル解析である．フーリエ変換に基づくスペクトル密度関数（spectral density function）も，それに含まれる．ウェーブレット分散によるANOVAは，多くの点でスペクトル密度関数によるANOVAと類似している（Li and Oh, 2002）．しかし，実際に使用する者の立場から見ると，両者には重要な違いがある．スペクトル密度関数は，連続的なフーリエ周波数上での分散の分解である．分解によって得られる各々の成分は，ある特定の周波数を持つ正弦曲線に時系列がどの程度似ているかを反映する．他方，ウェーブレット分散は，スケールの離散集合上での分解を与える．ここで，スケールとは，大まかな言い方をすれば，時系列の平均値をとる時間の区間（あるいは範囲）のことである．ウェーブレット分散による分解の各成分の長所は，ある特定のスケールにおいて，隣接した平均値の間にどれくらいの相違があるかを測れることにある．スケールという概念は，周期（周波数の逆数）の概念とは別個のものである．スケールも周期も同じ単位で測れるが，後者は平均をとるという考えを伴わない．ウェーブレット分散からスペクトル密度関数を間接的に推定することは可能である（Tsakiroglou and Walden, 2002）．けれども，周波数とスケールという異なる解釈は，ある種の時系列の振る舞いを説明する際に，ウェーブレット分散によるANOVAを，スペクトル密度関数によるANOVAよりも魅力的なものにしている．今日に至るまでのウェーブレット分散の適用例は広範囲にわたり，幼児の睡眠状態の脳波（Chiann and Morettin, 1998），原子時計の周波数不安定性（Greenhall et al., 1999），降雨と地表面を流れる水の関連性（Labat et al., 2001），土壌構成成分の変化（Lark and Webster, 2001），海洋表面における波（Massel, 2001），砂漠草原の地表面反射率と気温（Pelgrum et al., 2000），心拍数の変異（Pichot et al., 1999），共生している連星（互いの引力で両者の中心のまわりを回る二つの星の系）の変動（Scargle et al., 1993），太陽のコロナの活動（Rybák and Dorotovič, 2002），エルニーニョ・南方振動（Torrence and Compo, 1998）に関連する時系列が含まれる．さらに，フーリエ変換とは対照的に，離散ウェーブレット変換は時間領域を局所化するので，時変なスペクトル密度関数を持つ局所定常過程の探索（Nason et al., 2000）や時系列の不均質性を探知する（Whitcher et al., 2002）目的に，ウェーブレット分散を容易に応用することができる．

この章の目的は，解釈の仕方，統計的性質，および，基本的な方法論への拡張に関する最近のいくつかの結果を説明することに重点を置いて，ウェーブレット分散の基礎概念を紹介することにある．まず，22.2節で最大重複離散ウェーブレット変換（maximal overlap DWT; MODWT）の概略から始める．MODWTは離散ウェーブレット変換の一種であり，ウェーブレット分散を定式化する道具として最も興味あるものである．次に，時系列解析における基本的なANOVAがMODWTから導か

れることを，22.3節で述べる．分析対象の時系列が 22.4 節で定義される固有定常時系列（intrinsically stationary process）の実現値（サンプルパス）であると仮定すると，理論的なウェーブレット分散が定義でき，22.3 節で議論する記述統計量はウェーブレット分散の基本的な推定量と見なせる．続く 22.5 節では，ウェーブレット分散の推定量の背景をなす基本的な統計理論を述べ，22.6 節では，特殊な状況を扱うことを意図した推定量について議論を行う．具体的には，22.6.1 項で欠損値のある時系列を，22.6.2 項で外れ値を伴う特異な振る舞いをする観測系列を扱う．さらに，ウェーブレットに基づく二つの方法論を 22.7 節で述べる．一つは時系列におけるべき乗則依存性の推測であり，もう一つは固有スケール（characteristic scale）の決定である．どちらにおいても，ウェーブレット分散の推定量を隣接するスケールで結び付けるという意味で，使用される統計量は類似している．最終節の一つ前となる 22.8 節は，それまでの節で議論された方法論を説明するために，現実世界における五つの例を紹介することにあてる．そのうちの二つの例は，フーリエ変換に基づくスペクトル解析とウェーブレット分散によって与えられる分析方法を簡潔に比較するためのものである（Faÿ et al. (2009) も参照）．そして，22.9 節の結びの言葉で，この章を終える．

22.2 最大重複離散ウェーブレット変換

ウェーブレット分散は，最大重複離散ウェーブレット変換（maximal overlap discrete wavelet transform; MODWT）に基づいているので，MODWT とその性質から議論を始める．MODWT は，論文や書籍に登場してきたさまざまな名称の変換手法と密接な関係がある．すなわち，"間引きなし離散ウェーブレット変換"（undecimated DWT）(Shensa, 1992)，"nondecimated DWT"（Bruce and Gao, 1996），"平行移動に関して不変な離散ウェーブレット変換"（shift invariant DWT）(Beylkin, 1992; Lang et al., 1995)，"translation invariant DWT"（Coifman and Donoho, 1995; Liang and Parks, 1996; Del Marco and Weiss, 1997），"ウェーブレットフレーム"（wavelet frame）(Unser, 1995)，"定常離散ウェーブレット変換"（stationary DWT）(Nason and Silverman, 1995)，"時刻に関して不変な離散ウェーブレット変換"（time invariant DWT）(Pesquet et al., 1996) と名付けられた離散ウェーブレット変換である．ここで，Shensa (1992) による間引きなし離散ウェーブレット変換は，"à trous アルゴリズム"（à trous algorithm）によって実行されるものである．MODWT についての詳細は，Percival and Walden (2000) を参照されたい．以下の議論で使用される記法も Percival and Walden (2000) に準ずる．

MODWT の出発点は，ドブシーウェーブレットフィルタ（Daubechies wavelet filter）$\{\tilde{h}_{1,l}, l = 0, 1, \ldots, L_1 - 1\}$ である．ここで，$\tilde{h}_{1,0} \neq 0$ かつ $\tilde{h}_{1,L_1-1} \neq 0$ であり，したがって，このフィルタは L_1 の幅を持つことを強調しておく（技術的な理

由により，幅 L_1 は偶数であることが必須）．また，後の議論で便利なように，$l < 0$ または $l \geq L_1$ ならば $\tilde{h}_{1,l} = 0$ と定める．定義により，ドブシーウェーブレットフィルタは，次の三つの性質を持たなければならない．

$$\sum_{l \in \mathbb{Z}} \tilde{h}_{1,l} = 0, \quad \sum_{l \in \mathbb{Z}} \tilde{h}_{1,l}^2 = 1/2, \quad \sum_{l \in \mathbb{Z}} \tilde{h}_{1,l} \tilde{h}_{1,l+2n} = 0, \quad n = \pm 1, \pm 2, \ldots \quad (22.1)$$

$\mathbb{Z}$ は整数全体の集合を表す．1 番目と 2 番目の性質を持つフィルタを構成することは容易であるが，偶数回の平行移動に関する直交性を要求する 3 番目の条件を満たすことは難しい．これら三つの性質を持つ最も簡単なフィルタは，ハールウェーブレットフィルタ（Haar wavelet filter）であり，幅 $L_1 = 2$ およびフィルタ係数 $\tilde{h}_{1,0} = 1/2$, $\tilde{h}_{1,1} = -1/2$ を持つ．フィルタ $\{\tilde{h}_{1,l}\}$ に対する伝達関数（transfer function），すなわち，$\{\tilde{h}_{1,l}\}$ の離散フーリエ変換（discrete Fourier transform; DFT）を

$$\widetilde{H}_1(f) \equiv \sum_{l \in \mathbb{Z}} \tilde{h}_{1,l} e^{-i 2\pi f l}, \quad -\infty < f < \infty$$

で表し，対応する 2 乗ゲイン関数を $\widetilde{\mathcal{H}}_1(f) \equiv |\widetilde{H}_1(f)|^2$ と記す．ハールウェーブレットフィルタの場合は，それぞれ

$$\widetilde{H}_1(f) = \tfrac{1}{2} - \tfrac{1}{2} e^{-i 2\pi f}, \quad \widetilde{\mathcal{H}}_1(f) = \sin^2(\pi f) \quad (22.2)$$

となる．

ウェーブレットフィルタはスケーリングフィルタ（scaling filter）として知られる補完的なフィルタを伴い，それは

$$\tilde{g}_{1,l} = (-1)^{l+1} \tilde{h}_{1, L_1 - l - 1}, \quad l \in \mathbb{Z}$$

によって定義される．ハールウェーブレットフィルタの場合は，$\tilde{g}_{1,0} = 1/2$, $\tilde{g}_{1,1} = 1/2$, および $\tilde{g}_{1,l} = 0$ ($l \neq 0, 1$) となる．今後，$\tilde{g}_{1,l}$ に対応する伝達関数と 2 乗ゲイン関数を，それぞれ $\widetilde{G}_1(\cdot)$ と $\widetilde{\mathcal{G}}_1(\cdot)$ で表す．特にハールウェーブレットフィルタについては，

$$\widetilde{G}_1(f) = \tfrac{1}{2} + \tfrac{1}{2} e^{-i 2\pi f}, \quad \widetilde{\mathcal{G}}_1(f) = \cos^2(\pi f)$$

が成り立つ．ウェーブレットフィルタは公称帯域幅（nominal passband）$1/4 \leq |f| \leq 1/2$ を持つハイパスフィルタ（高域通過フィルタ）である一方，スケーリングフィルタは，帯域幅 $0 \leq |f| \leq 1/4$ を持つローパスフィルタ（低域通過フィルタ）である．自明なことではないが，式 (22.1) から導かれる基本的な結果として，ウェーブレットフィルタとスケーリングフィルタのそれぞれの 2 乗ゲイン関数は，すべての f について

$$\widetilde{\mathcal{H}}_1(f) + \widetilde{\mathcal{G}}_1(f) = 1 \quad (22.3)$$

を満たさなければならない．この等式が意味することは，時系列をウェーブレットフィルタとスケーリングフィルタにかけた場合の出力には，時系列の情報がすべてのフーリエ周波数にわたって保存されるということである．ハールウェーブレットフィルタ

の場合には，よく知られた等式 $\sin^2(x)+\cos^2(x)=1$ によって，式 (22.3) の関係が成り立つことに注意しよう．

いま，$\{X_t, t=0,1,\ldots,N-1\}$ を，ある時系列の N 個の標本系列とする．ただし，X_0 は時刻 t_0 における観測であり，隣接する観測値とのサンプリング間隔を Δ とするとき，X_t $(t\geq 1)$ は時刻 $t_0+t\Delta$ における観測を表すものとする．ウェーブレットフィルタとスケーリングフィルタを用いて $\{X_t\}$ に巡回型フィルタリング (circularly filtering) を施すと，単位水準における MODWT のウェーブレット係数は

$$\widetilde{W}_{1,t} \equiv \sum_{l=0}^{L_1-1} \tilde{h}_{1,l} X_{t-l \bmod N}, \quad t=0,1,\ldots,N-1$$

となり，対応するスケーリング係数は

$$\widetilde{V}_{1,t} \equiv \sum_{l=0}^{L_1-1} \tilde{g}_{1,l} X_{t-l \bmod N}, \quad t=0,1,\ldots,N-1$$

で与えられる．上の二つの式における剰余演算 (mod 演算) は，n を $0 \leq t-l+nN \leq N-1$ を満たす唯一の整数として，$0 \leq t-l \leq N-1$ ならば $t-l \bmod N = t-l$，それ以外では $t-l \bmod N = t-l+nN$ で定義される．剰余演算が時系列の最初と最後を事実上結び付けるので，このフィルタリングのことを巡回型という．ハールウェーブレットフィルタの場合は，

$$\widetilde{W}_{1,t} = \frac{X_t - X_{t-1}}{2}, \quad \widetilde{V}_{1,t} = \frac{X_t + X_{t-1}}{2}, \quad t=1,2,\ldots,N-1$$

および

$$\widetilde{W}_{1,0} = \frac{X_0 - X_{N-1}}{2}, \quad \widetilde{V}_{1,0} = \frac{X_0 + X_{N-1}}{2} \tag{22.4}$$

となる．$t=0$ の場合を除いて，各々のスケーリング係数は，時系列の隣り合う二つの値の平均である．この平均を，標準スケール $\lambda_1 = 2$ および物理スケール $\lambda_1 \Delta$ と結び付けて考える．対照的に，各々のウェーブレットフィルタは隣り合う二つの値の差に比例する．X_t が時間間隔 Δ 全体にわたるものという見方をするならば（例えば，X_t が地球上のある特定の場所における年平均気温を表しているとし，$\Delta = 1$ 年と考えると，適切かもしれない），ウェーブレット係数は，標準スケール $\tau_1 = 1$ および物理スケール $\tau_1 \Delta$ にわたる平均の差に比例すると見なすことができる．

MODWT のスケーリング係数とウェーブレット係数は，その変換がハールウェーブレットフィルタに加えてドブシーウェーブレットフィルタに基づく場合，それぞれ隣り合う位置の平均同士の平均および差と解釈することもできる．ハールウェーブレットフィルタ以外の他のフィルタの場合，各 $V_{1,t}$ $(t=L_1-1,\ldots,N-1)$ は，時系列のスケール 2Δ の重み付き局所平均に関連している．ここで，2Δ は重み付き平均の有効幅を表していると考える．また，ウェーブレット係数 $\widetilde{W}_{1,t}$ は，スケール Δ の重み付き平均の隣り合うもの同士の変化量に関係する．ただし，この解釈は，$\{\tilde{h}_{1,l}\}$ が式 (22.1) より強いある条件を満たす場合に可能となる．例えば，$\{\tilde{h}_{1,l}\}$ が 2 乗ゲイ

ン関数

$$\widetilde{\mathcal{H}}_1(f) = \sin^{L_1}(\pi f) \sum_{l=0}^{\frac{L_1}{2}-1} \binom{\frac{L_1}{2}-1+l}{l} \cos^{2l}(\pi f) \qquad (22.5)$$

を持つという正則条件のもとでは，$\widetilde{V}_{1,t}$ と $\widetilde{W}_{1,t}$ に対して上記の解釈を与えることができる．ハールウェーブレットフィルタの場合 ($L_1 = 2$)，2乗ゲイン関数の式 (22.5) は式 (22.2) と一致する．広く利用されていて"最も対称性が良い"ドブシーウェーブレットフィルタでは，2乗ゲイン関数は式 (22.5) の形をとる．

添字 $t = 0, 1, \ldots, L_1 - 2$ を持つウェーブレットフィルタとスケーリングフィルタは，局所平均に関与しないことは重要である．実際，そうした添字を持つウェーブレットフィルタとスケーリングフィルタは，時系列の最初と最後の値を結合させる．この特別な場合は境界係数と呼ばれ，特に注意を払う必要がある．ハールウェーブレットフィルタの場合は，単位水準における境界係数は式 (22.4) で表される．

単位水準の場合，ウェーブレット係数がスケール $\tau_1 = 1$ における平均の差に関連し，スケーリング係数は $\{X_t\}$ からスケール $\lambda_1 = 2$ の平均を取り出す．j を，水準を表す添字 (level index) とするとき，j によって定まる高次の水準の MODWT 係数は，より大きなスケールである $\tau_j = 2^{j-1}$ と $\lambda_j = 2^j$ について，単位水準の場合と同様な解釈を伴う量を時系列から抽出する．水準 $j > 1$ の係数は，高次水準のウェーブレットフィルタ $\{\tilde{h}_{j,l}, l = 0, 1, \ldots, L_j - 1\}$ とスケーリングフィルタ $\{\tilde{g}_{j,l}, l = 0, 1, \ldots, L_j - 1\}$ を用いて定義する．ただし，$L_j \equiv (2^j - 1)(L_1 - 1) + 1$ である．単位水準 ($j = 1$) の場合に沿った妥当な定義は，

$$\widetilde{W}_{j,t} \equiv \sum_{l=0}^{L_j-1} \tilde{h}_{j,l} X_{t-l \bmod N}, \quad t = 0, 1, \ldots, N-1 \qquad (22.6)$$

および

$$\widetilde{V}_{j,t} \equiv \sum_{l=0}^{L_j-1} \tilde{g}_{j,l} X_{t-l \bmod N}, \quad t = 0, 1, \ldots, N-1 \qquad (22.7)$$

である．ハールウェーブレットフィルタの場合は，$t = 2^{j-1}, 2^{j-1}+1, \ldots, N-1$ に対して

$$\widetilde{W}_{j,t} = \frac{1}{2^j}\left(\sum_{l=0}^{2^{j-1}-1} X_{t-l} - \sum_{l=0}^{2^{j-1}-1} X_{t-l-2^{j-1}}\right)$$

$$\widetilde{V}_{j,t} = \frac{1}{2^j} \sum_{l=0}^{2^j-1} X_{t-l}$$

となる．スケーリング係数がスケール $\lambda_j = 2^j$ における平均であるのに対し，ウェーブレット係数はスケール $\tau_j = 2^{j-1}$ における隣り合う平均同士の差に比例する．ハールウェーブレットフィルタ以外のウェーブレットフィルタに対しては，高次水準のフィルタは，基本ウェーブレット，ウェーブレットフィルタ $\{h_{1,l}\}$，およびスケーリング

フィルタ $\{g_{1,l}\}$ に依存して決まり，伝達関数の離散逆フーリエ変換によって最も容易に記述される．高次水準のウェーブレットフィルタ $\{\tilde{h}_{j,l}\}$ とスケーリングフィルタ $\{\tilde{g}_{j,l}\}$ に対応する伝達関数は，それぞれ

$$\widetilde{H}_j(f) \equiv \widetilde{H}_1(2^{j-1}f)\prod_{l=0}^{j-2}\widetilde{G}_1(2^l f), \quad \widetilde{G}_j(f) \equiv \prod_{l=0}^{j-1}\widetilde{G}_1(2^l f)$$

で与えられる．高次水準のウェーブレットフィルタは，公称帯域幅 $1/2^{j+1} \leq |f| \leq 1/2^j$ のハイパスフィルタであり，一方，高次水準のスケーリングフィルタは，帯域幅 $0 \leq |f| \leq 1/2^{j+1}$ のローパスフィルタとなる．後の議論のために，高次水準のフィルタ $\{\tilde{h}_{j,l}\}$ と $\{\tilde{g}_{j,l}\}$ に対応する2乗ゲイン関数を，それぞれ次の式で記すことにする．

$$\widetilde{\mathcal{H}}_j(f) \equiv |\widetilde{H}_j(f)|^2, \quad \widetilde{\mathcal{G}}_j(f) \equiv |\widetilde{G}_j(f)|^2 \tag{22.8}$$

この節の最後に，MODWT におけるウェーブレット係数とスケーリング係数は，実用上は式 (22.6) と式 (22.7) から直接計算するわけではないことを注意しておく．実際の計算は，ピラミッドアルゴリズムとして知られている効率的な反復計算の手法による（ピラミッドアルゴリズムのプログラムで記述したものについては，Percival and Walden (2000, pp.177–178) を参照）．

22.3　最大重複離散ウェーブレット変換によるウェーブレット分散分析

時系列，ウェーブレット係数，スケーリング係数をそれぞれ要素に持つ三つの N 次元列ベクトル

$$\boldsymbol{X} = \begin{pmatrix} X_0 \\ X_1 \\ \vdots \\ X_{N-1} \end{pmatrix}, \quad \widetilde{\boldsymbol{W}}_j = \begin{pmatrix} W_{1,0} \\ W_{1,1} \\ \vdots \\ W_{1,N-1} \end{pmatrix}, \quad \widetilde{\boldsymbol{V}}_j = \begin{pmatrix} V_{1,0} \\ V_{1,1} \\ \vdots \\ V_{1,N-1} \end{pmatrix}$$

を考え，$\boldsymbol{X}$ の N 次元ユークリッドノルムの2乗を

$$\|\boldsymbol{X}\|^2 \equiv \sum_{t=0}^{N-1} X_t^2$$

と記す．この量は，$\boldsymbol{X}$ が持つ"エネルギー"に相当する．MODWT の重要な点は，

$$\|\boldsymbol{X}\|^2 = \|\widetilde{\boldsymbol{W}}_1\|^2 + \|\widetilde{\boldsymbol{V}}_1\|^2 \tag{22.9}$$

が成り立つという意味で，エネルギーを保存することである．一般論として，式 (22.9) の形のエネルギーの分解は，式 (22.3) とパーセバルの定理（Parseval's theorem）から得られる．ハールウェーブレットフィルタの場合は，$t = 1, \ldots, N-1$ については

$$\widetilde{W}_{1,t}^2 + \widetilde{V}_{1,t}^2 = \frac{(X_t + X_{t-1})^2}{4} + \frac{(X_t - X_{t-1})^2}{4} = \frac{X_t^2 + X_{t-1}^2}{2}$$

から分解が成り立つことが直ちにわかり，境界係数 $\widetilde{W}_{1,0}$ と $\widetilde{V}_{1,0}$ についても同様の式から導ける．

$\boldsymbol{X}$ の標本平均を $\overline{X} = \sum_{t=0}^{N-1} X_t / N$ で表すとき，その時系列の標本分散は

$$\hat{\sigma}_X^2 \equiv \frac{1}{N} \sum_{t=0}^{N-1} (X_t - \overline{X})^2 = \frac{1}{N} \|\boldsymbol{X}\|^2 - \overline{X}^2 = \frac{1}{N} \|\widetilde{\boldsymbol{W}}_1\|^2 + \left(\frac{1}{N}\|\widetilde{\boldsymbol{V}}_1\|^2 - \overline{X}^2\right)$$
$$\equiv \hat{\sigma}_{W_1}^2 + \hat{\sigma}_{V_1}^2$$

という形に表せる．ここで，$\hat{\sigma}_{W_1}^2$ と $\hat{\sigma}_{V_1}^2$ は，それぞれ $\widetilde{\boldsymbol{W}}_1$ と $\widetilde{\boldsymbol{V}}_1$ の標本分散にとることができる（ウェーブレットフィルタの定義から，X_t が期待値（母平均）を持つならば，緩い条件のもとで $\widetilde{W}_{1,t}$ の期待値は 0 になる．一方，ハールウェーブレットフィルタの場合に容易に直接確かめられるように，$\widetilde{\boldsymbol{V}}_1$ の標本平均は常に $\overline{X}$ に等しい）．こうして，時系列 $\boldsymbol{X}$ の標本分散は，二つの構成要素に分解できることがわかった．一つの構成要素である $\hat{\sigma}_{W_1}^2$ は，標準スケール $\tau_1 = 1$ における時系列の変動であり，もう一つの $\hat{\sigma}_{V_1}^2$ は，スケール $\lambda_1 = 2\tau_1 = 2$ における $\boldsymbol{X}$ の平均を表している．あるいはまた，$\hat{\sigma}_{W_1}^2$ と $\hat{\sigma}_{V_1}^2$ は，それぞれ $\hat{\sigma}_X^2$ の高周波変動部分と $\hat{\sigma}_X^2$ の低周波変動部分を捉えていると考えることもできる．

上述の考え方を一般化して，ある最大水準 $J_0 \geq 1$ の ANOVA を定義することができる．まず，水準 $J_0 = 2$ の ANOVA を考える．この場合，基本的な考え方は式 (22.9) の $\|\widetilde{\boldsymbol{V}}_1\|^2$ を二つの値の和，すなわち，$\|\widetilde{\boldsymbol{W}}_2\|^2$ と $\|\widetilde{\boldsymbol{V}}_2\|^2$ の和に置き換えることである．$\|\widetilde{\boldsymbol{W}}_2\|^2$ はスケール $\tau_2 = 2$ における $\{X_t\}$ の重み付き局所平均の隣り合うもの同士の変化に関する量であり，$\|\widetilde{\boldsymbol{V}}_2\|^2$ はスケール $\lambda_2 = 2\tau_2 = 4$ における重み付き平均に関する量である．再帰的に $\|\widetilde{\boldsymbol{V}}_{j-1}\|^2$ を $\|\widetilde{\boldsymbol{W}}_j\|^2 + \|\widetilde{\boldsymbol{V}}_j\|^2$ で置き換えることにより，次のような形で水準 J_0 の分解を導く．

$$\|\boldsymbol{X}\|^2 = \sum_{j=1}^{J_0} \|\widetilde{\boldsymbol{W}}_j\|^2 + \|\widetilde{\boldsymbol{V}}_{J_0}\|^2 \quad \text{および} \quad \hat{\sigma}_X^2 = \sum_{j=1}^{J_0} \hat{\sigma}_{W_j}^2 + \hat{\sigma}_{V_{J_0}}^2$$

ただし，

$$\hat{\sigma}_{W_j}^2 \equiv \frac{1}{N} \|\widetilde{\boldsymbol{W}}_j\|^2, \quad \hat{\sigma}_{V_{J_0}}^2 \equiv \frac{1}{N} \|\widetilde{\boldsymbol{V}}_{J_0}\|^2 - \overline{X}^2 \tag{22.10}$$

である．$\hat{\sigma}_{W_j}^2$ を水準 j の経験ウェーブレット分散といい，$\sigma_{V_{J_0}}^2$ を水準 J_0 の経験スケーリング分散と呼ぶ．$\hat{\sigma}_{W_j}^2$ はスケール $\tau_j = 2^{j-1}$ における $\{X_t\}$ の重み付き局所平均の隣り合うもの同士の変化に関する量，$\sigma_{V_{J_0}}^2$ はスケール $\lambda_{J_0} = 2^{J_0}$ における重み付き局所平均に関連する量と解釈する．分解 (22.9) のこのような一般化はやはりパーセバルの定理から導かれるが，それは，すべての f について

$$\sum_{j=1}^{J_0} \widetilde{\mathcal{H}}_j(f) + \widetilde{\mathcal{G}}_{J_0}(f) = 1 \tag{22.11}$$

が成り立つという式 (22.3) の一般化と結び付いている.

ウェーブレットに基づく ANOVA の簡単な例として,潮下帯(干潮時にも露出しない部分)における海面変動時系列から,記録の長さが $N = 192$ の一部分を取り出した事例を見る(図 22.1 (a) 参照.このデータの詳細については,Percival and Mofjeld (1997) を参照).この部分は,およそ 16 単位時間にわたるいくつかの頂点があるという意味で興味深い.図 22.1 (b) は,その時系列について水準 $J_0 = 7$ のハール MODWT を用いた経験ウェーブレット分散 $\hat{\sigma}^2_{W_j}$(白丸印 ○)と経験スケーリング分散 $\hat{\sigma}^2_{V_{J_0}}$(星印 ∗)の値を示している.これら八つの分散の総和は,時系列の標本分散 $\hat{\sigma}^2_X \doteq 258.6$ にちょうど一致する.最も大きいウェーブレット分散の値は,水準 $j = 5$ のときに得られており,それはスケール $\tau_5 = 2^4 = 16$ に対応する.このスケールにおける頂点の値は,図 22.1 (a) で視覚的にわかる動きを定量化している.すなわち,16 単位時間間隔の時系列の特徴(上下動の頂点部分)を表すものになっている.図 22.1 (b) からわかるように,水準 $J_0 = 7$ におけるスケーリング分散がウェーブレット分散よりも相対的に小さいという事実は,この時系列の分散の大部分が,$\tau_7 = 2^6 = 64$ もしくはそれより小さいスケールにおける平均の変化によるものであることを物語っている.このように,ウェーブレット分散によるスケールに基づく ANOVA は,時系列がどのような構造を持っているかについて,直観的に理解できる説明を与えることができる.

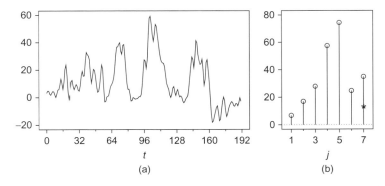

図 **22.1** (a) 潮下帯(干潮時にも露出しない部分)における海面変動時系列.(b) 水準 $j = 1, \ldots, 7$ におけるハール経験ウェーブレット分散(白丸印 ○)と水準 7 における経験スケーリング分散(星印 ∗).七つの水準はスケール $\tau_j = 2^{j-1}$ に対応し,水準 $j = 5$ における頂点の値は,スケール $\tau_5 = 16$ の変化と結び付いている(MODWT にあたって,反射境界条件が用いられている.詳細は 22.5.2 項を参照).

22.4 ウェーブレット分散の定義と性質

この節では，d 次固有定常時系列 $\{X_t : t \in \mathbb{Z}\}$ に対するウェーブレット分散を定式化する．ここで，$d \geq 0$ は整数である．d 次固有定常時系列の定義は，次のように与えられる．$d = 0$ の場合は，$\{X_t\}$ は 2 次の定常過程（弱定常過程）である．すなわち，$\{X_t\}$ の期待値 $E\{X_t\}$ と共分散 $\text{cov}\{X_{t+\tau}, X_t\}$（$\tau \in \mathbb{Z}$）がいずれも有限であり，$t$ に依存しない．$d > 0$ の場合は，まず $\{X_t\}$ の d 次の後退差分

$$X_t^{(d)} \equiv \sum_{k=0}^{d} \binom{d}{k}(-1)^k X_{t-k}$$

を考える（したがって，特に $X_t^{(1)} = X_t - X_{t-1}$，$X_t^{(2)} = X_t - 2X_{t-1} + X_{t-2}$ などとなる）．そして，$\{X_t^{(d)}\}$ は 2 次の定常過程であるが，$\{X_t^{(d-1)}\}, \{X_t^{(d-2)}\}, \ldots, \{X_t^{(0)}\}$ はそうでないとき，$\{X_t\}$ は d 次固有定常時系列であるという．ただし，便宜上，$X_t^{(0)} = X_t$ と定める．例えば，$\{Z_t\}$ がホワイトノイズ過程，すなわち，平均が 0 で分散が有限である互いに無相関な確率変数の系列であるとする．このとき，非定常なランダムウォーク過程 $X_t = \sum_{u=0}^{t} Z_u$（$t \geq 1$）は，1 次差分が定常（弱定常）になるので，1 次の固有定常時系列である．二つ目の例は，a を定数，b を 0 でない定数として，ホワイトノイズ過程 $\{Z_t\}$ を用いて $X_t = a + bt + Z_t$ によって定義される非定常過程である．1 次差分 $X_t^{(1)} = b + Z_t - Z_{t-1}$ が定常になるので，$\{X_t\}$ は 1 次の固有定常時系列をなす．d 次固有定常時系列の特別な場合は，ARIMA(p, d, q) 過程である．この確率過程は，時系列解析において幅広く利用されているパラメトリックモデルである（例えば Brockwell and Davis (2002) を参照）．

以下の議論で使用するために，記号 $\{s_\tau^{(d)} : \tau \in \mathbb{Z}\}$ を，$\{X_t^{(d)}\}$ に対する自己相関系列（autocovariance sequence）

$$s_\tau^{(d)} \equiv \text{cov}\left\{X_{t+\tau}^{(d)}, X_t^{(d)}\right\} = E\left\{(X_{t+\tau}^{(d)} - \mu^{(d)})(X_t^{(d)} - \mu^{(d)})\right\}$$

を表すものとする．ここで，$\mu^{(d)} \equiv E\{X_t^{(d)}\}$ である．$\{X_t^{(d)}\}$ がスペクトル密度関数 $S_{X^{(d)}}(\cdot)$ を持つと仮定するとき，$d > 0$ の場合において，$\{X_t\}$ そのものに対する一般化スペクトル密度関数を

$$S_X(f) = \frac{S_{X^{(d)}}(f)}{[4\sin^2(\pi f)]^d} \tag{22.12}$$

によって定めることができる（Yaglom, 1958）．この定義における $4\sin^2(\pi f)$ は，1 次の後退差分フィルタに対して 2 乗ゲイン関数を定義する際に用いられることに由来する（式 (22.2) を参照）．

いま，式 (22.12) によるスペクトル密度関数と水準 j のウェーブレットフィルタ

22.4 ウェーブレット分散の定義と性質

$\{\tilde{h}_{j,l}, l = 0, 1, \ldots, L_j - 1\}$ を持つ d 次の固有定常時系列 $\{X_t : t \in \mathbb{Z}\}$ が与えられたとする．このとき，対応するウェーブレット係数過程を

$$\overline{W}_{j,t} \equiv \sum_{l=0}^{L_j-1} \tilde{h}_{j,l} X_{t-l} \tag{22.13}$$

によって定義する．$j = 1$ の場合の単位水準ウェーブレットフィルタが式 (22.5) の 2 乗ゲイン関数を持ち，さらに $L_1 \geq 2d$ であるとき，ウェーブレット係数過程 $\{\overline{W}_{j,t}\}$ は定常で，スペクトル密度関数は

$$S_j(f) \equiv \tilde{\mathcal{H}}_j(f) S_X(f) = \frac{\tilde{\mathcal{H}}_j(f) S_{X^{(d)}}(f)}{[4\sin^2(\pi f)]^d}$$

で与えられる．ここで，$\tilde{\mathcal{H}}_j(\cdot)$ は式 (22.8) で定義された関数である．水準 j の場合の 2 乗ゲイン関数 $\tilde{\mathcal{H}}_j(\cdot)$ は，式 (22.5) の $\tilde{\mathcal{H}}_1(\cdot)$ に依存する．このことは，ある二つのフィルタ間に潜在するカスケード構造 (段階的に連なった構造) に起因するものと解釈できる．一つのフィルタは，オーダー $L_1/2$ の後退差分フィルタである．条件 $L_1 \geq 2d$ は，水準 j のウェーブレットフィルタが $\{X_t\}$ を定常過程 $\{X_t^{(d)}\}$ へ変換するために十分な差分演算ができることを保証している．二つ目のフィルタは，$\{X_t^{(d)}\}$ から $\overline{W}_{j,t}$ へのカスケード変換である．

ウェーブレット分散とは，定常過程 $\{\overline{W}_{j,t}\}$ の分散

$$\nu_X^2(\tau_j) \equiv \text{var}\{\overline{W}_{j,t}\} = \int_{-1/2}^{1/2} S_j(f) df$$

のことである．$d = 0$ の場合は $\{X_t\}$ は定常なので，

$$\sum_{j=1}^{\infty} \nu_X^2(\tau_j) = \text{var}\{X_t\}$$

が成り立つ．したがって，ウェーブレット分散は $\{X_t\}$ に対するスケールに基づく ANOVA であり，22.3 節で述べた標本分散に対する経験的 ANOVA と対応する．$d > 0$ の場合，上の式の左辺の総和は無限大へ発散するが，それは定常差分を持つある非定常確率過程 (すべての非定常確率過程ではない) の分散として合理的な定義である．

$d \geq 0$ について，ウェーブレット分散は，$\{X_t\}$ をもとにした定常過程 $\{X_t^{(d)}\}$ に対する自己相関系列 $\{s_\tau^{(d)}\}$ に依存して決まる．具体的には，

$$\nu_X^2(\tau_j) = \sum_{l=0}^{L_j-d-1} \sum_{m=0}^{L_j-d-1} \tilde{b}_{j,l}^{(d)} \tilde{b}_{j,m}^{(d)} s_{l-m}^{(d)}$$

$$= s_0^{(d)} \sum_{l=0}^{L_j-d-1} \left(\tilde{b}_{j,l}^{(d)}\right)^2 + 2 \sum_{\tau=1}^{L_j-d-1} s_\tau^{(d)} \sum_{l=0}^{L_j-d-1-\tau} \tilde{b}_{j,l}^{(d)} \tilde{b}_{j,l+\tau}^{(d)} \tag{22.14}$$

である．ここで，$\{\tilde{b}_{j,l}^{(d)}\}$ は $\{\tilde{h}_{j,l}\}$ の d 次の累積和である．つまり，$\tilde{b}_{j,l}^{(0)} \equiv \tilde{h}_{j,l}$ であ

り，また，$k = 1, \ldots, d$ に対して

$$\tilde{b}_{j,l}^{(k)} = \sum_{n=0}^{l} \tilde{b}_{j,n}^{(k-1)}, \quad l = 0, 1, \ldots, L_j - k - 1$$

である（Craigmile and Percival (2005, Lemma 1) を参照）．$\nu_X^2(\tau_j)$ に対する式 (22.14) の表現は，式 (22.13) の $\{\tilde{b}_{j,l}^{(d)}\}$ と $\{X_t^{(d)}\}$ による書き換え

$$\overline{W}_{j,t} = \sum_{l=0}^{L_j - d - 1} \tilde{b}_{j,l}^{(d)} X_{t-l}^{(d)} \tag{22.15}$$

から得られる．この式は，$\{\overline{W}_{j,t}\}$ に対する自己相関系列を直接導く．すなわち，

$$s_{j,\tau} \equiv \text{cov}\{\overline{W}_{j,t+\tau}, \overline{W}_{j,t}\} = \sum_{l=0}^{L_j - d - 1} \sum_{m=0}^{L_j - d - 1} \tilde{b}_{j,l}^{(d)} \tilde{b}_{j,m}^{(d)} s_{\tau+l-m}^{(d)}$$

を与える．$\nu_X^2(\tau_j) = s_{j,0}$ なので，$s_{j,\tau}$ で $\tau = 0$ とすれば，式 (22.14) になる．

$d = 0$ または $d = 1$ のとき，ウェーブレット分散は，$\gamma_\tau = \frac{1}{2} \text{var}\{X_\tau - X_0\}$ によって定義されるセミバリオグラム（semivariogram）を使って表すこともできる．その場合は，

$$\nu_X^2(\tau_j) = -\sum_{l=0}^{L_j - 1} \sum_{m=0}^{L_j - 1} \tilde{h}_{j,l} \tilde{h}_{j,m} \gamma_{l-m}$$

という表現になる．

22.5 ウェーブレット分散の基本的な推定量

d 次固有定常時系列の実現値である N 個の観測値 $X_0, X_1, \ldots, X_{N-1}$ が与えられた場合のウェーブレット分散の推定問題を考える．仮定 $L_1 \geq 2d$ のもとで，式 (22.6) による水準 j の MODWT ウェーブレット係数 $\widetilde{W}_{j,t}$ に関するウェーブレット分散 $\nu_X^2(\tau_j)$ の推定量を作ることができる．$t = 0, 1, \ldots, N - 1$ に対して

$$\widetilde{W}_{j,t} = \sum_{l=0}^{L_j - 1} \tilde{h}_{j,l} X_{t-l \bmod N}$$

を

$$\overline{W}_{j,t} = \sum_{l=0}^{L_j - 1} \tilde{h}_{j,l} X_{t-l}$$

と比較すると，$t \geq L_j - 1$ については $\widetilde{W}_{j,t} = \overline{W}_{j,t}$ が成り立つことがわかる．しかし，$0 \leq t < L_j - 1$ のとき，すなわち $\widetilde{W}_{j,t}$ が境界係数であるときは，この等式は成立するとは限らない．次の二つの項で議論するように，境界係数を除くことによってウェーブレット分散の不偏推定量が導かれる一方で，若干の修正を行うことにより，すべての利用可能な係数を活用した，不偏性を持たない興味深い推定量を構成することができる．

22.5.1 ウェーブレット分散の不偏推定量

$E\{\overline{W}_{j,t}\} = 0$ および $M_j \equiv N - L_j + 1 > 0$ という仮定のもとで，$\nu_X^2(\tau_j)$ の不偏推定量は

$$\hat{\nu}_X^2(\tau_j) \equiv \frac{1}{M_j} \sum_{t=L_j-1}^{N-1} \widetilde{W}_{j,t}^2 = \frac{1}{M_j} \sum_{t=L_j-1}^{N-1} \overline{W}_{j,t}^2 \tag{22.16}$$

で与えられる．不偏推定量は，$E\{\overline{W}_{j,t}\} = 0$ の条件がなければ一般には構成できない．式 (22.15) からわかるように，この条件は $E\{X_t^{(d)}\} = 0$ であれば成り立つ．しかし，$E\{X_t^{(d)}\} = 0$ は一般論としては成立しない．しかし，$E\{X_t^{(d)}\}$ がどのような値をとるにしても，

$$\sum_{l=0}^{L_j-d-1} \tilde{b}_{j,l}^{(d)} = 0$$

という条件があれば $E\{\overline{W}_{j,t}\} = 0$ が成立する．$\{b_{j,l}^{(d)}\}$ に関するこの条件は，$L_1 \geq 2d$ よりも強く $L_1 > 2d$ であることを仮定することによって保証できる．よって，ウェーブレット係数過程 $\{W_{j,t}\}$ の平均が 0 になるという条件は，もとになるウェーブレットフィルタの長さを長くすることによって容易に達成することができる．

大標本が得られた場合の $\hat{\nu}_X^2(\tau_j)$ に対する標本分布は，ウェーブレット係数にいくつかの条件を付加すると扱いやすくなる．一つの方法は，$\{\overline{W}_{j,t}\}$ が 2 乗総和可能な自己相関系列を持つ定常ガウス過程（定常正規過程）であると仮定することである．ここで，$\{\overline{W}_{j,t}\}$ の自己相関系列が 2 乗総和可能であるとは，

$$A_j \equiv \sum_{\tau=-\infty}^{\infty} s_{j,\tau}^2 < \infty \tag{22.17}$$

を満たすことである．このような仮定をすると，漸近的に

$$\frac{M_j^{1/2}(\hat{\nu}_X^2(\tau_j) - \nu_X^2(\tau_j))}{(2A_j)^{1/2}} \stackrel{\mathrm{d}}{=} \mathcal{N}(0,1) \tag{22.18}$$

という関係が成り立つ．ただし，"$\stackrel{\mathrm{d}}{=}$" は両辺の分布が等しいことを意味し，$\mathcal{N}(0,1)$ は標準ガウス分布に従う確率変数を表す（Mondal (2007) は Giraitis and Surgailis (1985, Theorem 5) に基づいて式 (22.18) の簡潔な証明を与えている．それ以前には，式 (22.18) の証明は，より複雑な形で一般性も劣る場合について議論がなされていた．例えば，ハールウェーブレットフィルタを対象にした証明が Percival (1983) に，一般的なドブシーウェーブレットフィルタを対象にした議論が Percival (1995) にある）．したがって，標本に基づいて構成される区間

$$\left[\hat{\nu}_X^2(\tau_j) - \Phi^{-1}(1-p)\left(\frac{2A_j}{M_j}\right)^{1/2}, \ \hat{\nu}_X^2(\tau_j) + \Phi^{-1}(1-p)\left(\frac{2A_j}{M_j}\right)^{1/2}\right] \tag{22.19}$$

は，$\nu_X^2(\tau_j)$ に対応する近似 $100(1-2p)\%$ 信頼区間（confidence interval）をなす．ここで，$\Phi^{-1}(p)$ は標準ガウス分布の $p \times 100\%$ 点である．ウェーブレット分散の真

の値は正であるけれども，式 (22.19) で与えられる信頼区間の下限は正になるとは限らない．この事実は，通常行われる方法，すなわち，$\hat{\nu}_X^2(\tau_j)$ の推定値および対応する信頼区間を対数軸にとる方法を採用する場合には問題となる．漸近的には同値となるが，下限が正の信頼区間を導く代わりの方法は，漸近的に

$$\frac{\eta_j \hat{\nu}_X^2(\tau_j)}{\nu_X^2(\tau_j)} \stackrel{\mathrm{d}}{=} \chi_{\eta_j}^2 \tag{22.20}$$

が成り立つことを利用する．ここで，$\chi_{\eta_j}^2$ は自由度 η_j のカイ 2 乗分布に従う確率変数である．η_j はモーメントマッチング法を使って設定することができる．自由度 η_j のカイ 2 乗分布について $E\{\chi_{\eta_j}^2\} = \eta_j$ および $\mathrm{var}\{\chi_{\eta_j}^2\} = 2\eta_j$ であることから，任意の定数 $c \neq 0$ に対して

$$\frac{2\left(E\left\{c\chi_{\eta_j}^2\right\}\right)^2}{\mathrm{var}\left\{c\chi_{\eta_j}^2\right\}} = \eta_j$$

が成り立つ．そこで，$E\{\hat{\nu}_X^2(\tau_j)\} = \nu_X^2(\tau_j)$ および $\mathrm{var}\{\hat{\nu}_X^2(\tau_j)\} \approx 2A_j/M_j$ という事実を使うと，

$$\eta_j = \frac{2\left(E\{\hat{\nu}_X^2(\tau_j)\}\right)^2}{\mathrm{var}\{\hat{\nu}_X^2(\tau_j)\}} = \frac{2\nu_X^4(\tau_j)}{\mathrm{var}\{\hat{\nu}_X^2(\tau_j)\}} \approx \frac{M_j \nu_X^4(\tau_j)}{A_j} \tag{22.21}$$

が得られる．したがって，標本に基づく区間

$$\left[\frac{\eta_j \hat{\nu}_X^2(\tau_j)}{Q_{\eta_j}(1-p)}, \frac{\eta_j \hat{\nu}_X^2(\tau_j)}{Q_{\eta_j}(p)}\right] \tag{22.22}$$

を構成すると，これは $\nu_X^2(\tau_j)$ に対応する近似的な $100(1-2p)\%$ 信頼区間になる．ただし，$Q_{\eta_j}(p)$ は自由度 η_j のカイ 2 乗分布の $p \times 100\%$ 点である．

式 (22.19) と式 (22.22) の信頼区間を実際に作るには，A_j の値がわからなければならない．$\widetilde{W}_{j,L_j-1}, \ldots, \widetilde{W}_{j,N-1}$ を平均 0 の時系列と見なすとき，その自己相関系列は，

$$\hat{s}_{j,\tau} \equiv \frac{1}{M_j} \sum_{t=L_j-1}^{N-|\tau|-1} \widetilde{W}_{j,t} \widetilde{W}_{j,t+|\tau|}, \quad 0 \leq |\tau| \leq M_j - 1$$

によって推定できる．この $\hat{s}_{j,\tau}$ を用いて，A_j の漸近不偏推定量は

$$\hat{A}_j \equiv \sum_{\tau=-(M_j-1)}^{M_j-1} \frac{\hat{s}_{j,\tau}^2}{2} = \frac{\hat{s}_{j,0}^2}{2} + \sum_{\tau=1}^{M_j-1} \hat{s}_{j,\tau}^2 = \frac{\hat{\nu}^4(\tau_j)}{2} + \sum_{\tau=1}^{M_j-1} \hat{s}_{j,\tau}^2 \tag{22.23}$$

で与えられる（式 (22.17) による A_j の定義と $\hat{A}_j$ を比較すると，$\hat{A}_j$ には直観的には理解しづらい 2 という分母がある．これは，Percival and Walden (2000, Section 8.4) で調べられているように，自由度 2 のカイ 2 乗分布のモーメントに起因する）．式 (22.23) で与えられる推定量 $\hat{A}_j$ を式 (22.19) へ代入すれば，ガウス分布（正規分布）の仮定に基づく信頼区間が得られる．

22.5 ウェーブレット分散の基本的な推定量

また，$\hat{A}_j$ と一緒に $\hat{\nu}^4(\tau_j)$ を式 (22.21) へ代入すれば η_j の推定量が得られ，それを用いて自由度 η_j のカイ 2 乗分布に基づく近似的な信頼区間 (22.22) を構成することができる．モンテカルロ法を使った数値実験では，$M_j \geq 128$ であれば A_j の推定量に基づく信頼区間はかなり正確である．もしも A_j の妥当な推定を行うのに十分なウェーブレット係数がなければ，$\nu^2(\tau_j)$ に対応する信頼区間を得るための代替手段として，η_j を $\max\{M_j/2^j, 1\}$ にとって式 (22.22) を使う．この代替手法は，ウェーブレットフィルタ $\{\tilde{h}_{j,l}\}$ が近似的に帯域通過フィルタ（バンドパスフィルタ; band-pass filter）であり，そのため $\{\overline{W}_{j,t}\}$ が帯域制限過程（band-limited process）に類似しているはずであるという見込みに基づいている．$\{\overline{W}_{j,t}\}$ に対するスペクトル密度関数が帯域幅上でほぼ一定であれば，この代替手法は利用可能である．ただし，控えめな見積もりの信頼区間になりやすい．

上で述べた大標本理論は，$\{\widetilde{W}_{j,t}\}$ がガウス過程であることに基づいている．$\{\widetilde{W}_{j,t}\}$ は $\{X_t\}$ の線形結合なので，もしも $\{X_t\}$ 自身がガウス過程ならば，$\{\widetilde{W}_{j,t}\}$ もガウス過程になる．ある種の非ガウス過程 $\{X_t\}$ についても，線形フィルタリングはガウス性（正規性）を引き起こすことから，$\{\widetilde{W}_{j,t}\}$ が（特に大きい j に対して）近似的にガウス過程であると仮定することができる（Mallows (1967) を参照）．$\{\widetilde{W}_{j,t}\}$ が近似的にもガウス性を持たないと考えられるときは，何らかの仮定を置くことを厭わなければ，$\hat{\nu}^2(\tau_j)$ の分布について大標本に基づく近似が得られる（Serroukh et al. (2000) を参照）．$\mathcal{M}_{-\infty}^0$ と $\mathcal{M}_n^\infty$ を，それぞれ $\{\ldots, \widetilde{W}_{j,-1}, \widetilde{W}_{j,0}\}$ および $\{\widetilde{W}_{j,n}, \widetilde{W}_{j,n+1}, \ldots\}$ によって生成される σ 集合体（σ-field）を表すものとする．$n > 0$ に対し，混合係数

$$\alpha_n = \sup_{A \in \mathcal{M}_{-\infty}^0, B \in \mathcal{M}_n^\infty} |P(A \cap B) - P(A)P(B)|$$

を定義する．ここで，$P(A)$ は事象 A の確率である．もし $\{\widetilde{W}_{j,t}\}$ がある $\delta > 0$ について条件 $E\{|\widetilde{W}_{j,t}|^{4+2\delta}\} < \infty$ を満たす強定常確率過程であり，$\sum_{n=1}^\infty \alpha_n^{\delta/(2+\delta)} < \infty$ となり，さらに $\{\widetilde{W}_{j,t}^2\}$ に対するスペクトル密度関数 $S_{\widetilde{W}_{j,t}^2}(f)$ が周波数 0 の点で正ならば，大きな M_j について，近似的に

$$\frac{M_j^{1/2}(\hat{\nu}_X^2(\tau_j) - \nu_X^2(\tau_j))}{S_{\widetilde{W}_{j,t}^2}^{1/2}(0)} \stackrel{\mathrm{d}}{=} \mathcal{N}(0,1) \tag{22.24}$$

が成り立つ．混合係数に対する条件は，$n \to \infty$ のとき $\alpha_n \to 0$ となることを意味する．この場合，$\{\widetilde{W}_{j,t}\}$ は強混合，あるいは短期記憶性（短期依存性）であるという（Rosenblatt (1985, pp.62–63) を参照）．式 (22.24) が成り立つために必要となる仮定は制約となるが，それほど強いものではない（Serroukh et al. (2000) は，これらの仮定を満たす確率過程の具体的な例を挙げている）．

ガウス性に基づいて議論する場合のように，式 (22.24) を式 (22.20) にならってカイ 2 乗分布に基づく形で書き換えることができる．その場合の自由度は

$$\eta_j \approx \frac{2M_j \nu_X^4(\tau_j)}{S_{\widetilde{W}_{j,t}^2}(0)} \tag{22.25}$$

で与えられる．式 (22.22) の信頼区間を構成するには，実際問題として $\widetilde{W}_{j,L_j-1}^2, \ldots,$ $\widetilde{W}_{j,N-1}^2$ から $S_{\widetilde{W}_{j,t}^2}(0)$ を推定する必要がある．Serroukh et al. (2000) は，設計帯域幅を $7/M_j$ として，Slepian データテーパー (Slepian data taper; 離散偏重回転楕円体の時間窓) $\{v_{k,t}\}$ $(k = 0, 1, \ldots, K-1)$ に基づく次数 $K = 5$ のマルチテーパースペクトル密度推定量 (multitaper SDF estimator) を提唱している (Percival and Walden (1993) および Thomson (1982) を参照)．いま，

$$J_k(0) = \sum_{t=L_j-1}^{N-1} v_{k,t} \widetilde{W}_{j,t}^2, \quad V_k(0) = \sum_{t=L_j-1}^{N-1} v_{k,t}$$

と定め，さらに

$$\check{\nu}_X^2(\tau_j) = \frac{\sum_{k=0}^{K-1} J_k(0) V_k(0)}{\sum_{k=0}^{K-1} V_k^2(0)} \tag{22.26}$$

と定義するとき，必要な推定量は次の形をとる．

$$\hat{S}_{\widetilde{W}_{j,t}^2}(0) = \frac{1}{K} \sum_{k=0}^{K-1} \left(J_k(0) - V_k(0) \check{\nu}_X^2(\tau_j) \right)^2 \tag{22.27}$$

二つ注意を述べておく．まず，k が奇数ならば $V_k(0) = 0$ が成り立つことに注意すれば，上の計算は簡素化できる．さらに，記法が示唆するように，$\check{\nu}_X^2(\tau_j)$ を $\hat{\nu}_X^2(\tau_j)$ の代わりとなるウェーブレット分散の推定量と見なすことができる (いずれも不偏推定量であり，$\check{\nu}_X^2(\tau_j)$ は指数として 2 が付いているけれども非負であるとは限らない)．

22.5.2 不偏性を持たないウェーブレット分散の推定量

ウェーブレット分散の不偏推定量 $\hat{\nu}_X^2(\tau_j)$ には，MODWT によって求められるウェーブレット係数から境界係数を除いたものを利用する．そのような係数の数 M_j は，水準 j が大きくなると劇的に減少する．例えば，幅が $L_1 = 8$ で時系列の観測値の個数が $N = 1024$ の場合，水準 j が 1 から 7 へ大きくなるにつれて，M_j は $M_j = 1017, 1003, 975, 919, 807, 583, 135$ と減少する．したがって，水準が $j \geq 8$ になると，境界係数ではないウェーブレット係数はなくなってしまう ($j \geq 8$ に対応するスケールは $\tau_j \geq 128$)．この事実は，$N - \max\{M_j, 0\}$ 個ある境界係数も利用した $\nu_X^2(\tau_j)$ の推定量を考える動機となる．一つの自明な候補は

$$\hat{\sigma}_{W_j}^2 \equiv \frac{1}{N} \sum_{t=0}^{N-1} \widetilde{W}_{j,t}^2$$

であり，これはスケールに基づく ANOVA 考え出す際に導入した (式 (22.10) を参照)．$t = 0, \ldots, L_j - 2$ に対して $E\{\widetilde{W}_{j,t}^2\}$ が $\nu_X^2(\tau_j)$ に等しいとは限らないので，この推定量は，一般論としては不偏性を持たない．もとになる時系列 $\{X_t\}$ が定常過

程であれば，$N \to \infty$ のときに $E\{\hat{\sigma}_{W_j}^2\} \to \nu_X^2(\tau_j)$ が成り立つ．けれども，$\{X_t\}$ が 1 次の固有定常時系列ならば，$\hat{\sigma}_{W_j}^2$ は一般には漸近不偏ではない．漸近不偏にならない基本的な理由は，$E\{(X_0 - X_{N-1})^2\} \to \infty$ となること，すなわち，時系列の最初と最後の食い違いの増加が予想されることによる．境界のウェーブレット係数は時系列の最初と最後を結び付けて求められるので，残念ながら，この食い違いは境界のウェーブレット係数に影響を与えてしまう．

もとになる時系列 $X_0, \ldots, X_{N-1}$ の拡大版から得られるウェーブレット係数を使うことによって，0 次および 1 次の固有定常時系列に対して $\nu_X^2(\tau_j)$ と漸近的に同値な不偏性を持たない推定量を構成することができる．そのためには，まず，もとの時系列 X_t の時刻を逆転した系列を付加し，長さ $2N$ の系列

$$X_0, X_1, \ldots, X_{N-2}, X_{N-1}, X_{N-1}, X_{N-2}, \ldots, X_1, X_0$$

を作る．この系列を $X_0', \ldots, X_{2N-1}'$ と記すとき，その標本分散はもとの系列 $X_0, \ldots, X_{N-1}$ の標本分散と同一になるので，$\{X_t'\}$ の ANOVA はもとの $\{X_t\}$ の ANOVA に対する有効な代替手段になる．$\{X_t'\}$ の MODWT は

$$\widetilde{W}_{j,t}' \equiv \sum_{l=0}^{L_j - 1} \tilde{h}_{j,l} X_{t-l \bmod 2N}', \quad t = 0, 1, \ldots, 2N - 1$$

によって与えられ，反射境界条件に基づく $\{X_t'\}$ の MODWT と呼ばれる．Greenhall et al. (1999) は $\{\widetilde{W}_{j,t}'\}$ を用いたウェーブレット分散の推定量

$$\overleftrightarrow{\nu}_X^2(\tau_j) \equiv \frac{1}{2N} \sum_{t=0}^{2N-1} (\widetilde{W}_{j,t}')^2$$

を提案しているが，その統計的性質は，限られた範囲でのコンピュータによる数値実験を通してのみ調べられている．Aldrich (2005) は，この推定量は一般には不偏性を持たないが，0 次と 1 次の固有定常時系列に対しては漸近的に $\hat{\nu}_X^2(\tau_j)$ と同値であることを示した（しかし，2 次以上の高次の場合についてはそうではない）．Aldrich (2005) はまた，代表的な確率過程に対し，厳密な理論的表現とコンピュータによる数値実験の両方で $\nu_X^2(\tau_j)$ と $\hat{\nu}_X^2(\tau_j)$ の平均 2 乗誤差を比較した．そして，特に M_j が N に対して相対的に小さい場合は，不偏性を持たない推定量のほうが不偏推定量よりも優れていることを発見した．

22.6　ウェーブレット分散の特殊な推定量

前節で議論をしたウェーブレット分散の基本的な推定量は，実用上は成り立つとは限らないある仮定を前提にしている．この節では，次に述べる二つの仮定のいずれかが満たされない場合のウェーブレット分散の推定量について考える．一つ目の仮定は，対象とする時系列が切れ目を持たない N 個の値であること，すなわち，時系列に欠

損値がないことである．二つ目の仮定は，対象とする時系列が，それとは関係のない混成作用によって（すなわち観測の乱れによって）損なわれないことである．

22.6.1 欠損がある時系列に対するウェーブレット分散の推定

ある屋外の場所で，毎日正午に気温を記録する自動測定システムを使っているとする．目的は，最終的に規則正しく標本抽出された N 個の気温測定結果の時系列を収集することである．実際は，さまざまな理由（動力の停止，突発的な機器の不具合，施設の破損など）によって目的は達せられず，収集したデータ系列は欠損値を含むもの（途切れのあるもの）になってしまう可能性がある．22.5節で議論をしたウェーブレット分散の推定量は，規則正しく抽出された観測系列を前提にしている．こうした前提のもとに構成されている推定量を使おうとすると，欠損値を埋める作業に直面する．その方法には，簡単な方法から高度な方法まで，さまざまなものがある．例えば，得られている観測値の標本平均を欠損値の代わりに使う簡単な方法もあれば，対象とする時系列の統計的なモデルを作り，それを使って条件付き期待値や確率的内挿法で欠損を埋めるという高度な方法もある．内挿法は，欠損を持つある種の時系列（特に欠損の数が少なくて欠損の時間も短い場合）には有効であるが，そうでないものに対しては不確実である．この項では，欠損を含む時系列を内挿法によらずに扱うために，Mondal and Percival (2010) によって提案された二つの特殊なウェーブレット分散の推定量について論ずる．

$\{\delta_t\}$ を強定常な2値確率過程とする．ここで，X_t が欠損していれば $\delta_t = 0$，欠損していなければ $\delta_t = 1$ であると定める．さらに，$E\{\delta_t\} > 0$ とし，$\{\delta_t\}$ と $\{X_t\}$ は独立であると仮定する．

$$\beta_k^{-1} = P(\delta_t = 1 \text{ and } \delta_{t+k} = 1)$$

と定義するとき，$0 \leq l \leq L_j - 1$ と $0 \leq l' \leq L_j - 1$ を満たす l と l' について

$$\hat{\beta}_{l,l'}^{-1} = \frac{1}{M_j} \sum_{t=L_j-1}^{N-1} \delta_{t-l} \delta_{t-l'}$$

とおくと，$\hat{\beta}_{l,l'}^{-1}$ は $\beta_{l-l'}^{-1}$ の推定量である．必然的に $\beta_k^{-1} > 0$ である以上，すべての l, l' について $\hat{\beta}_{l,l'}^{-1} > 0$ を仮定しなければならない．この仮定は，相当な数の欠損を持つ時系列に対しては成り立たない可能性があるので，制約的なものである（漸近的にはほとんど確実に成り立つ）．共分散型の推定量を

$$\hat{u}_X^2(\tau_j) = \frac{1}{M_j} \sum_{t=L_j-1}^{N-1} \sum_{l=0}^{L_j-1} \sum_{l'=0}^{L_j-1} \tilde{h}_{j,l} \tilde{h}_{j,l'} \hat{\beta}_{l,l'} X_{t-l} X_{t-l'} \delta_{t-l} \delta_{t-l'} \quad (22.28)$$

で定義し，セミバリオグラム型の推定量を

$$\hat{v}_X^2(\tau_j) = -\frac{1}{2M_j} \sum_{t=L_j-1}^{N-1} \sum_{l=0}^{L_j-1} \sum_{l'=0}^{L_j-1} \tilde{h}_{j,l} \tilde{h}_{j,l'} \hat{\beta}_{l,l'} (X_{t-l} - X_{t-l'})^2 \delta_{t-l} \delta_{t-l'} \quad (22.29)$$

22.6 ウェーブレット分散の特殊な推定量

で定める.すべての t について $\delta_t = 1$ であるとき(欠損がまったくないとき)は,$\hat{u}_X^2(\tau_j)$ も $\hat{v}_X^2(\tau_j)$ も通常の不偏推定量 $\hat{\nu}_X^2(\tau_j)$ に等しくなる.また,いずれの推定量の期待値も $\nu_X^2(\tau_j)$ になるが,$X_0, \ldots, X_{N-1}$ の中に欠損値が含まれると,どちらの推定量も非負であることが保証されないことに注意しよう.

$\hat{u}_X^2(\tau_j)$ と $\hat{v}_X^2(\tau_j)$ に対する大標本理論を考える.Mondal and Percival (2010) は,$\{X_t\}$ が 2 乗可積分なスペクトル密度関数を持つガウス過程で,さらに $\{\delta_t\}$ が強定常であることに加えてある技術的な条件を満たすならば,$\hat{u}_X^2(\tau_j)$ は平均 $\nu_X^2(\tau_j)$ の漸近正規性を持ち,大標本分散は $S_{U_{j,t}^2}(0)/M_j$ で与えられることを証明している.ここで,分子 $S_{U_{j,t}^2}(0)$ は,次の定常過程のスペクトル密度関数における周波数 0 の値である.

$$U_{j,t}^2 \equiv \sum_{l=0}^{L_j-1} \sum_{l'=0}^{L_j-1} \tilde{h}_{j,l} \tilde{h}_{j,l'} \beta_{l-l'} X_{t-l} X_{t-l'} \delta_{t-l} \delta_{t-l'}$$

この確率過程は $\nu_X^2(\tau_j)$ の平均を持ち,観測に欠損がない場合は $\overline{W}_{j,t}^2$ と一致する(ある実現値に対しては,$U_{j,t}^2$ も負になりうることに注意).$t = L_j - 1, \ldots, N - 1$ に対して

$$\widetilde{U}_{j,t}^2 \equiv \sum_{l=0}^{L_j-1} \sum_{l'=0}^{L_j-1} \tilde{h}_{j,l} \tilde{h}_{j,l'} \hat{\beta}_{l,l'} X_{t-l} X_{t-l'} \delta_{t-l} \delta_{t-l'}$$

とおくとき,$J_k(0)$ を $\sum_t v_{k,t} \widetilde{U}_{j,t}^2$ で再定義した式 (22.26), (22.27) によるマルチテーパー法を使って,$S_{U_{j,t}^2}(0)$ を推定することができる.他方,$\{X_t\}$ が 0 次または 1 次の固有定常ガウス系列であり,$\sin^2(\pi f) S_X(f)$ が 2 乗可積分で,さらに $\{\delta_t\}$ に対して先に述べたことと同じ仮定を置くならば,$\hat{v}_X^2(\tau_j)$ は平均 $\nu_X^2(\tau_j)$ の漸近正規性を持ち,大標本分散は $S_{V_{j,t}^2}(0)/M_j$ で与えられる.上の議論と同様に,分子はある定常過程に対するスペクトル密度関数の周波数 0 の値であるが,この場合の定常過程は,次の形で定義されるものである.

$$V_{j,t}^2 \equiv -\frac{1}{2} \sum_{l=0}^{L_j-1} \sum_{l'=0}^{L_j-1} \tilde{h}_{j,l} \tilde{h}_{j,l'} \beta_{l-l'} (X_{t-l} - X_{t-l'})^2 \delta_{t-l} \delta_{t-l'}$$

この確率過程も,やはり $\nu_X^2(\tau_j)$ の平均を持ち,観測に欠損がない場合は $\overline{W}_{j,t}^2$ に等しく,ある実現値に対しては負になりうる.$t = L_j - 1, \ldots, N - 1$ に対して

$$\widetilde{V}_{j,t}^2 \equiv \sum_{l=0}^{L_j-1} \sum_{l'=0}^{L_j-1} \tilde{h}_{j,l} \tilde{h}_{j,l'} \hat{\beta}_{l,l'} (X_{t-l} - X_{t-l'})^2 \delta_{t-l} \delta_{t-l'}$$

と定めるとき,$J_k(0)$ を $\sum_t v_{k,t} \widetilde{V}_{j,t}^2$ で再定義した式 (22.26) と式 (22.27) によって $S_{V_{j,t}^2}(0)$ の推定が可能である.Mondal and Percival (2010) は,$\{X_t\}$ に対するガウス性の条件を落とせること,および,式 (22.24) の結果を得るために課したものと同様な混合条件を仮定すれば,$\hat{u}_X^2(\tau_j)$ と $\hat{v}_X^2(\tau_j)$ の両方の推定量が同じ極限分布を持つであろうことを指摘している.

$\hat{u}_X^2(\tau_j)$ と $\hat{v}_X^2(\tau_j)$ のいずれも定常過程を対象にすることができるが,$\hat{v}_X^2(\tau_j)$ は 1 次の固有定常時系列に対しても役に立つ.そうなると,$\hat{v}_X^2(\tau_j)$ だけを考えれば十分で,$\hat{u}_X^2(\tau_j)$ はなくてもよいように思われる.しかし,比 $S_{V_{j,t}^2}(0)/S_{U_{j,t}^2}(0)$ を尺度にするとき,ある定常過程(すべてではない)に対しては,$\hat{u}_X^2(\tau_j)$ は $\hat{v}_X^2(\tau_j)$ よりも漸近的に有効な推定量であることが証明できる.つまり,それぞれの推定量に役割があるのであるが,その一方で,重要で現実的な両者の違いにも注意しよう.セミバリオグラム型推定量 $\hat{v}_X^2(\tau_j)$ は,観測系列に対して定数を加えても不変であるが,共分散型推定量の $\hat{u}_X^2(\tau_j)$ はそうではない.そのため,$\hat{u}_X^2(\tau_j)$ を求める前に,標本平均を引き算して時系列の中心化を行っておくことが大切である.

22.6.2 ウェーブレット分散の頑健推定

ウェーブレット分散に対する通常の不偏推定量は,2 乗したウェーブレット係数の標本平均である.一般に,母平均の推定量としての標本平均は,観測の乱れ,すなわち,対象とする時系列の統計的性質を反映していないわずかな個数の大きな値(外れ値)に関して敏感である.この事実は,観測の乱れがあるときでも妥当な推定量となり,標本平均を代替できる頑健性を持った推定量を探し出すことに繋がる.$\nu_X^2(\tau_j)$ に対する簡単な頑健推定量は,母平均 $\nu_X^2(\tau_j)$ と $\{\widetilde{W}_{j,t}^2\}$ の母集団中央値の差を考慮して調整をした後の $\widetilde{W}_{j,L_j-1}^2, \ldots, \widetilde{W}_{j,N-1}^2$ の標本中央値である(Stoev et al. (2006) を参照).対数変換

$$\widetilde{Q}_{j,t} \equiv \log(\widetilde{W}_{j,t}^2)$$

を考えると,ウェーブレット分散に対する中央値型推定量についての妥当な統計理論を展開することができる.$\{\widetilde{W}_{j,t}^2\}$ の中央値は $\{\widetilde{Q}_{j,t}\}$ の中央値と同じなので,後者に基づく大標本理論は,$\{\widetilde{W}_{j,t}^2\}$ の標本中央値に基づく推定量に対して適切な関連性を持つ.対数変換を用いる有利さは,その変換が Huber (1964) で提唱された M 推定量の特別な場合として中央値型推定量を作り直せるところにある.M 推定量はロケーションパラメータ(位置母数)を扱うが,$\nu_X^2(\tau_j)$ はスケールパラメータである.けれども,対数変換によって,スケールパラメータはロケーションパラメータへと役割を変更することができる.$\{\widetilde{W}_{j,t}\}$ がガウス過程である場合に注目すると,Bartlett and Kendall (1946) から次の結果が得られる.

$$E\{\widetilde{Q}_{j,t}\} = \log(\nu_X^2(\tau_j)) + \psi(\tfrac{1}{2}) + \log(2) \equiv \mu_j, \quad \mathrm{var}\{\widetilde{Q}_{j,t}\} = \psi'(\tfrac{1}{2}) = \frac{\pi^2}{2}$$

ただし,ψ と ψ' はそれぞれディガンマ関数とトリガンマ関数である.これらの事実から

$$\widetilde{Q}_{j,t} = \mu_j + \epsilon_{j,t} \tag{22.30}$$

と表現でき,$E\{\epsilon_{j,t}\} = 0$ および $\mathrm{var}\{\widetilde{Q}_{j,t}\} = \pi^2/2$ が成り立つ.したがって,$\widetilde{Q}_{j,t}$ のロケーションパラメータ推定を扱えるようになり,その推定量は

22.6 ウェーブレット分散の特殊な推定量

$$\nu_X^2(\tau_j) = \exp(\mu_j - \psi\left(\tfrac{1}{2}\right) - \log(2))$$

の関係によって $\nu_X^2(\tau_j)$ の推定量を与える（非ガウス過程を扱うには，異なる処理が必要になるであろう）．

一般論としては，式 (22.30) の μ_j に対する M 推定量は，実数 $\mathbb{R}$ 上で定義され，ある技術的な条件（詳細は Mondal and Percival（2012a）を参照）を満たす実数値関数 $\varphi(\cdot)$ を利用して構成される．具体的には，

$$\hat{\mu}_j \equiv \arg\min_{x \in \mathbb{R}} \left| \sum_{t=L_j-1}^{N-1} \varphi(\widetilde{Q}_{j,t} - x) \right|$$

である．

μ_j に対する M 推定量が $\{Q_{j,t}\}$ の標本中央値になる特別な場合として，$\varphi(x) = \mathrm{sign}(x)$ について考える．$\phi(\cdot)$ と $\Phi(\cdot)$ をそれぞれ標準ガウス分布の確率密度関数と確率分布関数とし，$\Phi^{-1}(\cdot)$ を $\Phi(\cdot)$ の逆関数とする．$\{\widetilde{W}_{j,t}\}$ が 2 乗可積分なスペクトル密度関数を持つ平均 0 のガウス過程であるという仮定のもとで，Mondal and Percival（2012a）は，$\hat{\mu}_j$ が，平均が

$$\mu_{0,j} = \log\left(\nu_X^2(\tau_j)\right) + 2\log(\Phi^{-1}\left(\tfrac{3}{4}\right))$$

で大標本分散が $S_\varphi(0)/(M_jC)$ の漸近正規性を持つことを示している．ただし，$C = 4\left[\phi(\Phi^{-1}(\tfrac{3}{4}))\Phi^{-1}(\tfrac{3}{4})\right]^2$ であり，$S_\varphi(0)$ は定常過程 $\varphi(\widetilde{Q}_{j,t} - \mu_{0,j})$ に対するスペクトル密度関数の周波数 0 における値である．$S_\varphi(0)$ は，$J_k(0)$ を $\sum_t v_{k,t} \widetilde{V}_{j,t}^2$ で再定義した式 (22.26) と式 (22.27) によるマルチテーパー法を使って推定することができる．その推定量を $\hat{S}_\varphi(0)$ と記すとき，$\nu_X^2(\tau_j)$ に対する漸近不偏な頑健推定量が次の形で与えられることが証明できる．

$$\hat{r}_X^2(\tau_j) = \frac{\mathrm{median}\{\widetilde{W}_{j,t}^2\} \cdot \exp(-\hat{S}_\varphi(0)/[2M_jC])}{\left(\Phi^{-1}(\tfrac{3}{4})\right)^2} \tag{22.31}$$

推定量 (22.31) は，平均 $\nu_X^2(\tau_j)$，大標本分散 $\nu_X^4(\tau_j) S_\varphi(0)/(M_jC)$ の漸近正規性を持つ．したがって，この中央値型推定量 $\hat{r}_X^2(\tau_j)$ に関する大標本分散の結果を $\nu_X^2(\tau_j)$ に対応する信頼区間の構成に利用することができる（Mondal and Percival（2012a）は，中央値以外の M 推定量について上述のものに対応する理論を展開している）．

中央値型推定量 $\hat{r}_X^2(\tau_j)$ は外れ値などの観測の乱れによる影響を防ぐが，$\{\widetilde{W}_{j,t}\}$ が実際には観測の乱れを伴わない場合，$\nu_X^2(\tau_j)$ の推定量としての有効性は不偏な平均型推定量 $\hat{\nu}_X^2(\tau_j)$ よりも劣る．Mondal and Percival（2012a）は，中程度のサンプルサイズにおいて，短期依存性（短期記憶性）と長期依存性（長期記憶性）の両方を含む定常過程の設定下で $\hat{r}_X^2(\tau_j)$ が $\hat{\nu}_X^2(\tau_j)$ のおよそ 2 倍の分散を持つことを発見した．このように，もし $\{\widetilde{W}_{j,t}\}$ が真のガウス過程ならば，$\hat{r}_X^2(\tau_j)$ は $\hat{\nu}_X^2(\tau_j)$ よりも著しく劣る推定量となる．しかし，観測に乱れがある場合は，中央値型推定量のほうが好ましいと言える．

22.7 ウェーブレット分散推定量のスケール横断的な組合せ

上の二つの節において，その標本理論（特に大標本理論，漸近的性質）と併せて，さまざまなウェーブレット分散の推定量を提示した．それらの推定量を使えば，真のウェーブレット分散 $\nu_X^2(\tau_j)$ に対応する信頼区間（例えば 95%）を構成することもできた．不偏推定量を例に挙げると，推定値 $\hat{\nu}_X^2(\tau_j)$ およびそれに対応する信頼区間を，標準スケール τ_j（あるいは物理スケール $\tau_j\Delta$）に対して両対数軸の座標平面上にプロットすることが，通常行われる．それは，一つには推定値と信頼区間がオーダーの異なる範囲を変動することに起因し，一つには水準 j が大きくなるにつれて尺度が 2 倍ずつ大きくなることに起因する．$\log(\tau_j)$ 対 $\log(\hat{\nu}_X^2(\tau_j))$ のプロットは，時系列の分散を異なるスケールに分割することに加えて，さらなる分析を正当化する二つの様相をしばしば浮き彫りにする．その一つは，スケールのある範囲において，$\log(\hat{\nu}_X^2(\tau_j))$ が $\log(\tau_j)$ に対して近似的に線形関係を伴って変化することである．この線形性傾向の存在は，固有定常時系列 $\{X_t\}$ の長期依存性あるいはフラクタル揺らぎが現れていると考えれば，説明がつく．いずれの性質も，べき乗則変動の特別な場合である．もう一つは，例えばあるスケール τ_j で極大値をとること，すなわち，$\log(\hat{\nu}_X^2(\tau_j)) > \log(\hat{\nu}_X^2(\tau_{j-1}))$ および $\log(\hat{\nu}_X^2(\tau_j)) > \log(\hat{\nu}_X^2(\tau_{j+1}))$ の両方が成り立つことである．対数変換は順序を保存するので，そのような極大値は，$\{X_t\}$ が τ_j の近傍でいわゆる固有スケール（characteristic scale）によって変動することを示す．以下の項において，べき乗則変動と固有スケールをそれぞれウェーブレット分散に基づいて定量化する方法を見る．いずれの方法においても，隣接するスケールにわたって $\log(\hat{\nu}_X^2(\tau_j))$ を結合した統計量が使われる．それらの統計量の標本特性を詳しく調べるための準備として，$\log(\hat{\nu}_X^2(\tau_j))$ の統計的性質の背景をここで紹介しておく（説明を簡単にするために，不偏推定量 $\hat{\nu}_X^2(\tau_j)$ の場合に説明を限定する．しかし，適切な調整を行うことにより，これまでに議論をしてきた他の推定量を代わりに使うこともできる）．

$\hat{\nu}_X^2(\tau_j)$ がカイ 2 乗分布に従うと仮定するとき，式 (22.20) のように適切な標準化をすることにより，

$$\log(\hat{\nu}_X^2(\tau_j)) \stackrel{\mathrm{d}}{=} \log\left(\chi_{\eta_j}^2\right) + \log(\nu_X^2(\tau_j)) - \log(\eta_j)$$

が成り立つ．Bartlett and Kendall (1946) は，ψ をディガンマ関数として

$$E\left\{\log(\chi_{\eta_j}^2)\right\} = \psi\left(\tfrac{\eta_j}{2}\right) + \log(2)$$

という期待値の計算結果を示した．したがって，次の表現が得られる．

$$E\left\{\log(\hat{\nu}_X^2(\tau_j))\right\} = \log(\nu_X^2(\tau_j)) + \psi\left(\tfrac{\eta_j}{2}\right) + \log(2) - \log(\eta_j)$$

2値の定常過程 $\{\widetilde{W}_{j,t}\}$ と $\{\widetilde{W}_{k,t}\}$ は，相互共分散系列 $s_{j,k,\tau} \equiv \text{cov}\{\widetilde{W}_{j,t+\tau}, \widetilde{W}_{k,t}\}$ を持つ同時ガウス過程（分布が2次元ガウス分布）であると仮定すると，$\text{cov}\{\log(\hat{\nu}_X^2(\tau_j)), \log(\hat{\nu}_X^2(\tau_k))\}$ は

$$\frac{\text{cov}\{\hat{\nu}_X^2(\tau_j), \hat{\nu}_X^2(\tau_k)\}}{\nu_X^2(\tau_j)\nu_X^2(\tau_k)} + 2\frac{\text{var}\{\hat{\nu}_X^2(\tau_j)\}\text{var}\{\hat{\nu}_X^2(\tau_k)\} + (\text{cov}\{\hat{\nu}_X^2(\tau_j), \hat{\nu}_X^2(\tau_k)\})^2}{\nu_X^4(\tau_j)\nu_X^4(\tau_k)} \tag{22.32}$$

で近似できる．$j \leq k$ については，さらに

$$\text{cov}\{\hat{\nu}_X^2(\tau_j), \hat{\nu}_X^2(\tau_k)\} \approx \frac{2}{M_j}\sum_{\tau=-\infty}^{\infty} s_{j,k,\tau}^2 \equiv \frac{2A_{j,k}}{M_j}$$

という近似が成り立つ（Keim and Percival (2014) を参照）．実用にあたっては，$A_{j,k}$ は

$$\hat{A}_{j,k} = \frac{1}{2}\left(\hat{\nu}_X^2(\tau_j)\hat{\nu}_X^2(\tau_k) + 2\sum_{\tau=1}^{M_k-1} \hat{s}_{j,\tau}\hat{s}_{k,\tau}\right)$$

により推定できる（$k = j$ のとき，上の式は式 (22.23) の $\hat{A}_j$ と同一であることに注意）．

22.7.1 べき乗則の指数の推定

後の 22.8 節で説明するように，スケールとウェーブレット分散の両対数プロットは，時折 $\log(\hat{\nu}_X^2(\tau_j))$ が $\log(\tau_j)$ の線形関数であるような点の広がりを示す．すなわち，j のある範囲，例えば $J_1 \leq j \leq J_2$ において，次の関係の成立を示す．

$$\log(\hat{\nu}_X^2(\tau_j)) \approx \alpha + \beta \log(\tau_j)$$

この傾向は，τ_{J_1} から τ_{J_2} の間のスケールにおいて，真のウェーブレット分散がべき乗則

$$\nu_X^2(\tau_j) = c\tau_j^\beta$$

に従うという推測と一致する．ここで，$c = e^\alpha$ である．べき乗則の指数 β は両対数プロットにおける傾きを表し，β の値に応じてさまざまな解釈がしやすい．例えば，小さいスケールでは，$0 \leq \beta \leq 2$ の傾きは $\{X_t\}$ がフラクタル次元 $D = 2 - \frac{\beta}{2}$ を持っている可能性があることを示し（Gneiting et al. (2012) を参照），大きいスケールにおける両対数プロットの線形性は，長期依存性を持つ固有定常過程である可能性を示唆する．長期依存性を持つそうした固有定常過程は，$-1 < \beta < 0$ の場合は Hurst パラメータ $H = 1 + \frac{\beta}{2}$ のフラクショナルガウス過程で，$0 < \beta < 2$ の場合は Hurst パラメータ $H = \frac{\beta}{2}$ のフラクショナルブラウン運動で，$\beta > -1$ の場合はパラメータ $\delta = (\beta+1)/2$ を持つフラクショナル差分過程で，それぞれ適切にモデル化できると考えられる（Abry et al. (1993, 1995), Abry and Veitch (1998), Coeurjolly (2008), Faÿ et al. (2009), Flandrin (1992), Jensen (1999), Stoev and Taqqu

(2003),Stoev et al. (2006) を参照).原子時計や他の高性能発振器からの微小周波数偏差を研究している計測分析技術者は,$\beta = -3, -2, -1, 0, 1$ の傾きを,それぞれ白色位相,フリッカー位相,白色周波数,フリッカー周波数,ランダムウォーク周波数雑音として知られる 5 種類の標準的な雑音に相等しいと見なすであろう(Percival (2003) および Stein (1985) を参照).

ウェーブレット分散 $\hat{\nu}_X^2(\tau_j)$ ($j = J_1, \ldots, J_2$) に基づいて,べき乗則の指数 β を推定するために,

$$Y_j \equiv \log\bigl(\hat{\nu}_X^2(\tau_j)\bigr) - \psi\bigl(\tfrac{\eta_j}{2}\bigr) - \log(2) + \log(\eta_j)$$

と定義して,線形回帰モデル

$$Y_j = \alpha + \beta \log(\tau_j) + e_j$$

を考える.ここで,誤差項

$$e_j \equiv \log\biggl(\frac{\hat{\nu}_X^2(\tau_j)}{\nu_X^2(\tau_j)}\biggr) - \psi\bigl(\tfrac{\eta_j}{2}\bigr) - \log(2) + \log(\eta_j)$$

は,確率変数 $\log(\chi_{\eta_j}^2) - \psi\bigl(\tfrac{\eta_j}{2}\bigr) - \log(2)$ と同じ分布を持つ.大まかに言うと,各 j について $\eta_j \geq 10$ ならば,$\{\eta_j\}$ は近似的に多変量ガウス分布に従う.ベクトルを用いると,線形回帰モデルの式は,

$$\mathbf{Y} = \mathcal{A}\boldsymbol{\theta} + \mathbf{e}$$

と表すことができる.ただし,$\mathbf{Y} \equiv [Y_{J_1}, \ldots, Y_{J_2}]^T$ であり,$\mathcal{A}$ は $(J_2 - J_1 + 1) \times 2$ 行列で,その第 1 列の要素はすべて 1 であり,第 2 列は $\log(\tau_{J_1}), \ldots, \log(\tau_{J_2})$ からなる.さらに,$\boldsymbol{\theta} \equiv [\alpha, \beta]^T$ であり,$\mathbf{e} \equiv [e_{J_1}, \ldots, e_{J_2}]^T$ は近似的に多変量ガウス分布に従う確率ベクトルで,その平均ベクトルは $\mathbf{0}$,分散共分散行列(対称行列)$\Sigma_{\mathbf{e}}^{-1}$ の (j, k) 成分は $j \leq k$ については式 (22.32) で与えられる.$\boldsymbol{\theta}$ に対する一般化最小 2 乗推定量(GLS 推定量)は,

$$\hat{\boldsymbol{\theta}} = [\hat{\alpha}, \hat{\beta}]^T \equiv \bigl(\mathcal{A}^T \Sigma_{\mathbf{e}}^{-1} \mathcal{A}\bigr)^{-1} \mathcal{A}^T \Sigma_{\mathbf{e}}^{-1} \mathbf{Y} \tag{22.33}$$

である(Draper and Smith (1998) を参照).この議論の仮定のもとでは,推定量 $\hat{\boldsymbol{\theta}}$ の分布は,平均ベクトル $\boldsymbol{\theta}$,分散共分散行列 $\bigl(\mathcal{A}^T \Sigma_{\mathbf{e}}^{-1} \mathcal{A}\bigr)^{-1}$ の多変量ガウス分布であり,分散共分散行列の右下の成分が,べき乗則の指数の一般化最小 2 乗推定量 $\hat{\beta}$ に対応する分散となる.推定量 $\hat{\beta}$ が得られれば,次にこれを用いて,例えばフラクショナル差分過程のパラメータ δ の推定量を $\hat{\delta} = (\hat{\beta} + 1)/2$ で与えることができる.この分散は $\mathrm{var}\{\hat{\delta}\} = \mathrm{var}\{\hat{\beta}\}/4$ である.

$\boldsymbol{\theta}$ を推定するための類似の方法は,重み付き最小 2 乗法(weighted least squares;WLS)である.この方法に基づく重み付き最小 2 乗推定量(WLS 推定量)は式 (22.33) と同じ形を持つが,誤差ベクトルの分散共分散行列 $\Sigma_{\mathbf{e}}$ は,対角行列 $\Lambda_{\mathbf{e}}$ で置き換えられる.$\Lambda_{\mathbf{e}}$ の対角成分は $\Sigma_{\mathbf{e}}$ の対角成分と同じもの,すなわち,j 番目の対角成分は

var $\{\log(\hat{\nu}_X^2(\tau_j))\}$ である．式 (22.32) と式 (22.21) を利用すると，var $\{\log(\hat{\nu}_X^2(\tau_j))\}$ は次の式で近似できる．

$$\frac{\text{var}\{\hat{\nu}_X^2(\tau_j)\}}{\nu_X^4(\tau_j)} + \frac{4(\text{var}\{\hat{\nu}_X^2(\tau_j)\})^2}{\nu_X^8(\tau_j)} = \frac{2}{\eta_j} + \frac{16}{\eta_j^2}$$

WLS 推定量は等価自由度にのみ依存して，共分散 cov $\{\log(\hat{\nu}_X^2(\tau_j)), \log(\hat{\nu}_X^2(\tau_k))\}$ ($j \neq k$) によらないところが魅力的である．WLS 推定量は，これらの共分散が 0 に近くない場合は最適ではない．けれども，ウェーブレットフィルタの幅 L_1 が大きければ，WLS 推定量は最適な推定量のより良い近似になる．この近似が有効であると仮定すると，WLS 推定量は，平均ベクトル $\boldsymbol{\theta}$，分散共分散行列 $(\mathcal{A}^T \Lambda_e^{-1} \mathcal{A})^{-1}$ の多変量ガウス分布に従うと見なせる．Percival and Walden (2000, Section 9.5) では，対角行列 Λ_e の対角成分を $\psi'(\frac{\eta_j}{2})$ で与えた WLS 推定量を定式化している．トリガンマ関数 ψ' が組み込まれているのは，Bartlett and Kendall (1946) の結果である var $\{e_j\}$ = var $\{\log(\chi_{\eta_j}^2)\} = \psi'(\frac{\eta_j}{2})$ による．大きな η_j に対して $\psi'(\frac{\eta_j}{2}) \approx \frac{2}{\eta_j}$ が成り立つので，Percival and Walden (2000) による方法とここで紹介した方法は，本質的には同じになる．

22.7.2 固有スケールの推定

固有スケールの概念は自然科学全体に及ぶが，自然科学のどの分野にも共通する唯一の定義を持つものではない (von Storch and Zwiers (1999) を参照)．ウェーブレット分散はスケールに基づくので，τ_j と $\nu_X^2(\tau_j)$ のプロットにおける極大部分 (プロットの頂点に当たる部分) に関連させて固有スケールの定義を考えることは自然である (Keim and Percival, 2014)．いま，$\{X_t\}$ が固有定常過程で，そのウェーブレット分散がある $j \geq 2$ について $\nu_X^2(\tau_j) \geq \nu_X^2(\tau_{j-1})$ および $\nu_X^2(\tau_j) \geq \nu_X^2(\tau_{j+1})$ を満たすものと仮定する．ただし，これら二つの不等式で，少なくともどちらか一つにおいては等号なしの不等号が成り立つとする．このとき，三つの点 $(x_k, y_k) \equiv (\log(\tau_k), \log(\nu_X^2(\tau_k)))$ ($k = j-1, j, j-1$) を通るように当てはめた 2 次曲線が最大値をとる点 $\tau_{c,j}$ を，ウェーブレットに基づく固有スケールとして定める．具体的には，

$$\beta_1 \equiv \frac{y_{j+1} - y_{j-1}}{2}, \quad \beta_2 \equiv y_{j+1} - 2y_j + y_{j-1}$$

とおき[*2]，固有スケール $\tau_{c,j}$ は

$$\tau_{c,j} = 2^{-\beta_1/\beta_2} \tau_j$$

で与えられる[*3]．この定義はスケール τ_j のまわりの局所的なウェーブレット分散に基づくものであり，任意のスケールにおける性質によるものではないことに注意しよ

[*2] 【訳注】$\tau_j = 2^{j-1}$ に注意．
[*3] 【訳注】底が 2 の対数で変換する場合．自然対数による変換の場合は $\tau_{c,j} = e^{-\beta_1/\beta_2} \tau_j$.

う．相関長を利用する他の定義方法は，大きなスケールの性質を持つ長期依存性を扱う場合に不都合が生じる．

y_k に対する推定量 $\hat{y}_k = \log(\hat{\nu}_k^2)$ を上の式に代入して，β_1 と β_2 の推定量 $\hat{\beta}_1$ および $\hat{\beta}_2$ を求めれば，それらから $\tau_{c,j}$ の推定量 $\hat{\tau}_{c,j}$ を構成することができる．$\tau_{c,j}$ に対応する近似的な 95% 信頼区間は，次の形で与えられる（Keim and Percival (2014) を参照）．

$$\left[2^{-1.96\sigma_{\hat{\kappa}}}\hat{\tau}_{c,j}, 2^{1.96\sigma_{\hat{\kappa}}}\hat{\tau}_{c,j}\right]$$

この信頼区間は $\sigma_{\hat{\kappa}}$ に依存するが，この量を 2 乗した $\sigma_{\hat{\kappa}}^2$ は次の手順で計算できる．まず，Σ を式 (22.32) の添字 (j,k) を変更したものを要素に持つ 3×3 分散共分散行列とする．具体的には，$m, n = 1, 2, 3$ $(m \le n)$ とし，式 (22.32) の添字 (j,k) を $(j-2+m, j-2+n)$ に置き換えて，Σ の (m,n) 成分を定める．次に，2×3 行列 H を

$$H = \begin{bmatrix} -\frac{1}{2} & 0 & \frac{1}{2} \\ 1 & -2 & 1 \end{bmatrix}$$

で定義すると，2×2 対称行列 $H\Sigma H^T$ は，$\hat{\beta}_1$ と $\hat{\beta}_2$ の分散共分散行列になる．この行列の要素を使うと，$\sigma_{\hat{\kappa}}^2$ は次の式で求められる．

$$\sigma_{\hat{\kappa}}^2 = \frac{\operatorname{var}\{\hat{\beta}_1\}}{\beta_2^2} + \frac{\beta_1^2 \operatorname{var}\{\hat{\beta}_2\}}{\beta_2^4} + \frac{\operatorname{var}\{\hat{\beta}_1\}\operatorname{var}\{\hat{\beta}_2\} + 2(\operatorname{cov}\{\hat{\beta}_1,\hat{\beta}_2\})^2}{\beta_2^4}$$
$$+ \frac{3\beta_1^2(\operatorname{var}\{\hat{\beta}_2\})^2}{\beta_2^6} - \frac{2\beta_1 \operatorname{cov}\{\hat{\beta}_1,\hat{\beta}_2\}}{\beta_2^3}$$

実用上は，Σ の要素を自明な推定量で置き換えるプラグイン方式で，$\sigma_{\hat{\kappa}}^2$ を推定できる．

22.8 応 用 例

この節では，これまで議論してきた方法を具体的に説明するために，ウェーブレット分散分析の五つの例を提示する．

22.8.1 原子時計からの微小周波数偏差

最初に，二つの水素メーザー（hydrogen maser）（水素を利用したマイクロ波放射発振装置）によって刻まれる時刻の差の測定から得られる時系列について考える．二つのメーザー間の位相差 ϕ_t（時刻の差に直接関係するもの）は 1 分に 1 回の頻度で 4000 分間測定され，1 次差分 $\phi_t - \phi_{t-1}$ の適切なスケール変更によって微小周波数偏差へ変換されている．プロットするのに便利なように 10^{12} 倍した微小周波数偏差の時系列 $\{X_t\}$ が 図 22.2 (a) である．正と負の大きなスパイク（急上昇・急減少部分）の組がいくつか見られるが，それらは，位相測定 ϕ_t における単発的な変異によるも

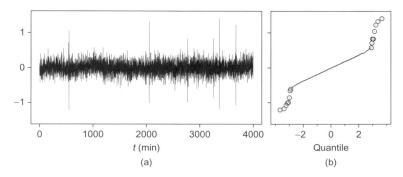

図 22.2 (a) 二つの水素メーザーに対して 1 分間に 1 回の観測から得られた微小周波数偏差（もとの値を 10^{12} 倍したもの），および，(b) ガウス分布に対する経験分布関数の Q-Q プロット．最小値側の 8 個の分位点の値と最大値側の 8 個の分位点の値を白丸印 ○ で表示している．データの提供は，米国海軍天文台の Lara Schmidt 博士および Demetrios Matsakis 博士の厚意による．

のである．図 22.2(b) はデータに対する正規 Q-Q プロットであり，分布の裾を除いて，データが正規分布でうまくモデル化できることを示している．データ分布と正規分布は裾の部分でずれが生じているが，これは，時刻の正確さを保つ水素メーザーが本来持ち合わせている性能を反映しない変異が生じたことによる．

原子時計の精度に関する性能評価を行っている科学者は，アラン分散 (Allan variance) が 1960 年代に提唱されて以来 (Allan (1966) を参照)，それを性能評価の尺度として利用してきた．アラン分散は，微小周波数偏差に対するハールウェーブレット分散の 2 倍に等しい．そこで，以下の議論では，ハールウェーブレット分散とアラン分散を等価なものと見なす．原子時計の性能評価においてアラン分散が好んで使われてきた理由は，スペクトル密度関数に基づく性能評価基準と関連した解釈が可能であるという平易さによる（スケールごとの平均の相違は，原子時計のタイミングエラーに直接関連するが，スペクトル密度関数は直接的には影響しない）．図 22.3 は，ハールウェーブレット分散に対する不偏推定量に基づく値 $\hat{\nu}_X^2(\tau_j)$（白丸印 ○）と，中央値型頑健推定量に基づく値 $\hat{r}_X^2(\tau_j)$（ひし形印 ◇）を示している．不偏推定値と頑健推定値はほぼ一致し，変異によって生じた値（外れ値）は $\hat{\nu}_X^2(\tau_j)$ に対して悪い影響を与えていないことがわかる．

アラン分散のプロットは，ある標準的なべき乗則過程に重点を置いて，べき乗則過程の雑音の存在を特定する目的で，伝統的に使われてきた．一つのべき乗則過程の雑音ですべてのスケールにわたって $\{X_t\}$ を適切にモデル化できないことは，図 22.3 から明らかである．しかし，選ばれた複数のスケールごとに異なる過程を利用すれば，モデル化が可能になる．例えば，図 22.3 において値が小さいほうの五つのスケールは，ほぼ確実に線形関係による変動を説明している．したがって，$\hat{\nu}_X^2(\tau_j)$ と式 (22.33)

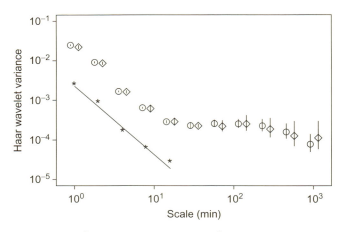

図 22.3 不偏推定量 $\hat{\nu}_X^2(\tau_j)$ と中央値型頑健推定量 $\hat{r}_X^2(\tau_j)$ に基づく微小周波数偏差のハールウェーブレット分散に対する推定値および対応する 95% 信頼区間.不偏推定量に基づくものが白丸印 ◦ で,また,中央値型頑健推定量に基づくものがひし形印 ◇ で示されている.原子時計の性能評価に通常用いられているアラン分散の推定量は,$2\hat{\nu}_X^2(\tau_j)$ で与えられる.星印 ⋆ と直線は,それぞれウェーブレット分散の推定値と一般化最小 2 乗法による回帰直線を表す.ただし,いずれも 1 桁小さくして(すなわち $\hat{\nu}_X^2(\tau_j)/10$ にして)表示している.

を使い,これらの範囲のスケールにわたるべき乗則の指数 β を 22.7.1 項で述べた方法で推定することができる.しかし,そのようにして推定される β の値は -1.73 であり,対応する 95% 信頼区間は $[-1.76, -1.70]$ となる.この推定結果は,二つの標準的なべき乗則過程の雑音と結び付いている各々の指数の間に位置する.すなわち,フリッカー位相雑音の場合の $\beta = -2$ と白色周波数雑音の場合の $\beta = -1$ の間であり,いずれの値とも合致しない.線形回帰分析による $\nu_X^2(\tau_j)$ の予測値は,$\hat{\nu}_X^2(\tau_j)$ を表す星印 ⋆ とともに,図 22.3 の左側半分に示されている(図を見やすくするために,回帰直線もウェーブレット分散の推定値も,1 桁小さい位置に移して表示されている).

22.8.2 海氷厚の残差

1950 年代の初めから,米国海軍は上方向ソナーを装備した潜水艦を使い,北極海の氷の海面下の概形を測定した.その測定値から海氷の厚さが推測できる.海氷の下を直線的に航行することによって潜水艦はそれらのデータを収集し,トランセクト(野外調査用に(仮想的に)引く線)に沿った海氷厚の断面図を得るに至った.時間がトランセクトに沿った距離に置き換えられていると考えることにより,得られたデータは時系列として扱える.さらに,このデータは,過去半世紀にわたる海氷の発達の証拠を提供する最も直接的な観測結果である.北極海の海氷の平均的な表厚が著しく減

22.8 応用例

少しきているという仮説を検証するには，海氷断面図に関する相関構造を理解する必要がある．この項では，ウェーブレット分散を使ってこれらの性質をどのように評価できるかを示す．

図 22.4 は，測定距離 802km に及ぶ海氷の断面について，厚さから最小 2 乗直線の分を差し引くことによってトレンドを除去した量を示している．海氷断面の厚さにはいくつかの切れ目（空白）があり，それらの位置は海氷厚のプロットの下側に付けた小さな矩形で表されている．Percival et al. (2008) において述べられているように，1 次の自己回帰過程あるいはフラクショナル差分ガウス過程に基づく確率的内挿法を用いると，これらの切れ目を埋めることができる．そのようにすると，図 22.5 (a) において白丸印 ○ で表示されているハールウェーブレット分散の推定量 $\hat{\nu}_X^2(\tau_j)$ の値が計算できる．切れ目を内挿して埋めた時系列を使うのではなく，切れ目のある時系列から共分散型推定量 (22.28) やセミバリオグラム型推定量 (22.29) を求めることも可能である．図 22.5 (a) では，前者の推定量による値を黒丸印 ●，後者の推定量による値をひし形印 ◇ で示してある．これら三つの推定値は各スケールで互いに良く一致しており，このことは，区切りを埋める処置がデータの相関構造をゆがめていないことを裏付けている．図 22.5 (b) は，共分散型推定値を再描画したものである．スケールに対するウェーブレット分散の両対数プロットに見られる近似直線の減少傾向は，長期依存性を持つ確率過程でデータをモデル化できることを示唆する．22.7.1 項で述べた重み付き最小 2 乗推定量（WLS 推定量）は，べき乗則の指数に対する推定値として $\hat{\beta} = -0.49$ を与え，したがって，フラクショナル差分過程の長期記憶パラメータ δ の推定値 $\hat{\delta} = 0.26$ が得られる．この値は，計算量が多い最尤法によって得られる推定値 0.27 と一致し（Percival et al. (2008) を参照），他の海氷厚の断面に対して得られた結果を象徴するような典型的なものになっている．このように，ウェーブレット分散は海氷の厚さの相関構造を理解するために重要な役割を果たし，それに基づく解析結果は，北極の気候を特徴付ける大切な指標の過去四半世紀にわたる変化の意味を評価するのに必要不可欠である（Rothrock et al. (2008) を参照）．

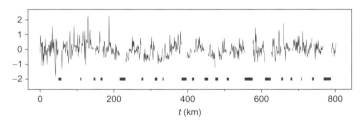

図 22.4 海氷厚の残差．National Snow and Ice Data Center に保管されている，1997 年 9 月の Scientific Ice Expedition (SCICEX) 航海で収集されたデータに基づく．

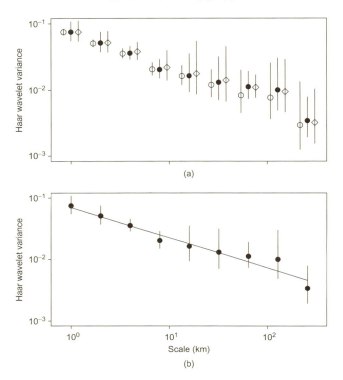

図 22.5 (a) 切れ目を埋めたデータを用いた不偏推定量 $\hat{\nu}_X^2(\tau_j)$，および，切れ目のあるデータを用いた共分散型推定量とセミバリオグラム型推定量によるハールウェーブレット分散の推定値と，対応する 95% 信頼区間．不偏推定量によるものが白丸印 ○，共分散型推定量によるものが黒丸印 ●，セミバリオグラム型推定量によるものがひし形印 ◇ で示されている．(b) $\log(\tau_j)$ と共分散型推定値 $\log(\hat{u}_X^2(\tau_j))$ のプロットに，重み付き最小 2 乗法による直線を当てはめた結果．

22.8.3 海氷面の反射係数測定

図 22.6 は，人工衛星ランドサットが記録したボーフォート海（北極海の一部）における春期の氷への入射光に対する表面反射率，すなわちアルベド（albedo）をプロットしたものである．記録は，トランセクト（野外調査用に（仮想的に）引く線）に沿った $\Delta_t = 25$ m 間隔の $N = 8428$ 個の観測値からなる．その分布は，厚い氷の中にある開水面や狭い裂け目に起因する，明るさの急激な減少箇所（スパイク）が存在するため，かなりの非ガウス性（非正規性）を示す．Lindsay et al. (1996) は，海氷の変動特性を調べるために，この時系列に対してウェーブレット分散を適用することを考えた．図 22.7 (a) における白丸印 ○ は，25m から 25.6km の物理スケール（標準ス

22.8 応 用 例

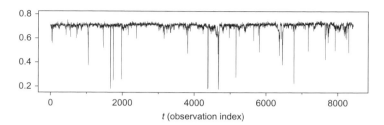

図 22.6　1 本のトランセクトに沿って人工衛星ランドサットのチャンネル 3 で 1992 年 4 月 16 日に撮影した TM 画像 (thematic mapper image) から得られた, ボーフォート海の流氷の表面反射率.

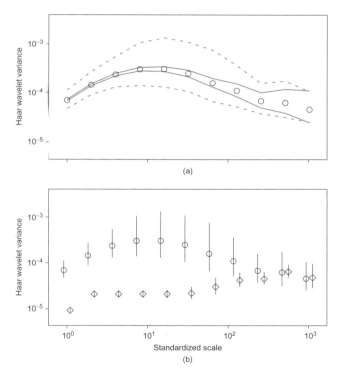

図 22.7　(a) 表面反射率の系列 (アルベド系列) に対するハールウェーブレット分散の不偏推定量 $\hat{\nu}_X^2(\tau_j)$ (白丸印 o), および, ガウス性に基づく 95% 信頼区間 (実線の曲線) と非ガウス性に基づく 95% 信頼区間 (破線の曲線). (b) 不偏推定量 $\hat{\nu}_X^2(\tau_j)$ (白丸印 o) とそれに対応する非ガウス性に基づく 95% 信頼区間, および, 中央値型頑健推定量 $\hat{r}_X^2(\tau_j)$ (ひし形印 o) とそれに対応する 95% 信頼区間.

ケールで 1〜1024) に対するハールウェーブレット分散の不偏推定量 $\hat{\nu}_X^2(\tau_j)$ を示している．ウェーブレット分散が描く曲線の緩やかな頂は，物理スケールで 200〜400m (標準スケールで 8〜16) の間に当たる．白丸印の上下にある実線で描かれた曲線は，式 (22.21) と式 (22.23) によって得られたガウス分布に基づく 95% 信頼区間を表す．また，破線による曲線は，式 (22.25), (22.27), (22.22) に基づいて描かれた非ガウス性データに適した 95% 信頼区間である．小さいスケールでは，ガウス性に基づく信頼区間は，非ガウス性に基づく信頼区間よりかなり幅が狭い．しかし，スケールが大きくなるに従って違いはそれほど見られなくなり，図における最大スケールのところで両者は実質的に一致することに注意しよう．この例は，ガウス性が保証されない場合には，ウェーブレット分散の推定量のばらつきを過小評価する危険性があることを示している．

図 22.7 (b) では，不偏推定量 $\hat{\nu}_X^2(\tau_j)$ を白丸印 ∘ で表し，対応する 95% 信頼区間を縦線で示している．ひし形印 ◇ は，式 (22.31) の中央値型頑健推定量 $\tilde{r}_X^2(\tau_j)$ を，対応する 95% 信頼区間とともに示している．中央値型頑健推定値は，時系列における急減少部分を低減して，開氷面や裂け目の影響を抑制し，背後にある海氷の性質を反映したものになっている．小さいスケールにおいては，頑健推定値は通常の不偏推定量 $\hat{\nu}_X^2(\tau_j)$ に基づく推定値とかなり異なる．このことは，小さいスケールでは開氷面や裂け目の影響が支配的であり，したがって，物理スケールで 200〜400m では，それらの特質が主に反映されることを示唆している．開氷面や裂け目の特性の空間的な分布は地球物理学上の関心事であり，図 22.6 の急減少部分 (スパイク) を質の悪い外れ値と見なすことはできない．それでも，各スケールの変動具合が開氷面や裂け目の影響下にある海氷の時系列にどの程度起因しているかを示すので，頑健推定量の振る舞いは興味深い．

22.8.4 連星系から発せられる X 線の変動

四つ目の例は，X 線天文観測衛星 "ぎんが" によって 512 秒間にわたって記録された，連星系 GX 5–1 からの X 線に関する $N = 65526$ 個の時系列である (Hertz and Feigelson (1997) および Norris et al. (1990) を参照)．各 X_t は，時間間隔 (区間分けの大きさ) $\Delta_t = 1/128$ 秒の間に到着した X 線の数を表す．図 22.8 (a) は時系列の最初の 4096 個の挙動を示しており，図 22.8 (b) は，時系列データすべての値のヒストグラムにデータと同じ平均と分散を持つガウス分布の確率密度関数を当てはめた結果を表している．

図 22.9 は，ハールウェーブレット分散の不偏推定量に基づく推定値を，対応する 95% 信頼区間とともに描画したものである．データの分布はガウス分布にかなり近いので，推定量と信頼区間は式 (22.21)〜(22.23) に基づいて求めている．標本数が大きいため，小さいスケールにおいて信頼区間の幅はとても狭く，ほとんど点のようにしか見えない．図 22.9 に描かれた 15 個のスケールすべてにわたり，$\log(\tau)$ の増加に

22.8 応用例

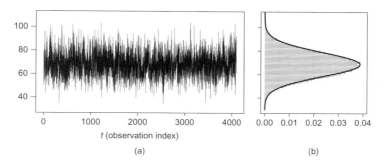

図 22.8 (a) 連星系 GX 5–1 から発せられた X 線の変動（データの最初の 4096 個を利用）．(b) すべての観測系列を使って描いたヒストグラムに，データと同じ平均と分散を持つガウス確率密度関数を当てはめたもの．

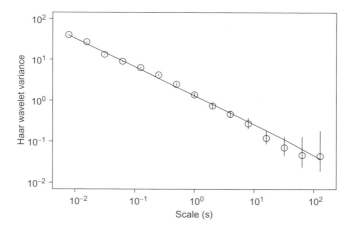

図 22.9 X 線の変動の時系列に対するハールウェーブレット分散の推定量 $\hat{\nu}_X^2(\tau_j)$（白丸印 o），および，ガウス性に基づいて構成された対応する 95% 信頼区間（縦線）．傾き -0.7 の直線は，式 (22.33) の一般化最小 2 乗推定で求めた回帰直線．

従って $\log(\hat{\nu}_X^2(\tau_j))$ はほぼ線形的に減少している．この事実は，対象としている時系列データの全般的な相関的性質を簡潔に表現するために，べき乗則過程のモデル化が役立つ可能性があることを示唆する．べき乗則の指数 β に対する一般化最小 2 乗推定量 (22.33) は，推定値 $\hat{\beta} \doteq -0.702$ を与える．また，$\hat{\beta}$ に対応する 95% 信頼区間は $[-0.712, -0.693]$ となる．関係式 $\delta = (\beta + 1)/2$ を使えば，フラクショナル差分過程の長期依存パラメータの推定値 $\hat{\delta} = 0.149$ を得る．回帰モデルによるウェーブレット分散の予測値は，図 22.9 において直線で表されている．注意すべき点は，いくつかのスケール，特に 1 秒以下のスケールにおいて，ウェーブレット分散に対する 95% 信

頼区間が予測値を捉え損なっていることである．これは，簡潔なべき乗則モデルで表現し切れない複雑な相関構造をデータが持っていることを示している．このように，ウェーブレット分散は，X線の変動に関する簡潔で全体的なモデルを提示することができると同時に，そのモデルの限界も示唆している．

22.8.5 川の流れのコヒーレント構造

図22.10は，例えば渦として現れる，川の流れのいわゆるコヒーレント構造を捉えた時系列である（Chickadel et al. (2009) を参照）．20分間弱にわたって $\Delta = 1/25$ 秒間隔で観測された $N = 29972$ 個の値から，最初の4096個を取り出してプロットしている（およそ2.7分間に相当）．この時系列は，ワシントン州にあるスノホミッシュ川河口部で，上方向に突き出たシル（河口や湾の入り口にあり，外海との境界になっている浅瀬）のすぐ下流部の川底に設置された3台の変換器と1台の速度プロファイラ（計測器）により測定された．時系列の主な構造として，川の表面に一時的な"泡"の形で現れる川内部からの勇昇に，ある程度の周期性が見られる．個々の泡は数秒で消え，しばらくして別の泡が現れる．潮が満ちるにつれて川の流速が上がり，泡の出現頻度も増えるようである．川表面の映像は，この泡を定性的に明示する．しかし，ほとんど解明されていないこの現象を，フーリエ変換に基づくスペクトル分析で定量化しようとすると，うまくいかない．理由は，低周波ロールオフ（フィルタの減衰傾度部分）に小さな摂動があることによると考えられる．図22.11は，この時系列に対するハールウェーブレット分散の推定量 $\hat{\nu}_X^2(\tau_j)$（白丸印 ○）と，対応する95%信頼区間を表している（非ガウス性に基づく信頼区間のほうが適切ではないかという議論はありうる）．図22.11では，$\tau_6 \Delta = 1.28$ に極大値があり，この値付近のスケールに特徴があることを明らかに示している．22.7.2項で述べた方法を利用すると，固有スケールの推定値 $\hat{\tau}_{c,6}\Delta = 1.6$ および対応する95%信頼区間 $[1.4, 1.9]$ が得られる．図22.11における縦軸方向の破線は固有スケールの推定値を表し，横軸方向の短い太線は対応する95%信頼区間を表す．信頼区間の構成に用いられる固有スケールの推定値は，三つの推定値 $\hat{\nu}_X^2(\tau_5)$, $\hat{\nu}_X^2(\tau_6)$, $\hat{\nu}_X^2(\tau_7)$ を通る2次曲線の当てはめに基づい

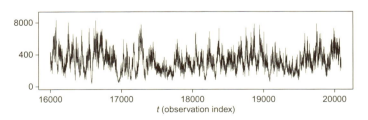

図 **22.10** 川の流れのコヒーレント構造．すべての観測値29972個から最初の4096個を描画したもの．データの提供は，ワシントン大学土木環境工学科の Alex Horner-Devine 氏および Bronwyn Hayworth 氏の厚意による．

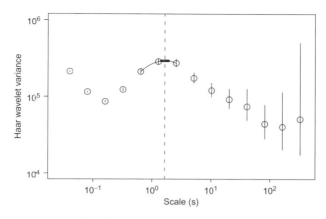

図 22.11 コヒーレント構造を持つ時系列から求められたウェーブレット分散の推定値（白丸印 ○），および，ウェーブレットに基づく固有スケールの推定値（縦軸方向の破線）．また，固有スケールに対する 95% 信頼区間を横軸方向の太線，ウェーブレット分散の推定値に対する 95% 信頼区間を白丸印から出ている縦軸方向の線分で表示している．

て計算されている．図 22.11 で破線近くにある曲線が，当てはめた 2 次曲線である．関心の対象になっている現象について，スペクトル密度関数とは対照的に，ウェーブレット分散は容易に解釈が可能な定量化を与える．20 分間にわたって続く時系列に関する固有スケールをこのように推定することで，渦の時間発展的な性質を調べることができる．

22.9 ま と め

本章では，時系列に対するウェーブレット分散とその標本理論に関する入門的基礎知識を紹介した．前節で提示した実際の世の中にある五つの例は，時系列データの解析の道具としてのウェーブレット分散の用途・用法について，明るい見通しを与えている．その一方で，本章で触れることができなかったことも数多くある．ここで議論をしたウェーブレット分散を活用した統計的分析手法は，固有定常過程の実現値と見なせる時系列に焦点を当てている．この枠組みから外れる時系列については，部分系列に分解し，各々の部分系列が固有定常過程の実現値であると仮定することが理にかなっているならば，ウェーブレット分散を利用して効果的に処理することが可能になる（もちろん，各々の部分系列は，次数が異なる固有定常過程であるかもしれない）．このようにして，ある種の非定常時系列を扱うために，本章で述べたウェーブレットに基づく方法が簡単に利用できる．けれども，非定常時系列を分析するために編み出された，ウェーブレットに基づく，あるいはウェーブレットに関連した他の方法も存

在することを注意しておく（例えば，本書第 14 章（Ombao, 2012）を参照）．一つの方法は，ある漸近的な扱いを容易にする "局所定常モデル" の考え方である．本書第 13 章（Dahlhaus, 2012）や，そこに掲げられている参考文献が，"局所定常モデル" を理解するための良い入門になる．

　本章における議論は，1 変量時系列に対象を絞って進めてきた．多変量時系列における 2 変量の関係については，Hudgins (1992) が，連続ウェーブレット変換に基づいてウェーブレット共分散（またはウェーブレット相互スペクトル）およびウェーブレット相互相関という概念を導入し，それらの考え方を乱気流の解析に応用した結果を Hudgins et al. (1993) で提示している．また，Whitcher et al. (2000) と Serroukh and Walden (2000a, b) は，本章における 1 変量時系列に対するウェーブレット分散の方法と平行的な議論によって，2 変量時系列に対するウェーブレット共分散分析の統計理論を提供している．この理論は，2 変量を構成する一つ一つの 1 変量時系列は固有定常過程であるという前提で，時刻の経過とともに 2 変量の関係が発展していくようなある種の 2 変量時系列は，部分時系列への分解によって固有定常過程の枠組みで扱えることを示している．Sanderson et al. (2010) は，非定常 2 変量時系列に関して，ウェーブレットに基づく局所定常モデル化を伴う別の研究方法を述べている．

　ウェーブレット分散の概念は，時系列データの枠を越えて，2 次元画像に対するスケールに基づく ANOVA へ拡張することもできる．Unser (1995) がこの分野における先駆的な研究であり，ウェーブレットに基づくテクスチャ解析についても論じている．Lark and Webster (2004) と Milne et al. (2010) は，土壌変化の分析における 2 次元ウェーブレット分散の現実的な応用を，詳しく記述している．さらに，本章で議論されている 1 変量時系列の場合とほとんど平行的な 2 次元ウェーブレット分散の統計理論が，Mondal and Percival (2012b) で展開されている．

　最後に，この章におけるすべての計算と図の描画は，統計解析言語 R で行ったことを付記しておく（R Development Core Team (2011) を参照）．数値例を再現するための R のソースコードは，読者から請求があり次第，著者から提供できる．

謝辞

　本章執筆の準備の一部は，U.S. National Science Foundation Grant Nos. ARC 0529955（Percival）および DMS 0906300（Mondal）の支援を受けた．本章におけるあらゆる意見，成果，および，結論や推奨案は著者によるものであり，National Science Foundation の見解を必ずしも反映したものではない．

(Donald B. Percival and Debashis Mondal／加藤　剛)

文　　献

Abry, P., Gonçalvès, P., Flandrin, P., 1993. Wavelet-based spectral analysis of $1/f$ processes. Proc. IEEE Int. Conf. Acoust. Speech. Signal Process. 3, 237–240.

Abry, P., Gonçalvès, P., Flandrin, P., 1995. Wavelets, spectrum analysis and $1/f$ processes. In: Antoniadis, A., Oppenheim, G. (Eds.), Wavelets and Statistics. Lecture Notes in Statistics, vol. 103. Springer–Verlag, New York, pp. 15–29.

Abry, P., Veitch, D., 1998. Wavelet analysis of long-range-dependent traffic. IEEE Trans. Inform. Theor. 44, 2–15.

Aldrich, E.M., 2005. Alternative Estimators of Wavelet Variance. MS dissertation, Department of Statistics, University of Washington, DC.

Allan, D.W., 1966. Statistics of atomic frequency standards. Proc. IEEE. 54, 221–230.

Bartlett, M.S., Kendall, D.G., 1946. The statistical analysis of variance-heterogeneity and the logarithmic transformation. J. Roy Stat. Soc. Suppl. 8, 128–138.

Beylkin, G., 1992. On the representation of operators in bases of compactly supported wavelets. SIAM J. Numer. Anal. 29, 1716–1740.

Brockwell, P.J., Davis, R.A., 2002. Introduction to Time Series and Forecasting, second ed. Springer, New York.

Bruce, A.G., Gao, H.-Y., 1996. Applied Wavelet Analysis with S-PLUS. Springer, New York.

Chiann, C., Morettin, P.A., 1998. A wavelet analysis for time series. Nonparametric Stat 10, 1–46.

Chickadel, C.C., Horner-Devine, A.R., Talke, S.A., Jessup, A.T., 2009. Vertical boil propagation from a submerged estuarine sill. Geophys. Res. Lett. 36, L10601. doi:10.1029/2009GL037278.

Coeurjolly, J.-F., 2008. Hurst exponent estimation of locally self-similar Gaussian processes using sample quantiles. Ann. Stat. 36, 1404–1434.

Coifman, R.R., Donoho, D.L., 1995. Translation-invariant de-noising. In: Antoniadis, A., Oppenheim, G. (Eds.), Wavelets and Statistics. Lecture Notes in Statistics, vol 103. Springer–Verlag, New York, pp. 125–150.

Craigmile, P.F., Percival, D.B., 2005. Asymptotic decorrelation of between-scale wavelet coefficients. IEEE Trans. Inform. Theor. 51, 1039–1048.

Dahlhaus, R., 2012. Locally Stationary Processes. Elsevier Chapter 13.

Daubechies, I., 1988. Orthonormal bases of compactly supported wavelets. Comm. Pure. Appl. Math. 41, 909–996.

Del Marco, S., Weiss, J., 1997. Improved transient signal detection using a wavepacket-based detector with an extended translation-invariant wavelet transform. IEEE Trans. Signal Process. 45, 841–850.

Draper, N.R., Smith, H., 1998. Applied Regression Analysis, third ed. John Wiley & Sons, New York.

Faÿ, G., Moulines, E., Roueff, F., Taqqu, M., 2009. Estimators of long-memory: Fourier versus wavelets. J. Econometrics. 151, 159–177.

Flandrin, P., 1992. Wavelet analysis and synthesis of fractional Brownian motion. IEEE Trans. Inform. Theor. 38, 910–917.

Giraitis, L., Surgailis, D., 1985. CLT and other limit theorems for functionals of Gaussian processes. Zeitschrift für Wahrscheinlichkeitstheorie und verwandte Gebiete 70, 191–212.

Gneiting, T., Ševčíková, H., Percival, D.B., 2012. Estimators of fractal dimension: assessing the roughness of time series and spatial data. Stat. Sci. 27, 247–277.

Greenhall, C.A., Howe, D.A., Percival, D.B., 1999. Total variance, an estimator of long-term frequency stability. IEEE Trans. Ultrason. Ferroelectrics. Freq. Contr. 46, 1183–1191.

Hertz, P., Feigelson, E.D., 1997. A sample of astronomical time series. In: Subba Rao, T., Priestley, M.B., Lessi, O. (Eds.), Applications of Time Series Analysis in Astronomy and Meteorology. Chapman & Hall, London, pp. 340–356.

Huber, P.J., 1964. Robust estimation of a location parameter. Ann. Math. Stat. 35, 73–101.

Hudgins, L.H., 1992. Wavelet Analysis of Atmospheric Turbulence. PhD dissertation, Department of Physics & Astronomy, University of California, Irvine.

Hudgins, L.H., Friehe, C.A., Mayer, M.E., 1993. Wavelet transforms and atmospheric turbulence. Phys. Rev. Lett. 70, 3279–3282.

Jensen, M.J., 1999. Using wavelets to obtain a consistent ordinary least squares estimator of the long-memory parameter. J. Forecast. 18, 17–32.

Keim, M.J., Percival, D.B., 2014. Assessing characteristic scales using wavelets, Journal of Royal Statistical Society C.

Labat, D., Ababou, R., Mangin, A., 2001. Introduction of wavelet analyses to rainfall/runoffs relationship for a karstic basin: the case of Licq–Atherey karstic system. Ground Water 39, 605–615.

Lang, M., Guo, H., Odegard, J.E., Burrus, C.S., Wells, R.O., 1995. Nonlinear processing of a shift invariant DWT for noise reduction. In: Szu, H.H. (Eds.), Wavelet Applications II (Proceedings of the SPIE 2491). SPIE Press, Bellingham, Washington, pp. 640–651.

Lark, R.M., Webster, R., 2001. Changes in variance and correlation of soil properties with scale and location: analysis using an adapted maximal overlap discrete wavelet transform. Eur. J. Soil Sci. 52, 547–562.

Lark, R.M., Webster, R., 2004. Analysing soil variation in two dimensions with the discrete wavelet transform. Eur. J. Soil Sci. 55, 777–797.

Li, T.-H., Oh, H.S., 2002. Wavelet spectrum and its characterization property for random processes. IEEE Trans. Inform. Theor. 48, 2922–2937.

Liang, J., Parks, T.W., 1996. A translation-invariant wavelet representation algorithm with applications. IEEE Trans. Signal Process. 44, 225–232.

Lindsay, R.W., Percival, D.B., Rothrock, D.A., 1996. The discrete wavelet transform and the scale analysis of the surface properties of sea ice. IEEE Trans. Geosci. Rem. Sens. 34, 771–787.

Mallat, S.G., 1989a. Multiresolution approximations and wavelet orthonormal bases of $L^2(R)$. Trans. Am. Math. Soc. 315, 69–87.

Mallat, S.G., 1989b. A theory for multiresolution signal decomposition: the wavelet representation IEEE Trans. Pattern Anal. Mach. Intell. 11, 674–693.

Mallat, S.G., 1989c. Multifrequency channel decompositions of images and wavelet models. IEEE Trans. Acoust. Speech Signal Process. 37, 2091–2110.

Mallows, C.L., 1967. Linear processes are nearly Gaussian. J. Appl. Probab. 4, 313–329.

Massel, S.R., 2001. Wavelet analysis for processing of ocean surface wave records. Ocean Eng. 28, 957–987.

Milne, A.E., Lark, R.M., Webster, R., 2010. Spectral and wavelet analysis of gilgai patterns from air photography. Aust. J. Soil Res. 48, 309–325.

Mondal, D., 2007. Wavelet Variance Analysis for Time Series and Random Fields. PhD dissertation, Department of Statistics, University of Washington, DC.

Mondal, D., Percival, D.B., 2010. Wavelet variance analysis for gappy time series. Ann. Inst. Stat. Math. 62, 943–966.

Mondal, D., Percival, D.B., 2012a. M-estimation of wavelet variance analysis. Ann. Inst. Stat. Math. 64, 27–53.

Mondal, D., Percival, D.B., 2012b. Wavelet variance analysis for random fields on a regular lattice. IEEE Trans. Image Process. 21, 537–549.

Nason, G.P., Silverman, B.W., 1995. The stationary wavelet transform and some statistical applications. In: Antoniadis, A., Oppenheim, G. (Eds.), Wavelets and Statistics. Lecture Notes in Statistics, vol. 103. Springer–Verlag, New York, pp. 281–299.

Nason, G.P., von Sachs, R., Kroisandt, G., 2000. Wavelet processes and adaptive estimation of the evolutionary wavelet spectrum. J. Roy. Stat. Soc. B. 62, 271–292.

Norris, J.P., Hertz, P., Wood, K.S., Vaughan, B.A., Michelson, P.F., Mitsuda, K., et al., 1990. Independence of short time scale fluctuations of quasi-periodic oscillations and low frequency noise in GX 5–1. Astrophys. J. 361, 514–526.

Ombao, H., 2012. Analysis of Multivariate Non-Stationary Time Series Using the Localized Fourier Library. Elsevier. Chapter 14.

Pelgrum, H., Schmugge, T., Rango, A., Ritchie, J., Kustas, B., 2000. Length-scale analysis of surface albedo, temperature, and normalized difference vegetation index in desert grassland. Water Resour. Res. 36, 1757–1766.

Percival, D.B., 1983. The Statistics of Long Memory Processes. PhD dissertation, Department of Statistics, University of Washington, DC.

Percival, D.B., 1995. On estimation of the wavelet variance. Biometrika 82, 619–631.

Percival, D.B., 2003. Stochastic models and statistical analysis for clock noise. Metrologia 40, S289–S304.

Percival, D.B., Mofjeld, H.O., 1997. Analysis of subtidal coastal sea level fluctuations using wavelets. J. Am. Stat. Assoc. 92, 868–880.

Percival, D.B., Rothrock, D.A., Thorndike, A.S., Gneiting, T., 2008. The variance of mean sea-ice thickness: effect of long-range dependence. J. Geophys. Res. Oceans. 113, C01004. doi:10.1029/2007JC004391.

Percival, D.B., Walden, A.T., 1993. Spectral Analysis for Physical Applications: Multitaper and Conventional Univariate Techniques. Cambridge University Press, Cambridge, England.

Percival, D.B., Walden, A.T., 2000. Wavelet Methods for Time Series Analysis. Cambridge University Press, Cambridge, England.

Pesquet, J.-C., Krim, H., Carfantan, H., 1996. Time-invariant orthonormal wavelet representations. IEEE Trans. Signal Process. 44, 1964–1970.

Pichot, V., Gaspoz, J.M., Molliex, S., Antoniadis, A., Busso, T., Roche, F., et al., 1999. Wavelet transform to quantify heart rate variability and to assess its instantaneous changes. J. Appl. Physiol. 86, 1081–1091.

R Development Core Team, 2011. R: A Language and Environment for Statistical Computing. R Foundation for Statistical Computing, Vienna, Austria. http://www.r-project.org/

Rosenblatt, M., 1985. Stationary Sequences and Random Fields. Birkhäuser, Boston.

Rothrock, D.A., Percival, D.B., Wensnahan, M., 2008. The decline in arctic sea-ice thickness: separating the spatial, annual, and interannual variability in a quarter century of submarine data. J. Geophys. Res. Oceans 113, C05003. doi:10.1029/2007JC004252.

Rybák, J., Dorotovič, I., 2002. Temporal variability of the coronal green-line index (1947–1998). Sol. Phys. 205, 177–187.

Sanderson, J., Fryzlewicz, P., Jones, M.W., 2010. Estimating linear dependence between nonstationary time series using the locally stationary wavelet model. Biometrika 97, 435–446.

Scargle, J.D., Steiman-Cameron, T., Young, K., Donoho, D.L., Crutchfield, J.P., Imamura, J., 1993. The quasi-periodic oscillations and very low frequency noise of Scorpius X–1 as transient chaos: a dripping handrail? Astron. J. 411, L91–L94.

Serroukh, A., Walden, A.T., 2000a. Wavelet scale analysis of bivariate time series I: motivation and estimation. Nonparametric Statistics 13, 1–36.

Serroukh, A., Walden, A.T., 2000b. Wavelet scale analysis of bivariate time series II: statistical properties for linear processes. Nonparametric Statistics 13, 36–56.

Serroukh, A., Walden, A.T., Percival, D.B., 2000. Statistical properties and uses of the wavelet variance estimator for the scale analysis of time series. J. Am. Stat. Assoc. 95, 184–196.

Shensa, M.J., 1992. The discrete wavelet transform: wedding the à trous and Mallat algorithms. IEEE Trans. Signal Process. 40, 2464–2482.

Stein, S.R., 1985. Frequency and time – their measurement and characterization. In: Gerber, E.A., Ballato, A., (Eds.), Precision Frequency Control, vol. 2: Oscillators and Standards. Academic Press, Orlando, pp. 191–232.

Stoev, S., Taqqu, M.S., 2003. Wavelet estimation of the Hurst parameter in stable processes. In: Rangarajan, D., Ding, M. (Eds.), Processes with Long Range Correlations: Theory and Applications. Lecture Notes in Physics, vol. 621. Springer, Berlin, pp. 61–87.

Stoev, S., Taqqu, M.S., Park, C., Michailidis, G., Marron, J.S., 2006. LASS: a tool for the local analysis of self-similarity. Comput. Stat. Data Anal. 50, 2447–2471.

Thomson, D.J., 1982. Spectrum estimation and harmonic analysis. Proc. IEEE. 70, 1055–1096.

Torrence, C., Compo, G.P., 1998. A practical guide to wavelet analysis. Bull. Am. Meteorol. Soc. 79, 61–78.

Tsakiroglou, E., Walden, A.T., 2002. From Blackman–Tukey pilot estimators to wavelet packet estimators: a modern perspective on an old spectrum estimation idea. Signal Process. 82, 1425–1441.

Unser, M., 1995. Texture classification and segmentation using wavelet frames. IEEE Trans. Image Process. 4, 1549–1560.

von Storch, H., Zwiers, F.W., 1999. Statistical Analysis in Climate Research. Cambridge University Press, Cambridge, England.

Whitcher, B.J., Byers, S.D., Guttorp, P., Percival, D.B., 2002. Testing for homogeneity of variance in time series: long memory, wavelets and the Nile River. Water Resour. Res. 38, 1054–1070.

Whitcher, B.J., Guttorp, P., Percival, D.B., 2000. Wavelet analysis of covariance with application to atmospheric time series. J. Geophys. Res. Atmos. 105, 14,941–14,962.

Yaglom, A.M., 1958. Correlation theory of processes with random stationary nth increments. Am. Math. Soc. Trans. (Ser. 2). 8, 87–141.

Part X
Computational Methods

計算方法

CHAPTER 23

Time Series Analysis with R

Rによる時系列解析

概　要　統計解析プログラミング環境 R の簡単な紹介を行い，なぜ多くの時系列研究者が応用研究や理論研究において R を有用と考えるのかを説明する．また，基本的な時系列解析に対する R の使い方を概説する．R でサポートされている時系列解析におけるいくつかの中級または上級の話題として，状態空間モデル，構造変化，一般化線形モデル，閾値モデル，ニューラルネット，共和分，GARCH，ウェーブレット，確率微分方程式などについても議論する．R によって作られた時系列に関する多くの美しいグラフを例示する．すべてのグラフおよび表を作るための R のプログラムは，著者のホームページで公開されている．

■ キーワード ■　クラスタおよびマルチコア計算，統計プログラミング環境，検証可能な研究，統計的計算，時系列グラフィックス

　この章の目的は，R を利用した計算時系列解析研究のうち，質の高いいくつかの結果の概要を提供することである．R で利用可能な時系列解析のためのソフトウェアのより詳細な概要は，CRAN[*1)] task views[*2)] から利用できる．

　もし読者がまだ R ユーザーでないなら，この章は，R の状況や，いかに R を利用するかを学ぶための助けとなるだろう．既存の R ユーザーは，R における時系列解析ソフトウェアのいくつかの概要に興味を持つかもしれない．R を学ぶための本とチュートリアルについてはこの章の後半で議論する．R 開発コアチームによる優れたオンライン入門文書が利用可能であり[*3)]，また，より高度な文書もある[*4)]．計算時系列解析の領域では，特に高度なアルゴリズムのために，R が多くの研究者に選択されている．R は研究者に利用されるだけではなく，さまざまな時系列アプリケーションとすべてのレベルの時系列の教育コースで広く使用されている．もちろん，ほかにも興味深く有用な機能を持つソフトウェアシステムが数多くあり，例えば Mathematica (Wolfram Research, 2011) は数式処理機能を備えている (Smith and Field, 2001;

[*1)] Comprehensive R Archive
[*2)] http://cran.r-project.org/web/views/
[*3)] http://cran.r-project.org/manuals.html
[*4)] http://cran.r-project.org/other-docs.html

Zhang and McLeod, 2006). R は，時系列を扱うほとんどの研究者のために，一般的で優れたプラットフォームを提供する．

R の歴史については別に議論されているので (Gentleman and Ihaka, 1996)，この統計プログラミング環境に関するいくつかの重要な特色を指摘した上で，本論に進もう．R はオープンソースプロジェクトであり，自由に利用でき，何千ものアドオンパッケージを持つ高品質な計算環境である．R は長年にわたる統計および数値計算の研究成果を取り入れており，しっかりした統計および数値計算アルゴリズムの基礎の上に構築されている．R プログラミング言語は，関数型で高度に対話的なスクリプト言語で，2 種類のオブジェクト指向プログラミング機能を提供する．多くの場合，経験豊富な R ユーザーにとっては，アルゴリズムを記述するには，通常の数学的記法を利用するよりもこの言語を利用するほうが簡単であり，数学的記法とは違って実際に実行できるので，より強力でもある．このように，R は思考の重要な手段でもある．R の初心者や一時的ユーザーは，Microsoft Excel (Heiberger and Neuwirth, 2009) や R Commander (Fox, 2005) を通じて対話的に使うのがよいかもしれない．

Sweave (Leisch, 2002, 2003) を利用すると，R は応用統計や経済統計などの分野における高品質な技術的文書の作成と検証可能な研究をサポートでき，再現性のある解析を提供できるようになる (Kleiber and Zeileis, 2008)．この章の執筆には Sweave を利用しており，すべての図と表の作成を含むすべての計算のための R スクリプトが，オンラインで利用できる[*5]．また，そこにはすべてのグラフをカラーで描いた，この章の PDF 文書がある．

R は 64 ビット，マルチコア，並列およびクラスタ計算をサポートしている．R は C や Fortran などの他のプログラミング言語を容易に利用できるので，かなり複雑な MPI (message-passing interface) プログラムが，R を利用すればクラスタやグリッド上で簡単に実行できる．

R に関しては，初等的なものから専門的なトピックを扱うものまで，多くの文献がある．R への一般的な入門書としては，Adler (2009)，Braun and Murdoch (2008)，Crawley (2007)，Dalgaard (2008)，Everitt and Hothorn (2009)，Zuur et al. (2009) などが挙げられる．高度な R プログラミングは，Spector (2008)，Chambers (2008)，Gentleman (2009)，Venables and Ripley (2000) などで扱われている．Springer 社は *Use R* シリーズとして 30 タイトル以上の書籍を発売している．Chapman & Hall/CRC 社は *The R Series* として多くの書籍を出版しており，そのほかにも R に関する多くの高品質な書籍を出版している．これらの書籍の多くは，その著者によって開発された R パッケージについて書かれていたり，ある応用分野で有用な R ツールを説明していたりする．このような多くの高品質な書籍に加えて，*Journal of Statistical Software* (JSS) は，統計ソフトウェアに関する査読付き論文

[*5] http://www.stats.uwo.ca/faculty/aim/tsar/

を掲載している．JSS は論文だけではなく，コンピュータプログラムの品質も査読しており，論文とコードの両方をウェブサイトで公開している．これらの論文の多くが R パッケージについて議論している．厳格な査読プロセスは，高品質な標準を保証している．この章では，書籍や JSS で扱われた R パッケージに焦点を当てている．

専門的な査読付きジャーナルである The R Journal には，幅広い R コミュニティの興味を引く論文が掲載される．また，Revolution Analytics による有用なブログもある[*6]．

非営利団体 Rmetrics (Würtz, 2004) は定量的ファイナンスと時系列解析における教育と研究のための R パッケージを提供する．それらは電子ブックでさらに詳しく説明されている．

時系列解析にはさまざまなコースに対する多数の教科書がある (Chan, 2010; Cryer and Chan, 2008; Lütkepohl and Krätzig, 2004; Shumway and Stoffer, 2011; Tsay, 2010; Venables and Ripley, 2002)．これらの教科書では R が利用され，またそこで利用されるスクリプトとデータセットを含んだ CRAN 上の R パッケージが説明される．

23.1 時系列プロット

この節では，時系列に関するプロットに注目する．そのようなプロットはしばしば探索的解析における最初のステップであり，また通常，最終報告にも使われる．R は通常の時系列だけではなく，より複雑な時系列，例えば不等間隔に観測された時系列などについても，さまざまなプロットを作ることができる．組込み関数 plot() は，簡単な時系列，例えばオオヤマネコの年間捕獲数の時系列などに利用できる．

時系列における傾向変化を可視化するときには，アスペクト比がしばしば重要である (Cleveland et al., 1988; Cleveland, 1993)．多くの時系列において，アスペクト比 1/4 が良い選択である．関数 xyplot() (Sarkar, 2008) を使うと，アスペクト比は容易にコントロールできる．図 23.1 は，オオヤマネコの年間捕獲数の時系列プロットをアスペクト比 1/4 で示している．オオヤマネコの捕獲数の非対称的な上昇・下降は，このアスペクト比で容易に見てとれる．

時系列プロットでは，多くのスタイルが可能である．図 23.2 のように，高密度な線グラフがしばしば有用である．

xyplot() のもう一つの機能として，より長期にわたる時系列のための分割・積み重ねプロットがある．図 23.3 は，有名なベバリッジ小麦価格指数時系列の，xyplot() と asTheEconomist() を利用した分割・積み重ねプロットである．分割・積み重ねプロットは，同数アルゴリズムを使って，指定された個数の重なりがあるように時系列

[*6] http://blog.revolutionanalytics.com/

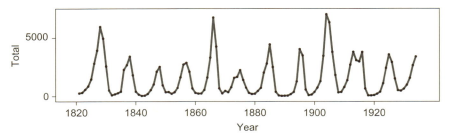

図 23.1 カナダにおけるオオヤマネコの年間捕獲数.

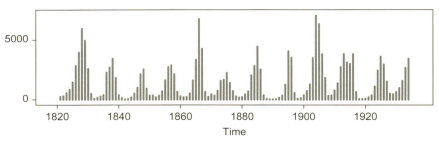

図 23.2 高密度線グラフ.

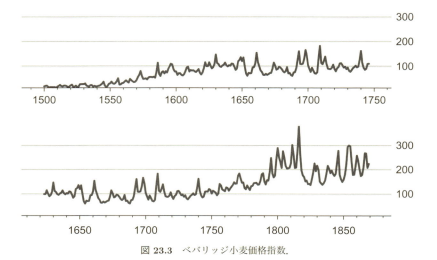

図 23.3 ベバリッジ小麦価格指数.

を分割する．デフォルトの設定は 50%の重なりである．

図 23.4 では，よく知られた CO_2 時系列の季節成分分解をプロットするために，xyplot() を用いている．R における季節調整アルゴリズム stl() は，R 関数のドキュメントで説明されており，より詳しい解説は Cleveland (1993) にある．xyplot() を使ったプロットは多くの情報を効果的に示すことができ，例えば，図 23.4 からは季節変動が増加していることが明らかである．

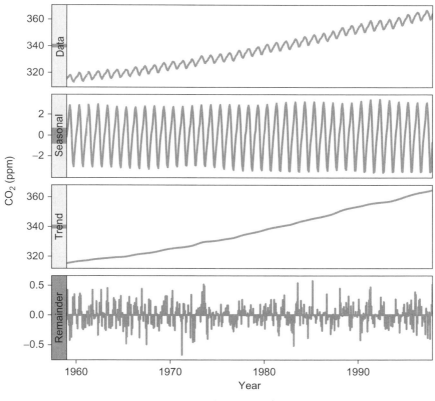

図 **23.4** 大気中の CO_2 濃度．

xyplot() では，2 変量や多変量の時系列もプロットできる．図 23.5 は，1973～2007 年のカナダ (CN)，英国 (UK)，中国 (CA) の年間平均気温の時系列プロットを示している[*7]．図 23.5 は並置，すなわち，各時系列が別々のパネルに示されてい

[*7] このデータは Mathematica のデータベースから得た．

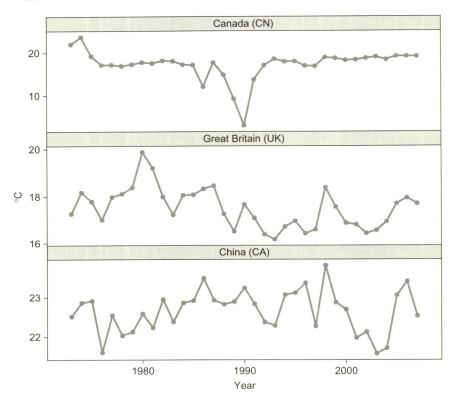

図 23.5 カナダ (CN), 英国 (UK), 中国 (CA) における 1973〜2007 年の年間平均気温 (°C).

る.上書き,すなわちすべての時系列を 1 枚のパネルに描くこともしばしば好まれる.R 関数 plot() および xyplot() では,両方のタイプの配置が可能である.

ケイブプロット (Becker et al., 1994) と呼ばれる,2 変量の時系列に特化したプロットも,Zhou and Braun (2010) で示されているように R では容易に利用できる.多くの多変量時系列があるとき,xyplot() の利用は適当でない.この場合,Peng (2008) による mvtsplot() が利用できる.Peng (2008) には多くのおもしろい例があり,その中には株式市場ポートフォリオ,米国の 100 個の郡におけるオゾン汚染の日別時系列,および米国の 98 郡の硫酸塩のレベルなどが含まれる.

通常このプロットは,少なくとも 10 個以上の多くの時系列に利用される.ただし,ここでは簡単のため,また先の例との比較を行うため,図 23.6 に,mvtsplot() を用いたカナダ,英国,中国の年ごとの気温時系列を示す.右のパネルは各時系列のボックスプロットを示している.このパネルから,年間平均気温においては,中国は英国

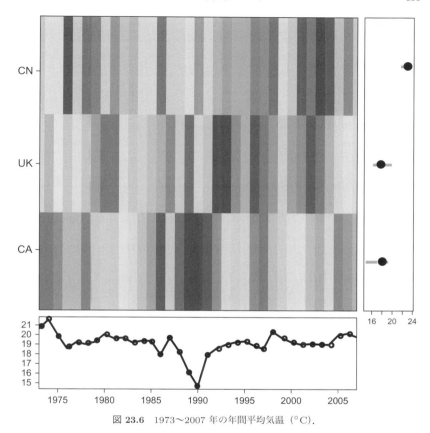

図 23.6　1973〜2007 年の年間平均気温（°C）.

やカナダよりはるかに暖かく，英国がカナダよりしばしばわずかに寒いことが明確にわかる．下のパネルは，三つの時系列の平均を示している．ここで示されたイメージは，三つの時系列の変動を表す．各時系列において，紫色，灰色，緑色はそれぞれ低温，中間，高温を示し，色が濃ければ濃いほど，値は大きい[*8)]．図 23.6 のイメージから，2000 年頃以降，カナダは英国や中国より相対的に暖かくなっていることがわかる．また，1989 年から 1991 年の間，カナダの年間平均気温は英国や中国と比べて低かった．これらのプロットを構成するためのオプションが数多くある（Peng, 2008）．このプロットは，多くの時系列を表示する際に最も役に立つ．

　金融時系列は通常日次で観測されるが，証券取引所が休みである休日などには観測されない．過去および現在の株式市場データには，`get.hist.quote()`（Trapletti,

---

[*8)]　【訳注】脚注 5 にあるカラーの PDF 文書を参照．

2011）を使ってアクセスできる．金融時系列においては，日と時間を扱うことは実際上重要な問題である．Grolemund and Wickham（2011）はこの問題に対して新しい方法を提案し，Rで提供される他の手法をレビューしている．不定期に観測された時系列はRmetricsの関数（Wuertz and Chalabi, 2011）によってプロットされる．Rmetricsのパッケージである fImport には，世界中のさまざまな証券取引所から株式市場データを収集するための関数も含まれている．

図23.7では，関数 yahooSeries() を使って，IBM株の最近の60営業日の終値を得ている．Rmetricsの関数 timeSeries() は，このデータをプロットできるフォーマットに変換する．

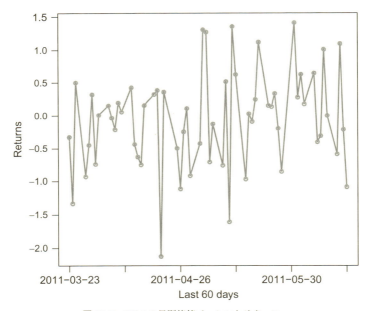

図 23.7　IBM の日別終値パーセントリターン．

時系列プロットは，時系列アプリケーションにおいては一般的で重要である．また，Rは他の標準的な時系列関数とともに，時系列の可視化という点でも優れた機能を提供している．例として，時系列診断，自己相関，スペクトル解析，ウェーブレット解析などが挙げられる．通常，そのような関数からの出力結果は，グラフィカルに表示することで最も良く理解される．

さらに，ほかにもデータ可視化と統計グラフィックスのための関数が数多くある．例えば，Cleveland（1993）によるデータ可視化の有名なモノグラフに掲載されているすべての図は，Rスクリプトを利用することで描くことができる．

R パッケージ ggplot2 (Wickham, 2009) は，グラフィックスに関する優れた書籍 (Wilkinson, 1999) で議論された新しい図式法を実現している．ggplot2 を用いて描かれた，ナポレオンのロシア侵略に関する Minard の有名な時空間グラフィックスが，オンラインドキュメンテーションとして利用できる[*9]．

時系列を含む動的なデータ可視化は，rggobi (Cook and Swayne, 2007) で提供される．

現在における R グラフィックスの基礎は，Murrell (2011) による本に示されている．

23.2 基本パッケージ：stats と datasets

R の開始時，通常は datasets パッケージと stats パッケージが自動的にロードされる．これらのパッケージは，時系列を分析するのに必要な一般的な関数を提供するだけではなく，多くの興味深い時系列データを含んでいる．これらのデータセットについては，付録 A.1（表 A.1）でまとめる．

stats パッケージは時系列解析の基本機能を提供する．これらの機能は付録 A.2（表 A.2〜A.5）に記載されている．これらの機能のさらなる議論に関しては，Cowpertwait and Metcalfe (2009) を参照されたい．多くの時系列の教科書が，R の簡単な紹介と時系列解析への利用を説明している（Cryer and Chan, 2008; Shumway and Stoffer, 2011; Venables and Ripley, 2002; Wuertz, 2010）．

Adler (2009) は時系列解析も含め R を詳しく紹介している．Venables and Ripley (2002) は大学院レベルの応用統計学の教科書であり，R を用いた ARIMA モデルとスペクトル解析の入門を解説している．この教科書では R パッケージ MASS が使われている．

R が提供する時系列解析関数は，時系列解析に関するほとんどの教科書を補完するものとして十分である．

23.2.1 stats

まず，stats の時系列関数について議論する．フィルタリング，差分，和分，ウィンドウ，シミュレーション，多変量時系列の構成といった，時系列を取り扱う多くの関数に加えて，自己/相互相関関数の解析，移動平均フィルタや Loess を用いる季節成分分解，1 変量および多変量時系列のスペクトル解析，1 変量および多変量時系列の自己回帰モデル，1 変量 ARIMA モデル当てはめなどの関数がある．これらの関数の多くは，最先端のアルゴリズムを実装している．ar() 関数にはオプションがあり，1 変量および多変量の場合に，ユール・ウォーカー推定，最小 2 乗推定，ブルグ推定ができる．ar() は最尤推定を実装しているが，パッケージ FitAR (McLeod et al.,

---

[*9] 【訳注】例えば，http://www.datavis.ca/gallery/re-minard.php を参照．

2011b; McLeod and Zhang, 2008b）は，より高速で信頼できるアルゴリズムを提供する．

関数 spectrum() も 1 変量および多変量時系列に対して，繰り返しダニエル平滑化 (Bloomfield, 2000) を実行することができる．1 変量時系列に対しては自己回帰スペクトル密度推定を行う (Percival and Walden, 1993)．

arima() 関数は，カルマンフィルタアルゴリズムで実装されており，厳密最尤法を実行可能で，欠測値を厳密に処理する (Ripley, 2002)．この関数は最大の計算性能を得るために，C コードを呼び出す．arima() 関数には，多重季節 ARIMA モデル当てはめのほか，いくつかのパラメータが 0 に固定された部分モデルや，ARIMA 誤差を持つ回帰モデルに対するオプションが含まれる．関数 tsdiag() と Box.test() はモデル診断を行う．ARMA モデルについては，FitARMA パッケージ (McLeod, 2010) においてすべて R で書かれた新しい最尤推定アルゴリズム (McLeod and Zhang, 2008a) が利用できる．

ここで，arima() を使用した医学的な干渉分析の簡単な例について述べる．月平均クレアチニンクリアランスという医学時系列では，多重季節 ARIMA$(0,1,1)\,(1,0,0)_{12}$ 誤差項があるステップ干渉モデルが当てはめられた．干渉効果は有意水準 1% で有意であることがわかった．この結果を示すため，図 23.8 は干渉の前後の予測値を比較している．予測値は干渉前の時系列に当てはめられたモデルによるものである．プロットから，干渉後にクレアチニンクリアランスが減少することを視覚的に確認できる．

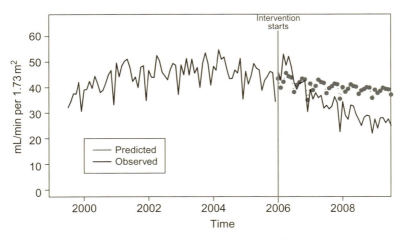

図 23.8　クレアチニンクリアランス時系列．

指数平滑法は予測に広く使用されており (Gelper et al., 2010), stats (Meyer, 2002) で利用可能である. 簡単な指数平滑法は z_{t+h} ($h = 1, 2, \ldots$) を $\hat{z}_{t+1}$ などで予測する. ただし, $\hat{z}_{t+1} = \lambda z_t + (1-\lambda)\hat{z}_{t-1}$ である. この方法による予測は, ARIMA(0,1,1) による予測と同等である. 一つの拡張である二重指数平滑法は, z_{t+h} ($h = 1, 2, \ldots$) を予測するのに $\hat{z}_{t+h} = \hat{a}_t + h\hat{b}_t$ を用いる. ここで, $\hat{a}_t = \alpha z_t + (1-\alpha)(\hat{a}_{t-1} + \hat{b}_{t-1})$, $\hat{b}_t = \beta(\hat{a}_t - \hat{a}_{t-1}) + (1-\beta)\hat{b}_{t-1}$ であり, α と β は平滑化パラメータである. 二重指数平滑法はしばしば Holt の線形トレンド法と呼ばれ, ARIMA(0,2,2) と同等な予測を与えることを示すことができる. 周期 p の季節時系列のための Winters 法は, z_{t+h} を $\hat{z}_{t+h} = \hat{a}_t + h\hat{b}_t + \hat{s}_t$ で予測する. ここで, $\hat{a}_t = \alpha(z_t - \hat{s}_{t-p}) + (1-\alpha)(\hat{a}_{t-1} + \hat{b}_{t-1})$, $\hat{b}_t = \beta(\hat{a}_t - \hat{a}_{t-1}) + (1-\beta)\hat{b}_{t-1}$, $\hat{s}_t = \gamma(z_t - \hat{a}_t) + (1-\gamma)\hat{s}_{t-p}$ であり, α, β, γ は平滑化パラメータである. 乗法型のバージョンでは, $\hat{z}_{t+h} = (\hat{a}_t + h\hat{b}_t)\hat{s}_t$ である. 線形の場合, Winters 法は多重季節 ARIMA モデルと同等である. これらのすべての指数平滑モデルは, 関数 HoltWinters() で当てはめることができる. また, この関数は predict() メソッドと plot() メソッドを持つ.

構造時系列モデル (Harvey, 1989) も, カルマンフィルタを用いて関数 StructTS() で実現される. カルマンフィルタが使用されているので, カルマン平滑化も利用可能であり, 関数 tsSmooth() で実行できる. 基本となる構造モデルは, 観測方程式

$$z_t = \mu_t + s_t + e_t, \quad e_t \sim \text{NID}(0, \sigma_e^2)$$

と, 状態方程式

$$\mu_{t+1} = \mu_t + \xi_t, \quad \xi_t \sim \text{NID}(0, \sigma_\xi^2)$$
$$\nu_{t+1} = \nu_t + \zeta_t, \quad \zeta_t \sim \text{NID}(0, \sigma_\zeta^2)$$
$$\gamma_{t+1} = -(\gamma_t + \cdots + \gamma_{t-s+2}) + \omega_t, \quad \omega_t \sim \text{NID}(0, \sigma_\eta^2)$$

で構成される. もし σ_ω^2 が 0 なら, 周期性は決定的である. 局所線形トレンドモデルは観測方程式の γ_t に関わる項を省略することによって得られ, また最後の状態方程式も同様に省略できるかもしれない. 局所線形トレンドモデルで $\sigma_\zeta^2 = 0$ とすると, ARIMA(0,2,2) と同等なモデルとなり, 局所線形モデルで $\sigma_\xi^2 = 0$ とすると, ARMA(0,1,1) に同等となる.

図 23.9 では, 次の 12 か月について, 多重 Winters 法の予測と, 多重季節 ARIMA$(0,1,1)(0,1,1)_{12}$ モデルの予測を比較している. もとのデータの対数変換が用いられ, それから予測値が逆変換で得られる. もとのデータ領域に戻すためには, 2 種類の逆変換がある (Granger and Newbold, 1976; Hopwood et al., 1984). ナイーブ法と最小平均 2 乗法 (minimum mean-square error; MMSE) である. 図 23.9 はこれらの逆変換予測を比較して, MMSE のほうがナイーブな予測よりも小さめになることを示している.

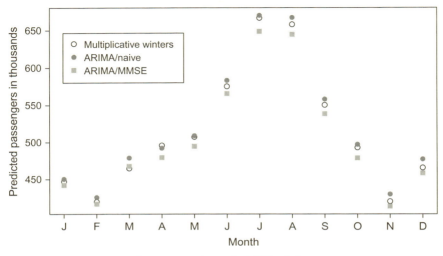

図 23.9　1961 年における予測値の比較．

23.2.2　tseries

パッケージ tseries (Trapletti, 2011) はよくできており，有用な時系列関数とデータセットの両方を提供する．これらについては，付録 A.3 でまとめる．

23.2.3　Forecast

パッケージ Forecast (Hyndman, 2010) は，ARIMA と幅広いクラスの指数平滑モデルを利用して予測を行う．これらの方法は，Hyndman and Khandakar (2008) で簡潔に与えられ，より詳しい説明は書籍 (Hyndman et al., 2008) にある．Hyndman and Khandakar (2008) は，60 の異なる指数平滑モデルを議論し，尤度関数を評価するための新しい状態空間アプローチを提供している．

付録 A.4 において，指数平滑モデルのための関数を表 A.10 にまとめている．

自動的 ARIMA と関連する関数については，表 A.9 でまとめる．

さらに，各月の日数，欠測値の補間，新しい季節プロットといった，時系列データを扱うために役立つ一般的な関数を，表 A.8 で簡潔に説明する．

23.3　その他の線形時系列解析

23.3.1　状態空間モデルとカルマンフィルタ

Tusell (2011) は R を用いたカルマンフィルタの概説を与えている．StructTS のほかにも，時系列のカルマンフィルタリングと状態空間モデリングをサポートするパッ

ケージが四つある．一般に，状態空間モデル（Harvey, 1989; Tusell, 2011）は二つの方程式，観測方程式

$$\boldsymbol{y}_t = \boldsymbol{d}_t + \boldsymbol{Z}_t \boldsymbol{\alpha}_t + \boldsymbol{\epsilon}_t \tag{23.1}$$

と状態方程式

$$\boldsymbol{\alpha}_t = \boldsymbol{c}_t + \boldsymbol{T}_t \boldsymbol{\alpha}_{t-1} + \boldsymbol{R}_t \boldsymbol{\eta}_t \tag{23.2}$$

からなる．ここで，ホワイトノイズ $\boldsymbol{\epsilon}_t$ と $\boldsymbol{\eta}_t$ は，平均ベクトルが 0 で共分散行列はそれぞれ Q_t と H_t である多変量正規分布である．また，ホワイトノイズは無相関 $\mathrm{E}\{\boldsymbol{\epsilon}'_t \boldsymbol{\eta}_t\} = 0$ である．

カルマンフィルタアルゴリズムは，再帰的に以下の計算を行う．

- $\boldsymbol{\alpha}_t$ の予測
- $\boldsymbol{y}_t$ の予測
- $\boldsymbol{y}_t$ の内挿

どの場合も共分散行列の推定値が得られる．

項 $\boldsymbol{d}_t$ と $\boldsymbol{c}_t$ を落とし，時間によらずすべての行列が一定であるとすると，1 変量および多変量 ARMA モデルを含む状態空間モデルのクラスが提供される（Brockwell and Davis, 1991; Durbin and Koopman, 2001; Gilbert, 1993）．前に述べたように，組込み関数 arima は，カルマンフィルタアルゴリズムを使って，欠測値のある 1 変量 ARIMA の厳密な最尤推定量を求める（Ripley, 2002）．Gilbert (2011) によるパッケージ dse は，時間不変な場合のカルマンフィルタを提供し，多変量 ARMA と ARMAX モデルを含む一般的なモデルを扱う．

Harrison and West (1997) と Harvey (1989) は，カルマンフィルタによるベイズ動的線形モデルの詳しい説明を与えた．このテーマは Petris et al. (2009) で発展させられ，R のプログラムも与えられる．そこで使われるパッケージ dlm (Petris, 2010) は，推定とフィルタリングの関数を提供するとともに，そのソフトウェアの使い方を述べた優れたビニエットも含んでいる．

以下の例は，Petris (2010) のビニエットに含まれるもので，ランダムウォークに雑音を加えたモデルを Nile 時系列に当てはめる．

$$y_t = \theta_t + v_t, \quad v_t \sim \mathcal{N}(0, V)$$
$$\theta_t = \theta_{t-1} + w_t, \quad w_t \sim \mathcal{N}(0, W)$$

図 23.10 に，フィルタリングされた時系列をプロットし，その 95% 信頼区間も示す．

Tusell (2011) は，カルマンフィルタリングのための他の三つのパッケージ（Dethlefsen et al., 2009; Luethi et al., 2010; Helske, 2011）を概説している．

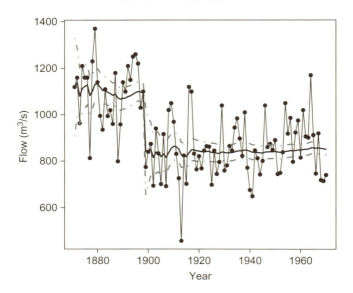

図 23.10 ナイル川の流量（黒丸のある折れ線），ランダムウォークに雑音を加えたモデルでフィルタリングされた値（濃い折れ線），95% 信頼区間（一点鎖線）．

23.3.2 Durbin–Levinson 再帰計算を用いた線形時系列解析へのアプローチ

付録 A.5 の表 A.11 はパッケージ ltsa に含まれる，線形時系列解析に使える主要な関数を示している．

Durbin–Levinson 再帰計算（Box et al., 2008）は，自己相関関数で定義されるすべての線形過程について，尤度計算，厳密な予測とそれらの共分散行列の計算，シミュレーションの簡単で直接的な方法を提供する．この手法はパッケージ ltsa（McLeod et al., 2007, 2011a）で実行できる．

23.3.3 項では，分数ガウス雑音（FGN）のためにこの方法を利用する．そして，ltsa の関数を用いて包括的なモデルを作成するための R パッケージを提供する．

自己共分散関数が与えられたとき，時系列をシミュレートするために DHSimulate()，DLSimulate()，SimGLP() の三つの方法が利用できる．DHSimulate() は Davies and Harte（1987）の高速フーリエ変換（fast Fourier transform; FFT）を利用する．しかし，このアルゴリズムは，すべての定常時系列に応用できるわけではないので（Craigmile, 2003），Durbin–Levinson 再帰計算に基づく DHSimulate() も提供されている．アルゴリズム SimGLP() は，非ガウス雑音を持ち，方程式

$$z_t = \mu + \sum_{i=1}^{Q} \psi_i a_{t-i} \tag{23.3}$$

23.3 その他の線形時系列解析

に従う時系列をシミュレートするために提供されている.

式 (23.3) の中の和は,高速フーリエ変換 (FFT) を利用する R 関数 convolve() により効率的に実行される.また,ARIMA モデルの場合には,組込み関数 arima.sim() が使用できる.関数 TrenchInverse() と TrenchInverseUpdate() は,テプリッツ共分散行列を含む問題に役立つ.TrenchForecast() は正確な予測とそれらの共分散行列を与える.

以下の例は,予測に関する時系列の講義で有用である.1700〜1988 年の年次太陽黒点数 sunspot.year に AR(9) を当てはめる.予測計算においては,パラメータは既知であるとして扱う,すなわち推定による誤差は無視するのが標準的である.イノベーションと比較して推定誤差は小さいので,これは合理的である.これはアルゴリズム TrenchForecast() でも仮定される.$z_m(\ell)$ を起点時間 $t = m$ から ℓ 時間先の最小平均 2 乗誤差予測値とする.$z_{m+1}, \ldots, z_n$ の予測値として,1 時点先予測値

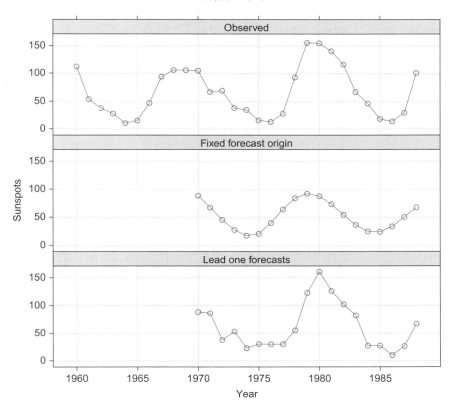

図 **23.11** sunspot.year の 1969 年からの固定起点予測と 1 時点先予測の比較.

$z_{m+\ell-1}(1)$ と,起点を固定した予測値 $z_m(\ell)$ ($\ell = 1, \ldots, L$, $L = n - m + 1$) とを比較する.その結果が図 23.11 である.図には,多くの興味深い点がある.予想されるように,固定起点予測はそれほど正確ではない.また,固定起点予測値は系統的な乖離を示しているが,1 時点先予測はそうではない.

この例で示されるように,TrenchForecast() は predict() より柔軟な予測法である.

23.3.3 長期記憶時系列解析

z_t ($t = 1, 2, \ldots$) を,定常で平均 0,自己共分散関数 $\gamma_z(k) = \mathrm{cov}(z_t, z_{t-k})$ の時系列とする.FGN(分数ガウス雑音)や FARMA(分数 ARMA)などの多くの長期記憶過程は,ある $\alpha \in (0,1)$ と $c_{\alpha,\gamma} > 0$ に対して $k \to \infty$ のとき $k^\alpha \gamma_Z(k) \to c_{\alpha,\gamma}$ となる性質で特徴付けられる.すなわち

$$\gamma_Z(k) \sim c_{\alpha,\gamma} k^{-\alpha}$$

と書ける.FARMA モデルと FGN モデルは Hipel and McLeod (1994),Beran (1994),Brockwell and Davis (1991) で概説されている.FGN は,簡単に言えば共分散関数が $\rho_k = (|k+1|^{2H} - 2|k|^{2H} + |k-1|^{2H})/2$ ($0 < H < 1$) の定常ガウス時系列である.FARMA モデルは,ARIMA モデルの差分パラメータ d が $d \in (-0.5, 0.5)$ となるように拡張したものである.長期記憶パラメータ H と d は,α を用いると,$H \simeq 1 - \alpha/2$,$H \in (0,1)$,$H \neq 1/2$,および $d \simeq 1/2 - \alpha/2$,$d \in (-1/2, 1/2)$,$d \neq 0$ である(McLeod, 1998).ガウスホワイトノイズは $H = 1/2$ の場合であり,FARMA では AR 部も MA 部もなく $d = 0$ の場合である.Haslett and Raftery (1989) は FARMA モデルに対する最尤推定アルゴリズムを開発し,このモデルを長期の風速の時系列に適用した.このアルゴリズムは,R ではパッケージ fracdiff (Fraley et al., 2009) で利用可能である.d がより一般的な値をとる FARMA モデルの一般化は,ARFIMA と呼ばれる.長期記憶時系列のよく引用される例は,622~1284 年 ($n = 663$) のナイル川の最小年間流量である(Percival and Walden, 2000, Section 9.8).パッケージ longmemo (Beran et al., 2009) は,このデータなどの時系列データを含んでいる.FGN はパラメータ H の正確な MLE を計算するとともに,パラメトリックブートストラップと最小 2 乗誤差予測を行う.ナイルデータに関しては,$\hat{H} = 0.831$ である.図 23.12 の時系列プロットは,実データと二つのブートストラップデータを示している.

R の能力をもう少し説明するために,パッケージ FGN の正確な MLE 関数 FitFGN() とパッケージ longmemo の GLM 法 FEXPest() を用いて,分数ガウス雑音のパラメータ H の推定を比較するシミュレーション実験を行う.FGN の関数 SimulateFGN() を利用して,$H = 0.3, 0.5, 0.7$ に対して長さ $n = 200$ の時系列を 100 回シミュレートした.それぞれの系列に対して MLE と GLM 法により当てはめを行い,推定値と真値の差の

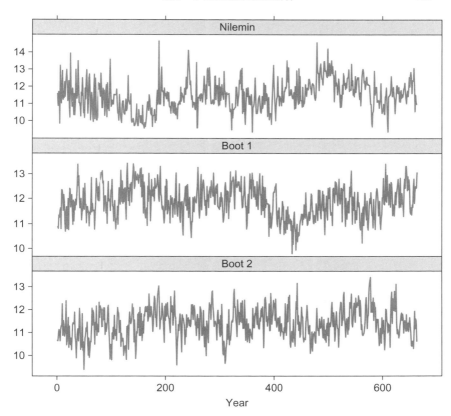

図 **23.12** ナイル川最小流量データと，二つのブートストラップ結果との比較.

絶対誤差を計算した．すなわち，$\text{Err}_{\text{MLE}} = |\hat{H}_{\text{MLE}} - H|$ と $\text{Err}_{\text{GLM}} = |\hat{H}_{\text{GLM}} - H|$ である．図 23.13 に示す $\text{Err}_{(\text{GLM})} - \text{Err}_{(\text{MLE})}$ の切れ込み付きボックスプロットから，MLE のほうが正確であることがわかる．現在の PC では，プログラムがさほど洗練されていなくても，30 秒もかからない．

ARFIMA モデルは，FARMA モデルを ARIMA モデル，つまり差分定常な時系列に拡張したものである（Baillie, 1996; Diebold and Rudebusch, 1989）．最も簡単な方法は，差分次数を選択して差分をとり，その結果に FARMA モデルを当てはめることである．

23.3.4 部分自己回帰モデル

パッケージ FitAR（McLeod and Zhang, 2006, 2008b; McLeod et al., 2011b）は，AR(p) に対して，組込み関数 ar() よりも効率的で信頼できる正確な MLE を与

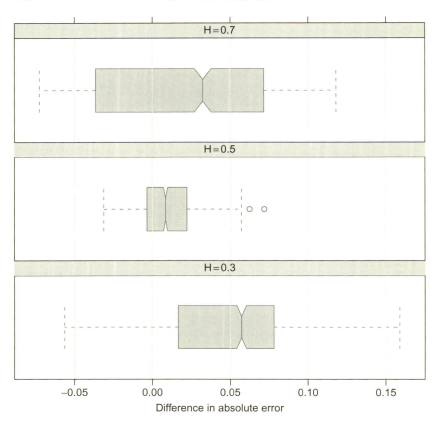

図 23.13 分数ガウス雑音のパラメータ H の MLE 推定量と GLM 推定量の比較.

える.さらに,二つのタイプの部分自己回帰モデルも当てはめられる.まず,通常の部分自己回帰モデルは,$\phi(B)(z_t - \mu) = a_t$ で $\phi(B) = 1 - \phi_{i_1}B - \cdots - \phi_{i_m}B^{i_m}$ の場合である.ここで,$i_1, \ldots, i_m$ はラグの部分集合である.このモデルのパラメータを推定するためには,通常の最小 2 乗推定が利用される.もう一つの部分モデルは,パラメータとして偏自己相関関数を使用することで定義される.効率的なモデル選択・推定・診断アルゴリズムは,McLeod and Zhang (2006) と McLeod and Zhang (2008b) で議論され,パッケージ FitAR (McLeod et al., 2011b) で実行される.任意の定常時系列は高次の自己回帰モデルで近似可能であり,そのモデルはいくつかある情報量規準の一つを使って選択すればよい.この近似に基づけば,FitAR は任意の時系列に対して,自動ブートストラッピング,スペクトル密度推定,Box–Cox 分析を行うことができる.時系列 lynx に対するオプションの Box–Cox 変換は,コマンド R

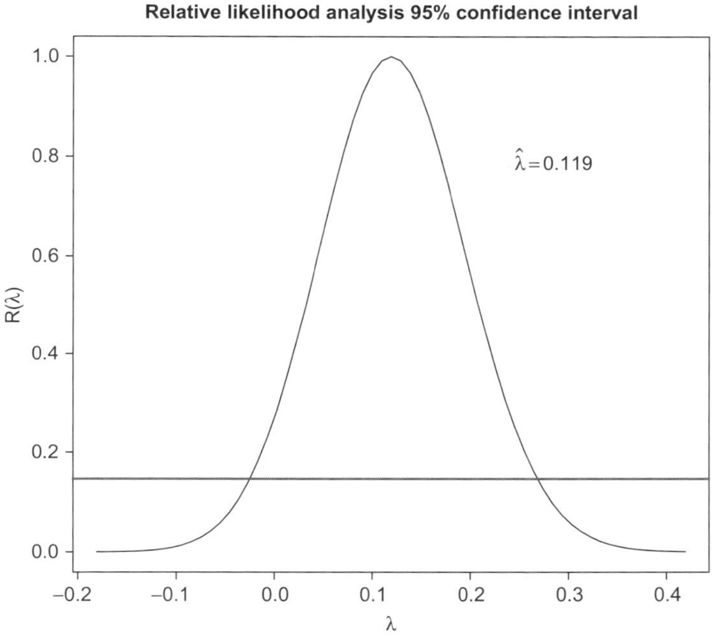
Relative likelihood analysis 95% confidence interval
R(λ)
λ
λ̂=0.119
1.0
0.8
0.6
0.4
0.2
0.0
−0.2
−0.1
0.0
0.1
0.2
0.3
0.4

図 **23.14** Lynx 時系列の Box–Cox 分析.

`> BoxCox(lynx)` で実行することができる．その結果のプロットを図 23.14 に示す．付録 A.6 で，パッケージ `FitAR` の中の主要な関数を示す．

23.3.5 周期自己回帰モデル

z_t $(t = 1, \ldots, n)$ を，周期 s の n 個の連続した観測値とする．記法を簡単にするために，$n/s = N$ は整数であると仮定する．すなわち，N 年の完全なデータが利用可能であるとする．時間パラメータ t は，$r = 1, \ldots, N$，$m = 1, \ldots, s$ とすると，$t = t(r, m) = (r-1)s + m$ と書ける．月次データでは，$s = 12$ であり，r と m は年と月を意味する．もし月平均 $\mu_m = \mathrm{E}\{z_{t(r,m)}\}$ と共分散関数 $\gamma_{\ell,m} = \mathrm{cov}(z_{t(r,m)}, z_{t(r,m)-\ell})$ が ℓ と m だけに依存するなら，z_t は周期自己相関があり，周期定常である．次数 $(p_1, \ldots, p_s)$ の周期 AR モデルは

$$z_{t(r,m)} = \mu_m + \sum_{i=1}^{p_m} \phi_{i,m}(z_{t(r,m)-i} - \mu_{m-i}) + a_{t(r,m)}$$

と書ける．ここで，m は s で割った余りを示し，$a_{t(r,m)} \sim \mathrm{NID}(0, \sigma_m^2)$ である．このモデルは，毎月の河川流量シミュレーションから出てきたものであり，例とともに Hipel and McLeod (1994) で議論されている．周期自己回帰のための診断は，

McLeod (1994) で述べられている. パッケージ pear (McLeod and Balcilar, 2011) は, 周期 AR モデルに対するモデル同定, 推定, 診断の関数を提供する.

最後に, 周期相関のある時系列に対して R への実装が期待される最近の手法に手短に触れておく. Tesfaye et al. (2011) は, 周期相関のある日次の ARMA モデルに対する節約的で効率的な方法を開発し, 地理上の時系列に適用した. Ursu and Duchesne (2009) は, モデリング法をベクトル AR モデルに対して拡張し, 経済時系列に応用した. Aknouche and Bibi (2009) は, 緩い条件のもとで, 周期 GARCH モデルにおいて疑似 MLE が一致性を持ち, 漸近正規性のある推定値を与えることを示した.

23.4 時 系 列 回 帰

この節では, 時系列回帰に関するいくつかの話題を取り上げる. R による時系列回帰に関する詳しい議論は, 数冊の教科書に述べられている (Cowpertwait and Metcalfe, 2009; Cryer and Chan, 2008; Kleiber and Zeileis, 2008; Shumway and Stoffer, 2011).

23.4.1 タバコ消費量データ

この節で議論する多くの回帰手法が, カナダのタバコ消費量の解析 (Thompson and McLeod, 1976) で説明される. 興味がある変数は, 1 人当たりタバコ消費量 Q_t, 1 人当たり実質可処分所得 Y_t, およびタバコの実質価格 P_t である. $t = 1, \ldots, 23$ であり, これは 1953〜1975 年に対応する. これらの変数は対数変換され, R のデータフレーム cig に格納される. いくつかのモデリングのために, R のオブジェクト ts を用いるのがよい.

```
R >cig.ts <- ts(as.matrix.data.frame(cig), start = 1953, freq = 1)
```

図 23.15 に時系列を示す.

```
R >plot(cig.ts, xlab = "year", main = "", type = "o")
```

23.4.2 Durbin–Watson 検定

外生変数とガウスホワイトノイズを持つ線形回帰モデルにおいて, 自己相関があるかどうかを確認するための Durbin–Watson 検定統計量の正確な p 値は, パッケージ lmtest (Hothorn et al., 2010) の関数 dwtest() で与えられる. 診断統計量は

$$d = \frac{\sum_{t=2}^{n}(\hat{e}_t - \hat{e}_{t-1})^2}{\sum_{t=1}^{n}\hat{e}_t^2} \tag{23.4}$$

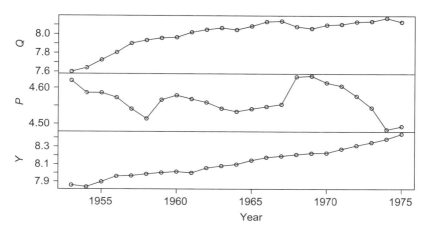

図 23.15 カナダのタバコデータ．成人 1 人当たり消費量 (Q)，実質価格 (P)，成人 1 人当たり可処分所得 (Y)．

で与えられ，$\hat{e}_t$ $(t = 1, \ldots, n)$ は OLS 残差である．帰無仮説のもとで d は 2 に近く，d が小さいと正の自己相関があることを示す．

多くの計量経済学の教科書が，d の有意点の表を与えている．しかし，小サンプルでは，d の値にかなり広い間隔があり検定が正確に行えないため，この表はあまり有用ではない．正確な p 値が計算されれば，そのような問題は起こらない．さらに，現在の統計解析においては，診断統計量の p 値を報告することが推奨されている（Moore, 2007）．

Durbin–Watson 検定は，時系列回帰におけるモデル選択に非常に役立つ．残差の自己相関が検出されれば，それを取り去るために単純な 1 次または 2 次の差分をとるとよい場合がある．次の例では，2 次の差分をとることで適切なモデルが提供されることがわかる．

まず，関数 lm() を用い，OLS で需要 Q_t を実質価格 P_t と収入 Y_t に回帰させる．すなわち，$Q_t = \beta_0 + \beta_1 P_t + \beta_2 Y_t + e_t$ とする．出力の一部を以下に示す．

```
            Estimate Std. Error   t value    Pr(>|t|)
(Intercept) 3.328610  2.5745756  1.2928771 2.107900e-01
P          -0.402811  0.4762785 -0.8457468 4.076991e-01
Y           0.802143  0.1118094  7.1741970 6.011946e-07
```

P_t は有意ではなく，Y_t が高度に有意であることが示されている．しかし，Durbin–Watson 検定は自己相関がないという仮説を棄却するので，回帰におけるこれらの変数に関する統計的推論は不適当である．

差分のあとでも，Durbin–Watson 検定はまだ自己相関を検出する．

最後に，2次の差分をとると，$\nabla^2 Q_t = \beta_0 + \nabla^2 \beta_1 P_t + \nabla^2 \beta_2 Q_t + e_t$ で $\hat{\beta}_1 = 0.557$ となり，これは 95% 信頼区間幅が 0.464 なので，価格弾力性は 5% 有意である．

```
R >cig2.lm <- lm(Q ~ P + Y, data = diff(cig.ts, differences = 2))
R >summary(cig2.lm)$coefficients

                Estimate    Std. Error    t value    Pr(>|t|)
(Intercept) -0.003118939  0.008232764 -0.3788447 0.70923480
P           -0.557623890  0.236867207 -2.3541625 0.03012373
Y            0.094773991  0.278979070  0.3397172 0.73800132
```

2次トレンドに対応する定数項は有意でないので，省略できる．収入も有意ではない．1次の自己相関の有意性は，それほど大きくない．

```
R >dwtest(cig2.lm, alternative = "two.sided")

    Durbin-Watson test

data:  cig2.lm
DW = 2.6941, p-value = 0.08025
alternative hypothesis: true autocorelation is not 0
```

Jarque–Bera 検定によると，非正規性もない．ここで，パッケージ tseries (Trapletti, 2011) の関数 jarque.bera.test() を用いる．

```
R >jarque.bera.test(resid(cig2.lm))

    Jarque Bera Test

data:  resid(cig2.lm)
X-squared = 1.1992, df = 2, p-value = 0.549
```

Kleiber and Zeileis (2008, Section 7) では，時系列に対するラグ付き回帰モデルを議論し，時系列の残差相関の検出における Breusch–Godfrey 検定と Durbin–Watson 検定の検出力を比較するために，R によるシミュレーション実験を行っている．

以下で議論するように，ラグ付き入力のある回帰を当てはめるためには，パッケージ dynlm を用いるのがよい．

23.4.3 自己相関のある誤差を持つ回帰

組込み関数 arima は，k 個の入力と ARIMA(p,d,q) 誤差を持つ線形回帰モデル $y_t = \beta_0 + \beta_1 x_{1,t} + \cdots + \beta_k x_{k,t} + e_t$ を当てはめることができる．ここで，$e_t \sim$

ARIMA(p, d, q) であり,$t = 1, \ldots, n$ である.

ここでは,上述のカナダのタバコデータに,異なる回帰モデルを当てはめて説明する.

```
R >with(cig, arima(Q, order = c(1, 1, 1), xreg = cbind(P, Y)))

Call:
arima(x = Q, order = c(1, 1, 1), xreg = cbind(P, Y))

Coefficients:
         ar1      ma1        P        Y
      0.9332  -0.6084  -0.6718   0.2988
s.e.  0.1010   0.2007   0.2037   0.2377

sigma^2 estimated as 0.0008075:  log likelihood = 46.71,
aic = -83.41
```

このモデルは,2次差分を用いた線形回帰モデルと一致する.

23.4.4 ラグ付き変数を用いた回帰

ラグ付きの独立変数または従属変数を用いた線形回帰モデルは,パッケージ dynlim (Zeileis, 2010) を用いて当てはめることができる.タバコデータの場合,ラグ付きの価格効果を考慮するのが自然である.

```
R >summary(dynlm(Q ~ -1 + P + L(P) + Y, data = diff(cig.ts,
+     differences = 2)))$coefficients

        Estimate Std. Error    t value    Pr(>|t|)
P     -0.6421079  0.2308323 -2.7817077  0.01278799
L(P)  -0.1992065  0.2418089 -0.8238177  0.42145104
Y     -0.2102738  0.2993858 -0.7023507  0.49196623
```

ラグ付き価格は有意でないことがわかる.

23.4.5 構造変化

Brown et al. (1975) は,時間による安定性を視覚的に調べるために,再帰的残差とそれに関連する方法を導入した.これらの方法や,時系列回帰における構造変化を検定・視覚化する最近の発展は,Kleiber and Zeileis (2008, Section 6.4) の書籍で議論されており,パッケージ strucchange (Zeileis et al., 2010, 2002) で実行できる.安定性のために2次差分を使用し,回帰をチェックするのに再帰的残差に対する CUMSUM プロットを用いる.図 23.16 に示すように,この解析では不安定性は検出されない.

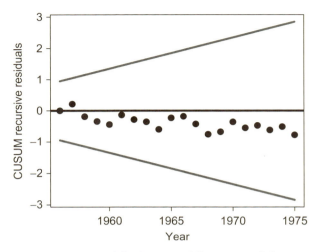

図 23.16 タバコ消費回帰における残差の CUSUM 検定.

23.4.6 一般化線形モデル

Kedem and Fokianos (2002) は，定常な 2 値時系列，カテゴリ値時系列，計数時系列に対して，一般化線形モデル（generalized linear model; GLM）を用いた数学的なモデリング手法を提案した．GLM は，規則的な成分についてラグ付き従属変数を用いることで，自己相関を説明できる．正則条件のもとで，時系列 GLM の大標本理論に基づく推論は，通常の GLM を当てはめる標準ソフトウェアで行える（Kedem and Fokianos, 2002, Section 1.4）．R では関数 glm() が使用でき，関数 boot() を使えば推定の精度を調べることも容易である．これらの GLM に基づく時系列モデルは，経時的時系列に対して広く利用される（Li, 1994）．

ここでは，Vingilis et al. (2005) で議論された夜間死亡者データを考察する．この解析の目的は，バーの閉店時刻を午前 2 時まで延長するという，1996 年 5 月 1 日に施行されたルールの影響を調査することであった．このタイプの干渉解析（Box and Tiao, 1975）は，社会科学においては，割り込みのある時系列デザインとして知られている（Shadish et al., 2001）．1992 年 1 月〜1998 年 12 月（$n = 84$）の月次夜間自動車事故死亡者数を図 23.17 に示す．

y を従属変数，y1 をラグ付きの従属変数とし[*10]，x は干渉を表す変数で 1996 年 5 月 1 日以前は 0，以降は 1 とすると，glm() 関数からの出力は次のようになった．

[*10] y と y1 は，観測された死亡者数とそのラグ付き変数値のベクトルである．

23.4 時系列回帰

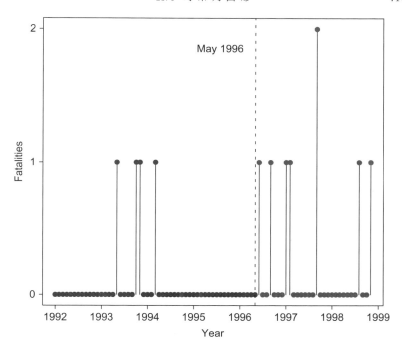

図 **23.17** オンタリオにおける夜間自動車事故死亡者数．バーの閉店時刻が 1996 年 5 月に延長された．

```
R >summary(ans)$coefficients

             Estimate  Std. Error    z value     Pr(>|z|)
(Intercept) -2.53923499  0.5040873 -5.03729193  4.721644e-07
x2           1.16691417  0.6172375  1.89054329  5.868534e-02
y1          -0.06616152  0.6937560 -0.09536712  9.240232e-01
```

結果の GLM は，次のように要約される．月次死亡者数は平均 μ_t のポアソン分布であり，$\hat{\mu}_t = \exp\{\hat{\beta}_0 + \hat{\beta}_1 x_t + \hat{\beta}_2 y_{t-1}\}$, $\hat{\beta}_0 \doteq -2.54$, $\hat{\beta}_1 \doteq 1.17$, $\hat{\beta}_2 \doteq -0.07$ である．

1000 回のノンパラメトリックブートストラップによって，パラメータの標準偏差の推定値を得た．この計算は，現在の多くの PC で 10 秒未満で可能である．パッケージ xtable を利用すると，表 23.1 が得られる．この表は，漸近理論による値とブートストラップ推定値を比較しており，二つの方法の間の一致性がかなり良いことがわかる．

表 23.1 時系列回帰 GLM における標準偏差の漸近理論値とブートストラップ推定値の比較.

	(Intercept)	x2	y1
漸近理論値	0.50	0.62	0.69
ブートストラップ推定値	0.49	0.66	0.75

隠れ Markov モデルは,ポアソン GLM と 2 項 GLM に対する時系列モデルの別の一般化である.

23.5 非線形時系列モデル

GARCH モデルを含むボラティリティモデルは,非線形時系列モデルで最も新しいものの一つである.時系列には,しばしば非線形回帰モデルが適用される.GLM は,ロジスティックまたは計数時系列のモデリングにおいて,線形モデルの拡張として利用される (Kedem and Fokianos, 2002).Ritz and Streibig (2008) は R を用いた非線形回帰モデルに関する概要を与えている.R における Loess 回帰は最大 3 入力を扱える柔軟なノンパラメトリック回帰法を提供する.一般化加法モデル (generalized additive model; GAM) を使うと,より多くの入力を扱うことができる (Wood, 2006).パッケージ earth (Milborrow, 2011) と mda (Hastie and Tibshirani, 2011) の二つは,多重適応型回帰スプライン (multivariate adaptive regression splines; MARS)(Friedman, 1991) を実行することができる.Lewis and Stevens (1991) は,MARS 回帰は他の非線形モデルに比べて,太陽黒点年次時系列に対してより良いサンプル外予測値を与えたと報告している.本節の各項では,非線形性の検定と,非線形時系列のモデリングと予測のための二つの有用な手法,閾値自己回帰とニューラルネットについて議論する.

23.5.1 非線形時系列の検定

一つの方法は,ARIMA または他の線形時系列モデルを当てはめ,残差の 2 乗に対して Ljung–Box かばん統計量を計算することである.McLeod and Li (1983) は,これを非線形性の一般的な検定法とすることを提案した.組込み関数 Box.test() は,この検定を行うための便利な関数である.考慮されなかった非線形性のための二つの検定 (Teraesvirta et al., 1993; Lee et al., 1993) はニューラルネットに基づいており,パッケージ tseries (Trapletti, 2011) の関数 terasvirta.test() と white.test() で実行できる.非線形性のための Keenan 検定は,パッケージ TSA (Chan, 2011) で利用可能であり,教科書 Cryer and Chan (2008) で議論されている.

23.5.2 閾値モデル

閾値自己回帰 (threshold autoregression; TAR) は,多くの応用で有用であるこ

23.5 非線形時系列モデル

とがわかっている柔軟な非線形時系列モデルである．この手法は，太陽黒点やオオヤマネコの時系列のように，確率的な周期変動がある時系列によく当てはまる．2 状態 TAR モデルのためのモデル方程式は

$$y_t = \phi_{1,0} + \phi_{1,1} y_{t-1} + \cdots + \phi_{1,p} y_{t-p} \\ + I(y_{t-d} > r)\{\phi_{2,0} + \phi_{2,1} y_{t-1} + \cdots + \phi_{2,p} y_{t-p}\} + \sigma a_t \tag{23.5}$$

であり，$I(y_{t-d} > r)$ は，$y_{t-d} > r$ に対しては 1 をとり，そうでなければ 0 をとる．d は遅延パラメータで，r は閾値である．それぞれの状態に対して，別々の自己回帰パラメータがある．このモデルは，最小 2 乗法または条件付き最尤法で推定される．

図 23.18 の捕食者時系列のための TAR モデルは，Cryer and Chan (2008) による書籍で説明された．パッケージ TSA (Chan, 2011) は，この書籍にある説明用のデータと，2 状態 TAR モデルを当てはめるための関数 tar() やメソッド関数 predict(), tsdiag(), tar.skeleton(), tar.sim() を提供している．

TAR と関連モデルについては Tsay (2010) で議論され，いくつかの R スクリプトがパッケージ FinTS (Graves, 2011) で提供されている．同時に，書籍のデータセットも含まれる．図 23.19 は米国の月次失業率を示す．Tsay (2010, Example 4.2) は 2 状態 TAR モデル

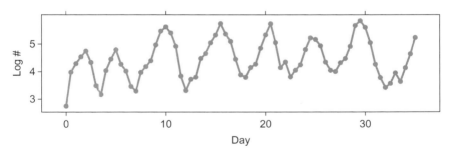

図 **23.18**　35 日間 12 時間ごとに記録された 1ml 中の捕食個体（*Didinium natsutum*）数．

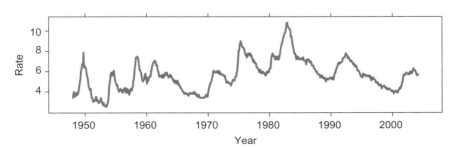

図 **23.19**　1948 年 1 月〜2004 年 3 月の季節調整された米国の失業率．

$$y_t = 0.083 y_{t-2} + 0.158 y_{t-3} + 0.0118 y_{t-4} - 0.180 y_{t-12} + a_{1,t}, \text{ if } y_{t-1} \le 0.01$$
$$= 0.421 y_{t-2} + 0.239 y_{t-3} - 0.127 y_{t-12} + a_{2,t}, \text{ if } y_{t-1} > 0.01$$

を当てはめている．ここで，y_t は失業率の差分時系列である．$a_{1,t}$ と $a_{2,t}$ の標準偏差の推定値は，それぞれ 0.180 と 0.217 である．TAR モデルは ARIMA モデルよりも失業率の動的な時間変化に対して多くの知見を与えることを，Tsay (2010) が指摘している．

23.5.3 ニューラルネット

フィードフォワードニューラルネットワークは，自己回帰モデルのもう一つの拡張であり，ある種の応用においてはうまく当てはまることが示されている (Faraway and Chatfield, 1998; Hornik and Leisch, 2001; Kajitani et al., 2005)．モデリングと予測は，パッケージ nnet (Ripley, 2011) を用いると簡単に行える．次数 p の自己回帰モデルを拡張したフィードフォワードニューラルネットは

$$y_t = f_o \left(a + \sum_{i=1}^{p} \Omega_i x_i + \sum_{j=1}^{H} w_j f \left(\alpha_j + \sum_{i=1}^{p} \omega_{i,j} x_{t-i} \right) \right) \quad (23.6)$$

と書ける．ここで，y_t は時刻 t での時系列予測値，$x_{t-1}, \ldots, x_{t-p}$ はラグ付き入力，f_o は出力ノードの発火関数，f は H 個の隠れノードの発火関数，$\omega_{i,j}$ は j 番目の隠れノードに関する p 個の重み，Ω_i は直接接続の重み，a はバイアス接続である．推定すべき未知パラメータは，$m(1 + H(p+2))$ 個ある．隠れノードの個数である超パラメータ H は，時系列においては一種の交差検証法で決められるが，この点は，Faraway and Chatfield (1998)，Hornik and Leisch (2001) と Kajitani et al. (2005) で議論されている．発火関数 f と f_o には，しばしば $\ell(x) = 1/(1+e^{-x})$ で定義されるロジスティック関数が使用される．$p = 2$ と $H = 2$ の場合のシステム的な説明を，図 23.20 に与える．フィードフォワードニューラルネットは，多変量時系列にも一般化できる．

Hastie et al. (2009) は，式 (23.6) で定義されたフィードフォワードニューラルネットが，射影追跡回帰モデルと数学的に同等であることを指摘した．式 (23.6) で定義されたネットと図 23.20 で説明されたものは，p 個のノードがある一つの隠れ層を持っており，図 23.20 では $p = 2$ となっている．これらのネットは二つ以上の隠れ層を持つものに拡張でき，そのようなネットはより柔軟である．Ripley (1996) は，適当な個数 H の隠れノードと十分に大きなトレーニングデータがあれば，一つの隠れ層で入力と出力の間のすべての連続写像を漸近的に近似できることを示した．

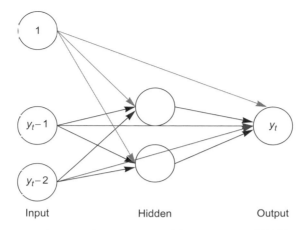

図 23.20 フィードフォワードニューラルネットを用いた AR(2) の非線形版．このニューラルネットは，二つの隠れノードから構成される 1 層の隠れ層を持つ．すべての入力ノードは出力ノードに直接結合される，層を超えた結合がある．

23.6 単 位 根 検 定

金融や経済におけるマクロ/ミクロ時系列，株価，金利などは，しばしばランダムウォーク的な非定常性を示す．この種の非定常性は，差分をとることによってしばしば解消でき，その時系列は単位根を持つと言われる．また，そのような時系列は，一様 (homogeneous) 非定常または差分定常と呼ばれる．ARIMA モデリングと共和分モデリングにおいては，前もって単位根を検定することは有用である．実際の時系列は定常ガウス ARMA からのさまざまな乖離を示すので，多くの他の仮定のもとで，有効な単位根検定が開発されている (Elliott et al., 1996; Kwiatkowski et al., 1992; Phillips and Perron, 1988; Said and Dickey, 1984)．単位根に対する最新の検定は，一般的な自己相関だけではなく，確率的および決定的なトレンド成分も考慮に入れたモデル構成を必要とする．そのような最新の検定は，R パッケージの `fUnitRoots` (Wuertz, 2009b) と urca (Pfaff, 2010a) で実装されている．

23.6.1 パッケージ urca の概要

パッケージ urca (Pfaff, 2010a) は，Pfaff (2006) の書籍で詳述されている単位根検定に関する包括的で統一的なアプローチを提供する．Enders (2010) の教科書は，単位根検定に関する最先端の優れた解説を与えている．単位根検定のためにパッケージ urca を利用する際に有用なフローチャートは，Pfaff (2006, Chapter 5) で示され

ている.

単位根問題に対して，自己相関のある AR(p) 誤差を伴う以下の 3 種の回帰が考察される．

$$\Delta Z_t = \beta_0 + \beta_1 t + \gamma Z_{t-1} + \sum_{i=1}^{p-1} \delta_i \Delta Z_{t-i} + e_t \tag{23.7}$$

$$\Delta Z_t = \beta_0 + \gamma Z_{t-1} + \sum_{i=1}^{p-1} \delta_i \Delta Z_{t-i} + e_t \tag{23.8}$$

$$\Delta Z_t = \gamma Z_{t-1} + \sum_{i=1}^{p-1} \delta_i \Delta Z_{t-i} + e_t \tag{23.9}$$

これらは，それぞれ次の単位根問題に対応する．

1. ドリフトと決定的トレンドを持つ単位根問題
2. ドリフトのあるランダムウォークの単位根問題
3. ランダムウォークのみの単位根問題

単位根検定は，$\mathcal{H}_0 : \gamma = 0$ の上側検定に対応する．パラメータ β_0, β_1 は，それぞれドリフトと決定的な時間トレンドに対応している．$p = 1$ のときは標準的な Dickey–Fuller 検定である．単位根検定を行うためには，正しいモデルが同定され，パラメータが推定される必要がある．

自己回帰の次数は，AIC または BIC により推定される．すべての 3 種のモデルにおいて，単位根検定は $\mathcal{H}_0 : \gamma = 0$ の検定

$$\tau_i = \frac{\hat{\phi} - 1}{\mathrm{SE}(\hat{\phi})}, \quad i = 1, 2, 3$$

と同等である．ここで，各 i は，それぞれモデル (23.9), (23.8), (23.7) を示す．τ_i の分布は，モンテカルロシミュレーションまたは応答曲面回帰法（MacKinnon, 1996）によって得られる．

もし τ_3 が有意でなければ，すなわち $\mathcal{H}_0 : \gamma = 0$ が棄却されなければ，非標準（nonstandard）F 統計量 Φ_3 と Φ_2 は，それぞれ仮説 $\mathcal{H}_0 : (\beta_0, \beta_1, \gamma) = (\beta_0, 0, 0)$ と $\mathcal{H}_0 : (\beta_0, \beta_1, \gamma) = (0, 0, 0)$ を検定するための 2 乗和法（extra-sum-of-squares principle）を用いて評価される．すなわち，回帰モデル (23.7) において決定的トレンド項が必要かどうかを検定する．

もし τ_2 が有意でなければ，すなわち $\mathcal{H}_0 : \gamma = 0$ が棄却されなければ，非標準 F-統計量 Φ_1 は仮説 $\mathcal{H}_0 : (\beta_0, \gamma) = (0, 0)$ を検定するための 2 乗和法を用いて評価される．すなわち，回帰モデルにおいてドリフト項が必要かどうかを検定する．

もし最終的に選ばれたモデルで $\mathcal{H}_0 : \gamma = 0$ が棄却されなければ，その時系列は単位根を持つと結論付ける．

これらのステップは，より多くの差分が必要でなくなるまで繰り返される．

a. 事例

例として，1909～1970年の米国実質国民総生産（単位：十億米ドル）を考えよう．図 23.21 より，強い上昇トレンドがあることがわかる．トレンドが直線的であるようには見えないので，差分定常時系列モデルが示唆される．

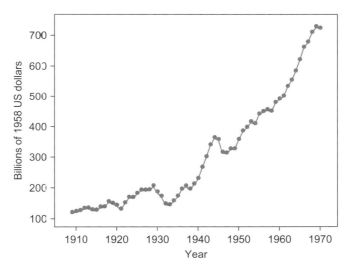

図 23.21　1909～1970年における米国の実質 GNP.

このデータセットは，パッケージ urca の中の nporg により利用可能である．最大ラグを 4 に設定し，ラグの最適値を選択するのに BIC を用いる．プログラムの一部を以下に示す．

```
R >require("urca")
R >data(nporg)
R >gnp <- na.omit(nporg[, "gnp.r"])
R >summary(ur.df(y = gnp, lags = 4, type = "trend", selectlags = "BIC"))

###############################################
# Augmented Dickey-Fuller Test Unit Root Test #
###############################################


Test regression trend
```

```
Call:
lm(formula = z.diff ~ z.lag.1 + 1 + tt + z.diff.lag)

Residuals:
    Min      1Q  Median      3Q     Max
-47.149  -9.212   0.819  11.031  23.924

Coefficients:
             Estimate Std. Error t value Pr(>|t|)
(Intercept) -1.89983    4.55369  -0.417  0.67821
z.lag.1     -0.05322    0.03592  -1.481  0.14441
tt           0.74962    0.36373   2.061  0.04423 *
z.diff.lag   0.39082    0.13449   2.906  0.00533 **
---
Signif. codes:  0 '***' 0.001 '**' 0.01 '*' 0.05 '.' 0.1 ' ' 1

Residual standard error: 15.19 on 53 degrees of freedom
Multiple R-squared: 0.2727, Adjusted R-squared: 0.2316
F-statistic: 6.625 on 3 and 53 DF,  p-value: 0.0006958
Value of test statistic is: -1.4814 3.8049 2.7942

Critical values for test statistics:
      1pct  5pct 10pct
tau3 -4.04 -3.45 -3.15
phi2  6.50  4.88  4.16
phi3  8.73  6.49  5.47
```

上記の R スクリプトは，$p=4$ として式 (23.7) の完全なモデルを当てはめ，BIC を利用して最終的なモデル $p=1$ を最適モデルとして選んだ．すべての検定統計量が summary メソッドを使用することで表示されることに注意しよう．

```
###############################################
# Augmented Dickey-Fuller Test Unit-Root Test #
###############################################

Test regression trend

Call:
lm(formula = z.diff ~ z.lag.1 + 1 + tt + z.diff.lag)

Residuals:
    Min      1Q  Median      3Q     Max
-47.374  -8.963   1.783  10.810  22.794
```

```
Coefficients:
            Estimate Std. Error t value Pr(>|t|)
(Intercept) -0.33082    4.02521  -0.082  0.93479
z.lag.1     -0.04319    0.03302  -1.308  0.19623
tt           0.61691    0.31739   1.944  0.05697 .
z.diff.lag   0.39020    0.13173   2.962  0.00448 **
---
Signif. codes:  0 '***' 0.001 '**' 0.01 '*' 0.05 '.'
                0.1 ' ' 1


Residual standard error: 14.88 on 56 degrees of freedom
Multiple R-squared: 0.2684,  Adjusted R-squared: 0.2292
F-statistic: 6.847 on 3 and 56 DF,  p-value: 0.0005192


Value of test statistic is: -1.308 3.7538 2.6755

Critical values for test statistics:
      1pct  5pct 10pct
tau3 -4.04 -3.45 -3.15
phi2  6.50  4.88  4.16
phi3  8.73  6.49  5.47
```

Sweave (Leisch, 2002) を使うと，R から表 23.2 が直接得られる．図 23.22 はグラフィカルなモデル診断である．

表 23.2 1909〜1970 年の米国の実質 GNP に対する定数項およびトレンド項を持つ回帰．

	Estimate	Std. Error	t value	$\Pr(>|t|)$
(Intercept)	-0.331	4.025	-0.082	0.935
z.lag.1	-0.043	0.033	-1.308	0.196
tt	0.617	0.317	1.944	0.057
z.diff.lag	0.390	0.132	2.962	0.004

帰無仮説 $\gamma = 0$ のための τ_3 統計量は -1.308 であり，その 1%, 5%, 10%の有意水準は，表 23.3 にあるように $-4.04, -3.45, -3.15$ である．これらの有意水準では，帰無仮説 $\gamma = 0$ は棄却できず，したがって単位根があると結論を下す．検定統計量を棄却限界と比べる代わりに，MacKinnon (1996) による応答曲面回帰理論 p 値が使用できる．関数 punitroot() はパッケージ urca で利用可能である．この例では p 値は 0.88 であり，以下のプログラムで示されるように，単位根仮説を棄却できないことを示す τ_3 統計量の値に対応している．

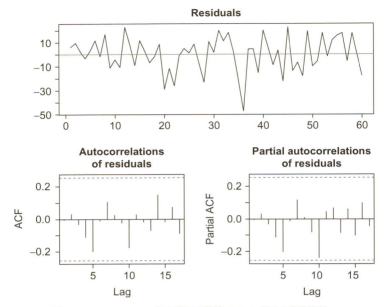

図 23.22　1909〜1970 年の米国の実質 GNP に対する残差診断.

表 23.3　ドリフトとトレンドがある場合の式 (23.7) に対する検定統計量の棄却限界.

	1pct	5pct	10pct
τ_3	−4.04	−3.45	−3.15
Φ_2	6.50	4.88	4.16
Φ_3	8.73	6.49	5.47

```
R >punitroot(result1.ADF@teststat[1], N = length(gnp),
+     trend = "ct", statistic = "t")
[1] 0.8767738
```

F 統計量 Φ_3 は，モデルにドリフト項がある場合に，回帰モデルに決定的な時間トレンド項が必要であるかどうかを検定するのに使用される．検定統計量は 2.68 という値をとる．表 23.3 より，62 個の観測値に対する有意水準 1%，5%，10%の棄却限界は，それぞれ 8.73, 6.49, 5.47 である．したがって，帰無仮説は棄却できず，トレンド項は必要ないと結論付ける．そして，次のステップとして，ドリフト項のあるモデル式 (23.8) の回帰パラメータを推定する．

```
##################################################
# Augmented Dickey-Fuller Test Unit--Root Test #
##################################################

Test regression drift

Call:
lm(formula = z.diff ~ z.lag.1 + 1 + z.diff.lag)

Residuals:
    Min     1Q  Median     3Q    Max
-47.468 -9.719   0.235 10.587 25.192

Coefficients:
            Estimate Std. Error t value Pr(>|t|)
(Intercept)  1.42944    4.01643   0.356   0.7232
z.lag.1      0.01600    0.01307   1.225   0.2257
z.diff.lag   0.36819    0.13440   2.739   0.0082 **
---
Signif. codes:  0 '***' 0.001 '**' 0.01 '*' 0.05 '.'
                 0.1 ' ' 1

Residual standard error: 15.24 on 57 degrees of freedom
Multiple R-squared: 0.219,  Adjusted R-squared: 0.1916
F-statistic: 7.993 on 2 and 57 DF,  p-value: 0.0008714


Value of test statistic is: 1.2247 3.5679


Critical values for test statistics:
      1pct  5pct 10pct
tau2 -3.51 -2.89 -2.58
phi1  6.70  4.71  3.86
```

　帰無仮説 $\gamma = 0$ のための τ_2 統計量は 1.22474 であり, 有意水準 1%, 5%, 10% の棄却限界は, 表 23.5 で与えられるように $-3.51, -2.89, -2.58$ である. この解析より, 時系列はドリフト項を持つランダムウォークのように振る舞うと結論を下す. 次の疑問は, これ以上の差分が必要かどうかである. そこで, 入力として差分時系列を使い, 単位根モデリングと検定を繰り返す.

　τ_3 統計量は -4.35 となり, 表 23.6 より有意水準 1% で帰無仮説を棄却し, これ以上の差分は必要ないとする.

表 23.4 米国の実質 GNP データに対するドリフトのある回帰.

	Estimate	Std. Error	t value	$\Pr(>|t|)$
(Intercept)	1.42944	4.01643	0.35590	0.72323
z.lag.1	0.01600	0.01307	1.22474	0.22571
z.diff.lag	0.36819	0.13440	2.73943	0.00820

表 23.5 ドリフトのある場合の Dickey–Fuller 検定統計量の棄却限界.

	1pct	5pct	10pct
τ_2	-3.51	-2.89	-2.58
Φ_1	6.70	4.71	3.86

表 23.6 2 階差分に対する検定統計量の棄却限界.

	1pct	5pct	10pct
τ_3	-4.04	-3.45	-3.15
Φ_2	6.50	4.88	4.16
Φ_3	8.73	6.49	5.47

23.6.2 共変量付加検定

パッケージ CADFtest (Lupi, 2011) は，モデルの中に定常共変量を含んだ以下のモデルに対して，Hansen の共変量付加 Dickey–Fuller 検定 (Hansen, 1995) を実現する．

$$a(L)\Delta Z_t = \beta_0 + \beta_1 t + \gamma Z_{t-1} + b(L)'\Delta X_t + e_t \tag{23.10}$$

$$a(L)\Delta Z_t = \beta_0 + \gamma Z_{t-1} + b(L)'\Delta X_t + e_t \tag{23.11}$$

$$a(L)\Delta Z_t = \gamma Z_{t-1} + b(L)'\Delta X_t + e_t \tag{23.12}$$

ここで，$a(L) = 1 - a_1 L + \cdots + a_p L^p$, $b(L)' = b_{q_2} L^{-q_2} + \cdots + b_{q_1} L^{q_1}$ である．CADFtest() が定常共変量を付加せずに適用されるなら，通常の ADF 検定が行われる．以下の例は，CADFtest() のオンラインドキュメンテーションから引用したものである．この例では，付加検定は有意水準 2%以下の p 値によって単位根仮説を強く棄却している．これは以下の R セッションで示される．

```
R >require(CADFtest)
R >data(npext, package = "urca")
R >npext$unemrate <- exp(npext$unemploy)
R >L <- ts(npext, start = 1860)
R >D <- diff(L)
R >S <- window(ts.intersect(L, D), start = 1909)
R >CADFtest(L.gnpperca ~ D.unemrate, data = S, max.lag.y = 3,
+     kernel = "Parzen", prewhite = FALSE)
```

```
    CADF test

data:  L.gnpperca ~ D.unemrate
CADF(3,0,0) = -3.413, rho2 = 0.064, p-value =
0.001729
alternative hypothesis: true delta is less than 0
sample estimates:
      delta
-0.08720302
```

23.7　共和分と VAR モデル

最も簡単な場合，2 変量時系列においてそれぞれの差分時系列が定常で，その線形結合が定常なら共和分があると言われる．2 変量時系列の古典的な例（Engle and Granger, 1987）として

- 消費と収入
- 賃金と価格
- 短期および長期金利

が挙げられる．その他の例は，経済または金融時系列を主として扱っている多くの時系列の教科書に見られる（Banerjee et al., 1993; Chan, 2010; Enders, 2010; Hamilton, 1994; Lütkepohl, 2005; Tsay, 2010）．

共和分解析では，これらの本で議論される方法を慎重に利用しなければならない．なぜなら，差分定常時系列に適用すると，容易に誤った関係を見出してしまうからである（Granger and Newbold, 1974）．ほとんどの金融・経済時系列には，共和分はない．経済学において，共和分はしばしば経済理論上の意味のある関係を示す．二つの時系列の間に共和分が存在するとき，Granger 因果関係も必ず存在する（Pfaff, 2006）．ベクトル自己回帰モデルのためのパッケージ vars（Pfaff, 2010b）が，Pfaff の書籍（Pfaff, 2006）と論文（Pfaff, 2008）で説明されている．このパッケージは，もう一つのパッケージ urca（Pfaff, 2010a）とともに，共和分解析および定常・非定常多変量時系列のモデリングの最先端の方法を提供する．

ベクトル自己回帰時系列モデル（VAR），構造的 VAR（SVAR），構造ベクトル誤差修正モデル（SVEC）に対して，包括的なモデリング，予測，解析手段が提供される．k 次元時系列 $\{y_t\}$ に対する VAR(p) 定常モデルは

$$y_t = \delta d_t + \Phi_1 y_{t-1} + \cdots + \Phi_p y_{t-p} + e_t \tag{23.13}$$

である．ここで．$\delta, \Phi_\ell = (\phi_{ij,\ell})_{k\times k}$ は係数行列であり，d_t は定数項，線形トレンド，季節指標または外生変数を含むベクトル，また，$\epsilon_t \sim N(\mathbf{0}, I_k)$ である．パッケー

ジ vars を使用すると，VAR モデルは OLS によって推定される．共変量 d_t がなければ基本的な VAR モデルであり，R の基本関数 ar() を使用することで推定される．SVAR モデル

$$Ay_t = \delta d_t + \Phi_1 y_{t-1} + \cdots + \Phi_p y_{t-p} + Be_t \tag{23.14}$$

において，A と B は $k \times k$ 行列である．構造モデルについては，より多くの制約がパラメータに必要であり，モデルが一意に指定された後に最尤法で推定される．SVEC モデルは，非定常多変量時系列のモデリングに有用であり，共和分解析で不可欠のツールである．基本的な誤差修正モデル（VEC）は

$$\nabla y_t = \Pi y_t + \Gamma_1 \nabla y_{t-1} + \cdots + \nabla \Gamma_p y_{t-p+1} + e_t \tag{23.15}$$

と書ける．ここで ∇ は差分オペレータであり，Π と Γ_ℓ ($\ell = 1, \ldots, p-1$) はパラメータである．VAR モデルと同様，VEC モデルは係数行列 A または B，あるいはそれら両方を持つ SVEC モデルに拡張される．もし $0 < \text{rank } \Pi < p$ ならば，共和分関係がある．rank $\Pi = 0$ なら 1 次差分のある VAR モデルが利用され，Π がフルランクであるときには次数 p の定常 VAR モデルが適切である．vars パッケージには，VAR，SVAR，SVEC モデルに対してモデル当てはめ，モデル選択，診断を行うための関数が含まれる．共和分検定と解析は urca が提供している．パッケージ urca は，Engle and Granger (1987) の 2 段階法のほか，Phillips and Ouliaris (1990) の方法に基づく検定，および最尤法（Johansen, 1995）を実装している．多変量モデリングと共和分解析のためにどのようにソフトウェアを用いるかを示す例は，Pfaff (2006, 2008, 2010b) の書籍，論文，パッケージの中で議論されている．

23.8 GARCH 時系列

ボラティリティは，多くの金融時系列において示されるランダムかつ自己相関のある分散の変動を指す．GARCH 系のモデル（Engle, 1982; Bollerslev, 1986）は，株価収益率や為替レートなどの金融時系列で見られるボラティリティクラスタリングと裾の厚い分布を，かなり良く捉えることができる．GARCH 系のモデルは，金融時系列を扱う教科書で詳しく議論されている（Chan, 2010; Cryer and Chan, 2008; Enders, 2010; Hamilton, 1994; Shumway and Stoffer, 2011; Tsay, 2010）．

GARCH(p,q) 時系列 a_t ($t = \ldots, -1, 0, 1, \ldots$) は，式

$$a_t = \sigma_t \epsilon_t$$

および

$$\sigma_t^2 = \alpha_0 + \sum_{i=1}^{p} \alpha_j a_{t-i}^2 + \sum_{j=1}^{q} \beta_j \sigma_{t-j}^2$$

で表される.ここで $\alpha_0 > 0$, $\alpha_i \geq 0$, $1 \leq i \leq p$, $\beta_j \geq 0$, $1 \leq j \leq q$ はパラメータである.誤差 ϵ_t は独立同一のパラメトリックな分布,例えば正規分布,一般誤差分布(GED),Student の t 分布や,これらを歪ませた分布に従うと仮定する.ARMA モデルは一定でない条件付き平均を扱うが,GARCH モデルは一定でない条件付き分散を扱う.これらの二つのモデルは ARMA/GARCH 系モデルとして,しばしば結び付けうれる.これらのモデルの包括的な説明は,Zivot and Wang (2006) の書籍で与えられる.また,この書籍は S-Plus のアドオンモジュールとして有名な Finmetrics の説明書でもある.GARCH や関連するモデルに対して Finmetrics が提供する多くの手法は,現在ではパッケージ fGarch (Wuertz, 2009a) で利用可能である.以下では,シミュレーションや推測における fGarch の利用について,簡単に議論する.このパッケージの中の主たる関数は,garchSpec, garchSim, garchFit, およびそれらに関連する関数である.パッケージ fGarch は,誤差項 ϵ_t に対して多くの分布型を許容する.説明のための例として,GARCH(1,1) をシミュレートしよう.$\alpha_0 = 10^{-6}$, $\alpha_1 = 0.2$, $\beta_1 = 0.7$ とし,誤差分布は歪 GED 分布で,歪度係数は 1.25,形状パラメータは 4.8 とする.シミュレートされた時系列を,図 23.23 に示す.

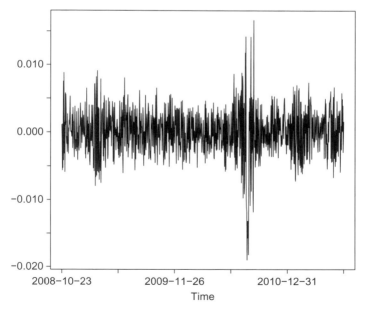

図 **23.23** シミュレートされた GARCH(1, 1) ($\alpha_0 = 10^{-6}$, $\alpha_1 = 0.2$, $\beta_1 = 0.7$).

```
R> require("fGarch")
R> spec <- garchSpec(model = list(omega = 1e-06, alpha = 0.2,
+      beta = 0.7, skew = 1.25, shape = 4.8), cond.dist = "sged")
R> x <- garchSim(spec, n = 1000)
```

これにより得られたデータに GARCH(1,1) を当てはめる.

```
R> out <- garchFit(~garch(1, 1), data = x, trace = FALSE)
```

関数 summary() で示される結果には, Jarque–Bera と Shapiro–Wilk 正規性検定, いくつかの Ljung–Box ホワイトノイズ検定, ARCH 効果検定が含まれる.

さらに, 米国インフレ率に ARMA/GARCH モデルを当てはめよう (Bollerslev, 1986). 1947年1月1日〜2010年4月1日の GNP デフレータを使用する. $n = 254$ 個の観測値があり, それらは z_t ($t = 1, \ldots, n$) と表される. 物価上昇率は対数差分 $r_t = \log(z_t) - \log(z_{t-1})$ によって推定される. ARMA/GARCH モデル $r_t = 0.103 + 0.369 r_{t-1} + 0.223 r_{t-2} + 0.248 r_{t-3} + \epsilon_t$ および $\sigma_t^2 = 0.004 + 0.269 \epsilon_{t-1}^2 + 0.716 \sigma_{t-1}^2$ が, fGarch の関数 garchFit() で当てはめられた. 図 23.24 に, r_t と σ_t の時系列プロットを示す. パッケージ tseries (Trapletti, 2011) でも GARCH モデルを当てはめられるが, fGarch のほうがより包括的な方法を提供する.

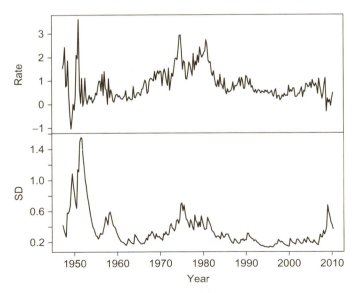

図 23.24 インフレ率 r_t およびボラティリティ σ_t.

23.9 時系列解析におけるウェーブレット法

長さが 2 のべき乗の時系列 z_t ($t = 1, \ldots, n$, $n = 2^J$) を考える．離散ウェーブレット変換 (discrete wavelet transformation; DWT) は，時系列をウェーブレット係数ベクトル W_j ($j = 0, \ldots, J-1$) (J 個のそれぞれの長さは $n_j = 2^{J-j}$ ($j = 1, \ldots, J$)) とスケーリング係数 V_J に分解する．それぞれのウェーブレット係数は，長さ $\lambda_j = 2^{j-1}$ の二つの加重平均の差として構成される．離散フーリエ変換のように，DWT は正規直交性の分解 $W = \mathcal{W}Z$ である．ここで，$W' = (W_1', \ldots, W_{J-1}', V_{J-1}')$，$Z = (z_1, \ldots, z_n)'$ であり，$\mathcal{W}$ は正規直交行列である．実際には，DWT は行列積によっては計算されず，フィルタリングとダウンサンプリング (Percival and Walden, 2000, Chapter 4) を使用することで，はるかに効率的に計算される．そのアルゴリズムはピラミッドアルゴリズムとして知られていて，計算は高速フーリエ変換よりさらに効率的である．逆順で操作をすると，逆 DWT が得られる．しばしば部分的な変換が行われ，ウェーブレット係数ベクトル W_j ($j = 0, \ldots, J_0$, $J_0 < J-1$) が得られる．この場合，スケーリング係数は長さ 2^{J-J_0} のベクトル V_{J_0} である．ウェーブレット係数は時系列のスケール $\lambda_j = 2^{j-1}$ における変化と対応しており，スケーリング係数 V_{J_0} はスケール $\tau = 2^{J_0}$ に関する平均を示す．最大オーバーラップ DWT (MODWT) は，ダウンサンプリングを省略することができる．MODWT には DWT (Percival and Walden, 2000, Chapter 5) より多くの利点があるが，直交分解は与えない．Percival and Walden (2000) には，多くの興味深い科学上の時系列が与えられており，時系列研究におけるウェーブレット法の十分な説明が提供されている．Gençay et al. (2002) は Percival and Walden (2000) と同様なアプローチをとるが，金融および経済における応用が強調されている．

Percival and Walden (2000) と Gençay et al. (2002) で議論されるすべての方法とデータは，R パッケージ `waveslim` (Whitcher, 2010) と `wmtsa` (Constantine and Percival, 2010) で与えられている．Nason (2008) は統計学における一般的なウェーブレット法の入門を提供するとともに，平滑化と多重解像度時系列解析も説明している．この本では，R スクリプトが広範に使用され，また，掲載されたすべての図は，パッケージ `wavethresh` (Nason, 2010) が提供する R スクリプトを用いると再現できる．

図 23.25 は，ハード閾値と Haar ウェーブレットによる一般閾値を用いてノイズ除去した年間ナイル川流量を示している (Hipel and McLeod, 1994)．Hipel and McLeod (1994) および Hipel et al. (1975) は，AR(1) ノイズのあるステップ干渉時系列モデルを当てはめた．物理的な説明と CUSUM 解析が与えられ (Hipel and McLeod, 1994, Section 19.2.4)，その結果はアスワンダムの使用開始の 1903 年が干

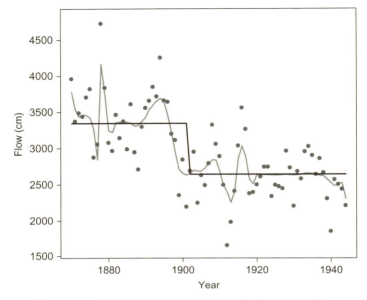

図 23.25　10 月から 9 月のアスワンにおける年間平均ナイル川流量.

渉の開始であることを示唆した．図 23.25 では，当てはめられたステップ干渉は 3 本の線分からなる折れ線で表され，ノイズ除去された流量は曲線で示されている．点は実際に観測された流量を示している．図 23.25 から，干渉は実際には 1903 年の数年前から始まっていたことが示唆される．図 23.25 の計算はパッケージ waveslim の関数 modwt()，universal.thresh.modwt()，imodwt() によって行われる．

ウェーブレット分散の推定値 $\hat{\sigma}^2(\lambda_j)$ は，スケール $\lambda_j = 2^{j-1}$ での MODWT におけるウェーブレット係数の分散から得られる．ウェーブレット分散はパワースペクトル密度関数と密接に関連しており，

$$\hat{\sigma}^2(\lambda_j) \approx 2 \int_{1/\lambda_j}^{2/\lambda_j} p(f) df$$

である．R による年間太陽黒点数 sunspot.year のウェーブレット分散分解を，図 23.26 に示す．この図は wmtsa の wavVar 関数とそのプロットメソッドで描かれた．95% 信頼区間を図 23.26 に示す．ウェーブレット分散は 1, 2, 4, 8, 16 年の変化に対応している．

多重解像度解析（multiresolution analysis; MRA）は，時系列解析で有用なもう一つの方法である．MRA 分解は MODWT でうまく働く．図 23.27 に示す心電図時系列の分解には，waveslim の関数 mra が用いられている．この図では，la8，すなわち半分の長さ 8 の最小非対称フィルタが使われた（Percival and Walden, 2000, p.109）．同様の図が，Percival and Walden（2000, Fig.184）で与えられている．

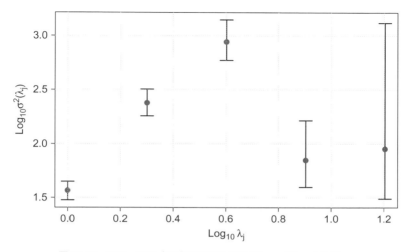

図 23.26　1700〜1988 年の年間太陽黒点数のウェーブレット分散.

23.10　確率微分方程式

　確率微分方程式（stochastic differential equation; SDE）は確率過程を含んでいる微分方程式であり，最も簡単な例がブラウン運動である．幾何ブラウン運動（geometrical Brownian motion）は，株価を記述するのによく使用される．これは $dP(t) = P(t)\mu\, dt + P(t)\sigma\, dW(t)$ と書かれる．ここで，$P(t)$ は時刻 t での株価，$\mu > 0$ と $\sigma > 0$ はそれぞれドリフトパラメータおよび拡散パラメータである．ガウスホワイトノイズ $W(t)$ は，ブラウン運動の微分と考えられる．この SDE は $d\log(P(t)) = \mu\, dt + \sigma\, dW(t)$ とも書け，$P(t) > 0$ であり，$\log(P(t))$ がブラウン運動であることがわかる．

　より複雑な SDE は，より複雑なドリフト項とボラティリティ関数を持つ．Iacus (2008) の書籍は，SDE への直観的でわかりやすい導入を与えており，SDE の初級コースで使用できる．そこでは，ガウスホワイトノイズを伴う SDE だけが考慮されている．付随する R パッケージ (Iacus, 2009) は，この書籍のすべての図の R スクリプトとともに，SDE のシミュレーションと統計的推論のための関数を提供する．

　重要な応用分野は金融数学であり，オプション価格やリスク評価がしばしば SDE システムによって記述される．通常，モンテカルロシミュレーションが近似解を見つける唯一の方法である．このパッケージの主たる SDE のクラスは，以下の形式の拡散過程である．

$$dX(t) = b(t, X(t))dt + \sigma(t, X(t))dW(t) \tag{23.16}$$

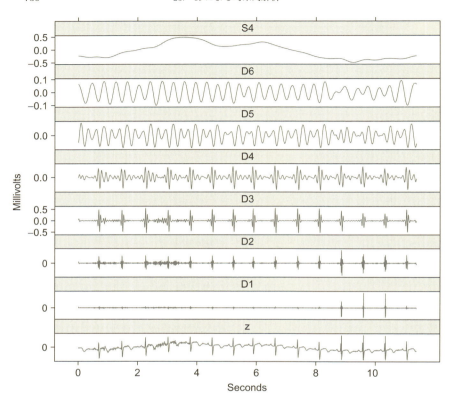

図 23.27 la8 フィルタを用いた MODWT による MRA. ECG 時系列は人間の心臓の 15 拍動を 180Hz でサンプリングし，ミリボルトで観測したもので，$n = 2048$ である．

ここで，$X(0)$ は初期条件，$W(t)$ は標準ブラウン運動である．伊藤の公式により式 (23.16) は

$$X(t) = X(0) + \int_0^t b(u, X(u))du + \int_0^t \sigma(u, X(u))dW(u)$$

と書ける．ドリフト係数 $b(\cdot,\cdot)$ と拡散係数 $\sigma^2(\cdot,\cdot)$ に対するいくつかの正則条件のもとで，式 (23.16) は一意の強解または弱解を持つ．ただし，式 (23.16) で与えられる SDE のクラスは広すぎる．拡散過程

$$dP(t) = P(t)\mu\, dt + P(t)\sigma dW(t) dX(t) = b(X(t))dt + \sigma(X(t))dW(t) \quad (23.17)$$

は，よく知られ広く使われている確率過程，例えば，Vasicek（VAS），Ornstein–Uhlenbeck（OU），Black–Scholes–Merton（BS）すなわち幾何ブラウン運動，Cox–Ingersoll–Ross（CIR）などを含む．中心となる関数は `sde.sim()` であり，これは一

23.10 確率微分方程式

般的な拡散過程 (23.17) や，より一般的な拡散過程に対する多くのオプションを有する．関数 DBridge() は，拡散ブリッジをシミュレートするためのもう一つの汎用的な関数を提供する．ブラウニアンブリッジや幾何ブラウン運動を簡単にシミュレートするのに利用できる関数 BBridge() と GBM() が提供される．sde.sim() を使用して，$X(0) = 0$ から始まり 1000 ステップ進むブラウン運動を 10 回シミュレートした結果を，図 23.28 に示す．

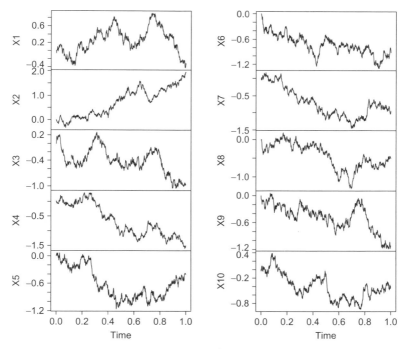

図 **23.28** 10 回のブラウン運動．

より複雑な SDE

$$dX(t) = (5 - 11x + 6x^2 - x^3)dt + dW(t)$$

をシミュレートしてみよう．ただし，$X(0) = 5$ とし，3 種類の異なるアルゴリズムと二つのステップサイズ $\Delta = 0.1, 0.25$ を用いる．図 23.29 から，小さいステップサイズ $\Delta = 0.1$ に対して，3 種類のアルゴリズムがすべて同じようにうまく働くことがわかる．しかし，大きなステップサイズ $\Delta = 0.25$ に対しては，Shoji–Ozaki アルゴリズムしかうまく働かないようである．

sde パッケージは，シミュレーションのほかに，パラメトリックおよびノンパラメト

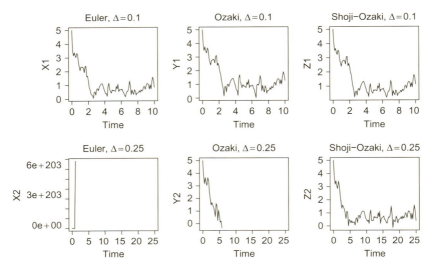

図 23.29 3 種類のアルゴリズムと 2 種類のステップサイズを用いた $dX(t) = (5 - 11x + 6x^2 - x^3)dt + dW(t)$ のシミュレーション.

リック推定のための関数 EULERloglik(), ksmooth(), SIMloglik(), simple.ef() を提供する. 拡散過程の x_0 での条件付き密度 $X(t)|X(t_0) = x_0$ の近似には, 関数 dcElerian(), dcEuler(), dcKessler(), dcozaki(), dcShoji(), dcSim() が利用できる.

23.11 結論

この章で議論されたもの以外にも, 多くのパッケージが時系列に利用できる. それらの多くは CRAN Task Views[*11)]で簡単に説明されている. 特に "Econometrics", "Finance", "TimeSeries" に関するタスクビューを参照されたい. 本章では, 広く使用され, よく知られた, 一般的に興味のあるパッケージを選択した. CRAN Task Views にあるものも含めて, CRAN で発表されているパッケージは, フォーマッティング規則に準拠することだけが要求され, コンピュータエラーを起こさないことは求められていないことに, 注意しなければならない. CRAN 上のパッケージが正しく有用な結果を返す保証は一切ない. ただ, Journal of Statistical Software で議論されているパッケージや, Springer-Verlag や Chapman & Hall/CRC などの主要出版社から出版されているパッケージは, 正当性と品質が慎重に審査されている.

自分の研究の影響力を高めたい研究者は, その理論を R で実装して CRAN 上の

---

*11) http://cran.r-project.org/web/views/

パッケージとして公開することを考慮するべきである．R パッケージを開発することについては，R Development Core Team（2011）のオンライン出版物で議論され，また大局的見地からは Chambers（2008）で議論されている．

謝辞

著者らは，それぞれに研究補助金をサポートしていただいた NSERC に感謝する．また，示唆を与えてくれた Achim Zeileis，コメントをいただいた匿名の査読者にも謝意を表する．

A 付録

A.1 datasets

表 A.1 パッケージ datasets に含まれるデータセット．

データセットの名称	説明
AirPassengers	月別航空機乗客数（1949～1960）
BJsales	売上データおよび先行指標
BOD	生物的酸素要求量
EuStockMarkets	ヨーロッパ株の日次終値（1991～1998）
LakeHuron	ヒューロン湖の水位（1875～1972）
Nile	ナイル川の流量
UKDriverDeaths	英国の交通事故犠牲者数（1969～1984）
UKgas	英国の四半期ガス消費量
USAccDeaths	米国の事故死者数（1973～1978）
USPersonalExpenditure	個人支出データ
WWWusage	毎分のインターネット利用数
WorldPhones	世界の電話台数
airmiles	米国エアラインの乗客マイル数（1937～1960）
austres	オーストラリア住民数の四半期時系列
co2	マウナロア大気中の CO_2 濃度
UKLungDeaths	英国の月次肺病死者数
freeny	Freeny の歳入データ
longley	Longley の経済回帰データ
lynx	カナダオオヤマネコ年次捕獲数（1821～1934）
nhtemp	New Haven の年平均気温
nottem	Nottingham の月別気温（1920～1939）
sunspot.month	月次太陽黒点データ（1749～1997）
sunspot.year	年次太陽黒点データ（1700～1988）
sunspots	月次太陽黒点数（1749～1983）
treering	年輪データ（-6000～1979）
uspop	米国国勢調査による人口

A.2 stats

表 A.2 パッケージ stats の ts オブジェクトのためのユーティリティ．これらの関数は1変量または多変量時系列を作成・処理するのに有用である．

関数名	目的
embed	ラグのある値を含む行列
lag	値をずらす
ts	時系列オブジェクトの生成
ts.intersect	多変量時系列の積集合
ts.union	多変量時系列の和集合
time	ts オブジェクトより時間を抽出する
cycle	ts オブジェクトより周期を抽出する
frequency	サンプリング間隔
window	時系列の部分集合を選択する

表 A.3 パッケージ stats の自己相関とスペクトル分析のための関数．

関数名	目的
acf	自己相関，偏自己相関
ccf	相互相関
cpgram	Bartlett のピリオドグラム累積検定
lag.plot	ある種の時系列プロット
fft	高速フーリエ変換
convolve	FFT による畳み込み
filter	移動平均/自己回帰フィルタリング
spectrum	スペクトル密度推定
toeplitz	テプリッツ行列の作成

表 A.4 パッケージ stats の時系列モデルに関する関数．これらの多くは predict および residuals メソッドを有する．

関数名	目的
arima, arima0	ARIMA の当てはめ
ar	AR の当てはめ
KalmanLike	1変量状態空間モデルの対数尤度
KalmanRun	KF フィルタリング
KalmanSmooth	KF 平滑化
KalmanForecast	KF 予測
makeARIMA	ARIMA から KF へ
PP.test	Phillips–Perron 単位根検定
tsdiag	診断チェック
ARMAacf	ARMA の理論的 ACF
acf2AR	ACF への AR の当てはめ
Box.test	Box–Pierce または Ljung–Box 検定
diff, diffinv	差分または和分
ARMAtoMA	ARMA の MA 展開
arima.sim	ARIMA のシミュレーション
HoltWinters	Holt–Winters フィルタリング
StructTS	カルマンフィルタモデリング

表 A.5 パッケージ stats の平滑化とフィルタリング.

関数名	目的
filter	移動平均/自己回帰フィルタリング
tsSmooth	StructTS オブジェクトの平滑化
stl	季節・トレンド・Loess 分解
decompose	移動平均フィルタによる季節成分分解

A.3 tseries

表 A.6 パッケージ tseries の関数.

関数名	目的
adf.test	拡張 Dickey–Fuller 検定
bds.test	Breusch–Godfrey 検定
garch	GARCH モデルの当てはめ
get.hist.quote	ヒストリカル金融データのダウンロード
jarque.bera.test	Jarque–Bera 検定
kpss.test KPSS	定常性の検定
quadmap	2 次写像（ロジスティック式）
runs.test	連検定
terasvirta.test	非線形性に対する Teraesvirta ニューラルネットワーク検定
tsbootstrap	一般的な定常データに対するブートストラップ
white.test	非線形性に対する White ニューラルネットワーク検定

表 A.7 パッケージ tseries のデータセット.

データセットの名称	説明
bev	ベバリッジ小麦価格指数（1500〜1869）
camp	Mount Campito 年輪データ (-3435〜1969)
ice.river	アイスランドの川のデータ
NelPlo	Nelson–Plosser マクロ経済時系列
nino	海表面温度，エルニーニョ指数
tcm	財務省証券の月次利回り
tcmd	財務省証券の日次利回り
USeconomic	米国経済変数

A.4 Forecast

表 A.8 一般的ユーティリティ関数.

関数名	目的
accuracy()	予測の精度
BoxCox, invBoxCox()	Box–Cox 変換
decompose()	decompose() の改良版
dm.test()	予測精度を比較する Diebold–Mariano 検定
forecast()	種々の方法に対する一般関数
monthdays()	季節時系列の日数
na.interp()	欠測値の補間
naive(), snaive()	ARIMA(0,1,0) 予測とその季節版
seasadj()	季節調整済み時系列
seasonaldummy()	季節ダミー変数の行列を生成
seasonplot()	季節プロット

表 A.9 ARIMA 関数.

関数名	目的
arfima	自動的 ARFIMA
Arima	arima() の改良版
arima.errors	回帰成分の除去
auto.arima	自動的 ARIMA モデリング
ndiffs	差分の決定のための単位根検定を使用
tsdisplay()	時系列プロットと ACF, PACF などを表示

表 A.10 指数平滑化とその他の時系列モデリング関数.

関数名	目的
croston	断続的系列に対する指数予測
ets	指数平滑化状態空間モデル
logLik.ets	ets オブジェクトの対数尤度
naive(), snaive()	ARIMA(0,1,0) 予測と季節版
rwf()	ドリフトのあるランダムウォークの予測
ses(), holt(), hw()	指数予測法
simulate.ets()	ets オブジェクトのシミュレーション
sindexf	未来の季節指数
splinef	スプラインによる予測
thetaf	シータ法による予測
tslm()	トレンドと季節性を用いる lm() のような関数

A.5 ltsa

表 A.11 パッケージ ltsa の主な関数.

関数名	目的
DHSimulate	Davies–Harte 法によるシミュレーション
DLLoglikelihood	厳密な集中対数尤度
DLResiduals	標準化された予測残差
DLSimulate	DL 再帰によるシミュレーション
SimGLP	一般線形過程のシミュレーション
TrenchInverse	テプリッツ行列の逆行列
ToeplitzInverseUpdate	逆行列の更新
TrenchMean	平均の厳密な MLE
TrenchForecast	厳密な予測と分散

A.6 FitAR

表 A.12 パッケージ FitAR のモデル選択関数.

関数名	目的
PacfPlot	偏自己関数プロット
SelectModel	AIC/BIC 選択
TimeSeriesPlot	時系列プロット

表 A.13 パッケージ FitAR の推定関数.

関数名	目的
FitAR	AR(p)/部分 ARzeta の厳密な MLE
FitARLS	AR(p)/部分 ARphi の LS
GetFitAR	AR(p)/部分 ARzeta の高速厳密 MLE
GetFitARLS	AR(p)/部分 ARphi の高速 LS
GetARMeanMLE	AR の厳密平均 MLE
AR1Est	平均 0 の AR(1) の厳密 MLE

表 A.14 パッケージ FitAR の診断チェック関数.

関数名	目的
Boot	一般パラメトリックブートストラップ
Boot.FitAR	FitAR のメソッド
Boot.ts	ts のメソッド
LjungBox	Ljung–Box かばん検定
LBQPlot	Ljung–Box 検定結果のプロット
RacfPlot	残差 acf プロット
JarqueBeraTest	正規性検定

表 A.15 パッケージ FitAR のその他の関数.

関数名	目的
AcfPlot	汎用相関プロット
ARSdf	FFT による AR スペクトル密度
ARToMA	インパルス係数
ARToPacf	AR を PACF に変換
BackcastResidualsAR	後方予測を用いて残差を計算
cts	時系列の連結
InformationMatrixAR	Fisher 情報行列, AR
InformationMatrixARp	Fisher 情報行列（部分集合の場合）, ARp
InformationMatrixARz	Fisher 情報行列（部分集合の場合）, ARz
InvertibleQ	反転可能性または定常因果性の検定
PacfDL	DL 再帰により ACF から PACF を計算
PacfToAR	PACF を AR に変換
sdfplot	汎用スペクトル密度プロット
sdfplot.FitAR	クラス FitAR のメソッド
sdfplot.Arima	クラス Arima のメソッド
sdfplot.ar	クラス ar のメソッド
sdfplot.ts	クラス ts のメソッド
sdfplot.numeric	クラス numeric のメソッド
SimulateGaussianAR	ガウス AR のシミュレーション
Readts	入力時系列
TacvfAR	AR の理論自己共分散
TacvfMA	MA の理論自己共分散
VarianceRacfAR	残差 acf の分散, AR
VarianceRacfARp	残差 acf の分散（部分集合の場合）, ARp
VarianceRacfARz	残差 acf の分散（部分集合の場合）, ARz

（A. Ian McLeod, Hao Yu and Esam Mahdi／中野純司）

文　　献

Adler, J., 2009. R in a Nutshell. O'Reilly, Sebastopol, CA.
Aknouche, A., Bibi, A., 2009. Quasi-maximum likelihood estimation of periodic garch and periodic arma-garch processes. J. Time Ser. Anal. 30(1), 19–46.
Baillie, R.T., 1996. Long memory processes and fractional integration in econometrics. J. Econom. 73(1), 5–59.
Banerjee, A., Dolado, J.J., Galbraith, J.W., Hendry, D.F., 1993. Cointegration, Error Correction, and the Econometric Analysis of Non-Stationary Data. Oxford University Press, Oxford.
Becker, R.A., Clark, L.A., Lambert, D., 1994. Cave plots: a graphical technique for comparing time series. J. Comput. Graph. Stat. 3(3), 277–283.
Beran, J., 1994. Statistics for Long Memory Processes. Chapman & Hall/CRC, Boca Raton.
Beran, J., Whitcher, B., Maechler, M., 2009. Longmemo: Statistics for Long-Memory Processes. http://CRAN.R-project.org/package=longmemo (accessed 03.02.12).
Bloomfield, P., 2000. Fourier Analysis of Time Series: An Introduction, second ed. Wiley, New York.
Bollerslev, T., 1986. Generalized autoregressive conditional heteroskedasticity. J. Econom. 31(3), 307–327.
Box, G., Jenkins, G.M., Reinsel, G.C., 2008. Time Series Analysis: Forecasting and Control, fourth ed. Hoboken, N.J., Wiley, New York.
Box, G.E.P., Tiao, G.C., 1975. Intervention analysis with applications to economic and environmental problems. J. Am. Stat. Assoc. 70(349), 70–79.
Braun, W.J., Murdoch, D.J., 2008. A First Course in Statistical Programming with R. Cambridge University Press, Cambridge.
Brockwell, P.J., Davis, R.A., 1991. Time Series: Theory and Methods, second ed. Springer, New York.
Brown, R.L., Durbin, J., Evans, J.M., 1975. Techniques for testing the constancy of regression relationships over time. J. R. Stat. Soc. B 37, 149–163.
Chambers, J.M., June 2008. Software for Data Analysis: Programming with R. Statistics and Computing. Springer-Verlag, New York.
Chan, K.-S., 2011. TSA: Time Series Analysis. R package version 0.98. http://CRAN.R-project.org/package=TSA (accessed 03.02.12).
Chan, N.H., 2010. Time Series: Applications to Finance with R, third ed. Wiley, New York.
Cleveland, W.S., 1993. Visualizing Data. Hobart Press, Summit, New Jersey.
Cleveland, W.S., McGill, M.E., McGill, R., 1988. The shape parameter of a two-variable graph. J. Am. Stat. Assoc. 83(402), 289–300.
Constantine, W., Percival, D., 2010. wmtsa: Insightful Wavelet Methods for Time Series Analysis. R package version 1.0-5. http://CRAN.R-project.org/package=wmtsa (accessed 03.02.12).
Cook, D., Swayne, D.F., 2007. Interactive Dynamic Graphics for Data Analysis R. Springer-Verlag, New York.
Cowpertwait, P.S., Metcalfe, A.V., 2009. Introductory Time Series with R. Springer Science+Business Media, LLC, New York.
Craigmile, P.F., 2003. Simulating a class of stationary gaussian processes using the davies-harte algorithm, with application to long memory processes. J. Time Ser. Anal. 24, 505–511.

Crawley, M.J., 2007. The R Book. Wiley, New York.
Cryer, J.D., Chan, K.-S., 2008. Time Series Analysis: With Applications in R, second ed. Springer Science+Business Media, LLC, New York.
Dalgaard, P., 2008. Introductory Statistics with R. Springer Science+Business Media, LLC, New York.
Davies, R.B., Harte, D.S., 1987. Tests for hurst effect. Biometrika 74, 95–101.
Dethlefsen, C., Lundbye-Christensen, S., Christensen, A.L., 2009. sspir: State Space Models in R. http://CRAN.R-project.org/package=sspir (accessed 03.02.12).
Diebold, F.X., Rudebusch, G.D., 1989. Long memory and persistence in aggregate output. J. Monet. Econ. 24, 189–209.
Durbin, J., Koopman, S.J., 2001. Time Series Analysis by State Space Methods. Oxford University Press, Oxford.
Elliott, G., Rothenberg, T.J., Stock, J.H., 1996. Efficient tests for an autoregressive unit root. Econometrica 64(4), 813–836.
Enders, W., 2010. Applied Econometric Time Series, third ed. John Wiley and Sons, New York.
Engle, R.F., 1982. Autoregressive conditional heteroscedasticity with estimates of the variance of united kingdom inflation. Econometrica 50(4), 987–1007.
Engle, R.F., Granger, C.W.J., 1987. Co-integration and error correction: representation, estimation, and testing. Econometrica 55(2), 251–276.
Everitt, B.S., Hothorn, T., 2009. A Handbook of Statistical Analyses Using R, second ed. Chapman and Hall/CRC, Boca Raton.
Faraway, J., Chatfield, C., 1998. Time series forecasting with neural networks: a comparative study using the airline data. J. R. Stat. Soc. Ser. C (Appl. Stat.) 47(2) 231–250.
Fox, J., 2005. The R commander: A basic-statistics graphical user interface to R. J. Stat Software 14(9), 1–42. http://www.jstatsoft.org/v14/i09 (accessed 03.02.12).
Fraley, C., Leisch, F., Maechler, M., Reisen, V., Lemonte, A., 2009. fracdiff: Fractionally differenced ARIMA aka ARFIMA(p,d,q) models. http://CRAN.R-project.org/package=fracdiff (accessed 03.02.12).
Friedman, J.H., 1991. Multivariate adaptive regression splines. Ann. Stat. 19(1), 1–67.
Gelper, S., Fried, R., Croux, C., 2010. Robust forecasting with exponential and holt-winters smoothing. J. Forecast. 29(3), 285–300.
Gençay, R., Selçuk, F., Whitcher, B., 2002. An Introduction to Wavelets and Other Filtering Methods in Finance and Economics. Academic Press, New York.
Gentleman, R., 2009. R Programming for Bioinformatics. Chapman and Hall/CRC, Boca Raton.
Gentleman, R., Ihaka, R., 1996. R: A language for data analysis and graphics. J. Comput. Graph. Stat. 5(2), 491–508.
Gilbert, P., 1993. State space and arma models: An overview of the equivalence. Bank of Canada Publications. Working Paper 1993-00. http://www.bankofcanada.ca/1993/03/publications/research/working-paper-199/ (accessed 03.02.12).
Gilbert, P., 2011. dse: Dynamic Systems Estimation (time series package). http://CRAN.R-project.org/package=dse (accessed 03.02.12).
Granger, C.W.J., Newbold, P., 1974. Spurious regressions in econometrics. J. Econom. 2, 111–120.
Granger, C.W.J., Newbold, P., 1976. Forecasting transformed series. J. R. Stat. Soc. Ser. B (Methodological) 38(2), 189–203.

Graves, S., 2011. FinTS: Companion to Tsay (2005) Analysis of Financial Time Series. R package version 0.4-4. http://CRAN.R-project.org/package=FinTS (accessed 03.02.12).

Grolemund, G., Wickham, H., 2011. Dates and times made easy with lubridate. J. Stat. Soft. 40(3), 1–25. http://www.jstatsoft.org/v40/i03 (accessed 03.02.12).

Hamilton, J.D., 1994. Time Series Analysis. Princeton University Press, Princeton, NJ.

Hansen, B.E., 1995. Rethinking the univariate approach to unit root testing: using covariates to increase power. Econom. Theory 11(5), 1148–1171.

Harrison, J., West, M., 1997. Bayesian Forecasting and Dynamic Models. Springer, New York.

Harvey, A., 1989. Forecasting, Structural Time Series Models and the Kalman Filter. Cambridge University Press, Cambridge.

Haslett, J., Raftery, A.E., 1989. Space-time modelling with long-memory dependence: assessing Ireland's wind power resource. J. R. Stat. Soc. Ser. C (Appl. Stat.) 38(1), 1–50.

Hastie, T., Tibshirani, R., 2011. mda: Mixture and Flexible Discriminant Analysis. R package version 0.4-2. http://CRAN.R-project.org/package=mda (accessed 03.02.12).

Hastie, T., Tibshirani, R., Friedman, J.H., 2009. The Elements of Statistical Learning, second ed. Springer-Verlag, New York.

Heiberger, R.M., Neuwirth, E., 2009. R Through Excel: A Spreadsheet Interface for Statistics, Data Analysis, and Graphics. Springer Science+Business Media, LLC, New York.

Helske, J., 2011. KFAS: Kalman filter and smoothers for exponential family state space models. http://CRAN.R-project.org/package=KFAS (accessed 03.02.12).

Hipel, K.W., Lennox, W.C., Unny, T.E., McLeod, A.I., 1975. Intervention analysis in water resources. Water Resour. Res. 11(6), 855–861.

Hipel, K.W., McLeod, A.I., 1994. Time Series Modelling of Water Resources and Environmental Systems. Elsevier, Amsterdam.

Hoffmann, T.J., 2011. Passing in command line arguments and parallel cluster/multicore batching in r with batch. J. Stat. Soft., Code Snippets 39(1), 1–11. http://www.jstatsoft.org/v39/c01 (accessed 03.02.12).

Hopwood, W.S., McKeown, J.C., Newbold, P., 1984. Time series forecasting models involving power transformations. J. Forecast. 3(1), 57–61.

Hornik, K., Leisch, F., 2001. Neural network models. In: Peña, D., Tiao, G.C., Tsay, R.S. (Eds.), A Course in Time Series Analysis. Wiley, New York, Ch. 13, pp. 348–364.

Hothorn, T., Zeileis, A., Millo, G., Mitchell, D., 2010. lmtest: Testing Linear Regression Models. R package version 0.9-27. http://CRAN.R-project.org/package=lmtest (accessed 03.02.12).

Hyndman, R.J., 2010. forecast: Forecasting functions for time series. R package version 2.17. http://CRAN.R-project.org/package=forecast (accessed 03.02.12).

Hyndman, R.J., Khandakar, Y., 2008. Automatic time series forecasting: the forecast package for R. J. Stat. Softw. 27(3), 1–22. http://www.jstatsoft.org/v27/i03 (accessed 03.02.12).

Hyndman, R.J., Koehler, A.B., Ord, J.K., Snyder, R.D., 2008. Forecasting with Exponential Smoothing: The State Space Approach. Springer-Verlag, New York.

Iacus, S.M., 2008. Simulation and Inference for Stochastic Differential Equations: With R Examples. Springer Science+Business Media, LLC, New York.

Iacus, S.M., 2009. sde: Simulation and Inference for Stochastic Differential Equations. R package version 2.0.10. http://CRAN.R-project.org/package=sde (accessed 03.02.12).

Johansen, S., 1995. Likelihood-Based Inference in Cointegrated Vector Autoregressive Models. Oxford University Press, Oxford.

Kajitani, Y., Hipel, K.W., McLeod, A.I., 2005. Forecasting nonlinear time series with feed-forward neural networks: a case study of canadian lynx data. J. Forecast. 24, 105–117.

Kedem, B., Fokianos, K., 2002. Regression Models for Time Series Analysis. Wiley, New York.

Keenan, D.M., 1985. A Tukey nonadditivity-type test for time series nonlinearity. Biometrika 72, 39–44.

Kleiber, C., Zeileis, A., 2008. Applied Econometrics with R. Springer, New York.

Kwiatkowski, D., Phillips, P.C.B., Schmidt, P., Shin, Y., 1992. Testing the null hypothesis of stationarity against the alternative of a unit root: how sure are we that economic time series have a unit root? J. Econom. 54, 159–178.

Lee, T.H., White, H., Granger, C.W.J., 1993. Testing for neglected nonlinearity in time series models. J. Econom. 56, 269–290.

Leisch, F., 2002. Dynamic generation of statistical reports using literate data analysis. In: Härdle, W., Rönz, B. (Eds.), COMPSTAT 2002 – Proceedings in Computational Statistics. Physica-Verlag, Heidelberg, pp. 575–580.

Leisch, F., 2003. Sweave and beyond: computations on text documents. In: Hornik, K., Leisch, F., Zeileis, A. (Eds.), Proceedings of the 3rd International Workshop on Distributed Statistical Computing, Vienna, Austria. ISSN 1609-395X. http://www.ci.tuwien.ac.at/Conferences/DSC-2003/Proceedings/ (accessed 03.02.12).

Lewis, P.A.W., Stevens, J.G., 1991. Nonlinear modeling of time series using multivariate adaptive regression splines (mars). J. Am. Stat. Assoc. 86(416), 864–877.

Li, W.K., 1994. Time series models based on generalized linear models: some further results. Biometrics 50(2), 506–511.

Luethi, D., Erb, P., Otziger, S., 2010. FKF: Fast Kalman Filter. http://CRAN.R-project.org/package=FKF (accessed 03.02.12).

Lupi, C., 2011. CADFtest: Hansen's Covariate-Augmented Dickey-Fuller Test. R package version 0.3-1. http://CRAN.R-project.org/package=CADFtest (accessed 03.02.12).

Lütkepohl, H., 2005. New Introduction to Multiple Time Series Analysis. Springer-Verlag, New York.

Lütkepohl, H., Krätzig, M. (Eds.), 2004. Applied Time Series Econometrics. Cambridge University Press, Cambridge.

MacKinnon, J.G., 1996. Numerical distribution functions for unit root and cointegration tests. J. Appl. Econom. 11, 601–618.

McLeod, A.I., 1994. Diagnostic checking periodic autoregression models with application. J. Time Ser. Anal. 15, 221–223, Addendum, J. Time Ser. Anal. 16, 647–648.

McLeod, A.I., 1998. Hyperbolic decay time series. J. Time Ser. Anal. 19, 473–484.

McLeod, A.I., 2010. FitARMA: Fit ARMA or ARIMA Using Fast MLE Algorithm. R package version 1.4. http://CRAN.R-project.org/package=FitARMA (accessed 03.02.12).

McLeod, A.I., Balcilar, M., 2011. pear: Package for Periodic Autoregression Analysis. R package version 1.2. http://CRAN.R-project.org/package=pear (accessed 03.02.12).

McLeod, A.I., Li, W.K., 1983. Diagnostic checking arma time series models using squared-residual autocorrelations. J. Time Ser. Anal. 4, 269–273.

McLeod, A.I., Yu, H., Krougly, Z., 2007. Algorithms for linear time series analysis: With R package. J. Stat. Softw. 23(5), 1–26. http://www.jstatsoft.org/v23/i05 (accessed 03.02.12).

McLeod, A.I., Yu, H., Krougly, Z., 2011a. FGN: Fractional Gaussian Noise, estimation and simulation. R package version 1.4. http://CRAN.R-project.org/package=ltsa (accessed 03.02.12).

McLeod, A.I., Zhang, Y., 2006. Partial autocorrelation parameterization for subset autoregression. J. Time Ser. Anal. 27(4), 599–612.

McLeod, A.I., Zhang, Y., 2008a. Faster arma maximum likelihood estimation. Comput. Stat. Data Anal. 52(4), 2166–2176.

McLeod, A.I., Zhang, Y., 2008b. Improved subset autoregression: With R package. J. Stat. Softw. 28(2), 1–28. http://www.jstatsoft.org/v28/i02 (accessed 03.02.12).

McLeod, A.I., Zhang, Y., Xu, C., 2011b. FitAR: Subset AR Model Fitting. R package version 1.92. http://CRAN.R-project.org/package=FitAR (accessed 03.02.12).

Meyer, D., June 2002. Naive time series forecasting methods: the holt-winters method in package ts. R News 2(2), 7–10.

Milborrow, S., 2011. earth: Multivariate Adaptive Regression Spline Models. R package version 2.6-2. http://CRAN.R-project.org/package=earth (accessed 03.02.12).

Moore, D.S., 2007. The Basic Practice of Statistics, fourth ed. W. H. Freeman & Co., New York.

Murrell, P., 2011. R Graphics, second ed. Chapman and Hall/CRC, Boca Raton.

Nason, G., 2008. Wavelet Methods in Statistics with R. Springer-Verlag, New York.

Nason, G., 2010. wavethresh: Wavelets statistics and transforms. R package version 4.5. http://CRAN.R-project.org/package=wavethresh (accessed 03.02.12).

Peng, R., 2008. A method for visualizing multivariate time series data. J. Stat. Softw. 25 (Code Snippet 1), 1–17. http://www.jstatsoft.org/v25/c01 (accessed 03.02.12).

Percival, D.B., Walden, A.T., 1993. Spectral Analysis For Physical Applications. Cambridge University Press, Cambridge.

Percival, D.B., Walden, A.T., 2000. Wavelet Methods for Time Series Analysis. Cambridge University Press, Cambridge.

Petris, G., 2010. dlm: Bayesian and Likelihood Analysis of Dynamic Linear Models. http://CRAN.R-project.org/package=dlm (accessed 03.02.12).

Petris, G., Petrone, S., Campagnoli, P., 2009. Dynamic Linear Models with R. Springer Science+Business Media, LLC, New York.

Pfaff, B., 2006. Analysis of Integrated and Cointegrated Time Series with R. Springer, New York.

Pfaff, B., 2008. Var, svar and svec models: implementation within R package vars. J. Stat. Softw. 27(4), 1–32. http://www.jstatsoft.org/v27/i04 (accessed 03.02.12).

Pfaff, B., 2010a. urca: Unit Root and Cointegration Tests for Time Series Data. R package version 1.2-5. http://CRAN.R-project.org/package=urca (accessed 03.02.12).

Pfaff, B., 2010b. vars: VAR Modelling. R package version 1.4-8. http://CRAN.R-project.org/package=vars (accessed 03.02.12).

Phillips, P.C.B., Ouliaris, S., 1990. Asymptotic properties of residual based tests for cointegration. Econometrica 58, 165–193.

Phillips, P.C.B., Perron, P., 1988. Testing for a unit root in time series regression. Biometrika 75(2), 335–346.

R Development Core Team, 2011. Writing R Extensions. R Foundation for Statistical Computing, Vienna, Austria. http://www.R-project.org/ (accessed 03.02.12).

Revolution Computing, 2011. foreach: For Each Looping Construct for R. R package version 1.3.2. http://CRAN.R-project.org/package=foreach (accessed 03.02.12).

Ripley, B.D., 2011. nnet: Feed-forward Neural Networks and Multinomial Log-Linear Models. R package version 7.3-1. http://CRAN.R-project.org/package=nnet (accessed 03.02.12).

Ripley, B.D., 1996. Pattern Recognition and Neural Networks. Cambridge University Press, New York.

Ripley, B.D., June 2002. Time series in R 1.5.0. R News 2(2), 2–7.

Ritz, C., Streibig, J.C., 2008. Nonlinear Regression with R. Springer Science+Business Media, LLC, New York.

Said, S.E., Dickey, D.A., 1984. Test for unit roots in autoregressive-moving average models of unknown order. Biometrika 71(3), 599–607.

Sarkar, D., 2008. Lattice: Multivariate Data Visualization with R. Springer, New York.

Schmidberger, M., Morgan, M., Eddelbuettel, D., Yu, H., Tierney, L., Mansmann, U., Aug 2009. State of the art in parallel computing with R. J. Stat. Softw. 31(1), 1–27. http://www.jstatsoft.org/v31/i01 (accessed 03.02.12).

Shadish, W.R., Cook, T.D., Campbell, D.T., 2001. Experimental and Quasi-Experimental Designs for Generalized Causal Inference, second ed. Houghton Mifflin, Boston.

Shumway, R.H., Stoffer, D.S., 2011. Time Series Analysis and Its Applications With R Examples, third ed. Springer, New York.

Smith, B., Field, C., 2001. Symbolic cumulant calculations for frequency domain time series. Stat. Comput. 11, 75–82.

Spector, P., 2008. Data Manipulation with R. Springer-Verlag, Berlin.

Teraesvirta, T., Lin, C.F., Granger, C.W.J., 1993. Power of the neural network linearity test. J. Time Ser. Anal. 14, 209–220.

Tesfaye, Y.G., Anderson, P.L., Meerschaert, M.M., 2011. Asymptotic results for fourier-parma time series. J. Time Ser. Anal. 32(2), 157–174.

Thompson, M.E., McLeod, A.I., June 1976. The effects of economic variables upon the demand for cigarettes in Canada. Math. Sci. 1, 121–132.

Trapletti, A., 2011. tseries: Time Series Analysis and Computational Finance. R package version 0.10-25. http://CRAN.R-project.org/package=tseries (accessed 03.02.12).

Tsay, R.S., 2010. Analysis of Financial Time Series, third ed. Wiley, New York.

Tusell, F., 2011. Kalman filtering in R. J. Stat. Softw. 39(2). http://www.jstatsoft.org/v39/i02 (accessed 03.02.12).

Ursu, E., Duchesne, P., 2009. On modelling and diagnostic checking of vector periodic autoregressive time series models. J. Time Ser. Anal. 30(1), 70–96.

Venables, W.N., Ripley, B.D., 2000. S Programming. Springer, New York.

Venables, W.N., Ripley, B.D., 2002. Modern Applied Statistics with S, fourth ed. Springer, New York.

Vingilis, E., McLeod, A.I., Seeley, J., Mann, R.E., Stoduto, G., Compton, C., et al., 2005. Road safety impact of extended drinking hours in ontario. Accid. Anal. Prev. 37, 547–556.

Whitcher, B., 2010. waveslim: Basic Wavelet Routines for One-, Two- and Three-Dimensional Signal Processing. R package version 1.6.4. http://CRAN.R-project.org/package=waveslim (accessed 03.02.12).

Wickham, H., 2009. ggplot2: Elegant Graphics for Data Analysis. Springer, New York.

Wilkinson, L., 1999. The Grammar of Graphics. Springer, New York.

Wolfram Research, Inc., 2011. Mathematica Edition: Version 8.0. Wolfram Research, Inc., Champaign, Illinois.

Wood, S., 2006. Generalized Additive Models: An Introduction with R. Chapman and Hall/CRC, Boca Raton.

Wuertz, D., 2010. fBasics: Rmetrics - Markets and Basic Statistics. R package version 2110.79. http://CRAN.R-project.org/package=fBasics (accessed 03.02.12).

Wuertz, D., Chalabi, Y., 2011. timeSeries: Rmetrics - Financial Time Series Objects. R package version 2130.92. http://CRAN.R-project.org/package=timeSeries (accessed 03.02.12).

Wuertz, D., 2009a. fGarch: Rmetrics - Autoregressive Conditional Heteroskedastic Modelling. R package version 2110.80. http://CRAN.R-project.org/package=fGarch (accessed 03.02.12).

Wuertz, D., 2009b. fUnitRoots: Trends and Unit Roots. R package version 2100.76. http://CRAN.R-project.org/package=fUnitRoots (accessed 03.02.12).

Würtz, D., 2004. Rmetrics: An Environment for Teaching Financial Engineering and Computational Finance with R. Rmetrics, ITP, ETH Zürich, Swiss Federal Institute of Technology, ETH Zürich, Switzerland. http://www.rmetrics.org (accessed 03.02.12).

Zeileis, A., 2010. dynlm: Dynamic Linear Regression. R package version 0.3-0. http://CRAN.R-project.org/package=dynlm (accessed 03.02.12).

Zeileis, A., Leisch, F., Hansen, B., Hornik, K., Kleiber, C., 2010. strucchange: Testing, Monitoring and Dating Structural Changes. R package version 1.4-4. http://CRAN.R-project.org/package=strucchange (accessed 03.02.12).

Zeileis, A., Leisch, F., Hornik, K., Kleiber, C., 2002. Strucchange: An R package for testing for structural change in linear regression models. J. Stat. Softw. 7(2), 1–38. http://www.jstatsoft.org/v07/i02 (accessed 03.02.12).

Zhang, Y., McLeod, A.I., 2006. Computer algebra derivation of the bias of burg estimators. J. Time Ser. Anal. 27, 157–165.

Zhou, L., Braun, W.J., 2010. Fun with the r grid package. J. Stat. Educ. 18. http://www.amstat.org/publications/jse/v18n3/zhou.pdf (accessed 03.02.12).

Zivot, E., Wang, J., 2006. Modeling Financial Time Series with S-PLUS, second Edition. Springer Science+Business Media, Inc, New York.

Zucchini, W., MacDonald, I.L., 2009. Hidden Markov Models for Time Series: A Practical Introduction using R, second ed. Chapman &Hall/CRC, Boca Raton.

Zuur, A.F., Ieno, E.N., Meesters, E., 2009. A Beginner's Guide to R. Springer Science+Business Media, LLC, New York.

Index

索　引

A
α 混合性　90
ANN モデル〔artificial neural network model〕　82
AQL〔average quadratic loss〕　152
AR 篩ブートストラップ法〔autoregressive-sieve (AR-sieve) bootstrap〕　10, 11, 39, 40
AR モデル　38
ARCH モデル　137, 158
ARFIMA モデル　709
ARLSCH モデル〔autoregressive linear square conditional heteroscedastic model〕　159
ARMA モデル　34
ARTCH モデル〔autoregressive threshold conditional heteroscedastic model〕　159

B
B 推定量　141
Balian–Low 定理　445
β 零再帰　91
Bhattacharya–Hellinger–Matsushita 距離　60
Breusch–Godfrey 検定　714

C
CAR モデル〔conditional autoregressive model〕　559
CAR(1)〔continuous-time autoregression of order 1〕　577
CARMA 過程　573
CAST モデル〔conditional autoregressive spatio-temporal model〕　561
Cauchy 推定量　141
Cholesky 分解　221
CLAR 過程　368
CMAQ〔community multiscale air quality〕　513
COGARCH(1,1) 過程　588
COGARCH(q,p) 過程　590
CPT〔cosine packet transform〕　450
Cramér 表現　407

D
DFT〔discrete Fourier transform〕　23
Dickey–Fuller 検定　86, 728
Durbin–Levinson 再帰計算　706
Durbin–Watson 検定　712

E
EK 法〔estimated kernel〕　187
EM アルゴリズム〔expectation-maximization algorithm〕　124, 128
ES〔expected shortfall〕　276

F
FARMA モデル　708
FDB〔frequency domain bootstrap〕　19
FFT〔fast Fourier transform〕　448
FGN　708
fMRI〔functional magneto-resonance imaging〕　323
fMRI 時系列の妥当な動的初期モデル〔dynamic initial model for fMRI time series〕　329
fMRI データ解析　324
Foster–Lyapunov のドリフト規準　78

G
GARCH　730
GARCH(p,q) モデル　139
GARCH(q,p) 過程　587
GJR(1,1) モデル　139, 140

H
HAC 共分散行列推定量　218
Harris 再帰性の条件〔Harris recurrence condition〕　14
HC 共分散行列推定量〔heteroscedasticity-consistent covariance matrix estimator〕　214
Huber の k スコア　141

I

I(0) 84
I(1) 84
I(d) 84
INAR モデル 365, 368
INGARCH モデル 348
INGARCH(p,q) モデル 348

J

Jarque–Bera 検定 714

K

Karhunen–Loéve 展開 180
Kiefer–Müller 過程 426
Kitagawa の格子近似 102
KL 展開〔Karhunen–Loéve expansion; KLE〕 528
KLE〔Karhunen–Loéve expansion〕 528
Kolmogorov フォーミュラ 388
KPSS 統計量 90

L

LAD〔least absolute deviation〕 236
LAM〔locally asymptotically minimax〕 414
LAN〔locally asymptotically normal〕 414
Levinson–Durbin アルゴリズム 390
Lévy–Khintchine の公式 574
Ljung–Box かばん統計量 718
LLE〔local Lyapunov exponents〕 64
Loess 回帰 718
$L^p\text{-}m$ 近似可能 192
LPB ブートストラップ法〔linear process bootstrap〕 41
LRD〔long-range dependent〕 24

M

m 従属 192
m 従属過程 192
M 推定量 141
matched block bootstrap (MaBB) 法 17
Matérn 族 509
MLCE〔maximal Lyapunov characteristic exponent〕 64
MRB〔mean relative bias〕 152
MUSIC 法 628

N

Nadaraya–Watson ノンパラメトリック分位点回帰〔Nadaraya–Watson nonparametric quantile regression〕 254
NBB 法〔nonoverlapping block bootstrap〕 17
NN-ARX モデル 328, 330

O

OU 過程 573

P

PCA〔principal components analysis〕 463
Pisarenko 法 625

Q

QAR モデル〔quantile autoregression model〕 240
QMLE〔quasi maximum likelihood estimator〕 137, 139, 141

R

R 693

S

SAR モデル〔simultaneous autoregressive model〕 558
SAST モデル〔simultaneous autoregressive spatio-temporal model〕 563
SB 法〔stationary bootstrap〕 17
SCR モデル〔stochastic coefficient regression model〕 473, 475, 476
SLEX 時変スペクトル 458
SLEX 縮小推定型判別法 467
SLEX 縮小推定法 467
SLEX 主成分分析 455
SLEX 波形 445
SLEX ピリオドグラム行列 448
SPM 325, 332
SRD〔short-range dependent〕 24

T

tapered block bootstrap (TBB) 法 17
TFT ブートストラップ法〔time frequency toggle bootstrap〕 36
Toeplitz 行列 413
tvAR(p) 過程 399

tvARCH 過程　401
tvGARCH 過程　403

V

VaR〔Value-at-Risk〕　275
Viterbi アルゴリズム　129
voxel における賦活　332

W

Wigner–Ville スペクトル　408
Wilcoxon のランクスコア関数〔Wilcoxon rank score function〕　161

あ

アップクロス　609

い

閾値移動平均モデル　80
閾値型推定量〔thresholded estimate〕　226
閾値自己回帰モデル〔threshold autoregressive (TAR) model〕　80, 718
閾値単位根過程　92
閾値ベクトル誤差修正モデル〔threshold vector error correction (TVEC) model〕　94
閾値モデル〔threshold model〕　75, 113
位相混合ブートストラップ〔phase scrambling bootstrap〕　36
一般化 OU 過程　585
一般化 Whittle 推定量　416
一般化 Whittle 尤度　414
一般化加法モデル〔generalized additive model; GAM〕　718
一般化スペクトル密度　59
一般化線形モデル〔generalized linear model; GLM〕　344, 716
伊藤積分　86
移動ブロックブートストラップ法〔moving block bootstrap; MBB〕　15
移入のある分岐過程　363
イノベーションアプローチ　328
イノベーションのガウス性　335
インパルス応答関数　474

う

ウイナー過程　85
ウィンドウ効果がもたらす白色化〔whitening by windowing effect〕　9
ウェーブレット係数　655

ウェーブレットパケット　450
ウェーブレット分散　651, 661
ウォルド型自己回帰表現　12

え

エルゴード性　77, 120, 355, 356
エルゴード的　367
遠隔 voxel 間の同時結合性の統計的検証　333
遠隔 voxel 間の動的相関　334
円滑推移ベクトル自己回帰モデル　81
円滑推移モデル　81
円形ブロックブートストラップ法〔circular block bootstrap; CBB〕　17

お

応答〔response〕　345
オーディナリクリギング　554
帯型共分散推定量〔banded covariance matrix estimate〕　223
重み付き最小 2 乗法〔weighted least squares; WLS〕　674

か

回帰分位点〔regression quantile〕　237
概収束　176
階層自己回帰モデル〔hierarchical autoregressive model〕　505
階層ベイズモデル〔hierarchical Bayesian model〕　504
改良推定カーネル法〔estimated kernel improved; EKI〕　188
ガウス型最尤法　474
ガウス過程　508
ガウス過程事前分布〔Gaussian process prior〕　507
可逆的　54
拡張カルマンフィルタ　102
確率過程の列　405
確率的共通トレンド　87
確率的係数回帰モデル〔stochastic coefficient regression (SCR) model〕　473, 475, 476
確率的実現理論〔stochastic realization theory〕　209
確率的単位根過程〔stochastic unit root (STUR) process〕　92
確率的表現理論〔stochastic representation theory〕　215
確率場　551
確率微分方程式〔stochastic differential

equation; SDE] 735
隠れマルコフ過程 113
隠れマルコフ連鎖モデル 102
可積分 176
可積分関数 96
過大分散〔overdispersion〕 346, 357, 363
カーネル型局所尤度 397
カーネル関数 422
カーネル推定量 390
カーネル平滑化ピリオドグラム行列 456
加法モデル 82
カルバック・ライブラー乖離 451
カルバック・ライブラー規準 462
カルバック・ライブラー情報量 409
カルバック・ライブラーダイバージェンス 454
カルマンフィルタ 704
環境時系列データ 494
頑健推定量 670
緩格子〔loose grid〕 596
干渉分析 702
関数 AR(1) モデル 182
関数観測値 176
関数時系列 173, 174
完全連続作用素 176
観測スイッチングモデル〔observation switching model〕 112
観測値駆動型モデル 349, 351
観測方程式 705
観測モデル 101

き

幾何エルゴード性 78
疑似ガウス型尤度 474
疑似最尤推定量〔quasi maximum likelihood estimator; QMLE〕 137
"軌跡"行列〔trajectory matrix〕 529
期待ショートフォール〔expected shortfall; ES〕 276
期待値最大化アルゴリズム〔expectation-maximization (EM) algorithm〕 124, 128
機能的結合性 324
ギブスサンプラ〔Gibbs sampler〕 515
キュムラント 192
強一致性〔strong consistency〕 121
境界係数 656
強混合 665
強定常性 76
共分散関数 507
共分散行列 415

――のパラメトリック推定問題 222
共分散作用素 178
共変量 356, 369
共和分 87, 729
共和分モデル 75
局所 Whittle 推定量 398
局所疑似尤度推定量 423
局所共分散推定量 382
局所スペクトルエンベロープ 300
局所漸近正規〔locally asymptotically normal; LAN〕 414
局所漸近ミニマックス〔locally asymptotically minimax; LAM〕 414
局所多項式適合 391, 417
局所定常ウェーブレット過程 426
局所定常過程 474, 477, 652
――の検定 428
――ブートストラップ法 429
局所定常時系列 477
局所定常モデル 686
局所定常ランダムフィールド 432
局所波形 449
局所有限フーリエ変換 478
局所尤度 393
局所リアプノフ指数〔local Lyapunov exponents; LLE〕 64
極値分位点〔extremal quantile〕 263
極値率〔extremal index〕 594
金融 432
金融時系列 492

く

空間共分散関数 324
空間的予測 504
空間補間 510
空間モデル 504
区分的に一定なモデル 431
繰り返しランダム関数系 183
クリギングモデル 504
クリギング予測量 552

け

経験ウェーブレット分散 658
経験関数主成分〔empirical functional principal component; EFPC〕 179
経験スケーリング分散 658
経験スペクトル過程 418
経験スペクトル測度 420
経験直交関数 530
形状曲線 392

索引　　757

ケイブプロット　698
結合強度〔connection strength〕　82
検証平均2乗誤差〔validation mean square error; VMSE〕　516
厳密な予測法　188

こ

高次元共分散行列の推定　220
高次元小標本問題〔large p small n problem〕　207
構造時系列モデル　703
高速フーリエ変換〔fast Fourier transform; FFT〕　448
高調波関係　645
恒等リンク〔identity link〕　345, 349
コサインパケット　450
コサインパケット変換〔cosine packet transform; CPT〕　450
誤差修正表現　87
コヒーレンス　444
固有スケール〔characteristic scale〕　653, 672, 675
固有定常時系列　650
固有三つ組〔eigentriple〕　530
固有三つ組クラスタリング〔eigentriple clustering〕　531
混合エキスパートモデル〔mixtures-of-experts〕　113
混合過程　76
混合性　79
混合モデル　104
コンパクト　176
コンパクト作用素　176

さ

再帰時間　91
再帰的な推定のアルゴリズム　430
最近隣推定〔nearest neighbour estimation〕　100
最小位相　54
最小絶対偏差スコア〔least absolute deviation (LAD) score〕　141, 236
再生過程〔renewal process〕　368
再生性に基づくブートストラップ法〔regeneration-based bootstrap〕　15
最大重複離散ウェーブレット変換〔maximal overlap discrete wavelet transform; MODWT〕　652, 653
　反射境界条件に基づく $\{X'_t\}$ の――　667
最大リアプノフ指数〔maximal Lyapunov characteristic exponent; MLCE〕　64
最適経験正規直交基底〔optimal empirical orthonormal basis〕　179
最適縮小推定パラメータ　466
財務省証券利子率　492
最尤推定のスコア関数　141
最良基底アルゴリズム　449
サブサンプリング検定　41
サブサンプリング法　41, 45
サロゲート系列　65
三角配列漸近論〔triangular array asymptotics〕　98
三角表現　87
残差型ブートストラップ法　6
3次共分散関数　57
散布度〔dispersion〕　362

し

視覚・運動 EEG データ　469
時間依存共変量〔time-dependent covariate〕　352
時間従属　191
時間従属性　173
時間・周波数トグルブートストラップ法〔time frequency toggle (TFT)-bootstrap〕　36
時空間仮説　324
時空間過程　506
時空間共分散関数　324
時空間相関　324
時空間バイリニアモデル　566
時空間モデル　504
次元縮約回帰　541
自己回帰 (AR) 篩ブートストラップ法〔autoregressive-sieve bootstrap〕　10, 11, 39, 40
自己回帰閾値条件付き不均一分散モデル〔autoregressive threshold conditional heteroscedastic model; ARTCH〕　159
自己回帰条件付き不均一分散モデル〔autoregressive conditional heteroscedastic model; ARCH〕　137
自己回帰線形2乗条件付き不均一分散モデル〔autoregressive linear square conditional heteroscedastic model; ARLSCH〕　159
自己回帰モデル　77
自己相関　192
自己相関系列〔autocovariance sequence〕

660
事後予測分布 511
指数型共分散関数 509
指数型不等式 424
指数型分布族 344
指数疑似最尤推定〔exponential pseudo-maximum likelihood estimation; EPMLE〕 141
指数自己回帰過程 79
指数自己回帰モデル 81
指数平滑法 703
自然指数型分布族〔natural exponential family of distribution〕 343
自然正規直交成分〔natural orthonormal components〕 179
実現ボラティリティ 580
時変係数モデル 474, 476
時変自己回帰過程 379
時変スペクトル密度 404
時変スペクトル密度関数 406
時変パラメータ 76
—— を持つ非線形モデル 393
弱従属 191
弱従属関数時系列 191
弱積分可能 178
弱線形 39
周期自己回帰 711
従属過程 574
周波数領域のブートストラップ法〔frequency domain bootstrap; FDB〕 19
縮小ランク回帰〔reduced rank regression〕 88
主成分分析〔principal components analysis; PCA〕 463
巡回型フィルタリング〔circularly filtering〕 655
条件付き時空間自己回帰モデル〔conditional autoregressive spatio-temporal (CAST) model〕 561
条件付き自己回帰モデル〔conditional autoregressive (CAR) model〕 559
条件付き線形自己回帰過程〔conditional linear autoregressive process〕 368
条件付き不均一分散混合エキスパートモデル〔conditionally heteroscedastic mixtures of experts; CHARME〕 131
条件付き分位点関数〔conditional quantile function〕 235
状態空間過程 101

状態空間表現 76
状態空間モデル 101, 326, 705
状態方程式 705
冗長解析〔redundancy analysis; RA〕 541
人工ニューラルネットワークモデル〔artificial neural network (ANN) model〕 82
診断検定 58
信頼区間〔confidence interval〕 663

す

スイッチング変数〔switching variable〕 112
推定カーネル法〔estimated kernel; EK〕 187, 188
随伴自己回帰過程〔companion autoregressive process〕 12
スカッシング関数〔squashing function〕 82
スケーリング係数 655
スケーリングフィルタ 654
スケール 652
スコア関数 141
スコア関数因子 144
スコア検定 480
ストーム継続時間 595
スペクトルエンベロープ 294
スペクトル行列 444, 463
スペクトル縮小推定量 465
スペクトル推定 465
スペクトル表現定理 443

せ

正規確率ベクトル 419
正規化バイスペクトル 34, 37
正弦波〔sinusoid〕 616
正再帰マルコフ連鎖 92
正準リンク過程 349
整数 GARCH モデル 348
整数自己回帰モデル〔integer autoregressive model〕 363, 365, 369
正則化〔regularization〕 207
正則化共分散行列推定理論〔regularized covariance matrix estimation theory〕 207
正則関数 96
正定値 177
摂動〔perturbation〕 353
摂動モデル 356
摂動論 355
セミバリオグラム 552
零再帰マルコフ連鎖 75, 76, 90, 92
漸近正規性 122

索引   759

漸近的効率性　489
漸近的指数関数　96
漸近的同次関数　96
線形過程　53, 404
線形過程ブートストラップ〔linear process bootstrap; LPB〕　41
線形最良予測値　494
線形定常過程　53
線形動的モデル　328
潜在確率過程〔latent stochastic process〕　363
潜在過程〔hidden process〕　349, 351
潜在過程モデル　363
線分選択　384

■そ

相関積分　58
双曲線正接関数　83
相対平均 2 乗誤差　411
総和可能　90
測定誤差モデル〔measurement error model〕　506
疎格子〔sparse grid〕　596

■た

帯域制限過程〔band-limited process〕　665
帯域通過フィルタ〔band-pass filter〕　665
大気浄化法〔Clean Air Act〕　503
滞在時間公式〔occupation time formula〕　97
対称　177
対数線形モデル　344, 349
大偏差　430
代理データ法〔surrogate data approach〕　35
多重解像度解析〔multiresolution analysis; MRA〕　734
多チャンネル EEG　457
多変量局所定常過程　427
多変量スペクトル　463
多変量非定常過程　467
ダールハウスモデル　444
単位根　721
単位根過程　75
単位根モデル　84
単一隠れ層　82
短期依存〔short-range dependent; SRD〕　24
短期依存性　665
短期記憶性　665

短期従属性〔short-range dependence; SRD〕　25
単純予測法　188

■ち

チェック関数　236
チャーノフダイバージェンス　468
中央値型推定量　670
超一致性　86
長期依存〔long-range dependent; LRD〕　24
長期記憶過程　431
長期共分散カーネル　198
長期従属性〔long-range dependence; LRD〕　25
長期分散　195
長期分散行列　195
超指数関数　96
直交級数推定　391
直交変換　445

■て

低次元共分散行列の推定　212
定常時系列の縮小推定　465
定常性〔stationarity〕　508
定常多変量時系列　455
定常ブートストラップ法〔stationary bootstrap; SB〕　17
定常法　381
テーパー型共分散行列　225
テーパー型推定量　223
テーパーされたペリオドグラム　421
伝達関数〔transfer function〕　452, 654
伝達関数行列　443

■と

動学的分位点検定統計量〔dynamic quantile test statistic〕　151
同次関数　96
同時キュムラント　42
同時時空間自己回帰モデル〔simultaneous autoregressive spatio-temporal (SAST) model〕　563
同時自己回帰モデル　558
到達可能なアトム〔accessible atom〕　14
等方性〔isotropy〕　508, 552
等方的〔isotropic〕　551, 561
特異値分解〔singular value decomposition〕　176
特定化検定　61

独立性カバレッジ検定統計量〔independence coverage test statistic〕 150
独立増分 85
ドブシーウェーブレットフィルタ 653

な

ナゲット効果 506

に

2次定常 347, 361
2次定常過程 551
2次の正確性〔second-order correctness〕 17, 19
2次変分 575
二重ポアソン 360
二重ポアソン分布 362
2乗可積分 176
2乗ゲイン関数 654
2状態1次自己励起閾値AR（SETAR）モデル〔self-exciting threshold autoregression (SETAR) of order 1 with only two regimes〕 113

の

脳機能マッピング 336
脳時系列データ 442
脳波データ〔electroencephalogram; EEG〕 441, 469
ノンパラメトリックtvARモデルの推論 390
ノンパラメトリック検定 62
ノンパラメトリック最尤推定量 391
ノンパラメトリック推定 75
ノンパラメトリック推定量 417

は

バイスペクトル 57
バイスペクトル密度 37
ハイパスフィルタ 654
ハイブリッドブートストラップ法〔hybrid bootstrap procedure〕 20
バイリニアモデル 81, 566
バックシフト作用素 84
パラメータ駆動型モデル 363
パラメータ節約 360
パラメータ節約的 347, 349, 350, 368
パラメータモデル 101
パラメトリックWhittle型推定 385
パラメトリック推定 75
パラメトリック推定量 417
パラメトリック適合 391

バリュー・アット・リスク〔Value-at-Risk; VaR〕 275
ハールウェーブレットフィルタ 654
ハールウェーブレットベクトル 454
汎関数中心極限定理〔functional limit theorem〕 85
半正定値 177
判別解析 432

ひ

ピアソン残差 352, 358, 359
ピカンズ格子 596, 600
非線形過程 55
非線形共和分回帰 75
非線形クリギング 556
非線形誤差修正モデル〔nonlinear error correction (NLEC) model〕 93
非線形時空間モデル 566
非線形時系列 75
非線形条件付き不均一分散モデル 79
非線形状態空間モデル 102
非線形性の検定 56
非線形非定常過程 75
非線形ランダムウォーク 76
非線形和分過程 75
非重複ブロックブートストラップ法〔nonoverlapping block bootstrap; NBB〕 17
非定常時系列 75
非定常多変量時系列 444
非等方的〔anisotropic〕 552
非負整数値双線形過程 368
微分過程 393
標準ウイナー過程 85
標本共分散作用素 178
標本相関積分 58
標本平均 178
ピラミッドアルゴリズム 657
ピリオドグラム 607, 619
ヒルベルト・シュミット作用素 177
ヒルベルト・シュミットノルム 466

ふ

フィッシャー情報量行列 410
フィードバックメカニズム 347, 350, 358, 360
フィードフォワードニューラルネットワーク 720
不均一分散・一致共分散行列推定量〔heteroscedasticity-consistent (HC)

covariance matrix estimator〕 214
複合ポアソン過程 574
複雑度罰則化カルバック・ライブラー規準 452
物理的従属性測度〔physical dependence measure〕 206, 209
ブートストラップイノベーション 6
ブートストラップ法 3
負の二項分布 360, 369
部分自己回帰モデル 710
不変原理〔invariance principle〕 85
不偏推定量 663
ブラウン運動 85, 574
プラグイン原理 4
フラクショナル ARMA 過程 84
フラクショナルガウス過程 673
フラクショナル差分過程 673
フラクショナルブラウン運動 673
フーリエ波形 444
フーリエピリオドグラム行列 448
フーリエ変換 19
フレードホルム型方程式 527
プレピリオドグラム 413
ブロック Whittle 尤度 410
ブロックブートストラップ法 15
分位点共和分回帰〔quantile cointegration regression〕 269
分位点自己回帰モデル〔quantile autoregression (QAR) model〕 240
分割・積み重ねプロット 695
分離可能性〔separability〕 508

へ

平滑推移自己回帰モデル〔smooth transition autoregressive (STAR) model〕 75
平均 2 次損失〔average quadratic loss; AQL〕 152
平均 2 乗誤差〔mean squared error; MSE〕 145
──の最小化 384
平均関数 507
平均曲線の推測 431
平均相対バイアス〔mean relative bias; MRB〕 152
平均予測法 188
べき乗則 673
べき乗則変動 672
ベクトル STAR モデル 82
ベクトル閾値モデル 81
ベクトル自己回帰過程〔vector AR (VAR) process〕 86

変化曲線 392
変化点 200

ほ

ポアソン分布 343
ボトムアップ型アルゴリズム 453
ボラティリティ 730
ボラティリティクラスタリング 137
ポリスペクトル 42
ホワイトノイズ過程 345, 506

ま

マーサーの定理 178, 527
間引き演算子〔thinning operator〕 343, 365
マルコフ確率場モデル〔Markov-random field model〕 504
マルコフスイッチング AR (MS-AR) モデル 114
マルコフスイッチングモデル 113
マルコフ性 77
マルコフモデル 77
マルコフ連鎖 13, 76, 91
マルコフ連鎖モンテカルロ法 505
マルチンゲール 76

み

密格子〔dense grid〕 596, 600

む

無限分解可能分布 573
無条件尤度比検定統計量〔unconditional likelihood test statistic〕 150

め

メトロポリスアルゴリズム 515

も

モデル誤指定とモデル選択 429
モーメントマッチング法 664
モンテカルロ近似 5
モンテカルロシミュレーション 5
モンテカルロ法 102

ゆ

有限レジームモデル 102
尤度理論 430
ユニバーサルクリギング 554
ユール・ウォーカー推定 184
ユール・ウォーカー推定量 384

よ

予測　432
予測因子法〔predictive factors; PF〕　187
予測モデル選択規準〔predictive model choice criteria; PMCC〕　507

ら

ラグランジュ乗数検定　61
ラプラス演算子　330
ランダムウォーク　84
ランダム行列理論　222
ランダム係数整数自己回帰モデル　368

り

離散ウェーブレット変換〔discrete wavelet transform; DWT〕　651, 733
離散フーリエ変換〔discrete Fourier transform; DFT〕　23, 634, 654
リサンプリング　14, 15
リサンプリング法　4
リプシッツ連続な導関数　425
粒子状物質　504
両側同期性　459

る

累積ピリオドグラム　358, 359

れ

レジーム　111
レジームスイッチング　111
レジーム数　123
レビィ過程　574
レビィ駆動型 $CARMA(p,q)$ 過程　575
レンジ　509
連続時間確率的ボラティリティモデル　573
連続写像定理　86

ろ

ローカルタイム　76, 96
ロジスティック関数　83
ロジスティックベクトル STAR モデル〔logistic vector STAR (LVSTAR)〕　82
ローパスフィルタ　654

わ

ワイルドブートストラップ法　6

監訳者略歴

北川源四郎（きたがわげんしろう）
1948 年　福岡県に生まれる
1974 年　東京大学大学院理学系研究科博士課程中退
現　在　情報・システム研究機構機構長，総合研究大学院大学名誉教授，理学博士

田中勝人（たなかかつと）
1950 年　長野県に生まれる
1979 年　オーストラリア国立大学大学院統計学科修了
現　在　学習院大学経済学部教授，一橋大学名誉教授 Ph.D.

川崎能典（かわさきよしのり）
1965 年　青森県に生まれる
1992 年　東京大学大学院経済学研究科中退
現　在　統計数理研究所モデリング研究系教授，博士（経済学）

時系列分析ハンドブック

定価はカバーに表示

2016 年 2 月 25 日　初版第 1 刷

監訳者　北　川　源　四　郎
　　　　田　中　勝　人
　　　　川　崎　能　典
発行者　朝　倉　邦　造
発行所　株式会社　朝　倉　書　店
　　　　東京都新宿区新小川町 6-29
　　　　郵便番号　162-8707
　　　　電　話　03(3260)0141
　　　　FAX　03(3260)0180
　　　　http://www.asakura.co.jp

〈検印省略〉

ⓒ 2016〈無断複写・転載を禁ず〉　　中央印刷・牧製本

ISBN 978-4-254-12211-4　C 3041　　Printed in Japan

JCOPY　〈(社)出版者著作権管理機構　委託出版物〉
本書の無断複写は著作権法上での例外を除き禁じられています．複写される場合は，そのつど事前に，(社) 出版者著作権管理機構（電話 03-3513-6969，FAX 03-3513-6979，e-mail: info@jcopy.or.jp）の許諾を得てください．

東大 国友直人著
統計解析スタンダード
応用をめざす 数 理 統 計 学
12851-2 C3341　　　　　Ａ５判 232頁 本体3500円

数理統計学の基礎を体系的に解説。理論と応用の橋渡しをめざす。「確率空間と確率分布」「数理統計の基礎」「統計の展開」の三部構成のもと、確率論、統計理論、応用局面的・手法的トピックを丁寧に講じる。演習問題付。

統数研 船渡川伊久子・中外製薬 船渡川隆著
統計解析スタンダード
経 時 デ ー タ 解 析
12855-0 C3341　　　　　Ａ５判 192頁 本体3400円

医学分野、とくに臨床試験や疫学研究への適用を念頭に経時データ解析を解説。〔内容〕基本統計モデル／線形混合・非線形混合・自己回帰線形混合効果モデル／介入前後の2時点データ／無作為抽出と繰り返し横断調査／離散型反応の解析／他

前慶大 蓑谷千凰彦著
統計ライブラリー
線 形 回 帰 分 析
12834-5 C3341　　　　　Ａ５判 360頁 本体5500円

幅広い分野で汎用される線形回帰分析法を徹底的に解説。医療・経済・工学・ORなど多様な分析事例を豊富に紹介。学生はもちろん実務者の独習にも最適。〔内容〕単純回帰モデル／重回帰モデル／定式化テスト／不均一分散／自己相関／他

前電通大 久保木久孝・前早大 鈴木 武著
統計ライブラリー
セミパラメトリック推測と経験過程
12836-9 C3341　　　　　Ａ５判 212頁 本体3700円

本理論は近年発展が著しく理論の体系化が進められている。本書では、モデルを分析するための数理と推測理論を詳述し、適用までを平易に解説する。〔内容〕パラメトリックモデル／セミパラメトリックモデル／経験過程／推測理論／有効推定

D.P. クローゼ・T. タイマー・Z.I. ボテフ著
前早大 伏見正則・前早大 逆瀬川浩孝監訳
モンテカルロ法ハンドブック
28005-0 C3050　　　　　Ａ５判 800頁 本体18000円

最新のトピック、技術、および実世界の応用を探るMC法を包括的に扱い、MATLABを用いて実践的に詳解〔内容〕一様乱数生成／準乱数生成／非一様乱数生成／確率分布／確率過程生成／マルコフ連鎖モンテカルロ法／離散事象シミュレーション／シミュレーション結果の統計解析／分散減少法／稀少事象のシミュレーション／微分係数の推定／確率的最適化／クロスエントロピー法／粒子分割法／金融工学への応用／ネットワーク信頼性への応用／微分方程式への応用／付録：数学基礎

J. ゲウェイク・G. クープ・H. ヴァン・ダイク著
東北大 照井伸彦監訳
ベイズ計量経済学ハンドブック
29019-6 C3050　　　　　Ａ５判 564頁 本体12000円

いまやベイズ計量経済学は、計量経済理論だけでなく実証分析にまで広範に拡大しており、本書は教科書で身に付けた知識を研究領域に適用しようとするとき役立つよう企図されたもの。〔内容〕処理選択のベイズ的諸側面／交換可能性、表現定理、主観性／時系列状態空間モデル／柔軟なノンパラメトリックモデル／シミュレーションとMCMC／ミクロ経済におけるベイズ分析法／ベイズマクロ計量経済学／マーケティングにおけるベイズ分析法／ファイナンスにおける分析法

明大 刈屋武昭・広経大 前川功一・東大 矢島美寛・学習院大 福地純一郎・統数研 川﨑能典編
経済時系列分析ハンドブック
29015-8 C3050　　　　　Ａ５判 788頁 本体18000円

経済分析の最前線に立つ実務家・研究者へ向けて主要な時系列分析手法を俯瞰。実データへの適用を重視した実践志向のハンドブック。〔内容〕時系列分析基礎（確率過程・ARIMA・VAR他）／回帰分析基礎／シミュレーション／金融経済財務データ（季節調整他）／ベイズ統計とMCMC／資産収益率モデル（酔歩・高頻度データ他）／資産価格モデル／リスクマネジメント／ミクロ時系列分析（マーケティング・環境・パネルデータ）／マクロ時系列分析（景気・為替他）／他

上記価格（税別）は 2016 年 1 月現在